utb 8310

Eine Arbeitsgemeinschaft der Verlage

Böhlau Verlag · Wien · Köln · Weimar
Verlag Barbara Budrich · Opladen · Toronto
facultas · Wien
Wilhelm Fink · Paderborn
Narr Francke Attempto Verlag / expert Verlag · Tübingen
Haupt Verlag · Bern
Verlag Julius Klinkhardt · Bad Heilbrunn
Mohr Siebeck · Tübingen
Ernst Reinhardt Verlag · München
Ferdinand Schöningh · Paderborn
transcript Verlag · Bielefeld
Eugen Ulmer Verlag · Stuttgart
UVK Verlag · München
Vandenhoeck & Ruprecht · Göttingen
Waxmann · Münster · New York
wbv Publikation · Bielefeld

Norbert Bartsch
Burghard von Lüpke
Ernst Röhrig

Waldbau auf ökologischer Grundlage

8., vollständig überarbeitete und erweiterte Auflage

233 Abbildungen
110 Tabellen

Verlag Eugen Ulmer Stuttgart

Dr. Norbert Bartsch, geb. 1955, Akademischer Oberrat, Studium der Forstwissenschaften in Göttingen, seit 1981 wissenschaftlicher Mitarbeiter der Abteilung Waldbau und Waldökologie der gemäßigten Zonen an der Georg-August-Universität Göttingen. Forschungsschwerpunkte sind die Auswirkungen waldbaulicher Verfahren auf Stoffhaushalt und Baumverjüngung, die ökologische Bedeutung von Totholz und die waldbauliche Behandlung von Auenwäldern. Lehrtätigkeit in Waldbau und Waldökologie an der Fakultät für Forstwissenschaften und Waldökologie. Koautor der 7. Auflage des Lehrbuchs „Waldbau auf ökologischer Grundlage“, Hauptautor des 2016 erschienen Lehrbuchs „Waldökologie“.

Prof. (i. R.) Dr. Burghard von Lüpke, geb. 1939, Professor für Waldbau, Studium der Forstwissenschaften in München und Hann. Münden, 1982 Habilitation, 1974–1991 Leiter des niedersächsischen Forstamtes Reinhausen, 1991–2005 Leiter der Abteilung Waldbau der gemäßigten Zonen an der Georg-August-Universität Göttingen. Forschungsschwerpunkte sind kahlschlagfreie Verjüngungsverfahren, insbesondere bei der Eiche, Fragen der Bestandespflege in Buchenmischbeständen und die Bearbeitung weiterer praktisch-waldbaulicher Fragestellungen mit ökologischen Methoden. Koautor der 7. Auflage des Lehrbuchs „Waldbau auf ökologischer Grundlage“.

Prof. (em.) Dr. Ernst Röhrig, geb. 1921, Professor für Waldbau, Studium der Forstwissenschaften in Hann. Münden, 1957 Habilitation, 1964–1973 Leiter des niedersächsischen Forstamtes Reinhausen, 1973–1987 Leiter der Abteilung Waldbau der gemäßigten Zonen an der Georg-August-Universität Göttingen. Forschungsschwerpunkte sind die Erfassung ökologischer Bedingungen in ihrer Auswirkung auf Verjüngung und Wachstum wichtiger Waldbäume, insbesondere der Buche und Kiefer, sowie unterschiedliche waldbauliche Fragen in Zusammenarbeit mit der forstlichen Praxis. Hauptautor von vier Neubearbeitungen des Lehrbuchs „Waldbau auf ökologischer Grundlage“.

Bibliografische Information der Deutschen Nationalbibliothek
Die Deutsche Nationalbibliothek verzeichnet diese Publikation in der Deutschen Nationalbibliografie; detaillierte bibliografische Daten sind im Internet über http://dnb.d-nb.de abrufbar.

Wollgrasweg 41, 70599 Stuttgart (Hohenheim)
E-Mail: info@ulmer.de
Internet: www.ulmer.de
Lektorat: Sabine Mann, Sabine Bartsch
Herstellung: Jürgen Sprenzel
Umschlagbild: Foto: Traubeneichen-Buchenmischbestand (120-jährig) auf Buntsandstein in Südniedersachsen (300 m ü. NN)/Norbert Bartsch
Umschlaggestaltung: Atelier Reichert, Stuttgart
Satz und Repro: primustype Robert Hurler, Notzingen
Druck und Bindung: Livonia Print, Riga
Printed in Latvia

MIX
Papier aus verantwortungsvollen Quellen
FSC® C002795

UTB Band-Nr. 8310
ISBN 978-3-8252-8754-2

Inhaltsverzeichnis

Vorwort

Das von Alfred Dengler 1930 begründete Buch „Waldbau auf ökologischer Grundlage“ ist das älteste forstwissenschaftliche Werk, das bis heute in neuen Auflagen erscheint. Nach dem Tod von Alfred Dengler im Jahr 1944 dauerte es nach den von ihm verfassten drei Auflagen (1930, 1935, 1944) mehr als zwei Jahrzehnte bis zu einer Aktualisierung des Werkes. Nachdem der Verleger Julius Springer (Berlin) aufgrund der Situation nach dem Zweiten Weltkrieg eine Fortsetzung nicht vornehmen wollte, übernahm der Verlag Paul Parey (Hamburg und Berlin) die Rechte an dem Buch. Das Wagnis, das die Verlagsinhaber, Arthur und später Friedrich Georgi, damals eingingen, war unternehmerisch erfolgreich. Sie stimmten den neuen Bearbeitern zu, das Werk künftig in zwei Bänden herauszugeben, von denen der erste die ökologischen Grundlagen und der zweite die Praxis der Waldbehandlung darstellen sollten. Die weiteren drei Auflagen wurden bearbeitet von Norbert Bartsch, Alfred Bonnemann (gestorben 1979), Hans Achim Gussone (gestorben 1998) und Ernst Röhrig und erschienen in Abständen von etwa zehn Jahren. Jede dieser Auflagen stellte das Fachwissen unter weitgehender Beibehaltung der ursprünglichen Gliederung in neuer Bearbeitung nach dem aktuellen Stand der Erkenntnisse und Erfahrungen dar.

Im Jahr 2003 übernahm der Verlag Eugen Ulmer (Stuttgart) die Rechte an dem Werk. Er entschloss sich gemeinsam mit den Bearbeitern, Ernst Röhrig, Norbert Bartsch und Burghard von Lüpke, zunächst eine Überarbeitung des 2. Bandes vorzunehmen. Die 2006 erschienene 7. Auflage erfuhr eine sehr weitgehende Umgestaltung, denn Ziele und aktuelle Aufgaben des Waldbaus hatten unter ökologischen und sozio-ökonomischen Aspekten weltweit eine bedeutende Erweiterung erfahren. Daher wurden viel mehr noch als in den früheren Auflagen Veröffentlichungen aus Mittel- und Nordeuropa, bei grundsätzlichen Fragen auch aus Nordamerika, in die Bearbeitung einbezogen.

In neuerer Zeit stehen in einschlägigen Büchern und Zeitschriftenbeiträgen, bei wissenschaftlichen Symposien und allgemein zugänglichen Fachtagungen Beiträge im Vordergrund, die sich mit der Rolle der Forstwirtschaft in Wirtschaft und Gesellschaft und mit den Zielen des Waldbaus auseinandersetzen: Themen wie Nachhaltigkeit, Produktionsrisiko und ökologische Stabilität werden jetzt in erweiterter Sicht behandelt; Klimawandel, Biodiversität, Naturschutz, Landschaftsökologie und Landschaftspflege werfen heute Probleme auf, denen in der Vergangenheit weniger Bedeutung beigemessen wurde. Bisweilen drängt sich der Eindruck auf, wir würden in Zeiten immer komplexerer Umweltbelastungen vor einem völligen Neuanfang stehen. Tatsächlich aber haben wir es im Waldmanagement mit einer kontinuierlichen Entwicklung zu tun, für deren Darstellung eine Fülle alter und neuer Erkenntnisse und Erfahrungen verarbeitet werden muss. Die Langfristigkeit der meisten Vorgänge in den Wäldern, aber auch die wechselreiche Geschichte der Waldbehandlung weisen deutlich darauf hin, dass nur auf diese Weise das Ziel einer nachhaltigen Waldbewirtschaftung, die verschiedenen übergeordneten Zielen gerecht wird, zu erreichen ist. Aktuell erfordern der Klimawandel und die Erhaltung der Biodiversität und der Produktivität eine Anpassung bewährter waldbaulicher Grundsätze und Verfahren und beschleunigen den Waldumbau zu risikoärmeren Beständen.

Das Buch enthält nach einer umfassenden Einführung in die Ziele des Waldmanagements im Kontext der Geschichte des Waldbaus und der aktuellen Anforderungen in den folgenden Kapiteln das aus Forschung und Erfahrung gewonnene Handwerkszeug des Waldbaus: Baumartenwahl, Begründung, Verjüngung und Pflege von Waldbeständen sowie die Gestaltung der Wälder in Betriebsarten und Verjüngungsformen.

Alle Kapitel der vorliegenden 8. Auflage wurden gründlich durchgesehen und durch Einbezug des gegenwärtigen Forschungsstands aktualisiert. Der Umfang hat sich um rund 200 Seiten erhöht. Dazugekommen sind Porträts der mitteleuropäischen Baumarten mit Angaben zu deren Verbreitung, standörtlichen Ansprüchen, ökologischen Eigenschaften, Wuchsleistungen und waldbaulicher Behandlung. Damit wurde ein Hauptteil von Band 1, der nach der 6. Auflage von 1992 nicht mehr überarbeitet wurde, auf den aktuellen Wissensstand gebracht. Erstmals erhielt das Buch ein Glossar wichtiger Fachbegriffe. In alle Kapitel wurden zusätzliche farbige Abbildungen aufgenommen. Die Leserlichkeit wurde u. a. dadurch verbessert, dass sich Hintergrundwissen und Definitionen gestalterisch vom Haupttext abheben.

Sicherlich wird mancher Wissenschaftler auch in der Neubearbeitung spezielle Publikationen vermissen, mancher Praktiker wird seine eigenen Erkenntnisse nicht genügend berücksichtigt finden oder andere Erfahrungen haben, als wir darstellen.

Bei der Breite unseres Gebiets ist das nicht zu vermeiden. Nicht in allen Fällen konnten wir näher nachprüfen, inwieweit die Ergebnisse und Folgerungen mancher Publikationen von allgemeiner Bedeutung sind. Wir haben sie aufgeführt, soweit sie uns plausibel erschienen, und jeweils Quellen genannt, sodass eine Nachprüfung möglich ist.

Selbstverständlich stellt sich die Frage, für wen dieses Buch bestimmt ist. Im Vorwort zur 1. Auflage (1930) hieß es: „Ein Handbuch ist das vorliegende Werk nicht im vollen Sinne des Wortes, da aus Rücksicht auf den Umfang nicht auf alle Fragen eingegangen werden konnte.“ So nimmt auch die vorliegende 8. Auflage eine Mittelstellung zwischen Lehrbuch und Handbuch ein, wie es übrigens allgemein für die neueren Werke der Waldökologie gilt. Es soll Einblick geben, welche Probleme der Waldbau zu bewältigen hat und wie sie angegangen werden. Zielgruppen sind Studierende und Lehrende der forstlichen Studiengänge, aber ebenso Leser, die im Allgemeinen oder in Teilgebieten Interesse an unserem Fachgebiet haben. Die Inhalte und die umfangreichen Literaturangaben sollen Auskünfte und Anregungen bei eigenen wissenschaftlichen und praktischen Tätigkeiten in Forstwirtschaft, Naturschutz, Landschaftspflege, vielleicht sogar bei politischen Entscheidungen auf verschiedenen Ebenen, geben.

Vielen Kollegen* und Freunden haben wir für mannigfaltige Ratschläge zu einzelnen Kapiteln zu danken. Ganz besonderer Dank gilt den Mitarbeitern in den Abteilungen Lektorat und Buchherstellung des Verlages Eugen Ulmer, Sabine Mann und Jürgen Sprenzel, für die stets hilfsbereite und verständnisvolle Zusammenarbeit. Die sorgfältige Durchsicht, die sprachliche Überarbeitung und die zahlreichen Anregungen der Lektorin Sabine Bartsch haben das Manuskript wesentlich verbessert. Für alle Unzulänglichkeiten und Fehler dieses Werkes sind dennoch allein die Autoren verantwortlich. Wir hoffen auf kritische Kommentare einer aufmerksamen Leserschaft.

Göttingen, im August 2019

Norbert Bartsch, Burghard von Lüpke, Ernst Röhrig

Alfred Dengler (1874–1944)

1912–1921 Leiter des Forstamtes Reinhausen in Südniedersachsen

1919–1921 Lehrbeauftragter für Waldbau an der Forstakademie Hannoversch Münden

1921–1927 Leiter des Lehrreviers Chorin an der Forstlichen Hochschule Eberswalde

1922–1939 Professor für Waldbau an der Forstlichen Hochschule Eberswalde

1941–1944 Vertretung von Herbert Hesmer als Professor für Waldbau an der Forstlichen Hochschule Eberswalde

Die Haltung von Alfred Dengler zum Nationalsozialismus war ambivalent. Er unterschrieb 1933 mit ca. 900 weiteren Hochschullehrern das Bekenntnis der Professoren an den deutschen Universitäten und Hochschulen zu Adolf Hitler und dem nationalsozialistischen Staat. Als 1933 Walter von Keudell als Generalforstmeister die Dauerwaldwirtschaft als forstliche Staatsideologie in ganz Deutschland anordnete, lehnte Dengler dies ab. Im Gegensatz zu den Dauerwaldanhängern schlossen für ihn die Einflüsse von Standort, Baumart und Betrieb Verallgemeinerungen in der Waldbehandlung aus. Als Folge wurde ihm das akademische Prüfungsrecht entzogen. Die 1937 erfolgte Einsetzung von Friedrich Alpers als Generalforstmeister beendete die alleinige Geltung der Dauerwaldprinzipien. Dengler wurde rehabilitiert und als waldbaulicher Berater von Alpers eingesetzt (ausführlich in Steinsiek 2008 dargestellt).

* Aus Gründen der besseren Lesbarkeit wird bei Personenbezeichnungen und personenbezogenen Hauptwörtern in diesem Buch auf eine geschlechtsneutrale Differenzierung verzichtet. Entsprechende Begriffe gelten im Sinne der Gleichbehandlung grundsätzlich für alle Geschlechter. Die verkürzte Sprachform hat nur redaktionelle Gründe und beinhaltet keine Wertung.

1 Ziele der Forstwirtschaft und Aufgaben des Waldbaus

Inhalt

Wälder sind durch die konkurrenzbedingte Vorherrschaft von Bäumen gekennzeichnet und stellen komplexe **Ökosysteme** dar, die von den Kronen- bis in die Wurzelräume reichen. Dadurch entstehen ein Wirkungsgefüge und ein Waldinnenklima, das sich wesentlich in Abhängigkeit von Standort und Waldfläche entwickeln kann.

Wälder kommen in allen Klimazonen vor, wenn auch in sehr verschiedenen Anteilen an der Landfläche und in unterschiedlicher Zusammensetzung. Die meisten Wälder der Erde weisen – entsprechend ihres Standortes – eine mehr oder weniger natürliche **Artenzusammensetzung** auf, ein geringer Anteil sind reine Holzplantagen aus überwiegend nichtheimischen Baumarten. Anthropogen unbeeinflusste Wälder (Urwälder) sind in Europa selten.

Wälder sind eine **Ressource** für eine nachhaltige Nutzung von Produkten, sie erbringen Ökosystemleistungen und beherbergen einen großen und wichtigen Teil der biologischen Vielfalt mit zahlreichen seltenen, spezialisierten und bedrohten Arten. Die Funktionen der Wälder lassen sich im Wesentlichen in drei Gruppen einteilen: ökonomische (vorwiegend Holz aber auch andere Produkte wie Wildbret, Beeren, Pilze, Kork, Harze und Öle), ökologische (Schutz des Lebensraums und der Biodiversität) und soziale (Erholungs- bzw. Freizeiträume, Schutz von Landschaft und Kulturerbe, Arbeit).

Manche dieser Funktionen werden durch den Wald ohne Einwirkung des Menschen erbracht, andere werden erst durch die Leistungen der Forstwirtschaft, z. B. durch waldbauliche Maßnahmen, ermöglicht. **Aufgabe des Waldbaus** ist es, durch Neubegründung und Verjüngung sowie durch Pflege und nachhaltige Nutzung die Entwicklung des Waldes so zu lenken, dass die vom Waldbesitzer und von der Gesellschaft festgelegte Funktionalität erfüllt wird.

Die alleinige Fokussierung auf eine **Waldfunktion** (z. B. Holzproduktion) kann zur Schwächung anderer Leistungen führen. Wenn alle Funktionen ausbalanciert, ausreichend und ohne Verlust von Stabilität sowie Regenerationsfähigkeit des Waldes erbracht werden, ist Forstwirtschaft nachhaltig.

Dem Prinzip der **Nachhaltigkeit**, das – wenn auch nicht immer befolgt – in der Waldwirtschaft eine lange Tradition hat, kommt heute im Hinblick auf die gesteigerten allgemeinen und vielseitigen Anforderungen an die Wälder besondere Bedeutung zu. Das gilt sowohl für die Erfüllung der Multifunktionalität als auch für das Ziel höchstmöglicher Stabilität gegen abiotische und biotische Gefahren, nicht zuletzt auch solchen, die von der stark industriell geprägten Umwelt und den sich daraus ergebenden Klimaänderungen ausgehen.

Wälder sind Lieferanten für **Holz**, dem seit jeher wichtigsten und vielfältigsten nachwachsenden Rohstoff. In Mitteleuropa wird bei Weitem nicht der gesamte Holzzuwachs geerntet.

Das Ergebnis einer mehrere Jahrtausende währenden Einwirkung des Menschen ist die Umformung einer überwiegend aus Wald bestehenden Naturlandschaft in eine vielfältige **Kulturlandschaft**. In Deutschland und in den meisten seiner Nachbarländern nehmen Wälder zurzeit etwa ein Drittel der Landfläche ein. Durch die Aufforstungen seit Anfang des 19. Jahrhunderts nach übermäßigen Eingriffen in die Waldsubstanz während früherer Zeiten sind große Veränderungen in der Baumartenzusammensetzung eingetreten: Nadelbäume haben einen großen Anteil gewonnen, Laubbäume wurden zurückgedrängt. Heute wird zur nachhaltigen Erfüllung aller Waldfunktionen wieder ein natürlicheres Verhältnis der Baumartenanteile angestrebt.

Große Aufmerksamkeit gilt heute der Erhaltung und Förderung von Naturräumen und der **Biodiversität** auf allen Ebenen, von den Pflanzen- und Tiergesellschaften bis zu den Landschaften. Diesem Ziel soll auch das Streben nach stärker ausgeprägter Naturnähe in den Waldbaukonzepten dienen.

1.1 Wälder, Waldtypen und Waldverbreitung

Bäume sind die bestimmenden Bestandteile von Wäldern. Struktur und Ökologie grenzen die Wälder klar von anderen Vegetationsformationen ab. Die Verbreitung von Wald wird großräumig durch das Klima bestimmt.

1.1.1 Was ist ein Wald?

Wälder bilden trotz ihrer sehr verschiedenen floristischen Zusammensetzung eine charakteristische **Pflanzenformation**, die sich durch ihr Aussehen (physiognomisch) und ihre Lebensverhältnisse (ökologisch) von anderen Vegetationsformationen (Steppen, Strauchformationen, Mooren u. a.) deutlich unterscheidet. In erster Linie sind es die Bäume, die als hohe Holzgewächse das Landschaftsbild prägen (siehe Thomas 2014). Waldbäume sind – anders als etwa die heutigen Obstbäume – wenn überhaupt, dann nur in seltenen Fällen und nur geringfügig genetisch veränderte Organismen, die entweder an ihrem Standort heimisch (standortsheimisch) sind (autochthon) oder aus einer anderen Region eingeführt worden sind (allochthon).

Definition

Bezeichnungen für Wald

Das deutsche Wort **Wald** bezeichnet nach seiner Herkunft aus germanischen Sprachen ein Gelände, das „wild" und somit nicht einer Kultur unterworfen ist, während **Forst** einen bewirtschafteten Wald kennzeichnet. Über die Herkunft dieses Wortes gehen die Meinungen auseinander (Seitz 1980; Mantel 1990).

In Frankreich werden sowohl die Wörter *bois* als auch *forêt* gebraucht, ähnlich wie in Großbritannien, wo *woodland* und *forest* verwendet werden, ohne dass klar zwischen unberührtem und bewirtschaftetem Wald unterschieden wird. In Nordamerika spricht man von *forest*, wenn Wald gemeint ist, bei Urwald von *old-growth forest*, wobei die Bezeichnung auch allgemeiner für Wald in einer späten Entwicklungsphase mit den dafür typischen Strukturmerkmalen verwendet wird (siehe Bauhus et al. 2009). Im Spanischen herrscht *bosque* vor, daneben auch *selva*, während im Portugiesischen *floresta* gebräuchlich ist. In Italien wird von *foresta* (vom lateinischen [*silva*] *forestis*), seltener auch von *bosco* gesprochen.

Als **Urwald**, Primärwald oder ungestörter Naturwald wird nach Leibundgut (1993) ein ausgedehnter Waldkomplex bezeichnet, dessen Standort, Vegetation, Baumartenmischung und Aufbau seit jeher ausschließlich durch natürliche Standorts- und Umweltfaktoren bedingt werden. Die Definition der Ernährungs- und Landwirtschaftsorganisation der Vereinten Nationen (Food and Agriculture Organization of the United Nations, FAO) ist weiter gefasst. Primarwälder sind danach sich natürlich verjüngende Wälder aus autochthonen Baumarten, die keine klar erkennbaren Anzeichen menschlicher Einflüsse aufweisen und in denen die ökologischen Prozesse im Wesentlichen ungestört ablaufen (FAO 2016). Auch wenn diese Wälder sich ohne forstwirtschaftliche Nutzung entwickeln, können indirekte anthropogene Einflüsse durch überhöhte Schalenwildbestände, atmosphärische Einträge und den Klimawandel nicht ausgeschlossen werden. Wirth et al. (2009) und Veen et al. (2010) haben die in der Literatur verwendeten Urwalddefinitionen vergleichend zusammengestellt. Danach hat eine umfassende Definition strukturelle (Alters- und Größenverteilungen, räumliche Muster), sukzessionale (ungestörte Entwicklung zur Klimaxgesellschaft) und biogeochemische Parameter (ungestörte Stoffkreisläufe) einzubeziehen.

Eine forstliche **Plantage** ist ein durch Pflanzung oder Saat begründeter Wald, häufig aus eingeführten, bisweilen auch aus einheimischen Baumarten. In einer Plantage sind die Bäume einer oder weniger Arten in der Regel in gleichen Abständen angeordnet und gleich alt (Bauhus et al. 2010; West 2014).

Damit Bäume einen Wald bilden, müssen sie so dicht zusammenstehen, dass sie ein gemeinsames, den Boden wenigstens zu einem großen Teil überschirmendes **Kronendach** bilden und eine so große Fläche einnehmen, dass sich darin Lebensbedingungen entwickeln und erhalten, die sich von den anderen Pflanzenformationen deutlich unterscheiden. Nach einer Neubegrün-

Hintergrundwissen

Rechtsbegriff Wald

Im juristischen Sinne wird der Begriff „Wald" in zahlreichen Ländern ähnlich definiert, wie es das deutsche **„Gesetz zur Erhaltung des Waldes und zur Förderung der Forstwirtschaft"** (Bundeswaldgesetz) vom 2. Mai 1975, zuletzt geändert am 31. Juli 2010 (Endres 2014), bestimmt:

§ 2 Wald

(1) Wald im Sinne dieses Gesetzes ist jede mit Forstpflanzen bestockte Grundfläche. Als Wald gelten auch kahl geschlagene oder verlichtete Grundflächen, Waldwege, Waldeinteilungs- und Sicherungsstreifen, Waldblößen und Lichtungen, Waldwiesen, Wildäsungsplätze, Holzlagerplätze sowie weitere mit dem Wald verbundene und ihm dienende Flächen [Nichtholzbodenfläche].

(2) Kein Wald im Sinne dieses Gesetzes sind

1. Grundflächen, auf denen Baumarten mit dem Ziel baldiger Holzentnahme angepflanzt werden und deren Bestände eine Umtriebszeit von nicht länger als 20 Jahren haben (Kurzumtriebsplantagen),
2. Flächen mit Baumbestand, die gleichzeitig dem Anbau landwirtschaftlicher Produkte dienen (agroforstliche Nutzung),
3. mit Forstpflanzen bestockte Flächen, die [...] als landwirtschaftliche Flächen erfasst sind, solange deren landwirtschaftliche Nutzung andauert, und
4. in der Flur oder im bebauten Gebiet gelegene kleinere Flächen, die mit einzelnen Baumgruppen, Baumreihen oder mit Hecken bestockt sind oder als Baumschulen verwendet werden.

(3) Die Länder können andere Grundflächen dem Wald zurechnen und Weihnachtsbaum- und Schmuckreisigkulturen sowie zum Wohnbereich gehörende Parkanlagen vom Waldbegriff ausnehmen.

Bei der **Bundeswaldinventur** in Deutschland wird im Sinne einer klaren und einheitlichen Abgrenzung eine Fläche erst als Wald erfasst, wenn sie mindestens 0,1 ha groß und 10 m breit ist (BMEL 2016).

dung durch Pflanzung stellen sich erst allmählich die Elemente ein, die der Landfläche den Charakter eines Waldes verleihen. Hierzu gehört neben der Größe und dem Dichtschluss der Waldbäume, dem Waldboden und dem Waldklima auch die Ansiedlung einer charakteristischen, vorwiegend im Wald lebenden Flora und Fauna, wodurch die für den Wald typischen Lebensgemeinschaften entstehen.

Durch **Naturereignisse** oder **Eingriffe des Menschen** kann dieser Aufbau des Waldes erheblich gestört werden. Doch solange die Baumvegetation soweit erhalten bleibt oder sich (mit oder ohne waldbauliche Tätigkeit) regeneriert, sodass die Entwicklung wieder zu einer in sich geschlossenen Formation führt, bleibt eine solche Fläche ein Wald.

Weltweit besteht zurzeit keine klare Übereinstimmung, wie Wälder von anderen Vegetationsformationen zu unterscheiden sind. In den Industrieländern gilt ein Kronenschluss älterer Bestände von mehr als 20 % als untere Grenze für Wald, während in vielen Entwicklungsländern nur 10 % verlangt werden. Das hat Auswirkungen auf die Schätzung von Entwaldungsvorgängen in den Ländern und Regionen der Erde. Für ihre Waldzustandsberichte definiert die FAO Wald als eine Fläche mit einer Mindestgröße von 0,5 ha, auf der die Kronenschirmfläche (Deckungsgrad) der Bäume mindestens 10 % beträgt und ausgewachsene Bäume wenigstens eine Höhe von 5 m erreichen (FAO 2000). Hierunter fallen sowohl natürliche als auch angepflanzte Wälder (Plantagen), nicht aber landwirtschaftlichen Zwecken dienende Baumbestände, wie Obstbaumplantagen, Kurzumtriebsplantagen und Agrarforstsysteme. Die Kategorie „anderes bewaldetes Land (*other wooded land*)" umfasst Flächen mit Gehölzen, die einen Deckungsgrad von 5–10 % bei einer Mindestendhö-

Tab. 1.1 Zonobiome der temperierten und der borealen Zone nach Walter und Breckle (1991)

Zonobiom	Klima	Bodenzone	Vegetationszone
Mediterranes	Winterregen und Sommerdürre (arid-humid)	mediterrane Braunerde, oft fossile Terra rossa	Hartlaubgehölze (Sklerophylle), gegen längeren Frost empfindlich
Warm-temperiertes	Sommerregenmaximum oder mild-maritim	rote oder gelbe Waldböden, leicht podsolig	temperierter immergrüner Wald, etwas frostempfindlich
Nemorales	typisch gemäßigt, mit kurzer Winterkälte	Wald-Braunerde oder graue Waldböden (oft lessiviert)	nemoraler, im Winter kahler Laubwald, frostresistent
Kontinentales	arid-gemäßigt, mit kalten Wintern	Tschernoseme, Kastanoseme, Buroseme bis Sieroseme	Steppen bis Wüsten, nur zur Sommerzeit heiß, frostresistent
Boreales	kalt-gemäßigt, mit kühlen Sommern (lange Winter)	Podsole oder Rohhumus-Bleicherden	boreale Nadelwälder (Taiga), sehr frostresistent

he von 5 m oder einen Deckungsgrad von mehr als 10 % bei Höhen unter 5 m aufweisen.

1.1.2 Besonderheiten von Wäldern

Die **Biomasse** der Wälder und die organische Substanz in den Waldböden ist unvergleichlich viel höher als die aller anderen Vegetationsformationen der Erde zusammengenommen. Sie spielt daher für den **Kohlenstoffhaushalt** der Erdatmosphäre eine überragende Rolle (siehe Kohlenstoffspeicherung Kap. 1.3.4; siehe auch Houghton 2011; Kap. 22 in Bartsch und Röhrig 2016; Le Quéré et al. 2018).

Klima und Boden, Vegetationsgeschichte und gegenwärtiger Florenbestand bewirken, dass die Wälder in den verschiedenen Regionen der Erde äußerst unterschiedlich zusammengesetzt sind. In großräumiger Sicht werden sie nach **klimatischen Aspekten** in tropische, subtropische, temperierte (auch als gemäßigte oder temperate Wälder bezeichnet) und boreale Wälder gegliedert. Bei Einteilung der Vegetationszonen in **Zonobiome**, die neben den Pflanzenformationen auch die Böden und die Fauna berücksichtigen, wird die breite temperierte Zone weiter untergliedert, u. a. in die in Mitteleuropa vorherrschende nemorale Zone mit kürzerer Kälteperiode als in den kontinentalen und borealen Zonen (Walter und Breckle 1991; Tab. 1.1)

Kennzeichnend für die Wälder der nemoralen Klimaregionen, die in diesem Buch im Vordergrund stehen, ist ihre **Saisonalität**, die sich vor allem im Laubwechsel zwischen Sommer und Winter bei den weitaus meisten Baum- und Straucharten zeigt (siehe Kap. 7.4 in Bartsch und Röhrig 2016). Aber auch die immergrünen Gehölze vermindern ihre Lebensfunktionen während der kalten Jahreszeit beträchtlich. Verbunden damit sind geringere Leistungen des Stoffwechsels.

1.1.3 Verbreitung von Wald

Global

Mit weltweit rund 4 Mrd. ha bedecken Wälder 30,6 % der globalen Landoberfläche (Abb. 1.1). Von diesen sind 93 % natürliche Wälder, zu denen natürlich verjüngte Wälder (74 % der natürlichen Wälder) und Primärwälder (26 %) gezählt werden. Plantagenwälder, die hauptsächlich in den temperierten Klimazonen vorkommen, machen 7 % der Waldfläche aus. Den weitaus größten Anteil an der Waldfläche der Erde haben die Wälder der tropischen Zone (44 %), gefolgt von den Wäldern der borealen und polaren Zonen (30 %), während die Wälder der temperierten Zone 17 % ausmachen. Von den Kontinenten hat Europa (einschließlich Russland) mit rund 1 Mrd. ha die größte Waldfläche (FAO 2016).

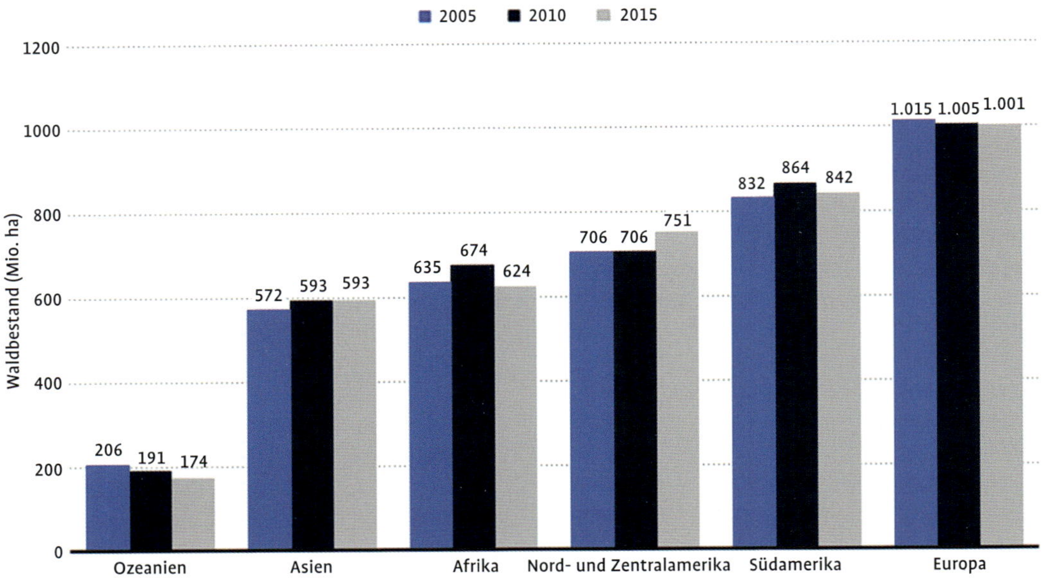

Abb. 1.1 Waldflächen der Kontinente (Europa mit Russland, in Mio. ha) (nach FAO 2016; Eurostat 2016).

Tab. 1.2 Waldflächenveränderung im Zeitraum 1990–2015 (in Mio. ha) (Daten aus Keenan et al. 2015)

Klimazone	**1990**	**2000**	**2005**	**2010**	**2015**
			Waldfläche (Mio. ha)		
natürliche Wälder					
boreale/polare	1 189	1 178	1 171	1 170	1 166
temperierte	529	531	534	538	545
subtropische	307	303	301	295	295
tropische	1 935	1 831	1 785	1 745	1 713
gesamt	3 960	3 846	3 793	3 750	3 721
Plantagen					
boreale/polare	30	40	47	54	57
temperierte	88	108	124	134	138
subtropische	18	21	22	24	24
tropische	30	38	45	52	56
gesamt	167	209	239	265	277
alle Wälder und Klimazonen	**4 128**	**4 055**	**4 032**	**4 015**	**3 999**

Zwischen 1990 und 2015 hat die Waldfläche durch Rodungen und andere Waldzerstörungen weltweit um etwa 3 % abgenommen, wobei der jährliche Waldverlust im Zeitverlauf rückläufig ist (Tab. 1.2). Der Waldverlust erfolgte überwiegend in den Tropen, während in den temperierten Zonen die Waldfläche erweitert wurde (Keenan et al. 2015; FAO 2016).

Geographisch kommen **temperierte Wälder** hauptsächlich in drei Regionen der Erde vor: im Osten und Südosten Nordamerikas, in Mitteleuropa und Teilen Osteuropas mit Ausläufern bis nach Sibirien sowie in Ostasien (Abb. 1.2). Daneben gibt es noch weitere kleinere temperierte Wälder im Nahen Osten, in den niederen Lagen des Himalajas und im Süden von Südamerika (Röhrig und Ulrich 1991). Im Norden Europas

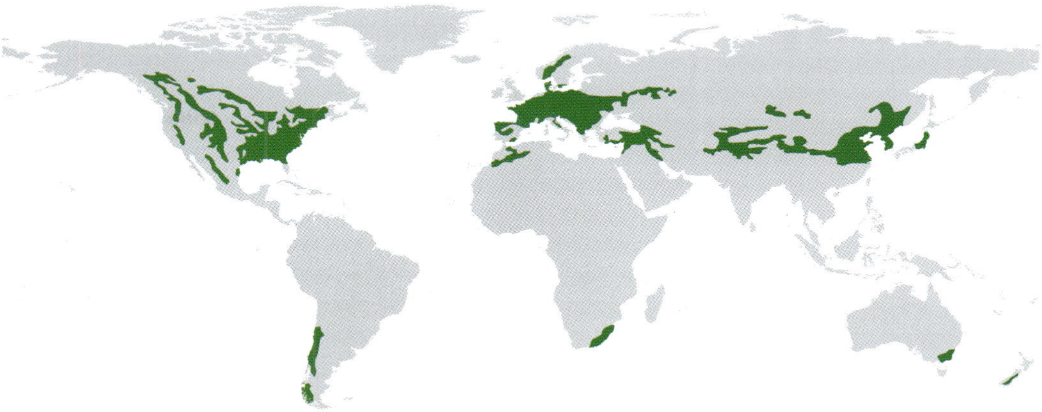

Abb. 1.2 Verbreitung der kühl-gemäßigten Zone der laubabwerfenden temperierten Wälder (nach Beierkuhnlein 2007).

Tab. 1.3 Waldflächen europäischer Regionen als Anteil (%) an der Landfläche und pro Einwohner (ha) sowie Nadelbaumanteil (% der Waldfläche) im Jahr 1990 (nach Kuusela 1994)

Region	Waldanteil (%)	Waldfläche je Einwohner (ha)	Nadelbaumanteil (%)
Nordeuropa	52	2,99	89
Mitteleuropa	29	0,17	70
atlantisches Europa	8	0,04	75
subatlantisches Europa	23	0,17	37
alpines Europa	40	0,35	74
pannonisches Europa	25	0,23	28
mediterranes Europa	20	0,18	40
insgesamt	27	0,26	63

finden sich Übergangszonen zu den borealen Wäldern, vor allem in Mittel- und Nordskandinavien und in Sibirien. Im Süden der Mittelmeerländer werden die temperierten Wälder von den subtropischen Hartlaubwäldern abgelöst.

Europa

Die Wälder in Europa (alle folgenden Daten ohne Russland, Stand 2015) umfassen insgesamt 215 Mio. ha. Dies entspricht einem **Waldanteil** an der Landfläche von 33 %. Hinzu kommen Flächen von 36 Mio. ha (5,5 % der Landfläche) der Kategorie „anderes bewaldetes Land" (u. a. Zwergsträucher). In den letzten 25 Jahren wurde die Waldfläche in Europa um 17,5 Mio. ha erweitert. Die Regionen und Länder Europas weisen unterschiedliche Waldanteile auf. Hohe Waldanteile (> 60 %) haben die Länder in Nordeuropa und Slowenien, geringe (< 15 %) u. a. Dänemark, Großbritannien, die Niederlande und Irland (Forest Europe 2015; Tab. 1.3).

Rund 84 % der europäischen Wälder stehen für die Holznutzung zur Verfügung, der Rest dient überwiegend Schutzzwecken. **Primärwälder** nach der Definition der FAO nehmen in Europa (32 Länder ohne Russland) nur noch 1,4 Mio. ha (0,7 % der Waldfläche) ein. Von denen sind 89 % geschützt, aber nur 46 % unterliegen einem strengen Schutz (Sabatini et al. 2018). Die Primärwälder befinden sich fast ausschließlich im borealen Nordeuropa und in Südosteuropa (Abb. 1.3). Ein Anteil von 9 % der Wälder entfällt auf intensiv bewirtschaftete **Plantagen**. In einigen Ländern, u. a. Irland, Großbritannien, Dänemark und Belgien, sind sie die vorherrschende Waldform. Als naturnah

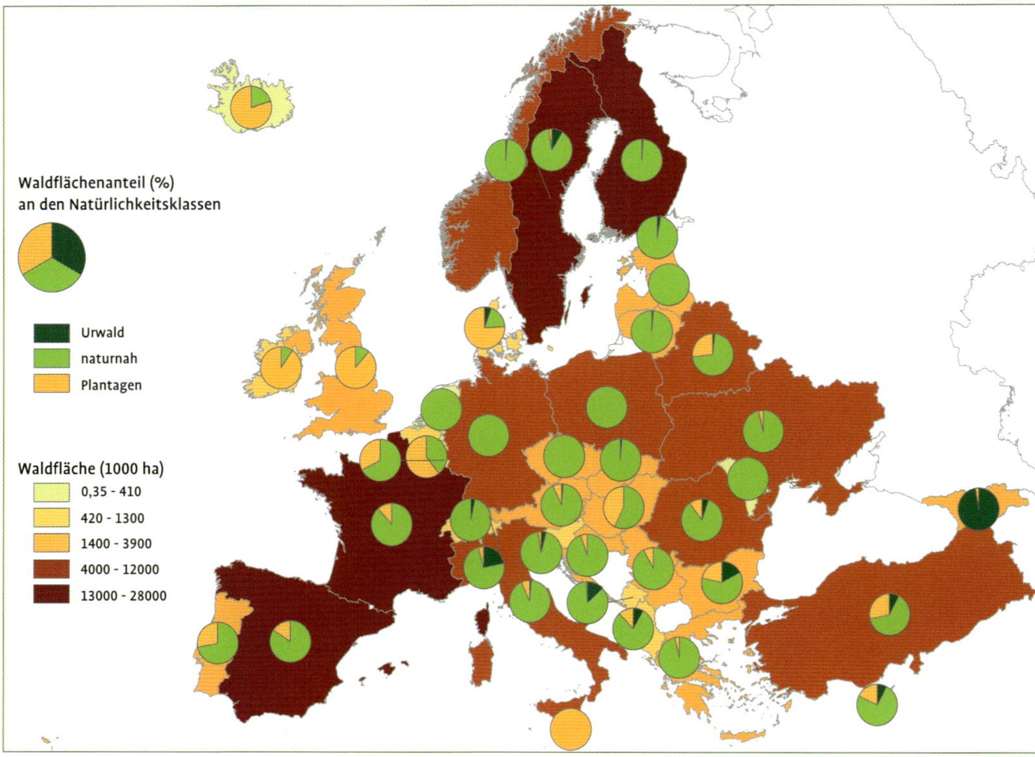

Abb. 1.3 Waldflächenanteile (% der Landfläche) europäischer Länder und Natürlichkeit der Wälder (nach Forest Europe 2015).

(*semi-natural*) werden 86 % der Wälder eingestuft (Forest Europe 2015).

1.1.4 Wälder in Deutschland

Mit 11,4 Mio. ha nimmt der Wald in Deutschland 32 % der Landfläche ein (Ergebnisse der Bundeswaldinventur 2012, BMEL 2016). Dabei ist die Dichte der Bewaldung regional (Abb. 1.4) und bundeslandbezogen (Tab. 1.4) sehr unterschiedlich. Einen überdurchschnittlichen **Waldanteil** haben Hessen und Rheinland-Pfalz (jeweils 42 %), das Saarland (40 %), Baden-Württemberg (38 %), Bayern (37 %), Brandenburg mit Berlin (37 %) und Thüringen (34 %). Von 2002 bis 2012 hat die Waldfläche in Deutschland um rund 48 000 ha (0,4 %) zugenommen.

Im privaten **Besitz** sind 48 % der Wälder in Deutschland, 33 % sind Staatswald (29 % Landeswald und 4 % Bundeswald) und 19 % Körperschaftswald (u. a. Gemeindewald, Stiftungswald).

Für Deutschland lassen sich drei geomorphologische **Großregionen** unterscheiden:

- das norddeutsche Tiefland mit Böden aus Ablagerungen pleistozäner Vereisungsperioden,
- die sich südlich anschließenden Mittelgebirgsschwellen, die bis über 1 000 m ü. NN ansteigen und Böden aus verschiedenen, meist mesozoischen und tertiären Gesteinen aufweisen, und
- schließlich das Alpenvorland und der schmale Streifen des Hochgebirges der Alpen.

Das **Klima** zeigt einen Übergang vom subatlantischen feucht-gemäßigten Westen zum subkontinentalen Osten mit ausgeprägten Unterschieden zwischen Sommer und Winter. Die Forstliche Standortsaufnahme (Arbeitskreis Standortskartierung 2016) kennzeichnet die ökologischen Unterschiede durch die Bildung von Wuchsgebieten und Wuchsbezirken (Kap. 2.3.2).

Entsprechend den recht kleinräumig wechselnden Standortsverhältnissen sind in Deutsch-

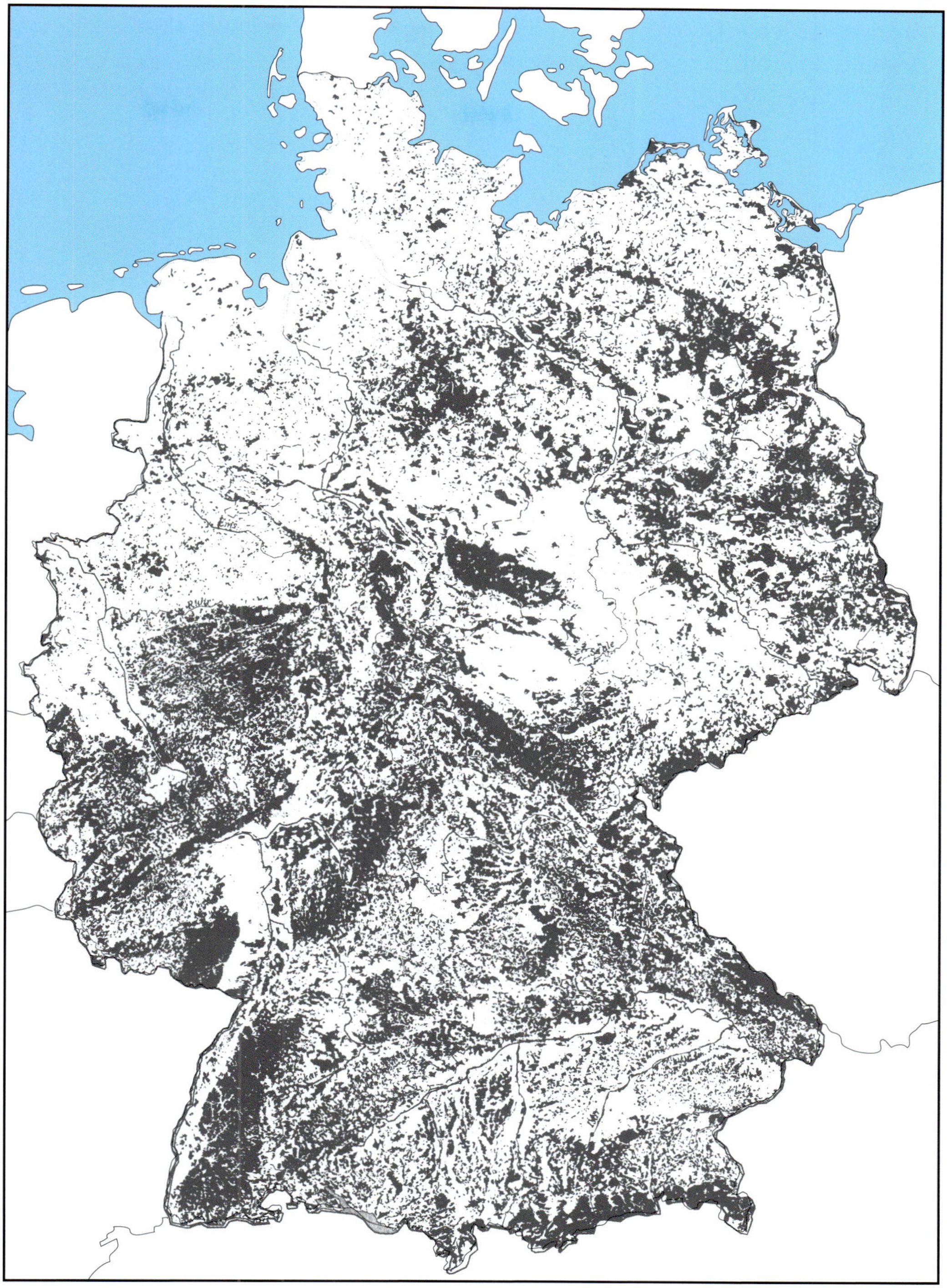

Abb. 1.4 Waldverteilung in Deutschland (nach BfN 2016).

Tab. 1.4 Waldflächen und Waldanteile der Bundesländer in Deutschland im Jahr 2012 (aus BMEL 2016)

Bundesland	Waldfläche (ha)	Bewaldungsprozent (%)	Anteil an der Gesamtwaldfläche Deutschlands (%)
Baden-Württemberg	1 371 847	38	12
Bayern	2 605 563	37	23
Brandenburg u. Berlin	1 130 847	37	10
Hamburg u. Bremen	13 846	12	0
Hessen	894 180	42	8
Mecklenburg-Vorpommern	558 123	24	5
Niedersachsen	1 204 591	25	10
Nordrhein-Westfalen	909 511	27	8
Rheinland-Pfalz	839 796	42	7
Saarland	102 634	40	1
Sachsen	533 206	29	5
Sachsen-Anhalt	532 481	26	5
Schleswig-Holstein	173 412	11	2
Thüringen	549 088	34	5
Gesamt	**11 419 124**	**32**	

land sehr verschiedene **Waldtypen** ausgebildet. Ursprünglich waren Buchenwälder (teils mit anderen Baumarten gemischt) weitaus am häufigsten, seltener waren Eichen- und Kiefernmischwälder. Durch die waldgeschichtliche Entwicklung (Kap. 1.2) haben 2012 Fichtenbestände mit 25,4 % und Kiefernbestände mit 22,3 % den größten Anteil an der Waldfläche. Buchen nehmen 15,4 % und Eichen 10,4 % der Waldfläche ein. Andere Laubbäume (u. a. Esche, Bergahorn, Kirsche, Linde) erreichen 17,6 % der Waldfläche, während die am häufigsten angebaute eingeführte Baumart, die Douglasie, etwa 1 % erreicht. Durch den Waldumbau seit Mitte des 20. Jahrhunderts (Kap. 2.2) wurde der Laubbaumanteil von 28 % (1960) über 34 % (1990) auf 43 % (2012) erhöht (Abb. 1.6).

Durch die Wiederaufforstung in den 1950er- und 1960er-Jahren von während oder infolge des Zweiten Weltkriegs kahl geschlagenen oder übermäßig genutzten Beständen ist der Anteil junger Altersklassen in Deutschland verhältnismäßig hoch (Tab. 1.5). Das führt zwar zu einem erheblich überdurchschnittlichen laufenden Zuwachs, doch auch zu reichlicher Produktion an schwach dimensionierten Holzsortimenten und zu aufwendigen Pflegemaßnahmen, wenn wertvolles Holz in Beständen mit hoher Stabilität erzeugt werden soll. Inzwischen steigt der Anteil von Beständen mit Altern von mehr als 80 Jahren stetig an, im Zeitraum von 1960 bis 1990 von einem Viertel auf mehr als ein Drittel der Waldfläche (BMVEL 2004) und bis 2012 auf annähernd 40 % (BMEL 2016).

Der Bedeutung der Wälder für den **Schutz von Naturräumen** und den **Erhalt der biologischen Vielfalt** wird in Deutschland vielfältig entsprochen (Kap. 1.3.5). Die Maßnahmen beinhalten vor allem Schutzgebietsausweisungen und andere Nutzungseinschränkungen, die von den Interessengruppen (u. a. Waldbesitzer, Naturschutzverbände) kontrovers diskutiert werden und zu Konflikten bei der forstlichen Nutzung (Beck und Lappe 2005; Winkel et al. 2005; Engel et al. 2016) sowie zu erheblichen Einnahmeverlusten führen können (Gerst und Möhring 2012; Wildmann et al. 2016; Möhring et al. 2017).

Hintergrundwissen

Bundeswaldinventur

Die Bundeswaldinventur (BWI) ist eine terrestrische Stichprobe mit permanenten Probepunkten. Inventurtrupps erfassen im Abstand von 10 Jahren an denselben Probepunkten eines permanenten Stichprobennetzes (Abb. 1.5) nach einem einheitlichen Verfahren Daten (u. a. Baumart, BHD (Brusthöhendurchmesser in 1,3 m Höhe), Baumhöhe, Verjüngung, Totholz) über den Waldzustand in Deutschland (Inventur- und Auswertungsmethoden in Riedel et al. 2017). In den Jahren 2011/2012 wurde zum dritten Mal die Bundeswaldinventur durchgeführt. Frühere Inventuren haben 1986–1988 und 2001/2002 stattgefunden. Die Bundeswaldinventur ist ein gesetzlicher Auftrag gemäß Bundeswaldgesetz (§ 41a). Die Ergebnisse der dritten Bundeswaldinventur sind im Internet unter https://bwi.info als Tabellen, Grafiken und Karten abrufbar. Die Mehrzahl der europäischen Länder führt ähnliche nationale Waldinventuren durch, z. T. mit abweichenden Aufnahmeverfahren und Auswertungen (Vidal et al. 2016).

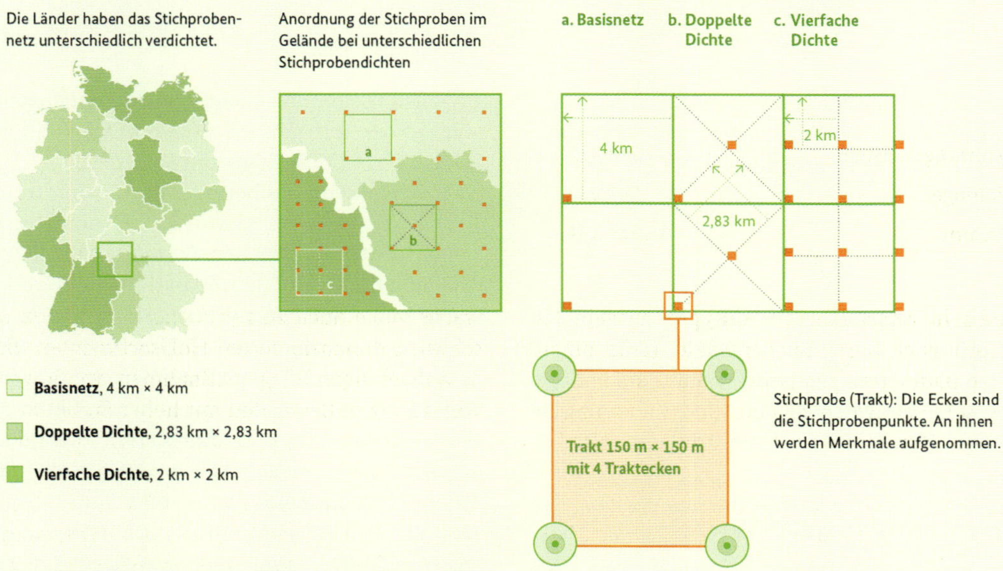

Abb. 1.5 Permanentes Stichprobennetz der Bundeswaldinventur in Deutschland: Für jede Stichprobe (Trakt genannt) werden an vier Stichprobenpunkten in Radien von 1–25 m Baumbestand, Totholz, Sträucher und Bodenvegetation erfasst (aus BMEL 2016).

1.1.5 Holzproduktion und Holzbedarf

Wälder liefern Holz für vielfältige Verwendungen. Andere **Waldprodukte** (Nebennutzungen) spielen in Mitteleuropa eine sehr geringe Rolle, wenn sie auch örtlich einen Beitrag zur Rentabilität der Waldwirtschaft leisten können, wie z. B. die Erzeugung von Weihnachtsbäumen und Schmuckreisig. In Ost- und Südosteuropa werden gelegentlich noch Harz und Flechtweiden gewonnen, in Südwesteuropa hat die Korkgewinnung eine Bedeutung. Holzerzeugung ist somit die wichtigste Aufgabe der Forstwirtschaft in allen Teilen der Erde, doch nimmt die Bedeutung der übrigen Funktionen der Wälder weiter zu.

Wie viel Holz auf der Erde jährlich eingeschlagen und verbraucht wird, lässt sich nur grob schätzen. Das steht hauptsächlich in Zusammenhang mit Unsicherheiten beim Einschlag

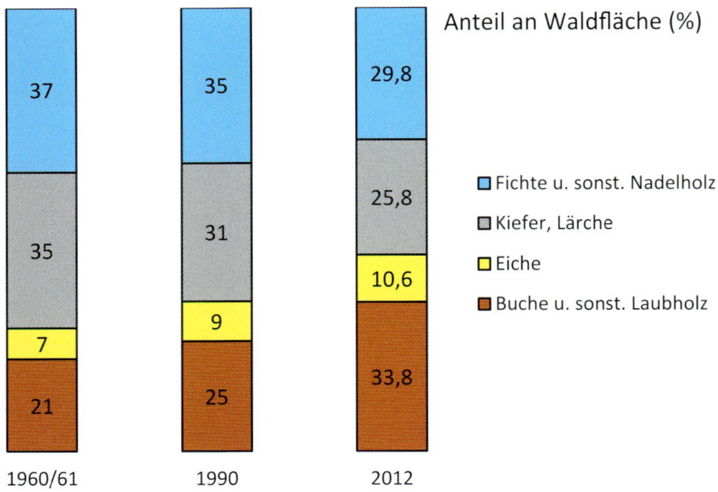

Abb. 1.6 Anteile der Baumartengruppen an der Waldfläche in Deutschland für die Jahre 1960/61, 1990 und 2012 (nach Bundesregierung 2001 und BMEL 2016).

Tab. 1.5 Flächenanteile der Altersklassen (römische Ziffern) für alle Baumarten in Deutschland für die Jahre 2002 und 2012 (BMEL 2017)

Altersklasse*	Flächenanteil (%)	
	2002	**2012**
I + II = 1–40 Jahre	29,7	25,4
III + IV = 41–80 Jahre	35,8	37,1
V + VI = 81–120 Jahre	23,0	23,3
VII + VIII = 121–160 Jahre	9,2	10,9
> VIII = > 160 Jahre	2,3	3,3

* Je nach Alter der führenden Baumart eines Bestandes werden Waldbestände Klassen von jeweils 20 Jahren zugeordnet. Die Altersklassen werden mit römischen Ziffern bezeichnet, I = 1–20 Jahre, II = 21–40 Jahre, III = 41–60 Jahre usw.

und Verbrauch von Brennholz. Einschlag und Verbrauch von stofflich genutztem Holz (Stamm- und Industrieholz) werden dagegen genauer erfasst.

Weltweit wurden seit den frühen 1980er-Jahren jährlich zwischen 3,2 und 3,6 Mrd. m^3 Holz geerntet, im Jahr 2010 waren es rund 3,4 Mrd. m^3. Dabei entfallen rund 45 % auf das stofflich (industriell) genutzte Holz, während rund 55 % energetisch (Brennholz, Holzkohle) genutzt werden. Der Anteil des Brennholzes ist mit über 80 % in den tropischen Regionen (Südamerika, Afrika, Südasien) besonders hoch. Die Statistiken der FAO berücksichtigen nicht den ungenehmigten und nicht gemeldeten Holzeinschlag, der auf jährlich 300–600 Mio. m^3 geschätzt wird (McFarlane und Sands 2013).

Die **Holzvorräte** betragen in **Europa** (ohne Russland) insgesamt 35 Mrd. m^3, dies entspricht einem durchschnittlichen Bestandesvorrat von 163 $m^3\ ha^{-1}$. In Mitteleuropa erreicht der Vorrat durchschnittlich annähernd 250 $m^3\ ha^{-1}$, in Südosteuropa nur rund 140 $m^3\ ha^{-1}$. Nadelbaumarten haben einen Anteil von 57 % am Holzvorrat. In den vergangenen 25 Jahren ist der Holzvorrat in den europäischen Wäldern jährlich um 403 Mio. m^3 angewachsen. Mit einem Holzeinschlag von rund 580 Mio. m^3 wurden 2010 etwa zwei Drittel des Holzzuwachses (rund 840 Mio. m^3) genutzt. Die Wälder in Europa akkumulieren dadurch bedeutende Mengen an Biomasse und tragen durch Fixierung von Kohlendioxid zur Entlastung der Atmosphäre bei. In der Biomasse der Wälder Europas wurden zwischen 2005 und 2015 jährlich 613 Mio. t CO_2 gespeichert, das entspricht etwa 8,5 % der Treibhausgasemissionen in diesem Zeitraum (Forest Europe 2015).

In den Wäldern der **Europäischen Union** (EU-28) betrug der Holzvorrat 2010 insgesamt rund 25 Mrd. m^3 bei einem jährlichen Holzzuwachs von 775 Mio. m^3, von dem 2010 rund 56 % (433 Mio. m^3) geerntet wurden. Rund 340 Mio. m^3 (78 %) wurden stofflich genutzt. Die EU ist damit neben Nordamerika weltweit

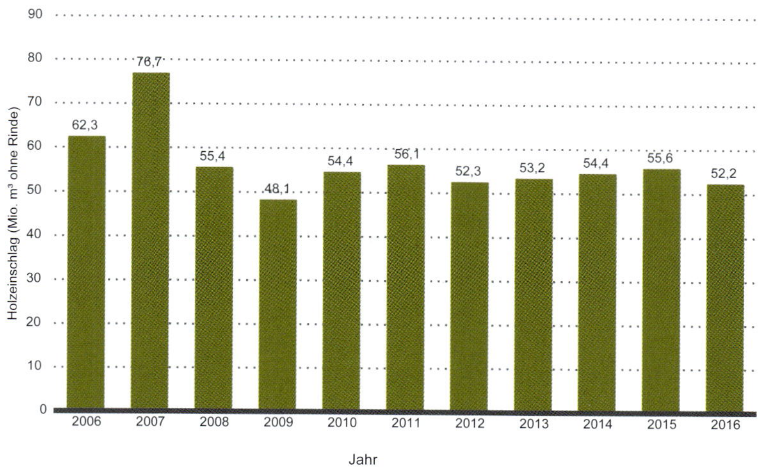

Abb. 1.7
Entwicklung des Holzeinschlags in Deutschland in den Jahren 2005–2016 (in Mio. m^3 ohne Rinde) (nach BMEL 2017).

der wichtigste Produzent von Nutzholz (Forest Europe 2015).

Mit 3,6 Mrd. m^3 Gesamtvorrat (Bundeswaldinventur 2012) steht im deutschen Wald mehr Holz als in jedem anderen Land der Europäischen Union. Innerhalb von 10 Jahren (2002–2012) ist der Holzvorrat in **Deutschland** um 7 % angestiegen. Mit Ausnahme der Fichte, deren Vorrat um 4 % abgenommen hat, haben sich die Vorräte der Baumarten erhöht: Buche um 10 %, Eiche um 16 %, Kiefer um 8 % und Douglasie um 47 %. Die Holznutzung und das natürliche Absterben von Bäumen erreichen insgesamt 87 % des Zuwachses. Die restlichen 13 % gehen damit in den Vorratsaufbau. Der durchschnittliche Vorrat pro Hektar war 2012 mit 336 m^3 höher als in allen anderen europäischen Ländern mit Ausnahme von Österreich und der Schweiz (BMEL 2017).

Für Deutschland sind im Zeitraum von 2006–2016 durchschnittlich rund 52 Mio. m^3 (Erntefestmeter ohne Rinde) Holz pro Jahr eingeschlagen worden. Die höchste Holzmenge wurde 2007 mit über 76 Mio. m^3 infolge des Sturms „Kyrill" geerntet (Abb. 1.7). Der Anteil des Nadelholzeinschlags lag 2016 bei 75 % (BMEL 2017).

Weltweit liegt der **Holzverbrauch** pro Einwohner bei weniger als 0,5 m^3. Der Holzverbrauch in Europa ist mehr als doppelt so hoch, mit großen Unterschieden zwischen den Ländern. Mit Ausnahme von Ost- und Südosteuropa übertrifft der Holzverbrauch in allen europäischen Ländern den Durchschnittswert von 1,1 m^3 pro Einwohner (Forest Europe et al. 2011). Von 1991–2015 erhöhte sich der Holzverbrauch in Deutschland von annähernd 1,1 auf mehr als 1,4 m^3 pro Einwohner (Weimar 2016).

1.2 Geschichte der Wälder und des Waldbaus bis Ende des 20. Jahrhunderts

Waldbau lebt aus der Geschichte. Das lange Fortbestehen der forstlichen Produktion und der sonstigen Waldfunktionen richtet den Blick in die Vergangenheit wie in die Zukunft. Viele Bäume, die heute geerntet werden, haben ihre Jugendentwicklung vor mehreren Menschengenerationen erlebt und sind unter Verhältnissen gewachsen, die anders sind als die gegenwärtigen. An einzelnen Bäumen lässt sich deren Wachstumsgeschichte durch Jahrringanalysen erkennen, ungewiss bleibt dagegen oft die Geschichte ganzer Bestände oder Wälder. Selbst bei langfristig beobachteten Versuchsflächen und erst recht bei den Naturwaldreservaten und sonstigen Referenzflächen ohne forstliche Bewirtschaftung fehlen, vor allem für die Jugendphasen, meist genaue Daten.

Die allgemeine Wald- und Forstgeschichte, aber vor allem spezielle Untersuchungen zur Bestandes- und Waldgeschichte in einzelnen Regionen oder Forstbetrieben führen zu einem besseren Verständnis der Gründe für die damalige Baumartenwahl und Behandlungsweise. Auch wird dabei erkennbar, in welcher Weise die heutigen Standortsverhältnisse durch zurückliegende Ereignisse und Nutzungsweisen mit bedingt sind: Waldbrände, frühere extensive landwirtschaftliche Nutzung, Plaggenhieb, Streunutzung, Luftverunreinigungen u. a. haben oft die Böden und damit die Wuchsbedingungen beeinträchtigt.

1.2.1 Natürliche Wälder

Die Baumarten haben sich im Quartär (Beginn vor ca. 2,6 Mio. Jahren) durch den Wechsel von Warm- und Kaltphasen in Europa mehrmals in Refugien zurückgezogen und aus diesen wieder ausgebreitet (siehe Kap. 3 in Bartsch und Röhrig 2016). Nach der letzten Eiszeit erreichte die Waldbedeckung in Europa ihr Maximum um 7000 Jahre v. Chr., wobei sich einzelne Arten (u. a. Fichte nach Westen, Buche nach Norden, Hainbuche nach Süden) auch später noch ausbreiteten (Kirby und Watkins 2015c). Der damalige Waldzustand wird allgemein als natürlich angesehen, weil angenommen wird, dass der menschliche Einfluss bis dahin begrenzt war. Hierüber und über die natürlichen Waldstrukturen sowie den Anteil offener Flächen gibt es unterschiedliche Auffassungen, je nachdem, wie die Auswirkungen großer Pflanzenfresser (Vera 2000; Hodder et al. 2009; Nielsen et al. 2012) und der menschliche Einfluss durch Feuer und Jagd (Innes et al. 2013) eingeschätzt werden. Die damalige Baumartenzusammensetzung dient im Modell der **potenziellen natürlichen Vegetation** (pnV) heute als Referenz für die Natürlichkeit von Wäldern (BfN 2010), obwohl diese statische Betrachtung den Prozessen der Walddynamik sowie den aktuellen Standortseinflüssen nur unzureichend gerecht wird und die vielfältigen Vegetationstypen der Landschaften vereinfacht (Kap. 2.3.3.4). Weitere Kriterien der Naturnähe, die Strukturen und Prozesse der Waldökosysteme einbeziehen (siehe Franklin et al. 2002; Winter et al. 2004, 2013; Bauhus et al. 2009), werden bisher kaum berücksichtigt (Kap. 1.4.3).

Deutschland liegt im Verbreitungszentrum der europäischen Buchenwälder, deren natürlicher Anteil (pnV) an der Gesamtfläche Deutschlands 66 % betragen würde. Der Anteil Deutschlands am natürlichen Gesamtareal der europäischen Rotbuchenwälder beträgt etwa 25 % (Bohn et al. 2003). Im Vergleich zu anderen Kontinenten weist Europa heute mit weniger als 3 % der Waldfläche den geringsten Anteil an Primärwäldern auf (Kirby und Watkins 2015b). Sie werden meist als **Urwälder** bezeichnet, von denen wenige in Ost- und Südosteuropa erhalten geblieben sind. Aus der Urwaldforschung ist bekannt, dass in den von der Buche dominierten Wäldern ein differenziertes Störungsregime mit einer überwiegend kleinräumigen Mischung von Waldentwicklungsphasen herrscht, dass bei den Kronendachöffnungen kleine Bestandeslücken dominieren und deren Anzahl mit zunehmender Lückengröße stark abnimmt (Drößler und Lüpke 2005). Im Wirtschaftswald werden die Baumstämme in der Optimalphase genutzt. In den Buchenurwäldern nehmen die der Optimalphase folgenden Entwicklungsphasen bis zu 3 Viertel der Fläche ein. Die Plenterphase (Kap. 5.5) mit ihrem engen Nebeneinander von Elementen aller Phasen erreicht bis annährend 30 % der Fläche (Drößler und Meyer 2006).

Deutschland verfügt über keine Wälder, die nicht durch vielfältige Nutzung beeinflusst wurden. Um die eigendynamische Waldentwicklung zu erforschen, wurde von Forstverwaltungen in Deutschland und in weiteren europäischen Ländern nach Kriterien der standörtlichen und vegetationskundlichen Repräsentativität ein Netz von **Prozessschutzflächen** (u. a. Naturwaldreservate) ausgewiesen (Meyer et al. 2007, 2011; Engel et al. 2016). Auf Landschaftsebene dienen hierzu die Nationalparke. Auch die Prozessschutzflächen sind nicht ursprüngliche Biome, sondern überwiegend erst seit wenigen Jahrzehnten aus Kulturlandschaften hervorgegangen. Historische Nutzungsformen prägen daher langfristig deren Baumartenzusammensetzung und Waldstrukturen. Eine natürliche Waldtextur mit den hohen Anteilen der Plenter-, Alters- und Zerfallsphasen der Urwälder bilden sich in Prozessschutzflächen erst nach mehreren Waldgenerationen aus (Rademacher et al. 2001).

1.2.2 Von der Waldzerstörung zum Waldaufbau

Der Niedergang

Erstmals im **Neolithikum** (Jungsteinzeit, 5500–3500 v. Chr.) griffen in Mitteleuropa Menschen erheblich in die Pflanzendecke ein, die damals fast vollständig aus Wäldern bestand. Damit begann die Umgestaltung der Natur- zu Kulturlandschaften (Lang 1994; Küster 2013a, 2013b; Poschlod 2015). Sie verlief zunächst sehr langsam, denn in Mitteleuropa lebten damals nur einige Hunderttausend Menschen. Doch das änderte sich im Laufe der Kulturentwicklung. Vom frühen Mittelalter bis zum Beginn der Neuzeit stieg die Lebenserwartung der Menschen von 20 auf 35 Jahre (Grupe 1986; Braudel 1990) und damit auch die Bevölkerungszahl sowie der Bedarf an lebensnotwendigen Gütern.

In diesem Zeitabschnitt bildete der Wald sowohl ein Hindernis für die Anlage von Siedlungen und landwirtschaftlichen Nutzflächen als auch eine besonders wichtige Quelle für zahlreiche Güter des täglichen Bedarfs. Im Mittelalter erfolgten umfangreiche **Rodungen** im 8. und 9. Jahrhundert, besonders aber im 12. und 13. Jahrhundert. Im Spätmittelalter ließen solche Rodungen nach, bedingt durch die zeitweilige Abnahme der Bevölkerung infolge von Seuchen, z. T. auch durch Zuzug der Landbevölkerung in die Städte. Es entstanden Wüstungen, der Wald drang in manchen Gegenden wieder vor. Wenn es auch im 18. Jahrhundert aus verschiedenen Gründen (Nahrungsmangel, Merkantilismus u. a.) noch einmal zu Waldrodungen kam, so blieb doch in Deutschland die Verteilung von Wald und anderweitig genutzten Flächen vom Ende des 14. Jahrhunderts bis heute ungefähr gleich.

Die **Nutzung** der Wälder hat sich seit dem Mittelalter sehr vielfältig entwickelt und wurde dabei ständig intensiviert. Das ist in Werken der Forstgeschichte ausführlich dargestellt (Hasel 1985; Kremser 1990; Mantel 1990; Radkau 2012; Kirby und Watkins 2015a). In diesem Abschnitt werden nur die wichtigsten waldbaulichen Aspekte behandelt.

Man macht sich heute kaum noch eine Vorstellung davon, in welchem Ausmaß die Bevölkerung Europas bis zum Beginn des 19. Jahrhunderts von der Nutzung der Wälder abhängig war (siehe Braudel 1990; Radkau 2012). Einige Güter konnten aus dem Wald ohne oder mit nur geringfügigen Veränderungen der Vegetation gewonnen werden, z. B. Beeren und Früchte, Pilze, trockenes Holz. Andere Nutzungen führten zur Bevorzugung bestimmter Baumarten, wie etwa der Linden zur Gewinnung von Bast, Honig und Wachs (Schubart 1966) oder der Eichen zur Schweinemast (Hartel et al. 2015). Bedeutende Schäden verursachten der Jagdbetrieb, die Waldweide, der Plaggenhieb und die Streunutzung. Sie waren nicht nur mit einer starken Auflichtung der Waldbestände verbunden und damit vorrats- und zuwachsschädigend, sondern sie ließen auch die Verjüngung der Waldbestände verkümmern und schädigten auf lange Zeit den Boden (Kremser 1990).

Noch tiefer griffen die nur unzulänglich oder gar nicht geregelten Holznutzungen in den Zustand der Wälder ein. Der ständige Bedarf an **Brenn-** und **Nutzholz** ließ zunächst die siedlungsnahen Wälder stark verarmen, mit der Zeit aber auch die ferner gelegenen. Trotz des immer deutlicher werdenden Holzmangels entwickelte sich vom 15. Jahrhundert an ein Fernhandel mit Holz – größtenteils mithilfe von Holzflößen (Braudel 1990; Borger-Keweloh und Keweloh 1991; Scheifele 1998; Radkau 2012) – besonders für den Bau von Schiffen und Hafenanlagen (z. B. das „Holländerholz" aus dem Schwarzwald).

Die umfangreichste Waldverwüstung geschah durch die gewerbliche Nutzung des Holzes. Die **Holzverkohlung** im Wald, vor allem für die Erzverhüttung, wurde schon im Altertum betrieben, sie nahm aber mit Beginn der Neuzeit in Mitteleuropa einen so bedeutenden Umfang ein, dass große Schläge dafür in Anspruch genommen wurden (Abb. 1.8).

Im Mittelalter stieg auch die **Metallgewinnung** durch den **Bergbau** stark an. „Entscheidende Voraussetzung für den Betrieb von Berg- und Hüttenwerken war das Vorkommen von Erz, Holz und Wasser" (Mantel 1990). Ideale Ausgangsbedingungen dafür fanden sich vor allem im Harz, Erzgebirge, Siegerland und in Teilen von Nordostbayern und den Alpen. Die benötig-

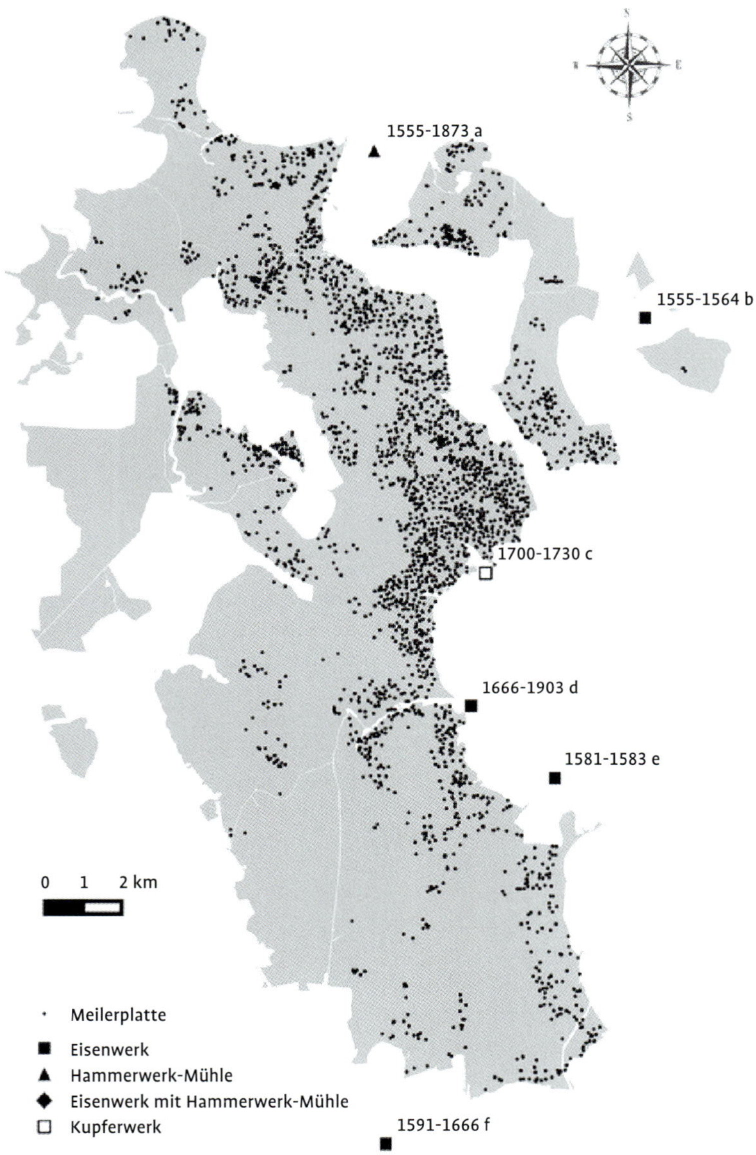

Abb. 1.8 Lage von Meilerplatten aus gewerblicher Köhlerei zur Eisen- und Kupferverhüttung im nordhessischen Reinhardswald. Bei den Mühlen und Metallwerken ist der Zeitraum der Produktion angegeben; a: Lippoldsberg, b: Heisebeck, c: Olbetal, d: Veckerhagen, e: Vaake, f: Knickhagen. Von der Mitte des 16. Jahrhunderts bis Ende des 19. Jahrhunderts wurden in den buchendominerten Wäldern des Reinhardswalds 13 Meilerplatten km^{-2} angelegt, die aus Laserscanaufnahmen mithilfe eines digitalen Geländemodells kartiert wurden (nach Schmidt et al. 2016).

ten riesigen Mengen an Stammholz einschließlich Grubenholz, Brennholz und Holzkohle bedeuteten für die Wälder der näheren und weiteren Umgebung meist die fast vollständige Degradierung: Beeinträchtigung der Böden, lange Freilage mit Erosion, Ausbreitung von Heide und schließlich Ersatz der ursprünglichen Laubwälder durch reine Fichten- oder Kiefernbestände waren die Folge.

Kremser (1990) schildert, „[...] daß die Köhlerei allein im Harz doppelt so viel Holz verschlungen hat wie die viel geschmähte Saline Lüneburg". Für die Gewinnung von Salz durch Verdampfen der Sole aus Salzquellen waren sehr große Holzmengen erforderlich, die sich im Einzelfall schwierig beziffern lassen. Für die großen **Salinenbetriebe**, wie Reichenhall und Lüneburg, wird der damalige Holzbedarf auf jährlich rund 90 000 m^3 geschätzt. Auch das war mit gro-

Abb. 1.9
Historisches Foto des Brennholzeinschlags in einem Niederwald im Siegerland am Mittelrhein.

Abb. 1.10
Historisches Foto des Brennholztransportes in einem Niederwald im Siegerland am Mittelrhein.

ßen Waldzerstörungen verbunden, die mit sich anschließender Schafweide um Lüneburg zu ausgedehnten Heideflächen geführt haben, die über drei Jahrhunderte weitgehend unbewaldet waren (Kremser 1990).

Hinter den Großverbrauchern von Holz traten andere Gewerbe, wie Glasmacher, Aschenbrenner, Harznutzer und Leineweber, in ihrer Bedeutung für die Waldzerstörung zurück. Insgesamt führten alle diese Formen der Waldnutzung neben der Verarmung der Wälder auch zu strukturellen Veränderungen. Brennholz und Holzkohle wurden ganz überwiegend aus geringwertigen Holzsortimenten gewonnen, aus dem Kronenholz älterer Bäume und vor allem aus schwachen Stämmen jüngerer sowie dem Unterstand älterer Bestände. Diesen Bedürfnissen kam die **Niederwaldwirtschaft** (Abb. 1.9, 1.10) entgegen (Buckley und Mills 2015). Wo neben Holz mit geringen Durchmessern auch stärkeres Stammholz gebraucht wurde, ging man zum **Mittelwald** über. Zudem nahm durch die zunächst nur bescheidenen Wiederaufforstungen der Anteil der Nadelbäume zu.

Um die Mitte des 18. Jahrhunderts waren die Wälder in Deutschland und den meisten Nachbarländern überwiegend durch regellose Plenterung ausgeplündert, durch Kahlhiebe verwüstet und durch überzogene Nieder- und Mittelwaldwirtschaft (Kap. 5.2, 5.3) heruntergekommen. Auch ehemals sehr waldreiche Gebiete, wie der Schwarzwald und der Spessart, waren nur noch zu 15–20 % bewaldet (Schmidt 2014). Das alles war das Ergebnis einer **Vielzweckwaldwirtschaft**, wie sie bis dahin betrieben worden war.

Doch wäre es ungerecht, den Wald in dieser langen Periode als ein völlig der Ausplünderung unterworfenes Opfer anzusehen. Immer wieder wurden Versuche unternommen, Waldgebiete unter Schutz zu stellen (v. a. für die Zwecke der herrschaftlichen Jagd), die Waldnutzung zu regeln und durch Saat oder Pflanzung für eine Verjüngung der Waldbestände zu sorgen. Dazu finden sich Darstellungen für Europa in Kirby und Watkins (2015a), für Deutschland in Mantel (1990) und auf Nordwestdeutschland bezogen in Kremser (1990). Trotz mancher Erfolge ließ sich aber der allgemeine Niedergang des Waldes bis zum Ende des 18. Jahrhunderts nicht aufhalten.

Der Neuanfang

Die entscheidende **Umkehr** setzte im letzten Drittel des 18. Jahrhunderts ein. Sie vollzog sich in vielen Schritten und dauerte mehr als 100 Jahre. Entscheidend gefördert wurde dieser Wandel durch die großen Veränderungen in der Landwirtschaft sowie die technische und wirtschaftliche Entwicklung in Europa (Küster 2013a; Poschlod 2015).

Im **Agrarbereich** brachte die Aufhebung des Flurzwangs und die Nutzung von Brachen einen starken Anstieg der Ackerfläche von 12 Mio. ha um 1700 auf 25 Mio. ha um die Mitte des 19. Jahrhunderts (Abb. 1.11). Die Landwirtschaft wurde durch den Anbau von Hackfrüchten, den Einsatz leistungsfähiger Geräte und

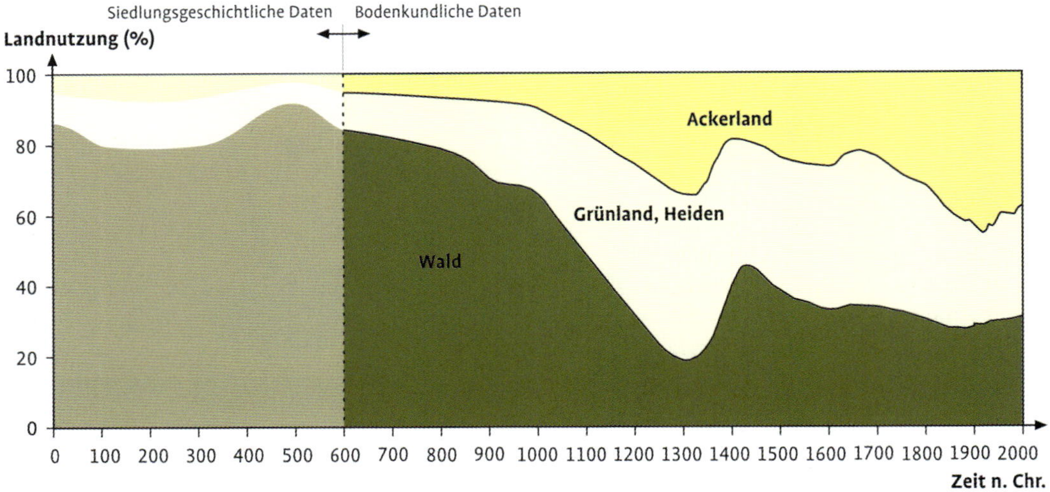

Abb. 1.11 Entwicklung der Flächenanteile von Acker, Grünland (einschließlich Brachen) und Wald an der Landnutzung in Deutschland von der Zeitenwende bis 2000 n. Chr. (aus Poschlod 2015).

Abb. 1.12
Historisches Foto des Plaggenhiebs im Siegerland. Beim Plaggen wird der humose und durchwurzelte Oberboden mit der darauf befindlichen Vegetation abgestochen. Die Plaggen wurden als Einstreu in den Ställen verwendet und mit dem Mist als organischer Dünger auf Äcker ausgebracht.

Maschinen, durch die Ausdehnung der Tierhaltung mit Übergang zur Stallfütterung und die Verwendung von Düngemitteln außerordentlich intensiviert. Damit verbunden waren tief greifende Veränderungen der ökonomischen und sozialen Strukturen auf dem Lande: Bauernbefreiung, Aufteilung von Allmenden, Ablösung von Waldberechtigungen. Das führte allmählich dazu, dass so schädliche Waldnutzungen wie Waldweide, Streurechen und Plaggenhieb (Abb. 1.12) nicht mehr praktiziert wurden. Agrar- und Forstwirtschaft trennten sich weitgehend voneinander, eine Klammer blieb die bäuerliche Waldwirtschaft.

Auch die **Industrialisierung** trug wesentlich zu dieser Entwicklung bei. Der Bedarf an Brennholz ging durch die gesteigerte Verwendung von Kohle zurück, auch für den Bau von Häusern und Fahrzeugen sowie anderen Produkten wurde das Holz mehr und mehr durch alternative Materialien ersetzt. Der Ausbau der Verkehrswege förderte die Einfuhr vieler Erzeugnisse aus anderen Regionen (Nipperdey 1993, 2013).

Dennoch wurde durch diese Entwicklungen der **Bedarf an Holz** nicht geringer, es änderten sich nur die Anforderungen an die Holzqualität und -dimension. Während zuvor überwiegend Holz geringerer Dimensionen beliebiger Qualität gefragt war, trat jetzt das Nutzholz mit günstigeren Gebrauchseigenschaften immer mehr in den Vordergrund. Die rasche Vermehrung der Bevölkerung (um 1800 hatte Deutschland knapp 30 Mio. Einwohner, 1865 waren es schon 52 Mio.) und steigende Lebensansprüche führten zu einem höheren Bedarf an **Nutzholz**. Für die erste Hälfte des 19. Jahrhunderts lässt dieser sich kaum abschätzen, für die Periode von 1862–1865 wird er mit 22,5 Mio. m^3 beziffert (0,57 m^3 pro Einwohner), wobei die nachgefragte Brennholzmenge noch dem doppelten Nutzholzbedarf entsprach. Im Zeitraum 1902–1906 war der Holzbedarf schon auf 48,9 Mio. m^3 gestiegen

(0,82 m^3 pro Einwohner). Der Brennholzanteil der Holznachfrage war auf weniger als die Hälfte des Nutzholzbedarfs gesunken.

Voraussetzungen für den Aufbau einer Forstwirtschaft in Mitteleuropa waren die **Vermessung** und **Einteilung** der Wälder in Wirtschaftseinheiten. Damit ergab sich erst die Möglichkeit, nachhaltig nutzbare Hiebssätze festzulegen. Das geschah in verschiedenen Schritten, wobei zunächst einfachste und nach und nach immer bessere Methoden zum Einsatz kamen (Speidel 1972). Es wurden unter langwierigen und oft kontroversen Diskussionen verschiedene Verfahren zur **Durchforstung** entwickelt (Kap. 4.2.8). Erst zu Beginn des 20. Jahrhunderts kam es zu systematischen Pflegeeingriffen in jüngere Bestände. Die großen Anstrengungen zur Wiederherstellung des Waldes auf stark verlichteten und kahl geschlagenen Waldflächen erforderten eine Umstellung und bedeutende Erhöhung der **Anzucht von Forstpflanzen** in forsteigenen und gewerblichen Baumschulen. Dabei zeigten sich seit Beginn des 20. Jahrhunderts zunehmend Probleme mit der Wahl und der Sicherung standortsgeeigneter **Herkünfte**. Die Technik der Aufforstung einschließlich vorbereitender **Flächenbearbeitung** erfuhr eine intensive Fortentwicklung. Geeignete **Schutzmaßnahmen** mussten für die Kulturen gefunden werden. Erst ab dem zweiten Drittel des 20. Jahrhunderts kam es zu systematischer **Standortskartierung** mit entsprechenden Empfehlungen zur **Baumartenwahl** (Kap. 2).

Die **Neubegründung von Wäldern** auf den devastierten Flächen geschah fast ausschließlich durch Pflanzung von Fichten und Kiefern in Reinbeständen. Das war unter den gegebenen Umständen nahe liegend. Diese Arten ermöglichten eine rasche Walderneuerung, da sie auf den durch übermäßige Nutzung an Nährstoffen verarmten Standorten ein befriedigendes Wachstum zeigten, nicht unter der unzureichenden oder fehlenden Überschirmung litten und relativ einfach anzuziehen waren. So entstanden vielerorts ausgedehnte Nadelholzreinbestände in regelmäßigen Verbänden. In diesen **Altersklassenwäldern** ließen sich Bestandesbehandlung und Holzernte besonders effizient über Forsteinrichtungswerke planen und kontrollieren, ohne dass das wenig fachlich ausgebildete Forstpersonal überfordert wurde (Steinsiek 2011). Trotz der gleichzeitig stattfindenden Umwandlung Deutschlands zu einer dicht besiedelten Wirtschafts- und Industrienation erweiterten die Aufforstungen die Gesamtwaldfläche innerhalb von weniger als 200 Jahren um fast 30 % gegenüber der Waldfläche im Jahr 1834 (Schmidt 2014).

Der Aufbau einer geregelten Forstwirtschaft im 18. Jahrhundert war nur möglich, weil in den einzelnen Herrschaftsgebieten Forstorganisationen mit einem für diese Aufgaben geeigneten **Personal** gegründet worden waren. Diese Fachkräfte erfuhren ihre Ausbildung zuerst in sogenannten Meisterschulen, die bald durch Forstakademien, den Vorläufern der späteren forstlichen Fakultäten an mehreren Universitäten, ergänzt wurden. Dort lehrte während des 19. Jahrhunderts eine ganze Reihe bedeutender Persönlichkeiten, die großen Einfluss auf die forstliche Praxis hatten, vor allem Georg Ludwig Hartig (1764–1837), Heinrich Cotta (1763–1844), Gottlob König (1770–1849), Leopold Pfeil (1783–1859) und Karl Gayer (1822–1907). In ihren Lehrbüchern (u. a. Hartig 1791; Cotta 1816) fassten sie die damaligen Kenntnisse über die forstlich wichtigen Eigenschaften der Baumarten und die praktischen Erfahrungen bei der Verjüngung und Behandlung verschiedener Waldtypen systematisch zusammen. Pfeil hob als erster die Bedeutung des Standortes für alle waldbaulichen Verfahren deutlich hervor. Gayer stellte erstmals die Vorteile gemischter Wälder in den Vordergrund seiner Überlegungen zum Aufbau leistungsfähiger Wälder.

Um von den als gültig erachteten Regeln zu einem gesicherten Wissen zu gelangen, begann in den 1860er-Jahren zeitgleich und methodisch abgestimmt in mehreren Ländern (v. a. Bayern, Preußen) in **Versuchs- und Forschungsanstalten** der systematische Aufbau praxisnaher ertragskundlicher Versuchsflächen, in denen meist mehrere Varianten von Bestandesbehandlungen miteinander verglichen wurden (Pretzsch et al. 2015). In Deutschland gibt es derzeit über 1 000 solcher Flächen, von denen die ältesten bereits 140 Jahre lang unter Beobachtung stehen (Nagel et al. 2012).

Porträt

Wegbereiter des waldbaulichen Neubeginns

Georg Ludwig Hartig (1764–1837)
1791 erschien die „Anweisung der Holzzucht für Förster und die es werden wollen" von Georg Ludwig Hartig. Das Werk erlebte bis 1877 (seit 1840 durch seinen Sohn Theodor bearbeitet) 11 Auflagen und hatte damit einen großen Einfluss auf den Waldbau im 19. Jahrhundert. In diesem Werk wurden die damaligen Kenntnisse über die forstlich wichtigen Eigenschaften der Baumarten und die praktischen Erfahrungen bei der Verjüngung und Behandlung verschiedener Waldbestände systematisch zusammengefasst. Daraus entstand ein noch einfaches Lehrgebäude des Waldbaus. Eigene Erfahrungen von Hartig lagen hauptsächlich in der Buchenwirtschaft und so musste er sich später den Vorwurf gefallen lassen, er habe deren Verhältnisse ohne Weiteres auf andere Baumarten übertragen und habe überhaupt zu sehr „generalisiert". Dieser Einwand ist nicht ganz unberechtigt, wenn auch übertrieben. Die berühmten, oft angeführten acht (später zehn) „Generalregeln" beziehen sich nur auf so prinzipielle Fragen, dass von einer fehlerhaften Verallgemeinerung nicht gesprochen werden kann. Bezeichnend für seine Anschauungen war seine Stellung zur Frage des Bestandesschlusses. Er warnte eindringlich vor einer Durchbrechung des Kronenschlusses vor Beginn der Verjüngung und empfahl auch bei dieser zunächst eine recht dunkle Schirmstellung. Die Durchforstung sollte nur tote und unterdrückte Bestandesglieder entnehmen. Dies hat ihm und seinen Schülern bei den Gegnern später den Spottnamen „Dunkelmänner" eingetragen. Schwerwiegend für die Zukunft war sein Eintreten für die Zusammenlegung großer, gleich alter und reiner Bestände, ohne genügende Berücksichtigung standörtlicher Unterschiede. Das ist aus der Zeit heraus zu verstehen, hatte aber nachteilige Folgen für eine feinere Anpassung von besser geeigneten Baumarten an die Standorte und auch für die Betriebssicherheit der Bestände.

Heinrich Cotta (1763–1844)
Eine auf den Waldbau ähnlich tief greifende Wirkung wie das Werk von Hartig hatte das Buch „Anweisung zum Waldbau" von Heinrich Cotta, das in neun Auflagen von 1816–1865 erschien. In der Forstliteratur gilt es als das erste Werk, das den Titel „Waldbau" trägt (Abb. 1.13). In seinem Aufbau ist das Lehrbuch erstmalig nicht nach Baumarten gegliedert und es umfasst alle Gebiete dieses Faches mit der Darstellung der heute gebräuchlichen Betriebsarten (Hochwald, Mittelwald, Niederwald). Cottas Werk stellt den Waldbau mit den damals bekannten Methoden der natürlichen und künstlichen Bestandesverjüngung, der Bestandesbehandlung und der Holzernte dar. Viele Anschauungen von Cotta, z. B. über die Pflanzung in weiten Verbänden, über die Notwendigkeit und den Wert von Durchforstungen, gelten heute noch als geradezu modern. Seine waldbaulichen Auffassungen standen mit der Ablehnung genereller Regeln und seiner Durchforstungslehre in einem deutlichen

Anweisung
zum
Waldbau,
von
Heinrich Cotta,

Vorrede zur ersten Auflage.

Wenn die Menschen Deutschland verließen, so würde dieses nach 100 Jahren ganz mit Holz bewachsen seyn. Da nun letzteres niemand benutzte, so würde es die Erde düngen, und die Wälder würden nicht bloß größer, sondern auch fruchtbarer werden.

Kehrten aber nachher die Menschen wieder zurück, und machten sie wieder eben so große Anforderungen an Holz, Waldstreu und Viehweide, wie gegenwärtig; so würden die Wälder bei der besten Forstwirthschaft abermals nicht bloß kleiner, sondern auch unfruchtbarer werden.

Die Wälder bilden sich und bestehen also da am besten, wo es gar keine Menschen — und folglich auch gar keine Forstwissenschaft giebt; und diejenigen haben demnach vollkommen Recht, welche sagen: „Sonst hatten wir keine Forstwissenschaft, und Holz genug; jetzt haben wir die Wissenschaft, aber kein Holz."

Abb. 1.13
Heinrich Cotta (1763–1844) – Text aus dem Vorwort zur ersten Auflage (1816) der „Anweisung zum Waldbau". Cotta war Leiter der sächsischen Forstvermessungsanstalt und Gründer der Forstakademie in Tharandt bei Dresden. Waldbau war eine Wortschöpfung von Cotta, ebenso die Unterscheidung von Hoch-, Mittel- und Niederwald. Anders als Georg Ludwig Hartig vermied er jegliche Generalisierung. Er bemühte sich, auf Erfahrungen aufzubauen und die standörtlichen Unterschiede herauszuarbeiten. Diese Denkweise übernahm in der Folge auch Wilhelm Pfeil.

Gegensatz zu Hartig. Im 19. Jahrhundert gab es wohl keinen anderen Forstmann, der das Wesen des Waldes und die Aufgaben des Waldbaus so glänzend formuliert hat. Die Einleitung zu seinem Waldbaulehrbuch gehört zu den Meisterwerken der forstlichen Literatur.

Wilhelm Leopold Pfeil (1783–1859)
Als besonders originelles Werk der forstlichen Literatur des 19. Jahrhunderts gilt „Die deutsche Holzzucht, begründet auf die Eigenthümlichkeit der Forstgehölze und ihr Verhalten zu den verschiedenen Standorten“ von Friedrich Wilhelm Leopold Pfeil. Eine ungewöhnlich breite Erfahrung und Belesenheit, vor allem eine außerordentliche Beobachtungsgabe und die besondere Fähigkeit, Lehrmeinungen und persönliche Eindrücke kritisch zu verarbeiten, ließen ihn zu dem überragenden Schriftsteller seiner Zeit auf dem Gebiet des Waldbaus werden. Die Schärfe seiner Kritik bot oft Anlass für Anfechtung, sicherlich nicht immer zu Unrecht. In seinem erst nach dem Tode erschienenen Waldbaulehrbuch (1880) enthält er sich aber heftiger Polemik. Darin hebt er als Erster die Bedeutung des Standortes für alle waldbaulichen Verfahren deutlich hervor, von einer gänzlichen Relativierung hält er sich jedoch fern. Er stellt auch allgemeine Regeln auf und kennzeichnet ihre Gültigkeit nicht nur im Hinblick auf die Standorte, sondern auch auf den jeweiligen Zustand des Bestandes.

Karl Gayer (1822–1907)
Die Vielfalt der Waldfunktionen in ihrer Bedeutung als Aufgabe des Waldbaus hat vor allem Karl Gayer in seinem Werk „Der gemischte Wald, seine Begründung und Pflege“ (4 Auflagen, 1886–1898) herausgestellt. Er vertrat den Standpunkt, dass der Waldbau seine Hauptaufgabe in der Pflege der standörtlichen Leistungsfähigkeit als der wichtigsten und zugleich am meisten gefährdeten Quelle der Produktion zu suchen habe. Oft zitiert wird sein Satz: „In der Harmonie aller im Walde wirkenden Kräfte liegt das Rätsel der Produktion.“ Er warnte vor der Einseitigkeit, in erster Linie den gegenwärtig höchsten Erträgen nachzugehen, ohne auf Rückwirkungen aller Maßnahmen zu achten. Deutlich wies er auf Gefahren hin, die mit einer Abkehr vom Mischwald verbunden sein können. Stets hat er die standörtlichen Verhältnisse und die dadurch gegebenen waldbaulichen Möglichkeiten sorgsam abgewogen und bezweifelte nicht, dass es Standorte gibt, auf denen Reinbestände risikolos sind und auch solche, die von Natur ungemischt in ihren Baumarten sein können. Gayer verwarf auch den Kahlschlag nicht grundsätzlich. Als begeisterter Verfechter von Naturverjüngung vertrat er dieses Verfahren nicht prinzipiell und überall. Es ist das große Verdienst von Karl Gayer, dass er einer seinerzeit verbreiteten Neigung zur Gleichförmigkeit im Waldbau entgegentrat. Seine ganz auf Beobachtung und Erfahrung gestützten Lehren wirken auch heute noch fort, wenn sie auch bisweilen nicht immer genügend differenziert ausgelegt werden. Sein Anteil an der Entwicklung des Femelschlagverfahrens ist in Kapitel 5.4.5 dargestellt.

Eilhard Wiedemann (1891–1950)
Einer der bedeutendsten Forstexperten des 20. Jahrhunderts war Eilhard Wiedemann. Er hat den Waldbau und die Ertragskunde in Wissenschaft und Praxis weit über sein nord- und mitteldeutsches Arbeitsgebiet hinaus entscheidend beeinflusst. Seine Arbeiten umfassen ein weites Feld. In den Schriften „Zuwachsrückgang und Wuchsstockungen der Fichte in den mittleren und unteren Höhenlagen der sächsischen Staatsforsten“ (1923) und „Fichtenwachstum und Humuszustand“ (1924) erörterte er die ökologischen und ertragskundlichen Zusammenhänge des Misserfolges einer nicht standortsgemäßen Reinbestandswirtschaft mit der Fichte. Seit 1925 bis zum Zweiten Weltkrieg setzte er sich auf diese Weise grundlegend und detailliert, wie außer ihm nur Dengler und Wittich, mit den Lehren des „Dauerwaldes“ und den daraus abgeleiteten waldbaulichen Folgerungen auseinander, belegte deren grundlegende Fehlschlüsse und wider-

stand den Pressionen der damals politisch mächtigen Vertreter solcher Positionen. In diesem Zusammenhang veröffentlichte er umfangreiches Zahlenmaterial über alle Aspekte der Kiefern-Naturverjüngung. Seine ertragskundliche Erforschung der wichtigsten einheimischen Baumarten („Die Rotbuche 1931", „Die Fichte 1936", „Die Kiefer 1948") umfasst stets auch die waldbaulichen Gesichtspunkte. Es gibt kaum ein Teilgebiet des Waldbaus, das nicht mit der Interpretation eines umfangreichen Datenmaterials und scharfer örtlicher Beobachtung von Wiedemann bearbeitet wurde: Naturverjüngung, Bodenbearbeitung, Pflanzverfahren, Pflanzverbände, Düngung, Durchforstung, Mischbestandsprobleme. „Seine Gabe, aus dem trockenen Zahlenmaterial die verschiedenen Entwicklungszustände des Waldes herauszufinden und dabei stets die wesentlichen Unterschiede sofort zu überblicken, war Wiedemann in einem Maße eigen, wie es selten einem Menschen geschenkt ist", urteilt Mitscherlich (1950/51), sein prominentester Schüler aus der Eberswalder Zeit. Die Fülle seiner Erkenntnisse und Erfahrungen konnte Wiedemann noch kurz vor seinem Tod in dem posthum erschienenen Buch „Ertragskundliche und waldbauliche Grundlagen der Forstwirtschaft" (1951) niederlegen. Gewiss konnten die Untersuchungs- und Auswertungsverfahren inzwischen erheblich verfeinert werden, doch der behutsame und kritische Umgang mit dem eigenen und fremden Datenmaterial sowie die klare Deutung der Befunde sind in diesem Werk vorbildlich.

Alfred Möller (1860–1922)

Kurz nach dem Ersten Weltkrieg kam es zu heftigen Auseinandersetzungen über den künftig einzuschlagenden Weg der Waldbewirtschaftung. Ausgelöst wurden diese durch einen Zeitschriftenaufsatz des Eberswalder Professors Alfred Möller von 1920 mit dem Titel „Kiefern-Dauerwaldwirtschaft" und 1922 durch die theoretische Schrift „Der Dauerwaldgedanke: Sein Sinn und seine Bedeutung". Möller beschreibt darin einen Gegenentwurf zur damals vorherrschenden Altersklassenwirtschaft mit Kahl- oder Schirmschlag, der sich auf der naturphilosophischen Vorstellung des Autors über den Wald als Organismus gründete, die er aus Beobachtungen auf einer Forschungsreise in den Urwald des Amazonas entwickelt hatte. Die Kiefernwirtschaft im Waldgut Bärenthoren von Friedrich von Kalitsch am Südrand des Fläming im Osten Deutschlands wurde zum praktischen Anwendungsbeispiel seiner Dauerwaldidee. Als oberste Gebote des Waldbaus galten ihm: die Stetigkeit des „Waldwesens" unter Vermeidung von Kahlschlägen, die Förderung und Verwendung der Naturverjüngung und die jährliche Auszeichnung der Holzernte auf der ganzen Fläche. Die Vorstellungen, die zwar keine konkreten Hinweise zur praktischen Umsetzung enthielten, jedoch von dauerhaften Produktionssteigerungen ausgingen, wurden von Praktikern und Wissenschaftlern intensiv diskutiert. Missverständliche Äußerungen im Zuge dieser Diskussion und waldbauliche Fehler bei der Umsetzung führten bald zum Zusammenbruch der Dauerwaldbewegung (siehe Heyder 1986; Huss 1990; Seling 1997). Nach Ende des Zweiten Weltkrieges wurden die Grundgedanken von Möller wieder aufgenommen und 1950 in der „Arbeitsgemeinschaft Naturgemäße Waldwirtschaft" (ANW) zu einem umfassenden Konzept erweitert (Wobst 1979; Kap. 1.4.2).

Alfred Dengler (1874–1944)

Das vorliegende Werk ist eine weitere Neubearbeitung des Buches „Waldbau auf ökologischer Grundlage" (1. Auflage 1930) von Alfred Dengler. Der hervorragende Ruf von Dengler gründete sich auf seine umfassende Kenntnis des gesamten Waldbaus, die er sich in der Praxis und in einer langen, vielseitigen wissenschaftlichen Tätigkeit als Hochschullehrer in Eberswalde erworben hatte. Seine wissenschaftliche Laufbahn begann Dengler mit pflanzengeographischen, deutlich ökologisch ausgerichteten Arbeiten über die Horizontalverbreitung der Kiefer (1904), der Fichte (1912) und der Tanne (1912). Als Nachfolger von Max Kienitz übernahm er die Leitung des

Lehrreviers Chorin. Intensiv beschäftigte ihn die durch Möller 1920 angestoßene und nach dessen Tod von vielen Zeitgenossen aufgenommene Lehre vom Dauerwald (siehe Heyder 1986; Vogel 1990), die sich auf die Vorstellung des Waldes als Organismus stützte. Ohne dass Dengler die von Tansley 1935 entwickelte Konzeption des Ökosystems kannte (Kap. 1.3.2.1), fand er den Weg zu einer wissenschaftlich vertretbaren Grundposition in der Waldökologie: „Es gibt kein gesundes oder krankes Waldwesen, in der Biozönose gibt es nur ein mehr oder weniger labiles Gleichgewicht, das durch Zu- und Abwanderung von Mitgliedern der Gemeinschaft, durch An- und Abschwellen ihrer Stärkeverhältnisse, durch jede Veränderung der Lebensbedingungen dauernd hin und her schwankt, sich aber immer wieder herzustellen versucht. Das ist das Einzige von Stetigkeit, was man im Wesen des Waldes feststellen kann, im Übrigen ist alles innerhalb der Gemeinschaft in Fluß und Bewegung." Man mag die Wortwahl unmodern finden, doch der Text entspricht weitgehend heutigen Erkenntnissen. Auf diesen Gedanken beruhte der ganze Gehalt seines Werkes, das im In- und Ausland breite Anerkennung gefunden hat und vielen Generationen von Forstleuten als wissenschaftliches Rüstzeug für den Waldbau diente.

1.3 Aktuelle Aufgaben des Waldbaus

Ausgehend von der Waldvernichtung im Mittelalter und dem steigenden Holzbedarf war die Forstwirtschaft zunächst fast ausschließlich auf die Produktion von Holz ausgerichtet. Im Laufe des letzten Jahrhunderts sind die Aufgaben der Waldbewirtschaftung erheblich erweitert worden. Heute haben die Wälder neben der ökonomisch ausgerichteten Holzproduktion ökologische, soziale und kulturelle Funktionen zu erfüllen.

Die Forstwirtschaft erhebt mit Recht den Anspruch, dass sie schon sehr früh das Prinzip der Nachhaltigkeit als hervorragendes Wesensmerkmal ihrer Tätigkeit anerkannt hat. Eine der wichtigsten Voraussetzungen für die Nachhaltigkeit der Waldbewirtschaftung besteht in einem hohen Grad von Stabilität der Waldbestände. Ohne Stabilität ist die dauerhafte Funktionalität der Wälder nicht zu gewährleisten. Die Erhaltung und Förderung der Biodiversität, die Bedeutung der Wälder für den Klimaschutz sowie die stärkere Ausrichtung auf natürliche Strukturen und Abläufe sind zu wesentlichen Aspekten der aktuellen Waldbewirtschaftung geworden.

1.3.1 Nachhaltigkeit

Schon die Weistümer des Mittelalters und die Forstordnungen der Landesherren in Deutschland und in Frankreich hoben die Forderung der Nachhaltigkeit an die Waldwirtschaft hervor (Mantel 1990). Jedoch erst zu Beginn des 18. Jahrhunderts gewann unter dem Zwang der fühlbar wachsenden Holznot dieser Begriff deutliche Konturen. Von Carlowitz (1713, Reprint 2009) forderte „... die größte Kunst, Wissenschaft, Fleiß und Einrichtung hiesiger Lande wird darin beruhen, wie Conservation und Anbau des Holzes anzustellen sind, dass es eine kontinuierliche, beständige und nachhaltende Nutzung gebe" (siehe auch Hamberger 2013). Dieses Wirtschaftsprinzip wurde und wird auch weiterhin immer wieder betont, so von Hartig (1791), Cotta (1816), Gayer (1880, 1886) und anderen Klassikern des Waldbaus bis hin zu Autoren der neuesten Zeit. Zunächst verstand man darunter das **Gleichmaß der Holzerträge**, das nur langfristig erzielt werden kann. Dazu dienten Modelle des Flächen- bzw. Massenfachwerks, wodurch die verfügbare Waldfläche in Portionen gleicher Größe, gleichen Alters und entsprechender Nutzungszeitpunkte geteilt werden sollte (**Altersklassenwälder**). Später wurde das Konzept des „Normalwaldes" entwickelt, eines Betriebes, der im Idealfall gleichbleibende Holzer-

Nachhaltigkeit

Statische Nachhaltigkeit
(= Fortdauer eines Zustandes)
1. Waldfläche (Flächennachhaltigkeit)
2. Natürliche Hilfsquellen (waldbiologische Nachhaltigkeit)
3. Holzvorrat (Vorratsnachhaltigkeit)
4. Wert des Holzvorrats (Wertnachhaltigkeit)
5. Betriebsvermögen (Substanzerhaltung)
6. Kapital (Kapitalerhaltung)
7. Arbeitskräfte

Dynamische Nachhaltigkeit
(= Fortdauer einer Leistung)
1. Zuwachs (Nachhaltigkeit der Holzerzeugung)
2. Holzerträge
   a. Masse
   b. Qualität
3. Gelderträge
   a. Roherträge
   b. Reinerträge
4. Rentabilität
5. Wertschöpfung
6. Erfolgskapital (diskontierte Reinerträge)
7. Arbeitsleistung
8. Infrastrukturleitungen
   a. Wasserlieferung
   b. Schutzwirkung
   c. Erholungsleistung
9. Vielfachnutzung (*multiple use*) (insbesondere Holzerträge und Infrastrukturleistungen)

Abb. 1.14 Das Konzept der statischen und dynamischen Nachhaltigkeit (nach Speidel 1984).

träge liefern sollte. Diese Vorstellungen wurden im Rahmen der Forsteinrichtung durch zunehmende Kenntnisse über die Unterschiedlichkeit in der Leistungskraft der Standorte und der Baumarten weiterentwickelt.

Der Begriff „Nachhaltigkeit“ hat bis heute bedeutende **Wandlungen** und **Erweiterungen** erfahren (über den Begriff und seine geschichtlichen Entwicklungen siehe Kuusela 1994; Knoke und Mosandl 2004; Grober 2010). Speidel (1984) unterscheidet zwischen statischer und dynamischer Nachhaltigkeit (Abb. 1.14). Er hat Nachhaltigkeit beispielhaft definiert als „die Fähigkeit des Forstbetriebes, dauernd und optimal Nutzungen, Infrastrukturleistungen und sonstige Güter zum Nutzen gegenwärtiger und künftiger Generationen hervorzubringen, z. B. Zuwachs, Holzerträge nach Masse und Qualität, Gelderträge, Rentabilität, Arbeitsleistung, Infrastruktur (Wasser, Schutz, Erholung), Vielfachnutzung“.

Die vom Waldökosystem ausgehenden **Wirkungen**, soweit sie einen Bezug zur menschlichen Gesellschaft haben, werden nach der Konzeption von Dieterich (1953) als **Waldfunktionen** bezeichnet. International wird für die Ansprüche an den Wald der Begriff **„Ökosystemdienstleistungen“** (*ecosystem services*) verwendet. Bei diesen werden die Kategorien Nutzfunktion, Schutzfunktion, Sozialfunktion und Kulturelle Funktion unterschieden (Kuusela 1994; Tab. 1.6). Kovac et al. (2018) stellen ein erweitertes System vor, das die nichtforstlichen Ökosystemdienstleistungen (u. a. Biodiversitätsschutz und Kohlenstoffspeicherung) stärker berücksichtigt.

Die lange von der Forstwirtschaft vertretene „Kielwassertheorie“, wonach im Rahmen der Holzproduktion alle übrigen Waldfunktionen im Zuge einer **Multifunktionalität** von selbst erfüllt werden, lässt sich nicht generell aufrechterhalten. Nicht nur in Deutschland, sondern weltweit wird in der forstlichen Praxis und Wissenschaft darüber diskutiert (u. a. Gamborg und Larsen 2003; Pommerening und Murphy 2004; Bolte et al. 2009; Puettmann et al. 2009), in welchem Umfang die Multifunktionalität auf Bestandesebene geeignet ist, den gegenwärtigen und zukünftigen Anforderungen hinsichtlich Nachhaltigkeit, Biodiversität und Kohlenstoffspeicherung gerecht zu werden (Ammer und Puettmann 2009). Bei Priorisierung einer bestimmten Funktion (Funktionenorientierung), z. B. bei einem nur durch Totalschutz zu erreichenden Naturschutzziel, ist die Multifunktionalität der Wald-

Tab. 1.6 Waldfunktionen im Spektrum vielfältiger Waldnutzung (nach Kuusela 1994, erweitert)

Bezeichnung	Inhalte
Nutzfunktion	Produktion von Holz und anderen Waldprodukten in ihren betriebswirtschaftlichen und volkswirtschaftlichen Auswirkungen
Schutzfunktion	Regulierung der Wasserspende in Menge und Qualität; Schutz gegen Erosion, Lawinen, Überschwemmung, Wind, Lärm, Temperaturextreme, u. a. Schäden für die Landschaft; Kohlenstoffspeicherung
Sozialfunktion	Arbeitseinkommen für Beschäftigung im ländlichen Raum und bei der Holzverarbeitung; Förderung der Gesundheit der Bevölkerung in erholungsfördernder Umgebung
Kulturelle Funktion	Erhalt der Biodiversität; Erhaltung von Naturdenkmalen, seltenen Pflanzen, Tieren und Biotopen sowie natürlichen Waldtypen in Schutzgebieten verschiedener Kategorien, auch für Forschung und Lehre

fläche nicht gegeben, wenn andere Funktionen nur höchst unvollkommen oder nicht erfüllt werden können (Wagner 2007; Ammer und Puettmann 2009). Für 20 Fallstudien in Europa haben Biber et al. (2015) Synergien und Zielkonflikte von Waldfunktionen modelliert, wobei sich regional bei einigen Funktionen starke Unterschiede zeigen.

In das Bewusstsein einer breiten Öffentlichkeit trat der Begriff „Nachhaltigkeit“ durch den Bericht „Unsere gemeinsame Zukunft“, der von der UN-Konferenz für Umwelt und Entwicklung der Vereinten Nationen (UN-CED) 1987 erarbeitet wurde (der sogenannte Brundtland-Bericht). Die Idee der Nachhaltigkeit wurde mit einem **ethisch begründeten sozialen Ziel** verbunden: der gerechten Verteilung von Ressourcen und Nutzungsmöglichkeiten (Hauff 1999). Die weitere ökonomische Entwicklung hat deshalb verstärkt auf umweltpolitische Beschränkungen Rücksicht zu nehmen. In dem Bericht wurde erstmals das Konzept der **nachhaltigen Entwicklung** definiert: Nachhaltig ist eine Entwicklung, „die den Bedürfnissen der heutigen Generation entspricht, ohne die Möglichkeiten künftiger Generationen zu gefährden, ihre eigenen Bedürfnisse zu befriedigen und ihren Lebensstil zu wählen“. Zu den Bedürfnissen zählen Produkte und Dienstleistungen des Waldes, die bisher wenig Beachtung fanden und regional von unterschiedlicher Bedeutung sind (Tab. 1.7).

Auf dieser Grundlage wurde 1992 auf einer Umweltkonferenz der Staats- und Regierungs-

Tab. 1.7 Kategorisierung forstlicher Produkte und Dienstleistungen (modifiziert nach Vacik et al. 2008)

Holzprodukte	• Rundholz (Säge- und Industrieholz) • Energieholz (Brennholz, Biomasse) • sonstige (u. a. Weihnachtsbäume, Wildlinge)
Nichtholzprodukte	• Saatgut, Beeren, Kräuter, Harz • Rohstoffe (Gesteine, Torf) • Trinkwasser • Produkte von Wild, Fisch • Honig • Agro-Forstwirtschaft (Waldweide) • Energie (Windräder, Wasserkraftwerke)
Dienstleistungen	• forstliche Dienstleistungen und Bildung • Tourismus (Freizeit- und Erholung) • Verpachtung, Vermietung • Jagd und Fischerei • Naturschutz (Ökosystem- und Biodiversität) • Schutz (Überflutung, Lawinen, Erosion) • Wohlfahrt (Wasser-, Immissions-, Lärmschutz) • archäologische und kulturelle Werte • Schutz indigener Völker • Klimaschutz (Kohlenstoffspeicherung)

chefs in Rio de Janeiro die Agenda 21, ein umfassendes Umweltprogramm (Kap. 11 darin befasst sich speziell mit Wäldern), und eine „Walderklärung“ beschlossen. Diese ist der erste, wenn auch nicht völkerrechtlich bindende Konsens über Bewirtschaftung, Erhaltung und nachhaltige Entwicklung aller Waldformen auf der Erde. Wie es kaum anders zu erwarten war, besteht die Erklärung aus weit gefassten Absichtsbekundungen mit vieldeutigem Inhalt. Als besonders problematisch erwies es sich, die unterschiedlichen Interessen der Industrieländer und der Entwicklungsländer in ein Gleichgewicht zwischen ökonomischen Notwendigkeiten und ökologischen Pflichten zu bringen. Inzwischen waren mehrere Nachfolgekonferenzen auf verschiedenen Ebenen darum bemüht, die Arbeitsergebnisse zahlreicher Gremien und Organisationen in konkretere Zielsetzungen umzusetzen. Eine Übersicht dieser Aktivitäten geben Lust (1995), Palo et al. (2001), MacDicken et al. (2015) sowie BMEL (2017).

In einem politischen Prozess auf internationaler und nationaler Ebene wurden in den letzten 25 Jahren **Kriterien, Indikatoren** und **Richtlinien** für eine nachhaltige Waldbewirtschaftung auf operationaler Ebene entwickelt, an denen die Verwirklichung einer nachhaltigen Waldbewirtschaftung kontrolliert werden kann (Raison et al. 2001; Rametsteiner und Mayer 2004). Unter den regionalen Prozessen ist die Initiative der Internationalen Organisation für tropisches Holz (ITTO) sowie der Montreal-Prozess zur Erhaltung und nachhaltigen Bewirtschaftung von borealen Wäldern vorrangig zu erwähnen (Rametsteiner 2001). Die Ministerkonferenz zum Schutz der Wälder in Europa (MCPFE, synonym **Helsinki-Prozess** und seit November 2009 Forest Europe) ist ein gesamteuropäischer forstpolitischer Prozess auf Ministerebene, in welchem Richtlinien, Kriterien und Indikatoren nachhaltiger Forstwirtschaft entwickelt werden. Die seit 1990 im Abstand von 3–5 Jahren abgehaltenen Ministerkonferenzen und ihre Nachfolgeprozesse stellen einen der bisher effektivsten forstpolitischen Mechanismen auf überregionaler Ebene dar.

Die europäischen Länder haben sich auf der 2. Ministerkonferenz im Jahr 1993, der sogenannten Helsinki-Konferenz, auf eine gemeinsame Sichtweise zur weiteren Förderung der nachhaltigen Forstwirtschaft in Europa geeinigt und eine **erweiterte Definition** von nachhaltiger Waldbewirtschaftung gegeben: „Nachhaltige Bewirtschaftung bedeutet die Betreuung und Nutzung von Wäldern und Waldflächen auf eine Weise und in einem Ausmaß, das deren biologische Vielfalt, Produktivität, Verjüngungsfähigkeit und Vitalität erhält sowie deren Potenzial, jetzt und in der Zukunft die entsprechenden ökologischen, wirtschaftlichen und sozialen Funktionen auf lokaler, nationaler und globaler Ebene zu erfüllen, ohne anderen Ökosystemen Schaden zuzufügen“ (Helsinki Resolution H1; MCPFE 1993). Diese Definition bildet die Grundlage für seither getroffene Entscheidungen zur weiteren Förderung der nachhaltigen Bewirtschaftung von Wäldern (*Sustainable Forest Management,* SFM) in Form von Resolutionen auf anschließenden Ministerkonferenzen.

Durch die Helsinki-Resolution und nachfolgende Entscheidungen haben sich 46 europäische Staaten und die EU für die Umsetzung von allgemeinen Leitlinien **verpflichtet**, die für die Verwirklichung einer nachhaltigen Forstwirtschaft in Europa von besonderer Bedeutung sind. Um diese zu operationalisieren, wurden Kriterien mit zugehörigen Indikatoren erarbeitet und 1998 auf der Ministerkonferenz in Lissabon verabschiedet. Die politischen Ziele sind in 6 Kriterien formuliert, 17 Handlungsfelder strukturieren die Teilziele, 27 quantitative Indikatoren zeigen die Zielerreichung und Veränderungen im Laufe der Zeit auf und 101 beschreibende Indikatoren erläutern die nationalen Instrumente der Forstpolitik (Parviainen 2009; Tab. 1.8).

Auf der Grundlage der Kriterien und Indikatoren der nachhaltigen Waldbewirtschaftung sind Verfahren zur **Zertifizierung** von nachhaltiger Waldbewirtschaftung entwickelt worden. Die Zertifizierung wird von unabhängigen Dritten auf regionaler Basis ausgeführt und soll dem Verbraucher die Sicherheit geben, dass die Produkte aus nachhaltig bewirtschafteten Wäldern stammen. Die Zertifizierung ist eine **freiwillige Selbstverpflichtung** der Forstbetriebe, über die gesetzlichen Mindestanforderungen der Wald- und Naturschutzgesetze hinaus weitere Mindestnormen im ökologischen, ökonomischen und

Tab. 1.8 Kriterien und Indikatoren zur nachhaltigen Waldbewirtschaftung in Europa (aus Parviainen 2009)

Qualitative (12) Indikatoren	Quantitative Indikatoren (35)
Kriterium 1: Erhaltung und angemessene Verbesserung der Waldressourcen und ihr Beitrag zu globalen Kohlenstoffkreisläufen	
B.1 Erhaltung der Waldfläche	1.1 Waldfläche 1.2 Holzvorrat 1.3 Altersstruktur und/oder Durchmesserverteilung
B.2 Erhöhung des Beitrages des Waldes am Kohlenstoffkreislauf	1.4 Kohlenstoffvorrat 6.9 Energie aus Holzreserven
Kriterium 2: Erhaltung der Gesundheit und Vitalität von Waldökosystemen	
B.3 Überwachung der Waldgesundheit	2.1 Ablagerung von Luftschadstoffen 2.2 Bodenzustand 2.3 Nadel-/Blattverlust 2.4 Waldschäden
Kriterium 3: Erhaltung und Stärkung der produktiven Funktionen der Wälder (Holz und Nichtholz)	
B.4 Sicherung der nachhaltigen Versorgung mit Holz	3.1 Holzzuwachs und -einschlag 3.2 Rundholz 3.5 Wälder mit Bewirtschaftungsplänen
B.5 Förderung der Nichtholzprodukte des Waldes	3.3 Nichtholzprodukte 3.4 Dienstleistungen 6.10 Zutritt zu Erholungszwecken
Kriterium 4: Erhaltung, Schutz und angemessene Verbesserung der biologischen Vielfalt in Waldökosystemen	
B.6 Biologische Vielfalt	4.1 Baumartenzusammensetzung 4.2 Verjüngung 4.3 Natürlichkeitsgrad 4.4 Eingebürgerte Baumarten 4.5 Totholz 4.6 Genetische Ressourcen 4.7 Landschaftsmuster 4.8 Gefährdete Waldarten 4.9 Geschützte Wälder
Kriterium 5: Erhaltung und angemessene Verbesserung der Schutzfunktion in der Waldbewirtschaftung (insbesondere Boden und Wasser)	
B.7 Sicherung einer dauerhaften Schutzwirkung des Waldes	5.1 Schutzwälder – Boden, Wasser und andere Ökosystemfunktionen 5.2 Schutzwälder – Infrastruktur und bewirtschaftete Ressourcen
Kriterium 6: Erhaltung sonstiger sozioökonomischer Funktionen und Bedingungen	
B.8 Sicherung der volkswirtschaftlichen Bedeutung des Forstsektors	6.1 Forstbetriebe 6.2 Beitrag des Forstsektors zum Bruttoinlandsprodukt 6.3 Nettoerlös 6.4 Ausgaben für Dienstleistungen 6.7 Holzverbrauch 6.8 Holzhandel
B.9 Sicherung einer nachhaltigen Aus- und Weiterbildung im Forstsektor	6.5 Arbeitnehmer im Forstsektor 6.6 Sicherheit und Gesundheit am Arbeitsplatz

Tab. 1.8 Kriterien und Indikatoren zur nachhaltigen Waldbewirtschaftung in Europa (aus Parviainen 2009) (Fortsetzung)

Qualitative (12) Indikatoren	Quantitative Indikatoren (35)
B.10 Förderung des öffentlichen Bewusstseins und Beteiligung verschiedener Interessengruppen	
B.11 Förderung eines breiten waldpädagogischen Bildungsangebotes für die Bevölkerung	
B.12 Sicherung der kulturellen und spirituellen Werte	6.11 Kulturelle und spirituelle Werte

sozialen Bereich einzuhalten. Sie wurde Anfang der 1990er-Jahre als Instrument gegen Entwaldung und Waldschädigung und zum Erhalt der biologischen Vielfalt, vor allem in den Tropen, eingeführt (Rametsteiner und Simula 2003).

Heute gibt es weltweit mehr als 50 Zertifizierungsprogramme. Die beiden größten Forstzertifizierungsprogramme sind das weltweit operierende *Forest Stewardship Council* (FSC) mit länderweise sehr unterschiedlichen Regelungen und die Paneuropäische Zertifizierung (*Programme for the Endorsement of Forest Certification Schemes*, PEFC).

Weltweit waren im Oktober 2016 rund 490 Mio. ha und damit 12 % der Waldfläche zertifiziert, hauptsächlich durch PEFC und FSC. Ein deutlicher Zertifizierungsschwerpunkt (90 %) liegt in Ländern der borealen und der gemäßigten Zonen, während in den Tropen nur rund 6 % der Wälder international zertifiziert sind, in Westeuropa sind es über 50 %, wobei es auch Doppelzertifizierungen durch beide Systeme gibt. In Deutschland waren im Oktober 2016 rund 7,3 Mio. ha (64 % der Waldfläche) durch PEFC und rund 1,1 Mio. ha (9 % der Waldfläche) durch FSC zertifiziert. Neben PEFC und FSC gibt es auf nationaler Ebene weitere Zertifizierungsansätze für den Forst- und Holzsektor, wie z. B. Naturland (18 kommunale Forstbetriebe mit 54000 ha) oder „Holz von Hier" (reiner Herkunftsnachweis mit 160 angeschlossenen Unternehmen) (BMEL 2017). Der Anteil der nach PEFC und FSC zertifizierten Waldfläche an der Gesamtwaldfläche wird als Indikator der nationalen Strategie zur biologischen Vielfalt verwendet.

1.3.2 Stabilität

Ökologische Stabilität

Grundlage für Überlegungen und Untersuchungen zur Stabilität von Ökosystemen ist die Vorstellung des Gleichgewichtes (*steady state*). Damit ist nicht Konstanz gemeint, also das Fehlen jeglicher Veränderungen im System (Arten, physikalische und chemische Bedingungen u. a.). Eine solche kann, wenn überhaupt, nur kurzfristig bestehen. Vielmehr sind Gleichgewichte in Ökosystemen stets relativ, sie müssen als **dynamisches Gleichgewicht** mit Schwingungen um Mittelwerte angesehen werden (Shrader-Frechette 1993). Diese lassen sich zurzeit allenfalls für wenige genauer bekannte Waldökosysteme umreißen, und das auch nur für einige Parameter (Baumartenzusammensetzung, Biomasse, Stoffvorräte und -flüsse) und für relativ begrenzte Zeiträume. Die Verknüpfung aller wichtigen Zustände und Vorgänge stößt auf große Schwierigkeiten.

Die meisten Ökosysteme zeigen eine mehr oder weniger ausgeprägte räumliche **Heterogenität**. Sie ergibt sich aus den Unterschieden im Relief, in den Bodeneigenschaften und in der verschiedenen Besiedlung durch Pflanzen, Tiere und andere Organismen. Oft hängt das mit dem Verlauf der Sukzession zusammen, bei der Zufälligkeiten eine große Rolle spielen. Die Heterogenität erscheint dem Beobachter umso größer, je kleiner der Ausschnitt aus der Gesamtfläche ist, den er gewählt hat. Je größer er aber ist, desto eher stellt sich ein dynamisches Gleichgewicht ein. Bormann und Likens (1979) leiteten aus ihren Untersuchungen und Modellberechnungen ab, dass sich in dem großen Wassereinzugsgebiet Hubbard Brook im Nordosten der USA nach einem Kahlschlag im Laufe von einigen Jahrhunderten ein Mosaikgleichgewicht (*shif-*

Hintergrundwissen

Das Konzept des Ökosystems

Das von Tansley (1935) vorgestellte Konzept des Ökosystems umfasst als räumlich abgegrenzte Einheit nicht nur den Komplex der Organismen mit Arten, Populationen und Lebensgemeinschaften, sondern auch den aller physikalischen und chemischen Faktoren. Ökosysteme weisen komplexe, voneinander abhängige Strukturen (z. B. Arten, Entwicklungsstadien) und Funktionen (z. B. Wachstum, Stoffkreisläufe) auf. Gegenüber äußeren Einflüssen (z. B. Stoffeinträge, Tierwanderungen) sind sie offen und sie prägen ihrerseits ihre Umgebung (z. B. durch Stoffausträge; Abb. 1.15). Jedes Ökosystem ist funktional aufgebaut und charakterisiert durch messbare Prozesse (z. B. Energieumformungen und Stoffflüsse) und kollektive Eigenschaften (z. B. Produktivität, Biomasse, Diversität, trophische Strukturen und Reaktionen auf äußere Einflüsse). Die Größe eines Ökosystems wird entsprechend dem Ziel der Betrachtung bzw. Untersuchung festgelegt. Als Untersuchungseinheiten (z. B. Bestand, Wassereinzugsgebiet) eignen sich Flächen mit hinreichender Homogenität in Bezug auf Topographie, Böden, Mesoklima und Vegetation (siehe auch Kap. 10 in Röhrig und Bartsch 2016).

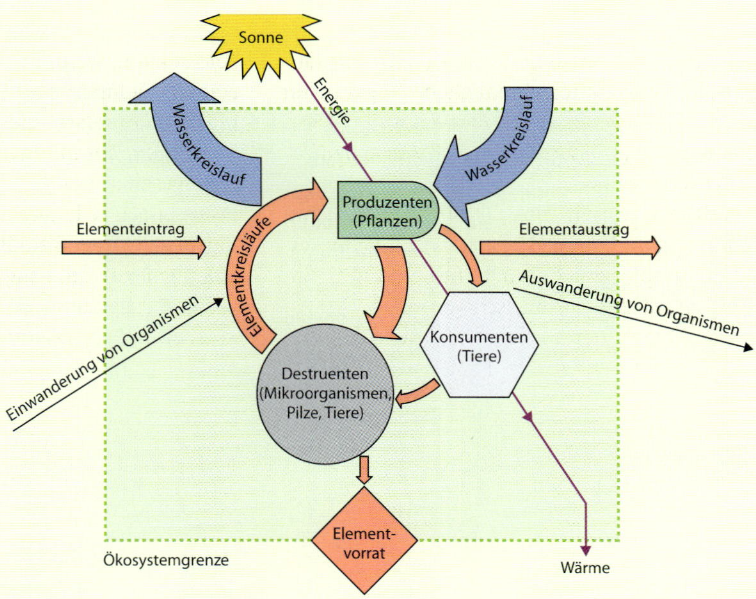

Abb. 1.15 Allgemeines Beziehungsschema zwischen Energiefluss und Wasser- und Nährstoffkreislauf in terrestrischen Ökosystemen (nach Leuschner 2005).

ting-mosaic steady state) einstellt, das aus Kleinflächen unterschiedlicher Alter und Waldentwicklungsphasen sowie verschiedener Pflanzenarten zusammengesetzt ist. Buchendominierte Urwälder weisen ähnliche kleinflächige Strukturmuster auf (Meyer et al. 2003; Drössler et al. 2016). Im Zusammenhang mit der Stabilität wird meist das erwartete Endstadium der Sukzession (Klimax) betrachtet und als Zielgröße angesehen. Es kann jedoch keine allgemeingültige Aussage darüber getroffen werden, ob es ein solches Stadium überhaupt gibt und wie es erfasst werden kann. Auch nach langjährigen Untersuchungen kann es nur mit begrenzter Sicherheit festgelegt werden, etwa durch Monitoring in sogenannten Referenzflächen nach Einstellung der Bewirtschaftung (Meyer et al. 2001; Rademacher et al. 2001; Schmidt und Weckesser 2001; Meyer 2007).

Definition

Sukzession

Sukzessionen sind gerichtete Veränderungen von Struktur, Artenzusammensetzung und Funktionen in Ökosystemen durch lokal oder regional wirkende Ereignisse im Zeitablauf. Sie können auf vegetationsfreien Flächen entstehen (**primäre Sukzession**), meist aber vollziehen sie sich auf bereits besiedelten Flächen (**sekundäre Sukzession**). Je nach Ausgangslage, bei sekundärer Sukzession auch nach Art, Intensität und Häufigkeit einer Störung, lösen Sukzessionen sehr unterschiedliche Entwicklungen aus. Diese betreffen nicht nur den im Zeitablauf wechselnden Artenbestand, sondern sie verändern auch die ökologischen Verhältnisse in einem Ökosystem, z. B. dessen Biomasse, Produktivität und Stoffkreisläufe. Sukzessionen verlaufen gerichtet in aufeinanderfolgenden Stadien, die durch die Ablösung einer Organismengemeinschaft durch eine andere gekennzeichnet sind. Im Allgemeinen verlängert sich ohne zwischenzeitliche Störungen die Zeitdauer der einzelnen Stadien im Verlauf der Sukzession, vor allem in Waldökosystemen, bis zu einem lang anhaltenden Stadium mit nur noch geringen Schwankungen (**Klimax**), bevor durch eine Störung die Sukzession beendet oder auf ein früheres Stadium zurückgeworfen wird (Abb. 1.16; siehe auch Kap. 15 in Bartsch und Röhrig 2016).

Die einzelnen Parameter der Ökosysteme, z. B. Artenzusammensetzung nach Zahl und Häufigkeit der Individuen, Stoffhaushalt, oberirdische und unterirdische Biomasse, zeigen oft unterschiedliche Veränderungen im Laufe der zeitlichen Entwicklung des Systems. So besteht zwischen den Veränderungen der Bodeneigenschaften und denen der Vegetation ein **Zeitverzug**. Gut zu beobachten ist das in der langsamen Reaktion der Vegetation auf Veränderungen des Wasserhaushaltes in Auenwäldern durch Korrekturen des Flusslaufs. In der Zwischenzeit können Rückkoppelungen, z. B. in den Vermehrungsraten von Parasiten, Räubern und Konkurrenzpflanzen, eingetreten sein, die den Abläufen eine andere Richtung geben.

Die langfristige Erhaltung von dynamischen Gleichgewichtszuständen setzt eine anhaltend etwa **gleichbleibende Umwelt** voraus. Das ist aber nicht realistisch. Bei natürlichen Lebenserwartungen für Bäume von 300–800 Jahren ist von Änderungen des regionalen Klimas und Auswirkungen atmosphärischer Stoffeinträge (Ulrich 1987, 1999; Elling et al. 2007) in diesen Zeiträumen auszugehen. Auch **genetische Veränderungen** im Artenbestand sind durch Anpassungen an veränderte Umweltbedingungen zu erwarten. Damit wird deutlich, dass man mit einer Stabilität von Waldökosystemen im Sinne einer gleichbleibenden Artenzusammensetzung

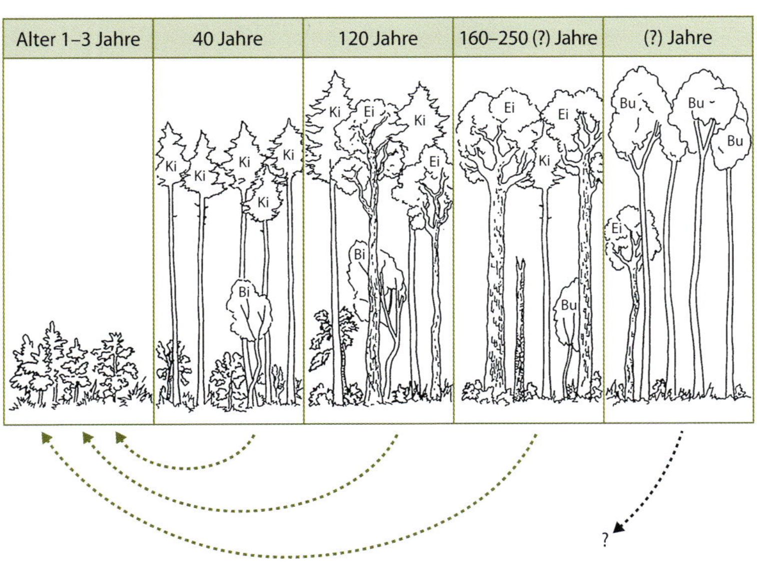

Abb. 1.16 Natürliche Sukzession in Kiefernwäldern auf reichen Sanden im atlantischen Klimaraum Niedersachsens (nach Otto 1994). Olivgrüne Pfeile: Gefahr des Zurückwerfens der Sukzession durch Störungen (Kiefernschütte, Sturm) ist gering; schwarzer Pfeil: Annahme eines hohen Windwurfrisikos in sehr hohem Alter der Buche mit der Folge kleinflächiger Störungslücken.

und Struktur in längeren Zeiträumen nicht rechnen kann.

Erkenntnisse der theoretischen und angewandten Ökologie haben die Bedeutung des Begriffs „Stabilität“ in den letzten Jahrzehnten wesentlich erweitert. Dabei zeigt sich, dass er sehr verschieden aufgefasst werden kann, sowohl hinsichtlich seines Ausmaßes wie auch in Bezug auf die Dimensionen von Raum und Zeit (siehe Kimmins 2004 und Kap. 16 in Bartsch und Röhrig 2016). Übereinstimmung besteht darin, dass Stabilität einen Bezug zu **Störungen** hat, die als zeitlich und örtlich begrenzte Ereignisse den Zustand eines Ökosystems verändern und die Entwicklung zu einem sukzessionalen Endstadium unterbrechen. In Waldökosystemen reduzieren Störungen (z. B. Sturm) die Biomasse der Bestandesglieder (z. B. durch Bruch oder Wurf der Bäume) und verändern damit die Bestandesstruktur und die Verfügbarkeit der für das Baumwachstum notwendigen Ressourcen Licht, Wärme, Wasser und Nährstoffe. Darüber hinausgehend haben sie aber auch ökologische Auswirkungen beispielsweise auf den Kohlenstoffhaushalt, die Grundwasserspende und die Artenvielfalt. Stabilität und Nachhaltigkeit (Kap. 1.3.1) beziehen bei ökosystemarer Sichtweise die langfristige Produktivität und Vitalität der Bäume, die Sicherstellung der Biodiversität und den Schutz benachbarter Ökosysteme ein.

Störungen können ihren Ausgang im Ökosystem selbst haben (**endogene Störung**), z. B. durch Zusammenbruch von kranken oder überalten Bäumen, oder von außerhalb des Ökosystems ausgehen (**exogene Störung**), z. B. durch Sturm oder Schnee. Oft wirken beide Ursachenkomplexe zusammen, etwa indem bereits durch Alter oder Schädlinge geschwächte Bäume durch Sturm geworfen oder gebrochen werden. Die Größe der betroffenen Fläche, Art und Schwere der Störung sowie ihre zeitliche Wiederkehr und die Folgeschäden modifizieren die Abläufe. Reaktionen von Waldökosystemen auf Störereignisse können von Veränderungen der Waldstruktur (z. B. Windwürfe einzelner Bäume) bis zur Entstehung großer baumloser Freiflächen reichen. Störungsursachen können natürlich oder anthropogen (von Menschen verursacht) sein. **Natürlich** sind klimatische Schwankungen, Unterschiede in der Dichte von Pflanzenfressern, Räubern und Krankheitserregern, Feuer, Wind, Schnee und Erosion; **anthropogen** sind Maßnahmen der Waldbewirtschaftung (Kahlschlag, Holzernte, Entwässerung, Pestizideinsatz, Einführung nichtheimischer bzw. invasiver Arten und unangepasster Populationen), Luftverunreinigungen (Säuredeposition, Stickstoff- und Schwefeleinträge, Ozon) und Treibhausgasemissionen (v. a. Kohlendioxid) als Verursacher des Klimawandels.

Waldbauliche Eingriffe stellen im ökologischen Sinn Störungen dar, mit denen die Waldentwicklung auf unterschiedlichen räumlichen Skalen gezielt gesteuert wird, um bestimmte Ökosystemleistungen bereitzustellen. Forstlich initiierte und natürliche Störungen weisen zahlreiche Gemeinsamkeiten, aber auch wichtige Unterschiede auf (Tab. 1.9, 1.10). Durch waldbauliche Maßnahmen werden die räumliche und die zeitliche Verteilung von Ressourcen mit dem Ziel verändert, die Konkurrenzverhältnisse zwischen Baumindividuen, -arten und -generationen zu steuern (Meyer und Ammer 2019).

Bei der Reaktion von Waldökosystemen auf Störungen wird zwischen Resistenz und Resilienz unterschieden. In der Autökologie bezeichnet die **Resistenz** die Widerstandsfähigkeit der Organismen gegen Schaderreger, sonstige extreme Umwelteinflüsse oder Stressfaktoren, in der Synökologie die Erscheinung, dass in Gemeinschaften und in Ökosystemen bei Einwirkung eines Störfaktors nur geringe Veränderungen und Schwankungen erfolgen (Schaefer 2012). Die Resistenz ist teilweise artspezifisch und als Anpassung an Lebensbedingungen zu verstehen – wie manche Abwehrmechanismen gegen Blattfraß, die Ausbildung dicker Borken älterer Kiefern gegen Bodenfeuer, Biegsamkeit der Äste gegen Schneedruck – oder sie geht auf Ökosystemkomponenten zurück, wie die Abpufferung von Säureeinträgen in basenreichen Böden, die Mobilisierung von Gegenspielern bei Insektenbefall und das Herausdrängen von invasiven Arten durch Konkurrenz. Resistenzen sind niemals absolut, sondern stets mehr oder weniger graduell. Sie wirken immer nur in bestimmte Richtungen und reichen oft nicht aus, das Fließgleichgewicht des Systems im Ganzen auf längere Dauer auf-

Tab. 1.9 Typologie natürlicher Störungen in Wäldern (aus Meyer und Ammer 2019)

Art der Störung		räumliche Ausdehnung der Auswirkung				betroffene Bestandesschicht			Frequenz				unmittelbare Auswirkung auf den Baumbestand
	Stärke/Intensität	Einzelbaum	Trupp/Gruppe	Bestand	Landschaft	Kronenraum	Stammraum	Wurzelraum/Boden	häufig	sporadisch	selten	Beeinflussung durch Nutzungsregime	
Sturm	⊙	abnehmend	abnehmend	abnehmend					abnehmend	abnehmend		●	Wurf und Bruch ganzer Bäume
Orkan	●		zunehmend	zunehmend	zunehmend					zunehmend	zunehmend	⊙	Wurf und Bruch flächenhaft
Bodenfeuer	○	abnehmend	abnehmend	abnehmend	abnehmend					?		●	Verminderung der Vitalität, erhöhte Mortalität
Kronenfeuer	●			zunehmend	zunehmend					zunehmend	zunehmend	●	stark erhöhte Mortalität, verminderte Vitalität
Überflutung*	○–●			zunehmend	zunehmend					zunehmend	zunehmend	–	Verminderung der Vitalität, erhöhte Mortalität
Erdrutsch	●			↔	↔						zunehmend	●	flächenhafte Vernichtung
Bergsturz	●			↔	↔						zunehmend	–	flächenhafte Vernichtung
Lawine	●			↔	↔						zunehmend	○	Wurf und Bruch flächenhaft
Krankheiten	○–⊙	↔	↔	↔	↔	↔	↔	↔	↔	↔	↔	⊙	Verminderung der Vitalität, erhöhte Mortalität
Insektenbefall	○–●	↔	↔	↔	↔	↔	↔	↔	zunehmend	zunehmend	zunehmend	○	erhöhte Mortalität, verminderte Vitalität

* = Regelmäßige Überflutungen (in Auen- und Feuchtwäldern) werden nicht als Störung des Baumbestandes angesehen und daher hier ausgeschlossen.
Bedeutung/Einfluss: ○ = gering, unbedeutend, selten, langsam, ⊙ = mäßig, ● = stark, hoch, häufig, schnell, ↔ = Spannweite, abnehmend = abnehmend, zunehmend = zunehmend

rechtzuerhalten. Das gilt vor allem dann, wenn das Ökosystem von einem seltenen Störfaktor erfasst wird, an den es wenig angepasst ist (Chapin et al. 2011). Bei nur begrenzter Resistenz heilen die Schäden mit der Zeit aus oder es entsteht ein anderes Fließgleichgewicht, wenn nicht überhaupt eine Sukzession einsetzt. Der Grad von Resistenz in Ökosystemen ist allenfalls im Nachhinein messbar, Voraussagen können nur aus Erfahrungen abgeleitet werden.

Sind bei unzureichender Resistenz Veränderungen im Ökosystem aufgetreten, so reagiert dieses mit Regulationen zur Wiederherstellung des ursprünglichen oder eines anderen stabilen Zustands. Dieses Vermögen der Systeme wird **Resilienz** genannt und lässt sich als Anpassungsfähigkeit umschreiben. Es wird häufig realisiert über eine Sukzession, meist in mehreren Stadien. Kleinere Störungen können auch durch die Reaktion vorhandener Systemkomponenten ausgeglichen werden. Hierfür ist die Schließung einer durch Sturm entstandenen Bestandeslücke durch Kronenausbreitung der Randbäume ein Beispiel. Ein Maß für die Resilienz ist die Zeit-

Tab. 1.10 Typologie forstlich bedingter Störungen (aus Meyer und Ammer 2019)

Art der Störung		räumliche Ausdehnung der Auswirkung				betroffene Bestandesschicht			Frequenz			unmittelbare Auswirkung auf den Baumbestand
	Stärke/Intensität	Einzelbaum	Trupp/Gruppe	Bestand	Landschaft	Kronenraum	Stammraum	Wurzelraum/Boden	häufig	sporadisch	selten	
Kulturpflege	○–⊙	◣	◣			↔	↔	↔			◢	Konkurrenzsteuerung Begleitflora
Läuterung	○	◣	◣			↔	↔	↔			◢	Konkurrenzsteuerung zur negativen Qualitätsauslese und Mischungsregulierung
Niederdurchforstung	○–⊙	◣	◣	◣		↔	↔	↔	◣	◣	◣	Konkurrenzsteuerung zur positiven Qualitätsauslese und Mischungsregulierung
Hochdurchforstung	○–⊙	◣	◣	◣		↔	↔	↔	◣	◣	◣	Konkurrenzsteuerung zur positiven Qualitätsauslese und Mischungsregulierung
Lichtung	⊙–●	◣	◣	◣		↔	↔	↔			◢	starke Dichteabsenkung
Ernte hiebsreifer Bäume	○–●	↔	↔	↔	↔	↔	↔	↔			◢	schlagartige (Kahlschlag) oder sukzessive Entfernung der Altbäume
Vollumbruch	●			↔				↔			◢	Verbesserung der Anwuchsbedingungen
oberflächige Bodenbearbeitung	○–⊙			↔				↔			◢	Verbesserung der Etablierungs- und Anwuchsbedingungen
Düngung	○–⊙	↔	↔	↔				↔			◢	Verbesserung der Nährstoffversorgung
Kalkung	○			↔				↔		◣	◣	Kompensation von sauren Stoffeinträgen; veränderte Pflanzenernährung
Wegebau	⊙–●			↔	↔	↔	↔	↔			◢	linienhafte Auflichtung; Unterbrechung der horizontalen Wasserleitung
Feinerschließung	○–⊙			↔		↔	↔	↔	◣	◣		linienhafte Auflichtung
Entwässerung	⊙–●			↔	↔			↔			◢	Verringerung der Phasen mit Wasserüberschuss
Einführung von Baumarten	○–●			↔	↔	↔	↔	↔			◢	Änderung der Konkurrenzverhältnisse

Bedeutung/Einfluss: ○ = gering, unbedeutend, selten, langsam, ⊙ = mäßig, ● = stark, hoch, häufig, schnell, ↔ = Spannweite, ◣ = abnehmend, ◢ = zunehmend dauer, die zur Wiederherstellung eines stabilen Zustands vergeht. Sie ist wiederum in erster Linie von Art und Intensität der Störung abhängig. Zudem muss die Resilienz nach den verschiedenen Systemeigenschaften beurteilt werden: Im Allgemeinen erreichen jüngere Bestände den stabilen Zustand eher als ältere, Ökosysteme auf reichlich mit Wasser und Nährstoffen versorgten Standorten eher als solche auf ärmeren und trockenen. Bormann und Likens (1979) rechnen für die Wiederherstellung eines Fließgleichgewichtes in Laubwäldern Nordostamerikas nach schwerer Störung mit Zeiträumen von mehreren Hundert Jahren.

In natürlichen Ökosystemen ergibt sich eine **umgekehrte Beziehung** zwischen Resistenz und Resilienz. Biotische Faktoren, die die Resistenz erhöhen können (Vielfalt, Komplexität, Koadaptation), verringern oft die Resilienz und umgekehrt. Dieser Zusammenhang zwischen Resistenz und Resilienz scheint mit der Entwicklung des Ökosystems als Reaktion auf die typischen Störungen des Systems und deren Verteilung in Zeit und Raum verknüpft zu sein. So sind boreale Nadelwälder durch großflächige Zusammenbrüche (geringe Resistenz) aufgrund von Waldbränden und Insektenkalamitäten bei gleichzeitig hoher Resilienz (schnelle Regeneration) gekennzeichnet. Dagegen haben sehr komplexe tropische Regenwälder eine hohe Resistenz, wurden sie aber zerstört, sind sie in ihrer Komplexität kaum wiederherzustellen (niedrige Resilienz).

Gefährdungen von Gesundheit und Vitalität

Lange Zeit verstand die Forstwirtschaft unter Stabilität den weitgehend störungsfreien Ablauf von Holzernte, Bestandesverjüngung und Bestandespflege im Forstbetrieb. Ein Bestand ist demzufolge stabil, wenn er das **Produktionsziel**, z. B. die Ernte starker Bäume von guter Qualität, erreichen kann. Hierfür sind in Abhängigkeit von Baumart und angestrebter Stammdimension lange Zeiträume von mehreren Jahrzehnten bis wenigen Jahrhunderten notwendig, in denen die Bäume in einzelnen Altersphasen nicht durch unterschiedliche Störfaktoren in ihrer Entwicklung gefährdet sind.

Europaweit fielen von 1950–2000 mit starken Schwankungen zwischen den Jahren und den Regionen im Jahresdurchschnitt 35 Mio. m^3 Holz **unplanmäßig** durch Störungen an, das entspricht 8,1 % des gesamten Holzeinschlags und 0,15 % des Holzvorrates in Europa (Schelhaas et al. 2003). Stürme waren für 53 % des Gesamtschadens verantwortlich, Feuer für 16 %, Schnee und Eis für 3 % und andere abiotische Ursachen für 5 %. Biotische Faktoren verursachten 16 % der Schäden, davon fällt die Hälfte auf den Borkenkäfer. Für 7 % des Schadens wurde keine Ursache oder eine Kombination mehrerer Ursachen festgestellt. Bei den meisten Ursachen zeigt sich im Betrachtungszeitraum ein Anstieg des Schadens, der wesentlich auf Änderungen in der Waldbewirtschaftung zurückgeführt wird. Waldfläche, Holzvorrat, Bestandesalter und der Nadelholzanteil sind im letzten Jahrhundert stetig angestiegen, wodurch die Wälder vor allem gegenüber Stürmen anfälliger geworden sind. Der Klimawandel wird voraussichtlich nicht nur das Ausmaß von klimatisch bedingten Schäden beeinflussen, sondern auch die Störungsdynamik der einheimischen Schädlinge verändern sowie die Etablierung und Verbreitung von neuen Schaderregern fördern (Jönsson et al. 2007; Netherer und Schopf 2010).

Seit 1983 wird in Deutschland und seit 1986 auf europäischer Ebene jährlich der Gesundheitszustand der Wälder eingeschätzt, der in einem Bericht über den Zustand des Waldes (früher Waldschadensbericht genannt) zusammengefasst wird (BMEL 2017). Auslöser dieser Erhebungen waren die umfassenden Waldschäden der 1980er-Jahre, die unter dem Begriff „Waldsterben“ bekannt wurden und weitgehend auf die Luftschadstoffe der Industriegesellschaft („Saurer Regen“) zurückgeführt wurden (Elling et al. 2007; siehe auch Kap. 21 in Bartsch und Röhrig 2016). Heute dienen die Ergebnisse der **Waldzustandserfassung** auch als Indikation für Klimaveränderungen. Die Aufnahmemethodik berücksichtigt folgende Indikatoren zur Erhaltung der Gesundheit und Vitalität von Waldökosystemen, die in den europäischen Kriterien der nachhaltigen Waldbewirtschaftung festgelegt sind (Parviainen 2009):

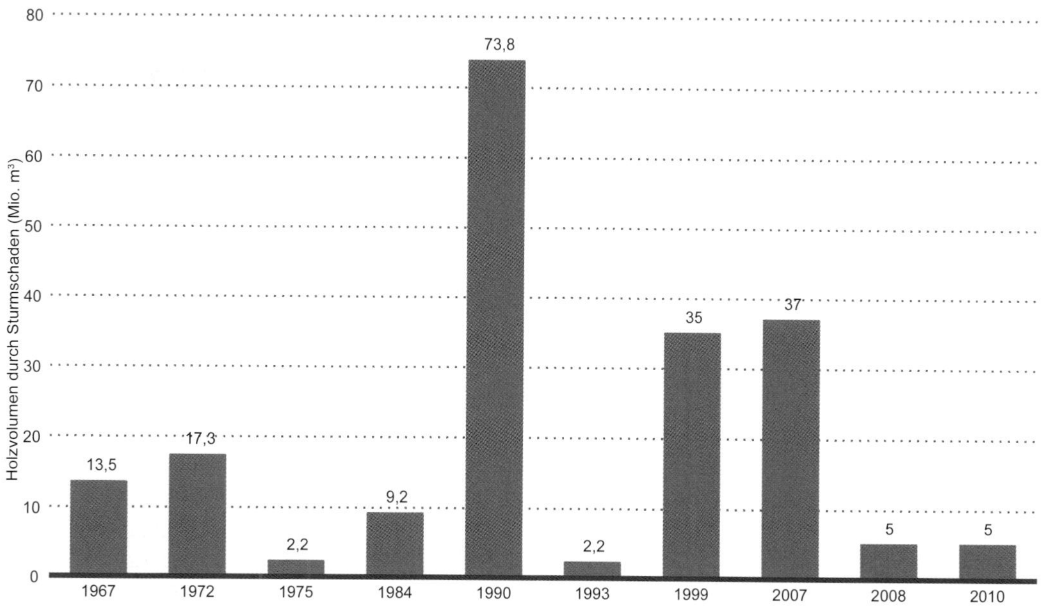

Abb. 1.17 Sturmschäden im Wald in Deutschland von 1967–2010 (in Mio. m^3) (nach BMEL 2018).

- Deposition und Konzentration von Luftschadstoffen
- chemische Bodeneigenschaften im Zusammenhang mit Bodenversauerung und Eutrophierung, klassifiziert nach wichtigen Bodentypen
- Blatt-/Nadelverluste und -verfärbung der Hauptbaumarten
- Waldschäden, klassifiziert nach Schadverursacher (abiotisch, biotisch und menschlich induziert)
- Tendenzen der Degradation von Waldflächen

Klimatisch bedingte Schäden

Starke **Sturmschäden** mit mehr als 10 Mio. m^3 Schadholz waren in den vergangenen Jahrhunderten in Deutschland und in den Nachbarländern nicht selten (Karius 1990; Gardiner et al. 2010). Sie haben aber in den letzten Jahrzehnten an Häufigkeit zugenommen (Abb. 1.17), als Beispiele können genannt werden: 1972 in Norddeutschland (besonders im niedersächsischen Flachland) (Kremser 1973; Otto 2000), im Februar und März 1990 in Süddeutschland (Stürme „Vivian" und „Wiebke"), Ende Dezember 1999 (Sturm „Lothar") in Süddeutschland, Frankreich und der Schweiz (Indermühle et al. 2005). In diesem Jahrtausend wurden allein in Südschweden im Januar 2005 durch den Sturm „Gudrun" 75 Mio. m^3 Holz geworfen und der Sturm „Kyrill" hat im Februar 2007 zu umfangreichen Sturmschäden in den Wäldern Zentraleuropas geführt (Leder 2017).

Besonders betroffen von Sturmschäden ist die **Fichte**. Das hängt nicht allein damit zusammen, dass sie einen besonders hohen Anteil an der Waldfläche Mitteleuropas einnimmt. Es hat auch damit zu tun, dass sie häufig auf wenig geeigneten Standorten und großflächig in gleich alten Beständen angebaut wurde. Darüber hinaus erfuhr sie oft eine den Gefahren nicht entsprechende Behandlung (Dobbertin 2002; Schütz et al. 2006; siehe auch Kap. 2.1.2.1 und 4.2.5 sowie Kap. 15.2.3 in Bartsch und Röhrig 2016).

Die **Kiefer** ist aufgrund ihrer Wurzelausbildung (Kap. 2.1.2.2) auf den meisten ihrer Standorte für Sturmwirkung weniger gefährdet als die Fichte. Die hohen Schäden 1972 in Norddeutschland bei der Kiefer gehen auf die damals herrschenden extrem hohen Windgeschwindigkeiten zurück. Ähnliches gilt auch für die anderen Nadelbaumarten und die meisten **Laubbäume**, die in Frankreich 1999 unter den dortigen Sturmstärken erheblich gelitten haben.

Schäden an Bäumen durch Stürme treten als **Brüche** am Schaft und in der Krone auf sowie als **Würfe** ganzer Stämme durch Entwurzelung (Coutts und Grace 1995). Die unmittelbaren Folgen bestehen in der Entwertung des Holzes und in Zuwachsverlusten. Als Folgeschäden gelten häufig: Befall der betroffenen Bäume mit Pilzen und Insekten, die deren Verwertbarkeit weiter vermindern, sowie die Gefährdung der stehen gebliebenen (oft geschwächten) Bäume und Bestände durch abiotische und biotische Wirkungen (z. B. nachfolgende Sturmwürfe, Rindenbrand, Massenvermehrungen von Schadinsekten) (Bouget und Duelli 2004; Økland et al. 2016). Dazu treten fast immer wirtschaftliche Verluste für den Waldbesitzer durch höhere Kosten der Aufarbeitung des Holzes und der Flächenvorbereitung für Folgearbeiten, Schwierigkeiten beim Holzabsatz sowie durch eine unausgewogene Altersklassenverteilung im Betrieb auf (Rottmann 1986; Knoke und Seifert 2008).

Nicht immer werden Bestände vom Sturm weitgehend oder vollständig zerstört. Viel häufiger sind Sturmbruch oder Sturmwurf einzelner Bäume oder Baumgruppen(Čada et al. 2013). In solchen Fällen müssen Entscheidungen darüber getroffen werden, ob die entstandenen Lücken sich selbst ohne waldbauliche Unterstützung schließen oder ausgepflanzt werden sollen. Oft ergeben sich dabei Gelegenheiten zum Voranbau (Kap. 3.7.2) mit Buche oder anderen Baumarten, die eine geplante Bestandesumwandlung einleiten.

Sieht man von extrem starken Sturmereignissen ab, so lässt sich das Risiko von Sturmschäden durch eine ganze Anzahl von **Vorbeugungsmaßnahmen** mindern. Im Vordergrund steht die Wahl geeigneter Standorte für die ertragreiche und besonders gefährdete Fichte. Alle praktischen Erfahrungen und wissenschaftlichen Untersuchungen zeigen, dass die Wurzelentwicklung der Fichte auf Böden mit Stauwassereinfluss auf die obersten Bodenhorizonte beschränkt bleibt und dadurch eine hohe Sturmwurfgefährdung verursacht. Hinzu kommt das auf basenreichen Standorten häufigere Auftreten von Stammfäule im Stammfußbereich. Weitere Möglichkeiten liegen in der **Bestandesverjüngung** durch Pflanzung in relativ weiten Verbänden (Kap. 3.6.5) und Beimischung von Baumarten mit geringerem Risiko. Wichtige Maßnahmen zur Vorbeugung von Sturmschäden liegen in der **Bestandespflege** (Kap. 4.2.5). Vor allem in Fichtenbeständen ist eine frühzeitige Standraumerweiterung der Einzelbäume notwendig. Eine gut ausgebildete Krone, ein günstiges Verhältnis von Höhe zu Durchmesser (h/d-Verhältnis) und eine gute Wurzelausbildung zur Förderung der Einzelbaumstabilität sollte Ziel jeder Pflegemaßnahme sein (Nielsen 1990, 1995).

Schäden an Beständen durch **Schnee** und **Eisanhang** (Cannel und Morgan 1989; Nykänen et al. 1997) treten in jüngeren Beständen hauptsächlich als **Schaftbruch**, in älteren eher als **Kronenbruch** auf. Seltener kommt es vor, dass schwächere Bäume niedergedrückt (besonders Eichen und Buchen in noch belaubtem Zustand) oder entwurzelt werden.

Die Interzeption von Schneelasten ist von verschiedenen Faktoren abhängig: Die Witterung beeinflusst die Menge, den Wassergehalt sowie das Auftauen und erneute Anfrieren des Schnees, ferner auch die Auflagerung bei Windruhe und das Abbrechen beim Aufkommen von Sturm. Dichte Bestände haben einen geringen Durchlass für Schnee, es kommt dabei bisweilen zu flächigen Auflagerungen in Beständen, die zu „Nesterbrüchen" führen. Gefährdet sind vor allem Kiefer, Fichte und Birke, weniger dagegen Baumarten mit biegsamen Zweigen wie Tanne und vor allem Douglasie (Kap. 4.2.5; siehe auch Richter 1977; Rottmann 1985; Slodicak 1995; Nykänen et al. 1997). Schälschäden erhöhen das Schneebruchrisiko (Roeder et al. 2002).

Relativ selten werden jüngere Bestände dadurch geschädigt, dass sich durch Eisregen oder das wiederholte und teilweise Auftauen bzw. Anfrieren des Schnees an Ästen und Zweigen ein Eisanhang bildet. Leder (1989) berichtet, dass sich Lasten von bis zu 14 kg und mehr an Zweigen von 1 m Länge bilden können. Im Dezember 1988 entstand in Ostwestfalen-Lippe (Nordrhein-Westfalen) durch ein solches Ereignis ein Schadholzanfall von etwa 50 000 m^3, besonders bei der Kiefer (Braun 1999). Auch Buchenbestände waren stark betroffen, doch regenerierten sich diese relativ schnell.

Waldbrände sind in mediterranen Gebieten häufiger als unter den gemäßigten Klimaverhältnissen in Mitteleuropa. Mehr als 90 % der Waldbrandflächen in Europa liegen im Mittelmeerraum, vor allem in Plantagen aus Nadelholz und Eukalyptus in Portugal, Griechenland und Spanien (Pausas et al. 2008). Im Durchschnitt der Jahre 1961–2000 waren in Europa jährlich etwa 0,15 % (rund 210 000 ha) der Waldfläche von **Feuer** betroffen (Schelhaas 2008). In Deutschland lag der jährliche Mittelwert für 1993–2015 bei durchschnittlich 1 018 Waldbränden und 515 ha betroffener Waldfläche (UBA 2017). Der letzte große Waldbrand in Deutschland ereignete sich 1975 in der Lüneburger Heide, bei dem rund 5 000 ha Kiefernwald vernichtet wurden (Kürschner und Röhrig 1980; siehe auch Kap. 15.2.3 in Bartsch und Röhrig 2016).

Biotisch bedingte Schäden

In Waldökosystemen hat der **Fraß lebender Pflanzensubstanz** durch Tiere eine große Bedeutung für den Umsatz von Energie und Biomasse (siehe Kap. 14.3 in Bartsch und Röhrig 2016). Einige Tierarten können bei hoher Populationsdichte in Wirtschaftswäldern hierdurch Schäden mit großen ökonomischen Einbußen verursachen (Paine 2006), vor allem Paarhufer (Schalenwild), Mäuse und Insekten.

Eine fast allgegenwärtige Rolle spielt in den Wäldern Mitteleuropas das **Schalenwild**, dessen Artenzusammensetzung, Lebensweise und Verhalten in den Kulturlandschaften wesentlich anders sind als in den vom Menschen wenig berührten Regionen. Die Ausrottung des räuberischen Großwildes, die Veränderungen der Vegetation durch die Land- und Forstwirtschaft und die häufig auf Trophäen ausgerichtete Jagd mit übermäßiger Hege sind die wichtigsten Ursachen für gravierende Schäden durch das Wild, dessen Populationsdichten vielerorts zugenommen haben (Ammer et al. 2010). An Waldschäden sind hauptsächlich **Rot-** (*Cervus elaphus*) und **Rehwild** (*Capreolus capreolus*) beteiligt, in manchen Gebieten auch eingebürgerte Dam- (*Dama dama*) und Muffelwildbestände (*Ovis gmelini musimon*). Das Schwarzwild (Wildschwein, *Sus scorfa*) richtet nur selten erhebliche Schäden in Waldverjüngungen an.

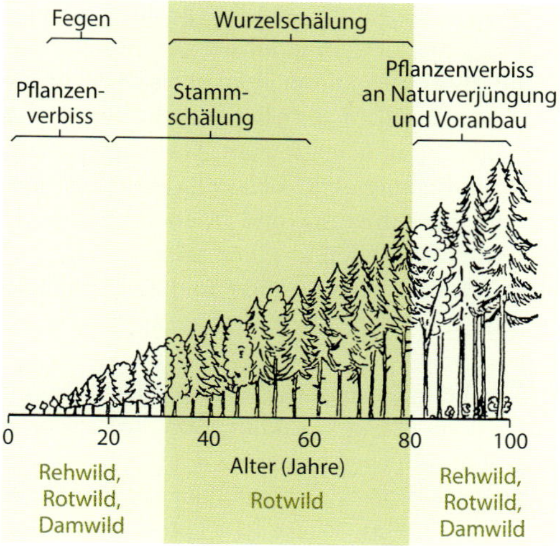

Abb. 1.18
Schadwirkungen des verbreitetsten Schalenwildes auf Waldbestände in verschiedenen Entwicklungsstadien (nach Speidel 1975 sowie Reimoser und Reimoser 1997).

Wildschäden entstehen durch **Verbiss** an jungen Waldbäumen (Abäsen von Blättern, Nadeln, Knospen und Trieben durch alle Wildarten), durch **Fegen** und Zerschlagen junger Bäume (Ablösung der Rinde und Beschädigung der Schäfte durch Rot- und Rehwild) sowie durch **Schälen** von Bäumen (Ablösen von Rindenteilen bis auf den Holzkörper, hauptsächlich durch den Rothirsch, aber auch von Dam- und Muffelwild) während der Jungbestandsphase bis ins Baumholzalter (Abb. 1.18; Grub et al. 2011).

Neben der Höhe des Wildbestandes und dem sonstigen Nahrungsangebot ist für den **Verbiss** entscheidend, ob eine Baumart in dem Gebiet selten ist (weil sie dann bevorzugt verbissen wird) und ob die Verjüngungspflanze aus Naturverjüngung oder Pflanzung stammt (Baumschulpflanzen sind meist nährstoffreicher und werden stärker angenommen). Nadelbaumarten, besonders Tanne und Douglasie, werden hauptsächlich während des Winters verbissen, während Laubbäume (besonders Ahorn-, Eichen-, Erlen- und Lindenarten) auch unter Sommerverbiss leiden. Der Verbiss beginnt meist, wenn die Pflanzen etwa 10 cm hoch sind, und erreicht seine höchste Intensität bis etwa 130 cm. Er bewirkt einen Zuwachsverlust und eine Verminderung der Schaftqualität durch die Beschädigung der Schaftachse und die Bildung mehrerer Ersatztriebe. Verbiss führt, vor allem wenn er wiederholt eintritt, zur Verminderung der Vitalität und damit zum Erliegen der Konkurrenz gegenüber weniger oder nicht verbissener Arten (oft Fichte oder Kiefer) und meist zum Absterben. Durch die Entmischung wirkt sich der Verbiss nachteilig auf die Erhaltung und Wiederbegründung von Mischbeständen aus, vor allem für die Buchen-Edellaubholzbestände und für Mischbestände mit Tanne (Kap. 3.3.2; Ammer et al. 2010).

Die Vermehrungszyklen von **Mäusen** werden durch die starke Fruktifikation (Mast) von Eichen und Buchen angestoßen und brechen zusammen, wenn die Fruktifikation ausbleibt (Crawley 2005a). Mäuse leben bevorzugt in Beständen mit gut entwickelter Bodenvegetation und werden vor allem durch Fraß von **Samen** schädlich. Die größten Schäden werden von der Rötelmaus (*Myodes glareolus*) angerichtet, dem häufigsten Säugetier in europäischen Wäldern (Bäumler und König 1985). Das Misslingen von Buchennaturverjüngungen ist oft dieser Art zuzuschreiben, zumal sie auch an Zweigen und Rinden junger Bäume frisst, und dadurch viele von ihnen absterben lässt (Hansson 2002).

Voraussetzungen für das Entstehen von **Massenvermehrungen** (Gradationen) von **Insekten** sind zum einen dichteunabhängige Faktoren wie die allgemeinen Standortsverhältnisse (z. B. ärmere trockene Standorte bei mehreren Kiefernschädlingen) und die Witterung (z. B. Übereinstimmung von Austriebszeitpunkt der Knospen und Erscheinen der Eiraupen beim Eichenwickler) sowie eine geeignete Qualität der Nahrung (z. B. Bevorzugung von frischen Blättern und Nadeln mit relativ hohem Nährstoffgehalt). Zum anderen haben dichteabhängige Faktoren eine große Bedeutung, so die Nahrungsmenge im Fraßgebiet und das Vorhandensein von Gegenspielern (Räuber, Parasiten). Die Massenvermehrungen geschehen in Zyklen von unterschiedlicher Dauer, die neben den vorher genannten Faktoren vor allem vom Vermehrungskoeffizienten der betreffenden Art abhängen.

Besonders artenreiche Fraßgesellschaften von Insekten beherbergen die Kiefer und die Eichen. Massenvermehrungen führen erst nach mehrjährigem Kahlfraß der Blattorgane zum Absterben des Baumes, stets aber zu Zuwachsverlusten, Formveränderungen und häufig zu Sekundärschäden (siehe Komplexkrankheiten in diesem Abschnitt). Biologie und Schadbilder dieser Arten sind in Schwerdtfeger (1981) und Altenkirch et al. (2002) dargestellt.

Unter den Rüsselkäfern, deren Imagines Blattorgane fressen, richtet nur der Große Braune **Rüsselkäfer** (*Hyolobius abietis*) in Nord- und Mitteleuropa erhebliche Schäden in der Baumverjüngung an, vor allem nach Kahlschlag oder Sturmwurf (Wallertz et al. 2005). Die Larven benagen plätzeweise die Rinde und das Kambium, besonders von Fichte und Kiefer, aber auch von Laubbäumen. Wenn die Fraßstellen zahlreich sind, wird der Saftstrom der befallenen Jungpflanze unterbrochen, und sie stirbt rasch ab.

Von den zahlreichen rindenbewohnenden Käfern an Nadelholz sind die meisten Sekundärschädlinge, wie die beiden **Borkenkäfer** Buchdrucker (*Ips typographus*) und der kleinere Kupferstecher (*Pityographus chalcographus*). Beide können aber zu bestandesgefährdenden Massenvermehrungen gelangen, wenn viel unentrindetes Holz auf der Fläche lagert und dadurch reichlich Brutmaterial bietet. Diese Fälle treten hauptsächlich nach Sturmwürfen ein, wenn das gefallene Holz nicht rasch genug aufgearbeitet wurde (Schroeder und Lindelöw 2007; Økland et al. 2016). Warmtrockene Frühjahrs- und Sommerwitterung begünstigt die Entstehung einer zweiten Generation und erhöht dadurch den Befallsdruck (Rouault et al. 2006). Dies wird auch als Auswirkung des Klimawandels erwartet (Jönsson et al. 2007). Unter günstigen Umständen greifen die Käfer auch geschwächte und gesunde Bäume an und vergrößern die Schäden. So entstehen in den Beständen sogenannte Käferlöcher oder große Kahlflächen (Bouget 2005; Lausch et al. 2011).

Zahlreiche **Pilzarten** können holzentwertende Stammfäulen, z. B. die Rotfäule bei der Fichte (Kap. 2.1.2.1), und Wurzelschäden hervorrufen, andere können die Bäume durch Unterbrechung der Wasserleitung zum Absterben bringen (siehe Holländische Ulmenkrankheit in Kap. 2.1.1.7 und Eschentriebsterben in Kap. 2.1.1.3). Andere Pilze befallen die Blattorgane und mindern dadurch die Assimilationsleistung (u. a. Rostpilze,

Eichenmehltau, Schwarzer und Weißer Schneeschimmel). Umfassend sind die biotischen Schäden durch Pilze, Bakterien und Viren in Altenkirch et al. (2002) und Butin (2011) dargestellt.

Biotische Schaderreger agieren in komplexen Interaktionen mit dem Wirt (Baum) und den Umweltfaktoren (v. a. Klima, Boden). Voraussetzungen für eine schädigende Wirkung sind das Zusammentreffen eines anfälligen Wirtes mit einem virulenten Pathogen und für die Schadentwicklung günstige Umweltbedingungen. Hierdurch ergeben sich waldbauliche Ansätze zur Verhinderung und Eindämmung von Baumschäden und weiterer das Produktionsziel gefährdender Störungen. Waldbauliche Grundsätze zur Erhöhung der Stabilität von Einzelbäumen und Beständen sind in Kapitel 1.4.3 zusammengestellt, Angaben für bestimmte Baumarten, Waldformen und Standorte enthalten die entsprechenden Kapitel dieses Buches.

Komplexkrankheiten

Seit Langem gibt es Beobachtungen von Baumerkrankungen, die sich nicht monokausal einem eindeutig bestimmbaren Schadfaktor zuordnen lassen, sondern das Ergebnis von oft langfristigen Abfolgen verschiedener klimatischer und biotischer (einschließlich anthropogener) Belastungen sind. Symptombeschreibung und Krankheitsdiagnose können bei Bäumen besonders erschwert sein, weil sich die Krankheitsprozesse über lange Zeiträume erstrecken, wobei verschiedene Schadfaktoren gleichzeitig oder nacheinander in komplexer Weise einwirken können.

Etwa seit Beginn des 18. Jahrhunderts wird wiederholt vom **Tannensterben** berichtet (Larsen 1986b; Kap. 2.1.2.4). In den 1970er-Jahren wurde die Öffentlichkeit auf eine Erscheinung aufmerksam, die im Gegensatz zu den bisher bekannten Störungen etwa gleichzeitig in weiten Teilen Mittel- und Nordeuropas sowie in Nordamerika großflächig eintrat: Nadel- und auch Laubwälder zeigten Vergilbungen und in unterschiedlichen Graden Verluste von Blattorganen (Kronenverlichtungen), begleitet vom Rückgang der Vitalität und – vor allem bei den Nadelbäumen – von einer höheren Anfälligkeit gegen Sekundärschäden (Sturmwurf, Borkenkäferbefall), die zum Absterben von Bäumen, Baumgruppen und ganzen Beständen führten. In Analogie zu den früher bekannten lokalen Rauchschäden führte man diese Erscheinungen auf Immissionen von Schadstoffen zurück, zumal man erkannt hatte, dass die industrielle Entwicklung eine starke Erhöhung solcher Stoffe in der Atmosphäre und die Ausbreitung über weite Entfernungen bewirkte. Intensive Maßnahmen von Politik und Industrie führten zu einem raschen und teilweise radikalen Rückgang der Emissionen von Schwefeldioxid sowie zu einem so deutlichen Rückgang der äußerlich sichtbaren Schäden, der sogenannten **„Neuartigen Waldschäden“** (siehe Kap. 21 in Bartsch und Röhrig 2016). Inzwischen ist allgemein akzeptiert, dass die Symptome auf mehrere, teilweise interagierende Stressoren zurückzuführen sind, von denen einige anthropogen sind (Elling et al. 2011; Detten 2013). Weitere Beispiele für derartige Komplexkrankheiten, auch als Kettenkrankheiten bezeichnet, sind das sogenannte **Eichensterben** – an dem neben blattfressenden Schmetterlingen Pilze (Mehltau, Fäulepilze), klimatische Faktoren (Trockenheit, Spätfrost) und verschiedene Käferarten in Rinde und Holz beteiligt sind (Hartmann et al. 1989; Habermann und Preller 2003) – und die **Buchenkomplexkrankheit**, zu der ausgehend von der Buchenwollschildlaus verschiedene Pilze und Käfer beitragen (Petercord 2006; Niesar et al. 2007; Bressem 2008).

Zur Erklärung der Entstehung von komplexen Krankheitsbildern entwickelte Manion (1991) ein Konzept (*decline-spiral-model* oder Stressintegrationsmodell), das zwischen disponierenden, auslösenden und begleitenden Belastungsfaktoren (**Stressoren**) unterscheidet. Es wurde für Einzelbäume entwickelt und von Larsen (1995) um waldbauliche Stabilitätsfaktoren erweitert (Tab. 1.11). Populationen von Baumarten bilden nur dann ein stabiles Waldökosystem mit hoher Resistenz und Resilienz gegenüber Störungen, wenn sie an die Standortbedingungen angepasst sind und waldbauliche Maßnahmen der Bestandesverjüngung (Kap. 3), der Bestandespflege (Kap. 4) und der Betriebsarten und -formen (Kap. 5) die Stabilität des Einzelbaums und des Bestandes berücksichtigen. Sind die Voraussetzungen nicht erfüllt, ist das System **prädisponiert**, was in Bezug auf Stabilität be-

Tab. 1.11 Stabilität von Waldökosystemen als Stressintegrationsmodell, in dem die Belastungen in disponierende, auslösende, und begleitende Faktoren gruppiert sind (nach Larsen 1995)

Faktorenkomplex	Stressoren
Stabiltätsfaktoren	• standortgerechte Wahl von Baumart und Provenienz • ökosystemgerechte Bestandesstruktur und Bestandespflege
disponierende Faktoren	• falsche Baumart- und Provenienzwahl • falsche Bestandesstruktur und Bestandespflege • Veränderungen des Klimas und der Luftzusammensetzung • Veränderungen des Bodenzustandes
auslösende Faktoren	• klimatische Extreme (Frost, Trockenheit) • Primärschädlinge (v. a. Insekten, Pilze) • extreme Luftverunreinigungen (u. a. SO_2, O_3)
begleitende Faktoren	• Sekundärschädlinge (u. a. Borkenkäfer) • Wurzelfäule • Degeneration der Mykorrhiza • Viren

deutet, dass Resistenz und Resilienz aufgrund mangelnder Anpassung durch reduzierte physiologische und evolutionäre Pufferkapazitäten der Populationen reduziert sind. Die prädisponierenden Faktoren sind langfristig wirksam. Sie führen zu einer Grundbelastung und damit zu einer Schwächung der Bäume. Zu ihnen gehören das Klima, die Wasser- und Nährstoffversorgung, der Genotyp der Bäume, die Langzeitwirkungen von Luftverunreinigungen und Veränderungen der Bodeneigenschaften (u. a. Bodenversauerung, Nährstoffaustrag, Bodenverdichtung). Die **auslösenden** Stressoren sind dagegen kurzfristig wirksam und führen zum Auftreten von Krankheitssymptomen. Zu ihnen zählen klimatische Extreme (v. a. Frost, Dürre), blattfressende Insekten, mechanische Verletzungen und Spitzenbelastungen von Luftverunreinigungen. Eine Erholung der Bäume von den Wirkungen der auslösenden Stressoren wird durch die Einflüsse der prädisponierenden Stressoren erschwert. Die **begleitenden** Stressoren (auch als sekundäre Faktoren bezeichnet) sind wiederum langfristig wirksam, können weitere Schadsymptome hervorrufen und zum Absterben von Baumindividuen führen. Zu ihnen zählen Insekten (u. a. Borkenkäfer, Eichenprachtkäfer), Pilze (z. B. Hallimasch) und der Abbau wichtiger symbiotischer Beziehungen (Mykorrhiza).

Stabilität durch Waldbau

Die Möglichkeiten zur Sicherung der Stabilität von Wirtschaftswäldern durch waldbauliche Maßnahmen konzentrieren sich vorrangig auf Strukturmerkmale, wie Holzvorrat, Artenvielfalt, Alter und Größe, Lebensdauer, sowie funktionelle Parameter wie Produktivität (einschließlich der Erhaltung der biotischen und abiotischen Ressourcen).

Waldbauliche Maßnahmen können Resistenz und Resilienz beinflussen und dadurch die Stabilität eines Waldökosystems verringern. Hierfür gibt es zahlreiche Beispiele, darunter

- die Einführung von schnell wachsenden, aber nicht angepassten Arten und Provenienzen,
- die Verringerung der genetischen Ressourcen durch Selektion und Züchtung,
- die Umwandlung von natürlichen Mischwäldern in Monokulturen,
- Kahlschlagwirtschaft in Kombination mit strukturarmer Plantagenwirtschaft,
- Bekämpfung von Waldbränden in feuerabhängigen Waldökosystemen und
- Verkürzung der Umtriebszeit in Kombination mit Vollbaumnutzung.

Die Beispiele zeigen andererseits Möglichkeiten auf, unter Beachtung von Resistenz und Resilienz Waldbau so zu gestalten, dass Stabilität und Anpassungsfähigkeit gegenüber zukünftigen Störungen auf hohem Niveau gewährleistet sind (siehe auch Larsen 1995).

Die **Baumartenwahl** (Kap. 2) ist die langfristige waldbauliche Entscheidung zur Sicherung der Bestandesstabilität. Die wichtigste Voraussetzung für die Auswahl von Pflanzenmaterial ist die Selektion von Arten und Provenienzen, die an die biotischen Faktoren (Schädlinge) und die abiotischen Verhältnisse (Klima, Boden) des jeweiligen Standortes angepasst sind, einschließlich der von Menschen verursachten Störungen.

Standortsheimische Baumarten und Populationen gewährleisten ein gewisses Maß an Anpassung, da die genetische Struktur der Populationen die Schwankungen der lokalen Umweltbedingungen widerspiegelt. Im Gegensatz dazu zeigen zahlreiche Beispiele die Gefahren der Verwendung nicht angepasster Arten und Provenienzen. Änderungen der Umwelteinwirkungen durch den Klimawandel und die Einbringung eingeführter und eingewanderter Fremdorganismen (Schädlinge) können die Anpassung von lokalen Arten und Populationen drastisch reduzieren. Beispiele hierfür sind das Ulmensterben (Kap. 2.1.1.7) und das Eschentriebsterben (Kap. 2.1.1.3). Klimaänderungen werden generell die Angepasstheit und damit die Resistenz heimischer Arten und Populationen schwächen. Als waldbauliche Konsequenz ist daher die Anpassungsfähigkeit (Resilienz) zu fördern, dies kann auch durch die Berücksichtigung nichtheimischer Baumarten (Kap. 2.2.2.4) erfolgen.

Bei künstlicher Verjüngung durch Pflanzung ist aufgrund der geringen Anzahl von Pflanzen, die ohne Selektionsdruck in modernen Pflanzenproduktionssystemen aufgewachsen sind und nach bestimmten Merkmalen ausgewählt wurden (Kap. 3.6.2, 3.6.3), die natürliche Selektion während der Bestandesentwicklung eingeschränkt. Dies kann zu einer Verringerung der Resistenz und der Resilienz führen, worauf Ackzell und Lindgren (1994), Konnert und Hosius (2010) sowie Hattemer und Ziehe (2018) hinweisen. Die ökologische Bedeutung derartiger Beschränkungen des Selektionspotenzials in künstlich begründeten Beständen ist jedoch bisher kaum verstanden.

Mischwald bedeutet Risikostreuung und ist damit die wichtigste waldbauliche Reaktion auf die Unsicherheit des Klimawandels (Kap. 2.2.2.2, 2.2.2.5). Jede Baumart hat ihr spezifisches Klimaanpassungsprofil und je mehr Baumarten eine Waldgemeinschaft bilden, desto geringer wird das Risiko sein, dass bei extremen Klimaänderungen der gesamte Waldbestand von Schäden betroffen ist und vollständig vernichtet wird. Mischbestände haben im Allgemeinen als Gesamtsystem eine höhere Resilienz als Monokulturen, dies zeigen zahlreiche Beispiele für Auswirkungen biotischer und abiotischer Störungen auf verschiedene Baumartenmischungen (Knoke et al. 2008).

Um eine hohe Produktivität mit schnell wachsenden Baumarten zu erreichen, führt Waldbewirtschaftung häufig zu homogenen Strukturen in Form von gleich alten Reinbeständen. Entsprechende Strukturen finden sich auch in natürlichen Waldökosystemen, vor allem der borealen Zonen, wenn natürliche Ursachen (Feuer, Wind, Insekten) ausgedehnte Freiflächen entstehen lassen (Burton et al. 2003). Derartige Waldökosysteme zeigen eine zyklische Stabilität mit hoher Resilienz (schnelle Wiederbewaldung) bei geringer Resistenz (Widerstand gegenüber Störungen) (Drever et al. 2006). Diesem Störungsregime ähnelt der **Kahlschlag**. In den gemäßigten Zonen von Europa und Nordamerika sind die Waldökosysteme weniger an großflächige Störungen angepasst. Kahlschlag mit weitgehender Vernichtung der Biomasse führt zu starken Veränderungen in der biotischen Regulation, im Mikroklima und in den hydrologischen und biogeochemischen Kreisläufen mit substanziellen Stoffverlusten (u. a. Nährelementen). Waldbauliche Maßnahmen können diesen Zeitraum verlängern (z. B. durch Herbizideinsatz), aber auch verkürzen (z. B. durch Einbringung von Hilfsbaumarten). Kahlschlag führt zudem durch den Verlust an Waldinnenklima häufig zu Frost- und Austrocknungsschäden, somit zur Beschränkung der Baumartenwahl und damit zur potenziellen Reduktion von Resistenz und Resilienz des Folgebestandes (Kap. 5.4.2). **Waldverjüngung unter Schirm** gleicht nur einer geringen Störung, durch die der Wasser- und Nährstoffkreislauf sowie das Waldinnenklima weitgehend erhalten bleiben (Kap. 5.4.3 bis 5.4.7). Bei Plenterung (Kap. 5.5) und femelartiger Verjün-

Artendiversität wird üblicherweise als bedeutendster Aspekt der Biodiversität erachtet. Sie umfasst den Artenreichtum, d. h. die Zahl der in einem bestimmten Lebensraum vorkommenden Arten, und die Ähnlichkeit des Vorkommens (Gleichverteilung, Äquitabilität, *evenness*) dieser Arten, d. h. der relativen Häufigkeit der Arten in einem Lebensraum. Die Artendiversität hängt von der räumlichen Betrachtungsebene ab: Die gesamte Artendiversität einer Landschaft (γ-Diversität) setzt sich zusammen aus der α-Diversität, der Anzahl der in einem bestimmten Lebensraum (z. B. Waldbestand, Biotop) vorkommenden Arten, und der β-Diversität, die die Unterschiede der α-Diversität zwischen verschiedenen Lebensräumen kennzeichnet, z. B. im Verlauf von Umweltgradienten oder zur Erfassung der Ähnlichkeit der Artenzusammensetzung von Waldbeständen unterschiedlicher Behandlungen und im zeitlichen Vergleich (Magurran und McGill 2011; Bollmann und Braunisch 2013).

Für die zahlenmäßige Erfassung und den Vergleich der Biodiversität sind zahlreiche **Diversitätsindizes** entwickelt worden (siehe Magurran 2004), von denen der Shannon-Weaver-Index am häufigsten verwendet wird. Die Bemessung der Diversität in Wäldern stößt auf die Schwierigkeit, dass die Abgrenzung des Untersuchungsobjektes wegen mannigfacher Übergänge oft problematisch ist und auch von der Flächengröße abhängt: Je größer man die Untersuchungseinheit wählt, desto mehr Arten finden sich bis zu einer Sättigung (Artenzahl-Areal-Kurve, siehe Tremp 2005). Noch schwieriger gestaltet sich die Frage, welches Stadium der Sukzession vorliegt oder gewählt werden soll (Kap. 1.3.2.1). Durch diese Einschränkungen kommen manche Autoren (u. a. Köhl und Zingg 1996; Pelz et al. 2001) zu dem Schluss, dass Diversitätsindizes für sich, d. h. ohne genügende Beachtung anderer Faktoren (Autökologie, Florengeschichte, Biotopfaktoren), wenig ökologische Aussagekraft haben.

Bedeutung der Biodiversität

Die **Konvention über biologische Vielfalt (CBD)** beschreibt die Bedeutung von Biodiversität wie folgt: „Biologische Vielfalt untermauert die Ökosystemfunktion und die Bereitstellung von Ökosystemleistungen, die für das menschliche Wohlergehen unerlässlich sind. Sie sorgt für Ernährungssicherheit, menschliche Gesundheit, die Bereitstellung von sauberer Luft und Wasser; sie trägt zur lokalen Existenz und zur wirtschaftlichen Entwicklung bei und ist für die Verwirklichung der Millenniumsentwicklungsziele, einschließlich der Armutsbekämpfung, unerlässlich“ (Secretariat CBD 2001).

Seit mehr als 30 Jahren wird diskutiert über die Rolle der Biodiversität für die Ökosystemfunktionen (u. a. Produktivität, Stabilität), also die **funktionelle Biodiversität**, und über die sehr komplexen Beziehungen zwischen den Arten und den synergistischen Einflüssen von Umweltfaktoren (Klima, Boden) (siehe u. a. Kinzig et al. 2001; Loreau et al. 2002; Körner 2005; Laureto et al. 2015). Für Waldökosysteme liegen dazu nur wenige wissenschaftliche Untersuchungen von allgemeinem Aussagewert vor. Hinweise gibt es darauf, dass komplexe Waldökosysteme produktiver sind als weniger vielfältige und dass aus wenigen Arten bestehende Waldökosysteme anfälliger sind für Störungen (Scherer-Lorenzen et al. 2005). Insgesamt ist die Frage nach der funktionalen Bedeutung der Biodiversität aber noch weitgehend offen (Nadrowski et al. 2010).

Zur Bedeutung der Artendiversität für die **Stabilität** der Ökosysteme gibt es Hinweise darauf, dass Baumartenvielfalt die Stabilität in mannigfacher Weise begünstigen kann (Kap. 1.3.2.3). Eine Vielfalt der Baumarten eröffnet Möglichkeiten, wirtschaftlich wertvolle, aber wenig konkurrenzfähige Baumarten durch Pflegeeingriffe zu begünstigen, und mindert oft das Risiko gegenüber Sturm, Schnee und Waldbrand (wahrscheinlich auch Insekten- und Pilzschäden). Das Zusammenleben von zahlreichen Tierpopulationen kann übermäßige Vermehrungen von Schaderregern in gewissen Grenzen verhindern. Doch unter welchen Umständen das geschieht und in welchem Ausmaß, ist wenig bekannt. Stabile Baumartenmischungen können zu höherer **Produktivität** führen, wenn die beteiligten Baumarten unterschiedliche ökologische Nischen besetzen (Kap. 2.2.2.2).

Als mindestens ebenso wichtig wie diese Nutzfunktionen wird die Bedeutung der Artenvielfalt in **ideeller** Hinsicht gesehen. Besucher bevorzugen vielfältige Wälder und Landschaften wegen ihres Anblicks und der Möglichkeiten, eine mannigfache Flora und Fauna kennenzulernen und zu beobachten. Vielfalt gilt mit Recht in ethischer Sicht als ein „Wert an sich" (Norton 1987; Tilman 2000; Gorke 2010) (Kap. 1.4.1).

Artenschutz wird als ein hervorragendes Ziel in den Bemühungen um eine höhere Biodiversität angesehen. Überall auf der Erde, und so auch in den temperierten Zonen, steht die Bewahrung seltener und in ihrer Existenz bedrohter Arten im Vordergrund. In populären Darstellungen werden meist die Begriffe „selten" und „bedroht" als gleichbedeutend hingestellt. Tatsächlich bestehen aber wesentliche Unterschiede. Seltene Arten üben auf viele Menschen eine Faszination aus: Sie werden in ihren Biotopen aufgesucht, gesammelt, studiert, katalogisiert, gekauft und oft hoch bezahlt. Doch klare Vorstellungen über den Begriff der **Seltenheit** und deren Ursachen lassen sich kaum erkennen.

Gemeint ist die Begrenzung einer Art auf eine **geringe** (manchmal zeitlich wechselnde) **Anzahl** von Individuen in bestimmten Gebieten. Eine Art kann, besonders an den Grenzen ihres natürlichen Areals, nur in geringen Mengen auftreten, an anderen Orten dagegen reichlich vorkommen. Viele Arten sind **Endemiten**, sie kommen von Natur aus nur in eng begrenzten Arealen oder Regionen vor, sind aber dort oft nicht selten (Kunin und Gaston 1997). Die Ursachen dafür können vielfältig sein, oft wirken mehrere davon zusammen:

- geringe sexuelle Vermehrung (seltene Blüte)
- genetische Verarmung (z. B. hoher Grad von Homozygotie und schwache Fitness)
- Verbreitungsschwierigkeiten durch Konkurrenz anderer Pflanzenarten, Räuber, Parasiten
- spezielle ökologische Ansprüche an Standort, Arealgröße, bestäubende und Samen verbreitende Tierarten

Daraus wird erkennbar, dass ein Teil dieser Eigenschaften **arteigen** ist und nur einige dieser Faktoren durch Schutzmaßnahmen beeinflussbar sind. Nicht immer sind solche Vorkehrungen dienlich für die Erhaltung der Artendiversität ganzer Biotope, wenn sie einseitig auf wenige Arten gerichtet sind (McIntyre 1992, 2011; Temple 1997). Unter den Waldbäumen gibt es einige Arten, die ein sehr kleines natürliches Areal haben, aber durch Pflanzungen eine ungleich viel größere Verbreitung erfahren haben, ohne dass an ihren neu gewonnenen Standorten besondere Schutz- oder Pflegemaßnahmen (wie etwa in Botanischen Gärten) vorgenommen werden. Das auffälligste Beispiel dafür ist die große Verbreitung von *Pinus radiata* auf fast allen Kontinenten der Erde. Aus der europäischen Baumflora gehört *Picea omorica* zu diesen Arten.

Nach Meyer (1998) gibt es unterschiedliche Gründe, warum Arten **selten** sein können: Sie sind von Natur aus selten, man betrachtet sie am Rand ihres Arealvorkommens oder sie sind wegen Umweltveränderungen im Rückgang begriffen. Für die Erhaltungsbiologie und die Biodiversität ist einzig die dritte Kategorie relevant.

Als bedroht werden solche Arten angesehen, deren Existenz in naher oder ferner Zukunft unsicher ist. Dabei lassen sich örtliche, regionale oder kontinentale Maßstäbe anlegen. Hierbei werden heute in aller Regel als Ursache der **Bedrohung** die nachteiligen Wirkungen menschlicher Tätigkeit angenommen. Soweit geeignete Daten für die Arten vorliegen, lassen sich die Bedrohungspotenziale mithilfe stochastischer Modelle abschätzen.

Burgman et al. (2005) unterscheiden folgende Kategorien:

- ausgelöscht = es besteht kein Zweifel darüber, dass das letzte Exemplar der Art verschwunden ist; das kann sich auf einen Ort, eine Region oder auf die ganze Erde beziehen
- als ausgelöscht vermutet = die Art wurde seit 50 Jahren nicht mehr lokalisiert
- gefährdet = es besteht ein hohes Risiko der Auslöschung, wenn die kausalen Faktoren anhalten
- empfindlich = die Art ist nicht aktuell bedroht, es besteht jedoch ein Risiko für die nächsten 50 Jahre

Die *International Union for Conservation of Nature* (IUCN, auch als Weltnaturschutzunion be-

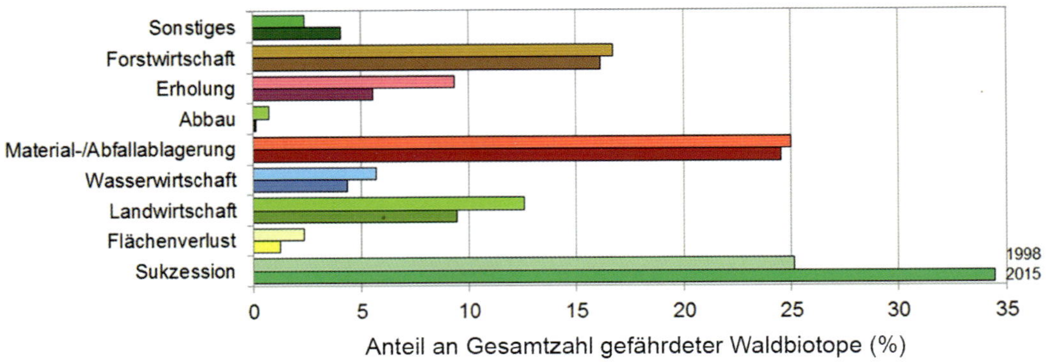

Abb. 1.21 Anteile der Hauptgefährdungskategorien an der Gesamtzahl gefährdeter Waldbiotope in den Jahren 1998 und 2015 für Baden-Württemberg (aus Schirmer und Wedler 2016).

zeichnet; eine internationale Nichtregierungsorganisation und Dachverband zahlreicher internationaler Regierungs- und Nichtregierungsorganisationen) empfiehlt folgende Kategorien nach der Gefährdung der **Auslöschung**:

- kritisch = 50 % Verlust in 5 Jahren oder zwei Generationen
- gefährdet = 20 % Verlust in 20 Jahren oder zehn Generationen
- empfindlich = 10 % Verlust in 100 Jahren

In Deutschland und anderen europäischen Ländern werden entsprechend der weltweiten Erhebungen der IUCN (Rodrigues et al. 2006) regionale **Rote Listen** zur Kennzeichnung von bedrohten Arten aufgestellt. Es gibt solche Listen von Pflanzen und Tieren sowie von Pflanzengesellschaften und Biotopen für unterschiedliche Bezugsräume (Staat, Bundesland) (für Deutschland herausgegeben vom Bundesamt für Naturschutz, u. a. Ludwig und Schnittler 1996 für Pflanzen sowie Finck et al. 2017 für Biotoptypen). Rote Listen sind wissenschaftliche Fachgutachten, in denen die Gefährdung anhand der Bestandesgröße und der Bestandesentwicklung eingeschätzt wird. Die Auswahl der Arten beruht auf dem Vergleich mit alten Bestandeslisten, meist aus der Zeit vor 150 Jahren, als noch eine ganze Bandbreite extensiv bewirtschafteter Bodennutzungsformen (z. B. Streuobstwiesen, Trockenrasen, Mittelwälder) als überkommene Bestandteile der Kulturlandschaft vorhanden war (Volk 1990). Eine Unterscheidung zwischen von Natur aus seltenen und durch menschliche Einwirkungen bedrohte Arten wird in den Roten Listen nicht vorgenommen.

Schlüsselarten stehen oft im Fokus des Artenschutzes. Als **Schlüsselart** (*keystone species*) wird nach Paine (1980, 1995) eine Art bezeichnet, deren Bedeutung weit über ihre Häufigkeit (Abundanz) in der Lebensgemeinschaft hinausgeht und die im Vergleich zu anderen Arten eine besondere Rolle (z. B. im Verbrauch von Ressourcen, in der Produktivität oder in den Reaktionen auf Störungen) im Ökosystem spielt (Simberloff 1999; Weisser und Völkl 2010; de Visser et al. 2013). Als Schlüsselarten in ihrer Bedeutung für die Biodiversität in den mitteleuropäischen Wäldern werden u. a. die Eichenarten und die Weidenarten angesehen, weil sie Biotope für weitaus mehr Insektenarten bieten als die meisten anderen Baumarten und damit z. B. für die Ernährung von Vögeln eine bedeutende Funktion ausüben (Bußler 2016).

Die in Deutschland flächendeckend durchgeführte und im Abstand von 10 Jahren aktualisierte **Waldbiotopkartierung** (Volk 1987; Drachenfels 2016; Schirmer und Wedler 2016) bietet fachlich fundierte Informationsgrundlagen für die Abwägung zwischen Biotop- und Artenschutzbelangen sowie den Planungszielen im forstlichen und außerforstlichen Bereich. Häufig unterliegen Waldbiotope Veränderungen, z. B. durch sukzessionale Prozesse, Pflegemaßnahmen oder Flächenzugänge und -abgänge. Aus den quantitativen Veränderungen einzelner Biotoptypen ergeben sich Hinweise auf Gefährdungsursachen (Abb. 1.21).

Tab. 1.12 Zahl der Baumtaxa in feucht-gemäßigten Regionen der nördlichen Hemisphäre (nach Ricklefs und Schluter 1993)

	Nord-, Mittel- und Osteuropa	Ost- und Zentralasien	Pazifisches Nordamerika	Östliches Nordamerika	Nördliche Hemisphäre (gesamt)
Familien	21	67	19	46	74
Gattungen	43	177	37	90	213
Arten	124	729	68	253	1166

Was beeinflusst Biodiversität?

Damit ist die Frage angeschnitten, welche **Faktoren** bewirken, dass es zwischen Ökosystemen große Unterschiede in der Artenvielfalt gibt. Das hängt in erster Linie mit florengeschichtlichen Entwicklungen zusammen. Tabelle 1.12 gibt ein Beispiel für die unterschiedliche natürliche Artenfülle der Bäume in verschiedenen Regionen der Erde. Die relativ geringe Baumartenvielfalt in Europa ist eine Folge des Aussterbens von Baumarten während der Vereisungsperioden im Pleistozän (Latham und Ricklefs 1994; Gliemeroth 1995; Beerling und Woodward 2001).

Offensichtlich besteht großräumig ein **Gradient** von den sehr artenreichen Tropenwäldern bis zu den artenarmen borealen Nadelwäldern in den hohen Breitengraden. Hierfür werden mehrere Ursachen angenommen, u. a. Ressourcennutzung, Störungsregime, Produktivität (siehe Iwasa et al. 1994). Auch für die Höhenlage über dem Meer gibt es einen Gradienten der Diversität. Das hängt weitgehend mit den Temperatur- und Feuchtigkeitsverhältnissen zusammen, doch sie geben allein keine schlüssige Erklärung. Hinzu kommen Effekte des aktuellen Klimawandels und vergangener Klimaschwankungen auf Lebensräume und Arten (Essl und Rebitsch 2013).

In Mitteleuropa sind solche Waldgesellschaften potenziell artenreich, die auf frischen, nährstoffreichen **Standorten** wachsen. Beispiele dafür sind die Auenwälder und die Kalkbuchenwälder mit guter Wasserversorgung. Doch ist reichliche Feuchtigkeit nicht immer eine Voraussetzung für Artenreichtum, wie es etwa die Trockenrasen zeigen. Ähnlich ambivalent verhält es sich mit der Nährstoffversorgung. Es gibt Anzeichen dafür, dass hohe Stickstoffeinträge bestimmte Arten stark begünstigen (z. B. *Rubus idaeus* und *Rubus fruticosus*, *Urtica dioica*, *Deschampsia flexuosa* in Heidegesellschaften), die andere Arten durch Konkurrenz zurückdrängen (Ricklefs und Schluter 1993; Schulze und Eichhorn 2000; Fotelli et al. 2001, 2005; Harmer et al. 2012). Ganz allgemein sind die Wirkungen der **Konkurrenz** und anderer gegenseitiger Beeinflussung (durch Pflanzen und/oder Tiere) für die Diversität in Waldökosystemen äußerst verflochten, im Einzelnen sind sie nur sehr begrenzt erklärbar (Ricklefs und Schluter 1993; Keddy 2017; siehe auch Kap. 13 und 14 in Bartsch und Röhrig 2016).

Eine große Bedeutung für die Biodiversität in mitteleuropäischen Wäldern hat das **Licht**. Hohe Anteile von ausgeprägten Schattenbaumarten vermindern die Artenvielfalt, wie man es in geschlossenen Buchenwäldern, einem lang anhaltenden natürlichen Entwicklungsstadium auf vielen Standorten, beobachten kann (Reichholf 2005). Ein genügender Lichtzutritt von der Jugend an ermöglicht das Aufwachsen und die Erhaltung von Mischbaumarten und das Gedeihen einer artenreicheren Begleitflora und Fauna. Mithilfe der Zeigerwerte (Kap. 2.3.3) fand Ellenberg (1983) heraus: Je lichtbedürftiger eine Pflanze ist, desto höher ist ihr Gefährdungspotenzial.

Alle ökologischen Bedingungen in den Wäldern sind einem ständigen **Wandel** durch die Bestandesentwicklung unterworfen. Auf gleichem Standort findet man die höchste Artendiversität meist im Übergang von der **Erst-** oder **Wiederbesiedlung** bis zum Beginn der stärkeren **Stammausscheidung** (Gerten- oder frühes Stangenholz). Hier ist noch ein Teil der Frühbesiedler vorhanden, aber die Arten späterer Sukzessionsphasen haben bereits Fuß gefasst. Im weiteren Verlauf der Entwicklung, wenn lang-

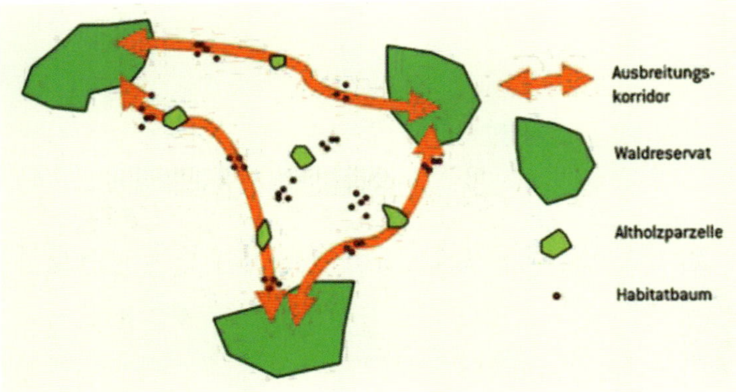

Abb. 1.22
Schematische Darstellung eines funktionellen Netzes von Altbestandselementen.
Größere aus der Bewirtschaftung genommene Flächen (Naturwaldreservate > 10 ha) stehen durch Altholzinseln (1–5 ha) und vereinzelte Habitatbäume miteinander in Verbindung. Flächen mit einer größeren Dichte an Habitatbäumen bilden Korridore, doch auch eine Übergangsfläche mit weniger Habitaten kann von den meisten Zielarten durchwandert werden (aus Vanderkerkhove et al. 2013).

lebige und auf längere Sicht konkurrenzfähigere Arten die Oberhand gewinnen, nimmt die Artendichte wieder ab, besonders bei stärkerer Beteiligung von Schattenbaumarten im Ober- und Zwischenstand. Erst mit dem Alter der Bäume und der damit verbundenen Auflockerung des Kronendachs (**Zerfallsphase**) steigt die Diversität wieder an, nicht zuletzt durch das reichlichere Entstehen von Habitatbäumen (Bütler et al. 2013) und **Totholz** (Lachat et al. 2013). Letzteres bietet zahlreichen Tieren und Mikroorganismen, darunter vielen seltenen Arten, Nahrung, Schutz und Fortpflanzungsmöglichkeiten (Assmann et al. 2007). Müller und Bütler (2010) werteten die für europäische Wälder vorliegenden Angaben zu den aus Naturschutzsicht erforderlichen Totholzmengen aus. Für boreale Nadelwälder sind sie überwiegend mit 20–30 m^3 ha^{-1}, für den Bergmischwald mit 30–40 m^3 ha^{-1} und für Buchen- und Eichenbestände niedriger Lagen mit 30–50 m^3 ha^{-1} angegeben. Nach Gossner et al. (2013) lässt sich die Artenvielfalt saproxylischer (an Totholz gebundener) Arten nur erhalten, wenn mindestens 20 m^3 Totholz ha^{-1} im Wirtschaftswald vorhanden sind. Zusätzlich sollte ein Verbundnetz streng geschützter Waldflächen ausgewiesen werden, deren Populationen als Quellen für den Wirtschaftswald und zugleich als Rückzugsflächen für die am stärksten gefährdeten Arten mit niedrigem Ausbreitungspotenzial dienen, den sogenannten Urwaldreliktarten (z. B. *Osmoderma eremita*) (Vanderkerkhove et al. 2013; Abb. 1.22).

Obwohl die größte Beeinträchtigung der biologischen Vielfalt durch die massive Landnutzungsänderung und die Intensivierung in der Landwirtschaft verursacht wurde und wird (Reidsma et al. 2006), wird auch die auf Holzproduktion orientierte **Forstwirtschaft** für den Rückgang der Biodiversität in Wäldern verantwortlich gemacht. Dies wird mit einer reduzierten Biotopvielfalt durch Entwässerung, Homogenisierung von Beständen (v. a. durch Altersklassenwald und Kahlschlag), Anbau von nicht angepassten bzw. nichtheimischen Baumarten, Pestizideinsatz sowie Mangel an alten Bäumen und Totholz begründet (Spiecker 2003; Messier et al. 2016). Bei bisher unbewaldeten Flächen (v. a. Halbtrockenrasen, Moore) können Aufforstungen die Biodiversität einschränken (Otto 1991; Volk und Schlenstedt 1991). Von Bedeutung ist auch, welche Organismengruppe betrachtet wird. Durch Waldbewirtschaftung ist in Deutschland seit 250 Jahren keine obligate Gefäßpflanzenart verloren gegangen (Schulze und Ammer 2015; Schulze et al. 2016), für einige Vögel (v. a. Spechte), Käfer und Pilze mit hohen Habitatansprüchen sind die Waldstrukturen hingegen ungünstiger geworden (Vanderkerkhove et al. 2013).

Vielfältige Bestandesstrukturen sind wichtige Bestimmungsgrößen für Biotop- und Artendiversität (Pretzsch 1996; Crawley 2005b; Hutchings 2005). In vielen Richtlinien von deutschen Landesforstverwaltungen wird **Strukturdiversität** zu einem waldbaulichen Ziel erhoben. Struktur bedeutet Gliederung eines Systems

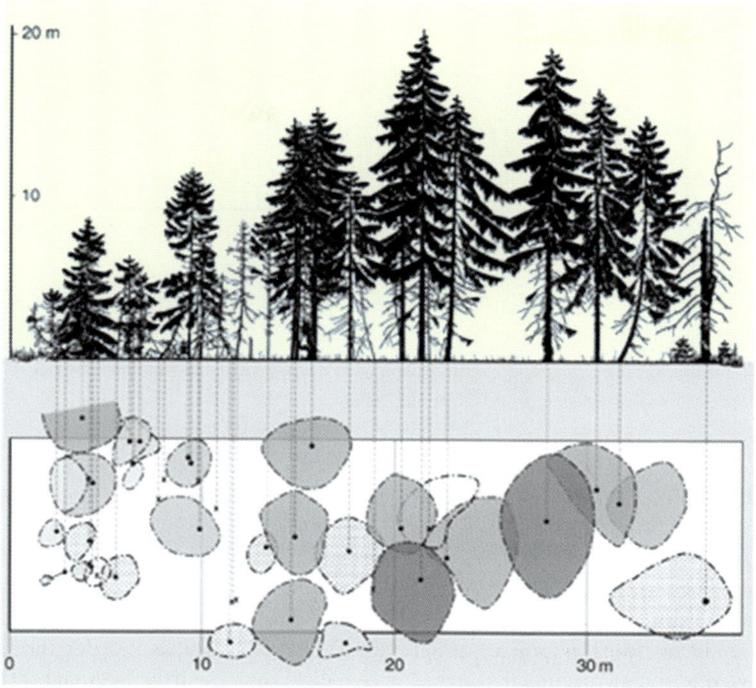

Abb. 1.23
Aufriss und Kronenkarte eines Fichtenbestandes im Naturwald St. Andreasberg im niedersächsischen Harz (nach Lamprecht et al. 1974).

durch verschiedene Elemente. Das sind in Waldökosystemen z. B. die Gruppen der autotrophen und heterotrophen Organismen (Produzenten, Konsumenten, Reduzenten) oder in Landschaften die verschiedenen Ökosysteme, die in ihnen bestehen und aufeinander einwirken.

Im Waldbau wird Struktur in der horizontalen (Grundriss) und vertikalen Verteilung (Aufriss) der Komponenten, hauptsächlich der Bäume, gesehen (Schütz 2002; Abb. 1.23). Dafür müssen verschiedene Parameter erfasst und dargestellt werden: Verteilung der Bäume (gegebenenfalls auch unterschiedliche Schichten der Vegetation) nach Höhe, Kronenansatz und Durchmesser, Baumzahl, Dichte (Abstände der Bäume voneinander), Überschirmung. Strukturuntersuchungen sind früher schon häufig vorgenommen worden, besonders bei Arbeiten in Plenterwäldern und Urwäldern (Leibundgut 1959). Dabei zeigte sich, dass Strukturen dynamisch zu sehen sind, insbesondere im Verlauf von Sukzessionen. In neuerer Zeit hat vor allem Pretzsch (2001, 2017, 2019) im Rahmen der Aufstellung von Wuchsmodellen neue Wege zur Darstellung und Analyse von Bestandesstrukturen gewiesen.

Die ökologische Entwicklung von bewirtschafteten Wäldern entspricht in den ersten Waldentwicklungsphasen (Abb. 1.24) im Wesentlichen dem Ablauf einer Sukzession. Indem Bäume im Wirtschaftswald nach ökonomischen Gesichtspunkten geerntet werden, erreichen sie überwiegend nur die Optimalphase der **Waldentwicklung**. Die zweite Hälfte der natürlichen Entwicklung mit der Alters- und Zerfallsphase ist durch eine hohe Strukturvielfalt mit alten Bäumen und Totholz gekennzeichnet, die zur Entwertung des Holzes in Bezug auf dessen Verwendung führt (Kap. 4.1.1). Je nach der Ausgangslage, der Art und dem Umfang der natürlichen oder vom Wirtschafter ausgelösten Störungen sowie dem Grad der Resistenz und der Resilienz können sich die Walddynamik und die Waldstruktur sehr verschieden entwickeln.

Die Auswirkungen von Verfahren der Bestandesverjüngung und -pflege auf den Artenbestand werden in den Kapiteln 3 und 4 behandelt. Die im Kapitel 5 beschriebenen **Betriebsformen** des schlagweisen Hochwaldes weisen zeitlich und räumlich gestaffelte Unterschiede in der Diversität von Flora und Fauna auf. Dabei spielen

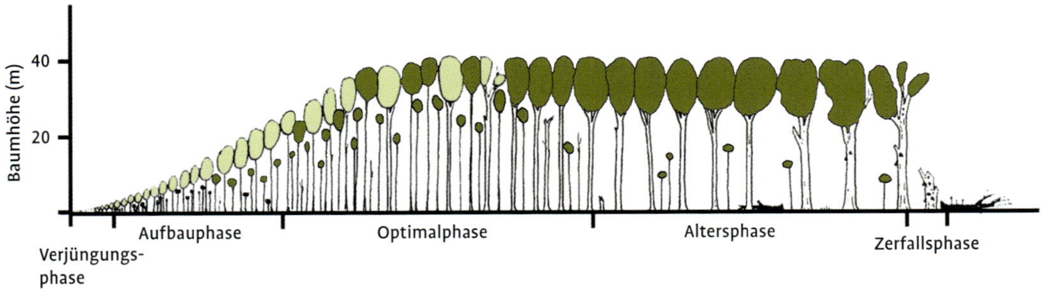

Abb. 1.24 Waldentwicklungsphasen eines unbewirtschafteten Naturwaldes aus Eschen (hellgrüne Kronen) und Buchen (dunkelgrüne Kronen).
Im Wirtschaftswald ist der Entwicklungszyklus verkürzt, indem die Bäume in der Optimalphase genutzt werden. Die Strukturen der späten Entwicklungsphasen werden in Wirtschaftswäldern durch Belassen einiger Habitat- und Totholzbäume berücksichtigt (nach Emborg 1998).

die Licht- und Wärmeverhältnisse in den einzelnen Phasen der Bestandesentwicklung eine große Rolle. Ammer und Stimm (1996) geben dafür ein Beispiel aus dem Bergmischwald in den Bayerischen Alpen. Allgemein findet man beim Femelschlagverfahren auf engem Raum über längere Zeiträume eine relativ hohe Diversität. Der Plenterwald ist in der Idealform des Gleichgewichtes (Kap. 5.5) wegen seines geringen Lichtzutritts an den Boden weniger divers.

Bei regionaler Betrachtung auf Landschaftsebene beeinflusst die **Vielfalt der Bestandestypen** die Biodiversität entscheidend. Für mitteleuropäische Buchenwälder ist ein Mosaik von Beständen unterschiedlicher Altersklassen, die im Schirmschlagverfahren verjüngt wurden, von größerer Bedeutung für die regionale Diversität (γ-Diversität) als die Habitatkontinuität von ungleich alt, stark strukturierten Beständen. In einer Studie auf Flächen der Biodiversitäts-Exploratorien (siehe Fischer et al. 2010) in Thüringen wurde von 15 erfassten Taxa (Tiere, Pflanzen, Pilze und Bakterien) nur bei den Bakterien die lokale Diversität durch Heterogenität im Bestand gefördert, aber 6 Taxa (u. a. Gefäßpflanzen, Käfer, Spinnen) zeigten höhere regionale Diversitäten in den Altersklassenwäldern (Schall et al. 2018). Ebenfalls auf Bestandesebene (α-Diverstät) und auf Landschaftsebene (γ-Diversität) untersuchten Heinrichs et al. (2019) die Diversität von Gefäßpflanzen, Moosen und Flechten in Rein- und Mischbeständen aus Buche und Nadelbaumarten (Kiefer, Fichte, Douglasie nur Gefäßpflanzen) in vier Regionen in Deutschland. Hierbei erwies sich die γ-Diversität für die drei Organismengruppen am höchsten, wenn die Landschaft aus verschiedenen Reinbeständen zusammengesetzt war. Die Arten profitierten von den Lichtverhältnissen in den Nadelholzbeständen, während die Mischbestände aus Buche und Nadelbaumarten hierin den Buchenreinbeständen ähnelten. Modellierungen ergaben, dass ein Wechsel von Reinbeständen auf Landschaftsebene die Biodiversität fördert, während eine nur aus Mischbeständen von Buche und Nadelbaumarten zusammengesetzte Landschaft die Biodiversität der drei Organismengruppen um bis zu 20 % reduziert.

Ameisenpopulationen in 150 Waldflächen der Biodiversitäts-Exploratorien in drei Regionen von Deutschland wurden durch günstigere Temperaturen infolge von Auflichtungen des Kronendachs oder einem Wechsel zu schattenintoleranten Baumarten begünstigt. Um die Ameisenpopulationen in Waldökosystemem zu erhöhen, wird daher die Einbeziehung **offener Bestandesstrukturen** in waldbauliche Konzepte empfohlen (Grevé et al. 2018).

Naturwälder und Urwälder zeichnen sich durch große Mengen an Totholz aus (Christensen et al 2005; Müller und Bütler 2010). Ebenso typisch für langfristig unbewirtschaftete Wälder sind Altbäume und Habitatbäume mit **Mikrohabitaten** (Kleinstlebensräume; Abb. 1.25), die Substrate (Mulm, Wasser u. a.) und Strukturen (Höhlen, Risse, Fruchtkörper, Epiphyten u. a.) als Lebensraum für zahlreiche Arten bereitstellen (Bütler et al. 2013). Ein hoher Anteil der Bio-

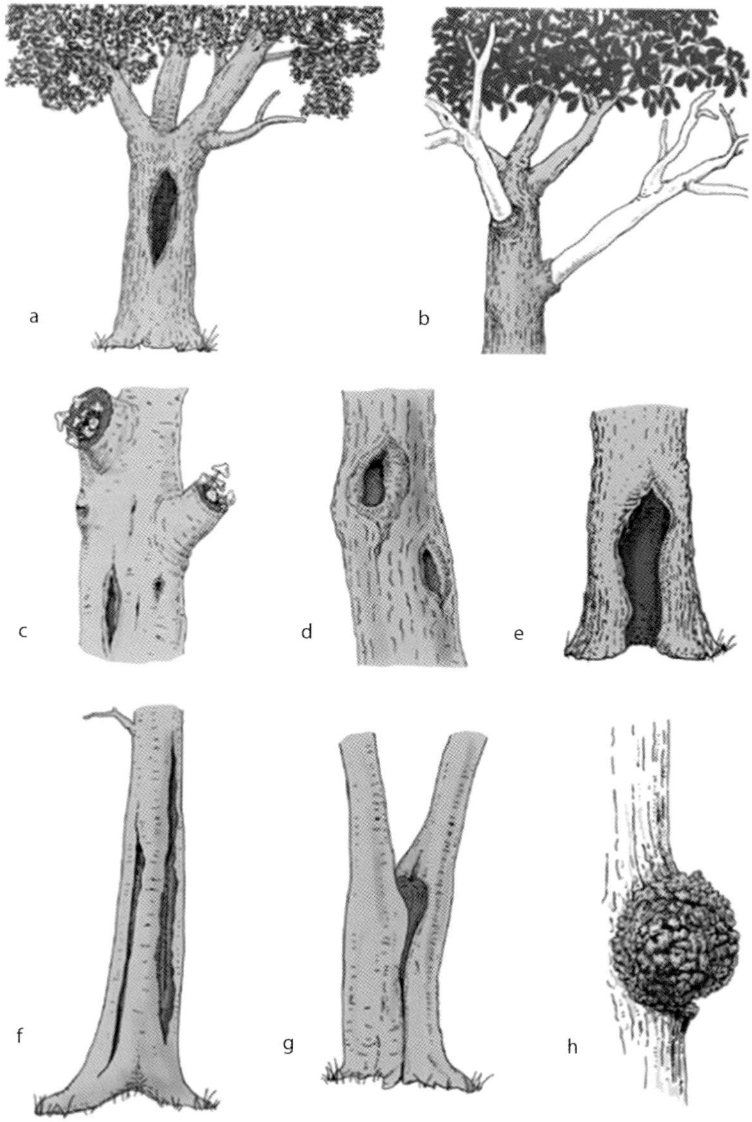

Abb. 1.25 Verschiedene Mikrohabitattypen: **(a)** Schürfrinne; **(b)** Kronentotholz; **(c)** Fruchtkörper saproxylischer Pilze; **(d)** Mulmhöhle; **(e)** Stammfußhöhle; **(f)** Risse; **(g)** Zwieselabriss; **(h)** Maserknolle (aus Bütler et al. 2013).

diversität im Wald ist an diese Elemente geknüpft. Erkenntnisse hierzu liegen für Baumhöhlen vor, für andere Mikrohabitate aber nur lückenhaft (Winter und Möller 2008; Vuidot et al. 2011; Kraus und Krumm 2013). Studien der Prozess- und Strukturentwicklung in Naturwäldern liefern Ansätze zur gezielten Integration von Mikrohabitaten im Wirtschaftswald (u. a. Meyer et al. 2001; Larsen et al. 2010; Larrieu et al. 2014). Hierzu sind für die verschiedenen Baumarten und Bestandesformen unterschiedliche Konzepte erforderlich (Kraus und Krumm 2013). Dazu gehört der Arten- und Biotopschutz, wie er in Prozessschutzwäldern (z. B. Naturwaldreservate) durch Aufgabe der Bewirtschaftung erfolgt. In den Wirtschaftswäldern gibt es zahlreiche Möglichkeiten zur Förderung der Mikrohabitate, die mit ökonomischen Einbußen verbunden sein können. Für den Landeswald haben die Bundesländer in Deutschland dazu Vorgaben entwickelt (Meyer et al. 2009).

Tab. 1.13 Altholzstrukturen und waldbauliche Umsetzung (nach Bauhus et al. 2009)

Erwünschte Struktur	Waldbaulicher Eingriff bzw. Verzicht
vertikale Strukturvielfalt	Plenterwirtschaft, Hochdurchforstung, ungleichmäßige Durchforstung
horizontale Strukturvielfalt	Femelwirtschaft, Gruppenauslese
Erhalt großer/alter Bäume	Verlängerung der Umtriebszeit, Freistellung
stehendes Totholz	Förderung von Habitatbäumen bzw. Habitatbaumgruppen
liegendes Totholz	Belassen von Kalamitätsholz und Schlagabraum
Totholz im Kronenraum	Schaffung von Habitatbäumen mit Kronenschaden
natürliche Strukturverläufe	Ausweisung von Bestandesteilen ohne forstliche Eingriffe

Maßnahmen zum Erhalt der Biodiversität

Konzepte zum Natur- und Biodiversitätsschutz im Wald umfassen auf unterschiedlichen räumlichen Ebenen segregative und integrative Ansätze (Bollmann und Braunisch 2013).

Zum Erhalt der Biodiversität spielen **Wälder mit natürlicher Entwicklung**, in denen keine forstliche Nutzung stattfindet, eine zentrale Rolle. Diese umfassen Naturwaldreservate (Naturwälder, Bannwälder) und naturschutzfachlich interessante Sonderbewirtschaftungsformen (Hutewald, Nieder- und Mittelwald), in einigen europäischen Ländern auch Urwaldreste. Anders als in passiv verwalteten Naturwaldreservaten, in denen Störungen dazu führen können, dass die Entwicklung von den ursprünglich definierten Naturschutzzielen abweicht (zieloffener Prozess), werden Sonderwaldreservate aktiv bewirtschaftet und somit näher entlang der vordefinierten Entwicklungslinie geführt bzw. auf die ökologischen Bedürfnisse einer oder mehrerer Zielarten hingelenkt (zielgerichteter Prozess).

Im Rahmen der nationalen Strategie zur biologischen Vielfalt strebt die Bundesregierung eine natürliche Waldentwicklung auf 5 % der Waldfläche Deutschlands bzw. 10 % der Fläche der öffentlichen Wälder bis zum Jahr 2020 an (BMUB 2015). Bei diesen Flächen handelt es sich um Waldbestände mit einer Größe von mehr als 0,3 ha, die sich dauerhaft und verbindlich gesichert eigendynamisch entwickeln können. Sowohl forstwirtschaftliche Eingriffe als auch naturschutzfachliche Pflegemaßnahmen sind auf Flächen im sogenannten Prozessschutz ausgeschlossen. Im Jahr 2013 entsprachen 213 145 ha oder 1,9 % der Gesamtwaldfläche diesen Anforderungen. Der Anteil wird voraussichtlich bis 2020 auf 2,3 % und in den nachfolgenden Jahren auf etwa 3 % ansteigen (Wildmann et al 2014; Engel et al. 2016).

Zu den **integrativen Instrumenten**, die in die Produktionsprozesse einer multifunktionellen Waldbewirtschaftung eingefügt sind, zählen

- der Schutz seltener Waldlebensräume (z. B. Feuchtbiotope) und Habitatbäume,
- die Verlängerung der Umtriebszeit,
- die Einrichtung von Wildkorridoren und Totholzflächen,
- die Bewahrung von Beständen alter Bäume,
- die Nachahmung natürlicher Störungen sowie
- die aktive Förderung von Struktur- und Artenreichtum in den Beständen und Waldrändern (Bauhus et al. 2009; Larsen et al. 2010; Gustafsson et al. 2013).

Die Maßnahmen können entweder im Unterlassen (passiv, z. B. Überlassung von Bäumen dem natürlichen Zerfall) oder im Handeln (aktiv, z. B. Förderung von Struktur- und Artenreichtum durch gezielte Eingriffe) bestehen. Sie sind meist mit einem Verzicht an Wertholzproduktion oder mit Pflegekosten verbunden und daher unter Berücksichtigung von ökologischen Zwängen, Kosten, sozialer Akzeptanz und kurzfristigen negativen Auswirkungen einzusetzen (Bauhus et al. 2009). Tabelle 1.13 listet eine Reihe von Strukturparametern auf, die zu den späten Entwicklungsphasen einer natürlichen Walddynamik gehören und daher in einer rein produktionsorien-

Tab. 1.14 Waldflächen in Schutzgebieten nach dem Bundesnaturschutzgesetz (BNatSCHG) – die Schutzgebietskategorien können sich gegenseitig überschneiden (aus BfN 2016, BMEL 2016)

Kategorie	Paragraph im BNatSchG	Anzahl	Terrestrische Fläche			Anteil an Gesamtwaldfläche
			gesamt	davon Wald		
			(1 000 ha)	(1 000 ha)	(%)	(%)
Naturschutzgebiet	23	8 676	1 378	711	52	6
Nationalpark	24	16	215	136	63	1
Biosphärenreservat	25	17	1 312	438	33	4
Landschaftsschutzgebiet	26	8 531	10 018	5 361	54	47
Naturpark	27	103	9 947	4 280	43	37
Geschütztes Biotop	30	o. A.	–	593	100	5

tierten Waldbewirtschaftung weitgehend fehlen, sowie waldbauliche Maßnahmen, um sie im Wirtschaftswald zu integrieren. Einzelne Maßnahmen lassen sich bei der Bestandespflege (Kap. 4) oder der Holzernte (Kap. 4, 5) berücksichtigen, andere erfordern darüber hinausgehende Eingriffe oder den Verzicht auf Pflege oder Nutzung von Einzelbäumen oder Baumgruppen.

In Deutschland stehen alle Wälder unter dem Schutz des Bundeswaldgesetzes und der Länderwaldgesetze. Darüber hinaus ist ein großer Teil der Wälder wegen seiner besonderen Bedeutung für den Naturhaushalt mit einem zusätzlichen Schutzstatus nach dem **Bundesnaturschutzgesetz** versehen (Tab. 1.14). In Naturschutzgebieten liegen 711 000 ha Wald (6 % der Waldfläche). Eine forstliche Bewirtschaftung dieser Flächen unter Beachtung der jeweiligen Schutzziele ist in der Mehrzahl der Naturschutzgebiete sowie in Biosphärenreservaten, Landschaftsschutzgebieten und Naturparken, die vorwiegend zur Erhaltung des Landschaftsbildes und der Erholung der Bevölkerung bestimmt sind, grundsätzlich möglich. Von den 16 Nationalparken in Deutschland haben 13 einen nennenswerten Waldanteil, der überwiegend nicht bewirtschaftet wird. Zu den geschützten Waldbiotopen nach § 30 Bundesnaturschutzgesetz (Absatz 2 Ziffer 4) zählen Bruch-, Sumpf- und Auenwälder, Schlucht-, Blockhalden- und Hangschuttwälder, Feldgehölze sowie subalpine Lärchen- und Lärchen-Arvenwälder. Diese Biotope dürfen nicht zerstört oder in ihrem Bestand wesentlich beeinträchtigt werden, eine forstliche Bewirtschaftung ist unter Beachtung dieser Grundsätze aber möglich. Geschützte Biotope nehmen eine Waldfläche von insgesamt 593 000 ha (5 % der Waldfläche) ein. Hierbei überwiegen mit 77 % der Fläche Bruch-, Sumpf- oder Auenwälder sowie andere Feuchtbiotope (BfN 2016; BMEL 2016).

Als Maßnahme zur Sicherung der Artenvielfalt durch die Erhaltung der natürlichen Lebensräume ist die 1992 eingeführte **Fauna-Flora-Habitat-Richtlinie** (FFH-Richtlinie) der Europäischen Gemeinschaft (FFH-Richtlinie 92/43/EWG) zu betrachten. Sie bildet mit der seit 1979 geltenden Vogelschutzrichtlinie (Richtlinie 2009/147/EG) die Grundlage für den Aufbau des europäischen Schutzgebietssystems **Natura 2000** (Ssymank et al. 1998, 2005; Sotirov 2017). Nach den Vorgaben der FFH-Richtlinie darf sich der Erhaltungszustand der Schutzgüter (die in den Anhängen der FFH-Richtlinie vorgestellten Arten und Lebensraumtypen) in den einzelnen FFH-Gebieten nicht verschlechtern (Verschlechterungsverbot). Zudem sollen die FFH-Gebiete in ihrer Gesamtheit dazu beitragen, dass ein günstiger Erhaltungszustand der Schutzgüter durch ein geeignetes Management auf biogeographischer Ebene bewahrt oder gegebenenfalls erreicht wird (Verbesserungsziel der FFH-Richtlinie). Der Schutz eines FFH-Gebietes ist nach Vorgaben der Europäischen Union rechtlich zu sichern, z. B. durch die Ausweisung als Natur- oder Landschaftsschutzgebiet (Weigel

Tab. 1.15 Waldflächen (ha) der FFH-Waldlebensraumtypen in Deutschland nach biogeographischen Regionen (Ergebnisse der dritten Bundeswaldinventur aus Anonymus 2017)

Waldlebensraumtyp	**Waldfläche (ha)**			
Biogeographische Region	**atlantisch**	**kontinental**	**alpin**	**alle**
bewaldete Bereiche der Atlantikküste	399	894	–	1 293
Hainsimsen-Buchenwald (Luzulo-Fagetum) inkl. Ilici-Fagion	58 785	760 228	796	819 809
Waldmeister-Buchenwald (Asperulo-Fagetum)	25 260	707 865	33 192	76 6317
subalpiner Buchenwald mit Ahorn und Bergampfer	–	500	1 397	1 898
Orchideen-Buchenwald (Cephalanthero-Fagion)	–	25 210	–	25 210
Sternmieren-Eichen-Hainbuchenwald (Stellario-Carpinetum)	38 888	43 049	–	81 938
Labkraut-Eichen-Hainbuchenwald	2 090	92 940	–	95 030
Hang- und Schluchtwälder	–	12 080	2 801	14 881
alte bodensaure Eichenwälder mit *Quercus robur* auf Sandebenen	20 788	27 909	–	48 697
Birken-Moorwald	12 659	1 495	–	14 154
Waldkiefern-Moorwald	6 176	3 399	–	9 574
Bergkiefern-Moorwald	–	5 887	199	6 087
Fichten-Moorwald	–	3 387	199	3 586
Moorwald (Subtyp)	696	200	–	896
Erlen- und Eschenwälder und Weichholzauenwälder an Fließgewässern	8 450	62 879	400	71 730
Eichen-Ulmen-Eschen-Auenwälder am Ufer großer Flüsse	397	17 355	–	17 752
Pannonische Wälder mit *Quercus petraea* und *Carpinus betulus*	–	–	–	–
bodensaure Nadelwälder (Vaccinio-Piceetea)	–	63 252	2 393	65 645
alpiner Lärchen-Arvenwald	–	–	400	400
alle Waldlebensraumtypen	**174 588**	**1 828 530**	**41 778**	**2 044 896**

2004). Für Waldbesitzer ist ein finanzieller Ausgleich über den Vertragsnaturschutz möglich (Güthler et al. 2005).

In Deutschland sind 4557 **FFH-Gebiete** (Stand: 2015) ausgewiesen, die 9,3 % der Landfläche einnehmen (BfN 2016). Waldflächen in FFH-Gebieten nehmen mehr als 2 Mio. ha ein, das entspricht 61 % der Gesamtfläche der terrestrischen FFH-Flächen. Sie verteilen sich auf die drei biogeographischen Regionen atlantisch (9 % der Flächen), kontinental (89 %) und alpin (2 %) und umfassen 19 verschiedene Waldlebensraumtypen (Tab. 1.15). Aufgrund der Tatsache, dass die Buche die häufigste Baumart der potenziellen natürlichen Vegetation in Deutschland ist, machen die beiden buchendominierten Lebensraumtypen rund 78 % der FFH-Waldflächen aus (Anonymus 2017). Der Erhaltungszustand der Waldlebensraumtypen wird im nationalen FFH-Bericht für 2007–2012 auf 79 % der Fläche mit „günstig", auf 12 % mit „ungünstig-unzureichend" (u. a. Eichen-Hainbuchenwald) und auf 9 % mit „ungünstig-schlecht" bewertet, darunter die Erlen-, Eschen- und Weichholzauenwälder sowie die alten bodensauren Eichenwälder auf Sandböden mit Stieleiche. Bezogen auf die Anzahl weisen nur 8 % (atlantische Region) bzw. 25 % (kontinentale Region) der FFH-Flächen einen günstigen Erhaltungszustand auf, da die wenigen großflächigen Waldlebensraumtypen einen günstigen Erhaltungszustand haben, die vielen kleinflächigen dagegen einen eher schlechten (Ellwanger et al. 2014).

Um negative Beeinträchtigungen der Bewirtschaftung zu dokumentieren und biodiversitätsfördernde waldbauliche Maßnahmen zu definieren, sind Indikatoren für den Biodiversitätszustand und ein entsprechendes **Monitoring** erforderlich. Im Rahmen der dritten Bundeswaldinventur (BWI 2012) wurden Methoden zur Erfassung und Bewertung der FFH-Waldlebensraumtypen entwickelt und angewendet (Kroiher et al. 2017), die unter dem Kriterium „Spezifische Strukturen & Funktionen inkl. typische Arten" relevante Strukturparameter einbeziehen.

Hintergrundwissen

Problemfall Eichen-Lebensraumtypen

Die heutigen Eichenwälder in Deutschland sind durch die Forstwirtschaft begründete oder durch Nutzungen stark beeinflusste Sekundärwälder und häufig Ersatzgesellschaften natürlicher Buchenwälder. Primäre Eichenwälder im Sinne von natürlichen, nicht durch Nutzungen veränderten Wäldern kommen in Deutschland nicht mehr vor. Für Natura 2000 sind die Eichenwälder für die biologische Vielfalt von maßgeblicher Bedeutung (Bußler 2016), weniger ihre Naturnähe (Drachenfels 2016). Zugleich haben diese Wälder eine hohe wirtschaftliche Bedeutung (Wertholz).

Die meisten Eichenwälder stehen auf Standorten, auf denen Buche, Ahorne und andere schattentolerantere Baumarten den Eichen bei kahlschlagfreien Verjüngungsverfahren in ihrer Konkurrenzkraft überlegen sind. Daher wurden Eichenwälder früher überwiegend durch Pflanzung oder Saat nach Kahlschlag verjüngt. Ein Kahlschlagverbot behindert die Erhaltung der Eichenlebensraumtypen. Alternative Ansätze zur Verjüngung der Bestände sind durch das Belassen einer höheren Zahl von Altbäumen für die Artengemeinschaften der Eichenwälder ökologisch vorteilhafter (Habitatkontinuität), jedoch gleichzeitig durch vermehrt erforderliche Pflegeeingriffe auch deutlich aufwendiger als Kahlschläge mit anschließender künstlicher Verjüngung durch Saat oder Pflanzung. Zudem sind junge Eichen mehr als andere Baumarten durch Wildverbiss, Konkurrenz anderer Pflanzen, Mäusefraß und Mehltau, Altbestände durch Trockenheit, Insekten- und Pilzbefall gefährdet (Kap. 2.2.1.2). Ohne steuernde waldbauliche Eingriffe fallen in den Eichenwäldern konkurrenz- und altersbedingt die Alteichen aus und es etabliert sich eine Verjüngung aus konkurrenzstarken schattenertragenden Baumarten (v. a. Buche), sodass der Eichennachwuchs zu wenig Licht erhält und vergeht. So findet infolge der natürlichen Sukzession ein schleichender Wechsel der Baumart und damit des Waldlebensraumtyps statt. Dies kann nach der Natura 2000-Richtlinie als erhebliche Beeinträchtigung gewertet werden. Der Waldbesitzer kann einer Verschlechterung durch Großschirmschläge oder großflächige Lochhiebe und eine ausreichende Anzahl verbleibender Altbäume entgegenwirken (Kap. 5.4.3, 5.4.5). Hat sich bereits eine natürlich aufgelaufene Verjüngung anderer schattentoleranter Baumarten etabliert, sind zur Erhaltung eines Eichenlebensraumtyps wiederholte massive Eingriffe gegen die natürliche Sukzession erforderlich, die hohe Investitionen darstellen, ohne dass der Erfolg der Maßnahmen gesichert ist. (BMEL 2017)

1.3.6 Schutzfunktionen

Wälder erfüllen eine Vielzahl von Funktionen, die dem Schutz von **Mensch und Umwelt** dienen. Sie regulieren den Wasserhaushalt und sichern die Trinkwasserversorgung, schützen vor Erosion sowie Geröll- und Schneelawinen, wirken ausgleichend auf das Klima und reinigen die Luft, binden Kohlendioxid in der Biomasse und leisten dadurch einen Beitrag zur Verminderung des Treibhauseffektes (Kap. 1.3.4), schützen dazu vor Lärm und Immissionen und tragen wesentlich zum Biotop- und Artenschutz bei (Kap. 1.3.5). Kriterium 5 zur nachhaltigen Waldbewirtschaftung in Europa (Kap. 1.3.1) zielt besonders auf den Schutz von Grund- und Oberflächenwasser durch Maßnahmen der Waldbewirtschaftung. Dazu kommt der Schutz von Boden gegen Erosion und Degeneration sowie der Aufbau von stabilen Schutzwäldern, um Schäden durch Lawinen und Hochwasser zu verhindern.

Wälder bieten als vergleichsweise extensive Bodennutzungsform günstige Voraussetzungen für die Gewinnung von **Trinkwasser**. Waldböden bilden einen natürlichen Filter, der Schadstoffeinträge in das Grundwasser wesentlich zurückhält. Allerdings unterliegen auch Wälder durch atmosphärische Stoffeinträge und die Nutzung ihrer Böden langfristig wirkenden Einflüssen. Dies kann nicht nur die Vitalität und das Wachstum der Bäume beeinträchtigen, auch die Pufferfunktion der Böden und damit der Schutz der Gewässer vor erhöhten Aluminium- und Nitrateinträgen können eingeschränkt sein.

Die Komponenten des Wasserhaushaltes im Wald (Niederschlag, Interzeption, Evaporation, Transpiration, Wasserabfluss) und deren Beeinflussung durch Waldbewirtschaftung und Luftverunreinigungen sind in Lehrbüchern (u. a. Kimmins 2004; siehe Kap. 17 in Bartsch und Röhrig 2016) und Sammelwerken (u. a. Bredemeier et al. 2011; Levia et al. 2011) umfassend dargestellt. In Wasserschutzgebieten und Wassereinzugsgebieten wird allgemein Laubholz gefördert, weil es aufgrund einer im Vergleich zu Nadelholz geringeren Interzeption Qualität und Menge der Wasserspende erhöht. Starke Eingriffe im Rahmen der Bestandespflege erhöhen durch Verminderung von Interzeption und Verdunstung die Bodenfeuchte, Versickerungsrate und den Gebietsabfluss (Kap. 4.2.6.4). Verjüngungsverfahren mit starken Auflichtungen, die Freiflächensituationen schaffen (z. B. Kahlschläge und Lochhiebe) können zu Humus- und Nährstoffausträgen führen (Kap. 5.4.2.2, 5.4.5.2). Düngungen fördern den Stoffumsatz, wobei vor allem bei unsachgemäßer Ausführung Stickstoff und andere Elemente (u. a. Aluminium, Schwermetalle) aus dem Wurzelraum in das Grundwasser gelangen können (Kap. 4.4.5.1).

Eine der Hauptfunktionen von Gebirgswäldern ist der Schutz der Bevölkerung und der Infrastruktur vor den **Naturgefahren** Schneelawinen, Hochwasser, Steinschlag und Erosion (Brang et al 2006; Wehrli et al. 2007). In der Schweiz erfüllen rund 43 % der Waldfläche eine Schutzfunktion (Brändli 2010). In den bayerischen Alpen sind rund 56 % der Waldfläche als Schutzwald ausgewiesen, von diesen Flächen sind fast 10 % in ihrer Schutzwirkung (u. a. aufgrund überhöhter Schalenwildbestände, Humusschwund, Waldweide, Sturm, Borkenkäfer) beeinträchtigt und müssen saniert werden (Ott et al. 1997; StMELF 2016).

Die Bedeutung des Waldes als **Lawinenschutz** wurde schon früh erkannt. In den Schweizer Alpen wurden bereits im Hochmittelalter Wälder wegen ihrer Schutzfunktion gegen Lawinen oder Steinschlag mit einem Bann belegt und damit der allgemeinen Nutzung entzogen. Die stabilisierende Wirkung des Waldes auf die Schneedecke wirkt Lawinenanbrüchen entgegen und beruht auf verschiedenen Eigenschaften des Waldes (Ott 1996; Margreth 2004):

- Schneeinterzeption: Die Baumkronen halten einen Teil des Schneeniederschlags zurück, vor allem bei dichter Benadelung und ausladender Kronenform.
- Strahlungshaushalt: In einem dichten wintergrünen Wald ist das Mikroklima ausgeglichener als im Freiland. Die Schneedecke erwärmt sich während des Tages weniger und kühlt in der Nacht weniger ab.
- Wind: Die Windeinwirkung und damit mögliche Schneeverfrachtungen sind in einem geschlossenen Bestand weniger ausgeprägt. In Waldlichtungen können jedoch größere

Schneemengen als im Freiland abgelagert werden.

- Stützwirkung der Stämme: Die Stämme stützen die Schneedecke ab und stabilisieren sie. Theoretische Überlegungen zeigen, dass je nach Hangneigung und Schneehöhe 500–1 000 Stämme ha^{-1} erforderlich sind, um Lawinen erfolgreich zu verhindern (Salm 1979). Entsprechend hohe Stammzahlen sind in subalpinen Wäldern jedoch selten. Umgestürzte Wurzelteller und liegende Stämme halten die Schneedecke ebenfalls zurück. Untersuchungen auf Sturmflächen (Sturm Vivian 1999) zeigen, dass auf Flächen ohne Räumung des geworfenen Holzes keine Lawinen ausgelöst werden (Frey und Thee 2002).

Weil bereits kleine Lücken im Kronendach zur Entstehung von Lawinen führen können, liefert ein dichter, stufig aufgebauter, sich natürlich ohne hohen Wilddruck verjüngender **Bergmischwald** aus überwiegend Tanne, Fichte und Buche den besten Lawinenschutz (Schülli 1994; Baier und Göttlein 2006).

1.3.7 Sozioökonomische Funktionen

Kriterium 6 zur nachhaltigen Waldbewirtschaftung in Europa (Kap. 1.3.1) zielt auf die Sicherung der volkswirtschaftlichen Bedeutung des gesamten Forstsektors ab. Die produktiven Indikatoren, wie Waldfläche, Holzproduktion und -verbrauch, sowie der Beitrag der Forstwirtschaft zur Volkswirtschaft ist bereits in den vorherigen Abschnitten von Kapitel 1 behandelt worden. In diesem Abschnitt werden Maßnahmen zur Förderung sonstiger soziökonomischer Funktionen der Wälder besprochen. Es geht in erster Linie um die Erholungsfunktion und wie sie durch waldbauliche Maßnahmen gefördert werden kann.

In Europa und Nordamerika hat die Bedeutung des Waldes als **Erholungsraum** in den letzten Jahrzehnten stetig zugenommen. In Waldgebieten, die sich in der Nähe von Ballungsräumen befinden, wird die Erholungsleistung vielfach sogar als die bedeutendste Waldfunktion angesehen. So hat die Öffentlichkeit Zugang zu 82,3 % der Waldfläche in Europa (28 Länder der EU 68,6 %), und für 5,7 % der Waldfläche Europas (EU 4,6 %) ist die Freizeitnutzung das Hauptziel (Forest Europe 2015).

Die Aktivitäten zur Erholung sind dabei vielfältig und reichen von Spazierengehen, Wandern, Joggen oder Radfahren bis zum Reiten, Mountainbiking, Orientierungslauf und zu Trendsportarten wie die Schatzsuche mit GPS (Geocaching). Klettern, Segelflug oder Gleitschirmflug bleiben einigen besonderen Orten vorbehalten. Dazu kommen die stillen Aktivitäten, wie z. B. die Ruhe des Waldes wahrzunehmen – auch als gesundheitsfördernde Maßnahme zum Stressabbau (Meyer und Botsch 2017) – und die Möglichkeit, die Natur zu erleben.

Die vielfältigen Anforderungen der Erholungssuchenden an den Wald lassen sich nur auf Landschaftsebene mithilfe einer langfristigen **Landschaftsplanung** erreichen, indem verschiedene Ökosysteme einschließlich unterschiedlicher Waldstrukturen, halboffener Wälder, Lichtungen, Waldränder, Freiflächen und Gewässer in die Entwicklung natur- und erlebnisreicher Waldlandschaften einbezogen werden (Larsen und Nielsen 2012).

Der Wald dient vor allem durch ein Naturerlebnis zur Erholung. Aktivitäten, die mit der **Holzernte** zusammenhängen, werden häufig als eine Beeinträchtigung der ästhetischen Qualität eines Waldes angesehen. Die visuelle Attraktivität des Waldes kann u. a. durch Schlagabraum, Rückegassen, Holzlagerung und Schäden an der Vegetation gemindert sein, wobei die Auswirkungen im Flächenausmaß und in der zeitlichen Dauer stark unterschiedlich sein können. Waldbauliche Maßnahmen können auch zur Ästhetik eines Waldes beitragen, dazu gehören das Entfernen von Unterholz, die Schaffung von Öffnungen und Sichtachsen, die Gestaltung von Waldrändern, die Freistellung von großen Solitärbäumen sowie die Förderung von naturnahen Strukturen (Larsen und Nielsen 2012).

Kahlschläge haben vermutlich die stärksten und längsten Auswirkungen auf die landschaftliche Qualität (Ribe 1989, 2005). Die negative Einstellung gegenüber der **Kahlschlagwirtschaft** steigt mit zunehmender Größe der Schläge, der Sichtbarkeit und der Nähe zur Stadt (Gundersen und Frivold 2008). Darüber hinaus

Hintergrundwissen

Wahrnehmung von Landschaften und Waldbildern

Theorien (u. a. von Bourassa 1991) gehen von drei Ebenen aus, die Vorlieben für bestimmte Landschaftsbilder bestimmen (Lupp et al. 2016). In der ersten Ebene werden **genetisch fixierte Präferenzen** für bestimmte Landschaften angenommen, nach denen Menschen Landschaften bevorzugen, die für das Überleben von essenzieller Bedeutung waren. Als besonders attraktiv würden demnach Landschaften empfunden, die Ausblicke, Deckung für Jagdmöglichkeiten, Schutz und Unterschlupf vor Feinden sowie ausreichend Wasser bieten. Somit würden Menschen parkartige Landschaften mit vereinzelten Baumgruppen, freien Grasflächen, Gewässern, natürlichen Ausblicken und Deckungsmöglichkeiten besonders präferieren (Bürger-Arndt und Reeh 2006).

In einer zweiten Ebene werden Präferenzen durch **soziale Regeln** und Normen, wie Lernen, Reflektieren, Erfahrung und evolutionäre Erkenntnis, gebildet. Die aufgestellten Werte und Normen für Schönheit besitzen dabei meist keine universelle Gültigkeit, sie können auch nur von einzelnen Gruppen, einer Gesellschaft oder nur einem Kulturkreis akzeptiert werden und dienen als Abgrenzung gegenüber anderen.

In der dritten Ebene wird schließlich das **Individuum** betrachtet. Dieses kann durch Prägung, Gewöhnung sowie positive und negative Erfahrungen seine eigenen, individuell gültigen Landschaftspräferenzen und -abneigungen entwickeln (Bürger-Arndt und Reeh 2006).

ist die neue Waldgeneration meist sehr dicht und undurchdringlich und wird daher mehrheitlich als unattraktiv empfunden. Allerdings können in einigen Fällen Kahlschläge zur Attraktivität einer Waldlandschaft beitragen, indem sie Ausblicke öffnen und die strukturelle Vielfalt verbessern (Johnson et al. 2009). Die Auswirkungen von Kahlschlägen lassen sich durch geringe Flächengrößen, den Erhalt von Waldrändern und anderen Strukturelementen (Saatbäume, Verjüngungsgruppen) sowie die Entfernung von Ernteresten und -spuren abmildern (Ribe 2004; Tönnes et al. 2004; Karjalainen 2006).

Dauerwaldähnliche und naturnahe Bewirtschaftungssysteme (Schirmschlag, Femelschlag und Plenterwirtschaft) erzeugen weniger abrupte Veränderungen als der Kahlschlag und werden deshalb visuell als attraktiver empfunden (Larsen und Nielsen 2012). Das Schirmschlagverfahren (Kap. 5.4.3) schafft über lange Zeiträume die bei den Waldbesuchern sehr beliebten Hallenbestände und gilt als die geeignetste Verjüngungsmethode für schwedische und dänische Erholungswälder (Holgén et al. 2000; Lindhagen und Hörnsten 2000).

Das Fehlen forstwirtschaftlicher Störungen im Wald wird zunehmend positiv wahrgenommen (Tyrväinen et al. 2003). Allerdings häufen sich in solchen Waldbeständen in der Regel große Mengen an **Totholz**, die als wenig ästhetisch empfunden werden. Allgemein wird eine „verwaltete Natürlichkeit“ bevorzugt, die eine gewisse schonende Pflege erkennen lässt (Ode und Fry 2002). Die Anwesenheit von großen Holzresten schafft hingegen ein Gefühl mangelnder Waldpflege (Velarde at al. 2006). Jüngere, gut ausgebildete und umweltbewusste Menschen reagieren in der Regel positiver auf Totholz (Tyrväinen et al. 2003).

1.4 Grundsätze naturnaher Waldwirtschaft

1.4.1 Was ist naturnah?

Kein anderes Wort wird seit der Mitte des 20. Jahrhunderts von Forstleuten so häufig und gern gebraucht wie „naturgemäß“ oder dessen Abwandlung „naturnah“. Es ist damit ähnlich wie bei manchen anderen programmatischen Aussagen (z. B. „soziale Gerechtigkeit"): Der berechtigte und unbestrittene Kern ist oft umgeben von wenig klaren, oft widersprüchlichen oder trivialen Handlungsanweisungen, die aus einer schwierig zu durchschauenden Vermengung fachlicher Erkenntnisse mit normativen Grundsätzen stammen. Das kann vielleicht nicht anders sein angesichts der überwältigenden Fülle der ökologischen Verhältnisse in den Wäldern, der vielen verschiedenen Waldtypen mit ihrer jeweiligen Geschichte. Daher ist es notwendig, sich immer wieder mit den grundlegenden Begriffen und Zusammenhängen zu beschäftigen. Was ist „Natur", wie verhält sich der Mensch zu ihr, wie kann und soll er sich verhalten?

Natur ist die lateinische Übersetzung des in der griechischen Philosophie viel erörterten Wortes „Physis" und bezeichnet denjenigen Teil der Welt, in dem Vorgänge selbstständig, d. h. ohne Einwirken des Menschen, geschehen. Dadurch, dass der Naturbegriff in verschiedenen Wissenschaften, in der Religion und in unserem Alltag in unterschiedlichen Deutungen verwendet wird, ist er sehr komplex, und die jeweiligen Auffassungen sind kaum vereinbar (Drenthen et al. 2009; Piechocki 2010). Der Bedeutungsgehalt variiert mit dem Selbstverständnis des Menschen und seiner begrenzten Fähigkeit, seine Umwelt zu erfassen (Heiland 1992; Blum et al. 1996). Der Naturbegriff ist am ehesten dialektisch zu verstehen, in Gegensatzpaaren wie Natur – Kultur, Natur – Kunst, Natur – Zivilisation, Natur – Technik oder schließlich Natur – Mensch.

In der Geistesgeschichte des Abendlandes spielt die Erörterung der **Stellung** des **Menschen** zur Natur eine gewichtige Rolle (Lanzerath 2008). Bis zu Beginn der Aufklärung sah sich der Mensch als Glied der von Gott geschaffenen Natur in einer besonderen Stellung, die ihm Verfügungsgewalt und zugleich Fürsorge auftrug. Das hinderte ihn freilich nicht daran, sie auch für seine Zwecke zu missbrauchen. Aber erst mit Beginn des 19. Jahrhunderts brachten die Selbstgewissheit über die vermeintlich umfassenden Erkenntnisse von Naturgesetzen und die darauf gegründete Technik den Menschen in manchen Regionen der Erde ganz neue Möglichkeiten, die Kräfte der Natur in ihren Dienst zu nehmen. Je industrieller und digitaler die Welt wird, desto mehr entfernt sich die Lebensweise von der ursprünglichen Natur, die zum Objekt praktischer Lebensbewältigung einer immer stärker anwachsenden Bevölkerung wird und schließlich **Umweltzerstörung** mit sich bringt. Am Widerspruch gegen den als bedenklich, oft auch als bedrohlich empfundenen technischen Fortschritt entwickelt sich eine übersteigerte **Idealisierung** dessen, was als Natur angesehen wird: Natur ist schön und lieblich, oder groß und erhaben, das Gegenbild zur Hässlichkeit, zu den Zwängen der Zivilisation (Nipperdey 1993), sie funktioniert bewunderungswürdig, steuert und erhält sich selbst im Gleichgewicht, es gibt nur die für den Menschen **gute** Natur (Rosenbaum 1992). Im Übrigen nahm um die Mitte des 19. Jahrhunderts jene **Kulturlandschaft** Gestalt an (Hampicke 2013; Küster 2013a, 2013b), die seit der Romantik das Naturgefühl der Menschen in Europa so nachdrücklich bestimmte und bis heute wirkt. Wöbse (2002) macht nachdrücklich auf die Bedeutung der **Ästhetik** der Kulturlandschaft für die menschliche Gesellschaft aufmerksam.

Die berechtigte Sorge vor einer fortschreitenden Zerstörung der Umwelt hat nicht nur vernünftige Programme, sondern auch kuriose Vorstellungen über die Natur hervorgebracht, Mischungen von Biologie, Ethik und Mythos. Das soll hier nicht weiter ausgeführt werden (zusammenfassende und kritische Darstellungen u. a. bei Heiland 1992; Irrgang 1992; Weiner 1992; Hampicke 1993, 2013; Bien et al. 1994; Birnbacher 2001; Gorke 2010). Solche Gedankenkonstruktionen werden dann schädlich für das Zusammenleben der Gesellschaft, wenn sie, mit **Ausschließlichkeit** und großem Nachdruck vertreten, in der **Politik** wirksam werden.

Aus naturwissenschaftlicher Sicht lassen sich die Vorstellungen von einem harmonischen Gleichgewicht, einer zielstrebigen Entwicklung oder gar allmählichen Vervollkommnung der vom Menschen unbeeinflussten Natur nicht belegen. Neuere Forschungen deuten eher darauf hin, dass Instabilität und Zufall vorherrschen. Gewiss gibt es Ökosysteme, die von Natur aus instabil sind, und solche, die weniger großen räumlichen und zeitlichen Schwankungen unterworfen sind, doch auch diese weisen nicht den Charakter einer vollständigen Selbstregulierung auf (Kap. 1.3.2; siehe auch Kap. 16 in Bartsch und Röhrig 2016).

Die Biologie bemüht sich um die Erforschung der belebten Natur (Mohr 1987). Ziel der Biologie, und als deren Teilgebiet der **Ökologie**, ist es, durch Forschung verlässliche Erklärungen – oft in Form von Theorien – für Erscheinungen in der belebten Welt zu geben und allenfalls bedingte Voraussagen über Entwicklungen unter bestimmten Bedingungen zu machen. Forschung dieser Art ist komplex und im Ergebnis offen. Es ist nicht ihre Aufgabe, andere Bewertungen als objektiv „richtig“ oder „falsch“ vorzunehmen. Sie kann allenfalls zurzeit gegebene Grenzen menschlicher Handlungsmöglichkeiten aufzeigen und vor deren naturwissenschaftlichen Folgen warnen. Es geht aber über ihre Zuständigkeiten hinaus, allgemeine Werturteile (z. B. „ökologisch gut“, „Die Natur verlangt ...“ u. dgl.) abzugeben. Solche sind höchstens für einzelne technologische Prozesse möglich, soweit sie sich in ihren Zusammenhängen überschauen lassen. Das wird uns in den folgenden Kapiteln begegnen. Im Übrigen sind solche Forderungen wie „Frieden mit der Natur“ oder „Leben und Arbeiten im Einklang mit der Natur“ wohlklingend, aber unseriös, weil damit suggeriert wird, man könne wissen, was die „Natur“ verlangt (Rosenbaum 1992).

„Der Mensch ist eine Naturkatastrophe“, denn er greift ständig in die Naturvorgänge ein (Mohr 1987). Aber er ist selbst ein Teil von ihr und mehr als andere mit Fähigkeiten ausgestattet, gestalterisch und auch zerstörerisch wirken zu können. Eben deshalb braucht er **Normen** für sein Verhalten gegenüber seinem belebten Umfeld, ein sogenanntes ethisches oder moralisches Bewusstsein, das von Grundhaltungen und einer gewissen Rationalität geprägt ist (Mohr 1987; Irrgang 1992). Ethische Normen bestimmen das menschliche Leben, wenn sie auch nicht bei allen Völkern gleich sind und dem zeitlichen Wandel unterliegen. Oft gibt es Konfliktsituationen, z. B. bei der Wahl des kleinstmöglichen Übels oder der Abwägung der Verhältnismäßigkeit.

Die Gegenwart ist geprägt von dem weitverbreiteten Gefühl, dass moralisches Bewusstsein und sittliche Argumentation nicht Schritt halten mit der Expansion wissenschaftlich-technischer Entwicklungen und ökonomischer – vermeintlicher oder tatsächlicher – Notwendigkeiten, die der persönlichen Ebene nicht mehr zugänglich sind. Das betrifft vor allem das **Umweltbewusstsein**. Daraus entwickeln sich u. a. die vorher geschilderten Unklarheiten über das Wesen der Natur, aber auch Forderungen an das Verhalten anderer, nicht zuletzt an das politische Handeln. Letzteres muss sich daran messen lassen, ob es bewusstes und verantwortliches Handeln gerade bei unterschiedlichen Auffassungen in der Gesellschaft fördert. „Die menschliche Geschichte ist eine endlose Kette von Versuchen, andere Menschen nicht nur zu Taten und Unterlassungen, sondern auch zu Bewertungen zu zwingen“ (Hampicke 1993). Der allseits bekannte **kategorische Imperativ** von Immanuel Kant „Handle nur nach derjenigen Maxime, durch die du zugleich wollen kannst, dass sie ein allgemeines Gesetz werde“ ist deshalb der einzige gelungene Versuch, Normen zu setzen, die nicht zu Unterdrückung führen, weil das individuelle Interesse verallgemeinert wird (Hampicke 1993; zum „kategorischen Imperativ“ siehe Weischedel 2014).

Praktische Umweltpolitik, und daran haben auch Waldbau wie Naturschutz einen bedeutenden Anteil, umfasst ein sorgsames **Abwägen unterschiedlicher Interessen** von Individuen und sozialen Gruppen, die oft sehr verschiedene Vorstellungen davon haben, welchen materiellen und ideellen Wert ein Wald oder eine Waldlandschaft für sie selbst und für andere hat (Gorke 2010; Reichholf 2010).

Wachsende Anforderungen an eine nachhaltige Waldbewirtschaftung mit den Zielen Schutz der biologischen Vielfalt und anderer natürlicher Werte des Waldes, Erhöhung von Stabilität und Anpassungsfähigkeit der Wälder gegenüber natürlichen und anthropogenen Stressfaktoren sowie Sicherung von Multifunktionalität der Wälder (Kap. 1.3) haben in den letzten Jahrzehnten weltweit zu Veränderungen der zuvor ausschließlich holzproduktionsorientierten Forstwirtschaft geführt (Fujimori 2001; Gamborg und Larsen 2003; Bauhus et al. 2013; Brang et al. 2014; Puettmann et al. 2015).

Ein Weg, diese Ziele zu erreichen, besteht darin, die natürlichen selbstorganisierenden und selbstregulierenden Prozesse im Waldökosystem zu unterstützen bzw. nachzuahmen, um die Nichtholz- und Holzproduktion auf adaptiver Basis anzupassen. Diese waldbaulichen Alternativen zur klassischen Reinbestandswirtschaft zielen daher konzeptionell möglichst weitgehend auf die „Rückkehr zur Natur“, d. h. auf die **Integration natürlicher Abläufe** und **Strukturen** in der Waldbewirtschaftung (Drever et al. 2006).

1.4.2 Erste Ansätze

Bereits Mitte des 18. Jahrhunderts wurden waldbauliche Alternativen zum Kahlschlag in den Bergregionen von Zentral- und Südeuropa entwickelt, in denen Wälder beim Schutz gegen Lawinen von besonderer Bedeutung sind. Die Kahlschlagwirtschaft konnte die Stabilität der Bergwälder und deren Schutzwirkung nicht sichern. Dies führte zur Entwicklung waldbaulicher Systeme mit ständiger Waldbedeckung (Dauerwald). Vorrangig waren es Mischbestände im **Plenterbetrieb** (Kap. 5.5) mit einzelstamm- bis gruppenweiser Nutzung (Schütz 1999a).

Das Einzelbaum- und Gruppenauswahlsystem stellt einen klaren Kontrast zu den gleichmäßigen Wäldern des klassischen Altersklassenwaldes dar. Viele Praktiker haben versucht, solche ungleichartigen Mischwälder und geeignete Methoden für deren Betriebskontrolle zu entwickeln. Der Franzose Adolphe Gurnaud (1825–1898) hat dies mit einer auf dem Zuwachs basierenden Kontrollmethode (*Méthode de contrôle*) versucht, aber erst dem Schweizer Henri Biolley (1858–1939) gelang es 1890 im Gemeindewald von Couvet, ein reproduzierbares System zur Entwicklungssteuerung und -kontrolle von Plenterwäldern anzuwenden (Schütz 2001).

Nachhaltige Impulse lieferten die Ideen von Karl Gayer (Kap. 1.2.2). In seinem Hauptwerk über **Mischwald** argumentiert Gayer (1886) bereits für die Bedeutung von Stabilität und Kontinuität des Waldes. Dieses Plädoyer für natürliche Waldstrukturen war rein wirtschaftlich, also nicht ökologisch oder ethisch begründet. Zu diesem Zeitpunkt waren der geregelte Altersklassenwald und die Einführung von Nadelbäumen bereits weitverbreitet. Als Folgen wurden Bodendegradation, Pilze- und Insektenkalamitäten sowie häufige Windwürfe beobachtet. Als Reaktion auf diese Risiken entwickelte Gayer seine Idee von gemischten Wäldern, die durch natürliche Regeneration, oft in Kombination mit unregelmäßigem Schirmschlag und Gruppenverjüngung, erreicht werden sollten. Seine Auffassungen sind vielfach diskutiert worden, u. a. von Heyder (1986) und Burschel (1987).

Alternativen zum klassischen Kahlschlagbetrieb wurden verstärkt in Deutschland und anderen zentraleuropäischen Ländern nach dem Ersten Weltkrieg propagiert. Diese versuchten der starren Rationalität des 19. Jahrhunderts mit seinen formalistischen und schematischen Vorgaben zu begegnen. Die altbewährte Wahrnehmung der Natur als eine Sammlung von mechanistischen Objekten zur wissenschaftlichen Prüfung und anschließenden Manipulation wurde herausgefordert von einer in der Romantik verwurzelten Philosophie, in welcher die Natur mehr als Organismus betrachtet wurde.

Das Bekenntnis zum **Dauerwald** von Alfred Möller in seinem Buch „Der Dauerwaldgedanke“ (Möller 1922; Kap. 1.2.2) ist Ausdruck dieser Entwicklung. Möller betrachtete den Wald als eine kohärente Einheit und betonte die Wechselwirkungen zwischen ihren Elementen (Kremser 1976). Dieser Ansatz ähnelt der gegenwärtigen Auffassung vom Wald als Ökosystem. Der Begriff „Ökosystem“ wurde erst später geprägt (Kap. 1.3.2.1). Nach Möller hatte der Wald an sich einen Wert als autonomer Organismus. Kontinuierliche Waldbedeckung und ein ökologisches Gleichgewicht waren somit Schlüsseleigenschaften der von ihm geprägten Theorie des Dauerwaldes, die eine Abkehr von der Praxis des Kahlschlags und des darauffolgenden Altersklassenwaldes forderte. Der Dauerwaldgedanke wurde in den ersten Jahren mit Begeisterung und großer Sympathie begrüßt. Als aber Möller bald nach der Veröffentlichung seines Buches starb und somit nicht in der Lage war, seine Ideen weiter zu verfolgen, und der Erfolg in der Praxis ausblieb, wurde sein Ansatz zunehmend infrage gestellt, seine wissenschaftliche Glaubwürdigkeit wurde diskreditiert (Heyder 1986; Huss 1990).

Nach dem Zweiten Weltkrieg organisierten sich frühe Unterstützer des Dauerwaldgedankens in der **Arbeitsgemeinschaft Naturgemäße Waldwirtschaft** (ANW). Das Konzept des naturgemäßen Waldbaus baut auf der Idee einer kontinuierlichen Waldbedeckung auf (Wobst 1979). Die 1950 in der Bundesrepublik Deutschland gegründete Arbeitsgemeinschaft Naturgemäße Waldwirtschaft ist ein Zusammenschluss von Waldbesitzern, Forstpraktikern, Wissenschaftlern und Waldinteressierten. Deren ökonomische Grundsätze (ANW 2013) zielen auf die Entwicklung von standortstypischen strukturreichen Mischbeständen durch

- Verzicht auf Kahlschlag und Flächenräumung,
- Vorratspflege zur Optimierung von Qualität, Zuwachs und Vitalität wertvoller Einzelbäume,
- Förderung standortsgerechter Baumarten,
- Berücksichtigung kleinstandörtlicher Unterschiede,
- Walderneuerung vorrangig durch Naturverjüngung,
- Unterstützung der natürlichen Selbstdifferenzierung und Qualifizierung des Nachwuchses,
- einzelbaumorientierte Pflege und Ernte sowie
- Stetigkeit in Pflege und Ernte.

Später hinzugekommene ökologische Grundsätze umfassen die Integration von Naturwaldelementen im Wirtschaftswald (z. B. von Totholz), Strukturvielfalt für licht- und wärmeliebende Arten, Erhaltung der Bodenfruchtbarkeit, schonende Verfahren bei Holzernte und -rücken, Förderung von ökologisch wichtigen oder seltenen Baumarten und Verzicht auf Einsatz ökosystemfremder Stoffe (Dünger, Pestizide).

1.4.3 Aktuelle Konzepte

Während die Anfänge und die verschiedenen Formen eines stärker an natürlichen Strukturen und Abläufen orientierten Waldbaus meist im Verborgenen abliefen und weitgehend von der Wissenschaft ungewürdigt blieben, erfolgte ab Ende der 1980er-Jahre ein generelles Umdenken bei der Waldbewirtschaftung in Deutschland und in anderen europäischen und außereuropäischen Ländern. Dieser Wandel wurde durch eine Reihe von Störereignissen und Herausforderungen hervorgerufen. Nachdem der Waldzustand in Deutschland seit Beginn der 1980er-Jahre aufgrund des sogenannten „Waldsterbens“ (siehe Abschnitt 1.3.2) ein großes öffentliches Interesse erfahren hatte, wurde – auch unter starkem Druck durch die Forstwissenschaft – eine rasche Hinwendung zu einem naturnäheren Waldbau vollzogen. Verstärkt wurde das Umdenken durch die katastrophalen Sturmereignisse um die Jahrtausendwende („Wiebke“, „Lothar“, „Gudrun“, „Kyrill“), so rückte die Verringerung der Risiken gleich alter Reinbestände in den Vordergrund (Kap. 1.3.2). Diese Entwicklung wurde von den forstpolitischen Prozessen zur Verwirklichung einer nachhaltigen Forstwirtschaft in Europa durch eine Operationalisierung der Kriterien und Indikatoren nachhaltiger Waldbewirtschaftung unterstützt (Kap. 1.3.1). Zur praktischen Umsetzung der Multifunktionalität wurden Konzepte der naturnahen Waldwirtschaft aus gewachsenen Formen der Waldbewirtschaftung entwickelt (Baumgarten und Teuffel 2005).

Um das Jahr 2000 bezeichneten die meisten Landesforstverwaltungen in Deutschland ihre Art der Waldbewirtschaftung in Waldbaurichtlinien als „naturnah“ (12 Verwaltungen), „naturgemäß“ (2), ökogerecht (1) oder ökologisch (1) (Rosin 2000; Baumgarten und Teuffel 2005). Inhaltlich sind die Unterschiede jedoch gering. Der Begriff „naturnah“ impliziert, dass bei dieser Art von Bewirtschaftung weiterhin der Mensch und dessen **Nutzung der Waldressourcen** im Vordergrund steht. Es geht damit nicht um eine Annäherung der Wälder an den ursprünglichen Zustand (Urwälder), sondern im Wesentlichen um die Orientierung der waldbaulichen Verfahren an Prozessen, die ohne Einwirkung des Menschen stattfinden. Die naturnahe Bewirtschaftung dient als Mittel, Vorgänge der **natürlichen Walddynamik** (z. B. Naturverjüngung) möglichst effizient und risikosenkend auszunutzen (Baumgarten und Teuffel 2005). Im englischsprachigen Raum finden sich noch weit mehr Bezeichnungen, die sich unter „*back to nature*“ zusammenfassen lassen, aber bisher weitgehend nur theoretische Ansätze umschreiben, u. a. *nature-based forest management, ecosystem ma-*

nagement, new forestry, continuous cover forestry, emulation of natural disturbance (Mason 2001; Gamborg und Larsen 2003; Wagner 2007; Klenk et al. 2008; Puettmann et al. 2015).

Die **waldbaulichen Richtlinien** der Landesforstverwaltungen in Deutschland entsprechen heute weitgehend den Grundsätzen der Arbeitsgemeinschaft Naturgemäße Waldwirtschaft, wobei den Forstbetrieben je nach den Standorts- und Bestandesverhältnissen in der Praxis gewisse örtliche und zeitliche Spielräume bleiben. Sehr klar wurden die in den Niedersächsischen Landesforsten zu verfolgenden Ziele von Otto (1992) in 13 Punkten umrissen. Dazu gehört in erster Linie die Vermehrung von Laub- und Mischwald entsprechend der ökologischen Zuträglichkeit der Baumarten in Ausrichtung auf die natürlichen Waldgesellschaften und auf geeignete Standorte, wobei ein gewisser Anteil fremdländischer Arten nicht ausgeschlossen wird. Die natürliche Verjüngung wird gegenüber anderen Verjüngungsformen bevorzugt. Besonders betont wird die Strukturvielfalt der Bestände. Dabei soll die einzelstammweise Nutzung einer nach wirtschaftlichen Gesichtspunkten festgelegten Zielstärke folgen und erst nach längeren Übergangszeiten bei guter Alters- und Flächenstruktur der Bestände einsetzen. Waldschutz soll sich möglichst auf rein biologische Maßnahmen beschränken. Die Forsttechnik soll auf die genannten Ziele reduziert, Düngungen sollen nur bei erheblichen Bodenstörungen vorgenommen werden. Ein nach wie vor ungelöstes Problem ist die Erfüllung der Forderung nach einer „ökologisch verträglichen Wildbewirtschaftung" (Ammer et al. 2010). Darüber hinaus werden Interessen des Naturschutzes berücksichtigt, z. B. durch einen gezielten Artenschutz und die Erhaltung alter Bäume. Ganz ähnliche Grundsätze, in Einzelheiten z. T. genauer präzisiert, haben Winkel und Volz (2003) in einem Kriterienkatalog zur „Guten forstlichen Praxis" zusammengestellt. Dazu gehören neben den zuvor genannten Kriterien auch die Vermeidung einer Fragmentierung von Waldteilen, möglichst abgestufte Waldränder und die Beschränkung der Dichte von Waldwegen und Rückegassen auf das unbedingt notwendige Maß (Bartsch und Vor 2016).

Im Gegensatz zu anderen waldbaulichen Vorstellungen ist die naturnahe Forstwirtschaft kein formales waldbauliches System, sondern die Anwendung von Grundsätzen, die sich an der natürlichen Walddynamik orientieren und eng mit den standörtlichen Gegebenheiten verknüpft sind. Es handelt sich um eine **liberale** und **pragmatische Form** einer naturschonenden Waldnutzung, die sowohl die einzelstammweise Nutzung und Verjüngung entsprechend dem Plentersystem (Kap. 5.5) als auch eine Verjüngung und Erziehung in Baumkollektiven mit klarer Ablösung der Generationen einbezieht. Die zugrunde liegende Überlegung besteht darin, die Rentabilität durch Produktivität und Stabilität zu optimieren, ohne dass die Funktionalität des Waldökosystems beeinträchtigt wird (Gamborg und Larsen 2003). Ein solches Nutzungskonzept lässt sich nach Schütz (1999a) und Schütz et al. (2012) durch sechs Grundsätze kennzeichnen:

1. Ausnutzung der standörtlichen und individuellen Ertragspotenziale, d. h., nicht mehr die Umtriebszeit bestimmt den Zeitpunkt der Waldverjüngung, sondern die optimale Ausschöpfung der Produktionsfaktoren des Einzelbaums.
2. Nutzung ist zugleich pflegender Eingriff.
3. Walderneuerung erfolgt nachhaltig und kontinuierlich.
4. Naturkonforme Mischbestände erlauben eine günstige Ausnutzung der standörtlichen Produktionskräfte.
5. Ausnutzung natürlicher Erneuerungsprozesse in lang dauernden Verjüngungszeiträumen.
6. Die Hiebsart ist nicht vorgegeben, sondern erfolgt entsprechend den Zielen. Das charakteristische Handlungsprinzip ist die freie Hiebsführung. Damit ist die Vielfalt der Waldbautechnik mit je nach Situationen frei wählbaren Hieben als breites Ausführungsinstrument systembestimmend.

Der naturnahe Waldbau umfasst alle Hiebsarten, die seinen Zielen entsprechen. Die sogenannte freie Hiebsführung befreit das waldbauliche Handeln von den Fesseln eines rezeptartigen Ablaufs (Schütz 1999b, 1999c; Schütz et al. 2012). Damit distanziert sich der naturnahe Waldbau

Tab. 1.16 Waldbauliche Methoden und angestrebte Bestandesstrukturen sowie ihre relative Bedeutung in der naturnahen Waldbewirtschaftung mit unterschiedlichen Schwerpunkten (nutzungsorientiert oder naturschutzorientiert) im Vergleich zur Altersklassenwirtschaft (nach Larsen 2012)

Waldbauliche Methode	Altersklassenwirtschaft	Naturnah (nutzungsorientiert)	Naturnah (naturschutzorientiert)
Verjüngung nach Kahlschlag	++++	++	+
Schirm-/ Gruppenverjüngung	++	+++++	+++++
Pflanzung/Saat	++++	++	+
Naturverjüngung	++	++++	+++++
Bodenbearbeitung	++++	++	+
keine Bodenmanipulation	++	++++	+++++
Anwendung von Bioziden	++	+	+
ökologischer Pflanzenschutz	++++	+++++	+++++
Verwendung von Fremdländern	++++	+++	+
kein Fremdländeranbau	++	+++	+++++
bestandesorientiert	++++	++	+
einzelbaumorientiert	++	++++	+++++
Ernte bei ökonomischer Reife	++++	++++	+
Erhaltung alter Bäumen	++	++	+++++
intensive Holzernte	++++	++++	+
Totholzmanagement	++	++	+++++
Entwässerung für Produktion	++++	+++	+
Erhalt von Feuchtbiotopen	++	+++	+++++
Bestandesstrukturziel			
Reinbestandswirtschaft	++++	++	+
Baumartenmischungen	++	++++	+++++
gleich alte Bestände	++++	++	+
ungleich alte Bestände	++	++++	+++++

+++++ stark verwendet, ++++ häufig verwendet, +++ regelmäßig verwendet, ++ selten verwendet, + kaum/nicht verwendet

von ideologischen Auseinandersetzungen, die bei Festlegung auf bestimmte Nutzungsformen und einseitige Vorstellungen zur Waldbehandlung unvermeidbar sind (Beispiele in Heyder 2004).

Grundsätzlich nutzen die Altersklassenwirtschaft und die naturnahen Ansätze die **gleichen waldbaulichen Methoden**, nur mit unterschiedlichen Schwerpunkten (Tab. 1.16).

Zwischen verschiedenen Bewirtschaftungsansätzen können Übergangsformen auftreten, z. B. kann der Ansatz mehr oder weniger nutzungsorientiert bzw. naturschutzorientiert sein (Larsen 2012).

Naturnahe Ansätze verzichten im Allgemeinen auf Kahlschläge. Nur in besonderen Situationen, vor allem um lichtbedürftige Arten zu fördern, werden sie kleinflächig angewendet. Vorrangig werden die Bestände natürlich verjüngt; Pflanzung oder Saat werden eingesetzt, wenn die natürliche Verjüngung unzureichend ist und Baumarten zusätzlich eingebracht werden sollen. Naturnaher Waldbau nutzt Einzelbaum- bzw. Gruppenauslese in Verbindung mit Zielstärkennutzung, um strukturreiche Bestände zu schaffen. Hierbei ist die Struktur, auch als Komplexität oder Heterogenität bezeichnet (siehe hierzu Messier et al. 2013), kein Selbstzweck, sondern dient der besseren Ausnutzung von Ressourcen (v. a. Raum und Licht) und damit der Produktivität sowie anderen waldbaulichen Zielen (u. a. Verjüngung, Holzqualität, Risikominderung).

Das Konzept, die waldbaulichen Maßnahmen zur Zielerreichung frei aus einem „Werkzeugkoffer" bewährter Verfahren auszuwählen, impliziert den Verzicht auf eine ideologische Interpretation der Vorstellung, wie naturnahe Waldbewirtschaftung ist oder sein sollte. Voraussetzung für die Definition eines Waldbaukonzeptes als „naturnah" ist vielmehr, dass die Praktiken der Waldbewirtschaftung in gewissem Umfang Arten, Strukturen und Prozesse berücksichtigen, die unbewirtschaftete Wälder in standörtlich vergleichbaren Referenzregionen aufweisen. Die Aufstellung von allgemein anerkannten Kriterien und Indikatoren für die Naturnähe der Bewirtschaftung ist in Europa durch das Fehlen repräsentativer **Referenzflächen** erschwert. Urwälder sind in Europa selten, relativ kleinflächig und auf bestimmte Regionen und Waldtypen beschränkt. In den als Ersatz eingerichteten Naturwäldern ist der Prozessschutz überwiegend erst wenige Jahrzehnte wirksam, sodass sie noch über lange Zeiträume (viele Jahrzehnte bis Jahrhunderte) Merkmale der Bewirtschaftung (u. a. Baumartenzusammensetzung, Altersstruktur) zeigen werden (Rademacher et al. 2001; Meyer 2013). Indikatoren zur Bewertung der Naturnähe leiten Franklin et al. (2002, 2007) aus der Dynamik und dem Störungsregime von Douglasienbeständen in Nordamerika ab (Tab. 1.17). Vergleichbare Ansätze finden sich u. a. bei Attiwill (1994), Bartha (2004), Winter et al. (2004, 2013), Larsen (2012) und Bürgi (2015).

Für die Umstellung auf eine naturnahe Waldbewirtschaftung gibt es einen dringenden Bedarf an Zielvorstellungen sowohl hinsichtlich Baumartenzusammensetzung, Bestockungsziel und Bestandesverjüngung unter Ausnutzung der natürlichen Walddynamik. Eine gewisse Orientierung für die Baumartenwahl kann die potenzielle natürliche Vegetation (Kap. 2.3.4) geben. Der früher verwendete Betriebzieltyp zur Festlegung der waldbaulichen Ziele wurde weitgehend abgelöst durch den **Waldentwicklungstyp** (WET), der die natürliche Walddynamik stärker berücksichtigt (Kap. 2.5). Waldentwicklungstypen werden entsprechend den Standortsverhältnissen festgelegt. Sie definieren die Mischungsanteile in der Verjüngung und im Endbestand, den Produktionszeitraum sowie die Zielsortimente und enthalten teilweise auch Anweisungen zu deren Realisierung. Ein WET hat nach Perpeet (2000) als langfristig angelegtes Steuerungsinstrument eine „Leuchtturmfunktion" mit vornehmlich strategischer Bedeutung.

Tab. 1.17 Strukturelemente und Prozesse für eine umfassende Einschätzung der Naturnähe (nach Franklin et al. 2002)

Strukturelemente	Merkmale
individuelle Strukturen	
lebende Bäume	Art, Dichte (Anzahl/Fläche), Durchmesser, Höhe, Krone
starke lebende Bäume	Art, Dichte, Krone, Zerfall, Rindenstruktur
Unterstand	Art, Dichte, Höhe
Verjüngung	Art, Dichte, Höhe
Bodenvegetation	Art, Dichte, Höhe
stehendes Totholz	Art, Dimension, Zersetzungsgrad, Dichte
liegendes Totholz	Art, Dimension, Zersetzung, Dichte, Volumen, Masse
Wurzelteller nach Windwurf	Dichte, Größe, Alter
organische Auflage	Mächtigkeit, chemische und physikalische Eigenschaften, Organismen
räumliche Muster	
vertikale Verteilung des Kronendachs	Tiefe, Mehrfachüberschirmung, Kontinuität
horizontale Verteilung von Strukturen	Verteilungsmuster: zufällig, zerstreut, aggregiert
Lücken	Größe, Form, Häufigkeit, Alter
Prozesse Störungen und deren Erbe (z. B. überlebende Bäume und Totholz) Etablierung neuer Kohorten (Baumgenerationen) Kronendachschluss Ausdunkeln Bodenvegetation Ausdunkeln Unterstand Astreinigung Biomasseakkumulation dichteabhängige Mortalität durch Konkurrenz dichteunabhängige Mortalität Lückenbildung u. -erweiterung Entstehung von starkem Totholz Entwurzelung (Wurzelteller)	
Wiederentwicklung der Bodenvegetation Etablierung schattentoleranter Baumarten Entwicklung sehr schattiger Flächen Altersreife von Pioniergehölzen Kronendachausbau (Mehrschichtigkeit) Entwicklung von Zerfallsstrukturen an lebenden Bäumen (z. B. Trockenäste) Entwicklung von Starkästen altersbedingte Mortalität (Zerfallsphase)	

2 Wahl der Baumarten

Inhalt

Keine waldbauliche Entscheidung ist so bedeutungsvoll wie die Baumartenwahl. Durch sie wird langfristig der Bestandesaufbau festgelegt, und damit werden Struktur und Funktionsweise des Waldökosystems tief greifend beeinflusst. Durch die Wahl der **Baumarten** werden nicht nur Verfahren und Kosten für die Bestandesverjüngung, sondern auch Art und Umfang der Bestandespflege bis zur Endnutzung bestimmt. Auch die zu erwartenden Volumen- und Werterträge hängen weitgehend von der Baumartenwahl ab. Letztlich werden durch diese Entscheidung Stabilität und Biodiversität des Bestandes sowie das Landschaftbild geprägt.

Entscheidend bei der Wahl der Baumarten sind die **Ziele** des Waldbesitzers, der seinerseits nicht frei ist von äußeren Bedingungen, z. B. den ökonomischen Voraussetzungen für die Kosten und die Erträge und den gesetzlichen Auflagen zur Berücksichtigung von Schutz- und Erholungsfunktionen. Aufwendungen und Ertragseinbußen dieser Art werden teilweise durch öffentliche Mittel erstattet. Die Baumartenwahl ist oft durch den Standort und den Zustand des zu verjüngenden Bestandes eingeengt, z. B. nach Sturmwurf oder bei bereits vorhandener, nicht den waldbaulichen Zielen entsprechender Naturverjüngung.

2.1 Forstlich wichtige Baumarten

In den folgenden Abschnitten werden die Baumarten vorgestellt, die für die Waldbewirtschaftung, die Artenvielfalt und die Landschaftsgestaltung in Mittel- und Nordeuropa von besonderer Bedeutung sind. Hierbei liegt der Schwerpunkt auf der Verbreitung und den standörtlichen Ansprüchen sowie auf den morphologischen und physiologischen Merkmalen und Eigenschaften der Baumarten (Tab. 2.1a und b). Waldbauliche Verfahren zur Verjüngung, Bestandespflege und Endnutzung forstwirtschaftlich wichtiger Baumarten werden vorrangig in den entsprechenden Kapiteln dieses Buches behandelt. Auf aktuelle Aspekte der Baumartenwahl, u. a. Arten- und Strukturvielfalt sowie Auswirkungen des Klimawandels, wird in gesonderten Abschnitten im Anschluss an die Baumartenporträts eingegangen. Die häufigsten der in Mitteleuropa eingeführten Baumarten sind in Vor et al. (2015) zusammengestellt. Einen vollständigen Überblick über Verbreitung, Ökologie und Wachstum der Baumarten in Europa und weltweit bieten die Enzyklopädie der Holzgewächse (Roloff et al. ab 1994) und weitere Standardwerke der Dendrologie, u. a. Schenck (1939a, 1939b) und die ab 1908 von Gustav Hegi (Hegi 1931) in mehreren Bänden herausgegebene und seitdem neubearbeitete „Illustrierte Flora von Mittel-Europa“.

2.1.1 Laubbäume

2.1.1.1 Rotbuche (*Fagus sylvatica*, Familie Fagaceae)

In der nacheiszeitlichen Waldentwicklung hat sich die Rotbuche (im Folgenden als Buche bezeichnet) in weiten Teilen Mitteleuropas als beherrschende Baumart durchgesetzt. Mit der Klimaerwärmung vor rund 7000 Jahren (Atlantikum) wurde zunächst die Ausbreitung der Buche im Gebirge gefördert. Im Tief- und Hügelland begann eine stärkere Umwandlung der bis dahin vorherrschenden Eichenmischwälder in buchendominierte Wälder erst vor etwa 3000 Jahren, wobei zumindest für das nördliche Mitteleuropa angenommen wird, dass die Buche sich dort als Kulturfolger (Küster 1997, 2013a) nach bereits erfolgter Besiedlung durch den Menschen ausgebreitet hat (Bradshaw 2004; Bradshaw et al. 2010; Poschlod 2015).

Das natürliche Verbreitungsgebiet der Buche umfasst aktuell West- und Mitteleuropa. Im mediterranen Süd- und Südosteuropa ist sie auf die Hochlagen der Gebirge beschränkt, im Norden erreicht sie nur die südlichen Gebiete von England und Skandinavien, nicht aber den borealen Klimabereich. In den kontinentalen Osten dringt sie nur wenig weiter vor als die Traubeneiche, mit der sie das Areal weitgehend teilt. Auch Gebiete, die die Buche auf der Rückwanderung nach der letzten Vereisung nicht erreicht hat,

Tab. 2.1a Standortsansprüche, Toleranzen und häufige Gefährdungen forstwirtschaftlich wichtiger Baumarten der gemäßigten Zone in Mitteleuropa (nach Burns und Honkala 1990; Röhrig und Bartsch 1992; Roloff et al. ab 1994; Ellenberg und Leuschner 2010; CABI 2013; Lawson und Michler 2014; Vor et al. 2015 und weiteren Quellen in den Fußnoten)

Baumart	**Standortsansprüche**		**Toleranzen**				**häufige Gefährdungen**[5]	
	Nährstoffe	Wasser	Schatten[1]	Spätfrost[2]	Trockenheit[3]	Überflutung[4]	abiotisch	biotisch
				autochthone Baumarten				
Laubbaumarten								
Acer platanoides	mittel	mittel	4	2	2,73	2		**Wildverbiss**
Acer pseudoplatanus	mittel	hoch	4	2	2,75	2	(Windwurf)	**Wildverbiss**, Pilze (Welke)
Alnus glutinosa	mittel	hoch	1	2	2,22	5		Pilze (Stammfäule)
Betula pendula	gering	gering	1	1	1,85	2		Pilze (Stammfäule)
Carpinus betulus	hoch	mittel	4	3	2,66	2		Wildverbiss
Fagus sylvatica	gering	mittel	5	4	2,40	1		Pilze (Stammfäule), Wildverbiss, Mäusefraß
Fraxinus excelsior	hoch	mittel	3	4	2,50	3		Pilze (**Eschentriebsterben**), **Wildverbiss**
Prunus avium	mittel	gering	1	3	2,66	1	Windwurf	**Wildverbiss, Fegen**
Quercus petraea	mittel	gering	1	3	3,02	1		**Insekten**, Pilze (Mehltau), **Wildverbiss**
Quercus robur	mittel	mittel	1	2	2,95	3		**Insekten**, Pilze (Mehltau), **Wildverbiss**
Tilia cordata	mittel	mittel	5	2	2,75	2		Wildverbiss, **Fegen**
Ulmus glabra	hoch	hoch	3	2	2,41	2		Pilze (**Ulmenkrankheit**), Insekten, **Wildverbiss**
Nadelbaumarten								
Abies alba	gering	hoch	5	4	1,81	1		Insekten, **Wildverbiss**, **Wildschäle**, **Fegen**
Larix decidua	gering	mittel	1	2	2,31	1		Pilze (**Lärchenkrebs**, Schütte), **Fegen**
Picea abies	gering	mittel	3	2	1,75	1	**Windwurf**, Schnee	**Insekten**, Pilze (**Rotfäule**), **Wildschäle, Fegen**
Pinus sylvestris	gering	gering	2	1	4,34	2	Schnee, **Feuer**	Insekten, Pilze (Schütte), Wildverbiss, Fegen
				eingeführte Baumarten				
Laubbaumarten								
Quercus rubra	gering	mittel	2	2	2,88	(1)		Insekten, **Wildverbiss**
Robinia pseudoacacia	gering	gering	1	2	4,11	(1)		Pilze, (Wildverbiss)

Tab. 2.1a Standortsansprüche, Toleranzen und häufige Gefährdungen forstwirtschaftlich wichtiger Baumarten der gemäßigten Zone in Mitteleuropa (nach Burns und Honkala 1990; Röhrig und Bartsch 1992; Roloff et al. ab 1994; Ellenberg und Leuschner 2010; CABI 2013; Lawson und Michler 2014; Vor et al. 2015 und weiteren Quellen in den Fußnoten) (Fortsetzung)

Baumart	Standortsansprüche		Toleranzen				häufige Gefährdungen[5]	
	Nährstoffe	Wasser	Schatten[1]	Spätfrost[2]	Trockenheit[3]	Überflutung[4]	abiotisch	biotisch
Nadelbaumarten								
Abies grandis	gering	mittel	4	4	2,33	(1)		Pilze, Wildverbiss, **Fegen**
Pseudotsuga menziesii	gering	gering	3	3	2,62	(1)	Windwurf	Pilze (Schütte), **Wildverbiss, Fegen**

[1] Schattentoleranz aus Otto (1994), verändert und ergänzt nach Ellenberg et al. (2001): 1 = gering (Lichtbaumart, ≥ 50 % der Freilandstrahlung), 2 = niedrig, 3 = mittel, 4 = hoch, 5 = sehr hoch (Schattenbaumart, 2–5 %); angegeben ist der Lichtbedarf der Jungpflanzen zum Überleben, der je nach Standorteigenschaften erheblich variieren kann; für ein maximales Höhenwachstum ist der Lichtbedarf auch bei den Schatten- und Halbschattenbaumarten wesentlich höher
[2] Grad der Gefährdung: 1 = sehr gering, 2 = gering bis mäßig, 3 = erhöht, 4 = groß; aus LWF (2015)
[3] Werte von 1 (sehr intolerant) bis 5 (sehr tolerant), aus Ninemets und Valladares (2006)
[4] aus Glenz et al. (2006): 1 = sehr gering (höchste tolerierbare Überflutungsdauer 5–20 % der Vegetationszeit), 2 = gering (21–35 %), 3 = intermediär, 4 = hoch (61–76 %), 5 = sehr hoch (≥ 77 %); Zahlen in Klammern ergänzt nach Burns und Honkala (1990a, b)
[5] siehe auch Toleranzen; *Fagus sylvatica*, *Quercus petraea* und *Quercus robur* sind regional von Komplexkrankheiten mit verschiedenen abiotischen und biotischen Ursachenkombinationen betroffen; Fegen = Abschlagen der Baumrinde meist jüngerer Bäume durch das Geweih oder Gehörn der Schalenwildarten; Auszeichnung fett = große forstwirtschaftliche Bedeutung, in Klammern = geringe Bedeutung

Tab. 2.1b Sukzessionstypen und deren Kennzeichen für wirtschaftlich wichtige Baumarten in Mitteleuropa (nach Burns und Honkala 1990a, b; Röhrig und Bartsch 1992; Roloff et al. ab 1994; Ellenberg und Leuschner 2010; CABI 2013)

Baumart	Sukzessionstyp	Alter (Jahre)		Maximale gemessene Höhe[3] (m)	Zersetzungsdauer der Blattstreu[4] (Jahre)	Verjüngung			
		physiologisches Höchstalter[1]	Altersrahmen bei Erreichen der Zielstärke[2]			Häufigkeit der Samenproduktion[5] (Jahre)	Samengewicht (Tausendkorngewicht in g)	Samenverbreitung	vegetative Vermehrung[6]
autochthone Baumarten									
Laubbaumarten									
Acer platanoides	Intermediär	180	70–100	30	2	1(2–3)	100–400	Wind	S
Acer pseudoplatanus	Intermediär	150(–500)	70–100	35(–40)	2	1–3	66–180	Wind	S

Betula pendula	Pionier	120	60–80	30	2,5	(1–)2(–3)	0,15	Wind	S
Carpinus betulus	Intermediär	150	100–140	25(–35)	1,5	(1–)2(–3)	35–45	Wind	S
Fagus sylvatica	Klimax	300	(60–)100–140	45(–50)	3	3–7	150–300	Tiere	(S)
Fraxinus excelsior	Intermediär	300	70–100	40	1	1(2–3)	65–100	Wind	S
Prunus avium	Pionier	100	60–80	20(–35)	1	1	125–166	Tiere	S, W
Quercus petraea	Intermediär	800(–1400)	140–200(–240)	40(–44)	2,5	(2–)3–5(–10)	1500–5000	Tiere	S
Quercus robur	Intermediär	800(–1400)	140–200(–240)	40(–50)	2,5	2–5	2000–7000	Tiere	S
Tilia cordata	Intermediär	800(–1000)	70–140	35(–40)	2	1	35	Wind	S, A
Ulmus glabra	Intermediär	400(–500)	70–140	40	1	1	10-14	Wind	S, W
Nadelbaumarten									
Abies alba	Klimax	600	80–120	65	1	3–8	50–55	Wind	
Larix decidua	Pionier	200–400(–800)	100–140	50	5	3–5	5–11	Wind	
Picea abies	Intermediär	200–300(–600)	60–120	50(–63)	3	3–5	5–9	Wind	(A)
Pinus sylvestris	Pionier	200–300(–600)	100–160	30(–45)	3,8	(1–)2–3	4–8	Wind	(A)
				eingeführte Baumarten					
Laubbaumarten									
Quercus rubra	Intermediär	300–500	80–120	25(–40)	3	2–5	2800–6000	Tiere	S
Robinia pseudoacacia	Pionier	100–200	60–80	25(–30)	1,5	1–2	15–20	Tiere	S, W
Nadelbaumarten									
Abies grandis	Intermediär	300	60–100	40(–61)	1,5	2–3	17–20	Wind	
Pseudotsuga menziesii	Pionier	500–1000	80–120	50(–62)	3,8	5–7	10–12	Wind	

[1] Maximalalter bei Erreichen der Zerfallsphase, Alter in Klammern werden selten erreicht
[2] Alter des Erreichens der Zielstärke (ökonomisch vorteilhafter Zeitpunkt der Holznutzung) in der Optimalphase des Bestandes, aus den Merkblättern der staatlichen Forstverwaltungen; Abweichungen sind je nach Standort und waldbaulicher Behandlung möglich
[3] Höhenangaben für Bäume in Europa: die Höhe wird sehr stark von den Standortseigenschaften beeinflusst; die maximalen Höhen werden nur auf optimal wasser- und nährstoffversorgten Standorten erreicht, Höhen in Klammern werden selten erreicht
[4] durchschnittliche Dauer des natürlichen Abbaus der Blattstreu unter vergleichbaren Bedingungen (mittlere Braunerde); ergänzt nach Scheffer und Ulrich (1960)
[5] aus Suszka et al. (1996), ergänzt; 1 = in jedem Jahr, 1–3 = jedes Jahr bis alle 3 Jahre, Jahre in Klammern sind weniger häufig
[6] S = Stockausschlag, W = Wurzelbrut, A = Absenker, Eigenschaft in Klammern ist schwach ausgeprägt

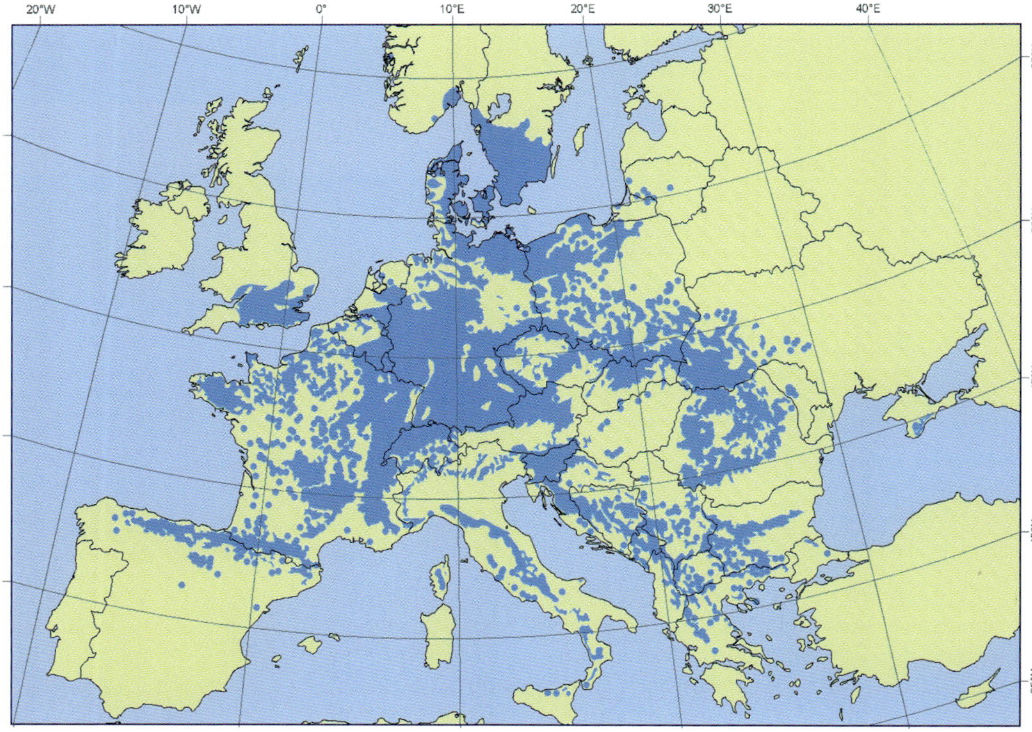

Abb. 2.1 Natürliches Verbreitungsgebiet von *Fagus sylvatica* (aus EUFORGEN 2009).

u. a. in Großbritannien (Kölling et al. 2005) und in Polen (Czajkowski et al. 2006; Bolte et al. 2007), werden heute aus klimatischen Gründen als potenzielle Buchengebiete betrachtet (Abb. 2.1). Die Buche bildet hier die potenzielle natürliche Vegetation (pnV) (Kap. 2.3.3.4).

Die ausgeprägte Dominanz der Buche in Mitteleuropa ist größtenteils in ihren ökologischen Eigenschaften begründet, die ihr entscheidende **Konkurrenzvorteile** gegenüber anderen Baumarten verschaffen. Zu diesen Eigenschaften zählen

- eine weite Standortsamplitude hinsichtlich der Bodenverhältnisse,
- eine hohe Schattentoleranz,
- ein hohes Maß an Schattenerzeugung durch eine dichte Belaubung und
- ein starkes Ausbreitungspotenzial der Krone sowie
- ein lang anhaltendes Wachstum mit einer großen Endhöhe (Leuschner 1998; Bartsch und Röhrig 2009; Packham et al. 2012).

Die **starke Verbreitung** der Buche in Mitteleuropa hat zudem **klimatische Ursachen** (Röhrig 1991; Peters 1997; Pfadenhauer und Klötzli 2014): Durch die nacheiszeitliche Waldentwicklung sind, anders als in Nordamerika, weniger Baumarten und außer der Eibe (*Taxus baccata*, siehe Scheeder 1994; Schütt 1994a; Thomas und Polwart 2003) keine Nadelbaumarten in den mitteleuropäischen Buchenwäldern der ebenen bis submontanen Lagen von Natur aus vertreten. Diese Buchenwälder stehen in atlantischen bis subatlantischen Regionen mit milden Wintern und nicht zu trockenen Sommern, während die nordamerikanischen Laubmischwälder einem stärker kontinentalen Klima mit jahreszeitlich größeren Temperaturschwankungen ausgesetzt sind. Hier ist der Zuckerahorn (*Acer saccharum*) eine konkurrenzstarke Begleitbaumart der Amerikanischen Buche (*Fagus grandifolia*). Der Zuckerahorn hat ein hohes Verjüngungspotenzial und nur wenig geringere Lichtansprüche als die Amerikanische Buche. In Mitteleuropa hat die Buche keine entsprechende Konkurrenzbaumart. Zudem schaffen die häufigeren Störungen durch Sturm im östlichen Nordamerika mehr Bestandeslücken, in denen sich lichtbedürftige Arten ansiedeln und halten können. Unterschiede bestehen auch in den anthropogenen Einwirkungen: Die mitteleuropäischen Buchenwälder, soweit sie überhaupt erhalten geblieben sind, wurden über zwei Jahrhunderte fast ausschließlich als Reinbestände bewirtschaftet. In Nordamerika haben seit der Besiedlung durch die Europäer die Laubmischwälder ihre ursprüngliche Baumartenvielfalt weitgehend erhalten.

Als Baumart des atlantischen bis subkontinentalen Klimas weist die Buche eine große **klimatische Spannweite** auf, sie liegt bei einer mittleren Jahrestemperatur von 4–12 °C und einer mittleren Jahresniederschlagssumme von 450 bis über 2000 mm (Kölling et al. 2005). Damit erstreckt sich ihre Verbreitung von warmtrockenen ebenen Lagen bis in die Hochgebirge. Mit zunehmend wärmeren und trockeneren Klimabedingungen verliert die Buche an Vitalität und Konkurrenzkraft, wodurch Mischbaumarten (z. B. Traubeneiche und Kiefer) begünstigt werden. Je weiter die Buche im Süden vorkommt, desto mehr ist sie ein Baum der submontanen bis subalpinen Stufe. In den Vogesen, Karpaten, im dinarischen Gebirge Südosteuropas, in Süditalien und Nordspanien ist sie bis an die Waldgrenze vertreten; in anderen Gebirgen (Alpen, Harz, Sudeten) dringt sie weit weniger in die höheren Lagen vor als einige Nadelbaumarten. Als obere Grenze ihres Vorkommens gelten in Südskandinavien 200 m, im Harz 800 m, im Bayerischen Wald und im Riesengebirge 1000 m, im Schwarzwald 1400 m, in den Nordalpen 1600 m und im Apennin 1800 m ü. NN.

Die Ausbreitung der Buche wird durch verschiedene Faktoren begrenzt: im Süden durch Wärme und sommerliche Trockenheit, im Osten durch Trockenheit und Kälte, im Norden durch die kurze Vegetationszeit und Kälte sowie im Westen durch ständige Windbelastung und Sturmereignisse (Otto 2002; Packham et al. 2012). Gegen Spätfrost ist sie besonders auf Freiflächen auch bei sonst günstigen Klimaverhältnissen in der Jugend sehr empfindlich. Für hohe Wuchsleistungen benötigt die Buche eine relativ lange Vegetationszeit von mehr als 150 Tagen mit mindestens 13 °C, in der ausreichend Niederschläge (mehr als 300 mm in der Vegetationszeit) fallen. Daneben spielen lokale Faktoren, die das Mikroklima beeinflussen, eine wichtige Rolle. Oberflächenform, Exposition, Hangneigung und Seenähe können dämpfend oder verstärkend auf Temperaturverlauf, Luftfeuchte sowie Bodenwasserregime wirken und damit über den Erfolg der Buche am jeweiligen Standort entscheiden (Czajkowski et al. 2006).

Die Buche ist nahezu an alle Bodenverhältnisse angepasst (Leuschner et al. 1993; Leuschner 1998). Sie besiedelt sowohl sehr saure Sandböden als auch basenreiche Kalkstandorte (Abb. 2.2). Selbst mäßig wechselfeuchte **Böden** sind für die Buche geeignet, jedoch keine Böden mit lang anstehendem Grund- und Stauwasser im Wurzelraum. Vegetationsökologische Untersuchungen (Schmidt 2000; Ammer et al. 2005) zeigen, dass die Buche nach Aufgabe der Waldbewirtschaftung auch grundwassernahe, gut nährstoffversorgte Standorte einnimmt, die bisher dem Hainbuchen-Stieleichenwald zugeordnet wurden. Ein hohes Angebot an Nährstoffen kann einen Mangel an Bodenfeuchte (Felbermeier 1993), bei jungen Buchen auch einen solchen an Licht (Burschel und Schmaltz 1965a; Madsen 1994), teilweise kompensieren. Mit ihrem Herzwurzelsystem erreicht die Buche tiefe Bodenhorizonte und dringt in Zwischenräume im Ausgangsgestein ein. Bei Bodenverdichtung und vor allem bei Wasserstau sowie extremer Versauerung wurzelt sie dagegen nur im Oberboden (Otto et al. 2007).

Neben der Weißtanne (*Abies alba*) und der Eibe (*Taxus baccata*) ist die Buche in den Wäldern Mitteleuropas die Baumart mit der höchsten **Schattentoleranz** (Kap. 3.3.1.3.1). Junge Buchen können bereits bei 2 % der Freilandstrahlung überleben (Emborg 1998; Modrý et al. 2004). Das Höhenwachstum wird auch bei relativ starker Beschattung (bis etwa 20 % der Freilandstrahlung) bei jungen Buchen kaum beeinflusst, während der Sprossdurchmesser und die Knospenlänge schon bei deutlich geringerer Beschattung erheblich abnehmen (Burschel und Huss 1965; Burschel und Schmaltz 1965a).

Das **Wachstum** der Buche ist ohne Beschattung in der Jugend im Vergleich zu anderen

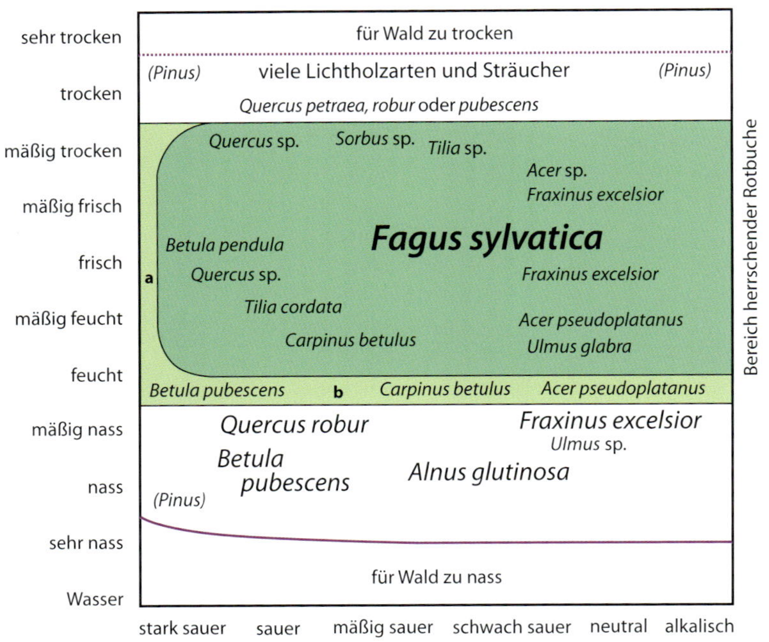

Abb. 2.2 Ökogramm der in der submontanen Stufe Mitteleuropas bei gemäßigt-subozeanischem Klima auf ungleich feuchten und basenhaltigen Böden waldbildenden Baumarten. Die Größe der Schrift drückt ungefähr den Grad der Beteiligung der Baumart aus, wie er als Ergebnis des natürlichen Konkurrenzkampfes zu erwarten wäre; **fettumrandeter Bereich**: Herrschaftsbereich der Buche; **(a)** auf sehr armen und sauren Böden kann sich die Buche nur durchsetzen, wenn sie eine mächtige Humusauflage ausbilden kann; **(b)** in den staunassen Bereich dringt die Buche umso weiter vor, je sandiger der Boden ist; (eingeklammert): nur in manchen Gebieten vorkommend (nach Ellenberg und Leuschner 2010).

Baumarten gering, hält aber bis in Alter von über 160 Jahren an (Abb. 2.3). Der spät kulminierende, dann jedoch lange auf hohem Niveau verbleibende laufende Höhen- und Volumenzuwachs ist gegenüber fast allen Baumarten ein Wettbewerbsvorteil, der bei ungestörter Bestandesentwicklung zur Bildung von Reinbeständen führt. Der Ertrag von Buchenbeständen an Holzvolumen ist hoch. In den osteuropäischen Urwäldern erreicht die Buche in Reinbeständen ein Bestandesvolumen von 600 bis über 800 m^3 ha^{-1} (Christensen et al. 2005). In den Wirtschaftswäldern ist das Bestandesvolumen in Abhängigkeit von der Durchforstung (Art/Grad) (Kap. 4.2.4, 4.2.8) sowie vom Anteil der Mischbaumarten häufig geringer. Die Bestandesproduktivität an Holzbiomasse und die Gesamtwuchsleistung an Holzvolumen unter Einbeziehung der Vornutzungen kann jedoch unter bestimmten Standortsvoraussetzungen für einige Baumartenmischungen (z. B. Buche mit Europäischer Lärche, Buche mit Fichte oder Buche mit Stiel- bzw. Traubeneiche) höher sein als im Buchenreinbestand (Pretzsch et al. 2010a, 2013, 2016; Kap. 2.2.2.2). Die Wertleistungen von Buchenbeständen sind in der Regel nicht besonders hoch. Das hängt hauptsächlich damit zusammen, dass das Buchenholz weder technologisch noch dekorativ besonders hervorragende Eigenschaften aufweist. Zudem zeigen sich bei mittelalten bis alten Bäumen häufig qualitätsmindernde Eigenschaften, vor allem Drehwuchs und Farbkerne (Rotkern, Spritzkern) (Kap. 4.1.1).

In ihren natürlichen Vorkommen neigt die Buche auf der Mehrzahl der Standorte dazu, Reinbestände zu bilden. In Wirtschaftswäldern aber nimmt sie häufiger nur einen mehr oder weniger großen Anteil in **Mischbeständen** ein. In den bis Ende des 19. Jahrhunderts vorherrschenden Betriebsarten wurden Eichen in Hutewäldern und Baumarten mit starkem Ausschlagvermögen aus dem Stock (Kap. 3.3.1.4, Tab. 2.1b) im Nieder- und im Mittelwald (Kap. 5.2, 5.3) begünstigt. Nach der Umwandlung in Hochwald sind diese Baumarten in vielen Beständen mit hohen Anteilen erhalten geblieben. Mischbaumarten werden heute bei der Bestandesverjüngung und Bestandespflege gefördert, um die Wertleistung und die Ökosystemdienstleistungen des Bestandes zu erhöhen und das Bestandesrisiko zu verringern (Kap. 4.2.5, 4.2.6). Die häufigsten Mischbaumarten der Buche sind die Eichen, die Edellaubhölzer und die Nadel-

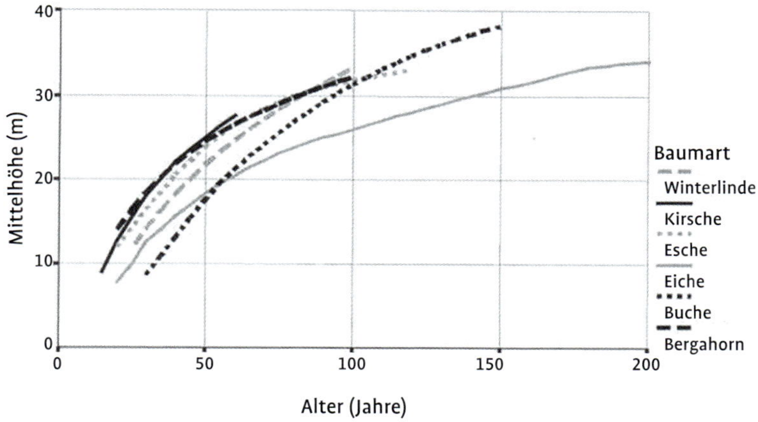

Abb. 2.3 Höhenentwicklung der Buche und anderer Baumarten nach Daten der Ertragstafel (I. Ertragsklasse, Schober 1995).

baumarten Fichte, Europäische Lärche, Tanne und Douglasie.

In der Mischung mit der Traubeneiche kann die Buche eine starke Konkurrenz für die Eiche bilden, sie kann aber auch durch den Standort oder durch die Bestandespflege bedingt zwischen- und unterständig bleiben und dadurch den für die Wertholzproduktion der Traubeneiche unerlässlichen Schaftschutz und die notwendige Bodendeckung bilden. Auf nährstoffreichen Standorten ist die Buche aus den gleichen Gründen eine wichtige Mischbaumart für Bestände mit Edellaubbäumen (siehe Kasten Hintergrundwissen „Edellaubbäume"). Hier sind regulierende Läuterungs- und Durchforstungseingriffe notwendig, damit sich ein hoher Anteil an Edellaubbäumen gegen die konkurrenzstarke Buche durchsetzen kann. Im natürlichen Areal der Tanne ist die Buche durch ihr Schattenerträgnis und ihre relativ gut zersetzbare Streu eine wertvolle Mischbaumart des Tannen-Fichten-Buchen-Bergmischwaldes (Mosandl 1991). Die Mischung von Buche mit Fichte wurde außerhalb des natürlichen Fichtenareals in der Vergangenheit oft durch Auspflanzung von lückiger Naturverjüngung der Buche (Kap. 3.3.2.2) mit Fichte begründet, seit den 1980er-Jahren entsteht sie vor allem durch den **Voranbau** der Buche beim Umbau von Fichtenbeständen (Kap. 3.7). In niedrigen Lagen der Mittelgebirge werden Buchen-Naturverjüngungen auch mit der Europäischen Lärche und der Douglasie ausgepflanzt. Ziel dieser Mischungen aus einer Schattenbaumart und einer lichtbedürftigeren Baumart ist eine Steigerung der Gesamtwuchsleistung und des Wertzuwachses, der sich vor allem für Lärche und Douglasie bei entsprechender Bestandespflege (Kap. 4.2.9) ergibt. In Zukunft wird die Buche aus ökologischen Gründen stärker als bisher in Nadelbaumbeständen beigemischt sein. Hierdurch verringert sich das Risiko gegenüber Störungen (v. a. Sturm, Insekten) (Knoke et al. 2008; Knoke und Seifert 2008; Kap. 1.3.2.2, 2.2.2.2). Der relativ geringe Wertertrag reiner Buchenbestände lässt sich durch die Beimischung von Nadelbaumarten oder Edellaubbaumarten erheblich steigern (Möhring und Wilhelm 2015).

2.1.1.2 Eichen (Gattung *Quercus*, Familie Fagaceae)

Stiel- (*Quercus robur*) und Traubeneiche (*Quercus petraea*)

Von den weltweit mehr als 300 Eichenarten spielen für die Forstwirtschaft Mitteleuropas nur drei eine wichtige Rolle: **Stieleiche** und **Traubeneiche** als einheimische Arten und die 1691 aus Nordamerika in Europa eingeführte **Roteiche** (*Quercus rubra*) (Wilke und Lermer 2014). Regionale Bedeutung haben von den insgesamt 25 einheimischen Eichenarten in Europa zudem die Flaumeiche (*Quercus pubescens*) und die Zerreiche (*Quercus cerris*) in warmtrockenen Gebieten Mittel- und Südeuropas sowie die Steineiche (*Quercus ilex*) im mediterranen Südeuropa mit der nördlichen Verbreitungsgrenze in Südfrankreich (Roloff und Bärtels 2014). Die Flaumeiche

Tab. 2.2 Morphologische Merkmale zur Unterscheidung von Stiel- und Traubeneiche – die für die Bestimmung am besten geeigneten Merkmale sind ***fett/kursiv*** hinterlegt (nach Aas 2014; Neophytou et al. 2014)

Merkmal	Stieleiche	Traubeneiche
Krone	unregelmäßig, locker	regelmäßiger, mehr geschlossen
Stamm	sich früh in starke Äste auflösend	Stamm gerade, annähernd wipfelschäftig
Rinde	gröber, dickborkiger	feiner
Blattansatz an Ästen	Blätter gebüschelt	Blätter gleichmäßiger am Ast verteilt
Länge Blattstiel	***2–12 mm, meist < 8 mm***	***8–32 mm, meist > 10 mm***
Form der Blattspreite	verkehrt eiförmig, meist ungleichhälftig	oval bis verkehrt eiförmig, meist gleichhälftig
Buchtennerven	***vorhanden***	***ohne oder sehr selten***
Basis der Blattspreite	***abgerundet bis deutlich herzförmig, meist geöhrt***	***keilförmig, abgerundet bis schwach herzförmig, nicht oder kaum geöhrt***
Anzahl Blattlappen auf jeder Seite	3–6	4–9
Behaarung auf der Blattunterseite	***meist kahl***	***Büschelhaare entlang der Mittelrippe und in den Nervenwinkeln***
Winterknospen	stumpf eiförmig, nicht oder weniger kantig, (fast) kahl	spitz eiförmig, oft leicht kantig und schwach behaart
Fruchtstand	***lang gestielt, meist > 2 cm bis zur ersten Eichel***	***sitzend oder kurz gestielt, < 2 cm bis zur ersten Eichel, traubig angeordnet***
Eichel (frisch)	meist mit dunklen Längsstreifen, walzenförmig	ohne Längsstreifen, rundlich

breitet sich als Folge des Klimawandels zunehmend in niederen Lagen der sehr trockenen Alpentäler aus, in der zuvor die Waldkiefer (*Pinus sylvestris*) vorherrschte (Rigling et al. 2013).

Stiel- und Traubeneiche werden in der forstlichen Praxis und in der Literatur nicht immer eindeutig auseinandergehalten. Bisweilen wird sogar die Auftrennung in zwei eigenständige **Arten** angezweifelt (Kleinschmit et al. 1995), weil diese experimentell kreuzbar sind und die Variation keines morphologischen (Tab. 2.2) oder genetischen Merkmals völlig artspezifisch ist (Aas 1998; Neophytou et al. 2014).

Das natürliche Verbreitungsgebiet der Stieleiche umfasst den größten Teil Europas. Es reicht im Norden bis Irland, Schottland und Südskandinavien, im Osten bis an den Ural, im Südosten bis zu den Karpaten und im Süden bis Süditalien, Nordspanien und in das mittlere Portugal (Abb. 2.4). Die Traubeneiche teilt sich das Areal größtenteils mit der Stieleiche, dringt nach Osten aber nur etwa soweit vor wie die Buche.

Durch Vergleichsanbauten sind bei beiden Eichenarten Unterschiede zwischen verschiedenen **Herkünften** festgestellt worden. Schaftform, Zuwachs, Johannistriebbildung, Austriebszeitpunkt, Frostempfindlichkeit und Anfälligkeit gegen Mehltau variieren je nach Herkunft, wobei sich noch keine klaren geographischen Verteilungsmuster der Merkmale zeigen (u. a. Grotehusmann und Schönfelder 2011). In den 1950 in verschiedenen Gebieten Westdeutschlands begründeten Herkunftsversuchen der Traubeneiche (Krahl-Urban 1957) haben sich Absaaten aus dem Spessart, dem Pfälzer Wald und dem niedersächsischen Wuchsgebiet „Hohe Heide" nach Wachstum und Wuchsform als besonders anbauwürdig erwiesen. Aus den Herkunftsversuchen für die Stieleiche lassen sich keine gesicherten Empfehlungen ableiten. Von Bedeutung

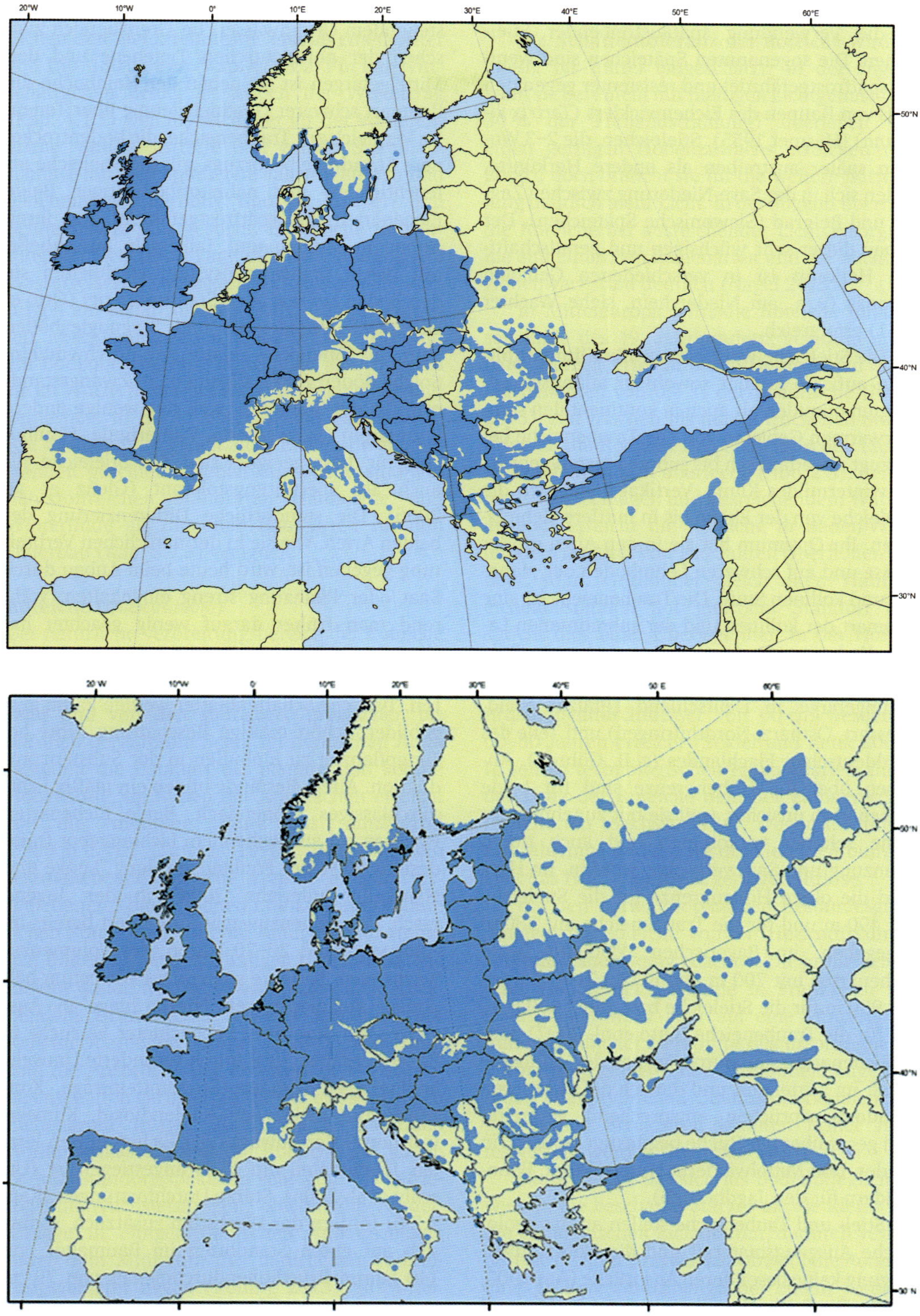

Abb. 2.4 Natürliches Verbreitungsgebiet von *Quercus petraea* (oben) und *Quercus robur* (unten) (aus EUFORGEN 2009).

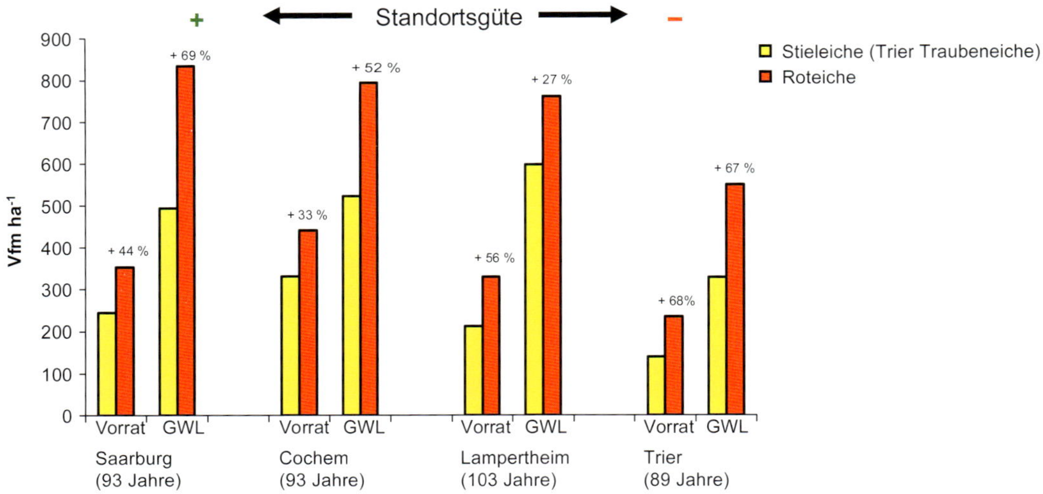

Abb. 2.5 Leistungsvergleich der Roteiche mit den einheimischen Eichenarten Traubeneiche und Stieleiche auf Versuchsflächen der Nordwestdeutschen Forstlichen Versuchsanstalt (NW-FVA) mit unterschiedlicher Standortsgüte. Dargestellt sind der Vorrat und die Gesamtwuchsleistung (GWL) (Vfm ha^{-1}) bis zum dargestellten Alter (aus unveröffentlichten Daten der NW-FVA).

Die Roteiche bildet wie Stiel- und Traubeneiche eine Pfahlwurzel aus, die sich später in ein dichtes Herzwurzelsystem umbildet und zu einer guten Verankerung im Boden führt. Nur auf extrem staunassen und flachgründigen Böden ist die Roteiche sturmgefährdet (Nagel 2015). In Deutschland wird sie in Mischung mit einheimischen Schattenbaumarten, wie Buche, Winterlinde und Hainbuche, und als nicht als invasive gebietsfremde Art eingestuft (Nehring 2016).

Definition

Edellaubbäume

Als Edellaubbäume, Edellaubhölzer oder Buntthölzer werden in der mitteleuropäischen Forstwirtschaft Laubbaumarten bezeichnet, die im Gegensatz zur Buche und zu den Eichen nicht zu den Hauptwirtschaftsbaumarten mit großen Flächenanteilen gehören. Der Begriff „Edellaubbäume" beschreibt kein eindeutig festgelegtes Baumartenspektrum. Baumarten mit unterschiedlichen Wachstums- und Holzeigenschaften sowie Standortsansprüchen werden dazu gezählt. Das Attribut „edel" steht für die Schönheit des Holzes und die Seltenheit dieser Baumarten sowie für die damit verbundenen relativ hohen Erlöse für qualitativ hochwertige Holzsortimente (Spiecker et al. 2009). Zu den Edellaubbäumen werden Arten der Gattungen *Acer, Alnus, Fraxinus, Prunus, Sorbus, Ulmus, Tilia, Malus, Pyrus* und *Juglans* gezählt. Abgesehen von den Linden sind die Arten lichtbedüftiger als die häufig beigemischte Buche. Durch ihre ausgeprägte Befähigung zum Stockausschlag wurden die Edellaubbäume im Niederwaldbetrieb begünstigt. In den meisten europäischen Ländern nehmen die Edellaubbäume selten mehr als 5 % der Waldfläche ein und produzieren weniger als 5 % des Holzvolumens (Hein 2009; Spiecker 2009).

Von den Edellaubbäumen werden in diesem Kapitel nur die Gemeine Esche (*Fraxinus excelsior*), der Bergahorn (*Acer pseudoplatanus*), die Bergulme (*Ulmus glabra*) und die Wildkirsche (*Prunus avium*) ausführlicher vorgestellt, weil diese Arten auf nährstoffreichen Standorten häufig hohe Anteile einnehmen und ihr Wertholz besonders stark nachgefragt wird (Becker und Klädtke 2009). Anbauversuche mit Edellaubbaumarten ergaben bisher keine klaren Unterschiede in Wachstum, Phänologie und Morphologie zwischen verschiedenen Herkünften, mit denen sich Herkunftsempfehlungen absichern lassen (Kleinschmit und Kleinschmit 2009; Pâques 2013).

2.1.1.3 Gemeine Esche (*Fraxinus excelsior*, Familie Oleaceae)

Die Gemeine Esche (im Folgenden als Esche bezeichnet) ist eine wärmeliebende Baumart der subatlantischen bis submediterranen Klimazone mit deutlichen Schwerpunkten in der Tiefebene sowie im kollinen und submontanen Bergland. Sie ist in ganz Europa natürlich verbreitet, davon ausgenommen sind die zentralen und südlichen Gebiete der Iberischen Halbinsel, der Südosten der Türkei, der Norden Skandinaviens und der äußere Norden der Britischen Inseln (Jahn 1991; Dobrowolska et al. 2011). Das Verbreitungsgebiet entspricht im Wesentlichen dem der Stieleiche. Im südlichen Verbreitungsareal ist die Esche vergesellschaftet mit der Schmalblättrigen Esche (*Fraxinus angustifolia*) und der Mannaesche (*Fraxinus ornus*), wobei es zur Hybridisierung von Esche und Schmalblättriger Esche kommen kann (Gérard et al. 2013).

Die nördliche und südliche Verbreitungsgrenze der Esche entspricht der Januar-Isotherme von 0–5 °C. Im Osten wird ihr Areal vor allem durch niedrige Temperaturen und im Süden/Südwesten durch Wassermangel begrenzt (Kerr und Cahalan 2004). Empfindlich ist die Esche gegenüber strengem Frost, der Stammrisse verursachen kann. Auch Spätfrost kann zu erheblichen Schäden an Blättern und Blütenständen der Esche führen, obwohl sie relativ spät austreibt. Die vertikale Verbreitung der Esche erstreckt sich von den Ebenen im Norden und Westen bis in Höhenlagen von 800 m ü. NN in den mitteldeutschen Gebirgen, 1 600–1 800 m in den Alpen und bis zu 2 200 m im nördlichen Iran (Roloff und Pietzarka 1997; Dobrowolska et al. 2011). In den Flussauen Mitteleuropas kommt die Esche von Natur aus vor, wenn auch nicht in den häufiger und lang anhaltend überfluteten Bereichen (Volk 2002). Die Esche ist natürlich in **Mischbeständen** mit anderen Edellaubbäumen, Buche und Stieleiche vertreten, selten auch in Reinbeständen (Ellenberg und Leuschner 2010). Für den Reinbestand gilt sie waldbaulich als ungeeignet, weil ihre Kronendurchlässigkeit zur Vergrasung des Bodens führt und Zuwachsstockungen vom Stangenholzalter an häufig sind.

Ebenso wie Berg- und Spitzahorn zählt die Esche zu den Baumarten, die sich in den mitteleuropäischen Wäldern seit einigen Jahrzehnten zunehmend ausbreiten, bedingt durch ihren Pioniercharakter in der Verjüngungsphase und begünstigt durch hohe Stickstoffeinträge (Marigo et al. 2000; Hofmeister et al. 2004; Dobrowolska et al. 2011). Als wärmeliebende Baumart wird die Esche unter den Bedingungen des Klimawandels als besonders geeignet für den Aufbau stabiler Mischwälder eingestuft (Kölling 2007). Das Eschentriebsterben (siehe Kasten Hintergrundwissen „Eschentriebsterben"), das sich seit den 1990er-Jahren in Europa ausbreitet und inzwischen das gesamte Verbreitungsgebiet der Esche erfasst hat, gefährdet jedoch die Zukunft der Esche in Europa. Zunächst waren die Schäden durch die Pilzinfektion auf junge Eschen begrenzt, die meist wenige Jahre nach dem Befall absterben. Zunehmend sind auch ältere Bäume betroffen.

Die Esche besiedelt ein weites Spektrum von **Standorten** hinsichtlich Wasser- und Nährstoffversorgung, völlig ausgenommen sind sehr saure Standorte (pH-Wert im Oberboden ≤ 4,4) (Thomas 2016) und Böden mit geringer Basensättigung. Optimal für Jungpflanzen ist eine Basensättigung im Wurzelraum von mehr als 50 %, unterhalb von 20–30 % Basensättigung kann die Esche nicht gedeihen (Weber und Bahr 2000). Diese Bedingung erfüllen vor allem Kalkböden, aber auch Böden, die von basenreichem Grund- oder Überflutungswasser beeinflusst werden. Hinsichtlich der Wasserversorgung aus dem Boden werden von der Esche keine hohen Anforderungen gestellt. Lediglich die Extreme, sehr trockene oder ständig wassergesättigte Standorte mit stagnierender Nässe, werden von ihr gemieden. Hohe Wachstumsraten auch bei höherem Alter der Bäume werden jedoch nur auf Standorten erreicht, die in der Vegetationszeit mehr als 110 Tage leicht verfügbares Wasser zur Verfügung stellen (Knorr 1987). Besonders geeignet für die Esche sind Standorte, auf denen die Buche ihre Konkurrenzkraft nicht vollständig entfalten kann. Dazu zählen kalkreiche Grundwasserböden der Ebenen (Hartholzauen und Übergänge zum Erlenbruchwald), tiefgründige nährstoffreiche Schluchten, Rinnen und Täler im unteren Bergland, Schluff-, Lehm- und Tonböden auf basenreichem Grundgestein (bodenfrische Braun-

Hintergrundwissen

Eschentriebsterben

Symptome des Eschentriebsterbens, von dem neben *Fraxinus excelsior* auch die in Südeuropa, Nordafrika und Westasien heimische *Fraxinus angustifolia* betroffen ist, wurden 1992 zuerst in Polen und in den baltischen Staaten, seit 2002 in Deutschland und inzwischen in weiten Teilen Europas beobachtet (McKinney et al. 2014). Verursacher des Eschentriebsterbens ist der invasive **Schlauchpilz** *Hymenoscyphus fraxineus* (Baral et al. 2014) und sein asexuelles Entwicklungsstadium (Anamorphe) *Chalara fraxinea* (Kowalski und Holdenrieder 2009). Der Pilz wurde aus Ostasien eingeschleppt, wo er überwiegend saprophytisch von totem organischen Material lebt, und konnte sich vermutlich aufgrund der gestiegenen Temperaturen in Mitteleuropa parasitär durchsetzen.

Der Pilz befällt junge wie alte Bäume auf allen Standorten. Im Sommer bildet er auf vorjährigen Blattspindeln des Falllaubs unscheinbare **Fruchtkörper** aus (Abb. 2.6). Diese entlassen von Mai bis August Sporen, die vom Wind weit verfrachtet werden und die Blätter infizieren. Die Blattspreite verfärbt sich an der Infektionsstelle braun. Der Pilz wächst dann über die Blattspindel in das Mark von Trieben, wo sich die Nebenfruchtform *Chalara fraxinea* nachweisen lässt. Nachdem das Mark erfolgreich besiedelt wurde und sich der Pilz im Trieb in Längsrichtung ausgebreitet hat, wächst er in die bereits verholzten Bereiche weiter und lässt gelblich- oder rötlich-braune **Rindennekrosen** entstehen, die meist erst im Frühjahr des Folgejahres erkennbar sind. Triebumfassende Nekrosen unterbrechen die Wasserversorgung des Zweiges, sodass die Pflanzenteile oberhalb der Nekrose welken und absterben. Unterhalb der Nekrosen treiben Proventivknospen aus (Abb. 2.7).

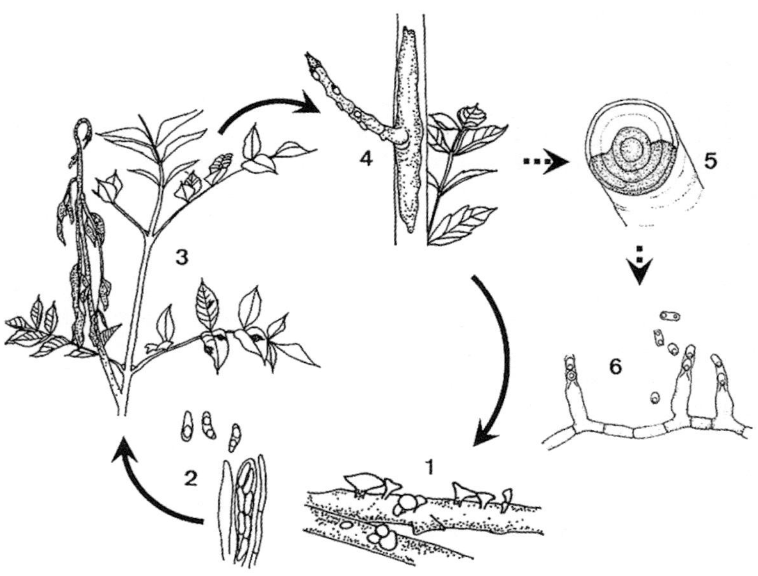

Abb. 2.6 Entwicklungszyklus von *Hymenoscyphus fraxineus*: **(1)** Fruchtkörper, in denen sich Ascosporen bilden, auf Blattspindel des vorjährigen Falllaubs; **(2)** Ascosporenflug und Infektion der Blätter von Mai bis Oktober; **(3)** Triebwelke; **(4)** Rindennekrose mit abgestorbenem Trieb; **(5)** Verbräunung des infizierten Holzes; **(6)** Anamorphe (*Chalara fraxinea*) auf Malzagar (aus Butin 2011).

Das Eschentriebsterben führt bei Jungpflanzen rasch zum völligen Absterben, bei älteren Bäumen kommt es zu einer zunehmenden **Verlichtung** der Krone. Die geschwächten Bäume werden anfällig für sekundäre **Schadorganismen**, wie Holzfäulepilze oder den Eschenbastkäfer. Stammfußnekrosen gehören zu den möglichen Symptomen des Eschentriebsterbens. Diese können vom primären Schaderreger *Hymenoscyphus fraxineus* oder von Folge-

Abb. 2.7 Symptome des Eschentriebsterbens: **(a)** frisch infizierte Blätter weisen zunächst unregelmäßige Farbveränderungen auf; **(b)** Blattwelke, Zurücksterben und teilweise Schwarzfärbung der Spreiten sowie Braun- bis Schwarzverfärbung der Blattspindeln, teilweise vorzeitiger Blattfall, Triebsterben mit bräunlich bis violett gefärbten Rindenbereichen; **(c)** auffällige, lang gestreckte, schildartige, schmalelliptische, scharf abgesetzte Verfärbungen und Rindennekrosen ohne Schleimfluss, in deren Zentren meist je ein infizierter Seitenzweig, eine Blattachsel oder eine Knospe sitzt, bei triebumfassender Nekrose sterben die darüber liegenden Triebteile ab; **(d)** vom äußeren Kronenrand ausgehende Kronenverlichtung durch Infektion und Absterben der Äste.

pilzen ausgelöst werden (Langer et al. 2015). Der Absterbeprozess kann sich bei Altbäumen über mehrere Jahre hinziehen (Lenz und Straßer 2016). Die Anfälligkeit gegen den Pilz ist nicht bei allen Eschen gleich stark ausgeprägt (Douglas et al. 2013). Genetische Analysen mit molekularen Markern (Harper et al. 2016) führten zu ersten Hinweisen auf **resistente Genotypen**, die über natürliche Anpassungsprozesse den Erhalt der Baumart langfristig sichern können (Fussi und Konnert 2014; Cleary et al. 2014; McKinney et al. 2014; Skovsgaard et al. 2017).

Eine direkte **Bekämpfung** des Eschentriebsterbens ist angesichts der weiten Verbreitung und des Infektionswegs über das Falllaub nicht möglich. Da von erkrankten Eschen keine Infektionsgefahr ausgeht, ist die Baumentnahme nur notwendig, wenn eine akute Gefahr der Holzentwertung besteht. Gegenwärtig wird empfohlen, auf Eschenpflanzungen zu verzichten und möglichst wenig Pflege für die Esche aufzuwenden, solange Symptome des Eschentriebsterbens erkennbar sind (Metzler et al. 2013; Lenz und Straßer 2016; Enderle et al. 2017; Skovsgaard et al. 2017).

erde auf Basalt, frische und schattige Hänge) und Kalkgesteine mit tiefgründigen Verwitterungsdecken (Kölling und Walentowski 2002; Otto et al. 2007). Die früher geäußerte Vermutung, dass es sich bei den auf trockenen Kalkböden und den in Auen wachsenden Eschen um 2 Standortsrassen („Kalkesche“ und „Wasseresche“) handelt (Münch und Dietrich 1925; Oelkers 1941), ist durch Untersuchungen widerlegt worden (Schönborn 1967; Weiser 1974, 1995). Auf nicht verdichteten Böden bildet die Esche ein Senkerwurzelsystem, das die oberflächennahen Bodenhorizonte mit Feinwurzeln intensiv erschließt.

Die **Verjüngungsstrategie** der Esche ist ähnlich erfolgreich wie die von Pionierbaumarten. Eschen blühen und fruktifizieren in Waldbeständen fast jährlich in großem Umfang ab einem Alter von rund 30 Jahren. Bei guten Standortsverhältnissen genügt ein geringer Anteil von Eschen im Altbestand, um eine flächendeckende Verjüngung vorzuhalten. Aufgrund von Lichtmangel absterbende Eschensämlinge werden immer wieder durch neu hinzukommende ersetzt, sodass stets eine hohe Dichte von Sämlingen vorhanden ist, die in die Höhe wachsen können, sobald sich die Lichtverhältnisse durch die Entnahme von Altbäumen verbessern (Lüpke 1989).

Auch wenn die Esche in den ersten Lebensjahren – wie die Ahornarten – viel Schatten ertragen kann, benötigt sie im Stangen- und Baumholzalter eher mehr Kronenfreiheit als die Ahorne und deutlich mehr als die Buche, wenn sie einen guten Zuwachs leisten soll. Die Esche wird mit zunehmendem Alter von einer schattentoleranten zu einer **lichtbedüftigen Baumart**. Auf Freiflächen und in stark aufgelichteten Beständen hat die Esche ein rasches Jugendwachstum, das oft etwas stärker ist als bei Berg- und Spitzahorn, aber schon bald nachlässt. Das **Höhenwachstum** der Esche kulminiert bereits mit etwa 10 Jahren, wobei bei hohem Lichtgenuss die Jahrestriebe eine Länge von bis zu 1,5 m erreichen können. Dadurch verschafft sich die Esche in der Verjüngungsphase einen Höhenvorsprung gegenüber beigemischten Baumarten. Dieser Konkurrenzvorteil wird durch **Wildverbiss** oft verhindert, von dem die Esche weitaus stärker betroffen ist als die Buche (Ammer et al. 2010). In Mischung mit der Buche muss die Esche in der späteren Bestandesentwicklung durch Läuterung und Durchforstung stark begünstigt werden, sodass die Krone ständig vollkommen frei steht. Nur so kann der angestrebte Anteil an starken Eschen die Zielstärke von mindestens 60 cm erreichen (Kap. 4.2.8.3). In der **Volumenleistung** ist die Esche der Buche zwar zunächst deutlich überlegen, sie bleibt aber aufgrund der notwendigen stärkeren Auflichtungen ab dem Alter von 60 Jahren in der Gesamtwuchsleistung zurück (Lüpke 1989). Eine Esche mit einem Brusthöhendurchmesser von 40 cm benötigt einen um rund 50 % größeren Standraum als eine gleich dimensionierte Buche (Savill et al. 2009). Die geringe Volumenleistung von Buchen-Eschen-Mischbeständen im Vergleich zu Buchenreinbeständen wird durch den Wertertrag von Eschenholz mehr als ausgeglichen. Das mittelschwere, elastische, zug- und biegefeste **Eschenholz** ist auch in schwächeren Dimensionen für die Herstellung von u. a. Sportgeräten und Werkzeugstielen geeignet. Starkes Eschenholz ist als Vollholz und Furnier für Möbel und den Innenausbau gesucht. Neben hellen Hölzern werden sogenannte Oliveschen mit streifig-braunem Kern besonders hoch bewertet, wobei die Wertschätzung der Mode unterworfen ist (Becker und Klädtke 2009).

2.1.1.4 Ahorne (Gattung *Acer*, Familie Aceraceae)

Die Gattung *Acer* umfasst etwa 125 sommer- oder immergrüne Baum- und Straucharten, die überwiegend in den gemäßigten Zonen der Nordhemisphäre vorkommen (Aas 2009). In Mitteleuropa weitverbreitet sind Bergahorn, Spitzahorn und Feldahorn.

Bergahorn (*Acer pseudoplatanus*)
Der Bergahorn bevorzugt feuchtes, subatlantisch geprägtes Klima. Sein natürliches Verbreitungsgebiet umfasst die mittel-, ost- und südeuropäischen Gebirge. In das nördliche und östliche Tiefland dringt er weniger weit vor als die Traubeneiche (Abb. 2.8). Er fehlt natürlich im atlantischen Westeuropa, auf den Britischen Inseln und in Skandinavien. Die Häufigkeit und Dominanz des Bergahorns steigt mit zunehmender Höhenlage. Er kommt noch in subalpinen Fichtenwäldern vor und bildet mit der Buche in wintermilden, schneereichen Gebirgen (Vogesen, Jura, Westalpen) die Baumgrenze. Im Harz, Thüringer Wald und Erzgebirge erreicht der Bergahorn Höhen bis 800 m, im Bayerischen Wald und Böhmerwald sowie in Kärnten bis 1 300 m, in Oberbayern, der Steiermark und Tirol bis 1 700 m, in den Zentral- und Ostalpen bis 1 900 m und in den Karpaten bis 1 250 m ü. NN. Die hohe Konkurrenzkraft der Buche hat den Bergahorn (wie auch andere Edellaubbaumarten) auf Standorte mit besonderen geomorphologischen Bedingungen (Hangschutt, Felsblöcke, Schluchten) zurückgedrängt, die ein sehr feuchtes Mikroklima mit Kaltluftströmen und erhöhter Spätfrostgefahr aufweisen (Schmidt 2009a).

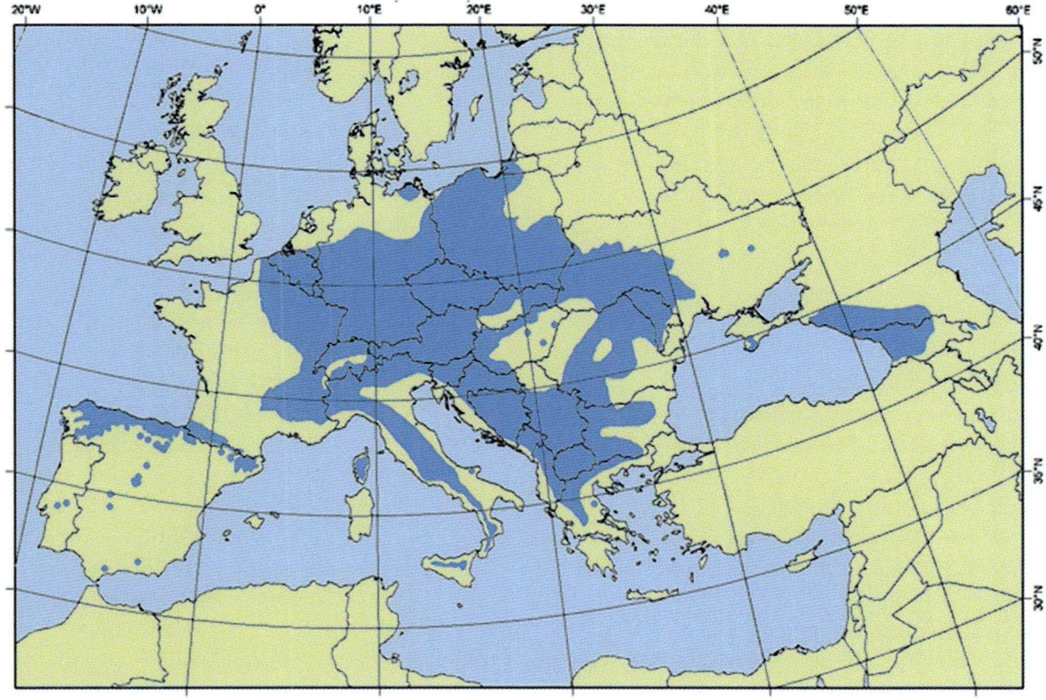

Abb. 2.8 Natürliches Verbreitungsgebiet von *Acer pseudoplatanus* (aus EUFORGEN 2009).

Keine andere mitteleuropäische Laubbaumart wurde weltweit so stark verbreitet wie der Bergahorn. Angebaut wird er außerhalb des natürlichen Verbreitungsgebietes u. a. in Irland, England, Schweden, Nord- und Südamerika sowie Neuseeland und Indien (Hein et al. 2009). Ausgehend von Anpflanzungen siedelt er sich in einigen Regionen natürlich an, bleibt aber weniger invasiv als der Spitzahorn (Morecroft et al. 2008, Kowarik 2010).

Der Bergahorn kommt überwiegend einzelstamm- bis gruppenweise in **Mischbeständen** vor, vor allem mit der Buche (Hein et al. 2009). Mit beiden Arten sind oft auch Esche, Spitzahorn, Ulme, Vogelkirsche, Linde und Elsbeere vergesellschaftet. Im Bergmischwald der Kalkalpen ist der Bergahorn Tannen-, Fichten- und Buchenbeständen mit bis zu 15 % der Grundfläche beigemischt (Ammer 1996; Ewald 1997; Höllerl und Mosandl 2009). In Nadelholzbeständen trägt der Bergahorn mit seiner leicht zersetzbaren **Blattstreu** zur Bodenverbesserung bei.

Optimale Bedingungen für gutes Wachstum des Bergahorns bieten mäßig frische bis feuchte, lockere, basenreiche, feinerdereiche, aber auch steinige Lehmböden in luftfeuchter Lage (Weber-Blaschke et al. 2008). Eine Basensättigung des Bodens von 30–50 % wird als optimal angesehen (Weber und Bahr 2000). Auch **Böden** mit sauerstoffreichem, zügigem Hangwasser eignen sich gut für den Bergahorn. Empfindlich ist er gegen längere Überflutung (Macher 2009), Staunässe und flach anstehendes Grundwasser, wenn auch in geringerem Ausmaß als die Buche. Bei stauender Nässe verflacht das Herzsenkerwurzelsystem (Nordmann 2009). In der Jugend kann der Bergahorn ebenso wie die Esche Trockenperioden lange überstehen. **Klimatisch** ist der Bergahorn kaum eingeengt, auch gegen Spätfrost ist er weniger empfindlich als die Buche.

Der Bergahorn fruktifiziert ab dem Alter von 30 Jahren nahezu jährlich reichlich, sodass die natürliche **Verjüngung** bei ausreichendem Verbissschutz keine Probleme bereitet. Die Jungpflanzen können im Bestandesschatten mehrere Jahre überdauern, benötigen aber als Halbschattenbaumart für ein starkes Wachstum weitaus mehr Licht als die Buche. Wenn die Lichtverfügbarkeit unter 25 % der Freilandstrahlung fällt, sind Höhen- und Durchmesserwachstum stark eingeschränkt (Delagrange et al. 2006; Petrițan et al. 2009).

Das **Wachstum** des Bergahorns in Höhe und Durchmesser kulminiert ähnlich wie bei der Esche früher und stärker als bei der Buche. Im Alter von 30 Jahren ist in der ersten Ertragsklasse die Oberhöhe des Bergahorns um mehr als 9 m größer als die der Buche. Bereits im Alter von 20–25 Jahren beginnt der Zuwachs des Bergahorns stark abzunehmen, während er bei der Buche ansteigt (Nagel 1986). Der Kronenausbau des Bergahorns muss daher in Mischbeständen vom Stangenholzstadium an im Rahmen von Durchforstungen (Kap. 4.2) gefördert werden (Nüßlein 1995). Bei zu starker Freistellung besteht die Gefahr der Wasserreiserbildung (Kap. 4.2.4.2), dies ist jedoch nicht so ausgeprägt wie bei den Eichen. Je nach Standort lässt sich bei konsequenter Freistellung die angestrebte Zielstärke bereits im Alter von 60 Jahren erreichen. Dem im Vergleich zu Buchenreinbeständen geringeren Volumenertrag von Mischbeständen mit Bergahorn steht ein höherer **Wertertrag** gegenüber. Nicht nur starke fehlerfreie Bergahorn-Stämme von heller Farbe, sondern auch Wuchsbesonderheiten, wie Riegel- und Vogelaugen-Ahornholz, werden nachgefragt (Rieder 1998).

Spitzahorn (*Acer platanoides*)

Der Spitzahorn dringt nach Westen und Süden etwa gleich weit vor wie der Bergahorn, nach Norden (Mittelschweden) und Nordosten Europas (bis über den Ural) aber wesentlich weiter. Ebenso wie der Bergahorn wurde die Baumart weit über ihr natürliches Verbreitungsgebiet hinaus angebaut. In Nordamerika ist der aus Europa eingeführte Spitzahorn invasiv (Fang und Wang 2011). In Mitteleuropa ist er eine Baumart der planaren und kollinen Stufe, dort gedeiht er auch in Auenwäldern und auf schweren, feuchten und wechselfeuchten Böden, die der Bergahorn nicht mehr besiedelt. In der montanen Stufe ist er weniger verbreitet als der Bergahorn und erreicht auch nicht dessen Höhen. Insgesamt ist der Spitzahorn bezüglich Wasser- und Nährstoffversorgung etwas genügsamer als der Bergahorn. Dagegen ist er wärmebedürftiger und bevorzugt sommerwarme Standorte mäßiger Kontinentalität (Roloff und Pietzarka 1998). Der Spitzahorn ist eine ausgeprägte Mischbaumart. Beim Lichtanspruch und Wuchsrhythmus unterscheiden sich Berg- und Spitzahorn nicht. Das Holz des Spitzahorns wird wegen seiner weniger hellen Farbe, unscheinbaren Zeichnung und der weniger guten Bearbeitbarkeit meist geringer bewertet als das Holz des Bergahorns (Röhrig und Bartsch 1992). Wegen seiner lange vor dem Laubaustrieb sichtbaren, nektarreichen Blüte und der auffallenden gelben bis roten Herbstfärbung ist der Spitzahorn auch aus forstästhetischen Gründen beliebt.

Feldahorn (*Acer campestre*)
Der Feldahorn (Maßholder) dringt in seiner Horizontalverbreitung im Nordwesten und teilweise im Süden weiter vor als die beiden anderen Ahornarten, im Südosten erreicht er den Rand der russischen Steppe. Als einzige der drei mitteleuropäischen Ahornarten kommt der Feldahorn auch auf den Britischen Inseln natürlich vor (Häberle 2011). In seiner Vertikalverbreitung bleibt er hinter dem Spitzahorn zurück. Der Feldahorn besiedelt als schwachwüchsige Halbschattenbaumart die Ränder von Laubmischwäldern sowie Wälder, die aufgrund von Trockenheit oder Bewirtschaftung (v. a. Mittelwälder) kein geschlossenes Kronendach aufweisen. In der Jugend ist der Feldahorn schattentoleranter als die beiden anderen einheimischen Ahornarten. Er wächst bevorzugt auf warmtrockenen Standorten mit nährstoff- und kalkreichen Böden, seltener auch vereinzelt in der Hartholzaue. Sein Wachstum ist deutlich geringer als das von Berg- und Spitzahorn. Nur selten wird er mehr als 20 m hoch und 40 cm stark, meist bleibt er einzeln oder truppweise eingemischt ein Baum des Unter- und Zwischenstandes in Laubholzbeständen. Verwendung findet der Feldahorn in der Gestaltung von Waldrändern, Feldgehölzen und Hecken (Röhrig und Bartsch 1992; Coch 1995; Zundel 2016).

2.1.1.5 Wildkirschen (Gattung *Prunus*, Familie Rosaceae)

Von den etwa 200 Arten der Gattung *Prunus* wird in Mitteleuropa nur die Vogelkirsche (*Prunus avium*) forstlich genutzt. Einheimisch sind auch die in Auenwäldern verbreitete Gewöhnliche Traubenkirsche (*Prunus padus*) und der Schlehdorn (*Prunus spinosa*) – die als kleiner Baum oder Strauch keine forstliche Bedeutung haben – sowie die Felsenkirsche (*Prunus mahaleb*), die als submediterrane Art nur auf wenigen Standorten vorkommt (z. B. Kaiserstuhl) (Aas 2010). Als Frucht- und Zierbäume werden außerhalb des Waldes zahlreiche Arten und Sorten der Gattung angebaut.

Vogelkirsche (*Prunus avium*)
Das natürliche Areal der Vogelkirsche ähnelt dem der Buche, sie dringt aber weniger weit nach Nordosten, dafür aber weiter nach Nordwesten, Süden und Südosten vor. Auch ihre geringere vertikale **Verbreitung** deutet auf höhere Wärmeansprüche hin. Sie ist eine subatlantisch-submediterrane Baumart der kollinen bis submontanen Höhenstufe, die in höheren Lagen nur noch strauchförmig wächst (Schmid 2006). Starker Winterfrost (unterhalb von −20 °C) gefährdet junge Stämme. Gegen Spätfrost ist die Vogelkirsche wenig empfindlich, jedoch kann die Blüte geschädigt werden.

Die Vogelkirsche kommt natürlich eher selten und dann auch nur kleinflächig in artenreichen Auenwäldern und krautreichen Laub- und Nadelmischwäldern vor. Sie hat in Deutschland trotz waldbaulicher Förderung nur einen Waldflächenanteil von etwa 0,5 % erreicht. Zukünftig könnte die Baumart, die als widerstandsfähig gegenüber dem Klimawandel eingeschätzt wird, eine stärkere Beachtung in Laubholzmischbeständen erfahren (Pretzsch et al. 2010b) und auch zur Wertholzproduktion in weitständigen Verbänden auf landwirtschaftlichen Flächen eingesetzt werden (Agroforstsysteme, siehe Reeg et al. 2009; Morhart et al. 2012).

Voraussetzung für gutes Wachstum der Vogelkirsche ist eine lange und warme Vegetationszeit. Die Vogelkirsche bevorzugt eine mindestens mittlere Nährstoffversorgung. Böden mit guter Basenversorgung (Kalksteinverwitterungsböden, Braunerden aus Basalt, pleistozäne Geschiebelehmböden, Lössböden oder mächtige Lössauflagen über basenreichen Grundgesteinen) begünstigen das Wachstum. Das auf trockeneren **Standorten** gelegentlich gehäufte Auftreten der Kirsche ist nicht auf besonders günstige Standortsverhältnisse zurückzuführen, sondern auf die verminderte Wuchskraft konkurrierender Baumarten, besonders der Buche. Für optimales Wachstum ist aber eine zumindest mittlere Wasserversorgung notwendig. Böden mit Staunässe und Oberflächenverdichtung sind ungeeignet. Vogelkirschen bilden ein weitreichendes, flach angelegtes Herzwurzelsystem mit geringer Tiefendurchwurzelung aus, wodurch die Baumart anfällig für Windwurf ist. Flach streichende Wurzeln ermöglichen eine stammzahlreiche Wurzelbrut im Umkreis von bis zu 15 m um den Stamm (Albrecht 2010).

Die Vogelkirsche ist eine **Licht- bis Halbschattenbaumart**, die in der frühen Jugendphase (bis zum Alter von ca. 10 Jahren) eine stärkere Beschattung, für ein rasches Wachstum aber weder Überschirmung noch Seitenschatten erträgt. Bestandeslücken sollten mindestens 0,1 ha groß sein (Albrecht 2010).

Die Vogelkirsche verfolgt zwei **Verjüngungsstrategien**: Generativ vermehrt sie sich zerstreut über weite Entfernungen in Bestandeslücken und am Waldrand durch Vögel und Säugetiere sowie vegetativ durch Wurzelbrut in kleinen Gruppen und seltener auch (besonders im Mittelwald) durch Stockausschlag. Für Pflanzungen wird Saatgut aus Samenplantagen verwendet, die mit ausgewählten Wildkirschen in Lagen angelegt sind, die Kreuzungen mit Kirschen aus Obstanlagen ausschließen. Die **Hybridisierung** bringt meist einen hohen Anteil kurzschäftiger und starkästiger Nachkommenschaften. Die europaweit gestarteten Anbauversuche können bisher nicht für alle Regionen sichere Herkunftsempfehlungen geben (Übersicht in Ducci et al. 2013). In Kulturen können Mäuse erhebliche Schäden verursachen. Auch Verbiss- und Fegeschäden sowie Nageschäden durch Kaninchen und Hasen können zu hohen Ausfällen in der Verjüngung führen oder die Stammform negativ beeinflussen.

Vogelkirschen haben bei reichlichem Lichtzutritt ein sehr rasches **Jugendwachstum**, das auf gleichem Standort dem der Bergulme entspricht und das von Bergahorn und Esche übertrifft. Der Höhenzuwachs kulminiert bei vollem Lichtgenuss schon im Alter von 7–12 Jahren mit Jahrestrieben von bis zu 120 cm. Danach fällt er beträchtlich ab und beträgt im Alter von etwa 70 Jahren nur noch 10–20 cm (Röös 1990, 1994). Dadurch ist die Vogelkirsche in der Mischung mit der Buche, aber auch mit Esche, Berg- und Spitzahorn, mit zunehmendem Alter einer immer stärkeren Konkurrenz ausgesetzt, zumal sie ihre Kronen in mittleren und höheren Altern nicht mehr erheblich ausbauen kann. Zum Erreichen der angestrebten Zieldurchmesser (BHD) von 50 cm und mehr benötigen die Vogelkirschen Kronendurchmesser von 9–11 m. Da die Vogelkirsche sich anders als die meisten Laubbäume nur schlecht von Trockenästen reinigt (Totasterhalter), ist zur Erzeugung von wertvollem Stammholz eine **Ästung** des unteren Stammabschnittes in der Läuterungsphase erforderlich (Springmann et al. 2011; Kap. 4.3). Bei konsequenter Bestandespflege kann ein Zieldurchmesser von 50 cm im Alter von 50 Jahren erreicht werden. Oberhalb von 80 Jahren lässt die Vitalität nach. Das zeigt sich im geringen Durchmesserzuwachs, an Totästen im oberen Kronenbereich und an zunehmender Stammfäule. Gesundes und astfreies Stammholz der Vogelkirsche ist als Schnittholz und für Furniere sehr begehrt (Jeske und Grosser 2010).

Spätblühende Traubenkirsche (*Prunus serotina*)

Aus dem östlichen Nordamerika wurde die Spätblühende Traubenkirsche eingebürgert, die heute von den Niederlanden und Belgien über die norddeutsche Tiefebene bis nach Polen und Ungarn weitverbreitet ist. Als dienende Baumart wurde sie seit den 1920er-Jahren großflächig vor allem in Kiefernbestände aufgrund ihrer nährstoffreichen Streu zur Verbesserung der Bodenfruchtbarkeit und als Brandschutz eingebracht. Aufgrund ihres schnellen Wachstums, ihrer frühen Fruktifikation und Fähigkeit zu Stockausschlag und Wurzelbrut breitet sich die Spätblühende Traubenkirsche auf bodensauren Sandböden in lichten Kiefern-, Lärchen- und Eichenwäldern sowie in Heckenlandschaften stark aus, damit verhindert sie die Verjüngung anderer Baumarten (Abb. 2.9). Ein weiterer Konkurrenzvorteil besteht darin, dass sie kaum vom Wild verbissen wird. Aufgrund ihres hohen Reproduktions-, Ausbreitungs- und

Abb. 2.9 Kiefernbestand mit dichtem Unterstand aus Spätblühender Traubenkirsche in Brandenburg.

Verdrängungspotenzials sowie der begrenzten waldbaulichen Steuerungsmöglichkeiten wird die Baumart als **invasiv** und damit als nicht anbauwürdig eingestuft (Petersen et al. 2015). Durch den Voranbau von stark beschattenden Baumarten (v. a. Buche) lässt sich die Spätblühende Traubenkirsche zurückdrängen. Eine mechanisch-chemische Bekämpfung ist arbeitsintensiv und nur sehr langfristig erfolgreich (Brehm 2004; Sturm 2005; Annighöfer et al. 2012). Diskutiert werden Konzepte, mit denen die eingeführte Baumart zumindest vorübergehend akzeptiert und zur Biomasse- und Wertholzproduktion genutzt wird (Nyssen et al. 2013; Annighöfer und Ammer 2015; Petersen 2015).

2.1.1.6 Linden (Gattung *Tilia*, Familie Tiliaceae)

Zu den Linden gehören etwa 25 Arten, die in der gemäßigten Zone der Nordhemisphäre vorkommen (Aas 2016). In Südosteuropa ist die Silberlinde (*Tilia tomentosa*) entlang der Flüsse verbreitet. In Mitteleuropa sind Winterlinde (*Tilia cordata*) und Sommerlinde (*Tilia platyphyllos*) heimisch. In Deutschland ist die Winterlinde weitaus häufiger als die Sommerlinde. Die Linden sind meist nur stammzahlarm als Mischbaumart mit anderen Laubbaumarten, vor allem Buche, Eiche, Esche und Ahorn, vertreten. Als Park- und Straßenbaum wird neben der Silberlinde häufig eine vegetativ weitervermehrte Hybride aus Winter- und Sommerlinde (Holländische Linde, *Tilia* x *europaea*) gepflanzt.

Winter- (*Tilia cordata*) und Sommerlinde (*Tilia platyphyllos*)

Winter- und Sommerlinde sind sich **morphologisch** sehr ähnlich. An der Behaarung der Sprosse lassen sie sich unterscheiden: Bei der Winterlinde sind die Sprossachsen, die Blattstiele und die Blattspreiten kahl (nur auf der Unterseite in den Winkeln der Blattadern bräunliche Haarbüschel), bei der Sommerlinde dagegen weißlich behaart (Aas 2016). Gemeinsame biologische Eigenschaften der beiden Arten sind die späte Blüte (Ende Juni bis Mitte Juli), die Bestäubung durch Insekten sowie die häufige und reichliche Fruktifikation im Herbst, die aber nur selten zu zahlreicher Nachkommenschaft führt (Fromm 2001; Mölder et al. 2009). Linden können sich bis ins hohe Alter durch den Austrieb schlafender (proventiver) Knospen regenerieren. Aufgrund ihrer intensiven Ausschlagfähigkeit am Stammfuß und aus dem Stock (seltener auch Wurzelbrut) wurden Linden früher in der Nieder- und Mittelwaldwirtschaft stark gefördert (Aas 2016), sind aber nach der Umstellung auf Hochwald nur noch in einigen Regionen häufiger anzutreffen.

Das natürliche Areal (Abb. 2.10) der gemäßigt-kontinentalen Winterlinde umfasst den größten Teil von West- Mittel- und Osteuropa,

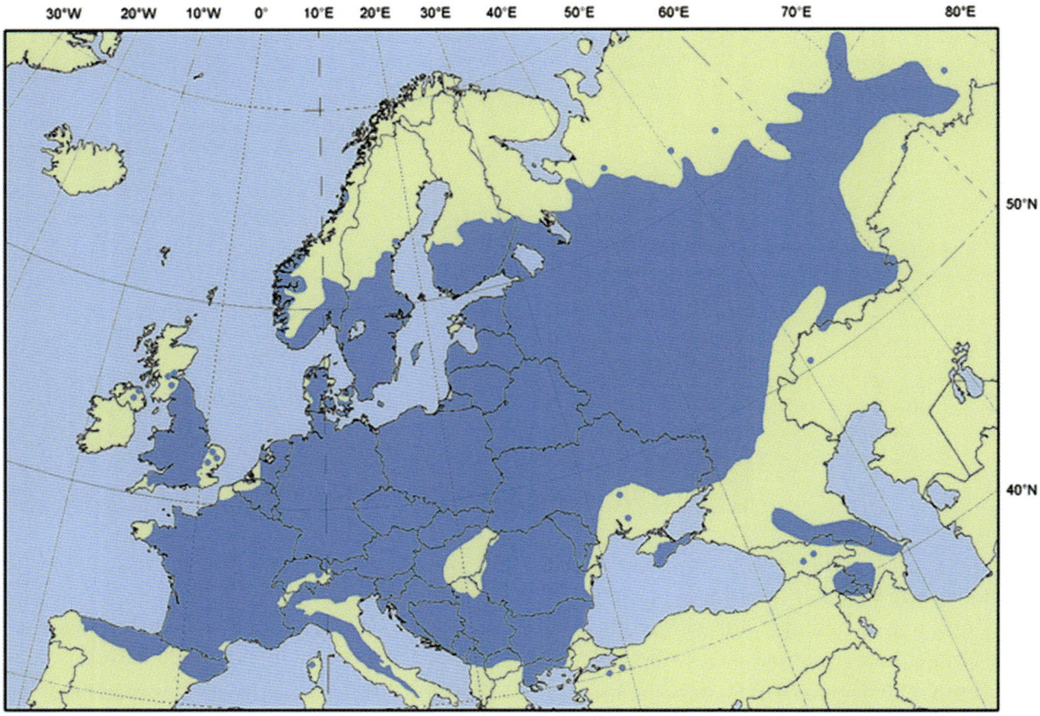

Abb. 2.10 Natürliches Verbreitungsgebiet von *Tilia cordata* (aus EUFORGEN 2009).

wobei der Verbreitungsschwerpunkt mit hohen Baumartenanteilen in Osteuropa (Baltikum, Ostpolen, an Flussläufen in Polen Russland, Rumänien, Ungarn) liegt (Götz und Wolf 2004). Die eher ozeanische Sommerlinde reicht in ihrer Horizontalverbreitung im Westen und Süden über die Winterlinde hinaus, sie bleibt jedoch im Norden und vor allem im Osten weit hinter dieser zurück. Beide Arten sind vor allem in der planaren und kollinen Höhenstufe zu finden, die Winterlinde auch in der submontanen und seltener in der montanen Höhenstufe (Mittelgebirge bis 600 m, Nordalpen bis 1 360 m, Zentralalpen bis 1 500 m ü. NN) (Falk et al. 2016).

Winter- und Sommerlinde haben einen mittleren bis hohen Nährstoffbedarf, wobei die Sommerlinde höhere Ansprüche an die Basen- und Nährstoffversorgung stellt. Die Sommerlinde meidet trockene **Standorte**, während die Winterlinde der Buche sowohl auf trockene (sonnseitige Blockschutthalden) als auch auf feuchte Standorte (Hartholzaue, wechselfeuchte Böden) ausweicht und eine Mischbaumart in Stieleichen-Hainbuchenwäldern oder trockenen Eichenwäldern ist (Ellenberg und Leuschner 2010). Auf günstigen Standorten sind Verjüngung und langsames Wachstum auch im Schatten möglich, wobei die als mäßig bis hoch eingestufte Schattentoleranz der Linde (De Jaegere et al. 2016) mit dem Alter abnimmt. Ab dem dritten oder vierten Lebensjahr reagieren die Linden auf zunehmenden Lichtgenuss stark im Höhenzuwachs (Pigott 1991). Auf gleichem Standort wächst die Linde in der Jugend (15–25 Jahre) schneller als die Buche, aber langsamer als Bergahorn und Esche, doch kann sie diese im höheren Alter fast einholen. Die **Gesamtwuchsleistung** ist bis zum Alter von 80 Jahren höher als bei der Buche und daher in etwa mit dem Bergahorn vergleichbar (Böckmann 1990; De Jaegere et al. 2016). Linden werden in der Jugend vom Wild verbissen und gefegt, als Stangenholz geschält, doch wenig von Mäusen geschädigt (Koss 1982).

Linden haben forstwirtschaftlich vor allem eine Bedeutung als **dienende Baumart**. Zur Schaftpflege der Stieleiche wird die Winterlinde insbesondere auf nährstoffreichen Gley- und

Pseudogleystandorten eingebracht (Koss und Fricke 1982; Bürvenich et al. 2012). Die Sommerlinde dient zum Unterbau reiner Eschen- oder Bergahornbestände auf mäßig und schwach mit Wasser versorgten Kalkstandorten. Linden sind bodenpfleglich aufgrund einer sich sehr schnell zersetzenden, nährstoffreichen Streu und einer starken Schattenerzeugung durch eine flächige Blattstellung, die verjüngungshemmende Begleitflora nicht aufkommen lässt.

Bei geringem Einschlagsangebot wird **Lindenholz** als leichtes, weiches, sauber zu verarbeitendes und gut zu färbendes Holz nachgefragt, vor allem von Bildhauern, Schnitzern und Drechslern (Grosser und Ehmcke 2016). Linden werden wegen der charakteristischen Baumform, des hohen Lebensalters, der gelben Laubfärbung im Herbst und der hohen Wurzelenergie seit vielen Jahrhunderten außerhalb des Waldes gepflanzt, zunächst zur Gestaltung der Dorfplätze (Dorf- und Tanzlinde) und später als Park- und Straßenbäume, an denen sie heute einen Anteil von rund 30 % haben (Schönfeld 2016). Bedeutung haben Lindenblüten als Bienenweide und in der Heilkunde, der Bast war lange das wichtigste Bindematerial (Götz und Wolf 2004).

2.1.1.7 Ulmen (Gattung *Ulmus*, Familie Ulmaceae)

Die Gattung *Ulmus* ist mit 27 Arten in den gemäßigten Breiten der nördlichen Hemisphäre vertreten, wobei die Systematik aufgrund der Formenvielfalt der Ulmen sowie spontaner und künstlich erzeugter Hybride nicht sicher ist (Röhrig 1996; Ramisch 1999; Mackenthun 2003). In Mitteleuropa sind Bergulme (*Ulmus glabra*), Feldulme (*Ulmus minor*, Synonym *Ulmus carpinifolia*) und Flatterulme (*Ulmus laevis*) heimisch. Berg- und Feldulme, die in den Überlappungszonen ihrer Verbreitung zur Holländischen Ulme (*Ulmus* x *hollandica*) natürlich hybridisieren, weisen in ihren morphologischen Merkmalen eine große Variabilität mit kontinuierlichen Übergängen auf.

Bergulme (*Ulmus glabra*)

Die Bergulme, auch Bergrüster oder Weißulme genannt, ist eine in weiten Teilen Europas vorkommende Baumart der kollinen und submontanen Höhenstufen, die vereinzelt bis in die hochmontanen Regionen vordringt (Harz bis 700 m, Bayerischer Wald und Vogesen bis 1 000 m, Alpen bis 1 200 m ü. NN). Die **Horizontalverbreitung** entspricht weitgehend dem Areal der Stieleiche, das sie im Norden, Osten und Süden etwas überschreitet (Thomas et al. 2018). In den Mittelgebirgen ist die Bergulme in Buchenwäldern beigemischt, häufiger aber findet man sie in Block- und Schluchtwäldern und an steilen Schatthängen (Röhrig 1996; Ellenberg und Leuschner 2010). Auf bewegten Stein- und Blockschutthalden hat sie aufgrund ihres plastischen Herz- und Pfahlwurzelsystems und ihres hohen Stockausschlagvermögens Konkurrenzvorteile gegenüber der Buche.

Die Bergulme zählt zu den Edellaubbäumen mit hohen Ansprüchen an die **Nährstoff-** und **Wasserversorgung**, sie ist aber gegen Überflutungen empfindlicher als die beiden anderen Ulmenarten (Mackenthun 2001). Als relativ schattentolerante Art kann sie in den ersten Lebensjahren ähnlich wie Esche und Ahorn den Schatten eines geschlossenen Altbestandes ertragen, doch benötigt sie zur arttypischen Höhenentwicklung mehr **Licht**.

Auf Freiflächen und unter lichtem Altbestand ist das **Jugendwachstum** der Bergulme auf gleichem Standort noch rascher als das von Esche, Berg- und Spitzahorn, nur die Vogelkirsche kann mit der Bergulme mithalten. Vorwüchsige Bergulmen neigen in der Jugend stark zur Zwieselbildung und Sperrwüchsigkeit, bei der sich die Äste fächerförmig weit ausbreiten. Gerade, astfreie Stammformen entwickeln sich nur bei dichtem Schluss im Jungbestand und Stangenholz. Nach einem Maximum, das je nach den Lichtverhältnissen zwischen dem 20. und 40. Lebensjahr liegt, geht das Höhenwachstum zurück. Zur Erhaltung der Bergulme in Mischbeständen sind regelmäßige, aber nicht zu starke Läuterungen und Durchforstungen notwendig. Dann können alte Bäume starke Dimensionen erreichen und in Mischbeständen an der oberen Kronenschicht beteiligt sein (Röhrig 1996).

Das **Holz** der Bergulme ist in Festigkeit und Volumenschwindung dem der Stieleiche ähnlich und von hoher dekorativer Wirkung (Sachsse 1984). Früher wurde es für mechanisch stark beanspruchte Geräte, u. a. Räder und Waffen, eingesetzt, heute werden die als Folge des Ulmensterbens (siehe Kasten Hintergrundwissen „Holländische Ulmenkrankheit") nur noch geringen Einschlagsmengen vor allem als Furnier- und Massivholz in der Möbelherstellung und im Bootsbau verwendet.

Feldulme (*Ulmus minor*)
Die Feldulme dringt wesentlich weniger weit nach Norden und Osten vor als die Bergulme, findet sich aber im Süden fast im gesamten Mittelmeerraum bis nach Algerien. Sie ist eine Baumart des Flach- und Hügellandes, die in Mitteleuropa nur Höhen um 600 m ü. NN erreicht. Ihr ökologisches Optimum erlangt die Feldulme auf den höher gelegenen Überflutungsflächen entlang der großen Ströme, auf denen sie mit der Stieleiche früher häufig, wenn auch mit geringen Anteilen, den Oberstand der Hartholz-Auenwälder bildete. Durch das Ulmensterben (siehe Kasten Hintergrundwissen „Holländische Ulmenkrankheit") ist sie heute nur noch in schwachen Dimensionen in den Auenwäldern vertreten. Da sie sich vorwiegend aus Wurzelbrut und Stockausschlag verjüngt, weniger aber aus Samen, kann sich die Baumart trotz Ulmenkrankheit in schwachen Dimensionen erhalten (Röhrig 1996). Im Mittelmeerraum gedeiht sie auf Kalkgestein. Dort und im kontinentalen Klima der Steppen Südrusslands erträgt sie lange Trockenperioden (Mittempergher 1996).

Flatterulme (*Ulmus laevis*)
Die Flatterulme ist von der häufig mit ihr vergesellschafteten Feldulme durch ihre ausgeprägten brettförmigen Stützwurzeln und ihre starke Neigung zur Bildung von Wasserreisern zu unterscheiden. Das Areal der Flatterulme ist im Wesentlichen auf das mittlere und östliche Europa begrenzt. Ihr Wuchsoptimum findet sie im Baltikum. Die Flatterulme kommt vor allem auf Auen- und Bruchwaldstandorten vor, aber auch auf leichten Sandböden in den trockenen Steppen im Osten und auf Gleyböden. Von den europäischen Ulmenarten verträgt sie am längsten Überflutungen. Die Nährstoffansprüche sind hoch, aber etwas geringer als die von Berg- und Feldulme (Müller-Kroehling 2003). Gegen die Ulmenkrankheit (siehe Kasten Hintergrundwissen „Holländische Ulmenkrankheit") ist die Flatterulme weniger empfindlich als andere Ulmenarten. Das Holz der Flatterulme wird weniger günstig bewertet als das von Berg- und Feldulme, weil es einen breiteren Splint und einen helleren Kern hat, aber auch oft stark gedreht und wenig gut zu bearbeiten ist (Timbal 1981; Mechler 1989).

2.1.1.8 Mehl- und Vogelbeere (Gattung *Sorbus*, Familie Rosaceae)

Die Gattung *Sorbus* ist in der gemäßigten und borealen Zone der nördlichen Hemisphäre verbreitet. Wenn auch die taxonomische Forschung für die Gattung große Fortschritte gemacht hat, so ist aufgrund der Neigung zur Hybridisierung und zur Bildung zahlreicher Kleinarten die Artenzahl noch nicht genau bekannt (Aas 1997, 2011; Meyer 2011). In Mitteleuropa kommen fünf Hauptarten vor und als Hybride die Schwedische Mehlbeere (*Sorbus intermedia*). Neben der in Gebirgen des südlichen Mitteleuropas anzutreffenden Zwerg-Mehlbeere (*Sorbus chamaemespilus*) sind es vier Arten (Unterscheidungsmerkmale siehe Tab. 2.3), die in Wäldern meist nur geringe Anteile als Mischbaumart haben. Von diesen ist die Vogelbeere oder Eberesche in fast ganz Europa autochthon, während Elsbeere, Speierling und Mehlbeere als wärmeliebende Arten das südliche Mitteleuropa bevorzugen (Aas 2011).

Vogelbeere (*Sorbus aucuparia*)
Mit Ausnahme der südlichen Landesteile von Spanien, Portugal und Griechenland ist die Vogelbeere in ganz Europa – vom Meeresniveau bis oberhalb der Waldgrenze (in Gebüschgesellschaften) – und mit Einzelvorkommen auch in Kleinasien und Marokko vertreten (Namvar und Spethmann 1985). Sie erweist sich als ausgesprochen unempfindlich gegen Winter- und Spätfrost und ist auch im Hinblick auf Wärme, Wasser und Nährstoffe sehr **wenig anspruchsvoll** (Raspé et al. 2000). Zum Aufwachsen ist ein gewisser Humusgehalt des Bodens notwendig, daher ist sie kein Erstbesiedler von Rohböden. Ihr **Wuchsoptimum** findet sie in den feuchten montanen bis hochmontanen Gebirgslagen, wo

Hintergrundwissen

Holländische Ulmenkrankheit

Diese Gefäßkrankheit, auch Ulmensterben oder Ulmenwelke genannt, hat in zwei zeitlich getrennten Epidemien zu einem drastischen Rückgang in Verbreitung und Häufigkeit der Ulmen in Europa und Nordamerika geführt. Erste **Krankheitssymptome** sind das Welken und Verfärben von Blättern und das Absterben einzelner Äste (Abb. 2.11). Befallene Ulmen sterben innerhalb von 2–5 Jahren ab (Butin 2011). Selten erholt sich der Baum wieder, am ehesten noch die Flatterulme, die allgemein als resistenter eingeschätzt wird als Berg- und Feldulme (Röhrig 1996).

Ursache der Krankheit sind **Pilze** der Ascomycetengattung *Ophiostoma*, deren Myzel sich in den Holzgefäßen entwickelt und dort durch Ausscheiden von Welketoxinen und zellwandauflösenden Enzymen den Wassertransport des Baumes stört. Als Abwehrreaktion des Baumes kommt es in den Gefäßen zu verstärkter Tyllenbildung und damit zu einer weiteren Behinderung der Wasserleitfähigkeit (Butin 2011; Li et al. 2016).

Urheber der ersten Epidemie von 1920–1940, die zuerst in Holland auftrat (daher Holländische Ulmenkrankheit), war die

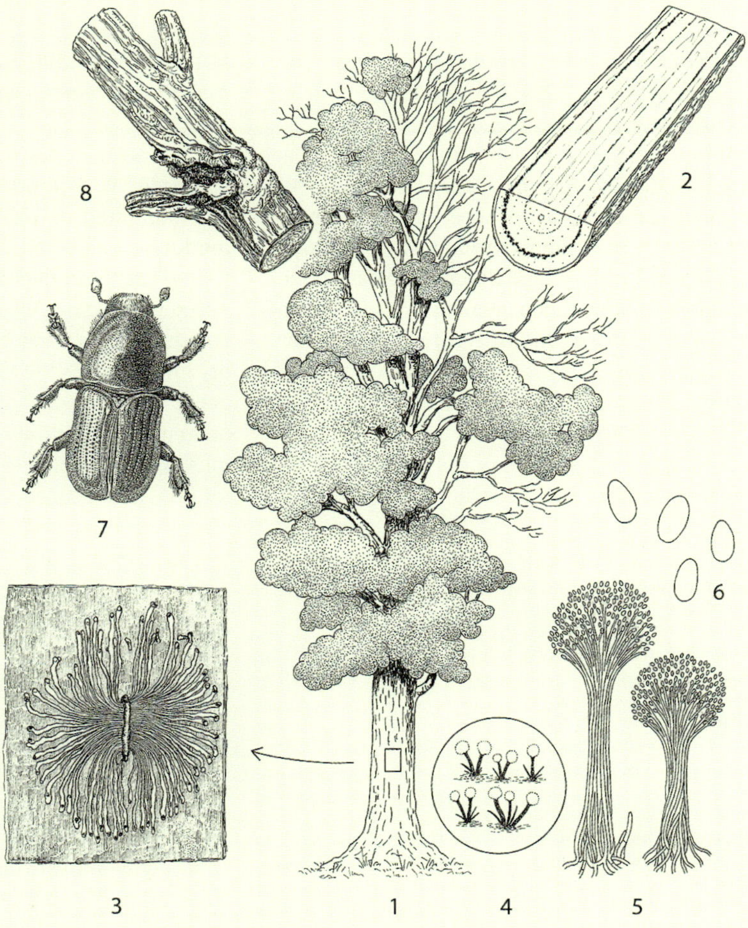

Abb. 2.11 Symptome der Holländischen Ulmenkrankheit: **(1)** erkrankter Baum mit abgestorbenen Ästen; **(2)** Längs- und Querschnitt durch einen befallenen Ast mit typischer Verfärbung; **(3)** Fraßgänge der Larven des Ulmensplintkäfers; **(4)**, **(5)** sich in den Fraßgängen entwickelnde Anamorphe mit Kanidiophoren, an deren Spitze sich farblose Konidien **(6)** ausbilden; **(7)** Kleiner Ulmensplintkäfer; **(8)** Fraßbild des Käfers an Zweigbasis (aus Butin 2011).

Art *Ophiostoma ulmi*. Die Schäden seit 1960 werden von der weitaus aggressiveren Art *Ophiostoma novo-ulmi* verursacht, die auch Ulmenklone zum Absterben bringt, die gegenüber *Ophiostoma ulmi* resistent waren (Butin 2011). Überträger (**Vektoren**) für die Pilze sind Käfer, in Europa am häufigsten der Große und der Kleine Ulmensplintkäfer (*Scolytus scolytus, Scolytus multistriatus*), die zwei Generationen pro Jahr bilden, sodass ständig Infektionen möglich sind. Die **Ulmensplintkäfer** fliegen nach der Überwinterung in der Rinde bisweilen mehr als 10 km weit. Nach einem Reifungsfraß in den Achseln dünner Zweige oder an Blattstielen dringen sie zum Brutfraß in Ulmenstämme ein und übertragen dabei die zahlreich an der Körperoberfläche anhaftenden Pilzsporen. Befallen werden Ulmen ab einem Durchmesser von etwa 10 cm (Lunderstädt und Rohde 1993; Röhrig 1996; Webber 2004). Starke Freistellungen der Ulmen begünstigen den Käferbefall.

Zur **Bekämpfung** der Holländischen Ulmenkrankheit wurden verschiedene Maßnahmen gegen den Überträger (Insektizide, Pheromone) oder den Pilz (Fungizide, Antagonisten) eingesetzt, die sich aber als wenig wirkungsvoll oder als sehr aufwendig erwiesen haben (Röhrig 1996; Mackenthun 2004). Aussichtsreich sind nach den bisherigen Erfahrungen die Resistenzzüchtungen, die seit 1928 in den Niederlanden und inzwischen weltweit erfolgen (Röhrig 1996; Mittempergher und Santini 2004). Neben der Auslese und Konservierung resistent erscheinender Ulmen erfolgen Kreuzungen mit asiatischen Ulmenarten, die eine hohe Resistenz gegen die Krankheit mitbringen. Die Ausprägung der Resistenz korreliert mit physiologischen und biochemischen Eigenschaften der Genotypen (Li et al. 2016).

sie in Nadelmischwäldern bisweilen sogar horst- bis kleinbestandsweise eingemischt ist (Hillebrand 1998). Die hohen Basengehalte (Calcium, Magnesium, Kalium) in Blättern und Beeren führen über den herbstlichen Streufall zu einer Verbesserung der **Streuqualität** und der Nährstoffversorgung, sie erhöhen damit die Abbaurate der Streuschicht in Fichtenbeständen (Weihs 1993; Hillebrand 1998).

In günstigen Lagen kann die Vogelbeere bereits ab dem Alter von 5 Jahren jährlich fruktifizieren, in höheren Lagen dagegen erst mit 15–20 Jahren (Aas 1997). Die Samenverbreitung besorgen neben einigen Säugetieren vor allem Vögel über Entfernungen von mehr als 500 m (Leder 1997). Die **Verjüngung** erfolgt zudem häufig durch Stockausschlag und Wurzelbrut. Verjüngungspflanzen der Vogelbeere sind dem **Wildverbiss** stärker ausgesetzt als andere Baumarten (Prien und Lemme 1997; Ammer et al. 2010). Stärkere Pflanzen werden zudem besonders häufig vom Rehwild gefegt und vom Rotwild geschält (Briedermann 1991). In Mischbeständen kann die Attraktivität der Vogelbeere das Schalenwild von den Hauptbaumarten ablenken (Leder 1992).

In der Jugend erträgt die Vogelbeere, wenn auch kümmernd, über mehrere Jahre den dichten Kronenschluss in Fichtenbeständen, sie wird später aber von den mehr schattenertragenden Arten (v. a. Buche, Tanne, Fichte) verdrängt. Mit zunehmendem Alter und nachlassender Standortsgüte werden die **Lichtansprüche** der Vogelbeere größer und sie verhält sich wie eine Lichtbaumart. Durch ihren ausgeprägten Phototropismus bildet sie bei Seitenschatten gerade Stammformen und schmale Kronen aus, auf direkte Überschirmung reagiert sie aber mit dem Absterben der überschirmten Kronenteile (Hillebrand 1998). Aufgrund ihrer lichten Krone ist die Vogelbeere für den **Vorwald** (Kap. 3.7.1) gut geeignet (Prien 1965, 1995).

Als **Pionierbaumart** kann die Vogelbeere ihr Zuwachspotenzial in Mischbeständen nur bei starker waldbaulicher Förderung ausschöpfen. Sie erreicht nur eine Endhöhe von wenig über 20 m und wird durch Arten mit höherer Lebenserwartung und länger anhaltendem Wachstum verdrängt, wenn sie nicht zumindest truppweise eingemischt ist oder im Rahmen von Durchforstungen freigestellt wird (Hillebrand 1998; Gockel 2016). Das im Splint weiße, im Kern röt-

Tab. 2.3 Unterscheidungsmerkmale der *Sorbus*-Arten

Merkmal	*S. aucuparia*	*S. torminalis*	*S. domestica*	*S. aria*	*S. intermedia*
Blatt	gefiedert, Fiederblätter oft bis zum Grund gezähnt	einfach, mit beiderseits 3–4(5) tief eingeschnittenen Lappen, ahornähnlich, unterseits anfangs filzig, später kahl, Nervenpaare 4–5	gefiedert, Fiederblätter nur in den oberen 2 Dritteln gezähnt	einfach, am Rand unregelmäßig doppelt gesägt, unterseits bleibend dicht weißfilzig, Nervenpaare 8(10)–12(14) Nerven	einfach, wenig gelappt, im oberen Drittel nur doppelt gesägt, derb ledrig, oberseits dunkelgrün glänzend, unterseits dicht weiß- bis graufilzig
Rinde	glatt, rotgrau mit Lentizellen	zunächst glatt, oliv- bis kastanienbraun, im Alter schwarzgrau, längsrissig und kleinschuppig	rau kleinschuppig und flachrissig, grau	glatt mit Lentizellen, im Alter rissig	glatt, grauschwarz
Frucht	kugelig, korallenrot, 6–10 mm	eiförmig, anfangs rötlich, dann lederbraun, 10–18 mm	birnen- bis apfelförmig, bräunlich bis rötlich, 15–40 mm	eiförmig bis kugelig, orange bis korallenrot, 10–13 mm	eiförmig bis kugelig, orangerot, 12–16 mm
Winterknospe	länglich eiförmig, zugespitzt, weiß behaart	kugelig mit klebrigen, leuchtend grünen Knospenschuppen	grün, länglich eiförmig, zugespitzt, kahl oder schwach braun behaart	dick eiförmig, rotbraun glänzend, kahl	dick eiförmig, rotbraun, zugespitzt, kahl
Herbstfärbung	gelborange bis tiefrot	orangerot bis lederbraun	gelb-orangerot bis lederbraun	dunkelbraun	dunkelgelb bis rot

lich-braune **Holz** der Vogelbeere übertrifft die hohen Festigkeitswerte der Stieleiche (Sachsse et al. 1988). Die Vogelbeere zählt aufgrund ihrer Holzeigenschaften nicht zu den Weichlaubhölzern, obwohl sie aufgrund ihrer Pioniereigenschaften häufig in diese Gruppe eingeordnet wird (Leder 1995a). Trotz seines hohen technologischen Gebrauchswertes hat das Holz der Vogelbeere nur im Norden des Verbreitungsgebietes eine wirtschaftliche Bedeutung für den Möbelbau; in Mitteleuropa wird es außer für Industrie- und Brennholz nur gelegentlich für Sondersortimente genutzt, weil das Angebot starker gesunder Stammabschnitte gering ist. Mit auffallenden weißen, doldenartigen Blüten, zinnoberfarbenen Apfelfrüchten und der Herbstfärbung ist die Vogelbeere an Waldrändern und in Feldgehölzen sowie zerstreut in Nadelwäldern ein prägendes **Landschaftselement**. Ihre Früchte werden von zahlreichen Tierarten gefressen, wodurch die Samen weit verbreitet werden.

Elsbeere (*Sorbus torminalis*)
Die Elsbeere ist eine mittel- und südeuropäische Baumart des submediterran-gemäßigten bis kontinentalen Klimabereichs, deren Verbreitungsgrenze im Norden von Südengland über Nordwestdeutschland bis Dänemark, im Osten durch die Ukraine bis zum Schwarzen und Kaspischen Meer und im Süden durch Süditalien und die Pyrenäen verläuft, mit zusätzlichen Einzelvorkommen in Spanien, in der Türkei und im Libanon (Pietzarka et al. 2008; Thomas 2017). Aufgrund ihres hohen Wärmeanspruchs liegt die

Abb. 2.12 Stockausschlag und Wurzelbrut der Elsbeere (aus Kutschera und Lichtenegger 2002).

Hauptverbreitung der Elsbeere in warmen und trockenen Lagen (v. a. Südhänge) der kollinen bis submontanen Höhenstufe, in denen die häufig vergesellschaftete Buche weniger konkurrenzstark ist. Die Elsbeere ist in den Wäldern Mitteleuropas, abgesehen von Frankreich, in den vergangenen 150 Jahren durch die Umwandlung von Nieder- und Mittelwäldern stark zurückgegangen. Sie ist ganz überwiegend nur einzel- bis truppweise in Laubwälder eingemischt (Kausch-Blecken von Schmeling 1994).

Hohe Ansprüche hat die Elsbeere an die **Nährstoffversorgung**, jedoch geringe an die **Wasserversorgung**. Sie wächst auf trockenen Kalkkuppen ebenso wie auf frischen Lehmböden, auf denen sie die höchsten Wuchsleistungen erbringt, wenn sie nicht durch die Konkurrenz anderer Baumarten unterdrückt wird. Bei einem langsamen, jedoch lange anhaltenden **Wachstum** kann sie im hohen Alter (120–150 Jahre) beträchtliche Stammdurchmesser (50 cm) erreichen, jedoch wegen ihrer geringen Baumhöhe (20–25 m) nicht den obersten Kronenraum besetzen (Kahle 2004). Ohne waldbauliche Förderung behauptet sich die Elsbeere daher nur auf warmtrockenen Standorten mit geringer Bodenmächtigkeit gegenüber Schattenbaumarten, die hier schwächer wachsen. Obwohl die Elsbeere vor allem in der Jugend relativ schattentolerant ist (**Halbschattenbaumart**) (Pyttel et al. 2013), reduziert sie bei Überschirmung von stark beschattenden Baumarten (v. a. Buche) den Zuwachs erheblich, während die Eiche nur eine geringe Beschattungswirkung hat (Wilhelm 1993). Seitendruck beeinflusst das Höhenwachstum positiv (Kahle 2004). Die Elsbeere sollte daher bereits ab der Dickungsphase, spätestens aber in der Stangenholzphase, konsequent durch Entnahme von Bedrängern begünstigt werden. Selbst alte Bäume reagieren auf die Reduktion der Konkurrenz durch Mehrzuwachs (Elflein et al. 2008; Ammer et al. 2011).

Die Elsbeere vermehrt sich nur spärlich aus Samen (Rasmussen und Kollmann 2004). Überwiegend erfolgt die **Verjüngung** aus Wurzelbrut (Abb. 2.12) und Stockausschlag, daher sind Elsbeeren oft in Trupps eingemischt. Elsbeeren aus generativer Verjüngung sind denen aus vegetativer Verjüngung im Höhenwachstum überlegen (Bednorz und Nowinska 2018). Elsbeeren werden bevorzugt vom Rehwild verbissen und gefegt, aber auch von Hasen und Mäusen geschädigt (Meyer 1980).

Das sehr dichte und zähe **Holz** ist wegen seiner rötlichen Farbe und dezenten Zeichnung als Furnier- und Möbelholz geschätzt, wenn es nicht zu ästig und drehwüchsig ist. Da die auf den Markt kommenden Holzmengen klein sind, wurde für das Holz von Elsbeere, Wildbirne und Speierling der Sammelbegriff „Schweizer Birnbaum" eingeführt (Kausch-Blecken von Schmeling 1994; Grosser 2011). Die Elsbeere gehört wegen ihres seltenen Vorkommens, ihrer guten Wertholzeigenschaft, ihrer interessanten Baumgestalt mit der unverwechselbaren schuppigen Rinde und der rot-gelben Herbstfärbung zu den Baumarten, die einen vermehrten Anbau und eine ihren biologischen Eigenschaften entsprechende Pflege auf den Laubholzstandorten verdienen.

Speierling (*Sorbus domestica*)
Der Speierling ist eine wärmeliebende mittel- und südosteuropäische Baumart mit Einzelvorkommen in Nordafrika und um das Schwarze Meer. In seinem gesamten Verbreitungsareal handelt es sich um eine **seltene Baumart**, die nur sporadisch in Waldbestände eingemischt ist. In Deutschland soll es bis zu 6000 alte Bäume des Speierlings geben (Kausch-Blecken von Schmeling 2000; Pietzarka et al. 2010). Das natürliche Areal ist schwer abgrenzbar, weil der Speierling als **Obstbaum** schon früh angepflanzt wurde. Insbesondere als Beigabe zum Apfelwein werden seine birnen- bis apfelförmigen Früchte seit Ende des 18. Jahrhunderts verwendet: Sie klären den Apfelwein, geben ihm eine größere Haltbarkeit und verleihen ihm einen herben Geschmack. Daraus erklärt sich seine heutige Verbreitung am Main um Frankfurt und in anderen süddeutschen Apfelanbaugebieten (Scheller et al. 1979).

Die hohen **Nährstoffansprüche** des Speierlings werden besonders auf Kalkverwitterungsböden und Lössböden erfüllt. Seine besten Wuchsleistungen erbringt er auf mittel- bis tiefgründigen Böden, häufiger findet man ihn als trockenheitstolerante Baumart aber auf flachgründigen Standorten, auf denen die Buche weniger konkurrenzstark ist und er – wie die Elsbeere – die Höhenwuchsleistungen der Eiche erreichen kann (Brütsch und Rotbach 1993). Wegen seines langsamen **Wachstums** kann sich der Speierling trotz relativ hoher Schattentoleranz und langer Lebensdauer nur schwer gegen die Buche und andere Laubbäume durchsetzen. Im Nieder- und Mittelwald wurde die Baumart durch ihre Befähigung zu Stockausschlag und Wurzelbrut begünstigt, seit der Umstellung auf den Hochwaldbetrieb lässt sie sich aufgrund ihrer geringen Konkurrenzkraft und hohen Verbissgefährdung nur bei konsequenter waldbaulicher Förderung in Waldbeständen erhalten (Kausch-Blecken von Schmeling 2000).

Mehlbeere (*Sorbus aria*)
Die Mehlbeere ist als konkurrenzschwaches mediterran-subatlantisches Florenelement vor allem in sommerwarmen Eichen- und Kiefernmischwäldern und trockenen Seggen-Buchenwäldern als Mischbaumart eingesprengt. Typisch für ihr Vorkommen sind steile, flachgründige, felsige, licht- und wärmebegünstigte **Standorte** mit hoher Nährstoffversorgung, überwiegend sind es trockene Kalkböden (Rendzinen). Dort und an Waldrändern wird sie trotz ihres langsamen **Wachstums** und ihrer geringen Baumhöhe (10–20 m) nicht von anderen Baumarten verdrängt. Forstliche Bedeutung hat die Mehlbeere als Vorwaldbaumart und im Schutzwald der Alpen (Namvar und Spethmann 1985, Maier 2006).

Die **Schwedische Mehlbeere** (*Sorbus intermedia*) ist eine erbfeste Hybride aus *Sorbus torminalis* x *aria* x *aucuparia*, deren natürliches Vorkommen sich auf kalkhaltige Böden in Südschweden und der Inseln bzw. des Küstenraums der Ostsee beschränkt. Die bereits im 18. Jahrhundert nach Mitteleuropa eingeführte Baumart ist heute wegen ihrer geringen Baumhöhe (bis 15 m), der dichten kugelförmigen Krone und der attraktiven Früchte als Stadt- und Alleebaum verbreitet. Sie zählt zu den wichtigeren Baumarten in der Landschaftsgestaltung (Heidecke et al. 2006).

2.1.1.9 Wildbirne und Wildapfel (Gattungen *Pyrus* und *Malus*, Familie Rosaceae)

Wildbirne (*Pyrus pyraster*)
Die Wild- oder Holzbirne kommt in Europa vom Atlantik bis zur Wolga und bis zum Kaukasus natürlich vor, fehlt aber in Skandinavien. Im gesamten Verbreitungsgebiet ist die Baumart extrem selten und so stark gefährdet, dass sie in Schutzprogrammen berücksichtigt wird (Wagner 2009). Da die Wildbirne geringwüchsig und sehr lichtbedürftig ist, leidet sie stark unter dem Konkurrenzdruck anderer Baumarten und ist in ihrer Artidentität durch die über Jahrhunderte

wirkende **Hybridisierung** mit Kultursorten erheblich beeinträchtigt (Kleinschmit 1998). Die Wildbirne hat geringe Ansprüche an den Boden, konkurrenzfähig ist sie aber nur auf **Standorten**, denen die Buche ausweicht. Dies sind vor allem sehr trockene Kalk- und Keuperböden und periodisch überflutete Auen, nicht aber Böden mit Staunässe (Wilhelm 1998; Wagner 2009). Die Wildbirne reagiert von Jugend an sehr empfindlich auf Beschattung. Die besten Stammformen und die größten Höhen entwickeln leicht vorwüchsige und seitlich bedrängte Wildbirnen, die bei einem Lebensalter von über 200 Jahren Höhen von über 25 m und Durchmesser von über 50 cm erreichen können (Brötje 1998; Wilhelm 1998). Das schwere harte **Holz** mit rötlicher Färbung ist als Furnier- und Vollholz vor allem für Möbel und Musikinstrumente begehrt, wird aber nur in geringen Mengen angeboten (Kausch-Blecken von Schmeling 1998). Für Waldränder und Hecken hat die Wildbirne aufgrund ihrer schönen Baumgestalt, den leuchtend weißen Blüten und der Herbstfärbung eine gewisse Bedeutung.

Wildapfel (*Malus sylvestris*)

Der Wildapfel hat ein ähnliches Verbreitungsareal wie die Wildbirne und zählt wie diese zu den seltensten einheimischen Baumarten. Aufgrund der nahen Verwandtschaft zwischen dem europäischen Wildapfel und dem eingeführten Kulturapfel (*Malus* x *domestica*) – der von der in Zentralasien beheimateten *Malus sieversii* abstammt – führen Hybridisierungen zu **Zwischenformen** (Larsen et al. 2008), sodass Angaben zur Verbreitung und Häufigkeit des Wildapfels unsicher sind. Als wärmeliebende Licht- bis Halbschattenbaumart, die nur Höhen bis zu 15 m erreicht, ist der Wildapfel in geschlossenen Wäldern wenig konkurrenzfähig. Die Baumart ist am ehesten an Waldrändern, in Hecken, an felsigen Hängen und in Auenwäldern einzeln oder in Trupps anzutreffen (Aas 2013).

2.1.1.10 Hainbuche (*Carpinus betulus*, Familie Betulaceae)

In Europa kommen zwei Arten der Gattung *Carpinus* natürlich vor, die Hainbuche (*Carpinus betulus*) und die Orient-Hainbuche (*Carpinus orientalis*), die als niedriger Baum oder Strauch ihren Verbreitungsschwerpunkt auf dem Balkan, in Südosteuropa und in Vorderasien hat.

Die Horizontalverbreitung der Hainbuche, auch als Weißbuche oder Hagebuche bezeichnet, stimmt mit der von *Fagus sylvatica* weitgehend überein, nur in den Osten dringt sie weiter vor. Die Hainbuche ist überwiegend eine Baumart der planaren bis submontanen Stufe. An ihrer Nordgrenze wächst sie in Meereshöhe, in den Gebirgen erreicht sie niedrigere Höhen (Harz bis 500 m, Seealpen bis 1300 m ü. NN) als die Buche.

Die Hainbuche ist anspruchsvoller hinsichtlich der Wärme- und Basenversorgung als die Buche. Hohe Wuchsleistungen erbringt sie auf basenreichen, humosen, frischen **Böden** in sommerwarmen Lagen. Gegen Spätfrost ist sie weniger empfindlich als die Buche, ebenso gegenüber unausgeglichener Wasserführung des Bodens. Sie vermag auch schwere, wechselfeuchte Ton- und Pseudogleyböden zu durchwurzeln, auf denen sie bei guter bis mäßiger Nährstoffversorgung der Stieleiche beigemischt ist. Ähnlich wie die Esche ist die Hainbuche gegenüber zeitweiliger Überflutung relativ tolerant. Sie wächst auch auf mäßig trockenen Kalkverwitterungsböden, allerdings weniger gut als auf Böden mit reichlichem Wasserangebot.

In geschlossenen Waldbeständen Mitteleuropas wird die Hainbuche nur rund 25 m hoch, selten werden Höhen über 30 m erreicht (Burger 1996; Lockow und Lockow 2009). Da sie überwiegend im Zwischen- und Unterstand von Mischbeständen vorkommt, gilt die Hainbuche als **Schattenbaumart**, doch ist ihre Schattentoleranz vor allem in der Keimlings- und Jungwuchsphase weitaus geringer als jene von Buche, Esche, Linde und Ahorn (Borantyński 1996). Die Hainbuche fruktifiziert ab dem Alter von 30 Jahren fast in jedem Jahr reichlich. Die Jungpflanzen werden stark vom Wild und von Mäusen verbissen, sie zeigen jedoch ein starkes Regenerationsvermögen, das der Hainbuche einen Konkurrenzvorteil gegenüber der Eiche verschafft, die bei Verbiss der Gipfelknospe ein Jahr in der Höhenentwicklung stagniert (Oberholzer et al. 2012). Auch Bäume mittleren Alters erholen sich nach Zurückschneiden oder Köpfen rasch.

In der Jugend verläuft das **Wachstum** der Hainbuche auf guten Standorten rascher, später aber langsamer als das der Buche. Die Volumenleistung der Hainbuche bleibt hinter der von Buche weit zurück (Lockow 1974; Lockow und Lockow 2009). Ihre regional häufige Verbreitung auf Buchenstandorten verdankt die Hainbuche ihrer ausgeprägten Fähigkeit, Stockausschläge zu bilden. Dadurch konnte sie sich im Nieder- und Mittelwald durchsetzen und in diesen Betriebsarten zu einer dominierenden Baumart werden. Im Hochwald hat sie vor allem Bedeutung wegen der schnellen Zersetzung ihrer Blattstreu und als Mischbaumart zur Schaftpflege für die Stieleiche. Das harte, schwere, helle **Holz** mit meist wellenförmig verlaufenden Jahrringen, die zur Spannrückigkeit der Stämme führen, war früher für Gegenstände mit hoher mechanischer Beanspruchung gesucht. Heute erzielt es aber nur in den selten erreichten starken Dimensionen und bei guter Qualität die Preise für hochwertiges Buchenholz.

2.1.1.11 Erlen (Gattung *Alnus*, Familie Betulaceae)

In Mitteleuropa kommen drei Arten der Gattung *Alnus* vor. Die häufigste und waldbaulich bedeutendste Art ist die Schwarzerle (*Alnus glutinosa*); begrenzter in Areal und Verwendung sind die Grauerle (*Alnus incana*) und die Grünerle (*Alnus viridis*), diese ist als Strauch in der hochmontanen Lage der mittel- und südeuropäischen Gebirge beheimatet. Die reichlich Wurzelbrut und Absenker bildende **Grünerle** wird für den Erosions- und Lawinenschutz (Huber und Frehner 2012) verwendet, bisweilen auch als Vorwald für die Einbringung von Nadelbäumen.

Erlen gehören zu den etwa 200 Pflanzenarten, die mithilfe von endosymbiotischen Strahlenpilzen (*Actinomyceten*) in Wurzelknöllchen Stickstoff aus der Atmosphäre in eine gebundene Form überführen. Durch diese Lebensgemeinschaft können Erlen trotz hoher Nährstoffansprüche stickstoffarme Standorte besiedeln. Für einen Erlenbruchwald in Schleswig-Holstein wurde eine jährliche **Stickstoff-Fixierungsrate** von 70 kg ha^{-1} bestimmt (Dittert 1992). Da am Ende der Vegetationszeit nur wenig Stickstoff aus den Blättern entzogen wird, entsteht eine besonders stickstoffreiche Laubstreu, die bereits im Frühjahr des Folgejahres umgesetzt ist (Kätzel 2003).

Schwarzerle (*Alnus glutinosa*)
Die Schwarzerle (die in Europa oft gebrauchte Bezeichnung „Roterle" sollte der nordamerikanischen *Alnus rubra* vorbehalten bleiben) ist in fast ganz Europa verbreitet – in Skandinavien und Russland kältebedingt jedoch nicht im Norden und in höheren Lagen. Die Ostgrenze des natürlichen Areals verläuft vom westlichen Sibirien bis in das westliche und nördliche Kleinasien. Die Schwarzerle ist überwiegend eine Baumart der planaren bis submontanen Höhenstufen, die in den Gebirgen selten über 800 m anzutreffen ist. Das große Areal hat zur Ausbildung zahlreicher Provenienzen geführt, die erhebliche Unterschiede in Wuchsleistungen und phänologischen Merkmalen zeigen (Kätzel und Schmitt 2003). Das „Erlensterben" zu Beginn des 20. Jahrhunderts ist auf den Anbau ungeeigneter Herkünfte zurückzuführen (Münch 1936).

Die Fähigkeit, über interne Leitungsbahnen die Wurzeln vom unteren Stammbereich aus über die Lentizellen mit Sauerstoff zu versorgen (Schröder 1989), und ein zweigeteiltes Wurzelsystem – mit zahlreichen oberflächennahen Horizontalwurzeln zur Nährstoffaufnahme und wenigen tief reichenden Senkerwurzeln zur Aufrechterhaltung der Wasserversorgung in Trockenzeiten (Kätzel 2003) – ermöglicht der Schwarzerle, nasse und wechselfeuchte **Standorte** zu besiedeln und dadurch der Konkurrenz anderer Baumarten auszuweichen. Wenn die Stammbasis länger überflutet und damit die Sauerstoffversorgung unterbrochen wird, stirbt die Schwarzerle ab (Glenz et al. 2006).

Natürliche Vorkommen der Schwarzerle sind bachbegleitende Auenwälder auf mineralischem Untergrund (häufig in Mischung mit Esche) und Bruchwälder auf organischem Substrat mit hoch anstehendem und wenig schwankendem Grundwasser (Ellenberg und Leuschner 2010). Die Schwarzerle ist aber nicht auf diese besonderen Standorte begrenzt. Höhere **Wuchsleistungen** als im Bruchwald zeigt sie in Auenwäldern und auf frischen bis feuchten Lehmböden sowie lehmigen Sanden mit mindestens mittlerer Nährstoffversorgung (nicht aber auf Kalk), wenn sie nicht übermäßiger Konkurrenz (durch Buche oder Fichte) ausgesetzt ist. Zusammen mit ihrem hohen Wasserbrauch führt die tiefe und intensive Bodendurchwurzelung dazu, dass die Schwarzerle bodendrainierend wirkt (Levy 1982). Die Schwarzerle eignet sich für Problemstandorte, wie Grund- und Stauwasserböden, Rohböden (Kippen, Halden) und drainierte Moore (Otto et al. 2007; Schäfer 2005; Schrautzer et al. 2007), und als Vorwald (Kap. 3.7.1). Gefährdet sind die mitteleuropäischen Erlenarten seit Ende des 20. Jahrhunderts durch die Wurzelhalsfäule, die von einer durch Hybridisierung rezent entstandenen *Phytophthora*-Art ausgelöst wird. Die **Erkrankung** tritt hauptsächlich im Bereich von Gewässern auf, in denen die Zoosporen verbreitet werden (Heydeck 2003; Jung und Blaschke 2003; Schumacher 2003).

Die Schwarzerle hat ein starkes **Stockausschlagvermögen**. Der zunächst bestehende Höhenvorsprung der Stockausschläge im Vergleich zu Kernwüchsen aus Samen geht im Alter von 20–30 Jahren verloren (Glavac 1972). Als typische **Lichtbaumart** erreicht die Schwarzerle früh ihre Wachstumskulmination (Höhe im Alter von 10 Jahren), ab dem Alter von 40 Jahren lässt der Volumenzuwachs stark nach (Lockow 2003). Auf optimalen Standorten erreicht die Schwarzerle im Alter von 80 Jahren bei frühzeitiger und intensiver Freistellung Brusthöhendurchmesser von 50 cm (Utschig 2004a). Das hell rötliche, weiche, unter Wasser dauerhafte, leicht zu verarbeitende **Erlenholz** wird als Massivholz, Furnier und Holzwerkstoff für Möbel und Spezialzwecke verwendet (Frommhold 2003; Grosser 2004a). Ab dem Alter von 40–50 Jahren beginnt sich bei der Schwarzerle häufig ein dunkler Kern (Graukern) und Kernfäule auszubilden (Utschig 2004a), wodurch die Holzverwendung eingeschränkt wird.

Grauerle (*Alnus incana*)

Die Grau- oder Weißerle hat ihr Hauptareal in Nord-, Mittel- und Nordosteuropa. Sie besiedelt höhere Lagen als die Schwarzerle, in denen sie hauptsächlich ein Begleiter der Flüsse ist, aber auch auf Rohböden nach Hangrutschungen und Anschwemmungen geeignete Standorte findet (Schütt und Lang 1999). Als weitgehend **bodenvage Art** ist ihr Nährstoff- und Wasserbedarf geringer als der der Schwarzerle. Die Grauerle hat ein intensives, nicht so tief reichendes Wurzelsystem wie die Schwarzerle, ist gut stockausschlagfähig und bildet reichlich Wurzelbrut. Sie wächst in den ersten Jugendjahren rasch (Lust 1989), doch lässt das **Wachstum** frühzeitig nach, sodass Grauerlen auch auf günstigen Standorten niedriger und schwächer bleiben als Schwarzerlen (Schrötter 1983). Ihr natürliches Lebensalter übertrifft selten 50 Jahre.

Trotz ihrer Frosthärte, Anspruchslosigkeit und ihres raschen Jugendwachstums wird die Grauerle als Vorwaldbaumart kaum noch verwendet, weil ihre **Wurzelbrut** und ihre kurze Lebensdauer mit geringen Vorerträgen den waldbaulichen Verwendungsmöglichkeiten enge Grenzen setzen. Sie wird fast ausschließlich dort gepflanzt, wo die Bildung von Wurzelbrut erwünscht ist (Befestigung von Hängen und Böschungen, Wildbachverbauung, Aufforstung von Abraumhalden).

2.1.1.12 Nussbäume (Gattungen *Juglans* und *Carya*, Familie Juglandaceae)

Nussbäume werden in Europa seit Langem zur Fruchtproduktion und zunehmend auch zur Wertholzgewinnung im Wald (Lüthy und Ehring 2008; Nickel et al. 2008) sowie in Agroforstsystemen (Morhart et al. 2012) verwendet. Besondere Anforderungen an den Standort und die begrenzte Verfügbarkeit von geeignetem Saatgut und Pflanzenmaterial schränken ihren Anbau ein. Kennzeichnend für alle Nussbäume sind hohe Licht-, Wärme-, Nährstoff- und Wasseransprüche und die Ausbildung einer für die Pflanzung ungünstigen Pfahlwurzel. Sie ertragen kurze Überflutungen. Gute Wuchsleistungen und qualitativ wertvolles Holz lassen auf geeigneten Standorten Walnuss (*Juglans regia*), Schwarznuss (*Juglans nigra*) und Hybriden, vor allem *Juglans* x *intermedia*, erwarten (Ehring und Keller 2008), wobei Hybriden noch etwas höhere Ansprüche an die Nährstoffversorgung stellen. Arten der Gattung *Carya*, u. a. die Weiße Hickory (*Carya ovata*), werden aufgrund von unbefriedigenden Kulturerfolgen und einer insgesamt geringen Volumenleistung für den forstlichen Anbau kaum empfohlen (Stratmann 1988; Weise 1990).

Walnuss (*Juglans regia*)
Das natürliche Areal der Walnuss umfasst weite Teile Asiens. Es erstreckt sich von der Osttürkei über den Iran und Nordindien bis nach China und Japan. Heute wird der Walnussbaum in der gesamten gemäßigten Zone der Nordhalbkugel **kultiviert**. In Mitteleuropa wurde die Baumart vor allem in der Römerzeit zum Nusserwerb verbreitet (Küster 2008). Das Holz wurde zunächst nur als Nebenprodukt angesehen.

Begrenzend für den Anbau der Walnuss ist vor allem ihre **Früh-** und **Spätfrostgefährdung**, nicht aber Frost in der Winterruhe, den sie bis −30 °C erträgt (Pretzsch 1995a; Aas 2008a; Nickel et al. 2008). Größere Anbaugebiete zur Nussproduktion finden sich in klimatisch milden Regionen (Weinanbau) u. a. von Südwestdeutschland, Österreich, der Schweiz und Frankreich. Die Walnuss zeigt optimales Wachstum auf tiefgründigen, gut durchlüfteten, frischen und nährstoffreichen **Böden** (Ehring und Keller 2008).

Juglans regia ist phänologisch und **genetisch** sehr **variabel** (Ebrahimi et al. 2016). Kriterien für die Auswahl geeigneter Mutterbäume zur Holzproduktion sind Frosthärte (später Austrieb im Frühjahr), Wüchsigkeit, Wipfelschäftigkeit und qualitativ hochwertiges Kernholz (Pretzsch 1995a). Bisher liegen nur wenige Ergebnisse von Anbauversuchen der Walnuss vor (Graeschke und Gürth 1993; Lüthy und Ehring 2008; Nickel et al. 2008). Danach zeigt sich für die Walnuss bei einer mit der Wildkirsche vergleichbaren Durchmesserentwicklung und Endhöhe eine Umtriebszeit von 60–80 Jahren (Mettendorf et al. 1996). Aufgrund des hohen **Lichtbedarfs** kann sich der Walnussbaum in Mischbeständen dauerhaft nur behaupten, wenn er gegenüber konkurrenzstärkeren Arten einen Altersvorsprung hat, mindestens in Trupp- bis Gruppengröße im engen Pflanzverband in Bestände eingebracht und durch Pflegemaßnahmen stark begünstigt wird. Empfindlich reagieren Jungpflanzen auf Konkurrenz durch Gras und auf Verletzungen der Pfahlwurzel, die beim Verschulen und Verpflanzen entstehen (Nickel et al. 2008). Ein **Anbaurisiko** ist der Hallimasch (*Armillaria mellea*), der neben Kambium- und Wurzelschäden eine stammentwertende Weißfäule verursachen kann (Becquey 1991).

Schwarznuss (*Juglans nigra*)
Die Schwarznuss ist in der östlichen Hälfte der USA beheimatet, wo sie in einem weiten Areal mit großen klimatischen Unterschieden in den planaren bis montanen Höhenstufen hauptsächlich in Auenwäldern und Schluchten – überwiegend in Mischbeständen mit anderen Laubbaumarten – wächst (Bartsch 1989; Rink 1992; Schaarschmidt 2012). Bereits ab Ende des 19. Jahrhunderts wurden forstliche Versuchsanbauten mit der Schwarznuss in Deutschland und Frankreich begründet, von denen die Mehrzahl aufgrund ungeeigneter **Standorte** misslang (Schwappach 1908; Rebmann 1917). Schwappach (1911) stellte aufgrund dieser Erfahrungen fest: „Die Schwarznuss ist der wertvollste aller Fremdländer, aber auch der anspruchvollste." Mit der Esche vergleichbare hohe Wuchsleistungen erbringt die Schwarznuss nur in milden, nicht spätfrostgefährdeten Lagen auf sehr tiefgründigen, lockeren, gut wasserversorgten und nährstoffreichen Böden, vor allem auf mächtigen Auenlehmen – z. B. in den Rheinauen (Bartsch 1990; Nickel et al. 2008) –, aber auch auf tiefgründigen Berglandstandorten mit guter Nährstoffversorgung, auf denen sie sich in Bestände aus Edellaubbaumarten und Buche einmischen lässt (Rumpf und Nagel 2014). Zur Bestandesbegründung sind Pflanzung und Saat möglich, wobei nur die Saat die ungehinderte Ausbildung der Pfahlwurzel ermöglicht. Die Schwarznuss wird durch **Lichtwuchsdurchforstungen** (Kap. 4.2.8.3) erzogen, wobei die Durchforstungen früher beginnen als bei der Eiche (Schwab 1990; Ehring und Keller 2008).

Standörtlich breiter einsetzbar als die Schwarznuss ist die mit der Schwarznuss als Mutterbaum und der Walnuss als Bestäuber entstandene Hybride *Juglans* x *intermedia*. Im Vergleich zu ihren Eltern erbringt sie bessere Wuchsleistungen bei guten Wuchsformen. Dieser als **Heterosis** bezeichnete Effekt lässt nach der ersten Hybridgeneration nach (Scheeder 1990; Mettendorf 2008).

(Schwappach 1903; Lockow 1998). In Skandinavien und im Baltikum sind Birken die produktivsten Laubbäume mit wesentlich höherer Flächenproduktion als in Mitteleuropa (Hynynen et al. 2010). In Reinbeständen oder als Zeitmischung mit später genutzten Baumarten kann mit Birken Wertholz mit Zieldurchmessern (BHD) von 45–50 cm in Produktionszeiten von 50–55 Jahren produziert werden, wenn die Bäume möglichst früh sehr stark freigestellt und geästet (Totasterhalter) werden (Hein et al. 2009). Mit dem Baumalter nimmt bei Birken das Risiko einer entwertenden Farbverkernung und Stammfäule stark zu. Beide Birkenarten haben ein helles, im Vergleich zu anderen Weichlaubhölzern hartes und vielseitig verwendbares **Holz**, das bei stärkeren Dimensionen, Astfreiheit und schöner Zeichnung (Maserbirke) als Furnier- und Schneideholz begehrt ist. Hochwertiges Holz wird in Nordeuropa häufig angeboten (Dunham et al. 1999), ist jedoch in Mitteleuropa bisher selten verfügbar.

2.1.1.15 Pappeln (Gattung *Populus*, Familie Salicaceae)

Die Gattung *Populus* umfasst rund 40 Arten der temperaten und borealen Zone der Nordhemisphäre, die nach morphologischen und ökologischen Merkmalen in sechs Sektionen gruppiert werden (Eckenwalder 1996), von denen nur zwei in Mitteleuropa natürlich vertreten sind: die **Sektion** *Aigeiros* (Schwarzpappeln) mit der Schwarzpappel (*Populus nigra*) und die Sektion *Populus* (Weißpappeln und Aspen) mit den Arten Silberpappel (*Populus alba*) und Zitterpappel (*Populus tremula*), die auch als Aspe oder Espe bezeichnet wird, sowie einer natürlichen Hybridsippe, der Graupappel (*Populus* x *canescens* = *Populus alba* x *Populus tremula*).

Aufgrund ihrer **Raschwüchsigkeit** und der bei den meisten Arten einfachen vegetativen Vermehrungs- und Kreuzungsmöglichkeiten werden Pappeln seit Langem züchterisch bearbeitet (Stettler et al. 1996). Bereits Ende des 17. Jahrhunderts entstanden infolge von Anpflanzungen der nordamerikanischen Schwarzpappel (*Populus deltoides*) spontan Arthybride mit der europäischen Schwarzpappel, die über Steckhölzer vermehrt und verbreitet wurden (Hofmann 1999). Erst seit Beginn des 20. Jahrhunderts erfolgten künstlich induzierte **Kreuzungen** in umfangreichen Züchtungsprogrammen, von denen neben Schwarzpappelhybriden (Kanadische Pappel = *Populus* x *canadensis,* Synonym *Populus* x *euramericana*) intersektionale Kreuzungen zwischen Schwarzpappeln und Balsampappeln (u. a. *Populus deltoides* x *Populus trichocarpa*) besonders hohe Wuchsleistungen und günstige Resistenzeigenschaften (u. a. gegen Pappelblattrost) aufweisen (Jansson et al. 2010; Weisgerber 2010). Pappeln werden in Europa in den Flussauen angebaut und als Vorwald und Alleebäume sowie in Kurzumtriebsplantagen verwendet (Unseld und Bauhus 2011; Binder und Hofmann 2015). Die Länder mit den größten Anbauflächen mit Pappeln sind China (7,6 Mio. ha), Frankreich (236 000 ha) sowie Türkei, Ungarn und Spanien (jeweils um 100 000 ha). In Deutschland sind rund 10 000 ha mit Pappeln bestockt (Stanturf und van Oosten 2014).

Als lichtbedürftige und konkurrenzschwache **Pionierbaumarten** wachsen Pappeln in der Jugend rasch, im Alter aber nur noch mäßig. Sie erreichen meist nur ein geringes Lebensalter von 80–100 Jahren. Die Fruktifikation setzt früh ein, häufig bereits ab dem Alter von 10 Jahren, und erfolgt jährlich mit hoher Samenproduktion und einer weiten Samenverbreitung durch Wind. Aspen, Weiß- und Balsampappeln können sich zudem über **Wurzelbrut** großflächig vegetativ vermehren. Die Horizontalwurzeln, von denen tiefe Senkerwurzeln ausgehen, können sich bis über 30 m vom Stamm ausbreiten (Pregitzer und Friend 1996). Die hohe vegetative Regenerationsfähigkeit der Pappeln wird für die Pflanzenanzucht genutzt, überwiegend als Steckholzbewurzelung, aber auch durch Kultivierung von Sprossspitzen oder Embryonen.

Schwarzpappeln

Die einheimische **Schwarzpappel** (*Populus nigra*) ist von Natur aus vor allem ein Baum der Weichholzaue (Walentowski und Karrer 2006). Heute finden sich nur noch selten alte, starke Exemplare mit grobrindigen, oft knorrigen Schäften, die sich nach wenigen Metern Höhe in unregelmäßige, breit ausladende, starkästige Kronen auflösen (Weisgerber 1999).

In Mitteleuropa ist *Populus nigra* durch **Schwarzpappelhybriden** weitgehend verdrängt worden, weil sie weniger rasch wächst, meist unbefriedigende Stammformen aufweist und stark zu Hybridisierung neigt. Die Hybridsorten (siehe Dickmann und Kuzovkina 2014) unterscheiden sich in ihren morphologischen Eigenschaften (Blatt- und Blütenform, Geschlecht, Schaftaufbau, Verzweigung, Kronenform) und in ihrem phänologischen Verhalten, ähneln sich aber in ihren waldbaulichen und landespflegerischen Verwendungsmöglichkeiten. Auf geeigneten Standorten, die die hohen Ansprüche an die Wärme- und Nährstoffversorgung sowie eine gleichmäßige gute Wassernachlieferung aus dem Boden ohne Staunässe erfüllen (Binder und Hofmann 2015), und bei vollem Lichtgenuss der gesamten Baumkrone sind Schwarzpappelhybriden raschwüchsige Bäume, die in relativ kurzen Produktionszeiträumen (25–50 Jahre, in Kurzumtriebsplantagen auf landwirtschaftlichen Flächen noch früher; Reeg et al. 2009; Wolf et al. 2010; NW-FVA 2012) hohe Volumenleistungen erzielen. Bei einer Bestandesgrundfläche um 30 m^2 ha^{-1} können sie im Alter von 30–40 Jahren einen durchschnittlichen Gesamtzuwachs von rund 20 Vfm ha^{-1} $Jahr^{-1}$ erreichen (siehe Ertragstafeln von Grosscurth 1983).

Das hohe Lichtbedürfnis der Schwarzpappelhybriden erfordert für eine gute Wuchsleistung einen weiten Baumabstand mit ständiger Kronenfreiheit und völlige Vermeidung von Seitendruck durch Nachbarbestände. Daher eignen sie sich vorzugsweise für den Anbau in Reinbeständen und als Reihenpflanzung (an Wegen und für Windsschutzstreifen).

Zwischen den verschiedenen Pappelarten und -sorten bestehen keine wesentlichen Unterschiede in den physikalischen und technologischen Holzeigenschaften. Das breitringige und grobfaserige **Pappelholz** ist hell, sehr leicht, weich und elastisch. Um astfreie starke und gerade Stämme für Schälfurnier (Sperrholz, Zündholz) zu erzielen, ist aufgrund einer schlechten natürlichen Astreinigung eine Ästung erforderlich. Holz geringer Dimension und Qualität dient zur Herstellung von Span- und Faserplatten sowie von Zellstoff (Grosser 2006).

Weißpappeln

Die **Silberpappel** (*Populus alba*) ist eine Baumart der Ebenen (bis 300 m ü. NN), die in Süddeutschland, im gesamten Mittelmeerraum und in weiten Teilen Südwestasiens natürlich verbreitet ist. Auf gut mit Wasser und Nährstoffen versorgten Standorten der Flussauen entwickelt sie sich zu einem bis zu 35 m hohen Baum, auf armen, trockenen Standorten wächst sie strauchförmig (Dimitri und Halupa 2001). Zur Holzproduktion ist die Silberpappel weniger geeignet als Schwarzpappelhybriden.

Die **Aspe** (*Populus tremula*) kommt in ganz Europa und in großen Teilen Asiens natürlich vor. Im Norden erreicht die Art die Waldgrenze, im Süden wächst sie in Steppen, Halbwüsten und sogar auf sumpfigen Standorten (Tamm 2001). Im Norden und Nordosten sowie im übrigen Europa in den höheren Lagen der Hochgebirge bildet sie Rein- oder Mischbestände mit gutem Wachstum und geraden Stämmen. Im übrigen Mitteleuropa zeigen Aspen nach anfänglich guter Entwicklung meist frühzeitige Wuchsstockungen mit kurzen, krummen Stämmen.

Als Pionierbaumart fruktifiziert die Aspe früh (ab einem Alter von 10 Jahren), nahezu jährlich und reichlich, dennoch sind Aspensämlinge nur auf Brandflächen häufig. Wie alle Pappelarten der Sektion *Leuce* vermehren sich Aspen intensiv aus Wurzelbrut. Sie sind anspruchslos im Hinblick auf die Nährstoffverhältnisse, die physikalischen Eigenschaften und die Wasserführung des Bodens. Im natürlichen Verbreitungsgebiet sind sie sehr frosthart. In der Jugend kann der Höhenzuwachs pro Jahr mehr als 1,5 m betragen. Diese Eigenschaften machen die Aspe zur geeigneten Baumart des Vorwaldes, unter deren Schirm sich spätfrostempfindliche Baumarten entwickeln können. Wegen der guten Zersetzbarkeit ihrer Streu sind Aspen auch zeitlich auf die frühe Bestandesentwicklung begrenzt als Mischbaumarten (Zeitmischung) in Nadelholzbeständen verwendbar. In den skandinavischen und baltischen Staaten werden Aspenhybriden (*P. tremula* x *P. tremuloides*) im Kurzumtrieb für Papier- und Energieholz angebaut (Hytönen 2018).

Die **Graupappel** (*Populus canescens*) ist überall dort verbreitet, wo *Populus alba* vorkommt, sie ist meist häufiger als diese. Sorten mit guter Schaftform und raschem Wachstum werden bisweilen angebaut, insbesondere auf nährstoffreichen, frischen Böden in Küstennähe, wo Schwarzpappelhybriden weniger gut wachsen, sowie in Flurgehölzen. Aus künstlichen Kreuzungen hervorgegangene Graupappeln blieben in Anbauversuchen hinsichtlich Überlebensprozent, Höhen- und Dickenwachstum oft hinter den Erwartungen zurück (Mohrdiek 1976).

2.1.1.16 Weiden (Gattung *Salix*, Familie Salicaceae)

Die formenreiche Gattung *Salix* umfasst je nach Auffassung des Artbegriffs 300–500 Arten, von denen die meisten in den gemäßigten und borealen Zonen der Nordhalbkugel vorkommen und ein weiteres klimatisches Spektrum als die Pappeln abdecken (Lautenschlager-Fleury und Lautenschlager 1994; Dickmann und Kuzovkina 2014). Viele Weidenarten wachsen strauchförmig, einige wenige bilden Bäume. Von den in Mitteleuropa vorkommenden Arten können die Silberweide (*Salix alba*) mit bis zu 35 m und die Bruchweide (*Salix fragilis*) mit bis zu 20 m die größten Baumhöhen erreichen (Schirmer und Stimm 1999; Bartha 2009). Von den Strauchweiden dienen einige Arten (besonders *Salix viminalis*) zur Produktion von Flechtmaterial, andere werden mit Silber- und Bruchweide in der Landschaftspflege verwendet, vor allem *Salix daphnoides, Salix viminalis, Salix purpurea* und *Salix repens* zur Flussuferbefestigung und zum Bodenschutz (Lautenschlager-Fleury und Lautenschlager 1994; Oplatka 1998). Natürliche Kreuzungen treten bei Weiden häufiger auf als bei anderen Baumarten. Kontrollierte Züchtungen spielen heute eine wichtige Rolle zur Bereitstellung von produktiven Sorten für Energiewälder im Kurzumtrieb (Reeg et al. 2009; Isebrands und Richardson 2014).

Silberweide (*Salix alba*)

Das Areal der Silberweide erstreckt sich über ganz Mittel- und Südeuropa bis nach Zentralasien. Im Norden verläuft die wärmebedingte Ausbreitungsgrenze durch Südskandinavien, Norddeutschland und England. Die Baumart wächst vor allem in flussbegleitenden **Auenwäldern**, wo sie häufig mit der Bruchweide und der Schwarzpappel in der regelmäßig überfluteten Weichholzaue vergesellschaftet ist. Große Vorkommen finden sich entlang der Donau und ihrer Nebenflüsse, seltener ist sie am Rhein vertreten. Durch Flussregulierungen und Grundwasserabsenkungen sind die Wälder der Weichholzaue in Mitteleuropa stark zurückgegangen.

Die Silberweide ist eine extrem lichtbedürftige, raschwüchsige, frostharte **Pionierbaumart** mit hohen Wärme- und Nährstoffansprüchen. Mit ihrem tief und weit reichenden Wurzelsystem gedeiht sie auf dichten und nassen Böden und kann durch die Bildung von Adventivwurzeln lang andauernde Hochwasserperioden (3–6 Monate) ertragen. Die Silberweide lässt sich wie nahezu alle schmalblättrigen Weiden leicht aus Steckhölzern vermehren (Boenecke 1985). Rund 30 cm lange, daumenstarke Abschnitte 1- bis 2-jähriger Triebe sind hierfür am besten geeignet. Das hohe Lichtbedürfnis erfordert weite Pflanzverbände (bis zu 5 x 5 m) und eine vegetationsfreie Kulturfläche (Schirmer und Stimm 1999). Silberweiden zeigen hohe **Zuwachsleistungen**, die denen der Schwarzpappeln entsprechen. Starke Stämme guter Qualität werden entsprechend dem Pappelholz verwendet. Außerhalb von Waldflächen wurden früher Silberweiden und andere Arten (z. B. *Salix viminalis*) entlang von Fließgewässern und an Gehöften häufig als **Kopfweiden** geschnitten. Die Ruten dienten als Flecht- und Bindematerial.

Salweide (*Salix caprea*)

Die Salweide kommt als Strauch oder kleiner Baum in ganz Europa sowie in West- und Nordostasien sowohl im Flachland als auch im Gebirge bis zur Waldgrenze vor. Die sehr lichtbedürftige Baumart zählt zu den Frühbesiedlern von vegetationslosen Freiflächen und Waldrändern. Sie ist auf sehr unterschiedlichen Standorten weitverbreitet, erbringt die höchsten Wuchsleistungen aber auf nährstoffreichen, humosen und feuchten Standorten. Die leicht zersetzbare Laubstreu verbessert den Boden. Rohhumusauflagen werden unter Salweide abgebaut (Schütt und Stimm 2001). Die Naturverjüngung der Salweide kann auf Störungsflächen als Vorwald dienen, der die Kulturbegründung und die Erziehung eines hochwertigen Folgebestandes erleichtert (Leder 2001). Beliebt ist die Salweide neben anderen Weidenarten als Bienenweide.

2.1.2 Nadelbäume

2.1.2.1 Fichten (Gattung *Picea*, Familie Pinaceae)

Die Gattung *Picea* ist mit rund 35 Arten in den kalten und gemäßigten Breiten der Nordhemisphäre vertreten (Aas 2017). Fichten beherrschen als bestandesbildende Baumarten die Nadelwälder der borealen Zone und prägen die Nadelwaldzone in den Gebirgen der temperaten Zone (Schmidt 1998a). In Mitteleuropa ist *Picea abies*, die Gewöhnliche Fichte oder Europäische Fichte, der einzige natürliche Vertreter der Gattung.

Picea omorika, die **Omorika-Fichte** oder Serbische Fichte, ist ein Eiszeitrelikt, dessen natürliches Vorkommen in Süd-Osteuropa nur rund 60 ha umfasst (Burschel 1965). Die Omorika-Fichte ist in Gärten und Parkanlagen häufig anzutreffen. Forstliche Anbauversuche ergaben, dass sie der Gewöhnlichen Fichte mit Ausnahme von armen Moor- und Heidestandorten in der Volumenleistung unterlegen ist (Stratmann 1988; Kristöfel 1996).

Picea obovata, die **Sibirische Fichte**, ist östlich des Areals der Gewöhnlichen Fichte in ganz Eurasien verbreitet. Sie wird oft als Unterart der Gewöhnlichen Fichte angesehen, mit der sie Hybride bildet (*Picea* x *fennica*) (Schmidt-Vogt 1977; Schmidt 2002). Die Sibirische Fichte ist ein charakteristischer Bestandteil der dunklen Taiga im westlichen Sibirien, wo sie als besonders frostharte Baumart die Dauerfrostböden besiedelt (Schmidt 2002).

Gewöhnliche Fichte (*Picea abies*)

Die Gewöhnliche oder Europäische Fichte (im Folgenden als Fichte bezeichnet) gehört holzwirtschaftlich zu den wichtigsten Baumarten in Mittel-, Nord- und Osteuropa. Sie ist weit über ihre natürlichen Verbreitungsgebiete hinaus auf großer Fläche und häufig auch auf für sie wenig geeigneten Standorten angebaut (Aas 2017). Weil Fichtenbestände im Vergleich zu Laubholzbeständen leicht zu begründen und zu bewirtschaften sind und in relativ kurzer Produktionszeit hohe Volumenleistungen und Erträge erbringen, erwies sich die Fichte neben der Waldkiefer als die Baumart, die besonders geeignet war, auf Freiflächen und bei Minderbestockungen – wie sie die Übernutzung der mitteleuropäischen Wälder vom 16. bis in das 19. Jahrhundert und nach den beiden Weltkriegen hinterlassen hatte – relativ schnell geschlossene Waldbestände zu bilden (Johann et al. 2004). Bei den Aufforstungen handelte es sich überwiegend um Reinbestände, in denen die Fichte natürlich in Mitteleuropa nur in hohen Gebirgslagen vorkommt (Schmidt-Vogt 1991).

Von Natur aus besiedelt die Fichte drei **Teilareale**, die im Postglazial durch Rückwanderung aus verschiedenen Refugien entstanden (ausführlich in Schmidt-Vogt 1987).

- Das größte Areal liegt in der kontinental geprägten borealen Nadelwaldzone. Sie umfasst Skandinavien und das nördliche Osteuropa bis nach Sibirien.
- Disjunkt, d. h. räumlich voneinander getrennt, kommt die Fichte in zwei verschiedenen Teilarealen in montanen bis subalpinen Lagen der Gebirge Mittel-, Süd- und Südosteuropas natürlich vor: im alpin-dinarischen Gebirgsareal und im herzynisch-karpatischen Berglandareal (Abb. 2.13).

Häufig sind der Fichte in Bergmischwäldern Weißtanne und Buche beigemischt. Beschrieben sind die Fichtenwaldgesellschaften in Schmidt-Vogt (1991) sowie Ellenberg und Leuschner (2010). Im atlantischen Westen, an den südwestlichen und westlichen Rändern der Alpen und der dinarischen Gebirge, in submediterranen Tieflagen und in kontinentalen Trockengebieten ist die Fichte von Natur aus nicht vertreten. Die höchsten Fichtenvorkommen liegen an der Baumgrenze im Harz bei 1 000 m, im Bayerischen Wald und im Schwarzwald bei 1 400 m sowie in den Bayerischen Alpen bei 1 900 m ü. NN. In den Zentralalpen findet sich die Fichtengrenze bei 2 200 m und in den Südalpen bei 2 300 m (Näheres siehe Schmidt-Vogt 1987). Die Herausbildung natürlicher **Verbreitungsgrenzen** der Fichte aus klimatischer Sicht wurde hauptsächlich bestimmt durch Sommerdürre im Süden, abnehmende Konkurrenzkraft gegenüber Laubbaumarten und

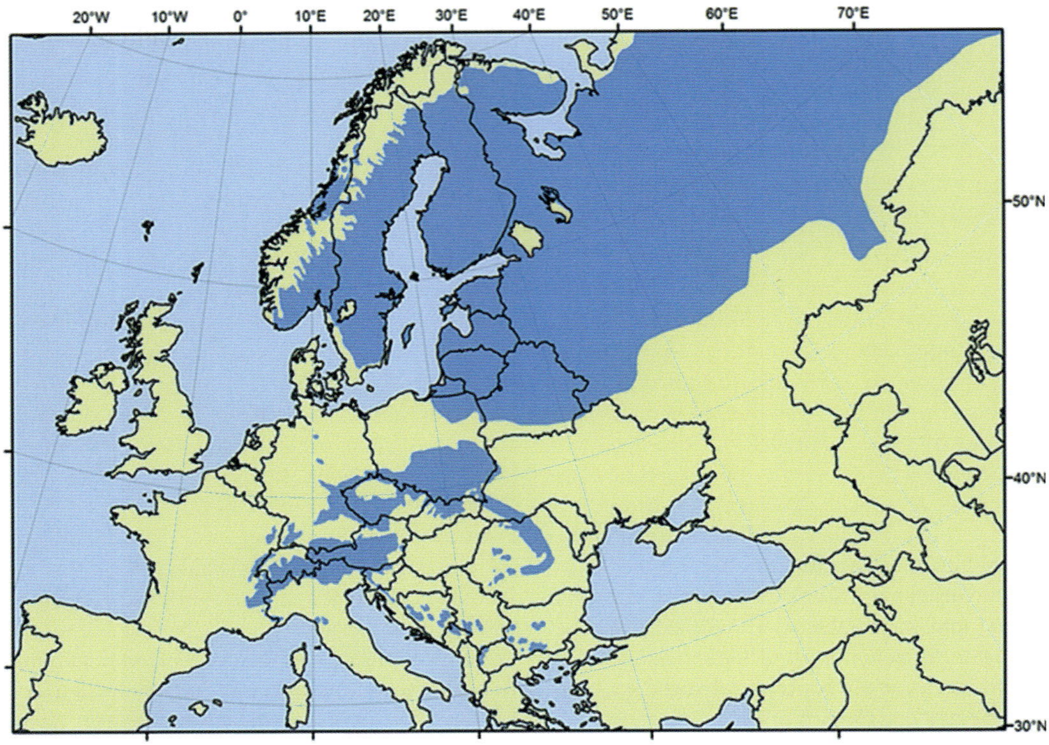

Abb. 2.13 Natürliches Verbreitungsgebiet von *Picea abies* (aus EUFORGEN 2009).

geringere Widerstandsfähigkeit gegen Pilze im ozeanischen Klima, Kälte bzw. Wassermangel und Kürze der Vegetationsperiode im Norden sowie Kälte und Trockenheit im Osten (Schmidt-Vogt 1987; Schmidt 2002).

Die in ihrem natürlichen Verbreitungsgebiet ganz überwiegend auf ein kühl-kontinentales **Klima** mit guter Wasserversorgung in den Sommermonaten beschränkte Fichte hat sich beim umfangreichen Anbau außerhalb des natürlichen Areals als klimatisch anpassungsfähig erwiesen. Sie ist weitgehend resistent gegen Winterfrost, leidet jedoch in gefährdeten Lagen unter Spätfrost. Dem geringen Wärmebedarf steht ein relativ hoher **Wasserbedarf** gegenüber, sodass das Wasserangebot in wärmeren Gebieten der begrenzende Faktor für den Anbau der Fichte ist. Der optimale Klimabereich für das Höhenwachstum der Fichte umfasst eine mittlere Jahrestemperatur von 5–7,5 °C bei Niederschlägen von mehr als 550 mm in den Monaten Mai bis August (Nebe 1968). Die Auswertung der Daten der Bundeswaldinventur für Bayern ergab die besten Höhenwuchsleistungen in Gebieten mit Jahrestemperaturen zwischen 7 und 9 °C und Jahresniederschlägen zwischen 700 und 1300 mm (Brandl et al. 2014). Gute Wuchsbedingungen finden sich auch auf Standorten mit geringem Niederschlag bei guter Wasserführung des Bodens, z. B. auf Geschiebelehm oder auf Böden mit mäßig ausgeprägtem Grundwassereinfluss oder Hangwasserzuzug.

In durchlässigen, tiefgründigen Böden ohne sauerstoffarme Horizonte entwickelt die Fichte ein **Senkerwurzelsystem** aus flachen, horizontal weit ausladenden Seitenwurzeln mit vertikal wachsenden Senkern (Puhe 2003). Stauende Nässe mit Sauerstoffarmut durch hoch anstehendes Grund- oder Stauwasser (Stagnogley- und Pseudogleyböden), nasse organische Böden, verdichtete Oberböden, Blockhalden und trockene Böden verhindern die Ausbildung der Senkerwurzeln weitgehend bis vollständig, sodass die Feinwurzeln sich nur im Auflagehorizont ausbreiten. Die Wurzeltiefen der Fichte erreichen bei tellerartig flachen Wurzelsystemen (Abb. 2.14)

Abb. 2.14 Sturmwurf einer flach wurzelnden Fichte auf staunassem Standort.

oft nur 10–20 cm, auf durchlässigen Lösslehmböden hingegen bis 450 cm (Köstler et al. 1968; Polomski und Kuhn 1998; 2001; Puhe 2003). Bei geringen Wurzeltiefen ist die Standfestigkeit der Fichte stark eingeschränkt und das Risiko für **Windwurf** hoch (Kap. 4.2.5.2).

Die Fichte hat neben geringen Wärme- auch geringe **Nährstoffansprüche**. Sie gedeiht auf sauren und alkalischen Böden, wobei das Optimum bei pH-Werten von 4–5 liegt. Hohe Wuchsleistungen sind an tiefgründige, bodenfrische, sandig-lehmige, braunerdeartige Böden mittlerer Basensättigung gebunden (Klemmt et al. 2017). Eine gute Versorgung mit Stickstoff, Kalium und vor allem Phosphor fördert das Wachstum (Falk et al. 2015), auf armen Sandböden auch die Versorgung mit Calcium und Magnesium (Vejre 1999). Auf kalkreichen Böden zeigt die Fichte oft chlorotische Nadelverfärbungen, die von Eisen- und Manganmangel hervorgerufen werden können (Kreutzer 1972; Polle et al. 1992), und eine stärkere Anfälligkeit für Rotfäule (Schönhar 1997; zur Rotfäule siehe auch Kap. 4.2.5.3).

Die **Nadelstreu** der Fichte ist relativ schwer zersetzbar. Auf vergleichbaren Standorten ist sie hinsichtlich der Zersetzbarkeit günstiger zu beurteilen als die Streu der Waldkiefer und der Europäischen Lärche, aber ungünstiger als die von Tanne und Douglasie (Hättenschwiler 2005; Prietzel und Bachmann 2012). Verzögerter Abbau der Fichtenstreu führt zur Bildung von Rohhumus und **Podsolierung**, besonders ausgeprägt ist dies auf sauren Standorten mit ungünstigen Nährstoffverhältnissen, Sommertrockenheit oder anhaltender Oberbodendurchfeuchtung. Solche Verhältnisse werden durch die auf derartigen Standorten meist besonders flache Bodendurchwurzelung der Fichte verschärft, durch die der Nährstoffkreislauf auf ein relativ geringes Bodenvolumen begrenzt ist. Auf nährstoffreicheren Standorten zersetzt sich die Fichtenstreu leichter, auch wegen der Beimischung von Streu einer krautreichen Begleitflora (Näheres zur Bodendegradation unter Fichte in Schmidt-Vogt 1986 und Rehfuess 1990). Die hohe Filterwirkung von Fichtenbeständen für Immissionen bei Regen- und Nebelniederschlägen und bei trockener Deposition verlangsamt den Streuabbau zusätzlich. Dies kann insbesondere auf vorbelasteten und von Natur aus basenarmen Standorten zu starker und tief greifender Versauerung des Bodens, ausgeprägten Nährstoffverlusten und Schadstoffanreicherungen sowie zu nachteiligen Folgen für die Wurzelentwicklung führen (siehe hierzu Elling et al. 2007; Bartsch und Röhrig 2016).

Die Fichte zeigt in ihrem weiten Verbreitungsgebiet eine besonders ausgeprägte morphologische und ökophysiologische Variabilität. Auffallend sind die stark voneinander abweichenden **Kronenformen** und **Verzweigungsmuster** älterer Fichten (Gruber 1990). Breite,

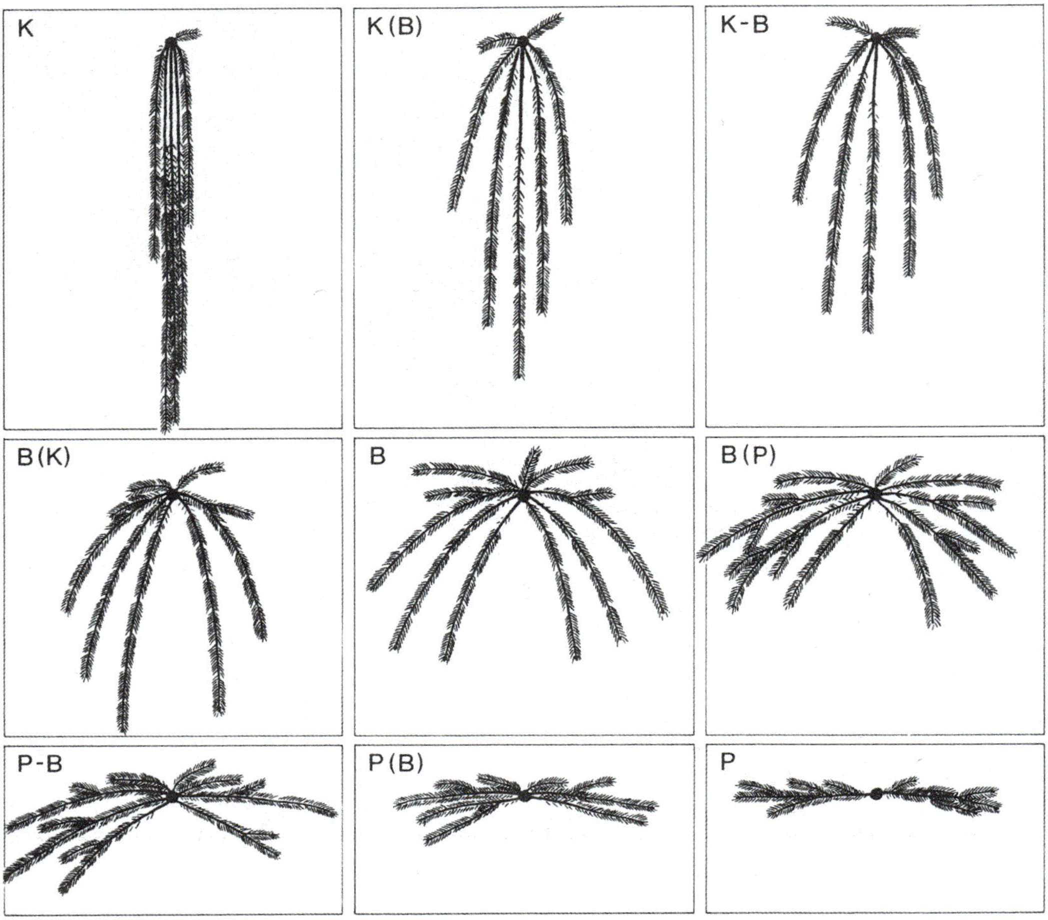

Abb. 2.15 Verzweigungstypen der Fichte und deren Zwischenformen nach der Stellung der Seitenzweige 2. Ordnung bei zunehmender mechanischer Belastung von der an Schneelagen der Gebirge angepassten Kammfichte (geringe mechanische Belastung bei Schneeauflage) bis zum Bürstentyp der Tieflagen (nach Gruber 1990).
K Kammtyp, **K(B)** Kammtyp mit Bürsteneinschlag, **K-B** Kamm-Bürstentyp, **B(K)** Bürstentyp mit Kammeinschlag, **B** Bürstentyp, **B(P)** Bürstentyp mit Platteneinschlag, **P-B** Platten-Bürstentyp, **P(B)** Plattentyp mit Bürsteneinschlag, **P** Plattentyp.

ausladende Kronen haben Fichten in niederen Höhenlagen Mitteleuropas, während spitze und schlanke Kronen typisch sind für die nördlichen Verbreitungsgebiete und für höhere Gebirgslagen. Bei den Verzweigungsformen werden drei Typen unterschieden: Kammfichte, Plattenfichte und Bürstenfichte (Abb. 2.15).

- Kammfichten haben eine breitästige Krone mit spießartig abstehenden Ästen 1. Ordnung, an denen dünne, spärlich verzweigte Äste 2. Ordnung von häufig beträchtlicher Länge senkrecht herabhängen.
- Die Bürstenfichte nimmt eine Mittelstellung zwischen Kamm- und Plattenfichte ein.
- Die Plattenfichte hat eine schmale, zylindrische Krone mit kurzen, im höheren Alter meist etwas abwärts hängenden Ästen 1. Ordnung und horizontal ausgebreiteten Ästen 2. Ordnung.

Der Anteil an Kammfichten nimmt mit steigender Höhenlage und im Norden mit steigender geographischer Breite ab. Entsprechend nimmt der Anteil an Bürstenfichten und – in den extremen, schneereichen und windexponierten Lagen – an Plattenfichten zu (Schmidt-Vogt 1986). Fichten mit genetisch bedingter kammförmiger Verzweigung sind als Einzelbäume den Fichten mit plattenförmiger Verzweigung im Wachstum überlegen. Dies gilt jedoch nicht für die flächenbezogene Leistung, da die individuelle Mehrleistung der breitkronigen Kammfichten durch die größere Stammzahl der schmalkronigen Plattenfichten ausgeglichen wird (Schmidt 1952, 1953).

Das Mosaik der Standortsrassen bzw. **Herkünfte** der Fichte, die sich in einem langen natürlichen Selektions- und Anpassungsprozess entwickelt und der jeweiligen Höhenlage, der Exposition und den lokalen Standortsbedingungen angepasst haben, wurde durch die intensive Forstwirtschaft grundlegend verändert (Cremer et al. 2017). Seit mehr als 200 Jahren hat die Fichte in Europa innerhalb und außerhalb ihres natürlichen Verbreitungsgebiets einen ständig steigenden Anteil an der Waldfläche gewonnen. Vor allem zwischen 1860 und 1920 wurden nach Kahlschlag häufig Fichten unbekannter bzw. ungeeigneter Herkünfte (z. B. mit hoher Scheebruch- oder Spätfrostgefährdung) ausgebracht. In nahezu allen europäischen Ländern sowie in den USA wurden inzwischen langfristige Versuche zur Provenienzforschung der Fichte angelegt (Übersichten in Schmidt-Vogt 1986, 1987; Kramer 1988; Jansson et al. 2013) mit dem Ziel, für bestimmte Standorte besonders geeignete Herkünfte zu finden, wobei sich das Interesse vorrangig auf Wüchsigkeit, Schneebruchfestigkeit und Spätfrostresistenz richtet. Daneben werden auch Eigenschaften wie Feinästigkeit, Trockenheitstoleranz und Rotfäuleresistenz untersucht. Hierbei zeigt sich eine Differenzierung nach der Höhenlage. Hochlagenherkünfte treiben später aus, bilden keinen Johannistrieb und schließen das Wachstum früher ab, sodass sie gegen Frostschäden besser geschützt sind, aber langsamer wachsen als Tieflagenherkünfte. Besonders wüchsig sind die Herkünfte aus den tieferen und mittleren Lagen des mittel- und südosteuropäischen Verbreitungsgebiets (u. a. aus den Karpaten, den Beskiden) und den Randbereichen der westlichen Ausbreitung (Harz bis 600 m, Fichtelgebirge, Oberpfalz). Auf höhere Temperaturen durch den Klimawandel reagieren Fichten bei ausreichender Wasserversorgung mit Zuwachssteigerungen, die bei Herkünften aus wärmeren Regionen nur gering ausfallen oder ausbleiben (Kapeller et al. 2012, 2017). Besonders auf trockenen und warmen Standorten können Trockenstress und Schädlingsbefall die herkunftsbedingten Eigenschaften überlagern (Pretzsch und Dieler 2011; Overbeck und Schmidt 2012; Cremer et al. 2017).

Die Fichte ist in weiten Teilen Mitteleuropas die Baumart mit dem höchsten **Anbaurisiko** (Schwerdtfeger 1981; Altenkirch et al. 2002), das durch den Klimawandel weiter zunehmen wird (Seidl et al. 2011; Čada et al. 2016). Störungen in der Bestandesentwicklung durch Nassschnee und Eisbruch und vor allem durch Sturm mit nachfolgendem Borkenkäferbefall (Näheres zu diesen Störungen Kap. 1.3.2.2, 4.2.5) verhindern häufig das Erreichen des Produktionsziels von Fichtenbeständen (Lüpke et al. 2004). Man geht davon aus, dass zukünftig durch den Klimawandel Sturmereignisse und Trockenperioden sowie dadurch hervorgerufene Massenvermehrungen des Borkenkäfers häufiger auftreten werden (Jönsson et al. 2007; Engesser et al. 2008; Triebenbacher et al. 2017). Insbesondere während der Sturmereignisse und unmittelbar danach können Holzmengen durch Wurf bzw. Bruch und in fast gleichem Ausmaß durch nachfolgenden Borkenkäferbefall den geplanten Hiebssatz der Fichte deutlich übertreffen (Faltl et al. 2017). Größere Schäden an Fichten können auch andere Insekten verursachen, bei der Kulturbegründung der Große Braune Rüsselkäfer (*Hylobius abietis*) und in älteren Beständen vor allem die Nonne (*Lymantria monacha*) sowie die Fichtengespinstblattwespe (*Cephalcia abietis*). Schadorganismen und Krankheiten der Fichte sind in Schmidt-Vogt (1989), Altenkirch et al. (2002), Schröder et al. (2017) und Triebenbacher et al. (2017) beschrieben.

Ein Problem von besonderer Bedeutung ist die **Rotfäule** der Fichte (Kap. 4.2.5.3). In Rotwildgebieten entstehen diese Schäden hauptsächlich dadurch, dass das Wild die Rinde abschält und so Wunden hinterlässt, in die holzzerstörende Pilze eindringen, die das Holz zunächst verfärben und später zersetzen. Dadurch wird nicht nur der untere, stärkste Stammabschnitt durch Fäulnis entwertet, sondern auch die Anfälligkeit des geschädigten Baums gegen Sturm, Eis- und Schneebruch verstärkt. Ähnliche Schäden werden durch Rindenwunden hervorgerufen, die durch unpflegliches Fällen und Rücken bei Durchforstungen an unteren Stammteilen und Wurzelanläufen entstehen. Pilze können auch über Wurzeln in den Stamm eindringen und Rotfäule verursachen. Durch Wurzelkontakte können hierbei Baumgruppen bis zu einem Durchmesser von 50 m betroffen sein (Queloz und Holdenrieder 2005). Unter den Pilzen ist der Wurzelschwamm (*Heterobasidion annosum*) der häufigste Erreger der Rotfäule an der Fichte und an weiteren Nadelbaumarten (Kiefer, Tanne, Lärche, Douglasie), bei denen der Schaden meist weniger ausgeprägt ist. Auch der Hallimasch (*Armillaria mellea*) tritt häufig als Erreger einer Kernfäule im Stamm lebender Fichten auf (Butin 2011). Ein hoher Nährstoffgehalt, insbesondere an Kalk, und Wechselfeuchte des Bodens scheinen die Empfänglichkeit der Fichte für den Wurzelschwamm zu erhöhen (Dimitri 1983; Schönhar 1997). Besonders anfällig sind Erstaufforstungen ehemals landwirtschaftlich genutzter Böden. Eine direkte Bekämpfung der Pilze ist bisher nicht möglich (Butin 2011). Durch Beimischung von Laubholz bei der Bestandesbegründung kann der spätere Fäuleanteil reduziert werden (Pautasso et al. 2005).

Das hohe Anbaurisiko der Fichte im Reinbestand auf zahlreichen Standorten führte dazu, dass die Fichte aktuell vorrangig nur noch als **Mischbaumart** und für einen Teil der forstlichen Standorte empfohlen wird (Klemmt et al. 2017). Die waldbaulichen Verfahren und deren ökologische Auswirkungen beim Umbau von Fichtenreinbeständen in Mischbestände sind für Europa bei Lüpke et al. (2004) und Kulhavý et al. (2004) dargestellt. Eine dauerhafte Mischung von Buche und Fichte ist nur dort erfolgversprechend, wo der Wuchsrhythmus der beiden Arten nicht sehr unterschiedlich ist (montane Stufe) und die Fichte den notwendigen Wuchsvorsprung gegenüber der Buche in der Jugend behält (Burschel 1987). Fichten sind dann in Mischbeständen mit der Buche jenen in Reinbeständen in der Entwicklung der Stamm- und Kronendimensionen klar überlegen (Dieler und Pretzsch 2013). Die weitere Pflege von Buchen-Fichten-Mischbeständen ist eine Frage der Konkurrenzregulierung, die weitgehend von den standörtlichen Bedingungen abhängig ist (Kap. 4.2).

In ihrer Schattentoleranz steht die Fichte als **Halbschattenbaumart** zwischen den Licht- und den Schattenbaumarten, wobei das Lichtbedürfnis mit fortschreitendem Alter und mit schlechter werdender Nährstoff- und Wasserversorgung zunimmt. Sie kann sich bei günstigen Standortbedingungen im Unter- und Zwischenstand von Mischbeständen, z. B. mit Tanne, Buche oder Kiefer, halten, braucht für ein zügiges Wachstum jedoch Lichtintensitäten von ca. 25 % der Freilandstrahlung, die sich in Fichtenaltbeständen mit Bestockungsgraden von etwa 0,6 bzw. bei einer Grundfläche von etwa 25 m^2 ha^{-1}, im Zentrum einer Kronendachöffnung von etwa 25 m Durchmesser und im Innenrand eines Saumschlags (Kap. 5.4.4) einstellen (Exner 1986; Spellmann und Wagner 1993; Küßner 2000; Kühne und Bartsch 2003; Pampe et al. 2003). Unter diesen Lichtverhältnissen bilden Fichtenjungpflanzen längere Jahrestriebe als gleich alte Buchen (Drößler et al. 2005). In Mischung mit anderen Baumarten wird die Fichte im Jungwuchs dadurch begünstigt, dass sie weniger vom Wild verbissen wird (Bernard et al. 2017).

Die Fichte zeigt, insbesondere außerhalb ihres natürlichen Areals im Norden und im Gebirge, meist eine Überlegenheit im **Volumen-** und **Wertertrag** im Vergleich zu den ursprünglichen Baumarten. Wachstumsgang und Wuchsleistung der Fichte für gleich alte Reinbestände sind in regionalen Ertragstafeln dargestellt (Übersicht für europäische Länder in Schmidt-Vogt (1986), Ertragstafeln für Westdeutschland von Wiedemann (1936/42) in Schober (1995), für Ostdeutschland von Wenk et al. (1985) und für Süddeutschland von Assmann und Franz (1963)). Die Leistungen der I. Ertragsklasse (Tab. 2.4) werden auf Standorten mit guter Wasserversorgung und Bodenstruktur unter günstigen Wärme- und Nährstoffbedingungen oft übertroffen, während in Mitteleuropa die Leistung der Fichte bei geringem Niederschlag in der Vegetationszeit, bei geringer Sommerwärme und bei schwacher Nährstoffversorgung erheblich nachlässt. Die wüchsigsten Fichtenbestände im Alter von 100 Jahren erreichen in Südbayern Oberhöhen von über 40 m und durchschnittliche Gesamtzuwächse pro Jahr von 17–19 Vfm ha^{-1}, in Nord- und Ostbayern

Tab. 2.4 Kenndaten des Wachstums der Fichte in den Ertragsklassen I bis III nach der Ertragstafel von Wiedemann (1936/42) für mäßige Durchforstung (aus Schober 1995)

Ertragsklasse	Alter (Jahre)	Mittelhöhe (m)	Grundfläche (m^2)	Volumen (m^3)	Gesamtwuchsleistung (m^3)	Laufender jährlicher Zuwachs (m^3)	Durchschnittlicher Gesamtzuwachs (m^3)
I	40	16,6	35,5	304	362	17,4	9,1
	60	24,7	41,9	529	689	15,6	11,5
	80	29,7	46,7	681	974	13,6	12,2
	100	33,3	48,3	754	1 218	11,8	12,2
II	40	12,8	32,5	194	230	14,4	5,8
	60	20,5	38,9	410	519	13,6	8,7
	80	25,6	42,8	542	758	10,8	9,5
	100	29,3	43,4	600	956	9,4	9,6
III	40	9,3	28,0	110	122	10,4	3,1
	60	16,2	34,6	292	358	11,6	6,0
	80	21,2	38,5	418	568	10,0	7,1
	100	25,0	38,4	483	753	8,8	7,5

sind es nur 33–38 m und 12–14 VFm ha^{-1} (Pretzsch und Utschig 2000).

Auf ein Jahr mit starkem **Wasserdefizit** reagiert die Fichte über mehrere Jahre mit deutlich reduzierten Jahrringbreiten und vermindertem Höhenwachstum (Klemmt et al. 2009). Durchforstungen können die Wasserversorgung des Standortes erhöhen, sodass der Zuwachsrückgang des Einzelbaums in und nach einem Trockenjahr verringert wird (Kohler et al. 2010; Sohn et al. 2013, 2016). Obwohl die Periode des „Sauren Regens“ (1970–1990) und einzelne Trockenjahre (v. a. 1976 und 2003) eingeschlossen sind, zeigt die Fichte im langfristigen **Wachstumstrend** aufgrund von Umweltveränderungen (Stickstoffeintrag, Klimawandel) in den letzten Jahrzehnten eine Volumenzunahme auf Einzelbaum- (Kahle et al. 2008) und Bestandesebene (Pretzsch et al. 2014). Langfristig wird aber von einem Rückgang des Fichtenwachstums durch den Klimawandel auf ungünstigen Standorten ausgegangen. Nach Prognoserechnungen für bayerische Waldbestände (Pretzsch und Utschig 2000) geht in warmtrockenen Gebieten des Hügellandes im Alter von 100 Jahren die Oberhöhe um bis zu 40 % und der durchschnittliche Gesamtzuwachs um bis zu 45 % zurück. Nur wenige Standorte in den Alpen und Mittelgebirgen profitieren von der den Prognosen unterstellten klimatischen Veränderung (Anstieg der Temperatur um 2 °C und Rückgang des Niederschlags um 10 % in der Vegetationszeit, Verlängerung der Vegetationszeit um 10 Tage). Die Beimischung der Buche kann den klimabedingten Zuwachsverlust der Fichte bei bestimmten Mischungsanteilen und Standortsbedingungen abmildern (Pretzsch 1999; Pretzsch et al. 2010a; Abb. 2.16).

Die hohe Volumenleistung der Fichte ist verbunden mit einer hohen **Wertleistung**, die – anders als bei Eiche und den Edellaubbaumarten – nicht dadurch bedingt ist, dass astreines starkes Holz einen besonders hohen Erlös je Festmeter erreicht. Das ist nur bei Spezialsortimenten (Resonanzholz für Musikinstrumente, Messerfurnierholz) möglich. Die hohe Wertleistung der

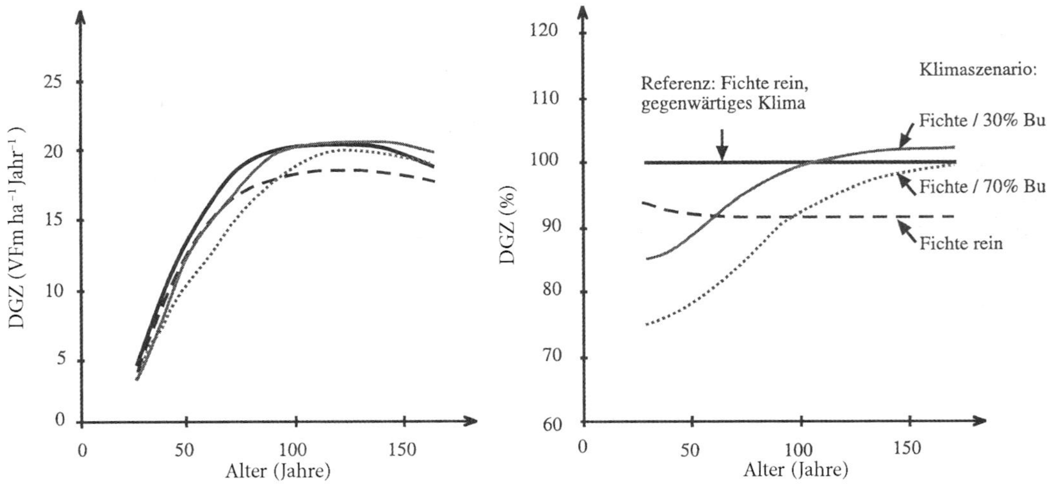

Abb. 2.16 Wuchsleistung der Fichte im Rein- und Mischbestand unter gegenwärtigen und veränderten Klimabedingungen im oberbayerischen Tertiärhügelland (mäßig frischer bis frischer Lehm).
Dargestellt ist der auf die Umtriebszeit bezogene durchschnittliche Gesamtzuwachs an Derbholz in Vorratsfestmeter pro Hektar und Jahr (DGZ VFm ha^{-1} $Jahr^{-1}$) und relativ bezogen auf einen Fichtenreinbestand bei gegenwärtigem Klima (DGZ %). Im Klimaszenario steigt die Temperatur in der Vegetationszeit um 2 °C, sinken die Niederschläge in der Vegetationszeit um 10 % und es verlängert sich die Vegetationszeit um 10 Tage (nach Pretzsch und Utschig 2000).

Fichte ergibt sich vielmehr dadurch, dass schon schwache Dimensionen wegen der Struktur, der Homogenität und der chemischen Zusammensetzung des Holzes für die Spanplatten- bzw. Zellstoffherstellung stark nachgefragt sind und dass die Bestände im Baumholzalter einen hohen Ausnutzungsgrad an vielseitig verwendbarem Stammholz bieten. Da **Fichtenholz** nicht witterungsfest und pilz- sowie insektenanfällig ist, wird es hauptsächlich als Konstruktionsholz im Innenbereich verwendet. Sofern keine stärkeren Schäden durch Rotfäule oder Holzrisse, die bei sehr starkem Wachstum vor allem nach Trockenjahren zu beobachten sind (Caspari und Sachsse 1990; Persson 1994; Klädtke et al. 2004), lassen sich meist mehr als 90 % des Erntevolumens als gut bezahltes Stammholz verwerten. Das führt dazu, dass der Zeitpunkt, in dem die bisherigen Aufwendungen durch die eingegangenen Erträge abgedeckt sind, bei der Fichte bereits je nach Zuwachs und Bestandesbehandlung ab einem Bestandesalter von 40–50 Jahren erreicht werden kann. Weitverbände von weniger als 2 500 Pflanzen ha^{-1} bei der Bestandesbegründung und sehr starke Durchforstungen können die Holzeigenschaften durch Ästigkeit, Jahrringbreite und Häufigkeit von Harzgallen deutlich verschlechtern und den Wertertrag mindern (Spellmann und Schmidt 2003; Seifert et al. 2009).

Sitkafichte (*Picea sitchensis*)
Beheimatet ist die Sitkafichte in einem schmalen Streifen entlang der pazifischen Küste **Nordamerikas** vom mittleren Alaska bis in das nördliche Kalifornien (Schütt und Lang 1995). Die Sitkafichte kann im natürlichen Areal 700–800 Jahre alt werden und Baumhöhen von über 80 m erreichen (Harris 1990).

Im atlantischen **West- und Nordeuropa** findet die im 19. Jahrhundert eingeführte Sitkafichte bei guter Wasserversorgung und hoher Luftfeuchtigkeit gute Wuchsbedingungen. Mit einer Fläche von insgesamt 1,3 Mio. ha ist sie die häufigste eingeführte Baumart in Nord- und Westeuropa mit Anbauschwerpunkten in den Küstengebieten von Nordfrankreich, Dänemark und den Britischen Inseln bis Norwegen (Lee et al. 2013; Nygaard und Øen 2017). In Großbritannien und Irland ist die Sitkafichte inzwischen die Baumart mit dem höchsten Anteil an der Waldfläche (Mason und Perks 2011). Sie kann hohe Zuwachsleistungen erreichen, die über denen gleich alter Bestände der Fichte liegen, auf weni-

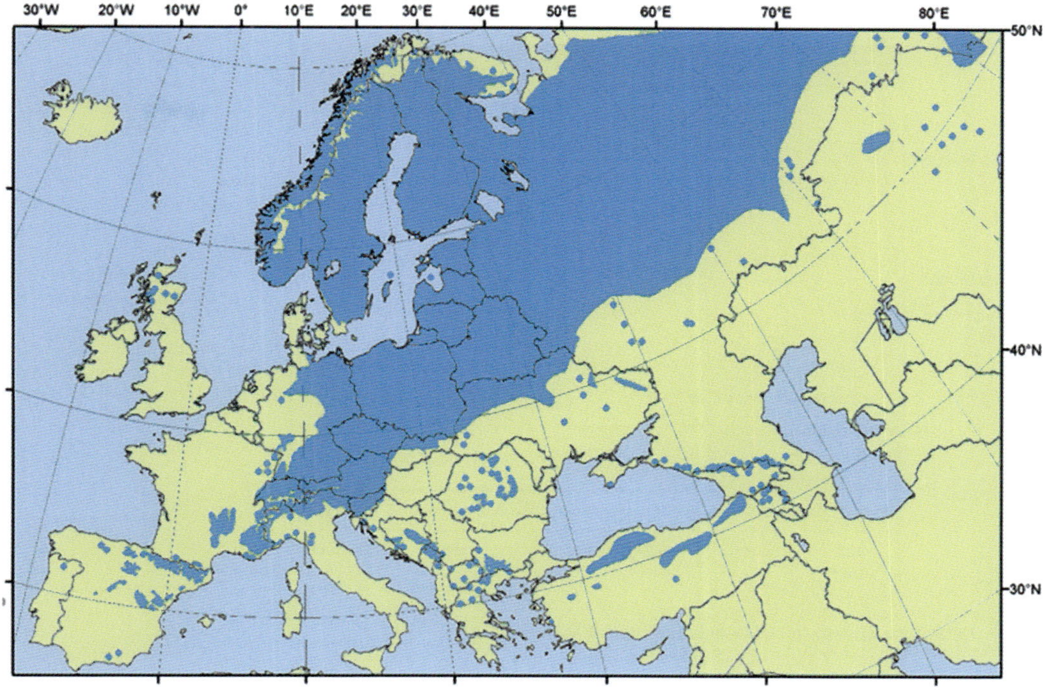

Abb. 2.17 Natürliches Verbreitungsgebiet von *Pinus sylvestris* (aus EUFORGEN 2009).

ger humiden Standorten sind die Anbauversuche aber wenig erfolgreich, wobei sich Unterschiede zwischen Provenienzen ergeben (Schober 1962; Stratmann 1988; Farrelly et al. 2011; Mason und Perks 2011; Weller und Meiwes 2015).

2.1.2.2 Kiefern (Gattung *Pinus*, Familie Pinaceae)

Mit über 110 Arten sind die Kiefern die artenreichste Gattung der Nadelgehölze und die am weitesten verbreitete Baumgattung der Nordhemisphäre, deren Areale von der borealen Waldgrenze bis in die Tropen reichen (Price et al. 1998). Bei allen Kiefernarten ist das Sprosssystem in Lang- und Kurztriebe gegliedert. An Langtrieben sind die Blätter zu Schuppen reduziert, in deren Achseln benadelte Kurztriebe stehen. Die Mehrzahl der Arten hat am Kurztrieb 2, 3 oder 5 Nadeln, selten nur eine Nadel oder bis zu acht Nadeln (CABI 2002; Aas 2007). In Mitteleuropa sind neben der weitverbreiteten Waldkiefer (*Pinus sylvestris*) die auf die Alpen beschränkte Zirbelkiefer (*Pinus cembra*), die in den mittel- und südeuropäischen Gebirgen vorkommende formenreiche Artengruppe der Bergkiefer (*Pinus mugo* agg.) und die disjunkt über einen weiten Höhen- und Vegetationsbereich der Gebirge um das nördliche Mittelmeer verteilte Schwarzkiefer (*Pinus nigra*) mit mehreren Unterarten einheimisch. Forstlich angebaut werden in geringem Umfang auch die aus Nordamerika eingeführten Baumarten Strobe oder Weymouthkiefer (*Pinus strobus*) und die Drehkiefer (*Pinus contorta*). Bei Waldkiefer, Bergkiefer und Drehkiefer hat der Kurztrieb zwei Nadeln, bei Zirbe und Strobe fünf Nadeln.

Waldkiefer (*Pinus sylvestris*)

Die Waldkiefer (im Folgenden als Kiefer bezeichnet) hat mit einer West-Ost-Ausdehnung in Eurasien von über 14 000 km die weiteste natürliche **Verbreitung** aller Kiefernarten (Abb. 2.17), sie ist dadurch an einen weiten Klimabereich angepasst. Das große zusammenhängende Hauptareal wird von einem boreal-kontinentalen Klima geprägt, isolierte Vorkommen an der West- und Südgrenze sind an atlantische (Schottland) und in Gebirgslagen (Sierra Nevada, Pyrenäen, Apennin, Teilareale in Bosnien und Griechenland) an kühl-mediterrane Klimaverhältnisse an-

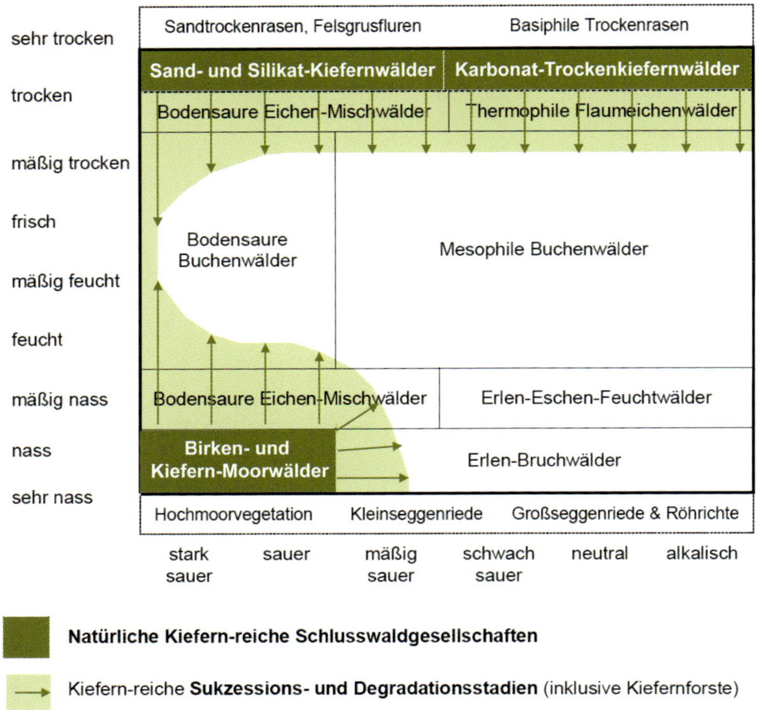

Abb. 2.18
Ökologische Stellung natürlicher Kiefernwälder in Mitteleuropa (nach Heinken 2008). Als lichtbedürftiges Pioniergehölz mit einem hohen Samenausbreitungspotenzial hat die Kiefer in Sukzessions- und Degradationsstadien ein weit über die im Ökogramm gezeigten Extremstandorte hinausreichendes Standortsspektrum. Natürliche Kiefernbestände entwickeln sich auch nach Waldbränden, Stürmen und geomorphologischen Aktivitäten (z. B. Bergrutsche, Dünenbildungen) oder in Flussauen.

gepasst. Die Nordgrenze des Hauptareals liegt in den nördlichen Regionen von Skandinavien und Russland an der polaren Waldgrenze, an der die Kiefer mit der Fichte und den Birken beteiligt ist. In Sibirien kommt nur die Lärche weiter nördlich vor als die Kiefer. Im Süden dringt die Kiefer bis weit in die Steppe – von der Ukraine bis in die Mongolei – und disjunkt in Gebirge vor. Die natürliche Westgrenze verläuft ausgehend vom Südosten Schleswig-Holsteins zunächst im Flachland bis in die Rhein-Main-Ebene und ist weiter nach Südwesten auf bestimmte Regionen und Standorte im Bergland begrenzt (u. a. Schwarzwald, Vogesen, Pyrenäen, Spanien bis zur Sierra Nevada). Der genaue Verlauf der westlichen Grenze ist unklar, wahrscheinlich gehört aber der größte Teil von Westdeutschland nicht zum natürlichen Verbreitungsgebiet der Kiefer, abgesehen von inselartigen Vorkommen in der Lüneburger Heide und in der Münsterländer Bucht. Die Vertikalverbreitung der Kiefer reicht von der planaren Stufe, in der der weitaus größte Teil ihres Areals liegt, bis in die subalpine Stufe der Gebirge (Bayerische Alpen bis 1 600 m, Zentralalpen bis 2 400 m ü. NN) (Farjon 2005; Schütt und Stimm 2006; Ellenberg und Leuschner 2010). Überleben kann die Kiefer ab einen Jahresniederschlag von 300 mm und 100 frostfreien Tagen. Eine Sommerisotherme von 13 °C bildet die nördliche Grenze für die Samenreife (Krakau et al. 2013).

Natürliche **Standorte** der Kiefer sind im Gegensatz zu Nordeuropa in Mitteleuropa nur kleinflächig vorhanden. Die lichtbedürftige Pionierbaumart bildet ausschließlich auf extrem trockenen oder nassen und nährstoffarmen Standorten von Natur aus Schlusswaldgesellschaften, von denen aus sie weniger extreme Standorte nach Störungen (Waldbrand, Sturm) besiedeln kann (Abb. 2.18). Geringe Standortsansprüche, relativ günstiges Anwachsen auf Freiflächen und rasches Jugendwachstum haben dazu geführt, dass die Kiefer schon seit Jahrhunderten in Mitteleuropa als bevorzugte Baumart für die Aufforstung von Heiden und Ödland sowie die **Walderneuerung** auf devastierten Laubwaldflächen (u. a. nach Streunutzung) eingesetzt wurde (Kremser 1990; Milnik 2007;

Schmidt 2007) und in zahlreichen Ländern auch außerhalb ihres natürlichen Verbreitungsgebietes forstlich angebaut wurde (Volosyanchuk 2002; Schütt und Stimm 2006). In Europa nimmt die Kiefer in Finnland (13,3 Mio. ha) und in Schweden (12,2 Mio. ha) die größten Waldflächen ein, in Deutschland sind es rund 2,5 Mio. ha, von denen nur 7 % im natürlichen Verbreitungsgebiet der Kiefer liegen (Krakau et al. 2013).

Ausgehend von morphologischen, physiologischen und phänologischen Unterschieden zwischen Kiefern aus verschiedenen Teilen des Areals wurden zahlreiche Ökotypen, Klima- und Standortsrassen (Rubner 1959) beschrieben sowie taxonomische Unterarten und Varietäten unterschieden, ohne dass dies bisher zu einer allgemein anerkannten intraspezifischen Klassifikation geführt hat (Price et al. 1998; Endtmann 2007; Krakau et al. 2013). Gut erforscht in internationalen Feldversuchen und forstlich von erheblicher Bedeutung sind die für die Kiefer nachgewiesenen **Herkunftsunterschiede** im Höhenwachstum und in der Ertragsleistung, in Stammform und Ästigkeit sowie in der Frosthärte und Krankheitsanfälligkeit (Bachmann 2004; Schütt und Stimm 2006; Schneck 2007; Krakau et al. 2013). Nördliche und kontinentale Herkünfte benötigen demnach eine geringere Wärmesumme, um phänologische Phasen (u. a. Blattentfaltung, Samenreife) abzuschließen und die erforderliche Frosthärte zu erreichen, als südliche und atlantische Herkünfte (Mátyás et al. 2004). Für den Anbau in der planaren und kollinen Stufe haben sich in Mitteleuropa Herkünfte aus dem Nordosten Europas (Baltikum, Nordpolen) aufgrund ihrer Wüchsigkeit, guten Stammform und Schütteresistenz bewährt. Herkünfte aus den Hochlagen der Alpen und aus Südfrankreich sind im mitteleuropäischen Flachland besonders anfällig für **Kiefernschütte**, verursacht durch den Pilz *Lophodermium seditiosum*, einem Blattparasiten von großer wirtschaftlicher Bedeutung (Schütt 1964; Schütt und Stimm 2006). Für den Anbau im Bergland sind wegen der Schneebruchgefahr spitzkronige Herkünfte vorteilhaft. Kiefern mit guter Stammform, schmalen Kronen und relativ feinen Ästen finden sich in kontinentalen und borealen Klimagebieten, sie zeigen aber in Mitteleuropa nur ein mäßiges Wachstum (Kramer 1988).

Bei richtiger Herkunftswahl erweist sich die Kiefer als ausgesprochen frosthart und wenig feuchtigkeitsbedürftig, wobei sie auch Grund- und Stauwasser erträgt. Sie ist bescheiden in ihren **Nährstoffansprüchen**, reagiert aber auf nährstoffarmen Standorten (v. a. Sand, Torf, nach Streunutzung) auf Düngung (v. a. Stickstoff, Phosphor, Kalium) mit deutlicher Wuchssteigerung (Fiedler und Höhne 1965, 1967; Franz und Bierstedt 1975; Nohrstedt 2010; Moilanen et al. 2015) (Kap. 4.4). **Kiefernstreu** ist schwer zersetzbar und fördert die Podsolierung des Bodens. Sie bildet Auflagen von Moder bis Rohhumus, die über eine geringere Wasserspeicherfähigkeit als Humusauflagen unter Laubwald verfügen (Greiffenhagen 2005).

Die Kiefer bildet zunächst verstärkt **Wurzeln** in die Tiefe aus (Pfahlwurzel) und erst danach Horizontalwurzeln, von denen Senkerwurzeln geotrop abgehen. Ein regelmäßig aufgebautes Pfahlwurzelsystem ist nur in lockeren, gut durchwärmten und unvernässten Sandböden bei mittelalten Bäumen anzutreffen. Bei älteren Bäumen ist die Pfahlwurzel nicht mehr deutlich ausgeprägt. Die Ausdehnung des der Verankerung im Boden dienenden Grobwurzelsystems kann seitlich weit über den Kronenraum hinausreichen und vertikal Bodentiefen von über 8 m erreichen (Röhrig 1966a). Die Seitenwurzeln sind auf nährstoffarmen und trockenen Böden allgemein länger und weniger verzweigt als in nährstoffreichen Böden. Auf flachgründigen oder kühlen Böden, wie in Skandinavien, können nur einige oberflächlich streichende Seitenwurzeln erhalten bleiben. Der Besatz des Grobwurzelsystems mit Feinwurzeln (Durchmesser bis 2 mm) zur Wasser- und Nährstoffaufnahme ist geringer als der von Laubbaumarten und den Nadelbaumarten Fichte, Lärche und Douglasie (Kutschera und Lichtenegger 2002). Auf sehr trockenen, humusarmen Böden, aber auch auf Pseudogley- und Moorböden, wurzelt die Kiefer oft nur in der Auflage und im Oberboden. Das flache und extensive, aber weitstreichende Feinwurzelsystem ermöglicht es der Kiefer, auch geringe Niederschläge zu nutzen (Hornschuh et al. 2007).

Die Kiefer ist eine **Lichtbaumart**, die als Jungpflanze bereits bei geringer Beschattung die Substanzproduktion deutlich vermindert (Lyr et al. 1963, 1964). Untersuchungen in einem Kiefern-Eichen-Mischbestand im atlantischen Frankreich ergaben, dass bei einem Angebot an photosynthetisch nutzbarer Strahlung (PAR) von bis zu 5 % der Freilandstrahlung ein Anteil von 10 % der bis zu 30 Jahre alten Kiefern höher als 1,7 m war, in der PAR-Klasse von 10–15 % lag der Grenzwert für den 10 %-Anteil der höchsten Kiefern bei 3,8 m und in der PAR-Klasse von 35–50 % bei 5,7 m (Gaudio et al. 2011a). Das Schattenerträgnis des Jungwuchses ist in starkem Ausmaß abhängig von der Wasserversorgung und der Konkurrenz durch die Bäume des Altbestandes, in der borealen Zone auch von der Stickstoffversorgung (Högberg et al. 2017). Bei ausgeglichener Niederschlagsverteilung in der Vegetationszeit und günstigen Oberbodenverhältnissen verträgt die junge Kiefer so viel Schatten, dass eine planmäßige **Naturverjüngung** unter einem aufgelichteten Schirm des Altbestandes möglich ist (Kap. 3.3.2.4). Im nordwestdeutschen Flachland auf mäßig frischen bis mäßig sommertrockenen Standorten ist ab einer Überschirmung (Kronenschlussgrad) von 20–25 % eines vollbestockten Kiefernaltbestandes eine rasche Höhenentwicklung der Kiefernnaturverjüngung gewährleistet, bei Überschirmungsgraden von mehr als 50 % sterben die Verjüngungspflanzen innerhalb weniger Jahre ab (Dohrenbusch 1997). Ältere Kiefernbestände neigen zur Kronenverlichtung, sodass vermehrt Licht an den Boden gelangt und eine Begleitflora aufkommt, die die Kiefernnaturverjüngung durch Licht- und Wasserkonkurrenz stark behindern kann, besonders bei hohen Deckungsgraden von *Calamagrostis epigejos*, *Vaccinium myrtillus*, *Deschampsia flexuosa*, *Carex brizoides*, *Molinia caerulea*, *Pteridium aquilinum* (Bergmann 1990; Schmidt et al. 1996; Dohrenbusch 1997; Gaudio et al. 2011b). Eine Bodenverwundung zur Freilegung des Mineralbodens (Mineralbodenkeimer) verbessert bei mächtigen Humusauflagen und Grasdecken die Bedingungen für die Keimung der Kiefernsamen und das Wachstum der Sämlinge (Dohrenbusch 1997; Oleskog und Sahlén 2000; Aleksandrowicz-Trzcińska et al. 2014) (Kap. 3.2.2).

Wie die meisten Lichtbaumarten hat die Kiefer ein rasches **Jugendwachstum**. Der Höhenzuwachs kulminiert auf vielen Standorten bereits im Alter zwischen 10 und 15 Jahren, der laufende Volumenzuwachs vor dem Erreichen eines Alters von 30 Jahren (Pretzsch 1985). Das Reaktionsvermögen der Krone ist im späteren Alter gering. Um die Stabilität (Kap. 4.2.5) und Wertleistung zu fördern, sind daher frühzeitige und starke Eingriffe in dichten Kiefernbeständen notwendig, auch wenn dadurch die Volumenleistung sinkt (del Rio et al. 2017) (Kap. 4.2.7, 4.2.8).

Die große ökologische Spannweite der Standorte, auf denen die Kiefer heute verbreitet ist, und großräumig veränderte Wuchsbedingungen führen zu Unterschieden im Wachstumsgang und in der **Gesamtwuchsleistung** nach den Daten der Ertragstafel von Wiedemann aus dem Jahr 1943 (Wiedemann 1948) – enthalten in der Ertragstafelsammlung von Schober (1995). So zeigt die Kiefern-Ertragstafel für Nordostdeutschland (Lembcke et al. 1975, 1977), dass die Leistungen der bestwüchsigen Bestände im Alter von 100 Jahren Höhen von 34 m und einen durchschnittlichen Volumenzuwachs pro Jahr von 13,7 Vfm erreichen können, während in der Ertragstafel von Wiedemann die entsprechenden Werte noch mit 28 m bzw. 7,0 Vfm angegeben sind. Im Nordosten Polens erreichen Kiefernbestände bis zum Alter von rund 130 Jahren durchschnittliche jährliche Volumenzuwächse zwischen 2,7 und 10,9 Vfm ha^{-1} bei maximalen Baumhöhen von 30–36 m (Bielak et al. 2014). An der arktischen Waldgrenze im Norden Finnlands betragen die durchschnittlichen Volumenzuwächse bis zum Alter von 100 Jahren nur 1–1,5 Vfm ha^{-1} $Jahr^{-1}$ bei Oberhöhen von 12–14 m (Varmola et al. 2004).

Auch die Auswertung des ertragskundlichen Versuchsflächennetzes in Bayern zeigt deutlich höhere Wuchsleistungen und ein unerwartet lang anhaltendes kräftiges Wachstum bis über das Alter von 150 Jahren hinaus (Franz 1983; Pretzsch 1987; Klemmt et al. 2007). Im Vergleich zu anderen Baumarten erbrachte die Kiefer dennoch nur mäßige Volumenleistungen, die sich auch bei sorgfältiger Herkunftswahl und dem Wuchsrhythmus angepasster Begründungs- und Behandlungsverfahren nicht entscheidend beeinflussen ließen. Auf die veränderten Wachstumsbedingungen in Mitteleuropa haben Kiefernbestände seit einigen Jahrzehnten mit Zuwachsanstiegen reagiert, sodass zukünftig eine wesentlich höhere Ausbeute an Volumenerträgen zu erwarten ist (Utschig und Küsters 2004). Durch Beimischung von Buche bzw. Fichte zur Kiefer lässt sich die Volumenleistung von Beständen in einem weiten Standortsspektrum steigern (Pretzsch und Schütze 2004; Bielak et al. 2014; Pretzsch et al. 2015).

Vor allem starkes, astfreies **Kiefernholz** ist wegen seiner dekorativen Wirkung, guter mechanischer Eigenschaften und ausreichender Witterungsbeständigkeit als Furnierholz und hochwertiges Schneideholz gesucht, das sich als Bau- und Konstruktionsholz sowie als Ausstattungsholz im Innenbereich vielseitig einsetzen lässt. Kiefernstammholz geringerer Dimension und Qualität wird wegen der häufig vorhandenen Krümmungen, Beulen und stärkeren Abholzigkeit in Deutschland meist um bis zu 25 % geringer bewertet als Fichtenholz in gleicher Stärke, sodass die Kiefer insgesamt eine geringe finanzielle Leistungskraft aufweist. Die waldbaulichen Bemühungen sind daher in Mitteleuropa darauf ausgerichtet, den Anteil an hochwertigem Stammholz zu erhöhen. In Skandinavien wurde die Stammqualität bei der Kiefer bisher weniger beachtet, es werden überwiegend geringe Stammstärken als Säge- und Industrieholz (Papier und Holzwerkstoffe) verwendet (Hurttala et al. 2017). Als Ansatzpunkte für eine ökonomische Optimierung der Bewirtschaftung der Kiefer in Deutschland werden die Senkung der Begründungskosten durch Naturverjüngung oder bei notwendigen Pflanzungen verringerte Pflanzenzahlen (bis auf 2 500 Pflanzen ha^{-1}, Huss 1999), frühzeitige Pflegeeingriffe zur Förderung des Durchmesserzuwachses und der Wertleistung, Hochdurchforstungen zur Erzielung von Vorerträgen, eine kürzere Umtriebszeit und die Einbringung von Mischbaumarten im Voranbau (Kap. 3.7.2) diskutiert (Spellmann 2002, 2008; Beinhofer und Knoke 2009). Die Ästung der Kiefer ist in Beständen von hervorragender Qualität rentabel (Beinhofer 2008).

Die Kiefer ist innerhalb und vor allem außerhalb ihres natürlichen Verbreitungsgebietes zahlreichen **Risiken** ausgesetzt. Schneebruchschäden in jungen Beständen lassen sich durch Standorts- und Herkunftswahl sowie frühzeitige Läuterungen weitgehend verhindern (Kap. 4.2.5.1). Die Beimischung von Laubholz dämmt die vor allem in Jungbeständen hohe Waldbrandgefährdung von Kiefernbeständen (Schmidt et al. 2004; Schlick und Möller 2007; Fernandes et al. 2008). Der Schüttepilz (*Lophodemium seditiosum*) ist in Jahren mit hohen Niederschlägen als Schaderreger von Bedeutung. Mehrfach befallene Jungkiefern sterben ab oder werden stark geschädigt, sodass lückige Jungbestände entstehen oder Naturverjüngungen, Saaten und junge Pflanzungen weitgehend vernichtet werden. Zu hoher Dichtstand der Pflanzen und feuchte Standorte begünstigen die Infektion. Erhebliche Schäden verursacht der Kiefernrinden-Blasenrost (*Cronartium flaccidum*) an *Pinus sylvestris* und weiteren zweinadeligen Kiefernarten, am häufigsten und auffälligsten an älteren Kiefern, wenn der Wipfeltrieb nach jahrelanger Erkrankung abstirbt und verharzt (Kienzopf). Der Kiefern-Braunporling (*Phaeolus schweinitzii*) ist neben der Krausen Glucke (*Sparassis crispa*) der bedeutendste Stammholzzerstörer an der Kiefer. Beide Pilze zersetzen auch an der Douglasie von den Wurzeln ausgehend den unteren Stammteil (Stockfäule). Es gibt zahlreiche weitere pilzliche Krankheitserreger und Insekten, die die Kiefer in unterschiedlichen Altersphasen befallen können, sie sind jedoch meist von geringerer Bedeutung (Abb. 2.19; Übersichten in Altenkirch et al. 2002; Heydeck 2007; Butin 2011). Beobachtungen nach dem Trockenjahr 2015 zeigen, dass die Anfälligkeit der Kiefer für Sekundärschädlinge nach hohen Sommertemperaturen und ausgeprägter Trockenheit stark zunimmt (Gößwein et al. 2017).

Zirbelkiefer (*Pinus cembra*)

Die Zirbelkiefer, auch Arve oder Zirbe genannt, kommt in drei deutlich voneinander getrennten Teilarealen natürlich vor: Das flächenmäßig weitaus größte Teilareal besiedelt die Varietät

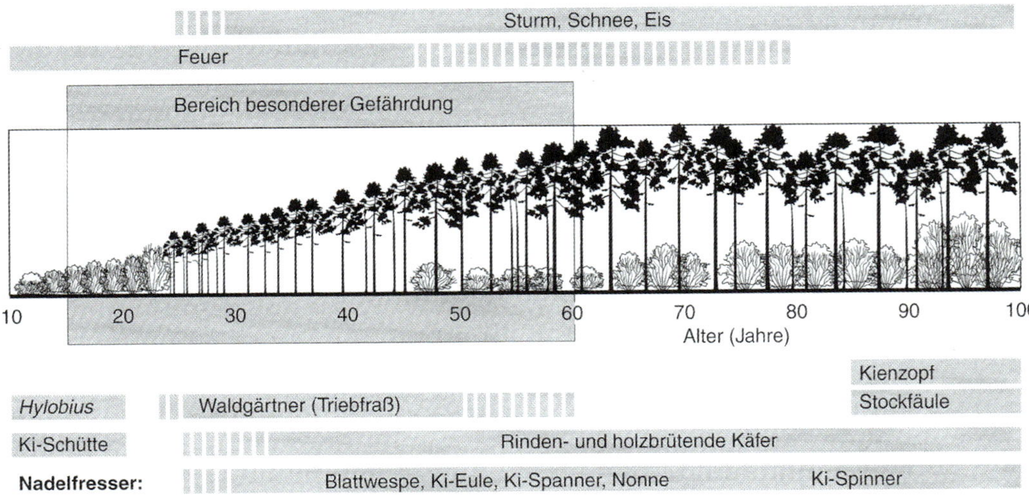

Abb. 2.19 Gefährdungen der Kiefer durch Insekten, Pilze und abiotische Ursachen im Verlauf der Bestandesentwicklung (aus Altenkirch et al. 2002).

Pinus cembra var. *Sibirica*. In Russland dehnen sich ihre Rein- und Mischbestände von westlich des Urals bis östlich des Baikalsees aus. Wesentlich kleiner ist das Teilareal der Zirbelkiefer in der Hohen Tatra und in den Süd- und Ostkarpaten sowie das in den Zentralalpen. Kennzeichnend für alle 3 Teilareale ist ein streng **kontinentales Klima** mit weiten Spannen zwischen den winterlichen und sommerlichen Temperaturextremen (Schütt 1994b). In den Alpen ist die Zirbelkiefer die frosthärteste Baumart (Tranquillini 1958) und bildet in der oberen subalpinen Stufe (bis über 2 500 m ü. NN) die Waldgrenze, häufig in Mischung mit der Lärche (Ott et al. 1997). Sie ist eine **Lichtbaumart**, die in der Jugend im Gegensatz zur Lärche Halbschatten verträgt. Sie hat geringe Nährstoffansprüche und gedeiht auch auf Podsolböden. Auch bei günstigen Wuchsbedingungen und in tiefen Lagen wächst die Baumart sehr langsam (Trauboth 2001). In den Hochlagen werden Pflanzenhöhen von 1–2 m erst im Alter von 30–50 Jahren erreicht, danach wächst die Zirbelkiefer rascher (Ott et al. 1997). Auf günstigen Standorten können im Baumalter von mehreren Jahrhunderten (maximales Alter 1 000 Jahre) Höhen von über 25 m und Durchmesser von mehr als 1 m erreicht werden (Schütt 1994b). Das **Holz** der Zirbelkiefer harzt nicht und wird von alters her als Brennholz, Bauholz, Dachschindeln und wegen seiner lebhaften Zeichnung als Möbelholz sowie für den Innenausbau verwendet. Die relativ großen Samen sind wohlschmeckend und nahrhaft. Durch Waldrodungen, Übernutzungen der Wälder, Waldweide und hohe Wildstände sind die Vorkommen der Zirbelkiefer in den Alpen stark zurückgegangen (Furrer 1955; Risch et al. 2002; Vittoz et al. 2008). In Aufforstungsprogrammen für den Lawinen- und Erosionsschutz wird die Zirbelkiefer vor allem in der Schweiz und in Österreich verwendet.

Bergkiefer (*Pinus mugo* agg.)

Die in den mitteleuropäischen Gebirgen, auf der Balkanhalbinsel, in den Karpaten und im Apennin verbreitete formenreiche Artengruppe der Bergkiefer umfasst drei, als Arten oder Unterarten aufgefasste, **Sippen**, die sich in Wuchs- und Zapfenmerkmalen, Verbreitung und Ökologie unterscheiden (Schmidt 2011). Die winter- und spätfrostharten Bergkiefern haben einen hohen Lichtbedarf, aber geringe Ansprüche an Wärme und Nährstoffe. Als **Pioniergehölze** der Hochgebirge und Moore besiedeln sie Waldgrenzstandorte, auf denen sie nicht der Konkurrenz anderer Arten ausgesetzt sind und mehr oder weniger große Reinbestände bilden.

Die aufrecht wachsende, einstämmige **Hakenkiefer** oder Bergspirke (*Pinus uncinata*, syn. *Pinus mugo* subsp. *uncinata*) bildet in der hochmontanen bis subalpinen Höhenstufe der Pyrenäen und Westalpen auf feinerdearmen, flachgründigen Fels- und Steinschuttstandorten lichte Wälder mit Baumhöhen von 10 m bis selten über 20 m. Reinbestände im Schweizer Nationalpark in Höhenlagen um 2 000 m haben Vorräte von 60–70 m^3 ha^{-1}, Baumhöhen von 8–10 m werden im Alter von 100 Jahren erreicht. Die Alters- und Strukturunterschiede in den Beständen sind großenteils auf die frühere Holznutzung und Waldweide zurückzuführen (Leibundgut und Schlegel 1985). Im Gegensatz zu den anderen Sippen der Bergkiefer hat die Hakenkiefer eine gewisse Bedeutung für die Holzproduktion und wird auch über das natürliche Verbreitungsgebiet hinaus angebaut, u. a. in Spanien und Norwegen (Mezquida et al. 2010; Schmidt 2011).

Die **Moorkiefer** (*Pinus rotundata*, syn. *Pinus mugo* subsp. *rotundata*) ist eine formenreiche Sippe der Bergkiefer, die sich sowohl zu aufrechten (Moorspirke) als auch zu niederliegenden Wuchsformen (Moorlatsche) entwickelt. Ihr disjunktes Areal besteht aus den Moorstandorten der submontanen bis subalpinen Höhenstufen in den süd- und zentraleuropäischen Gebirgen. Die Moorspirke erreicht auf nicht zu nassen Standorten Höhe und Alter der Hakenkiefer (Hohenstatter 1973). Durch anthropogene Standortsveränderungen ist sie in ihrem Bestand stark zurückgegangen. Auf Entwässerung reagiert sie zunächst mit Zuwachssteigerungen, verjüngt sich bei zunehmender Trockenheit aber kaum noch (Sengbusch 2004; Schmidt 2011).

Die **Latsche**, Krummholzkiefer oder Legföhre (*Pinus mugo*) wächst strauchförmig mit meist mehreren niederliegenden bis bogig aufsteigenden Sprossachsen und bildet oft ein großes, nur schwer durchdringliches Dickicht von 1–3 m Höhe oberhalb der Waldgrenze. Schwerpunkte der natürlichen Verbreitung sind die Ostalpen, Sudeten, Karpaten und die Balkanhalbinsel. Aufforstungen innerhalb und außerhalb des natürlichen Areals dienen in extremen Gebirgslagen dem Schutz vor Bodenerosion, Steinschlag, Hangrutschungen und Lawinen, an den Küsten dem Dünenschutz. Naturverjüngung von Zirbelkiefer, Fichte und Lärche schützt die Latsche vor Wind, Schneebruch und Verbiss (Schmidt 2011).

Schwarzkiefer (*Pinus nigra*)

Das Verbreitungsareal der Schwarzkiefer umfasst eine große Anzahl von verinselten Teilvorkommen mit einem Verbreitungsschwerpunkt in der montanen Stufe der europäischen Mittelmeerländer, in denen sie eine wichtige Wirtschaftsbaumart ist (insgesamt mehr als 3,5 Mio. ha, davon Türkei > 1 Mio. ha und Spanien 0,4 Mio. ha (Isajev et al. 2004)). Die nördlichsten Vorkommen liegen im südöstlichen Österreich, in Rumänien und auf der Krim, die südlichsten auf Zypern und Kreta sowie im Norden von Marokko und Algerien. Im Osten reicht das Verbreitungsgebiet bis in das türkische Taurus-Gebirge, im Westen bis zur östlichen Hälfte Spaniens und in den Südwesten Frankreichs (Grossoni 2000). Hinsichtlich der vertikalen Verbreitung ergeben sich starke Unterschiede zwischen den Teilarealen. In Spanien, auf Korsika und in Süditalien besiedelt die Schwarzkiefer überwiegend Höhenlagen zwischen 800 und 1 500 m ü. NN, in den französischen Pyrenäen und Cevennen zwischen 250 und 800 m, in Österreich und auf der Krim zwischen 300 und 1 000 m (Röhrig 1957; Grossoni 2000; Isajev et al. 2004). In den einzelnen Teilarealen bestehen erhebliche klimatische Unterschiede. In den südlichen Gebieten herrscht ein mediterranes, subhumides Klima mit ausgeprägter Sommertrockenheit, in Österreich sind Klimaextreme weniger ausgeprägt, hier liegt das Maximum des Niederschlags im Sommer (Spellmann et al. 2015a). Die disjunkte Verbreitung hat zur Ausbildung zahlreicher morphologischer und ökologischer Rassen und Varietäten geführt, die nach den geographischen Schwerpunkten der Verbreitung in bis zu sechs **Unterarten** zusammengefasst werden (Bussotti 2002; Isajev et al. 2004).

Als wärmeliebende und lichtbedürftige **Pionierbaumart** stellt die Schwarzkiefer geringe Ansprüche an die Wasser- und Nährstoffversorgung (Heinze 1996). Je nach Unterart wächst sie auf lockeren sandigen, auf kalk- oder silikatreichen, aber auch auf schweren tonigen **Böden**. Die Unterart *nigra* (Österreichische Schwarzkiefer) bevorzugt Kalkböden, die Unterart *laricio* (Korsische Schwarzkiefer) kommt fast ausschließlich auf Böden aus Granitverwitterungsmaterial, Sanden oder Substraten vulkanischen Ursprungs vor (Grossoni 2000; Bussotti 2002).

Beim Anbau in Belgien, Deutschland, Großbritannien, den Niederlanden und auf dem französischen Festland erwiesen sich **Herkünfte** der Unterart *laricio* aus Korsika und Kalabrien als besonders feinastig sowie stark- und geradwüchsig. Herkünfte der Unterart *nigra* aus dem Osten des Verbreitungsgebietes (Österreich, Balkan) sind in Mitteleuropa frosthart, Schwarzkiefern aus Korsika und – in geringerem Ausmaß – aus Kalabrien hingegen werden in strengen Wintern und in ungünstigen Anbaulagen durch Frost geschädigt (Larsen und Suner 1984). Eine gesicherte Anbauempfehlung für Deutschland wird daher zurzeit nur für die Österreichische Schwarzkiefer gegeben (Spellmann et al. 2015a). Andere Unterarten der Schwarzkiefer können vor dem Hintergrund des Klimawandels auf flachgründigen, trockenen Standorten und auf armen Sanden eine Alternative zur Waldkiefer und zur Douglasie sein (Huber 2011; Spellmann et al. 2015a).

Arme Sandböden im mittleren und westlichen europäischen Flachland (u. a. küstennahe Dünen) und Kalködland in den Mittelgebirgen (oft als Vorwald für nachfolgenden Laubwald) wurden häufig mit Schwarzkiefer aufgeforstet. In der **Wuchsleistung** sind die Korsische und die Österreichische Schwarzkiefer der Waldkiefer auf diesen Standorten überlegen. Nach langsamem Jugendwachstum werden durchschnittliche Gesamtzuwächse von 5–10 (maximal 12) Vfm ha^{-1} $Jahr^{-1}$ bei hervorragenden Stammformen erreicht (Röhrig und Bartsch 1992; Bussotti 2002; Klemmt et al. 2012), wobei der laufende Volumenzuwachs später als bei der Waldkiefer kulminert (Altherr 1969). Das Holz der Schwarzkiefer wird aufgrund eines höheren Harzgehaltes und einer häufig stärkeren Ästigkeit weniger geschätzt als das der Waldkiefer (Sachsse und Flotho 1998).

Weymouthkiefer (*Pinus strobus*)

Das natürliche Verbreitungsgebiet der Strobe oder Weymouthkiefer ist der **Nordosten Nordamerikas** von Neufundland im Norden über das Gebiet der Großen Seen bis in die Appalachen im Süden, wo sie in Pionierwaldgesellschaften mit Aspe und Birke sowie als langlebige Baumart in verschiedenen Nadel- und Laubholzwaldgesellschaften mit hohen Anteilen vertreten ist. Die Holzindustrie in Kanada und in den USA war vor rund 300 Jahren aufgrund der hohen Holzvorräte dieser Baumart begründet worden. (Wendel und Smith 1990; Singh 1996; Mullin 2002; Barnes und Wagner 2004)

In **Mitteleuropa** gehört die Strobe zu den am längsten angebauten nichtheimischen Baumarten und galt lange als die leistungsfähigste der eingeführten Baumarten (Stratmann 1988). Nach der Ertragstafel von Eckstein (1965, in Schober 1995) liegt die Gesamtwuchsleistung der Strobe in der I. Ertragsklasse im Alter von 80 Jahren um 30 % über der Leistung der Fichte und um 50 % über jener der Waldkiefer. Die Ausbreitung der Pilzerkrankung Strobenrost (*Cronartium ribicola*) (Butin 2011) ist seit Mitte des vorigen Jahrhunderts ein hohes Gefährdungsrisiko für die Strobe in Europa und Nordamerika. Seitdem ist die Anbaufläche in Mitteleuropa zurückgegangen und die Baumart wird nur noch in geringen Anteilen in Mischbeständen gehalten (Noltensmeier und Lermer 2015).

2.1.2.3 Lärchen (Gattung *Larix*, Familie Pinaceae)

Die nadelabwerfende Gattung *Larix* ist mit 10 Arten in der borealen Nadelwaldzone und in Gebirgslagen der nördlichen Hemisphäre vertreten. In Nordamerika kommen 3 Arten vor, in Sibirien, Ostasien und dem Himalaja 6 Arten. Heimisch in Europa ist nur die Europäische Lärche (*Larix decidua*). Neben dieser hat in Mittel- und vor allem in Westeuropa die Japanische Lärche (*Larix kaempferi*), die 1861 nach Europa eingeführt wurde, forstlich eine Bedeutung (Aas 2012).

Europäische Lärche (*Larix decidua*)

Das natürliche Verbreitungsgebiet der Europäischen Lärche (im Folgenden als Lärche bezeichnet) ist disjunkt und besteht aus zwei Hauptvorkommen, der Alpen-Lärche und der Karpaten-Lärche, wobei verschiedene Einteilungen in Unterarten vorgenommen wurden (Pâques et al. 2013). In den Alpen befinden sich mit über 600 000 ha 85 % der natürlichen Vorkommen der

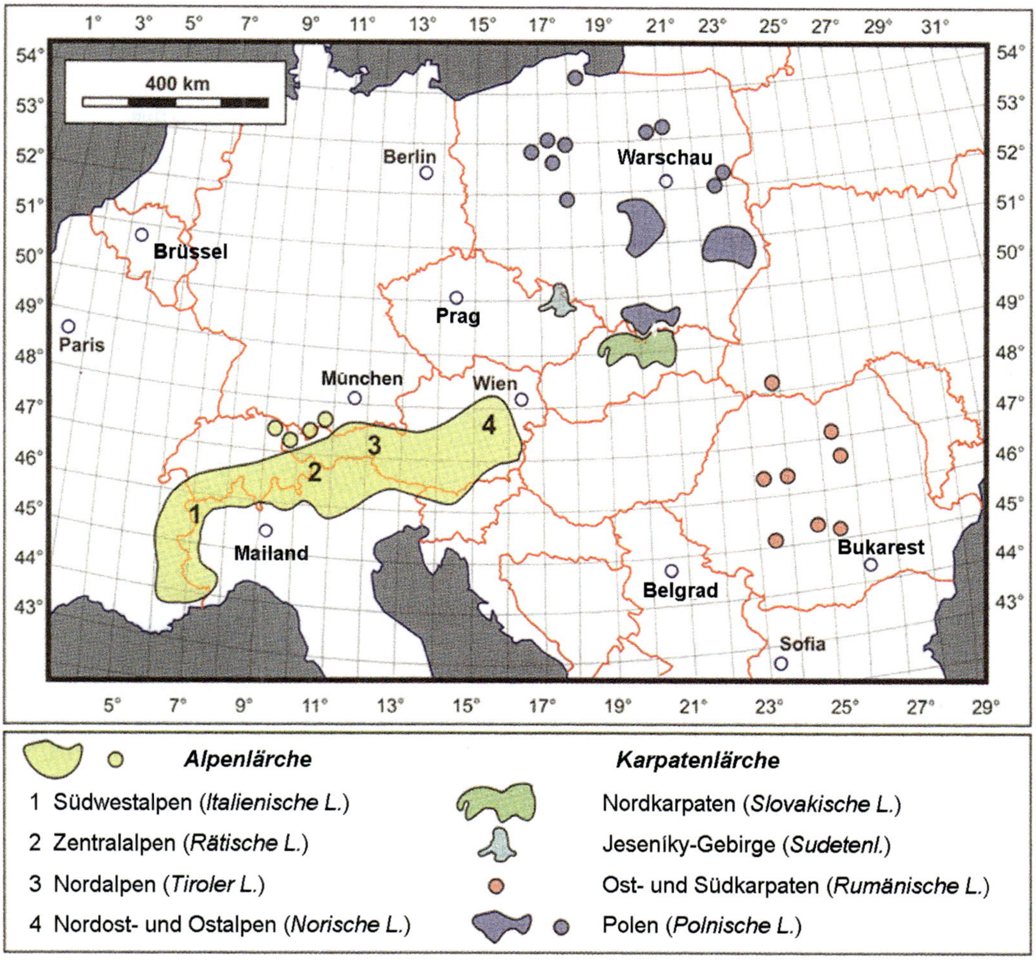

Abb. 2.20 Natürliche Verbreitungsgebiete von *Larix decidua* (nach Pâques et al. 2013).

Lärche. Im Westteil der Alpen ist sie eine Baumart der hohen Lagen (1 000–2 900 m ü. NN), nach Osten hin bis zum Alpenrand ist sie auch in mittleren Lagen (ab 300 m) verbreitet. Die Karpaten-Lärche besiedelt vier geographisch voneinander getrennte Teilareale: die Sudeten im Grenzgebiet von Tschechien und Polen, die nördlichen Karpaten in der Slowakei, die östlichen und südlichen Karpaten in Rumänien sowie Kleinareale in der Weichselniederung (ab 150 m) und den Westkarpaten in Polen (Abb. 2.20).

Die Lärche ist eine Baumart des kontinental geprägten **Klimas**. Im Alpenraum weisen die Standorte geringe Luftfeuchtigkeit, eine hohe Anzahl von Strahlungstagen, nur wenig Nebelbildung und große Unterschiede zwischen Sommer- und Wintertemperaturen auf. Kontinental geprägte Klimaverhältnisse bevorzugt die Lärche auch in den Karpaten, wo sie in Höhenlagen von 600–1 000 m (Niedere Tatra) bzw. 1 000–1 500 m ü. NN (Hohe Tatra) eine beträchtliche Verbreitung hat. In den polnischen Herkunftsgebieten herrschen subkontinentale, durch ausgeprägte Sommertrockenheit mit niedrigem Jahresniederschlag (500–550 mm) gekennzeichnete Klimabedingungen. Das natürliche Areal der Lärche in den Sudeten stellt klimatisch ein Übergangsgebiet zwischen dem gemäßigten Mittelgebirgsklima und dem subkontinentalen Klima Osteuropas dar. Die Lärche kommt dort in Höhenlagen zwischen 300 und 800 m ü. NN vor und bildet häufig Mischbestände mit Tanne und

Buche. Spätfrostschäden sind in den natürlichen Arealen selten, treten aber beim Anbau von Hochlagenherkünften in tieferen Bereichen auf (Tschermak 1935; Geburek 2002; Pâques et al. 2013).

Vereinzelt bereits im 16. Jahrhundert und vielfach seit dem 19. Jahrhundert wird die Lärche wegen ihres raschen Jugendwachstums und ihrer hohen Volumenleistung auch außerhalb des natürlichen Areals angebaut (Elsner 1966). In Europa sind zurzeit rund 900 000 ha mit Lärchen (einschließlich Japanischer Lärche und Hybridlärchen) über die natürlichen Vorkommen hinaus aufgeforstet, vor allem in Deutschland (rund 270 000 ha) und in Großbritannien (rund 130 000 ha) (Pâques et al. 2013). Dabei zeigt sich die Lärche bodenvag, meidet aber **Böden** mit ausgeprägtem Wasserstau. Besondere Ansprüche an die Nährstoffversorgung bestehen nicht. Bei geeigneten Wärme- und Feuchtigkeitsbedingungen gedeiht sie auch auf Kalkböden. Vorzügliche Volumen- und Wertleistungen zeigen sich vor allem in der kollinen Stufe der europäischen Mittelgebirge, teilweise auch im kontinentalen und subkontinentalen Bereich eiszeitlich geprägter Landschaften sowie im südlichen Mitteleuropa in submontanen und montanen Gebirgsstufen. Voraussetzung dafür ist eine gute und nachhaltige Wasserversorgung aus dem Boden. Zufriedenstellende Wuchsleistungen erbringt die Lärche auch noch auf mäßig trockenen Mittelgebirgsstandorten, auf denen sie als Mischbaumart zur Buche der Fichte und auch der Kiefer, die dort stärker unter Schneebruch leidet, vorzuziehen ist.

Auf durchlässigen Standorten bildet die Lärche in den ersten Lebensjahren meist eine Pfahlwurzel, später ein tief reichendes Herzwurzelsystem. Nur etwa 1 m große Jungpflanzen können in sonniger Lage und auf stauwasserfreiem Boden Wurzeltiefen von mehr als 2 m erreichen (Lichtenegger et al. 1997). Die horizontale Ausbreitung der **Wurzeln** ist weniger verzweigt und weitreichend als bei der Fichte. Ebenso wie die Kiefer ist die Lärche auf süddeutschen Pseudogleyböden eine mitteltief (etwa 60–150 cm) wurzelnde Baumart (Kreutzer 1961). Auf schweren Tonböden und lehmigen Tonböden wurzelt jedoch die Tanne tiefer als die Kiefer und die Lärche (Schoch 1964). Die **Nadelstreu** der Lärche ist wegen des auf den meisten Standorten sehr weiten C/N-Verhältnisses schwer zersetzbar.

Die sehr unterschiedlichen Anbauerfolge mit der Lärche haben schon am Ende des 19. Jahrhunderts die Aufmerksamkeit auf die Bedeutung der **Herkunft** gelenkt (Cieslar 1899). Seitdem sind in vielen Ländern Europas und in Nordamerika zahlreiche Anbauversuche angelegt worden (Schober 1985; Kleinschmit 1988; Pâques et al. 2013). Dabei erreichten Herkünfte aus den Sudeten auf nahezu allen Standorten die beste **Höhenwuchsleistung**, danach folgten Herkünfte aus Zentralpolen, der Niederen Tatra und dem Wiener Wald (Tab. 2.5). Geringwüchsig blieben Herkünfte aus den Innenalpen, den Westalpen und aus der Hohen Tatra. Anders verhält es sich mit der **Stammform**. Den höchsten Anteil geradschaftiger Bäume weisen Herkünfte aus der nordöstlichen Alpenzwischenzone (Zone zwischen Randalpen und Innenalpen) und den österreichischen Kalkalpen auf, gefolgt vom Wiener Wald und der Hohen Tatra – sämtlich Herkünfte mit nur mittlerer Wuchsleistung. Lärchen aus den Sudeten, der Niederen Tatra und aus Polen bleiben in ihrer Schaftqualität dahinter weit zurück. Vergleichsweise hoch sind bei den Herkünften aus den Alpen die Mortalität in der Jugend und die Anfälligkeit gegen den **Lärchenkrebs**, der durch den Pilz *Lachnellula willkommii* ausgelöst wird und zu wirtschaftlich bedeutsamen Stammwunden führen kann (Butin 2011; Petercord und Straßer 2012). Der Lärchenkrebs tritt in erheblichem Ausmaß dann auf, wenn ein allgemein kühl-humides Klima herrscht oder lokal feuchte Tallagen, Frostmulden oder stark wechselfeuchte Böden vorliegen.

Die herkunftsbedingten Eigenschaften werden durch zahlreiche Einflüsse modifiziert:

- Wind- und Schneeeinwirkung je nach Exposition, Steilheit des Geländes und Bestandeslagerung,
- Auswirkungen von Bodeneigenschaften auf Stamm-, Ast- und Wurzelentwicklung,
- Beschädigungen durch Wild,
- waldbauliche Behandlung.

Daher sind die Ergebnisse der Herkunftsversuche so zu werten, dass die Herkünfte mit beson-

Tab. 2.5 Eigenschaften von Europäischer Lärche aus verschiedenen Herkunftsgebieten (nach Pâques et al. 2013)

Eigenschaft	Zentral-polen	Sudeten	Ostalpen	Nördl. Zentralalpen	Süd-Südwestalpen	Karpaten
Kulturerfolg	+++	+++	+++	++	+	+++
Wachstum	+++	+++	++	+	+	++
Abholzigkeit	++	+++	++	++	+	+++
Schiefstand	+	+	+++	+++	++	+++
Krebsresistenz	+++	+++	+	+(++)	+	+++
Stabilität des Genotyps*	+++	+++	++	+	+	++
Holzdichte	+++	+	++	+	+++	++
mechanische Holzeigenschaften	+++	++	++	++	+	?
Kernholzanteil	+++	++	++	++	+	+
natürliche Holz-dauerhaftigkeit	+++	+	?	+	+++	+++

+++ überdurchschnittlich, ++ durchschnittlich, + unterdurchschnittllich
*Genotyp ist gegenüber Umwelteinflüssen stabil, d. h., die Herkunft bewahrt ihre typischen Eigenschaften beim Anbau auf unterschiedlichen Standorten

ders raschem Wachstum nicht wegen einer allgemein schlechteren Stammform verworfen werden sollten. Bei ihnen ist vielmehr eine höhere Sorgfalt bei der Standortswahl und der Bestandespflege erforderlich, damit eine genügende Anzahl geradwüchsiger Bäume den Zieldurchmesser erreicht.

Als ausgeprägte **Lichtbaumart** verträgt die Lärche in ihrem gesamten Lebenszyklus allenfalls eine sehr lockere Überschirmung. In ihren natürlichen Verbreitungsgebieten ist sie ein Besiedler von Freiflächen, wie sie durch Lawinen, Erdrutsche, Sturmwurf, Borkenkäfer, Waldbrand oder Weidenutzung entstehen (Mineralbodenkeimer). Sie wandert aber auch in verlichtete Altbestände von Fichte und Zirbelkiefer ein. Auch gegen seitliche Einengung der Krone ist sie sehr empfindlich. Als **Mischbaumart** eignet sie sich nur, wenn sie ständig vorwüchsig zu bleiben vermag. Ihr rasches Jugendwachstum und ihr hohes Lebensalter sind hierfür Konkurrenzvorteile, in Mischbeständen mit Schattenbaumarten, wie der Buche, sind früh einsetzende und bis ins Baumholzalter anhaltende Eingriffe zur Ausformung großer, gleichförmiger Kronen erforderlich (Dippel 1989; Guericke 2001).

Mit einem ausgeprägten Farbunterschied zwischen Splint- und Kernholz gehört die Lärche wie die Kiefer und die Douglasie zu den Kernholzbaumarten. Da die Lärche früh (im Alter von 8–10 Jahren) rötlich-braun verkernt, hat sie zumeist einen sehr schmalen hellen Splint. Die Lärche liefert das schwerste und zugleich härteste **Holz** unter den einheimischen Nadelhölzern. Nur das Holz der als Waldbaum seltenen und unter Naturschutz stehenden Eibe ist noch schwerer. Das schwerste Holz wird bei Jahrringen zwischen 1 und 2 mm ausgebildet, weil in diesem Breitenbereich bei der Lärche der Anteil an dickwandigem Spätholz am größten ist. Das Lärchenholz besitzt ausgesprochen gute Elastizitäts- und Festigkeitswerte und ist von hoher Zähigkeit. In Bezug auf die natürliche Dauerhaftigkeit bzw. Witterungsfestigkeit des Kernholzes übertrifft die Lärche alle anderen einheimischen Nadelhölzer. Sehr resistent ist das Kernholz gegen holzzerstörende Insekten. Unter Wasser ist das Lärchenholz von sehr langer Haltbarkeit (vergleichbar mit Eichenholz). Die Erlöse von Lärchenstammholz liegen bei guter Qualität weit über denen der Fichte. Große Wertdifferenzen ergeben sich daraus, dass die häufig vorkommenden Schaftkrümmungen die Bearbeitungslängen beeinflussen und zur Exzentrizität des Kernholzes führen. Oft bilden auch reichlich vorhandene harte Totäste (sogenannte Nageläste) ein Hindernis für die Herstellung von Furnieren und hochwertigem Schneideholz. Durch Ästung (Kap. 4.3) und eine sorgfältige Bestandespflege lässt sich der Wertholzanteil erheblich steigern. (Sachsse 1979; Grosser und Ehmcke 2012).

Die Lärche ist eine Baumart des **Mischbestands**. Reinbestände der Lärche, wie sie nahe der Waldgrenze in den Alpen vereinzelt natürlich vorkommen (Koch und Walentowski 2012), werden selten angebaut, weil sie sich im Baumholzalter sehr licht stellen und auf vielen Standorten eine unerwünschte üppige Begleitflora aufkommen lassen. Die häufigste Mischbaumart der Lärche ist die Buche, die im ökologischen Verhalten (langsameres Jugendwachstum, hohes Schattenerträgnis, gute Bodenbeschattung) die Lärche gut ergänzt und im gleichen Zeitraum die Zielstärke erreichen kann. Bei gut abgestimmten Mischungsverhältnissen und konsequenter Kronenpflege leisten Buchen-Lärchen-Mischbestände einen höheren Volumen- und einen weitaus höheren Wertertrag als Reinbestände der jeweiligen Baumart (Pretzsch 1997; Guericke 2001; Pretzsch et al. 2016).

Japanische Lärche (*Larix kaempferi*)

Von Natur aus kommt die Japanische Lärche nur auf der Insel Honshu in Höhenlagen von 1 100–2 700 m ü. NN mit mehreren voneinander getrennten Teilarealen vor, die insgesamt nur etwa 7 500 ha umfassen. Das Klima im natürlichen Verbreitungsgebiet ist durch relativ warme Sommer und trockene, kalte Winter mit Jahresniederschlägen von 1 500–2 500 mm geprägt. Der Schnee fällt meist feinkörnig, sodass die Japanische Lärche an stärkere Auflagen von Raureif und Nassschnee noch weniger angepasst ist als die Europäische Lärche. Bei den Böden handelt es sich um nährstoffreiche Braunerden und Podsole vulkanischen Ursprungs. Die Japanische Lärche kommt im Heimatgebiet vor allem in Mischbeständen mit verschiedenen Tannenarten vor, die ältere Lärchenbestände unterwandern und teilweise ablösen. Im Gegenzug ersetzt die Japanische Lärche als Pionierbaumart andere Baumarten auf durch großflächige Störungen (v. a. Erosion nach Taifun) entstandenen Areale mit unbedecktem Mineralboden (Plochmann 1961; Schober 1987a; Schober und Rau 1991).

Dem Klima im Heimatgebiet entsprechend ist die Japanische Lärche für den forstlichen **Anbau in Europa** nur in ausreichend humiden, vor allem küstennahen Gebieten geeignet. Auf trockenen, sandigen Standorten ist sie dürregefährdet. Ihre Nährstoffansprüche sind ähnlich gering wie die der Europäischen Lärche. Ihre besten Wuchsleistungen zeigt die Japanische Lärche im nordwesteuropäischen Flachland mit atlantischem Klima. Ebenso günstig sind regnerische Mittelgebirgslagen auf Böden mit guter Wasserspeicherkapazität oder Hangwasserzuzug, in denen die Europäische Lärche erheblich krebsgefährdet und der stärkeren Konkurrenz durch die Buche ausgesetzt ist (Spellmann et al. 2015b). Gegen den Erreger des Lärchenkrebses ist die Japanische Lärche im Gegensatz zur Europäischen Lärche weitgehend resistent (Heydeck und Majunke 2002). Die schlecht abbaubare Nadelstreu der Japanischen Lärche kann in Reinbeständen zur Rohhumusbildung und zur Bodenversauerung beitragen.

Für eine **Lichtbaumart** ist typisch, dass Höhen-, Durchmesser- und Volumenzuwachs bei der Japanischen Lärche früh kulminieren, sie gehen aber im Gegensatz zu anderen Pionierbaumarten bis zum Ende der Produktionsdauer kaum zurück (Schober 1987b). Auf günstigen Standorten kann die Japanische Lärche bis zum Alter von 60 Jahren durchschnittliche Zuwächse von 9–12 Vfm ha^{-1} $Jahr^{-1}$ erreichen, unter sehr günstigen Verhältnissen bis 15 Vfm (Stratmann 1988; Lockow 2002). Für 79–99-jährige Anbauversuche im mittleren Westdeutschland betrugen die Zuwächse 11,8–13,1 Vfm ha^{-1} $Jahr^{-1}$ bei **Gesamtwuchsleistungen** von 930–1 212 Vfm. Die **Stammformen** der Japanischen Lärche sind im Vergleich zu Herkünften der Europäischen Lärche aus dem Ostalpenraum wenig befriedigend. Auch ist ihre Neigung zu gröberen Ästen ausgeprägt. Beides lässt sich durch einen engeren

Standraum in der Jungwuchs- und Jungbestandsphase abmildern (Schober 1987b). Bei Herkünften der Japanischen Lärche bestehen keine wesentlichen Unterschiede in Wuchsleistung und Qualität (Schober und Rau 1991).

Waldbaulich bewährt hat sich die Japanische Lärche in Europa auf Standorten mit günstiger Feuchtigkeitsversorgung als Vorwaldbaumart für den späteren Anbau frostempfindlicher Baumarten und als **Mischbaumart**, vor allem mit der Buche, die bei gleichzeitiger Begründung zunächst im Unterstand bleibt oder später als Unterbau eingebracht wird. Das **Holz** jüngerer Japanischer Lärchen zeigt eine geringere Dichte und niedrigere Festigkeitseigenschaften als das der Europäischen Lärche, doch bei älteren Stämmen sind die Unterschiede gering (Sachsse 1987), sodass sich für beide Lärchenarten dieselben Verwendungsmöglichkeiten ergeben.

Hybridlärche (*Larix x eurolepis*)

Lärchenarten neigen zu spontaner Hybridisierung. In Schottland waren bereits am Ende des 19. Jahrhunderts natürlich entstandene Hybride von Europäischer und Japanischer Lärche (*Larix x eurolepis*) durch ihr rasches Jugendwachstum aufgefallen. Seither wird versucht, die teils komplementären Eigenschaften der beiden Lärchenarten (Tab. 2.6) durch kontrollierte Kreuzungen auszunutzen (Langner und Schneck 1998). Bei größerer Variabilität übertreffen die Hybridlärchen beide Elternarten im Höhen- und Durchmesserzuwachs, zumindest in den ersten 10–20 Lebensjahren, deutlich (Pâques et al. 2013). Die Wuchsüberlegenheit der Hybriden gegenüber den reinen Arten scheint mit zunehmendem Alter standortabhängig in unterschiedlichem Ausmaß zurückzugehen (Gothe 1987). Als Vorzug von Hybridlärchen zeigte sich, dass diese eine weitere ökologische Amplitude aufweisen als die Japanische Lärche, dabei weniger trockenheitsempfindlich sind, höhere Überlebensraten in der Jungendphase aufweisen und zudem kaum von Krebs befallen werden (Gothe et al. 1980; Baltunis et al. 1998). Stammformen und Holzeigenschaften entsprechen meist denen der Elternarten, ein höherer Dichtekontrast ist allerdings für bestimmte Verwendungszwecke nachteilig (Reck 1980; Sachsse 1987; Pelz et al.

Tab. 2.6 Ausprägung von Eigenschaften der Europäischen Lärche und der Japanischen Lärche (nach Pâques et al. 2013)

Eigenschaft	Europäische Lärche	Japanische Lärche
Jugendwachstum	–	+++
Stammform	+++ (–)	– (+)
Aststärke	+++ (+)	–
Krebsresistenz	– (+)	+++
Nadelschütte	–	+++
Dürreresistenz	+++	–
Spätfrost	+++	–
Kernholzentwicklung	–	++
natürliche Holzdauerhaftigkeit	+++ (–)	+++
Holzschwindung	–	++

+ günstig, – ungünstig

b2003). Trotz der hohen Wuchsleistung ist die Nachfrage und Verwendung von Vermehrungsgut der Hybridlärche in Deutschland und in anderen europäischen Ländern gering. Probleme ergeben sich bei interspezifischen Kreuzungen dadurch, dass die Hybrid-Reinheit sehr variabel ist und ein hoher Anteil der Samen unvollständig entwickelt bleibt (Pâques et al. 2013).

2.1.2.4 Tannen (Gattung *Abies*, Familie Pinaceae)

Die Gattung *Abies* umfasst etwa 40 Arten, die auf der Nordhalbkugel überwiegend in Gebirgslagen vorkommen (Aas 2004). In Europa sind neben der Weißtanne (*Abies alba*) vier Arten in mehr oder weniger kleinen Arealen im Süden verbreitet. In Kleinasien finden sich vier weitere Arten, von denen vor allem die Nordmann-Tanne (*Abies nordmanniana*) in Mittel- und Nordeuropa begrenzt eingebracht wird, fast ausschließlich zur Nutzung als Weihnachtsbaum und Schmuckreisig (Maurer 2010; Fløistad et al. 2015). Einige nordamerikanische und ostasiatische Tannenarten werden versuchsweise angebaut (Stratmann 1988), auch zur Prüfung der Eignung als alter-

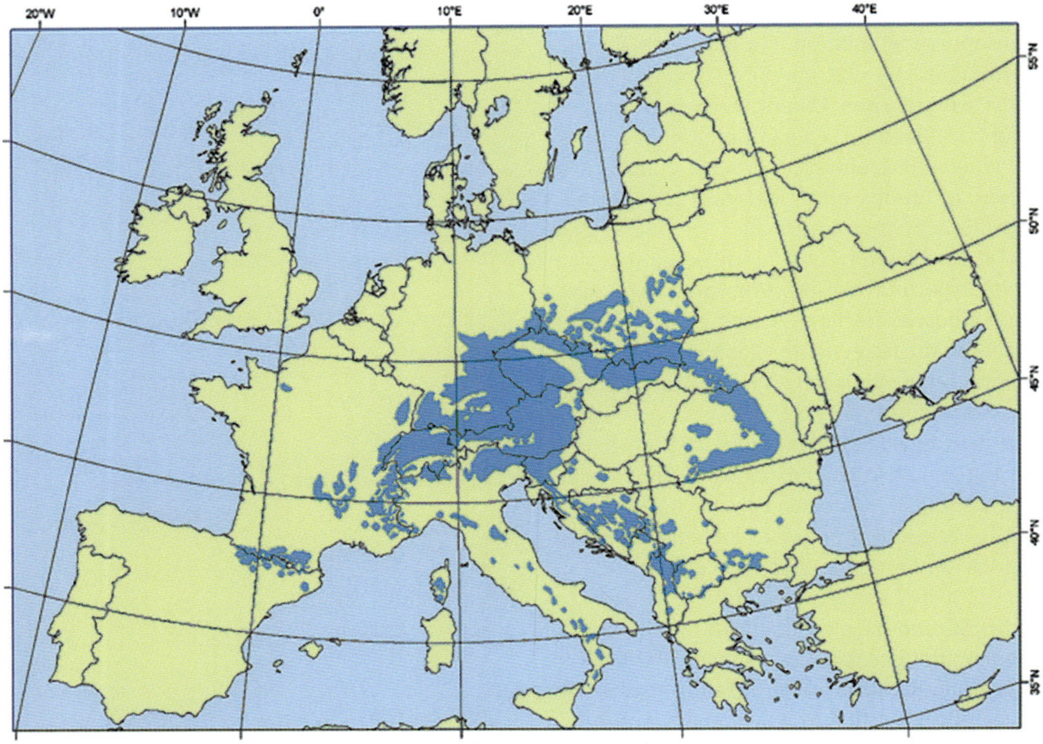

Abb. 2.21 Natürliches Verbreitungsgebiet von *Abies alba* (aus EUFORGEN 2009).

native Baumarten im Klimawandel (Bachmann et al. 2009; Schmiedinger et al. 2009). Von forstlicher Bedeutung von den nordamerikanischen Tannenarten sind in Mittel- und Nordeuropa bisher die Große Küstentanne (*Abies grandis*, siehe Abschnitt dazu) und in geringerem Umfang die Pazifische Edeltanne (*Abies procera*) (Ruetz 2000; Kjær et al. 2014).

Weißtanne (*Abies alba*)

Im Vergleich zur Kiefer und zur Fichte hat die Weißtanne (im Folgenden als Tanne bezeichnet) ein wenig ausgedehntes natürliches Verbreitungsgebiet. Das weitgehend zusammenhängende Hauptareal liegt in den luftfeuchten montanen und subalpinen Gebirgsregionen des südlichen Mitteleuropas und Südeuropas (Abb. 2.21). Isolierte Vorkommen finden sich in den Pyrenäen, im französischen Zentralmassiv, auf Korsika und in Kalabrien. Im Hauptverbreitungsgebiet besiedelt die Tanne eine etwa 500–600 m breite Höhenzone, die von Norden nach Süden in den Gebirgen ansteigt. Während die Tanne am unteren Rand ihrer Höhenverbreitung dem zunehmenden Konkurrenzdruck der Buche ausgesetzt ist und ihm schließlich unterliegt, legen Winterkälte und Spätfrost die obere Grenze fest (Frey 2003). Im Thüringer Wald, Erzgebirge und Fichtelgebirge liegt die Obergrenze der Höhenverbreitung um 800 m, im Schwarzwald um 1 000 m, in den Bayerischen Alpen um 1 550 mm und in den Zentralalpen um 1 800 m ü. NN. Das höchstgelegene Vorkommen befindet sich im bulgarischen Pirin-Gebirge auf 2 900 m ü. NN (Bucher 1999; Aas 2004). Nur im Nordosten des Verbreitungsgebietes, im Süden von Polen, ist die Tanne auch im Flach- und Hügelland bei einem kontinentalen Klima mit Jahresniederschlägen von 500–600 mm vertreten (Gunia et al. 1972). Ein isoliertes Vorkommen in ähnlicher Höhenlage in der Normandie geht wahrscheinlich auf eine frühe künstliche Aufforstung zurück, wie sie im Bereich der Westküste des europäischen Festlandes bereits seit etwa 200 Jahren vor allem auf Dünen und Heiden erfolgte (Hoenisch 1963; Larsen 1981). Die nördliche Arealgrenze der Tanne verschob sich in den letzten Jahrhunderten nach Süden, vor allem in Westpolen, Sachsen und Thüringen. Selbst in den Verbreitungsschwerpunkten verursachten Kahlschläge, Übernutzung, Waldweide, Schädlingsbefall, Wildschäden und falsche waldbauliche Behandlung massive **Rückgänge** (Zentgraf 1949/1950a; Frey 2003; Henkel 2003; Vrška et al. 2009). Die Abnahme der Individuenzahl und die Zersplitterung der Vorkommen gefährden die genetische Variation in den Tannenbeständen (Eisenhauer et al. 2003).

Die Tanne wanderte von 7500–2500 v. Chr. aus drei Rückzugsgebieten (Refugien) nach der letzten Eiszeit in den mitteleuropäischen Raum zurück: aus dem nördlichen Apennin, aus dem südlichen Balkan und aus dem nördlichen bzw. westlichen Balkan. Zusätzlich überdauerte die Baumart die Eiszeit in kleineren isolierten Gebieten, aus denen sie sich nicht ausbreitete (Liepelt et al. 2009; Dobrowolska et al. 2017). Die **genetische Vielfalt** der Tanne ist in den südlichen Zwischen- und Randalpen und in den Introgressionszonen mit gemischten Populationen aus mehreren Rückzugsgebieten (z. B. Sudeten, westliche Karpaten, dinarische Alpen, südlicher Balkan (dort auch Hybridisierung mit *Abies cephalonica*)) geringer als in den Nordalpen und in den isolierten Rückzugsgebieten. Die Tanne der südlichen Zwischen- und Randalpen war einem wesentlich geringeren Einwanderungs- und Konkurrenzdruck durch die Fichte ausgesetzt und war dadurch weniger gezwungen, eine ökologische Nische höherer Schattentoleranz zu finden (Frey 2003).

Herkünfte aus dem Süden des natürlichen Verbreitungsgebietes und aus trockenen Gebieten der Alpenregion (Wallis) zeigen neben einer geringeren Schattentoleranz im Vergleichsanbau Vorteile im Jugendwachstum und in der Resistenz gegen Trockenheit (Kramer 1979; Hansen und Larsen 2003), Herkünfte aus Südosteuropa in der winterlichen Frostresistenz (Larsen 1981, 1986a). Aus Untersuchungsergebnissen – nach denen Herkünfte aus Kalabrien in Süditalien in Abhängigkeit von der Höhenlage über dem Meer und der Entfernung von der Küste im Höhenwachstum und in der Frostresistenz stark streuen – entwickelte Larsen (1986b) die Theorie, dass die Tanne in ihren Refugien in Süditalien eine relativ hohe genetische Variabilität bewahren konnte und Barrieren zwischen Süd- und Mittelitalien dazu geführt haben, dass durch ungünstige Bedingungen am Ende der Eiszeit eine genetisch verarmte Population Mittel- und Westeuropa auf ihrer Ausbreitung nach Norden erreicht hat. Daraus erklärt sich deren Empfindlichkeit gegen ungünstige Umwelteinflüsse (siehe Kasten Hintergrundwissen „Tannensterben“).

Gute Wuchsleistungen der Tanne sind nur bei einer etwas besseren **Wärmeversorgung** zu erwarten, als sie Fichte und Kiefer benötigen. Gegen starken Winterfrost und insbesondere gegen **Spätfrost** ist die Tanne empfindlich. Von Natur aus fehlt sie daher in ausgesprochen kontinentalen Klimagebieten. Hier wirken neben starken Winterfrösten und Frosttrocknis auch sommerliche Trockenzeiten vitalitätsbegrenzend, da die Tanne während der Vegetationszeit einen relativ hohen **Feuchtigkeitsanspruch** hat. Trotz einiger Vorkommen bei nur 500 mm werden Jahresniederschläge von 800 mm für mitteleuropäische Herkünfte als Minimum angesehen, 1 200 mm als Optimum, wenn der Großteil in der Vegetationszeit fällt (Kramer 1992; Bucher 1999). Die **Nährstoffansprüche** sind ähnlich mäßig wie die der Fichte. Die Tanne gedeiht auch auf Kalkböden, wenn genügend Feuchtigkeit zur Verfügung steht (Zentgraf 1949/1950a). Aufgrund der gut zersetzbaren **Nadelstreu** der Tanne bilden sich in tannenreichen Beständen selten ungünstige Humusformen.

Eine hohe **Wurzelenergie** und geringe Ansprüche an den Sauerstoffgehalt des Bodens machen die Tanne zur geeigneten Baumart für die Erschließung verdichteter und stauwasserbeeinflusster Standorte. Anders als die Fichte ist die Tanne aufgrund einer besseren Verankerung im Boden wenig empfindlich gegen Windeinwirkungen und dadurch auch für die Küstennähe geeignet. Wurzeltiefen von 90–120 cm erreicht sie noch auf stark versauerten, wechselfeuchten Lehmböden (Jahn et al. 1971). Die bereits im frühen Entwicklungsstadium angelegte Pfahlwurzel behält im Gegensatz zu anderen Baumarten ihre Dominanz in den späteren Lebensphasen bei. Neben der vertikal ausgerichteten Pfahlwurzel bildet die Tanne einen Kranz von 4–6 kräftigen, schräg in den Boden vordringenden

Hintergrundwissen

Tannensterben

Seit Anfang des 18. Jahrhunderts und vermehrt in den folgenden Jahrhunderten wurde ein Absterben von älteren Tannen auf großen Flächen beobachtet und gesichert beschrieben (Larsen 1986b), das nach Neger (1908) als „Tannensterben" bezeichnet wird. Die **Ausbreitung** des Tannensterbens folgte der Zunahme der Immissionsbelastung mit Schwefeldioxid. Es trat zuerst im hochindustrialisierten Sachsen auf und wurde seit etwa 1900 in weiteren mittel- und osteuropäischen Regionen beobachtet. Bei der flächenmäßig größten Ausbreitung um 1980 kam das Tannensterben im nördlichen Drittel des Verbreitungsgebietes der Tanne in unterschiedlicher Intensität vor, weniger ausgeprägt auch in Slowenien und Kroatien (Übersicht in Elling et al. 2007).

Die **Symptome** des Tannensterbens (Schuck et al. 1980; Elling et al. 2007) zeigen sich ab einem Baumalter von etwa 60 Jahren:

- Verlichtung der Krone von unten nach oben durch Verringerung der Nadeljahrgänge und Absterben einzelner Äste,
- frühzeitiges Nachlassen des Höhenwachstums und Abflachung der Krone („Storchennest", das auch eine natürliche Alterserscheinung ist),
- zahlreiche Wasserreiser am Stamm,
- Rückgang der Jahrringbreiten (Eckstein et al. 1983; Schöpfer und Hradetzky 1986),
- Wurzelschäden mit Verringerung der Wurzelbiomasse und der Mykorrhizierung (Blaschke 1981),
- Auftreten eines pathologischen Nasskerns im Wurzelholz und im unteren Stammteil, durch den der Querschnitt des wasserleitenden Splintes stark reduziert wird (Schütt 1981; Schüler 1982).

Das Tannensterben ist eine Komplexkrankheit, deren zentrale **Ursache** die Immissionsbelastung mit Schwefeldioxid ist. An ihr sind mehrere, gleichzeitig oder nacheinander einwirkende Schadfaktoren beteiligt, vor allem Dürreperioden, Frostereignisse, Wurzelerkrankungen durch Pilze und andere Pathogene, weniger der Befall durch Insekten und der Ernährungszustand. Jahrringuntersuchungen zeigen einen starken Zuwachsanstieg an Tannen nach Reduktion der Schwefeldioxidemissionen, während der Einfluss der Witterung, abgesehen von extremen Trockenereignissen, weniger deutlich ausgeprägt ist (Elling et al. 2007).

temperaturen von 6–10 °C (14–19 °C in der Vegetationszeit) und frostfreien Tagen im Jahr zwischen 60 und 250. Die Baumart kommt auf unterschiedlichen geologischen Ausgangssubstraten vor. Die Spanne der Bodenfeuchtigkeit reicht von sommertrocken über frisch und feucht bis zu sehr feucht, die Spanne der Nährstoffversorgung von schwach bis reichlich. In ihrer Heimat ist die Küstentanne eine **Klimaxbaumart**, die einzeln oder in kleinen Gruppen anderen Nadel- und Laubbaumarten beigemischt ist. Reinbestände sind selten und nur von geringer Ausdehnung. Die größten Wuchsleistungen erbringt die Küstentanne in der Küstenregion, wo sie fast ebenso große Höhen wie die Douglasie erreicht, diese aber wie andere mit ihr vergesellschaftete Baumarten (u. a. *Thuja plicata* und *Tsuga heterophylla*) an Stammstärke noch übertrifft (Hermann 1981; Foiles et al. 1990; Spellmann et al. 2015c).

Die Küstentanne wird seit Mitte des 19. Jahrhunderts in **Europa** als Waldbaum angebaut, allerdings in wesentlich geringerem Umfang als die Douglasie (Hessenmöller et al. 2001; Lüdemann 2007), obwohl Vergleichsanbauten zeigen, dass die Küstentanne in der Volumenleistung der Douglasie nicht nachsteht, sie auf vielen Standorten sogar übertrifft (Röhle und Heiss 1988; Lockow und Lockow 2007). **Herkunftsversuche** mit der Küstentanne sind noch relativ jung. In einem Versuch mit 65 Herkünften auf 18 Standorten in Westdeutschland erreichten die Küstentannen bis zum Alter von 27 Jahren auch auf den schwächsten Standorten die Wuchsleistungen der Fichte in der I. Ertragsklasse (Ertragstafel von Wiedemann in Schober 1995). Die höchsten Wuchsleistungen und Qualitäten in Bezug auf Stammform und Ästigkeit erbringen danach Herkünfte aus den Westkaskaden und von der Olympischen Halbinsel in Washington und von Vancouver Island – Gebiete, aus denen auch die besten Herkünfte der Douglasie für den Anbau im Westen und Norden Deutschlands stammen (Rau et al. 2008). Herkünfte aus diesen Gebieten überzeugten bis zum Alter von 30 Jahren auch in einer polnischen Versuchsreihe in den Karpaten in Höhenlagen um 700 m ü. NN (Kulej und Socha 2008). Aufgrund des Transpirationsverhaltens und morphologischer Nadelmerkmale sind Herkünfte aus der Küstenregion und aus niedrigen Höhenlagen weniger trockenresistent als Herkünfte aus den Kaskaden und aus Hochlagen (Larsen et al. 1981). Küstenherkünfte aus Tieflagen sind anfälliger gegen Früh-, Winter- und Spätfrost als Herkünfte aus höheren Lagen der Kaskaden (oberhalb von 500 m ü. NN). Eine gute Frosthärte besitzen Inlandherkünfte aus Montana und Idaho, die später austreiben als küstennahe Herkünfte (Larsen 1978a).

In Europa ist die Küstentanne für den atlantischen bis subkontinentalen **Klimabereich** geeignet, sie erträgt hohe Luftfeuchtigkeit und übersteht Trockenperioden gut. Küstentannen in französischen Herkunftsversuchen überstanden das extreme Trockenjahr 1976 (Hermann und Birot 1978), Küstentannen niedersächsischer Versuchsanbauten das Trockenjahr 2003 sogar deutlich besser als Douglasien (Spellmann et al. 2010). Die Ansprüche an die **Nährstoffversorgung** sind gering, lediglich kalkhaltige, flachgründige Böden und Standorte mit mechanischen Widerständen durch hohe Skelettanteile und dichten Tonschichten oder mit Sauerstoffmangel durch Staunässe sind für die Küstentanne weniger geeignet. Die höchsten Wuchsleistungen zeigt sie auf tiefgründigen, frischen bis mäßig frischen Standorten (Stratmann 1988; Spellmann et al. 2015c). Die Nadelstreu der Küstentanne ist aufgrund günstiger chemischer Zusammensetzung gut zersetzbar (Skorupski et al. 2012).

Auf gut durchlüfteten, tiefgründigen Böden entwickelt die Küstentanne ein ähnliches **Pfahlwurzelsystem** wie die Tanne (Kreutzer er al. 1988; Polomski und Kuhn 1998). Auf Pseudogley und anderen Böden mit Stau- oder Grundwassereinfluss ist die Tiefendurchwurzelung der Küstentanne aber geringer als die der Tanne (Kreutzer er al. 1988), jedoch deutlich besser als die der Fichte (Xu et al. 1997). Dadurch ist die Küstentanne wenig gefährdet für Sturmwurf, stärker aber für Sturmbruch, weil vorwüchsige Küstentannen in Mischbeständen oft über das Kronendach herausragen (Weege 1988).

Die Küstentanne wird als relativ **schattentolerant** eingestuft. Auf armen Sandböden benötigt sie in der Jugend nur wenig mehr, auf lehmigen und tonigen Böden deutlich mehr Licht als die Tanne. Beim Anbau der Küstentanne unter einem lichten Kronenschirm sollte das Lichtangebot nicht für längere Zeit auf unter 50 % der Freilandstrahlung absinken. (Magnussen 1981, 1982). **Wildschäden** sind bei der Küstentanne ähnlich hoch wie bei der Tanne, jedoch ist die Küstentanne aufgrund des rascheren Jugendwachstums schneller dem Gefahrenbereich für den Wildverbiss entwachsen (Weidenbach und Schmidt 1988; Spellmann et al. 2015c).

Im Jugendwachstum bleibt die Küstentanne auf vergleichbaren Standorten hinter der Douglasie zurück, wächst aber rascher als die Tanne. Das Höhenwachstum kulminiert bereits im Alter von 15–20 Jahren und fällt danach nur verhalten ab (Lockow und Lockow 2007). Auf vielen Standorten übertrifft die Küstentanne ab dem Alter von 30 Jahren die Douglasie in der **Wuchsleistung** (Dong et al. 1993). Das Leistungspotenzial der Küstentanne ist gekennzeichnet durch jährliche Volumenzuwächse von über 30 Vfm ha^{-1}, durch kurze Produktionszeiträume von 40–60 Jahren bei einer Zielstärke von 60 cm und durch eine Gesamtwuchsleistung, die bis zum Alter von 60 Jahren 800 Vfm ha^{-1} überschreiten kann (Spellmann et al. 2015c). Die Küstentanne lässt sich als **Mischbaumart** in Beständen mit vor allem Buche (Spellmann et al. 2010), aber auch mit Winterlinde, Tanne, Lärche, Douglasie oder Roteiche einbringen. Ihr hohes Wuchspotenzial sichert der Küstentanne die Beteiligung an der herrschenden Bestandesschicht,

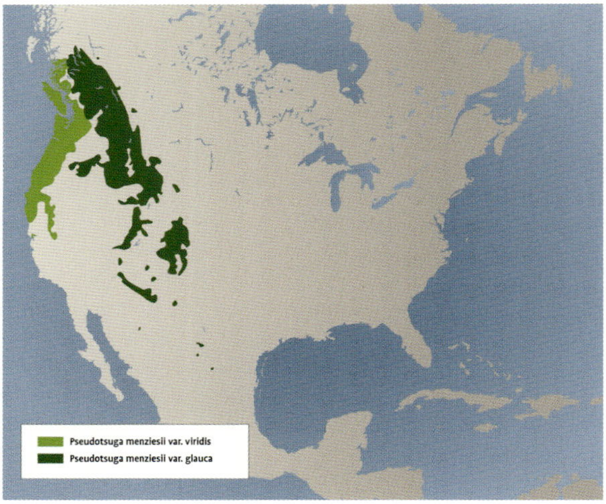

Abb. 2.23 Natürliches Verbreitungsgebiet von *Pseudotsuga menziesii*, differenziert nach Varietäten: hellgrün = *Pseudotsuga menziesii* var. *viridis*, dunkelgrün = *Pseudotsuga menziesii* var. *glauca* (aus Spellmann et al. 2015d).

eine starke Selbstdifferenzierung in Höhe und Durchmesser sowie eine Schmalkronigkeit lassen Raum für die Mischbaumarten (Spellmann et al. 2015c).

Das **Holz** der Küstentanne verkernt nicht und enthält keine fungiziden Stoffe. Die Art ist daher für pilzliche Schaderreger anfällig, vor allem für den Hallimasch (*Armillaria mellea*) und den Wurzelschwamm (*Heterobasidion annosum*), die besonders in Süddeutschland und in Österreich zu größeren Ausfällen geführt haben (Liesebach et al. 2008; Spellmann et al. 2015c). Wie bei anderen Baumarten mit schnellem Wachstum treten häufig Rindenrisse auf, die tief in das Holz gehen können. Die Holzqualität wird entscheidend von der Jahrringbreite und der Ästigkeit bestimmt. Sie kann über die Durchforstungsstärke und eine Ästung waldbaulich beeinflusst werden (Spellmann et al. 2010). Bei der Biegefestigkeit und der Elastizität nimmt das Holz der Küstentanne eine Mittelstellung zwischen Weißtanne und Fichte ein, sodass es als Bauholz geeignet ist (Riebel 2007).

2.1.2.5 Douglasie (*Pseudotsuga menziesii*, Familie Pinaceae)

Im westlichen Nordamerika hat keine Nadelbaumart ein so ausgedehntes und ökologisch differenziertes natürliches Verbreitungsgebiet wie die Douglasie (Abb. 2.23). Geographisch-klimatisch ist es geteilt in zwei lang gestreckte Zonen mit zahlreichen Übergängen, die dem Auftreten von zwei, nach der Nadelfarbe bezeichneten Varietäten entsprechen:

- Das Ursprungsgebiet der Grünen Douglasie oder Küstendouglasie (*Pseudotsuga menziesii* var. *menziesii*, syn. var. *viridis*) erstreckt sich über 2 200 km westlich des Kaskadenkamms und der Sierra Nevada vom südwestlichen Britisch Kolumbien bis in das nördliche Kalifornien.
- Das Ursprungsgebiet der Blauen Douglasie oder Inlanddouglasie (*Pseudotsuga menziesii* var. *glauca*) dehnt sich über 4 500 km in den Rocky Mountains von Kanada bis nach Mexiko (Lavender und Hermann 2014) aus.
- Als eine durch Genübertragungen (Introgression) zwischen den beiden Varietäten entstandene Übergangsform in Britisch Kolumbien und im nordwestlichen Washington wird nach Schenck (1939a) die Graue Douglasie (*Pseudotsuga menziesii* var. *caesia*) als zusätzliche Varietät ausgewiesen (Hermann 1982; Konnert et al. 2008), sie wurde aber nicht allgemein anerkannt (Aas 2008b).

Die **vertikale Verbreitung** der Douglasie steigt von Nord nach Süd an. Sie wird im Norden von der Temperatur (Länge der Vegetationszeit), im Süden von der Niederschlagshöhe bestimmt. Die Küstendouglasie kommt in den nördlichen Gebieten bis auf Meereshöhe vor und steigt in den US-Bundesstaaten Washington und Oregon bis auf 1 520 m. ü. NN. Die Inlanddouglasie hat eine Höhenverbreitung von 550–2 440 m in den nördlichen, von 1 830–2 590 m in den zentralen und von 2 440–2 900 m ü. NN in den südlichen Rocky Mountains (Hermann 1999).

Die **Klimabedingungen** sind in den natürlichen Verbreitungsregionen der Douglasie sehr unterschiedlich (Hermann 1999; Lavender und Hermann 2014). In der Küstenregion des pazifischen Nordwestens ist das Klima ausgeglichen

Tab. 2.7 Klimadaten für fünf Herkunftsgebiete der Douglasie (aus Lavender und Hermann 2014)

Klimaparameter	Pazifischer Nordwesten		Rocky Mountains		
	Küste	Gebirge	Norden	Mitte	Süden
			Mitteltemperatur (°C)		
Juli	20–27	22–30	14–20	14–21	7–11
Januar	−2,5 bis 2,5	−9,0 bis −2,5	−7,0 bis −2,5	−9,05 bis −6,05	0 bis 2,0
frostfreie Tage	195–260	80–180	60–120	65–130	50–110
			Niederschlag (mm)		
Jahresdurchschnitt	760–3 000	600–3 000	560–1 020	360–610	410–760
Schnee	0–600	100–3 000	410–5 840	500–4 600	1 800–3 000

maritim, die Winter sind mild und feucht, die Sommer kühl-humid, die Vegetationszeit ist lang. Die Jahresniederschläge erreichen nahe der Küste über 4 000 mm, wobei ein erheblicher Teil davon als Nebel eingetragen wird. Mit dem Abstand zum Pazifik, der Höhenlage und dem Breitengrad wird das Klima zunehmend kontinentaler bis hin zu langen, sehr kalten Wintern und heißen, trockenen Sommern. Die Jahresniederschläge sinken bis unter 400 mm, von denen in Hochlagen ein Großteil als Schnee fällt (Tab. 2.7).

Aufgrund der im Alter dicken, korkreichen Borke, ihres raschen Wachstums und der großen Baumhöhen, die Kronenfeuer verhindern, ist die Douglasie gut an Feuer angepasst. Nach Waldbrand, aber auch nach Kahlschlag, bildet sie im pazifischen Nordwesten von Nordamerika ausgedehnte Reinbestände. Diese entwickeln sich bei ungestörter Sukzession in Jahrhunderten zu Nadelmischwäldern, in denen schattentolerantere Arten (z. B. *Picea sitchensis*, *Tsuga heterophylla* und *Thuja plicata*) dominieren und die Douglasie als relativ konkurrenzschwache **Subklimaxbaumart** (Otto 1987) eher selten ist (Franklin et al. 2002; Aas 2008b), aber in Altbeständen die höchsten Bäume stellt. Küstendouglasien erreichen Höhen von 70–80 m und Stammdurchmesser (BHD) von 150–220 cm, wobei einzelne Exemplare weitaus größere Dimensionen aufweisen können. Inlanddouglasien überschreiten selten die Höhe von 40 m und einen BHD von 90 cm (Hermann 1999).

Die Douglasie wurde 1792 durch den schottischen Naturforscher Archibald Menzies entdeckt und 1827 durch den schottischen Botaniker David Douglas in Großbritannien eingeführt. Wenig später hat sie John Booth in Deutschland weiterverbreitet. Seit der zweiten Hälfte des 19. Jahrhunderts wird die Douglasie in vielen Regionen der gemäßigten Zone beider Hemisphären wegen ihrer hohen Wuchsleistungen forstlich angebaut. Entdeckung und Verbreitung sowie die **Anbauerfahrungen** mit der Douglasie für einzelne Länder sind ausführlich in Lavender und Hermann (2014) dargestellt. In Europa nimmt die Douglasie zu Beginn des 21. Jahrhunderts rund 750 000 ha ein, von denen 80 % auf Frankreich (mehr als die Hälfte des europäischen Anbaus), Deutschland und Großbritannien entfallen (Bastien et al. 2013). Die Anbaufläche in Deutschland betrug 2012 nach den Ergebnissen der dritten Bundeswaldinventur rund 217 600 ha, das entspricht einem Waldflächenanteil von 2,0 % (BMEL 2016).

Die höchsten Wuchsleistungen zeigt die Douglasie in Nordamerika auf unterschiedlichen geologischen Substraten bei tiefgründigen, gut durchlüfteten **Böden** mit einem pH-Wert von 5–5,5; ungünstig dagegen sind dicht gelagerte und schlecht drainierte, sauerstoffarme Böden (Lavender und Hermann 2014). In Europa zeigt die Douglasie die beste Entwicklung auf karbonatfreien, gut wasserversorgten Braunerden und Podsolen. Im norddeutschen Flachland erbringt sie selbst auf unverlehmten Sanden mit mäßigem Bodenwasserhaushalt hohe Wuchsleistun-

Tab. 2.8 Wachstumsdaten des Douglasienaltbestandes „Kiekindemark" in Mecklenburg-Vorpommern (aus Schröder und Röhe 2015)

	Aufnahme 1993	Aufnahme 2014
Alter (Jahre)	100	121
Stammzahl (Stk. ha^{-1})	164	103
Mittelhöhe (m)	47,5	49,1
maximale Höhe (m)	51,9	54,5
Mitteldurchmesser (BHD, cm)	64,6	79,1
maximaler Durchmesser (BHD, cm)	100,0	123,1
Grundfläche (m^2 ha^{-1})	6,1	9,18
Volumenmittelstamm (m^3)	53,14	50,38
Vorrat (m^3 ha^{-1})	973	942

gen und ist anderen Nadelbaumarten, wie Fichte und Kiefer, deutlich überlegen. Auf stark kalkhaltigen Böden kann es hingegen zu Wuchsstörungen durch Chlorosen kommen (Spellmann et al. 2015d). Mangan in sauren, feuchten Böden kann toxisch für die Douglasie wirken und zu Nadelvergilbung, Kronenverlichtung und Zuwachsrückgang führen (Kehr und Büttner 2003). Gegenüber Wassermangel ist die Douglasie sehr tolerant. Jahrringanalysen an Bäumen in Südwestdeutschland (Schwarzwald) zeigen, dass die Douglasie – der Tanne ähnlich – bei extremer Trockenheit den Zuwachs weniger verringert als die Fichte (Vitali et al. 2017). Ungeeignet für die Douglasie sind wechselfeuchte oder nasse Böden, in denen die **Wurzeln** absterben, sodass das Windwurfrisiko ansteigt. Auf anderen Standorten bildet die Douglasie ein intensives Herzwurzelsystem aus, mit dem sie relativ sturmfest verankert ist (Köstler et al. 1968; Polomski und Kuhn 1998, 2001). Wegen der sich gut zersetzenden **Nadelstreu** und der effizienten Nutzung der Nährstoffe zum Biomasseaufbau zählt die Douglasie zu den bodenpfleglichen Baumarten (Prietzel und Bachmann 2012; Spellmann et al. 2015d). Insgesamt werden die ökologischen Auswirkungen des Douglasienanbaus in Europa auf andere Organismen als weit weniger schwerwiegend eingeschätzt als bei anderen eingeführten Gehölzen (u. a. *Prunus serotina*, *Robinia pseudoacaccia*) (Schmid et al. 2014; Spellmann et al. 2015d).

Zu Beginn des 20. Jahrhunderts wurde die Bedeutung der **Herkunft** für Wachstum und Gefährdungsrisiken der Douglasie in Europa erkannt (Schwappach 1907; Fürstenberg 1923). Die Verwendung geeigneter Herkünfte kann bei der Douglasie den Ertrag stärker beeinflussen als waldbauliche Maßnahmen (Spellmann 2004). Neben zahlreichen regionalen Vergleichsanbauten wurden mehrere länderübergreifende Herkunftsversuche mit Saatgut aus annähernd 200 Beständen auf der Nord- und Südhalbkugel begründet (Bastien et al. 2013, Zusammenstellung der weltweiten Herkunftsversuche in Lavender und Hermann 2014). Abgesehen von Regionen mit stark kontinental geprägtem Klima (u. a. in Nordeuropa und in Hochlagen der Mittelgebirge) sind danach Herkünfte der Inlanddouglasie für den Anbau in Europa ungeeignet aufgrund geringer Wuchsleistungen und der im altlantischen Klima hohen Anfälligkeit für die Rostige Douglasienschütte (ausgelöst durch den Pilz *Rhabdocline pseudotsugae*). Der 1922 aus Nordamerika nach Europa eingewanderte Nadelparasit befällt Douglasien im Alter von 2–30 Jahren. Infizierte Nadeln werden gelbbraun fleckig und fallen noch im gleichen Jahr ab. Die Rußige Douglasienschütte (Pilz *Phaeocryptopus gaeumannii*) befällt hingegen auch die Küstendouglasie, verursacht aber geringere Schäden (Butin 2011).

Besonders leistungsstarke Herkünfte der Küstendouglasie stammen aus niedrigen Höhenlagen (< 600 m) des Küstengebirges und des Kaskadenwesthangs in Washington sowie des Küstengebirges von Nord-Oregon (Weller 2011; Bastien et al. 2013; Spellmann et al. 2015d). Die wüchsigsten Herkünfte erzeugen in der gleichen Zeit mehr als dreimal so viel Holz wie die geringwüchsigen Herkünfte. Die Küstendouglasie erbrachte in einem der ältesten Douglasien-Herkunftsversuche in Deutschland bis zum Alter von 80 Jahren eine Gesamtwuchsleistung an Stammholz von 1 700 Vfm ha^{-1}, die Inlanddouglasie erreichte nur 650 Vfm ha^{-1} (Stimm und Dong

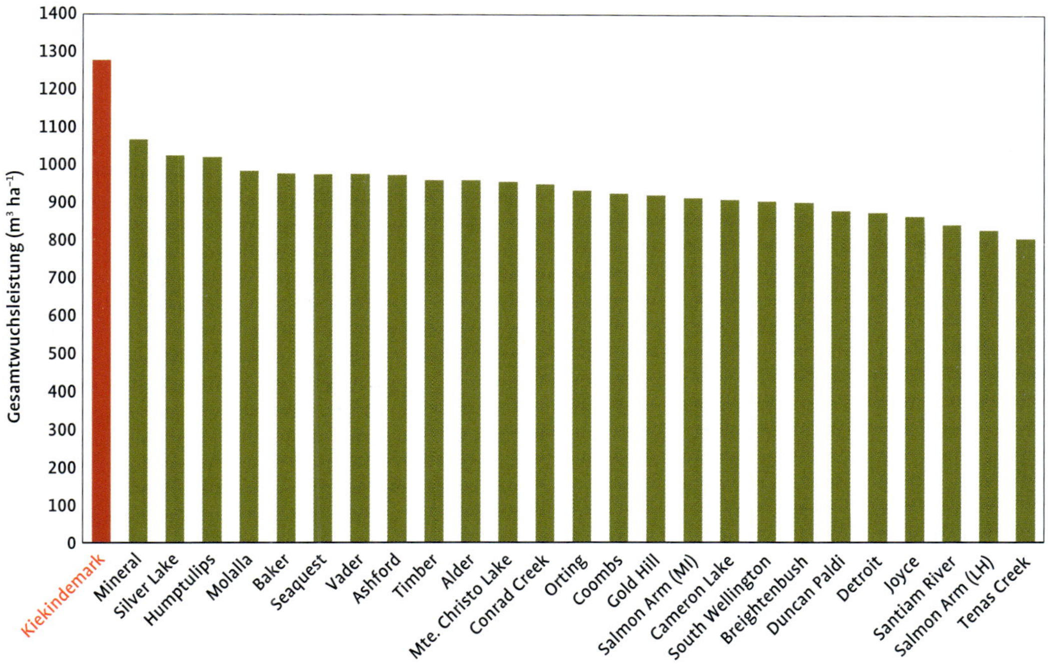

Abb. 2.24 Gesamtwuchsleistungen an Derbholz (in $m^3\ ha^{-1}$) verschiedener Herkünfte der Douglasie bis zum Alter von 58 Jahren an 6 Versuchsstandorten in Deutschland (nach Weller und Jansen 2017).
Bei der wüchsigsten Herkunft „Kiekindemark" handelt es sich um eine Bestandesabsaat eines 1894 begründeten Douglasienbestandes in Mecklenburg-Vorpommern.

2001). Starke Unterschiede zwischen Herkünften zeigen sich auch bei den Qualitätsmerkmalen Stammform und Ästigkeit, die häufig mit der Wuchsleistung negativ korreliert sind (Weller 2011). Nachkommenschaften aus alten Anbauten in Europa (Tab. 2.8) zeigen in den Herkunftsversuchen häufig gleiche oder sogar höhere Wuchsleistungen als Douglasien auf der Basis von Saatgut aus Nordamerika (Abb. 2.24) (Bastien et al. 2013; Schröder und Röhe 2015; Weller und Jansen 2017).

Die Douglasie kann beim Anbau in Mitteleuropa in der Jugend sowohl durch **Früh-** und **Winterfrost** als auch durch **Spätfrost** geschädigt werden. Die Herkünfte aus dem Küstengebiet, besonders die aus tieferen Lagen, sind gegen Früh- und Winterfrost empfindlich, weniger hingegen die schwachwüchsigeren Herkünfte aus dem Kaskadengebirge. Mit zunehmender nördlicher Breite erhöht sich die Früh- und Winterfrosthärte. Die Spätfrostresistenz der Douglasie unterliegt größeren Variationen entsprechend den mesoklimatischen Verhältnissen. So sind Herkünfte aus tief gelegenen Tälern resistenter als solche aus benachbarten Hanglagen. Im Allgemeinen haben spätaustreibende Herkünfte eine relativ hohe Spätfrostresistenz, sind aber empfindlicher gegen Früh- und Winterfröste (Braun und Wolf 2001). Den Anbauerfolg der Douglasie kann auch die **Frosttrocknis** entscheidend beeinflussen. Die Schäden im Spätwinter entstehen unter Verhältnissen, in denen der Boden wegen tiefer Nachttemperaturen auch tagsüber gefroren bleibt und damit eine Wasseraufnahme durch die Wurzeln verhindert wird. Bei relativ starker Sonneneinstrahlung während des Tages können die Pflanzen durch Transpiration erhebliche Wasserverluste erleiden, was zu einer mehr oder weniger starken Austrocknung der Pflanzen führt. Zwischen Küsten- und Inlandherkünften bestehen Unterschiede in der Resistenz gegenüber Frosttrocknis, aber auch zwischen den insgesamt gegen Austrocknung weniger resistenten Herkünften innerhalb der Küstenregion von Britisch Kolumbien, Washington und Oregon (Larsen 1978b, 1981). Frostschäden lassen sich durch eine Kulturbegründung unter Schirm oder mit Seitenschutz weitgehend vermeiden (Hermann 1999).

Die Douglasie steht in ihren **Lichtansprüchen** zwischen den Licht- und den Schattenbaumarten (Halbschattenbaumart). Eine mäßige Beschattung (etwa 60 % der Freilandstrahlung) reduziert die Stoffproduktion und die Wurzelentwicklung junger Douglasien nur mäßig, das Sprosswachstum kaum (Schlegel et al. 1972). Naturverjüngung stellt sich in Beständen mit lockerem Kronenschluss ein. Als **Mineralbodenkeimer** verjüngt sich die Douglasie auf Flächen mit geringer Nadelstreu, Bodenverwundungen (z. B. durch Holzerntemaßnahmen) oder Blocküberlagerung, nicht aber bei dichter Begleitflora oder hoher Streuauflage (Knoerzer 1999; Eggert 2014). Wegen der relativ guten Schattentoleranz in der Jugend wird die Douglasie zum Voranbau in älteren Beständen aus Lichtbaumarten (insbesondere Kiefer) und zur Ausfüllung von Bestandeslücken nach Schneebruch oder Sturmwurf gepflanzt. Mit einheimischen Baumarten, insbesondere mit Buche, aber auch mit Fichte und Kiefer, bildet die Douglasie strukturreiche **Mischbestände**, in denen die Douglasie – insbesondere auf Standorten mit hohen Niederschlägen und im höheren Bestandesalter – den Zuwachs und die Bestandesstabilität steigert (Thurm et al. 2017). Wegen der Wuchsüberlegenheit der Douglasie (siehe folgender Abschnitt) sollte die Mischung mit Licht- und Halbschattenbaumarten horst- bis kleinflächenweise, die Mischung mit der schattentoleranten Buche gruppen- bis horstweise erfolgen (Wall et al. 1998). Junge Douglasien werden vom Rehwild bevorzugt durch **Verbiss** und **Fegen** geschädigt. Rot- und Damwild verursacht Schlag- und Schälschäden, die aber häufig gesund überwallt werden.

Einem langsamen Höhenwachstum der Douglasie in den ersten fünf Jahren folgt bei ausreichendem Lichtangebot ein rasch zunehmender Höhenzuwachs, der im Alter zwischen 20 und 40 Jahren kulminiert. **Höhen-** und **Durchmesserzuwachs** dauern im Kaskadengebirge von Washington und Oregon noch über das Alter von 200 Jahren an (Hermann 1999; Lavender und Hermann 2014). In Mitteleuropa kulminiert der Volumenzuwachs im Alter zwischen 35 und 45 Jahren und erreicht Werte von 15,3–24,1 Vfm Jahr^{-1}. Auf vergleichbaren, nicht extremen Standorten ist sie der Fichte und der Buche um 15–50 % und mehr, der Kiefer und der Eiche noch weit deutlicher (50–60 % und mehr) in der Wuchsleistung überlegen (Spellmann et al. 2015d). Standraumversuche (Klädtke et al. 2012; Weller und Spellmann 2014) ergaben, dass mit der Ausgangspflanzenzahl die Gesamtwuchsleistung ansteigt, während die Durchmesserleistung, die Aststärke, das Kronenprozent sowie der Wert aus Holzerträgen sinken. Empfohlen werden **Pflanzenzahlen** bei der Kulturbegründung von 1 000–2 000 ha^{-1}, in Norddeutschland auch bis zu 3 000 ha^{-1}. Als Totasterhalter wird die Douglasie zur Sicherung der Wertleistung geästet (Schmidt et al. 2001; Kap. 4.3)

Bei der Douglasie kann im Jugendstadium und in späteren Altersphasen nach sehr starken Durchforstungen die mittlere Jahrringbreite 10 mm erreichen. Bis zu einer Jahrringbreite von etwa 3 mm weist das **Holz** günstige mechanischen Eigenschaften (Zug- und Biegefestigkeit) auf (Hapla und Knigge 1985). Bei gleicher Jahrringbreite ist die Elastizität des Holzes höher als bei allen anderen Nadelbaumarten (Nepveu und Blachon 1989; Pollet et al. 2017). Das Kernholz ist relativ widerstandsfähig gegen Insekten und auch für den Außenbereich verwendbar. Douglasienholz wird als Konstruktionsholz sowie für den Möbel- und Innenausbau seit zwei Jahrzehnten zunehmend nachgefragt, und es werden deutlich höhere Erlöse als für die Fichte erzielt.

2.2 Ziele der Baumartenwahl

2.2.1 Baumartenwahl in der Vergangenheit

Die forstliche Verwendung von Baumarten in verschiedenen Betriebsformen war einem ständigen Wandel unterzogen, der stark von wirtschaftlichen und gesellschaftlichen Entwicklungen bestimmt war (Kap. 1.2, 1.3).

Die beiden in Mitteleuropa weitverbreiteten Eichenarten, die Stieleiche und die Traubeneiche, hatten über Jahrhunderte durch die Betriebsformen des Nieder- und Mittelwaldes (Kap.

5.2, 5.3) in den Ebenen und im Hügelland zeitweise erhebliche Areale gewonnen, doch seit Beginn des 20. Jahrhunderts als Folge geringerer Wertschätzung teilweise wieder verloren. Die übrigen Laubbaumarten wurden lange Zeit waldbaulich wenig beachtet, abgesehen von der Buche, die neben den Eichen als Mastbaum für die Waldweide genutzt wurde, und von anderen ausschlagkräftigen Laubbaumarten im **Nieder- und Mittelwald**. Nadelbaumarten spielten bis zum Beginn der geregelten Forstwirtschaft regional besonders in den Ebenen des nördlichen Mitteleuropas und den höheren Gebirgslagen des südlichen Mitteleuropas eine wichtige Rolle, doch insgesamt hatten sie bis dahin einen relativ geringen Flächenanteil.

Seit Beginn des 19. Jahrhunderts veränderte sich die Baumartenzusammensetzung der Wälder immer mehr. Umfangreiche **Wiederaufforstungen** devastierter Waldflächen, Umwandlungen ertragsarmer Laubwälder (darunter viele Nieder- und Mittelwälder) sowie Neuaufforstungen von Ödland, Heiden und entwässerten Mooren hatten dazu geführt, dass die Fichte einen Anteil von mehr als 35 % an der Waldfläche Deutschlands einnahm, größtenteils als gleich alte Reinbestände (Huss 1998). Der Schwerpunkt des Fichtenanbaus lag in den Mittelgebirgen. Die Kiefer war mit bis zu 27 % an der Waldfläche beteiligt, auch hier handelte es sich überwiegend um gleich alte Reinbestände. Zugunsten der Laubbäume sind die Flächenanteile für die Fichte mittlerweile auf 25,4 % und für die Kiefer auf 22,3 % zurückgegangen (Daten der 3. Bundeswaldinventur, BMEL 2016). Dahinter bleiben die Anbauten von Europäischer Lärche und nichtheimischen Nadelbaumarten weit zurück (Kap. 1.1.4).

Die **Verdrängung einheimischer Laubbäume** durch Nadelbäume und die Wiederaufforstung verödeter Flächen mit Nadelbäumen (siehe Bartsch und Vor 2016; Kap. 1.2.2) erfolgten auch in vielen anderen mittel- und nordeuropäischen Ländern in großem Ausmaß, wenn auch überwiegend mit anderen Baumarten als in Deutschland (v. a. mit *Picea sitchensis*, *Pinus contorta*, *Pinus nigra*) (Mason 2007, 2015; Kjær et al. 2014). Die wichtigsten Gründe für diese Entwicklung waren die relativ einfache Bestandesbegründung mit Nadelbaumarten und das Bestreben, in weniger langen Zeiträumen höhere Erträge zu erzielen. Die temperierten Laubmischwälder in Mitteleuropa (Jahn 1991; Timbal et al. 2005) sind im Vergleich zu jenen im östlichen Nordamerika (Barnes 1991) und besonders in Ostasien (Ching 1991) arm an Baumgattungen und -arten (Röhrig und Ulrich 1991; Andersson 2005). Das hängt in erster Linie mit der nacheiszeitlichen Waldgeschichte zusammen (siehe Gliemeroth 1995; Pfadenhauer und Klötzli 2014; Bartsch und Röhrig 2016). In den mitteleuropäischen Wäldern der nemoralen Zone sind bei den Laubbäumen 14 Gattungen mit rund 30 Arten und bei den Nadelbäumen 5 Gattungen mit 6 Arten heimisch. Weitere Baumarten wurden in der Römischen Kaiserzeit (300 v. Chr. bis 350 n. Chr.) (u. a. *Aesculus hippocastanum*, *Castanea sativa*, *Juglans regia*) und verstärkt im 19. Jahrhundert (u. a. *Abies grandis*, *Juglans nigra*, *Quercus rubra*, *Picea sitchensis*, *Pinus nigra*, *Pinus strobus*, *Populus sp.*, *Prunus serotina*, *Pseudotsuga menziesii*) eingeführt (Schenck 1939a, b; Poschlod 2015).

Von den **nichtheimischen Baumarten** werden zurzeit vor allem die aus Nordamerika stammenden Arten Douglasie, Große Küstentanne und Roteiche als anbauwürdig in Mitteleuropa angesehen (Vor et al. 2015). In den Ländern Nordeuropas erfolgten umfangreiche Wiederaufforstungen mit eingeführten Baumarten, vor allem in Dänemark, Island, Großbritannien und an den Küsten von Norwegen. Den höchsten Anteil an der Waldfläche haben eingeführte Baumarten in Dänemark. Dort hat sich der Waldanteil von 2 % am Ende des 18. Jahrhunderts auf zurzeit rund 15 % erhöht; von den Waldflächen sind 35 % Plantagen mit eingeführten Baumarten, vor allem Nadelbaumarten (Kjær et al. 2014).

Die in der Zone der mitteleuropäischen nemoralen Laubmischwälder natürlich vorkommenden und eingeführten Baumarten sind in den Wäldern sehr ungleich vertreten. Die höchsten **Flächenanteile** nehmen zurzeit die Nadelbäume Fichte und Kiefer und bei den Laubbäumen die Buche sowie Stiel- und Traubeneiche ein (siehe Abb. 1.6 in Kap. 1.1.4), wobei die Baumarten aus forsthistorischen und standörtlichen Gründen regional sehr unterschiedlich vertreten sind. Über die Verwendung weiterer Baumarten wird im Zusammenhang mit dem **Klimawandel** diskutiert (Bolte et al. 2009; Schmiedinger et al. 2009; Avila und Albrecht 2018; Kunz et al. 2018).

2.2.2 Aktuelle Ziele der Baumartenwahl

2.2.2.1 Erhöhung des Anteils der Laubbaumarten

In Mitteleuropa sind sommergrüne Laubwälder die vorherrschenden **natürlichen Waldformationen**, und zwar vom Flachland bis in die submontane Höhenstufe der Gebirge. Sie sind nur regional mit Nadelbäumen gemischt, die in den höheren Gebirgslagen vorherrschen. Im Verlauf der Waldgeschichte haben sich Ökosysteme herausgebildet, die den ökologischen Bedingungen in ihrer Struktur (Physiognomie, Phänologie, biotische Komponenten) und ihren Funktionen (Energieumsatz, Wasserhaushalt, Stoffproduktion und Stoffumsatz, Regeneration und Reorganisation nach Störungen) angepasst sind und sich immer wieder auf Umweltveränderungen einstellen. Solche Waldökosysteme zu erhalten, im Rahmen der Standortsansprüche wieder zu vermehren und die ihnen eigenen Abläufe zu nutzen, ist für den Waldbau unserer Zeit eine ganz vordringliche Aufgabe. Das gilt umso mehr, als die standortsgerechten Laubwälder zu den wenigen weitgehend erhaltenen Naturgütern in den industriegeprägten Ländern Mitteleuropas gehören. Sie haben in der Volkswirtschaft und in der Landeskultur daher vielfältige Funktionen (Kap. 1.4.1).

Die staatlichen Forstverwaltungen in Deutschland und in anderen europäischen Ländern haben Programme entwickelt, durch die künftig **Laubbaumarten** einen deutlich höheren Anteil an den Waldflächen gewinnen und Nadelbäume ganz überwiegend in gleich alten oder ungleich alten Mischungen mit Laubbäumen angebaut werden sollen (Pommerening und Murphy 2004; Bartsch und Vor 2016; Bauhus et al. 2017a; Kap. 1.4.3).

Wesentliche Gründe für die Bemühungen, gleich alte Reinbestände aus Nadelbäumen durch einheimische Laubwälder oder durch Laubmischwälder mit Nadelbäumen zu ersetzen, liegen in der auf diese Weise zu erreichenden höheren Stabilität, Produktivität und Biodiversität der Waldbestände, aber auch in deren Ästhetik und Erholungsfunktionen (Kap. 1.3.7).

Auf reichlich und mittelmäßig mit Nährstoffen versorgten, nicht besonders trockenen Standorten sehen die waldbaulichen Planungen in Mitteleuropa Mischungen von Laubbaumverjüngungen aus ganz überwiegend einheimischen Arten vor. Sie entsprechen oft weitaus am besten den Anforderungen an Wertertrag, Stabilität und Biodiversität. Weniger günstige Standorte sind, je nach Wasser- und Nährstoffverhältnissen, meist für Mischbestände von Laubbäumen mit Nadelbäumen (Fichte, Kiefer, Europäische Lärche, Tanne, Douglasie) vorgesehen, die hier den Volumenertrag der Laubbäume erhöhen, ohne ökologische Nachteile nach sich zu ziehen. Bisweilen bilden solche Nadelbaumarten auch den Hauptbestand, während die Laubbäume eher Funktionen ökologischer Art ausüben sollen.

2.2.2.2 Begründung von Mischbeständen

Nach der „ökologischen Versicherungshypothese“ (*ecological insurance hypothesis*) wird erwartet, dass Mischbestände eine höhere **Resistenz** gegenüber Störungen der Bestandesentwicklung – sie reagieren weniger intensiv auf Sturm, Trockenheit und andere Einflussfaktoren – und eine höhere **Resilienz** aufweisen, indem sie sich schneller nach Störungen erholen (Loreau et al. 2001; Kap. 1.3.2). Mit der Artenzahl steigt die Wahrscheinlichkeit, dass mehrere Arten vorkommen, die eine sehr ähnliche ökologische Funktion ausüben können (funktionale Redundanz), sich aber in ihren Reaktionen auf Störungen unterscheiden, sodass nicht alle Arten eines Ökosystems ausfallen, die eine bestimmte Funktion erfüllen können. Bei plötzlichen Ereignissen, z. B. Sturmwurf der Fichte, können andere Arten, z. B. die beigemischte Buche, das Ökosystem unter veränderten Umweltbedingungen weiterführen und die Funktion, z. B. den Erhalt eines Waldinnenklimas oder die Biomasseproduktion, übernehmen. Eine umfassende Übersicht zur Ökologie und Waldbewirtschaftung von Mischbeständen enthält das Sammelwerk von Pretzsch et al. (2017).

Im praktischen Waldbau macht sich mangelnde Stabilität in kürzeren und längeren Zeiträumen als **Risikobelastung** bemerkbar (Knoke et al. 2008; Jactel et al. 2009; Bauhus et al. 2017b), die das Erreichen der waldbaulichen Ziele verhindern kann (Knoke 2008). Besonders risikobelastet sind gleich alte reine **Fichtenbestände** (König 1995; Albrecht et al. 2012). Sie erreichen vielfach nicht die bei der Begründung erwarteten Leistungen, wenn sie durch abiotische Einflüsse (Sturm, Schnee, Eisanhang, Trockenheit, Kap. 1.3.2.2), oft auch durch Borkenkäfer- oder Pilzbefall, im Laufe ihrer Entwicklung geschädigt werden. Das ist häufig, aber nicht immer, die Folge falscher Standortswahl und ungeeigneter Bestandesbehandlung. Nach den Daten der Waldzustandserhebung in Rheinland-Pfalz steigt die Überlebenswahrscheinlichkeit der Fichte mit zunehmender Beimischung anderer Baumarten an. Noch stärker wird das Überleben durch Standortseigenschaften bestimmt (Griess et al. 2012). Mit trockeneren und wärmeren Bedingungen als Folge des Klimawandels werden die Anbaurisiken für die Fichte zunehmen, aber weniger in Mischbeständen als in Reinbeständen (Neuner et al. 2015, 2017; Knoke 2017). Durch die Beimischung der Buche lässt sich die Nährstoffversorgung in Reinbeständen aus Nadelholz verbessern. In Reinbeständen der Fichte und der Douglasie sind die Bodenversauerung und die Verluste an basischen Kationen höher als in Mischbeständen dieser Baumarten mit der Buche (Cremer und Prietzel 2017).

Bei der **Kiefer** sind solche Gefahren nicht ganz so ausgeprägt, wenn auch Schäden durch Schneebruch in Reinbeständen auf Standorten mit Auftreten von Nassschnee häufig sind (Näheres siehe Prien 2016). Eine Verminderung des Kiefernanteils wird oft damit begründet, dass auf frischeren und besser mit Nährstoffen ausgestatteten Standorten andere Baumarten (besonders Eiche, Douglasie) einen höheren Wertertrag liefern können. Wichtig ist, dass eine Beimischung von Laubbäumen die Brandgefahr in Kiefernbeständen erheblich vermindert. Dagegen ist die bodenverbessernde Wirkung der Laubstreu in Kiefernbeständen armer Standorte nur gering. **Buchen** wachsen im Reinbestand aufgrund der starken intraspezifischen Konkurrenz langsamer und sind in Trockenjahren stärker gestresst als in Mischbeständen, in denen sie von weniger konkurrenzstarken Baumarten (andere Laubbaumarten, Fichte, Kiefer) umgeben sind (Metz et al. 2016).

Wenn auch die Minderung des **Produktionsrisikos** in Mischbeständen gegenüber dem von Nadelbaumreinbeständen allgemein als gesichert angenommen wird, so ist doch im konkreten Fall das Ausmaß schwierig zu beurteilen. Das hängt vor allem damit zusammen, dass Eintritt und Ausmaß der Störungen nur als Wahrscheinlichkeiten vorausgesagt werden können und auch nach ihrem Eintritt oft schwierig einzuschätzen sind (Knoke und Wurm 2006; Kölling et al. 2009a). Im Übrigen sind auch die natürlichen Laubbäume nicht frei von erheblichen Gefährdungen, die Waldzustandserhebungen der vergangenen Jahrzehnte lassen das deutlich erkennen (siehe BMEL 2016; Prien 2016).

Die **Biomasseproduktion** kann in Mischbeständen höher als in Reinbeständen der beteiligten Baumarten sein, wenn diese die Ressourcen Raum, Licht, Wasser und Nährstoffe ungleich nutzen (Morin et al. 2011; Liang et al. 2016; Forrester 2017). Mischbestände sind umso produktiver, je mehr sich die beteiligten Baumarten in Höhe und Raumausnutzung, Phänologie und saisonalem Wuchsrhythmus sowie Kronenform und Wurzelstruktur unterscheiden. Durch Mischung komplementärer Baumarten kann eine dauerhafte Erhöhung des Stammzuwachses erreicht werden. Die Mischungseffekte können bei Kombinationen von Licht- und Schattenbaumarten, Nadel- und Laubbaumarten oder Pionier- und Klimaxbaumarten besonders deutlich ausfallen, aber auch ausbleiben. Für Baumartenkombinationen aus Buche und bis zu 4 weiteren Laubbaumarten in unbewirtschaften Altbeständen im Nationalpark Hainich in Thüringen ergab sich ein negativer Zusammenhang zwischen der Holzproduktion und der Baumartenvielfalt (Jacob et al. 2010). Für 9 Kombinationen aus jeweils 2 Baumarten in 141 Vergleichsflächen (überwiegend langfristig beobachtete waldwachstumskundliche Versuchsflächen) mit Mischbeständen und benachbarten Reinbeständen in Deutschland und einigen angrenzenden Ländern wurden hingegen Mehrzuwächse in den Mischbeständen gegenüber den Reinbeständen von durchschnittlich 10–30 % festgestellt

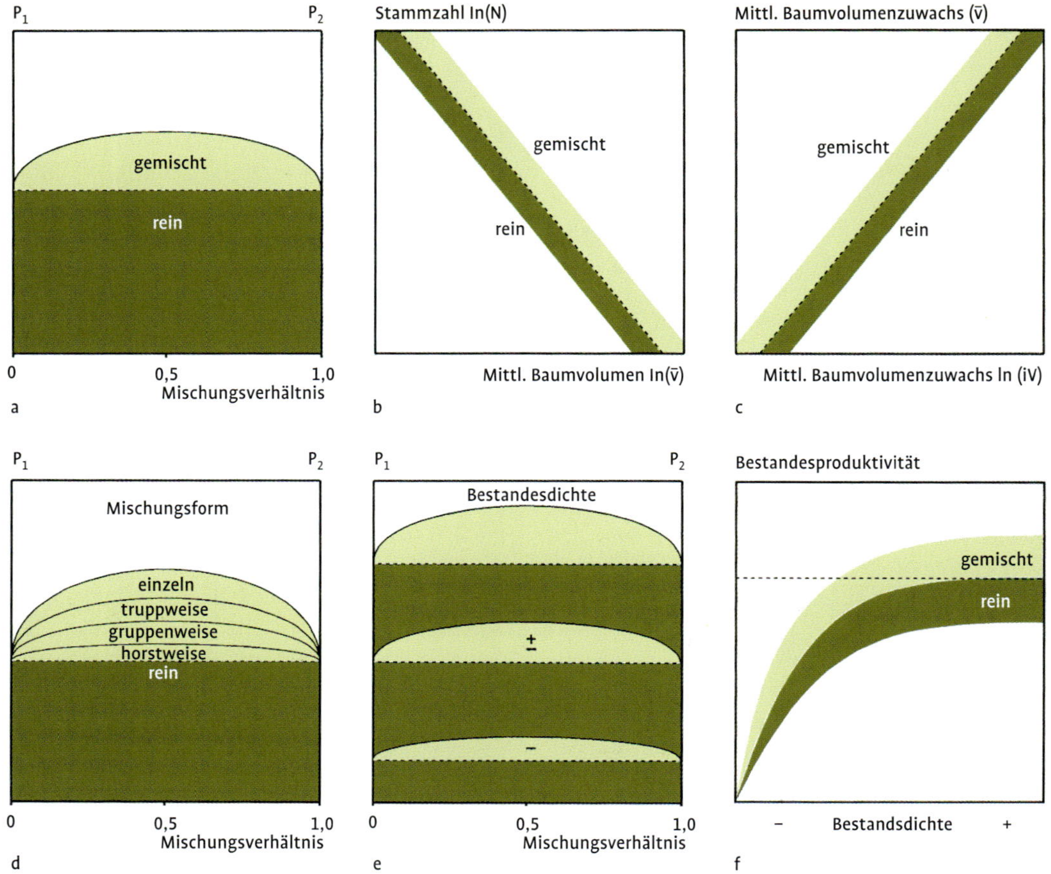

Abb. 2.25 Allgemeine Reaktionen temperierter Wälder auf Baumartenmischungen (nach Pretzsch und Forrester 2017). Ein Mehrzuwachs an Biomasse (*overyielding*) von Baumpopulationen (P_1, P_2) in Mischbeständen gegenüber Reinbeständen **(a)** kann das Ergebnis eines Anstiegs der maximalen Bestandesdichte sein, erkennbar an einer Parallelverschiebung der Selbstausdünnungslinie (siehe auch Abb. 4.8 in Abschnitt 4.2.2) nach oben **(b)** und einer Zunahme der durchschnittlichen Baumproduktivität, erkennbar am Anstieg des Verhältnisses von durchschnittlichem Volumenwachstum zu durchschnittlichem Baumvolumen **(c)**. Positive Interaktionen zwischen den Arten und ein Mehrzuwachs ergeben sich bei einem Maximum an Einzelbaummischung und nehmen ab, wenn die Arten in größeren Flächeneinheiten gemischt sind **(d)**. Mischungseffekte sind häufig höher in dichten Beständen **(e)**. Vor allem bei Mehrschichtigkeit reagieren Mischbestände resilienter auf Absenkungen der Bestandesdichte, erkennbar an einer geringeren Auswirkung auf die Bestandesproduktivität **(f)**.

(Pretzsch et al. 2016b). Die Größenordnung der Produktionssteigerung hängt ab von den Mischungsanteilen und -formen, den Individuenzahlen der Baumarten, der Bestandesdichte, der Waldentwicklungsphase (Baumalter) und den Standortsverhältnissen (Pretzsch und Forrester 2017; Ammer 2019; Abb. 2.25).

Der Einfluss der Baumartenvielfalt auf sechs **Ökosystemdienstleistungen** wurde für die borealen und temperierten Wälder in Schweden auf der Basis von Daten der Landeswaldinventur modelliert (Gamfeldt et al. 2013). Danach erhöhen sich die Biomasseproduktion und die Standorts- bzw. Lebensverhältnisse für Beeren und Wild bis zur Mischung von fünf Baumarten, die Bodenkohlenstoffvorräte, der Artenreichtum der Bodenvegetation und die Totholzvorräte noch bis zur Mischung von zehn Baumarten, wobei die einzelnen Baumarten unterschiedlich zur Funktionenerfüllung beitragen (Abb. 2.26). Positive Zusammenhänge ergaben sich bei der Fichte zwischen der Biomasse und dem Totholzanfall, bei der Birke zwischen der Biomasse und dem Kohlenstoffvorrat im Boden.

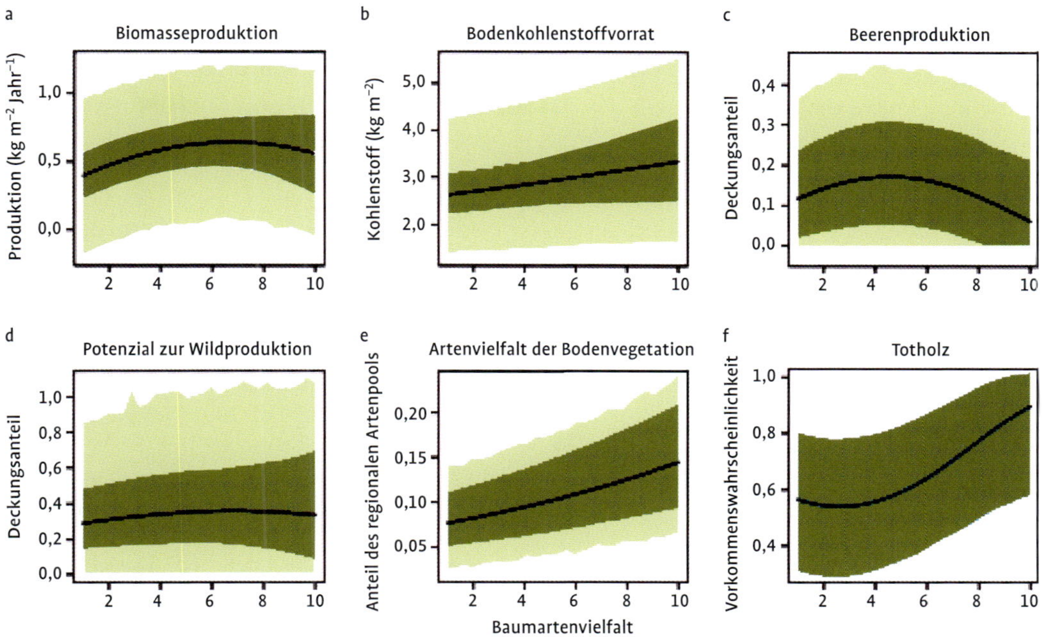

Abb. 2.26 Zusammenhänge zwischen der Baumartenvielfalt und Ökosystemdienstleistungen (nach Gamfeldt et al. 2013). **(a)** Biomasseproduktion des Baums; **(b)** Bodenkohlenstoffvorrat; **(c)** Beerenproduktion; **(d)** Lebensumstände für Wild; **(e)** Artenvielfalt der Bodenvegetation; **(f)** Totholz. Dargestellt sind die durchschnittlichen Zusammenhänge (Linie) und das 95 %-Konfidenzintervall ohne (dunkles Band) und mit der Streuung der Residuen (helles Band).

Förderung der Biodiversität

Die weltweiten Bestrebungen zur Erhaltung und Erhöhung der Biodiversität sind in Kapitel 1.3.5 dargestellt. Natürliche Laubwälder der gemäßigten Zonen, so auch in Mitteleuropa, gelten ganz allgemein im Vergleich zu den Nadelwäldern als relativ artenreich. Auch aus dieser Sicht erscheint eine Förderung von Laubmischwäldern als wichtig (Le Tacon et al. 2000, 2001; Felton et al. 2010). Die Erhaltung und gegebenenfalls Erhöhung der Diversität spielt bei vielen waldbaulichen Maßnahmen eine Rolle. Hierauf wird in den entsprechenden Teilkapiteln (v. a. 3.3.1.2, 3.6.6) eingegangen. In diesem Abschnitt werden nur die Zusammenhänge mit der Baumartenwahl behandelt.

Die **genetische Diversität** hat vor allem Bedeutung für die Anpassungsfähigkeit der Baumpopulationen gegenüber Umwelteinflüssen (Müller-Starck 1994; Savolainen et al. 2007; Fady et al. 2016). Eine Vielfalt unterschiedlicher Erbinformationen bietet die Voraussetzung dafür, dass im Laufe der Bestandesentwicklung die Selektion der verbleibenden Bestandesglieder in vorteilhafter Weise erfolgt. Das ist bei Naturverjüngungen am besten gewährleistet. Die Saatgutgewinnung für eine Pflanzenanzucht und die Werbung von Wildlingen sollte in zugelassenen Beständen stets auf größeren Flächen geschehen. Besondere Bedeutung hat die Beachtung einer breiten genetischen Variabilität bei der Verwendung von Erzeugnissen, die aus Züchtungen gewonnen worden sind (Kap. 3.4). Das ist auch zu beachten bei der Einbringung von Mischbaumarten (v. a. seltene Arten), deren Ursprung nicht auf sehr wenige Mutterbäume zurückgehen sollte.

In starkem Maße wird die Baumartenvielfalt vom Verlauf der natürlichen Sukzession, in bewirtschafteten Wäldern von der **Bestandesbehandlung** bestimmt. Mit zunehmender Konkurrenz um Licht geht die Zahl schattenintoleranter Arten zurück, während schattentolerantere Arten von den Schutzwirkungen der Überschirmung profitieren. Diese Vorgänge sind oft dargestellt worden, u. a. von Ammer und Stimm (1996) für den alpinen Bergmischwald. Auch andere Faktoren, die sich im Laufe der Bestandesentwicklung verändern (z. B. Humusbildung, vegetative Ausbreitung von Pflanzenarten, Entstehung von Totholz), beeinflussen den Artenreichtum. Das alles macht es äußerst schwierig, Daten verschiedener Waldökosysteme miteinander zu vergleichen oder Ziele für Artendiversität zu setzen. Ganz allgemein lässt sich nur sagen, dass Mischbestände einem breiteren Spektrum von Gliedern der Biozönosen Lebens- und Erhaltungsmöglichkeiten bieten als Reinbestände. Mit gewissen Einschränkungen kann auch als Regel gelten, dass mehrschichtige Bestände artenreicher sind als schwach strukturierte. Das gilt jedenfalls so weit, wie nicht die Bestandesstruktur zu einer starken Beschattung am Boden führt. Besonders günstig für eine höhere Artendiversität sind Mischbestände aus Baumarten unterschiedlicher Lichtansprüche, weil sie meist zu einer größeren Variation der Biotope auf engerem Raum führen. Bei regionaler Betrachtung (Landschaftsebene) beeinflusst die Vielfalt der Bestandestypen die Biodiversität entscheidend (Kap. 1.3.5.3).

Einbringung fremdländischer Baumarten

Vorbehalte gegen sogenannte fremdländische Baumarten (Exoten oder Gastbaumarten, darunter werden im Allgemeinen Arten verstanden, deren derzeitiges natürliches Areal außerhalb Europas liegt) in mitteleuropäischen Wäldern haben sich, von wenigen Ausnahmen abgesehen, als bisher nicht stichhaltig erwiesen (Vor et al. 2015). Die ökologischen **Risiken** für Organismen und den Standort, die sich aus der Einbringung einer zusätzlichen Baumart in ein Waldökosystem ergeben können, lassen sich nur schwer abschätzen, weil sie ein weites Spektrum an möglichen Auswirkungen umfassen (u. a. Krankheiten, Hybridisierung, Invasivität). Für vier Baumarten, die im Süden Schwedens eingeführt wurden, haben Felton et al. (2013) artspezifische Risiken und Unsicherheiten ausgemacht.

In der Diskussion um fremdländische Baumarten wird vorgebracht, dass durch menschliche Einwirkung eingeschleppte Arten die einheimische Flora verfälschen. Dabei wird übersehen, dass eine große Anzahl unserer Kulturpflanzen aus anderen Kontinenten eingebracht wurde, die heute einen nicht mehr als fremd empfundenen Teil unserer Landschaften und Landeskultur bilden. Das gilt auch für einige Baumarten, wie die Esskastanie, und die zahlreichen Laub- und Nadelgehölze in Parks, Alleen und Gärten. Die Annahme, dass sich einige dieser Baumarten auf Kosten der einheimischen Flora und der damit verbundenen Fauna übermäßig ausbreiten und sie damit invasiv werden, trifft auf einige Regionen der Erde zu, ist aber in Mitteleuropa ebenso selten wie die Erscheinung, dass fremdländische Arten besonders gefährdet sind gegenüber **Schädlingsbefall** (Böcker et al. 1995; Wingfield 1999).

Nur ganz wenige eingeführte Holzgewächse stellen eine **unerwünschte** Bereicherung der Waldvegetation in Europa dar. Dazu gehört in erster Linie die Spätblühende Traubenkirsche, die in manchen Gebieten durch ihr intensives Ausschlagvermögen bei minderwertiger Schaftform zu einem sehr lästigen Konkurrenten in Waldbeständen geworden ist (Starfinger 1990; Annighöfer et al. 2012; Terwei et al. 2016). Auch die Robinie kann bisweilen zur Verdrängung einheimischer Arten (besonders auf Halbtrockenrasen) führen (Vítková et al. 2017). Der Rückgang der einheimischen Pappelarten durch gezüchtete Pappelsorten und Hybridisierungen stellt einen Verlust in den natürlichen Auenwäldern dar (Kowarik 1995). Im Übrigen aber gibt es keine Hinweise, dass eingeführte Baumarten, z. B. die Douglasie, durch reichliche Naturverjüngung und rasches Wachstum die einheimischen Laubbaumarten zurückdrängen. Dazu ist ihr Flächenanteil zu gering und ihr Verjüngungspotenzial in den natürlichen Laubwäldern nicht groß genug. Das gilt ebenso für die wenigen anderen Fremdländer, die im praktischen Waldbau eine gewisse Rolle spielen. Welche Rolle diese Arten als Lebensgrundlage für andere Lebewesen der Biozönose spielen, ist generell nicht zu beantworten. Wohl aber weiß man, dass die Zersetzergemeinschaft von Streu und Totholz durch den Anbau fremdländischer Baumarten wenig beeinflusst werden, weil sie im Allgemeinen Generalisten sind (Schaefer 2001). Für die Vermutung, jahrzehntelang bewährte Baumarten aus anderen Kontinenten seien der Flora und Fauna einheimischer Waldökosysteme nicht genügend angepasst, gibt es nur wenige Untersuchungen und insgesamt keine schlüssigen Belege (Lebreton et al. 1987; Müller und Stollenmaier 1994; Vor et al. 2015).

Ein bedrohlicher **Befall durch Schädlinge** an einer fremdländischen Baumart hat die Erwartungen an die Bedeutung der Weymouthkiefer (*Pinus strobus*) schon in den 1930er-Jahren praktisch zerschlagen. Der Anbau der Douglasie war während dieser Zeit durch das regional starke Auftreten von pilzlichen Erregern von Nadelschütten stark eingeschränkt, bis erkannt wurde, dass die Erkrankungen auf die Wahl ungeeigneter Herkünfte zurückzuführen waren. Sonst sind fremdländische Baumarten in Mitteleuropa, z. T. anders als manche vergesellschafteten einheimischen Arten der Gattungen *Quercus*, *Ulmus* und *Fraxinus* (Kap. 1.3.2.2, 2.1.1.3, 2.1.1.7), bisher weitgehend gesund geblieben.

Der Anbau fremdländischer Baumarten kann eine gewisse Bedeutung für die **Artendiversität** der artenarmen europäischen Waldökosysteme haben. An Roteiche können z. B. mehr Käfer- und Wanzenarten vorkommen als an der einheimischen Buche (Goßner 2004). Bis zu einem Mischungsanteil der Douglasie von 30 % der Grundfläche (etwa 10 % der Stammzahl) bleibt in einem Buchenbestand die buchenrelevante Fauna erhalten. In den die Buchen überragenden Kronen der Douglasien finden zahlreiche wärmeliebende und blattlausfressende Arten eine zusätzliche Ressource (Goßner und Ammer 2006). Auch haben einige der wenigen, bisher erfolgreich angebauten nichtheimischen Baumarten bei raschem Wachstum eine günstige Wurzelausbildung auch auf staunassen Böden (z. B. Große Küstentanne) oder eine reichliche und gut zersetzbare Streu (Douglasie, Schwarznuss). Tatsache ist auch, dass diese Arten in Volumen- und Wertproduktion den meisten einheimischen Arten auf geeigneten Standorten deutlich überlegen sind.

Risikominderung im Klimawandel

Waldökosysteme sind durch die Auswirkungen der intensiven Industrialisierung (seit Beginn des 20. Jahrhunderts) besonderen Klimaänderungen ausgesetzt. Temperaturanstieg und längere Vegetationszeiten sind wesentliche Ursachen für den erhöhten Biomassezuwachs in den Wäldern Mitteleuropas (Pretzsch et al. 2014). Modellierungen für prognostizierte Klimaszenarien ergeben für Standorte in Bayern, dass bis zum Ende dieses Jahrhunderts die Produktivität generell abnehmen wird, wobei die **Produktivitätsminderung** je nach Standort mit 1,3–18 % der Biomasse sehr unterschiedlich ausfallen wird (Rötzer et al. 2013). Baumartenzusammensetzung und Vitalität der Baumarten in unbewirtschaften Naturwäldern in Deutschland, die als Referenzsysteme für das autogene Anpassungspotenzial von Baumarten und Waldökosystemen an den Klimawandel dienen, zeigen sich bisher vom Klimawandel unbeeinflusst (Meyer et al. 2017).

Als Folgen des Klimawandels haben steigende Sommertemperaturen und Änderungen in der Niederschlagsverteilung mit längeren Trockenphasen bereits in einzelnen Jahren (v. a. 1976 und 2003) zu **Hitze-** und **Trockenstress** der Waldbäume geführt. Dabei hat die Fichte besonders empfindlich mit Zuwachsrückgängen reagiert, stärker als Buche, Traubeneiche und Tanne (Pretzsch et al. 2013; Uhl et al. 2013). In Mischung mit anderen Baumarten ist die Buche weniger betroffen (Pretzsch et al. 2013; Metz et al. 2016). Zu den Baumarten, die an trockene und warme Klimaverhältnisse angepasst sind, zählen Feldahorn, Elsbeere, Mehlbeere, Feldulme und Sommerlinde. Sie nehmen bisher geringe Anteile an den Waldflächen ein (Walentowski et al. 2017). Die Reaktionen der Baumarten und Waldökosysteme auf Klimaänderungen variieren allgemein stark in Abhängigkeit von Breitengrad, Höhenlage, Bodeneigenschaften und Waldtypen (Lindner et al. 2010; Hlásny et al. 2011). Es wird erwartet, dass durch den Klimawandel **Extremereignisse**, wie Stürme, Starkregen, Waldbrände und Massenvermehrungen von Schädlingen, häufiger auftreten und in größerem Ausmaß vorkommen (Wohlgemuth et al. 2008; Albrecht et al. 2009; Seidl et al. 2011, 2014; Field et al. 2012), sodass sich das Anbaurisiko für forstwirtschaftlich bedeutsame Baumarten (z. B. Fichte) erhöhen kann (Kölling et al. 2009a). Von der Buche wird allgemein ein hohes Anpassungspotenzial an den Klimawandel erwartet, sodass eine präventive Abkehr von dieser Baumart in weiten Teilen Mitteleuropas nicht begründbar ist (Bolte 2016).

Konsequenzen für die Baumartenwahl sind wegen der uneinheitlichen Prognosen über die in den nächsten Jahrzehnten eintretenden regionalen Klimaänderungen – besonders die Extreme betreffend, die bedeutender sein können als die Mittelwerte – und über die vielleicht unterschätzte Anpassungsfähigkeit der Baumarten nur unsicher festzulegen (Millar et al. 2007). Bei der Baumartenwahl ist man daher vorerst noch weitgehend auf gut begründbare Erfahrungen und Beobachtungen angewiesen und auf den in Mitteleuropa weitverbreiteten Grundsatz, an den Standort angepasste Mischbestände bewährter Baumarten aufzubauen (Brang et al. 2014). Weitere alternative Baumarten, die u. a. die Fichte auf zukünftig nicht mehr für diese Baumart geeigneten Standorten ersetzen könnten, werden in Anbauversuchen geprüft (Schmiedinger et al. 2009; Kölling 2013). Hierbei handelt es sich um Baumarten aus Regionen in Nordamerika und Ostasien mit Klimabedingungen, die denen weitgehend entsprechen, die für Mitteleuropa zukünftig erwartet werden. Hinweise auf das Wuchsverhalten und die Standortsansprüche bisher forstlich wenig berücksichtigter Baumarten finden sich auch in Parkanlagen und Arboreten (Hoffmann et al. 2015).

Für die Mehrzahl der Standorte und Waldregionen in Mitteleuropa wird sich die **Risikominderung**

- durch eine Vielfalt bewährter Baumarten (Lüpke 2009; Ammer 2019),
- durch Auswahl von Provenienzen, die an zukünftige Klimaverhältnisse angepasst sind (Czajkowski und Bolte 2006; Dounavi et al. 2016), und
- durch Gewährleistung hoher genetischer Vielfalt in den Waldbeständen (Kownatzki 2012; Fady et al. 2016) erreichen lassen.

Ein Baumartenwechsel ist notwendig, wenn sich die Risiken für Baumarten an den standörtlichen Grenzen ihres Vorkommens erhöhen. Für die Risikoabschätzung auf regionaler und standörtlicher Ebene sind verschiedene Modellansätze entwickelt und Risikoklassen in Karten dargestellt worden, u. a. für die Fichte in Niedersachsen auf Basis der klimatischen Wasserbilanz (Spellmann et al. 2007) sowie für Buche und Fichte in Bayern mithilfe regionaler Klimamodelle und digitaler Geländemodelle (Kölling et al. 2009b). Die **Klima-Risikokarten** ergänzen die Standortskarten bei der Festlegung der Waldentwicklungstypen (Kap. 2.3.5).

2.3 Erfassung der Standorte

Der forstliche Standort umfasst die abiotischen Einflussfaktoren auf das Baumwachstum. Deren Kenntnisse sind Voraussetzung für eine zielgerichtete Baumartenwahl. Zu den **Standortsverhältnissen** zählen

- das Klima,
- die physikalischen und chemischen Bodeneigenschaften und
- die Vegetation.

Aus planerischen Gründen werden ähnliche Standorte zu **Standortstypen** zusammengefasst und in Standortskarten dargestellt.

2.3.1 Umwelt und Standort

Gegenstand waldbaulicher Tätigkeit sind Bäume und Waldbestände in ihrer **Umwelt** (*environment*). Unter diesem Begriff wird die **Gesamtheit** der physikalischen, chemischen und biologischen Faktoren verstanden, die am Lebensraum auf einen Organismus (Art in ihrem Habitat) oder eine Lebensgemeinschaft (Biozönose in ihrem Biotop) einwirken. Zur Umwelt gehören demnach nicht nur die abiotischen Verhältnisse (Wärme, Feuchtigkeit, Nährstoffe u. dgl.), sondern auch alle Einflüsse, die von Lebewesen ausgehen (biotische Faktoren, u. a. benachbarte Pflanzen, Herbivore, Parasiten). Diese Faktoren sind in Waldbeständen räumlich und zeitlich meist starken **Veränderungen** ausgesetzt. Die Bäume wachsen mit ihren einzelnen Organen in verschiedenen **Räumen** (Kronenraum, Stammraum, bodennahe Luftschicht, Wurzelraum) und füllen diese im Laufe des Bestandeslebens in unterschiedlicher Intensität aus, sodass sich Umweltfaktoren (besonders die Strahlung, Kap. 2.3.3.1) für die einzelnen Bestandesglieder häufig entscheidend ändern.

Definition

Standort

Den Begriff **Standort** (*site*) verwendet man im ökologischen Sprachgebrauch nicht als Ortsbestimmung, sondern zur Bezeichnung der Gesamtheit der für die Entwicklung der Organismen wichtigen **abiotischen Faktoren**, soweit sie an einem Lebensraum für längere Zeit einigermaßen konstant bleiben oder einem regelmäßigen Wechsel unterworfen sind. Standorte sind demnach gekennzeichnet von den Klima- und Bodenfaktoren, wie sie in der Lebensdauer einer Waldgeneration gelten, nicht aber von den rasch wechselnden Strahlungsverhältnissen im Bestand. In diesem Sinne werden Standorte durch Schätzungen und Messungen charakterisiert und kartiert. Die Baumarten haben unterschiedliche Standortsansprüche, die bei waldbaulichen Eingriffen in die Bestände (Durchforstung, Düngung u. dgl.) berücksichtigt werden. Naturereignisse, die mit einiger Regelmäßigkeit eintreten, wie Spätfröste oder Trockenperioden, werden zu den Standortsfaktoren gerechnet. Auch durch die Tätigkeit des Menschen können Standortseigenschaften beeinflusst werden, sofern sie die Verhältnisse **nachhaltig** verändern, wie zum Beispiel eine Grundwasserabsenkung oder lange einwirkende Immissionen. Dieses letzte Beispiel weist auf eine Problematik der Standortserfassung hin, weil anzunehmen ist, dass sich manche Standorte unter großräumigen Einwirkungen rascher verändern als die Dauer einer Waldgeneration (Kap. 2.3.3.3).

In Ökosystemen mit so langen Entwicklungsphasen wie die der Wälder wirken sich die Standortsfaktoren in den einzelnen **Entwicklungsphasen** verschiedenartig aus. In den Jugendstadien treten bei manchen Baumarten einige Faktoren als bedrohlich auf (z. B. Spätfrost bei Buche, Eiche und Douglasie; Disposition für Schütteinfektion bei der Kiefer), die in späteren Entwicklungsphasen keine Rolle mehr spielen. In fortgeschrittenen Altersstadien begrenzen bisweilen andere Faktoren die Stabilität der Bestände, wie die höhere Anfälligkeit der Fichte für Sturmwurf auf stauwasserbeeinflussten Standorten und für Rotfäule auf nährstoffreichen Standorten. Alle diese Wirkungen der Standorte müssen bei der Wahl der Baumarten berücksichtigt werden.

2.3.2 Prinzipien der Standortserfassung

Zur Erfassung der Standorte für waldbauliche Ziele sind in vielen Ländern Verfahren unterschiedlicher Art und Intensität entwickelt worden (Barnes et al. 1982; Fanta et al. 1996; Englisch et al. 2001; Wilson et al. 2001; Schmidt et al. 2015). Im Folgenden steht die Standortskartierung, wie sie in Deutschland ausgeführt wird, im Vordergrund der Betrachtung, weil sie die längsten Erfahrungen verarbeitet hat und in der Schrift „Forstliche Standortsaufnahme" (Arbeitskreis Standortskartierung 2016) eingehend dargestellt ist. Zum besseren Verständnis werden die wissenschaftlichen Grundlagen zur Messung der ökologischen Faktoren kurz erläutert.

Für die Standortsgliederung und Herleitung des Standortstyps (Kap. 2.3.4) haben sich in den deutschen Bundesländern mit der regionalen (= zweistufigen) und der überregionalen (= einstufigen) Arbeitsweise zwei im Ansatz verschiedene Verfahren entwickelt (Arbeitskreis Standortskartierung 2016).

- Beim **zweistufigen Verfahren** (Abb. 2.27) geht der örtlichen Begutachtung oder Untersuchung der Standortsverhältnisse eine **regionale Gliederung** des Arbeitsgebietes (z. B. eines Bundeslandes) voraus. Dabei werden zunächst **Wuchsgebiete** als naturräumliche Areale ausgewiesen, die einen bestimmbaren Landschaftscharakter tragen. Es sind Großlandschaften, die sich durch ihr Klima, ihre Geländegestalt, aber auch durch ihre (wald)geschichtliche Entwicklung von anderen unterscheiden.
  Die Wuchsgebiete werden durch feinere Differenzierung des Regionalklimas, der Ausgangssubstrate für die Bodenbildung und des vorherrschenden Charakters der Vegetation in **Wuchsbezirke** untergliedert, das bedeutet: Die in einer zweiten Stufe bei der örtlichen Erfassung von Standortsmerkmalen gebildeten ökologischen Grundeinheiten, die **Standortstypen**, haben ihre Gültigkeit nur innerhalb des betreffenden Wuchsbezirks. Diese

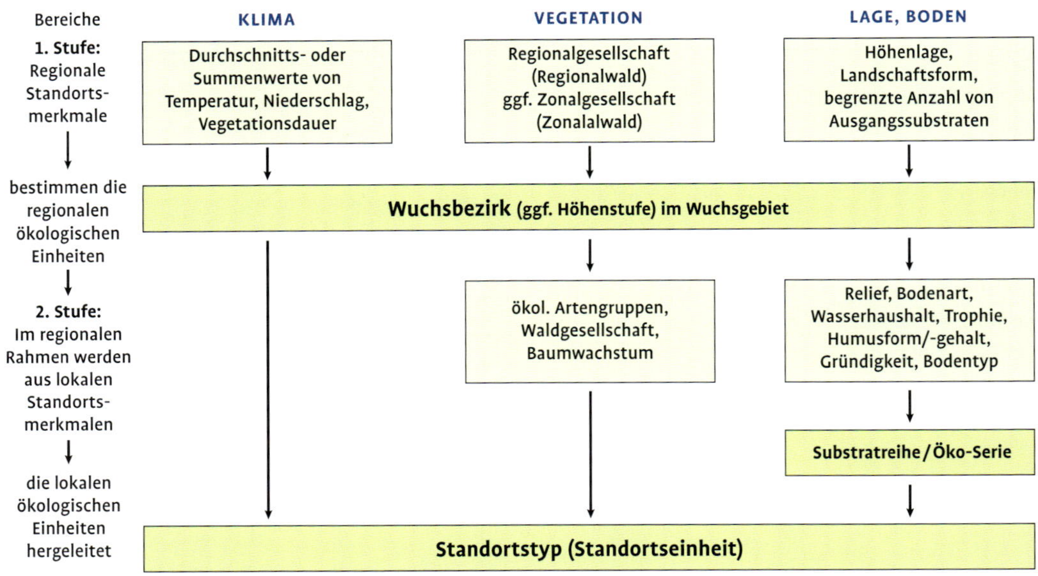

Abb. 2.27 Schema der Herleitung des Standortstyps im regionalen zweistufigen Verfahren (aus Arbeitskreis Standortskartierung 2016).

sind für die staatlichen Forstverwaltungen die wesentlichen Planungseinheiten für den Waldbau, die Festlegung der Waldfunktionen und andere forstliche Planungen. Ausführlich beschrieben ist die naturräumliche Gliederung Deutschlands in Wuchsgebiete und Wuchsbezirke von Gauer und Aldinger (2005). In manchen Bundesländern werden ähnliche Wuchsbezirke zu „Wuchsbezirks-Gruppen" zusammengefasst (Aldinger et al. 1998 für Baden-Württemberg). In Niedersachsen werden die 32 Wuchsbezirke zu 8 Waldbauregionen aggregiert, die weitgehend deckungsgleich mit den 8 forstlichen Wuchsgebieten sind (NMRELV 2004). Eine abgewandelte Gliederung der forstlichen Wuchsregionen, die bodenkundliche Standortsqualitäten stärker berücksichtigt, haben Kolb und Göttlein (2014) vorgestellt.

- Bei den seltener angewendeten **einstufigen Verfahren** (Abb. 2.28) wird eine solche vorausgehende Regionalisierung nicht vorgenommen. Die Standortsmerkmale werden ohne Bezug auf landschaftliche Einheiten (meist aber getrennt nach geographischen **Höhenstufen**) erhoben. Das ermöglicht eher einen landesweiten Vergleich der Standortstypen.

2.3.3 Einschätzung und Untersuchung der Standortseigenschaften

Klima

Die Grundlage für die Charakterisierung der allgemeinen klimatischen Verhältnisse der Standorte sind langfristige (meist mehrere Jahrzehnte umfassende) **Mittelwerte** aus den Daten der Wetterstationen in den einzelnen Wuchsbezirken oder Höhenstufen (ein Beispiel zeigt Tab. 2.9). Die Möglichkeiten zu differenzierenden Auswertungen regionalklimatischer Angaben (Temperatur, Niederschlag, Verdunstung, Wind u. a. in verschiedener zeitlicher Auflösung) hat der Arbeitskreis Standortskartierung (2016) dargestellt. Das Lokalklima wird gegenüber den regionalen Klimaverhältnissen vielfach abgewandelt, vor allem durch Höhenlage, Hangrichtung (Exposition) und Hangneigung.

Die klimatischen Einflüsse dieser Faktoren werden in ihrer Bedeutung bei der Standortserfassung meist nicht näher gewürdigt. Das gilt besonders für die Einschätzung von Strahlungsbedingungen (z. B. Spätfrost) und Feuchtigkeit (Trocknisgefahr) bei unterschiedlichem Regionalcharakter und wechselnden Reliefverhältnissen. Die dabei übliche Einschätzung der Standorte nach Sonnen- und Schattenhängen liefert

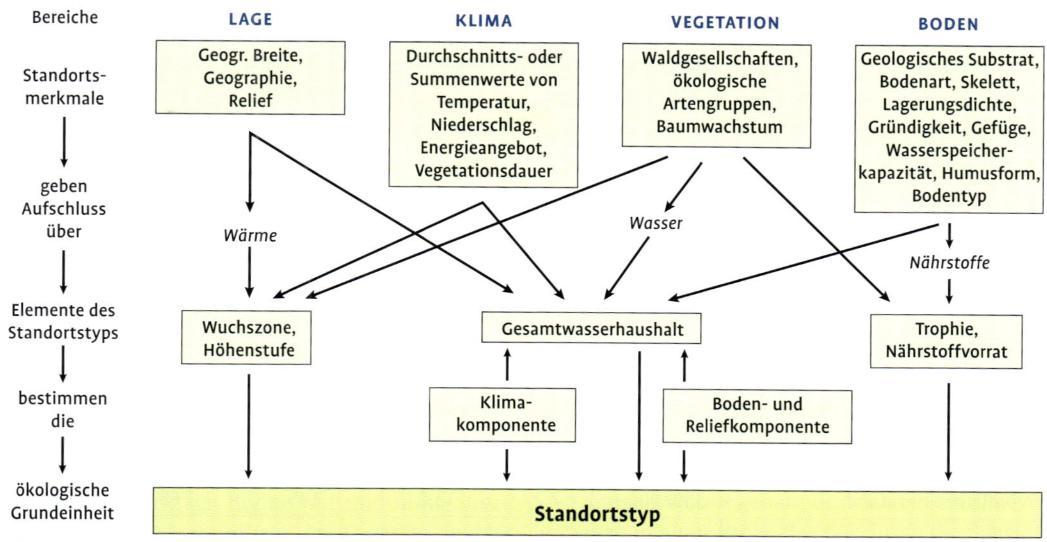

Abb. 2.28 Schema der Herleitung des Standortstyps im überregionalen einstufigen Verfahren (aus Arbeitskreis Standortskartierung 2016).

Hintergrundwissen

Abgrenzung von Höhenstufen und Hangmerkmalen

Die **Höhenstufen** können in den Regionen je nach dem Allgemeinklima in unterschiedlicher Höhenlage über dem Meer (m ü. NN) ausgeprägt sein:

- planar: ebenes Tiefland, z. B. in Auen und im eiszeitlich geprägten Flachland
- kollin: untere Lagen des Hügellandes
- submontan: höhere Lagen des Hügellandes, untere Lagen der Mittelgebirge
- montan: mittlere Lagen der Mittelgebirge, Anstieg der Hochgebirge (z. T. unterteilt in untere, mittlere und obere montane Stufe)
- hochmontan: oberste Stufe der Mittelgebirge, höhere Stufe der Hochgebirge
- subalpin: höchste Waldstufe in den Hochgebirgen (Alpen)

Die **Hangrichtung** wird nach der Kompassangabe in zumindest 8 Abstufungen angegeben.

Die **Hangneigung** wird in Grad (°) bzw. Prozent (%) erfasst oder aus den Höhenschichtlinien einer Karte umgerechnet:

- < 1 bis < 5° = < 2 bis < 9 %: nicht bzw. schwach geneigt
- 5 bis < 10° = 9 bis < 18 %: mittel geneigt
- 10 bis < 15° = 18 bis < 27 %: stark geneigt
- 15 bis < 20° = 27 bis < 36 %: sehr stark geneigt
- 20 bis < 30° = 36 bis < 58 %: steil
- ≥ 30° = ≥ 58 %: sehr steil bis sehr schroff

nur grobe Hinweise. Bessere Möglichkeiten zur ökologischen Differenzierung bietet oft die Vegetation (Kap. 2.3.3.4).

Eine weitere Hilfe zur Beurteilung des Standortsklimas könnte die Erhebung und Auswertung **phänologischer Daten** sein (Menzel 1997; White et al. 1998; Hudson und Keatley 2010; Kaspar et al. 2014), doch wird davon in der Standortserkundung kaum Gebrauch gemacht. Die phänologischen Wachstumsphasen der Pflanzen, wie die Laubentfaltung und der Beginn von Blüte, Fruchtreife, Laubverfärbung und Blattfall, werden von der Witterung am Standort bestimmt. Der Beginn einer Wachstumsphase, z. B. der Laubentfaltung, basiert zwar überwiegend auf den Temperaturverhältnissen, wird aber auch von Strahlung und

Tab. 2.10 Einschätzung des Gesamtwasserhaushaltes am Standort und Wuchsleistungen der Baumarten (nach Arbeitskreis Standortskartierung 2016)

Bezeichnung	Merkmale
I. Böden ohne Zuschusswasser	
sehr trocken	in der VZ schon kurze Zeit nach Niederschlägen wegen sehr geringer nWSK (flachgründige oder sehr durchlässige Böden) rasch deutlicher Wassermangel
trocken	in der VZ regelmäßiger, mehrfach auftretender, länger anhaltender Wassermange; geringe WL aller Baumarten
mäßig trocken	in der VZ vorübergehend (ein- bis zweimal im Jahrzehnt auftretend) deutlicher Wassermangel; geringe WL der Fichte, mäßige WL der meisten Baumarten
mäßig frisch	geringe Gefahr von Trockenheit auf mittelgründigen bis tiefgründigen Böden; gute Wuchsleistung von Eiche und Kiefer, mittlere bis gute WL der Fichte und der Buche
frisch	infolge hoher nWSK oder höherer Niederschläge ganzjährig gut mit Wasser versorgt; Wassermangel nur in ausgeprägten Trockenperioden; höherer Anteil von Grobporen im Boden, deshalb auch bei Wassersättigung bis nWSK kein Luftmangel in der VZ; gute bis sehr gute WL fast aller Baumarten
sehr frisch	auch während längerer Trockenperioden ausreichende Bodenfeuchtigkeit; bei hohen Niederschlägen kann in tieferen Bodenhorizonten kurzzeitig Luftmangel auftreten; häufig hydromorphe Merkmale im Unterboden, besonders in lehmig-tonigen Böden; Durchwurzelung von Fichte unzureichend
II. Böden mit Stauwassereinfluss	
wechseltrocken	bei hoch anstehendem Staukörper ausgeprägter Wechsel zwischen Vernässung (im Winter und nach starken Sommerregen) und scharfer Austrocknung in der VZ; Trockenphasen überwiegen; (Pelosol)-Pseudogley
mäßig wechseltrocken	bei weniger hoch anstehendem Staukörper mit geringerem Phasenwechsel; Pseudogley; hohes Windwurf- und Wasserstressrisiko (besonders für Fichte)
mäßig wechselfeucht	mäßig ausgeprägter Wechsel zwischen Vernässung und Austrocknung; keine starke Dichtlagerung des Bodens, daher Luftmangel nur in schwach durchwurzeltem Unterboden; Braunerde-Pseudogley; geringes Wasserstressrisiko, aber noch hohes Windwurfrisiko für Fichte
wechselfeucht	deutlicher jahreszeitlicher Wechsel zwischen langer, intensiver winterlicher Nassphase mit starkem Luft- und Wärmemangel zu Beginn der VZ und nicht stark ausgeprägten sommerlichen Abtrocknungsphasen; Pseudogley
staunass	300 Tage im Jahr und mehr sind alle Bodenporen mit Wasser gefüllt; Moorgley bis Stagnogley; Übergang zu III
III. Böden mit Grundwassereinfluss	
nass	Grundwasserstand höher als 30 cm, permanente ganzjährige Wassersättigung nahezu des gesamten Porenvolumens aus Grundwasser, extremer Luft- und Wärmemangel; Moorgley bis Nassgley; extremes Windwurfrisiko
feucht	Oberboden nur zeitweise vollständig mit Wasser gefüllt (Schneeschmelze, sehr ergiebige Niederschläge außerhalb der VZ); Grundwasserstand 30–80 cm; Gley; hohes Sturmwurfrisiko
hangfeucht	wie feucht, jedoch Wasserzuzug durch Hanglage mit verbessertem Bodenlufthaushalt

Tab. 2.10 Einschätzung des Gesamtwasserhaushaltes am Standort und Wuchsleistungen der Baumarten (nach Arbeitskreis Standortskartierung 2016) Fortsetzung

Bezeichnung	Merkmale
grundfeucht	mittlerer Grundwasserstand 80–160 cm; ständige Wasserreserve auch in Trockenperioden, geringe Vernässungsgefahr in Nassperioden; abnehmendes Sturmwurfrisiko
grundfrisch	mittlerer Grundwasserstand tiefer als 160 cm; Wasserhaushalt vorwiegend vom Oberboden bestimmt; geringes Sturmwurfrisiko
VZ = Vegetationszeit (Mai bis September), nWSK = nutzbare Wasserkapazität, WL = Wuchsleistung	

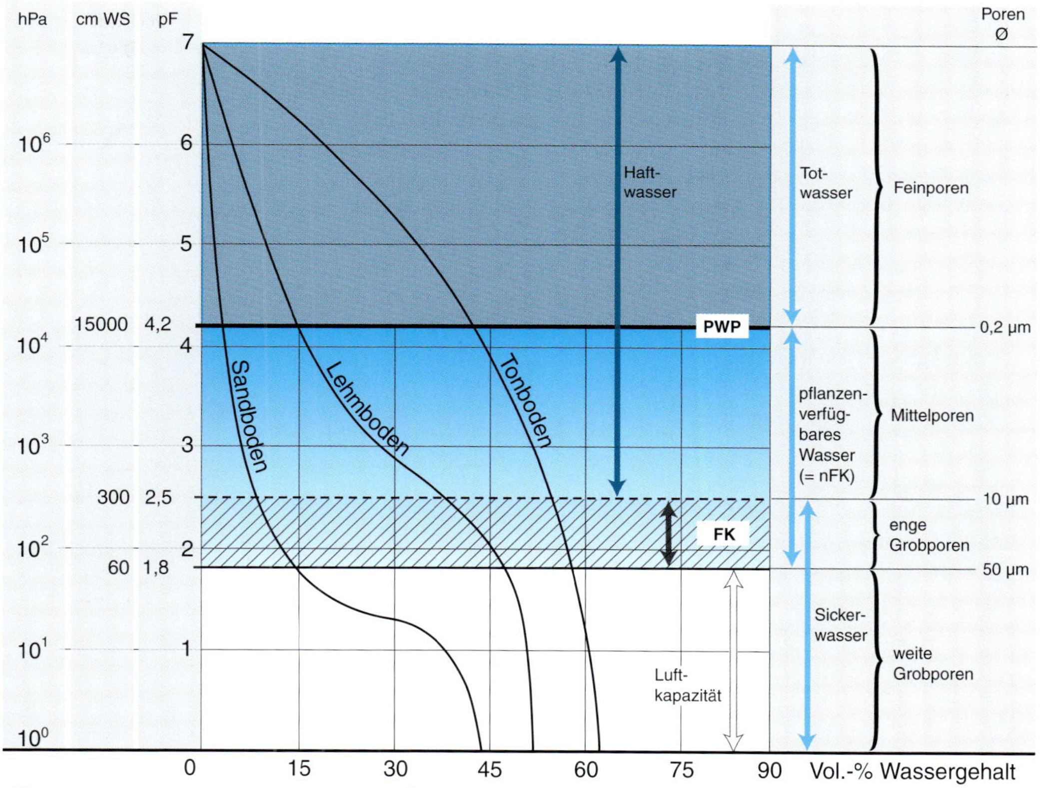

Abb. 2.29 Beziehung zwischen Wasserspannung (in hPa und cm Ws) und Wassergehalt (Wasserspannungs-, pF-Kurve) für Sand-, Lehm- und Tonböden (FK: Feldkapazität, PWP: permanenter Welkepunkt, WS: Wassersäule) (nach Hintermaier-Erhard und Zech 1997).

Chemische Bodeneigenschaften

Zur Einschätzung der chemischen Eigenschaften des Bodens am Bodenprofil dienen in erster Linie die Merkmale Ausgangsgestein, Bodenart, Humusform und -menge, Bodentyp und pH-Wert der verschiedenen Horizonte. Oft lassen sich Schlüsse auf die pflanzenverfügbaren Nährstoffe aus der Beurteilung der Vegetation ziehen (Kap. 2.3.3.4). Notwendige Sicherungen und Ergänzungen der Feldbeurteilung liefern **Laboranalysen**. Die allgemein verwendeten Laborverfahren sind in der Bodenkundlichen Kartieranleitung (Ad-hoc-Arbeitsgruppe Boden 2005) zusammengestellt. Spezielle Angaben zur Analytik enthalten König und Fortmann (1996) sowie Jones (2001).

Hintergrundwissen

Messung der Bodenfeuchte

Die Bodenfeuchte kann mit verschiedenen Methoden eingeschätzt werden (Preuhsler und Grimmeisen 1997; Jackson et al. 2000; Kap. 6 in Amelung et al. 2018). Weitverbreitet zur Messung der Saugspannung im Boden sind **Tensiometer** (Schmidt 1993; Abb. 2.30). Ein Tensiometer besteht im Prinzip aus einem Manometer, das über eine keramische Zelle den Unterdruck im Boden misst. Tensiometer sind für längeren Betrieb in der Vegetationszeit eingerichtet und können, mit Datenerfassungsgeräten ausgestattet, auf Dauerbeobachtungsflächen eingesetzt werden. Bei Saugspannungen von weniger als −200 hPa versagen sie; somit können sie stärkere Austrocknungen nicht erfassen, sie sind dadurch in Humusauflagen und obersten Bodenhorizonten nicht verwendbar. Die Methode der ***Time-Domain-Reflectrometry*** **(TDR)** bringt in dieser Hinsicht Verbesserungen (Preuhsler und Grimmeisen 1997). Hierbei wird die Laufzeit elektromagnetischer Impulse entlang einer im Boden eingebauten Sonde gemessen.

Die zeitliche Verzögerung zwischen dem Senden und dem Empfangen der Impulse ist abhängig vom Umgebungsmaterial der Sonde. Einzelheiten geben u. a. Sala et al. (2000) und Gigon et al. (2004) an.

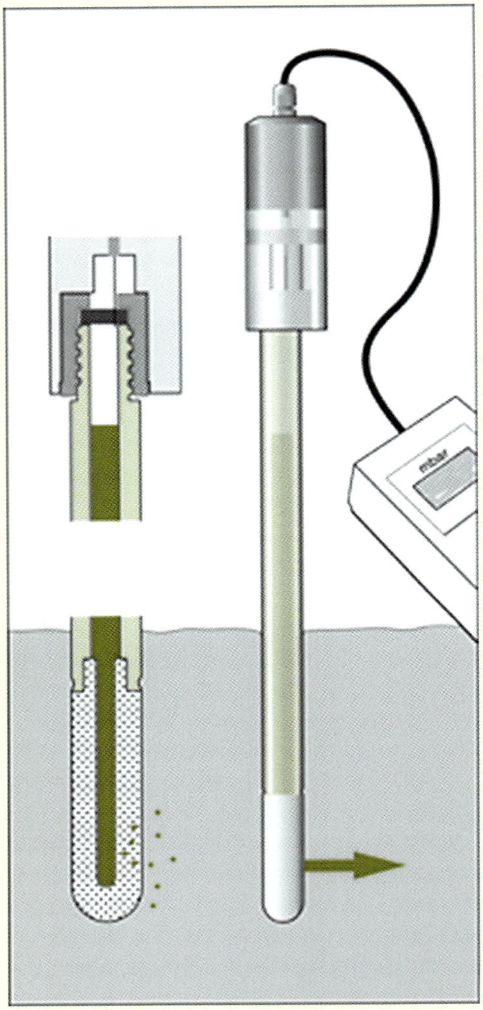

Abb. 2.30
Einstichtensiometer mit keramischer Zelle und Ablesegerät zur Messung der Wasserspannung im Boden. Durch die Poren der Keramik besteht eine hydraulische Verbindung zwischen dem Bodenwasser und der Wassersäule im Plexiglasrohr, das am oberen Ende mit einem Schraubverschluss mit Septum versehen ist. Das Septum wird zur Messung mit einer Spritzenkanüle durchstoßen, die mit einem Druckaufnehmer-Handmessgerät verbunden ist.

Aus der Bodenlösung, die sich direkt im Boden mit Saugkerzen oder im Labor als wässriger Extrakt aus Bodenproben gewinnen lässt, werden Kennwerte (u. a. Elementkonzentrationen) des **aktuellen** Bodenzustandes bestimmt. Diese ändern sich durch Niederschlagseintrag, Pflanzenaufnahme und Versickerung kurzfristig, sodass sich **Elementflüsse** und **-bilanzen** erst durch ein Monitoring über einen Zeitraum von mehreren Jahren ergeben.

Die kurz- bis mittelfristig (Jahre, Jahrzehnte) **verfügbaren Nährstoffe** des Mineralbodens lassen sich durch Analyse der austauschbaren Kationen abschätzen. Von Stickstoff (N), Phosphor (P), Schwefel (S) und von allen Nährstoffen in Humusproben werden meist nur die Gesamtvorräte bestimmt. Weitere Erkenntnisse zum Ernährungszustand von Waldbäumen liefern Blatt- bzw. Nadelanalysen (Kap. 4.4).

Unter dem Einfluss von **Immissionen** (Ulrich 1986, 1995; Ulrich et al. 1979, 1991) sind seit den 1980er-Jahren auf vielen Standorten mehr oder weniger deutliche **Veränderungen** des chemischen Bodenzustandes zu verzeichnen. Rehfuess (1999) kommt zu dem Schluss, dass die früher gefundenen Relationen von pH-Werten, chemischen Boden- und Blattspiegelwerten und anderen bodenchemischen Kenngrößen heute nur auf solchen Standorten Gültigkeit haben, die eine geringe Deposition von N und S sowie eine schwache interne Produktion von Wasserstoffionen (H-Ionen) aufweisen. Vor allem die Bedingung eines geringen N-Eintrags ist in mitteleuropäischen Wäldern selten erfüllt. Wichtig zur Erfassung von Veränderungen sind vor allem die Bestimmung der effektiven Austauschkapazität (Ak_e) und des Basensättigungsgrades. In einer weiteren Arbeit (2000) beschreibt Rehfuess die auf vielen Standorten als nachweisbar erkennbaren Veränderungen während der letzten Jahrzehnte: Es zeigt sich ein Rückgang der pH-Werte, der Basensättigung und der Vorräte an austauschbarem Calcium (Ca) und besonders Magnesium (Mg). Die S-Einträge sind seit Ende der 1980er-Jahre drastisch zurückgegangen, daher ist die Säurebelastung rückläufig. Die N-Depositon ist jedoch nicht wesentlich geringer geworden (siehe Kap. 21 in Bartsch und Röhrig 2016).

Auf europäischer Ebene werden in einer ersten Intensitätsstufe des forstlichen Umweltmonitorings (Level I) auf Stichprobenpunkten eines flächendeckenden Gitternetzes (16 x 16 km oder 8 x 8 km) neben der jährlichen Waldzustandserhebung (WZE) **Bodenzustandserhebungen (BZE)** durchgeführt. In 42 europäischen Ländern sind zudem als zweite Intensitätsstufe (Level II) rund 700 Daueruntersuchungsflächen eingerichtet worden, die der Aufklärung von Ursache-Wirkungs-Beziehungen, der Identifizierung von Schlüsselprozessen und der Messung von Stoffflüssen dienen (Wolff 2001; Augustin et al. 2005; Vries et al. 2006; Seidling et al. 2007; Wellbrock et al. 2017). Mithilfe der daraus gewonnenen Daten werden künftig nicht nur längerfristige Veränderungen der chemischen Bodenzustände erkennbar sein (z. B. durch Nadelholzanbau auf Laubholzstandorten, siehe hierzu Augusto und Ranger 2001), es lassen sich auch ältere Standortsangaben in gewissem Rahmen korrigieren. Die Auswertung der ersten beiden Bodenzustandserhebungen hat ergeben, dass in Deutschland Nährstoffmängel – vor allem an P, Mg und Kalium (K) in abnehmender Häufigkeit, selten bei Ca – je nach Wuchsregion unterschiedlich stark ausgeprägt sind, da sie großräumig mit der Geochemie der Landschaften verbunden sind (Mellert et al. 2017).

Vegetation

Neben der Erfassung von Klima- und Bodeneigenschaften spielt die Kennzeichnung der Bodenvegetation für die Beurteilung der Standorte eine große Rolle. Mithilfe von Vegetationsaufnahmen lassen sich durch die Bestimmung der Pflanzengesellschaft sowie durch die Beobachtung des Vorhandenseins bzw. Fehlens bestimmter **Standortszeiger** Schlüsse auf lokale Standortseigenschaften ziehen. Im Rahmen der Standortskartierung geht man von der zurzeit vorhandenen (= **aktuellen** oder **realen**) **Vegetation** aus.

- Die Pflanzenarten werden in Probeflächen verschiedener Größe (siehe Tremp 2005; Dengler et al. 2009) nach den Regeln von Braun-Blanquet (1964) oder in wenig abgewandelten Verfahren (Dierschke 1994; Fischer 2003) aufgenommen,
- für die einzelnen Untersuchungseinheiten und Vegetationsschichten (u. a. Baumschicht, Krautschicht) in Tabellen geordnet und
- nach der Methode der Klassifikation (Mueller-Dombois und Ellenberg 1974; Pielou 1984; Kent 2012; Peet und Roberts 2013) zu **pflanzensoziologischen Einheiten** unterschiedlichen Hierarchiegrades (von Ordnungen bis zu Subassoziationen) zusammengestellt.

Solche Gesellschaften, besonders die unteren Stufen in der Hierarchie (Subassoziationen und ihre Ausprägungen), werden als „von ihrer Umwelt abhängige, konkurrenzbedingte Kombinationen von Pflanzenarten“ (Ellenberg 1956) aufgefasst und zur Abschätzung und örtlichen Abgrenzung von Standorten verwendet (Schönhar 1993; Arbeitskreis Standortskartierung 2016). Sie zeigen oft Ergebnisse länger zurückliegender Wirkungen von Eingriffen des Menschen und weisen in unterschiedlicher Klarheit auf den Grad ihrer Naturnähe oder -ferne hin. Für diese Einschätzung ist ein Maßstab erforderlich, der häufig im Vergleich der aktuellen Vegetation mit der sogenannten **potenziellen natürlichen Vegetation** (pnV) gesucht wird (Abb. 2.31).

Tüxen (1956), der den Begriff der potenziellen natürlichen Vegetation (pnV) eingeführt hat, verstand darunter einen gedachten Zustand der Vegetation, „der sich für heute oder einen bestimmten früheren Zeitabschnitt entwerfen lässt, wenn die menschliche Wirkung auf die Vegetation unter den heute vorhandenen oder zu jenen Zeiten vorhanden gewesenen übrigen Lebensbedingungen beseitigt und die natürliche Vegetation, um denkbare Wirkungen inzwischen sich vollziehender Klima-Änderungen und ihrer Folgen auszuschließen, sozusagen schlagartig in das neue Gleichgewicht eingeschaltet gedacht würde“. Es handelt sich um die modellhaft konstruierte höchstentwickelte Vegetation, die schlagartig ohne Übergang durch eine Sukzession vorhanden ist. Sie geht von den gegenwärtigen Standortsbedingungen aus, unabhängig davon, ob diese natürlich oder anthropogen irreversibel verändert sind, und soll sich ohne menschlichen Einfluss erhalten. Dabei bleibt u. a. die Frage offen, wie sich die in eine Waldgesellschaft eingeführten Arten (z. B. Fichte, Douglasie) dabei verhalten.

Gegen das Konzept sind mehrere theoretisch wie praktisch bedeutsame **Einwände** vorgebracht worden (Kowarik 1987; Härdtle 1995; Leuschner 1999). Es mag zur Beurteilung der gegenwärtigen Situation eine gedankliche Hilfe sein, doch eignet sich das Konzept nicht im Hinblick auf die waldbauliche Planung einer naturnahen Waldwirtschaft, wie dies bisweilen angenommen wird (Schmidt 1998b). In diesem Zu-

I Vegetation der Hochlagen der Alpen

1 alpiner Rasen auf Kalkstein
2 subalpines Alpenrosen-Latschengebüsch auf Kalkstein

II Nadel(misch)wälder

3 montan-hochmontaner Fichten-Tannenmischwald
4 montan-hochmontaner Fichten- und Fichten-Buchen-Wald
5 bodensaurer Kiefernwald

III Bodensaure Eichenmischwälder

6 atlantisch-subatlantischer boden-saurer Birken-Stieleichenwald
7 subatlantisch-zentraleuropäischer bodensaurer Eichenwald und Kiefern-Eichen-Wald
8 bodensaurer xerophiler Traubeneichenwald
9 Hainsimsen-Traubeneichenmischwald mit Tanne

IV Eichen-Hainbuchenwälder

10 feuchter Stieleichen-Hainbuchenwald
11 Traubeneichen-Hainbuchenwald im Wechsel mit Buchenwald
12 subatlantisch-zentraleuropäischer Traubeneichen-Hainbuchenwald ohne oder mit wenig Buche; thermophile Ausbildung

V Buchen- und Buchenmischwälder

13 planarer, bodensaurer Drahtschmielen-(Eichen-)Buchenwald
14 kollin-submontaner Hainsimsen-Buchenwald; mit Tanne
15 montan-hochmontaner Hainsimsen-Buchenwald; mit Tanne und/oder Fichte
16 planar-kolliner Waldmeister- und Bingelkraut-Buchenwald
17 kollin-submontaner Waldmeister- und Waldgersten-Buchenwald; mit Tanne
18 kollin-submontaner Kalkbuchenwald
19 kollin-submontaner Orchideen-Buchenwald
20 montan-hochmontaner Zahnwurz- bzw. Heckenkirschen- und Blaugras-Buchenwald; mit Tanne und z.T. Fichte

VI-X Vegetation von Sonderstandorten

VI Kiefern-Trockenwälder

21 Kiefern-Trockenwald auf Kalkstein

VII Küstenvegetation

22 Dünenvegetation der Nord- und Ostseeküste
23 Salzvegetation der Nord- und Ostseeküste

VIII Moore

24 Hoch- und Übergangsmoor
25 Niedermoor auf Kalkstandorten

IX Bruchwälder

26 Erlenbruch
27 Birkenbruch und Feuchtheide

X Auen- und Feuchtwälder

28 Auen- und Feuchtwald
29 Feuchtwald der eingedeichten und ausgesüßten Marschen

natürliche Beimischung von Buchen im Nadelmischwald
natürliche Beimischung von Kiefern im Eichenmischwald
natürliche Beimischung von Tannen und/oder Fichten im Buchen- oder Eichenmischwald
thermophile bzw. xerotherme Ausbildung

Abb. 2.31
Vegetationsgebiete der potenziellen natürlichen Vegetation in Deutschland (aus Bohn und Weiß 2003).

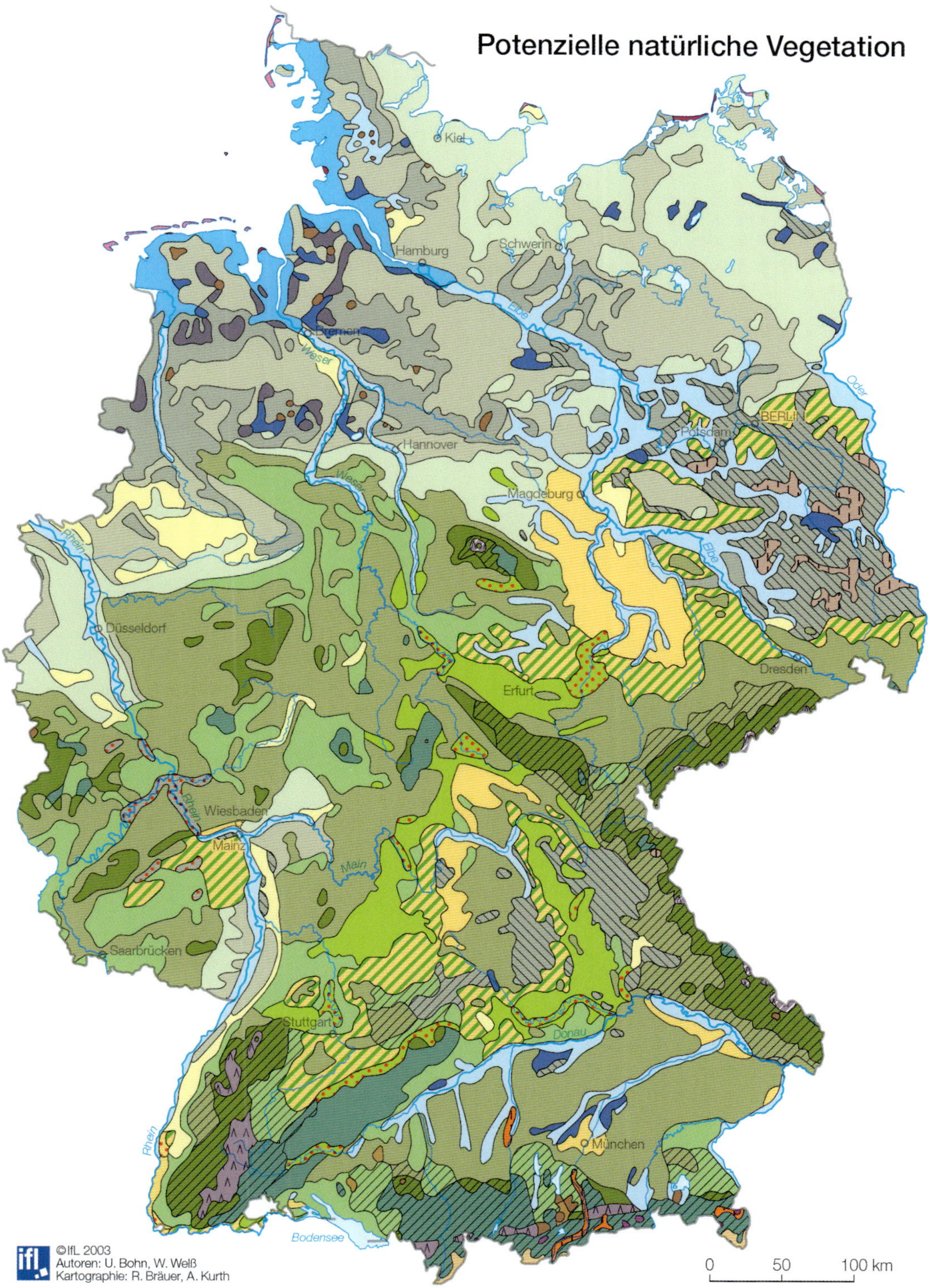
Potenzielle natürliche Vegetation
Kiel
Hamburg
Schwerin
Bremen
Weser
Elbe
Oder
BERLIN
Potsdam
Hannover
Magdeburg
Rhein
Düsseldorf
Erfurt
Dresden
Wiesbaden
Mainz
Main
Saarbrücken
Stuttgart
Donau
München
Bodensee
0 50 100 km
©IfL 2003
Autoren: U. Bohn, W. Weiß
Kartographie: R. Bräuer, A. Kurth

Hintergrundwissen

Ökologische Zeigerwerte

Die Zahlen sind so angeordnet, dass 1 jeweils die geringsten und 9 die höchsten ökologischen Ansprüche anzeigt (indifferent in dieser Hinsicht ist die Kontinentalitätszahl). Bewertet werden die Ansprüche der Pflanzen an 3 klimatische und 5 edaphische (zum Boden gehörende) Faktoren.

- **Lichtzahl**: von 1 = Arten, die in tiefem Schatten gedeihen, über 5 = Halbschattenpflanzen (meist bei ca. 10 % der Freilandstrahlung), bis 9 = Volllichtpflanzen, die nur an voll bestrahlten Plätzen, selten bei < 50 % der Freilandstrahlung, gedeihen.
  Bei den Baumarten deutet eine Klammer um die Lichtzahl auf Ansprüche der Jungpflanzen hin.
- **Temperaturzahl**: von 1 = Kältezeiger, nur in hohen Gebirgslagen oder im borealen Bereich, über 5 = mäßige Wärme anzeigend, von tiefen bis hochmontanen Lagen, Schwergewicht im submontanen temperaten Bereich, bis 9 = extremer Wärmezeiger.
- Die **Kontinentalitätszahl** reicht von 1 = euozeanisch, über 2 = ozeanisch, bis 8 = kontinental und 9 = eukontinental.
- **Feuchtezahl**: von 1 = Starktrockniszeiger, an oft austrocknenden Standorten lebensfähig und auf trockene Standorte beschränkt, über 5 = Frischezeiger, Schwergewicht auf mittelfeuchten Böden, bis 9 = Nässezeiger, überwiegend auf oft durchnässten (luftarmen) Böden.
- **Reaktionszahl**: von 1 = Starksäurezeiger, niemals auf schwach sauren bis alkalischen Böden vorkommend, bis 9 = Basen- und Kalkzeiger, stets auf kalkreichen Böden.
- **Stickstoffzahl**: 1 = stickstoffärmste Standorte anzeigend, über 5 = mäßig stickstoffreiche Standorte bevorzugend, bis 9 = an übermäßig stickstoffreichen Standorten konzentriert (z. B. Viehlagerplatz).
- Die **Salzzahl** stuft das Vorkommen der Art in Bezug auf die Salzkonzentration, insbesondere die Chloridkonzentration, im Wurzelraum ein.
- Zudem finden sich Angaben zur **Schwermetallresistenz**.

Unklare Zuordnungen sind durch ein X gekennzeichnet.

sammenhang machen Zerbe (1997) und Schmidt (2005) deutlich, dass eine Verwirklichung der pnV die oft sehr vielfältigen Vegetationstypen der realen Landschaften nivellieren und stark vereinfachen würde, indem die natürliche Dynamik einschließlich der Sukzession unberücksichtigt bliebe. Das ist aber gerade nicht das Ziel eines naturnahen Waldbaus. Zerbe lehnt daher das sehr statische Konzept der pnV als Zielvorstellung ab und empfiehlt, bei der Baumartenwahl von der **realen** Vegetation auszugehen. Daraus soll ein dynamisches Konzept mit Waldentwicklungstypen gebildet werden (Kap. 2.5).

Die Forstliche Standortsaufnahme (2016) enthält eine schematische **Übersicht** der Waldgesellschaften in Deutschland in standortsökologischer Anordnung, unterteilt in azonale und klimazonale Waldgesellschaften mit 7 Höhenstufen. Ausführlich vorgestellt werden die mitteleuropäischen Waldgesellschaften mit ihrer Verbreitung und ihren Standorten von Ellenberg und Leuschner (2010), regionale Zusammenstellungen gibt es u. a. für Bayern (Walentowski et al. 2004) und für Nordostdeutschland (Hofmann und Pommer 2013). Viele Pflanzengesellschaften haben eine weite ökologische Amplitude und geben daher nur allgemeine Informationen. Zur genaueren Erfassung der Standortsverhältnisse bedient man sich deshalb oft sogenannter **Weiser**- oder **Zeigerpflanzen**. In einem System mit mehr als 2700 Gefäßpflanzen sowie zahlreichen Moosen und Flechten haben Ellenberg et al. (2001) ökologische Zeigerwerte für mitteleuropäische Arten dargestellt.

Die nach dem Alphabet geordnete Tabelle enthält neben den Zeigerwerten für die genann-

Tab. 2.11 Beispiel für ökologisches Verhalten von Zeigerpflanzen (aus Ellenberg et al. 2001)

Artname	Ökologisches Verhalten					
	L	T	K	F	R	N
Acer pseudoplatanus	(4)	X	4	6	X	7
Allium ursinum	2	X	2	6	7	8
Calamagrostis epigejos	7	5	7	X~	X	6
Calluna vulgaris	8	X	3	X	1	1
Dactylis glomerata	7	X	3	5	X	6
Epilobium angustifolium	8	X	5	5	5	8
Fagus sylvatica	(3)	5	2	5	X	X
Holcus mollis	5	5	2	5	2	3
Quercus petraea	(6)	6	2	5	X	X
Sambucus nigra	7	5	3	5	X	9
Sorbus torminalis	(4)	7	4	4	7	4
Vaccinium myrtillus	5	X	5	X	2	3

L = Licht, T = Temperatur, K = Kontinentalität, F = Feuchte, R = Reaktion, N = Stickstoff, X = indifferentes Verhalten, eingeklammerte Ziffern beziehen sich auf Baumjungwuchs, ~ = Zeiger für starken Wechsel (z. B. Wechselfeuchte)

ten ökologischen Merkmale auch Angaben über die Lebensform, die Blattdauer während des Jahres, über das soziologische Verhalten und die Häufigkeit der Arten mit Hinweisen auf den Gefährdungsgrad. Ein Beispiel für das ökologische Verhalten einiger Waldpflanzen zeigt Tabelle 2.11. Die Autoren weisen ausdrücklich darauf hin, dass die Zeigerwerte lediglich das ökologische Verhalten kennzeichnen, d. h. das Vorhandensein unter den gegenwärtigen Verhältnissen einschließlich der Konkurrenz vergesellschafteter Arten. Sie charakterisieren nicht etwa die Standortsansprüche der Arten, die sich nur durch physiologische Messungen ermitteln lassen. Die Zeigerwerte geben somit auch keine kausalen Zusammenhänge wieder.

Prinzipiell wird von vielen Autoren die **Nutzbarkeit** der Zeigerwerte für die Erfassung von Standorten anerkannt, u. a. zur Abschätzung der chemischen Bodeneigenschaften (Ewald und Ziche 2017). Unstimmigkeiten können sich hinsichtlich der Tatsache ergeben, dass manche Arten durch die Herausbildung von Ökotypen auf unterschiedlichen Standorten eine höhere Plastizität zeigen. Im Übrigen erfordert die Anpassung von Arten an Veränderungen von Umweltfaktoren eine gewisse Zeit: Relikte früherer Artenkombinationen können sich unerwartet lange erhalten, besonders dann, wenn sie sich stark vegetativ vermehren. Auch muss das sukzessionale Stadium der Bestandesentwicklung beachtet werden.

Die Feuchtezahl gilt als der aussagefähigste Zeigerwert. Bei der Reaktionszahl zeigen viele Arten eine breite Spanne. Überhaupt ist es zweifelhaft, ob bei den räumlichen und zeitlichen Wechseln des pH-Wertes dieser Zeigerwert eine befriedigende Aussagekraft für genauere Abstufungen der Standortsverhältnisse hat (Seidling und Rohner 1993). Umstritten ist die Bildung von Mittelwerten für die einzelnen Faktoren innerhalb von Gesellschaften. Einzelne Probleme bei der Anwendung von Zeigerwerten diskutieren Böker et al. (1983), Thompson et al. (1993), Nieppola (1993), Ertsen et al. (1998), Hill et al. (2000), Dzwonko (2001) sowie Ewald und Ziche (2017). Bei der praktischen Standortskartierung orientiert man sich meist weniger an Zeigerwerten als

Hintergrundwissen

Waldarten

Bei der Bewertung von Wäldern im Hinblick auf die Vielfalt, Vollständigkeit, typische Ausprägung und Naturnähe ihrer Artenzusammensetzung sind Informationen zur **Waldbindung** der vorkommenden Pflanzenarten notwendig. Für naturschutzfachliche Aussagen wurde eine Trennung der waldtypischen Pflanzenarten von Offenlandarten für Deutschland in Waldartenlisten vorgenommen (Schmidt et al. 2011). Diese Referenzlisten enthalten deutschlandweit insgesamt 1 216 Farn- und Blütenpflanzen-, 674 Moos- und 1 002 Flechtentaxa. Damit umfassen sie 41 % der in Deutschland vorkommenden Gefäßpflanzen-, 58 % der Moos- und 51 % der Flechtensippen. Innerhalb der Waldgefäßpflanzen lassen sich in Deutschland 76 Bäume, 4 Epiphyten, 116 Sträucher und 1 020 krautige Pflanzen unterscheiden.

Über die Waldbindung und die Substratbindung (bei Kryptogamen) hinaus werden in den Waldartenlisten als Zusatzinformationen die Zeigerwerte nach Ellenberg und bei Gefäßpflanzen auch der floristische Status (u. a. indigen = einheimisch) angegeben.

an Gruppierungen von Waldbodenpflanzen, den **ökologischen Artengruppen**, die gegenüber wichtigen Standortsfaktoren ein weitgehend einheitliches Verhalten zeigen. Die Forstliche Standortsaufnahme (2016) gibt eine umfangreiche Zusammenstellung von 7 übergeordneten Gruppen vor, eingeteilt nach den Schwerpunkten ihres Vorkommens auf Standorten mit verschiedenem Wasserhaushalt (römische Ziffern I–VI) und ergänzt um eine Hauptgruppe mit nitrophilen Arten (Gruppe 0). Innerhalb dieses Rahmens sind die einzelnen Artengruppen (34) nach den Humusformen (arabische Ziffern) geordnet. Alle Gruppen sind nach einer charakteristischen Art benannt, Tabelle 2.12 gibt zwei Beispiele dafür. Selten sind bei allen Geländeaufnahmen sämtliche (4–16) Arten der betreffenden Gruppe vertreten, bisweilen fehlt sogar die namensgebende Art der Gruppe. Manche Artengruppen haben eine sehr breite ökologische Amplitude, vor allem solche, die ihren Schwerpunkt auf mäßig trockenen bis mäßig frischen Standorten haben.

Allgemein sind die ökologischen Artengruppen vorwiegend innerhalb eines bestimmten **Regionalklimas** gut verwendbar (Schönhar 1993). Maarel (1993) hat für die Niederlande 80 soziologisch-ökologische Artengruppen in 10 Hauptgruppen zusammengestellt und die erfassten 1 348 Arten mit den Zeigerwerten von Ellenberg statistisch verglichen. Dabei ergaben sich neben Übereinstimmungen auch beträchtliche Differenzen. Rastin (1994) fand, dass ökologische Artengruppen infolge neuerer Umweltveränderungen nicht immer mit gegenwärtigen chemischen Bodenzuständen verknüpft sind. Die Vegetation reagiert offenbar langsamer oder anders als erwartet auf solche Einwirkungen.

Ein anderes Konzept zur ökologischen Kennzeichnung von Pflanzen- und Tiergesellschaften ist in Großbritannien und den USA entwickelt worden. Ausgangspunkt ist die Überlegung, dass nicht alle in einer Biozönose vorhandenen Arten eine gleich große Bedeutung für die Prozesse im Ökosystem haben. Es gibt vielmehr **Schlüsselarten** für bestimmte Funktionen (Produktion, Stoffabbau u. dgl., siehe Power et al. 1996; Weisser und Völkl 2010; de Visser et al. 2013; Kap. 1.3.5.2). Man kann diese Arten in **funktionellen Gruppen** (Gilden) anordnen, die Arten mit ähnlicher Wirkung auf bestimmte Strukturen und Funktionen der Ökosysteme enthalten (Körner 2005), und die Gesellschaften danach kennzeichnen. Solche Gruppen bilden z. B. verschiedene Leguminosen als Stickstoffsammler und bestimmte Erstbesiedler auf Freiflächen.

Schwierig ist es, **Veränderungen** in der Zusammensetzung der Bodenvegetation als Folge von **Immissionen** durch den Vergleich von älteren mit neuen Vegetationsaufnahmen zu erkennen. Abgesehen davon, dass sich solche Veränderungen wegen der Vermehrungsweise der Bodenpflanzen (Diasporeneintrag, vegetative Vermehrung) langsam vollziehen, haben sich

Tab. 2.12 Beispiele für ökologische Artengruppen (aus Arbeitskreis Standortskartierung 2016)

0 Schwergewicht auf Standorten mit stärkerer Nitrifikation **0 1 Stärker nitrophile Arten** ***Urtica*-Gruppe**	**II Schwergewicht auf mäßig trockenen bis mäßig frischen Standorten** **II 1 Rohhumus** ***Vaccinium myrtillus*-Gruppe**
Urtica dioica (Große Brennnessel)	*Vaccinum myrtillus* (Heidelbeere)
Aegopodium podagraria (Gewöhnlicher Giersch)	*Melampyrum pratense* (Wiesen-Wachtelweizen)
Alliaria petiolata (Gewöhnliche Knoblauchsrauke)	*Nardus stricta* (Borstgras)
Epilobium angustifolium (Schmalblättriges Weidenröschen)	*Dicranella heteromalla* (Kleines Besenmoos)
Galium aparine (Klettenlabkraut)	*Dicranum majus* (Großes Besenmoos)
Sambucus nigra (Schwarzer Holunder)	*Dicranum scoparium* (Gewöhnliches Besenmoos)
Sambucus racemosa (Traubenholunder)	*Hypnum cupressifirme* (Zypressenmoos)
	Pleurozium schreberi (Schrebers Astmoos)

zwischen den in größerem zeitlichen Abstand vorgenommenen Aufnahmen meist so erhebliche Veränderungen in den Waldbeständen ergeben (besonders in den Lichtverhältnissen), dass ein exakter Vergleich selten möglich ist. Bücking (1993) macht darauf aufmerksam, dass viele Arten unterschiedlich hohe Stickstoffangebote in artspezifischer Weise in Biomasse umsetzen können. Hinweise gibt es auf eine Erhöhung der Artenzahl stickstoffliebender (nitrophiler) Bodenpflanzen und deren Vitalität bei hohem Stickstoffeintrag (z. B. *Urtica dioica*) (Mortzek und Schmidt 1998; Schulze und Eichhorn 2000).

Wald- und Bestandesgeschichte

Waldstandorte haben sich nicht erst in der jüngeren Vergangenheit durch Umwelteinflüsse in ihren bodenchemischen Eigenschaften verändert (Puhe und Ulrich 2001; Kap. 1.3.2.2; siehe auch Kap. 18, 21 in Bartsch und Röhrig 2016). Periodische Schwankungen in den **Klimaverhältnissen** seit dem Ende der letzten Eiszeit und damit verbundene Verschiebungen der Areale von Arten der Waldvegetation (Körner 2012) – in vielen Regionen mehr noch Einwirkungen des Menschen auf den Wald durch vielfältige **Nutzungen** (Mantel 1990; Kirby und Watkins 2015a) – haben die Standorte geprägt: Waldweide, Streunutzung (siehe Prietzel et al. 1997) und übermäßige Holznutzung haben oft zu einer Verarmung und Versauerung der Humusschichten und des Oberbodens geführt (Abb. 2.32, 2.33). Die Bodenvegetation reagiert zeitverzögert auf eine Erholung der Standorte nach Beendigung nutzungsbedingter Nährstoffentzüge, sodass sie heute nicht immer die gegenwärtige Leistungsfähigkeit der Standorte anzeigt.

Bedeutend sind auch die Veränderungen des Wasserhaushaltes durch **Grundwasserabsenkungen** und **Flussregulierungen**: Ursprüngliche Auenwälder zeigen noch das für sie typische Bodenprofil, doch die Bodendynamik folgt inzwischen anderen Entwicklungen und damit sind auch Veränderungen der Vegetation verbunden (Klimo und Hager 2001; Michiels und Aldinger 2002; Volk 2003).

Vor allem die Vorstellungen über potenzielle Waldentwicklungen lassen sich durch **waldgeschichtliche Befunde** auf eine sichere Grundlage stellen (Weissker 1970; Wagner 1983). Inzwischen gibt es zahlreiche regionale und lokale Darstellungen zur Wald- und Bestandesgeschichte (z. B. Mölder et al. 2017). In alten Urkunden, **Betriebswerken** und Karten finden sich oft aufschlussreiche Hinweise zur Beurteilung des derzeitigen Waldzustandes und der Absichten und Ergebnisse früherer Wirtschafter (z. B. Förderung bestimmter Baumarten durch Niederwald und Waldweide, Aufforstungen von Heideflä-

Abb. 2.32
Historisches Foto der Streunutzung in einem Kiefernbestand.

Abb. 2.33
Historisches Foto eines durch Streunutzung degradierten Kiefernbestandes.

chen und abgetorften Moorflächen mit Nadelholz).

2.3.4 Bildung von Standortstypen

Jeder Waldstandort stellt eine **Individualität** dar. Es gibt kaum größere Flächen mit gleichen Standortsverhältnissen. Der praktische Waldbau benötigt jedoch eine Zusammenführung ähnlicher Standorte zu planerisch verwendbaren Einheiten. Daher müssen **Standortseinheiten** (= Standortstypen) gebildet werden. Sie sollen Standorte gleicher waldbaulicher Möglichkeiten, Schwierigkeiten und Risiken umfassen.

An die Standortstypen werden somit zwei Anforderungen gestellt:

- Sie sollen in ihrer **Gesamtwirkung** auf die Biozönosen einander so ähnlich sein, dass

sich waldbauliche Maßnahmen (z. B. Durchforstung) nahezu gleichartig auswirken, und
- sie sollen jeder Baumart, deren Anbau ökologisch begründet ist, etwa gleiches **Wachstum** bei gleichem (geringem) Gefahrenpotenzial ermöglichen. Das kann nicht im gleichen Ausmaß für Wachstumsabläufe in Mischbeständen gelten, in denen jede der beteiligten Arten ihren arteigenen Wuchsrhythmus hat, der durch die Konkurrenz der anderen Arten beeinflusst wird.

Die Herleitung der Standortseinheiten aus den Einzelfaktoren erfolgt in den deutschen Bundesländern mit **unterschiedlichen Verfahren** (siehe Abb. 2.27, 2.28 in Kap. 2.3.2). In der Forstlichen Standortsaufnahme (2016) sind sie beschreibend und in einer Übersichtstabelle dargestellt. Höhen- und Hanglage, Relief, Klima, Wasserhaushalt, geologisches Ausgangsmaterial, chemischer Bodenzustand und Nährstoffhaushalt sowie die aktuelle Vegetation bilden mit unterschiedlicher Schwerpunktsetzung die wichtigsten Komponenten (ähnlich auch Fanta 1996 in den Niederlanden). Diese werden in verschiedener Weise in ein Gesamtschema integriert. So kommt es dazu, dass die Standortstypen in den einzelnen Ländern sehr verschiedene Bezeichnungen tragen, bisweilen mit Merkmalsverschlüsselungen in Form von Zahlen- und Buchstabenkombinationen (z. B. Niedersachsen, Bayern, östliche Bundesländer).

Oft werden ähnliche Standortstypen zu Standortstypengruppen zusammengefasst. Dabei bildet das Ausgangsmaterial für die Bodenbildung meist das hauptsächliche Unterscheidungsmerkmal, eine Untergliederung erfolgt nach Wasser- und Nährstoffhaushalt. In einzelnen Ländern werden folgende Gruppierungen gewählt:
- **Substratreihen** sind Zusammenfassungen von Böden, die für die Waldvegetation ähnliche Voraussetzungen bieten (Bodenart, Bodenhorizonte und Bodengefüge, chemischer Zustand).
- **Ökoserien** sind Substratreihen, die auf die jeweiligen Wuchsbezirke oder Höhenstufen mit entsprechend charakteristischem Klima bezogen sind (Beispiel für Hügelland mit Muschelkalk: regionale Kalkverwitterungslehme, Schichtlehme, Feinlehme), bisweilen auch nach dem Wasserhaushalt gegliedert.
- **Trophiestufen** kennzeichnen das Nährstoffangebot und werden aus bodenkundlichen und vegetationskundlichen Befunden hergeleitet. Es wird meist differenziert nach eutroph (reich), mesotroph (mittel), oligotroph (arm) und dystroph (sehr arm).

Datenbanken für Standortstypen, Bodenprofile und Vegetationstypen erleichtern die Auswertung und den Vergleich der Daten (Guldner et al. 1999).

2.3.5 Standortskarten

Die Gliederung eines standörtlichen Untersuchungsgebietes in Standortstypen findet ihren Niederschlag in einer **Standortskarte**. Sie ist meist in Maßstäben von 1:5 000 oder 1:10 000 angelegt und zeigt die Standortstypen mit unterschiedlichen Farben, Signaturen, Buchstaben und Ziffern. Neuere Kartierungswerke unterscheiden sich von älteren vor allem dadurch, dass sich die Typenbildung im Laufe der Zeit immer mehr verfeinert hat, auch durch den Einsatz von geographischen Informationssystemen (GIS), die bereits die Digitalisierung der Kartiereinheiten im Gelände ermöglichen. Die aktuelle Standortskartierung wird in verschiedenen Ansätzen zu einem modellgestützten dynamischen Kartierverfahren weiterentwickelt. So können Regionalisierungsmodelle digital vorliegende Standortskarten ergänzen und die Klassifikation der Höhen- bzw. Wärmestufen und des Wasserhaushaltes bei sich ändernden Klimabedingungen anpassen (Gauer et al. 2016; Arbeitskreis Standortskartierung 2016).

Zu den Karten gehört ein **Erläuterungsbericht**. Dessen **allgemeiner** Teil geht auf die im Arbeitsgebiet grundlegenden Verhältnisse (u. a. Flächengliederung, Verwaltungs- und Rechtsverhältnisse) ein, und es werden Klima, Höhenlagen, Reliefcharakter, Ausgangssubstrate, Bodeneigenschaften, natürliche Waldgesellschaften und Waldgeschichte beschrieben. Zudem wird das Verfahren zur Bildung der Standortstypen geschildert und deren Flächenanteile aufgelistet.

Im **speziellen** Teil werden die einzelnen Standortstypen, bisweilen nach Typengruppen zusammengefasst, nach ihren ökologischen Eigenschaften abgehandelt und Folgerungen für die Baumarteneignung sowie waldbauliche Maßnahmen (Verjüngungsform, Bodenbearbeitung, Durchforstung, Düngung u. dgl.) erörtert. Oft werden auch gutachtliche Angaben über mögliche Ertragsleistungen gemacht (Kap. 2.4.1).

2.4 Auswertung der Standortserfassung für die Wahl der Baumarten

Die grundlegende Voraussetzung für die Wahl der Baumarten aus forstlicher Sicht ist ihre Eignung für den jeweiligen Standort. Die Bezeichnung „standortsgemäß“ bzw. „standortsgerecht“ wird in der Literatur und in der forstlichen Praxis oft unterschiedlich gebraucht bzw. ohne klare Definition verwendet. **Standortsgemäß** sind Baumarten, deren ökologische Ansprüche mit den Standorteigenschaften übereinstimmen, sodass sie auf einem Standortstyp

- etwa ihr natürliches Lebensalter erreichen können, ohne dass sie frühzeitig durch standörtliche Mängel oder Krankheiten ausfallen,
- ein den Standortsverhältnissen entsprechendes arteignes Wachstum entfalten,
- sich ohne übermäßigen Aufwand natürlich verjüngen lassen
- und den Standort nicht nachhaltig verschlechtern.

Der Begriff „standortsheimisch“ gibt hingegen nur an, dass eine Baumart auf dem Standort autochthon ist.

Die Kriterien für die Standortsgemäßheit sind nicht vollständig quantifizierbar. So gibt es für das natürliche **Lebensalter** der einzelnen Baumarten keine festen Grenzen, auch sind sie ihrerseits standortsabhängig. Das standortsgebundene **Leistungspotenzial** ist nicht für alle Baumarten genügend sicher bekannt, man ist oft auf Schätzungen angewiesen, zumal die Verjüngungsform und die weitere Bestandesbehandlung darauf Einfluss haben. Die Fähigkeit zur generativen oder vegetativen **Verjüngung** hängt nicht nur vom Standort, sondern auch von den Verjüngungsverfahren und den biotischen Gefährdungen ab. Dennoch sind in den meisten Fällen diese Kriterien bei einiger fachlicher Erfahrung nicht so schwierig einzuschätzen.

Die häufig als Kriterium für die Standortsgemäßheit angegebene **Stabilität** (Kap. 1.3.2) muss differenziert gesehen werden: Die ökologische Stabilität ist Kriterium 4 einer nachhaltigen Waldbewirtschaftung (siehe Tab. 1.8 auf Seite 37) eingeschlossen. Die mechanische Bestandesstabilität gegenüber abiotischen Schädigungen (Sturmwurf, Schneebruch u. dgl.) ist weitgehend im Kriterium 1 enthalten (z. B. für die Fichte auf staunassen Böden), sie hängt aber zudem stark von den waldbaulichen Verfahren ab (Baumartenmischung, Dichtstand bei Begründung und Pflege), bisweilen ist sie standortsunabhängig (z. B. beim Befall der Kiefer mit Kienzopf, Ulmensterben, Eschentriebsterben und generell bei vielen durch Insekten und Pilze hervorgerufenen Absterbeerscheinungen).

2.4.1 Zusammenhänge zwischen Standort und Ertrag

Ertragstafeln

In der forstlichen Praxis werden die **Wuchsleistungen** der meisten Baumarten nach **Ertragstafeln** eingeschätzt. Die Tafeln für die wichtigsten Wirtschaftsbaumarten enthalten Durchschnittsdaten über die Entwicklung von Reinbeständen aus langfristig beobachteten Versuchsflächen verschiedener Regionen. In die weitverbreitete Ertragstafelsammlung von Schober (1995) wurden daneben auch Ergebnisse einmaliger Aufnahmen von Beständen aus relativ eng umgrenzten Gebieten (z. B. Birke, Erle, Esche) aufgenommen.

Aus den Tafeln lassen sich u. a. Angaben über die Entwicklung von Stammzahl, Höhe, Grundfläche, Durchmesser, laufendem und durchschnittlichem Altersderbholzzuwachs, Vorerträgen sowie Gesamtderbholzleistung in Altersabständen von fünf Jahren, jeweils bei mäßiger und starker Durchforstung, ablesen.

Definition

Forstliche Einheiten

Die Daten der Biomasse lassen sich nicht unmittelbar auf den forstlichen Ertrag beziehen, vielmehr ist eine Umrechnung von Gewichtsangaben auf Volumen erforderlich, denn dieses ist die Grundlage der Ertragsberechnung.

- Dazu ist die **Raumdichte** des Holzes zu berücksichtigen, die bei den einzelnen Baumarten sehr unterschiedlich ist. Für die meisten Nadelhölzer liegt die durchschnittliche Raumdichte mit 340–400 kg m^{-3} niedriger als für viele Laubhölzer. Daraus ergibt sich, dass Laubholzbestände bei meist geringerer Volumenleistung je Hektar oft etwa die gleiche Menge an Gewicht produzieren wie Nadelhölzer (siehe auch Kramer 1988; Pretzsch 2019). Das ist jedoch eine sehr allgemeine Aussage, Artenzusammensetzung und Standorte spielen dabei eine große Rolle.
- Das **Volumen** (Vorrat) des Einzelbaums wird bestimmt über den Durchmesser (Brusthöhendurchmesser in 1,3 m Höhe, BHD), die Baumhöhe und eine Formzahl, die die Abholzigkeit (Abnahme des Durchmessers mit der Baumhöhe) berücksichtigt. Die Formzahl fällt je nach Baumart verschieden aus (um 0,5) (siehe Kramer und Akça 2008). Die nutzbaren Holzvorräte und -erträge werden in Kubikmeter (= Festmeter) gemessen. Die Mehrzahl der Ertragstafeln gibt sie in **Vorratsfestmeter** mit Rinde (Vfm m. R.) an. In Deutschland und in vielen anderen Ländern liegt die untere Grenze des hierbei berücksichtigten Holzes (Derbholz) bei einem Durchmesser von 7 cm. Die Rindenanteile sind je nach Baumart und Alter sehr unterschiedlich. Als Nutzvolumen für das Stammholz kann nur das Derbholz ohne Rinde und ohne die Ernteverluste (verbleibendes Stockholz und Fällungsabfälle) gelten.
- Daraus ergeben sich die in manchen Berechnungen und beim Holzverkauf verwendeten **Erntefestmeter** (Efm o. R.). Sie liegen im groben Durchschnitt bei 75 % der Mengen für die Vorratsfestmeter mit Rinde. Schichtholz (Brennholz, Zellstoffholz u. dgl.) wird in Stößen nach Kubikmeter mit Rinde verkauft.

Im Niederwaldbetrieb und für **Kurzumtriebsplantagen** mit rasch wachsenden Baumarten in kurzen Erntezeiträumen wird der Biomasseertrag in t ha^{-1}, meist als Trockenmasse (atro), angegeben (zur Biomasseermittlung in Kurzumtriebsplantagen siehe Röhle 2013). Hier werden je nach Baumarten und -sorten, den Produktionszeiträumen und Standorten Biomassen von 12 bis über 40 t ha^{-1} erzeugt (Bungart und Hüttl 2004; Bemmann und Knust 2010; Albert und Ammer 2012).

Kramer (1988) hat verschiedene (ältere und neue) Verfahren zur Aufstellung von Ertragstafeln und deren Anwendungsbereiche dargestellt. Bei den meisten Ertragstafeln wird davon ausgegangen, dass die Höhenentwicklung der gleich alten Reinbestände eine Funktion des Bestandesalters ist und dass zu einer gegebenen Höhe eine bestimmte Gesamtwuchsleistung gehört (Assmann 1955, 1961). Die Mittelhöhe (bisweilen auch die Oberhöhe) der aufgenommenen Bestände bildet somit auch die Grundlage für die Differenzierung der Wachstumsleistungen in der Form von Ertragsklassen, von denen die meisten Tafeln je nach Baumart und Durchforstungsstärke meist drei und selten bis zu sechs enthalten.

Die Einteilung der Wuchsleistungen nach **Ertragsklassen** bildet einen ersten systematischen Versuch, das Wachstum der Baumarten nach (zunächst nicht näher definierten) Standortsunterschieden zu differenzieren. Ansätze zur standörtlichen Erklärung der Ertragsklassen finden sich für die wichtigsten Baumarten in den die Tafeln begleitenden Texten.

Zuerst ging man bei der Aufstellung von Ertragstafeln davon aus, dass konstante Beziehungen zwischen Standort und Wuchsleistung über längere Zeit des Bestandeswachstums bestehen. Bald erkannte man jedoch die Einflüsse großklimatischer Unterschiede auf den Wachstumsgang (Mitscherlich 1949, 1950, 1981; Kramer 1963, 1988). Auch das **Ertragsniveau** (Gesamtwuchsleistung bei gegebener Bestandeshöhe und in einem bestimmten Alter) ist vom Standort abhängig. Das hat zur Aufstellung spezieller Ertragstafeln mit verschiedenem Ertragsniveau geführt, z. B. für Fichte (Assmann und Franz 1965) und für Kiefer (Lembke et al. 1977).

Tab. 2.13 Volumenleistungen (VFm Derbholz ha^{-1} $Jahr^{-1}$) verschiedener Baumarten im Reinbestand I. und II. Ertragsklasse (EKl.) bei mäßiger Durchforstung in gebräuchlichen Produktionszeiträumen (Jahre) (nach Schober 1995)

Laubbäume				Nadelbäume			
Baumart	Produktionszeitraum (Jahre)	Zuwachs (DGZ) Vfm (ha^{-1} $Jahr^{-1}$)		Baumart	Produktionszeitraum (Jahre)	Zuwachs (DGZ) Vfm (ha^{-1} $Jahr^{-1}$)	
		I. EKl.	II. EKl.			I. EKl.	II. EKl.
Eiche	180	6,8	5,5	Fichte	100	12,2	9,6
Roteiche	100	8,4	6,9	Sitkafichte	70	17,6	13,9
Buche	140	8,6	7,8	Douglasie	80	17,3	13,5
Erle	80	8,2	6,3	Weißtanne	120	13,5	10,9
Esche	120	5,3	3,8	Kiefer	140	7,0	5,9
Birke	80	4,9	3,6	Eur. Lärche	140	7,2	5,6
Pappelhybriden	60	13,2	10,6				

DGZ: Gesamtzuwachs an Derbholz

Für **einzelne Standorte**, an denen bestimmte Faktoren **unmittelbar gemessen** worden sind, lassen sich Zusammenhänge zwischen einzelnen Standortsfaktoren und dem Bestandeswachstum mithilfe einer Faktorenanalyse einigermaßen sicher feststellen (z. B. Sterba 1971; Shrivastava und Ulrich 1977). Schwieriger ist dagegen die **Schätzung** der standortsabhängigen Wachstumsleistungen von Waldbeständen in einzelnen **Regionen**. Als Standortsmerkmale stehen im Allgemeinen nur die Ergebnisse der Standortskartierungen zur Verfügung. Diese bilden teilweise Integrationen und Kombinationen verschiedener Standorteigenschaften (z. B. Hanglage, Bodenwassserhaushalt, Ökoserie), die sich nicht näher auflösen lassen und oft ein unterschiedliches ökologisches Gewicht haben. Zudem werden bei der Standortserfassung viele Merkmale verbal erhoben, sie müssen für die Faktorenanalyse und die folgende Clusteranalyse der Standortseinheiten oder Wuchsbezirke skaliert werden. Das ist häufig mit Unsicherheiten verbunden. Dennoch gelingt es oft, die Wuchsleistungen von Baumarten mit den Wirkungen weniger Faktorenkomplexe einigermaßen befriedigend in Beziehung zueinander zu setzen (Moosmayer und Schöpfer 1972; Kahn 1994; Schübeler 1997). Schwierig wird es besonders dann, wenn sich die Wuchsleistungen durch neue Umwelteinflüsse stark ändern.

Bei der Würdigung der Resultate der Standortskartierung ergibt sich im Allgemeinen eine Rangfolge von **Präferenzen** für die folgende Baumartenwahl. Verhältnismäßig selten lassen die Standortsverhältnisse nur eine einzige führende Baumart zu (sogenannte Zwangsstandorte, z. B. Stieleiche auf schweren Staunässeböden). Im Übrigen aber bestehen mehrere **Wahlmöglichkeiten**. Sie werden im Standortswerk unter verschiedenen Gesichtspunkten erörtert. Dabei spielt der zu erwartende Volumen- und Wertertrag der infrage kommenden Baumarten eine wesentliche Rolle.

Volumenleistung

Die zu erwartende **Volumenleistung** an Derbholz lässt sich meist durch Messung des Höhenwachstums der auf dem Standortstyp (der Standortstypengruppe) stehenden Bestände beurteilen. Für Baumarten, die dort nicht vorhanden sind, ist nur eine auf Erfahrungen mit anderen Orten beruhende Schätzung möglich. Diese Ergebnisse werden mit den Werten der in der Praxis gebräuchlichen Ertragstafeln verglichen. Trotz mancherlei Einschränkungen bilden diese als Modelle für gleich alte Reinbestände aufgestellten Tafeln einen orientierenden Wert. Tabelle 2.13 gibt eine Vorstellung davon für die wichtigsten Wirtschaftsbaumarten.

Beim Vergleich der Arten fallen zunächst Unterschiede zwischen Laub- und Nadelbaumarten auf. In Mitteleuropa liegen die Höchstleistungen in höheren Altern bei den **Laubbäumen** (mit Ausnahme der Pappelhybriden) in der Größenordnung von 5–9 VFm ha^{-1} $Jahr^{-1}$, bei den **Nadelbäumen** um 12–18 VFm, Kiefer und Lärche bleiben dahinter zurück.

Volumenleistungen der I. Ertragsklasse sind bei allen Baumarten nicht weitverbreitet, doch werden sie auf besonders günstigen Standorten bisweilen beträchtlich übertroffen. Die meisten Waldstandorte bringen gute bis mittlere Volumenerträge (II. Ertragsklasse oder etwas darunter). In **Mischbeständen** verursacht die gegenseitige Beeinflussung der Arten im Laufe der Bestandesentwicklung oft beträchtliche Verschiebungen: Dominierende Arten profitieren im Oberstand meist zulasten der mitwüchsigen. Doch kommt es bei der Mischung von Arten mit unterschiedlicher Ressourcennutzung (z. B. Buche mit Lärche) auch zu insgesamt höheren Leistungen als in Reinbeständen der einzelnen Arten (Kap. 2.2.2.2).

Bis um die Mitte des 20. Jahrhunderts entsprachen in Mittel- und Nordeuropa das Höhen- und Volumenwachstum weitgehend den Daten der in den Regionen gebräuchlichen Ertragstafeln. Danach setzte bei allen Wirtschaftsbaumarten ein beträchtlicher **Zuwachsanstieg** ein. Spiecker et al. (1996) sowie Karjalainen et al. (1999) haben das im Einzelnen dargelegt. Im Kapitel 4 wird darauf noch einmal eingegangen. Je nach den Standorten und den Baumarten liegen die heutigen Zuwachsdaten, nachdem sie in den 1940er-Jahren zeitweise unter das Niveau der Tafeln abgesunken waren, um 10 bis weit über 30 % höher. Pretzsch (1999) und Pretzsch et al. (2014) haben diese Entwicklungen an einem sehr breit angelegten Material (langfristig beobachtete Versuchsflächen, Wuchsreihen, Inventurdaten, Stammanalysen) dargestellt (siehe auch Untheim 1996 für Fichte und Buche in Baden-Württemberg, Spiecker 2000 für die Fichte in Europa). Als **Ursachen** für dieses Verhalten werden vor allem Stickstoffimmissionen, Erhöhung des CO_2-Gehaltes der Luft und Klimaänderungen angesehen. Bestände jeglichen Alters und verschiedener waldbaulicher Behandlungsweisen zeigen tendenziell dieselbe Entwicklung, wobei Bestände jüngeren Alters offenbar deutlicher reagieren. Der weitere Verlauf wird sich wohl insoweit standörtlich differenzieren, wie die gegebenen Wasser- und Nährstoffverhältnisse einer weiteren Wachstumssteigerung Grenzen setzen.

Die Klimaprojektionen lassen zukünftig für Mitteleuropa deutlich höhere Temperaturen bei gleichzeitig veränderten jährlichen Niederschlagsverteilungen sowie eine Zunahme extremer Witterungsereignisse, wie Trockenperioden und Stürme, erwarten. Neben klimabedingten Verschiebungen im Wuchspotenzial werden sich verstärkende und neu auftretende Risikofaktoren negativ auf Zuwachs und Standortsleistung auswirken. Mit **Modellansätzen** wird versucht, den Standort-Leistungsbezug so umfassend zu beschreiben, dass das gesamte Leistungsspektrum eines Standortes einschließlich der Risiken quantifiziert werden kann. Dadurch lassen sich zukünftig in Simulationen Verjüngungs-, Pflege und Nutzungskonzepte auf ihre Eignung prüfen und die Baumartenwahl anpassen (Albert et al. 2010, 2015; Albert und Schmidt 2012; Brandl et al. 2014).

Wertleistung

Mindestens ebenso wichtig wie das Volumenwachstum ist der **Wertertrag** der Waldbestände. Er ist eine Funktion von Dimension (der Schaftholzstärke und -länge) und Qualität des erntereifen Holzes. Einige Baumarten können ihre relativ mäßigen Leistungen im Volumenwachstum (z. B. Stiel- und Traubeneiche, Kiefer) im Wertertrag nur auf solchen Standorten ausgleichen, die es einer genügend großen Zahl von Individuen je Flächeneinheit ermöglicht, starke Stammholzdimensionen zu erreichen, die als Voraussetzung für die Erzeugung von Wertholz gelten.

Im Übrigen wird die Wertleistung neben den genetischen Eigenschaften der Bäume ganz überwiegend durch die waldbauliche Behandlung bestimmt. Schon bei der Bestandesbegründung und -verjüngung (Kap. 3) werden die Voraussetzungen geschaffen; so sind Jungbestandspflege und Durchforstung (Kap. 4.2) sowie gegebenenfalls Ästung (Kap. 4.3) die entscheidenden Schritte zur Erziehung von Wertholz. Die Standortsverhältnisse haben dabei eher eine **mitwirkende** Funktion. Standorte mit sehr günstigen Wachstumsverhältnissen unterstützen die Bildung breiter Jahresringe mit hohem Spätholzanteil, eines hohen Anteils an juvenilem Holz und anderer, bei der Verarbeitung wenig geschätzter Eigenschaften (Knigge und Schulz 1966). Beim Laubholz führen breite Jahrringe eher zu einem höheren Anteil an Frühholz, doch ist die Jahrringbreite bei den Laubbäumen nicht immer ein wesentliches Qualitätsmerkmal – es sei denn, dass auf stark wechselfeuchten Standorten ständige Veränderungen in der Abfolge der Jahresringe eintreten.

Mit raschem Wachstum ist stets eine stärkere **Astbildung** verbunden. Das wirkt sich nachteilig besonders bei Douglasie und Kiefer aus: Selbst bei dichtem Stand und Ästung ist kaum Qualitätsholz zu erzeugen, weil die starken Äste nach ihrer Entfernung am Stamm starke Beulen hinterlassen (Kap. 3.6.5.2, 4.3).

Über die Ausprägung **anderer Gütemerkmale**, wie Farbe, Verkernung und Schaftform, durch die Standortsverhältnisse sind die Erfahrungen aus der Praxis bei den einzelnen Baumarten durchaus widersprüchlich (siehe Porträts der Baumarten in Kap. 2.1).

Für den wirtschaftlichen Erfolg bei der Baumartenwahl spielen die in jedem Einzelfall notwendigen **Aufwendungen** eine wesentliche Rolle. Über deren Ausmaß wird im Kapitel 3 besonders im Zusammenhang mit der Pflanzung und der Jungwuchspflege berichtet. Hier setzen bisweilen die ökologischen Verhältnisse (schwierige Bodenvorbereitung, Frost- und Schädlingsgefahren) den besten Absichten gewisse Grenzen. Aber auch die Bestandespflege in jüngeren Altersphasen kann erhebliche Kosten verursachen und ist bei der Baumartenwahl vorausschauend zu berücksichtigen.

2.4.2 Aspekte der Schutz- und Erholungsfunktionen

Die Baumartenwahl wird keineswegs ausschließlich von den Erwartungen an Volumen- und Werterträge bestimmt. Sie hat daneben, zugleich und auf manchen Standorten hauptsächlich oder ausschließlich, der Biodiversität (Kap. 1.3.5, 2.2.2.3) sowie den Schutz- und Erholungswirkungen des Waldes zu dienen.

Schutz- und **Erholungswälder** mit ihren Funktionen sind u. a. in Palmer et al. (1997), Brang et al. (2006), Wehrli et al. (2007), Göttlein et al. (2009) sowie Meyer und Botsch (2017) geschildert. Ihre Erhaltung und Entwicklung durch waldbauliches Handeln wird überwiegend durch die Bestandesbehandlung (Kap. 4) und die Betriebsformen (Kap. 5) bestimmt. Doch auch bei der Baumartenwahl sind wichtige Gesichtspunkte zu bedenken. Die meisten Schutz- und Erholungsfunktionen des Waldes werden durch die Wahl standortsgemäßer Baumarten gewährleistet.

Für manche **Schutzzwecke** sind jedoch oft auch solche Baum- und Straucharten gut geeignet, die nicht zu den natürlichen Bestandteilen der Vegetation gehören, z. B. Pappelhybriden mit ihrem raschen Wachstum für den Windschutz, manche Weidenarten für den Erosions-, Ufer- und Küstenschutz, Nadelbaumarten für den Lärmschutz (Palmer et al. 1997). Derartige Pflanzungen sollten so gestaltet werden, dass sie das Landschaftsbild eher bereichern als stören. Durch die Beimischung standortsgemäßer Baum- und Straucharten lässt sich das Artenspektrum der Flora und Fauna beträchtlich erweitern.

Unter den Schutzfunktionen spielt der **Arten**- und **Biotopschutz** eine besondere Rolle (Kap. 1.3.6). Wälder in Mitteleuropa bieten trotz ihrer relativen Artenarmut eine hohe Vielfalt an Biotopen und Biozönosen. Manche von ihnen bedürfen zu ihrer nachhaltigen Existenz und Funktion besonderer Einwirkungen des Menschen, die als **Biotoppflege** bezeichnet werden (Arbeitskreis Forstliche Landespflege 1993).

Definition

Habitat und Biotop

Die Begriffe „Habitat" und „Biotop" werden bisweilen (besonders in der angelsächsischen Literatur) synonym gebraucht (Schaefer 2012). Zur besseren Klarheit über die Schutzmaßnahmen ist es zweckmäßig, zu unterscheiden in:

- **Habitat** bezieht sich auf die ökologischen Verhältnisse, unter denen eine bestimmte Art vorkommt und sich vermehrt = autökologischer Begriff.

- **Biotop** kennzeichnet die ökologische Beschaffenheit für eine Gesellschaft (Biozönose), oft die Gesamtheit der Pflanzen, Tiere und Mikroorganismen an einer einheitlichen, gegen ihre Umgebung abgrenzbaren Lebensstätte von bestimmter Mindestgröße (z. B. Buchenwald, Hochmoor) = synökologischer Begriff.

Ein Habitat, z. B. das eines großen Vogels, kann demnach mehrere Biotope umfassen, ein Biotop kann zahlreiche Arten unterschiedlicher Individuenzahl beherbergen.

Anfangs waren die Bestrebungen des Naturschutzes überwiegend auf einzelne (seltene, vermeintlich oder tatsächlich regional oder global bedrohte) Arten ausgerichtet. Heute steht eher der Biotopschutz im Vordergrund.

Eine große Bedeutung für den Biotopschutz haben Wälder **feuchter** und **nasser Standorte**. In den Auenwäldern soll die Verdrängung der einheimischen Schwarzpappel (Weisgerber und Janssen 1996), des wilden Hopfens und der Wildrebe sowie der Wildobstbäume verhindert werden. Allgemein sind die Hartholz- und die Weichholzauen von Natur aus besonders artenreich. Viele Pflanzen- und Tierarten sind nicht nur auf die feuchten, nährstoffreichen Standorte, sondern vor allem auf die vielfältige Vertikalstruktur dieser Waldtypen angewiesen. Deshalb muss die Ausbreitung einförmiger Waldbestände, besonders von Kulturpappeln und von Bergahorn, vermieden werden.

Weniger artenreich, aber nicht minder der Biotoppflege bedürftig, sind **oligotrophe Feuchtwälder** (Birkenbrüche, Moorrandwälder u. dgl.) mit *Betula pubescens*, *Pinus mugo* und mehreren Ericaceen (*Ledum palustre*, *Vaccinium oxycoccus*, *Vaccinium uliginosum*) sowie sonst seltenen Grasartigen und Moosen. Feuchte und nasse Waldstandorte sind auch Lebensräume für zahlreiche Tierarten, angefangen von Insekten über Amphibien bis hin zu Vögeln und Säugetieren. Die Biotoppflege besteht hier hauptsächlich darin, die Ausbreitung nicht standortsgerechter Arten zu verhindern (v. a. eines übermäßigen Birkenanflugs).

Besondere Biotope bilden auch verschiedene Waldgesellschaften auf ausgeprägt **trockenen Standorten**. Dazu gehören u. a. Kalkbuchenwälder auf flachgründigen Rücken und Hängen. Hier gedeihen von Natur aus *Sorbus aria*, *Sorbus domestica* und *Sorbus torminalis*, die sich überwiegend vegetativ vermehren. Ihr Aufwachsen kann durch Zurücknahme der Buche, notfalls auch durch Ergänzungspflanzungen, erleichtert werden. Das gilt auch für die auf derartigen Standorten heimische, aber in vielen Landschaften verschwundene Eibe (Thomas und Polwart 2003; Beck 2004). Derartige Standorte sind auch die Habitate einiger seltener Pflanzen wie *Dictamnus albus* und mehrerer Orchideenarten. Zu den Trockenwäldern in Mittel- und Osteuropa gehören auch sehr nährstoffarme Kiefernwälder im Flachland mit *Juniperus communis* und seltenen Flechten.

Wichtige Funktionen in den Agrarlandschaften haben die **Feldgehölze** (Weber 2003a). Sie stehen mit ihren Biozönosen zwischen Wald- und Heckengesellschaften. Sie dienen dem Erosions- und Klimaschutz und bieten vielen Tierarten (z. B. höhlenbrütende und andere nahrungssuchende Vögel, Marder, Niederwild) Lebens- und Rückzugsraum. Die meisten Feldgehölze bleiben von ihren (meist privaten) Besitzern sich selbst überlassen. Durch mangelhafte Verjüngung (die überwiegend auf vegetativem Wege erfolgen kann, aber oft starkem Verbiss unterliegt) sowie fehlende Ergänzungspflanzung und Pflege büßen sie ihre Funktionen ein.

Ähnliches gilt auch für die **Waldaußenränder**. Sie sollen so aufgebaut sein, dass sie in ihrer äußeren Zone einen lockeren Bewuchs niedrig bleibender Sträucher tragen, die genügend Raum für Gräser und Kräuter lassen. Nach innen hin geht ein funktionstüchtiger Waldrand in einen lockeren bis lichten Bestand von höherwüchsigen Sträuchern und Bäumen zweiter Größenordnung (u. a. Hasel, Feldahorn, Hainbuche) über und erst danach folgt der Waldbestand. Eine angemessene Breite für die Funktion als Windschutz und als Biotop für Tiere liegt bei etwa 30 m, wobei sich die Tiefe des Waldrandes weniger auswirkt als dessen Struktur und Artenzusammensetzung (Gehlken 2014). Am Waldrand lässt sich zudem ein attraktiver Wanderweg anlegen. Der Produktionsverlust an Stammholz ist gering, da ohne einen so gestalteten Übergang zum Agrarland die negativen Einflüsse (Austrocknung des Bodens, Sturmwurfgefahr) beträchtlich sein können (Knoerzer und Gärtner 2003; Dupont und Brunet 2008).

Auf basenreichen Standorten enthält der Waldrand meist genügend einheimische Strauch- und Baumarten (u. a. *Prunus spinosa*, *Crataegus* sp., *Cornus sanguinea*, *Euonymus europaeus*, *Rosa* sp.). Ihre Vielfalt lässt sich noch erhöhen durch die Einbringung von weiteren, weniger häufigen Straucharten (*Cornus mas*, *Viburnum* sp.). Sie alle bereichern durch ihre auffallenden Blüten das Landschaftsbild und dienen vielen Tieren als Nahrungsquelle. Sehr eingeschränkt dagegen ist die Artenwahl auf nährstoffarmen und trockenen Standorten. Hier gedeihen nur wenige der genannten Arten, man ist auf Sandbirke, Aspe, Vogelbeere und anspruchslose Weidenarten angewiesen.

Die Gestaltung der Waldränder erfordert bei diesen relativ kurzlebigen Arten mehr Aufwand, besonders für den Rückschnitt von Stockausschlag und gegebenenfalls für Ergänzungspflanzungen und deren Schutz. Mehrere Landesforstverwaltungen haben Merkblätter für die Waldrandgestaltung herausgegeben, weitere Angaben findet man in Arbeitskreis Forstliche Landespflege (1993), Coch (1995), Babbi et al. (2016) und Zundel (2016).

Die Baumartenwahl für Wälder, die in besonderer Weise der **Erholung** dienen sollen, ist darauf ausgerichtet, ein charakteristisches, anregendes Landschaftsbild zu erhalten und, wenn nötig, die Wirkung in dieser Hinsicht zu verbessern. Dazu gehört in erster Linie die Rücksichtnahme auf den Landschaftscharakter. Die Landschaft soll dem Bild der gewohnten (bisweilen inzwischen verlorenen) Heimatregion oder den Vorstellungen entsprechen, die aus der Literatur (manchmal auch nur den Werbetexten) oder aus Schilderungen anderer Besucher stammen. Dabei spielt es meist keine wesentliche Rolle, ob der Wald nach Gesichtspunkten der potenziellen natürlichen Vegetation (Kap. 2.2.3.4) gestaltet ist. Bei vielen Waldbesuchern sind auch Waldlandschaften beliebt, die das Ergebnis von Aufforstungen sind, wie ausgedehnte Kiefernwälder in den Ebenen oder Fichtenwälder in den Mittelgebirgen. Selbst eine gewisse Eintönigkeit auf weiten Strecken kann vielen ein ausgeprägtes Landschaftserlebnis bieten, insbesondere, wenn durch Wiesen, Felder, Heiden oder Gewässer neue Aspekte entstehen und der Blick in eine weite Landschaft möglich wird.

Die **Vielfältigkeit** der Waldlandschaften lässt sich nicht nur durch die Gestaltung der Waldaußenränder erhöhen, sie wird auch durch die standortsgemäße Verjüngung und Pflege von Mischbeständen und durch die (Wieder-)Einbringung seltener Arten in die Bestände gefördert (z. B. Eibe, Wildapfel, Wildbirne, Schwarz- und Silberpappel, Elsbeere, Mehlbeere, Speierling). Diese Arten lockern das Gefüge der Bestände auf, bereichern das Landschaftsbild und die Biozönosen durch Baumform, Blüten- und Fruchtform. Auch einige nicht einheimische Baumarten (z. B. *Pinus nigra*, *Juglans nigra*, *Liriodendron tulipifera*, *Quercus rubra*) erfüllen auf geeigneten Standorten die Anforderungen an die Vielfalt von Wäldern, die besonders dem Zwecke der Erholung dienen sollen. Schließlich gehört in diesen Bereich auch das **Freihalten** von Strauch- und Baumbewuchs auf (an den Wald) angrenzenden Flächen, z. B. den Trocken- und Halbtrockenrasen, Wiesen, Heiden und Mooren (siehe Zerbe und Wiegleb 2009; Kollmann et al. 2019).

Die Erfüllung der Schutz- und Erholungsfunktionen ist für die Forstbetriebe mit **Produktionsausfällen** verbunden, u. a. durch spätere und geringere Erlöse als Folge einer Veränderung der Baumartenanteile hin zu mehr Laubholz, kurzfristige Liquiditätseinbußen aufgrund des Nutzungsaufschubs erntereifer Bäume, Verlust an Holzangebotsmengen (z. B. Erhalt eines Totholzvorrates) oder durch Nutzungsverzicht von Einzelbäumen und Teilflächen (z. B. Habitatbäume). Diese Mindererträge und Mehraufwendungen wurden auf bis zu 50 Euro ha^{-1} $Jahr^{-1}$ für Privatwaldbetriebe mit Waldflächen ab 200 ha kalkuliert (Dög et al. 2016).

2.5 Betriebszieltypen und Waldentwicklungstypen

Für die weitaus größte Zahl der Standorte bleibt dem Wirtschafter die Wahl zwischen verschiedenen Baumarten und deren Kombinationen. Die

Standortskartierung stellt in ihrem zusammenfassenden Bericht mehrere Alternativen zur Wahl, meist werden ein vorrangig anzustrebendes Ziel und weitere standörtlich vertretbare Lösungen angegeben.

In der Praxis der Betriebsführung wird abgewogen, welche **Prioritäten** sich aus langfristigen Aspekten der Betriebssicherheit, der Biodiversität, der Nachhaltigkeit aller zu erfüllenden Waldfunktionen und der Wirtschaftlichkeit des Betriebes zu setzen sind. Daraus ergibt sich für jeden Bestand ein **Betriebsziel**, das wegen der Langlebigkeit der Waldbestände in einem standortsgebundenen Rahmen gültig sein muss, aber auch Anpassungen an ökologische und ökonomische Veränderungen zulässt.

Aus solchen Erwägungen ergab sich die Konzeption von **Betriebszieltypen** (BZT), die in den einzelnen Bundesländern nach unterschiedlichen Kriterien aufgestellt wurden. Bei der betrieblichen Planung wird jedem Bestand ein Betriebszieltyp zugeordnet. Otto (1972) definiert den Betriebszieltyp als eine Planungsgröße, in der die Hauptbaumart mit den Mischbaumarten (mit ungefähren Anteilen), die Zielsetzung für die Produktion mit dem Produktionszeitraum und sonstige Ziele angegeben werden. Kremser (1974) nennt ganz ähnliche Aufgaben und betont, dass der Betriebszieltyp aus einem Verjüngungsziel entwickelt wird, das den Grundbestand für die spätere Herausarbeitung des angestrebten Mischungsverhältnisses und der sozialen Stellung der einzelnen Baumarten bildet.

Die Betriebszieltypen der ersten Nachkriegsjahrzehnte waren überwiegend auf den **Volumen**- und **Wertertrag** der standortsgemäßen Baumarten bezogen. Das war nach der starken Übernutzung der Wälder folgerichtig. Überhaupt war die Standortskartierung zunächst darauf gerichtet, Kahlflächen und verlichtete Waldbestände auf standörtlicher Grundlage wieder nachhaltig in Produktion zu bringen. Mit der Aufstellung und örtlichen Festlegung von zunächst relativ wenigen Betriebszieltypen war die Gefahr einer Schematisierung und Einschränkung des Wertes regionaler Erfahrungen verbunden (Röhrig 1975). Dieterich (1951) warnte: „Die Betriebsziele sollten auf größtmögliche Mannigfaltigkeit der Bestockung ausgerichtet sein."

Als die Sorge um eine akute Holznot überwunden war und die Aspekte der **Erholung** der Bevölkerung sowie jene des **Naturschutzes** und der **Landschaftspflege** stärker in den Vordergrund traten, reagierten die Landesforstverwaltungen mit einer Modifizierung. Die Kataloge der Betriebszieltypen wurden erweitert (auf etwa 40 bis 80 Typen), vor allem zugunsten von Mischbestandstypen.

Im letzten Jahrzehnt des vergangenen Jahrhunderts wurden von staatlichen Forstverwaltungen in Deutschland und in angrenzenden Ländern die bisherigen Betriebszieltypen von einer neuen Form der Planungseinheiten abgelöst (Teuffel 1999; Perpeet 2000; NMREL 2004; Larsen und Nielsen 2007). Den Anstoß dazu gab Otto (1995); sein Grundgedanke besteht darin, dass die natürliche Entwicklung der Waldökosysteme und die potenzielle natürliche Vegetation stärker berücksichtigt werden sollten. Davon erhofft man sich geringere Aufwendungen bei der Bestandesverjüngung und Bestandespflege sowie eine höhere Stabilität der künftigen Bestände. Das Bestreben, natürlichen Sukzessionen eine entscheidende Rolle zuzuweisen, soll dadurch zum Ausdruck kommen, dass die bisherigen Betriebszieltypen durch neu gefasste **Waldentwicklungstypen** (WET) ersetzt werden (Abb. 2.34). In dem neuen Begriff fehlt das Zwischenglied „ziel", obwohl nicht angestrebt wird, die Entwicklung der Bestände ohne konkrete Ziele ablaufen zu lassen. Es soll jedoch der Aspekt einer langfristigen Wirkung natürlicher Abläufe im Vordergrund stehen (Schmidt 1998b). Damit ist ein etwas spekulatives Element mit dieser Konzeption verbunden. Der Wirtschafter ist gefordert, den Fortgang der Verjüngung und der weiteren Bestandesentwicklung besonders sorgfältig zu beobachten. Neben dem Standort beeinflusst die waldbauliche Ausgangslage in vielen Fällen die Wahl des Waldentwicklungstyps.

Die staatliche Forstverwaltung in Niedersachsen hat in einer Richtlinie zur Baumartenwahl (NMREL 2004) die Waldentwicklungstypen (Beispiel siehe Kasten Hintergrundwissen „Waldentwicklungstypen in Niedersachsen") für die innerhalb eines Planungszeitraums von 40 Jahren zu verjüngenden Bestände nach folgenden Grundsätzen festgelegt:

Abb. 2.34 Profildiagramme von Waldentwicklungstypen (WET) in Dänemark.
Als Ziele der Waldbewirtschaftung sind 9 von Laubhölzern und 6 von Nadelhölzern dominierte Waldtypen definiert. Hinzu kommen 3 historische Waldtypen und der unbewirtschaftete Wald. Die Waldentwicklungstypen decken alle Standortsverhältnisse und Waldfunktionen in Dänemark ab und sind für die Staatswälder Dänemarks verbindlich (nach The Danish Forest and Nature Agency 2005 in Larsen und Nielsen 2007).

- Für Bestände, bei denen bereits auf über 50 % der Fläche übernahmewürdiger Nachwuchs mit einem Deckungsgrad von > 0,8 oder auf über 70 % der Fläche Nachwuchs mit einem Deckungsgrad von > 0,5 vorhanden ist, entspricht der WET dem Nachwuchs.
- Für Bestände in Waldschutzgebieten ist deren Schutzzweck maßgebend für die WET-Wahl.
- Die Ausgangsbestockungen werden entsprechend bestimmter Vorgaben (u. a. Erhaltung und Vermehrung von Laubwald, Einschränkung der Verjüngung nicht standortsgemäßer Nadelbaumarten) in die WET-Entscheidungen einbezogen.
- Den Flächen, die nicht durch die Punkte 1 bis 3 erfasst werden, werden vorrangige WET der in der Richtlinie enthaltenen Übersichten „Standortsgerechte Waldentwicklungstypen“ für jede Waldbauregion zugewiesen.

Hintergrundwissen

Waldentwicklungstypen in Niedersachsen

Die Landesforstverwaltung von Niedersachsen stellt in der Richtlinie zur klimangepassten Baumartenwahl (Niedersächsische Landesforsten 2019) 41 Waldentwicklungstypen mit Leitbild und Waldentwicklungzielen vor, u. a. sieben Typen, in denen eine Eichenart die Hauptbaumart ist, u. a. der WET 10:

WET 10 – Traubeneiche-Buche/Hainbuche

1. Leitbild

Mehrschichtiger Wald aus führender Traubeneiche und nur einzelnen Buchen/Hainbuchen im Herrschenden sowie dienender Buche und Hainbuche im Zwischen- und Unterstand oder in gruppen- bis horstweiser Mosaikstruktur unterschiedlichen Alters mit Begleitbaumarten (Bergahorn, Eberesche, Birke, Aspe, Weide bzw. auf mäßig frischen bis trockenen Kalkstandorten Esche, Sommerlinde, Elsbeere und Wildobst).

Sukzessionale Stellung/Naturnähe

Entspricht natürlichen Buchen-Traubeneichen-Mischwäldern warmtrockener Standorte des Tieflandes, im kollinen und submontanen Bergland Buchen-Traubeneichen-Wäldern, im Bereich der natürlichen Buchenwälder auch späten Sukzessionsstadien mit noch dominierender Eiche. Unter Einbeziehung von Edellaubbäumen ggf. eine Alternative für stark durch das Triebsterben geschädigte Bestände mit führender Esche auf flachgründigen Kalkstandorten.

2. Waldentwicklungsziele

Holzerzeugung

- Eichenwertholz Zielstärke BHD 70 cm+ in 180–240 Jahren
- Eichenstammholz Zielstärke BHD 60 cm+ in 160–200 Jahren
- ggf. Buchenstammholz Zielstärke BHD 50 cm+ in 80–120 Jahren
- ggf. Edellaubstammholz Zielstärke BHD 50 cm+ in 12–160 Jahren

Schutz und Erholung

- lichte Waldgesellschaften mit reichem Artenspektrum, Höhlenbäumen, Alt- und Totholz
- strukturreiche, schöne Wälder

Baumartenanteile

a) Bestandesziel
- Traubeneiche 70–80 %
- Buche/Hainbuche 10–20 %
- ggf. Edellaubbäume bis 20 %
- Begleitbaumarten bis 10 %
- mit Zwischen- und Unterstand aus Buche/Hainbuche

a) Verjüngungsziel
- Traubeneiche 60–80 %
- Buche/Hainbuche 10–30 % (ggf. aus Unterbau)
- ggf. Edellaubbäume bis 20 %
- Begleitbaumarten 10–20 %

Mischungsform: Buche und Hainbuche einzelstamm- bis gruppenweise bzw. Buche/Hainbuche aus 40–60 Jahre späterem Unterbau einzelstammweise, sowie Begleitbaumarten. Edellaubbäume und Wildobst auf den nährstoffreichen, mäßig frischen bis trockenen Standorten einzelstamm- bis gruppenweise gemischt.

Die Richtlinie zur Baumartenwahl für Niedersachsen von 2004 wurde 2019 an die Dynamik des Klimawandels und die steigenden gesellschaftlichen Ansprüche an den Wald angepasst, um deren Auswirkungen auf die Produktionsgrundlagen, Risiken und Ertragserwartungen gerecht zu werden (Niedersächsische Landesforsten 2019). Die Zahl der WET ist hierbei gegenüber 2004 weitgehend gleich geblieben, hinzugekommen sind WET für Weißtanne, Küstentanne und Japanische Lärche. Das Anbauspektrum einzelner Baumarten wurde in Bezug auf die Nährstoffversorgung etwas erweitert, und bei der Einschätzung der baumartenspezifischen Trockenstressgefährdung wurden eine Klimaprojektion mit einem deutlichen Temperaturanstieg bei einer gleichzeitig veränderten saisonalen Niederschlagsverteilung berücksichtigt.

3 Verjüngung und Begründung von Waldbeständen

Inhalt

Abweichend von der Dynamik der Naturwälder erfolgt die planmäßige Verjüngung der Wirtschaftswälder vor Ende des natürlichen Alters der Bäume. Entscheidend für die Festlegung des Verjüngungszeitpunktes ist der Wertzuwachs der Bäume. Bei der **Bestandesverjüngung** bleiben auch im Verjüngungszeitraum wesentliche Bestandeseigenschaften erhalten. Der Lichtanspruch der Verjüngungspflanzen bestimmt die Verjüngungsform. Vorbereitende Maßnahmen können die Keimung und das Wachstum der Verjüngungspflanzen fördern. Wo es die Standorts- und Bestandesverhältnisse zulassen, werden Waldbestände natürlich verjüngt (Naturverjüngung). Zur Umwandlung der bisherigen Bestockung mit Baumarten, die dem jeweiligen Standort besser angepasst sind, wird die Naturverjüngung durch **Saat** oder **Pflanzung** ergänzt. In Abhängigkeit vom waldbaulichen Ziel kann dies durch **Vorwald**, **Voranbau**, **Unterbau** oder **Nachanbau** erfolgen. Zur Sicherung der Jungwüchse sind meist Schutz- und Pflegemaßnahmen notwendig.

Bei der **Bestandesbegründung** wird eine Fläche, die über einen langen Zeitraum nicht mit Waldbäumen besiedelt war (Acker, Weide, Moor, Düne, Heide), in Wald überführt (**Neuaufforstung**) oder eine Waldfläche, die durch Kahlschlag bzw. durch eine natürliche Störung (v. a. Sturm, Waldbrand, Insektenkalamität) baumlos geworden ist, wieder bewaldet (**Wiederaufforstung**).

3.1 Grundlagen

Die Waldbäume, die dominierenden Bestandteile der Waldökosysteme, haben eine **hohe Lebensdauer**. Dadurch verlaufen die natürlichen Entwicklungsprozesse der Wälder in langen Fristen. Alte Bäume, die ihr natürliches Höchstalter erreicht haben, sterben ab und werden durch jüngere Individuen ersetzt. Die Ablösung alter Baumgenerationen durch jüngere Bäume vollzieht sich bei den verschiedenen Waldformationen in durchaus unterschiedlichen Formen. **Wirtschaftswälder** sind in erster Linie dadurch gekennzeichnet, dass der Mensch in die Verjüngungsvorgänge der Wälder eingreift und die Verjüngung vor Ende des natürlichen Lebensalters der Bäume einleitet. Der Ablauf natürlicher Alterungs- und Verjüngungsvorgänge führt in einem hohen Alter zu einer Verminderung des Volumen- und schließlich auch des Wertzuwachses der Waldbestände. Außerdem kann er in bestimmten Fällen auch die Schutz- und Erholungsfunktionen des Waldes beeinträchtigen. Deshalb ist eine zeitgerechte und planmäßige Verjüngung der Bestände eine der wichtigsten Aufgaben des Waldbaus. Etwas modifiziert stellt sich das Problem der Verjüngung im Plenterwald dar (Kap. 5.5).

Seit langer Zeit wird im Waldbau zwischen natürlicher und künstlicher Verjüngung unterschieden. Als **natürlich** gilt eine Verjüngung,

- wenn die Besamung der Verjüngungsflächen durch Samenfall des überschirmenden Altbestandes und durch Samenflug oder Sameneintrag durch Tiere aus Nachbarbeständen erfolgt (generative Verjüngung) oder
- wenn sich der Vorbestand durch Stockausschlag, Wurzelbrut oder Absenker (vegetative Verjüngung) erneuert.

Die natürliche Verjüngung wird im Wirtschaftswald meist durch waldbauliche Maßnahmen unterstützt (u. a. Vorbereitungs- und Lichtungshiebe, Bodenbearbeitung, Niederwaldbetrieb). **Künstliche** Verjüngungen sind Saat und Pflanzung. Natürliche und künstliche Verjüngung werden in der Praxis oft kombiniert, sei es durch Saat oder vor allem Pflanzung in lückiger Naturverjüngung, oder schon vor dem Einleiten der Naturverjüngung durch Pflanzung verschiedener Baumarten (Voranbau).

Definition

Verjüngung – Begründung – Aufforstung

Verjüngung: Waldbauliche Maßnahmen zur planmäßigen Erneuerung einer Waldgeneration auf bisher von Waldbeständen eingenommenen Flächen unter Bewahrung waldtypischer Eigenschaften (v. a. Waldinnenklima). Die neue Bestandesgeneration kann aus denselben Baumarten zusammengesetzt sein wie die bisherige, es kann aber auch ein teilweiser oder vollständiger Wechsel der Baumarten eintreten.

Begründung: Waldbauliche Maßnahmen zur Neuanlage von Wald oder zur Wiederbewaldung einer Waldfläche nach Verlust der Bäume durch natürliche Störungen oder durch Kahlschlag.

Aufforstung (Neuaufforstung): Begründung von Waldbeständen auf Flächen, die bisher kein Wald waren (v. a. landwirtschaftliche Flächen).

Wiederaufforstung (Walderneuerung): Begründung eines Waldbestandes durch Saat oder Pflanzung nach Entwaldung durch Kahlschlag oder unvorhergesehene Ereignisse, sogenannte Störungen (z. B. großflächiger Sturmwurf).

Anpflanzung: Anlage von Windschutzstreifen oder Alleen, aber auch Bepflanzung kleiner Flächen, z. B. mit Pappeln, Baumweiden oder Wildobst, die wegen ihrer Flächengröße noch keinen Wald bilden (Definition von Wald siehe Kap. 1.1.1).

Die planmäßige Verjüngung von Waldbeständen umfasst eine Vielzahl grundsätzlicher Überlegungen und Entscheidungen. Die Auswahl der **Verjüngungsflächen** nach ihrer Lage und Größe ist in einheitlich zusammengesetzten und deutlich nach Altersklassen gegliederten Wäldern meist sehr einfach. Oft aber steht der Wirtschafter vor der Frage, ob er nach Alter oder Qualität stärker differenzierte Bestandesteile gesondert verjüngen soll. Ähnliche Probleme entstehen, wenn Teile einheitlicher Bestände durch Sturm oder biotische Schäden stark im Kronendach aufgelichtet sind. Die Erfahrung lehrt, dass hier bisweilen zu kleine Verjüngungsflächen angelegt werden. Die Nachbarschaftswirkung der umgebenden Bestandesteile (und der oft nicht genügend sorgfältige Wildschutz) lässt in solchen Fällen die Verjüngung oft missraten, wenn die dafür vorgesehene Fläche nicht mindestens die Größe einer Gruppe (siehe Kasten Hintergrundwissen „Mischungsform") erreicht. Auf großen Verjüngungsflächen finden sich allerdings oft kleinräumige Standortsunterschiede, die bei der Baumartenwahl und bei der Bodenvorbereitung beachtet werden müssen.

Ferner müssen die Bestockungs- und Verjüngungsziele festgelegt, die Verjüngungszeitpunkte und Verjüngungszeiträume geplant sowie die Wahl der Hiebsarten zur Einleitung und Vollendung der Verjüngung getroffen werden. Alle

Hintergrundwissen

Mischungsform

Die Mischungsform bezeichnet die horizontale Ausdehnung und Verteilung der in einem Bestand oder in einer Bestandesschicht vorhandenen Baumarten. Hierbei wird unterschieden zwischen:

- **einzelstammweise:** Baum ist nicht von Bäumen gleicher Art umgeben
- **truppweise:** Fläche mit einem Durchmesser bis zur halben Baumlänge (10–15 m bzw. 0,01–0,03 ha)
- **gruppenweise:** Fläche mit einem Durchmesser bis zu einer Baumlänge (> 15–30 m bzw. 0,04–0,1 ha)
- **horstweise:** Fläche mit einem Durchmesser bis zur doppelten Baumlänge (> 30–60 m bzw. 0,11–0,5 ha)
- **flächenweise:** Fläche mit einem Durchmesser über der doppelten Baumlänge (> 60 m bzw. > 0,5 ha)
- **reihenweise:** Wechsel von Pflanzenreihen mit einer Baumart
- **streifenweise:** Wechsel mehrerer Reihen einer Baumart bis zu einer Breite von 20–30 m

Die Größen für die Flächenmischungen variieren je nach Bundesland und Forstverwaltung in den angegebenen Rahmen.

diese Aufgaben stellen sich, wenn auch in unterschiedlicher Weise, sowohl bei der natürlichen als auch bei der künstlichen Verjüngung.

Die **Bestockungsziele** für einen Bestand beziehen sich auf den Zeitpunkt der Holzernte. Sie werden im Zusammenhang mit der Baumartenwahl vorgestellt (Kap. 2.2). Das **Verjüngungsziel** kann von den Zielen für den Endbestand abweichen, z. B. wenn konkurrenzschwache Baumarten in der Verjüngung höhere Baumartenanteile benötigen, um die angestrebten Anteile im Endbestand zu erreichen. Die Wahl des **Verjüngungszeitpunktes** richtet sich in erster Linie nach der Höhe des laufenden Wertzuwachses. Ihm ist die Höhe des potenziellen Wertzuwachses gegenüberzustellen, den der Bestand nach einer planmäßigen Verjüngung in seiner gesamten Lebensdauer erreichen kann (Gesamtalterswertzuwachs).

Der **laufende Wertzuwachs** eines Bestandes ist bisweilen schwer zu bestimmen. Er hängt vom

- laufenden Volumenzuwachs,
- von den Veränderungen der Dimensionen der herrschenden Bäume (insbesondere dem Einwachsen in höhere Stärkeklassen) sowie
- von möglichen Entwertungen der Holzqualität (z. B. Rotkernbildung bei der Buche, Rotfäule bei der Fichte, Baumschwamm bei der Kiefer) und
- von den Risiken (z. B. Buchenschleimfluss, Rindenbrand, Wasserreiserbildung, Sturmwurf) ab.

Vor allem in ungleich alten Mischbeständen sind dazu oft umfassende Kalkulationen notwendig. Der durchschnittliche **Gesamtalterswertzuwachs** ergibt sich aus der möglichen Gesamtwertleistung des künftigen Bestandes abzüglich der notwendigen Aufwendungen für Bestandesbegründung und Bestandespflege sowie möglicher Risikofaktoren. Für einzelne Bäume des Hauptbestandes ist die **Hiebsreife** dann gegeben, wenn die laufende Wertleistung unter die durchschnittliche Wertleistung für realistisch anzunehmende Produktionszeiträume sinkt. Für ganze Bestände gilt das prinzipiell ebenfalls, doch kommen dabei noch andere Faktoren (z. B. Gefährdung von Nachbarbeständen) hinzu.

Als **Verjüngungszeitraum** wird die Zeitspanne zwischen dem Beginn der planmäßigen Einleitung der Verjüngung bis zu deren Abschluss bezeichnet. Dieser ist im Allgemeinen gekennzeichnet durch die Räumung des Altbestandes (evtl. unter Belassung von Überhältern) und die Entstehung eines flächendeckenden Jungwuchses. Wird die Verjüngung eines Bestandes auf Teilflächen vorgenommen (z. B. im Saum- oder Femelschlagverfahren), unterscheidet man zwischen speziellen Verjüngungszeiträumen, die sich auf Teilflächen mit etwa gleichzeitiger Einleitung der Verjüngung beziehen, und einem allgemeinen Verjüngungszeitraum, der auf die gesamte Bestandesfläche bezogen ist.

Im Zusammenhang mit der Naturverjüngung von Waldbeständen und der künstlichen Bestandesbegründung werden manche **technischen Hilfsmittel** eingesetzt. Hierfür sind im Laufe der Zeit zahlreiche Geräte und Maschinen entwickelt worden. Sie können die notwendigen vorbereitenden Arbeiten erleichtern. Zudem sind auf schwierigen Standorten durch den Einsatz von geeigneten Maschinen überhaupt erst ökologisch günstige, erfolgreiche und zugleich wirtschaftlich tragbare Verjüngungsverfahren möglich geworden.

Besonders auf frischen bis feuchten, mindestens mittelmäßig mit Nährstoffen versehenen Standorten ergeben sich bei der Verjüngung erhebliche Schwierigkeiten durch eine, bei stärkerer Auflichtung oder völliger Freistellung begünstigte, **Begleitflora**.

Zur Vorbereitung natürlicher und künstlicher Verjüngungen werden bei Bedarf auch **Düngemittel** (Kap. 4.4) verwendet. Sie sollen natürliche oder immissionsbedingte Nährstoffmängel zumindest in der Anwuchsphase ausgleichen.

3.2 Vorbereitende Maßnahmen

Der Erfolg von Verjüngungsverfahren hängt weitgehend von den ökologischen Verhältnissen der Flächen ab. Sie sind das Ergebnis des Zusammenspiels von Standortsbedingungen und waldbaulicher Behandlung vor und während der Verjüngungsphase, insbesondere der Regulierung des Lichtzutritts. Oft gelingt die Verjüngung

Tab. 3.1 Elementgehalte (g kg^{-1} Trockensubstanz) und Elementvorräte (kg ha^{-1}) von Ästen (< 7 cm Durchmesser) und Blättern bzw. Nadeln in einem 122-jährigen Buchenbestand, Ertragsklasse II.8, und einem 84-jährigen Fichtenbestand, Ertragsklasse II.5, im Solling (aus Ellenberg et al. 1986)

Baumart	Kompartiment	Trockensubstanz	N		P		K		Ca		Mg	
		(t ha^{-1})	(g kg^{-1})	(kg ha^{-1})	(g kg^{-1})	(kg ha^{-1})	(g kg^{-1})	(kg ha^{-1})	(g kg^{-1})	(kg ha^{-1})	(g kg^{-1})	(kg ha^{-1})
Buche	Äste, Holz	26,0	2,8	73	0,8	21	1,3	34	0,9	24	0,2	5
	Äste, Rinde	6,5	8,5	55	0,8	5	1,4	9	8,1	52	0,3	2
	Blätter	3,1	25,5	80	1,6	5	9,5	28	4,3	13	0,9	2
Fichte	Äste, Holz	24,0	8,5	204	0,6	14	6,6	159	2,6	63	0,7	7
	Äste, Rinde	4,2	9,1	39	0,7	3	5,6	24	2,7	11	0,4	2
	Nadeln		17,9	12,1	218	1,1	19	7,0	120	3,8	70	0,4

ohne besondere technische Unterstützung. In bestimmten Situationen sind Maßnahmen notwendig, damit die Keimung und das Aufwachsen des Jungwuchses zielgerecht verlaufen.

3.2.1 Verjüngungshindernisse

Sowohl bei der natürlichen Verjüngung als auch bei der Saat und der Pflanzung können vorbereitende Maßnahmen notwendig sein. Hauptsächlich handelt es sich dabei um die Beseitigung von Behinderungen durch sehr reichlichen Schlagabraum, üppige Begleitflora und stärkere Streuauflagen.

Schlagabraum

Bei jeder Fällung von Bäumen bleibt Abraum am Boden zurück. Dessen Mengen hängen nicht nur von den Baumarten, deren Alter und Gestalt ab, sondern auch vom Bestockungsgrad und von der Hiebsart (Einzelbaumernte bis Kahlhieb), ferner von der Aufarbeitungsschwelle und der Menge des faulen oder aus anderen Gründen nicht nutzbaren Stammholzes. Die Reisigmengen (im Allgemeinen unterhalb der Derbholzgrenze mit Durchmesser < 7 cm) werden für Buchenaltbestände mit 10–20 % (ganz selten bis 30 %) der oberirdischen Biomasse angegeben (somit 30–45 t ha^{-1}). Für Fichten-Altbestände werden 12–18 % der oberirdischen Masse genannt (etwa 25–35 t ha^{-1}), für alte Kiefernbestände 8–12 % (etwa 10 t ha^{-1}). Daraus ergeben sich je nach der Intensität des Hiebes die entsprechenden Mengen an Schlagabraum, die je nach Aufarbeitungsschwelle noch zu variieren sind.

Größere Mengen von Schlagabraum, vor allem, wenn er viel grobes Astmaterial enthält, zersetzen sich langsam (je nach Baumart und Durchmesser 5–15 Jahre, für Buche siehe Müller-Using und Bartsch 2007, 2009) und stellen häufig ein Verjüngungshindernis dar. Das gilt für Saat und Pflanzung auf freien Flächen mehr als für die Naturverjüngung. Sie erschweren zudem über längere Zeit die Jungwuchspflege und bilden bisweilen Brutmaterial für Schädlinge. Eine leichte Reisigdecke des Bodens kann dagegen Wasserverluste von Oberboden und Jungpflanzen vermindern und Temperaturextreme dämpfen.

Für den **Nährstoffhaushalt** hat der Schlagabraum allenfalls auf sehr nährstoffarmen Standorten eine gewisse Bedeutung. Das Astholz von Buche und Fichte enthält etwa 1–2 % Stickstoff (N) in der Trockenmasse, 0,5–1,5 % Kalium (K) und Calcium (Ca) sowie deutlich weniger als 1 % der übrigen Nährstoffe. Für die Rinde des Astholzes liegen die Werte zwar deutlich höher, doch spielt dieser Aspekt aufgrund ihres geringeren Anteils für den Nährstoffumsatz höchstens in den ersten Jahren eine gewisse Rolle, solange die Rinde noch nicht voll zersetzt ist. Bei den Nadelbäumen ist noch die Nadelmasse zu berücksichtigen. Tabelle 3.1 gibt eine Vorstellung der Größenordnungen, die im Sollingprojekt (Ellenberg et al. 1986) ermittelt wurden (weitere Daten in Jacobsen et al. 2003). Dabei sind hier die Werte für Kalium (K) bei der Fichte ungewöhnlich hoch. In skandinavischen Fichtenbeständen liegen die Werte für K unter denen für Ca (Nykvist 1974; Hakkila 1989). Die **Nährstofffreisetzung** aus den Nadeln hängt von den ökologischen Bedingungen der Zersetzung ab. Meist werden in den ersten drei Jahren mehr als die Hälfte der enthaltenen Nährstoffe frei, beim Kalium weitaus mehr.

Eine einfache und wirksame Methode, hinderlichen Schlagabraum zu beseitigen, stellt das **Abbrennen** dar. Aus mancherlei Gründen wird es in Deutschland nur noch selten praktiziert und ist auch in anderen Ländern eingeschränkt worden (u. a. wegen der damit verbundenen Kohlenstofffreisetzung). Beim Verbrennen von Schlagabraum werden die meisten **Nährstoffe** in Oxide umgewandelt und bleiben wegen ihres hohen Schmelzpunktes in der Asche zurück. Diese wird zu einem (meist geringen) Teil mit dem Wind verfrachtet. Deren chemische Zusammensetzung wird angegeben mit 0,01 % N, 12 % Ca, 10 % K und 1,6 % Mg (Knight 1966). Der größte Teil des Stickstoffs entweicht in die Luft. Für den Nährstoffhaushalt des Bodens ist das nur dann von größerer Bedeutung, wenn mit dem Schlagabraum viel Streu verbrannt wird (Kimmins 2004).

In der Praxis bleibt der Schlagabraum bei geringen und mäßig starken Eingriffen in den Altbestand meist am Boden liegen, allenfalls wird er auf Plätzen oder Streifen in Reisigwällen **zusammengeschoben**. Bei größeren Mengen werden dazu Schlepper mit vorn angebauter Reisiggabel eingesetzt. Der Einsatz von Planierraupen hat sich nicht bewährt, weil dabei ein Großteil der Humusauflage mit den darin enthaltenen Nährstoffen von der Verjüngungsfläche entfernt wird. Reisigwälle bieten in den ersten Jahren einen unerfreulichen Anblick, zumal sie bisweilen mehr als 10 % der Bearbeitungsfläche einnehmen. Solange sie noch nicht mit Begleitflora und Anflug von Birken und anderen Gehölzen bestanden sind, kann eine starke Mineralisation zu beträchtlicher N-Auswaschung führen (Rosen und Lundmark-Thelin 1987). Die so entstehenden, zunächst nicht verjüngten Bestandesteile werden später mit Mischbaumarten ausgepflanzt oder als künftige Rückegassen freigelassen (Arnold 1992). Die Anlage von Reisigwällen sollte wegen der damit verbundenen Nährstoffverluste auf nährstoffarmen Standorten unterbleiben. Beim Mulchen des Schlagabraums verbleiben die Nährstoffe hingegen auf der Fläche, doch ist es meist nur dann erfolgreich, wenn es sich um schwächeres Reisigmaterial handelt. Zudem wird, soweit das Mulchmaterial in den Boden nicht gut eingearbeitet wird, eine für die Verjüngung zu lockere Bodendecke geschaffen. Diese kann verhindern, dass die Verjüngungspflanzen die günstigeren Bodenhorizonte mit ausreichender Feuchtigkeit erreichen (Kap. 3.2.1.3).

Begleitflora

Auf jeder Verjüngungsfläche entwickelt sich dem Standort und der bisherigen Bestandesentwicklung entsprechend eine Begleitflora aus Bodenpflanzen, die zu **Konkurrenzpflanzen** werden, wenn sie die Entwicklung der Verjüngungspflanzen behindern (siehe auch Abschnitt zu „Allelopathie" in Kap. 3.6.9.1). Häufig wird nicht ganz zutreffend die Bezeichnung Bodenvegetation verwendet, die alle Pflanzengesellschaften eines Gebietes umfasst, auch die Verjüngungspflanzen. Die früher gebräuchliche, aus der Landwirtschaft übernommene Bezeichnung „Unkraut" ist für die Forstwirtschaft kaum zutreffend, weil damit manche **fördernden Wirkungen** unbeachtet bleiben. Tatsächlich ist eine **Bodenbedeckung** mit Pflanzen oft günstig: Sie verhindert Wind- und Wassererosion, kann Temperaturextreme und Windbewegung der bodennahen Luftschicht und des Oberbodens mildern (bisweilen allerdings auch Frostgefahren steigern) und trägt zur Nährstoffspeicherung und zum Stoffumsatz bei.

Besonders in Beständen aus lichtbedürftigen Baumarten entsteht schon im frühen Baumholzstadium eine Decke aus Bodenpflanzen, die sich mit fortschreitender Entwicklung des Bestandes immer mehr verdichtet und zu einem bedeutenden Hindernis für die natürliche, oft auch für die künstliche Verjüngung wird. Diese Entwicklungen sind nicht immer die Folge von Fehlern bei der Bestandesbehandlung (Missachtung von schattenertragenden Mischbaumarten im Unterstand, zu rasche Auflichtung der Bestände im Zuge der Begünstigung oder der bevorzugten Entnahme von Wertträgern u. a.). Sie entsprechen oft den natürlichen Sukzessionsvorgängen mit oder ohne vorangegangenen Störungen des Bestandesgefüges.

In bedeutendem Ausmaß gehen solche Wirkungen von nur relativ wenigen Pflanzenarten aus. Das sind überwiegend solche, die sich vegetativ intensiv durch Wurzelausläufer (Rhizome oder Stolonen) ausbreiten und dadurch größere Flächen dicht besiedeln. Hierzu gehören

- der Farn *Pteridium aquilinum*,
- die Gräser *Calamagrostis arundinacea*, *Calamagrostis epigejos*, *Calamagrostis villosa*, *Carex brizoides*, *Deschampsia cespitosa*, *Deschampsia flexuosa*, *Melica uniflora*, *Molinia caerulea*,
- die Kräuter *Mercurialis perennis* und *Solidago virgaurea* sowie
- die Strauchartigen *Calluna vulgaris*, *Vaccinium myrtillus*, *Rubus idaeus* und *Rubus fruticosus*.

Die meisten dieser Arten stellen für ein kräftiges Wachstum relativ hohe Lichtansprüche (nicht so *Mercurialis*, das in vollem Licht schlecht gedeiht). Einzelheiten über Standortsansprüche und andere Eigenschaften dieser Pflanzenarten findet man u. a. in der von Gustav Hegi begründeteten Illustrierten Flora von Mitteleuropa (u. a. Wagenitz 1987; Conert 1998; Weber 2003b), in der Flora Europaea (Tutin et al. 1970–1993) und bei Rapp und Bartsch (2016).

Die von diesen Arten gebildeten Biomassen sind je nach den ökologischen Verhältnissen sehr unterschiedlich. Größenordnungen für mehr oder weniger dicht geschlossene Pflanzendecken liegen für *Calamagrostis epigejos* bei 1 bis über 9 t ha^{-1}, für *Deschampsia flexuosa* je nach Beschattung durch einen Fichtenaltbestand bei 0,3–1,75 t ha^{-1}, in lichten Kiefernbeständen können sie noch weit höhere Werte erreichen. *Molinia caerulea* kann bis zu 1,7 t Biomasse ha^{-1} bilden (Aerts und Caluwe 1989) und *Vaccinium myrtillus* bis zu 4 t ha^{-1} (siehe auch Bolte et al. 2002). Diese Angaben beziehen sich nur auf die oberirdische Biomasse, diese kann jedoch von der Wurzelmasse übertroffen werden. Die Nährstoffgehalte der oberirdischen Organe der Gräser liegen für N bei 0,8 bis maximal 6 % der Trockensubstanz, für P und Ca um 0,1–0,3 % und für K um 1,7–3,2 % (Davy und Taylor 1975; Bergmann 1993a; Bolte und Anders 1995; Bolte et al. 2002). Beim herbstlichen Abwelken werden größere Mengen in die Wurzeln zurückgezogen (Aerts und Caluwe 1989).

Eine artenreiche Begleitflora, wie sie besonders auf basenreichen, frischen Waldböden zu finden ist, bietet im Allgemeinen kein wesentliches Verjüngungshindernis, doch können hier dichte Bestände mit *Mercurialis perennis, Urtica dioica* oder *Melica uniflora* eine Erschwernis darstellen. Ohne nachhaltigen Einfluss ist ein Bewuchs auf frischen Loch- und Kahlschlägen mit *Epilobium angustifolium*, *Digitalis purpurea*, *Senecio* sp. Solche Arten haben eher eine vorteilhafte Wirkung, weil sie aus der Mineralisation frei werdende Nährstoffe binden, selbst eine meist gut zersetzbare Streu bilden, Witterungsextreme mildern und in Hanglagen der Erosionsgefahr vorbeugen. Das gilt zwar auch für Arten der folgenden Sukzessionsphasen, doch hier überwiegen dann die Nachteile: Dichte Bestände von *Rubus idaeus* und besonders von *Rubus fruticosus* behindern Naturverjüngung, Saat und Pflanzung. Die Bestandesbegründung und die spätere Jungwuchspflege werden ohne starke Zurückdrängung dieser Arten erschwert oder fast unmöglich gemacht.

Art und Mächtigkeit der Bodenbedeckung haben einen bedeutenden Einfluss auf **Temperatur** und **Feuchtigkeit** des Bodens, insbesondere in seinen obersten Schichten, dem Substrat für die Samenkeimung und das erste Aufwachsen von jungen Pflanzen (Abb. 3.2). Die Prinzipien dieser Wirkungen sind u. a. bei Geiger (1961, 2013) dargestellt.

Eine Besiedlung des Bodens mit dicht stehenden Gräsern oder dem Farn *Pteridium aquilinum* ist für die Verjüngung in mehrfacher Hinsicht sehr schädlich: Sie übt eine starke **Konkurrenz** hinsichtlich der Versorgung mit Licht aus – das gilt auf vielen Standorten auch für Wasser – (Kap. 3.3.2.4), weiterhin erhöht sie die **Spätfrostgefahr.** Zudem bilden Grasdecken ein günstiges Habitat für pflanzenfressende **Mäuse**. Bestimmte Arten können durch Abgabe organi-

Hintergrundwissen

Spätfrost

Die Erhöhung der Spätfrostgefahr durch Vergrasung der Flächen ist mehrfach dargestellt worden (siehe Geiger 1961, 2013). Den Temperaturverlauf in Spätfrostnächten Mitte Mai auf einer 0,3 ha großen, von Jungwüchsen umgebenen Freifläche im südniedersächsischen Bergland haben Larsen und Röhrig (1978) erfasst. Verglichen wurden Teilflächen mit dichtem, 80–120 cm hohem Graswuchs und solche, die durch Freischneiden sowie durch Umgraben behandelt worden waren. Die vergraste Fläche war mit *Juncus effusus* (Deckungsgrad 90 %, bis 90 cm hoch) und *Holcus lanatus* (Deckungsgrad 10 %, bis 60 cm hoch) bestanden. Bei der Bodenbearbeitung wurde der Bodenüberzug entfernt, der Boden umgegraben und weiterhin ständig von Bewuchs freigehalten.

Während der Untersuchungszeit traten deutliche, aber nicht starke Strahlungsfröste auf. Abbildung 3.1 zeigt die Temperaturverläufe der beiden extremen Varianten in der Luftschicht in 5 cm und 30 cm über dem Boden. Die Bodenbearbeitung wirkt in einer Größenordnung von etwa 2,5 °C frostmildernd. Die kurzfristige Temperaturerhöhung zwischen 3:30 Uhr und 4:30 Uhr morgens geht auf eine leichte Luftbewegung von 0,6 m sec^{-1} zurück. Bei stärkeren Nachtfrösten kann die Wirkung der Bodenbearbeitung deutlich höher sein (Geiger und Fritzsche 1940). Das Auftreten höherer Frostgrade auf vergrasten Flächen kommt durch zwei Wirkungen zustande: die Dämpfung der Luftbewegung durch die Vegetation und die Behinderung der Wärmenachlieferung aus dem Boden. Anders verhält es sich übrigens an heißen Sommertagen. Hier dämpft die Vegetation durch ihre wärmeisolierende Schicht die Temperaturextreme, besonders in der untersten bodennahen Luftschicht.

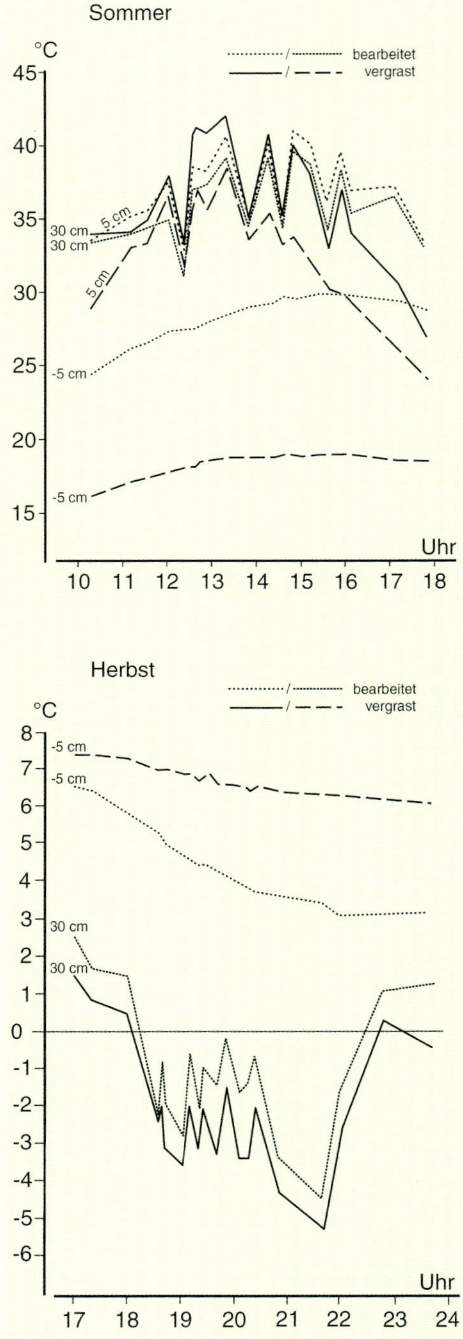

Abb. 3.1 Lufttemperaturen in Bodennähe (5 cm und 30 cm) im Tagesverlauf im Sommer und Herbst auf einer Freifläche in Südniedersachsen (280 m ü. NN) (nach Larsen und Röhrig 1978).

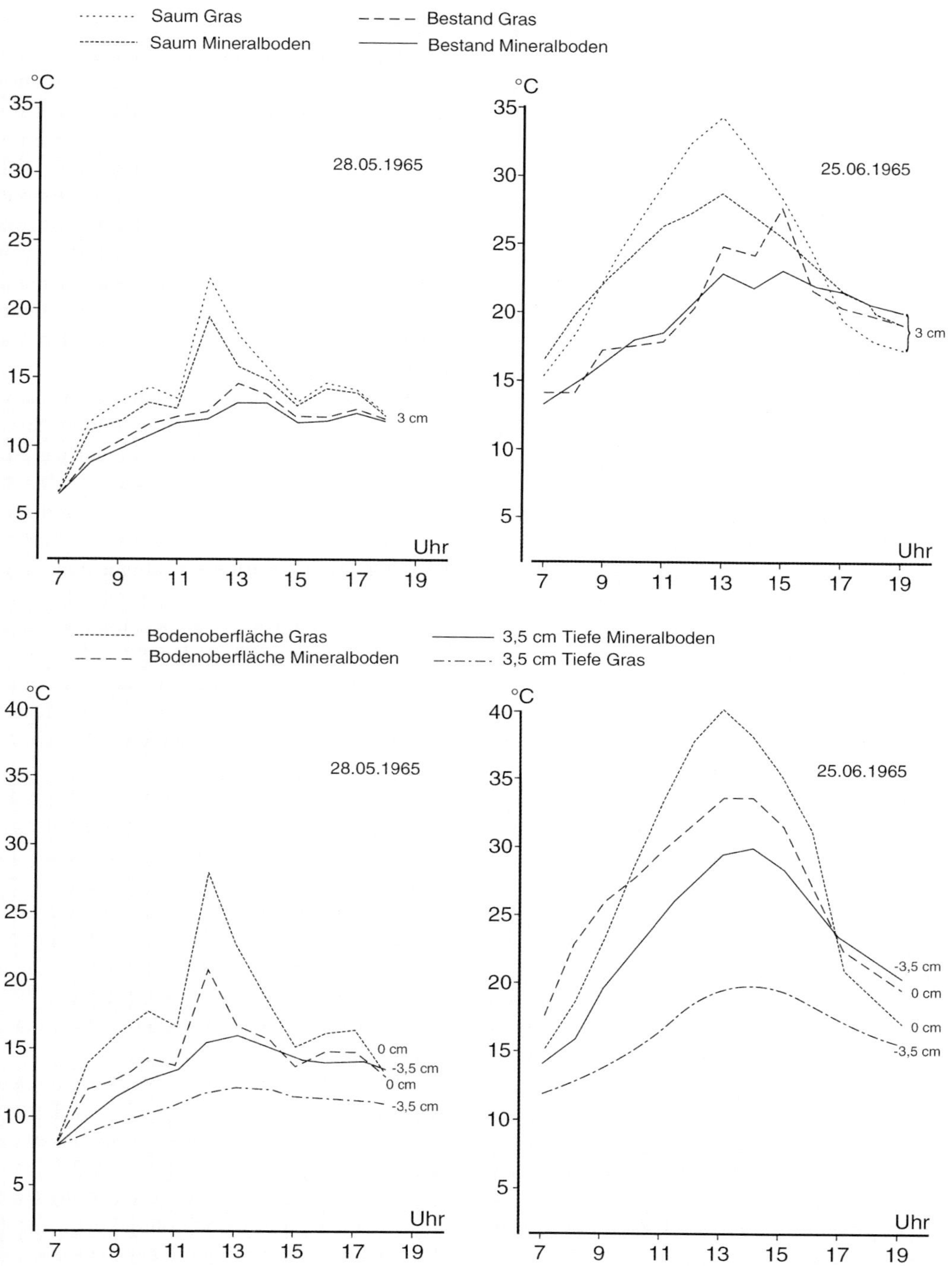

Abb. 3.2 Luft- und Bodentemperaturen für einen Tag ohne Bewölkung (25.6.1965) und einen Tag mit leichter Bewölkung bis zur Mittagszeit (28.5.1965) in einem Fichtenaltbestand und im Saum, einem nicht von Bäumen überschirmten Randbereich (Süd-Ost-Exposition), im Kaufunger Wald (550 m ü. NN) in Nordhessen (nach Heiseke 1969).
Die Entfernung einer dichten Grasdecke von *Deschampsia flexuosa* veränderte die Temperaturverhältnisse im Oberboden. Am Tag ohne Bewölkung stieg die Temperatur an der Bodenoberfläche und dicht darunter bei Grasbedeckung mittags erheblich höher an als im Mineralboden. Morgens und abends unterschieden sich die Behandlungen nur wenig, über dem Gras war es sogar etwas kühler als am Mineralboden. Bei Humusdecken ohne Grasbewuchs lagen die Temperaturen zwischen denen auf den Parzellen mit Graswuchs und denen mit freiem Mineralboden.

quelle verfügbar zu halten (Lundmark-Thelin und Johansson 1997).

3.2.2 Verfahren der Bodenbearbeitung

Die Bodenbearbeitung ist häufig ein notwendiges Hilfsverfahren bei der Bestandesverjüngung und Bestandesbegründung. Sie soll die Keimungs- und Anwuchsbedingungen der natürlichen und künstlichen Verjüngung verbessern.

Allgemeine Auswirkungen

Je nach den Bodenverhältnissen und der angewendeten Technik wirken sich Bodenbearbeitungen mehr oder weniger vorteilhaft auf den Wärme-, Luft- und Wasserhaushalt des Bodens aus, indem sie dicht gelagerte Böden auflockern, die Mächtigkeit von Streuauflagen vermindern, Streu, Humus und Mineralboden vermischen und die Streuzersetzung fördern. Letzteres kann sich dann nachteilig auswirken, wenn wesentlich mehr **Nährstoffe freigesetzt** werden, als von der Verjüngung und der Begleitflora aufgenommen werden können. Dann kommt es zu **Verlusten** durch Entweichen von gasförmigem Stickstoff (Kimmins 2004) und zur Auswaschung von Nährstoffen in tiefere Bodenhorizonte bzw. in das abfließende Hangwasser (Worrel und Hampson 1997; Paterson und Mason 1999). Bodenbearbeitungen regen die Humuszersetzung an und können dadurch die **Kohlendioxidfreisetzung** in die Atmosphäre erhöhen. In geneigtem Gelände kann, vor allem bei vollflächiger Bearbeitung, **Bodenerosion** eintreten, die mit Nährstoffverlusten verbunden ist. Das Ausmaß hängt von vielen Faktoren ab (Hangneigung, Bearbeitungsweise, Bodenart, Bodenbewuchs u. a., siehe Worrel und Hampson 1997).

Bodenbearbeitungen führen, je nach ihrer Intensität, zu Veränderungen in der Zusammensetzung der **Begleitflora** – nicht immer aber zur Artenverarmung – und der **Bodenfauna**. Collembolen, Elateriden und Curculioniden (darunter der für junge Waldbäume gefährliche Große Braune Rüsselkäfer *Hylobius abietis*, Wallertz et al. 2005) nehmen meist in ihrer Zahl ab, Carabiden und andere wärmebedürftige Insekten werden in ihrer Inividuen- und Artenzahl häufiger. Wird der Schlagabraum liegen gelassen oder in Wällen zusammengeschoben, konzentrieren sich hier die **Totholzbewohner** (Theenhaus und Schaefer 1995; Kaila et al. 1997; Paterson und Mason 1999). Diese immer nur kurzfristigen Auswirkungen auf die Biodiversität haben vor allem bei intensiveren Bearbeitungen auf größeren Flächen Bedeutung (Worrel und Hampson 1997; Barthod et al. 1999).

Plätzeweise Bearbeitung

In vielen Fällen, besonders für Voranbau und Unterbau (Kap. 3.7.2, 3.7.3), genügt es, **Saat-** oder **Pflanzplätze** in einer Größe von 40 cm × 40 cm oder 60 cm × 60 cm herzurichten (siehe Beispiel Tannensaat in Kap. 3.5.2). Hierzu werden Vegetation und Auflagehumus beiseitegeschoben und der oberste Mineralboden wird aufgelockert. Auf kleineren Verjüngungsflächen geschieht das in Handarbeit, sonst mit traktorgezogenen, leichten Maschinen. Die Entwicklung hat zu Maschinen geführt, bei denen die Bodenvorbereitung mit einer **Lochpflanzung**, und bei Bedarf auch mit einer **Lochdüngung**, in einem einzigen Arbeitsgang kombiniert wird (Arnold 1992; KWF 2004).

Streifenweise Bearbeitung

Am stärksten verbreitet ist die Bodenbearbeitung in Form von Streifen. Dazu bedient man sich schon seit mehr als 100 Jahren hauptsächlich verschiedener Typen von **Pflügen**, die anfangs ausschließlich, heute seltener, von Pferden gezogen werden. Heute werden allgemein, je nach Bodenbeschaffenheit, leichte bis mittelschwere Schlepper als Zugkräfte eingesetzt.

Waldpflüge heben auf etwa 40–80 cm breiten Streifen Begleitflora und Humus vom Mineralboden ab, wenden das aufgeworfene Material um und legen es seitlich ab (Abb. 3.4). Dadurch entstehen je nach der Stärke des aufliegenden Materials 10–30 cm vertiefte Mineralbodenstreifen, die im Allgemeinen ein gut geeignetes Keim- und Pflanzbett bilden. Von den aufgehöhten Balken aus Humus und Begleitflora werden bei deren Zersetzung Nährstoffe auf den Mineralboden verlagert, und

Hintergrundwissen

Maschinen zur plätzeweisen Bodenbearbeitung

Verbreitet sind **Blockzahngrubber**, wie der Kulla-Kultivator. Sie werden von einem Schlepper gezogen und von dort aus mittels Hydraulik bedient. Das Gerät zieht Bewuchs und Auflagehumus auf Plätzen ab, deren Abstand eingestellt werden kann.

Auf Grund- und Stauwasserböden sowie bei starken Humusauflagen werden oft erhöhte Saat- und Pflanzplätze durch sogenannte **Hochleger** geschaffen (Savill et al. 1997; Bleichner 2000; Pampe 2001). Von Spezialschleppern gezogene Maschinen ziehen nach dem Prinzip der Blockzahngrubber Bewuchs und Rohhumus ab. In den freigelegten Mineralboden greift dann jeweils ein Spaten des Gerätes, der Erde entnimmt und sie auf einer Seite des Platzes ablegt. Die schwedischen Bräcke-Hochleger gibt es in verschiedenen Ausführungen als drei-, zwei- und einreihig arbeitende Anbaugeräte (Abb. 3.3a).

Die Pflanzhügel sind meist etwa 25 cm hoch, bei einem Reihenabstand von 180 cm. Sie sollen ein besser symmetrisch ausgebildetes Wurzelsystem ermöglichen als Reihenpflanzungen (Savill et al. 1997). Gepflanzt wird selten auf die Hügel selbst (allenfalls auf vernässten Standorten), weil hier die Gefahr der Austrocknung und des Durchfrierens zu hoch ist (Örlander et al. 1990; Lindström und Troeng 1995). Vielmehr werden meist die Schultern oder die Mulden ausgenutzt (Abb. 3.3b).

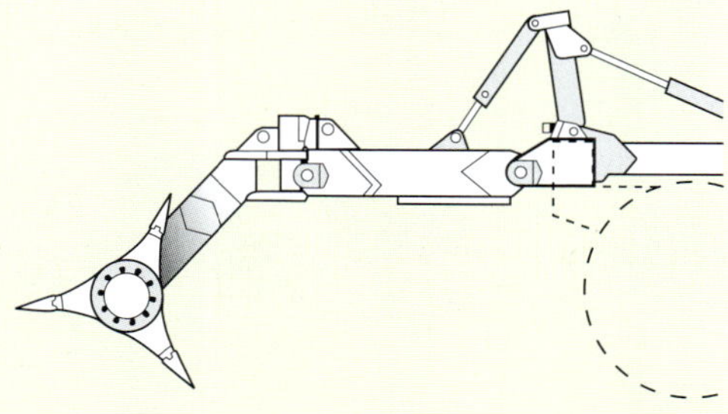

Abb. 3.3a
Schematische Darstellung des Bräcke-Hochlegers.

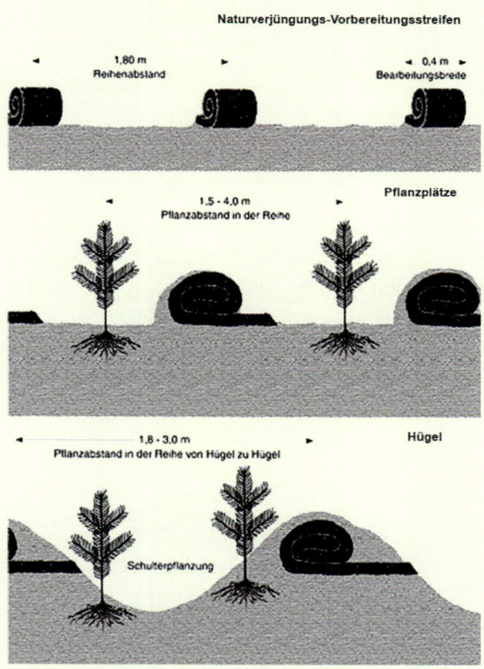

Abb. 3.3b
Einsatzmöglichkeiten des Bräcke-Hochlegers zur Anlage hoch gelegener Saat- und Pflanzplätze auf Grund- und Stauwasserböden sowie bei mächtigen Humusauflagen.

nach einigen Jahren dringen die Wurzeln der Jungpflanzen unter die Balken vor.

Die Tieflage der Mineralbodenstreifen kann sich nachteilig auswirken, weil hier im Winter und bei Spätfrost im Frühjahr niedrigere Temperaturen auftreten als auf unbearbeiteten Flächenteilen. Diese Gefahr ist jedoch unter dem Schirm des Altbestandes nur selten von Bedeutung. Wichtiger ist die Erhöhung des Befalls junger Kiefern durch Schüttepilze (*Lophodermium* sp.), der erfahrungsgemäß in tief liegenden Streifen besonders ausgeprägt ist. Auf Böden,

Abb. 3.4
Streifenweise Bodenbearbeitung mit einem Waldpflug an einem Schmalspurschlepper zur Vorbereitung einer Douglasiensaat in einem Fichtenbestand.

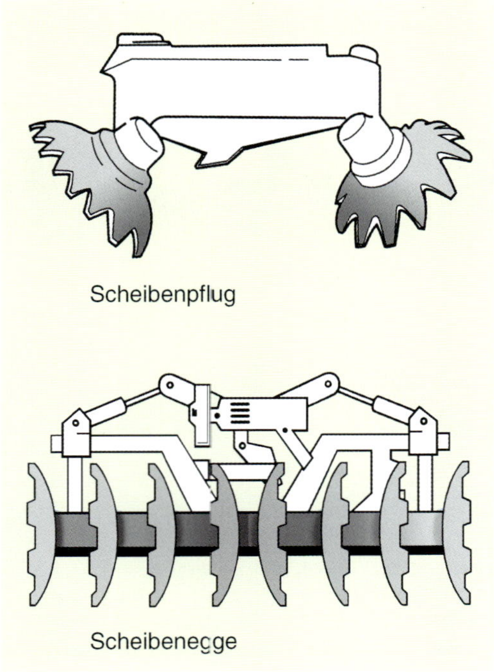

Abb. 3.5
Scheibenpflug und Scheibenegge.
Der Scheibenpflug schält durch rotierende Tellerscheiben mit Zacken den Bodenbewuchs ab und legt den Mineralboden streifenweise frei. Die Scheibenegge durchmischt mit rotierenden Tellerscheiben Bodenbewuchs, Auflagehumus und Mineralboden. Die Stellung der Scheiben am Träger lässt sich variieren, wodurch sich beim Zug die Eindringtiefe der Scheiben ändert. Bei steiler Stellung zur Fahrtrichtung kann sie bis 50 cm betragen, bei mittlerer Einstellung liegt sie bei einer Arbeitstiefe von 20–30 cm. Der Träger der Scheiben ist so ausgelegt, dass die bearbeiteten Streifen einen festgelegten Abstand (häufig 1,70 m) zueinander haben. Die Streifenbreite liegt je nach der Schrägstellung der Scheiben zum Träger bei 20–40 cm. Mäßig starker Schlagabraum braucht vor dem Einsatz des Gerätes nicht beseitigt zu werden.

die zur zeitweiligen Vernässung des Oberbodens neigen (z. B. durch flachliegende Ortsteinschichten), kann es in den Streifen zur Wasseransammlung mit nachteiligen Folgen für die Sämlinge kommen. Solche Nachteile lassen sich weitgehend vermeiden, wenn statt der relativ einfachen, leicht zu handhabenden und zu transportierenden Waldpflüge schwerere Maschinen vom Typ der **Scheibenpflüge** (z. B. verschiedene Typen der TTS-Scheibenpflüge) oder Scheibeneggen eingesetzt werden (Abb. 3.5).

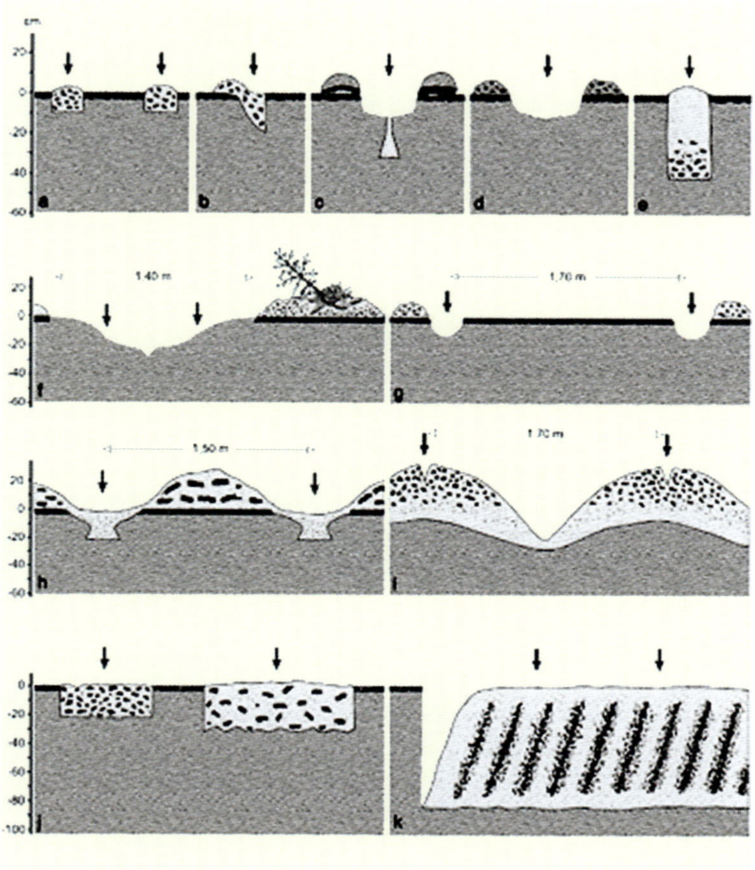

Abb. 3.6
Verfahren der Bodenbearbeitung (die Pflanzplätze sind durch Pfeile gekennzeichnet). **(a)** Frässtreifen: sehr innige Durchmischung von Mineralboden und Humusauflage; **(b)** Pflugstreifen (einscharig); **(c)** Waldpflugstreifen (mit Untergrundlockerung); **(d)** Pflanzstreifen durch LOFT-Kulturpflege; **(e)** Pflanzstreifen durch Löffelbagger; **(f)** Pflanzstreifen durch Marttiini-Pflug; **(g)** Pflanzstreifen durch TTS-Gerät; **h)** Pflanzdämme durch Bifang-Pflug; **(i)** Pflanzdämme durch Dämme-Romé-Gerät; **(j)** Flächenbearbeitung durch Scheibeneggen: links kleines Romé-Gerät, rechts großes Romé-Gerät; **(k)** Vollumbruch durch Tiefbeetpflug mit Einlagerung der organischen Schicht.

Bei dieser Art der Bodenbearbeitung wird die Vegetations- und Humusschicht aufgerissen und mit dem oberen Mineralbodenhorizont vermischt. Einen Vergleich der **Wirkungsweisen** von Blockzahngrubber, Waldstreifenpflug und Scheibenpflug zur Vorbereitung für die Kiefernnaturverjüngung hat Dohrenbusch (1997) vorgenommen. Bei den beiden erstgenannten Verfahren betrug in seinen Untersuchungen der Gehalt an organischer Substanz gleich nach der Bearbeitung im freigelegten obersten Mineralboden nur 8–16 %, während nach der Arbeit des Scheibenpfluges das Saatbett um 35 % organische Substanz enthielt. Sie nahm im Laufe der ersten fünf Jahre durch Streufall auf dem freigelegten Mineralboden um fast das Doppelte zu, während ihr Gehalt auf den durchmischten Parzellen um etwa ein Drittel abnahm – offenbar als Folge der erhöhten biologischen Umsetzung. Doch darüber gibt es bisher kaum Untersuchungen. Andere Verfahren der streifenweisen Bodenbearbeitung beruhen auf dem Einsatz von Scheibeneggen und von schleppergezogenen Grubbergeräten. Diese spielen vor allem bei der Einleitung der Buchennaturverjüngung eine Rolle (Kap. 3.3.2.2).

Eine weitere Methode streifenweiser Bearbeitung, die nur auf Freiflächen anwendbar ist, besteht in der **Erhöhung von Pflanzstreifen**, besonders auf grund- und stauwasserbeeinflussten Standorten (Abb. 3.6). Das Aufschütten von **Dämmen** aus Humus, Begleitflora und Mineralboden auf moorigen oder anderweitig vernässten Standorten war schon zu Beginn des 19. Jahrhunderts vielerorts üblich. Solche **Rabatten** mit Breiten von 3–6 m kann man immer noch (z. B.

in Pflanzungen der Stieleiche) erkennen. Auf solchen Böden werden oft Dämme von 1,50–1,70 m Breite angelegt.

Die **Vorteile** eines solchen Verfahrens sind mannigfaltig. Der Wasserüberschuss des Bodens wird wesentlich vermindert, dadurch wird zugleich auch eine bessere Erwärmung ermöglicht. Das führt zu einem kräftigeren Wurzelwachstum der jungen Pflanzen und insgesamt zu einer höheren Vitalität, die auch durch die Lockerung des Bodens und die Mischung mit Humus gefördert wird. Die Dammkrone bleibt für die ersten entscheidenden Jahre von starkem Graswuchs (z. B. *Molinia caerulea*) weitgehend frei, sodass Pflegekosten gespart werden. Ein **Nachteil** liegt darin, dass die Gräben zwischen den Dämmen es erschweren, Maschinen zur Pflanzung einzusetzen; sie stellen auch ein Hindernis für die ersten Pflegeeingriffe in die jungen Bestände dar.

Als aufwendig, aber auf Grundwasserböden mit starkem Pflanzenbewuchs bewährt, gilt das Verfahren, auf den bewachsenen Boden streifenweise **Mineralboden** – meist Sand – **aufzubringen**. Solche **Sanddeckkulturen** wurden für Moor- und Grundwasserböden im 19. Jahrhundert entwickelt (Wempe 1954). Sie werden heute noch, wenn auch in abgewandelter Form, angewendet. Das Material für die Übersandung von 25–40 cm breiten Streifen wird auf der Fläche selbst gewonnen. Früher geschah das in Handarbeit mithilfe von tief greifenden Drainagespaten, heute werden meist Bagger eingesetzt. Hauptsächlicher Zweck des Verfahrens ist es, das auf solchen Standorten häufige **Auffrieren** des wassergesättigten Bodens und damit das Herausdrücken der jungen Pflanzen zu verhindern. Daneben spielen auch die vorher für die Pflanzung auf Dämme genannten Vorzüge eine Rolle.

Vollflächige Bearbeitungen

Auf Kahlflächen und Störungsflächen, die durch Sturmwurf oder andere größere Schadereignisse entstanden sind, sowie bei Erstaufforstungen wird bisweilen eine vollflächige Bodenbearbeitung vorgenommen. Ein wichtiger Grund dafür kann in einer beabsichtigten **Melioration** von Böden liegen, die von Natur aus oder durch Immissionen sehr basenarm und sauer sind. Andere Ziele können die notwendige Herabsetzung einer konkurrierenden **Begleitflora** oder die Erleichterung einer **maschinellen Pflanzung** sein. Dabei sind diese Vorteile gegenüber den Nachteilen, die solche Verfahren mit sich bringen, gründlich abzuwägen. Grundsätzlich ist zu unterscheiden zwischen einer **oberflächlichen**, nur die Auflage und den Oberboden erfassenden, und einer **tiefer** in den Boden eindringenden Bearbeitung. In beiden Fällen war früher eine Stockrodung unvermeidlich, heute ist sie aufgrund technischer Entwicklungen meist nicht mehr erforderlich.

Wenn die Fläche nur **flach** (ca. 20–30 cm) bearbeitet wird, steht das Ziel im Vordergrund, durch Zerkleinerung oder weitgehende Entfernung von Schlagabraum und Begleitflora die nachfolgende Verjüngung zu erleichtern oder eine tiefere Bodenbearbeitung vorzubereiten. Dafür werden **Scheibeneggen** oder **Fräsen** eingesetzt. So befriedigend meist die technische Ausführung ist, so wenig günstig sind oft die ökologischen Auswirkungen auf den Boden. Unter den Bedingungen der freien Fläche führen die Lockerung und vor allem die Vermischung der organischen Substanz mit dem obersten Mineralboden zu intensiven Umsetzungsvorgängen mit raschem und starkem **Humusabbau**. Dadurch kann es zu erheblichen Verlusten, besonders an Kohlenstoff und Stickstoff, kommen (Ulrich und Wachter 1971; Schüler 1992; Löf et al. 2012). Oft entwickelt sich eine neue Begleitflora, die zwar einen Teil der freigesetzten Nährstoffe bindet, aber je nach ihrer Artenzusammensetzung für die jungen Waldbäume eine Behinderung sein kann. Das gilt noch mehr für das **Fräsen** des Oberbodens.

Der hauptsächliche Zweck von tieferen Bodenbearbeitungen besteht in der **Melioration** der Böden, die von Natur aus oder durch Immissionen versauert und an Basen verarmt sind. Dieses Problem und seine Lösungen werden im Kapitel 4.4 behandelt. Der Vollumbruch ermöglicht das Einbringen von Mangelstoffen in entsprechende Bodenhorizonte und damit eine Verbesserung des Stoffkreislaufs. Die Volumenanteile an schnell drainierenden Grobporen können je nach dem Anteil an Feinsubstanz nach dem Voll-

Hintergrundwissen

Stoffumsatz nach vollflächiger Bodenbearbeitung

Burschel et al. (1977) untersuchten die Wirkung verschiedener Verfahren der Bodenbearbeitung zur Vorbereitung einer Kiefernpflanzung auf einem Podsol-Pseudogley aus Decklehm am Oberpfälzer Jurarand in Bayern. Die Varianten auf der Freifläche waren

- Kontrolle ohne Behandlung,
- Fräsung auf 20 cm Tiefe,
- Vollumbruch auf 40 cm nach Stockrodung.

Die Daten aus dem benachbarten 120-jährigen Kiefernaltbestand sind nur bedingt zum Vergleich geeignet. Alle Freiflächen hatten vor der Bepflanzung eine Ca-P-Mg-Grunddüngung (1300–65–75 kg ha^{-1}) erhalten und waren im dritten Jahr mit 115 kg ha^{-1} N und 65 kg ha^{-1} P nachgedüngt worden. Die Fräsung hatte nach acht Jahren den Kohlenstoffvorrat im Oberboden deutlich erhöht, doch Auflage (aus der neuen Generation) und Mineralboden zusammen hatten mit 47,4 t ha^{-1} C nur knapp 70 % des Vorrates des zum Vergleich herangezogenen Altbestandes. Der Stickstoffvorrat war durch die Fräsung am stärksten von allen Varianten vermindert, um 930 kg ha^{-1} (31 %).

Bei tief greifender Bodenbearbeitung (50–80 cm, selten darüber) ist es häufig ebenfalls zu erheblichen Verlusten von Humus und damit auch zu Stickstoffeinbußen gekommen. In den Untersuchungen von Burschel et al. (1977) erreichte der Humusschwund nach Vollumbruch mit Stockrodung 31 t ha^{-1} oder 40 % gegenüber dem Altbestand. Der Stickstoffverlust wurde mit 660 kg ha^{-1} (22 %) ermittelt. Auch Heinsdorf und Kraus (1974) ermittelten bei Untersuchungen auf Sandböden Nordostdeutschlands 20–40 % Humusverluste und entsprechende Verminderungen des Stickstoffvorrates im ersten Jahrzehnt nach der Bodenbearbeitung. Diese Ergebnisse gehen wahrscheinlich auf früher gebräuchliche Methoden des Vollumbruchs zurück, bei denen auf ein schonendes Vorgehen noch nicht wesentlich geachtet wurde.

Untersuchungen in Beständen von *Picea abies*, *Pinus sylvestris* und *Pinus contorta* in Schweden ergaben langfristig keine Kohlenstoffverluste, wenn Etablierung und Wachstum der Verjüngung durch die Bodenbearbeitung stark gefördert wurden. In allen drei Varianten der Bodenbearbeitung waren nach 25 Jahren die Kohlenstoffvorräte in der Biomasse höher und die Kohlenstoffvorräte im Boden bis 30 cm Tiefe nicht geringer als in der unbehandelten Kontrolle (Mjöfors et al. 2017).

umbruch für wenige bis mehrere Jahre herabgesetzt sein. Das Befahren durch Maschinen hat dabei einen deutlichen Einfluss. Der gelockerte Boden setzt sich nach einiger Zeit wieder (Worrell und Hampson 1977; Kozlowski 1999).

In einem zu 80 % aus Mittel- bis Feinsand zusammmengesetzten norddeutschen Flachlandboden hatte sich nach tiefem Vollumbruch schon nach einem Jahr ein Gleichgewicht im Bodengefüge zwischen Lockerung und Auflast eingestellt (Schrey und Bergfeld 1985). Die mit einer vollflächigen Bodenbearbeitung verbundene Durchbrechung von Ortstein in armen Sandböden des Flachlandes kann für die Wurzelentwicklung der jungen Waldbäume vorteilhaft sein, sofern nicht auf sehr trockenen Standorten ein gewisser Wasserstau durch dichtere Schichten in den unteren Horizonten eher günstig wirkt. Die Bearbeitung des Bodens in Tiefen von 40 cm und mehr hemmt auf vielen Standorten für einige Zeit **übermäßigen Wuchs** von Gräsern, hochwüchsigen Krautarten, Adlerfarn und Wurzelbrut; sie vermindert dadurch die Gefahren von Wasser- und Lichtkonkurrenz, Spätfrost und Mäusefraß (Kubin und Kemppainen 1994; Geiger 2013).

Vollflächige Pflugarbeit ist aber nur bei leichten bis mittelschweren Böden vertretbar. Sobald ein höherer Lehm- oder Tonanteil vorhanden ist, führt sie zu **schädlichen Folgen**: Das Porengefüge wird für längere Zeit gestört, dadurch kommt es nach kräftigen Niederschlägen zu mangelnder Versickerung und oberflächlicher Verschlämmung (Ulrich und Wachter 1971; Horn und Lebert 1992). Das führt zu schlechtem Anwachsen der jungen Waldbäume mit hohen Ausfällen und zu schwachem Wachstum als Folge unzureichender Wurzelentwicklung. Zudem siedelt sich bald eine Begleitflora feuchtigkeitsbedürftiger Gräser (*Molinia caerulea*, *Agrostis* sp.) und Binsen (*Juncus* sp.) an, die den Wuchs der Kulturpflanzen behindern.

Für tiefer greifende Bodenbearbeitungen werden hauptsächlich **Schar**- oder **Scheibenpflüge** verschiedener Arbeitstiefen und Fabrikate verwendet (Löf et al. 2012, 2015).

In der ersten Zeit des Vollumbruchs durch Pflüge wurde die organische Substanz oft vollständig auf der Pflugsohle abgelagert und stark mit Mineralboden – bisweilen aus größerer Tiefe – überdeckt. Das führte zu Ernährungsmängeln in der neuen Generation der Waldbäume, da der oberste Boden fast frei von Humus war und in tiefere Schichten „totgepflügt" wurde. Um das zu vermeiden, wurde der Boden durch entsprechende Ausformung und Einstellung der Pflugschar bzw. der Scheiben nur noch um etwa 135° gewendet, sodass die Humusschichten nun nebeneinander schräg im Boden bis dicht unter die Oberfläche zu liegen kamen. Es ist wichtig, dass das humose Bodenmaterial noch etwas übererdet ist, damit dessen Umsetzung gebremst wird. Auf diese Weise gelingt es, den Humusabbau in deutlich engeren Grenzen zu halten als beim flachen oder mitteltiefen Vollumbruch.

3.3 Naturverjüngung

In Wirtschaftwäldern wird durch waldbauliche Verfahren die Verjüngung des Waldes gesteuert. Im Gegensatz zu den Abläufen in unbewirtschafteten Wäldern werden zur Einleitung der Verjüngung die Bäume der vorhandenen Waldgeneration zum Zeitpunkt ihrer höchsten Wertleistung geerntet. Als Naturverjüngung werden waldbauliche Verfahren zusammengefasst, die sich der generativen und vegetativen Eigenschaften von Waldbäumen zur Fortpflanzung bedienen, ohne dass die Verbreitung des Vermehrungsguts – durch Saat oder Pflanzung – vom Menschen direkt gesteuert wird. Lediglich die ökologischen Bedingungen für Keimung und Aufwachsen der Sämlinge werden bei Bedarf gesteuert: die Auflichtung des Kronendachs, die Verbesserung des Keimbettes und der Schutz der Sämlinge gegen die ersten Jugendgefahren. Die Naturverjüngung ist mit einem Anteil von 85 % die derzeit dominierende Verjüngungsart in Deutschland (BMEL 2016).

3.3.1 Grundlagen

In **unbewirtschafteten Wäldern** vollzieht sich die Ablösung alter Bäume und Bestände durch eine neue Generation auf sehr verschiedene Weise. Einzelne Bäume oder Baumgruppen geben im Verlauf von Seneszenz und Tod Raum für das Aufwachsen junger Pflanzen. In anderen Fällen lichten Sturm, Feuer, Pilz- oder Insektenbefall größere Waldteile auf, bisweilen werden große Flächen kahl gelegt. Mit kleineren oder größeren Störungen sind meist Veränderungen im Artenbestand verbunden. Je nach Art und Intensität des Störereignisses und den ökologischen Verhältnissen der betroffenen Flächen entwickelt sich nach Jahrzehnten oder Jahrhunderten wieder die ursprüngliche Zusammensetzung der Baumarten, sie kann aber auch beträchtlich von dieser abweichen.

In **bewirtschafteten Wäldern**, gleich welcher Zielsetzung, gilt es, durch waldbauliche Verfahren die Verjüngung des Waldes zu **steuern**. Ausgangspunkt für die Erneuerung der vorhandenen Waldgeneration ist aber nicht die Seneszenz und das Absterben alter Bäume. Vielmehr ist man bestrebt, die Bäume zum Zeitpunkt ihrer höchsten **Wertleistung** (der Hiebsreife), auf jeden Fall vor dem Eintreten entwertender Alterserscheinungen, zu **ernten**.

Dieses Ziel lässt sich nicht streng durchhalten. Für eine dem Wirtschaftszweck entsprechende Verjüngung müssen oft auch noch nicht hiebsreife Stämme entnommen werden, um geeignete Lichtverhältnisse für die Verjüngung zu schaffen, z. B. in Form von Femellücken (Kap. 5.4.5). Auch werden oft nicht alle Bäume zum

Zeitpunkt ihrer Hiebsreife geerntet, sondern man lässt einzelne Stämme stehen, damit sie als absterbende oder tote Individuen Siedlungs- und Vermehrungsmöglichkeiten für solche Arten (z. B. Pilze und Tiere) bilden, die auf derartige Mikrohabitate angewiesen sind (Kraus und Krumm 2013). Zweckmäßig ist es, solche Bäume bereits weit vor der beabsichtigten Verjüngung auszuwählen. Die Bedeutung dieser sogenannten **Habitatbäume** und des Totholzes für die Biodiversität behandelt Kapitel 1.3.5.3.

Sind in bewirtschafteten Wäldern durch Störungen größere Lücken entstanden, so stellt sich meist eine Sukzession mit Baumarten ein, die ein rasches Wachstum mit hoher Toleranz gegen Freiflächenbedingungen verbinden und eine relativ kurze Lebensdauer haben. Solche **Erstbesiedler** werden im Allgemeinen als willkommene Erscheinung in die Verjüngungskonzeption einbezogen (siehe Abschnitt „Frühbesiedler" in Kap. 3.3.2.7).

In den folgenden Abschnitten werden die zur Einleitung einer Naturverjüngung erforderlichen grundsätzlichen Kenntnisse über Fruktifikation, Samenkeimung und Wachstum der Sämlinge vorgestellt, bevor auf die waldbaulichen Möglichkeiten zur Förderung der Verjüngungsvorgänge eingegangen wird. In weiteren Abschnitten werden die Naturverjüngung der einzelnen Baumarten und bestimmte Formen der Naturverjüngung mit Baumartenmischungen behandelt.

Blühen und Fruchten

Blütenbildung

In der Art und Anordnung der Blüte und ihrer Befruchtung unterscheiden sich die Waldbäume untereinander beträchtlich. Nur etwa 5 % der Holzgewächse in den temperierten Zonen der Erde sind **zweihäusig (diözisch)**, d. h., es gibt ausschließlich männlich und weiblich blühende Exemplare. Dazu gehören Angehörige von Gattungen mit weiten geographischen Arealen auf sehr unterschiedlichen Standorten (z. B. *Populus* und *Salix*), aber auch solche mit relativ eng begrenzten ökologischen Amplituden (z. B.wie *Ilex* und *Taxus*). Die Zweihäusigkeit bildet den sichersten Schutz gegen **Inzucht** (siehe unten). Die meisten **einhäusigen (monözischen)** Waldbäume und Sträucher haben an jedem Exemplar voneinander getrennt stehende männliche und weibliche Blüten, wie die meisten Koniferen und viele einheimische Laubbaumarten. Zwittrige (zweigeschlechtige) Blüten (Hermaphrodite) besitzen in einer Blüte weibliche (Fruchtblätter) und männliche (Staubblätter) Teile. Diese für die Angiospermen ursprüngliche Form ist auch unter den Laubbäumen der gemäßigten Breiten relativ häufig (z. B. *Acer*, *Fraxinus*, *Prunus*, *Quercus*, *Sorbus*, *Ulmus*). Bei einigen von ihnen treten in den Populationen mehrere sexuelle Formen auf: rein männliche, rein weibliche und zwittrig blühende Typen. Das ist besonders stark ausgeprägt bei der Esche, aber auch bei den Eichenarten (Leins und Erbar 2008).

Die Geschlechtsausprägung ist bei manchen Arten labil, sie wird teilweise von den jeweiligen Umweltbedingungen gesteuert. So führen offenbar ungünstige Verhältnisse, wie Beschattung und Trockenheit, zum Überwiegen von männlichen Blüten an einem Baum (Sarvas 1962; Crawley 2005a), das Gleiche gilt für eine reichliche Fruchtproduktion im Vorjahr (Crawley und Long 1995 für *Quercus robur*).

Die Möglichkeit der Selbstbestäubung (**Autogamie** genannt bei Selbstbefruchtung innerhalb von hermaphroditen Blüten, **Geitogamie** bei der Pollination von getrennt am Baum befindlichen Blüten) ist bei monözischen Arten gegeben, doch ihr Erfolg ist durch verschiedene Mechanismen stark eingeschränkt. Dazu gehören die morphologische Anordnung der Sexualorgane innerhalb hermaphroditischer Blüten (**Distylie**) und die zeitliche Verschiedenheit von Pollenausschüttung und Empfängnisbereitschaft der Narben innerhalb eines Baumes (**Dichogamie**), wie z. B. bei der Buche. Ebenso gibt es verschiedene Formen der **Inkompatibilität**. Dies kann bei Angiospermen bedeuten, dass bei dem auf einer Narbe gelandeten Pollen das Wachstum des Pollenschlauchs durch den Griffel oder aber bereits die Keimung auf der Narbe verhindert wird (Hattemer und Ziehe 2018).

Selbstbefruchtung ist dennoch unter vielen Waldbäumen nicht selten. Sie kommt an den Grenzen der natürlichen Areale sogar recht häufig vor, ebenso bei einzeln stehenden Bäumen.

Aber auch in geschlossenen Waldbeständen tritt sie auf, das zeigen z. B. populationsgenetische Untersuchungen an Buchenbeständen. Sie führt meist zur Ausbildung extrem kleiner und kaum lebensfähiger Samen und Hohlkörner. Die aus Selbstbefruchtung hervorgegangenen Pflanzen zeigen im Laufe ihrer Entwicklung oft bis in höhere Alter verschiedene Ausprägungen von **Inzuchtdepressionen** (Charlesworth und Charlesworth 1987; Crawley 2005a), doch treten solche Erscheinungen nicht immer auf.

Blühhäufigkeit und Fruchtbildung
Die meisten Waldbaumarten blühen **nicht in jedem Jahr** und schon gar nicht mit der gleichen Intensität. Generell hängt das offenbar mit dem Investitionsaufwand für die Blüten- und Fruchtbildung zusammen (Koenig und Knops 2000; Nussbaumer et al. 2016). Arten mit größeren Reproduktionsorganen für die Blüten- und Fruchtbildung benötigen dazu eine stärkere Mobilisierung von Kohlenhydraten und Proteinen. Das gilt übrigens nicht nur für Eichen und Buchen, auch die Koniferen haben durch die Zapfenbildung einen hohen Bedarf an Reservestoffen, zumal Kiefern und Fichten auch dann Zapfen bilden, wenn diese nur wenige oder überhaupt keine keimfähigen Samen enthalten. Eichen dagegen investieren nicht in die Fruchtbildung, wenn die Befruchtung misslingt. Unbefruchtete weibliche Blüten werden größtenteils sehr rasch abgestoßen (Sork 1993).

Eine große Rolle für die Blütenbildung spielt die **Witterung** (Vacchiano et al. 2017). Im Allgemeinen fördern höhere Wärme (und meist damit verbunden geringe Niederschläge) im Frühsommer den Ansatz von Blütenknospen im folgenden Jahr (für einzelne Baumarten siehe Kap. 3.3.2). Eine sehr reichliche Blütenbildung in ganz Mitteleuropa tritt dann ein, wenn solche Witterungsverhältnisse weitverbreitet waren. Besonders deutlich war das in den Jahren 1958 und 1992, in denen alle Baumarten fast überall sehr reichlich blühten und Vollmasten hatten. Ähnlich, aber nicht ganz so deutlich ausgeprägt, war das in den Jahren 1982, 1990, 2009 und 2011 (Konnert et al. 2014).

Definition

Mast
Der Begriff „Mast" geht auf die Zeit zurück, in denen die Wälder neben der Holzgewinnung noch intensiv landwirtschaftlich genutzt wurden, indem Vieh in sogenannte Hutewälder getrieben wurde. In einem Samenjahr war das Vieh wohlgenährt bzw. gemästet. Jahre mit besonders großer Samenproduktion werden bis heute Mastjahre genannt. Für die Samenernte und die Einleitung der Naturverjüngung werden die Samenmengen geschätzt und nach Burschel et al. (1964) und Rohmeder (1972) in Häufigkeitsklassen eingeteilt:

	Anteil Bäume mit Fruchtanhang am Gesamtbestand (%)	Früchte/ Zapfen am Einzelbaum	keimfähige Früchte (Anzahl m^{-2})
Fehlmast (geringe Mast)	< 10	keine oder wenige	< 50
Sprengmast	10–50	wenige bis reichlich	50–100
Halbmast	50–80	reichlich bis üppig	100–150
Vollmast	> 80	üppig bis ausladend	> 150

Bei den Eichenarten ist der Einfluss der Vorjahreswitterung auf die Blüte offenbar gering (Aussenac 1975; Crawley und Long 1995). Das hängt auch damit zusammen, dass die ersten Blütenansätze häufig durch den Fraß von Eichenwickler (*Tortrix viridana*), Prozessionsspinner (*Thaumetopea processionea*) und anderen Insekten stark dezimiert werden. Auch Frühjahresfröste machen (besonders bei Ahorn, Eiche und Esche) die Blüten bisweilen zunichte.

In Jahren, denen keine besonders günstigen Witterungsperioden vorangegangen waren, machen sich regionale und lokale Verhältnisse deutlich bemerkbar. Die jährlichen Berichte über das Blühen und Fruchten der zur Saatgutgewinnung im Gesetz erfassten Baumarten (Kap. 3.4.4) zeigen das sehr deutlich (Eicke 1998). Es gibt relativ wenige Jahre, in denen die meisten Arten großräumig überhaupt nicht oder nur sehr schwach blühen (z. B. 1993, 1996). Häufig sind Jahre mit regional ganz unterschiedlichem Blühverhalten, bisweilen mit einem gewissen Trend von Nord nach Süd und umgekehrt. Allgemein drängt sich der Eindruck auf, dass die Bildung von Blüten bei den Waldbäumen in den letzten drei Jahrzehnten zugenommen hat.

Die schwer zu beobachtende Blütenbildung bei den Waldbäumen lässt meist nur allgemeine, aber keine sehr sicheren Schlüsse auf die Stärke des **Samenertrags** zu. Lediglich bei ganz schwacher Blüte lässt sich eine Fehlmast voraussagen. Die Blütenbildung ist bei Bäumen mit großen, im oberen Bereich freien Kronen deutlich am höchsten. Daher führt eine Auflichtung des Kronendachs im Rahmen gewisser Grenzen nicht zu einer Verminderung der Fruktifikation im Bestand, sondern eher zu einer Erhöhung.

Die **Pollenproduktion** ist bei windblütigen Arten um ein Vielfaches höher als bei insektenblütigen, bei denen die **Pollenreichweiten** deutlich geringer sind. Bei Windblütigen nehmen die Reichweiten der Pollenverbreitung exponentiell mit der Entfernung vom Mutterbaum ab. Müller-Starck (1976) ermittelte Pollenflugweiten in geschlossenen Fichtenbeständen von 261 m, bei Kiefernbeständen waren es 646 m. Doch hängen sie stark von der Struktur des Mutterbestandes ab. Ein ausgeprägter Zwischen- und Unterstand behindert die Pollendurchmischung und damit die Vielfalt der Befruchtungsmöglichkeiten. Unter günstigen Verhältnissen kann es zu beträchtlichen Flugweiten von Baumpollen kommen. Dengler und Scamoni (1944) fanden Pollen von Buche, Eiche, Fichte und Kiefer noch in Entfernungen von mehreren 100 km von den Mutterbeständen, doch wird es bei großen Entfernungen aufgrund geringer Pollendichten nur selten zu Befruchtungen kommen. Die Auswirkungen einer extremen Stammzahlreduktion auf die Pollenverbreitung wurde in einem 140-jährigen Saatguterntebestand der Buche in Niedersachsen auf 7 ha untersucht (Eusemann et al. 2017, 2019). Auf einer Bestandeshälfte verblieben nach einem Schirmschlag nur die vitalsten und hochwertigsten Bäume (7 St. ha^{-1}), während der Bestandesrest nicht aufgelichtet wurde (111 St. ha^{-1}). Bereits im Bestandesteil mit Kronenschluss stammten 44 % des Buchenpollens von Buchen außerhalb des Saatguterntebestands, durch die Auflichtung stieg dieser Anteil auf 81 %. Trotz der Fähigkeit des Pollens zu weiträumiger Ausbreitung fanden im geschlossenen Bestand 72 % der Bestäubung im Nahbereich bis 50 m statt. Die Dichtereduktion durch den Schirmschlag verdoppelte diesen Wert (77 % der Bestäubung bis 100 m). Eine ausreichende Bestandesdichte mit Kronenschluss stellt somit eine wichtige Bedingung dar, um Polleneintrag von außen zu reduzieren und dadurch die Qualität des Saatguts aus einem Erntebestand sicherzustellen.

Es ist eine allgemeine Erfahrung, dass reichliche Blütenbildung zwar eine grundlegende Voraussetzung für einen guten Samenertrag darstellt, diesen aber keineswegs garantiert. So berichtet Wachter (1953), dass innerhalb von 83 Jahren bei den einheimischen Eichenarten 36 reiche Blütenjahre beobachtet wurden, doch nur die Hälfte davon führte zu Halb- oder Sprengmasten. Ähnliches wurde auch in anderen Jahren beobachtet. Die Auswertung der Samenproduktion der Waldbäume in Deutschland für die Jahre 1954–2013 ergab, dass Buche und Fichte etwa für ein Drittel der Jahre Voll- oder Halbmasten aufwiesen, bei den anderen Baumarten war der Anteil besagter Jahre mit 40 % etwas höher (Konnert et al. 2014). Fehlmasten traten in rund 30 % der Jahre auf. Abbildung 3.7 zeigt für Buche, Traubeneiche, Tanne und Fichte die Verteilung der Masten im Zeitraum 1954–2013.

Samenverbreitung

Art und **Reichweite** der baumartenspezifischen Samenverbreitung sind bestimmend für die Auswahl der Verjüngungsform (Kap. 5.4) und die natürliche Wiederbewaldung von Störungsflächen. Durch den **Wind** verbreitete Samen der Waldbäume sind mit verschiedenartigen Anhängen versehen, die ihnen je nach Samengewicht mehr oder weniger große Flugweiten ermöglichen. Für Fichte und Kiefer gibt Müller-Starck (1976) Samenreichweiten (96 % der von einem Baum ausfliegenden Samen) mit 66 bzw. 51 m im Umkreis an. Diese Daten gelten für geschlos-

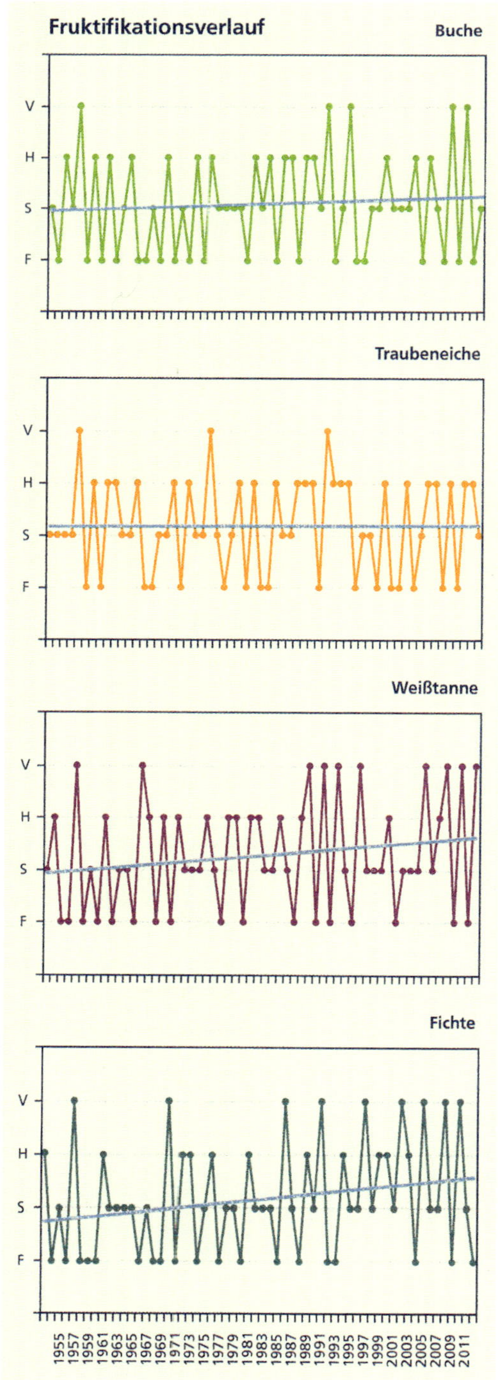

Abb. 3.7
Samenproduktion von Buche, Traubeneiche, Tanne und Fichte in den Jahren 1954–2013 (aus Konnert et al. 2014). F = Fehlmast, S = Sprengmast, H = Halbmast, V = Vollmast.

sene Altbestände. In aufgelichteten Schirm- und Saumschlägen sind sie deutlich höher (Abb. 3.8).

Auf einer Freifläche im Nordosten eines Kiefernaltbestandes fand Dohrenbusch (1997) 20 m vom Altbestand entfernt noch 60–75 % der Samenmenge, die im Altbestand gefallen war; in 100 m Entfernung waren es noch über 20 %, in verschiedenen Jahren je nach der Stärke der Fruktifikation etwa 20–50 Samen ha^{-1}. Mit zunehmender Entfernung vom Altbestand stieg der Anteil der Hohlkörner. Bei der Esche findet man die meisten Samen in einem Umkreis von 20 m, und 85 % der Samen fliegen nicht weiter als ca. 85 m (Wagner 1997). Dabei spielt die Hauptwindrichtung für die Verteilung eine Rolle. Das ist noch mehr ausgeprägt bei den Birken mit ihren sehr leichten Samen. Deren durchschnittliche Flugweite reicht bis etwa 150 m, doch weniger als 10 % finden sich bei mehr als 100 m (Sarvas 1952).

Komplizierter sind die Verhältnisse bei den Pflanzengattungen, deren Samen durch **Tiere** verbreitet werden. Das Zusammenwirken von Pflanzen und Tieren bei der Samenverbreitung wird meist unter dem Aspekt der Koevolution betrachtet, der zeitlich etwa parallelen Entwicklung von Anpassungsmechanismen verschiedener Arten. Besonders für die Eichenarten liegen zahlreiche Darstellungen vor (u. a. von Jensen und Nielsen 1986; Sork 1993; Crawley und Long 1995).

Otto (1996) hat unter Verwendung von ornithologischen und anderen Arbeiten (besonders Bossema 1979) die Rolle des Eichelhähers (*Garrulus glandarius*) für die natürliche Verjüngung von Stiel- und Traubeneiche anschaulich geschildert (siehe auch Bergmann und Stähr 2002; Stimm und Knoke 2004). Der Vogel nimmt im Laufe des Jahres sehr verschiedene Nahrung auf, im Herbst aber besonders Eicheln. Er bevorzugt große und reife Früchte, wegen ihrer Größe, Form und Farbe eher die Eicheln der Stieleiche als die der Traubeneiche, und sammelt nur gesunde Exemplare. Ein einziger Vogel erbeutet im Herbst etwa 4600 Eicheln und versteckt sie im Boden, meist in lichten Beständen, in Bestandeslücken und an Waldrändern. Dazu hackt er kleine Löcher, die er nach Ablage der Eicheln mit Laub oder Humus abdeckt. Er überwindet für

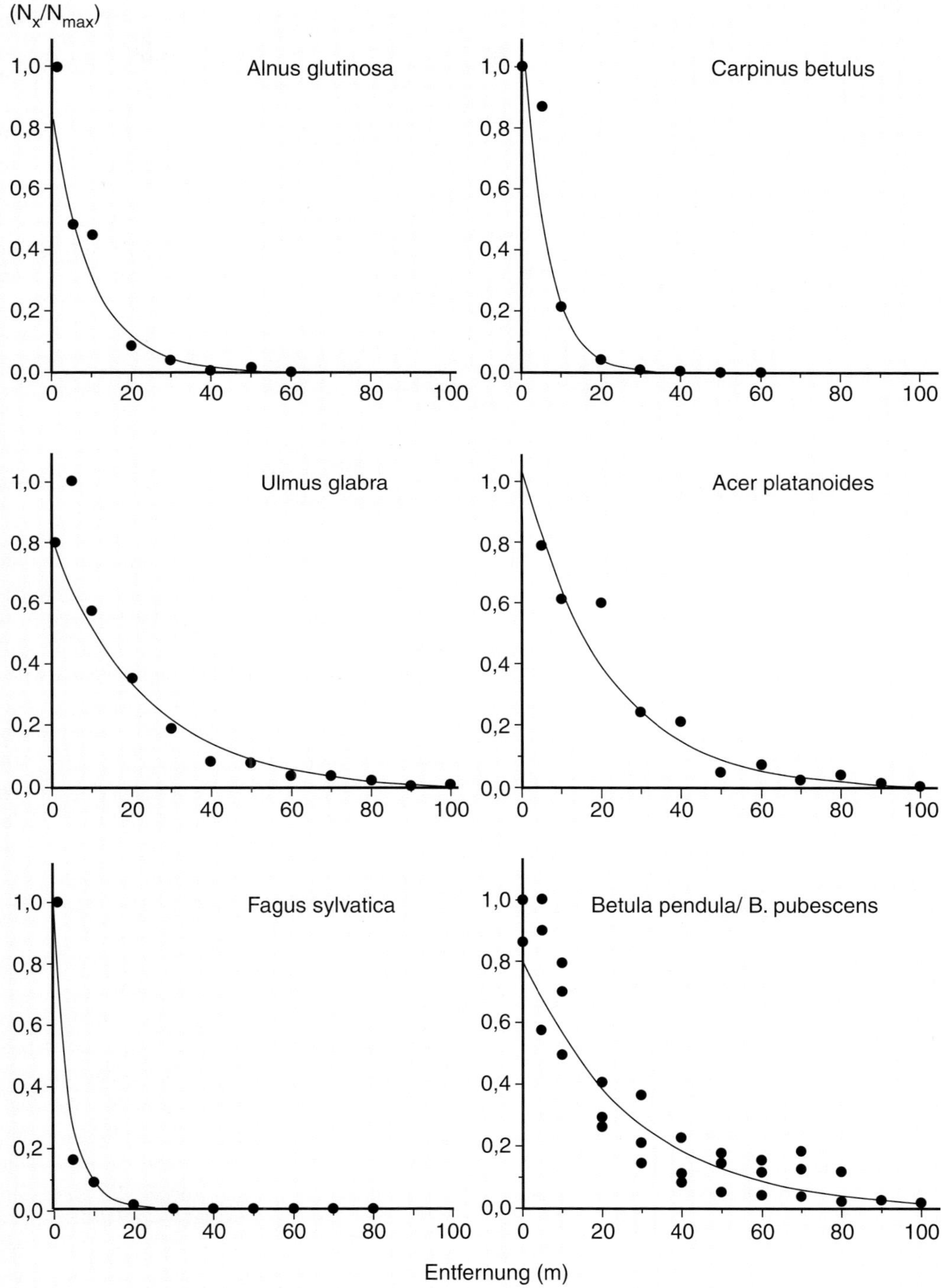

Abb. 3.8 Ausbreitung der Samen verschiedener Baumarten vom Bestandesrand auf eine Freifläche. Dargestellt ist die Samendichte in der Entfernung vom Bestandesrand (N_x) im Verhältnis zur maximalen Samendichte (N_{max}) (nach Karlsson 2001).

Abb. 3.9
Traubeneichen aus Hähersaat in einem Kiefernbestand im Südwesten von Brandenburg.

den Transport beträchtliche Entfernungen, bisweilen mehrere Kilometer. Da er trotz hervorragender Orientierung im Gelände viele seiner Verstecke später nicht mehr aufsucht, können manche Eicheln keimen und führen zu den bekannten Hähersaaten (Abb. 3.9). Die bei der Übernahme von Hähereichen häufig aufgrund geringerer Qualitäten zu erwartenden Mindererlöse im Vergleich zum planmäßigen Voranbau (Kap. 3.7.2) werden durch geringere Aufwendungen kompensiert (Peters und Bilke 2004). Häher sind auch die Vektoren für die Verbreitung der Samen von schwersamigen Kiefernarten (z. B. *Pinus cembra*).

Eichelhäher sind nicht die einzigen Tiere, die schwersamige Baumarten durch Verschleppung verbreiten. Tauben, Drosseln, Eichhörnchen, Marder und Mäuse spielen dabei auch eine große Rolle. Sie verlieren Teile der Früchte beim Transport, vergraben die erbeuteten Früchte und greifen später nur auf einen Teil ihrer Vorräte zurück. Auch **Bucheckern** werden vom Eichelhäher verschleppt, vor allem aber von Wald-, Gelbhals- und Rötelmäusen. Sie verbreiten die Eckern wesentlich weniger weit als Eichelhäher und Tauben (Jensen 1985; Nielsen 1985). Ohne Verbreitung durch Tiere sind die Ausbreitungsdistanzen der Bucheckern gering. Der Großteil fällt im Bereich der Kronentraufe zu Boden. Für einen 140-jährigen Buchenbestand ermittelten Eusemann et al. (2017, 2019), dass 64 % der Bucheckern im Umkreis von 5 m um den Mutterbaum zu finden sind, 98 % im Umkreis von 20 m und nur 0,2 % breiten sich weiter als 30 m vom Mutterbaum entfernt aus. Die Verbreitung von **Vogelbeeren** besorgen vor allem Drosseln, Rötelmäuse und Marder. Sie nehmen die Früchte auf und scheiden sie mit dem Kot wieder aus, ohne wesentliche Beeinträchtigung der Keimfähigkeit. So werden Früchte von *Sorbus aucuparia* bis zu 500 m vom Samenbaum entfernt verbreitet, wobei das Maximum im Umkreis von etwa 50 m liegt (Leder 1992; Hillebrand 1998).

In schwachen Samenjahren nehmen samenfressende Tiere wegen des geringen Nahrungsangebotes relativ mehr Samen auf. In Mastjahren kommt es dagegen zu einem überreichen Nahrungsangebot, dem eine geringe Population von Samenfressern gegenübersteht. Dadurch vermehren sich zunächst die samenfressenden Tiere, doch geht ihre Dichte im folgenden Jahr mit geringer Mast wieder zurück. So entstehen mehr oder weniger ausgeprägte Zyklen. Das gilt jedenfalls für überwiegend monophage Tiere, nicht für den Eichelhäher mit seinem sehr breiten Nahrungsspektrum. Eine ausgeprägte, mastabhängige Populationsdynamik wurde auch für auf Eicheln spezialisierte Gallwespen *Andricus* sp. und den Eichelbohrer *Curculio glandium* beobachtet (Crawley 1992; Crawley und Long 1995; Fenner und Thompson 2005).

Genetische Aspekte

Die modernen **biochemischen Verfahren**, besonders Analysen mit Isoenzym- und DNA-Markern, sind geeignet, Einblicke in die **genetischen Strukturen** von einzelnen Bäumen und ganzen Populationen zu schaffen. Damit eröffnen sich bisher unbekannte Möglichkeiten zur Erkennung von Populationsveränderungen im Laufe der Zeit, z. B. als Folge von Selektionen, die zur Anpassung (**Adaptation**) an ökologische Bedingungen und an Umweltveränderungen führen können (Kap. 3.4.4, 3.4.5).

Die genetischen Zusammenhänge sind umfassend dargestellt bei Wang und Szmidt (2001), White et al. (2007) sowie Hattemer und Ziehe (2018). Einzelne Aspekte finden sich u. a. bei Otto (1994), Barnes et al. (1998), Kozlowski (2002), Kimmins (2004) und Crawley (2005a). Das Gebiet der Forstgenetik ist in rascher Entwicklung begriffen. Im Hinblick auf die Naturverjüngung lassen sich aus den bisher vorliegenden Erkenntnissen erste Schlüsse für die waldbauliche Praxis ziehen (Müller-Starck 1996; Hattemer und Ziehe 2018).

Waldbestände stellen Ökosysteme mit vielseitigen Abhängigkeiten ihrer Bestandteile dar. Wegen ihrer Langlebigkeit sind die Waldbäume wechselnden Bedingungen für Verjüngung, Wachstum und Überleben ausgesetzt. Das erfordert immer wieder **Anpassungen** an die gegebenen Verhältnisse. Aus genetischer Sicht bestehen dazu prinzipiell verschiedene Möglichkeiten:

- Eine Population kann aus **Individuen** bestehen, von denen jedes Individuum eine große Toleranz- oder Reaktionsbreite gegenüber vielen Umwelteinflüssen besitzt. Die genetisch bedingte Reaktion kann sich in verschiedener Weise äußern, z. B. in der Plastizität von Phänologie (unterschiedliche Austriebszeitpunkte), Morphologie (Kronenentwicklung), Physiologie (Variation von Assimilation und Transpiration) und Resistenz (gegen Infektionen und Herbivoren) im Zusammenhang mit den standörtlichen Verhältnissen. Das wird bisweilen als **Akklimatisation** bezeichnet (Crawley 2005a). In solchen Fällen unterscheidet sich die Reaktionsbreite der Population nicht stark von derjenigen der einzelnen Individuen. Das lässt sich testen, indem man vegetativ vermehrte Exemplare (Klone) einer Population auf verschiedenen Standorten wachsen lässt (Kleinschmit et al. 1996).
- Eine andere Art der Anpassung besteht darin, dass eine Population aus Individuen mit ganz unterschiedlicher genetischer **Struktur** besteht. Ihre Variationsbreite ist daher viel größer als die der einzelnen Individuen. Wahrscheinlich ist dieser Fall bei Waldbaumpopulationen wesentlich häufiger. Jedenfalls haben Isoenzymanalysen für die Buche, in geringerem Umfang auch für Tanne, Fichte und Douglasie, erhebliche genetische Variationen innerhalb von Populationen deutlich gemacht (Larsen 1996; Müller-Starck 1996; Konnert und Henkel 1997; Finkeldey und Ziehe 2004; Savolainen et al. 2007; Bergmann et al. 2013; Dounavi et al. 2016). Dabei zeigte sich, dass die genetische Variation innerhalb von Populationen oft größer ist als die zwischen Populationen verschiedener Gebiete. Doch macht Mitton (1995) darauf aufmerksam, dass unterschiedliche Analyseverfahren zu verschiedenen Ergebnissen führen können. Wenn statt der Isoenzymanalyse DNA-Marker verwendet werden, ist die Variation innerhalb von Populationen geringer und zwischen ihnen höher.

Naturverjüngungen sind nicht die **Spiegelbilder** ihrer Elterngenerationen. Schon unterschiedliche Paarungsverhältnisse, Genfluss, Anzahl der in verschiedenen Jahren an der Regeneration beteiligten Individuen u. a. führen zu Unterschieden zwischen der Eltern- und Nachkommengeneration. Das bedeutet auch: Nicht alle Individuen des Altbestandes können ihre genetischen Informationen im gleichen Ausmaß an die Nachfolgegeneration weitergeben (Rotach 1994). Zugleich findet durch Neukombination der Gene und Allele, in gewissem Umfang auch durch Mutationen verschiedener Art (Hattemer und Ziehe 2018), eine Veränderung der Genotypen statt. Dies alles gehört, zusammen mit der Selektion, zum Vorgang der ständig wirkenden **Evolution** von Individuen, Populationen und Ökosystemen. Entscheidend für die genetische Variation in der Nachkommenschaft ist die etwa gleichmäßige Beteiligung zahlreicher Bäume an der Reproduktion. Bei einem systematischen Vergleich der Naturverjüngung der Buche in Lochhieben (Kap. 5.4.5) und im Schirmschlag (Kap. 5.4.3) stellte Nyári (2010) anhand eingehender Stichprobennahmen fest, dass beim Schirmschlag eine über die Fläche genetisch einheitlichere Nachkommenschaft entsteht, während die Anzahl effektiver Eltern von Femelgruppen geringer ist und damit stärker ausgeprägte Familienstrukturen entstehen. Auch wenn hinsichtlich der genetischen Variation auf der ganzen Fläche zwischen beiden Verfahren kein wesentlicher Unterschied besteht und zudem bei beiden Verfahren Altbestand und Jungwuchs genetisch differenziert sind, begünstigen Lochhiebe neben der räumlich variierenden Altersklassenstruktur innerhalb eines Bestandes auch eine ausgeprägte genetische Differenzierung innerhalb und zwischen einzelnen Verjüngungsflächen. Verjüngung nach Art des Femelschlags kann bei räumlich-genetischer Strukturierung von Beständen aber auch zu örtlich begrenzten Verlusten seltener Allele führen (Cremer et al. 2005).

Die **Selektion** ist in den ersten Jahren nach der Samenkeimung sehr effektiv und besonders durch die Variation der kleinstandörtlichen Verhältnisse bedingt. Bald danach wirkt oft eine mehr oder minder ausgeprägte Konkurrenz. Wenig ist darüber bekannt, wie die Selektion in Naturverjüngungen abläuft, sicherlich wird sie zeitlich und örtlich durch verschiedene Faktoren abiotischer und biotischer Art gesteuert. Sie folgt offensichtlich kaum denselben Gesichtspunkten, wie sie den Menschen bei seiner Auslese unter den Objekten seiner Bewirtschaftung leiten. Das Prinzip der natürlichen Selektion ist die Behauptung der **Fitness** einer Population, also jener Fähigkeit einer Population, sich unter gegebenen Umweltverhältnissen bis zur Reproduktion von Nachkommen zu behaupten (siehe Kasten Definition).

Definition

Begriffe der Populationsgenetik

Population: Gesamtheit von Individuen gleicher Artzugehörigkeit in einem bestimmten Lebensraum, die über mehrere Generationen eine weitgehende genetische Kontinuität zeigen. Populationen haben genetisch und evolutionär entscheidende Vorteile, weil sie genetische Information in großer Vielfalt speichern, diese in den Nachkommen immer wieder neu kombinieren und dadurch den Fortbestand der Population über viele Generationen durch Anpassung an Umweltveränderungen sichern.

Genotyp: Gesamtheit der Erbanlagen (Gene) eines einzelnen Individuums. Der Phänotyp (Erscheinungsbild) ist die konkrete Ausprägung eines Individuums in Gestalt, Bau und Funktion als Ergebnis des Genotyps und den Umweltbedingungen.

Genpool: Gesamtheit der Gene einer Population zu einem gegebenen Zeitpunkt.

Genetische Vielfalt: Anzahl von genetischen Varianten in einer Population.

Genetische Diversität: Mit der Häufigkeit der einzelnen Allele gewichtete genetische Vielfalt. Den höchsten Wert erreicht die genetische Diversität, wenn alle vorhandenen Allele die gleiche Häufigkeit aufweisen, sodass sie sich in gleichen Anteilen an der Reproduktion beteiligen können.

Heterozygotie: Ein Individuum mit zwei Chromosomensätzen (diploid) ist mischerbig (heterozygot), wenn an einem Genort (Genlocus) zwei verschiedene Ausprägungsformen (Allele) vorkommen, bei der Reinerbigkeit (Homozygotie) sind es gleiche Allele.

Genfluss: Ausbreitung von Genen innerhalb einer Population oder zwischen Populationen der Art durch Bestäubung und Befruchtung oder durch Samenausbreitung.

Fitness: Als Maß für die Anpassung eines Individuums an seine Umwelt dient der Erfolg seiner Fortpflanzung. Ein Individuum mit höherer Fitness hat bei gleichen Umweltbedingungen mehr Nachkommen als ein Individuum mit geringerer Fitness. Da günstige Anpassungen (z. B. an Kälte, Dürre) an die Nachkommen vererbt werden, können diese sich im Verlauf der Evolution durchsetzen, solange sich die Umweltbedingungen nicht ändern.

Selektion: Die Auslese (Selektion) ist ein Vorgang der Evolution, bei dem durch Erbanlagen, Konkurrenz und Umweltbedingungen Lebensdauer und Fortpflanzungsrate beeinflusst werden. Hierbei gilt die daraus resultierende Änderung des Anteils von Allelen in einer Population als wichtigste Folge der Selektion. Unterschieden wird zwischen:

K-Selektion: Selektion bei hoher Populationsdichte an der Kapazitätsgrenze K. Sie fördert eine effiziente Ausnutzung der Ressourcen und damit Arten mit hoher Konkurrenzkraft und langer Lebensdauer.

r-Selektion: Selektion bei geringer Populationsdichte (z. B. nach Störung). Sie fördert eine hohe Rate des Populationswachstums (abgekürzt mit r) mit schneller Zunahme der Populationsgröße, aber geringer Konkurrenzkraft und kurzer Lebensdauer.

Näheres zu den Begriffen der Populationsgenetik siehe Cronk et al. (2002), Crawley (2005a), White et al. (2007) sowie Hattemer und Ziehe (2018).

Die Umweltverhältnisse der Waldökosysteme ändern sich nicht nur durch den Ablauf von natürlichen Sukzessionen und durch die Steuerung der Lebensabläufe im Rahmen waldbaulicher Tätigkeit. Sie werden offenbar auch durch regionale und weltweite Einflüsse verändert, durch **Immissionen** von Stoffen und durch **Klimaänderungen** (Savolainen et al. 2004; Kapeller et al. 2017). Es gibt Hinweise darauf, dass die Empfindlichkeit von Individuen gegenüber Immissionen mit genetischen Faktoren in Beziehung steht. Welche Auswirkungen das auf die Naturverjüngung hat, lässt sich gegenwärtig nicht beurteilen. Manche Untersuchungen deuten darauf hin, dass ein höherer Grad an Heterozygotie mit stärkerer Wuchskraft verbunden ist (Rotach 1994).

Für die Einleitung der Naturverjüngung und deren weitere Behandlung ergibt sich die Folgerung, dass eine **genetische Vielfalt** der Nachkommenschaft für die Erhaltung der Ökosystemfunktionen wichtig ist. Das gilt nicht nur im Hinblick auf die **Anpassung** an gegebene ökologische Verhältnisse, wie sie zum Zeitpunkt der Verjüngung herrschen. Ebenso wichtig ist die Anpassungsfähigkeit der neuen Generation gegenüber möglichen Veränderungen. Inwieweit deren zu rascher Verlauf die Möglichkeiten zur Anpassung verringert, mag mangels näherer Kenntnisse außer Betracht bleiben. Jedenfalls sollte die natürliche Verjüngung durch Samen gegenüber der künstlichen Saat oder der Pflanzung bevorzugt werden, wo immer das möglich ist. Die genetische Vielfalt wird wahrscheinlich erhöht, wenn Naturverjüngungen nicht nur „aus einem Guss“, sondern aus mehreren Fruktifikationen stammen (siehe hierzu Lowe et al. 2004).

Der Erhaltung von Genressourcen für den Fall starker Veränderungen der Umweltbedingungen sollen sogenannte **Erhaltungsbestände** dienen, in denen die natürliche Verjüngung nicht waldbaulich genutzt wird (Frankel et al. 1995; Hattemer und Ziehe 2018).

Bedingungen für das Keimen und Aufwachsen

Licht

Für den Erfolg einer eingeleiteten Naturverjüngung müssen bestimmte Voraussetzungen erfüllt sein. Es handelt sich dabei weniger um regionale ökologische Verhältnisse, wie sie im Kapitel 2.3 dargestellt wurden, sondern um sehr kleinräumige oder speziell abgegrenzte **Habitate** als Lebensräume, die von Arten besiedelt werden, und deren Auswirkungen auf Samen und Sämlinge. Viele Untersuchungen lassen erkennen, dass das Licht den größten Einfluss hat. Die Organismen reagieren auf Intensität, Qualität, Richtung und Dauer der Belichtung.

Die **Anteile** der Strahlung verschiedener Wellenlängen (Lichtqualität, Abb. 3.10) verändern sich nicht nur mit den atmosphärischen Bedingungen (z. B. gibt es Unterschiede zwischen direktem Sonnenlicht und diffuser Strahlung bei bewölktem Himmel), sondern auch innerhalb von Pflanzenbeständen durch unterschiedliche Reflexion, Absorption und Transmission der Strahlung. So lässt durch Baumkronen gefiltertes Licht, besonders bei den Laubbäumen, dem Unterstand und der Begleitflora mehr Strahlung im grünen und im nahinfraroten Bereich zukommen als der Lichteinfall auf größeren Bestandeslücken. Für die Photosynthese sind aber Bereiche von Violett-Blau und Orange-Rot maßgeblich.

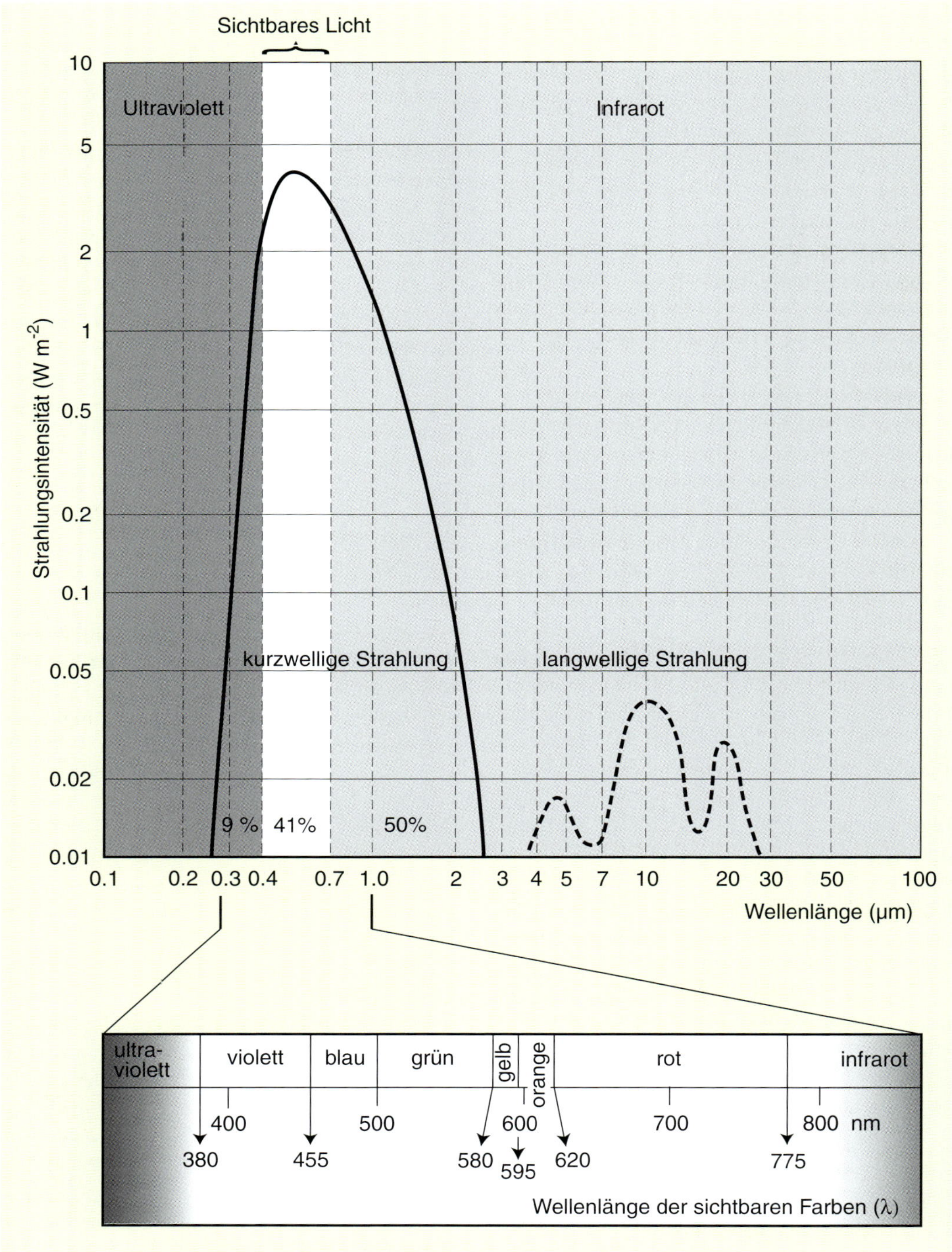

Abb. 3.10 Spektrale Verteilung der kurzwelligen Sonneneinstrahlung und der langwelligen Wärmestrahlung der Erde (nach Landsberg und Gower 1997 sowie Barnes et al. 1998).
Die von der Sonne ausgehende Strahlung bildet eine wesentliche Grundlage für das Leben auf der Erde. Sie umfasst, wenn sie in die Biosphäre eintritt, ein breites Spektrum von elektromagnetischen Wellenlängen (etwa 295–3 000 nm). Als sichtbares Licht bezeichnet man den Spektralbereich von 370 (blaues Licht) bis 760 nm (rotes Licht) (meist auch als Bereich von 400–700 nm gemessen oder berechnet). Darin befindet sich die photosynthetisch wirksame Strahlung (PAR). Jenseits davon erstrecken sich die kürzeren Wellenlängen der ultravioletten (UV) und die längeren der infraroten (IR) Strahlung, die teilweise auch für das Wachstum wesentlich sind.

Hintergrundwissen

Messung der Strahlungsverhältnisse in Waldbeständen

In früheren wissenschaftlichen Untersuchungen zur Naturverjüngung wurde meist die Beleuchtungsstärke (z. B. unter dem Schirm eines Altbestandes) gemessen und mit der einer freien Fläche verglichen. Das wurde als **relative Beleuchtungsstärke** (nur diffuse Himmelsstrahlung) oder als relativer Lichtgenuss (direkte und diffuse Himmelsstrahlung) bezeichnet. Maßeinheit war Lux, d. h. diejenige Beleuchtung, die auf einer 1 m^2 großen Fläche herrscht, wenn diese aus 1 m Entfernung durch eine Lichtquelle von einer Hefnerkerze beschienen wird.

Elektromagnetische Strahlung kann in ihrem Charakter als Welle oder als Fluss von Partikeln aufgefasst und so auch gemessen werden. Dementsprechend werden in der Photobiologie für die direkte **Messung** in der Regel zwei Verfahren angewendet:

- Man misst entweder die **Energie** der Strahlung im Bereich der photosynthetisch wirksamen Strahlung (PAR), die auf eine Fläche bestimmter Größe (z. B. 1 m^2) trifft (die Maßeinheit ist Joule (J), über eine Zeiteinheit integriert Watt (1 W = 1 J s^{-1})) oder
- es wird die **Flussdichte der Photonen** bestimmt (Photosynthetic Photon Flux Density, PPFD), die Maßeinheit dafür ist mol m^{-2} s^{-1} (veraltet Einstein). Dafür sind Quantum-Sensoren entwickelt worden, die Daten registrieren und zeitlich integrieren können. Diese Methode der Lichtmessung wird heute der Energiebestimmung vorgezogen (Pearcy et al. 1991; Newton 2007).

Eine **indirekte Methode** zur Bestimmung der Lichtverhältnisse in Waldbeständen besteht in der Auswertung von photographischen Aufnahmen des Kronendachs mithilfe sogenannter Fisheye-Objektive, die einen Bildwinkel von 180° haben und damit hemisphärische Bilder liefern (Abb. 3.11). Mit Computerprogrammen, entweder am PC oder in einem kombinierten Aufnahme- und Auswertungsgerät (sog. Solariscope, siehe Behling 2015), werden die notwendigen Daten zur Bestimmung der potenziellen Strahlung am Aufnahmepunkt ermittelt (Brunner 1994; Wagner 1994; Wagner et al. 2004). Als Strahlungswerte werden

- DSF (Direct Site Factor, direkte Sonnenstrahlung),
- ISF (Indirect Site Factor, diffuse Strahlung) und
- TSF (Total Site Factor, direkte und diffuse Strahlung) als jeweils prozentuale Mengenverhältnisse von Sonnenlicht am Messort zu dem an einem völlig unbeschatteten Ort (Freiland oder oberhalb des Kronenraums) berechnet.

Die ermittelten Werte lassen sich durch Heranziehen von Witterungsdaten auch für die Schätzung von realen Strahlungsbedingungen für ganze Vegetationszeiten oder Jahre benutzen (Wagner 1996). Die direkten und indirekten Verfahren liefern mit gewissen Einschränkungen etwa gleiche Resultate (Lüpke 1982).

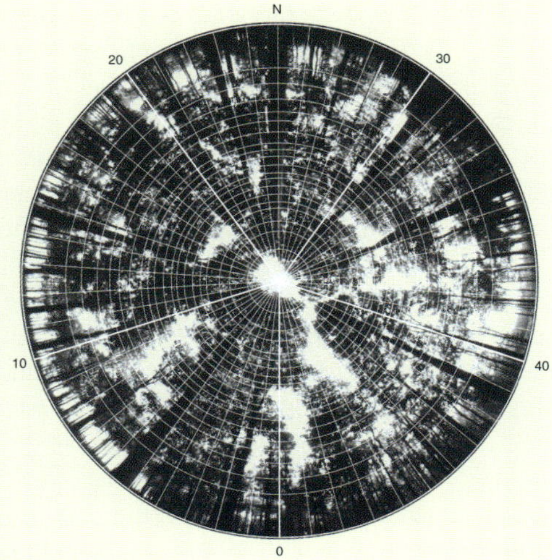

Abb. 3.11
Hemisphärische Aufnahme eines Buchenaltbestandes mit Einteilung der Gesamthimmelsfläche in Unterflächen gleicher Helligkeit.

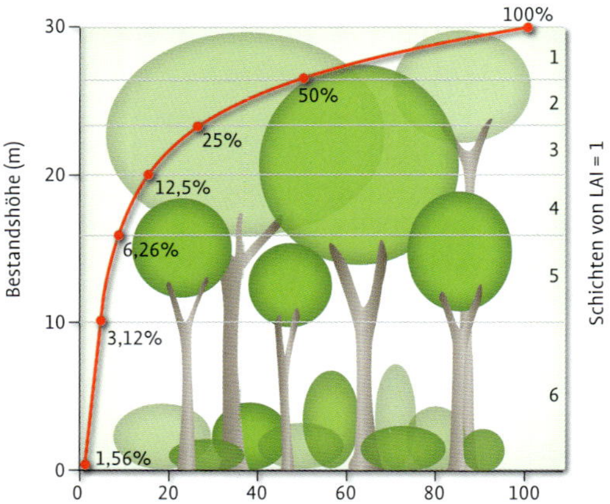

Abb. 3.12
Modellhafte Darstellung der Lichtextinktion (kurzwellige Strahlung) in einem Waldbestand unter der vereinfachten Annahme, dass jede der 6 Bestandesschichten einen LAI von 1 hat (Gesamt-LAI = 6), diese Blattfläche homogen verteilt ist und sich der transmittierende Photonenfluss pro Laubschicht halbiert (aus Matyssek et al. 2010).

Das Verhältnis von Rot zu Infrarot, das sich durch das Kronendach (Navrátil et al. 2007) und im Tagesverlauf (Chazdon et al. 1996) ändert – und z. T. das Angebot von Ultraviolett – ist für das Streckungswachstum und bei vielen Arten (unter bestimmten sonstigen Bedingungen) für die Samenkeimung von Bedeutung (Kozlowski et al. 1997; Crawley 2005a). Damit sind nur einige Beispiele für bestimmte Pflanzenreaktionen angedeutet. Näheres findet man u. a. bei Endler (1993), Crawley (2005a) und Kadereit et al. (2014). Kimmins (2004) weist darauf hin, dass die spektrale Zusammensetzung für viele waldbewohnende Tiere mannigfache Bedeutung hat.

Auch wenn die einzelnen Spektralbereiche für bestimmte Funktionen der Pflanzen von spezieller Wichtigkeit sind, so spielt doch die Intensität des sichtbaren Lichtes bei der Naturverjüngung die entscheidende Rolle. Das gilt in erster Linie für die Stoffproduktion durch die Photosynthese. Als **Photomorphogenese** bezeichnet man die Erscheinung, dass Entwicklung und Differenzierung der pflanzlichen Gewebe und Organe weitgehend durch Lichtintensitäten gesteuert werden. Auffällig ist die unterschiedliche Ausbildung der Blattorgane (Sonnen-/Schattenblätter bzw. -nadeln und Knospen in Abhängigkeit von der Intensität der Lichteinwirkung). Ökologisch von besonderer Bedeutung ist die **Stoffverteilung (Allokation)** auf einzelne Organe der Pflanze, z. B. auf Spross und Wurzel, bei verschiedenen Lichtverhältnissen. Phototropische Wirkungen machen sich bei manchen Waldbaumarten (und -rassen) u. a. durch Schaftkrümmungen infolge überwiegend einseitiger Belichtung bemerkbar (Kendrick und Kronenburg 1994). Wirkungen des Lichtes werden bei der Darstellung der Naturverjüngung für die einzelnen Baumarten in Kapitel 3.3.2 behandelt.

Der größte Teil der Einstrahlungsenergie wird im Kronendach umgesetzt. Der **Strahlungsumsatz** (Strahlungsabsorption) wird wesentlich von der Blattfläche und der Blattstellung bestimmt. Wälder entwickeln mit ihren übereinander gelagerten Bestandesschichten eine Blattfläche, die ein Vielfaches der überschirmten Bodenfläche ausmacht. Als Maß hierfür dient der **Blattflächenindex** (Leaf Area Index, LAI – m^2 Blattfläche pro m^2 Bodenfläche), der je nach Baumartenzusammensetzung und Bestandesstruktur in mitteleuropäischen Wäldern überwiegend Werte zwischen 3 und 10 einnimmt (Kap. 4.2.6.1). Für 23 geschlossene Buchenaltbestände in Hessen, Sachsen-Anhalt und Niedersachsen bestimmten Leuschner et al. (2006) aus Laubstreuproben LAI-Werte zwischen 5,6 und 9,5 (im Mittel 7,6), für stark strukturierte Reinbestände von Fichte und Buche in der Slowakei werden LAI-Werte bis annähernd 15 angegeben (Konôpka et al. 2016). Beim Durchtritt durch die Bestandesschichten wird die Lichtintensität sukzessive abgeschwächt (**Extinktion**, Abb. 3.12). Die Extinktion des sichtbaren kurzwelligen Lichtes erfolgt in Abhängigkeit vom LAI rascher als die Extinktion der langwelligen Wärmestrahlung. Die Vegetation kann die Blattfläche nur bis zur Auslöschung des sichtbaren Lichtes erhöhen. Durch Bestimmung des LAI lässt sich die für einzelne Waldbestände charakteristische vertikale Blattflächenverteilung und damit modellhaft auch die Lichtabsorption im Bestand ermitteln (Näheres siehe Schulze et al. 2002; Matyssek et al. 2010; Kadereit et al. 2014).

Mit einem geringen apparativen Aufwand lassen sich aus horizontalen Projektionen der Baumkronen sogenannte **Kronenkarten** (Abb. 3.13)

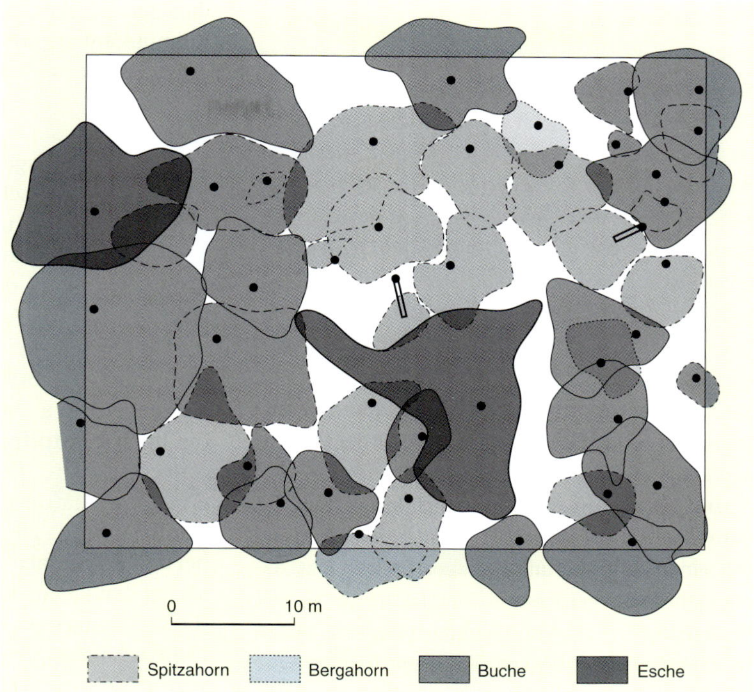

Abb. 3.13
Kronenkarte eines 125-jährigen Laubholzmischbestands.

herstellen, aus denen man Rückschlüsse auf die Lichtverhältnisse im Verjüngungsbereich ziehen kann. In der Praxis verwendet man meist Schätzungen des **Kronenschlussgrades**. Daten für die Grundfläche, den Bestockungsgrad oder die Baumzahl der Verjüngungsfläche können die Lichtverhältnisse oft ausreichend charakterisieren (Gruis und Kellomaki 1981; Kuusipalo 1985; Wagner und Müller-Using 1997), doch sind sie besonders in Beständen mit zwei und mehr Schichten wenig brauchbar.

In älteren Beständen wechseln die Lichtverhältnisse in Bodennähe meist auf engem Raum. Durch kleinere Lücken im Kronendach entstehen bei wolkenarmem Himmel mehr oder weniger rasch wandernde **Lichtflecken** über der Begleitflora und der Baumverjüngung (Chazdon 1988; Brang 1996). Sie können bei voller Belaubung je nach Lückengröße, Sonnenstand und Windbewegung für einige Sekunden bis zu vielen Minuten direktes Sonnenlicht hindurchlassen, und das auf sehr verschieden großen Flächen. Damit wird der durchschnittliche tägliche Photonenfluss erhöht, er kann bei lockerem Kronenschluss bis zu 70 % der gesamten Lichtstrahlung ausmachen. Dennoch erhöhen nur Lichtflecken, die einige Minuten bestehen, die Photosynthese, die durch verschiedene Faktoren in relativ engen Grenzen bleibt. Die Erhöhung der Einstrahlung übersteigt bei den an Schatten angepassten Pflanzen oft den Lichtsättigungspunkt. Zudem werden durch die Einstrahlung Transpiration und Atmung erhöht, das kann zu Turgorverlust und zum Welken der Pflanzen führen (Chazdon 1988; Pearcy et al. 1991; Küppers und Schneider 1993).

Letztlich kommt es bei der waldbaulichen Gestaltung von Naturverjüngungen darauf an, die Lichtverhältnisse für die Sämlinge und den Jungwuchs nach den Bedürfnissen der Baumarten zu modifizieren. Der Lichtbedarf stellt sich dabei als eine komplexe Erscheinung dar, die sich nicht mit der weithin gebräuchlichen Unterscheidung von Licht- und Schattenbaumarten lösen lässt. Korrekter spricht man von Arten mit geringerer oder größerer **Schattentoleranz** (siehe Kasten Definition).

In Wäldern, die längere Zeit vom Menschen weitgehend unbeeinflusst geblieben sind, vollzieht sich die Verjüngung entweder in **Lücken** des Altbestandes oder nach Katastrophen auf **größeren Flächen**. Die aufwachsende Waldgeneration stammt aus verschiedenen Quellen:

- den verbliebenen Teilen des Unterstandes,
- der vegetativen Verjüngung aus Stockausschlägen und Wurzelbrut,
- den im Boden lagernden, bisher ungekeimten Samen (Samenbank; siehe Bossuyt et al. 2002; Tiebel et al. 2018) und
- dem Sameneintrag aus dem Bestand selbst und seiner Nachbarschaft.

Der meist großen Zahl von Samen steht nur eine deutlich **geringere Zahl von Sämlingen** gegenüber. Darin besteht der „Flaschenhals der Reproduktion". Abgesehen davon, dass Samen nicht keimfähig sein können (Kap. 3.4), sind die **kleinstandörtlichen Bedingungen** (das Keimbett) für das Keimen und Aufwachsen der Sämlinge bis zum Eintritt in das Jungwuchsstadium (etwa bis zum Erreichen einer durchschnittlichen Höhe von 1 m) entscheidend. Dann treten Probleme der Jungwuchspflege auf, die im Abschnitt „Pflegeeingriffe" in Kap. 3.3.1.5 behandelt werden.

In Altbeständen findet man häufig unabhängig vom großräumigen Relief ein kleinräumiges, **unregelmäßiges Bodenrelief**, das von umgestürzten Bäumen herrührt (Darstellungen für Laubwaldbestände allgemein bei Almquist et al. 2002, für Buchenbestände bei Ellenberg et al. 1986, für Kiefernbestände bei Dohrenbusch 1997) (Abb. 3.15). Frische Sturmwürfe bieten oft Ansatzpunkte für eine natürliche Verjüngung von Waldbäumen. Durch die aufgeworfenen Wurzelballen entstehen Hügel und Mulden. Günstige Keimungs- und Anwuchsbedingungen bestehen besonders an den Schultern der Hänge, weil hier auf dem frei liegenden Mineralboden Streu und Begleitflora fehlen. Die Kuppen der Hügel sind dagegen ärmer an Boden und trocknen leichter aus. Die Mulden sind aufgrund von Streuansammlung und zeitweiligem Wasserüberschuss weniger günstig (Schaetzl et al. 1989; Peterson et al. 1990; Barnes et al. 1998). In bewirtschafteten Wäldern können Bodenverwundungen mit Freilegung des Mineralbodens durch das Herausziehen des Stammholzes die Verjüngung fördern.

Die Samen der Waldbäume keimen weitaus am besten, und die Sämlinge gedeihen am kräftigsten, wenn sie mit ihren Wurzeln rasch in den Mineralboden eindringen können. Schwierigkeiten entstehen dagegen, wenn der Boden schlecht zersetzte Streu oder eine üppig entwickelte Vegetation trägt, vor allem aber durch einen **unausgeglichenen Wasserhaushalt**. Übermäßige Feuchtigkeit und Austrocknung, häufig übrigens miteinander im Wechsel, behindern oft den Verjüngungserfolg entscheidend. Bisweilen kommt es auch wegen starker Erwärmung der Streu (Dohrenbusch 1997; Geiger 2013) zu **Hitzeschäden** an den Keimlingen.

Oberbodenzustand

Eicheln, und vor allem Bucheckern, werden während der Keimung häufig Opfer von parasitären **Pilzen**. Bei den Eicheln ist *Ciboria batschiana* ein häufiger Schädling (Butin 2011), die Bucheckern werden besonders von *Rhizoctonia solani* (siehe Abschnitt, „Keimung und Wachstum" der Buche in Kap. 3.3.2.2) befallen und abgetötet. Eine Anzahl weiterer Keimlingspilze schädigen Sämlinge von Kiefern und Fichten in den ersten Wochen nach der Keimung. Immer wieder wird berichtet, dass diese Schäden besonders stark auftreten, wenn die Samen im Humus oder in der Streu keimen. Inwieweit sich Nährstoffversorgung und Versauerungsgrade des Bodens auf die Keimung und die erste Entwicklung der Sämlinge auswirken (Gehrmann 1984), ist nicht generell zu beantworten. Unter kontrollierten Bedingungen lassen sich solche Einflüsse nachweisen, doch im Freiland werden sie von den vielen anderen Einflussfaktoren meist überlagert (siehe auch Brang 1996).

Anders als die nachteilige Wirkung einer schlecht zersetzten Streudecke ist der Effekt einer **frisch gefallenen** Laub- und Nadelstreu zu beurteilen. Sie bietet einen Schutz gegenüber samenfressenden Tieren. Diese nehmen oft die obenauf liegenden Eicheln und Bucheckern innerhalb sehr kurzer Zeit restlos auf. Schutz bietet auch eine nur mäßig dichte Bodenbedeckung

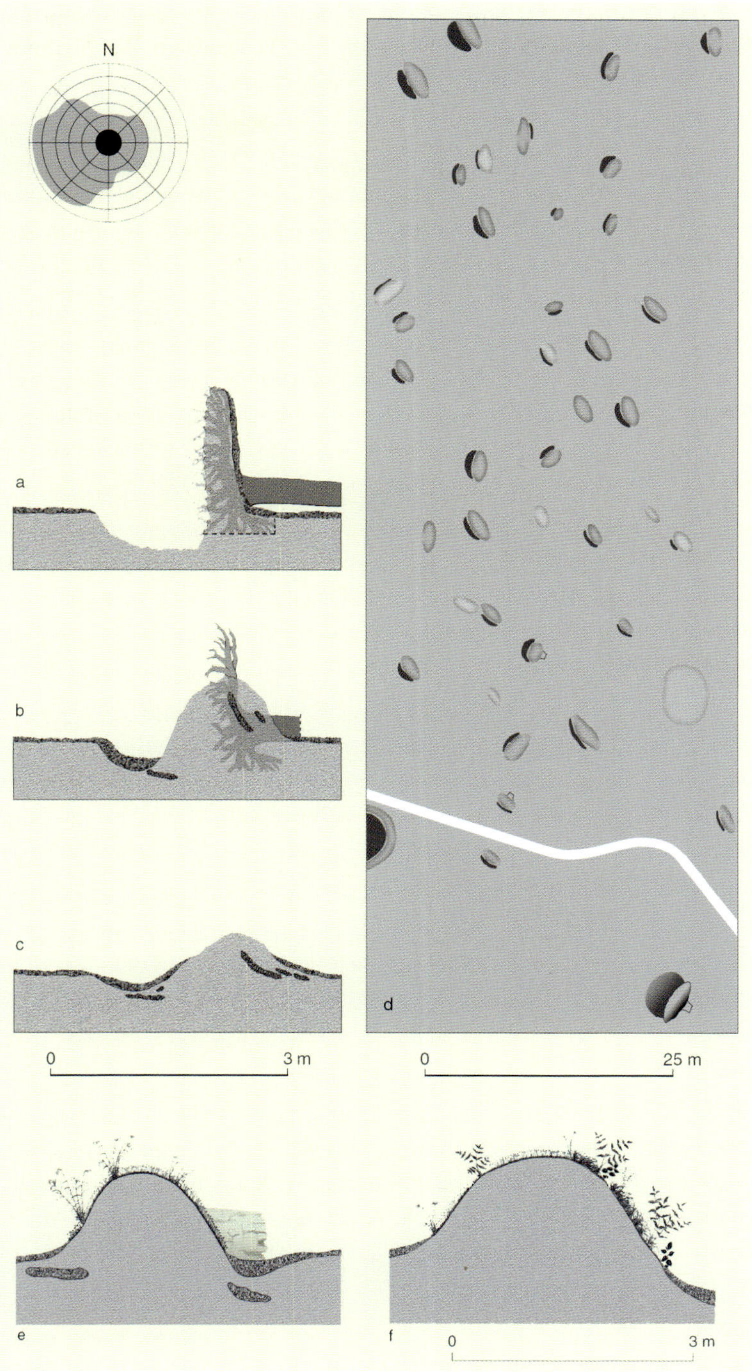

Abb. 3.15
Wurfböden im Hainsimsen-Buchenwald im Solling in verschiedenen Altersstadien (nach Ellenberg et al. 1986) und Häufigkeitsverteilung der Windrichtung im Solling (links oben): frisch gefallene Buche **(a)**, nach mehreren Jahren **(b)**, nach Jahrzehnten **(c)**, Häufigkeit und Verteilung der Wurfböden **(d)**, mit *Polytrichum formosum* und *Luzula luzuloides* bewachsener Wurfboden (altersmäßig Stadium b) **(e)**, mit *Deschampsia cespitosa*, *Dryopteris carthusiana* und Buchensämlingen bewachsener Wurfboden (altersmäßig zwischen den Stadien b und c) **(f)**.

durch Moose, Gräser, Kräuter und Kleinsträucher (z. B. *Vaccinium*).

Dichter Bodenbewuchs, zumal wenn er aus Arten mit intensiver vegetativer Vermehrung besteht, bildet für die Baumsamen nicht nur ein mechanisches Hindernis für das Erreichen eines Keimsubstrates. Er behindert die Keimung (siehe unten) und lässt zudem durch Licht- und Wasserkonkurrenz den Sämlingen kaum Lebensraum. Unter solchen Umständen kann es mehrere Jahrzehnte dauern, bis Lücken in der dichten Begleitflora entstehen, die allmählich die natürliche Verjüngung von Gehölzen aufkommen lassen.

Samenkeimung

Reife Samen vieler Arten fallen in einem **Ruhestadium** zu Boden. Bevor diese Samen keimen, ist eine Keimhemmung zu überwinden (Kap. 3.4.2). Dadurch wird verhindert, dass die Samen zu einer ungünstigen Zeit keimen. Bei der Esche und der Hainbuche liegen die Samen auch länger als eine Vegetationsperiode ungekeimt im Boden. Das ist auch bei vielen Strauch- und Krautarten der Begleitflora (u. a. *Ribes*, *Rubus*, *Sambucus*, *Oxalis*, *Impatiens* und viele Leguminosen) der Fall. Sie bilden Samenbanken, aus denen sich nach Störungen des Oberbodens Sämlinge entwickeln. Die Samen der Nadelbäume, die im Frühjahr ausfliegen (Fichte, Kiefer, Lärche), keimen sofort, wenn sie auf ein geeignetes Keimbett gefallen sind. Das gilt auch für die leichten Samen von Aspe und anderen Pappelarten sowie für die Birken und Ulmen.

Der erste Schritt der Keimung ist die von der Temperatur abhängige **Aufnahme von Wasser**. Dadurch nehmen die Samen schon vor der Öffnung der Samenschale oft ein Mehrfaches an Gewicht zu. Bei den meisten Baumsamen genügt für die Wasseraufnahme die Feldkapazität (Kap. 2.3.3), die über mehrere Tage nicht wesentlich unterschritten werden darf, wenn die Keimung zügig verlaufen soll. In kompakten und zur Zeit des Samenfalls überfluteten Böden wird die Keimung oft durch **Sauerstoffmangel** behindert oder gar ausgeschlossen. Stärkere Streuauflagen haben einen **unausgeglichenen Wasserhaushalt**, der zwischen Übernässung und Austrocknung schwankt. Das stellt für die meisten Baumsamen ein starkes Keimhindernis dar. Selbst wenn es unter solchen Umständen zur Keimung kommt, gelingt es allenfalls hypogäisch entwickelten Keimlingen, den notwendigen Kontakt zum Boden zu erreichen.

Die Entwicklung der Sämlinge während der ersten Monate unterliegt mannigfachen **Gefahren**: Trockenheit, Hitze, Wasseransammlung, Pilzinfektionen und Fraß durch Tiere verursachen fast immer beträchtliche Verluste. Das trifft die Sämlinge der einzelnen Baumarten in verschiedener Weise (Kap. 3.3.2). Allgemein vermindert sich schon im ersten Jahr die Zahl der Verjüngungspflanzen um mehr als die Hälfte. Die Abnahme setzt sich in den folgenden ein bis zwei Jahren fort, um dann nur noch langsamer fortzuschreiten. Allerdings können auch noch spätere Ereignisse (z. B. Kiefernschütte oder Mäusefraß) zu starken Verlusten führen.

Vegetative Verjüngung

Zur vegetativen Verjüngung sind fast alle Baum- und Straucharten befähigt, wenn auch in unterschiedlicher Weise (siehe Tab. 2.1 im Abschnitt 2.1 und Del Tredici 2001). Bei den Nadelbäumen (besonders bei Fichten- und Kiefernarten) geschieht das bisweilen durch **Absenker**: Zweige, die an einer oder mehreren Stellen den Boden berühren, bilden dort Wurzeln. Ein neues Individuum entsteht, wenn die Verbindung mit dem Mutterbaum verloren geht. Diese Adventivwurzelbildung an Zweigen, an niedergedrückten und umgefallenen (aber noch teilweise verwurzelten) Laubbäumen ist besonders bei Hainbuche, Erlen, Pappeln und Weiden nicht selten. Diese – wie auch Eichen-, Ahorn-, Linden-, und Ulmenarten – sowie die Esche (deutlich weniger die Buche) bilden **Stockausschläge** aus dem Kambium gefällter Stämme oder aus schlafenden Augen am Wurzelhals vitaler älterer Bäume (Abb. 3.17). Letzteres findet man fast regelmäßig bei *Ulmus* und *Tilia*. Bei reichlichem Lichtgenuss wachsen solche Ausschläge rasch heran. Diese Art der Vermehrung ist auch bei vielen Straucharten des Waldes verbreitet. Das Stockausschlagvermögen wird als Verjüngungssystem bei den Betriebsarten Niederwald (Kap. 5.2) und Mittelwald (Kap. 5.3) genutzt.

Hintergrundwissen

Epigäische und hypogäische Keimung

Die Samen der meisten Waldbaumarten keimen **epigäisch**: Das Hypokotyl streckt sich, die Kotyledonen entfalten sich nach dem Abstreifen der Samenschale oberhalb des Keimsubstrats, in das zugleich eine zunächst schwache Keimwurzel eindringt. So geschieht es bei fast allen Koniferen und den meisten einheimischen Laubbäumen.

Nur wenige Arten keimen dagegen **hypogäisch**: Das Hypokotyl bleibt zunächst kurz, die Kotyledonen verharren meist mehrere Wochen im Samen, der auf oder dicht unterhalb der Bodenoberfläche liegt. Erst mit zeitlichem Abstand wächst das Epikotyl aufwärts, es werden dicke, fleischige Wurzeln und echte Blätter gebildet (Abb. 3.16). Diese Art der Keimung ist typisch für Samen mit größeren Vorräten an Reservestoffen, u. a. Eicheln, Bucheckern, Nüsse. Die hieraus keimenden Sämlinge ernähren sich während der ersten (bisweilen auch noch während eines Teils der zweiten) Vegetationszeit fast ganz aus den Reservestoffen der Samen, während bei den epigäisch keimenden Arten die Kotyledonen und Primärblätter schon nach kurzer Zeit die Kohlenhydrate aus der Photosynthese für die Entwicklung der Sämlinge liefern müssen. Das hat Wirkungen auf die Überlebensrate bei ungünstigen Umweltbedingungen.

Abb. 3.16 Hypogäische Keimung eines Eichenkeimlings (links) und epigäische Keimung eines Ahornkeimlings (rechts). Bei der hypogäischen Keimung bleibt das Hypokotyl sehr kurz, die Kotyledonen verharren im Samen. Bei der epigäischen Keimung streckt sich das Hypokotyl, die Kotyledonen entfalten sich schnell oberhalb der Bodenoberfläche.

Abb. 3.17
Stockausschlag am Stammfuß einer Winterlinde.

Eine weitere Art der vegetativen Verjüngung besteht in der Bildung von **Wurzelbrut**: Aus oberflächlich verlaufenden Wurzeln werden Schösslinge gebildet, die sich mit der Zeit verselbstständigen (siehe Abb. 2.12 in Kap. 2.1.1.8). Wurzelbrut wird oft durch Verletzungen von Wurzeln oder Vitalitätsverlust der älteren Stämme angeregt, sie kommt aber auch ohne solche Einwirkungen zustande. Besonders verbreitet ist diese Erscheinung bei den Weißpappeln (auch bei einigen Schwarzpappelsorten), bei der Grauerle und der Robinie. Bei diesen Arten ist die Wurzelbrut bisweilen so intensiv, dass sie ein erhebliches Hindernis für die natürliche und künstliche Verjüngung anderer Baumarten darstellen kann.

Stockausschlag und Wurzelbrut haben eine große Bedeutung für die Verjüngung von solchen Baumarten, die sich auf generativem Wege nur wenig erfolgreich verjüngen, wie Sommer- und Winterlinde, Vogelkirsche, Elsbeere, Speierling und Wildobstarten.

Verfahren zur Naturverjüngung

In den vorherigen Abschnitten wurde dargelegt, dass neben der Menge und Qualität des Saatguts vor allem die Lichtverhältnisse und der Zustand des Keimbettes für das Gelingen der Naturverjüngung von ausschlaggebender Bedeutung sind. Sofern beides nicht von Natur aus oder durch die Vorbehandlung der Bestände bereits günstig ist, sind waldbauliche Maßnahmen notwendig.

Auflichtung des Altbestandes

Die Regulierung des **Lichtzutrittes** an den Boden des Bestandes kann auf verschiedene Weise erfolgen:

- durch mehr oder weniger gleichmäßige Auflockerung des Kronendachs (und ggf. des Unterstandes), wie es durch Schirmschlag geschieht (Kap. 5.4.3),
- durch Anlegen und späteres Erweitern von Lücken im Bestand als Lochhieb oder Femelschlag (Kap. 5.4.5) oder
- durch Hiebe an einem Bestandesrand, wie dies beim Saumschlagverfahren der Fall ist (Kap. 5.4).

Verschiedene Kombinationen dieser Methoden sind möglich (Kap. 5.4.6).

Immer bedeutet die Auflichtung des Altbestandes eine Gratwanderung zwischen „zu viel" und „zu wenig". **Starke Eingriffe** fördern zwar das Wachstum der Jungpflanzen, doch geben sie auch der konkurrierenden Begleitflora gute Entwicklungsmöglichkeiten. Dadurch kann die aufwachsende Naturverjüngung direkt (durch ihre Wasser- und Lichtkonkurrenz) wie auch indirekt (z. B. durch Begünstigung von Mäusen in den so geschaffenen Biotopen) stark geschädigt werden. Frostempfindliche Arten des Jungwuchses (besonders Tanne und Buche) benötigen zudem, bis sie eine Höhe von 1–3 m erreicht haben, einen Schutz durch den Altholzbestand. **Schwache** Auflichtungen lassen die Sämlinge der Lichtbaumarten rasch vergehen; sie behindern auch bei den Schattenbaumarten deren Entwicklung und setzen sie dadurch abiotischen und biotischen Schäden aus. Langsame Jugendentwicklung verhindert ein rasches Eindringen der Wurzeln in tiefere Bodenhorizonte, wodurch die

Sämlinge den Gefahren von Säurestress und Trocknis im Oberboden mehrere Jahre ausgesetzt sind.

Allgemeine Regeln für die notwendigen Auflichtungen zum Gedeihen von Naturverjüngungen lassen sich nicht aufstellen. Stets müssen die **Lichtansprüche** der Verjüngungsbaumarten und die ökologischen Verhältnisse der Verjüngungsflächen beachtet werden. Schattenbaumarten zeigen in den ersten Jahren meist bei 8–15 % des vollen Lichtgenusses ein ausreichendes Wachstum, Lichtbaumarten brauchen etwa 20–40 %. Inwieweit stärkere Auflichtungen schon bei der Einleitung der Verjüngung riskiert werden können, muss von der Unkrautwüchsigkeit der Standorte abhängig gemacht werden. Gute Nährstoff- und vor allem Feuchtigkeitsverhältnisse begünstigen die Entwicklung der Begleitflora. Unter solchen Umständen wird man mit geringeren Auflichtungen beginnen und dann nach Etablierung der Verjüngung nachlichten. Überhaupt spielen die **Nachlichtungen** in ihrer Stärke und ihrem zeitlichen Ablauf für die Zukunft der Naturverjüngung eine entscheidende, leider oft nicht genügend beachtete Rolle: Das Misslingen von planmäßiger Naturverjüngung liegt oft nicht in der Initialphase, sondern in fehlenden oder unzureichenden Nachlichtungen begründet. Solche Unterlassungen führen dann zu einer ungünstigen Entwicklung des Wurzel/Spross-Verhältnisses der Jungpflanzen mit allen daraus resultierenden Nachteilen für deren Stabilität und Vitalität. Welche Nachlichtungen nötig sind, lässt sich nur durch sorgfältige Beobachtungen der Naturverjüngung und ihrer Begleitflora feststellen. Dabei ist der Wirtschafter oft auf schwierige Abwägungen angewiesen, inwieweit er noch nicht hiebsreife Bäume zugunsten der Naturverjüngung entnehmen soll. Diese Fragen lassen sich nicht einseitig zugunsten einer Zielstärkennutzung lösen, vielmehr ist die Zukunft des Altbestandes und das seiner betriebszielgerechten Verjüngung stets im Zusammenhang zu sehen. Versäumnisse in der Gestaltung der Naturverjüngung lassen sich später nur schwierig beheben.

Notwendigkeiten und Möglichkeiten zur **Bodenbearbeitung** und zur Regulierung der Begleitflora sind in Kapitel 3.2 behandelt. Bei der Besprechung der Naturverjüngung einzelner Baumarten (Kap. 3.3.2) wird darauf noch näher eingegangen.

Vorausverjüngung

Ein Problem können Verjüngungspflanzen darstellen, die bereits vorhanden sind, wenn der Bestand insgesamt verjüngt werden soll. Das betrifft weniger den Femel- und den Saumschlag, häufiger dagegen den Schirmschlag und die Zielstärkennutzung. Solche Vorausverjüngungen sind oft erwünscht, schwierig wird die Entscheidung ihrer Fortführung jedoch, wenn sie aus vom Wild stark beschädigten oder durch lange anhaltende Überschattung übermäßig schlanken Bäumen mit schwach entwickeltem Wurzelwerk bestehen. In solchen Fällen ist es meist vorteilhaft, Laubbäume auf den Stock zu setzen und Nadelbäume zu entfernen. Ähnliche Entscheidungen sind oft nötig, wenn in der Vorausverjüngung Baumarten in größerem Umfang vertreten sind, die für den Standort oder die angestrebte Bestandesstruktur wenig geeignet sind. Buchen-Edellaubholzbestände und Eichen-Buchenbestände, in denen sich die schattentolerante Buche bereits vorausverjüngt hat, entwickeln sich entgegen der waldbaulichen Planung häufig zu Buchenreinbeständen.

Erschließung

Einleitung und vor allem Fortführung von Naturverjüngungen machen stets eine **Gliederung der Verjüngungsflächen** erforderlich. Bei Schirmschlägen, mehr noch bei Saum- und Femelschlägen, muss der beabsichtigte Verjüngungsgang nach Örtlichkeiten und Stärke des Hiebseingriffes in den Altbestand festgelegt werden. Insbesondere ist die frühzeitige Bezeichnung von **Rückegassen** (auch als Rückelinien oder Rückewege bezeichnet) notwendig, damit das Fällen und Herausziehen des Holzes mit möglichst geringer Beschädigung von Boden und Jungwuchs erfolgen kann. Das zu Beginn des Verjüngungsvorgangs in den Bestand gelegte Netz von Rückegassen (in der Regel im Abstand von 20–40 m) muss in vielen Fällen im Zuge der folgenden Jahre korrigiert und verengt werden. Es dient zugleich als **Gliederungssystem** für die folgenden Pflegearbeiten.

Abb. 3.18
Übermäßig dichte Naturverjüngung der Fichte im Solling (Niedersachsen, 400 m ü. NN).

Pflegeeingriffe
Meist sind Naturverjüngungen weniger pflegebedürftig als Saaten oder Pflanzungen auf der Freifläche. Mäßige Beschirmung und Seitenschatten durch die Bäume des Altbestandes beschränken eine Entwicklung schlechtformiger Vorwüchse und die Ausbildung stärkerer Äste sowie eine Ausbreitung intensiver Konkurrenzvegetation. Doch sind solche Vorzüge nicht immer gegeben: Ungleichmäßiges Auflaufen und stark differenzierte Entwicklung der Jungpflanzen (besonders bei sehr wechselhaften kleinstandörtlichen Unterschieden im Lichtgenuss, in der Wasserversorgung und im Bodenbewuchs), Untersonnung an Saum- und Femelrändern sowie die Einwirkung von Schaderregern (z. B. Schüttepilze, Insekten, Mäuse und Wild) lassen trotz der günstigen Wirkung der Überschirmung bisweilen Naturverjüngung entstehen, die jahrelanger Pflege bedarf. Diese ist dann zeitaufwendiger als solche in Saaten und Pflanzungen.

Wenn Naturverjüngung (besonders solche von Fichte und Kiefer) **übermäßig dicht** ankommt (Abb. 3.18), sind oft frühzeitige Eingriffe erforderlich, weil sonst Wuchsstockungen in der Durchmesserentwicklung eintreten und die Jungbestände instabil gegen Sturm- und Schneebelastungen werden. Das tritt besonders dann ein, wenn dicht aufgelaufene Naturverjüngung plötzlich stärker freigestellt wird.

Lücken in der Naturverjüngung sind, wenn sie nicht Flächen von mehreren Hundert Quadratmetern einnehmen, keineswegs immer nachteilig. Sie bieten oft sehr erwünschte Gelegenheiten zur Einbringung von Mischbaumarten durch Pflanzung. Es wird dabei häufig der Fehler begangen, zu kleine Lücken auszupflanzen und zu dicht an die bestehende Verjüngung heranzurücken, weil man deren spätere Ausbreitung unterschätzt.

Naturverjüngung kann unter geeigneten Voraussetzungen gegenüber Saat und Pflanzung auf Kahlflächen große Vorteile bieten: Der **Wertzuwachs** von Teilen des Altbestandes lässt sich besser ausnutzen. Die ökologischen Bedingungen von **Schirm-** und **Seitenschutz** ermöglichen ein gutes Aufwachsen des Jungwuchses, in Mischbeständen erleichtern sie die **Regulierung** der Wuchsverhältnisse der verschiedenen Baumarten. Zudem wirkt die Naturverjüngung günstig auf einen die **Stabilität** von Waldökosystemen fördernden **Energie-** und **Stoffumsatz**. Es ist aber verfehlt, Naturverjüngung prinzipiell unter dem Aspekt des ökologisch und ökonomisch fragwürdigen Schlagwortes einer „biologischen Automation“ zu betrachten. Sie bedarf vielmehr sorgfältiger Planung sowie steter Kontrolle und Steuerung ihrer Entwicklung.

3.3.2 Naturverjüngung einzelner Baumarten

Die Buche wird überwiegend natürlich verjüngt. Dies gilt auch für Frühbesiedler (Birke, Aspe, Salweide, Vogelbeere) und weitere Laubbaumarten in Mischbeständen (u. a. Esche, Berg- und Spitzahorn). Bei den Eichenarten und den Nadelbaumarten Fichte und Kiefer wird aus unterschiedlichen Gründen die Naturverjüngung seltener eingeleitet. Für die Douglasie liegen bisher kaum Erfahrungen vor.

3.3.2.1 Traubeneiche und Stieleiche

Bedeutung
Bei der Verjüngung der Eichenarten stehen Saat und Pflanzung weit im Vordergrund. Natürlich werden die Eichen im Vergleich zu anderen Laubbaumarten selten verjüngt, am wenigsten

die Stieleiche. Das hängt in erster Linie mit den Schwierigkeiten zusammen, die Masten mit genügender Sicherheit vorauszusehen, dem Lichtbedürfnis der Verjüngungspflanzen zu genügen und den Wildverbiss einzudämmen.

Fruktifikation und Samenangebot

Vollmasten mit 50 Eicheln m^{-2} und mehr sind selten, wesentlich geringere Masten sind im Erfolg unsicher (Wachter 1953; Aussenac 1973; Crawley und Long 1995). Im Übrigen variieren die Gewichte der Eicheln selbst bei guten Masten erheblich (Kleinschmit 1976; Heiseke 1984). Jarvis (1964) fand gesicherte Korrelationen zwischen dem Volumen von Traubeneicheln und der Höhe der daraus erwachsenen 1-jährigen Sämlinge: Bei 2 cm^3 erreichten sie Höhen von 10–12 cm, bei 8 cm^3 dagegen von 22–25 cm.

Anders als bei der Buche wird ein Teil der Eichenfrüchte bereits am Baum von Vögeln und Eichhörnchen gefressen und von Insekten parasitiert (Crawley und Long 1995). Noch größer sind meist die Verluste von Eicheln am Boden. Obenauf liegende Eicheln werden meist vollständig – oft innerhalb eines Tages nach dem Herabfallen – von Tieren aufgenommen und teils am Ort gefressen (Eichhörnchen, Wildschweine, Rot- und Rehwild), teils zunächst verschleppt und teils später aus den Verstecken verzehrt (Eichelhäher, Mäuse), wobei viele eingesammelte Eicheln von den Tieren nicht wiedergefunden werden und im Frühjahr keimen. Aber auch in der Streu und im obersten Bodenhorizont liegende Eicheln werden oft aufgenommen. So geht bei schwachen Masten meist der größere Teil der Früchte für die Naturverjüngung verloren. Bei starken Masten zeigen sich große Unterschiede je nach den Stärken der Populationen der samenfressenden Tiere und der kleinstandörtlichen Verhältnisse. Es gibt dazu eine Anzahl lokaler Untersuchungen (Tanton 1965; Jensen und Nielsen 1986; Pigott et al. 1991; Crawley 1992; Crawley und Long 1995), doch lassen sich daraus für die waldbauliche Praxis nur wenige allgemeingültige Schlüsse ziehen:

- Schwache bis mäßige Eichenmasten lassen sich allenfalls zu Ergänzungen vorhandener Verjüngungen nutzen, und das nur unter sonst günstigen Bedingungen.
- Auch in guten Mastjahren treten meist erhebliche Samenverluste auf. Sie lassen sich in Grenzen halten, wenn durch Zäunung oder effektive Bejagung das Wild ferngehalten wird und eine – vor allem bei stärkerem Bodenbewuchs – rechtzeitige Mäusebekämpfung erfolgt.
- Eine Einarbeitung der Eicheln in den Boden bietet einen deutlichen Schutz gegen Samenverluste durch Tiere.

Keimung und Wachstum

In der Einarbeitung der Eicheln liegt eine wichtige Aufgabe der Bodenbearbeitung, während für die Herstellung eines geeigneten Keimbettes selten besondere Vorkehrungen getroffen werden müssen. Auf Standorten, auf denen **Traubeneichen** natürlich verjüngt werden sollen, ist die Begleitflora selten so stark entwickelt, dass sie ein bedeutendes Hindernis für die Keimung und erste Entwicklung der Sämlinge darstellt, auch sind die Streuauflagen meist nicht zu mächtig. Schwieriger ist die Situation auf typischen Standorten der **Stieleiche.** Hier stellt oft eine üppig entwickelte Begleitflora mit Sträuchern ein beträchtliches Verjüngungshindernis dar. Die schweren Böden dieser Standorte lassen eine maschinelle Bodenbearbeitung meist nicht zu, es bleibt dann nur die plätze- oder reihenweise Vorarbeit, allenfalls ergänzt durch die (ebenfalls nicht vollflächige) Behandlung mit Herbiziden. Untersuchungen in drei Regionen Bayerns ergaben, dass die Verjüngungserfolge von Stiel- und Traubeneiche auf schwächeren Standorten im Allgmeinen höher waren als auf gut mit Nährstoffen versorgten Standorten, vor allem aufgrund der Konkurrenz von Edellaubbäumen im Jungwuchs (Annighöfer et al. 2015).

Eichen gehören zu den **mäßig schattentoleranten** Baumarten (siehe auch Abschnitte 2.1.1.2 und 3.3.1.3). Zahlreiche Beschattungsversuche zeigen, dass der Höhenzuwachs während der ersten Lebensjahre mit abnehmendem Lichtgenuss nachlässt und bei etwa 25 % des Freiflächenlichtes um die Hälfte reduziert ist. Es gibt aber auch davon abweichende Resultate, nach denen das Sprosswachstum mit Verminderung des Lichtzutrittes zunächst ansteigt (Ziegenhagen und Kausch 1993, 1995). Deutlich

Tab. 3.3 Sprosslänge, Wurzelhalsdurchmesser und Trockengewichte von 2-jährigen Eichen und Linden bei unterschiedlichem relativem Lichtgenuss in einer Beschattungsanlage im Freiland (aus Röhrig 1967)

Rel. Lichtgenuss (% des Freilandlichtes)	Sprosslänge (cm)	Durchmesser am Wurzelhals (mm)	Trockengewicht (g)			
			Blätter	Sprossachse	Wurzel	gesamt
Traubeneiche						
100	25,5	5,7	1,93	2,19	5,20	9,32
78	18,8	3,9	1,03	1,47	1,79	4,29
24	13,7	3,5	0,53	1,01	1,20	2,74
8	14,3	2,9	0,49	0,43	0,79	1,71
1	14,8	2,2	0,15	0,31	0,41	0,87
Stieleiche						
100	25,3	5,9	2,70	2,59	6,32	11,61
78	17,2	4,5	1,65	1,72	1,53	4,90
24	10,6	3,1	0,83	0,95	1,19	2,97
8	11,6	3,0	0,47	0,42	0,81	1,70
1	11,1	2,3	0,19	0,25	0,54	0,98
Winterlinde						
100	14,96	4,5	0,58	0,52	1,60	2,70
78	17,20	4,8	0,59	0,73	1,24	2,56
24	10,18	3,8	0,26	0,34	0,50	1,10
8	12,99	3,7	0,33	0,40	0,56	1,29
1	7,44	2,3	0,10	0,12	0,14	0,36
Sommerlinde						
100	17,12	4,8	1,02	1,00	1,51	3,53
78	15,39	4,5	0,63	0,69	1,13	2,45
24	13,16	3,9	0,39	0,50	0,81	1,70
8	13,67	3,8	0,39	0,52	0,75	1,66
1	8,03	2,3	0,14	0,13	0,18	0,45

verringert werden durch Beschattung der Durchmesserzuwachs, die gesamte Stoffproduktion und besonders die Wurzelentwicklung (Tab. 3.3).

Im Übrigen ist zu beachten, dass Eichensämlinge während der ersten Vegetationszeit ihr Wachstum noch fast gänzlich aus den Reservestoffen in den Kotyledonen bestreiten (siehe Abschnitt „Samenkeimung" Kap. 3.3.1.3). Daraus erklärt sich die hohe Überlebensrate der 1- bis 2-jährigen Sämlinge unter tiefem Schatten (Abb. 3.19). Doch schon im zweiten Lebensjahr erweisen sie sich unter solchen Umständen als sehr geschwächt und fallen Mehltauinfektionen oder anderen Schädigungen größtenteils zum Opfer.

Freilanduntersuchungen, sowohl an Naturverjüngungen als auch an Pflanzungen unter Schirm oder Seitenschatten, bestätigen im Wesentlichen die in Tabelle 3.3 aufgezeigte Tendenz. Als Minimum für das Überleben von mehrjährigen Eichenpflanzen können etwa 15 % des Freilandlichtes angesehen werden. Zum **anhaltenden Wachstum** sind während des ersten Lebensjahrzehnts mehr als 20 % erforderlich (Lüpke 1987, 1995; Hauskeller-Bullerjahn 1997; Hauskeller-Bullerjahn et al. 2000).

Verjüngungsverfahren

Eichenbestände müssen zur Einleitung der Naturverjüngung deutlich **stärker aufgelichtet** werden als Bestände aus Buche. Dadurch kann eine stärkere Begleitflora aufkommen, die aber meist weniger schädlich für das Aufwachsen junger Eichen ist. Diese sind nämlich bei genügendem Lichtgenuss mit ihrer Pfahlwurzel weitaus weniger empfindlich gegen Konkurrenz als junge Buchen (Lüpke 1987).

Eine wichtige Voraussetzung für den Erfolg von Naturverjüngung der Eichenarten stellt damit die planmäßige und langfristige **Bestandespflege** dar, sie beinhaltet das Herausarbeiten eines gut auf der Fläche verteilten Oberstandes und die Pflege eines bodenbeschattenden Unterstandes, der übermäßige Begleitflora nicht aufkommen lässt. Bei der Einleitung der Naturverjüngung in guten Mastjahren soll der Unterstand stark aufgelockert bis gänzlich entfernt werden. Die Auflichtung kann zunächst nur mäßig stark sein, muss aber stetig fortgesetzt werden, weil junge Eichen zunehmend mehr Licht benötigen, wenn sie sich gegen andere Baumarten (v. a. Buche, Hainbuche) nicht nur behaupten, sondern ihnen gegenüber einen Wuchsvorsprung gewinnen sollen, den sie später für die Erzeugung von Starkholz benötigen. Bestandeslücken von mindestens 500 m^2 sorgen für ein ausreichendes Lichtangebot bei einer kleinflächigen Verjüngung der Eichen (Ligot et al. 2014).

Reichlicher Lichtgenuss (aber nicht unbedingt volles Licht auf freier Fläche) ist auch aus einem anderen Grund notwendig: Bei ungenügender und sehr ungleichmäßiger Auflichtung des Kronendachs treten oft **Schaftkrümmungen** und **Vergabelungen** der Leittriebe auf (Schütz 1991; Hauskeller-Bullerjahn 1997). Dadurch können bleibende Mängel in der Schaftqualität entstehen.

Trotz aller geschilderten Schwierigkeiten gibt es manche Beispiele gelungener Eichennaturverjüngungen, besonders für die Traubeneiche in relativ rasch geräumten Großschirmschlägen.

Buche

Bedeutung

Die Naturverjüngung hat für keine andere Baumart eine so große Bedeutung im praktischen Betrieb wie für die Buche. Das hat in erster Linie

Abb. 3.19
Sämlinge der Traubeneiche aus Naturverjüngung um den Stammfuß eines Mutterbaums.

ökologische Gründe (Kap. 2.1.1.1): Die Buche nahm seit ihrer Einwanderung in Mitteleuropa sehr rasch eine dominierende Rolle ein. Von Natur aus beherrscht sie die Mehrzahl unserer Waldtypen fast vollständig, in vielen anderen hat sie als Mischbaumart ein großes Gewicht. Das verdankt sie ihrem hohen **Schattenerträgnis** im Verjüngungs- und Jungwuchsstadium, ihrem hohen Beschattungsvermögen, ihrem lang anhaltenden Wachstum und ihrer bis in hohe Alter bestehenden Fähigkeit zur Ausbreitung der Kronen (Bartsch und Röhrig 2009). Dadurch schließt sie weniger schattenertragende Arten auf vielen Standorten für längere Zeit als Konkurrenten aus oder behindert sie im Wachstum stark. Im Gegensatz zu manchen anderen Laubbaumarten ist sie nicht sehr langlebig, sodass sie durch Kronenverlichtung und Absterben schon mit 150–250 Jahren Raum zur natürlichen Verjüngung freigibt. Als typische Schattenbaumart wächst ihre Verjüngung auch bei relativ geringem Lichtgenuss auf, sie ist aber als Jungpflanze bei stärkerer Freistellung gegen Spätfrost empfindlich und leidet unter Konkurrenz durch wüchsige Begleitflora.

Ökonomisch gesehen ist bei der Buche die Naturverjüngung der aufwendigen und risikoreichen Pflanzung meist weit überlegen.

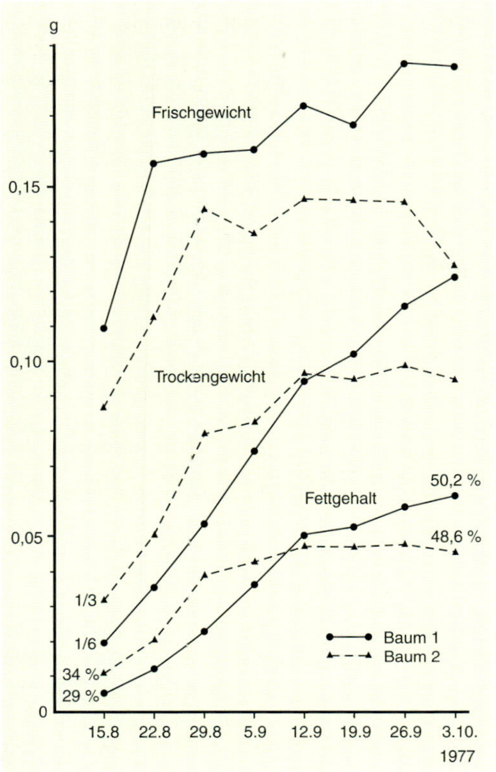

Abb. 3.20
Frischgewicht, Trockengewicht und Fettgehalt von Bucheckern (Samen ohne Schale) beim Reifevorgang von August bis Oktober (nach Röhrig et al. 1978).

Fruktifikation und Samenangebot

Wenn die **Witterungsvoraussetzungen** großräumig erfüllt sind, blüht die Buche in weiten Teilen Mitteleuropas intensiv. Eine europaweite Studie für die Jahre 1950–2014 ergab, dass die Blütenbildung der Buche durch hohe Sommertemperaturen im Vorjahr gefördert wird. Hingegen verhindern hohe Sommertemperaturen zwei Jahre zuvor und nasskalte Witterung im Frühsommer des Folgejahres reichliches Blühen (Vacchiano et al. 2017). Die Fruchtbildung wird durch hohen Niederschlag nach der Blüte begünstigt (Bisi et al. 2018).

Die Folgerungen von Wachter (1964) haben sich immer wieder bestätigt: Gewöhnlich herrschen in den Jahren vor stärkeren Buchenmasten hohe, das langjährige Mittel der Monate Juni und Juli um etwa 1,5 °C übersteigende Durchschnittstemperaturen, zugleich sind Niederschlagsdefizite in diesen Monaten oder eine ausgeprägte Frühjahrstrockenheit zu beobachten. Diese Regel traf auch in den Blütejahren 1990, 1992, 1995 zu und in den Jahren mit sehr geringer oder ganz ausbleibender Blütenbildung 1988 und 1996. In anderen Jahren fand sich oft keine gute Übereinstimmung. Das liegt z. T. daran, dass bei der Buche nur selten zwei Jahre mit reichlicher Fruktifikation aufeinander folgen.

Die Intensität des Blühens lässt sich am besten erkennen, wenn Ende Mai die männlichen Blütenstände herabgefallen sind. Eine Zerstörung der Blüten durch Frost oder Insektenfraß kommt regional begrenzt und nicht häufig vor. Die Cupula mit den beiden darin befindlichen Eckern ist schon Mitte Juni weitgehend entwickelt, doch beginnt der Reifevorgang je nach der Sommerwitterung erst Anfang bis Ende August. Dabei werden die zunächst vorherrschenden Kohlenhydrate weitgehend in Fett umgewandelt, das zur Zeit des Eckernfalls etwa 50 % der Trockensubstanz ausmacht. Selbst in dem ausgeprägt trockenen Sommer und Herbst 1976 haben sich die Bucheckern vollständig entwickelt, wenn auch mit einer Verzögerung von 2–3 Wochen. Den zeitlichen Verlauf der Fruchtreife zeigt Abbildung 3.20.

Sehr alte Buchen produzieren mindestens ebenso viele und gesunde Eckern wie jüngere Buchen (Tabel et al. 1994). Auch in Immissionsschadensgebieten fanden Burschel et al. (1986) keinen Zusammenhang zwischen dem Belaubungszustand der Mutterbäume und den Mengen bzw. der Qualität der Eckern.

Vollmasten (Definition siehe Seite 208) treten in Abständen von 5–8 Jahren auf, in neuerer Zeit auch häufiger. Dabei findet man stellenweise (hauptsächlich im Bereich vom Eineinhalbfachen der Kronendurchmesser) mehr als 1000 Eckern m^{-2}. In einem Buchenbestand auf Kalk in Südniedersachsen (420 m ü. NN) wurde im Zeitraum 1981–2004 in sieben Jahren eine Vollmast (> 150 vollständige Bucheckern m^{-2}) festgestellt, davon wurden in vier Jahren mehr als 300 Eckern m^{-2} gezählt, bei einem Höchstwert im Jahr 1995 mit durchschnittlich 786 Eckern m^{-2} (Schmidt 2006). Daten aus einer langjährigen Untersuchung der Buchenmast im Solling enthält Tabelle 3.4. Allgemein wird beobachtet,

Tab. 3.4 Stärke und Gesundheitszustand der Mast eines Buchenaltbestandes im Solling (Niedersachsen, 495 m ü. NN, Buntsandstein) in verschiedenen Jahren (aus Bartsch 1997)

Jahr	Durchschnitt	Eckernzahl (St. m^{-2}) Maximum	davon taub oder parasitiert (%)
1987	356	722	15
1989	70	120	25
1990	451	668	15
1992	652	1276	13
1994	28	132	85
1995	996	2012	21
1998	128	348	22

Tab. 3.5 Nährstoffentzüge für die Fruktifikation der Buche in verschiedenen Mastjahren (aus Burschel 1966)

Jahr	Eckernzahl (St.)	Nährstoffe (kg ha^{-1})				
		N	Ca	K	Mg	P
1958	115	4,8	1,7	3,9	0,6	0,7
1960	269	14,0	4,3	9,9	1,6	1,8
1962	115	4,8	1,7	3,9	0,6	0,7
1964	160	7,2	2,4	5,6	0,6	1,0

dass die Häufigkeit der Fruktifikation bei der Buche (und auch bei anderen Waldbäumen) in den letzten 30 Jahren gegenüber früher in weiten Teilen Europas zugenommen hat (Hilton und Packham 2003; Paar et al. 2004). In hohen Lagen der Gebirge kommen Vollmasten der Buche kaum vor (Mosandl 1984).

Vielfach wird berichtet, dass der Anteil keimfähiger Eckern an der Gesamtproduktion umso höher ist, je stärker die Mast ausfällt. Taube und parasitierte Eckern durch die Raupe des Buchenwicklers (*Cydia fagiglandana*) sind dann relativ weniger häufig repräsentiert (Nielsen 1977). Das trifft aber offenbar nicht allgemein zu, sondern hängt mehr mit örtlichen Faktoren zusammen.

Für die Produktion der Buchenbestände ist die Mast eine bedeutende Festlegung von Kohlenhydraten und auch von Mineralstoffen in den Früchten, die dem Zuwachs an den vegetativen Organen vorenthalten werden. Burschel (1966) errechnete für die Mast 1964 in dem von ihm untersuchten Bestand in Nordhessen (160 Bucheckern m^{-2}, davon 27 parasitiert oder taub; Gewicht einer gesunden Ecker 0,188 g, einer tauben 0,070 g, insgesamt 22 g gesunde und 3 g nicht gesunde Eckern sowie 39 g Fruchtkapseln m^{-2}) eine Gesamtproduktion von 610 kg ha^{-1}. Bei Umrechnung auf kalorische Werte ergibt sich das Äquivalent einer Holzmenge von etwa einem Kubikmeter. In starken Mastjahren kann die Zuwachseinbuße auf 2 m^3 ha^{-1} ansteigen. Wenn man die Veratmungsverluste, die bei der Blüten- und Fruchtbildung wesentlich höher sind als bei der Holzproduktion, in Rechnung setzt, ist die Belastung für die fruktifizierenden Bäume fast zu verdreifachen. Die in den Früchten festgelegten Nährstoffe sind dagegen weniger bedeutsam. Burschel (1966) errechnete für das Mastjahr 1964 die in Tabelle 3.5 enthaltenen Nährstoffentzüge für die Fruchtbildung. Biomassen und Kaloriengehalte der Komponenten einer Fruktifikation der Buche in Nordostfrankreich gibt Oswald (1984) für das Mastjahr 1976 an (Tab. 3.6).

Keimung und Wachstum

Den in den Mastjahren an den Boden gelangenden, häufig sehr großen Samenmengen steht eine relativ bescheidene Zahl von **Keimlingen** gegenüber, die man im Frühsommer des folgenden Jahres auf dem Waldboden zählen kann. In

Tab. 3.6 Anzahl Blütenstände und Eckern, Gewicht und Kaloriengehalt der Kompartimente an der Buchenmast 1976 in Nordost-Frankreich (aus Oswald 1984)

	Anzahl (St. m^{-2})	Trockengewicht ($g\ m^{-2}$)	Anteil an der Biomasse (%)	Kalorien ($J\ g^{-1}$)
männl. Blütenstände	2040	23,4	9	20,2
volle Eckern	272	57,3	22	22,6
leere Eckern	182	14,4	6	
Kapseln u. weibl. Blütenstände	264	176,2	63	19,2
Gesamt-Biomasse		271,3	100	

Tab. 3.7 Überlebensraten keimfähiger Bucheckern in verschiedenen Bereichen von Lochhieben im Solling (Anlage Oktober 1989, 30 m Durchmesser) mit und ohne Kalkung (aus Bartsch 1997)

Mastjahr	Kalkung	Anzahl keimfähiger Bucheckern im Dezember des Mastjahres (St. m^{-2})			Überlebensraten keimfähiger Bucheckern (%)					
					im Juni des 1. Jahres			im Juni des 2. Jahres		
		Südtrauf	Mitte	Nordtrauf	Südtrauf	Mitte	Nordtrauf	Südtrauf	Mitte	Nordtrauf
1989	ohne	30	20	72	12	29	3	3	12	1
	mit	78	2	45	4	55	3	2	45	1
1990	ohne	436	64	316	2	7	1	1	5	0
	mit	284	12	204	8	11	2	6	7	1
1992	ohne	564	368	652	6	6	3	4	6	2
	mit	316	116	524	8	1	3	4	0	3

Tabelle 3.7 sind für mehrere Mastjahre die Überlebensraten der keimfähigen Bucheckern in verschiedenen Bereichen von Lochhieben im Solling zusammengestellt. Eine Kalkung (3 t Dolomit ha^{-1}) verringerte die Ausfälle in den ersten Jahren nicht wesentlich (Bartsch 1997).

Die Winterlagerung der Eckern und die ersten Wochen nach dem Beginn der Keimung sind besonders **kritische Phasen** bei der Buchennaturverjüngung. Schon bei Beginn des Eckernfalls stellen sich oft riesige Schwärme von Tauben (*Columba palumbus*) und Bergfinken (*Fringilla montifringilla*) ein, die in manchen Jahren bis zu 90 % der Eckern aufnehmen (Huss et al. 1972; Le Tacon und Malphettes 1974; Nilsson 1985). Bald danach beginnen Gelbhalsmaus (*Apodemus flavicollis*) und Rötelmaus (*Clethrionomys glareolus*) mit dem Fraß und der Verschleppung von Bucheckern (Bäumler und König 1985; Hansson 2002; Zwolak et al. 2016).

In einem Bergmischwald der bayerischen Alpen stieg die Dichte samenfressender Mäuse für kurze Zeit im Frühjahr auf 150 Individuen ha^{-1}, doch liegt der Besatz im Allgemeinen bedeutend niedriger (siehe auch Jensen 1985). Bei einer durchschnittlichen Mäusedichte von 19 Rötel- und 9 Gelbhalsmäusen betrug der tägliche Verbrauch 456 bzw. 130 Bucheckern ha^{-1}, der Gesamtverzehr von Oktober 1977 bis April 1978 wurde mit 150000–200000 Bucheckern ha^{-1} eingeschätzt, doch gibt es stets starke Schwankungen je nach der Dichte der Mäusepopulation auf der Fläche und dem Nahrungsangebot. Eine weitere Verlustquelle für die Bucheckern während des Winters und des Frühjahrs liegt in dem Befall durch den Keimlingspilz *Rhizoctonia solani*.

Gekeimte Bucheckern, die nicht mit Streu oder Mineralboden bedeckt sind, werden schon durch mäßige **Frostgrade** geschädigt, zumal

Hintergrundwissen

Samen- und Keimlingspilze

Der in Samen und Keimlingen verschiedener Laubbaumarten vorhandene Pilz *Rhizoctonia solani* tritt vor allem bei der Buche als Parasit in Erscheinung. Er lebt in der Streu und im humosen Oberboden. Infektionen finden nur im Kontakt der Eckern mit diesen Schichten statt (Dubbel 1989, 1992). Sein weißes Myzel breitet sich in der inneren Wandung der Samenschale und intrazellulär in den Keimblättern aus. Der Befall der Eckern lässt sich bereits im Winter erkennen. Deutlicher wird er jedoch erst durch fleckenhafte Verfärbungen an den Kotyledonen, später auch an Teilen der Stängel und der Primärblätter. Ähnliche Symptome an Keimlingen verursacht auch der Erreger einer weiteren Buchenkeimlingskrankheit: *Phytophtora cactorum*. Die von *Rhizoctonia solani* befallenen Samen keimen verzögert, die Entwicklung der Radikula ist zunächst nicht gestört (Abb. 3.21). Doch die Schäden an den Kotyledonen führen meist zu raschem Absterben der Keimlinge, die bald verfaulen und bei späteren Beobachtungen kaum mehr wahrgenommen werden. Nur ein geringer Teil der befallenen Pflänzchen kann sich unter günstigen Umständen erholen (Perrin 1979; Butin 2011).

Die Samenfäule tritt in endemischer Form vorzugsweise nach nasskalten Herbst- und Wintermonaten auf. Die Schäden steigen mit dem pH-Wert des Bodens und dem Gehalt an organischem Material. Größere Samenverluste lassen sich durch Bodenbearbeitung vermeiden. Bei der Gewinnung von Saatgut verhindern aufgespannte oder ausgelegte Fangnetze den Bodenkontakt und damit die Infektion der Bucheckern. Bei der Aufbewahrung des Saatguts ist auf eine trockene Lagerung zu achten (Butin 2011).

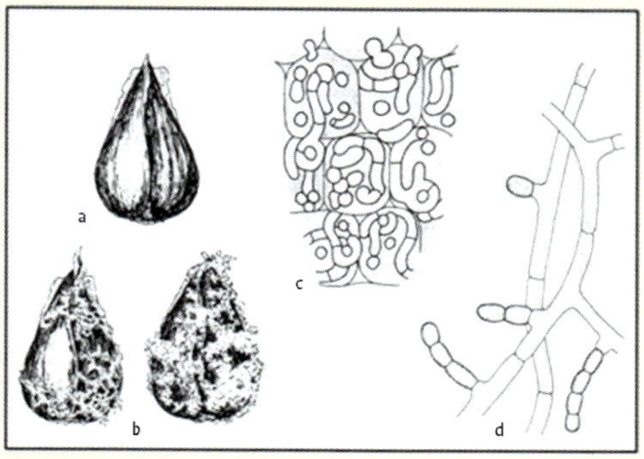

Abb. 3.21
Samenschädling *Rhizoctonia solani* (aus Butin 2011): Buchecker ohne Befall **(a)**, befallene Buchecker mit Pilzmyzel **(b)**, Hyphen im Keimblattgewebe **(c)**, in Kultur gewonnenes Myzel mit Chlamydosporen **(d)**.

wenn sie – wie bisweilen beobachtet – bereits Ende Januar keimen. Unter Umständen erreichen Keimwurzeln der Buche Längen von 10 cm und mehr, ehe sie mit ihrer Spitze in den Mineralboden gelangen können. Wenn ihnen das nicht gelingt, sterben die Keimlinge bei **Frühjahrstrockenheit** ab.

Verluste an 1- und 2-jährigen Buchen treten in manchen Jahren durch blattsaugende **Insekten** (Buchenblattlaus, Zwergzikaden) und **Schnecken** auf (Koss 1989), und zwar bevorzugt dort, wo die jungen Buchen durch Lichtmangel oder starke Versauerung des Oberbodens eine schwache Wurzelentwicklung aufweisen.

In vielen Fällen erweist sich eine **Bodenbearbeitung** im Jahr einer stärkeren Mast als sehr vorteilhaft, unter manchen Umständen ist sie für eine erfolgreiche Naturverjüngung geradezu notwendig. Das zeigen wissenschaftliche Untersuchungen ebenso wie eine breite praktische Erfahrung (Kap. 3.2.2). Beim Schirmschlagverfahren, das häufig für die Buchennaturverjüngung angewendet wird, kommen streifenweise Bodenbearbeitungen in Betracht (Kap. 3.2.2.3). Damit lassen sich die wichtigsten Verjüngungshemmnisse, Anhäufung schlecht zersetzter Streu und zu reichlich entwickelte Begleitflora für die Zeit der Keimung und des ersten Aufwachsens, entscheidend verringern. Heute gelingt die Buchennaturverjüngung oft ohne Bodenbarbeitung, weil sich auf vielen Standorten die Humusform verbessert hat. Als Ursachen hierfür werden eine bessere Streuzersetzung durch Kalkung (Kap. 4.4), atmosphärische Stickstoffeinträge, stärkere

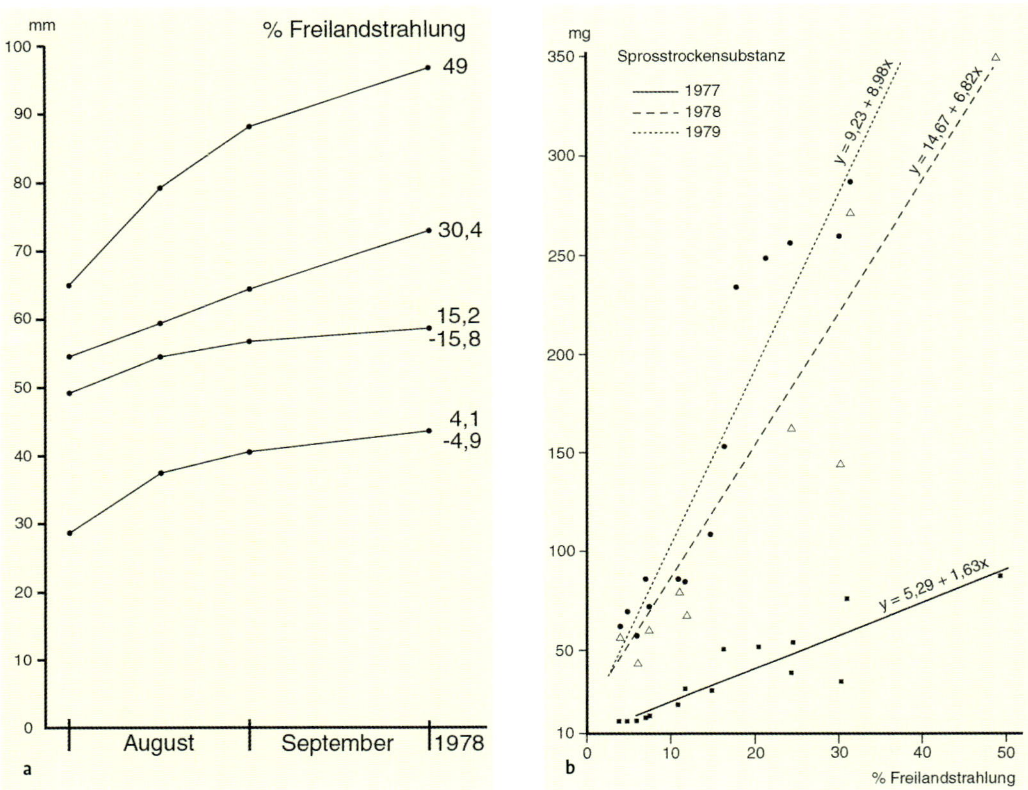

Abb. 3.23 Einfluss der Lichtverhältnisse auf den Zuwachs der Sprosslänge 2-jähriger Buchen **(a)** und die Entwicklung der Sprossbiomasse (Trockensubstanz) **(b)** von bis zu 3-jährigen Buchen aus Naturverjüngung auf Buntsandstein in Südniedersachsen (nach Suner und Röhrig 1980).

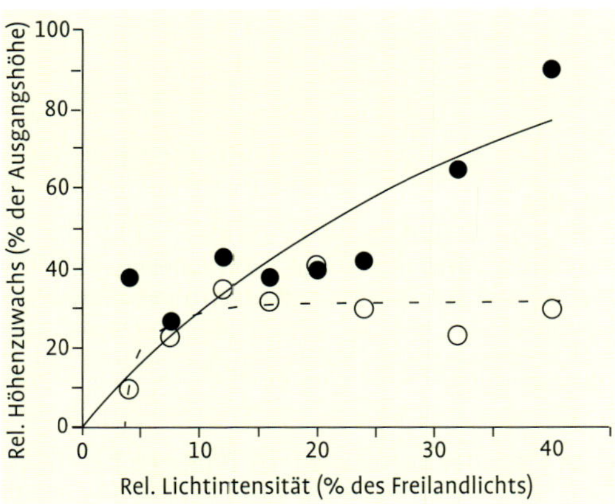

Abb. 3.24
Wachstum junger Buchen bei unterschiedlicher Lichtintensität (% des Freilandlichtes) mit (leere Punkte/gestrichelte Trendkurve) und ohne (schwarze Punkte/durchgezogene Trendkurve) Wurzelkonkurrenz der Altbuchen.
Dargestellt ist das relative Höhenwachstum als Höhenzuwachs im Verhältnis zur Ausgangshöhe der Buchenpflanzen vor (= mit Wurzelkonkurrenz) und 2 Jahre nach Anlage der Trenngräben (= ohne Wurzelkonkurrenz) (nach Wagner et al. 2010).

triebe als ein Zeichen dafür angesehen, dass ein weiterer Lichtungshieb notwendig ist. Unterbleibt dieser, ist auf längere Sicht mit einem hohen Anteil krummer und zwieseliger Jungbuchen zu rechnen.

Verjüngungsverfahren

Aus den zahlreichen Untersuchungen und Erfahrungen lässt sich schließen: Bei einem Lichtzutritt von etwa 1 % halten sich Buchensämlinge über längere Zeit (Emborg 1998; Modry et al.

Abb. 3.25 Großschirmschlag mit Buchendickung aus Naturverjüngung in Südniedersachsen.

2004), doch stocken sie im Wuchs und können bei Belastung (v. a. Trockenheit, Wildverbiss) vergehen. Für ein zügiges Aufwachsen während der ersten Jahre sind etwa 20 % Lichtzutritt als Minimum anzusehen. Höhen- und Durchmesserwachstum sind am größten bei vollem Licht und unterscheiden sich im Bereich von 30 bis < 50 % des Freilandlichtes kaum (Gemmel et al. 1996; Kunstler et al. 2005). Für die weitere Entwicklung sind zusätzliche Auflichtungen notwendig, weil sich verminderter Lichtgenuss mit zunehmendem Alter der Verjüngung verstärkt auswirkt (Franz et al. 1989). Das gilt auch für **Mischbaumarten.** Meist wird bei der Einleitung der Buchenverjüngung angestrebt, dass der neue Bestand eine Mischung aus Buche mit anderen Baumarten bilden soll. Dann muss sich die Behandlung von Altbestand und Verjüngung diesem Ziel anpassen (Kap. 3.3.2.7).

Die sehr unterschiedlichen Horizontal- und Vertikalstrukturen in alten Buchenbeständen (Emborg 1998) machen es schwierig, die Lichtverhältnisse durch praxisnahe Kriterien, wie Baumzahl, Grundfläche oder Bestockungsgrad, einzuschätzen (siehe Abschnitt „Licht" Kap. 3.3.1.3). Für die Buche kann als Faustregel gelten, dass 20 % Lichtzutritt zum Boden mit einer Reduktion der Überschirmung von etwa 70 % im geschlossenen Altbestand auf 50 % erreicht werden kann (Burschel und Schmaltz 1965a, 1965b). Das entspricht einer Absenkung des Bestockungsgrades auf etwa 0,7 (z. B. bei I. Ertragsklasse und mäßiger Durchforstung von 33 auf 23 m^2 Grundfläche, bei II. Ertragsklasse von 32 auf 22 m^2). Je nach der Entwicklung der Verjüngung, wie sie sich durch die Standortsverhältnisse und mögliche Schäden ergibt, folgen beim **Schirmschlag** drei bis vier weitere Hiebe in Abständen von mehreren Jahren, bis die neue Bestandesgeneration (nach 15–20 Jahren) gesichert im Jungwuchsstadium ist (Abb. 3.25). Bei Zielstärkennutzung (Kap. 4.2.8.3) verlängert sich der Verjüngungszeitraum.

Beim **Femelschlag**, der bisher überwiegend zur Verjüngung von Mischbeständen, z. B. Buche mit Edellaubbaumarten, angewendet wurde und inzwischen auch für Buchenreinbestände empfohlen wird, dauern die Verjüngungszeiträume meist mehrere Jahrzehnte (Kap. 5.4.5).

Fichte

Bedeutung

Die Naturverjüngung der Fichte als Verfahren zur Bestandesbegründung spielt nur im natürlichen Verbreitungsgebiet eine wesentliche Rolle:

in den Hochlagen der europäischen Gebirge sowie in Nord- und Nordost-Europa. Außerhalb dieser Regionen hat sich die Pflanzung als Begründungsverfahren weitgehend durchgesetzt. Heyder (1986) hat die Diskussionen über Wert und Unwert von Naturverjüngung der Fichte vom Ende des 16. Jahrhunderts an und ihre Rolle in verschiedenen Verjüngungssystemen (Kap. 5.4) während der Zeit von 1860–1950 anschaulich dargestellt. Die von Süddeutschland ausgehenden Anregungen zur Naturverjüngung der Fichte sind auch in mittleren und nördlichen Regionen mehrfach aufgenommen worden. Doch überwiegt heute fast überall in Europa die Pflanzung bei Weitem. Warum sich das so entwickelt hat, wird am Ende dieses Abschnittes erörtert. Zuvor aber werden die ökologischen Bedingungen für die Naturverjüngung der Fichte behandelt.

Fruktifikation und Samenangebot
In der Mitte des 20. Jahrhunderts rechnete man für mittlere Höhenlagen mit etwa ein bis zwei **Vollmasten** (mit ca. 500 Zapfen pro Baum und darüber) pro Jahrzehnt und einigen Jahren mit wenig ergiebiger Samenproduktion. Messer (1958) gibt für gute Samenjahre einen Samenfall von etwa 100 kg ha^{-1} an, die im Durchschnitt 1 300 bis 1 500 Samen m^{-2} auf den Boden bringen.

In einem schwachen Samenjahr ermittelte Heiseke (1969) im nordhessischen Bergland auf zwei Flächen 271 bzw. 136 Samen m^{-2}, von denen 48–52 % keimfähig waren. Mosandl (1991) berichtet aus dem Bergmischwald in den Chiemgauer Alpen (930–1 250 m ü. NN) für die Periode 1978–1986 von einer relativ guten Samenproduktion im Abstand von zwei Jahren, wobei 270–420 Samen m^{-2} an den Boden gelangten. Die Keimfähigkeit lag bei ca. 35 %.

Verluste an keimfähigem Saatgut gehen z. T. auf vorzeitigen Zapfenfall und auf im Zapfen verbleibende Samen zurück. Auch verursachen Buntspecht (*Dendrocopus major*), Tauben (*Columba palumbus*) und andere Vögel sowie Eichhörnchen (*Sciurus vulgaris*) bereits am Baum Verluste. Insekten (*Cydia strobilella* u. a.) können als Samenschädlinge Bedeutung erlangen. Der Hohlkornanteil geht überwiegend auf mangelnde Befruchtung der weiblichen Samenanlage oder auf Selbstbestäubung und andere genetische Defekte zurück. Bei den Untersuchungen von Heiseke (1969) betrug der Hohlkornanteil 26–30 %.

Welchen Einfluss die **Witterung** des Vorjahres auf die Blütenbildung der Fichte hat, ist nicht genügend geklärt. Er wird allgemein als geringer eingeschätzt als bei der Buche. In den letzten Jahrzehnten haben Häufigkeit und Intensität der Blüte zugenommen. Den Berichten von Eicke (ab 1982) ist zu entnehmen, dass seit 1992 in Deutschland kein Jahr ohne Blütenbildung zu verzeichnen war (Eicke 1998). Schwaches und z. T. nur regionales Blühen fand statt: 1989, 1993, 1994, 1996 und 1997. Kräftiges Blühen wurde in den Jahren 1991, 1992 und 1995 beobachtet. Dabei ist kein deutlicher Zusammenhang mit der Vorjahreswitterung erkennbar.

Der **Samenflug** beginnt, wenn die Zapfen einen gewissen Grad der Austrocknung erreicht haben. Messer (1958) gibt dafür einen Wassergehalt von 17–19 % an. Das kann bereits im Herbst des Jahres der Zapfenbildung eintreten (Schmidt-Vogt 1960), doch gewöhnlich lösen sich die Samen nicht vor dem folgenden April aus den Zapfen. Das Maximum wird im Mai erreicht, danach lässt die Intensität nach. Einzelheiten dazu, auch über den Zusammenhang mit der Witterung, sind bei Heiseke (1969) und Schmidt-Vogt (1991) geschildert.

Die Untersuchungen von Heiseke (1969) geben Hinweise auf die **Flugweiten** der Fichtensamen und deren **Verteilung** in den Beständen. Die Anzahl und die räumliche Anordnung der zapfentragenden Fichten im Bestand sowie die Struktur der Altbestände (rein oder gemischt, ein- oder mehrstufiges Kronendach) spielen dabei eine Rolle. Immerhin fand Heiseke (1969) bei der nur mäßigen Mast 1964 (nur 13 % der Bäume hatten stärkeren Zapfenbehang) eine auffallend gleichmäßige Verteilung der Samen auf dem Boden der Untersuchungsflächen. Offenbar wird nur eine geringe Samenmenge (um 10 %) mehr als 50 m weit transportiert, nur etwa die Hälfte der im Bestand erzeugten Samen fliegt auf einer benachbarten Saumfläche weiter als 20 m. Dabei ist der Anteil an Hohlkörnern relativ hoch.

Keimung und Wachstum

Die Keimung der Samen beginnt je nach den Wärme- und Feuchtigkeitsverhältnissen meist Ende Mai und erreicht ihr Maximum im Juni. Unter der Voraussetzung ausreichender Feuchtigkeit ist die Temperatur für die Keimgeschwindigkeit maßgeblich, vor allem die Erwärmung des Keimsubstrates (Plate 1975). Später keimen nur noch solche Samen, die größere ökologische Widerstände (ungünstige Witterung oder Lagerung) zu überwinden hatten. Entscheidend für den Keimerfolg und das Aufwachsen der Sämlinge sind die **Beschaffenheit des Keimsubstrates** und der **Bodenbewuchs**.

Frei liegender **Mineralboden** stellt prinzipiell ein günstiges Keimsubstrat dar. Doch anders als bei der Buche hat die Fichte unter solchen Verhältnissen nicht immer die höchsten Keimlingszahlen, zumindest wenn die Samen nicht mit Boden oder Streu bedeckt sind. Heiseke (1969) fand im Vergleich zu unbearbeiteten Parzellen (mittlerer Buntsandstein mit Lösslehm, Rohhumusauflage von 10 cm, pH_{KCl}-Wert im O_{fh} 2,5, im A_{eh} 3,5) weit höhere Verluste, die sowohl durch Fraßschäden als auch durch Zusammenschwemmen und Übererden von Samen nach starken Regenfällen zustande gekommen waren. Noch ausgeprägter waren solche Verluste bei der Folgeuntersuchung der Flächen durch Plate (1975), und zwar nicht nur durch Fraß von Samen, sondern auch durch Pilzbefall (besonders *Rhizoctonia* sp.). Wurden diese Gefahren (in diesen Versuchen durch leichtes Einharken der Samen) stark verringert, so erwies sich der Mineralboden als günstiges Substrat. Aber auch geringe bis mäßig dicke **Streudecken** aus Fichtennadeln sowie aus gemischter Nadel- und Laubstreu lassen Fichtensämlinge gedeihen (siehe auch Mosandl 1984), wenn die Standorte nicht zeitweiliger Austrocknung ausgesetzt sind (z. B. an Südhängen) (Brang 1996). Es kommt entscheidend darauf an, dass die Keimwurzeln schon im ersten Jahr in frischere Schichten aus Moder oder Mineralboden eindringen können. Eine hohe Azidität scheint sich, wie viele Freilandversuche und -beobachtungen zeigen, auf Keimung und Sämlingsentwicklung nicht nachteilig auszuwirken.

Ein **Bodenbewuchs** kann je nach Art und Dichte die Naturverjüngung der Fichte stark erschweren oder für lange Zeit unmöglich machen. Flach wachsende Moose und locker stehende, niedrige Grasdecken können als Schutz gegen Verdunstung und Abschwemmen der Samen die Verjüngung fördern, während sich in höheren, dichten Moospolstern (*Polytrichum*, *Hylocomium*) Fichtenkeimlinge kaum entwickeln können. Eine wenig vitale Vegetation aus Kleinsträuchern (*Vaccinium* sp.) ist meist ohne Bedeutung, bei üppiger Entwicklung bildet sie dagegen ein Verjüngungshemmnis. Noch mehr sind dichte Grasdecken (*Deschampsia flexuosa*, *Calamagrostis* sp.) nachteilig für den Verjüngungserfolg. Viele Samen erreichen unter solchen Bedingungen den Boden gar nicht und, sofern ihnen das gelingt, erliegen sie rasch der Licht- und Wasserkonkurrenz.

Für die Fichte in höheren Gebirgslagen spielt das **Moderholz** als Substrat für die natürliche Verjüngung eine Rolle. Das ist vor allem in Urwäldern und Naturwaldreservaten mit hohen Alt- und Totholzanteilen zu beobachten (Abb. 3.26). Stark zersetzte, dem Boden aufliegende Totholzstämme und -stümpfe bilden durch ihre Feuchtigkeit und das Fehlen von Konkurrenzvegetation nicht nur für die Keimung, sondern auch für das Aufwachsen von Sämlingen ein günstiges Substrat (Gensac 1990; Szewczyk und Szwagrzyk 1996; Reif und Przubilla 1998). Obwohl in einem subalpinen Fichtenaltbestand in den westlichen Karpaten (1200–1300 m ü. NN) in Polen starkes Totholz nur 4 % des Bodens bedeckte, wuchsen 43 % der Fichtenjungpflanzen auf sich zersetzenden Stämmen und Stümpfen (Zielonka 2009). Die höchste Dichte fand sich auf Totholz, das 30–60 Jahre lang der Zersetzung ausgesetzt war. Keimlinge keimten aber auch bereits auf Totholz, das sich erst im zweiten Jahrzehnt der Zersetzung befand. Viele dieser Sämlinge sterben nach einigen Jahren aus Mangel an Licht, vielleicht auch an Nährstoffen, ab, aber manche tragen langfristig zur Bestandesverjüngung bei.

Bis zur vierten Vegetationszeit sind selbst unter günstigen ökologischen Verhältnissen die Verluste an Samen und Sämlingen beträchtlich, in den Freilandversuchen von Plate (1975) waren es 80 %. Sie können mehr als 90 % des Samen-

Abb. 3.26
Fichtenverjüngung auf einem vermodernden Fichtenstamm.

eintrags ausmachen. Häufig gewährleistet selbst diese Ausgangssituation eine zielgerichtete Bestandesverjüngung, vorausgesetzt, die weitere Entwicklung der Jungpflanzen verläuft ohne größere Einbußen an Pflanzenzahl und Vitalität. Oft werden frühe Verluste durch späteren Samenfall ausgeglichen. Auf frischen bis feuchten Standorten im Berg- und Hügelland ist oft **übermäßig dichte** Fichtennaturverjüngung zu beobachten (Abb. 3.18 in Kap. 3.3.1.5). Ein Beispiel dafür geben die Untersuchungen von Schneider und Roeder (1993) in einem 124-jährigen Fichtenbestand

Hintergrundwissen

Vergleich Naturverjüngung und Pflanzung

Die Entwicklung einer übermäßig dichten Naturverjüngung der Fichte verglichen Bartsch et al. (1985) mit einer Pflanzung. Die Flächen liegen im Sauerland (Nordrhein-Westfalen, 435–470 m ü. NN, 1 000 mm Jahresniederschlag, Pseudogley-Braunerde bzw. podsolige Braunerde aus sandig-schluffigem Lehm, rohhumusartiger Moder). Die Naturverjüngung entstand unter einem Fichtenaltholzschirm, der drei Jahre später geräumt wurde. Die Pflanzung erfolgte durch Versetzen von Anflugfichten und zum geringen Teil mit Baumschulpflanzen im Verband von 1,5 × 1,5 m.

Im Alter von 35 Jahren standen in der Naturverjüngungsfläche 5 118 Fichten ha^{-1}, etwa 20 % mehr als in der Pflanzfläche mit 4 260 St. ha^{-1}, in der also noch fast 90 % der ursprünglich gepflanzten Fichten vorhanden waren. In der Naturverjüngung haben dagegen nur etwa 3 % der Ausgangspflanzen überlebt.

Deutlich unterscheidet sich nach mehr als 30 Jahren die Gliederung der Bestände nach **Baumklassen** (Abb. 3.27): In die Kraftschen Klassen (Kap. 4.2.3) 1–3 gehören 30 % der Naturverjüngungspflanzen und 40 % der gepflanzten Fichten. Die relative Häufigkeit der Stämme in den **Durchmesserklassen** zeigt Abbildung 3.28.

Die **Höhe** des Grundflächenmittelstamms beträgt in der Naturverjüngung 10,3 m, in der Pflanzung 12,8 m. Das hängt wesentlich mit dem höheren Anteil schwächerer Stämme in der Naturverjüngung zusammen. Die Fichten wuchsen in der Naturverjüngung schlanker auf als in der Pflanzung, d. h., das Verhältnis der Höhe (h) zum Durchmesser (d) ist größer. Die sogenannten **Schlankheitsquotienten** (h/d-Verhältnis) liegen im Naturverjüngungsbestand mehr im Bereich von 100–120, in der Pflanzung bevorzugt in der Klasse 80–100 (Tab. 3.8). Das sind in Anbetracht der relativ hohen Stammzahlen durchaus gemäßigte Werte.

Tab. 3.8 Verteilung (% der Pflanzenzahl) von Fichten aus Naturverjüngung und Pflanzung auf Klassen des Schlankheitsquotienten (h/d) (aus Bartsch et al. 1985)

h/d-Klasse	61–80	81–100	101–120	> 120
	Anteil an der Pflanzenzahl (%)			
Naturverjüngung	2,5	24,9	72,5	–
Pflanzung	10,9	39,7	27,8	21,6

Nach Vitalität und räumlicher Verteilung wurden in der Naturverjüngung 773 förderungswürdige **Zukunftsbaumanwärter** ha^{-1} festgestellt, in der Pflanzung 639 St. ha^{-1}. Der Anteil der durch **Schneelast gebrochenen**, noch lebenden Stämme betrug in der Naturverjüngung 15 %, in der Pflanzung 17 %. Ganz überwiegend waren in beiden Flächen beherrschte und unterständige Bäume betroffen, die vorherrschenden und herrschenden nur zu 4,5 bzw. 2,5 % (Abb. 3.29). In der Naturverjüngung betrug der Anteil vom Rotwild geschälter Bäume 27 %, in der Pflanzung 55 %, ein Drittel davon wies größere, nicht vernarbte Wunden auf.

Aus den Ergebnissen wird deutlich, dass sich unter den gegebenen ökologischen Verhältnissen mit rasch verlaufendem Schirmschlag durchaus brauchbare Bestände erzielen lassen, insbesondere dann, wenn – wie im vorgestellten Beispiel nicht geschehen – rechtzeitige Maßnahmen zur Jungwuchspflege bzw. Läuterung ergriffen werden. Diese können bei hoher Ausgangspflanzenzahl recht aufwendig sein.

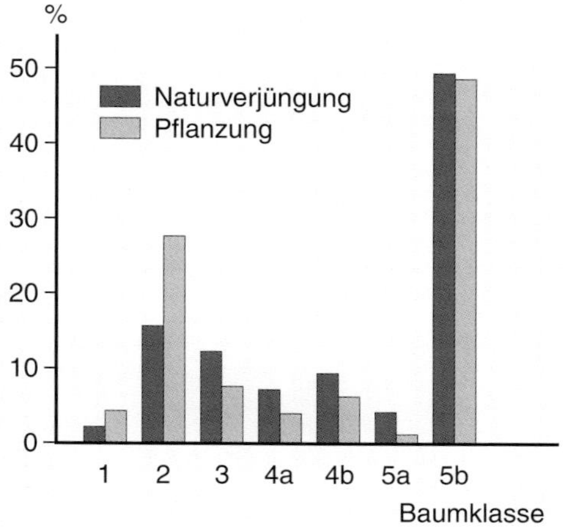

Abb. 3.27
Stammzahlverteilung auf die Baumklassen nach Kraft (Abb. 4.11, Kap. 4.2.3.1) 35-jähriger Fichten aus Naturverjüngung (5 118 St. ha^{-1}) und Pflanzung (4 260 St. ha^{-1}) (nach Bartsch et al. 1985).

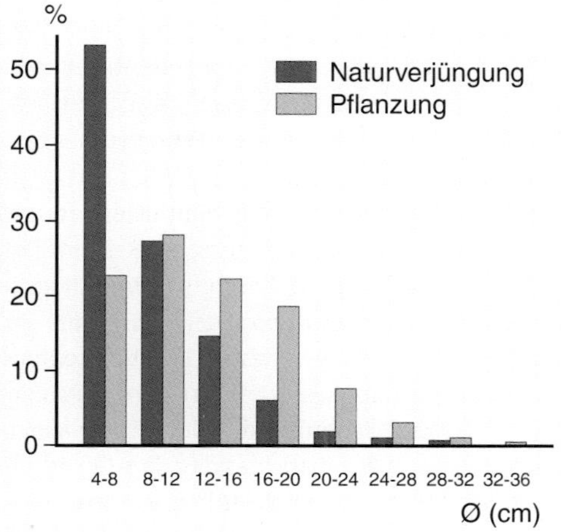

Abb. 3.28
Stammzahlverteilung auf Durchmesserklassen 35-jähriger Fichten aus Naturverjüngung und Pflanzung (nach Bartsch et al. 1985).

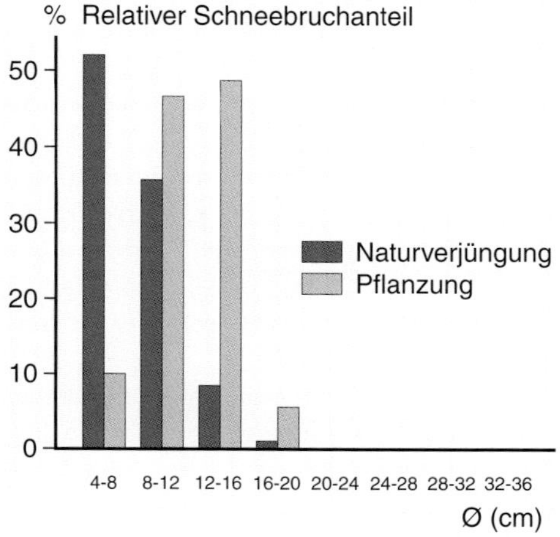

Abb. 3.29
Schneebruchanteil in Durchmesserklassen 35-jähriger Fichten aus Naturverjüngung und Pflanzung bei Brilon/Sauerland (nach Bartsch et al. 1985).

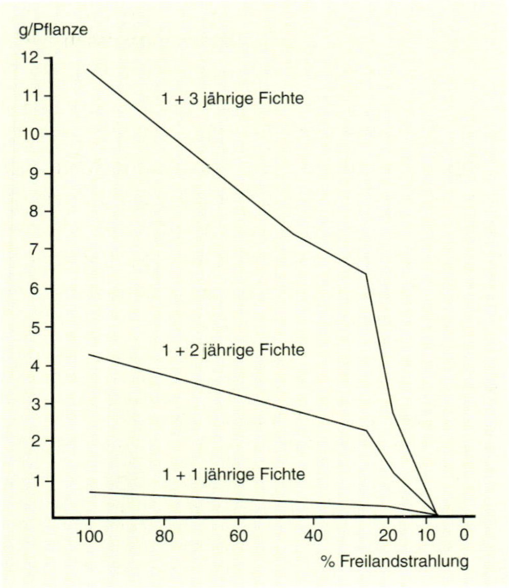

Abb. 3.30
Verringerung der oberirdischen Biomasse (Trockensubstanz in g pro Pflanze) von 2- bis 4-jährigen Fichten mit abnehmender Lichtintensität (nach Huss 1977).

mit flächiger Naturverjüngung in Rheinland-Pfalz (535 m ü. NN, schwach geneigtes Oberhangplateau, knapp 1 000 mm Jahresniederschlag, tiefgründige Braunerde mittlerer Basensättigung). Nach einem Schirmhieb, der einen Überschirmungsgrad der Parzellen von 53–69 % beließ, fand sich eine Naturverjüngung von ca. 200 000 Pflanzen ha^{-1} ein. Nach 12 Jahren waren noch zwischen 40 000 und 62 500 Pflanzen mit Oberhöhen von 38–53 cm und Sprossbasisdurchmessern von 5,8–6,8 mm vorhanden. Die Länge des Terminaltriebes der letzten Vegetationsperiode betrug bei der am stärksten überschirmten Parzelle 30 mm, bei der mit einer Überschirmung von 55 % dagegen 56 mm. Die Differenzierung der Pflanzen innerhalb der Parzellen war relativ gering.

Die Entwicklung der Naturverjüngung hängt bei allen Baumarten sehr wesentlich von den **Lichtverhältnissen** ab. Die Fichte gehört zu den Baumarten mit mäßiger Schattentoleranz (siehe Abschnitt „Licht" Kap. 3.3.1.3). Sie erhält sich unter schwacher Lichtintensität lange am Leben, doch benötigt sie für einen raschen Zuwachs an Höhe und Durchmesser mehr Licht als typische Schattenbaumarten (z. B. Buche und Tanne).

Huss (1977) hat die Wirkung von unterschiedlichen Lichtverhältnissen und Nährstoffzufuhren auf das Wachstum 2- bis 4-jähriger Fichten in umfangreichen Versuchen geprüft. Dazu gehörte auch die Untersuchung in einer Beschattungsanlage, wie sie in ähnlicher Weise für Eichen und Buchen verwendet wurde (Kap. 3.3.2.2). Es zeigte sich, dass die Jungpflanzen nur bei stärkerem Lichtgenuss auf Düngung positiv reagieren. Die Reaktion auf unterschiedlichen Lichtzutritt in einer solchen Versuchsanlage zeigt Abbildung 3.30. Danach vermindert sich der Zuwachs an oberirdischer Biomasse mit zunehmender Beschattung (das gilt für ungedüngte wie für gedüngte Pflanzen) zunächst fast linear, dann aber weit überproportional. Je älter die Fichten sind, desto stärker ist diese Reaktion ausgeprägt. Die Aufteilung des Wachstums auf verschiedene Pflanzenteile lässt erkennen, dass die Sprosslänge der Fichte durch mäßige Beschattung nicht erhöht wird (kein Etiolement), wie es in manchen Untersuchungen bisweilen gezeigt wird, und dass die Ausbildung von Seitenzweigen stark vom Lichtgenuss abhängig ist. Die Verminderung des relativen Lichtangebotes von 100 auf 20 % des Freilandlichtes reduzierte die Wurzelgewichte bei allen drei untersuchten Sortimenten von ca. 40 auf 25 % des Gesamtpflanzengewichts.

Auch die Untersuchungen von Plate (1975) auf den von Heiseke (1969) angelegten Flächen mit Schirm- und Saumschlag im nordhessischen Bergland bestätigen diese Tendenzen. Unter dem Schirm (durchschnittlich 11 % Lichtzutritt) hatten 4-jährige Fichten Sprosslängen von 10 cm, die Sprossgewichte lagen bei 90–150 mg je Pflanze und die Gesamtgewichte betrugen 260–390 mg. Auf dem Saum (> 60 % des Freilandlichtes) waren die Fichten 15,3 cm hoch und hatten ein Sprossgewicht von 717 mg. Pro Jahr betrug der durchschnittliche Höhenzuwachs bei Grundflächen des Altbestandes um 20 m^2 10–15 cm und bei jenen um 30 m^2 nur 5 cm.

Gruis und Kellomäki (1981) fanden in Mittelschweden bei Grundflächen des Altbestandes um 10 m^2 einen Höhenzuwachs der Fichtenpflanzen von 15–30 cm. Heisig und Thomasius

(1968) geben als Ergebnis statistischer Berechnungen aus Freilandmessungen für Fichtenjungwüchse (ohne Altersdaten) im Erzgebirge an, dass die Trieblänge linear vom Lichtgenuss abhängig ist und dessen Erhöhung um 10 % eine Verlängerung um knapp 20 % bewirkt, d. h., bei 10 % Lichtzutritt ca. 5 cm, bei 20 % etwa 6 cm usw. Die Trieblänge korreliert zudem negativ mit der Höhenlage ü. NN, sofern die übrigen ökologischen Bedingungen vergleichbar sind. Die niedrigen absoluten Werte für den Höhenzuwachs erklären sich aus den schwierigen Wuchsverhältnissen des Untersuchungsgebietes. Bei den Untersuchungen im Bergmischwald der Chiemgauer Alpen zeigte sich, dass die Fichten bei weniger als 10 % des Freilandlichtes nur sehr geringe Überlebensraten und minimalen Zuwachs haben (Kap. 3.3.2.8).

Jungwüchse aus Naturverjüngung entstehen oft aus **mehreren Masten**. Dabei haben im Allgemeinen die sich zuerst ansiedelnden Sämlinge die besten Aufwuchschancen. Vor allem nach Auflichtungen des Altbestandes verstärken sie selbst und die sich entwickelnde Begleitflora die Konkurrenz und lassen die nachfolgenden Jungpflanzen im Wachstum zurückbleiben oder vergehen (Ammer 1996). In alpinen Hochlagen spielen für die Naturverjüngung der Fichte die verschiedenen Formen der Schneebewegung eine große Rolle, wie die Naturverjüngung ihrerseits zur Stabilisierung der Schneedecken beiträgt (Schönenberger 1978). Die tiefe Beastung alter Fichten führt häufig zu **vegetativer Vermehrung** durch Absenker. Daraus entstehen kleinräumige Fichtenkolonien, in deren Schutz die generative Verjüngung der Fichte fortschreiten kann.

Verjüngungsverfahren

Die Fichtennaturverjüngung braucht zum Aufwachsen ein Maß an **Licht**, das deutlich über dem eines geschlossenen Altbestandes liegt. Auflockerungen des Kronendachs sind daher notwendig. Verschiedene waldbauliche Verfahren (Kap. 5.4) sind für die Einleitung und weitere Förderung der Naturverjüngung mehr oder weniger gut geeignet.

Unter **Schirm** findet sich oft eine Verjüngung ein, wenn der alte Bestand durch einzelne Sturmwürfe aufgelockert wurde (Diaci et al. 2005; Baier et al. 2007). Wenn dann rasch nachgelichtet und geräumt wird, entstehen meist übermäßig dicht aufwachsende Jungwüchse bzw. Jungbestände. Als planmäßiges Verjüngungsverfahren für Fichtenbestände wird der Schirmschlag in Mitteleuropa (anders als in Skandinavien und Russland) kaum angewendet. Zu groß sind hier die Gefahren, dass Bäume des Altbestandes von Stürmen geworfen oder gebrochen werden und dass sich eine verjüngungshemmende Begleitflora stark ausbreitet. Im Zusammenhang mit Mischverjüngungen (Kap. 3.3.2.8) wird darauf eingegangen.

Der **Femelschlag** (Kap. 5.4.5), ein typisches Verfahren für Mischbestandsverjüngungen, gibt der Fichte nur dann günstige Aufwuchsbedingungen, wenn die Kronendachlücken wenigstens eine halbe Baumlänge groß sind (siehe auch Wiedemann 1937; Preuhsler 1989). Dann kann sich die Fichte unter bestimmten Umständen nach der Buche und der Tanne verjüngen. Größere Bedeutung haben Verjüngungen am Saum (**Saumschläge**, Kap. 5.4.4).

Zahlreiche **kombinierte** Verjüngungsverfahren (Kap. 5.4.6) sind beschrieben worden (siehe auch Schmidt-Vogt 1991, dort auch eine Darstellung regionaler Verschiedenheiten). Sie sollen in erster Linie der Verjüngung von Mischbeständen (meist Nadelbaumbestände mit Laubholz) dienen. Das gilt auch für den **Plenterwald** (Kap. 5.5).

„Die Frage, ob eine mögliche Naturverjüngung tatsächlich ausgeführt werden soll, hängt nicht nur von den Möglichkeiten der Verjüngung ab, sondern auch von ihrer Zweckmäßigkeit, Sicherheit und Wirtschaftlichkeit. Diese muss einschließlich aller Nebenfaktoren, z. B. den Kosten für das Rücken und die Einbringung von Mischbaumarten, geprüft werden." Diese Schlussfolgerung von Wiedemann (1937) zur Fichtennaturverjüngung gilt prinzipiell für alle Baumarten, sie ist jedoch unter den in diesem Abschnitt geschilderten ökologischen und wirtschaftlichen Gegebenheiten bei der Fichte immer noch besonders aktuell.

Abb. 3.31
Kiefernnaturverjüngung nach streifenweiser Bodenbearbeitung im Nordosten Niedersachsens.

Kiefer

Bedeutung

Bei keiner anderen Baumart sind Möglichkeiten und Verfahren zur Naturverjüngung so intensiv und kontrovers diskutiert worden wie bei der Kiefer. Heyder (1986) hat eine ausführliche und anschauliche Darstellung für den Zeitraum vom Beginn des 18. Jahrhunderts bis etwa 1950 gegeben. Die Auseinandersetzungen über den „Dauerwald" (Kap. 1.2.2, 1.4.2) leiteten von den mehr prinzipiellen und rein empirischen Debatten zu experimentellen Untersuchungen über. Sie ermöglichen heute trotz mancher offener Fragen eine ökologisch und ökonomisch besser fundierte Abwägung der vielfältigen Probleme der Kiefernnaturverjüngung (Abb. 3.31).

Vielfältig sind die Gründe dafür, dass die Naturverjüngung sowohl innerhalb wie auch außerhalb des natürlichen Areals der Kiefer bisher relativ selten planmäßig betrieben wird. In Mitteleuropa sind die meisten alten Kiefernbestände aus künstlicher Verjüngung hervorgegangen, wobei oft Saat- und Pflanzgut **ungewisser Herkunft** verwendet wurde. Das gilt übrigens auch für Regionen, in denen die Kiefer ursprünglich heimisch war. Viele Altbestände genügen nicht den heutigen Ansprüchen an Qualität und Resistenz gegen abiotische und biotische Gefährdungen. Dabei bleibt allerdings bisweilen offen, inwieweit sich hier genetische Veranlagung und vorangegangene Bestandesbehandlung widerspiegeln. Ein weiterer Grund für die Zurückhaltung mancher Praktiker ist die offenkundige Tatsache, dass ein Gelingen der Naturverjüngung mit dem Ziel eines hochwertigen, betriebssicheren Jungbestandes in besonderem Umfang vom **Zustand des Oberbodens** und seinem Bewuchs abhängt.

Heute sind die ökologischen Voraussetzungen für eine erfolgreiche Naturverjüngung besser bekannt als noch vor einigen Jahrzehnten. Auch gibt es neuere technische Möglichkeiten zur Verbesserung des Keimbettes und des Sämlingswachstums sowie zur Jungwuchs- und Jungbestandspflege. Auch in **ökonomischer** Hinsicht stellen sich heute die Verhältnisse anders dar: Die **Kosten** für die Vorbereitung und die Ausführung künstlicher Verjüngungen sind erheblich höher als in früheren Zeiten, eine gute Naturverjüngung kann daher durchaus kostengünstig sein. Auch sind die **Erlöse** aus wertvollen Althölzern bei längerfristigen Naturverjüngungen bedeutend gestiegen. Die in neuerer Zeit fast überall beobachteten Wachstumssteigerungen geben dem Naturverjüngungsbetrieb einen zusätzlichen Anreiz.

Fruktifikation und Samenangebot

Bei der Kiefer sind Jahre ganz ohne **Blütenbildung** selten. Allerdings gibt es große Unterschiede in der Intensität des Blühens sowohl zwischen den Regionen wie auch zwischen den einzelnen Bäumen innerhalb eines Bestandes. Mehrere Untersuchungen in Nord- und Osteuropa verstärken die Beobachtung, dass warmtrockenes Wetter im Frühjahr und Sommer die Blütenbildung im folgenden Jahr fördert (Fober 1976; Leikola et al. 1982), doch sind diese Zusammenhänge für die Verhältnisse in Mitteleuropa unsicher.

Sarvas (1962) berichtet, dass weibliche Blüten vornehmlich an Bäumen zu finden sind, die in vollem Licht stehen. Männliche kommen auch an etwas beschatteten Zweigen reichlicher vor. Das erklärt aber nur z. T. die großen Unterschiede von Baum zu Baum (Lehto 1956), die auch Dohrenbusch (1997) im Zapfenbehang fand. Eine erfolgreiche Windbestäubung erfordert sehr große Pollenmengen. Sarvas (1962) gibt die durchschnittliche Produktion in mäßig geschlossenen Verjüngungsbeständen Mittelfinnlands mit etwa 35 kg ha^{-1} an, das entspricht 190 Pollenkörnern mm^{-2}. Mangelnde Bestäubung ist wohl die wichtigste Ursache für geringe Samenerträge. Ähnlich wie bei anderen Koniferen bestehen bei der Kiefer keine ausgeprägten Barrieren gegen Selbstbefruchtung, doch anders als bei der Fichte entwickelt sich dabei nur ein geringer Teil der Samen zu normal großen **Hohlkörnern** (Sarvas 1962, 1969; Hattemer et al. 1993) sowie zu Vollkörnern. Sarvas (1962) gibt an, dass in normal dichten Verjüngungsbeständen Finnlands etwa 7 % des keimfähigen Saatguts aus Selbstbestäubung stammen, in licht stehenden Beständen und in Kiefernmischbeständen kann der Anteil auf 10–20 % steigen. Diese Samen führen im Allgemeinen zu einer physiologisch geschwächten Nachkommenschaft.

Häufig scheint bei der Kiefer eine genetisch bedingte **Embryosterblichkeit** zu sein (v. a. durch Homozygotie mit lethal wirkenden rezessiven Genen). Sarvas (1962) beziffert diesen Anteil mit etwa 25 %, je nach den populationsgenetischen Bedingungen. Zudem fällt meist ein Teil der Zapfen witterungsbedingt vorzeitig ab, besonders auf armen, trockenen Standorten. So entwickelt sich nur ein relativ geringer Anteil der Samenanlagen zu keimfähigen Samen.

Der **Pollenflug** vollzieht sich innerhalb eines Bestandes meist während einiger Tage. Dabei spielt die Witterung nach den Untersuchungen von Sarvas (1962) keine Rolle, weil die Zapfen sich nach Regenende sogleich wieder öffnen. Allerdings führen die Windverhältnisse und auch die Bestandesstruktur (besonders in Mischbeständen) zu mehr oder weniger **ungleichmäßiger Pollenverteilung** und damit auch zu unterschiedlichen Bestäubungsmöglichkeiten.

Die Kiefernzapfen benötigen von ihrer Entwicklung bis zur Entlassung der Samen nahezu **zwei Jahre**. Während dieser Zeit sind sie verschiedenen Witterungseinflüssen sowie dem Angriff von Samen- und Zapfenschädlingen ausgesetzt. Trotz dieser und der vorher geschilderten Verlustquellen ist die Produktion an keimfähigem Saatgut selbst in mäßigen Samenjahren für eine Naturverjüngung meist ausreichend, sodass diese an Samenmangel selten scheitert.

Für 2-jährige Zapfen gibt es hinlänglich genaue Schätzverfahren (Messer 1958). Die Anzahl der Samen je Kiefernzapfen variiert nach der Pollination und deren Erfolgsrate, nach dem Entwicklungsgang als Folge der Witterung, nach der Größe der Zapfen und deren Beschädigung durch Nager und Vögel in weiten Grenzen. Bei einer guten Mast kann man mit etwa 20 Samen je Zapfen rechnen. Große Zapfen (über 6 g), wie sie sich hauptsächlich im oberen Teil der Kronen befinden, haben meist 35–45 Samen und weniger Hohlkörner. Sie sind etwa doppelt so ertragreich wie kleine Zapfen (unter 4 g) mit 10–15 Samen. Dohrenbusch (1997) fand an 12 Bäumen aus verschiedenen Beständen in Nordwest-Deutschland zwischen 120 und 876 reife Zapfen pro Baum (ohne Größensortierung). Messer (1958) gibt als Maßstab für eine geringe Ernte (10–40 % einer Vollernte) 200–800 Zapfen pro herrschendem Baum mit einem Zapfengesamtgewicht von 1,25–5 kg an. Bei einer Vollernte sollen es 2000 Zapfen mit insgesamt 12,5 kg sein. Dabei ist ein Gewicht der Zapfen von 6,2 g unterstellt. Daraus lassen sich jedoch wegen der vorher geschilderten Zusammenhänge keine Schlüsse auf die Zahl der keimfähigen Samen ziehen, die auf den Boden fallen.

Abb. 3.33
Naturverjüngung aus vorwüchsiger Europäischer Lärche und Buche in einem femelartig aufgelichteten Buchenaltbestand in Südniedersachsen.

Abb. 3.34
Naturverjüngung aus Douglasie und vereinzelt Buche in einem 75-jährigen Douglasienbestand im Nordosten von Niedersachsen.

2.1.2.5). In größerem Umfang fruktifizieren Douglasienbestände jedoch erst seit Mitte des 20. Jahrhunderts in Deutschland (Knoerzer 1999). Erst zu diesem Zeitpunkt trat – wohl begünstigt durch stärkere Eingriffe in ältere Bestände, teils auch durch Auflichtungen nach Sturmwürfen – in vielen Regionen Naturverjüngung der Douglasie auf (Abb. 3.34).

Fruktifikation und Samenangebot

Bei der Kiefer sind Jahre ganz ohne **Blütenbildung** selten. Allerdings gibt es große Unterschiede in der Intensität des Blühens sowohl zwischen den Regionen wie auch zwischen den einzelnen Bäumen innerhalb eines Bestandes. Mehrere Untersuchungen in Nord- und Osteuropa verstärken die Beobachtung, dass warmtrockenes Wetter im Frühjahr und Sommer die Blütenbildung im folgenden Jahr fördert (Fober 1976; Leikola et al. 1982), doch sind diese Zusammenhänge für die Verhältnisse in Mitteleuropa unsicher.

Sarvas (1962) berichtet, dass weibliche Blüten vornehmlich an Bäumen zu finden sind, die in vollem Licht stehen. Männliche kommen auch an etwas beschatteten Zweigen reichlicher vor. Das erklärt aber nur z. T. die großen Unterschiede von Baum zu Baum (Lehto 1956), die auch Dohrenbusch (1997) im Zapfenbehang fand. Eine erfolgreiche Windbestäubung erfordert sehr große Pollenmengen. Sarvas (1962) gibt die durchschnittliche Produktion in mäßig geschlossenen Verjüngungsbeständen Mittelfinnlands mit etwa 35 kg ha^{-1} an, das entspricht 190 Pollenkörnern mm^{-2}. Mangelnde Bestäubung ist wohl die wichtigste Ursache für geringe Samenerträge. Ähnlich wie bei anderen Koniferen bestehen bei der Kiefer keine ausgeprägten Barrieren gegen Selbstbefruchtung, doch anders als bei der Fichte entwickelt sich dabei nur ein geringer Teil der Samen zu normal großen **Hohlkörnern** (Sarvas 1962, 1969; Hattemer et al. 1993) sowie zu Vollkörnern. Sarvas (1962) gibt an, dass in normal dichten Verjüngungsbeständen Finnlands etwa 7 % des keimfähigen Saatguts aus Selbstbestäubung stammen, in licht stehenden Beständen und in Kiefernmischbeständen kann der Anteil auf 10–20 % steigen. Diese Samen führen im Allgemeinen zu einer physiologisch geschwächten Nachkommenschaft.

Häufig scheint bei der Kiefer eine genetisch bedingte **Embryosterblichkeit** zu sein (v. a. durch Homozygotie mit lethal wirkenden rezessiven Genen). Sarvas (1962) beziffert diesen Anteil mit etwa 25 %, je nach den populationsgenetischen Bedingungen. Zudem fällt meist ein Teil der Zapfen witterungsbedingt vorzeitig ab, besonders auf armen, trockenen Standorten. So entwickelt sich nur ein relativ geringer Anteil der Samenanlagen zu keimfähigen Samen.

Der **Pollenflug** vollzieht sich innerhalb eines Bestandes meist während einiger Tage. Dabei spielt die Witterung nach den Untersuchungen von Sarvas (1962) keine Rolle, weil die Zapfen sich nach Regenende sogleich wieder öffnen. Allerdings führen die Windverhältnisse und auch die Bestandesstruktur (besonders in Mischbeständen) zu mehr oder weniger **ungleichmäßiger Pollenverteilung** und damit auch zu unterschiedlichen Bestäubungsmöglichkeiten.

Die Kiefernzapfen benötigen von ihrer Entwicklung bis zur Entlassung der Samen nahezu **zwei Jahre**. Während dieser Zeit sind sie verschiedenen Witterungseinflüssen sowie dem Angriff von Samen- und Zapfenschädlingen ausgesetzt. Trotz dieser und der vorher geschilderten Verlustquellen ist die Produktion an keimfähigem Saatgut selbst in mäßigen Samenjahren für eine Naturverjüngung meist ausreichend, sodass diese an Samenmangel selten scheitert.

Für 2-jährige Zapfen gibt es hinlänglich genaue Schätzverfahren (Messer 1958). Die Anzahl der Samen je Kiefernzapfen variiert nach der Pollination und deren Erfolgsrate, nach dem Entwicklungsgang als Folge der Witterung, nach der Größe der Zapfen und deren Beschädigung durch Nager und Vögel in weiten Grenzen. Bei einer guten Mast kann man mit etwa 20 Samen je Zapfen rechnen. Große Zapfen (über 6 g), wie sie sich hauptsächlich im oberen Teil der Kronen befinden, haben meist 35–45 Samen und weniger Hohlkörner. Sie sind etwa doppelt so ertragreich wie kleine Zapfen (unter 4 g) mit 10–15 Samen. Dohrenbusch (1997) fand an 12 Bäumen aus verschiedenen Beständen in Nordwest-Deutschland zwischen 120 und 876 reife Zapfen pro Baum (ohne Größensortierung). Messer (1958) gibt als Maßstab für eine geringe Ernte (10–40 % einer Vollernte) 200–800 Zapfen pro herrschendem Baum mit einem Zapfengesamtgewicht von 1,25–5 kg an. Bei einer Vollernte sollen es 2000 Zapfen mit insgesamt 12,5 kg sein. Dabei ist ein Gewicht der Zapfen von 6,2 g unterstellt. Daraus lassen sich jedoch wegen der vorher geschilderten Zusammenhänge keine Schlüsse auf die Zahl der keimfähigen Samen ziehen, die auf den Boden fallen.

Wie viele Samen auf eine Verjüngungsfläche gelangen, hängt nicht nur davon ab, wie intensiv der Zapfenbehang der einzelnen Bäume ist, sondern ebenso von der Zahl der Altbäume, die je Flächeneinheit an der Mast beteiligt ist: Im Allgemeinen werden locker oder einzeln stehende Kiefern mehr Zapfen produzieren als solche, die im Bestandesschluss stehen. Doch das gilt nur so weit, wie durch die räumliche Anordnung der Altkiefern die Befruchtung nicht stärker eingeschränkt ist.

Dohrenbusch (1997) ist den Zusammenhängen zwischen unterschiedlichem Dichtstand in Altbeständen (100–120 Jahre) und den auf den Boden fallenden **Samenmengen** in vier aufeinanderfolgenden Jahren nachgegangen. Da der Samenertrag in den einzelnen Jahren sehr unterschiedlich war, ergab sich nur ein undeutliches Bild. Immerhin war erkennbar, dass in Beständen mit nur 30–65 Altkiefern ha^{-1} die Unterschiede zwischen den Jahren relativ gering waren, es kamen im Durchschnitt 20–80 Samen je m^2 an den Boden. In dichter gehaltenen Altbeständen (125–230 Kiefern ha^{-1}) waren nicht nur die durchschnittlichen Samenmengen deutlich höher (95–140 Samen m^{-2}), sie waren auch von Jahr zu Jahr stärker differenziert. In guten Samenjahren fielen über 200, in einem Fall über 400 Samen m^{-2} auf den Boden. Innerhalb einer Untersuchungsfläche zeigte sich eine deutliche Abhängigkeit der Zahl keimfähiger Samen vom Kronenschlussgrad. Darüber hinaus spielen für den Samenertrag weitere Faktoren eine Rolle: Rasse oder Ökotyp der Mutterbestände, regional-klimatische Verhältnisse, Bodenverhältnisse u. a. (siehe Simak 1960; Sarvas 1962, 1969; Hagner 1965; Leikola et al. 1982).

Die **Verteilung** der Samen auf den Verjüngungsflächen (und deren Nachbarschaft) ist umso gleichmäßiger, je dichter die Samenbäume stehen. Die leichte Flugfähigkeit der Kiefernsamen sorgt jedoch für einen relativ guten Ausgleich der Samendichten selbst in locker stehenden Altbeständen. Auch in einem schwachen Mastjahr fielen auf alle Parzellen eines mit nur 30 Stämmen ha^{-1} bestandenen Altholzes noch mindestens 12 Samen m^{-2}. Praktisch bedeutungsvoll für die Naturverjüngung auf einer Freifläche sind nur Entfernungen bis 40 m vom Bestandesrand (Dohrenbusch 1997).

Die Anteile **nicht keimfähiger** Samen lagen in den Untersuchungen von Dohrenbusch (1997) über vier Jahre hinweg ziemlich gleichmäßig zwischen 20 und 30 %, Zusammenhänge mit der jeweiligen Samenmenge waren nicht klar erkennbar. Die, allerdings viel weniger intensiven, Untersuchungen von Olberg (1957) zeigten dagegen, dass bei reichlicher Mast (> 500 Samen m^{-2}) das Keimprozent mit 83 % besonders hoch war, bei geringen Samenmengen (19–65 Samen m^{-2}) betrug es dagegen nur 56–60 %.

Der **zeitliche Ablauf** des Samenflugs hängt von der Witterung des Frühjahrs und Frühsommers ab. In Jahren mit höheren Temperaturen und unterdurchschnittlichen Niederschlägen waren im niedersächsischen Flachland bis Anfang Mai 50 % der Samen auf den Boden gefallen, während in frühjahrsfeuchten Jahren die Hälfte der Samen erst in der dritten bis vierten Maiwoche aus den Zapfen flogen (Dohrenbusch 1997). Der Samenflug kann sich dann bis Anfang Juli hinziehen. Dabei hat die Feuchtigkeit offenbar einen stärkeren Einfluss als die Wärme.

Besonderheiten der Kiefernstandorte

Die meisten Kiefernstandorte sind geprägt durch **Nährstoffarmut** und **geringe Wasserkapazität** der Böden, in ihrer Ungunst oft noch verschärft durch Niederschlagsarmut mit Trockenperioden während des Frühjahrs und Sommers. Heinrich (1936) beschreibt für Sandstandorte im nordostdeutschen Kieferngebiet (bei Anteilen von 36 % Grob- und Mittelsand und 52 % Feinsand), dass der Wasserhaushalt sehr wenig ausgeglichen und in der Vegetationszeit maßgeblich von den Niederschlägen bestimmt ist. Der Wassergehalt des Bodens sinkt in Trockenzeiten oft so stark ab, dass für die Pflanzen kaum mehr Wasser verfügbar bleibt. Das gilt besonders für das Frühjahr und den Frühsommer, weil dann die Begleitflora dem Boden viel Wasser entzieht. Tritt im August Trockenheit ein, sind die meisten Gräser (*Deschampsia flexuosa*, *Holcus* sp. u. a.) bereits verwelkt und bieten dann einen gewissen Verdunstungsschutz. Für das nordwestdeutsche Flachland mit etwas günstigeren Niederschlagsverhältnissen und meist etwas höheren Lehmanteilen bestätigt Dohrenbusch (1997) diese Zusammenhänge. Er spricht auch der Nadelstreuauflage einen gewissen Verdunstungsschutz für den Mineralboden zu. So fand er nach langen Trockenphasen im Sommer unter 3–7 cm starken Humusschichten im obersten Mineralboden durchschnittlich 15 % höhere Wassergehalte als bei freigelegtem Mineralboden. Das ist allerdings nur für bereits entwickelte Sämlinge von Vorteil, grundsätzlich bildet eine Nadelstreudecke nur unter bestimmten Umständen (siehe unten) ein geeignetes Substrat.

In engem Zusammenhang mit den Wasser- und Nährstoffverhältnissen des Bodens steht die Ausbildung der **Begleitflora** nach Arten und Biomasse. Schon Wiedemann (1926) hatte im Rahmen seiner Untersuchungen über den Kieferndauerwald im Revier Bärenthoren (südöstlich von Berlin) und Umgebung gezeigt, dass die Kiefer unter dem Schirm von Altbeständen günstige Voraussetzungen für die natürliche Verjüngung dort findet, wo auf feinkörnigen Geschiebesanden eine 1–5 cm dünne Schicht von moderartigem Nadelhumus liegt, auf der sich eine **Moosdecke** – bisweilen mit wenig und locker stehender *Calluna*-Heide – ausgebreitet hat. Hat sich dagegen auf grobkörnigem, nährstoffarmem Sand eine zwar dünne, aber fest abschließende Rohhumusdecke gebildet (oft mit Flechten bewachsen), vergeht die Kiefernnaturverjüngung unter der Wirkung von Trockenheit schon nach wenigen Jahren. Wo grobkörnige Sande über feinsandigen bis lehmigen Sanden liegen, entwickelt sich nach Auflichtung oft ein dichter Wuchs von *Vaccinium myrtillus*, der die Naturverjüngung der Kiefer verhindert. Eine günstige Wirkung einer dünnen verdunstungshemmenden Moosschicht auf die Verjüngung der Kiefer wies Heinrich (1936) nach.

Olberg (1957) differenziert die Bedeutung der Begleitflora unter den Verhältnissen im Talsandgebiet der Lüchower Niederung (östliches Niedersachsen mit relativ trockenen, nährstoffarmen Sandböden) dahingehend, dass der Typ „Flechten mit Heide" eine Kiefernnaturverjüngung bei einer Herabsetzung des Bestockungsgrades auf weniger als 0,7 möglich macht, doch wächst der Kiefernjungwuchs wegen der Ungunst des Standortes nur mäßig. Besonders günstig ist der Typ „Moos mit *Deschampsia flexuosa*", bei dem sich Naturverjüngung schon im fast geschlossenen Bestand einfindet und bei 70 % der vollen Bestockung des Altbestandes ausdauert. *Vaccinium myrtillus* bildet, wenn es dicht steht, stets ein starkes Hindernis für eine planmäßige Naturverjüngung. Dohrenbusch (1997) hat das für das nordwestdeutsche Flachland noch deutlicher herausgearbeitet: Auf weniger oder stärker mit Moos (besonders *Pleurozium schreberi*, auch *Dicranum undulatum, Polytrichum* sp.) bestandenen Flächen überlebten die Anflugkiefern das erste Jahr weitaus am besten. Auch locker stehende *Deschampsia flexuosa* und *Vaccinium myrtillus* mit einer mehr oder weniger geschlossenen Moosdecke ermöglichten Keimung und Anwachsen der Kiefer im ersten Jahr, während das bei dichtem Gras- und Beerkrautwuchs nicht zu beobachten war. Doch gingen in allen Flächen die Sämlingszahlen im Laufe der nächsten Jahre zurück. Das war auf die Wirkung der Konkurrenzvegetation zurückzuführen. Mit den Lichtverhältnissen gab es in dieser Hinsicht keinen Zusammenhang.

Ähnlich sind die Erfahrungen in Skandinavien und Finnland. Im „*Calluna*-Typ" auf ärmeren Sanden der Moränen bereitet die Naturverjüngung der Kiefer keine Schwierigkeiten. Dagegen ist sie auf lehmig-sandigen Böden des „*Myrtillus*-Typs" behindert. Auf reichlicher mit Feuchtigkeit und Nährstoffen versorgten Böden des „*Oxalis*-Typs" und erst recht auf dem standörtlich noch günstigeren „Gräser-Typ" überwiegt die Verjüngung der Fichte. Die Kiefer hat hier nur noch nach Feuer gute Verjüngungsmöglichkeiten (Jeansson et al. 1989).

Wittich (1955) weist darauf hin, dass eine günstige Begleitflora häufig das Ergebnis **menschlicher Einflussnahme** auf die Böden darstellt: Viehweide und Streunutzung haben die Oberböden vielfach so stark verarmt, dass sich eine Bodendecke aus Moosen mit geringer Beteiligung von Gräsern und Kleinsträuchern eingestellt hat, die eine günstige Voraussetzung für die Naturverjüngung der Kiefer bildet. Der für die Naturverjüngung günstige Zustand des Oberbodens und seiner Vegetation war hier, anders als die Anhänger der „Dauerwaldwirtschaft" (Kap. 1.2.2, 1.4.2) behaupteten, nicht das Ergebnis einer bodenpfleglichen Waldbautechnik ohne Kahlschlag, sondern einer Standortsverarmung durch lang anhaltende Streunutzung. Das Ende der Streunutzung und die Stickstoffeinträge in neuerer Zeit haben die Situation in dieser Hinsicht nachteilig verändert. Hierauf deutet auch das jetzige Ausbleiben der Kiefernnaturverjüngung im Revier Bärenthoren (Pietschmann 1997).

Ganz ähnliche Entwicklungen beschreibt Bergmann (1994) aus dem sogenannten „Dauerwaldblock" in der Schorfheide nordöstlich von Berlin. Allgemein ist es auffallend, wie stark sich die **Auflichtung** der Kiefernalthölzer durch Insektenkalamitäten in der Kriegs- und Nachkriegszeit sowie durch die Sturmkatastrophe 1972 in ganz Nordwestdeutschland auf das Ankommen der Naturverjüngung ausgewirkt hat, obwohl die Streunutzung schon beendet war. Spontane Naturverjüngung hat sich in einem unerwarteten Ausmaß eingefunden, offenbar als Zeichen dafür, dass unter den gegebenen ökologischen Verhältnissen der Lichtfaktor und die übrigen mit der Auflichtung verbundenen Veränderungen eine bedeutende Rolle für das Aufkommen von Naturverjüngung der Kiefer spielen. Es ist aber auch nicht zu übersehen, dass in Norddeutschland längst nicht überall die Auflichtung der Altbestände zu andauernd verjüngungsfördernden Entwicklungen der Begleitflora führt. Vielmehr hat in den letzten Jahrzehnten der gestiegene atmosphärische Stickstoffeintrag die Ausbreitung verjüngungshemmender Grasdecken, besonders *Deschampsia flexuosa* und *Calamagrostis epigejos*, erheblich gefördert (Schmidt et al. 1996; Bolte und Bilke 1998; Seidling 1998), wobei die Besiedlung durch *Calamgrostis* unabhängig vom Überschirmungsgrad der Altkiefern erfolgt (Eisenhauer 2001).

Nährstoffarme sandige Böden mit Grundwassereinfluss sind oft mit *Molinia caerulea* besiedelt. Auch dieses Gras kann ein so starkes Verjüngungshemmnis bilden, dass Naturverjüngung der Kiefer ohne vorausgehende Bodenbearbeitung kaum möglich ist. Relativ nährstoffarme und trockene Standorte, auf denen die Kiefer von Natur aus vorkommt oder künstlich angebaut wird, findet man auch in manchen **Mittelgebirgsregionen**, z. B. in Oberhessen, Mittel- und Oberfranken, Oberpfalz, Schwarzwald, Vogesen und in Teilen der Alpen. Allerdings sind die Verhältnisse dort für die Naturverjüngung in mancher Hinsicht günstiger, vor allem kommt es seltener zu starker Austrocknung des Bodens. Probleme bereitet hier hauptsächlich eine dichte Begleitflora. Daher wirken sich **Bodenbearbeitungen** förderlich aus (Kap. 3.2.1, 3.2.2). Dass Bodenbearbeitungen den Erfolg von Kiefernnaturverjüngung erheblich begünstigen, wird in vielen Untersuchungen bestätigt (u. a. Seitz 1979; Ferm und Sepponen 1981; Nilsson et al. 2002; Hille und Ouden 2004; Aleksandrowicz-Trzcińska et al. 2014).

Keimung und Wachstum

Dohrenbusch (1997) hat auf mehreren Flächen des niedersächsischen eiszeitlich geprägten Gebietes die Entwicklung der Sämlingszahlen nach unterschiedlichen **Verfahren** der **Bodenbearbeitung** über mehr als ein Jahrzehnt verfolgt. Aus seinen Daten lassen sich einige allgemeine Schlüsse ziehen: Sehr unterschiedliche Mengen von keimfähigen Samen (ca. 50–300 keimfähige Samen m^{-2}) brachten im Durchschnitt am Ende der ersten Vegetationszeit nur 6–34 Sämlinge m^{-2} hervor, das sind zwischen 4 und 15 % der Samenzahl. Nur auf einer Fläche, die über 500 Samen m^{-2} erhalten hatte, fand er mehr als 100 Sämlinge m^{-2} (21 % der keimfähigen Samen). Auf den mit dem Kulla-Kultivator (Kap. 3.2.2.1) bearbeiteten Flächen waren auf dem freigelegten Mineralboden mehr Samen gekeimt als auf den hochgeschobenen Hügeln aus Streu und Begleitflora. Die Mineralbodenfreilegung mit einem Kulla-Kultivator in Kiefernaltbeständen im Nordosten von Brandenburg führte zu einem durchschnittlichen Dichteanstieg der bis zu 4-jährigen Pflanzen der Kiefernnaturverjüngung auf das 40-Fache der nicht bearbeiteten Flächen (Lehnigk und Ammer 2012). Die streifenweise Bearbeitung zeigte bei der Untersuchung von Dohrenbusch (1997) diese Unterschiede nicht überall. In den dicht mit *Deschampsia flexuosa* bestandenen unbearbeiteten Parzellen fanden sich keine Sämlinge.

Im Jahr **nach der Bodenbearbeitung** hatte sich die Sämlingszahl im Durchschnitt aller Flächen etwa halbiert, wenn auch mit großen Unterschieden zwischen den Parzellen. Später verminderten sich die Ausfälle weiter, wobei auf dem freigelegten Mineralboden deutlich mehr

Sämlinge standen als auf den Humusplätzen bzw. -streifen. Am Ende der siebten Vegetationszeit lagen die Sämlingszahlen auf vier Flächen (nun nicht mehr nach der Art der Bodenbearbeitung unterschieden) ziemlich gleichmäßig bei durchschnittlich 3 Pflanzen m^{-2}. Die weitere Entwicklung ist dann noch stärker als die vorangegangene von den Lichtverhältnissen bestimmt.

Die **Ursachen** von Ausfällen sind verschiedenartig. Samen können abgeschwemmt oder durch Überdeckung mit Sand bzw. Humus an der Keimung gehindert worden sein. Auch kann Befall mit Keimlingspilzen und Fraß durch Vögel sowie Insekten eine Rolle spielen. Häufiger sind aber wohl Trockenheit und Befall mit dem Erreger der **Kiefernschütte** (*Lophodermium seditiosum*) verantwortlich (Abb. 3.32).

Olberg (1957) berichtet aus dem östlichen Niedersachsen von einem starken Schüttebefall in aufeinanderfolgenden Jahren: Von den 3-jährigen Kiefern überlebten den ersten Befall noch 61 %, von den 2-jährigen 53 %, die 1-jährigen büßten mit wenigen Ausnahmen sämtliche Nadeln ein und waren kaum überlebensfähig. Der Befall im folgenden Jahr brachte dann einen fast völligen Ausfall der Verjüngung, besonders auf den mit Gras bestandenen Flächen, weil hier die Kiefern später gekeimt waren und zudem unter der Konkurrenz der Begleitflora zu leiden hatten.

Doch ist derart starker Schüttebefall nicht häufig. Bei den vorher geschilderten Versuchen im niedersächsischen eiszeitlich geprägten Gebiet spielte er keine maßgebliche Rolle. Hier führte in den ersten beiden Jahren zeitweilige Trockenheit, später dann die Konkurrenz der Begleitflora zu den Ausfällen. Es zeigte sich nämlich, dass die vorteilhafte Wirkung einer Bodenbearbeitung kaum länger als zwei Vegetationszeiten anhält. Dohrenbusch (1997) schildert, dass *Deschampsia flexuosa* in einem Fall die mit dem Kulla-Gerät bearbeiteten Flächen nach zwei Jahren zu fast 90 % wiederbesiedelt hatte. Beim Einsatz des Streifenpfluges hielt die Wirkung etwa ein Jahr länger an. Noch ausgeprägter sind solche Schwierigkeiten auf Standorten, die eine starke Vitalität des Wachstums und der Regeneration von *Calamagrostis epigejos* aufweisen. Hier sind, wenn überhaupt, nur tiefer greifende

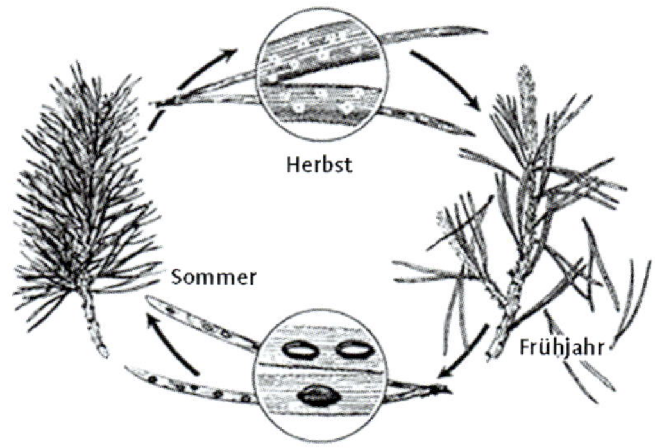

Abb. 3.32
Einjähriger Entwicklungszyklus der Kiefernschütte des Erregers *Lophodermium seditiosum* (aus Butin 2011). Die ersten Symptome der in der Regel einjährigen Erkrankung sind winzige, kleine Flecken, die auf den Nadeln ab September erkennbar sind und später größer sowie bräunlich werden. Die betroffenen Nadeln sterben bis spätestens Ende Mai ab und fallen zu Boden. Wenn auch die Frühjahrschütte überwiegt, so kann das Abwerfen von Nadeln das ganze Jahr über erfolgen, wobei je nach Infektionsdichte und Witterungsverlauf mehrere Schüttewellen auftreten können (Butin 2011).

Bodenbearbeitungsgeräte geeignet, die Naturverjüngung der Kiefer zum Erfolg zu bringen.

Die **durchschnittliche Dichte** der Sämlinge sagt über den Erfolg der Naturverjüngung noch nicht viel aus. Wenn 13 Jahre nach Einleitung der Verjüngung auf mehreren Flächen durchschnittlich noch knapp eine Kiefer je Quadratmeter vorhanden ist, entspricht die Pflanzendichte fast noch der einer Pflanzung. Dennoch kommt es wesentlich auf die **Verteilung** der Kiefern auf der Fläche an. Das hängt sowohl vom Erfolg der Bodenbearbeitung für die ersten Jahre der Entwicklung ab als auch von den **Lichtverhältnissen**, die in der folgenden Zeit die Zahl der Überlebenden und deren Wachstum beeinflussen.

Die Kiefer ist eine typische **Lichtbaumart**. Bei geringem Lichtzutritt bildet sie keine ausgeprägten Schattennadeln aus. Ihre Substanzproduktion wird schon bei geringer Beschattung deutlich vermindert, wenn auch nicht im selben Ausmaß wie bei Birken und Lärchen. Allgemein vermindert sich in Kiefernbeständen die relative Strahlung am Boden etwa linear mit zunehmender Bestandesgrundfläche (Brechtel 1962; Seitz 1979; Dohrenbusch 1997). Ähnlich verhält es sich scheinbar mit den Relationen zwischen Grundfläche und photosynthetisch wirksamer

Strahlung (PAR). Bei vollem Lichtzutritt wird der größte Zuwachs an Höhe, Durchmesser und Wurzelgewicht geleistet, das Wachstum nimmt mit zunehmender Beschattung immer mehr ab. Bei günstiger Wasserversorgung (Ausbleiben sommerlicher Trockenperioden) können mehr Kiefernsämlinge unter mäßigem Schirm aufgrund intensiver Wurzelausbildung überleben und heranwachsen. Auf trockenen Standorten vergehen wegen schwacher Wurzelentwicklung viele spontan aufgekommene Verjüngungspflanzen der Kiefer unter Schirm, wenn nicht konsequent nachgelichtet wird, innerhalb weniger Jahre.

Beschattung wirkt sich zudem auf die **Schaftform** und die **Ästigkeit** des Jungwuchses aus. Bei vermindertem Lichtgenuss wachsen die Kiefern „schlanker", das Verhältnis von Höhe (h) zu Durchmesser (d) steigt im Vergleich zu unter höherem Lichtgenuss aufgewachsenen Kiefern. Wiedemann (1948) gibt für länger überschirmte Kiefern ein h/d-Verhältnis von 110 an, für solche auf Freiflächen von etwa 75. Dohrenbusch (1997) fand bei 10-jährigen Kiefern unter Freiflächenbedingungen einen Quotienten von 100, bei einem Kronenschluss von 60 % stieg er auf etwa 160 an. Das kann eine große Bedeutung für die Resistenz gegen Schneebruch und Eisanhang haben, die mit Anstieg des h/d-Verhältnisses sinkt.

Zugleich beeinflusst unterschiedlicher Lichtzutritt auch die Ausbildung der **Zweige** bzw. **Äste**. Dohrenbusch (1997) fand an 6-jährigen Kiefern bei einem Kronenschluss von 20 % an den drei stärksten Zweigen eine durchschnittliche Stärke von 4,8 mm, bei 50 % Kronenschluss waren es 3,3 mm. Schwächere Äste werden unter Beschattung rascher abgestoßen, sodass die natürliche Astreinigung gefördert wird.

Verjüngungsverfahren

Wenn die Kiefer als bestimmende und wertholztaugliche Baumart in Rein- oder Mischbeständen verjüngt werden soll, so ist unter den gegenwärtigen Verhältnissen (Förderung der Begleitflora durch Stickstoffeinträge) eine **Bodenbearbeitung** meist unerlässlich. Sie wird zugleich mit einer Auflichtung des Kronendachs auf etwa 50 % oder weniger des vollen Kronenschlusses vorgenommen. Das sollte möglichst in einem Jahr mit reichlichem Behang reifer Zapfen geschehen, weil spätere Nachbesamungen wegen der Ausbreitung der Begleitflora meist keine wesentlichen Ergänzungen bringen.

Am häufigsten wird für die Naturverjüngung der Kiefer der **Schirmschlag** (Kap. 5.4.3) angewendet. Ein weiteres Verfahren für die Kiefernnaturverjüngung bietet der **Saumschlag** (Kap. 5.4.4).

Europäische Lärche

Bedeutung

In den **Alpen** und in den **Karpaten** wird die natürliche Verjüngung der Lärche vielfach planmäßig zur Bestandeserneuerung ausgenutzt. Relativ seltene stärkere Mastjahre, raue Klimabedingungen und bisweilen auch die Begleitflora führen allgemein zu einem langsamen Verjüngungsgang (Fourchy und Duchaufour 1952; Leibundgut 1964). **Außerhalb des natürlichen Areals** – besonders in den Mittelgebirgen, in denen die Europäische Lärche häufig als Mischbaumart zur Buche angebaut wird – kommt es vielfach zu spontaner Ansamung, die auch zur Begründung von Mischbeständen ausgenutzt wird, wenn auch die Pflanzung die größere Rolle spielt.

Fruktifikation und Samenangebot

Die Lärche **fruktifiziert** außerhalb des natürlichen Areals etwa ähnlich häufig wie die Kiefer. Nach den Untersuchungen von Messer (1956, 1958, 1963) tragen herrschende Lärchen bei einer Vollmast etwa 3 000 Zapfen pro Baum. Die entsprechenden Frischgewichte der Zapfen liegen bei einer Vollmast bei 15 kg und bei 7,5 kg bei einer häufiger auftretenden Halbmast. Die Zapfenzahl und die Samenausbeute schwanken je nach Kronengröße, klimatischen Bedingungen und Anzahl der Bäume auf den Verjüngungsflächen in weiten Grenzen. Rohmeder (1972) gibt aus den Erfahrungen der Einrichtungen zur Saatgutversorgung (Samendarre, auch als Samenklenge oder Klenge bezeichnet) eine mittlere Ausbeute von 5,8 kg Samen je 100 kg Zapfen an.

In einer mehrjährigen Untersuchung im südlichen niedersächsischen Bergland (Lüpke und Röhrig 1972) wurden folgende Ergebnisse bei einem Verjüngungshieb in einem 110-jährigen Lärchenbestand erzielt: Die **Samenausbeute** betrug je 100 kg frischer Zapfen zwischen 5,7 und 11,4 kg, das Tausendkorngewicht lag bei ca. 60 % Vollkörnern um 5,5 g. Der **Samenflug** begann Anfang bis Mitte April mit Schwerpunkt Mitte Mai bis Mitte Juni, zog sich jedoch bis in den Oktober hinein. Bis Ende Juni waren im kühlen Frühjahr 1965 erst 47 % der Samen gefallen, im trockenen Frühjahr 1966 dagegen 78 %. Von den Samen war ein bedeutender Anteil nicht keimfähig. Der Anteil an **Hohlkörnern** lag im Rahmen dessen, was von anderen Nadelbaumarten bekannt ist. Rohmeder (1972) gibt als großen Durchschnitt eine mittlere Keimfähigkeit des Lärchensamens von 48 % an. Auffällig hoch ist der Anteil von Samen, die bis zum Herbst (und wahrscheinlich über den Winter) in den Zapfen verbleiben. Das entspricht den Erfahrungen der Samendarren, die deshalb für die Samengewinnung aus Lärchenzapfen ein besonderes Verfahren anwenden.

Keimung und Wachstum

Bereits 15–20 gut bekronte Lärchen je Hektar genügen, um bei einem mittleren Zapfenbehang mindestens 100 **keimfähige Samen** m^{-2} zu erhalten. Allerdings vergeht im Laufe von ein bis zwei Jahren die Mehrzahl der Sämlinge: Von 100 keimfähigen Samen verblieben in der Untersuchung von Lüpke und Röhrig (1972) bis zum Herbst des zweiten Jahres nach der Keimung nur 1–2 Lärchen m^{-2}. Das hängt größtenteils mit den **Feuchtigkeitsbedingungen** im Keimsubstrat zusammen: Im Mineralboden ist die Erhaltung am besten, in der Nadel- und vor allem in der Buchenstreu vertrocknet ein großer Teil der Sämlinge wegen des unausgeglichenen Wasserhaushaltes. Auch die **Begleitflora** hat für die Wasser- und Lichtkonkurrenz eine große Bedeutung: Eine leichte Bedeckung (10–40 % der Bodenfläche) mit *Deschampsia*, *Festuca* u. a. wirkt eher fördernd, stärkere Bodendecken dagegen vernichtend. Darüber hinaus spielt der **Zeitpunkt** des Samenfalls eine entscheidende Rolle. Die vor dem 1. Juli gekeimten Sämlinge hatten am Ende der Vegetationsperiode Sprosshöhen von 35–45 mm erreicht, die später gekeimten dagegen nur eine Höhe von 15–25 mm. Viele der spät gekeimten Sämlinge haben wahrscheinlich den Abschluss ihres Triebwachstums nicht vor dem Eintritt der ersten Fröste erreicht, zumindest aber die notwendige Abhärtung nicht rechtzeitig erfahren. Nach Abschluss der zweiten Vegetationsperiode hatten die bis Anfang Juli gekeimten Sämlinge eine **Sprosshöhe** von 300 mm, bei den später gekeimten lag sie dagegen nur bei 152 mm. Wenn die Sämlinge den Anschluss an die weniger austrocknenden Bedingungen im Mineralboden erreicht haben, verläuft ihre Entwicklung ziemlich rasch, unter günstigen Lichtverhältnissen haben sie im dritten Jahr Zuwächse in der Sprosslänge von 18–25 cm.

Verjüngungsverfahren

Als ausgeprägte **Lichtbaumart** können junge Lärchen bei sehr lockerem Schirm oder in größeren Bestandeslücken so hohe Zuwachsraten erreichen, dass sie alle übrigen Mischbaumarten überwachsen (Abb. 3.33). Bei weiterer Auflichtung und rascher Räumung von Buchen-Lärchenmischbeständen können sich daher oft hervorragende Jungbestandsmischungen aus Naturverjüngung entwickeln. Das Schattenerträgnis der Europäischen Lärche ist jedoch nicht so gering, wie es manchmal eingeschätzt wird. Selbst bei Kronenschlussgraden um 50 % hält sich die Lärche im Jungwuchs- und Jungbestandsstadium gut, doch ist ihr Durchmesserzuwachs nur gering (Lüpke 1982). Solche Mischverjüngungen bedürfen einer planmäßigen raschen Nachlichtung, damit die beigemischte Lärche den notwendigen Wuchsvorsprung behält, den sie für die spätere Durchmesserentwicklung nötig hat.

Douglasie

Bedeutung

Wo schon frühzeitig mit der Einbringung der Douglasie in Waldbestände begonnen worden war, z. B. in Baden, konnte in den 1920er-Jahren erstes Saatgut aus eigenen Beständen gewonnen und für die Nachzucht verwendet werden (Kap.

Abb. 3.33
Naturverjüngung aus vorwüchsiger Europäischer Lärche und Buche in einem femelartig aufgelichteten Buchenaltbestand in Südniedersachsen.

Abb. 3.34
Naturverjüngung aus Douglasie und vereinzelt Buche in einem 75-jährigen Douglasienbestand im Nordosten von Niedersachsen.

2.1.2.5). In größerem Umfang fruktifizieren Douglasienbestände jedoch erst seit Mitte des 20. Jahrhunderts in Deutschland (Knoerzer 1999). Erst zu diesem Zeitpunkt trat – wohl begünstigt durch stärkere Eingriffe in ältere Bestände, teils auch durch Auflichtungen nach Sturmwürfen – in vielen Regionen Naturverjüngung der Douglasie auf (Abb. 3.34).

Fruktifikation und Samenangebot

In Deutschland kommt es selten vor, dass ältere Douglasienbestände überhaupt nicht blühen, doch reichliche **Blütenbildung**, wie 1955, 1992 und 1998, sind nicht häufig. Nicht immer kommt es dabei auch zu starkem Zapfenbehang: Frost kann die Zapfenbildung beeinträchtigen, Sturm und Nagetiere können zu vorzeitigem Abfall der Zapfen und Samen beitragen. **Zapfenbehang** tritt in Mitteleuropa erstmals bei einem Baumalter von etwa 25 Jahren ein, doch fruktifizieren in jüngerem Alter immer nur einzelne Bäume. Überhaupt ist die Ungleichmäßigkeit des Zapfenbehangs bei der Douglasie besonders ausgeprägt. Hermann (1999) sowie Lavender und Hermann (2014) berichten, dass im pazifischen Nordamerika selbst in guten Samenjahren nur etwa 25 % der Bäume größere Zapfenmengen tragen. Eine hohe Zapfenproduktion verringert bei der Douglasie die Jahrringbreite (Eis et al. 1965). Der Anteil keimfähiger Samen liegt selbst in guten Jahren selten höher als bei 50 % der Gesamtsamenmenge. Das hängt mit der relativ häufigen Selbstbefruchtung zusammen, die teils zur Ausbildung von Hohlkörnern, teils auch zu entwicklungsgestörten Samen führt. Zudem werden die Samen in den Zapfen oft von den Larven der Erzwespe (*Megastigmus spermatophorus*) zerstört (Roques und Raimbault 1985).

Wenn die Entwicklung der Blüten und Samen günstig abläuft, gelangen beträchtliche **Samenmengen** an den Boden. Hermann (1999) sowie Lavender und Hermann (2014) geben für fast reine Douglasienbestände im pazifischen Nordamerika etwa 2 kg Samen ha^{-1} mit einem Keimprozent von rund 40 % an. Nach Messer (1958) entspricht dies rund 85 000 keimfähigen Samen, das sind deutlich weniger als bei Fichte und Kiefer. Die Samen fliegen von Mitte September bis Ende Oktober aus, in höheren Lagen und bei kühlerem Klima auch später. Die **Flugweiten** können je nach Bestandesstruktur und Windeinfluss über 1 km betragen, doch gelangt die überwiegende Samenmenge in Entfernungen von 60–100 m vom Mutterbaum an den Boden. Hermann (1980) beschreibt flächige Ansamungen bis zu Entfernungen von 300 m von den Mutterbäumen.

Keimung und Wachstum

Annen (1998) berichtet über Saatversuche auf verschiedenen Standorten der Eifel, des Pfälzer Waldes und des südlichen Schwarzwaldes. Er fand, dass die Keimprozente wesentlich höher waren im Vergleich zum unberührten Oberboden, wenn das Keimbett durch **Freilegen des Mineralbodens** oder dessen Durchmischung mit der Auflage verändert worden war. Bis zum Ende der ersten Vegetationszeit hatten sich auf unbehandeltem Boden nur etwa acht, auf den günstigsten Behandlungsvarianten rund 20 der jeweils 100 ausgebrachten Samen zu Sämlingen entwickelt.

Mehrere Untersuchungen liefern Erkenntnisse über die Wirkungen des **Lichtgenusses** auf jüngere Douglasienpflanzen. Schlegel et al. (1972) untersuchten an 2-jährigen Douglasien von drei Herkünften die Auswirkungen mäßiger und starker Beschattung in einer Beschattungsanlage im Freiland. Die Herkunft der Inlandsform unterschied sich von den beiden Küstenherkünften durch geringere Wuchsleistungen. Die Unterschiede im Trockengewicht von Nadeln, Spross und Wurzeln waren zwischen 100 und 59 % des relativen Lichtgenusses gering, doch bei 14 % waren sie stark ausgeprägt. Die Sprosslängen und die Wurzelhalsdurchmesser waren bei starker Beschattung weniger stark vermindert als die Wurzelentwicklung.

Starke **Beschattung** senkte bei 2-jährigen Douglasien Pflanzenhöhe und Pflanzenbiomasse erheblich. Der Anteil der Wurzeln am Gesamtgewicht fiel auf 16 % (gegenüber 26 % der helleren Varianten); es wurden Schattennadeln ausgebildet, bei denen das Verhältnis von Breite zu Dicke bei 1:4,4 lag (ohne Beschattung 1:3,4). Starke Beschattung verminderte die Zahl der Höhentriebe im Verlauf der Vegetationszeit, die Ausbildung der Gipfelknospe im Spätsommer trat früher ein. Hermann (1999) sowie Lavender und Hermann (2014) betonen, dass 1-jährige Douglasien unter leichtem Schatten am besten überleben und sich entwickeln – besonders in Südexposition –, dass aber ältere Sämlinge mehr Licht benötigen. Das gilt besonders für Standorte, auf denen eine stärkere Konkurrenz auftritt. Mailly und Kimmins (1997) geben für die Küstendouglasie eine mittlere Schattentoleranz an.

Aus den Untersuchungen von Gürth (1987) im südwestlichen Schwarzwald lässt sich ableiten, dass mindestens 20 % relativer Lichtgenuss nötig sind, um junge Douglasien langfristig am Leben zu erhalten, für ein zügiges Wachstum müssen dagegen eher 40 % gegeben sein. Auf Auflichtungen reagiert die Douglasie kräftig, besonders im Durchmesserwachstum. Das ist notwendig, damit sie die erforderliche **Stabilität** gegen abiotische Gefahren gewinnt. Knoerzer und Reif (1996) folgern aus ihren Untersuchungen im Stadtwald Freiburg, dass Douglasiennachwuchs von mehr als 1,3 m Höhe auf bodensaurem, basenarmem Standort nur in stärker aufgelichteten oder seitlich untersonnten Bestandesteilen überleben kann.

Verjüngungsverfahren
Leichte Überschirmung und Seitenschatten bieten jungen Douglasien nicht nur Schutz gegen Früh- und Spätfrost sowie auf manchen Standorten auch gegen Austrocknung, sie wirken sich auch günstig auf **Stammform** und **Holzqualität** aus. Bogige Schäfte in Naturverjüngungen findet man, sonst meist durch Schneedruck oder Verletzungen beim Holzrücken hervorgerufen, bisweilen bei stärkerer Überschirmung, wenn das h/d-Verhältnis auf 100 und höher angestiegen ist. Sonst aber vermindert eine leichte bis mäßige Überschirmung die Ausbildung sehr starker **proleptischer Triebe**, die oft zu Schaftkrümmungen führen. Für die Erzeugung von Wertholz ist es noch wichtiger, dass verminderter Lichtgenuss die Bildung **starker Äste** bei den herrschenden Bäumen zurückhält. Selbst wenn eine spätere Ästung notwendig ist, bewirken schwächere Astquirle eine raschere Überwallung und lassen weniger ausgeprägte Beulen am Stamm entstehen. Auch verhindert die Beschattung die Bildung unregelmäßiger, sehr **breiter Jahresringe** im jüngeren Alter – ein Nachteil, der auf der Freifläche bei vielen Standorten auftritt. Wobst und Becker (1997) wiesen nach, dass bei der Douglasie der Spätholzanteil überwiegend standortsbedingt ist, der **Frühholzanteil** jedoch von der waldbaulichen Behandlung (Pflanzenabstand, Überschirmung) abhängt. Breite Jahresringe haben relativ viel Frühholz, dadurch hat das Holz eine geringere Dichte.

Die Douglasie soll in Deutschland nach den gegenwärtigen Vorstellungen vorwiegend als **Mischbaumart**, hauptsächlich zusammen mit der Buche, aufwachsen. Dazu liegen bisher nicht viele Erfahrungen vor (Burgbacher und Greve 1996; Huss 1996); sie beziehen sich nur zum geringeren Teil auf die Naturverjüngung. Immerhin deuten sich in dieser Hinsicht gewisse Möglichkeiten an. Wichtig ist, dass nur örtlich bewährte Douglasienherkünfte zur Nachzucht herangezogen werden. Es gibt jedoch bereits in mehreren Forstbetrieben eine gewisse Anzahl von zur Saatgutgewinnung zugelassenen älteren Bestände, in denen auch die natürliche Verjüngung der Douglasie möglich ist.

Mischbestände aus Laubbäumen

Die Naturverjüngung in Beständen von zwei oder mehr Baumarten ist außerordentlich mannigfaltig. Ihr Verlauf und Ergebnis hängen nicht nur von den Anteilen der Mutterbäume ab, sie werden vor allem von der Menge und dem Zeitpunkt der Fruktifikation der Bäume, der Beschaffenheit des Keimbetts, dem Lichtzutritt am Standort und der Stärke der Konkurrenz durch andere Arten bestimmt. Dementsprechend sind gemischte Verjüngungen selten ganz gleich alt. Oft gibt es **Vorausverjüngungen** (z. B. durch Pionierbaumarten, die vor der Verjüngung der Zielbaumarten mehr oder weniger freie Flächen oder größere Bestandeslücken besiedeln) und **Nachverjüngungen** von Arten, die sich nach der Verjüngung der Zielbaumarten einfinden, weil sie seltener fruktifizieren, aus der Nachbarschaft eingeschleppt werden oder zum Aufwachsen den Schutz durch bereits angesiedelte Arten benötigen.

Frühbesiedler
Zu den Frühbesiedlern zählen in Mitteleuropa in erster Linie die Pionierbaumarten

- Sand- und Moorbirke (Kap. 2.1.1.13),
- Aspe (Kap. 2.1.1.14),
- Salweide (Kap. 2.1.1.15) und
- Vogelbeere (Kap. 2.1.1.8),
- regional auch Grau- und Grünerle (Kap. 2.1.1.11) und
- die Bergkiefer (Kap. 2.1.2.2).

Fast alle dieser Arten sind sehr lichtbedürftig, haben ein rasches Höhenwachstum in der Jugend, neben einer reichlichen Fruktifikation ein ausgeprägtes vegetatives Reaktionsvermögen und ein relativ kurzes Lebensalter. Abweichungen hiervon zeigen die Vogelbeere, deren Schattenerträgnis und Lebensdauer wesentlich höher sind, und die Berkiefer mit ihrem langsamen Wachstum.

Die **Sandbirke** fruktifiziert schon im zweiten Lebensjahrzehnt, stärker jedoch in späterem Alter. Fast in jedem Jahr werden Samenkätzchen gebildet, in größerer Menge allerdings nur alle zwei bis drei Jahre. Dann enthält jedes Kätzchen 250–450 Samen. Frei stehende, ältere Sandbirken können bis zu 10 Mio. Samen produzieren, deutlich geringer sind die Mengen in schwachen Samenjahren und bei schwach ausgebildeten Kronen. Die sehr leichten Samen werden durch den Wind (seltener auch durch Wasser) bis ca. 150 m verbreitet, doch sind Flugweiten über 50 m selten. Die Birke ist die einzige Pionierbaumart in Mittel- und Nordwesteuropa deren Samen über das Saatjahr hinaus überdauern, wenn auch im Vergleich zu anderen Arten relativ kurz (Tiebel et al. 2018). Die Keimrate liegt selbst unter günstigen Bedingungen unter 50 %. Je nach den kleinstandörtlichen Verhältnissen ist die Keimlingsmortalität meist hoch. Am geringsten ist sie in Nadelstreu und auf Mineralboden, wo oft weit über 100 Keimlinge m^{-2} zu finden sind. Sehr gering ist die Zahl der Keimlinge in sehr trockenen und in vernässten Oberböden, auch in Streu- und Humusauflagen und bei Grasbedeckung. Dabei können Kleinstandorte (z. B. Grasdecken) ungünstig für die Keimung, aber günstig für das Wachstum der wenigen Birken sein, die das Keimlingsstadium überlebt haben (Huth und Wagner 2006). Im ersten Lebensjahr wird mäßige Beschattung vertragen, zumal auch bei vollem Licht das Höhenwachstum dann nur wenige Zentimeter beträgt. Vom zweiten Lebensjahr an legt das Wachstum bei reichlichem Lichtzutritt stark zu, 2-jährige Birken sind dann oft bereits über 1 m hoch, 7-jährige erreichen nahezu 4 m. Das Höhenwachstum kulminiert im Alter von sechs bis acht Jahren. Zwar ist die Stammausscheidung im ersten und zweiten Lebensjahrzehnt sehr intensiv, doch bleiben bei dichtem Anflug auf unbeschirmten Flächen (z. B. in Eichenkulturen) oft mehrere Bäume je m^2 erhalten (Perala und Alm 1990; Leder 1992; Karlsson 1996; Reyes et al. 1997; Wagner und Röker 2000).

Die **Moorbirke** ist eine Art der feuchten und sauren Standorte, sie gedeiht hauptsächlich auf Gleypodsol- und Moorböden. Sie wächst langsamer als die Sandbirke, erreicht geringere Dimensionen und fruktifiziert weniger reichlich. Dadurch sind Bestände der Moorbirke auch nicht stammzahlreich (Wiechert und Röhrig 1987).

Die **Aspe** gehört zu den zweihäusigen Arten, Exemplare beider Geschlechter sind also für eine Verjüngung aus Samen erforderlich. Ihre winzigen, mit Flugeinrichtungen ausgestatteten Samen fliegen noch weiter als die der Birken, haben jedoch im Freiland nur eine Keimfähigkeit von Tagen bis zu wenigen Wochen. Die Aspe hat eine sehr weite Standortsamplitude, sie gedeiht auf ganz unterschiedlichen Böden und in verschiedenen Höhenlagen. Die Samen fliegen im Hoch- bis Spätsommer aus den Kätzchen. Ihre Keimlinge entwickeln sich fast ausschließlich auf Mineralboden bei mittlerer bis guter Feuchtigkeit des Oberbodens. Sie wachsen im ersten Jahr nur geringfügig, können aber im weiteren Zeitverlauf Höhen und Dichten wie die Sandbirke erreichen.

Die **Salweide** ist wie die Aspe zweihäusig und bringt wie diese zahlreiche flugfähige Samen mit kurzer Keimfähigkeit hervor. Sie gedeiht vorwiegend auf besser mit Nährstoffen versorgten, frischen Standorten in den niederen bis mittleren Höhenlagen. Hier erreicht sie schon im zweiten Lebensjahr Höhen von einem Meter und mehr und wird im sechsten Jahr oft über 4 m hoch. In diesem Alter ist die Kulmination des Höhenwachstums erreicht. Dabei kann ihre Stammzahl die der bisher genannten Arten noch übertreffen (Leder 1992; Schölch 1998). Andere baumförmig wachsende Weidenarten (*Salix alba, Salix fragilis*) ähneln in ihrer Vermehrungsweise der Salweide, sind aber in ihrem Vorkommen auf Auen- und Bruchwälder beschränkt.

Eine besondere Stellung unter den Frühbesiedlern nimmt die **Vogelbeere** ein (Leder 1992, 1997; Hillebrand 1998). Sie bringt fast alljährlich, wenn auch mit unterschiedlicher Stärke, bis zu 50 000 fleischige Früchte pro Baum hervor, die überwiegend von Vögeln und Säugetieren aufgenommen und dadurch weiterverbreitet werden. Die weitaus meisten finden sich im Umkreis von 50 m um den Mutterbaum, doch gelangen noch beträchtliche Mengen über Vögel in Entfernungen von mehr als 500 m. Die Vogelbeere verjüngt sich natürlich auf einer Vielzahl von Standorten und Bodenarten, von der Ebene bis in höhere Gebirgslagen, von armen Sandböden bis zu Lehmböden, auf Mineralboden wie auch in mäßig dicken Humusauflagen.

Die dreisamigen Früchte reifen im Spätsommer/Herbst. Sie fallen dann herab oder werden am Baum von Tieren aufgenommen. Auch ohne die Passage der Früchte durch den Tierdarm keimen die Samen im Frühjahr des folgenden Jahres. Das Tausendkorngewicht liegt zwischen 2,7 und 5,0 g, die Keimfähigkeit erreicht etwa 70 % (Rogge 1997). Im ersten Lebensjahr werden im Bestand nur Höhen von wenigen Zentimetern erreicht, danach steigert sich das Wachstum beträchtlich: Mit fünf Jahren können Vogelbeeren schon über 2 m hoch sein, mit 20 Jahren auf mittleren Standorten etwa 9 m. Ähnlich wie die vorher geschilderten Arten regeneriert sich die Vogelbeere sehr reichlich aus dem Wurzelstock. Anders als diese ist sie jedoch mittelmäßig schattentolerant. In den ersten Jahren nach der Keimung entwickeln sich die Sämlinge unter einem Fichtenschirm bei etwa 15 % relativem Lichtgenuss noch zufriedenstellend, doch später benötigen sie für ein zügiges Wachstum mehr als 30 % des Freiflächenlichtes (Leder 1992).

Fast alle Frühbesiedlerarten sind ausgesprochen **lichtbedürftig**. Die genannten Wuchsleistungen erreichen sie auf schirmfreien Flächen und auf größeren Bestandeslücken ohne ausgeprägten Seitenschatten. Mit dieser Eigenschaft ist (wie bei vielen Baumarten) ein rasches Höhenwachstum in der Jugend verbunden, das seine Kulmination schon am Ende des ersten Lebensjahrzehnts überschritten hat und mit zunehmendem Alter immer mehr nachlässt. Alle diese Arten haben ein starkes **vegetatives Regenerationsvermögen**. Sie treiben nach Abhieb oder Verletzungen rasch und mit kräftigen Trieben aus Wurzelstöcken aus, die Aspe bildet zudem auch reichlich Wurzelbrut (Kap. 3.3.1.4). Die Frühbesiedler bilden auf vielen Standorten miteinander Mischbestände, die wegen ihres Lichtbedürfnisses meist wenig gestuft sind. Die **Stammzahlen** vermindern sich bei anfangs großem Dichtstand meistens rasch, dann entsteht Raum zur Ansiedlung sich später verjüngender Baumarten mit einem langsameren Wachstum und einer höheren Lebensdauer. Schließlich bleiben in der Baumholzphase im Allgemeinen nur wenige Frühbesiedler erhalten. Auf frischen Standorten vollzieht sich die Stammzahlverminderung jedoch oft nur langsam. So können 3–5 m hohe Dickungen entstehen, die das Aufwachsen von Baumarten der Zielbestockung beeinträchtigen (Kap. 3.7).

Die Frühbesiedler haben wichtige **ökologische Funktionen**: Sie bedecken Kahlflächen sowie größere Bestandeslücken schnell und schützen die Böden vor Erosion und übermäßiger Ausbreitung der Begleitflora. Ihre Streu ist gut zersetzbar. Die Erlen binden zudem durch ihre Symbiose mit Bakterien Luftstickstoff. Weiterhin geben sie Wind- und Strahlungsschutz für später verjüngte empfindlichere Arten. Die Frühbesiedler unterliegen häufig schon frühzeitig der Konkurrenz untereinander oder dem später überlegenen Wachstum anderer Arten, zu deren Gunsten sie oft im Zug von Läuterungen und Durchforstungen entnommen werden. Dadurch ist der ökonomische Wert ihres Holzes gering. Soweit sie aber Stammholz mindestens mittlerer Dimensionen liefern, wie vor allem die Vogelbeere und die Sandbirke (Abb. 3.35), ist es im Allgemeinen gut verwertbar.

Verjüngung von Mischbeständen langlebiger Laubbaumarten

Hierunter werden gemischte Naturverjüngungen von Spätbesiedlern zusammengefasst, die sich unter mehr oder weniger lichten Altbeständen, in Femellücken, seltener auch auf Kahlflächen geringer Größe einstellen. Spätbesiedler sind eine uneinheitliche Gruppe von Baumarten mit hoher Lebensdauer, mittleren bis geringen Lichtansprüchen in den ersten Altersphasen und einer weniger häufigen und unregelmäßigen Fruktifikation.

Edellaubbäume

Auf frischen und nährstoffreichen Standorten der Ebenen und der Mittelgebirge stehen oft geschlossene Altbestände mit Dominanz der Bu-

Abb. 3.35 Birkenbestand (20-jährig) in Hessen: Nach einer nicht erfolgreichen Eichenpflanzung auf einer Fichtenwindwurffläche werden Birken aus Naturverjüngung durch Ästung und starke Freistellung (Eliminierung von Bedrängern) zu Wertholz erzogen.

Abb. 3.36
Verjüngung von Edellaubbäumen in einem geschlossenen Buchenaltbestand mit wenigen eingemischten Edellaubbäumen auf einem Kalkstandort in Südniedersachsen. Die Verjüngung aus überwiegend Bergahorn, Spitzahorn, Esche und Bergulme auf der rechten Bildhälfte konnte sich in einem Zaun ohne Wildverbiss entwickeln.

che, unter denen sich eine dichte Naturverjüngung von **Esche**, **Berg-** und **Spitzahorn** und relativ wenigen **Buchen** befindet (Abb. 3.36). Diese Verjüngung ist meist kaum höher als 25 cm und stammt aus der häufigen und reichlichen Fruktifikation der Mutterbäume, die an Bestandesrändern stehen oder einzeln in den Oberstand eingewachsen sind. Seltener findet man in

Hintergrundwissen

Fruktifikation von Ahorn und Esche

Der **Bergahorn** fruktifiziert fast jedes Jahr, jedoch unterschiedlich intensiv. Sehr reichliche Samenbildung tritt etwa alle drei Jahre ein. Dann können herrschende Bäume bis 160 000 Samen pro Baum produzieren, bei mitherrschenden Bäumen ist es etwa ein Viertel davon. Keimfähig sind gewöhnlich 50–70 % der Samen. Sie werden innerhalb von 8–10 Wochen (Mitte September bis Anfang November) durch den Wind verbreitet, die Mehrzahl von ihnen gelangt im Bestand in einem Umkreis von etwa 30 m um den Mutterbaum an den Boden (Faust 1963). Unter natürlichen Bedingungen überliegt nur ein kleiner Teil des Saatguts bis in das zweite Jahr, die meisten Samen keimen im (April) Mai des auf den Samenfall folgenden Jahres.

Der **Spitzahorn** fruktifiziert ähnlich häufig wie der Bergahorn. Die Samen sind etwas schwerer und fallen innerhalb kürzerer Zeit (Anfang Oktober bis Mitte November) auf den Boden. Die Verjüngungsbiologie dieser Art ist bisher weniger gut untersucht.

Bei den **Eschen** kommen rein männlich und rein weiblich blühende Exemplare wie auch solche mit beiden Geschlechtern vor. Deren Folgen für die Naturverjüngung sind nur dann erheblich, wenn nicht genügend weiblich blühende Mutterbäume vorhanden sind. Das muss bei Eingriffen in die Altbestände berücksichtigt werden. Mindestens alle vier Jahre werden reichlich Samen gebildet, dazwischen gibt es immer wieder schwache Masten (Gardner 1977; Tapper 1992). Eschen mit gut ausgebildeten Kronen können bis über 100 000 Samen je Baum hervorbringen. Bisweilen wird ein Teil davon, bis über 60 %, (Wardle 1959; Harmer 1994) durch Raupen von *Pseudargyrotoza convagana* bereits am Baum zerstört. Die Samen reifen ab Mitte Oktober aus und werden über einen langen Zeitraum bis zum folgenden Spätwinter in einem Umkreis von etwa 40 m um den Mutterbaum durch den Wind verbreitet, das Maximum liegt im Altbestand bei 20 m rings um den Stamm (Wagner 1997). Nur wenige früh gefallene Samen keimen schon im Herbst, gleich nachdem sie an den Boden gelangt sind, ein weiterer Teil läuft im folgenden Frühjahr auf, aber ein erheblicher Anteil überliegt bis in das darauffolgende Jahr (Faust 1963; Gardner 1977). Während der Lagerung im Boden werden bisweilen viele Samen durch Mäuse aufgenommen, doch ist das Verjüngungspotenzial der Esche fast immer beträchtlich.

dieser Verjüngung auch Bergulme, Winterlinde, Sommerlinde, Vogelkirsche und Elsbeere. Diese Arten werden unter dem Begriff Edellaubbäume zusammengefasst (Kap. 2.1.1.3 bis 2.1.1.8).

Sobald das Kronendach der alten Buchen (durch Überalterung oder durch Schäden) lichter wird, wachsen die genannten Arten rasch hoch und lassen die Buchenverjüngung für einige Jahrzehnte im Wachstum deutlich hinter sich. Diese Entwicklung ist hauptsächlich das Ergebnis von unterschiedlichen Reaktionen der beteiligten Arten auf den **Lichtgenuss**. Aber auch die Häufigkeit und Intensität der Fruktifikation sowie die Reaktion auf die Standortsverhältnisse und den Verbiss durch das Wild haben einen Einfluss.

Die Reaktion des Wachstums des Bergahorns auf verschiedene **Lichtintensitäten** wurde in einer Beschattungsanlage im Freiland untersucht (Röhrig 1967, Tab. 3.9). Vom vollen Licht bis 8 % des Freilandlichtes wurde das Höhenwachstum um rund die Hälfte reduziert, bis 1 % um etwa 60 %, aber immerhin wurde in den zwei Beobachtungsjahren noch ein Zuwachs geleistet. Bei der weniger lichtbedürftigen Buche sank die Sprosslänge in einer gleichen Versuchsanlage erst von 18 % an stärker ab und war bei 1 % des Freilandlichtes um rund 30 % höher als beim Bergahorn.

Wie eingangs erwähnt können sich Ahorn und Esche lange Zeit in geschlossenen Beständen als Verjüngungspflanzen halten. Sie bleiben

Tab. 3.9 Sprosslänge, Wurzelhalsdurchmesser und Biomassen (Trockengewichte) 2-jähriger Sämlinge des Bergahorns bei unterschiedlichem Lichtgenuss (aus Röhrig 1967)

Rel. Lichtgenuss (%)	Sprosslänge (cm)	Wurzelhalsdurchmesser (mm)	Trockengewicht (g pro Pflanze)			
			Blätter	Sprossachse	Wurzel	gesamt
100	27,3	5,6	1,79	2,55	3,39	7,73
78	20,5	4,2	1,08	1,44	1,66	4,18
24	16,2	4,1	0,53	0,90	0,99	2,42
8	14,4	3,6	0,42	0,71	0,77	1,90
1	11,0	1,7	0,14	0,17	0,12	0,43

etwa gleichwüchsig mit der Buche, zumal sie meist durch Verbiss im Höhenwuchs mehr als diese zurückgehalten werden. Sobald sich durch stärkere **Auflichtung** oder nach dem Entstehen von **Femellücken** das Lichtangebot für die Verjüngungspflanzen bedeutend erhöht, steigt das Wachstum von Esche und Ahorn gegenüber der Buche ganz beträchtlich (Faust 1963; Helliwell 1965; Okali 1966; Wagenhoff 1975; Miegroet et al.1981; Schmidt 1996; Wagner 1999; Horn 2002; Petrițan et al. 2009). Auf mäßig frischen bis frischen Standorten reagieren die drei Arten mit Jahrestrieben von mehreren Dezimetern (oft bis 80 cm und mehr) etwa gleich stark, doch gibt es gewisse Unterschiede (siehe Helliwell 1965; Schmidt 1996; Meyer et al. 1999), die durch wechselnde Kleinstandorte und frühere Verbissintensität sowie durch Konkurrenz (auch der Altbäume, siehe Wagner 1999) bedingt sein können.

Die **Sämlingsdichte** in Edellaubbaummischbeständen ist oft sehr hoch (bis zu 100 Pflanzen m^{-2}) und weist meist Altersunterschiede von 5–12 Jahren auf; viel länger ertragen Eschensämlinge stärkere Beeinträchtigung durch Verbiss und Schatten nicht. Die Buche ist im Allgemeinen deutlich unterrepräsentiert, weil sie weniger häufig und stark fruktifiziert. Hohe Sämlingsverluste der Esche werden durch häufige Fruktifikation immer wieder ausgeglichen (Faust 1963; Gardner 1977; Miegroet et al. 1981). Geringe Mengen von Verjüngungspflanzen findet man dort, wo eine dichte Begleitflora (besonders von *Mercurialis perennis*, siehe Wardle 1959) eine starke Licht- und Wasserkonkurrenz bildet. Die langsamer wachsende Buche hält sich in der weit vorwüchsigen Edellaubholzverjüngung gut, nur auf weniger frischen Standorten kann sie in ausgeprägten Trockenjahren höhere Ausfälle haben als die junge Esche mit ihrem intensiveren Wurzelsystem im Oberboden (Horn 2002). Das kann dazu führen, dass mehr oder weniger reine Eschenjungwüchse entstehen (Rysavy 1991), doch diese sogenannte „Vereschung“ ist auf den genannten Standorten ein vorübergehendes Problem, weil im Gertenholzstadium fast immer wieder Buchenverjüngung unter der dann baumzahlärmer gewordenen Esche aufwächst.

Zahlreiche Freilanduntersuchungen und Beobachtungen in der Praxis zeigen, dass die Überlegenheit des **Höhen- und des Durchmesserwachstums** von Ahorn und Esche im Stangenholz- und frühen Baumholzstadium nachlässt und diese Arten von der beigemischten Buche im Wachstum überholt werden. Sofern man sie nicht durch frühzeitige Bestandespflege ständig gegen den Konkurrenzdruck der Buche verteidigt, sinken sie bis auf wenige Exemplare in den Zwischenstand ab, und es entsteht im späteren Baumholzstadium eine Buchendominanz. Nüßlein (1995) hat mit einem sehr breit angelegten Datenmaterial diese Umkehrung der Wuchsverhältnisse in verschiedenen Bestandesaltern dargestellt (Abb. 3.37).

Seltener sind in Buchen-Edellaubbaumbeständen noch weitere Baumarten zu finden: Bergulme, Winter- und Sommerlinde, Vogelkirsche und Elsbeere. Die **Bergulme** ist durch das Ulmensterben (Kap. 2.1.1.7) selten geworden (Röhrig 1996), doch findet man immer noch einzelne fruktifizierende Exemplare in den Beständen. Bergulmen blühen schon im frühen

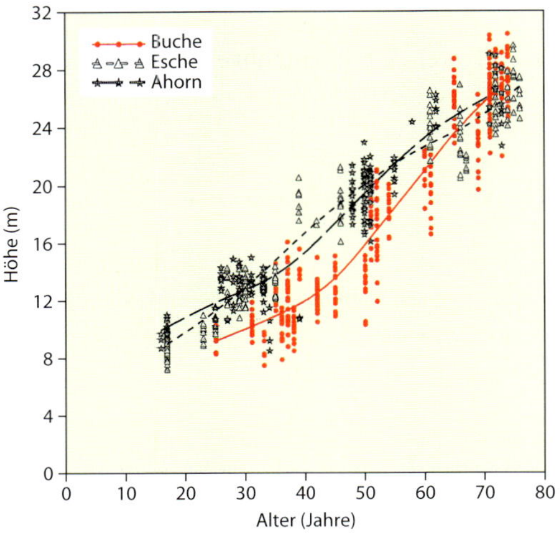

Abb. 3.37
Baumhöhen der Oberschicht (Baumklassen 1 und 2 nach Kraft, siehe Abb. 4.11, Kap. 4.2.3) in Abhängigkeit vom Alter für Buche, Esche und Bergahorn in Edellaubbaummischbeständen in Nordbayern (nach Nüßlein 1995).

Frühjahr vor dem Laubaustrieb, sie fruktifizieren ähnlich häufig und reichlich wie die Ahorne. Da das Gewicht ihrer scheibenförmigen Samen nur einem Drittel der Ahornsamen entspricht, werden sie durch den Wind entsprechend weiter verbreitet. Das geschieht schon gleich nach ihrer Reife von Mitte Mai bis Mitte Juni; sie keimen ohne Keimruhe sehr bald, nachdem sie an den Boden gelangt sind. Durch die Konkurrenz der dann schon gut entwickelten Begleitflora wachsen nur wenige Sämlinge heran. Oft sind auch Keimfähigkeit und Keimkraft der Samen gering.

Die **Linden** sind insektenblütig. Sie tragen fast alljährlich Samen, doch in größeren Mengen nur relativ selten. Diese werden durch den Wind etwa ähnlich weit wie die der Esche verbreitet, nachdem sie im Oktober bis Anfang November gereift sind (ein Teil der Samen bleibt den Winter über am Baum und fällt erst im folgenden Frühjahr). Die Keimfähigkeit liegt nur in guten Samenjahren bei etwa 50–70 %, sonst ist sie gering. Das Saatgut hat eine ausgeprägte Keimhemmung, die bei der Lagerung im Bestand weitgehend abgebaut wird, sodass die Keimlinge im Frühjahr erscheinen; doch bleibt oft ein Teil der Samen bis in das folgende Frühjahr hinein liegen.

Die **Vogelkirsche** ist wie die Lindenarten insektenblütig. Bestäubung und damit Fruchtbehang sind von der Witterung zur Blütezeit Ende April bis Mitte Mai abhängig, bisweilen wird in dieser Zeit die Blüte durch Frost zerstört. So ist die Fruktifikation von Jahr zu Jahr sehr ungleichmäßig, zudem wird ein Teil der Kirschen oft bereits am Baum von Vögeln und Säugetieren aufgenommen. Diese sind auch für die Verbreitung der Kerne im Bestand verantwortlich. Deren Keimfähigkeit liegt um 70 %. Die stark ausgeprägte Keimhemmung ist bei der Lagerung im Bestand bis zum Frühjahr abgebaut, die Keimlinge erscheinen im April bis Mitte Mai.

Die **Elsbeere** findet man noch seltener in den Edellaubbaumbeständen als Ulmen und Linden. Die Früchte enthalten zwei bis vier Samen. Sie fallen Ende September bis Mitte Oktober an den Boden, soweit sie nicht bereits am Baum von Vögeln aufgenommen werden. Die ohnehin meist geringe Anzahl an Früchten wird am Boden durch Kleinsäuger verringert, die übrig bleibenden Samen keimen größtenteils im folgenden Frühjahr, ein Teil überliegt. Im ersten Jahr werden Sämlinge meist nur 5–20 cm hoch. Die Elsbeere ist mäßig schattentolerant, deutlich langsamer in der Entwicklung als die übrigen Edellaubbaumarten und sie erreicht geringere Endhöhen als diese (Kap. 2.1.1.8).

In geschlossenen Altbeständen bei relativem Lichtgenuss von etwa 1–8 % gibt es bei den genannten Arten keine wesentlichen Unterschiede im **Wachstum**. Die beiden Lindenarten sind im Höhenwuchs etwas langsamer als der Bergahorn (Röhrig 1967), die Elsbeere bleibt noch mehr zurück. Bei reichlichem Lichtzutritt sind Bergulme und Vogelkirsche gegenüber den Ahornarten und der Esche deutlich vorwüchsig, die Linden und die Elsbeere reagieren langsamer.

Die geringe Verjüngung aus Samen dieser seltenen Arten wird zu einem Teil kompensiert durch ihre reichliche **vegetative Reproduktion** (Kap. 3.3.1.4). Hierdurch bildet sich in vielen Beständen mehr als die Hälfte der Verjüngungspflanzen. Als Verjüngungsverfahren für die Entwicklung von Wertholzbeständen aus Edellaubbäumen mit Buche eignen sich **Schirmschlag** (Kap. 5.4.3) und **Femelschlag** (Kap. 5.4.5).

Buche und Traubeneiche

In den Mittelgebirgen, seltener in den Ebenen, finden sich häufig Altbestände aus Buche und Traubeneiche. Die natürliche Verjüngung solcher Bestände ist schwierig, weil sich beide Arten hinsichtlich Schattentoleranz und Wachstumsrhythmus stark unterscheiden (Kap. 2.1.1.1, 2.1.1.2). Unter einem lockeren Schirm kann die Eichenverjüngung im Laufe des ersten Jahrzehnts einen gewissen Wuchsvorsprung vor der Buche bewahren. Doch dann wird sie bald von der Buche eingeholt und nur bei starker Begünstigung der Eiche in der Pflege lassen sich genügend Stämme bis in das Baumholzalter erhalten. Das gelingt am ehesten auf trockenen bis mäßig frischen, wärmebegünstigten Standorten, auf denen die Buche relativ langsam wächst.

Wenn bei Schirmschlagverjüngungen rasche und starke Nachlichtungen unterbleiben, gewinnt die Buche schon frühzeitig die Oberhand. Das lässt sich in der Praxis oft beobachten. Daten dazu liefert ein langfristiger Versuch im Pfälzer Wald auf einem Verwitterungsboden aus Buntsandstein in 300 m ü. NN (Hauskeller-Bullerjahn et al. 2000). Von den im Versuch enthaltenen Varianten (Femelschlag, Gruppenfemelschlag und Schirmschlag) war zehn Jahre nach der Einleitung der Verjüngung die Traubeneiche nur noch auf der rasch nachgelichteten Schirmschlagfläche ausreichend vorwüchsig.

Stieleiche und Hainbuche

Auf schweren, meist pseudogleyartigen Böden stehen oft (mehr in den Ebenen als in den Mittelgebirgen) Stieleichen-Hainbuchenbestände. Die Hainbuche bildet in solchen Altbeständen fast immer den Zwischen- und Unterstand. Wo dieser den Boden nicht stark beschattet, findet man oft eine Hainbuchennaturverjüngung, während die Jungpflanzen der Stieleiche aus Lichtmangel immer wieder vergehen.

Die **Hainbuche** fruktifiziert ähnlich wie die Ahornarten fast alljährlich und in guten Samenjahren etwa ebenso intensiv wie diese. Die Früchte reifen im Herbst und werden bis zum Spätwinter (besonders nach den ersten Frösten) durch den Wind auf relativ kurze Distanz verbreitet, bisweilen auch durch Vögel verschleppt. Die Samen der Hainbuche haben eine starke Keimhemmung, die unter Freilandbedingungen erst im zweiten Frühjahr abgebaut ist. Anders als bei der Stieleiche ist die Keimung in dichterer Laubdecke stark eingeschränkt. Bei reichlicher Fruktifikation beträgt die Keimfähigkeit 70 % und mehr, doch treten bei der langen Lagerung an der Bodenoberfläche oft erhebliche Verluste durch Vögel und Kleinsäuger ein. Dennoch ist in Beständen, in denen genügend ober- oder zwischenständige Hainbuchen vorhanden sind, die Verjüngung oft sehr reichlich.

Aus der Erfahrung weiß man, dass sich Jungpflanzen der Hainbuche bis etwa zehn Jahre unter einem mäßig dichten Bestandesschirm halten können. Allerdings werden sie in hohem Maße vom Wild und von Mäusen verbissen, was zu einer starken Reduktion der Sämlingszahlen führt. Sobald sie reichlich Licht bekommen, erreichen sie oft Höhentriebe von 1 m und mehr im Jahr. Dadurch können sie für eine gleich alte Eichenverjüngung eine starke Konkurrenz sein (Hesmer 1958; Kwiatkowska et al. 1997).

Dohrenbusch (1996) untersuchte in zwei ca. 100-jährigen Stieleichenbeständen mit Hainbuchenbeimischung (10–40 % der Grundfläche) auf mesotrophen Lehmstandorten in der nördlichen Pfalz die Naturverjüngung über sieben Jahre. Auf der nicht durchforsteten Vergleichsfläche betrug der Kronenschluss etwa 90 %, auf den Flächen mit Hochdurchforstung stieg er im Untersuchungszeitraum von 68 auf 80 %, auf einer Fläche mit Niederdurchforstung von 79 auf 88 %. Auf der gleichmäßig stark überschirmten Vergleichsfläche fanden sich während des Zeitraumes 3–7 Hainbuchen m^{-2} und stets nur vereinzelt Eichensämlinge. Durch die Auflichtung des Kronendachs bei der Hochdurchforstung entwickelte sich in den ersten Jahren eine dichte Verjüngung mit 12–18 Hainbuchen m^{-2} (44–64 % der gesamten Sämlingszahl). Sie ging durch den dichter werdenden Kronenschluss auf 5 Hainbuchen m^{-2} zurück. Auf der Fläche mit Niederdurchforstung war es ähnlich. Auf einer Kahlfläche fand sich zu der Eichenverjüngung durch Samenflug aus der Nachbarschaft eine nach Zahl und Höhe sehr ungleichmäßige Verjüngung der Hainbuche ein. Sie blieb in den ersten Jahren hinter der Eiche in der Höhe leicht zurück (10, 36, 37 cm gegenüber 12, 30, 42 cm

Abb. 3.38 Bergmischwald mit Tanne, Fichte, Buche und Bergahorn in den bayerischen Kalkalpen nach einem Verjüngungszeitraum von 35 Jahren.

für die Eiche). Nach sieben Jahren jedoch hatten die Hainbuchen mit durchschnittlich 144 cm (einzelne Exemplare bis 450 cm) zahlreiche Eichen deutlich überholt (im Durchschnitt 220 cm, einzelne bis 250 cm).

Mischverjüngungen aus Nadel- und Laubbäumen

Bergmischwald

Zur Naturverjüngung von Mischbeständen aus Tanne, Fichte, Buche und Bergahorn sind 1976 in den bayerischen Alpen Freilandversuche angelegt und danach langfristig beobachtet worden (Abb. 3.38). Teilergebnisse des sogenannten Bergmischwaldprojektes sind bei Burschel et al. (1985), Mosandl (1984, 1991), Burschel und Binder (1993) sowie Ammer (1996) dargestellt, aus ihnen wurden waldbauliche Verfahren abgeleitet (El Kateb et al. 2009).

Die Versuchsflächen liegen in den Kalkalpen (800–1 200 m ü. NN) und im Flyschgebiet (800–1 010 m ü. NN). Die Versuchsbestände unterscheiden sich in Exposition, Höhenlage und Grad der Auflichtung voneinander. Es gibt Versuchsvarianten mit und ohne Bodenbearbeitung sowie mit und ohne Zäunung. Die Bestände im Kalkalpin waren bei der Versuchsanlage durchschnittlich 100–120 Jahre alt, im Flyschgebiet waren sie älter. In den Grundflächenanteilen überwog meist die Fichte, selten die Buche oder die Tanne. Die **relativen Beleuchtungsstärken** haben sich von 1978–1993 allgemein verringert. Beim schwachen Schirmhieb waren nach 15 Jahren die Parzellen fast so dunkel wie die der Kontrollen (Tab. 3.10).

Alle Baumarten fruktifizierten weniger häufig und schwächer als in den Mittelgebirgen, doch reichte ihr **Samenertrag** für die natürliche Verjüngung der Bergmischwaldbestände völlig aus. Am häufigsten trug der Bergahorn Früchte, mit wenigen Ausnahmen in jedem Jahr. Der reichlichste Behang wurde 1977/78 festgestellt. In dieser Zeit fruktifizierten auch Fichte und Buche gut, die Tanne jedoch nicht. Tannensamen gab es in mäßigen bis starken Mengen in etwa

Tab. 3.10 Entwicklung von Stammzahl, Grundfläche und relativer Beleuchtungsstärke (%) auf einer Versuchsfläche im alpinen Bergmischwald (verglichen werden die Flächen 2.0/undurchforstet, 2.1/schwacher Schirmhieb, 2.2/starker Schirmhieb nach Aufnahmen 1978, 1986 und 1993 (aus Ammer 1996))

Variante	Stammzahl (St. ha^{-1})			Stammzahl 1993 in % v. 1976	Grundfläche (m^2 ha^{-1})			Grundfläche 1993 in % v. 1976	Rel. Beleuchtungsstärke (%)			Rel. Bel. 1993 in % v. 1978
	1976	1983	1993		1976	1983	1993		1978	1986	1993	
2.0	1 369	1 209	1 124	−18	40,2	41,4	42,1	+5	5,1	5,5	9,4	+84
2.1	672	642	608	−10	29,9	35,0	38,6	+29	17,2	12,6	9,7	−43
2.2	257	237	236	−8	19,8	22,5	25,3	+28	31,3	23,9	18,4	−41

fünf Jahren während der 17-jährigen Beobachtungszeit. Die Fichte trug in den meisten Jahren Zapfen, wenn auch nur viermal reichlich. Die Buche brachte reiche Masten 1977, 1985 und 1992, sonst trug sie nur selten nennenswerten Fruchtbehang. Alle Baumarten fruktifizierten übrigens in den einzelnen Versuchsparzellen recht unterschiedlich stark, was nicht immer mit ihrem Anteil an der Oberschicht der Altbestände zusammenhing. Die Keimfähigkeit, gemessen am Anteil der Vollkörner an der Gesamtzahl, war auch in diesen Untersuchungen im Allgemeinen umso geringer, je schwächer die Mast ausgefallen war. Sehr ausgeprägt zeigte sich das bei der Buche, die bei schwacher Mast fast nur taube Eckern lieferte. Ähnlich verhielt es sich bei der Fichte. Doch gab es Ausnahmen von dieser Regel, vor allem bei der Tanne.

Bei Beginn der Untersuchungen waren die Bestände weitgehend geschlossen. Der Boden war mit Mull oder mullartigem Moder bedeckt. Die Begleitflora war nur schwach entwickelt, die Deckungsgrade lagen größtenteils bei wenigen Prozenten. Sie stiegen in den Kontrollparzellen bis 1993 nur wenig an. So ist es verständlich, dass die Bodenbearbeitungen keine Steigerung der Sämlingszahlen brachten. Anders ist es in späteren Phasen der Verjüngung. Hier wurden Durchmesser- und Höhenwachstum durch die Begleitflora z. T. erheblich vermindert. Die Konkurrenz war umso wirksamer, je höher der Lichtzutritt war. Die reichliche Fruktifikation der Bestände während der ersten Jahre führte zu hohen **Samenmengen** (Tab. 3.11), sie waren stets besonders hoch auf der Kontrollfläche. Das war eine Folge der dort größeren Anzahl fruktifizierender Bäume. In geringen Mastjahren fruktifizierten nur die freigestellten Bäume des Oberstandes, sodass sich die Verhältnisse zwischen gelichteten und unberührten Flächen mehr oder weniger anglichen. Auf allen Flächen fielen die weitaus höchsten Samenmengen bei der **Fichte**. Aus ihnen entwickelten sich jedoch nur verhältnismäßig wenige Keimlinge. Im Durchschnitt war die prozentuale Keimlingsausbeute (nicht die absolute Zahl der Keimlinge) bei den anderen drei Arten deutlich höher. Der Überschirmungsgrad hatte im ersten Jahr keinen statistisch absicherbaren Einfluss.

Das Schicksal der aus den Keimlingen einer **einzigen Mast** erwachsenen **Sämlinge** ist in den ersten acht Jahren in Abhängigkeit von der Überschirmung unterschiedlich (Mosandl 1991). Von der Fichte starben auf der dicht überschirmten Fläche fast alle Keimlinge sehr bald ab, hauptsächlich aus Lichtmangel. Wildverbiss war durch Zäunung ausgeschlossen. Bei schwachem und noch mehr bei starkem Schirmhieb hielten sich einige Sämlinge. Die Tanne und der Bergahorn hatten nach acht Jahren auf diesen Flächen etwas höhere Überlebensraten, doch auch von ihnen blieben nur wenige Sämlinge übrig. Tatsächlich besteht die Verjüngung in Mischbeständen aus **mehreren**, oft zahlreichen, **Verjüngungsvorgängen** mit ständiger Zu- und Abnahme bei den einzelnen Baumarten. Ammer (1996) hat die Entwicklung der Verjüngung jahrgangsweise von 1976 bis 1986 (einschließlich der bei Ver-

Tab. 3.11 Samen und Keimlingszahlen im Jahr 1978 auf Flächen des Hauptversuchs des Bergmischwaldprojektes mit unterschiedlichen Hiebseingriffen (nach Mosandl 1991)

Behandlung	Baumart	Gesunde Samen (St. m^{-2})	Keimfähige Samen (St. m^{-2})	Keimlinge (St. m^{-2})	Keimlinge aus keimfähigen Samen (%)
Kontrolle	Fichte	260	63	4	5
	Tanne	68	24	2	6
	Buche	53	22	–	8
	Bergahorn	47	16	9	5
schwacher Schirmhieb	Fichte	208	76	4	9
	Tanne	18	6	2	33
	Buche	29	14	2	27
	Bergahorn	17	7	4	18
starker Schirmhieb	Fichte	120	43	3	60
	Tanne	34	9	3	13
	Buche	11	6	3	51
	Bergahorn	23	10	7	–
Kahlhieb	Fichte	16	6	0,3	55
	Tanne	3	1	0,2	62
	Buche	> 1	–	–	–
	Bergahorn	2	1	1	87

suchsbeginn bereits vorhandenen Pflanzen, jedoch ohne die Keimlinge) aufgezeigt und zusätzlich 1993 eine weitere Erhebung durchgeführt. Eine Vorstellung von den Pflanzenzahlen in den gezäunten Teilen des Hauptversuchs vermittelt Tabelle 3.12.

Fast immer hatten die **aufgelichteten** Flächen die höheren **Gesamtsämlingszahlen**, auf den Kahlflächen lagen sie dagegen niedriger. Die Ursachen dafür sind vielschichtig. Neben dem unmittelbaren Effekt des verschieden starken Lichtzutrittes auf Überleben und Wachstum spielen indirekte Wirkungen der Konkurrenz durch die Verjüngungspflanzen selbst und durch die Begleitflora eine große Rolle.

Beim **Bergahorn** setzte sich die Verjüngung fast nur aus solchen Individuen zusammen, die bei erhöhtem Lichtgenuss gleich nach der Auflichtung keimen und aufwachsen konnten. In späteren Jahren keimende Exemplare hatten nur geringe Chancen, ebenso solche, die sich in dicht geschlossenen Beständen zu behaupten versuchten.

Die **Tanne** kann einen dichten Bestandesschluss bis zu eine Dauer von ca. 15 Jahren ertragen. In mehr oder weniger aufgelichteten Beständen können sich auch Sämlinge aus späteren Masten entwickeln, während bei der **Fichte** und der **Buche** ganz überwiegend die zuerst angesiedelten Pflanzen von der Auflichtung begünstigt wurden.

Das **Wachstum** der Sämlinge ist vom Zusammenwirken zahlreicher Faktoren abhängig (individuelle Wuchspotenz, kleinstandörtliche Verhältnisse, Konkurrenz, Reaktion auf Beschädigung). Deshalb sind Mittelwerte für die erreichten Höhen und Durchmesser meist mit großen Streuungen behaftet. Dennoch lassen sich im Bergmischwaldversuch einige Tendenzen deutlich erkennen: Alle vier Baumarten zeigen bei höherem Lichtgenuss ein stärkeres oberirdisches Wachstum, besonders der Bergahorn, aber auch die Buche. Die Nadelbäume reagieren deutlich schwächer.

Der **Verjüngungserfolg** lässt sich nur beurteilen, wenn Ausfälle und Beschädigungen der Pflanzen beachtet werden. Vom **Bergahorn** aus dem Keimjahr 1976 überlebten in der geschlossenen Kontrollfläche – offenbar aufgrund von Lichtmangel – bis 1993 nur ganz wenige Exemp-

Tab. 3.12 Anteil der Baumarten an der Gesamtzahl von Sämlingen in den Varianten des gezäunten Hauptversuchs des Bergmischwaldprojektes in Höhenklassen (jeweils höchstes Individum einer Baumart je Probekreis) (nach Ammer 1996)

Baumart	Behandlung	Höhenklasse (cm)					
		1–15	16–30	31–45	46–60	61–90	> 90
		Anteil an Gesamtpflanzenzahl der Behandlung (%)					
Bergahorn	Kontrolle	63	10	0			
	schwacher Schirmhieb	48	76	87	100	100	100
	starker Schirmhieb	31	57	80	100	100	100
Tanne	Kontrolle	26	10	0			
	schwacher Schirmhieb	25	5	0			
	starker Schirmhieb	49	17	0			
Fichte	Kontrolle	1	0	0			
	schwacher Schirmhieb	26	5	0			
	starker Schirmhieb	10	10	0			
Buche	Kontrolle	10	80	100			
	schwacher Schirmhieb	1	14	13			
	starker Schirmhieb	10	16	0			

lare. Die Auflichtung brachte umso geringere Ausfälle, je stärker der Lichtzutritt war. Im Zaun auf der Freifläche überlebten 80–90 %. Von der **Tanne** im Zaun blieben auf der Kontrollfläche und auf den beiden Schirmflächen bis 1993 immerhin um 40 % der Sämlinge am Leben. Außerhalb des Zaunes waren es nur ganz wenige. Die Sämlinge der **Fichte** vergingen in der unberührten Fläche – wohl aus Lichtmangel – schon in den ersten Jahren. Bei schwachem Schirmhieb blieben 15–20 % erhalten, beim starken Schirmhieb waren es 30–60 %. Zwischen gezäunten und ungezäunten Flächen gab es insgesamt keine gesicherten Unterschiede, anders als bei der Buche, die auf gezäunten Flächen besser gedieh.

Beschädigungen durch Nagetiere, Verbiss und Schneeschub gab es beim **Bergahorn** auf den gezäunten Flächen an 20–50 % der Pflanzen, außerhalb der Zäune wurden 40–90 % der Pflanzen, einige mehrfach, verbissen. Auffällig war das gute Ausheilungsvermögen beim Ahorn. Die **Tanne** erlitt im Zaun 15–25 % Schäden durch Mäuse, außerhalb der Zäune verschwand sie durch den Verbiss fast völlig. Die **Fichte** erlitt kaum Beschädigungen. Für die **Buche** lassen sich keine klaren Aussagen treffen.

Aus den – hier stark verkürzt dargestellten – Ergebnissen der langjährigen Versuche lässt sich schließen: Eine gemischte Verjüngung von Altbeständen aus Tanne, Fichte, Buche und Bergahorn scheitert keinesfalls am Mangel an keimfähigem Saatgut, wenn auch die Baumarten ungleichmäßig fruktifizieren. Eine **Bodenbearbeitung** ist dann entbehrlich, wenn die Verjüngung in Beständen mit wenig Begleitflora eingeleitet wird. Einige Jahre nach stärkerer Auflichtung kann die Konkurrenz erheblich sein und muss gegebenenfalls zurückgehalten werden. In **geschlossenen Altbeständen** kann nur die Tanne längere Zeit ausdauern, aber auch diese leidet unter Lichtmangel. Alle anderen Arten verlangen zum Aufwachsen einen **Lichtzutritt**, der mindestens einem mäßigen Schirmhieb entspricht. Die Fichte ist im Samenertrag der Tanne und der Buche überlegen, doch braucht sie zum Aufwachsen eindeutig mehr Licht als diese. Am meisten

bis rund 10 kg ha^{-1} erreichen. Die Samenmenge ist dennoch bei der Douglasie mit rund 1 Mio. Samen ha^{-1} größer als bei der Stieleiche mit rund 750 000 Eicheln ha^{-1}. Das hängt sehr stark vom Gewicht des einzelnen Samens ab (Tab. 3.15).

Nur selten ergibt sich die Gelegenheit, Saatgut am gefällten Baum zu ernten. Meist wird am stehenden Baum gepflückt oder das Saatgut wird am Boden gewonnen. Die Ernte am stehenden Baum erfolgt ab August (zunächst Douglasie, ab Anfang September Tanne) bis etwa No-

Tab. 3.13 Reife, Abfallen und Ernte von Früchten und Samen von Waldbäumen – Zeiten (Monate in Zahlen angegeben) können nach Höhenlage, Hangneigung, Witterung und Standort abweichen (nach Rohmeder 1972, Hinrichs 2017)

Baumarten	Blüte	Samenreife	Merkmale der Samenreife	Natürlicher Samenfall	Ernte
Trauben- und Stieleiche	4–5	Ende 9–10	stärkerer Abfall gesunder Früchte bei leichtem Schütteln mittelstarker Äste	10–11	10–11
Buche	4–5	10–11	stärkerer Abfall gesunder Früchte bei leichtem Schütteln mittelstarker Äste	10–11	10–11
Bergahorn	4–5	9–10	nach Laubabfall, gelblich-braune Fruchtstände	10–3	10
Esche	4–5	9–10	nach Laubabfall, gelblich-braune Fruchtstände	(10)–3	10–12 (Früherente 8–9)
Winterlinde	6–7	9–10	bei Früherente keine Keimhemmung (Samenschale hellgrün), ab Oktober Keimhemmung durch feste, braune Samenschale	10–3	10–12 (Früherente 9)
Sandbirke	3–4	6–8	Zäpfchen bräunlich-gelbe Färbung, Neigung zum Aufspringen	ab 9	ab 7
Schwarzerle	2–4	10–11	Verfärbung der Zäpfchen von grün zu dunkelbraun, Früchte rotbraun	10–3	10–11
Pappeln	3–4	5–6	Öffnung der ersten Kapseln	5	5
Hainbuche	4–5	10	beginnender Laubabfall, harte Fruchtschale	ab 11	Früherente 9
Vogelkirsche	4–5	7	schwarzrote Farbe der Frucht	ab 8	7
Fichte	4–4	9–10	Samenkörner rostbraun	1–5	10–12 (in Hochlagen 9)
Kiefer	5–6	10–11	verholzte Zapfenstiele	3–5	11–2
Tanne	4–5	9–10	Samen bräunlich	10–11	9–10
Europ. Lärche	3–4	10–11	Nachreife bis Dezember erhöht die Keimfähigkeit	10–5	10–4
Douglasie	5	8–9	Braunverfärbung der Zapfen, Samen braun	8–9	8–9

Tab. 3.14 Anzahl Zapfen bei Ernten unterschiedlichen Ausmaßes pro Baum in der Oberschicht für drei Nadelbaumarten (nach Messer 1958)

Bezeichnung der Ernte	Erntebewertung (% der Vollernte)	Kiefernzapfen		Fichtenzapfen		Lärchenzapfen	
		Anzahl (St.)	Gewicht (kg)	Anzahl (St.)	Gewicht (kg)	Anzahl (St.)	Gewicht (kg)
geringe Ernte	10	200	1,25	60	2,0	300	1,5
	20	400	2,50	120	4,0	600	3,0
	30	600	3,75	180	6,0	900	4,5
	40	800	5,00	240	8,0	1200	6,0
mittlere Ernte	50	1000	6,25	300	10,0	1500	7,5
	60	1200	7,50	360	12,0	1800	9,0
	70	1400	8,75	420	14,0	2100	10,5
gute Ernte	80	1600	10,00	480	16,0	2400	12,0
	90	1800	11,25	540	18,0	2700	13,5
Vollernte	100	2000	12,50	600	20,0	3000	15,0

Tab. 3.15 Samenausbeute bei einer Vollmast für verschiedene Baumarten (nach Morat 2015 und Hinrichs 2017)

Baumart	Samenmasse bei Vollmast (kg ha^{-1})	Samenmenge/kg reiner Samen (in 1000 Stück)	Durchschnittliche Keimfähigkeit (%)
Traubeneiche	1500	0,5	70–80
Stieleiche	2500	0,3	70–80
Buche	900	3–5	70
Bergahorn	200	10–12	70
Esche	900	14	60–70
Winterlinde	100	25–30	80
Hainbuche	k. A.	20–30	70
Fichte	150	140–160	90
Kiefer	80	170–180	95
Tanne	150	20	40
Douglasie	10	100	50–80

k. A. = es liegen keine Angaben vor

vember von **Zapfenpflückern** mithilfe von Steiggeräten, Hebebühnen und verschiedenen Kletterseil- und Sicherungstechniken. Für die Ausübung der je nach Baumart unterschiedlichen Erntetechniken ist nach dem Forstsaatgutgesetz eine Ausbildung erforderlich. Die Einzelheiten über Ausbildung, Arbeitsweise, Leistung (durchschnittlich rund 100 kg Zapfen Tag^{-1}) und Vergütung (um 3 Euro kg^{-1}) dieser Spezialisten, die heute auch Laubholzsaatgut und Pfropfreiser gewinnen, werden u. a. von Schröder und Pinnow (1992) und Walkenhorst (1992) geschildert.

Eicheln werden meistens am Boden aufgesammelt, für die Ernte von Bucheckern (seltener auch für Eicheln) hat sich das Auslegen von **Net-**

zen um die Erntebäume weitgehend durchgesetzt. Pinnow (1992) sowie Haase und Pinnow (1993) haben das Verfahren beschrieben. Trotz des technischen und organisatorischen Aufwandes ist die Ernte mit Netzen bei gutem Fruchtbehang rationell. Sie bringt eine hohe Ausnutzung der Mast und verhindert zugleich den Kontakt der frischen Eckern mit dem humosen Oberboden, der oft zur Infektion mit Pilzen führt (siehe Abschnitt „Keimung und Wachstum der Buche" Kap. 3.3.2.2). Die Zahl der Erntebäume soll in möglichst weiträumiger Verteilung groß genug sein, damit eine genügende genetische Diversität des Saatguts gesichert ist. Der Ernte schließt sich sogleich eine **Vorreinigung** des Saatguts an.

Für die spätere Verwendung muss das Erntegut **aufbereitet** werden. Bei den Rosaceen (*Malus*, *Prunus*, *Pyrus*, *Sorbus*) ist das Fruchtfleisch zu entfernen (Schmidt 1989; Gille 1992; Schubert 1999). Die Zapfen der Nadelbäume (außer der Tanne) und der Erlenarten werden gedarrt (geklengt), damit sie ihre Samen entlassen. In der Darre (Trocknungsvorrichtung) werden die Zapfen trockener, warmer Luft von 30–50 °C ausgesetzt (Morat 2015).

Bei den meisten Arten sind Samen- bzw. Fruchtanhänge und Verunreinigungen durch **Dreschen** auszusondern, Hohlkörner sowie mangelhaft entwickelte und beschädigte Samen werden mit verschiedenen Methoden eliminiert (Rohmeder 1972; La Croix 1984; Gille 1992; Suszka et al. 1996). Soweit das Saatgut nicht sogleich verwendet, sondern zunächst gelagert werden soll (Kap. 3.4.3), muss sein **Wassergehalt herabgesetzt** werden. Damit wird die metabolische Aktivität in den Samen und die der möglicherweise begleitenden Mikroorganismen auf ein Minimum vermindert. Dabei wird unterschieden zwischen Saatgut, das ohne Beeinträchtigkeit seiner Keimfähigkeit auf eine Feuchtigkeit von 5–6 % herabgetrocknet werden kann (**orthodoxe Samen**), und Saatgut, das eine solche Behandlung nicht verträgt (**rekalzitrantes Saatgut**). Zu dieser Gruppe gehören Eicheln und Ahornsamen, die übrigen in den temperierten Zonen verbreiteten Arten haben orthodoxe Samen. Deren Trocknung erfolgt meist in einem warmen Luftstrom bei abnehmender Luftfeuchtigkeit und muss, besonders beim Laubbaumsaatgut, sehr allmählich vorgenommen werden.

Viele Faktoren tragen dazu bei, dass auch das gereinigte Saatgut von unterschiedlicher **Qualität** ist. Genetische Anlagen, Reifebedingungen am Baum, Schäden beim Transport und bei der Lagerung, ungenaue Trennung von Voll- und Hohlkörnern sowie Befall mit Schädlingen sind die wichtigsten Ursachen für Qualitätsunterschiede. Deshalb sind **Mindestanforderungen** gesetzlich vorgeschrieben, die durch eine Saatgutprüfung nachgewiesen werden müssen. Sie geschieht nach den Regeln der International Seed Testing Association (ISTA 2009, 2019) und betrifft in erster Linie Reinheit, Tausendkorngewicht und Keimfähigkeit des Saatguts:

- Die erforderliche **Reinheit** (Freiheit von beschädigten Samen und Fremdteilen) lässt sich relativ einfach mit verschiedenen Methoden herstellen (siehe Gille 1992; Schubert 1999). Nicht immer gelingt es jedoch, Saatgut anderer Arten derselben Gattung sicher auszuscheiden (z. B. bei Stiel- und Traubeneicheln).
- Das **Tausendkorngewicht** ist zwar einfach zu ermitteln, doch seine Bedeutung für das Keimergebnis und das spätere Wachstum der Pflanzen ist nicht immer klar erkennbar. Abgesehen von solchen Samen, die sehr deutlich unter der Norm liegen, ist es meist so, dass relativ schwere Samen rascher keimen und im ersten Jahr (bisweilen auch etwas länger) den Pflanzen einen Vorsprung im Höhen- und Durchmesserwachstum, in der Blattmasse und im Gesamtgewicht verleihen (Rohmeder 1972; Schmidt-Vogt 1991; Wennström et al. 2002). Stieleicheln sind im großen Durchschnitt etwas schwerer als Traubeneicheln und bringen daher anfangs Sämlinge mit höherer Biomasse (Dupouey und Bouler 1989). Diese Überlegenheiten schwerer Samen können anfangs Vorteile für die Entwicklung und das Konkurrenzvermögen im Saatbeet bringen. Doch sie halten selten länger an. Im Übrigen ist der Einfluss der Samenherkunft auf das Samengewicht so stark ausgeprägt, dass sich allgemeine Normen des Tausendkorngewichtes für Arten kaum aufstellen lassen.
- Für die Bestimmung der **Keimfähigkeit** reichen Schnittproben im Allgemeinen nicht

aus. Sie wird vielmehr bei Samen ohne Keimruhe in Keimgeräten unter optimalen Temperatur- und Feuchtigkeitsbedingungen geprüft und als Vollständigkeit (% der ausgekeimten Samen) und Keimgeschwindigkeit ausgedrückt. Samen mit natürlicher Keimruhe (Kap. 3.4.2) werden mit **biochemischen Färbeverfahren** getestet. Unter Einwirkung von **Tetrazolium** (seltener auch Indigokarmin) lassen sich lebende und tote Gewebe im Samen unterscheiden. Bei Saatgut von Nadelbäumen werden auch Röntgenstrahlen zur Feststellung des Sameninhalts eingesetzt.

3.4.2 Vorbehandlung

Trotz Aussonderung untauglicher Exemplare sind **Eicheln** oft mit Sporen oder Myzel parasitischer Pilze behaftet, die zur Fäule (auch schon bei der Lagerung) führen können. Neben einer vorbeugenden Desinfektion mit Fungiziden wird häufig eine **Thermotherapie** vorgenommen. Dazu wird das Saatgut für ein bis zwei Stunden in ein Wasserbad mit konstant 41 °C gelegt oder mit einem feuchten Luftstrom dieser Temperatur behandelt (Suszka et al. 1996; Middelmann 1997). Dadurch wird der wichtigste Fäulniserreger, der Pilz *Ciboria batschiana*, abgetötet (Delfs-Siemer 1993; Ebinger 1997; Gille 1997; Schröder 1999).

Viele Samen entwickeln mit der Reife eine **Keimruhe**. Sie verhindert, dass die Samen während einer für das Wachstum der Sämlinge ungünstigen Jahreszeit keimen. Für Saaten und die Anzucht von Forstpflanzen in Baumschulen, bei denen ein möglichst gleichmäßiges Aufwachsen zu bestimmten Zeitpunkten erforderlich ist, wird die Dauer der Keimruhe **reguliert**.

Definition

Keimruhe

Eigenschaften und Ursachen der Keimruhe (weniger präzise auch Keimhemmung genannt) sind vielfach dargestellt worden, u. a. in Fenner und Thompson 2005, Bewley et al. 2013, Baskin und Baskin 2014 sowie in den einschlägigen Arbeiten zur Stratifikation u. a. bei Schubert 1999. Bei den Waldbäumen beruht sie auf verschiedenen biologischen Mechanismen:

- Der Embryo kann unvollkommen entwickelt sein (*Fraxinus*),
- eine harte Samenschale kann den Zutritt von Wasser behindern (*Robinia, Tilia*),
- bestimmte physiologische Bedingungen im Endosperm oder im Embryo können die Keimung verhindern.

Manchmal wirken mehrere dieser Faktoren zusammen. Die Keimruhe wird aufgehoben, wenn die Samen für einige Zeit niedrigen Temperaturen ausgesetzt sind. Bei manchen Arten muss dem eine Warmphase vorausgehen.

Die Vorbehandlung des Saatguts für die rechtzeitige Beendigung der Keimruhe geschieht durch **Stratifizierung**. Dazu werden die Samen schichtweise in Sand oder ein anderes feuchtigkeitshaltendes Substrat mit günstigen Eigenschaften für den Gasaustausch eingelagert (Suszka et al. 1996; Schubert 1999). Bucheckern und Nadelbaumsamen können auch ohne Substrat in dünnen Polyethylenbeuteln vorbehandelt werden. Suszka et al. (1996) teilen die Verfahren der Stratifikation für Saatgut von Waldbäumen in drei Kategorien ein:

- niedrige Temperaturen (1–5 °C) für Spitzahorn, Bergahorn, Buche, Walnuss, Tanne,
- kurze Warmperiode (20–24 °C) über zwei bis vier Wochen mit anschließender Kaltperiode für Hainbuche, Vogelkirsche, Wildapfel, Wildbirne, Erle,
- lange Warmperiode (20–24 °C) über acht bis zehn Wochen mit anschließender Kaltperiode für Esche und Linde.

Die Gesamtdauer der Stratifikation ist bei den einzelnen Arten unterschiedlich:

- Buche, Ahorn, Vogelkirsche und *Sorbus*-Arten: 14 bis 16 Wochen
- Linde: 26 Wochen
- Esche: 32 Wochen

Diese Zeiträume dürfen nicht wesentlich überschritten werden, sonst beginnen die Samen auch bei niedrigen Temperaturen zu keimen. Stark vorgekeimtes Saatgut bereitet Schwierig-

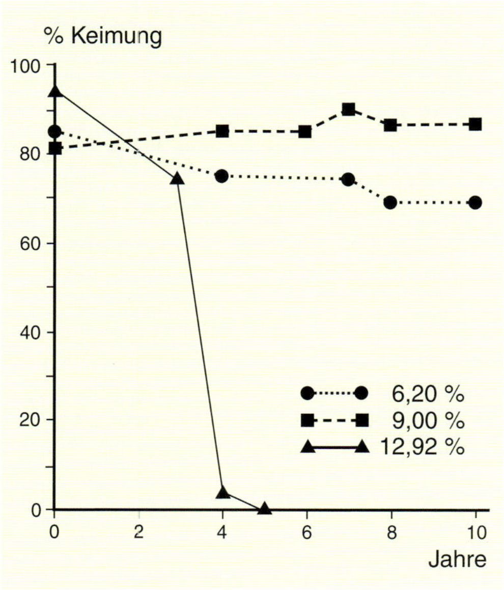

Abb. 3.40
Entwicklung der Keimprozente von Bucheckern nach Herabsetzung des Wassergehaltes auf 6,2 %, 9 % und 12,9 % während 10-jähriger Lagerung bei −5 °C (nach Suszka et al. 1996).

keiten bei der Aussaat: Keimwurzeln brechen ab, verbiegen sich stark und dringen mangelhaft in das Keimsubstrat ein. Auch Saatgut ohne oder mit schwacher Keimhemmung wird für ein gleichmäßiges Keimen kaltnass vorbehandelt (Walkenhorst 1992; Edwards und El Kasseby 1995; Leinonen 1998; Schubert 1999).

3.4.3 Lagerung

Das orthodoxe Saatgut kann in geschlossenen Behältern bei Wassergehalten von ca. 5–8 % und niedrigen Temperaturen über längere Zeit (je nach Baumart 8–20 Jahre) gelagert werden, ohne dass die Keimfähigkeit sinkt. Die am Ende von Kapitel 3.4.2 genannten Autoren geben als **Lagertemperaturen** an:

- für wenige Jahre: −3 °C
- für mittlere Fristen: −5 bis −10 °C
- für lange Fristen: −20 bis −25 °C

Nach mancherlei Fehlschlägen ist es gelungen, auch **Bucheckern** für mehrere Jahre erfolgreich einzulagern. Empfohlen wird, die Feuchtigkeit nach der Ernte auf 8–9 % herabzusetzen (Abb. 3.40) und die Eckern nach der Lagerung vor der Aussaat ohne Medium zu stratifizieren. Man kann auch die Stratifizierung gleich nach der Ernte vornehmen und das Saatgut dann bis zur Aussaat einlagern (Lepper et al. 1996; Muller et al. 1999). Auch die rekalzitranten **Eicheln** lassen sich bis zu drei Jahre ohne Verlust der Keimkraft lagern. Sie vertragen keine Verminderung ihres Wassergehaltes unter 40–45 % und werden bei Temperaturen von −6 bis −9 °C abgetötet, bleiben aber gesund, wenn sie permanent bei −1 °C gehalten werden. Dabei ist eine genaue Kontrolle nötig (Gille und Nowag 1995; Suszka et al. 1996; Schubert 1999).

3.4.4 Herkunft

Die intensive Aufforstungstätigkeit im 19. Jahrhundert hat dazu geführt, dass in großem Umfang Saat- und Pflanzgut von einer Region Mitteleuropas in andere Regionen gebracht wurde. Oft hat man Saatgutlieferungen nach dem Mindestangebot ausgeschrieben. Zu Beginn des 20. Jahrhunderts zeigten sich Nachteile eines solchen Vorgehens durch geringes Wachstum und höhere Anfälligkeit von nicht angepasstem Pflanzenmaterial. Man begann, die Bedeutung der Saatgutherkunft zu erkennen. In Deutschland wurde 1934 das **Forstliche Artgesetz** erlassen, das aus den damaligen Kenntnissen über Herkunftsfragen erste Konsequenzen zog. Die Bundesrepublik Deutschland schuf 1957 das **Gesetz für forstliches Saat- und Pflanzgut**. Es wurde in der folgenden Zeit sowohl den fortschreitenden Kenntnissen der Forstgenetik und Forstpflanzenzüchtung als auch den praktischen Bedürfnissen der Forstbetriebe und der Forstbaumschulen angepasst. In den 1970er-Jahren begannen europäische Institutionen (EU und OECD), sich mit Regelungen zum gewerbsmäßigen Verkehr mit forstlichem Vermehrungsgut zu befassen. Mehrere Richtlinien wurden erlassen und in jeweils nationales Recht übernommen. Die aktuelle EU-Richtlinie wurde für Deutschland im **Forstvermehrungsgutgesetz** (FoVG) vom 25.5.2002 (seit 1.1.2003 in Kraft, BGBl 2002) umgesetzt. Von den etwa 55 einheimischen oder eingebürgerten Waldbaumarten unterliegen 26 Arten, die Hybridlärche und die

Gattung *Populus* dem Forstvermehrungsgutgesetz. Die zugelassenen Klone, Klonmischungen und Familieneltern der Pappeln sind seit 2011 in einem Register der Bundesanstalt für Landwirtschaft und Ernährung zusammengestellt (BLE 2012). Tabelle 3.16 enthält die Arten mit forstlicher Bedeutung, die dem FoVG unterliegen. Die weiteren 19 in der EU-Richtlinie aufgeführten Baumarten haben im Wald und in der Forstwirtschaft in Deutschland keine oder nur eine lokale Bedeutung. Da für sie in Deutschland keine Herkunftsgebiete ausgewiesen sind und damit kein Ausgangsmaterial zugelassen ist, darf von ihnen kein Saatgut in den Umlauf gebracht werden. In anderen europäischen Ländern sind einige dieser Baumarten – vor allem einige Eichen- und Kiefernarten im Mittelmeeraum – hingegen forstlich von großer Bedeutung, sodass für sie in diesen Ländern andere gesetzliche Regeln gelten.

Als forstliches Vermehrungsgut von Baumarten und deren Hybriden gelten **Samenträger** und **Pflanzenteile** (z. B. Stecklinge, Absenker, Wurzeln). Als **Samenquelle** werden Bäume von einem Areal bezeichnet, in dem das Saatgut geerntet wird. Ein **Erntebestand** ist ein abgegrenzter Bestand von Bäumen mit hinreichend homogener Zusammensetzung. **Herkunft** (Provenienz) bezeichnet den Ort, an dem ein Erntebestand wächst, ohne Rücksicht darauf, ob er autochthon ist oder nicht. Als **Herkunftsgebiet** einer Art (oder Unterart) gilt das Areal oder die Gesamtheit der Areale mit hinreichend gleichen ökologischen Bedingungen, in denen sich Erntebestände befinden, die unter Berücksichtigung der Höhenlage ähnliche phänotypische oder genetische Merkmale aufweisen. Die Abbildungen 3.41 und 3.42 zeigen Beispiele für die Aufteilung der Herkunftsgebiete in Deutschland.

Während der Begriff „Herkunft" im genetischen Sinne neutral ist, bedeutet **Ursprung** dasjenige Gebiet, in dem die Samenquelle natürlich vorkommt, also autochthon ist (z. B. ein Erntebestand der Buche, der aus fortgesetzter natürlicher Verjüngung in einem Buchengebiet hervorgegangen ist). Für einen Erntebestand der Douglasie in Baden ist der Ursprung irgendwo im pazifischen Nordamerika, meist ist er nicht mehr feststellbar.

Tab. 3.16 Dem Forstvermehrungsgutgesetz (FoVG) unterliegende Baumarten (aus BGBl 2002)

Botanische Bezeichnung	Deutsche Bezeichnung
Abies alba Mill.	Weißtanne
Abies grandis Lindl.	Große Küstentanne
Acer platanoides L.	Spitzahorn*
Acer pseudoplatanus L.	Bergahorn
Alnus glutinosa (L.) Gaertn.	Roterle
Alnus incana (L.) Moench	Grauerle*
Betula pendula Roth	Sandbirke*
Betula pubescens Ehrh.	Moorbirke*
Carpinus betulus L.	Hainbuche*
Castanea sativa Mill.	Esskastanie*
Fagus sylvatica L.	Rotbuche
Fraxinus excelsior L.	Esche
Larix decidua Mill.	Europäische Lärche
Larix kaempferi (Lamb.) Carr.	Japanische Lärche
Larix × eurolepis Henry	Hybridlärche
Picea abies (L.) Karst.	Fichte
Picea sitchensis (Bong.) Carr.	Sitkafichte
Pinus nigra Arnold	Schwarzkiefer
Pinus sylvestris L.	Kiefer
Populus sp.	Pappel (alle Arten)
Prunus avium (L.) L.	Vogelkirsche*
Pseudotsuga menziesii (Mirb.) Franco	Douglasie
Quercus petraea (Matt.) Liebl.	Traubeneiche
Quercus robur L.	Stieleiche
Quercus rubra L.	Roteiche
Robinia pseudoacacia L.	Robinie*
Tilia cordata Mill.	Winterlinde
Tilia platyphyllos Scop.	Sommerlinde*

*Art unterliegt erst seit 2003 dem FoVG

Durch die Fortschritte in der **Herkunftsforschung** in vielen Ländern der Erde sind heute nicht nur regionale Differenzierungen der Baumarten innerhalb ihrer natürlichen Areale, sondern

Abb. 3.41 Herkunftsgebiete der Buche in Deutschland (nach Hinrichs 2017).

Abb. 3.42 Herkunftsgebiete der Fichte in Deutschland (nach Hinrichs 2017).

Hintergrundwissen

Kategorien für forstliches Vermehrungsgut

Quellengesichertes Vermehrungsgut
Vermehrungsgut mit **festgestellter Herkunft**, jedoch ohne Qualitätskriterien. Vermehrungsgut dieser Kategorie darf seit 1.1.2013 nicht mehr an Endverbraucher in Deutschland abgegeben werden. Die Anzucht und das Inverkehrbringen von Vermehrungsgut dieser Kategorie zwischen Forstsamen- oder Forstpflanzenbetrieben sowie an Endverbraucher außerhalb von Deutschland sind nicht eingeschränkt.

Ausgewähltes Vermehrungsgut
Vermehrungsgut aus zugelassenen **Erntebeständen**, die nach phänotypischen (äußerlich erkennbaren) Qualitätskriterien, wie Geradschaftigkeit, Wuchsleistung und Gesundheit, ausgewählt wurden. Dabei gelten bestimmte Auslesegrundsätze (Isolierung von zur Beerntung ungünstigen Beständen, Mindestgröße und Mindestalter des Bestandes, Mindestbaumzahl, Homogenität der Eigenschaften, Volumenzuwachs, Holzqualität).

Qualifiziertes Vermehrungsgut
Vermehrungsgut, das von Ausgangsmaterial stammt, bei dem es sich um Samenplantagen, Familieneltern, Klone oder Klongemische handelt, deren Komponenten auf Einzelbaumebene nach phänotypischen Merkmalen ausgelesen wurden. Dazu werden ausführliche Mindestanforderungen an die **Einzelbäume** gestellt. Eine Prüfung der Eigenschaften gilt nicht als erforderlich.

Geprüftes Vermehrungsgut
Vermehrungsgut, dessen Ausgangsmaterial aufgrund aufwendiger und erfolgreich durchgeführter Prüfungen zugelassen wurde. Hierbei liegen umfassende Kenntnisse über das Ausgangsmaterial vor. Vermehrungsgut dieser Kategorie ist daher besonders hochwertig und verfügt – unter den Standortsbedingungen der Prüforte – über eine erblich bedingte Überlegenheit bei bestimmten Merkmalen (z. B. Widerstandsfähigkeit, Volumenzuwachs oder Formeigenschaften). Die herkömmliche Art der Prüfung von Beständen oder Samenplantagen als Gesamtheit ist die **Vergleichsprüfung**. Hierbei wird Vermehrungsgut gepflanzt oder gesät, das von dem Ausgangsmaterial stammt, über dessen Zulassung zu entscheiden ist. Die aus dem Vermehrungsgut hervorgehenden Pflanzen werden dann im Hinblick auf bestimmte Merkmale bewertet. Zum Vergleich wird Vermehrungsgut von Standards herangezogen, also von Ausgangsmaterial, das sich unter den gegebenen Standortsbedingungen bewährt hat. Vergleichsprüfungen von vegetativ vermehrtem Material werden als „Klonprüfungen" bezeichnet. (Hinrichs 2017)

auch Vitalität, Ertrag und Schadensempfindlichkeit von Herkünften vieler Arten auf unterschiedlichen Standorten einigermaßen gut bekannt. Dennoch bestehen viele Lücken und Unsicherheiten, besonders für die meisten Laubbaumarten. Mit zunehmendem Alter werden manche Herkunftsversuche neue Erkenntnisse liefern. Dadurch müssen Herkunftsempfehlungen regelmäßig überprüft werden. Allerdings sind viele ältere Versuche aufgrund von Mängeln in der Anlage oder anderer Probleme für heutige Fragestellungen nicht mehr genügend aussagefähig.

Die EU-Richtlinie und die einschlägigen nationalen und internationalen Rechtsvorschriften unterbinden die gewerbsmäßige Gewinnung von Vermehrungsgut aus beliebigen Beständen und beschränken sie auf Bestände oder Bäume mit festgestellter Herkunft mit bestimmten positiven Eigenschaften. Das Vermehrungsgut wird in vier **Kategorien** eingeteilt (siehe Kasten Hintergrundwissen „Kategorien für forstliches Vermehrungsgut"), die für den Vertrieb maßgeblich sind (BGBl 2002). Für die Forstwirtschaft in Deutschland hat das ausgewählte Vermehrungsgut die größte Bedeutung (Tab. 3.17).

Nach der EU-Richtlinie haben die Mitgliedsstaaten Herkunftsgebiete abzugrenzen und in Karten kenntlich zu machen. In Deutschland gilt

Tab. 3.17 Anzahl und Fläche des zugelassenen Ausgangsmaterials von drei Kategorien des Vermehrungsguts für Deutschland im Jahr 2015 (aus Hinrichs 2017)

Kategorie	Art des Ausgangsmaterials	Anzahl	Fläche (ha)
ausgewählt	Bestände	16 147	127 624
qualifiziert	Samenplantagen	237	586
geprüft	Bestände	91	770
	Samenplantagen	50	179
	Klone	103	
	Klonmischungen	9	
	Familieneltern	9	

dafür die Verordnung über Herkunftsgebiete für forstliches Vermehrungsgut vom 7.10.1994 (BGBl 1994). Darin werden innerhalb Deutschlands 46 **ökologische Grundeinheiten** unter Berücksichtigung von standörtlichen und geobotanischen Kriterien gebildet, die aus einem oder mehreren Wuchsgebiet/en oder Wuchsbezirk/en (Kap. 2.3.2) bestehen. **Herkunftsgebiete** werden je nach der Baumart aus mindestens einer, meist aber aus mehreren ökologischen Grundeinheiten abgeleitet (Rau und Brockhaus 1995; dort gibt es auch einen Überblick der Anzahl von Herkunftsgebieten, siehe Tab. 3.18). Bei einigen Arten wird außerdem nach Höhenstufen unterschieden.

Saat- und Pflanzgut darf nur vertrieben werden, wenn es von Ausgangsmaterial stammt, das zur Beerntung **zugelassen** ist. Jeder Waldbesitzer hat das Recht, bei der zuständigen Forstbehörde seines Bundeslandes einen formlosen Antrag auf Zulassung von Beständen für die Beerntung zu stellen. Ob ein Bestand diese Anforderungen erfüllt und zugelassen werden kann, entscheiden die Zulassungsstellen der Bundesländer nach den Kriterien der Forstvermehrungsgut-Zulassungsverordnung (v. a. standortsbezogene überdurchschnittliche Volumenleistung, Gesundheit, Qualität) (Hinrichs 2017). Die zugelassenen Bestände werden baumartenweise in **Ernte-Zulassungsregister** eingetragen. Das aus verschiedenen zugelassenen Beständen innerhalb eines Herkunftsgebietes stammende Saatgut der Kategorie „ausgewählt“ kann nach Abschluss der Ernte und Aufbereitung **gemischt** werden, doch stets getrennt nach Baumart, Autochthonie und Reifejahr.

Tab. 3.18 Zahl der Herkunftsgebiete nach der Verordnung von 1994 (nach Rau und Brockhaus 1995)

Art	Horizontal	Zusätzlich vertikal
Abies alba	11	1
Abies grandis	2	
Acer pseudoplatanus	7	4
Alnus glutinosa	8	
Fagus sylvatica	18	8
Fraxinus excelsior	8	2
Larix decidua	5	
Larix kaempferi	2	
Picea abies	17	13
Picea sitchensis	2	
Pinus nigra	6	
Pinus strobus	2	
Pinus sylvestris	17	6
Populus sp.	1	
Pseudotsuga menziesii	5	1
Quercus petraea	13	
Quercus robur	9	
Quercus rubra	2	
Tilia cordata	8	
gesamt	143	35

Das geschilderte Verfahren birgt aber auch **Probleme**: Ist schon die Differenzierung der Herkunftsgebiete nicht immer eindeutig zu treffen, so sind auch die Kriterien für die Zulassung umstritten, weil ihre Beurteilung einen beträchtlichen Ermessensspielraum lässt. Die phänotypischen Merkmale, die notwendigerweise allein als Maßstab angelegt werden können, lassen eine Unterscheidung von erblichen Anlagen und Umwelteinflüssen nicht sicher zu. Man kann auf diese Weise gute Hinweise dafür bekommen, dass die zuzulassende Population auf dem gegebenen Standort die Bewährungsprobe bestanden hat. Damit besteht die große Wahrscheinlichkeit, dass Bestände mit unerwünschter Veranlagung aus der Saatgutgewinnung ausgeschlossen werden.

Um genetisch hochwertiges Vermehrungsgut sicherzustellen, geben Liesebach et al. (2019) Empfehlungen zur **Bewirtschaftung von Erntebeständen** der Buche:

- Auswahl von potenziellen Saatguterntebeständen ab einem Alter von 40–50 Jahren nach qualitativen Merkmalen und Bestandesgröße (zur Vermeidung von Fremdpolleneintrag mindestens 10 ha bei isolierter Lage, in größeren Buchengebieten mindestens 25 ha).
- Schrittweise Förderung von Samenbäumen zur Entwicklung großer Kronen unter Beibehaltung eines relativ geschlossenen Kronendachs (zur Vermeidung von Fremdpolleneintrag und vorzeitiger Naturverjüngung).
- Formale Zulassung zum Erntebestand der Kategorie „ausgewählt“ im Alter von 70 Jahren.
- Saatguternte mit Netzen unter Samenbäumen hochwertiger Qualität im gesamten Bestand (bei isolierter Lage) oder im inneren Bereich des Bestandes (in größeren Buchengebieten) zur Reduzierung von Fremdpolleneinflüssen.
- Fortsetzung der zuvor beschriebenen Bewirtschaftung, bis der Bestand aus der Zulassung genommen wird. Einleitung der Naturverjüngung und schrittweise Endnutzung.

Das **Vermischen** von Saatgut aus verschiedenen Erntebeständen innerhalb größerer Herkunftsgebiete kann, insbesondere bei nicht autochthonem Ausgangsmaterial, dazu führen, dass unter derselben Herkunftsbezeichnung qualitativ und genetisch unterschiedliches Material in den Verkehr kommt. Das mag in manchen Fällen für die genetische Vielfalt der Nachzuchten ein Gewinn sein, aber es schmälert die Sicherung der Herkunft.

Eine genauere Differenzierung von Herkünften ermöglicht in Deutschland die Erfassung und Kennzeichnung von **Sonderherkünften**. Das geschieht durch die „Deutsche Kontrollvereinigung für forstliches Saat- und Pflanzgut e. V. (DKV)“. Diese setzt sich aus Vertretern des Staats-, Körperschafts- und Privatwaldes sowie der Landwirtschaftskammern und Forstsamen-/Forstpflanzenbetriebe zusammen. Ihre Beauftragten wählen nach strengen phänotypischen Merkmalen örtlich besonders bewährte Erntebestände aus, die bereits die amtliche Zulassung bekommen haben. Die mit Kontrollzeichen versehenen Saatgutpartien werden mit der Bezeichnung „Sonderherkunft ...“ vertrieben. Beispiele für bekannte Sonderherkünfte sind:

- Stieleiche: Münsterländer Späteiche
- Traubeneiche: Hochspessart
- Kiefer: Enztalkiefer, Hauptsmoorkiefer
- Fichte: Vorallgäuer Fichte
- Europäische Lärche: Schlitz

Darüber hinaus bemüht sich die DKV auch um die Auswahl, Bezeichnung und Kontrolle von Herkünften solcher Baumarten, die **nicht** dem **Forstsaatgutrecht** unterliegen. Dieses Saatgut führt die Bezeichnung „Kontrollzeichen-Herkunft“.

3.4.5 Samenplantagen

In den 1950er-Jahren wurden in vielen Ländern der Erde **Samenplantagen** mit z. T. unterschiedlichen Zielsetzungen angelegt. Zunächst stand das Bestreben im Vordergrund, von phänotypisch ausgewählten Bäumen (sogenannte Plusbäume) ohne großen Ernteaufwand möglichst häufig und reichlich Saatgut zu gewinnen. Dazu werden Blühreiser ausgewählter Bäume auf Unterlagen gepfropft. Eine mehr oder weniger große (früher auch kleinere) Zahl dieser Pfropflinge wird in größerem Abstand voneinander, ähnlich einer Obstbaumplantage, auf eine vorbe-

Abb. 3.43 Samenplantagen
Links: Samenplantage von Plusbäumen der Kiefer in Sachsen-Anhalt. Die Bäume werden durch regelmäßigen Kronenschnitt niedrig gehalten, um das Pflücken der Zapfen zu erleichtern.
Rechts: Samenplantage mit Plusbäumen der Vogelkirsche in Niedersachsen. Die Bäume stehen weitständig, damit die Kronen voll besonnt werden, sodass sie in deren Außenbereich stark fruktifizieren. Die Früchte werden vom Baum geschüttelt, wobei ein an einem Schlepper angebrachter Baumschüttler eingesetzt wird, der den unteren Stammabschnitt hydraulisch umfasst.

reitete Fläche gepflanzt (Abb. 3.43). Wichtig ist dabei, eine Bestäubung durch andere Bäume aus der Nachbarschaft der Plantage zu verhindern. In einem günstigen Klima angelegte Samenplantagen können nach einigen Jahren regelmäßiger und in größerer Menge Saatgut liefern, als das im natürlichen Areal, besonders in höheren Gebirgslagen oder Gebieten mit häufigem Schädlingsbefall, meist der Fall ist.

Die **Methoden** zur Anlage und Pflege von Samenplantagen sind ständig verbessert worden, um Häufigkeit und Intensität der Fruktifikation zu steigern (Rückschnitt, Ringelung, Behandlung mit verschiedenen Düngern und Wirkstoffen, siehe auch Schneck et al. 1995). Die zuerst angelegten Plantagen bestanden oft aus relativ wenigen Klonen. Inzwischen weiß man, dass bei vielen Arten 30–50 Klone die Untergrenze für die regelmäßige Erzeugung eines genügend diversen und keimfähigen Saatguts darstellen. Mit einer unbegrenzt zufälligen Paarung (Panmixie) aller in einer Plantage stehender Exemplare kann nicht gerechnet werden. Hattemer et al. (1982), Hattemer und Gregorius (1993), Hodge und White (1993), Johnson und Ostreng (1994) sowie Hattemer und Ziehe (2018) haben Einzelheiten dazu beschrieben. Vielmehr blühen die Individuen in verschiedenen Jahren nicht zum selben Zeitpunkt oder überhaupt nicht. Unter ungünstigen Umständen erfolgt relativ häufig Selbstbefruchtung (Müller-Starck et al. 1982; Burczyk 1998; Hattemer und Ziehe 2018). Zur Verbesserung der Bestäubungsverhältnisse werden verschiedene Mischungsformen der Klone in der Plantage empfohlen (Schmitz 1995). Auch werden in mehreren Schritten Klone ausgewählt, die hinsichtlich genetischer Eigenschaften, Vorkommen seltener Allele und Heterozygotiegrad eine hohe Diversität der Nachkommen erwarten lassen (Hosius et al. 2000).

Mengenertrag und Qualität des Plantagensaatguts entsprechen weitgehend den Erwartungen (Weisgerber 1980, 1981, 1982; Pâques 2013; Hattemer und Ziehe 2018). Nachkommenschaftsprüfungen haben bisher gezeigt, dass mithilfe von Samenplantagen auch ein **züchterischer Erfolg** zu erzielen ist. Das gilt sowohl für die Wuchsleistung, die bisher nur für das Jugendalter beurteilt werden kann, als auch für die Stammqualität (Grotehusmann 1992, 1998; Hüller et al. 1995; Rau 1998a, 1998b; Kleinschmit 2000). Damit zeigt sich, dass eine Auswahl von Bäumen allein nach phänotypischen Merkmalen, wie sie für die älteren Plantagen vorgenommen wurde, durchaus Gewinn bringen kann. Eine größere Sicherheit lässt die Erzeugung von geprüftem Vermehrungsgut erwarten, das in den weitaus meisten neueren Samenplantagen entsteht. In umfangreichen, langwierigen Verfahren durch den Vergleich mit Standards, die dem Durchschnitt von ausgewähltem Vermehrungsgut entsprechen, wird ein verbesserter Anbauwert geprüft. Das betrifft vor allem Wüchsigkeit, Resistenzverhalten und Anpassungsfähigkeit an ein Spektrum von Umweltbedingungen. Das kann allerdings nicht bedeuten, dass das geprüfte Material überall und zu allen Entwicklungsstadien in allen Merkmalen überlegen sein muss (Rau 1989), vielmehr liegt hier ein gewisser Bewertungsspielraum vor.

In der Praxis sind die Erfolge mit Samenplantagen bisher nicht allgemein bekannt. Das ist wohl der hauptsächliche Grund dafür, dass geprüftes Vermehrungsgut gegenwärtig nur einen bescheidenen Anteil am gesamten Aufkommen an Forstpflanzen hat. Sicherlich wird er auch in Zukunft aus verschiedenen Gründen nicht sehr erheblich sein und sich vor allem bei denjenigen Baumarten erhöhen, deren geprüfte Nachkommenschaften auf längere Sicht eine **bedeutende Qualitätsverbesserung** zeigen.

Schließlich kommt den **Erhaltungssamenplantagen** heute eine besondere Bedeutung zu. Sie sollen Saatgut von Bäumen verschiedener Arten und Herkünfte erhaltungswürdiger Populationen erzeugen, die selten oder gar im Erlöschen begriffen sind, die an ihren Standorten nicht herkunftssicher vermehrt werden können oder dort nicht ausreichend fruktifizieren. Solche Samenplantagen sind in vielen Ländern neuerdings vermehrt angelegt worden als wichtiger Beitrag zur Erhaltung und zum verbesserten Schutz von Natur aus seltenen oder verdrängten Arten (Hosius et al. 2000; Hattemer und Ziehe 2018).

3.5 Saat

Die Samen der Waldbäume dienen entweder in Forstbaumschulen zur Erzeugung von Material für die Pflanzung (Kap. 3.6) oder man sät sie – häufig nach einer Bodenbearbeitung – unmittelbar auf die Verjüngungsfläche. Obwohl Saaten kostengünstiger sind als Pflanzungen, hatten Nadelbaumsaaten lange nur noch in Nordeuropa eine Bedeutung, inzwischen nehmen sie aber auch in Mitteleuropa wieder zu. Bei Laubbaumarten hatte die Saat schon immer einen größeren Anteil an der Bestandesverjüngung.

3.5.1 Bedeutung in Geschichte und Gegenwart

Die Anfänge der **Nadelbaumsaaten** gehen in Deutschland bis in das 14. Jahrhundert zurück. „Eine Kulturtat, die in der forstlichen Welt keine Parallele hat“ – so bezeichnete Mantel (1990) die Wiederbewaldung des Nürnberger Reichswaldes mit Kiefern durch die „Tannensäer“. Sie wurde durch den Handelsherrn Peter Stromer (um 1315–1388) von 1368 an veranlasst. Von dort breiteten sich Initiativen nach Frankfurt am Main, Heidelberg und Österreich aus. Im 17. und 18. Jahrhundert wurden Nadelholzsaaten, jetzt auch mit Fichte, in Kurhessen angeordnet, später in vielen anderen Gebieten, besonders in der Oberpfalz und im Harz. Kiefernsaaten wurden vom 18. Jahrhundert an in steigendem Umfang auch in Norddeutschland vorgenommen.

Laubbaumsaaten sind ähnlich früh nachgewiesen, so in der Dresdener Heide, um Frankfurt a. M. und Heidelberg sowie in den westdeutschen Mittelgebirgen, wo im „Hackwaldbau“ eine Art von Waldfeldbau betrieben wurde. Doch waren bei den Eichenarten schon frühzeitig Pflanzungen häufiger als Saaten. Auch Mischsaaten wurden vorgenommen, z. B. solche von Fichte und Birke im Harz (Kremser 1990) sowie solche von Kiefer, Fichte und Lärche gegen Ende des 19. Jahrhunderts als „Kurhessische Mischsaat“ (Kappes 1972).

Zu Anfang des 20. Jahrhunderts waren die Meinungen der Praktiker über Vorzüge und Nachteile der Saat, besonders bei der Kiefer, sehr geteilt und wurden heftig diskutiert. Ein bekannter Forstmann schrieb noch 1919 einen Aufsatz mit dem Titel „Was ist denn jetzt Mode, Saat oder Pflanzung?“, in dem er u. a. ausführte: „Jetzt scheint die einseitige Vorliebe für die Saat, die nie ganz verlassen worden ist, zu einem Grade sich zu steigern, der den oben genannten krankhaften Charakter trägt“ (Kienitz 1919).

Mannigfache Fehlschläge als Folge von Trockenheit oder Konkurrenz durch die Begleitflora drängten die Saat allmählich zurück, zumal sich die Massenanzucht von Forstpflanzen seit dem Ende des 19. Jahrhunderts so erfolgreich entwickelte, dass man meist genügend preiswerte Pflanzensortimente (mit Ausnahme von unregelmäßig fruktifizierenden Arten, deren Saatgutlagerung man damals nicht beherrschte) zur Verfügung hatte. Unter besonderen Umständen – wie bei der Wiederaufforstung von kriegsbedingten Kahlschlägen nach 1945 – wurden Nadelbaumsaaten in Deutschland noch einige Zeit vorgenommen, so in Norddeutschland bei der Kiefer, wo auch die Zapfensaat eine gewisse Rolle spielte. Doch dies blieben Ausnahmen, anders als in Nordeuropa, wo die Kiefernsaat weiterhin Bedeutung hat (Hagner 1990; Winsa und Bergsten 1994; Winsa 1995).

Heute gewinnt die Saat bei **Laubbaumarten** wieder an Bedeutung. Das hängt auch mit neuen Möglichkeiten zusammen: Die Anzahl von Laubholzbeständen, die für die Beerntung zugelassen sind (Kap. 3.4.4), ist bedeutend höher geworden und neuere Erfolge bei der **Lagerung** von Saatgut über längere Zeit (Kap. 3.4.3) machen die Saat weitgehend unabhängig von unregelmäßigen Samenjahren. Auch die **Saatgutvorbehandlung** (Kap. 3.4.2) wurde so verbessert, dass mit höheren Sämlingsausbeuten gerechnet werden kann.

3.5.2 Grundlagen

Soweit die Samen eine endogene Keimruhe aufweisen, wird **vorbehandeltes** Saatgut verwendet. Dadurch ergibt sich als Zeitraum für die Saat im Allgemeinen das Frühjahr, das schon deshalb günstig ist, weil es winterliche Verluste durch parasitäre Pilze und Fraß durch Tiere vermeidet. Durch die spätere Keimlingsentwicklung bei der Frühjahrssaat ist die Gefahr durch Spätfrost und tiefen Winterfrost geringer als bei der Herbstsaat. Auch sind auf den meisten Standorten die Feuchtigkeitsverhältnisse des Bodens für die Keimung im **Frühjahr** günstiger als im Herbst. Eichensaaten werden dann im **Herbst** ausgeführt, wenn man die Einlagerung des Saatguts über den Winter nicht vornehmen kann. Eichen aus Herbstsaaten zeichnen sich durch ein rascheres Höhenwachstum und einen zeitigen Wachstumsabschluss aus. Für Birke und Erle wird die Saat im Spätherbst oder Winter auf die Schneedecke empfohlen.

Sämlinge aus Freilandsaaten sind anfangs mehr als Baumschulpflanzen auf gute Wachstumsbedingungen angewiesen. Wo das nicht gegeben ist, sind zur Vorbereitung **Bodenbearbeitungen** unverzichtbar (Kap. 3.2). Deren Aufgabe ist es, ein geeignetes Keimbett zu schaffen, mit dem die Wasserversorgung von Samen und Keimlingen möglichst gut gesichert ist, um die Konkurrenz der Begleitflora zurückzudrängen. Wo es nötig ist, kann eine Kalkung das Wachstum fördern, allerdings auch meist das der Begleitflora.

Folgende **Saatvarianten** kommen zum Einsatz:

- Vollflächige Saaten werden, abgesehen von der Begründung eines Vorwalds, in besonderen Fällen allenfalls beim Buchenvoranbau (Kap. 3.7.2), ausgeführt.
- Vorherrschend sind Streifensaaten auf maschinell bearbeiteten Streifen von 30–50 cm Breite in Abständen von 1–3 m, je nach dem Verjüngungsziel, bei Voranbauten unter Schirm meist weniger eng als bei Saaten auf Freiflächen.
- Die Rillensaat (Reihensaat) ist eine Saat in schmalen Rillen, häufig auf Frässtreifen oder in Pflugfurchen.
- Plätzesaaten werden hauptsächlich zur frühzeitigen Ergänzung von Naturverjüngungen, u. a. zur Einbringung von Nadelholz (Douglasie, Tanne siehe Huth et al. 2017) in Buchenbestände, und beim Voranbau ausgeführt. Auch dabei wird der Boden etwas bearbeitet,
- nur bei der sehr seltenen Punktsaat (Einstufen, vor allem für Eicheln und Nüsse) ist das überflüssig.

Die **Samenmengen** sind von der Keimfähigkeit des Saatguts abhängig. Im Zweifelsfall ist eine Prüfung zweckmäßig (Kap. 3.4.1). Bei Keimprozenten von 50–70 werden für die Streifensaat je 1 000 laufende Meter empfohlen:

- Tanne: 4 kg
- Esche, Bergahorn: 2–3 kg
- Hainbuche: 3 kg
- Schwarznuss: 300–500 Nüsse

Saatgutmengen für die Eichenarten und die Buche sind in den folgenden Abschnitten angegeben.

Saaten erfordern anfangs einen höheren Aufwand für den **Schutz** gegen Konkurrenz und

Hintergrundwissen

Manuelle Plätzesaat am Beispiel der Tanne

Der angestrebte Mischungsanteil der Tanne bestimmt die Anzahl anzulegender Saatplätze. Ziel ist es, dass aus jedem Saatplatz mittelfristig mindestens eine Tanne übrig bleibt. Damit sich die Tannen qualitativ gut entwickeln, sollten die Plätze in **Horsten** mit ca. 100 Plätzen auf 1 000 m^2 oder in **Gruppen** mit ca. 40–50 Plätzen auf 500 m^2 angelegt werden.

Die Tannenplätzesaat ist insbesondere geeignet für **Fichtenreinbestände** im mittleren Alter, kann aber auch in Laubholzbeständen angewendet werden. Grundsätzlich gilt, dass der Bestand frühestens in 20 Jahren, besser erst in 30–40 Jahren, endgültig genutzt werden soll. Waldsauerklee- und Moosteppiche sind von Vorteil, da sie einen günstigen Bodenzustand und ausreichenden Lichtgenuss anzeigen. Flächiger Grasfilz, Heidelbeergebüsche, Adlerfarnhorste oder Brombeergebüsche sind nachteilig, da sie die Entwicklung der Keimlinge behindern und die Saatplätze dadurch beschwerlich anzulegen sind.

Die Plätze von 40 x 60 cm sind in einem lockeren **Verband** von 2 x 2 m anzulegen, wobei ein Mindestabstand von 1,5–2 m zu den Bäumen einzuhalten ist. Mit der Blattseite der Wiedehopfhaue wird die Humusschicht abgezogen und der Mineralboden freigelegt, der anschließend mit der Beilseite der Wiedehopfhaue aufgelockert wird.

Das **Saatgut** wird 24 Stunden vor dem Aussaattermin gewässert. Im Verhältnis 1:4 wird das feuchte Saatgut am Aussaattag gleichmäßig mit Sand vermischt, damit es sich gleichmäßiger ausstreuen lässt und nicht austrocknet. Günstig ist die **Aussaat** in den Monaten Oktober bis Dezember, sie kann mit stratifiziertem Saatgut aber auch im Frühjahr erfolgen. Der Boden sollte frost- und schneefrei sein. Das abgemessene bzw. ausgewogene Samen-Sandgemisch wird auf dem Platz gleichmäßig ausgestreut und vorsichtig festgetreten, sodass die Saat Mineralbodenkontakt hat.

Die benötigte **Saatgutmenge** richtet sich nach den waldbaulichen Zielen. Empfohlen werden mindestens 50 Keimlinge pro Platz, besser deutlich mehr (Abb. 3.44). Für drei Gruppen von je 40 Plätzen sind 3 kg Saatgut erforderlich, wenn von 8 000 keimfähigen Samen pro kg Saatgut (Angabe auf dem Saatgutlieferschein) ausgegangen wird. Hierbei wird unterstellt, dass sich aus 25 % der keimfähigen Samen Keimlinge entwickeln (Erfahrungswert) und 50 Keimlinge pro Platz ausreichend sind. (Wald und Holz NRW 2017; siehe auch Huth et al. 2017)

Abb. 3.44
Saatplatz mit Sämlingen der Tanne zu Beginn der dritten Vegetationsperiode.

Schädlinge als Pflanzungen. Kiefernsämlinge aus der Saat gelten als anfälliger für die Schütte als gepflanzte Jungkiefern. Sämlinge der Laubbäume sind, vor allem in graswüchsigen Flächen, längere Zeit über durch den Fraß von Mäusen bedroht. Auch der Aufwand für die **Pflege** ist nicht zu unterschätzen: Ist die Saat nicht gut gelungen, so entstehen ungleichmäßig dichte und daher in der Qualität sehr unterschiedliche Jungwüchse. Sie machen dann oft Nachbesserungen oder Pflegeeingriffe nötig. Wenn die Saat dagegen reichlich aufgelaufen ist, entsteht bald eine übermäßig starke intraspezifische **Konkurrenz**. Sie kann auf trockenen und armen Böden zu Wuchsstockungen führen, vor allem aber die spätere Jungbestandspflege erschweren. Zwar schränkt das Aufwachsen einer großen Zahl von Individuen auf engem Raum die Ausbildung ästiger und schlecht geformter Vorwüchse ein und schafft so für die weitere Bestandespflege eine günstige Ausgangslage. In Eichensaaten müssen Eingriffe aber frühzeitig erfolgen, sofern die Gefahr besteht, dass Nassschnee zu Schäden im Jungbestand führt.

Bei der **Kiefer** hat sich erwiesen, dass zur Erziehung von Wertholz auf den meisten Standorten der Dichtstand allein nicht genügt, sondern eine Ästung immer notwendig ist (Kap. 4.3).

Saaten sind in ihrer Anlage nach aller Erfahrung deutlich **kostengünstiger** als Pflanzungen. Dieser Vorteil wird allerdings gemindert durch die meist höheren Kosten, die für Schutz und Pflege aufzubringen sind. Dennoch bleiben meist ökonomische Vorteile. Sie sind vor allem bei den Eichenarten und der Buche nicht zu vernachlässigen.

3.5.3 Eichensaat

Die Tradition der Eichensaat ist in den Regionen, in denen hochwertige Traubeneichen erzogen werden, bis heute erhalten geblieben. Für den Spessart beschreibt Fleder (1981, 1988) das klassische Verfahren (Abb. 3.45). Zur **Vorbereitung** lichtet man den aus Eiche mit Buche zusammengesetzten Kronenschirm bis zu einem Schlussgrad von 0,7 bis höchstens 0,5 auf. Der Buntsandsteinboden wird streifenweise mit leichtem Gerät **bearbeitet**, nur bei stärker entwickelter Begleitflora etwas intensiver mit entsprechend geeigneten Schar- oder Scheibenpflügen (Kap. 3.2.2). In die Streifen wird das Saatgut **maschinell eingebracht** und zugleich mit dem Mineralboden leicht **bedeckt**. Die Saatgutmengen liegen bei 600 bis über 1 000 kg ha^{-1}.

Innerhalb von 4–6 Jahren wird der Altbestand in zwei oder drei Hieben ganz oder unter Belassung von einzelnen Bäumen an Wegrändern und künftigen Rückegassen entfernt. Das **Lichtbedürfnis** der jungen Eichen erfordert ein rasches Räumen des Schirms, da sie sonst hinter der aus Naturverjüngung stammenden Buche zurückbleiben und schließlich ganz überwachsen werden (Nüsslein 1978; Fleder 1988). Das bestätigen auch die Untersuchungen von Lüpke und Hauskeller-Bullerjahn (1999).

Abb. 3.45
Streifensaat der Traubeneiche im bayerischen Spessart.

Die **Entwicklung** der Eichen soll so voranschreiten, dass bis zum Zeitpunkt der Räumung des Altbestandes oder kurz danach die Gefahr eines stärkeren Verbisses durch das Wild nicht mehr besteht. Wenn nötig, muss die Verjüngungsfläche in der ersten Zeit gezäunt werden. Sofern die **Buchen** des Altbestandes sich nicht genügend natürlich verjüngen, muss **nachgepflanzt** werden. Ähnlich sind die Verfahren auch in anderen Regionen, doch werden weitaus geringere Saatgutmengen (oft 200–400 kg ha^{-1}) verwendet (Ripken 1979).

Für den Erfolg ist es wichtig, dass die Eicheln in der richtigen **Tiefe** in den Boden gelangen. Das ist bei der Saat auf typischen Standorten der Traubeneiche kein großes Problem, wohl aber bei den schweren Lehm- oder Tonböden, auf denen Stieleichen nach maschineller Bearbeitung gesät werden. Bei fehlender oder nur oberflächlicher Bedeckung wird oft ein großer Teil

Abb. 3.46
Vierjährige Buchen aus Plätzesaat.

der Eicheln von Vögeln und Mäusen aufgenommen. Saattiefen von 3–6 cm bieten einen weitgehenden Schutz. Wenn die Eicheln dagegen wesentlich tiefer liegen, wie es bei der maschinellen Saat auf ungleichmäßig vorbereiteten nassen bzw. schweren Böden vorkommen kann, laufen die Keimlinge ungleich, verzögert und nur teilweise auf (Röhrig 1976; Nilsson et al. 1996).

Preuhsler et al. (1994) berichten über die Erfolge von Eichensaaten im Forstamt Nürnberg unter 88- bis 130-jährigem Kiefernschirm, der kurz zuvor um etwa 25 % aufgelichtet wurde. Auf Frässtreifen waren 400–600 kg Eicheln ha^{-1} eingebracht worden. Die 9-jährigen Parzellen wiesen 30 000–40 000 junge Eichen mit Oberhöhen von 55–62 cm auf, die 3- bis 5-jährigen Eichen hatten erst ca. 45 cm erreicht. Meist werden in solchen Fällen zusätzlich Buchen gepflanzt. Wenn das gleichzeitig mit der Eichensaat geschieht, bleibt die Buche stets vorwüchsig (Schirmer et al. 1999). Günstiger für die Eichen ist ein gewisser zeitlicher Abstand zwischen beiden Maßnahmen.

3.5.4 Buchensaat

Bei der Umwandlung von Fichtenreinbeständen in **Mischbestände** stehen Pflanzungen der Buche im Vordergrund (Wagner und Müller-Using 1997). Doch es gibt auch Versuche, dieses Ziel durch die Saat von Bucheckern unter Schirm zu erreichen (Ammer und El Kateb 2007). Bei Saat und Pflanzung für diesen Zweck spielt der relative Lichtgenuss der Buche eine ganz wesentliche Rolle. Junge Buchen können noch bei sehr geringer Belichtung (um 5 % des Freilandlichtes) überleben, für ein zügiges Wachstum, wie es schon wegen der Gefährdung durch Wild und Mäuse notwendig ist, brauchen sie jedoch wesentlich mehr Lichtzutritt durch den Schirm des Altbestandes. Hierauf wird im Zusammenhang mit dem Voranbau (Kap. 3.7.2) näher eingegangen.

Für die Buchensaat unter Schirm wird eine leichte **Bodenbearbeitung** vorgenommen, die den Eckern ein Keimbett im Mineralboden verschafft. Dazu genügt oft schon ein Beiseiteschieben der Auflage aus Nadelstreu und Rohhumus. Teilflächen mit stärkerer Ausbildung der Begleitflora sind für die Buchensaat unter Schirm meist ungeeignet. Nach der Einsaat werden die Eckern etwas mit Mineralboden überdeckt. Für die Saat auf Plätzen (gewöhnlich 40 × 60 oder 40 × 80 cm) wird der Saatplatz von Hand vorbereitet, für die Streifensaat gibt es verschiedene Geräte zur Bodenbearbeitung und Saat (Gommel 1994; Trautmann 1996; Meinberg 1997; Treu 1997; Küßner und Wickel 1998). Als Saatmengen werden für Streifensaaten etwa 30 kg ha^{-1} (bisweilen auch bedeutend mehr) empfohlen, bei Plätzesaat (Abb. 3.46) mindestens 12 kg ha^{-1} (Landesforstverwaltung Nordrhein-Westfalen 1998; Leder et al. 2003).

Eine interessante Variante kann die **Bucheckern/Streu-Voraussaat** sein (Leder und Wagner 1966; Leder et al. 2003). Dazu wird nach einer reichen Buchenmast mittels einer umgebauten Kehrmaschine ein Gemisch von Blattstreu und Bucheckern gesammelt und auf vorbereiteten Plätzen ausgebracht. Die bisherigen Erfolge sind ermutigend, doch noch jung und nur auf wenigen Standorten erprobt.

Die **Überschirmung** hat mannigfache Wirkungen auf die ökologischen Bedingungen in der Verjüngungszone (Kap. 5.4.3). Über die Bedeutung eines verminderten Lichtzutritts in Bodennähe auf die Verjüngung verschiedener Baumarten ist man recht gut unterrichtet (Abschnitt „Lichtbedingungen für das Aufwachsen und Keimen“ Kap. 3.3.1.3), weniger gut dagegen über die des eingeschränkten **Wasserhaushaltes** im Keimsubstrat und im Oberboden. Einige wichtige Aufschlüsse darüber gibt die Arbeit von Ammer (2000) im Zusammenhang mit der **Bucheckernsaat** unter Fichtenschirm:

In zwei etwa 80-jährigen Fichtenbeständen hoher Ertragsleistung (Stammzahlen 553 bzw. 377 St. ha^{-1}) in der Münchener Schotterebene wurden im Frühjahr 1997 nach Abziehen der Humusauflage Saatplätze von 0,5 m^2 mit je 15 g Bucheckern (durchschnittlich 66 Bucheckern) angelegt, die leicht mit Mineralboden überdeckt wurden. Dabei wurden drei Varianten gewählt:

- ohne weitere Behandlung
- mit Ausbringung von 200 g pulverisiertem Dolomit
- mit Abdeckung durch 1 l Buchenstreu pro Saatplatz

Die Untersuchungen zeigen bis zum Herbst 2000: Der Wasserhaushalt unter Schirm kann, besonders in Regionen mit relativ geringen oder sehr unregelmäßigen Niederschlägen in der Vegetationszeit (in diesem Versuch knapp 500 mm), eine wesentliche Rolle für den Verjüngungserfolg spielen. Zum Zeitpunkt der Saat herrschte eine trockene und sehr warme Witterung. Ein Unterschied von nur einer Woche zwischen den Saatterminen mag dazu beigetragen haben, dass bei der früheren Ausführung etwas weniger Trockenheit geherrscht hat und dadurch das Keimergebnis günstiger ausfiel.

Als eindeutig vorteilhaft erwies sich die **Abdeckung** mit Laubstreu, keine Wirkung zeigte die Variante mit Dolomit. Insgesamt hat der Versuch bestätigt, dass man mit derartigen Voraussaaten Erfolge erzielen kann, dass sie aber mit beträchtlichen Risiken behaftet sind. Wichtig ist vor allem, den standörtlich günstigen Grad der Auflichtung zu wählen, der zwischen erhöhter Sturmwurfgefahr für den Fichtenbestand und Ausbreitung der Begleitflora einerseits und dem erforderlichen Lichtgenuss für ein zügiges Aufwachsen der Buchen andererseits liegt. Erfolgversprechender, wenn auch mit höheren Kosten verbunden, ist bei solchen Umwandlungen häufig die Pflanzung.

3.6 Pflanzung

Pflanzungen sind weltweit die häufigste Methode der Bestandesbegründung. Die Anforderungen an die morphologischen und genetischen Eigenschaften des Pflanzguts nehmen immer mehr zu, denn aus ökologischen und ökonomischen Gründen wird ein möglichst vollständiges und zügiges Anwachsen der Pflanzen verlangt. Im Gegensatz zu früheren Jahrzehnten werden heute wesentlich weniger Pflanzen je Flächeneinheit gesetzt, die dann aber auch so gut gedeihen müssen, dass kostspielige Nachbesserungen und Pflegemaßnahmen auf das geringste Maß reduziert werden können. Die Fortschritte in den Kenntnissen über Anzucht und Behandlung von Forstpflanzen sowie die Verfahren für die Pflanzung ermöglichen eine immer bessere Anpassung an die vielfältigen Ansprüche.

3.6.1 Anzucht, Behandlung und Qualität von Forstpflanzen

Noch bis in die 1960er-Jahre wurde ein großer Teil der im Wald verwendeten Forstpflanzen in forsteigenen Baumschulen, den **Kämpen**, angezogen. Das ist heute sehr stark zurückgegangen und beschränkt sich auf besondere Erfordernisse: die Anzucht lokaler Herkünfte und kleinerer Mengen teurer und seltener Sortimente (z. B. Großpflanzen bestimmter Dimensionen). Im Übrigen können gewerbliche Baumschulen alle gängigen Arten, Herkünfte und Sortimente in guter Qualität zeitgerecht und preiswert anbieten. Zunehmende Bedeutung haben Lohnanzuchten, für diese wird den Baumschulen Saatgut von den Forstverwaltungen zur Verfügung gestellt. Wesentlich ist hierbei die Gewährleistung der Herkunftssicherung durch eine lückenlose Kontrolle.

Pflanzensortimente

Die Technik der Forstpflanzenanzucht soll hier nicht beschrieben werden (siehe Aldhous und Mason 1994; Krüssmann 1997). An dieser Stelle steht in erster Linie das Ergebnis der Anzucht, also die **Qualität** des Pflanzenmaterials, im Mittelpunkt. Meist unterteilt man das Material in Anzuchtpflanzen und Wildlingspflanzen.

Die **Anzuchtpflanzen** lassen sich nach ihrer äußeren Beschaffenheit untergliedern in verschiedene Typen von Vollpflanzen, Stummelpflanzen und unbewurzelte Pflanzen. Eine andere Unterscheidung lässt sich nach der Methode

Hintergrundwissen

Einteilung der Anzuchtpflanzen nach Anzuchtverfahren und Sortimenten

1. **Vollpflanzen** (Pflanzen mit Spross und Wurzel)

1.1 mit nackter Wurzel (wurzelnackte Pflanze)

1.2 mit Wurzelballen

- Kampballen (aus Forstpflanzgärten ausgehoben)
- Wildlingsballen (aus Naturverjüngung ausgehoben)
- Topfballen (Containerpflanzen)

Alle diese Typen können unmittelbar aus dem Keimsubstrat ausgehoben und auf die Fläche gepflanzt werden, dann werden sie ungeachtet ihres Alters als **Sämlinge** bezeichnet.

Wenn die Pflanzen nach 1–3 Jahren in ein anderes Substrat gesetzt und erst ein Jahr oder mehrere Jahre später, wenn sie ausreichend kräftig sind, auf die Kulturfläche gebracht werden, handelt es sich um **Verschulpflanzen**. Gekennzeichnet wird dieses Pflanzenmaterial durch die Angabe der Jahre, die es im Saat- (1. Zahl) und Verschulbeet (2. Zahl) verbracht hat, z. B. 1+0, 2+2.

Neben den **Normalpflanzen**, die gewöhnlich nicht älter sind als 2–5 Jahre und allenfalls einmal verschult worden sind, werden für besondere Zwecke auch **Großpflanzen** angezogen. Bei diesen unterscheidet man je nach Größe:

- Lohden (Sprosslänge 80–150 cm)
- Heister (Sprosslänge > 150 cm)

2. **Stummelpflanzen**
   Anzuchtpflanzen oder seltener auch Wildlinge mit am Wurzelhals zurückgeschnittenen Sprossen

3. **Unbewurzelte Pflanzen**

- Stecklinge (15–20 cm lange Zweigteile, (fast) ganz in den Boden gesteckt)
- Setzruten (50–150 cm lange Zweigabschnitte, oft mit Gipfelknospe, nur teilweise in den Boden gesteckt)
- Setzstangen (über 150 cm lange Astteile, meist über 3 cm stark, oft bis zur Hälfte oder tiefer in den Boden gesteckt)

der Vermehrung – generativ und vegetativ erzeugtes Material – treffen.

Weitaus am häufigsten werden in Mitteleuropa Anzuchtpflanzen mit **nackter Wurzel** verwendet. In Skandinavien (Lilja et al. 1997), Großbritannien (Jinks 1994) und vor allem im pazifischen Nordamerika (Tanaka et al. 1997) haben **Containerpflanzen** eine weite Verbreitung. In Skandinavien und Kanada werden etwa 75 % der Forstpflanzen in Containern angezogen, während es in Deutschland unter 10 % sind. Bei dieser Art der Pflanzenanzucht in einem Pflanzgefäß und der Pflanzenausbringung mit einem Ballen des Anzuchtsubstrats lassen sich Produktion und Lagerung stark rationalisieren, nachdem zunächst erhebliche Investitionen getätigt worden sind. Das lohnt sich vor allem, wenn für umfangreiche Aufforstungen große Mengen von Pflanzen eines bestimmten Typs benötigt werden. Das ist in Mitteleuropa allenfalls zu bestimmten Zeiten, etwa nach großflächigen Sturmkatastrophen, gegeben. In Mitteleuropa werden Containerpflanzen auch auf schwierigen Standorten, bei Pflanzungsnotwendigkeit in der Vegetationszeit (z. B. zur Schutzwaldsanierung in den Alpen) und für empfindliche Pflanzensortimente (z. B. Douglasie) eingesetzt.

In den Containern stehen die Pflanzen dichter beieinander als in Saat- und Verschulbeeten. Sie erreichen bei gleichem Alter zwar größtenteils dieselbe Sprosshöhe wie bei konventioneller Anzucht, doch bleiben sie bei dem hohen Dichtstand im Wurzelhalsdurchmesser zurück. Ihr Wurzelsystem ist dicht, sehr fein und zeigt kaum Ansätze zur Bildung von Pfahlwurzeln. Es wird, anders als beim Ausheben aus Anzuchtbeeten, kaum beschädigt. Darin liegt sicherlich ein gewisser Vorteil für das Anwachsen im Freiland, doch wird oft beobachtet, dass Containerpflanzen nach der Ausbringung nicht gut aus dem Ballen in den umgebenden Boden auswurzeln. Das ist besonders bei solchen Pflanzen der Fall, die zwei Jahre im Container gestanden haben. Ihren spiraligen Wuchs behalten die im Container auf engem Raum zu-

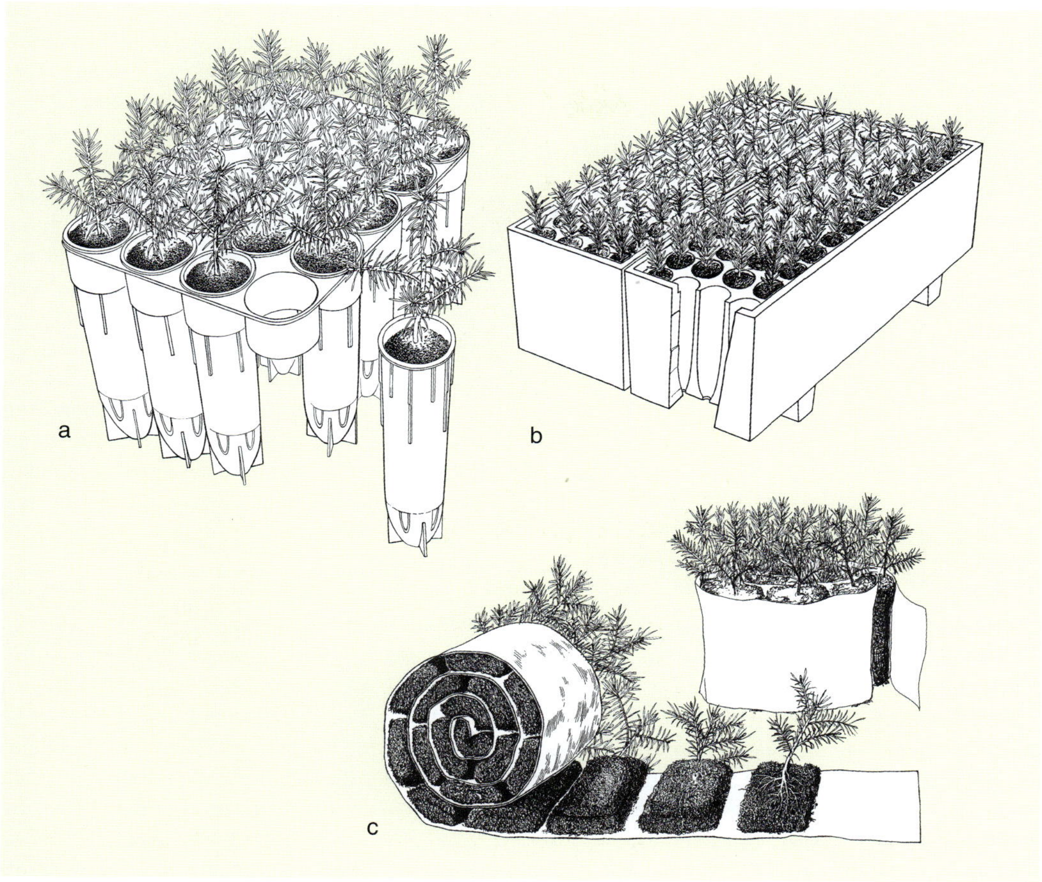

Abb. 3.47 Containertypen: GL II-Topf (a), Zapfencontainer (b), Nisularolle (c).

sammengedrückten Wurzeln nach der Pflanzung oft lange bei, das führt dann zu unzureichender Standfestigkeit der Pflanzen (Pampe und Häseker 2003). Dieser Mangel lässt sich durch Änderungen in der Bauweise oder durch Verwendung von Containern aus Weichkunststoff statt hartwandiger Gefäße abmildern (Abb. 3.47). Zur Vermeidung von Wurzeldeformationen haben sich Wurzelführungsrippen in den Containerwänden (leiten die Wurzeln gegen einen nach unten offenen Topfboden) und ein Luftwurzelschnitt bewährt, der die Wurzeln absterben lässt, sobald sie den Containerboden erreichen und mit der Luft in Kontakt getreten sind. Neben diesen Detailverbesserungen werden inzwischen auch baumartenspezifische Containertypen und -größen angeboten. Diese Verbesserungen lassen eine positive Qualitätsentwicklung erwarten.

Ein anderer Grund dafür, dass die Verwendung von Containerpflanzen in Deutschland weniger erfolgreich ist, liegt in den vorherrschenden Bedingungen auf den Kulturflächen: Wegen der Gefährdung während der ersten Jahre durch Beschädigungen (Kleinsäuger, Wild) und der oft stärkeren Konkurrenz durch die Begleitflora werden meist Pflanzen mit einem kräftigen **Wurzelhalsdurchmesser** benötigt, diesen können Containerpflanzen mit ihrem schlanken Wuchs meist nicht aufweisen.

Eine Anzucht von Forstpflanzen in Baumschulen erübrigt sich, wenn in Beständen mit reichlicher Naturverjüngung oder an Wegeböschungen **Wildlinge** in guter Qualität gewonnen werden können. Dann lassen sich bei genügender Sorgfalt reichlich Pflanzen ausheben, die entweder unmittelbar auf die Verjüngungsfläche ge-

Abb. 3.48
Stufige 2-jährige Kiefern mit hoher Wurzeldichte nach Wurzelschnitt (rechte Bildhälfte) im Vergleich zu gleich alten Kiefern ohne Wurzelschnitt (linke Bildhälfte).

bracht oder zunächst noch im Pflanzgarten verschult werden. In ähnlicher Weise können aus überdichten Saaten Wildlinge geworben werden. Diese Verfahren spielen besonders bei den Eichenarten und bei der Buche eine Rolle. Wildlingspflanzen sind zwar billig zu gewinnen, doch bleibt der Erfolg dieser Pflanzungen oft hinter den Erwartungen zurück. Viele Wildlinge verlieren beim Ausheben wesentliche Teile ihres Wurzelwerks, auch sind die Sprossdurchmesser der unter Schirm erwachsenen Pflanzen im Verhältnis zu ihrer Sprosslänge zu gering, manchmal sind sie auch knickig im Wuchs. Bei solchen Pflanzen dauert es mehrere Jahre, bis sie das Wachstum guter Baumschulpflanzen erreicht haben, und das oft mit erheblichen Ausfällen. Wenn sie jedoch sehr sorgfältig gewonnen und streng nach Qualität sortiert werden, lässt sich ein guter Erfolg sichern (Füllgrabe 1983). Wildlinge der Buche und der Tanne werden vom Rehwild weniger verbissen als Baumschulpflanzen (Suchant et al. 2000).

Wurzelschnitt

Auch bei Anzuchtpflanzen ist die Ausbildung eines funktionstüchtigen **Wurzelwerks** von größter Bedeutung. Zu dessen Förderung erfolgt im Anzuchtbeet oft ein Wurzelschnitt (Abb. 3.48). Das geschieht bei raschwüchsigen Arten auch im Saatbeet (z. B. bei der Kiefer), bisweilen im zweiten Anzuchtjahr (bei den Eichen); bevorzugt aber wird diese Maßnahme im Verschulbeet vorgenommen. In einer Tiefe von etwa 15 cm (bei Sämlingen) bzw. 20–25 cm (bei 2- bis 4-jährigen Verschulpflanzen) werden die Hauptwurzel und andere tief und weit reichende Wurzeln durch Unterschneiden oder Unterstechen gekappt. Bei diesem Vorgang werden die Pflanzen in ihrer Verwurzelung im Boden etwas gelockert. Die Regeneration des Wurzelwerks fördert die Verzweigung, es entsteht ein kompakter Wurzelballen, mit dem die Pflanzen sich leichter transportieren und vor allem ohne größere Stauchungen versetzen lassen. Oft folgt auf das erste Unterschneiden im Frühsommer bald ein weiterer, mehr seitlicher Wurzelschnitt (Mason 1994; Hipps et al. 1999).

Die Erfahrungen mit dem Wurzelschnitt **in der Baumschule** sind im Allgemeinen positiv. Die maschinelle Verschulung kann aber zum Abknicken der Wurzelspitzen führen, aus dem sich langfristige Wurzeldeformationen (siehe Nörr 2003) ergeben können. Die Erhöhung des Feinwurzelanteils durch den Wurzelschnitt wirkt sich auf die Wasser- und Nährstoffaufnahme positiv aus (Bréda et al. 2006), sie kann aber die Ausbildung von starken Verankerungswurzeln hemmen, z. B. wenn bei der Stieleiche die Pfahlwurzel gekappt wird (Mucha et al. 2018). Umstritten ist das Verfahren hauptsächlich bei den Tannenarten. Nicht sicher geklärt ist die Frage nach dem günstigen Zeitpunkt für die einzelnen Baumarten, wahrscheinlich liegt er zwischen den sommerlichen Wachstumsschüben der Sprosse (siehe auch Kopp 1992; Mason und Jinks 1994; McKay 1997; Mucha et al. 2018).

Ausheben und weitere Behandlung der Pflanzen

Ein zusätzlicher **manueller Wurzelschnitt** nach dem Ausheben der Pflanzen aus dem Pflanzbeet wird häufig als wenig sinnvoll erachtet. Bei größeren Pflanzen ist er nicht ganz zu vermeiden, damit es nicht zu starken Wurzelstauchungen kommt, er sollte jedoch auf das unbedingt nötige Maß beschränkt werden (Andersen 2001). Der ursprüngliche Zweck dieses Wurzelschnitts war es, das Wurzelwerk routinemäßig so zu verkleinern und zu formen, dass es leicht und schnell in die Pflanzöffnung eingebracht werden kann. Heute wird der Wurzelschnitt nicht mehr routinemäßig durchgeführt, sondern nur, um Verletzungen zu beseitigen und Wurzeldeformationen zu reduzieren. Der Wurzelschnitt sollte dann nur mäßig durchgeführt werden und nicht mehr als 20 % der Feinwurzelmasse betreffen. Schnittflächen mit einem Durchmesser von mehr als 4 mm sollten vermieden werden (Stimm et al. 2013). Auch hierbei gelten Tannen als besonders empfindlich (Burschel und Stimm 1993), aber auch Eichen können auf bestimmten Standorten mit Verminderung der Substanzproduktion reagieren (Andersen et al. 2000).

Bei größeren Laubholzsortimenten werden bisweilen die **Seitenzweige zurückgeschnitten**, damit der Wasserverbrauch in den ersten Wochen reduziert wird. Das führt erfahrungsgemäß nicht zu einer Verminderung des Wachstums. Bei der Aufforstung von Rohböden und Flächen mit ähnlich schwierigen Bedingungen verwendet man auch **Stummelpflanzen**, vorwiegend als Vorwald für eine folgende Waldgeneration. Bei Nadelbäumen wirkt sich das Einkürzen der Seitenzweige eher ungünstig aus (Krapfenbauer und Glatzel 1972).

Eine **Sortierung** nach der Sprosslänge findet bei Sämlingen oft, bei Verschulpflanzen immer statt, weil sich besonders bei diesen der Verkaufspreis deutlich nach der Größe staffelt. Für den Anwuchserfolg ist allerdings die Sprosshöhe weniger wichtig als vielmehr ein ausgeglichenes Verhältnis von Höhe, Sprossbasisdurchmesser (= Wurzelhalsdurchmesser) und **Wurzelvolumen** (Rose et al. 1990). Letzteres korreliert gut mit dem Sprossbasisdurchmesser (Schmidt-Vogt 1966). Diese Zusammenhänge werden in den folgenden zwei Abschnitten näher behandelt.

Das Pflanzenmaterial muss nach dem Ausheben auf die Kulturfläche **transportiert** werden. Es gibt Hinweise dafür, dass starkes Schlagen bzw. Rütteln beim Transport zu physiologischen Schäden mit der Folge eines schlechten Anwachsens auf der Verjüngungsfläche führen kann. Die Ursachen dafür sind nicht näher bekannt (Stjenberg 1997).

Transport und Lagerung der Pflanzen vor deren Auspflanzung bewirken häufig **Wasserverluste** und **Frostschäden**. Das führt oft zu verzögertem Austreiben, schwachem Wachstum – auch noch in den folgenden Jahren – und im ungünstigsten Fall zum Eingehen der geschädigten Pflanzen. Für den Transport sollten Frischhaltesäcke oder ähnliche Vorrichtungen benutzt werden (Burth 1992; Münch 1992). Bei der Lagerung (dem Einschlag) in frischem Boden an schattigen Plätzen müssen Frischezustand und Pilzbefall ständig kontrolliert werden (Schmidt-Vogt und Gürth 1969; Puttonen 1986).

In größeren Forstbaumschulen wird ein Teil der im Frühjahr benötigten Pflanzen schon im Spätherbst ausgehoben und dann in **Kühlhäusern** gelagert. Das Verfahren ist ursprünglich entwickelt worden, damit unter günstigen Klimabedingungen in niedrigen Höhenlagen angezogene Pflanzen so lange in Winterruhe gehalten werden können, bis man sie in raueren Klimalagen auspflanzen kann (Schmidt-Vogt 1964). Für den Baumschulbetrieb ergibt sich mit der Kühlhauslagerung ein weiterer Vorteil, der heute für viele Pflanzensortimente genutzt wird: Die Vorgänge des Sortierens, Bündelns und Verpackens lassen sich so in der sonst arbeitsärmeren Winterzeit vornehmen. Man kann in den Baumschulen die erfahrenen Stammarbeiter weiter beschäftigen und kommt mit der Arbeit zur Auslieferung der Pflanzen während der Frühjahrsmonate weniger in Zeitprobleme. Außerdem sind bei diesen Arbeiten geringe Frischeverluste zu befürchten, sofern die Kühlhäuser für die Aufrechterhaltung einer geeigneten Luftfeuchte eingerichtet sind. Die Empfindlichkeit der Baumarten und Sortimente gegen eine Lagerung im Kühlhaus ist unterschiedlich. Entscheidend ist vor allem, dass die Pflanzen beim Ausheben in völliger Winterruhe sind. In diesem Zustand vertragen fast alle Laubbaumarten sowie Fichte, Kiefer und Weymouthkiefer eine ziemlich breite Temperaturspanne über und unter dem Gefrierpunkt. Die Tanne und vor allem die Küstendouglasie verlangen eine enger gehaltene Temperaturkonstanz (McKay und Howes 1996). Deshalb werden im Praxiseinsatz bisweilen die im Kühlhaus gelagerten Douglasienpflanzen abgelehnt.

Tab. 3.19 Untere Grenzwerte (Min.) und Höchstwerte (Max.) des Wurzelhalsdurchmessers (Whd) bei bestimmten Sprosslängen für Buche und Fichte ohne (Sämlinge) und nach Verschulung (2+2 = jeweils 2 Jahre im Saatbeet und im Verschulbeet) (aus Schmidt-Vogt 1966)

Sprosslänge (cm)	Buche				Fichte			
	Sämling		verschult		Sämling		verschult	
	Wurzelhalsdurchmesser (Whd) (mm)							
	Min.	Max.	Min.	Max.	Min.	Max.	Min.	Max.
20	3	7	4	8	2	4	3	7
40	5	9	6	11	4	7	5	10
60	6	12	7	14			7	13
80	8	14	9	16			9	17
100	9	17	10	19			11	19

Der Zeitpunkt des Aushebens und die Lagerungsbedingungen spielen zudem eine wichtige Rolle für das **Regenerationsvermögen** der Wurzeln nach der Verpflanzung.

3.6.2 Qualitätsmerkmale

Bei der Qualität der Forstpflanzen wird unterschieden zwischen den relativ einfach zu ermittelnden

- **morphologischen** Merkmalen, also der äußeren Beschaffenheit der Pflanzen (z. B. Sprosslänge (bzw. Höhe), Wurzelhalsdurchmesser, Pflanzengewicht und dessen Wurzelanteil, Spross-Wurzelverhältnis), sowie den
- **physiologischen** Merkmalen, die sich auf den Frischezustand und die mineralische Zusammensetzung beziehen (siehe auch Grossnickle und MacDonald 2018a, 2018b). Letztere sind nur durch Laboruntersuchungen zu ermitteln und können weitaus schwieriger interpretiert werden.

Für die Bewertung der **äußeren Beschaffenheit** hat Schmidt-Vogt (1966) praxisnahe Maßstäbe entwickelt, die weitgehend in die gesetzlichen Vorschriften und die amtlichen Richtlinien eingegangen sind. Danach wird – schon aus praktischen Erwägungen – an der Sortierung nach Größenklassen festgehalten, gleichzeitig wird dem Wurzelhalsdurchmesser als Indikator für die Wurzelentwicklung eine große Bedeutung beigemessen (so auch Rose et al. 1990; Mattson 1991). Je stärker der Wurzelhalsdurchmesser ist, umso stufiger bzw. kräftiger ist eine Pflanze. Ein besserer Indikator für die **Stufigkeit** ist eigentlich das Verhältnis von Pflanzengewicht zu Sprosslänge. In der Praxis wird anstelle des Pflanzengewichts meist der leichter zu erhebende **Wurzelhalsdurchmesser** erfasst, der eine enge Beziehung zum Pflanzengewicht aufweist. Als weiterer Kennwert der Stufigkeit wird für einen bestimmten Höhenbereich ein Mindestwurzelhalsdurchmesser (Tab. 3.19, Abb. 3.49) verwendet. Die Klassifizierung ist etwas ungenauer, genügt aber den Anforderungen der Praxis (Körner et al. 2012). Die Europäische Gemeinschaft hat dementsprechende Normen für die äußere Beschaffenheit von forstlichem Vermehrungsgut erlassen, die in die deutsche Gesetzgebung übernommen worden sind. **Grundanforderungen** an das Vermehrungsgut sind u. a. keine unvernarbten Wunden am Spross und keine wesentlichen Schaftkrümmumgen. Die Mindestanforderungen an die Sprosshöhe und den dazugehörigen Sprossbasisdurchmesser in bestimmten Altern sind für die am häufigsten verwendeten Baumarten in EU-Richtlinien festgelegt.

Die EU-Normen sind allerdings so weit gefasst, dass nur wirklich unbrauchbares Material ausgeschlossen wird. Hochwertiges Pflanzgut muss strengeren Anforderungen genügen. In einzelnen Ländern gibt es solche Maßstäbe und auch in Deutschland werden von den Baumschu-

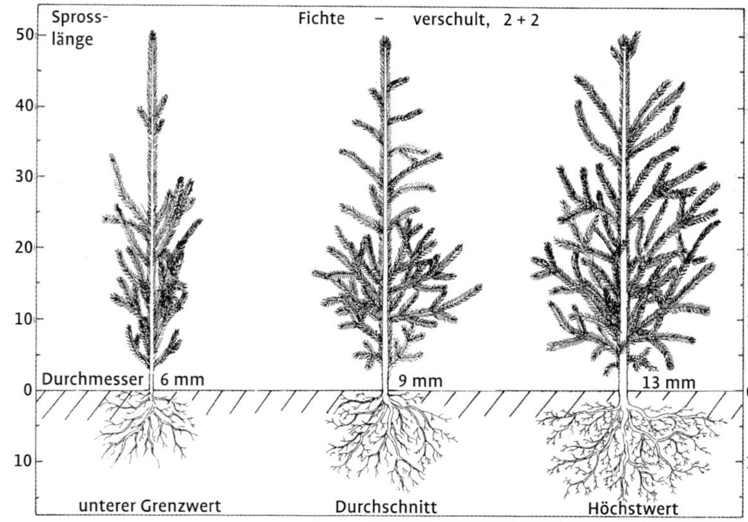

Abb. 3.49 Stufigkeit in Abhängigkeit vom Wurzelhalsdurchmesser 4-jähriger Fichten (2+2 = jeweils 2 Jahre im Saatbeet und im Verschulbeet) mit 50 cm Sprosslänge (aus Schmidt-Vogt 1966).

len Pflanzen mit höherer Qualität geliefert, wenn die Praxis sich darum bemüht. Mit der Gütebewertung nach äußeren Merkmalen ist jedoch nur ein erster Schritt für die Verwendung von hochwertigem Pflanzenmaterial getan. Selbst ein als gut beurteiltes Pflanzgut kann nach der Auspflanzung versagen, wenn es sich in einem ungünstigen physiologischen Zustand befindet.

Schäden durch Wasserverlust und Frost vor der Pflanzung sind mit bloßem Auge nur dann erkennbar, wenn sie stark ausgeprägt sind. Derartiges Material darf nicht gepflanzt werden. Sind die Pflanzen jedoch ohne äußerlich sichtbare Merkmale **physiologisch geschwächt**, wird dieser Zustand oft erst nach Wochen oder Monaten erkennbar. Von entscheidender Bedeutung ist der **Frischezustand** der Pflanzen. Als Maß dafür eignet sich nicht der Wassergehalt in Prozent des Gewichtes, sondern nur das **Wasserpotenzial** (Larcher 2001).

Aus zahlreichen Messungen des Wasserpotenzials an jungen Forstpflanzen können hier nur wenige Beispiele mitgeteilt werden. Lüpke (1973a) fand an 4-jährigen Fichten, die für 15 Minuten einer Temperatur von 30 °C und einer Luftfeuchtigkeit von 25 % ausgesetzt worden waren, Potenzialwerte von −11 bis −25 bar. Bei nicht verpflanzten Fichten traten unter günstigen Freilandbedingungen kurz vor Sonnenaufgang Werte von −4 bis −5 bar auf, während sie in den Mittagsstunden auf bis −12 bar anstiegen. Man erkennt daraus, dass im Boden ungestört wachsende Pflanzen nach einer wasserverbrauchenden Tagesaktivität während der Nacht ihren Wassergehalt wieder regenerieren (siehe auch Gross und Van Nguyen 1978). Das können Pflanzen nicht, wenn sie bei der Versetzung ein ungünstiges Wasserpotenzial aufweisen und noch kaum neue Feinwurzeln bilden konnten. Dadurch kommt es zu einer anhaltenden Störung des Wasserhaushaltes, das ist meist mit einer Verminderung der Nährstoffaufnahme und der Assimilation verbunden (Glatzel 1973; Mattson 1997; Lacher 2001).

Viele Untersuchungen zeigen enge Zusammenhänge zwischen dem Frischezustand der Pflanzen zum Zeitpunkt der Auspflanzung und dem **Höhenwachstum** im Jahr der Pflanzung (Burdett et al. 1983; Radoglou und Raftoyannis 2001). In dem vorher geschilderten Versuch (Lüpke 1973a) nahm die **Stoffproduktion** im ersten Jahr stark ab, sobald das Wasserpotenzial bei der Pflanzung unter − 14 bar abgesunken war. Auch Ruetz (1976) fand an 4-jährigen Fichten, die unterschiedlich lange in der Sonne gelegen hatten, abgestufte Wasserpotenzialwerte, die mit Wachtumsdaten korrelierten (Tab. 3.20). Allerdings kann sich das Wasserpotenzial stark geschädigter Pflanzen durch Bewässerung passiv wieder erholen, ohne dass die bereits eingetretene Schädigung regeneriert wird. In solchen Fällen ist dann der Messwert irreführend, wie überhaupt eine Bewässerung von Pflanzen, die stark angetrocknet waren, keinen Nutzen bringt.

Definition

Wasserpotenzial

Unter Wasserpotenzial versteht man den **thermodynamischen Zustand** des Wassers in den Pflanzenzellen im Vergleich zu reinem Wasser bei einer bestimmten Temperatur; es umschreibt also die Energie, die aufgewendet werden muss, um das in den Pflanzenleitbahnen gebundene Wasser austreten zu lassen.

Das Wasserpotenzial setzt sich aus drei Potenzialgrößen zusammen, von denen das des **Xylems** in den Pflanzen die entscheidende Größe ist (Kozlowski et al. 1997). Als Maßeinheit wird Pascal (1 MPa = 10^{-6} Pa) verwendet, häufiger jedoch bar (1 bar = 10^5 Pa). Das Vorzeichen ist negativ.

Reines Wasser hat das Potenzial 0. Feuchtes Gewebe in günstigem Zustand hat Werte von −1 bis −5 bar, trockenes Gewebe noch lebender Pflanzen kann bis über −25 bar aufweisen. Gemessen wird das Xylem-Wasserpotenzial an frisch abgeschnittenen Zweigen oder Blättern mithilfe einer Druckkammer (sog. Scholander-Druckbombe, Scholander et al. 1965). Abbildung 3.50 zeigt die Einrichtung und das Verfahren.

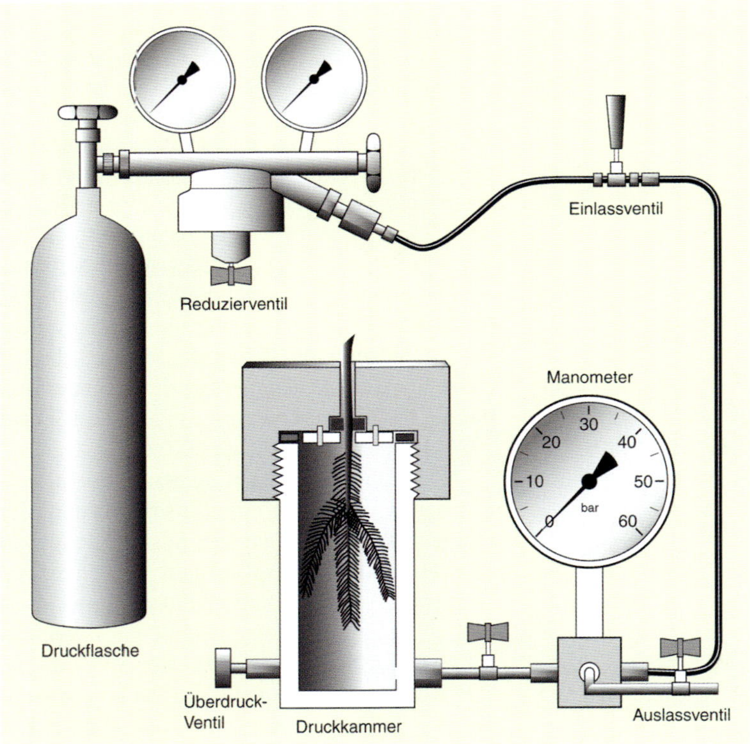

Abb. 3.50 Schematischer Aufbau einer Druckbombe nach Scholander zur Bestimmung des Druckpotenzials im Xylem.
In einer transpirierenden Pflanze steht der Wasserfaden im Xylem unter einem Unterdruck. Wird ein Blatt oder ein Zweig abgeschnitten, zieht sich der Meniskus des Xylemsaftes in die Gefäße zurück. Im Druckbehälter wird der Druck so lange erhöht, bis der Meniskus an der Schnittfläche sichtbar wird. Der im Druckbehälter herrschende positive Druck entspricht dann dem vor dem Abschneiden im Xylem bestehenden negativen Druck.

Der **Anwuchserfolg** (Überlebensrate, Höhen- und Durchmesserwachstum) hängt also wesentlich davon ab, wie rasch und intensiv die Pflanzen nach dem Versetzen neue Wurzeln bilden. Dafür ist nicht nur der ökologische Zustand der Kulturfläche (deren Temperatur und Feuchtigkeit), sondern auch der physiologische Zustand der Pflanzen maßgeblich. Es kommt im Wesentlichen auf die Bildung neuer Feinwurzeln an. Viele Untersuchungen sind dem Zusammenhang von physiologischem Zustand der Pflanzen und Wurzelneubildung gewidmet. Diese wird als **Wurzelwachstumspotenzial** (Root Growth Potenzial, RGP) oder **Wurzelregenerationspotenzial** (Root Regeneration Potenzial, RRP) bezeichnet. Zu dessen Bestimmung werden Pflanzen nach verschiedener Vorbehandlung (Aushebezeitpunkt, Lagerung, Düngung usw.) in

Tab. 3.20 Zusammenhänge von Xylem-Wasserpotenzial und Entwicklung 4-jähriger Fichten nach dem Verpflanzen (nach Ruetz 1976)

Xylem-Wasserpotenzial	Pflanzenzahl	Austrieb Ende Juni (% der Pflanzen)	Höhenzuwachs des 1. Jahres (cm)	Ausfälle bis Herbst des 1. Jahres (% der Pflanzen)
−5,7	20	90	7,1	5,0
−7,5	27	81	6,6	4,0
−12,5	21	71	6,2	9,5
−17,2	20	45	6,1	5,0
−22,8	18	27	7,1	28,0
−27,5	26	34	4,5	38,0
−32,1	20	15	5,1	45,0
−37,4	16	0	4,5	50,0

Klimakammern unter optimalen Wachstumsbedingungen für 1–3 Wochen gehalten und miteinander verglichen. Als Maßstab für das Wurzelwachstumspotenzial gilt die (artspezifische) Zahl der neu gebildeten Wurzeln (meist der über 1 cm Länge) (Beispiel mit Baumschulpflanzen der Douglasie und anderer Nadelbaumarten in L'Hirondelle et al. 2007).

Der Aussagewert solcher Untersuchungen ist umstritten. Simpson und Ritchie (1997) haben Methoden, Ergebnisse und Wertungen ausführlich und teilweise kontrovers diskutiert. Einig sind sie sich im Wesentlichen darin, dass die Standortsbedingungen (sicherlich auch die nicht diskutierte Witterung im Zeitraum der Pflanzung) eine große Rolle für die Wurzelregeneration spielen. Vor allem unter ungünstigen Verhältnissen dürfte das Wurzelregenerationspotenzial eine große Bedeutung haben (Burdett 1987). Auch spielt die Art der Wurzelneubildung eine Rolle: Bei der Kiefer geschieht sie nur aus primärem Wurzelmeristem. Ist dieses geschädigt, bleibt das Wurzelwachstumspotenzial gering. Die Fichte und viele Laubbaumarten können auch aus unterirdischen Sprossteilen neue Wurzeln bilden (Mattson 1991).

Eine andere Methode zur Bestimmung der physiologischen Vitalität von Forstpflanzen hat McKay (1994, 1998) aus einem früheren Vorbild entwickelt. Durch die Messung von **Elektrolytverlusten** aus geschädigten Pflanzenzellen lässt sich auf Vitalitätsverluste von jungen Forstpflanzen schließen. Die Ursachen solcher Einbußen bleiben bei dieser Methode offen: Es kann sich um Frischeverluste, Frostschäden o. Ä. handeln. McKay (1994) konnte einen guten Zusammenhang zwischen den mit der Methode ermittelten Werten und dem Überleben von Jungpflanzen der Douglasie, Sitkafichte, Japanischen Lärche und Kiefer feststellen. Schüte und Sarvas (1999) schließen aus Untersuchungen nach dieser Methode, dass von 1- und 2-jährigen Stieleichen bei Elektrolytverlusten von mehr als 35 % ein größerer Teil letal geschädigt wird und bei 15–35 % Elektrolytverlust mit steigenden Ausfällen des Gipfeltriebs sowie auch ganzer Pflanzen zu rechnen ist. Mäßig hohe Elektrolytverluste haben bei der Douglasie nicht immer Nachwirkungen (Harper und O'Reilly 2000).

McKay (1998) ist der Ansicht, dass die **Treffsicherheit** der geschilderten Testmethoden bei den verschiedenen Baumarten unterschiedlich ist: So soll bei der Sitkafichte die Messung der Elektrolytverluste einen besseren Zusammenhang mit dem Pflanzerfolg aufweisen, bei der Lärche dagegen eher das Wurzelregenerationspotenzial. Mattson (1997) sieht das anders. L'Hirondelle et al. (2007) empfehlen auf der Basis von Untersuchungen mit verschiedenen Nadelbaumarten zur Einschätzung des Frischezustands von Baumschulpflanzen das Wurzelregenerationspotenzial in Kombination mit Messungen der Chlorophyllfluoreszenz, mit der sich die Leistungsfähigkeit der Photosynthese und ihrer Reaktion auf Stress erfassen lässt.

Anzuchtpflanzen kommen fast immer mit reichlichen **Nährstoffvorräten** aus der Baumschule auf die Kulturflächen. Ausnahmen können Wildlingspflanzen aus Naturverjüngung darstellen. Eine reichliche **Stickstoffdüngung**, wie sie bisweilen zur Steigerung des Wachstums im Sommer in der Baumschule vorgenommen wird, kann zu größerer Frostempfindlichkeit (besonders bei der Douglasie) führen (Larsen 1978), weil auf diese Weise der Wachstumsabschluss im Herbst hinausgezögert wird, besonders im Zusammenhang mit einem weiteren Schub beim Sprosswachstum (Adams und Bastien 1994). Dagegen kann eine Stickstoffdüngung in der Baumschule deutlich nach Abschluss des Wachstums (Spätdüngung) für das Anwachsen von Douglasie und Fichte im nächsten Frühjahr vorteilhaft sein (Lüpke 1974; Lewinski 1974). Die Zusammenhänge zwischen den Nährelementgehalten in Blattorganen und dem Anwuchserfolg sind hingegen meist wenig deutlich und nur bei klarer Unterversorgung gut erkennbar, bei mehrjährigen Pflanzungen auf nährstoffarmen Böden ist dies anders (Goulet 1995; Jakanen und Rinkala 1996; Mattson 1997).

Mykorrhizapilze (Abb. 3.51) spielen eine wesentliche Rolle bei der Wasser- und Nährstoffaufnahme (v. a. Phosphat) und fördern dadurch das Pflanzenwachstum. Mykorrhizierte Pflanzen sind auch durch eine erhöhte Stressresistenz besser gegen Trockenheit, Frost, Wurzel- und Blattpathogene sowie Fraß durch Herbivore und Wildverbiss geschützt (Walker und Wheeler 1994; Bennett und Bever 2007; Smith und Read 2009). Ursache hierfür ist der vielfältige Einfluss auf die Physiologie der Pflanzen, der zu einer schnelleren Knospenreife und der Bildung spezifischer, stressrelevanter Inhaltsstoffe führt. Es handelt sich dabei allerdings um ein noch wenig erforschtes Gebiet, bisher liegen lediglich Ergebnisse für Pflanzen der Krautschicht vor (Schweiger et al. 2014). Im Mineralboden angezogene Pflanzen bilden frühestens im zweiten Lebensjahr die ersten mykorrhizierten Wurzeln. In manchen Anzuchtsubstraten – besonders, wenn sie reichlich Stickstoff enthalten – unterbleibt die Verpilzung. Es liegt nahe, Baumschulpflanzen schon bei der Anzucht mit wirkungsvollen Mykorrhizaarten bzw. -stämmen zu versehen. Hierbei wird ein Inokulat aus Pilzsporen oder Myzelien in das Pflanzsubstrat nach dessen Entkeimung eingemischt (Herrmann et al. 1992). Buchen und Eichen lassen sich gut mit *Paxillus involutus* (Kahler Krempling) mykorrhizieren, Douglasie mit *Laccaria bicolor* (Zweifarbiger Lacktrichterling) und *Laccaria laccata* (Rötlicher Lacktrichterling), Kiefern besser mit *Scleroderma citrinum* (Kartoffelbovist) oder *Rhizopogon*-Arten (Wurzeltrüffel). Die Herkunft der symbiontischen Pilze (Mykobionten) kann sich auf den Erfolg auswirken. So müssen z. B. für alpine Hochlagen andere Mykobionten gewählt werden als für Tieflagen und für eingeführte Arten sind Herkünfte aus dem Ursprungsgebiet der Baumart besser (Kottke 2016). Wichtig ist die Mykorrhizierung besonders bei der vegetativen Vermehrung sowie bei Erstaufforstungen von landwirtschaftlichen Böden, Brachland und Halden. Da die Verfahren der Mykorrhizierung aufwendig und teuer sind, werden sie nur für hochwertige Anzuchten empfohlen. Verwendet wird mykorrhiziertes Pflanzenmaterial häufiger in Nordamerika und Frankreich als in Deutschland, wo es aber auch zunehmend von gewerblichen Baumschulen angeboten wird (Natzke 1994; Schaefer-Wildenburg 1994; Kottke 2016).

3.6.3 Pflanzschock

Das Verpflanzen bedeutet für die Pflanzen einen großen Eingriff in die Lebensfunktionen: Beim Ausheben geht ein Teil der Wurzeln verloren, während des Sortierens, beim Transport und im Einschlag sind Wasserverluste kaum vermeidbar. Das führt unter ungünstigen Umständen zu Ausfällen auf der Kulturfläche, stets aber zu mehr oder weniger stark ausgeprägten **Wuchsstockungen**. Diese Erscheinung wird als **Verpflanzungsschock** oder **Pflanzschock** bezeichnet: Es werden kürzere Leittriebe gebildet als im Jahr zuvor, bisweilen fallen sie ganz aus, weil die Gipfelknospe abgestorben ist. Die Pflanzen bekommen, zumindest im ersten Jahr nach dem Versetzen, ein gedrungenes Aussehen. Nadeln und Blätter bleiben zudem kleiner und sind oft gelblich. Unter den Nadelbäumen leidet die Fichte am meisten unter dem Verpflanzungsschock (Abb. 3.52), etwas weniger die Tanne. Er hält

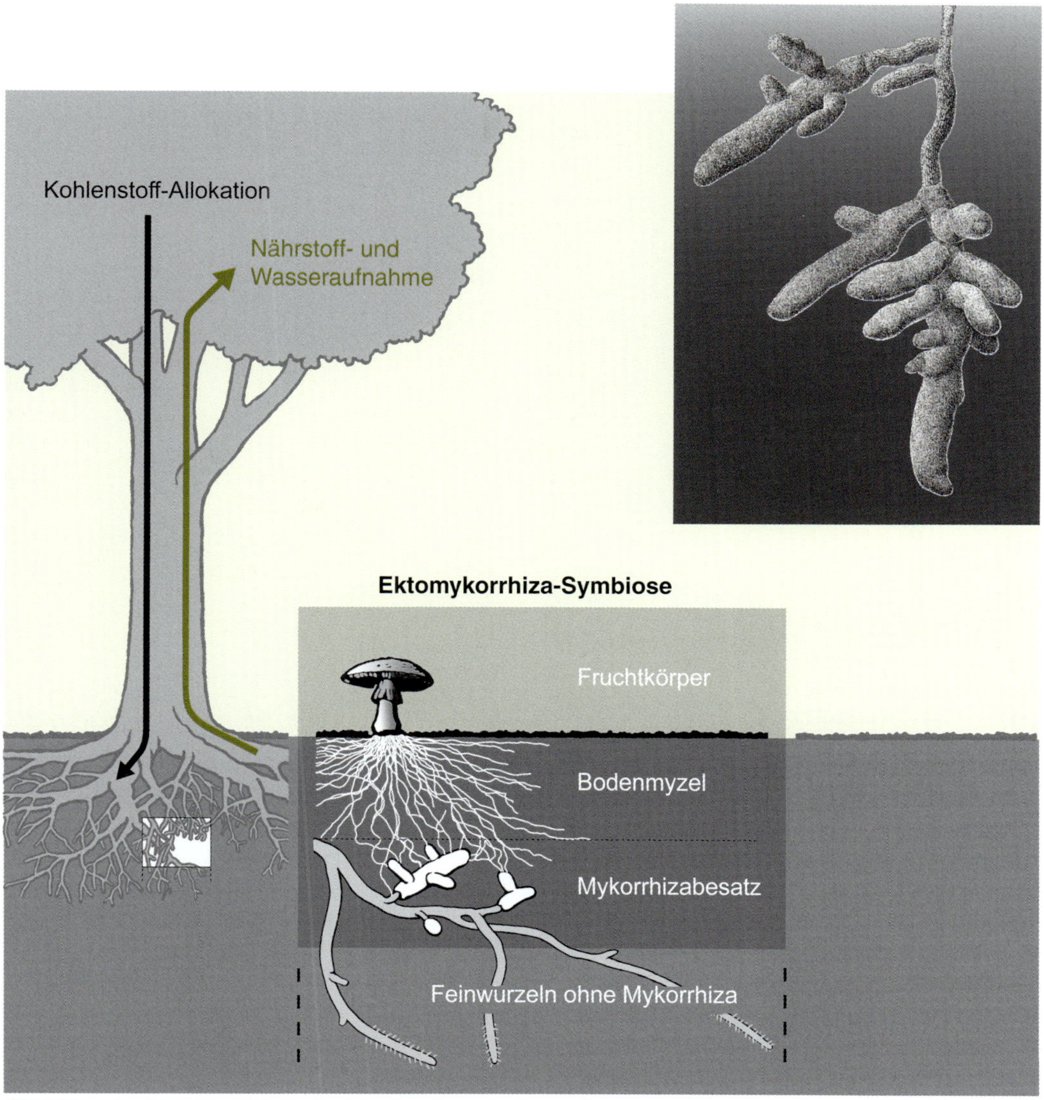

Abb. 3.51 Mykorrhiza als Symbiose zwischen Pilzen (hier Basidiomycet) und den Wurzeln eines Baumes.

meist zwei Jahre an. Bei Kiefer, Lärche und Douglasie ist er weniger stark ausgeprägt und im Allgemeinen nach einem Jahr überwunden.

Von den Laubbäumen haben die Eichenarten (Abb. 3.53) am stärksten unter dieser Beeinträchtigung zu leiden, etwas weniger die Buche und nur gering die meisten Edellaubbäume. Allgemein sind größere Pflanzen stärker betroffen als kleinere (Schmidt-Vogt und Gürth 1977; Abetz und Prange 1981; South und Zwolinski 1997). Die Qualität des Pflanzenmaterials, die Standorte und die Witterung im Jahr der Pflanzung wirken sich dabei aus.

Viele Untersuchungen zeigen, dass der Verpflanzungsschock ganz überwiegend eine Folge des gestörten Wasserhaushalts der Pflanzen ist (Burdett et al. 1983; Haase und Rose 1993; South und Zwolinski 1997). Wasseraufnahme und Transpiration werden durch die Verpflanzung stark vermindert, dadurch geht die Netto-Assimilationsrate und als Folge auch das Wachstum zurück (Lüpke 1973b; Coutts 1981).

Abb. 3.52
Der Pflanzschock zeigt sich an der Fichte in dem nach der Pflanzung zunächst gedrungenen Wachstum; nach Überwindung des Pflanzschocks ist ein stärkeres Höhenwachstum erkennbar.

Abb. 3.53
Kurztriebe an einer Eiche als Folge eines Pflanzschocks.

3.6.4 Verwendung der Pflanzensortimente

Die gebräuchlichen Sortimente für wurzelnackte Sortimente enthält Tabelle 3.21. Auf Flächen, die ein günstiges Pflanzbett aufweisen, werden schon aus Kostengründen kleinere Sortimente gewählt. Sämlinge sind billiger als Verschulpflanzen, von diesen sind Sortimente mit geringerer Sprosshöhe preiswerter und einfacher zu pflanzen als größere Sortimente. Vorsicht ist allerdings geboten, wenn die kleineren Sortimente den Restbestand von Baumschulquartieren bilden, die der Erzeugung größerer Sortimente gedient haben.

Die Fragen, ob unter vergleichbaren Bedingungen kleinere oder größere Pflanzen besser **anwachsen** und in den folgenden Jahren einen höheren **Zuwachs** bringen, sind nicht generell zu beantworten. Die Ergebnisse von Untersuchungen und Erfahrungen sind nicht einheitlich und lassen sich nicht für alle Baumarten und ökologischen Verhältnisse verallgemeinern. In den folgenden Absätzen werden einige gut dokumentierte Beispiele vorgestellt.

In einer umfangreichen Versuchsserie haben Schmidt-Vogt und Gürth (1977) über acht Jahre eine große Zahl von wurzelnackten **Fichtensortimenten** auf Anwuchs und weitere Entwicklung auf verschiedenen Standorten Südwestdeutschlands untersucht. Insgesamt waren die Ausfälle mit 25–40 % der Ausgangspflanzenzahl hoch, was mit den überwiegend schwierigen Standortsverhältnissen zusammenhing. Am höchsten waren sie im Jahr der Pflanzung, im zweiten Jahr waren sie deutlich geringer und vom dritten bis zum achten Jahr betrugen sie noch etwa 15–20 % des ersten Jahres. Das Absterben im ersten und z. T. auch im zweiten Jahr ging weitgehend auf **Frischeverluste** zwischen dem Ausheben

Tab. 3.21 Gebräuchliche Sortimente wurzelnackter Anzuchtpflanzen
(angegeben sind die Jahre, die die Pflanze im Saatbeet und im Verschulbeet verbracht hat: 2+2 bedeutet z. B., dass die Pflanze 4 Jahre alt ist und 2 Jahre im Saatbeet sowie 2 Jahre im Verschulbeet war)

Acer platanoides	1+0, 1+1, 1+2	*Abies alba*	2+2, 2+3
Acer pseudoplatanus	1+0, 1+1, 1+2	*Abies grandis*	1+2, 2+2
Alnus glutinosa	1+0, 1+1, 1+2	*Larix decidua*	1+1, 1+2
Carpinus betulus	1+1, 1+2	*Larix kaempferi*	1+1, 1+2
Fagus sylvatica	2+0, 1+2, 2+2	*Picea abies*	2+1, 2+2
Fraxinus excelsior	1+0, 1+1, 1+2	*Picea sitchensis*	2+2, 2+2
Prunus avium	1+1, 1+2	*Pinus nigra*	1+1, 1+2
Quercus petraea u. *Q. robur*	1+0, 2+0, 1+2	*Pinus sylvestris*	1+0, 2+0
Tilia cordata u. *T. platyphyllos*	2+0, 1+1, 1+2	*Pseudotsuga menziesii*	1+1, 1+2, 2+1

und dem Verpflanzen zurück. Spätere Ausfälle waren im Wesentlichen auf die **Konkurrenz** der Begleitflora zurückzuführen, das betraf vor allem die kleineren Pflanzen. So zeichnet sich ein charakteristischer Unterschied ab: In der Anwuchsphase sterben hauptsächlich die größeren Pflanzen, die gegen Wasserverluste empfindlicher sind (siehe auch Gürth 1970), in den Folgejahren hauptsächlich die kleineren Pflanzen mit geringer Seitenverzweigung und auch die mit Winkelpflanzung (Kap. 3.6.5) gesetzten Pflanzen, während die Lochpflanzung besser abschnitt. Die ursprünglichen **Höhenunterschiede** zwischen den kleinen (35–40 cm), den mittleren (55–60 cm) und den großen (70–75 cm) Pflanzen blieben in dieser Größenordnung über die Versuchsdauer von acht Jahren bestehen, ebenso die Abstufungen in den **Wurzelhalsdurchmessern**. Deutlich zeigte sich der Einfluss des Verbands im Verschulbeet. Stufige Pflanzen aus weiteren Verschulabständen wuchsen besser an als solche aus engen Verbänden mit schwacher Seitenzweigbildung und geringerer Wurzelausbildung.

Ähnliche Ergebnisse erzielten Abetz (1969) sowie Abetz und Prange (1975). Sie empfehlen, auf stark vergrasten Flächen große Fichten mit starkem Wurzelhalsdurchmesser zu verwenden. In einem Vergleichsversuch mit Fichten in zwei Pflanzengrößen (Normalpflanzen mit Sprosslängen von 30–60 cm im Durchschnitt 40 cm, Großpflanzen mit Sprosslängen von 80–120 cm im

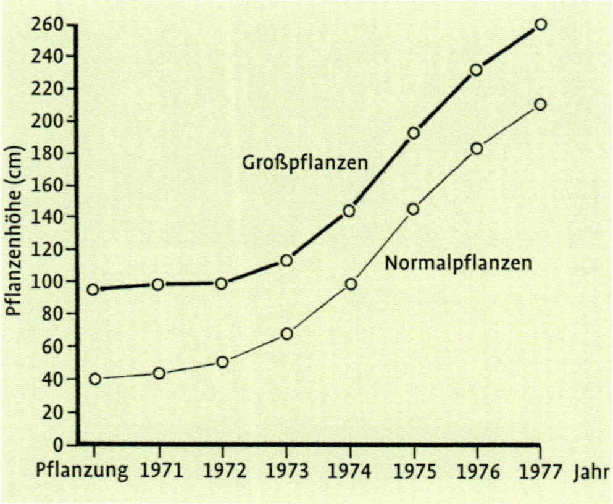

Abb. 3.54
Höhenentwicklung von Normal- und Großpflanzen der Fichte (nach Lüpke und Röhrig 1978).

Durchschnitt 95 cm) auf mäßig graswüchsigem Lösslehmboden in der kollinen Höhenstufe zeigte sich (Lüpke und Röhrig 1978), dass die wurzelnackt eingesetzten Großpflanzen zunächst um etwa 7–10 Tage später austrieben und in den ersten drei Jahren höhere Ausfälle sowie einen geringeren Höhenzuwachs hatten als die konventionell erzogenen Pflanzen. Die Anfangshöhe der großen Pflanzen wurde von den ursprünglich kleineren nach etwa fünf Jahren erreicht. Der jährliche Höhenzuwachs beider Sortimente war ab dem vierten Jahr nahezu gleich, sodass nach sieben Jahren die größeren Sortimente noch um 50 cm höher waren (Abb. 3.54). Die

Abb. 3.55
Heisterknick an einer Eiche.

Pflanzenausfälle der Großpflanzen waren mit 60 % doppelt so hoch wie die der Normalpflanzen. Anwuchsprozent und Höhenwachstum waren deutlich besser, wenn die größeren Pflanzen mit Erdballen gepflanzt worden waren. Das bestätigen auch Kramer und Spellmann (1980).

Im nordwestdeutschen Flachland wuchsen ältere **Douglasien** auf der Freifläche schlechter an als solche der Sortimente 2+0 und 1+1 (Kürschner et al. 1979). Das hängt mit der relativ hohen Transpirationsrate dieser Art zusammen. Die Douglasie muss allgemein mit einem guten Wurzelvolumen gepflanzt werden. Rose et al. (1990) verglichen Douglasien des Sortimentes 2+2 mit unterschiedlich großen Wurzelballen (9–13 cm^3). Dabei zeigten sich die Pflanzen mit den größten Wurzelballen im Anwuchs überlegen. Driessche (1992) weist darauf hin, dass die bei der Pflanzung höchsten Douglasien nach einigen Jahren zwar die stärksten Sprosse haben, bis dahin aber auch am häufigsten ausfallen.

In einem kombinierten Verbands- und Sortimentsversuch mit **Traubeneichen** hatten nach 13 Jahren bei gleichem Pflanzverband die ursprünglich größten Pflanzen die höchsten Durchmesser (Spellmann und Bartenschneider 1988).

Für **Großpflanzen** gibt es keine einheitliche Definition. Herget und Ludwig (1999) verlangen dafür eine Sprosshöhe von mehr als 140 cm und ein Verhältnis von Höhe zu Durchmesser von 65–75. Doch in den meisten Sortimentsversuchen spricht man bei 80 cm Höhe (ohne Angabe von Durchmessern) von Großpflanzen (Kap. 3.6.1.1). Solche Sortimente werden heute fast ausschließlich bei Laubbäumen und allenfalls bei der Tanne verwendet. Bei Pappeln sind sie die Regel, desgleichen bei der Bepflanzung von Wegrändern; häufig werden sie benutzt zur Auspflanzung von Buchennaturverjüngungen mit Edellaubbaumarten in Gruppen und Horsten. Vorteilhaft ist dabei vor allem, dass man Kosten für den Schutz gegen Konkurrenz und Wildverbiss spart, dem steht gegenüber, dass Anzucht, Transport und Verpflanzung teuer sind. Bei gehöriger Sorgfalt gibt es bei Laubholzgroßpflanzen auf frischen Standorten wenig Probleme mit dem Anwachsen, doch treten in den ersten Jahren meist stärkere **Wuchsstockungen** ein als bei kleineren Sortimenten.

Auffällig ist das besonders bei den Eichenarten. Es entwickelt sich oft eine buschige Krone, aus der mehrere etwa gleich kurze Triebe wachsen. Einer von ihnen übernimmt nach einigen Jahren die Führung, dadurch entsteht dann später eine gekrümmte Stammachse in 1,5–2,5 m Höhe, der sogenannte **Heisterknick** (Abb. 3.55) (Dengler 1935; Wiedemann 1951).

Beim heute stark geförderten Eichenanbau werden wieder vermehrt Großpflanzen verwendet, vor allem auf Sturmwurfflächen zur Komplettierung des Aufwuchses anderer Arten und bei stark entwickelter Strauch- und Begleitflora (z. B. in den Hartholzauen). Bisweilen werden dazu Pflanzen aus älteren Saaten oder aus Pflanzgärten (nach mehrfacher Verschulung) benutzt, die balliert wurden (mit einem Ballen aus Wurzeln und Boden ausgehoben) (Renner und Röhrig 1988; Rusack 1988; Ebert und Pohl 1994; Herget und Ludwig 1999).

Abb. 3.56 Arbeitsablauf bei der Winkelpflanzung.

3.6.5 Pflanzverfahren

Die zahlreichen Methoden der manuellen Pflanzung in der Forstpraxis lassen sich in zwei große Gruppen einteilen: **Spaltpflanzung** und **Lochpflanzung**. Die hierbei eingesetzten Pflanzgeräte sind vom Kuratorium für Waldarbeit und Forsttechnik e. V. (KWF) geprüft worden (Prüfberichte unter https://www.kwf-online.de/index.php/wissenstransfer/forsttechnik/anerkannte-technik, letzter Abruf 15.04.2019).

Spaltpflanzung

Als **Winkelpflanzung**, wie sie von Reissinger (1958) entwickelt worden war, spielte die Spaltpflanzung bis Anfang der 1990er-Jahre die führende Rolle. Heute wird sie bedeutend seltener eingesetzt und das ganz überwiegend bei einfachen Bodenverhältnissen. Das Verfahren besteht darin, dass mit einer besonderen Hacke, der **Wiedehopfhaue**, ein T-förmiger Spalt in den Boden geschlagen wird. Dieser wird durch Anziehen des Hackenstiels zum Körper hin geöffnet. In diesen Spalt werden die Pflanzen hineingeschwungen und danach im Boden festgetreten (Abb. 3.56). Die Wurzeln gelangen je nach Bodenart und Bodenvorbereitung 10–15 cm tief in den Spalt hinein. Reissinger (1965) hat das Verfahren später so modifiziert, dass es sich auch für größere Pflanzen eignen sollte, doch das hat sich, hauptsächlich wegen der ungünstigen Lage der Wurzeln im Boden und der sich daraus ergebenden Wurzeldeformationen (Abb. 3.57; Nörr 2003), nicht durchgesetzt.

Stattdessen wurde an der Bayerischen Waldarbeitsschule Buchenbühl eine Methode der Spaltpflanzung entwickelt, bei der mittels einer schweren Hacke mit größerem Blatt ein tieferes Eindringen in den Boden möglich wird. Das **Buchenbühler Verfahren** wird heute bei kleineren wie auch größeren Pflanzen (vorwiegend bei Laubbäumen) angewendet. Beschrieben wurde es zuerst von Kutscher (1991). Daraus abgeleitet wurde das in Hessen entwickelte **Rhodener Pflanzverfahren** mit der Hartmannhaue. Diese kann noch tiefer in den Boden vordringen und eignet sich so hauptsächlich für größere Pflanzensortimente. Ähnlich, aber mit

Abb. 3.57
Esche (10-jährig) mit extremer Stauchung (aus Nörr 2003). Stauchungen sind die Folge unsachgemäßer Pflanzung, sie entstehen bei der Winkelpflanzung und beim Lochbohrverfahren mit kleinem Bohrdurchmesser häufig. Langfristig führen sie zu geringen Wurzeltiefen und zu einer unzureichenden Verankerung der Bäume im Boden.

geringerer Eindringtiefe, arbeiten die Schrägpflanzhaue Pflanzmeister (Anonymus 1996) und einige weitere Geräte mit mehr lokaler Bedeutung. Raab (1998) sowie Weinberger und Dahmer (1998) beschreiben Einsatzmöglichkeiten und Grenzen der verschiedenen Geräte und Verfahren sowie die hauptsächlich dabei auftretenden Fehler (Tab. 3.22, 3.23).

Bei allen Methoden der Spaltpflanzung wird der Boden nur so weit geöffnet, wie es nötig ist, um die Pflanzen in den Boden zu bringen. Wenn keine Bodenbearbeitung erfolgte, bleibt der Boden in Struktur und Schichtung unverändert. Das kann für die **Wasserführung** des Bodens vorteilhaft sein. Zudem ist ein **Auffrieren** kaum möglich. Da der Pflanzvorgang rasch und in einem Zuge verläuft, bleibt auch die Gefahr des Austrocknens von Boden und Wurzeln während der Pflanzung gering. Ein **Nachteil** der Spaltpflanzung liegt darin, dass die Wurzeln je nach ihrer Länge mehr oder weniger gestaucht in den Boden kommen. Das erhöht die Gefahr von Wurzeldeformationen, die lange Zeit anhalten und sowohl das Wachstum wie auch die **Stabilität** der Bäume gegen Wind, Schneedruck und Eisanhang beeinträchtigen können. Beispiele geben Sauer (1984), Tomaczek (1984), Dahmer (1998), Weinberger und Dahmer (1998), Lindström und Rune (1999), Permingeat (1999) und in einer besonders umfangreichen Untersuchung Nörr (2003).

Lochpflanzung

Für Lochpflanzungen wird mit einem **Hohlspaten** (seltener einem Hohlbohrer) (Forbig et al. 1996) ein Erdpfropf aus dem Boden gestochen. Dort hinein wird die Pflanze bis zu ihrem Wurzelansatz eingebracht, danach wird die Bodenöffnung mit dem ausgehobenen Material aufgefüllt und angedrückt (Abb. 3.58). So gelangen die Wurzeln bei **senkrechter Stellung** in den Boden. Eine gewisse Stauchung der Wurzeln kann bei größeren Pflanzen vorkommen. Das Verfahren ist etwas aufwendiger als die Spaltpflanzung, es ist auf steinigem Oberboden nicht ganz leicht auszuführen, am ehesten noch mit dem Hohlbohrer, doch dabei entstehen etwas kleinere Pflanzlöcher als bei den meisten Hohlspaten. Nasser und stark wechselfeuchter Boden kann im frühen Frühjahr das **Auffrieren** begünstigen, und bei sehr bindigen Böden besteht die Gefahr, dass die Wände der Löcher **verschmieren** und dadurch das Ausbreiten der Wurzeln behindert wird. Wenn die Löcher längere Zeit bis zur Pflanzung offen bleiben und austrocknen, ist das ebenfalls schädlich. Allgemein aber schneiden Lochpflanzungen günstiger ab als Spaltpflanzungen (Schmidt-Vogt und Gürth 1977; Kürschner et al. 1979; Schmidt-Vogt und Deichner 1991). **Motormanuelle** Pflanzgeräte erleichtern die Herstellung von Pflanzlöchern (Forbig et al. 1996; Raab 1998; Weinberger und Dahmer 1998).

Pflanzstreifen

Auf Böden mit starker Rohhumusauflage werden Pflanzstreifen bisweilen dadurch hergestellt, dass man Sand aufträgt, der auf der Fläche selbst ergraben wird. Das geschieht seltener mit der Hand, meist mithilfe eines Baggers. Wiedemann (1935a) hat von solchen Übersandungskulturen (Decksandkulturen)berichtet, die im Forstamt Gelbensande bei Rostock auf grundwassernahen, rohhumusreichen Standorten jahrzehntelang mit großem Erfolg vorgenommen wurden

Abb. 3.58 Arbeitsablauf bei der Lochpflanzung.

Tab. 3.22 Anwendungen und Anforderungen für manuelle und motormanuelle Pflanzverfahren (nach Raab 1998; Weinberger und Dahmer 1998)

Pflanzverfahren u. -geräte	Sprosslänge (cm)	Wurzelform	Maximale Wurzellänge (cm)	Maximale Wurzelausdehnung (cm)	Grad der notwendigen Flächenräumung
Winkelpflanzung	40–60 Nadelbäume	geschmeidige Herz- u. Flachwurzel	15	12	durchschnittlich
Buchenbühler Schrägpflanzung	40–60 Laubbäume	Pfahlwurzel	22	11	durchschnittlich, eher hoch
Rhodener Verfahren	bis 100 Laubbäume Nadelbäume	Pfahl- u. Herzwurzel	25	15	eher gering
Hohlspaten	80–120 Laubbäume Nadelbäume	Pfahl- u. Herzwurzel	25	17	durchschnittlich, eher gering
Hohlbohrer		Pfahlwurzel (u. Herzwurzel)	25	11	durchschnittlich, eher gering

Tab. 3.23 Fehlerquellen bei verschiedenen Pflanzverfahren (nach Raab 1998; Weinberger und Dahmer 1998)

Pflanzverfahren	Hauptsächliche Fehlerquellen
Buchenbühler Verfahren	kein Schließstich, übermäßige Schrägstellung
Rhodener Verfahren	kein Schließstich, Kammerbildung, unterlassenes Geradeziehen der Pflanzen, Verwendung von Pflanzen mit Spross/Wurzelverhältnis > 5:1
Motormanuelles Lochbohrverfahren	Verwendung zu kleiner Bohrer, zu flache oder zu tiefe Pflanzlöcher, Anwendung auf zu stark bindigen Böden, Verwendung von Pflanzen mit Spross/Wurzelverhältnis > 5:1

Abb. 3.59
Decksandkultur mit Kiefernpflanzen im Forstamt Rostock.

(und noch heute in abgewandelter Form angewendet werden). Man legte 1,0–1,5 m breite Gräben im Abstand von 4 m an. Der gewonnene Aushub wurde 20–40 cm, später deutlich flacher, auf den Humus der künftigen Pflanzstreifen gehäuft (Kap. 3.2.2.3). Auf diese Streifen wurden kräftige 1-jährige Kiefern gepflanzt (Abb. 3.59). Der Erfolg dieses Verfahrens zeigte sich im raschen Aufwachsen der Pflanzen als Folge der zügigen Umsetzung des gegen Austrocknung geschützten Humus und der Vermeidung des Auffrierens des Pflanzbeetes. Ein Problem kann darin liegen, dass die Kiefern längere Zeit nur in der humosen oberen Schicht wurzeln und nur begrenzt in den nährstoffarmen Sandboden eindringen, jedenfalls solange die Humusschicht noch nicht genügend abgebaut ist.

Hügelpflanzung

Eine andere Methode zur Pflanzung auf Standorten mit starker Rohhumusauflage besteht darin, **Hügel** aus Mineralboden, oft mit einer gewissen Humusbeimischung, anzulegen. Gepflanzt wird nicht auf die Kuppe des Hügels, die sich zu stark erwärmt und dabei austrocknen kann, sondern in den abfallenden Bereich des Hügels (in der sog. Schulter), auf trockenen Standorten auch in die Mulde. Örlander (1980) hat solche Pflanzversuche in Südschweden mit genauen Daten für die Temperatur- und Feuchtigkeitsverhältnisse in verschiedenen Bereichen solcher Hügel beschrieben. Huss und Scherer (1988) sowie Gemmel et al. (1996) kamen ebenfalls zu vorteilhaften Ergebnissen bei dieser Art der Pflanzung (Kap. 3.2.2.3).

Maschinenpflanzung

In Mitteleuropa überwiegt die Pflanzung mit der Hand, in Nordeuropa ist die Pflanzung mit Maschinen zwar weiter verbreitet, wird aber auch z. B. in Finnland nur auf rund 5 % der hierfür geeigneten Kulturflächen durchgeführt (Nilsson et al. 2010). Der Einsatz von Pflanzmaschinen kommt in Betracht, wenn größere Flächen in wenig geneigtem Gelände auf Böden mit geringem Steingehalt in kurzer Zeit bepflanzt werden sollen. Das gilt somit für größere Erst- und Wiederaufforstungen, z. B. bei Neubegründung von Wald auf ehemaligen Ackerflächen oder nach großflächigen Sturmwürfen. Eine große Ersparnis an Arbeitszeit, die oft wegen ungünstiger Witterung begrenzt ist, bringt es bei den genannten Verhältnissen dann, wenn die Forstpflanzen in kleinen Sortimenten mit relativ hohen Pflanzenzahlen gesetzt werden können (z. B. Kiefern und Eichen). Neuerdings sind auch Pflanzmaschinen für größere Pflanzen und für Containerpflanzen entwickelt worden, doch gibt es hier wegen der Flächengröße und den Gefahren der Bodenverdichtung relativ enge Grenzen.

Prinzipielle **Voraussetzungen** für die Maschinenpflanzung sind Hangneigungen nicht über 10° (seltener auch 15°) und eine mindestens mittlere Gründigkeit des Bodens bei geringem Steingehalt. Die Anforderungen an das Ausmaß der Schlagräumung, sowie an die Duldung

Abb. 3.60
Eichenkultur in Wuchshüllen (Minigewächshäuser) auf einer Fichtenwindwurffläche mit *Calamagrostis epigejos* (Landreitgras) in Südniedersachsen.

stärkerer Wurzeln sind bei den Maschinentypen unterschiedlich. Die Toleranz ist umso größer, je schwerer die Maschinen sind, doch muss bedacht werden, dass bei lehmigen Böden mit dem Maschinengewicht die Gefahr der Bodenverdichtung steigt (Kozlowski 1999).

Man unterscheidet Maschinentypen, die **kontinuierlich** arbeiten und dabei die Pflanzen **in festen Abständen** setzen, von solchen, bei denen die Wahl der Pflanzplätze **vom Bediener gesteuert** wird. Es gibt auch Maschinen, die eine Pflanzung mit der Bodenbearbeitung und Düngung verbinden. Die Entwicklung ist in raschem Fluss, immer wieder werden ältere Typen durch neuere ersetzt. Einzelheiten über den gegenwärtigen Stand der Entwicklung ist der Literatur (siehe auch Schmidt 1986; Schneider 1993; Forbig et al. 1996; Heil et al. 1996; Nilsson et al. 2010; Luoranen et al. 2011) oder Internetquellen zu entnehmen. Wenn die vertikale Stellung der Pflanzen, die korrekte Pflanztiefe und ein guter Kontakt der Wurzeln mit dem Boden eingehalten werden, führt die Maschinenpflanzung zu einwandfreien, oft besonders gleichmäßig aufwachsenden Kulturen.

Wuchshüllen

Immer wieder werden Methoden erprobt, die das **Anwachsen** der Pflanzen verbessern sollen. Aus Großbritannien stammt ein solches Verfahren. Es soll das Jugendwachstum fördern und die jungen Pflanzen vor Beschädigungen (v. a. Wildverbiss) schützen. **Plastikrohre** von 60–200 cm Höhe und 5–20 cm Durchmesser aus Polyethylen, die an einem Stab aus Holz oder Metall um die frisch gesetzte Pflanze angebracht werden (Abb. 3.60), schaffen ein besonderes Mikroklima und sollen das Überleben sowie das Höhen- und Durchmesserwachstum in den ersten Jahren verbessern (Potter 1991; Mayhead und Boothmann 1997; Hein und Spangenberg 2012; Schölch 2018). In Deutschland waren die Ergebnisse mit solchen Wuchshüllen (auch als Minigewächshäuser bezeichnet) nach 5-jähriger Beobachtung ambivalent. Zwar überwanden Stiel- und Traubeneichen den Verpflanzungsschock rascher und hatten einen stärkeren Höhenzuwachs (Jäger et al. 2018), doch waren ihre Kronen deutlich kürzer als die der ungeschützten Eichen. Dadurch entwickelten sich die Pflanzen kopflastig, was sich bei der späteren Entfernung der Schutzhüllen als besonders nachteilig erwies. Für Nadelgehölze werden Wuchshüllen nicht empfohlen, weil sie die normale Zweig- und Wurzelentwicklung zu stark behindern. Neu entwickelte lichtdurchlässigere Wuchshüllen sollen bessere Ergebnisse liefern (Schölch 2018). Die Kosten von Wuchshüllen (einschließlich der späteren Entfernung und Entsorgung) lassen das Verfahren allenfalls für kleinere Ergänzungen und Wegränder angebracht erscheinen (Spellmann und Richter 1992). Als Schutz vor Wildverbiss sind Wuchshüllen umso kostengünstiger als ein Zaun, je geringer die Pflanzenzahl und je größer der Umfang der Kulturfläche ist (Rechenbeispiele in Köckritz und Ammer 2009).

3.6.6 Pflanzenzahlen und Pflanzabstände

Die Zahl und die Anordnung der Pflanzen auf der Fläche erfolgt nur selten (z. B. beim Auspflanzen von Lücken in Naturverjüngungen) unregelmäßig, fast immer werden die Pflanzen in regelmäßigen Abständen, in Pflanzverbänden, gesetzt. Das geschieht nicht aus übertriebener Ordnungsliebe, sondern zur Erleichterung der Pflanzung selbst und der späteren Jungwuchs- und Jungbestandspflege. Spätestens mit den ersten stärkeren Durchforstungen verwischen sich die ursprünglichen Verbände mehr oder weniger deutlich.

Allgemeine Aspekte

Pflanzverband

Allseits gleichmäßige Pflanzabstände entstehen bei Quadrat- und Dreiecksverbänden. In der Praxis sind jedoch **Reihenverbände**, mit engeren Pflanzabständen innerhalb der Reihen und weiteren zwischen ihnen, viel häufiger. Sie ergeben sich oft aus einer streifenweisen Bodenvorbereitung (Kap. 3.2.2.2) und erleichtern die spätere Pflege. Zwischen Flächengröße, Standraum der einzelnen Pflanze und Pflanzenzahl je Flächeneinheit bestehen einfache zahlenmäßige Zusammenhänge:

$$S = \frac{F}{Z} \text{ und } Z = \frac{F}{S}$$

S = Standraum
F = Flächengröße
Z = Pflanzenzahl

Am Anfang des 20. Jahrhunderts hatten sich für die wichtigsten Baumarten und Sortimente bestimmte Verbandsweiten eingebürgert. Dabei hat man in Süddeutschland und in Sachsen enger gepflanzt als in Norddeutschland, und in Deutschland allgemein enger als z. B. in Skandinavien, England und Frankreich. So wählte man für die Fichte in Norddeutschland meist einen Quadratverband von 1,5 × 1,5 m, in Süddeutschland dagegen oft 1,3 × 1,3 m oder noch enger. Traubeneiche und Kiefer wurden in Reihen mit Abständen von 1,0 bis höchstens 1,5 m und innerhalb der Reihen mit Zwischenräumen von 25 oder 33 cm, maximal von 50 cm gepflanzt, auch hier in Süddeutschland eher in engeren Verbänden. Für Buchenpflanzungen rechnete man mit 10 000 Pflanzen ha^{-1}.

In der Praxis setzte in Deutschland eine Wende bei den Regeln für die Pflanzverbände um die Mitte des 20. Jahrhunderts ein, obwohl bereits 50 Jahre zuvor Versuche mit unterschiedlichen Pflanzendichten angelegt worden waren. Unter dem Druck der Kostensteigerung bei der Bestandesbegründung – vor allem aber wegen des immer schwieriger werdenden Absatzes von Holz mit schwachen Dimensionen aus frühen Durchforstungen – begann man damit, die Ergebnisse älterer Verbandsversuche auszuwerten und neue Versuche mit verschieden weiten Verbänden anzulegen. Heute wird allgemein anerkannt, dass man früher oft unnötig dicht gepflanzt hat. Umstritten ist jedoch, wie weit man bei den einzelnen Baumarten und Herkünften auf den verschiedenen Standorten entsprechend den betrieblichen Zielen mit der Erweiterung der Verbände gehen darf.

Gegen enge Verbände werden folgende Argumente vorgebracht:

- Wegen der Kosten für Pflanzenmaterial und Pflanzarbeit sind sie teuer.
- Durch intraspezifische Konkurrenz fällt ein Teil der Pflanzen aus, ehe sie einen Nutzen gebracht haben.
- Überdichte Jungbestände müssen mit hohen Kosten ausgedünnt werden (z. B. bei der Fichte, um die Einzelbaumstabilität zu fördern).
- Es wird bei den ersten Eingriffen viel Schwachholz produziert, das nicht kostendeckend abzusetzen ist.

Gegen eine starke Herabsetzung der Pflanzenzahlen wird angeführt:

- Jungwüchse aus weiten Verbänden schließen sich spät, daher brauchen sie längere Zeit Schutz und Pflege.
- Weitständige Pflanzungen brauchen oft Nachbesserungen, die teuer und nicht besonders wirksam sind.
- Der Standraum wird nicht gut ausgenutzt, daher bleibt der Volumenzuwachs unter dem standörtlich möglichen Maß.
- Weite Standräume führen zu übermäßiger Ästigkeit und zu unerwünscht breiten Jahrringen.

Heute bestehen mehr Möglichkeiten als noch vor mehreren Jahrzehnten, manche Nachteile der Pflanzung in weiteren Verbänden zu vermindern. Hierzu zählen eine standortsangepasste Bodenvorbereitung und die Wahl von qualitativ hochwertigem Pflanzenmaterial zur Verringerung von Ausfällen, die Verwendung geradwüchsiger und feinästiger Pflanzenherkünfte und die Ästung. Allgemeingültige Regeln für optimale Verbände bei den einzelnen Baumarten lassen sich nicht aufstellen, zu verschieden sind die ökologischen Verhältnisse auf den Kulturflächen und zu unterschiedlich können sich Vorbestand und vorbereitende Maßnahmen auswirken.

Je größer die Pflanzabstände sind, desto später tritt der **Kronenschluss** ein. Auf Standorten, die dazu neigen, bei reichlichem Lichtzutritt eine intensive **Begleitflora** aufwachsen zu lassen, besteht die Gefahr übermäßiger und länger anhaltender Konkurrenz (Kap. 3.2.1.2). Bergmann und Jeserigk (1977) weisen darauf hin, dass nach dem vierten Standjahr in Kiefernpflanzungen auf stark graswüchsigen Standorten die zur Konkurrenzminderung dringend notwendige Jungwuchspflege wegen der Wurzelentwicklung stark erschwert ist. Ähnliches gilt auch für Buchenpflanzungen. Es gilt in solchen Fällen abzuwägen, ob eine vorausschauende Bodenbearbeitung oder die Wahl größerer Pflanzensortimente im Hinblick auf die Kosten für Bestandesverjüngung und -pflege günstiger sein können. Auf jeden Fall sollen die Verbände nicht so weit gewählt werden, dass schon geringe Ausfälle zu größeren Lücken führen, die der Nachbesserung (Kap. 3.6.6) bedürfen.

Pflanzungen aus weiten Verbänden bringen in den ersten Jahrzehnten fast immer geringere **Volumenerträge** als solche aus engerem Stand. Das hat allerdings nur in solchen Fällen Bedeutung, in denen mittels kurzer Umtriebe rasch hohe Massenerträge erzielt werden sollen. Sonst aber kann die mit engen Pflanzverbänden verbundene Produktion vieler schwacher Holzsortimente ein wirtschaftlicher Nachteil sein. Größere Pflanzabstände begünstigen die **Durchmesserentwicklung** der Pflanze und damit auch ihre **Standfestigkeit**. So wird die Notwendigkeit zu Pflegeeingriffen in ein höheres Bestandesalter hinausgeschoben, in dem sich schon stärkere, bisweilen verwertbare Sortimente entnehmen lassen.

Pflanzungen in weiten Verbänden führen dazu, dass die Mehrzahl der Bäume relativ breite und **gleichmäßige Kronen** sowie ein weiter ausgreifendes **Wurzelwerk** ausbilden können. Dadurch wird ihre Standfestigkeit bei Sturm erhöht. Die breiteren Kronen schaffen zugleich eine größere Auffangfläche für Schnee, sodass bei Nassschnee das Risiko für Schneebruch erhöht ist (z. B. bei der Kiefer). Daher ist in dieser Hinsicht der Vorteil von weiten Pflanzverbänden nicht unumstritten. Wahrscheinlich sind es aber weniger die Pflanzabstände bei der Bestandesverjüngung als vielmehr die Maßnahmen der Jungbestandspflege, die hauptsächlich für die mechanische Stabilität der Bestände verantwortlich sind (Kap. 4.2.5).

Die größte Bedeutung der Verbandsweite liegt in ihrem Einfluss auf die **Holzqualität**. Der Wert des Baumes bestimmt sich aus dem Anteil astreiner, geradschaftiger und vollholziger Stammabschnitte mit gleichmäßigen, nicht sehr weiten Jahrringen. Das gilt im Prinzip für alle Baumarten, wenn auch die Bedeutung der genannten Eigenschaften bei den einzelnen Arten unterschiedlich ist. An diesem Ziel muss sich die Wahl der Pflanzabstände orientieren. Neben der Wahl der Herkunft und der Ästung ist der Dichtstand während der ersten Altersphasen der wichtigste Ansatzpunkt für die Beeinflussung der künftigen Holzqualität. Die Ästung kann nur dann zur Erzeugung von hochwertigem Holz führen, wenn die zu entfernenden Äste nicht bereits eine beträchtliche Stärke haben. In diesem

Abb. 3.61 Überwallungswülste nach Entfernung starker Äste bei einer Douglasie (links) und einer Fichte (rechts).

Fall bilden sich, besonders wenn ihre Zahl im Quirl hoch ist, dicke Überwallungswülste, die als Beulen noch Jahrzehnte später die Holzstruktur stark verändern (Abb. 3.61).

Hinweise auf den Einfluss der Pflanzabstände auf die künftige Volumen- und Wertproduktion sowie die Stabilität geben die zahlreichen **Verbandsversuche**, die teilweise schon im letzten Viertel des 19. Jahrhunderts angelegt wurden. Die meisten von ihnen enthalten Quadrat- und Reihenverbände verschiedener Abstufungen. Neuerdings sind auch Versuche nach dem Verfahren von Nelder (1962) angelegt worden (siehe unten). Alle diese Versuche stehen auf **Freiflächen**, nur für solche Verhältnisse gelten demnach ihre Aussagen. Die bis 1986 vorliegenden Ergebnisse von Pflanzverbandsversuchen hat Kramer (1988) eingehend behandelt. Die älteren Versuche haben z. T. methodische Mängel. Zudem sind die Versuchsparzellen im Laufe der Beobachtungszeit geläutert oder durchforstet worden, ohne dass hierzu immer genaue Angaben vorliegen. So ist nicht immer zu unterscheiden, welche Wirkungen allein den Pflanzenzahlen bei der Bestandesverjüngung zuzuschreiben sind.

Pflanzverbände bei verschiedenen Baumarten

Fichte

Für die Fichte stimmen die verschiedenen Versuchsergebnisse weitgehend überein (siehe auch Schmidt-Vogt 1986). Das **Höhenwachstum** der herrschenden Bäume wird durch den Pflanzverband nicht oder nur unwesentlich beeinflusst, dagegen steigt der **Durchmesserzuwachs** mit Zunahme des Standraums meist beträchtlich (siehe auch Spellmann und Brokate 1991, dort auch Vergleiche mit anderen Versuchen). Die **Volumenproduktion** wird erst bei Standräumen von mehr als 2,5 m^2 = 4000 Pflanzen ha^{-1} (Johansson und Pettersson 1996), nach Angaben von Kramer (1988) erst oberhalb von 4 m^2 = 2500 Pflanzen ha^{-1} geringer als in engeren Verbänden. Johansson und Pettersson (1996) geben

Tab. 3.24 Ergebnisse eines Verbandsversuchs mit Fichte in Südschweden nach 27 Jahren Beobachtungszeit (nach Johansson und Pettersson 1996)

Bestandeskennwerte	Verband			
	1,5 × 1,5 m	1,8 × 1,8 m	2,1 × 2,1 m	2,5 × 2,5 m
Stammzahl	2590	1924	1509	1139
Volumen (m^3 ha^{-1})	364	349	342	321
mittl. Durchmesser (cm)				
gesamt	14,4	15,2	16,8	19,0
der 600 stärksten Bäume	17,6	18,5	19,5	21,0
der 400 stärksten Bäume	18,2	19,3	20,3	21,6
Grundfläche (m^2 ha^{-1})	36,5	35,4	33,3	32,3
Höhe des 1. lebenden Astes (m)				
der 600 stärksten Bäume	7,0	6,7	6,3	5,6
der 400 stärksten Bäume	7,1	6,7	6,4	5,6
Zahl der Äste über 10 mm	6,0	7,1	7,2	7,5
stärkster Ast in 2 m Höhe (mm)				
der 600 stärksten Bäume	14	16	17	17
der 400 stärksten Bäume	14	16	20	20

eine Vorstellung von der Wirkung unterschiedlicher Verbandsweiten aus einem 1962 angelegten Versuch mit 4-jährigen (2+2) Fichten auf einem ertragreichen Standort in Südschweden. Der Versuch wurde 1989 ausgewertet, nachdem die Parzellen 1984 schwach geläutert (Entnahme von etwa 10 % der Baumzahlen) und einige Jahre später noch einmal etwa 25 % der Bäume bei einer Durchforstung entfernt worden waren (Tab. 3.24).

Zwar wachsen weitständig begründete Fichten **abholziger** als solche in dichtem Stand, doch sind die Unterschiede in der unteren wertvolleren Hälfte des Schaftes später unbedeutend. Kramer et al. (1971) verwenden die Daten für die **maximale Aststärke** in 5 m Höhe als Maßstab für die äußere Qualität des Holzes. Sie halten Astdurchmesser in dieser Höhe bis zu 20 mm Stärke für tragbar. Das ist bei Quadratverbänden von 2 × 2 m und bei Reihenabständen von 3 m bei entsprechend geringerem Abstand innerhalb der Reihen erreichbar.

Im Hinblick auf die innere Qualität ist zu beachten, dass bei sehr raschem Jugendwachstum in weiten Verbänden mehr juveniles Holz mit kürzerer Faser sowie geringerem Cellulosegehalt produziert wird und die Anzahl der Harzgallen stark ansteigt, was eine Wertholzproduktion ausschließt (Seifert et al. 2009). So lässt sich aus den Untersuchungen der Schluss ziehen, dass auf den meisten Standorten Pflanzenzahlen von etwa 2500 St. ha^{-1} für die Erzeugung von vielseitig verwendbarem Holz geeignet sind. Die Richtlinien der meisten Forstverwaltungen liegen in dieser Größenordnung.

Kiefer

Vielfältiger sind die Zusammenhänge zwischen Standort, Pflanzenherkunft und Betriebsziel mit den Pflanzenzahlen und -verbänden bei der Kiefer, zumal hier die Möglichkeiten zur Erzeugung von Wertholz viel stärker ausgeprägt und die Gefahren, dieses Ziel zu verfehlen, viel größer sind. Wiedemann (1948) schildert Geschichte und Ergebnisse der zahlreichen Kiefernverbandsversuche in Preußen und Sachsen seit Ende des 19. Jahrhunderts sowie den Übergang von mehr schematischen zu stärker standortsbezogenen Varianten. Er weist, wie später auch Kramer (1988) und Melzer et al. (1992a, b) darauf hin, dass die Ergebnisse oft von der Höhe der **Ausfälle** in den ersten Jahren beeinflusst werden.

Hintergrundwissen

Versuchsanlage nach Nelder (1962)

Ein Teil der Untersuchungen erfolgte in Versuchen, die nach der Methode von Nelder (1962) angelegt wurden. Sie eignen sich unter mitteleuropäischen Verhältnissen für die Beurteilung von Höhen- und Durchmesserwachstum sowie für die äußerlich erkennbaren Qualitätsmerkmale im Jugendalter, nicht aber für die Einschätzung von Volumenleistungen. Die Nelder-Versuchsanlagen bestehen aus kreisförmigen Parzellen, bei denen die Pflanzen auf die „Speichen" eines „Rades" in konzentrischen Ringen gepflanzt werden. Dabei wird der Abstand der Pflanzen zueinander von Ring zu Ring so verändert, dass alle darauf stehenden Pflanzen den gleichen Standraum haben (Abb. 3.62).

Die Versuchsanlagen lassen sich variieren: Als Quadratverband mit größer werdenden Standräumen und als Reihenverband mit sich verändernder Form des Standraums. Bei dem von Dippel (1982) und später von Spellmann und Nagel (1992) erneut aufgenommenen Kiefernverbandsversuch im Forstamt Walsrode (Niedersächsisches Flachland, mittlere Standortsgüte für Kiefer) sind beide Formen vertreten. Auch in Polen wurden Kiefernverbandsversuche nach der Methode von Nelder angelegt (Zajaczkowski et al. 1989; Galinski et al. 1994). Uhl et al. (2015) untersuchten mithilfe von sieben Versuchsanlagen nach Nelder den Einfluss der Bestandesdichte und des Standortes auf das Wachstum von Eichen.

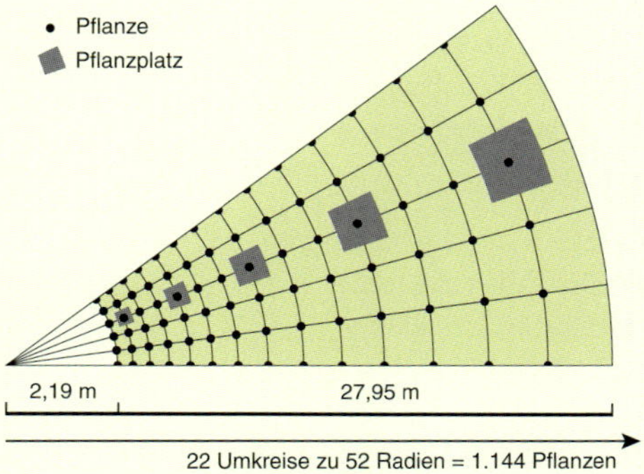

Abb. 3.62 Schema des Pflanzverbands nach Nelder.

Absterben durch Trockenheit, Konkurrenz der Begleitflora, Pilzbefall (Schütte) und Käferfraß (Rüsselkäfer) sind bei der Kiefer häufiger und gravierender als etwa bei der Fichte. Das wirkt sich vor allem bei der Astentwicklung aus und lässt sich durch Nachbesserungen nicht voll beheben.

Die von Kramer (1988) bis 1986 dargestellten Ergebnisse werden in späteren Arbeiten weitgehend bestätigt. Das **Höhenwachstum** wird wenig oder gar nicht von den Pflanzabständen beeinflusst. Im **Durchmesserzuwachs** sind Kiefern in weiten Verbänden eindeutig begünstigt, jedoch ist das Ausmaß stark vom Standort abhängig: Je günstiger er für die Kiefer ist, desto stärker sind die Auswirkungen. Das ist signifikant bis zu einer bestimmten Größe des Standraums, auf mittleren Standorten steigt der Durchmesserzuwachs deutlich bis zum Standraum von 3 m^2 an (Dippel 1982; Zajaczkowski et al. 1989), bisweilen auch bis 4 m^2 (Huss 1999). Die höchsten **Volumenleistungen** bringen Bestände, die mit 10 000 (teilweise bis 6 000) Pflanzen ha^{-1} begründet worden sind. Deutliche Minderleistungen treten offenbar erst bei wesentlich geringeren Pflanzenzahlen ein.

Entscheidend ist die Beantwortung der Frage, wie sich unterschiedliche Pflanzverbände auf die **Qualität** der Kiefern auswirken. Hier gilt besonders die Bemerkung von Olberg und Kühn (1930): „Der Massenleistung sind durch die Natur enge Grenzen gesetzt, die Qualitätsleistung liegt dagegen in hohem Grade in der Hand des Forstmannes." Dazu gehört allerdings auch die Wahl von Herkünften mit besonders guten Qualitätseigenschaften (Mathieu 1968; Dittmar 1975; Persson et al. 1995). Kramer (1988) übernimmt als einen Maßstab für Qualitätsholz der Kiefer die Angaben anderer Autoren, wonach die maximale **durchschnittliche Jahrringbreite** in der Entwicklungsphase des Jungbestandes nicht mehr als 3 mm betragen soll und die Äste im unteren Stammbereich (bis etwa 6 m Höhe) eine Stärke von 20 mm nicht überschreiten sollen. Beide Merkmale sind meist miteinander verknüpft.

Die Eigenschaften des **Standortes** spielen für Jahrringbreiten und Ästigkeit eine Rolle: Auf frischen Standorten treten selbst in engen Verbänden häufig vorwüchsige Kiefern in den Dickungen auf, die stärkere Äste tragen (Wiedemann 1948). Das lässt sich bei geschlossenen Beständen durch Jungwuchspflege meist regulieren, wenn aber stärkere Lücken entstanden sind, ist ein hoher Anteil an Wertholz im künftigen Bestand fraglich. Auf mäßig frischen Standorten mittlerer bis schwacher Nährstoffversorgung sind die Aussichten allgemein günstiger. Das zeigen alle Versuche auf derartigen Standorten: Die **Zahl der Äste** steigt mit dem Standraum bei abnehmender Stammzahl bis zu 6000 Kiefern ha^{-1} an (Dippel 1982; Zajaczkowski et al. 1989). Die **Aststärke** reagiert gleichsinnig, doch nimmt sie noch bis zu sehr weiten Verbänden immer noch zu.

Im Nelder-Versuch Walsrode auf fein- bis mittelkörnigem, nährstoffarmem Sandboden lag im Alter von zehn Jahren die maximale Aststärke am dritten Astquirl der etwa 4 m hohen Bäume zwischen 7 und 25 mm, und zwar mit zunehmender Verbandsweite kontinuierlich ansteigend. Die Grenze von 20 mm wurde bei einem Standraum von 2,7 m^2 = 3700 Kiefern ha^{-1} überschritten. Bei der zweiten Aufnahme des Versuchs im Jahr 1991 (Spellmann und Nagel 1992) waren bei einem Standraum von 3 m^2 bereits 25 mm Aststärke erreicht, bei 4 m^2 waren es 26 mm. Das entspricht etwa den Ergebnissen eines 1974 in Weiden (Oberpfalz) angelegten Versuchs: Utschik und Franz (1993) fanden, dass im Herbst 1982 nur in den Parzellen mit Ausgangsverbänden von 1,25 × 0,4 m und 2,5 × 0,4 m (= 20000 bzw. 10000 Pflanzen ha^{-1}) die Aststärken unter 20 mm lagen – sicherlich eine Wirkung des relativ günstigen Standortes. Auf verschiedenen ärmeren Standorten war in den Versuchen von Huss (1995) die Ästigkeit bei den Pflanzenzahlen, die Spellmann und Nagel (1992) angaben, geringfügig höher, ähnlich wie auch im Verbandsversuch in Bremervörde (nördliches Niedersachsen, Schmaltz 1989). Auf Standorten mit mäßiger Wasser- und Nährstoffversorgung in Südschweden werden mittlere Jahrringbreiten von 3 mm bei Pflanzverbänden mit einem Standraum von 2 m^2 erreicht, erst bei stark erweiterten Abständen wird dieser Richtwert deutlich überschritten (Vermola 1989; Persson et al. 1995). Wie bereits erwähnt wurde, stehen Aststärke und Jahrringbreite in engem Zusammenhang (siehe auch Salminen und Vermola 1993).

Die Möglichkeit zur **Auslese** von Bäumen mit geradem Schaft sinkt mit zunehmender Verbandsweite, sofern die Kiefern nicht herkunftsbedingt sehr geradschaftig sind. Im geschilderten Nelder-Versuch ist das schon oberhalb von Standräumen um 1 m^2 etwas eingeschränkt und sehr vermindert bei Standräumen von mehr als 2,5 m^2 (Dippel 1982; Spellmann und Nagel 1992; ähnlich auch Thren 1984, 1985).

In manchen Wuchsbezirken sind jüngere Kiefernbestände durch **Schneedruck** und -bruch bedroht. Allgemein gilt das h/d-Verhältnis als geeigneter Weiser für die Stabilität gegenüber diesen Gefahren. Es verringert sich deutlich mit zunehmendem Standraum, und zwar bei der Kiefer zunächst rasch, im Bereich mittlerer Verbände nur noch mäßig. Dippel (1982) hält Standräume von weniger als 1,7 m^2 (= 6500 Pflanzen ha^{-1}) nicht für geeignet, wenn aus Gründen der Stabilität ein h/d-Verhältnis von 80 oder weniger angestrebt wird. Das ist jedoch nur auf stark gefährdeten Standorten erforderlich, sonst genügen h/d-Verhältnisse um 100.

Die Richtlinien der deutschen Landesforstverwaltungen für die Pflanzverbände der Kiefer variieren entsprechend den unterschiedlichen ökologischen Bedingungen und den jeweiligen Erwartungen an die Wertleistung künftiger Bestände in einem weiten Rahmen (Koch 1992). Die angegebenen Pflanzenzahlen reichen von weniger als 8000 bis über 10000 Kiefern ha^{-1} und liegen im Allgemeinen im nordostdeutschen Flachland höher als in Westdeutschland.

Europäische Lärche

Die Europäische Lärche liefert potenziell ein hoch bezahltes Wertholz. Da sie im unteren Schaftteil weniger starke Äste ausbildet als etwa die Kiefer, sind für die Erzeugung von Qualitäts-

Tab. 3.25 Daten eines Verbandsversuchs mit Europäischer Lärche im Alter von 22–42 Jahren in Nordhessen (nach Röhrig 1995)

Alter (Jahre)	Verband (m)	BHD (cm)	Grundfläche (m^2 ha^{-1})	Volumen (m^3 ha^{-1})
22	1 × 1	9,4	23,4	140
	2 × 2	13,3	19,2	149
	3 × 3	17,2	15,2	118
30	1 × 1	15,1	29,6	155
	2 × 2	16,5	26,7	155
	3 × 3	16,5	26,7	165
36	1 × 1	19,3	31,0	260
	2 × 2	19,5	32,9	285
	3 × 3	23,5	30,9	290
42	1 × 1	21,5	35,2	341
	2 × 2	23,6	35,9	341
	3 × 3	28,1	36,1	346

holz nicht so enge Pflanzverbände notwendig. Dagegen sind bei der Lärche Schaftkrümmungen häufig, sodass im Laufe der Jungbestandsentwicklung eine Auslese nach der Schaftgüte getroffen werden muss.

Für die Lärche gibt es nur einen langfristig beobachteten Verbandsversuch, der in Nordhessen angelegt und im Laufe von 42 Jahren mehrmals aufgenommen worden ist (Bonnemann et al. 1971; Frömsdorf und Magnussen 1980; Röhrig 1995). Er enthält die Verbandsweiten 1 × 1, 2 × 2 und 3 × 3 m. Bei der Läuterung und bei zwei Durchforstungen wurden hauptsächlich absterbende und zurückbleibende Bäume sowie einige herrschende Bäume mit besonders schlechter Schaftform entnommen. Knapp 200 Stämme ha^{-1} wurden im Alter von 15 Jahren auf eine Höhe von 5–6 m geästet. Ertragskundliche Daten zeigt Tabelle 3.25. Wie auch bei Verbandsversuchen mit anderen Baumarten wurde die **Höhe** durch die Pflanzabstände kaum beeinflusst, der **Durchmesser** der Grundflächenmittelstämme dagegen anfangs deutlich; später unterschieden sich nur noch die beiden Extreme klar voneinander. Die über den Daten der I. Ertragsklasse liegenden Werte für **Grundfläche** und **Volumen** je Hektar haben sich nach anfänglichen Differenzierungen stark einander angeglichen. Die Zahl der Bäume mit völlig **geraden Schäften** war nach einer Auslese im Alter von 42 Jahren bei dem ursprünglichen Weitverband mit nur 187 Pflanzen ha^{-1} noch ausreichend, wenn auch deutlich geringer als bei den engeren Verbänden. Die Ästungsnarben waren in diesem Alter geschlossen und gut überwallt.

Aus den benachbarten Buchenbeständen wurden in die Versuchsfläche **Bucheckern** eingetragen. Das Ergebnis war je nach der Verbandsweite verschieden: Im Alter der Lärchen von 42 Jahren waren in der einen Engverbandsparzelle keine, in der anderen 260 Buchen ha^{-1} sehr unterschiedlicher, meist geringer Höhe zu finden. Die Parzellen aus dem Verband 2 × 2 m hatten nun einen nahezu geschlossenen 6–12 m hohen **Buchenunterstand**, dazu 40–200 Traubeneichen. Ähnlich waren die Verhältnisse im ursprünglichen Weitverband.

Die Europäische Lärche wird heute kaum in reinen Beständen gepflanzt. Die Regel sind **Mischungen** in Naturverjüngungen von Buche oder anderen Laubbäumen. Bei trupp- und gruppenweiser Einbringung empfiehlt sich wegen der Ausfälle bei dichtem Stand und wegen der nicht seltenen bogigen Schaftform eine Pflanzendichte, die etwa dem mittleren Verband des vorgestellten Versuchs entspricht. Dieses Ergebnis liegt auch den Regeln der meisten deutschen Landesforstverwaltungen zugrunde. Die von Natur aus zu etwas stärkerer Astbildung neigende **Japanische Lärche** sollte in engeren Verbänden, etwa 1,50 × 2,00 m, gepflanzt werden (Hinners und Stratmann 1984).

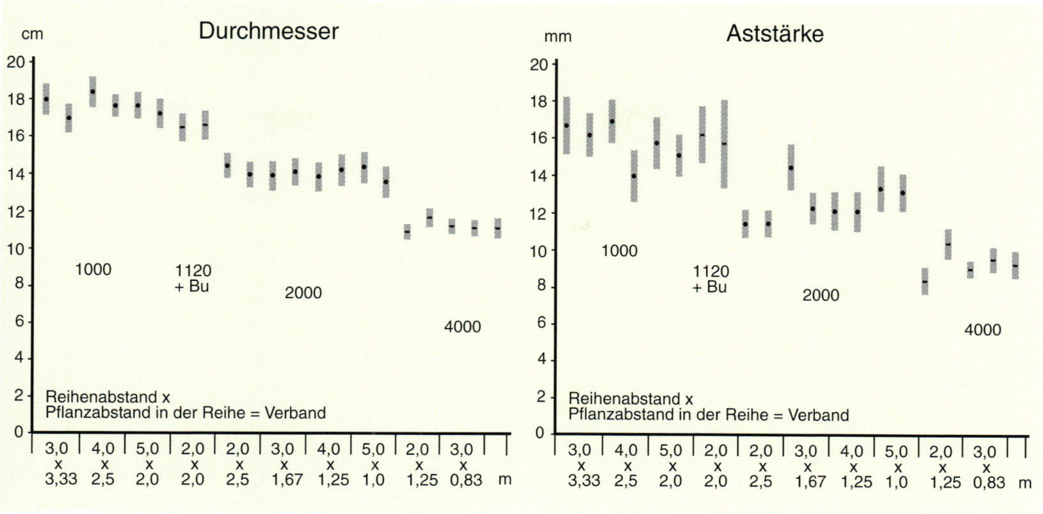

Abb. 3.63 Einfluss des Pflanzverbands auf Durchmesser und Aststärke 18-jähriger Douglasien in einem Verbandsversuch in Rheinland-Pfalz (nach Spellmann und Nagel 1989).
Dargestellt sind die Durchmesser des Grundflächenmittelstammes und die mittleren Aststärken sowie deren Vertrauensbereiche (95 %).

Douglasie

In der Praxis sind bei der Douglasie sehr unterschiedliche Pflanzverbände üblich. Das hat verschiedene Gründe: Das Wachstum ist bei dieser Baumart je nach Standort sehr unterschiedlich, die Produktionsziele können verschieden (von Massenware bis zu hochwertigem Furnierholz) gesetzt sein und schließlich hängt die Pflanzenzahl damit zusammen, ob die Douglasie auf der Freifläche oder unter Schirm gepflanzt wird. Die zahlreichen Verbandsversuche stehen alle auf Freiflächen und sind überwiegend nicht lange beobachtet worden.

Wie bei anderen Baumarten verändern sich die **Bestandeshöhen** auch bei stark differierenden Verbandsweiten nicht wesentlich, besonders beim Vergleich mit den Bäumen der herrschenden Bestandeschicht. Dagegen erhöhen sich bei der Douglasie die **Durchmesser** mit der Erweiterung der Standräume z. T. beträchtlich und damit verändern sich auch die **Qualitätseigenschaften** der Stämme.

In dem 1955 angelegten Standraumversuch im Forêt d´Amance bei Nancy (Oswald und Pardé 1976, 1984) stieg der mittlere **Durchmesser** der Bäume im Alter von 21 Jahren von 12,4 cm beim Verband 1,5 × 1,5 m auf 19,8 cm im Verband 3 × 3 m bei deutlicher Differenzierung der Bestandesstruktur in den enger begründeten Parzellen an. Das wurde auch im Versuch in Hagenbach (südliche Pfalz) mit zehn verschiedenen Verbandsweiten beobachtet (Abb. 3.63): Im Alter von 18 Jahren betrug die Spannweite der Durchmesser bei 4000 Pflanzen ha^{-1} 5–19 cm, bei 2000 Pflanzen 5–21 cm und bei 1000 Pflanzen 15–25 cm. Die Durchmesser der Grundflächenmittelstämme lagen für die genannten Extreme der Pflanzenzahlen bei 12,1 bzw. 17,5 cm (Spellmann und Nagel 1989). Eine weitere Auswertung des Versuchs (Weller und Spellmann 2014) ergab, dass noch im Alter von 35 Jahren die maximalen Aststärken der herrschenden Bäume die erwarteten Abstufungen von engen zu weiten Standräumen aufweisen. Entsprechend zur Entwicklung des Durchmessers trugen größere Reihenabstände mehr zu einer günstigen Ausprägung des h/d-Wertes bei als annähernde Quadratverbände. Im Alter von 19 Jahren waren im Verbandsversuch von Maillet (Dordogne in Frankreich) die Douglasien bei einer Pflanzenzahl von 620 St. ha^{-1} im Mittel um 32 % stärker als die in der Parzelle mit 1778 St. ha^{-1} (Champs 1989, 1995).

Die Reaktion auf die Erweiterung der Standräume fällt auf **günstigeren Standorten** kräftiger aus als auf schwächeren. Sobald die gegenseitige Konkurrenz einsetzt, geht der Durchmesserzuwachs zurück, und das tritt in engen Verbänden und auf besseren Standorten schon mit etwa acht Jahren (bei 2500–1700 St. ha^{-1}) ein, bzw. mit 15 Jahren bei nur 500 Douglasien ha^{-1}. Unter weniger günstigen Standortsbedingungen verzögert sich der Eintritt der Konkurrenzwirkung bei mittleren Verbandsweiten auf 15 Jahre und mehr (Champs und Montagne 1994).

Die Durchmesserentwicklung muss im Zusammenhang mit der **Holzqualität** gesehen werden: Starke Durchmesser in einem bestimmten Alter bedingen stärkere (bisweilen auch mehr) Äste im Quirl. Mit abnehmender Baumzahl (z. B. von 4000 auf 1000 St. ha^{-1}) stieg im Verbandsversuch Hagenbach im Alter von 15 Jahren die mittlere **Aststärke** von 1,4 auf 2,4 cm, wobei der Einfluss weiter Reihenabstände durch engeren Stand in der Reihe (bei gleicher Baumzahl) teilweise ausgeglichen wurde.

Beim Versuch in Miallet betrugen die Aststärken im Alter von 19 Jahren bei 1778 St. ha^{-1} im Mittel 2,2 cm, bei nur 762 St. ha^{-1} dagegen 3,3 cm. Ähnliche Daten ergaben Versuche in anderen Regionen Frankreichs. Champs und Montagne (1994) geben als allgemeinen Richtwert an: Wenn die Pflanzabstände verdoppelt werden, vergrößert sich die mittlere Aststärke um 11,5 %. Das lässt sich sicherlich nicht auf alle für den Douglasienanbau möglichen Standorte übertragen. Im Übrigen kommt es für die künftige Qualitätsentwicklung nicht so sehr auf die mittlere Stärke der Äste an, sondern besonders auf die Durchmesser der stärksten Äste der herrschenden, sonst fehlerfreien Bäume. Darüber gibt es aus den Versuchen wenig Daten. Offenbar liegen diese Werte um 20–25 % über denen der mittleren Aststärken. Bei der Douglasie spielen im Hinblick auf Ästigkeit und Geradschaftigkeit **individuelle** Anlagen eine größere Rolle als bei der Fichte. In Douglasienbeständen finden sich häufig einzelne Individuen, die sich bei gleichem Durchmesser in ihren Aststärken um fast das Doppelte unterscheiden (Champs und Montagne 1994).

In verschiedenen Versuchen wurde beobachtet, dass die Zahl der Äste in den Quirlen von etwa 15-jährigen Douglasien in Höhen von 2–6 m bei mittleren Verbandsweiten (um 2000 St. ha^{-1}) geringer war als in weiten Pflanzverbänden, dabei sank die Ansatzhöhe des ersten grünen Astes als Folge der geringeren seitlichen Beeinflussung von etwa 6 m auf knapp die Hälfte. Das ist für die spätere Ästung von Bedeutung.

Douglasien stoßen ihre toten Äste nur sehr langsam ab. Deshalb sind **Ästungen** für die Erzeugung von hochwertigem Holz immer notwendig, selbst bei Beständen, die aus engem Stand hervorgegangen sind (Pusch 2002). Wenn Äste über 2,5 cm stark geworden sind und in jedem Quirl mehrere grobe Äste stehen, bleiben nach deren Entfernung über lange Zeit Beulen am Stamm (Eckstein 1974; siehe Abb. 3.61 in Kap. 3.6.6.1), die der Holzstruktur sehr abträglich sind. Eine Grünästung, bei der die unteren, grünen Lebendäste bis auf höchstens 60 % der ursprünglichen Kronenlänge entfernt werden, kann diese Nachteile mindern, weil solche Astnarben rascher überwallen, zumal sie meist noch nicht so große Stärken erreicht haben (Spellmann und Nagel 1989; Spellmann 1995a) (Kap. 4.3).

Für die Holzqualität sind die **Breite** und die **Struktur** der Jahresringe von großer Bedeutung. Auf günstigen Standorten werden auf Freiflächen bis zum Alter von 15 Jahren selbst bei dichtem Stand von 4000 St. ha^{-1} Jahresringe von durchschnittlich 4 mm gebildet, bei weiteren Pflanzabständen können es mehr als 6 mm sein (Spellmann und Nagel 1989). Die Versuchsparzellen auf einem mittleren Standort in Zentralfrankreich hatten im Alter von 19 Jahren bei 1778 St. ha^{-1} im Mittel 3 mm breite Jahrringe, bei nur 650 St. ha^{-1} waren sie 3,5 mm breit (Champs 1989). Ähnliche Werte zeigen die 17-jährigen Bestände in Südwestfrankreich, bei denen der Kronenschluss vor Kurzem eingetreten war (Champs und Montagne 1994).

Allgemein gilt: Bei größerem Standraum werden **breitere Jahresringe** dadurch gebildet, dass der Anteil des **Frühholzes** größer wird (Wobst 1995). Dadurch nimmt das Darrgewicht und somit die Festigkeit des Holzes ab (Fischer 1994). Neben der durchschnittlichen Breite der Jahresringe gilt auch deren Wechsel in der Breite von Jahr zu Jahr als Qualitätsmerkmal. **Homogener Jahrringaufbau** ist eine Voraussetzung für hoch bezahltes Wertholz. Douglasien in weiten Verbänden reagieren in der Jahrringbreite auf unterschiedliche Jahreswitterung stärker als solche in engeren Verbänden (Zobel und Sprague 1998). Im Stammbereich mit grünen Ästen wird **juveniles Holz** gebildet, das geringere Werte in der Festigkeit bzw. in der Darrdichte und höhere im Ligninanteil aufweist. Daher gilt es als geringerwertig (Hapla 1999). Je weiter der Pflanzverband ist, desto größer ist die Zahl der juvenilen Jahresringe in höherem Alter, bisweilen steigt sie auf 20 bis 30.

Hapla (1999) empfiehlt Verbände von 1 800 bis maximal 2 500 St. ha^{-1} für die Pflanzung auf Freiflächen. Dadurch lässt sich eine gute Qualität des Holzes erreichen, gleichzeitig kann der Anteil von schwierig abzusetzenden schwachen Sortimenten bei den künftigen Pflegehieben relativ niedrig gehalten werden. Riou-Nivert (1989) rät als Ergebnis einer breit angelegten Untersuchung über die Erzeugung von Douglasienholz in hervorragender Qualität bei längeren Produktionszeiträumen zu einer Ausgangspflanzenzahl von 1 333–1 600 St. ha^{-1}.

Für die **Bestandessicherheit** gegenüber Schnee- und Sturmschäden gilt ähnlich wie bei der Fichte ein Schlankheitsgrad unter 100 als günstig. Im Verbandsversuch Hagenbach wurde dieser Durchschnittswert bei einer Ausgangsstammzahl von 4 000 St. ha^{-1} erreicht und bei 2 500 St. ha^{-1} mit 85 deutlich unterschritten. Champs und Montagne (1994) sind der Ansicht, dass in sturmgefährdeten Lagen, wie im französischen Massif Central, ein h/d-Verhältnis von 75 nicht überschritten werden soll. Das wird dort bei einem Ausgangsverband von 1 000–1 700 St. ha^{-1} erreicht.

Die **Praxisempfehlungen** der deutschen Landesforstverwaltungen variieren zwischen etwa 2 000 (selten auch 3 000) und 1 000 St. ha^{-1}. Hohe Pflanzenzahlen führen wegen der langsamen natürlichen Stammausscheidung in Douglasienbeständen zu einer übermäßigen Differenzierung nach Höhe und Stärke. Das bedingt beträchtliche Schwierigkeiten und Aufwendungen bei der späteren Jungbestandspflege, ganz abgesehen von dem höheren Anfall schwer absetzbarer schwächerer Holzsortimente. Bevorzugt wird der Anbau der Douglasie unter **Schirm**. Mit relativ geringen Baumzahlen bei der Bestandesbegründung lassen sich geringere Aststärken, homogenere Jahrringbreiten, eine gleichmäßigere Verteilung der Holzdichte und eine Verminderung des Anteils an juvenilem Holz erreichen (Wobst 1995). Diese Annahme wird durch eine umfassende Auswertung eines in verschiedenen Regionen in Deutschland angelegten Standraumversuchs gestützt (Klädtke et al. 2012). Nach 40-jähriger Beobachtungszeit lassen sich folgende waldbauliche **Empfehlungen für die Behandlung von Douglasienbeständen** ableiten:

- Wirtschaftlich gesehen ist die Douglasie im Hinblick auf die Ausgangsbaumzahl eine sehr flexible Baumart. Bereits mit gesicherten Pflanzungen mit nur 500 Douglasien ha^{-1} lassen sich gute wirtschaftliche Ergebnisse erzielen. Zwar führen solch niedrige Pflanzendichten zu Einschränkungen in der Gesamtwuchsleistung und in der Holzqualität, aber insbesondere für schwer zugängliche Lagen können sie wirtschaftlich sinnvoll sein.
- Insgesamt erzielten die Varianten mit 1 000 Pflanzen ha^{-1} bei den Wertberechnungen das beste wirtschaftliche Ergebnis.
- Die Kalkulationen der Varianten mit doppelter Ausgangspflanzenzahl schneiden jedoch nicht wesentlich schlechter ab, sodass sich der Optimalbereich bei entsprechender Nachfrage- und Preissituation vor allem im Industrie- und Energieholzbereich in diese Richtung verschieben kann.
- Einer weiteren Erhöhung der Ausgangspflanzenzahl dürften jedoch vor allem die damit verbundenen höheren Kulturkosten enge Grenzen setzen.
- Prinzipiell gelten die aus den Standraumversuchen abgeleiteten Empfehlungen nur für Reinbestände, jedoch können sie als Orientierung für gruppen- bis horstweise eingebrachte Douglasienanteile in Mischbeständen dienen.

Trauben- und Stieleiche

Für die Traubeneiche gibt es bisher nur wenige aussagefähige Verbandsversuche. Der wahrscheinlich älteste befindet sich im Süden von Schottland bei mäßig günstigen Standortsverhältnissen. Er umfasst Varianten des Pflanzverbandes von 0,6 × 0,9 bis 2,0 × 2,0 m. Mit 55 Jahren waren die Baumzahlen durch natürliche Ausscheidung und Durchforstung auf 538–612 St. ha^{-1} zurückgegangen. Die Aufnahmen zeigen eine Überlegenheit der Volumenproduktion bei engen Verbänden, doch eine Unterlegenheit im Durchmesser. Die Erwartung von Qualitätsholz in angemessenem Ausmaß ist nur berechtigt, wenn bei der Bestandesbegründung mehr als 2500 Eichen ha^{-1} gepflanzt worden sind (Riley und Nixon 1993). Ähnlich äußern sich für Großbritannien auch Savill und Spilsbury (1991) sowie Kerr und Evans (1993), allerdings ohne Versuchsdaten.

Die deutschen Verbandsversuche sind noch jung, sie erlauben Aussagen allenfalls für wenige Jahrzehnte. Schmaltz et al. (1997) berichten über einen 1973/74 angelegten Versuch im hessischen Spessart auf Buntsandstein in ca. 250 m ü. NN. Es wurden zwölf verschiedene Reihen- und Quadratverbände mit Standräumen von 0,5–3,0 m^2 (20000–3333 St. ha^{-1}) angelegt. Bei der Aufnahme nach 23 Jahren lagen die **Höhen** der herrschenden Eichen bei 10,0–11,8 m, nur im Weitverband 5,0 × 0,5 m blieben sie darunter. Allgemein scheint ein größerer Dichtstand die Höhenentwicklung zu begünstigen. Die **Durchmesser** waren bei weiten Verbänden stärker als bei engen, doch insgesamt untereinander nicht sehr stark differenziert (10–12 cm). Die **Zahl der Äste** war bei höheren Pflanzenzahlen (20000–10000 St. ha^{-1}) deutlich geringer als bei mittleren und besonders bei weiten Verbänden. Die Pflanzen hatten dort noch in Schafthöhen von 2,5 m lebende Äste, bei höheren Pflanzenzahlen waren sie bis in Höhen von 4–9 m abgestorben und meistens bereits abgefallen. Die **Stammqualität** der herrschenden Eichen zeigte bis auf die größten Pflanzabstände keine deutlichen Unterschiede. Danach werden für die Bestandesbegründung 8000–5000 Eichen ha^{-1} empfohlen. Bei weiterem Stand zeigten sich gravierende Mängel in der natürlichen **Astreinigung**.

Die Auswertung des 1974 angelegten Pflanzverbands- und Sortimentsversuchs mit Traubeneiche im Solling mit ähnlichen Standortsverhältnissen wie im hessischen Spessart zeigte nach 13-jähriger Beobachtungszeit (Spellmann und Badenschneider 1988) ebenfalls, dass die **Höhen** der stärksten Eichen bei geringen Ausgangspflanzenzahlen (5000 St. ha^{-1}) niedriger waren als bei engem Stand, die **Durchmesser** unterschieden sich nicht sehr wesentlich. Die **Totastzonen** stiegen mit zunehmender Pflanzendichte an, in der Schaftform gab es nur geringe Differenzierungen.

Ein 1974 angelegter Nelder-Versuch in der östlichen Lüneburger Heide erbrachte bei der Aufnahme 1992 das Ergebnis, dass unterhalb eines Standraums von 1,3 m^2 die Mortalität der Eichen zunehmend stärker angestiegen war. Wegen der abnehmenden **Qualität** der Schäfte, besonders durch stärkere Astbildung, empfehlen Gaul und Stübner (1996) als Ergebnis dieses Versuchs, die Pflanzenzahlen bei der Begründung nicht geringer als 5000 St. ha^{-1} zu wählen.

Struck (1999) untersuchte den Einfluss von drei verschiedenen Verbandsweiten (1,4 × 0,3 m = 23810 St.; 1,4 × 0,5 m = 14285 St. und 1,4 × 0,8 = 8925 St. ha^{-1}) in einem 21-jährigen Verbandsversuch mit je einer Düngungsvariante im mittleren Niedersachsen. Der Standort ist gekennzeichnet durch anlehmigen Geschiebesandboden mäßiger Frische. Die Höhen in den drei Ausgangsverbänden unterschieden sich nicht nennenswert. Die Durchmesser der 20 %-stärksten Bäume stiegen von der engsten zur weitesten Variante von etwa 5 auf 7 cm an. Die Stammhöhe, an der sich noch lebende Äste befanden, war mit 3 m deutlich niedriger als im Versuch im hessischen Spessart. Der Einfluss der (allgemein relativ hohen) Verbandsweite war gering. Das gilt auch für die durchschnittliche Aststärke von 1,2–1,7 cm, die nur bei dem sehr engen Pflanzverband deutlich abnahm. Das hat aber keine praktische Bedeutung. In der Schaftform der herrschenden Stämme gab es keine sicheren Unterschiede zwischen den Ausgangsverbänden. Der Autor kommt zu der Einschätzung, dass wahrscheinlich auch Ausgangsverbände, die geringer sind als die weiteste Variante in seiner Untersuchung, für die Wertholzerzeugung geeignet sind.

Kostenersparnisse kann es bringen, wenn nicht die ganze Fläche, sondern nur **Teilflächen** bepflanzt werden. Die restlichen Teile stehen

Hintergrundwissen

Clusterpflanzungen

Bei der **Nesterpflanzung** handelt es sich um runde Pflanzflächen von meist 1 m Durchmesser, auf denen 1- bis 2-jährige Eichen (< 50 cm Pflanzenhöhe) nach standortsentsprechender Bodenvorbereitung im Verband von 0,25 × 0,25 m gepflanzt werden (Abb. 3.64). Die annähernd runde Form entsteht durch Weglassen der Eckpflanzen, sodass auf jeden Pflanzplatz 21 Eichen kommen. Auf den Versuchsflächen wurde die Anzahl der Nester variiert, z. B. in Abständen von 4 × 4 m oder 5 × 8 m. Die Zwischenräume wurden mit Winterlinde, Buche oder anderen Arten bepflanzt, teilweise auch dem Anflug von Aspe oder Birke überlassen. Die eng gesetzten Eichen in den Nestern beschatteten schon im dritten Jahr den Boden so gut, dass die aufkommende Begleitflora unterdrückt wurde. Dadurch vermindern sich die Gefahren von Spätfrost, Mäusefraß und Wildverbiss an den Eichen.

Ein anderes Pflanzschema für die Bepflanzung von Teilflächen mit Eichen hat Gockel (1994, 1995; Gockel et al. 2001), überwiegend auf der Basis von Modellrechnungen, entwickelt. Für die **Truppppflanzung** werden Trupps zu je 19 Eichengroßpflanzen (> 80 cm Pflanzenhöhe) im Abstand von 1 m gepflanzt (Abb. 3.65). Geprüft wurden auch alternative Pflanzungen mit 27 oder 19 Eichen in einem Trupp. Die Anzahl der Trupps (z. B. 100 ha^{-1}) und der Abstand dazwischen (bei 100 Trupps ha^{-1} sind es bei gleichmäßiger Verteilung 10 m zwischen den Zentraleichen benachbarter Trupps) richtet sich nach der angestrebten Anzahl von Eichen im Endbestand, d. h., es wird angenommen, dass aus jedem Trupp eine Eiche den Zieldurchmesser erreicht.

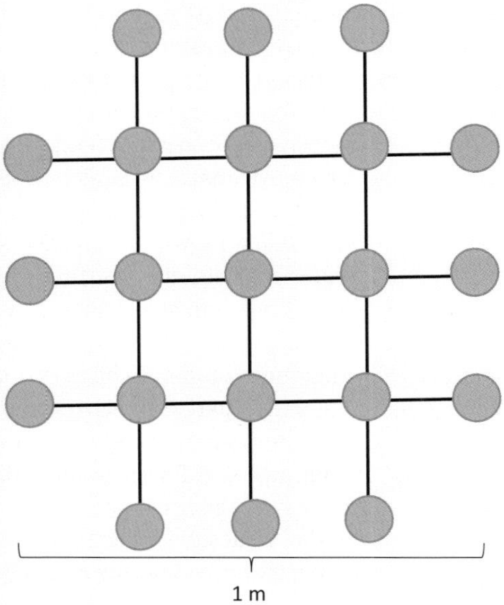

Abb. 3.64
Schematische Darstellung der Nesterpflanzung mit 21 Eichen im Verband 0,25 x 0,25 m.

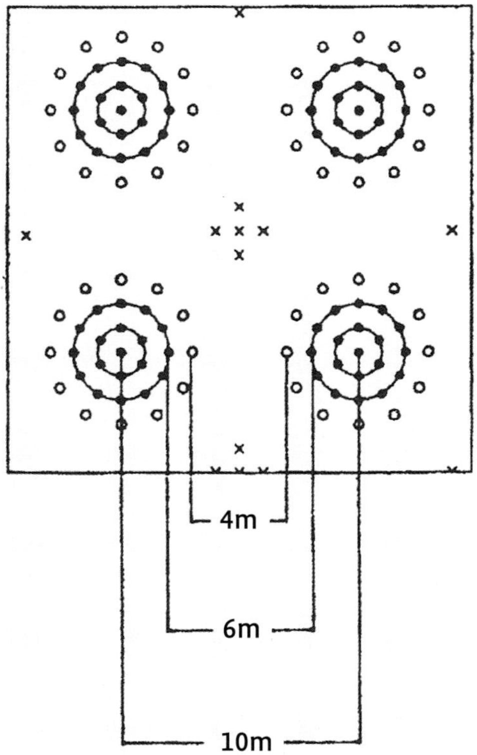

Abb. 3.65
Schematische Darstellung der Truppppflanzung mit 21 Eichen (ausgefüllte Kreise) und 12 Pflanzen einer dienenden Baumart (offene Kreise, z. B. Hainbuche, Buche oder Winterlinde) im Trupp und Pflanzen (x) einer Baumart (z. B. Vogelkirsche) in den Zwischenräumen als zweite Hauptwirtschaftsbaumart (nach Gockel 1995).

Abb. 3.66
Nesterpflanzung der Traubeneiche und Buchen aus Naturverjüngung.

dann der natürlichen Verjüngung mit anderen Arten zur Verfügung oder sie werden mehr oder weniger locker mit Mischbaumarten ausgefüllt. Szymanski (1986) legte nach älteren Vorbildern aus Russland im Flachland Polens verschiedene Varianten sogenannter **Nesterkulturen** an, u. a. mit dem Ziel, den Wildverbiss durch Dichtstand der Eichen zu reduzieren.

In Deutschland wurden in verschiedenen Regionen Versuche mit der **Nesterpflanzung** von Eichen (Abb. 3.66) unternommen. Gussone und Richter (1994) schildern die Versuchsanlagen in Nordwestdeutschland, bei denen jeweils Nesterpflanzungen mit konventionellen Reihenpflanzungen verglichen werden konnten. Die Nester hatten meist Abstände von 7 × 7 m, weil man mit 200 Eichen ha^{-1} im Altbestand rechnete. Die bisherigen Ergebnisse sind unterschiedlich (Guericke 1996). Ohne Zaun wurden fast alle Nester vom Wild erheblich beschädigt. Neun Jahre nach der Begründung unterschieden sich die herrschenden Eichen in den Nestern im **Höhen**- und **Durchmesserwachstum** gegenüber den in Reihen gepflanzten nur wenig. Die **h/d-Verhältnisse** waren in den Nestern mit 133–137 weniger differenziert als in den Reihenpflanzungen (98–141). Die herrschenden Eichen in den Nestern hatten deutlich höhere Anteile an **knickigen Schaftformen**. Sehr unterschiedlich waren in den verschiedenen Versuchsanlagen der Anflug und Aufwuchs von **Weichlaubholzarten**, sowohl rings um die Nester als auch innerhalb dieser: In manchen Fällen war er ganz ausgeblieben, dagegen behinderte er oft durch seine Höhe und Dichte die Entwicklung der Eichen in den Nestern. Versuche in Rheinland-Pfalz mit zwei verschiedenen Nestergrößen (1 m^2 und 4 m^2) und Pflanzabständen (0,25 × 0,25 und 0,50 × 0,50 m) zeigten nach fünf- bis siebenjähriger Beobachtung, dass auch hier eine Zäunung nötig ist. Der auf allen Versuchsanlagen vorhandene Anflug von Weichlaubholzarten erwies sich bei mäßigem Dichtstand als förderlich für die Eichen; wenn er üppig entwickelt war, hinderte er Wachstum, Qualität und Stabilität (Dong 1998).

Saha et al. (2012) haben die Versuchsflächen mit **Clusterpflanzungen** in Deutschland vergleichend ausgewertet. Grundsätzlich zeigte sich bei der Nesterpflanzung eine ungünstigere Entwicklung der Eichen als bei der Reihenpflanzung. Signifikante Unterschiede ergaben sich insbesondere bei der Überlebensrate (−52 % im Vergleich Nester- zu Reihenpflanzung), dem Durchmesserwachstum (−39 %), der Stabilität (h/d-Verhältnis, +22 %), der astfreien Schaftlänge (−31 %) und der Anzahl potenzieller Z-Bäume (−81 %). Im Vergleich zu den gezäunten Pflanzflächen in Reihen zeigten die ungezäunten Nester stets deutlich ungünstigere Werte, die insbesondere bei der Überlebensrate (−73 %), dem Höhenwachstum (−13 %) und der Kronenform (−24 %) signifikant waren. Eichen aus Truppflanzungen unterschieden sich bei den Wachstumsparametern hingegen nur unwesentlich von vergleichbaren Reihenpflanzungen. Bei den Qualitätsparametern fanden sich sogar bessere Werte hinsichtlich Stammform, Kronenform (+23 %) und Anzahl potenzieller Z-Bäume. Truppflanzungen mit ursprünglich mehr als 12 Individuen einer dienenden Baumart je Cluster verfügten im Vergleich zu benachbarten Reihenpflanzungen zudem über signifikant höhere Überlebensraten (+22 %), bessere Stamm- und Kronenformen (+118 und +64 %) und mehr potenzielle Z-Bäume (+45 %).

Von den untersuchten Nestern enthielten 42 % mindestens einen potenziellen Zukunftsbaum (Z-Baum). Bei den Truppflanzungen (Abb. 3.67) war dieser Anteil mit 85 % deutlich höher. Das Verhältnis Anzahl potenzieller **Z-Bäume**/Gesamtzahl ursprünglich gepflanzter Eichen

Abb. 3.67
Truppflanzung der Traubeneiche mit Vogelkirschen in den Zwischenräumen.

entsprach in den Nestern 1:105, in den Truppflanzungen 1:8 und in den Reihenpflanzungen 1:12. Die verschiedenen Pflanzdichten und Pflanzengrößen der beiden Clusterpflanzverfahren sowie die Beipflanzung schattentoleranter Baumarten um die Eichencluster spielen dabei eine entscheidende Rolle. In den aus kleinen Pflanzen angelegten Nestern führte die enge Begründung früh zu sehr hoher Mortalität sowie geringem Durchmesserwachstum und damit zu geringer Stabilität.

Ein weiteres Verfahren zur Reduzierung der Pflanzenzahlen wurde für die Traubeneiche in Zentralpolen auf einem mäßig nährstoffversorgten Standort geprüft (Andrzejczyk et al. 2015). Neben der traditionellen Pflanzendichte von 8000 Eichen ha^{-1} (Pflanzverband 1,5×0,85 m) wurden zwei Varianten angelegt, bei denen die Pflanzendichte um 50 % bzw. 70 % verringert wurde, indem der **Abstand zwischen den Reihen** auf 3 bzw. 4,5 m erhöht wurde. In den ersten sieben Jahren nach der Pflanzung zeigten sich nur geringe Unterschiede in Wachstum und Qualität der Eichen zwischen den Varianten. Bei geringerer Dichte der Eichen wurde die intrapezifische Konkurrenz durch die interspezifische Konkurrenz der Weiden und Aspen ersetzt, die sich auf den unbepflanzten Streifen ansiedelten. Für den 7-jährigen Beobachtungszeitraum waren die Weitverbände kostengünstiger als die normale Reihenpflanzung. Aufgrund der starken Konkurrenz der Weichlaubhölzer werden zukünftig Pflegeeingriffe zugunsten der Eichen notwendig sein, die den anfänglichen ökonomischen Vorteil der Weitverbände verringern werden.

Buche

Die Buche wird nur selten in reinen Beständen auf freier Fläche gepflanzt. Zu groß ist meist die Frostgefahr, die noch mehrere Jahre nach der Verpflanzung (selbst bei großen Pflanzensortimenten) zu schweren Ausfällen und zudem auch zur Entwicklung schlechter Stammformen nach der Regeneration führt (Le Tacon 1985). Außerdem ist die junge Buche besonders gefährdet durch den Fraß von Mäusen am unteren Spross. Diese Beschädigung tritt vor allem auf stärker vergrasten Flächen auf, die auf Buchenstandorten häufig sind (Niemeyer et al. 1997; Ott 2002; Ott und Lüpke 2006). Systematische Verbandsversuche mit genügender Variation der Standorte fehlen für die Buche. Praktische Erfahrungen laufen darauf hinaus, dass aus verschiedenen Gründen (Ausfälle, Beschädigungen, ungenügende Schaftformen) nur hohe Pflanzenzahlen zu Beständen mit der erwünschten Qualitätserwartung führen.

Die Richtlinien der deutschen Landesforstverwaltungen sehen daher Pflanzenmengen von 7000–10000 Buchen ha^{-1} vor. Unter einem Schirm sind die Frostgefahren bedeutend geringer, auch werden in geringerem Ausmaß Pflanzen mit schlechter Schaftform gebildet, sodass geringere Pflanzenzahlen (≥ 5 000 Buchen ha^{-1}) möglich sind. Das gilt besonders dann, wenn die Buche im künftigen Bestand lediglich dienende Funktion ausüben soll (siehe Unterbau im Kap. 3.7.3) oder als Voranbau (Kap. 3.7.2) auf Teilflächen gepflanzt wird. Dann liegt die Untergrenze der Pflanzenzahlen bei etwa 2 000 Buchen ha^{-1}.

Edellaubbäume

Die in der Jugend raschwüchsigen Edellaubbäume, besonders Ahorn, Esche und Vogelkirsche, können ohne Nachteile für ihre künftige Entwicklung in weiteren Verbänden gepflanzt werden als Eiche und Buche. Sie wachsen im Allgemeinen – unabhängig davon, ob sie als kleinere oder als größere Pflanze eingebracht wurden – leicht an (einwandfreie Pflanztechnik vorausgesetzt) und neigen wenig zu Schaftkrümmungen, davon ausgenommen ist die Esche nach der Zerstörung der Gipfelknospe. Schon im ersten Lebensjahrzehnt beginnt eine natürliche Astreinigung, nur die Vogelkirsche ist ein Totasterhalter, sodass sie für die Wertholzerzeugung geästet werden muss (Kap. 4.3). Diese Eigenschaften rechtfertigen Baumzahlen bei der Bestandesbegründung von mindestens 3 000, meist jedoch eher 5 000 St. ha^{-1}.

Wie bereits mehrfach betont, beziehen sich die hier dargestellten Versuchsergebnisse und praktischen Erfahrungen auf die Verhältnisse von **Freiflächen**, soweit nicht auf den Anbau unter Schirm oder Seitenschatten hingewiesen wurde. Tatsächlich werden die weniger lichtbedürftigen Baumarten, soweit das die waldbauliche Situation zulässt, bevorzugt unter mehr oder weniger gedämpftem Strahlungszutritt gepflanzt. Hier verläuft das Jugendwachstum langsamer, die Astbildung und bisweilen auch die Schaftform in der Jugend sind für die Bildung von Holz guter Qualität günstiger. Hierauf wurde im Zusammenhang mit der Naturverjüngung (Kap. 3.3) hingewiesen. Auf die Besonderheiten der Pflanzung unter einem Bestandesschirm wird in den Kapiteln 3.7.2 (Voranbau) und 3.7.3 (Unterbau) näher eingegangen.

3.6.7 Pflanzung von Mischbeständen

Nachdem in den vorherigen Abschnitten vorrangig die Pflanzung von Reinbeständen der wichtigsten Baumarten behandelt wurde, sollen hier die **Prinzipien** der Mischbestandsbegründung mittels etwa gleich alter Pflanzung auf mehr oder weniger freier Fläche vorgestellt werden. Das ist angesichts der Vielfalt standörtlich zulässiger Mischungen nur in Umrissen möglich.

„Erfolgreiche Mischkulturen verlangen eine klare Planung, welche **Aufgaben** jede Holzart zu erfüllen hat, und wieweit jede unter den gegebenen Standortsverhältnissen begünstigt werden soll. Dies ist meist nur bei Beschränkung der Mischung auf zwei bis drei Arten möglich [...] Dagegen sollten die vielfach üblichen Buntmischungen von fünf oder noch mehr Holzarten, die nach einheitlicher Bodenbearbeitung in regelmäßiger Einzel- oder Reihenmischung angebaut werden, grundsätzlich unterbleiben [...], denn hier können die besonderen Bedürfnisse der einzelnen Holzarten nicht beachtet werden und das Ergebnis dieser meist sehr teuren Kulturen ist immer wieder, daß mehrere Holzarten spätestens im Dickungsalter absterben oder vollständig untertauchen und daß die vorwüchsigen Holzarten keine genügende Stammzahl zur Astreinigung unter sich haben." Diese Aussagen von Wiedemann (1951) für die künstliche Begründung von Mischbeständen gelten heute nicht anders als vor vielen Jahrzehnten.

Die von Wiedemann geforderte Planung betrifft in erster Linie die Frage, welche **Rolle** die einzelnen Arten in der Mischung spielen sollen:

- Sind alle Baumarten etwa gleichermaßen zur Produktion von wertvollem Stammholz im Altbestand bestimmt (z. B. Buche mit Lärche oder mit Edellaubbaumarten) oder soll eine Baumart vorzeitig als Stammholz geerntet werden (häufig bei der Mischung von Buche mit Fichte)?
- Soll eine der Baumarten die künftige Wertleistung des Bestandes ganz überwiegend bestimmen und die andere(n) eine diesem Ziel dienende Rolle spielen (z. B. Stieleiche mit Hainbuche) oder rein ökologische Funktionen ausüben (z. B. Stoffkreislauf, Sturmschutz, Artenvielfalt)?

Abb. 3.68 Buchenmischbestand (40-jährig) aus Pflanzung in Südniedersachsen.
Gemeinsam mit der Buche sind einzelstamm- bis truppweise Europäische Lärche und Traubeneiche gepflanzt worden; Fichte und Sandbirke haben sich nach Sturmwurf des Vorbestands aus Fichte natürlich verjüngt.

Wenn auch die Entwicklung der Bestände in manchen Fällen eine Änderung der ursprünglichen Ziele nötig macht (besonders bei der Mischung von Buche mit Fichte ist das nicht selten), so bleibt doch eine sorgfältige Planung bei der Bestandesbegründung notwendig.

Die grundlegende Problematik liegt im unterschiedlichen **Wachstumsrhythmus** der beteiligten Arten, der weitgehend mit deren Lichtansprüchen zusammenhängt. Dieser Aspekt wurde im Abschnitt über die Naturverjüngung (Kap. 3.3) erörtert. Der Wachstumsgang ist auch in Mischbeständen weitgehend von den Standortsverhältnissen abhängig. Die Zusammenhänge sind prinzipiell bekannt, aber nicht für die einzelnen Mischungen mit verschiedenen Zielsetzungen. Eine Rolle spielt dabei auch die Anfälligkeit der Arten (und Herkünfte) gegen Schädigungen, die schon im Jugendalter (u. a. Spätfrost, Verbiss, Kiefernschütte, Graskonkurrenz) oder erst später (u. a. Kienzopf, Stammfäule) wirksam werden. Das alles führt dazu, dass die Konkurrenz der Arten in Mischbeständen anders verläuft als in Reinbeständen und sich im Laufe des Bestandeslebens vom Jungwuchs bis zum Altbestand in ihrer Ausprägung von Art zu Art verschiebt. Hierauf sind die Maßnahmen der Bestandespflege abzustimmen (Kap. 4).

Noch am wenigsten Probleme bereitet die Mischung von ausgeprägten **Lichtbaumarten** (z. B. Kiefer und Lärche) mit der Buche (Abb. 3.68), sofern diese nicht auf schwache und frostgefährdete Standorte gebracht wird und genügend Schutz gegen Schäden durch Mäuse und Wild erfährt. Durch eine geeignete Wahl der Sortimente lässt sich schon bei der Pflanzung ein gewisser Höhenvorsprung der Lichtbaumarten in der (natürlich oder künstlich) verjüngten Buche sichern, der durch das rasche Jugendwachtum lange erhalten bleibt.

Auch die Pflanzung von mäßig lichtbedürftigen Arten, wie Bergahorn, Esche und Vogelkirsche, in Buchenverjüngungen bereitet wenig Schwierigkeiten. Die Beimischung von Winterlinde und Hainbuche zu Esche und Ahorn kann auf frischen und nährstoffreichen Standorten gut gelingen, doch erfüllen diese beiden Schattenbaumarten bei gleich altem Mitanbau oft nicht die ihnen zugedachte dienende Funktion. Sie schieben sich vielmehr bei ausreichendem Lichtangebot rasch in die mittlere oder gar die herrschende Schicht des Bestandes ein. Schwierig ist die Lenkung der Bestandesentwicklung bei etwa gleich alten Mischpflanzungen von Baumarten, die sich in ihrem Wachstum deutlich, aber **nicht so stark unterscheiden** wie typische Licht- und Schattenbaumarten. Dies gilt für die Naturverjüngung (Kap. 3.3.2.7), noch mehr aber für Mischpflanzungen auf weniger überschirmten Flächen.

Die gleich alte Mischung von **Traubeneiche mit Buche** ist unter solchen Bedingungen problematisch (siehe auch Wiedemann 1951; Spellmann 1995a), weil die Eiche oft schon im Jugendstadium von der Buche stark bedrängt und später oft überwachsen wird. Das gilt vor allem für Standorte, die in ihren Klima- und Bodenverhältnissen für die Buche günstig sind. In mehr kontinentalen Regionen und auf warmtrockenen Standorten setzt sich die Traubeneiche besser und länger gegen die Buche durch. Wichtig sind auch die **Mischungsanteile** und die **Mischungsform** (siehe unten). Die nahe liegende Empfehlung, die Buche erst später in die Eichensaaten oder -pflanzungen einzubringen, bringt eine gewisse, oft kurzfristige Entlastung der Konkurrenz, stößt aber bisweilen auf technische Probleme, insbesondere dann, wenn die für die Eichenverjüngung bearbeiteten Flächen wieder stärker mit Begleitflora bewachsen sind.

Ähnlich schwierig ist die gleich alte Mischung von **Stieleiche mit Hainbuche** zu realisieren, weil die als dienende Baumart vorgesehene Hainbuche auf den typischen Standorten der Stieleiche meist rasch vorwüchsig wird. So bringen etwa gleich alte Eichenmischbestände fast immer beträchtliche Pflegenotwendigkeiten, die in Kauf genommen werden müssen, wenn nicht andere Möglichkeiten zur Mischbestandsbegründung bestehen (Naturverjüngung, ggf. mit Nachanbau von Buche, Ausnutzung von Vorwaldbestockung, Unterbau mit Schattenbaumarten).

Pflanzungen von **Buche und Fichte** auf Freiflächen gelingen selten zufriedenstellend. Neben den Gefährdungen durch Spätfrost (besonders bei der Buche) und Verbiss ist es das überlegene Wachstum der Fichte bei vollem Lichtgenuss, das der Buche kaum Chancen zur Entwicklung lässt. Dazu kommt die Gefahr, dass Mäuse den jungen Buchen stark zusetzen. Viel günstiger gestaltet sich die Einbringung der Fichte in Buchennaturverjüngungen (Kap. 3.3.2.8)

Ähnlich schwierig ist die gleichzeitige gemischte Pflanzung von **Buche mit Douglasie**, weil diese noch mehr als die Fichte schon in den Jugendjahren gegenüber der Buche stark vorwüchsig wächst (Spellmann und Nagel 1989) und dann starke Äste bildet, die selbst bei späterer Ästung der Wertholzproduktion abträglich sind, weil dicke Beulen die Holzstruktur lange Zeit beeinflussen. Auch für diese Mischung ist die Einbringung in die Buchennaturverjüngung der bessere Weg.

In zwei rund 90-jährigen Fichtenbeständen im südniedersächsischen Solling auf ziemlich gut nährstoff- und wasserversorgten Lösslehmen wurden Douglasien und Buchen im Rahmen eines **Hiebsformenversuchs** mit den Varianten Zielstärkennutzung, Saumschlag und Kahlschlag gepflanzt (Petriţan et al. 2010). Vier Vegetationsperioden nach der Pflanzung zeigten die Douglasien auf allen Hiebsformen ein besseres Wachstum als die Buchen. Die Überlegenheit war auf den Hiebsformen Saum- und Kahlschlag am stärksten ausgeprägt. Oberhalb eines Lichtangebotes von 25 % des Freilandlichtes wiesen die Douglasien eine zunehmende Wuchsüberlegenheit auf. Die Aststärken der Douglasien waren bei gleichem Stammdurchmesser auf den Kahlschlägen um ca. 1 mm größer als auf den Flächen mit Zielstärkennutzung.

Die Probleme der gegenseitigen Konkurrenz unter den Mischbaumarten werden weniger gravierend, wenn die Pflanzung **zeitlich gestaffelt** wird und wenn man eine Mischungsform wählt, welche die gefährdete Art bereits in den ersten Jugendjahren oder aber durch eine Erleichterung der späteren Jungbestandspflege begünstigt. Das Letztere ist bei Mischungen in **Reihen** am besten gegeben. Üblich ist diese Mischungsform bei der Begründung von Mischbeständen von Kiefer mit Buche, häufig angewendet wird sie auch bei der Anlage von Eichenmischbeständen. Hierbei folgen oft zwei oder drei Reihen Eiche einer Reihe Buche. Bisweilen wird auch innerhalb der Eichenreihen jeweils Buche oder Hainbuche in verschiedenen Abständen eingebracht. Dieses Verfahren ist allerdings wenig geeignet, die Pflegemaßnahmen zu erleichtern. Bei diesen Mischungen bleibt die Frage offen, wie hoch der Anteil der Buche oder Hainbuche sein soll. Feste Regeln lassen sich dazu nicht geben, zumal auch das Ausmaß der Schäden an den Mischbaumarten eine große Rolle spielt. Im Allgemeinen neigt man in der Praxis dazu, den notwendigen Anteil der Mischbaumarten zu unterschätzen.

Bei der Einbringung von Mischbaumarten in **Naturverjüngungen** kommen praktisch nur flächige Mischungen in Trupps, besser aber in Gruppen oder Horsten (Definitionen siehe Kap. 3.1) infrage. Einzelbeimischungen sind fast immer erfolglos. Innerhalb dieser Flächen der Mischbaumarten ist die natürliche **Astreinigung**, oft auch die Ausbildung gerader Schäfte, begünstigt, allerdings meist nicht an den Rändern, den Kontaktzonen der Arten (siehe hierzu Tiebel et al. 2016). Bei größeren Mischbestandsjungbeständen mit kleinflächiger Mischungsform besteht leicht die Gefahr, dass die Übersicht verloren geht und die rechtzeitige Pflege der Mischung unterbleibt.

3.6.8 Pflanzung von vegetativ angezogenem Material

Zahlreiche Methoden sind für die vegetative Vermehrung von Holzpflanzen entwickelt worden. Man unterscheidet dabei zwischen **Mikrovermehrung** (z. B. Gewebekulturen aus Embryonen, Kotyledonen oder Sprossspitzen sowie Kallus- und Zellkulturen) und **Makrovermehrung** (vorwiegend Sprossstecklinge, aber auch aus Wurzelabschnitten und durch Pfropfung). Hierzu liegt eine umfangreiche Literatur vor (u. a. Ahuja und Libby 1993; Aldhous und Mason 1994; Ramawat et al. 2014).

Pappeln

Für den Anbau in der forstlichen Praxis spielt die vegetative Vermehrung in Europa nur bei den **Hybridpappeln** der Sektionen *Aigeiros* (Schwarzpappeln) und *Tacamahaca* (Balsampappeln) eine wesentliche Rolle, in geringerem Umfang auch bei Weiden und den schwieriger zu vermehrenden Aspen mit deren Hybriden. Besonders für Erstaufforstungen von Halden und bei sonstigen landespflegerischen Pflanzungen werden unbewurzelte Stecklinge, Steckruten und Setzstangen verwendet, vermehrt auch in Kurzumtriebsplantagen auf landwirtschaftlichen Flächen (siehe Bemmann und Knust 2010; DBU 2010; Röhle 2013). Häufiger ist die Pflanzung von in der Baumschule angezogenen bewurzelten Stecklingspflanzen (Kap. 3.6.1). Sie kommen meist als **zurückgeschnittene Pflanzen** (1-jähriger Aufwuchs auf 2-jähriger Wurzel) mit Sprosshöhen von mehr als 1,5 m auf die Flächen. Je nach Anbauziel – ob sie als schwächeres Material, vor allem im Kurzumtrieb zur Energie- oder Zellstoffgewinnung, oder als stärkere Stämme zur Herstellung von Schälfurnieren gewonnen werden sollen – variieren die Pflanzabstände in weiten Grenzen, bisweilen bis zu Verbänden von 6 × 6 m und mehr. Das hängt von den Absatzmöglichkeiten des Holzes ab. Bei Weitverbänden werden oft Mischbaumarten (z. B. Erle) mitgepflanzt. In Südeuropa findet bisweilen auch eine landwirtschaftliche Zwischennutzung statt. Vielfach dienen Pappelpflanzungen auch als Vorwald (Kap. 3.7.1) für Laubbäume mit längerer Lebensdauer.

Nadelgehölze

Für **Koniferen** wurde die vegetative Vermehrung durch Stecklinge in Europa zur Praxisreife zunächst an der Fichte entwickelt (Kleinschmit 1989; Weisgerber und Gebhard 1995; Jansson et al. 2013), später für die Douglasie (Bastien et al. 2013) und die Hybridlärche (Pâques et al. 2013), in Großbritannien auch für die Sitkafichte (Aldhous und Mason 1994). Nach den bisherigen Erfahrungen kann mit Stecklingspflanzen geprüfter Klone zumindest im Jugendalter ein gegenüber Sämlingen erhöhtes Wachstum erreicht werden. Zum praktischen Anbau sind **Klonmischungen** durch eine EU-Richtlinie zugelassen.

Abb. 3.69
Stark vergraste Fichtenpflanzung.

Zurzeit stehen in Deutschland und in manchen anderen Ländern Mitteleuropas die Naturverjüngung und die Pflanzung von Laubbäumen so sehr im Vordergrund, dass Klongemische von Koniferen wenig gefragt sind. Zudem gibt es Bedenken, dass die genetische Diversität im Vergleich zu generativ erzeugtem Material bei der Pflanzung von Stecklingsklonen erheblich eingeschränkt sein kann und der Anpassungsfähigkeit an wechselnde Umweltbedingungen engere Grenzen gesetzt sind. Doch über das Ausmaß dieser möglichen Gefährdung gibt es zurzeit keine sicheren Erkenntnisse. Bei der Mikrovermehrung treten weitere Probleme auf, die sich hier nicht im Detail erörtern lassen (siehe Kleinschmit 1989). In Nordeuropa ist die Ausbringung von Klonmischungen der Fichte nach Kahlschlag hingegen ein häufiger praktiziertes Verjüngungsverfahren (Nilsson et al. 2010).

Eine gewisse Bedeutung können Verfahren der vegetativen Vermehrung bei der Erhaltung von Arten und Populationen von Waldbäumen haben, die selten sind und sich am natürlichen Standort nur noch kaum oder gar nicht von selbst erhalten (siehe Erhaltungssamenplantage in Kap. 3.4.5).

3.6.9 Nachbesserung, Ergänzung und Pflege

Nicht immer gelingt die Verjüngung von Waldbeständen, so wie es geplant war. Trockenheit, Frost und Schädlinge können Ausfälle bewirken, ein Teil des Pflanzenmaterials kann minderwertig oder schlecht gepflanzt worden sein. Daher sind in Saaten und Pflanzungen oft **Nachbesserungen** notwendig, in lückigen Naturverjüngungen müssen **Ergänzungen** vorgenommen werden, das ist oft eine Gelegenheit, Mischbaumarten einzubringen. Nachbesserungen und Ergänzungen folgen möglichst zeitnah den Maßnahmen der Bestandesverjüngung: bei Herbstpflanzung im Frühjahr des nächsten Jahres und bei Naturverjüngung, bevor die Verjüngungspflanzen mehr als Kniehöhe erreicht haben. Häufig wird ab einem Pflanzenausfall auf (10–)20 % der Kulturfläche nachgebessert. In vielen Jungwüchsen ist ferner eine **Pflege** zum Schutz gegen übermäßig entwickelte Begleitflora und Schädlinge unentbehrlich.

Zunächst muss geprüft werden, ob solche Maßnahmen überhaupt erforderlich und erfolgversprechend sind. Oft entwickeln sich bedenklich erscheinende Jungwüchse nach solchen Eingriffen erstaunlich gut, doch manchmal ist es besser, eine missglückte Verjüngung ganz zu erneuern. Das Bestreben, einen möglichst kompletten Jungwuchs zu erzielen, führt oft dazu, bei Nachbesserungen auch kleine Lücken auszupflanzen. Manchmal wird nicht genügend bedacht, dass der vorhandene Jungwuchs, zumal wenn er einen Verpflanzungsschock überwunden hat, einen Wachstumsvorsprung gegenüber den Nachbesserungspflanzen gewinnt. Deshalb sind für Nachbesserungen nur **kräftige, stufige Pflanzen** geeignet, die meist in Trupps oder Gruppen gesetzt werden, Ergänzungen in Reihenpflanzungen erübrigen sich meist.

Regulierung der Konkurrenzpflanzen

Wirkungen von Konkurrenzpflanzen

Ein dichter Bodenbewuchs (Abb. 3.69) kann **Nachteile** für junge Forstpflanzen bringen und den Erfolg der Verjüngung infrage stellen (Kap. 3.2.1.2). Das geschieht

Abb. 3.70
Konkurrenzwirkung eines dichten Grasbewuchses auf gepflanzte Kiefern.
Obwohl die Fläche in Mittelpolen nach einem Kahlschlag gepflügt wurde, haben sich Gräser (v. a. *Calamagrostis*) großflächig ausgebreitet, wodurch zahlreiche Kiefernpflanzen konkurrenzbedingt ausgefallen sind.

- durch Konkurrenz um Licht und Wasser (seltener um Nährstoffe),
- durch Abscheidung wachstumshemmender Stoffe (Allelopathie),
- durch mechanische Behinderung im Wurzelbereich und in der oberirdischen Entwicklung,
- durch indirekte Einflüsse (Schaffung von Biotopen für Schädlinge).

Die **Fichte** reagiert mit starker Einschränkung des Wachstums bis zur Mortalität hauptsächlich bei dichter Konkurrenz durch *Pteridium aquilinum* und *Calamagrostis* sp., sonst ist eine Freistellung nur selten erforderlich (Muhle und Huss 1972; Huss 1978; Dimitri et al. 1982; Huss 1982). Anders liegen die Verhältnisse bei der **Kiefer**. In Jungwüchsen mit dichtem Bewuchs durch Adlerfarn und Gräser, wie *Calamagrostis* sp., *Deschampsia* sp. und *Molinia caerulea*, sind die Ausfälle oft hoch (Abb. 3.70). Durchmesserzuwachs, Nadelgewicht und Reservestoffe im

Definition

Konkurrenz und Ressource

Konkurrenz umfasst die negativen Wirkungen, die ein Organismus auf einen anderen Organismus derselben (= **intraspezifische** Konkurrenz) oder einer anderen Art (= **interspezifische** Konkurrenz) ausübt, indem er den Zugang zu bestimmten Ressourcen einschränkt oder ausschließt (Keddy 2017).

Eine **Ressource** ist nach Tilman (1982) jede Substanz oder jeder Faktor, der von einem Organismus verbraucht wird und der mit Zunahme seiner Verfügbarkeit zu gesteigerten Wachstumsraten führt. Die wichtigsten Ressourcen sind Strahlung (Licht, Wärme), Wasser und Nährstoffe, auf manchen Böden auch Sauerstoff im Wurzelraum. In einem weiteren Sinne rechnet man auch den oberirdischen und unterirdischen Raum zur Ausdehnung der pflanzlichen Organe und den Lebensraum der Tiere hinzu (Tilman 1997; Kimmins 2004). Die Konkurrenzkraft einer Pflanze ergibt sich nicht nur aus der Fähigkeit, **Ressourcenveränderungen** hervorzurufen (Effekt), sondern auch dadurch, auf eine **Ressourcenverfügbarkeit** zu reagieren (Reaktion) (Goldberg 1990). Beide Mechanismen müssen bei der Einschätzung der Konkurrenzkraft von Pflanzen berücksichtigt werden. Die Intensität der Konkurrenz wird als Ausmaß der Beeinträchtigung (im Vergleich zu unbehindertem Wachstum auf gleichem Standort) gemessen.

Hintergrundwissen

Erfassung der Konkurrenzwirkung auf Jungwüchse

Zur Untersuchung der Konkurrenz in Jungwüchsen und ihrer Wirkung gibt es prinzipiell zwei verschiedene Ansätze: Man kann einzelne Konkurrenzfaktoren in ihren morphologischen und physiologischen Wirkungen auf junge Forstpflanzen untersuchen (z. B. Cannel und Grace (1993) die Lichtkonkurrenz oder Nambiar und Sands (1993) die Wasser- und Nährstoffkonkurrenz). Der mehr praxisorientierte Weg besteht darin, die Konkurrenzwirkung insgesamt zu erfassen, indem man die Entwicklung des Jungwuchses unter dem Einfluss verschiedener Intensitäten (Dichte, Höhe, Abstände zu den Kulturpflanzen) des Begleitwuchses untersucht (Wagner und Spellmann 1994). Dabei wird meist nur die Situation oberhalb des Bodens betrachtet und die Wurzelkonkurrenz selten einbezogen (siehe aber Burschel und Paul 1958; Lindh et al. 2003) (Abb. 3.71).

Wenn man aus Einzeluntersuchungen zu weiter reichenden Schlüssen kommen will, braucht man Modelle. Davon gibt es zurzeit zwar eine ganze Anzahl, doch sind die meisten nur begrenzt aussagefähig. Statische Modelle beziehen sich nur auf den Zustand der Aufnahme und lassen weitere Entwicklungen offen. Dynamische Modelle, die Entwicklungen mit dem fortschreitenden Alter der Pflanzen und dem Sukzessionsgang berücksichtigen, erfordern einen hohen Aufwand und sind daher selten (Burton 1993; Ammer et al. 2004).

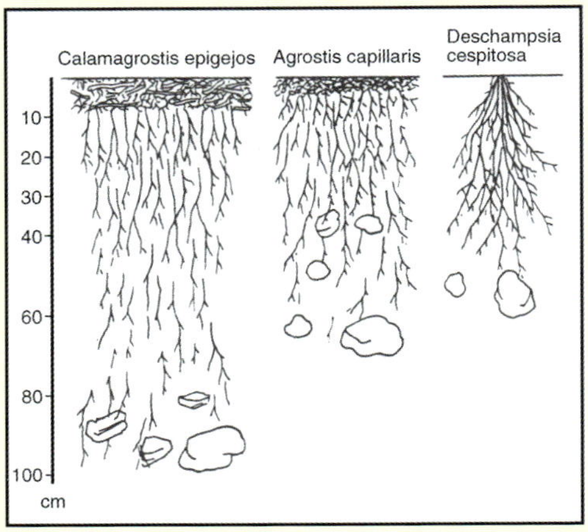

Abb. 3.71
Gräser sind mit intensiven und tief reichenden Wurzelsystemen eine Konkurrenz für die Verjüngungspflanzen (aus Burschel und Paul 1958).

Spross der verbleibenden Pflanzen sind so vermindert, dass die Verjüngung, die dann für biotische und abiotische Schädigungen anfälliger ist, kaum gelingen kann (Bergmann 1990; Pfirrmann et al. 1999; Eisenhauer 2001). Das beruht in erster Linie auf Licht- und Wasserkonkurrenz, dagegen ist die junge Kiefer empfindlicher als die mehr schattenertragende und auf frischeren Standorten gepflanzte Fichte. Wenig gefährdet dagegen ist die Kiefer auf Standorten mittlerer Güte bei einer Vegetation aus Himbeere, Kleinsträuchern und wenigen Gräsern.

Empfindlich gegen starken Bodenbewuchs ist die **Douglasie** (Huss und Siebert 1976; Huss 1987; Wagner und Radosevich 1991; Knowe 1994). Hierbei handelt es sich wahrscheinlich hauptsächlich um Wasserkonkurrenz. Die Douglasie hat bei trocken-warmer Witterung eine hohe Transpirationsrate, dadurch kann sie ihren Wasserbedarf bei dichtem Bodenbewuchs nicht ausreichend decken. Hinzu kommt die Erhöhung der Spätfrostgefährdung durch eine Grasdecke.

Wegen ihrer intensiven Wurzelentwicklung sind die Eichenarten weniger empfindlich gegen Konkurrenz, doch bleiben sie bei höherer Dichte konkurrenzstarker Pflanzenarten nicht unbeeinflusst, besonders die **Stieleiche** auf feuchten Böden. Aber auch die **Traubeneiche** wird bei starkem Wuchs von *Pteridium* und Gräsern stark beeinträchtigt (Collet et al. 1988; Lüpke 1995; Humphry und Swaine 1997). Durch anhaltende Konkurrenz entwickeln sich die Jungwüchse lückig und es entstehen daraus Jungbestände minderer Qualität. Beim **Laubholz** sind allgemein die Nebenwirkungen (Spätfrost, Mäusefraß, Verlängerung der Gefahr durch Wildverbiss, Befall mit Mehltau) oft erheblich.

Allelopathie

Zahlreiche Pflanzen und Mikroorganismen geben organische Substanzen ab, die auf andere Arten stimulierend oder auch hemmend wirken. Molisch (1937, 2007) hat dafür den Begriff Allelopathie geprägt, der heute überwiegend auf die **Hemmung der Entwicklung höherer Pflanzen** angewendet wird. Die Zahl allelopathisch wirkender Stoffe ist kaum übersehbar. Sie reicht von einfachen Kohlenwasserstoffen bis zu Substanzen mit komplizierten polyzyklischen Strukturen (Reigosa et al. 2006; Zeng et al. 2008; Cheema et al. 2013). Alle Pflanzenteile (Holz, Rinde, Blätter, Früchte und Wurzeln sowie deren Abbauprodukte) können sie enthalten. Sie werden in Form von Dampf, durch aktive Wurzelausscheidung oder durch Auswaschung aus lebenden oder toten Pflanzenteilen freigesetzt. Die Wirkungen bestehen in der Behinderung der Samenkeimung und der Schwächung empfindlicher Nachbarpflanzen bis zu deren Absterben. Crawley (2005a) zählt eine große Anzahl von Wirkungswegen in den betroffenen Pflanzen auf und nennt darüber hinaus auch die Hemmung von Mikroorganismen in der Streu und im Boden, wodurch der Abbau organischer Substanz behindert wird. Putnam und Tang (1986) geben eine ausführliche Liste von Pflanzen mit allelopathischen Eigenschaften, unter denen sich auch Arten der mitteleuropäischen Waldvegetation befinden (z. B. *Calluna vulgaris*, *Elymus repens*, *Holcus mollis*, *Molinia caerulea*, *Pteridium aquilinum* und *Solidago virgaurea*). Die ökologische Bedeutung der Allelopathie in den Waldökosystemen ist nur unzureichend bekannt. Viele unter kontrollierten Bedingungen erzielten Effekte ließen sich im Freiland nicht bestätigen, manche Beobachtungen werden zu Unrecht allelopathischen Wirkungen zugeschrieben. Es scheint, dass auf ärmeren Standorten, besonders unter Nadelgehölzen, häufiger solche Stoffe gebildet und wirksam werden. Auch können Wirkungsketten dadurch entstehen, dass durch Allelopathie die Mykorrhizabildung unterdrückt wird und es so zur Schwächung junger Waldbäume kommt (Wardle et al. 1998).

Mechanische Schäden

Mechanische Schäden treten bisweilen dadurch auf, dass Teile der Begleitflora junge Forstpflanzen überwachsen oder niederdrücken (z. B. *Galium aparine*, *Clematis vitalba* und *Rubus fruticosus*). Häufiger sind indirekte Schäden durch die Begleitflora. Dazu gehört die Erhöhung der Spätfrostgefahr bei dichtem, hohem Graswuchs (Larsen und Röhrig 1978; Geiger 2013). Auch die Infektionsgefahr der Kiefer durch den Erreger der Nadelschütte (*Lophodermium seditiosum*), der Befall junger Nadelbäume durch den Rüsselkäfer und vor allem die erhöhten Schäden durch Mäusefraß an der Buche und anderen Laubbäumen (Bäumler und König 1985; Niemeyer et al. 1997; Altenkirch et al. 2002; Ott 2002) gehören zu diesen Wirkungen von stark ausgebildetem Graswuchs auf Verjüngungsflächen.

Behandlung von Konkurrenzpflanzen

Für die Regulierung des Wachstums einer Begleitflora, die die Entwicklung der Kulturpflanzen stark behindert, gibt es verschiedene Möglichkeiten. Meist lassen sich mit **vorbereitenden Maßnahmen** vor der Bestandesverjüngung (Kap. 3.2) die besten Erfolge erzielen. In diesem Zusammenhang werden bisweilen sogenannte **Hilfspflanzen** ausgesät (z. B. Dauerlupine (Kramer 1981), aber auch Winterroggen, Buchweizen, Weißklee u. a.). Fischer (1999) hat die Angaben mehrerer Autoren kritisch gesichtet und eigene Untersuchungen bei Ackeraufforstungen angestellt. Danach ist nur bei guter Nährstoffversorgung ein zügiges Aufwachsen zu erwarten, doch dabei kommt es oft zu Konkurrenzwirkungen und zur Überlagerung der Forstpflanzen. Zur Bodenerschließung tragen die Hilfspflanzen nicht viel bei, weil bei reichlicher oberirdischer Entwicklung relativ wenig Wurzelmasse gebildet wird. Auch können sie die Entwicklung einer standortsgemäßen Begleitflora aus Kräutern und wenig schädlichen Gräsern eher behindern.

Überwiegend werden **mechanische Verfahren** zur Regulierung schädlicher Begleitpflanzen eingesetzt. Das **Freischneiden** mit Handgeräten steht im Vordergrund, oft mehrere Jahre hintereinander. Viele Versuche haben gezeigt, dass man damit allenfalls sehr kurzfristige Entlastungen erreicht. Bisweilen sind solche Maßnahmen eher schädlich, weil die plötzlich freigestellten Jungpflanzen stärkerer Strahlungs- und Windeinwirkung ausgesetzt werden; sie sind außerdem für das Wild leichter zugänglich (Muhle und Huss 1972; Bergmann 1976, 1979; Huss 1982, 1987; Born 1992; Mayhead 1992; Savill et al. 1997). Beschädigungen der jungen Pflanzen sind häufig, besonders bei der Verwendung von **motorgetriebenen** Freischneidegeräten. Zweifellos gibt es Fälle, in denen schon ein einmaliges Freischneiden ausreicht, doch sie sind seltener, als oft angenommen wird. Bei kritischer Beurteilung der durch die Begleitflora zu erwartenden Schädigung der Forstpflanzen lässt sich mancher Aufwand für das Freischneiden sparen.

Mulchen zwischen Saat- und Pflanzreihen ist selten ausreichend. Das Ausbringen von Torf, Sägespänen oder Plastikfolien wird zwar bisweilen empfohlen, doch wegen der hohen Kosten selten praktiziert (Frochot und Levy 1986).

Richtig angewendet bringen **selektiv wirkende Herbizide** ausreichende Erfolge bei der Zurückdrängung einer übermäßig wüchsigen Begleitflora. Manche Arten (z. B. *Calamagrostis* sp., *Pteridium* aquilinum und *Rubus fruticosus*) lassen sich auf anderem Wege kaum so weit zurückhalten, dass der Jungwuchs ohne erhebliche Schäden und Ausfälle aufwachsen kann. Dabei ist nicht die völlige Vernichtung der behandelten Arten das Ziel, sondern lediglich die notwendige Dämpfung des Wachstums für wenige Jahre. Bei sachgemäßer Anwendung der Mittel ist das durchaus zu erreichen. In Kapitel 3.2.1.2 wird der Gebrauch von Herbiziden zur Flächenvorbereitung angesprochen. Über die für die Jungwuchspflege **zugelassenen Mittel** unterrichtet das aktuelle Pflanzenschutzmittelverzeichnis der Biologischen Bundesanstalt für Land- und Forstwirtschaft (BBA).

Die Verwendung von **Großpflanzen** kann in manchen Fällen eine Regulierung der übermäßig entwickelten Begleitpflanzen ersparen, doch sind solche Sortimente gegen Mäusefraß und Fegen durch Schalenwild nicht geschützt. Es ist stets eine Abwägung, ob die erhöhten Kosten für Großpflanzen gerechtfertigt sind.

Behandlung von Weichlaubholzarten in Jungbeständen

Die **Weichlaubhölzer** galten bis vor wenigen Jahrzehnten allein als lästige Konkurrenten, die wegen ihres raschen Jugendwachstums zugunsten der forstlichen Kulturpflanzen zu entfernen sind. Als besonders schädlich wurden Birken, Salweide und Vogelbeere angesehen, z. T. auch Aspe und Faulbaum (siehe Abschnitt „Frühbesiedler" Kap. 3.3.2.7).

Heute sieht man auch manche **Vorzüge** dieser Arten, je nach den Standorten und dem Ausmaß ihrer Beimischung: Sie verbessern (trotz ihrer meist nur mäßigen Wurzeltiefe) den Aufschluss des Bodens und damit den Stoffkreislauf, der von Arten mit relativ nährstoffreicher Streu (Vogelbeere, Salweide) wirkungsvoll bereichert wird (Daten bei Leder 1992; Zerbe und Meiwes 2000). Durch Schattenwirkung und Streufall hemmen die Weichhölzer die Ausbreitung von Gräsern. Die Wirkungen auf Wachstum und Qualität des Jungwuchses und des Jungbestands sind bisweilen positiv, jedenfalls meist viel weniger negativ als früher angenommen wurde. Birke und Vogelbeere sind oft dazu geeignet, in einigen Exemplaren in den künftigen Bestand übernommen zu werden. Das hängt von den Dimensionen und der Holzqualität ab, die bei geeigneter Bestandesbehandlung erreicht werden. Zudem sind Weichlaubhölzer Bestandteile der natürlichen Vegetation, die eine Rolle spielen für die Artenvielfalt von jungen Waldbeständen. Sie sind Lebensraum und Nahrungsquelle für viele Insekten (bsonders für Bienen), Vögel und Kleinsäugetiere.

Die Weichhölzer erreichen schon in den ersten Jahren **Sprosshöhen**, die mehr als das Doppelte der gesäten oder gepflanzten Bäume betragen. Dabei können sie sehr **dicht** stehen: Drei bis sechs Exemplare je Quadratmeter sind häufig, es kommen auch noch größere Dichten vor. Erst nach mehr als sechs bis acht Jahren beginnt eine stärkere natürliche Stammzahlreduktion. Die Lichtkonkurrenz durch die Weichhölzer wird, neben deren Dichtstand, auch durch die seitliche Ausdehnung der Kronenäste beeinflusst, am stärksten ist dieser Spreitungsgrad bei der Salweide, am geringsten bei der Vogelbeere.

Aus mehreren Untersuchungen auf verschiedenen Standorten lassen sich für die Weichholz-

Abb. 3.72
Qualitätstypen im Buchenjungwuchs (aus Ott et al. 2003).

beimischung in Buchen-und Eichenpflanzbeständen (Lüpke 1991; Leder 1992; Ammer und Dingel 1997; Nüsslein 1999; Ott 2002; Rock et al. 2004) allgemeine Schlüsse ziehen: Selbst bei dichtem Stand der Weichhölzer tritt keine nennenswerte **Mortalität** von Buche und Traubeneiche ein. Das **Höhenwachstum von Traubeneichen** wird durch die Beimischung je nach deren Dichte unterschiedlich beeinflusst, im großen Durchschnitt jedoch wenig. Verminderungen treten hauptsächlich dann ein, wenn mehrere hohe Konkurrenten in geringerem Abstand als etwa 50 cm neben der Eiche stehen. Bei der **Buche** ist keine Abschwächung des Höhenwachstums zu erkennen. Beide Arten zeigen mit höherer Dichte der Weichhölzer Reduktionen des **Durchmesserwachstums**. Bei der Buche wird es innerhalb von sechs Jahren bei starker Konkurrenz bis über 65 % (auf etwa 3 mm Jahr^{-1}) vermindert, noch stärker ist die Wirkung bei der **Eiche** (Leder 1992). Das entspricht den allgemeinen Erfahrungen mit dem Einfluss von geringerem Lichtzutritt (Kap. 3.3.2). Das h/d-Verhältnis der gepflanzten Arten kann bei hoher Dichte der Weichlaubbäume wesentlich über 110 ansteigen.

Ein Einfluss starker Beimischung auf die **Schaftqualität** von Buche und Eiche hängt wesentlich vom Ausgangszustand (Pflanzenmaterial, Anwuchserfolg) ab. Allgemein bewirkt die „Umfütterung", dass weniger starke und rascher absterbende **Äste** gebildet werden. Ott et al. (2003) konnten zeigen, dass sich feinastige Buchen (Abb. 3.72) einer Freiflächenkultur nach Windwurf im hessischen Vogelsberg (470 m ü. NN, Basalt) häufiger unter dem Konkurrenzdruck von Weichlaubhölzern entwickelten. Eine generelle Minderung der **Geradschäftigkeit** unter dem Einfluss der Weichhölzer ist nicht beobachtet worden.

Solche allgemeinen Folgerungen können nur die **Richtung** angeben, in der sich eine notwendige Regulierung von zu reichlicher Beimischung bewegen soll. Es gibt Hinweise darauf, dass eine schlagartige Freistellung zu Depressionen im Wachstum führen kann (Nüsslein 1999). Wie vorgegangen werden muss, lässt sich nur im einzelnen Fall entscheiden. Sicherlich gibt es für die lichtbedürftige Eiche engere Toleranzgrenzen als für die Buche.

Der **Aushieb** von Weichhölzern führt zu intensivem Aufwachsen von **Stockausschlägen**. Leder (1992) ermittelte bei wenige Jahre alten Vogelbeeren 4,3 Ausschlagtriebe pro Stock, bei der Birke 2,4 und bei der Salweide 1,5. Das sind Durchschnittswerte, bei stärkeren Stöcken und auf günstigen Standorten können es bedeutend mehr sein. Zwar differenzieren und vermindern sich die Ausschläge in ihrer Zahl im Laufe der Zeit, doch ist das Wachstum der am kräftigsten ausgebildeten wesentlich stärker als das von gleich alten Kernwüchsen. Darauf basierend lässt sich abschätzen, wann die Ausschläge die Buchen und Eichen wieder **überwachsen** werden. Daher ist der Aushieb am Wurzelhals nur begrenzt erfolgversprechend, wenn auch manchmal kaum zu vermeiden. Leder (1995b) empfiehlt als einfache und nachhaltigere Methode das **Abknicken** von zu stark vorwüchsigen Weichlaubhölzern.

Dichteregulierung und Schutz

Aus Naturverjüngung und Saat, seltener bei Pflanzung, entstehen manchmal **überdichte** Jungwüchse. Dadurch kommt es zu Wuchsstockungen oder zu Jungbeständen mit ungünstigen Schlankheitsgraden, die der Bestandesstabilität abträglich sind. Eine rechtzeitige Auflockerung durch **Ausreißen** oder **Ausschneiden** (bisweilen maschinell durch Mulchen von schmalen Gassen) fördert dann die Entwicklung solcher Jungwüchse und erspart hohe Kosten bei der Läuterung (Dong 1967; Hammerstein 1999). Bei vielen Naturverjüngungen, besonders von Laubbäumen, ist die Entfernung sperriger und beschädigter **Vorwüchse** notwendig, meist dadurch, dass man sie auf den Stock setzt. Unerwünschte oder übermäßig stark vertretene Arten lassen sich im Jungwuchsstadium leicht zurückdrängen.

Ganz allgemein besteht meist die wichtigste Schutzmaßnahme in der Abwehr von **Verbissschäden**, in etwas fortgeschrittenen Verjüngungsphasen auch von **Fegeschäden** durch das Wild. Wo eine wirkungsvolle Reduzierung der Wilddichte nicht erreichbar ist, bleiben nur Schutzvorkehrungen durch mechanischen oder chemischen Einzelschutz, gegebenenfalls das Aufstellen von Zäunen. Auf die Technik solcher Vorkehrungen kann hier nicht näher eingegangen werden (siehe hierzu Morat 2015).

3.7 Vorwald, Voranbau, Unterbau und Nachanbau

Mischbestände werden durch Naturverjüngung (Kap. 3.3.2.7, 3.3.2.8), durch gleichzeitige Pflanzung verschiedener Baumarten (Kap.3.6.7) oder durch Ergänzung lückiger Naturverjüngung (Kap.3.6.9) begründet. Daneben wurden Verfahren für besondere waldbaulich Ziele entwickelt, bei denen die Baumarten in unterschiedliche Entwicklungsphasen des Bestandes eingebracht werden (siehe Kasten Definition).

Definition

Verfahren für besondere waldbauliche Ziele

Als **Vorwald** wird ein Schirm aus Baumarten früher Sukzessionsphasen bezeichnet, der dem Schutz empfindlicher Baumarten gegenüber Gefahren in der Jugend dient (v. a. gegen Frost und Wasserverlust).

Voranbau ist die Einbringung von Baumarten in einen Altbestand mit unterschiedlichen Zielen. Meist wird die Umwandlung eines Reinbestands in einen Mischbestand angestrebt. Im Gegensatz zum Unterbau wachsen beim Voranbau die eingebrachten Baumarten später in den Hauptbestand hinein bzw. sollen diese ihn (teilweise) ersetzen.

Der **Unterbau** dient hingegen der Bestandespflege und hat ausschließlich eine dienende Funktion, er soll nicht in die Kronenschicht des herrschenden Bestandes einwachsen.

Mit einem **Nachanbau** werden Bestandeslücken nach Störungen beseitigt. Im Gegensatz zum Unterbau bestimmt beim Nachanbau das Störungsereignis den Zeitpunkt der Einbringung einer zusätzlichen Baumart.

3.7.1 Vorwald

Viele Baumarten gedeihen unter **lichtem Schirm** oder Seitenschatten besser als auf Freiflächen. Solche Bedingungen dämpfen stärkere Temperaturextreme und die Windeinwirkung. Dadurch wird die Transpiration der Pflanzen vermindert und der Wasserhaushalt günstig, der in den ersten Wuchsjahren oft kritisch ist. Die Verminderung der Ausstrahlung durch eine Überschirmung setzt die Spätfrostgefahr herab (Hesmer 1953; Göhre 1954; Baumgartner 1956; Geiger 2013). Bisweilen kann auch die Entwicklung der Begleitpflanzen vermindert und so die Gefahr von Schäden durch Mäuse herabgesetzt werden. Schirm und Seitenschatten sind in gewissem Maß auch vorteilhaft für die Entwicklung der Schaftformen des Jungwuchses, indem weniger starke Zweige ausgebildet werden.

Geeignete Baumarten

Schirm und Seitenschatten dürfen nur eine **mäßig starke Wirkung** ausüben, sonst vermindern sie, je nach Baumarten und Standortsverhältnissen, unzuträglich das Wachstum der Hauptbaumarten, wodurch die Phase der Jugendgefahren verlängert wird. Einen gut geeigneten Schirm zum Schutz gegen Frost und Wasserverlust bilden solche Baumarten, die als Glieder früher Sukzessionsphasen unter den Bedingungen der Freifläche ein rasches Jugendwachstum zeigen. Dazu zählen hauptsächlich Sandbirke, Aspe, Erle, Salweide und Vogelbeere. Die ökologischen Eigenschaften dieser Arten sind im Abschnitt zu den Frühbesiedlern in Kapitel 3.3.2.7 zusammenfassend und ausführlicher in den Baumartenporträts im Kapitel 2.1.1 dargestellt. Es liegt daher nahe, für die Pflanzung empfindlicher Arten den Schutz von Frühbesiedlern zu nutzen. Das erfordert einen **flächigen Schirm** solcher Arten von genügender Dichte und Höhe. Einen natürlich oder durch Pflanzung entstandenen Schirmbestand zum Schutz empfindlicher Baumarten nennt man **Vorwald**.

Die Einteilung in **Pionierbaumarten** und Arten späterer Sukzessionsphasen ist in diesem Zusammenhang etwas problematisch. Unter bestimmten Umständen treten sogar sogenannte Spätbesiedler, wie Eiche, Buche und sogar Tanne, schon auf Kahlflächen kurz nach der Freilegung auf. Es gibt auch Frühbesiedler mit einem relativ hohen Schattenerträgnis, z. B. die Vogelbeere. Andererseits ist die Douglasie in vielen Regionen ihres Heimatgebietes ein Erstbesiedler von Freiflächen, während sie in Mitteleuropa wegen ihrer Empfindlichkeit gegen Spätfröste nicht dazu gezählt werden kann, auch wenn es in dieser Hinsicht deutliche Herkunftsunterschiede gibt. Allgemein sind die ökologischen Verhältnisse von Freiflächen entscheidend.

Literatur und Praxis befassen sich immer dann mit dem Vorwald, wenn nach Übernutzung des Waldes (wie bis zum Beginn des 19. Jahrhunderts und nach dem Zweiten Weltkrieg in Europa) oder durch Naturkatastrophen (v. a. durch Stürme) viele große Kahlflächen entstanden sind. Fiedler (1962) hat das Für und Wider solcher Bestockungen unter Auswertung der Literatur ausführlich erörtert.

Begründung und Wirkung

Die Freilegung von Waldflächen hat u. a. zur Folge, dass sich eine Vegetation neu ansiedelt oder die unter lichtem Altholzschirm bereits vorhandene Vegetation stark an Vitalität gewinnt. Dabei entsteht meist ein Aufwuchs von Weichlaubbaumarten, die rasch eine Höhe von mehreren Metern erreichen, dabei aber sehr unterschiedlich dicht stehen. Es gibt zahlreiche Beschreibungen solcher Kahlflächenbesiedlungen (u. a. Fischer 1998a; Schölch 1998; Leder 2017) (Kap. 3.3.2.7). Neben Weichlaubhölzern verjüngen sich auf Sturmwurfflächen häufig auch Nadelbäume aus Samen der sturmgeworfenen Bäume oder durch Sameneintrag aus Nachbarbeständen (Kohnle et al. 2005). Ein einfaches und effektives Verfahren zur Beurteilung von Verjüngungen auf Sturmwurfflächen auf der Grundlage einer Zählung der höchsten Bäume in Probekreisen haben Kohnle et al. (2006) entwickelt.

Die vorher genannten ökologischen Vorteile eines natürlich herangewachsenen Vorwaldes müssen zur Entfaltung seiner Wirkung oft durch **Eingriffe** korrigiert werden: Zu dichter Wuchs wird aufgelockert, Fehlstellen sollten nach Möglichkeit gefüllt werden. Messdaten, an denen man sich dafür orientieren kann, sind wenig vorhanden, man ist auf Erfahrungen angewiesen.

Hesmer (1953) untersuchte jeweils im Mai 1952 und 1953 die Wirkung eines etwa 3 m hohen **Birkenschirms** unterschiedlicher Dichte auf darunter stehende Douglasien und Fichten, die drei Jahre zuvor nach einem Kahlhieb gepflanzt worden waren. Die ebene Untersuchungsfläche liegt in der Niederrheinischen Bucht in 170 m ü. NN. Vom 20.–25. Mai 1952 traten nachts starke Strahlungsfröste (bis −6,5 °C) auf. Die Douglasien hatten bereits lange Triebe geschoben. Die Frostschäden wurden nach einer fünfteiligen Skala im Juni bonitiert (Tab. 3.26). Man erkennt deutlich den Einfluss des Dichtstandes der Birken auf die Frostminderung. Bei gleicher Dichte ist er übrigens größer, wenn die erfasste Teilfläche von nicht überschirmten Flächen umgeben ist. Mitte Mai 1953 traten ausgeprägte Advektivfröste auf, die sich in ähnlichen Abstufungen der Frostschäden äußerten. Sie waren in ihrem Ausmaß jedoch geringer, weil die Douglasien und die Fichten noch nicht sehr weit ausgetrieben hatten.

Tab. 3.26 Frostschäden an Douglasie und Fichte bei unterschiedlich dichtem Birkenschirm (nach Hesmer 1953)

Birkenschirm		Frostschaden*	
Stammzahl auf 200 m^2	**Höhe (m)**	**Douglasie**	**Fichte**
18	2,8	4,5	3,4
20	3,6	4,0	2,9
30	2,8	4,0	3,1
33	3,0	3,3	2,7
34	3,0	3,3	2,4
36	3,6	2,8	1,6
40	3,6	2,0	2,2
42	2,6	3,3	2,3
52	3,6	2,0	2,2
56	3,5	1,6	1,2
68	3,3	1,8	1,7
72	2,8	1,6	1,2

*1 = ohne Schaden, bis 5 = 75–100 % der Triebe geschädigt

Für die Anlage von Birkenvorwald hat Rohmeder (1952) die Saat empfohlen. Nach seinen Ergebnissen ist deren Erfolg weitgehend vom Bodenzustand und der Samengüte abhängig. Er rät für durchschnittliche Verhältnisse 5–10 kg Saatgut ha^{-1} im Herbst oder Winter auszubringen. Bei gereinigtem Saatgut ist mit etwa 6 Mio. reiner Samen je kg und einer Keimfähigkeit von 25–40 % zu rechnen. Wegen der Heterogenität des Keimbetts läuft das Saatgut oft unregelmäßig auf. Nach drei Jahren können die Birken Spitzenhöhen von 2,5 m erreichen.

Bis in die Mitte des 20. Jahrhunderts wurde die Pflanzung der **Weißerle** als Vorwald empfohlen. Das erfolgte in größerem Ausmaß bei der Umwandlung von Kalködland in Laubwald, z. B. bei der Erweiterung des Göttinger Stadtwaldes. Als Frostschutz für die Douglasie bei Aufforstungen nach dem schweren Sturmereignis 1972 im nordwestdeutschen Flachland wurden Weißerlen vorangebaut (Kramer 1982). Die Erfolge waren mäßig günstig. Hesmer (1953) fand dieses Verfahren bei einem Pflanzverband von 5 × 5 m nutzlos. Als Vorzug der Weißerle wurde allgemein die Bindung von Stickstoff aus der Luft und die damit verbundene leicht zersetzliche Streu angesehen. Nachteilig für die Wirkung als Frostschutz sind der relativ späte Blattaustrieb, die Anfälligkeit der jungen Pflanzen für Mäusefraß und im späteren Entwicklungsstadium die starke Bildung von Wurzelschösslingen (Schrötter 1983).

Größere Beachtung verdient die **Aspe**, von der sehr wüchsige Klonvermehrungen im Handel sind, besonders Kreuzungsnachkommenschaften der einheimischen *Populus tremula* mit der nordamerikanischen *Populus tremuloides*, sowie die **Vogelbeere**. Der Anbau von **Schwarz-** und **Balsampappeln** (Kap. 2.1.1.14) als Vorwald wurde Ende der 1960er-Jahre getestet, außerhalb der Auenwälder aber nur selten praktiziert. Auf geeigneten Standorten (nicht zu basenarm und nicht zu trocken) erfüllen Pappeln aufgrund ihrer Raschwüchsigkeit nicht nur früh die Schutzfunktionen des Vorwaldes (z. B. für Tanne, Buche, Douglasie, Fichte und Edellaubhölzer), sondern sie können bereits zu einem frühen Zeitpunkt beträchtliche Vornutzungen als Energie- und Industrieholz liefern (Unseld und Bauhus 2011). Am einfachsten lassen sich Pappeln als Stecklinge von 20–25 cm Länge ausbringen, bei stark aufkommender Konkurrenzvegetation sind Setzstangen (1,5–2,5 m Länge) erfolgversprechender. Zur Begründung eines Vorwaldes für Schattenbaumarten werden die Pappeln im Verband 3 × 3 m oder 4 × 4 m gepflanzt, für Baumarten mit höherem Lichtbedarf werden weitere Abstände gewählt (Abb. 3.73).

Der Übergang von einem reinen (kurzfristigen) Schutzzweck des Vorwaldes zu einem **längerfristigen Nutzholzbestand** ist bei den meisten Arten fließend. Manche sind so wenig schattentolerant, dass sich nur wenige Exemplare in den nachdrängenden Hauptbestand überführen lassen. So ist es mit der Birke, die in Mitteleuropa nur durch starke Freistellungen die nötigen Stammdimensionen und -qualitäten erreicht. Hoffnungsvoller sieht es für die schattentolerantere Vogelbeere aus (Hillebrand 1998). Salweide und Weißerle dagegen bleiben Vorwaldarten mit reinem Schutzcharakter.

Abb. 3.73
Vorwald aus Pappeln auf einer Rekultivierungsfläche im Braunkohletagebau Hambach (Nordrhein-Westfalen).

3.7.2 Voranbau

Allgemein wird angestrebt, den Anteil der Laubbäume zulasten der Fichte und der Kiefer zu erhöhen (Kap. 2.2.2). Dabei spielt der Voranbau eine wichtige Rolle. Dabei werden Baumarten unter dem Schirm des Altbestandes, bisweilen auch in Bestandeslücken, eingebracht. Der Voranbau soll zu einem Mischbestand in der nächsten Bestandesgeneration führen, seltener wird ein vollständiger Bestockungswandel beabsichtigt.

Ziele und Ansätze

Meist wird beim Voranbau durch die Einbringung von Baumarten unter dem Schirm des Altbestandes für die neue Bestandesgeneration ein **Mischbestand** aus Nadel- und Laubbaumarten angestrebt. Das gilt hauptsächlich für den **Buchenvoranbau in Fichtenbeständen** (Abb. 3.74), jedoch auch für Umwandlungen von Reinbeständen aus fremdländischen Nadelbaumarten (Mason 2007). Der Buchenanteil beim Voranbau und bei der weiteren Bestandesbehandlung soll so gehalten sein, dass später eine Naturverjüngung dieser Art möglich wird, die Buche muss also im herrschenden Kronendach ausreichend vertreten sein.

Zur Anreicherung von Buchenbeständen mit Nadelholz werden vor allem Douglasie und Tanne im Voranbau eingebracht. Beim Voranbau von **Tanne** muss dieser in der Jugend langsam wachsenden Art der notwendige Konkurrenzvorsprung vor anderen Arten durch eine entsprechende Schirmstellung verschafft werden (Heneka 1987; Klein 1995; Förster 2003). Für den Voranbau von **Douglasie** und auch von **Edellaubbaumarten** (Kap. 3.3.2.7, 5.4.5) sind größere femelartige Auflichtungen notwendig.

Doch nicht immer liegt das Ziel des Voranbaus darin, Mischbestände unter Beteiligung einer der bereits vorhandenen Baumarten entstehen zu lassen. Auf manchen Standorten wird ein **vollständiger Bestockungswandel** beabsichtigt. So soll auf reichlich mit Nährstoffen versorgten Böden die Fichte in der folgenden Generation gänzlich durch Buche (z. T. mit

Abb. 3.74
Voranbau von Buche aus Pflanzung in einem Fichtenaltbestand im Sauerland (530 m ü. NN).

Edellaubbäumen) ersetzt werden. Auf vielen mesotrophen, nicht sehr trockenen Standorten wird durch Voranbau oft ein Wandel von Kiefer zu Traubeneiche angestrebt. In jedem Fall soll mit der neuen Generation ein Bestand herangezogen werden, der den **standörtlichen Bedingungen** im Hinblick auf die Stabilität im weiteren Sinne (Kap. 1.3.2) besser entspricht als der gegenwärtige Bestand. Das kann mit einer Minderung der Volumenproduktion verbunden sein – wie das meist bei der Ablösung reiner Fichtenbestockungen durch Laubholz der Fall ist – und gilt als Risikoprämie gegenüber Schäden, die einem Fichtenreinbestand drohen können (Lüpke und Spellmann 1997; Kölling et al. 2009a; Neuner et al. 2015). In anderen Fällen, z. B. bei einer standortsgerechten Mischung von Kiefer mit Buche, können bei geeigneter Bestandespflege die Volumen- und Werterträge gesteigert sein (Wiedemann 1951; Kramer 1988; Pretzsch et al. 2015).

Voranbau unter Fichte

Hehn (1993, 1997) hat die Geschichte des Voranbaus von Buche seit Gayer (1886, dort heißt es „Vorbau") bis zum ausgehenden 20. Jahrhundert beschrieben. Sie erörtert die immer wieder vorgebrachten Argumente:

- Erhaltung und Verbesserung der ständörtlichen Verhältnisse und
- Stabilisierung von Fichtenbeständen gegen die Gefahren durch Sturm, Schnee, Rotfäule und Insekten.

Alle diese Aspekte sind grundsätzlich plausibel, wenn auch in ihrer Bedeutung im einzelnen Fall schwierig abzuschätzen. Es gibt zweifellos eine **weite Spanne** zwischen hohen und geringen Risiken wie auch zwischen starken und schwachen Wirkungen solcher Maßnahmen. Gesicherte Kenntnisse gibt es in dieser Hinsicht noch wenig. Dagegen gibt es über die waldbauliche Realisierung des Voranbaus klare Vorstellungen. Diese leiten sich aus den geringen **Lichtansprüchen** der jungen Buchen ab, die in der Naturverjüngung (Kap. 3.3.2.2, 3.3.2.8) bereits bei wenigen Prozenten des Freilandlichtes gedeihen können. Das ist beim Voranbau nicht anders.

Schmitt et al. (1995) ermittelten in einem durch Schneebruch lückig gewordenen, etwa 30-jährigen Fichtenbestand im Sauerland (Nordrhein-Westfalen) an Buchen, die als 2-jährige Sämlinge gepflanzt worden waren, nach neun Jahren bei einem relativen Lichtgenuss von etwa 20 % eine durchschnittliche Höhe von 120 cm, in einer Lücke des Fichtenbestandes mit 70 % Lichtzutritt waren es 180 cm. Ähnliche Daten teilen Spellmann und Wagner (1993) mit: Im Südharz fanden sie an 7-jährigen Buchen unter Schirm mit 10–30 % relativem Lichtgenuss eine durchschnittliche Höhe von 120 cm, in Lücken mit 30–60 % Lichzutritt waren es über 180 cm. Ebenfalls aus Untersuchungen in mittleren Höhenlagen des Harzes erwähnen Gralla et al. (1997), dass 7- bis 11-jährige Buchen im Voranbau unter 60–120-jährigen Fichten bei Lichtzutritt unter 10 % noch vital waren und bei 12 % bereits Sprosshöhen von etwa 150 cm erreicht hatten (siehe auch Leder 1993).

Zwischen der relativen Beleuchtungsstärke (Lichtintensität in Prozent des Freilandlichtes) in Bodennähe und der einfach zu ermittelnden oder zu schätzenden Grundfläche des Bestandes bestehen Beziehungen, die zwar nicht linear sind und durch verschiedene Faktoren modifiziert werden (Kap. 3.3.1.3), aber doch eine Schätzhilfe bilden. Eine Vorstellung für die Zusammenhänge in Fichtenbeständen mit Buchenunterbau im Harz vermittelt Abbildung 3.75. Bei den genannten Daten ist zu bedenken, dass bei allen Baumarten, auch bei der Buche, die Sprosshöhe bei abnehmendem Lichtzutritt relativ weniger beeinflusst wird als der Durchmesser und die Substanzproduktion insgesamt, besonders die Wurzelentwicklung reduziert sich bei zunehmendem Schatten überproportional. Alle diese Wachstumsgrößen sind jedoch für die weitere Entwicklung der Pflanzen von großer Bedeutung. Abbildung 3.76 aus den Untersuchungen von Wagner und Müller-Using (1997) zeigt Zusammenhänge zwischen dem Lichtangebot und dem **Sprossbasisdurchmesser**. Die Daten stimmen mit jenen von Schmitt et al. (1995) gut überein.

Die Wirkung des Lichtangebots auf die **Schaftform** der Buchen im Voranbau ist mehrfach untersucht worden. Schmitt et al. (1995)

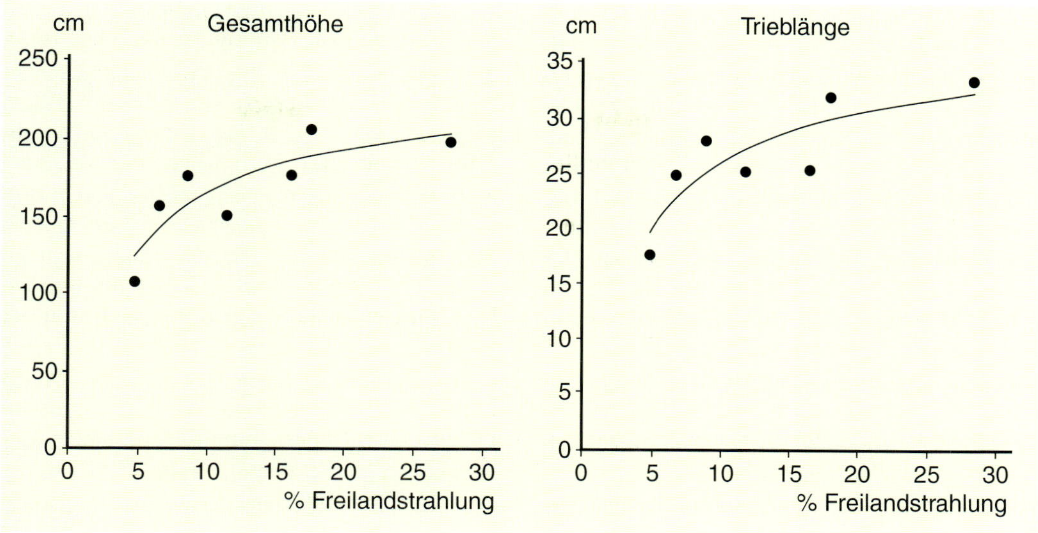

Abb. 3.75 Zusammenhang zwischen den Lichtverhältnissen und der Gesamthöhe sowie der im Untersuchungsjahr registrierten Terminaltrieblänge von 7- bis 13-jährigen Buchen in Voranbauversuchen in Fichtenaltbeständen im Harz (400–600 m ü. NN) (nach Gralla et al. 1977).

stellten fest, dass bei Lichtzutritt von weniger als 30 % des Freilandlichtes die Wipfelschäftigkeit geringer ausgeprägt ist als bei 60 % des Freilandlichtes, und zwar lag ihr Wert bei 58 % gegenüber 78 % bei den untersuchten Buchen. Ähnliches berichten Gralla et al. (1997), die einen Lichtgenuss von weniger als 10 % als kritisch und etwa 15 % als noch tolerabel ansehen. Auch Schütz und Barnola (1996) beschreiben den Anteil geradwüchsiger junger Buchen bei 40–60 % Lichtgenuss als am höchsten. So lässt sich der Lichtbedarf für eine zügige Entwicklung des Buchenvoranbaus ungefähr einschätzen, wenn auch die Standortsfaktoren eine modifizierende Rolle dabei spielen. Eine Fichtennaturverjüngung kann der Buche Konkurrenz machen, wenn sie **reichlich** Licht erhält (Kap. 3.3.2.8). Die Buche muss daher unter solchen Umständen einen deutlichen Wuchsvorsprung haben, damit sie nicht weitgehend verdrängt wird.

Zeitweise wurden noch in überwiegend geschlossenen Fichtenbeständen Buchen vorangebaut, meist in der Erwartung, dass ein rasches Fortschreiten der sogenannten „Neuartigen Waldschäden" den Fichtenschirm auflichten würde. Das ist tatsächlich nur in seltenen Fällen eingetreten, meist haben als geschädigt eingeschätzte Fichten sich bald deutlich erholt. In solchen Fällen ist eine Auflichtung des Fichtenbestandes wegen der Sturmwurfgefahr sehr bedenklich und die Verluste in der Volumenproduktion können beträchtlich sein (Richter 1977a; Spellmann und Wagner 1993). Es bleibt dann kein anderer Weg, als die Entwicklung ab-

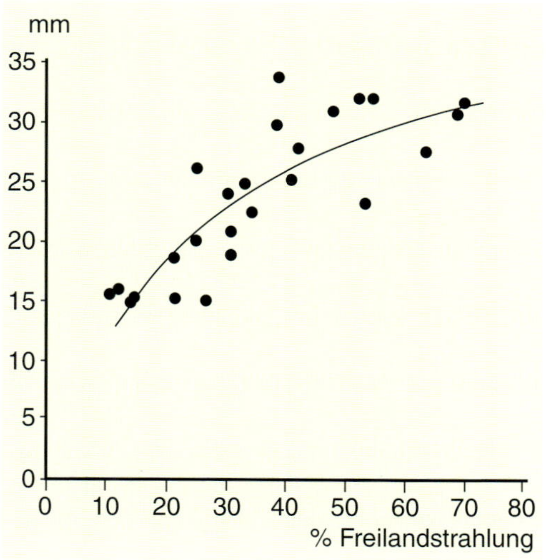

Abb. 3.76
Zusammenhang zwischen den Lichtverhältnissen und dem Durchmesser an der Sprossbasis 7-jähriger Buchen eines Voranbaus in einem Fichtenaltbestand im Harz (500 m ü. NN) (nach Wagner und Müller-Using 1997).

zuwarten. In jedem Fall günstiger als ein flächenhafter Voranbau ist es, das Mosaik von mehr oder weniger stark aufgelichteten Bestandesteilen für den horst- und gruppenweisen Voranbau auszunutzen (Palmer 1985; Spellmann und Wagner 1993; Lüpke und Spellmann 1997; Richter 1997b; Wagner und Müller-Using 1997). Der Voranbau in stärker aufgelichteten Bestandesteilen (z. B. nach Strumwurf) muss unmittelbar nach der Auflichtung erfolgen, ehe die Lücken durch Graswuchs oder dichte Fichtennaturverjüngung dafür nicht mehr geeignet sind. Untersuchungen zu den Randeffekten auf die Qualitäten von 16–20-jährigen Buchen bei trupp- und horstweisem Voranbau in Fichtenaltbeständen des Tharandter Waldes (Sachsen) ergaben, dass innerhalb eines 3 m breiten Randstreifens die Buchen grobastiger sind, eine kürzere astfreie Schaftlänge und eine höhere Grünastdichte aufweisen als Buchen im Inneren des Voranbaus (Tiebel et al. 2016). Daher bietet der Voranbau in Horstgröße ein größeres Potenzial für die Wertholzerzeugung als der in kleineren Flächengrößen. Häufig ist das Verjüngungziel beim Buchenvoranbau ein Mischungsanteil der Buche von 30 %. Dieses ist mit drei Voranbauflächen in Horstgröße auf einem Hektar erreichbar.

Verschiedene **Sortimente** kommen für den Voranbau infrage. Oft werden 2-jährige Sämlinge aus Baumschulen oder Wildlinge aus Naturverjüngung erfolgreich gepflanzt (Palmer 1985; Schenk 1994). Wegen der Gefährdungen durch Konkurrenz und Mäusefraß verwendet man jedoch meist größere Pflanzen. Die üblichen Pflanzenmengen betragen bei ganzflächigem Voranbau meist 5000–8000 Buchen ha^{-1}, bei teilflächigem Voranbau dem Flächenanteil entsprechend weniger.

Leder und Gutsche (1997) verglichen im Sauerland die Entwicklung von **ballierten Großpflanzen** aus Naturverjüngung (Wildlinge) auf einer Bestandeslücke und unter lockerem Schirm (Tab. 3.27). Dabei zeigte sich, dass die anfangs 150 cm hohen Ballenpflanzen erst 3–4 Jahre nach der Pflanzung einen nennenswerten Höhenzuwachs aufwiesen. Der Durchmesser am Wurzelhals war mäßig, der Schlankheitsgrad hoch. Die Wuchsform befriedigte in beiden Varianten.

In den **Hochlagen des Harzes** (900 m ü. NN) ist wegen des rauen Klimas und der Nährstoffarmut des Bodens kaum mit Erfolgen des Buchenvoranbaus zu rechnen. Es wurde daher in einem längerfristigen Versuch geprüft, welche **Baumarten** für eine Anreicherung der (dort von Natur aus heimischen) Fichte geeignet sind und mithilfe von Kalkung und Pflanzlochdüngung lebensfähig bleiben würden. Dafür wurden jeweils im Frühjahr 1986 und 1987 mehrere eingezäunte Versuche angelegt, jeweils auf einer (im Mittel zu 40–50 %) überschirmten Altholz- und einer dicht daneben gelegenen Freifläche. Weihs (1993) hat die ökologischen Verhältnisse dieser Flächen (Bodenbedingungen einschließlich der Wirkungen von Nährstoffzufuhren, Strahlung, Mikroklima, Entwicklung der Begleitflora) sowie Wachstum und Schädigungen der Versuchspflanzen während der ersten vier Versuchsjahre eingehend dargestellt.

Es wurden in zahlreichen, truppweise angeordneten Wiederholungen gepflanzt: *Picea abies*, *Abies procera*, *Acer pseudoplatanus*, *Alnus glutinosa*, *Alnus incana* und *Sorbus aucuparia*. Deutlich zeigten sich Unterschiede im Überleben und im Wachstum je nach Überschirmung und Nährstoffzufuhren, wobei sich die Kalkung als besonders wirksam erwies. **Gravierende Ausfälle** traten beim Bergahorn (besonders auf der Freifläche durch Frost) und bei der Weißerle auf, während die Ausfallrate mit 8–16 % der Ausgangspflanzenzahl bei der Schwarzerle und der Vogelbeere gering blieb. Nur die Fichte wuchs auf der Freifläche besser an als unter Schirm. Stammbrüche und Rindenverletzungen durch Schnee und Eis waren wegen des schlanken Wachstums bei den Laubbäumen unter Schirm stärker ausgeprägt als auf der Freifläche, doch zeigte sich die Vogelbeere robust gegen solche mechanischen Verletzungen.

Das **Höhenwachstum** war bei Schwarzerle und Fichte auf der Freifläche besser als unter Schirm, bei Bergahorn und Vogelbeere war es dagegen umgekehrt, erst bei mehr als 60 % Überschirmung nahm das Höhenwachstum deutlich ab. Die Mittelwerte für die Höhentriebe der dritten und vierten Vegetationsperiode auf einer der beiden Hochlagenflächenpaare zeigt Tabelle 3.28, dort sind auch die Werte für die

Tab. 3.27 Wachstum und Qualität von Buchenwildlingen im Voranbau (nach Leder und Gutsche 1997)

Merkmal	Aufnahmejahr	Lücke	Schirmfläche
Ausfallrate (%)	1992	1	1
	1996	17	20
mittlere Höhe (cm)	1992	151	148
maximale Höhe (cm)	1996	196	169
mittl. Durchmesser (mm)	1996	118	91
Höhe/Durchmesser-Verhältnis	1996	193	197
Wuchsform (% der Pflanzenzahl)	1995		
wipfelschäftig		84	82
Zwiesel, krumm		15	18
buschig		1	0
Schäden (% der Pflanzenzahl)	1996		
Leittrieb verbissen		44	32
gefegt		21	15

Tab. 3.28 Wachstumsdaten als Mittelwerte der dritten und vierten Versuchsperiode auf der Untersuchungsfläche Braunlage (Harz, 870 m ü. NN) (aus Weihs 1993)

Messgröße	Variante	*Picea abies*	*Abies procera*	*Sorbus aucuparia*	*Acer pseudoplatanus*	*Alnus incana*	*Alnus glutinosa*
Jahreshöhentrieblänge (cm)	Freifläche	5,5	4,8	30,0	6,9	12,8	35,3
	Schirm	6,0	6,3	37,2	9,6	12,8	14,2
Sprossbasisdurchmesser (mm)	Freifläche	11,2	9,4	11,9	9,5	12,0	15,5
	Schirm	10,1	8,7	11,5	8,8	9,4	12,3

Sprossbasisdurchmesser verzeichnet. Diese zeigen ähnliche Relationen wie die Daten für die Höhentriebe. Die Fichte hatte bis dahin die höchsten Werte auf der Freifläche, die übrigen Arten hatten die höheren Werte unter lichtem Schirm der Lücken mit 10–20 % relativem Lichtgenuss. Bei dichterem Schirm sank das **Durchmesserwachstum** mehr oder weniger deutlich ab. Durch Aufnahme eines Teils der Flächen nach 13 Vegetationsperioden stellte Vor (2000) fest, dass sich die Vogelbeere nach Kalkung und unter Fichtenschirm (dessen Dichte sich seit der Anlegung des Versuchs kaum verändert hatte) weitaus am besten bewährt hatte. Die zunächst gut wachsende Schwarzerle hatte jetzt auch in der Kalkungsvariante erhebliche Ausfälle, sie wuchs immerhin leidlich, während Weißerle und Bergahorn sich in allen Varianten schlecht entwickelt hatten.

Voranbau unter Kiefer

Der Schirm der Kiefer lässt weit **mehr Licht** an den Boden gelangen als der von Fichtenbeständen. Ein Bestockungsgrad von 0,8 (im Alter von 80–120 Jahren bei I. Ertragsklasse = 27 m^2, in der III. Ertragsklasse = 23 m^2 Grundfläche ha^{-1}) bringt etwa 50–55 % des Freiflächenlichtes an den Unterwuchs. Das ermöglicht einem Buchenvoranbau einen fast unverminderten Höhenwuchs und einen nicht wesentlich verringerten Zuwachs im Durchmesser (Petersen und Wagner 1999). Auf sommertrockenen Standorten, wie sie oft bei der Kiefer gegeben sind, kann das zu Wasserknappheit (Irrgang 1999) und dadurch zum **Absterben** junger Buchen führen. Das ist besonders ausgeprägt bei stärkerer Konkurrenz durch die Begleitflora und den Aufwuchs von Birke und Vogelbeere (Petersen und Wagner 1999). Gefährdet sind vor allem Heisterpflanzen ohne Ballen (Heuer 1996).

Für den Voranbau mit **Traubeneiche** wird der Kiefernbestand meist auf einen Bestockungsgrad von 0,7 gestellt, der einem Lichtangebot von etwa 30–40 % des Freilandlichtes entspricht. Bei einer derartigen Überschirmung bleiben Höhen- und Durchmesserzuwachs, zumindest in der Initialphase, kaum beeinflusst (Koss 1995; Lüpke 1995; Kätzel et al. 2004). Eine mäßige Überschirmung bringt offenbar einen höheren Anteil von Eichen mit besseren Schaftformen (Preuhsler et al. 1994; Leder und Weihs 2000). Eingriffe in den Kiefernbestand sollten längere Zeit über möglichst gering sein, weil sie stets zu Einbußen in der Volumenproduktion führen (Wiedemann 1948; Kramer 1988; Petersen und Wagner 1998). Beim Voranbau der Traubeneiche ist die **Saat** (Kap. 3.5.3) ein häufig angewendetes Verfahren (Preuhsler et al. 1994; Lüpke 1995; Schirmer et al. 1999). Sofern der Oberboden dafür geeignet oder durch Bearbeitung entsprechend hergerichtet ist, scheint die Saat der Pflanzung mindestens ebenbürtig zu sein.

3.7.3 Unterbau

Ein Unterstand als zweite Baumschicht unter den Kronen der herrschenden Baumschicht hat mehrere Aufgaben in der Bestandespflege (Kap. 4). In Beständen, die ganz aus Lichtbaumarten zusammengesetzt sind, lässt sich ein Unterstand aus denselben Arten meist nicht über längere Zeit halten. Es kann daher notwendig sein, ihn zur Schaftpflege durch nachträglichen Anbau von **Schattenbaumarten** als Unterbau zu schaffen. Das gilt besonders für die Eichenarten, aber auch für Bestände aus Kiefer, Lärche, Schwarznuss u. a., deren Kronendach in höherem Alter licht ist. Der Unterbau hat ausschließlich **dienende Funktion**, er soll möglichst zu keiner Zeit in die obere Kronenschicht des herrschenden Bestandes einwachsen.

Unterbau wird in Stangen- oder schwachen Baumhölzern durch **Saat** oder **Pflanzung** vorgenommen. Die dafür eingesetzten Arten sind stets deutlich jünger als der Hauptbestand. In seltenen Fällen kann ein natürlich entstehender Unterwuchs (aus Stockausschlag oder Naturbesamung, z. B. Eintrag von Bucheckern in Lärchenbestände) die dienende Funktion erfüllen. Vom Unterbau ist der Voranbau (Kap. 3.7.2) dadurch zu unterscheiden, dass bei diesem die eingebrachten Baumarten später in den Hauptbestand hineinwachsen oder ihn (teilweise) ersetzen sollen.

Eine der wichtigsten Aufgaben des Unterbaus, besonders bei den **Eichenarten**, besteht in der **Schaftpflege**. Da er erst Jahrzehnte nach der Entstehung des Hauptbestandes vorgenommen wird, kann er zu dessen Astreinigung nicht mehr viel beitragen. Vielmehr soll der Unterbau die Bildung von Wasserreisern an den herrschenden Bäumen verhindern oder zumindest stark einschränken. Wasserreiser sind Zweige, die sich aus schlafenden Augen am Schaft bilden. Wenn sie bei günstigen Lichtverhältnissen erstarken, werden sie Klebäste genannt. Die Ursachen zu ihrer Entstehung werden im Abschnitt „Ästigkeit“ in Kapitel 4.2.4.2 besprochen. Neben der Schaftpflege ist es auch die Aufgabe des Unterbaus, einen übermäßigen **Bodenbewuchs** zu verhindern, der oft spätere Maßnahmen zur Bestandesverjüngung behindert. Auch für den **Stoffkreislauf**, insbesondere auf ärmeren Böden, kann ein Unterbau wegen einer intensiveren Bodendurchwurzelung von Bedeutung sein. Schließlich kann ein Unterbau aus Laubgehölzen die **Feuergefahr** in Kiefernbeständen einschränken.

Wiedemann (1942) hat die Ergebnisse langjähriger Untersuchungen auf 54 Versuchsflächen von **Eichen mit Buchenunterbau** mitgeteilt. Der Volumenzuwachs war auf den Unterbauflächen etwas höher als der von reinen Eichenflächen. Das fällt aber wirtschaftlich nicht ins Gewicht, weil die Buche im Unterstand nur geringwertige Sortimente erreicht. Der mittlere Durchmesserzuwachs war bei den unterbauten Eichen etwas geringer, der Unterschied betrug in den ersten 100 Jahren etwa 4 cm. Dem steht der Vorteil gegenüber, dass ein geschlossener Unterstand es erlaubt, die besten Eichen ohne Schädigung ihrer Schäfte durch Wasserreiser stärker im Kronenraum zu umlichten. Dadurch können diese Bäume eine große Krone ausbilden und damit anhaltenden Stärkenzuwachs erlangen. Über die Funktion des Buchenunterbaus für die **Wertleistung** der Eiche urteilt Wiedemann (1942) zusammenfassend durchaus kritisch:

„Die entscheidenden Vorteile des Unterbaus für die Verbesserung der Wertleistung treten aber erst dann ein, wenn er hoch gewachsen ist und die Eichenschäfte deckt. Zuvor aber ist eine Gefahr zu überwinden, die von der Praxis oft nicht genügend beachtet wird. Auf vielen Standorten kommt der Buchenanbau nämlich unter einem geschlossenen Eichenbestand nur äußerst langsam in die Höhe, vor allem wenn er durch Hasen und Rehwild verbissen wird. Zur Förderung der Buchen wird es dann nötig, stärker in die Eichen einzugreifen, und zwar lange bevor die Buche die Eichenschäfte decken kann. In dieser Übergangszeit, die 20 Jahre und länger dauern kann, bilden sich an allen dazu veranlagten Eichen Wasserreiser, die gerade an den unteren wertvollsten Schaftteilen erhebliche Dimensionen erreichen können. Während aber in einem nicht unterbauten Eichenbestand diese Wasserreiser wenigstens als lebende grüne Äste einwachsen, werden sie im unterbauten Bestand später von den hoch schiebenden Buchen zum Absterben gebracht und wachsen dann als tote Äste in den Stamm ein. Unter Umständen dringt die Fäulnis sogar von diesen abgestorbenen Ästen tiefer in den Stamm hinein. Einige unserer älteren Unterbauflächen im Spessart und anderen Gebieten bringen erschütternde Beweise dafür, in welch hohem Maß die Qualität von bestgeformten, ausgesuchten Zukunftseichen nachträglich durch Faulstummel der Wasserreiser zerstört werden kann."

Der **Erfolg** des Unterbaus hängt also wesentlich von wichtigen Maßnahmen ab. Der Eichenbestand sollte durch mehrere vorsichtige Hiebe so vorbereitet werden, dass mit kontinuierlichem, aber langsamem Kronenausbau die Bildung von Wasserreisern an den herrschenden Eichen unterbleibt oder zumindest gering gehalten wird. Ein wiederholtes Abstoßen noch schwach entwickelter Triebe an den Schäften kann eine qualitätsfördernde Maßnahme sein, solange der Unterbau noch nicht eine Höhe von 6–8 m erreicht hat. Der Unterbau wird in Eichenreinbestände meist im Alter von etwa 30–70 Jahren eingebracht. Der **Zeitpunkt** der Einbringung hängt vom Standort und vom Alter ab, indem die Eichen ihre Zielstärke erreichen. Hierbei ist zu berücksichtigen, dass sich der Unterbau rund 30

Abb. 3.77
Stieleichenbestand (96-jährig) mit Unterbau aus Winterlinde (60-jährig) im südlichen Harzvorland.

Jahre entwickelt haben muss, bevor er seine dienende Funktion voll erfüllen kann.

Viele Standorte der Traubeneiche haben eine nur mäßige oder gar schwache Nährstoffausstattung. Hier ist für den Unterbau nur die **Buche** geeignet. Auf besser mit Nährstoffen versorgten Standorten besteht die Wahl zwischen **Buche, Hainbuche** und **Winterlinde** (Abb. 3.77). Auf typischen Standorten der Stieleiche mit stärkerer Gley- oder Pseudogleybildung wächst die Buche häufig schlecht und wurzelt so flach, dass sie ihre Funktionen nicht gut erfüllen kann. Hier werden Hainbuche und Winterlinde zum Unterbau verwendet. Alle drei Baumarten haben ihre Vorzüge und Nachteile. Buche und Winterlinde wachsen im Allgemeinen gut an und haben bei gleichen Lichtverhältnissen ein relativ gutes Wachstum. Die Hainbuchenpflanzungen gedeihen oft langsam und mit großen Ausfällen, sie leiden besonders unter Verbiss (Hesmer 1960). Buche und Hainbuche werden von Mäusen stark heimgesucht, die Linde dagegen nicht. Bei der Buche besteht auf gut mit Wasser versorgten Standorten am meisten die Gefahr, dass sie den Eichen in das Kronendach hineinwächst. Auf nährstoffreichen Böden kann das auch bei der Winterlinde geschehen, während die Hainbuche im Unterbau immer unterständig bleibt. Winterlinde und Hainbuche haben ein gutes Regenerationsvermögen, sie treiben rasch wieder Zweige, wenn sie geköpft oder auf den Stock gesetzt worden sind. Die Buche dagegen verträgt eine solche Notmaßnahme schlecht.

Fricke et al. (1980) haben einen 75-jährigen Stieleichenbestand im Südharz auf einem mesotrophen, frischen Parabraunerde-Pseudogley-Standort untersucht, der im Alter von 36 Jahren zu je einem Drittel mit Buche, Hainbuche und Winterlinde unterbaut worden war. Die Linde hatte mit 42 Jahren eine Mittelhöhe von 13,6 m und einen mittleren Durchmesser von 10 cm erreicht. Sie steht im Wachstum vor der Buche (Höhe 10,5 m, Durchmesser 7 cm) und der Hainbuche (9,3 m und 7 cm); sie musste stellenweise geköpft werden, damit sie nicht die Eichen in der Krone bedrängt. Den besten Vertikalschluss zeigt der Buchenunterbau, die ungleichmäßigste Verteilung hat die Hainbuche wegen ihrer starken Anwuchsschwierigkeiten im Jugendalter. Auch Unterbauversuche bei Bonn unter ähnlichen Bodenverhältnissen (Hesmer 1960) zeigten, dass die Winterlinde unter diesen ökologischen Verhältnissen der Buche im Wachstum überlegen ist.

Auch **Kiefernbestände** werden häufig unterbaut, obwohl hier die Gefahr der Stammentwertung durch Wasserreiser nicht gegeben ist. In diesem Fall erwartet man von einem Buchenunterbau, dass er den Stoffumsatz und die Zusammensetzung der Streu verbessert. Das kann jedoch auf ärmeren Standorten nur in geringem Maß geschehen. Die Zurückhaltung einer dichten Grasvegetation und die gestaffelte Struktur des unterbauten Kiefernbestands kann die Feuergefahr verringern.

Wegen möglicher Gefahren durch Vögel, Mäuse und Graskonkurrenz wird beim Unterbau meist die **Pflanzung** der **Saat** vorgezogen. Es kann in relativ weiten Verbänden gepflanzt werden, weil eine übermäßige Astbildung unter dem Schirm des Hauptbestandes nicht zu erwarten ist, sie kann wegen des dienenden Charakters beim Unterbau notfalls in Kauf genommen werden. Hesmer (1960) empfiehlt für den Unterbau der Stieleiche mit Winterlinde einen **Pflanzverband** von 4,0 × 1,0 m. Ein sicherer Schutz gegen Wildschäden ist immer notwendig. Nach dem Anwachsen der Unterbaupflanzen ist je nach ihrer Reaktion auf die Überschirmung eine vorsichtige, häufig wiederkehrende **Durchforstung** des Hauptbestandes nötig. Auch der heranwachsende Unterstand bedarf regelmäßiger Pflege, damit er seine Funktionen erfüllen kann.

Somit bleiben **Vorzüge** und **Nachteile** des Unterbaus gegenüber dem mehr oder weniger gleich alten Mitanbau von Licht- und Schattenbaumarten **ambivalent**. Unterbau kommt in erster Linie für Bestände mit hoher Qualitätserwartung in Betracht. Er erfordert einen zusätzlichen Aufwand für Begründung, Schutz und Pflege. Im Hinblick auf ökologische Wirkungen ist der Unterbau durchaus vorteilhaft, zudem verringert er die Gefahr, dass die Lichtbaumarten der Konkurrenz der Schattenbaumarten im fortgeschrittenen Alter erliegen. Regelmäßige Kontrolle der Bestandesentwicklung und korrigierende Eingriffe in Ober- und Unterstand sind bei beiden Verfahren notwendig. Vor allem bei gleichzeitiger Begründung von Eiche und Buche besteht hierbei die Gefahr, dass die Buchen weit vor der Zielstärkennutzung der Eichen entnommen werden müssen, weil sie die Kronen der Eichen bedrängen. In diesen Fällen ist entweder eine Entwertung der Eichen durch Wasserreiserbildung in Kauf zu nehmen oder es hat sich eine Buchennaturverjüngung eingefunden, die die Schaftpflege übernehmen kann. Andererseits ist die „zweite Kultur" je nach den Bestandesverhältnissen **aufwendiger** als ein Mitanbau. Das ist wohl der wichtigste Grund dafür, dass der Unterbau heute relativ selten vorgenommen wird.

3.7.4 Nachanbau

Wenn größere Bestandeslücken unplanmäßig durch Sturm, Schnee oder Insektenbefall entstanden sind, werden sie unter bestimmten Voraussetzungen ausgepflanzt. Im Gegensatz zum Unterbau bestimmt beim Nachanbau die Störung den **Zeitpunkt** der Einbringung einer zusätzlichen Baumart. Voraussetzungen für das Gelingen eines Nachanbaus sind

- eine ausreichende Flächengröße,
- ein geringes Alter der geschädigten Bestände und
- Baumarten, die schnell genug wachsen, um bis zur Hiebsreife der Bäume des Hauptbestands ebenfalls verwertbare Dimensionen zu erreichen.

Bestandeslücken bis Gruppengröße (Flächendurchmesser > 15 m) schließen sich auch ohne Nachanbau durch seitlichen Kronenausbau der Randbäume und natürlichen Aufwuchs. Das Zeitfenster für einen Nachanbau wird vom Alter des Bestandes und der Wüchsigkeit der einzubringenden Baumart festgelegt. Da die nachangebauten Baumarten den Anschluss an den Hauptbestand erreichen sollen und eine gemeinsame Nutzung angestrebt wird, sind nur relativ junge Bestände (bis schwaches Baumholz) für den Nachanbau geeignet, sodass der Altersunterschied zwischen Nachanbau und Hauptbestand nur wenige Jahrzehnte betragen kann. Für den Nachanbau im Kiefernstangenholz nach Schneebruch hat sich die Douglasie bewährt, weil sie auf den nährstoffarmen und trockenen Standorten höhere Wuchsleistungen als die Kiefer erzielt und daher gemeinsam mit dieser hiebsreif wird (Rottmann 1985).

In den 1950er- und 1960er-Jahren wurden in den Nachanbau zur **Wertsteigerung** älterer Kiefernbestände, die geschädigt oder von schlechter Qualität waren, große Hoffnungen gesetzt. Bei dem hierzu entwickelten Verfahren wird zunächst durch die Entnahme geringwertiger Kiefern die Stammzahl auf 100–200 Kiefern ha^{-1} abgesenkt. Dadurch, dass die Kiefernkronen langfristig umlichtet werden, steigt der Durchmesserzuwachs an (Lichtungszuwachs, Kap. 4.2.8.3). Die dennoch geringere Volumenleistung des Kiefernbestandes nach der Stammzahlreduzierung wird durch einen Nachanbau aus Tanne, Douglasie oder Buche, seltener aus Fichte oder Roteiche, mindestens ausgeglichen, sofern die Kiefern nicht durch Krankheit (v. a. Fäulepilze) entwertet werden und frühzeitig entnommen werden müssen. Weiterhin sollte der Produktionszeitraum dieser **zweialtrigen Bestände** ausreichend lang sein, sodass der Unterbau in Stammdimensionen hineinwachsen kann, die einen hohen erntekostenfreien Erlös bringen. Diese Voraussetzungen sind häufig nicht gegeben, sodass die erwarteten Mehrleistungen an Masse und Wert ausbleiben (Wiedemann 1951; Erteld 1953; Zundel 1960).

4 Bestandespflege

Inhalt

Die Bestandespflege umfasst die waldbaulichen Maßnahmen Läuterung, Durchforstung, Ästung und Düngung. Diese fördern nach Abschluss der Bestandesverjüngung die Entwicklung des Bestandes auf ein festgelegtes **Ziel** hin. Im schlagweisen Hochwald sind sie räumlich und zeitlich klar getrennt. Diese Trennung geht mit zunehmender Strukturvielfalt verloren, bis schließlich im Plenterwald jeder Eingriff zugleich Pflege-, Ernte- und Verjüngungsmaßnahme sein kann. Die Bestandespflege hat den Zweck, den Aufbau und die Zusammensetzung der Waldbestände nach Baumarten und -klassen sowie deren Zuwachs und **Qualität** so zu fördern und zu lenken, dass die Ziele des Waldeigentümers, der Gesellschaft und gesetzlicher Vorschriften bestmöglich erreicht werden. Unter den möglichen Zielen ist weltweit und auch in Mitteleuropa eine möglichst ertragreiche Holzproduktion meist vorrangig.

4.1 Grundlagen

Die meisten Wälder dienen der Holzproduktion. In Mitteleuropa steht dabei die Erzeugung von Qualitätsholz im Vordergrund. Hierzu sind Pflegemaßnahmen in bestimmten Entwicklungsstufen, den natürlichen Altersstufen, notwendig.

4.1.1 Wirtschaftsziele

Qualitäts- und Wertholz
Während noch bis in die 1950er-Jahre die Maximierung der Volumenleistung im Vordergrund stand, sind heute die meisten Waldeigentümer in Mitteleuropa überzeugt, dass ihre Forstbetriebe im globalen Wettbewerb nur konkurrenzfähig bleiben können, wenn sie die Produktion von möglichst fehlerfreiem und starkem Stammholz anstreben, das für die Herstellung von Schnittholz und von Furnieren geeignet ist. Dieses Produktionsziel wird im Folgenden als **Qualitätsholz** bezeichnet (Abb. 4.1).

Jahrzehntelang stammte das meiste Qualitätsholz aus Urwäldern. Diese Ressource wird jedoch in absehbarer Zeit weiter stark zurückgehen, sodass die Lieferung von Qualitätsholz aus Wirtschaftswäldern immer wichtiger wird. Für mitteleuropäische Forstbetriebe erscheint dieses Produktionsziel aus ökologischen und politisch-sozialen Gründen besonders geeignet. Es ermöglicht durch die damit verbundene Baumartenvielfalt und die erforderlichen längeren Produktionszeiträume von meist mehr als 100 Jahren in bestmöglicher Weise die gewünschte Multifunktionalität. Bei anderen Holzproduktionszielen (wie z. B. Zellstofffaser-, Energie-, Hackschnitzel- oder schwaches Sägerundholz in kurzen Umtriebszeiten) bestehen in vielen Ländern bessere Standortsbedingungen. Diese Sortimente fallen zwar als Koppelprodukte auch in Mitteleuropa bei der Qualitätsholzerzeugung an (z. B. Schwachholz aus Jungdurchforstungen oder das Kronenholz von starken Laubbäumen), sie sind aber in der Regel für den wirt-

Abb. 4.1
Wertholzhaltige 170-jährige Traubeneichen mit 100-jährigen Buchen im Unter- und Zwischenstand aus nachträglichem Unterbau auf Buntsandstein bei Göttingen (Niedersachsen, 375 m ü. NN). Der abgebildete Bestand entspricht annähernd dem Ideal der klassischen Eichenwertholzproduktion.

Hintergrundwissen

Eigenschaften von Qualitätsholz

Beim Qualitätsholz handelt es sich um Stammholz (d. h. um Langholz oder aus Langholz hergestellte Abschnitte) mit mindestens der Qualitätsklasse B der Rahmenvereinbarung für Rohholzhandel in Deutschland (RVR), das homogene Holzeigenschaften aufweist, die für den jeweiligen Gebrauchszweck gut geeignet sind. Es sollte wenigstens mittlere Dimensionen (beim Nadelholz: Mittenstärkeklassen 2a (20–24 cm) bis 3a (30–34 cm), entsprechend Brusthöhendurchmesser (Durchmesser in 1,3 m Höhe = BHD) von 35–45 cm; beim Laubholz 10–15 cm mehr), gute Festigkeitseigenschaften, relativ feine Äste (im Nadelschnittholz sollte der maximale Durchmesser 20 mm nicht überschreiten) und eine nicht zu grobe Jahrringstruktur aufweisen. Einige Fehler sind in geringem Maße zugelassen, sie dürfen aber eine große Ausbeute an Schnittholz hoher Qualität (z. B. für Leimholz) nicht verhindern. Die folgende Auflistung geht im Einzelnen auf weitere Gütemerkmale ein:

- geringe Exzentrizität der Markröhre
- weitgehendes Fehlen von Reaktionsholz (v. a. Druck- oder Rotholz bei Nadelbäumen), das meist mit einer Exzentrizität der Markröhre verbunden ist; es beeinträchtigt stark das Schwind- und Trocknungsverhalten und damit die Dimensionsstabilität des Schnittholzes
- geringer Drehwuchs (wichtig bei Schnittholz, weniger bei Furnierholz, Abb. 4.2a)
- wenige, gesund überwallte Rindennarben nach Buchenschleimfluss (Abb. 4.2d)
- Risse: radiale Trockenrisse können für einzelne Verwendungsbereiche akzeptiert werden; bei Schnittholz für tragende Funktionen sind Blitz- und Frostrisse sowie Ringschäle nicht zugelassen (Abb. 4.2b)
- geringe, einschnürige Krümmungen: stärkere Krümmungen beeinträchtigen dagegen die Einteilung der Rundholzblöcke und verringern die Ausbeute
- geringe Abholzigkeit: sie erfordert eine verhältnismäßig hohe Bestandesdichte und lässt sich durch Bestandespflegeeingriffe steuern
- geringe Ovalität des Stammquerschnittes
- weitgehendes Fehlen von Wimmerwuchs (welliger Faserverlauf und ungleichmäßiger Jahrringverlauf, z. B. bei Buche)
- keine Faulstellen (z. B. durch Wurzel- oder Stammschäden beim Rücken) in der Wertholzschicht: Fäule, die sich auf den ohnehin fehlerhaltigen Kern beschränkt, kann dagegen für viele Verwendungsbereiche akzeptiert werden
- nicht zu breite Jahresringe (Tab. 4.1): für die Festigkeit und auch für die Furnierfähigkeit ist dieses Merkmal aber nicht so entscheidend wie Äste und andere Faserabweichungen (siehe z. B. für Traubeneiche Hapla und Becker 1990; Sachsse und Grünebaum 1990); für Spezialzwecke, wie z. B. Klangholz der Fichte, werden dagegen sehr hohe Anforderungen an schmale und gleichmäßige (siehe nächster Punkt) Jahresringe gestellt
- gleichmäßiger Jahrringaufbau ohne sprunghaften Wechsel der Jahrringbreite (wichtiger als das Auftreten von sehr breiten Jahrringen an sich, ist aber offenbar damit gekoppelt siehe Schulz 1979 oder für Traubeneiche Mayer 1958)
- geringer Anteil an juvenilem Holz: das im Zentrum des Stammes, in unmittelbarer Nähe der Markröhre, gebildete Holz ist gekennzeichnet durch breite Jahresringe mit anormalen Eigenschaften; kommt bei Laub- und Nadelholz vor und kann im ungünstigsten Fall bis zu 10 Jahresringe umfassen
- hoher Anteil obligatorischer (echter) Farbkerne und geringe Splintholzanteile: dies lässt sich bei Eiche, Douglasie und Lärche unter den üblichen Wachstumsbedingungen leicht erreichen, nicht dagegen bei der Kiefer; da bei ihr die Verkernung erst in einem relativ hohen Alter beginnt (Kam-

bialalter ca. 40–50 Jahre), weisen auch starke Wertholzkiefern meist einen hohen Splintholzanteil auf, der besonders für die Holzverwendung im Außenbereich (z. B. als Fensterholz) nachteilig ist
- geringe fakultative Farbkerne (Falschfarbkerne, durch abiotische oder biotische Faktoren (z. B. Verletzungen, Pilze) ausgelöst, u. a. Rotkern bei Buche, Braunkern bei Esche); die physikalischen und mechanischen Holzeigenschaften sind zwar nicht verändert, dennoch werden sie im Holzmarkt aus überwiegend ästhetischen Gründen deutlich geringer als helles Holz bewertet

schaftlichen Ertrag von geringer Bedeutung und ihr Mengenanfall wird so niedrig wie möglich gehalten. Innerhalb des Qualitätsholzes werden die besonders hochwertigen Hölzer als **Wertholz** bezeichnet. Dieses wird weit überdurchschnittlich hoch bezahlt und ist deshalb für jeden Waldbesitzer wirtschaftlich von großem Interesse. Wertholz stellt das eigentliche Ziel der Bestandespflege in den meisten mitteleuropäischen Forstbetrieben dar (soweit Holzproduktionsziele Priorität haben), auch wenn der Mengenanfall zurzeit noch gering ist.

Wertholz zeichnet sich durch möglichst dicke, ast- und fehlerfreie Holzschichten aus, die in der Regel nur in den unteren 5–8 m eines Stamms zu finden sind. Nur diese **Erdstammstücke** (Abb. 4.3) sind für die Wertholzerzeugung von Bedeutung, daher sollte ihnen bei der Bestandespflege die größte Aufmerksamkeit gelten (Schulz 1988). Tabelle 4.1 enthält die marktüblichen Anforderungen an Wertholz.

Definition

Wertholz

Nach den Begriffen der Rahmenvereinbarung für Rohholzhandel in Deutschland (RVR) gehört Wertholz zur Qualitätsklasse A mit den folgenden Sorten: Furnierholz, Teilfurnierholz, Schneide- und Schälholz, Teilschneide- und Teilschälholz sowie Stammwerkholz (hochwertiges Fichten- und Tannenstammholz mit Mindestmittendurchmesser 35 cm, das zum Musikinstrumentenbau – Klangholz – und zur Herstellung von Holzwaren geeignet ist). Für die Einstufung als Wertholz ist vor allem **Astfreiheit** das wichtigste Gütemerkmal. Es lässt sich durch Bestandespflegemaßnahmen deutlich beeinflussen, z. B. durch jugendlichen Dichtstand zur Förderung der natürlichen Astreinigung bei den meisten Laubbäumen oder durch Ästung bei den Nadelbäumen.

Wertholz muss außerdem **stärkere Dimensionen** besitzen. Nur Starkholz erlaubt eine befriedigende Ausbeute an wertvollem Schnittholz (z. B. mit stehenden Jahrringen) oder Furnieren und begrenzt den unerwünschten Anteil von juvenilem Holz oder Splintholz am Stammquerschnitt.

Abb. 4.2
Schaftqualitätsmerkmale alter Buchen (ca. 120-jährig). Starker Drehwuchs **(a)**; Rissbildung **(b)**; Klebäste im Schaftbereich der rechten Buche **(c)**; Schleimflussschäden **(d)**: Diese durch das Saugen der Buchenwollschildlaus (*Cryptococcus fagisuga*) und Pilzbefall verursachten Rindennekrosen können vom Stangenholz- bis ins hohe Baumholzalter immer wieder neu an sämtlichen Bäumen auftreten und die Bäume entwerten. Nach Untersuchungen von Lunderstädt und Werder (1993) sowie Reccius (1990) werden mitherrschende und herrschende Buchen nach Durchforstungseingriffen für eine gewisse Zeit in leicht verstärktem Maße befallen. Die Auswirkungen können erheblich sein, wie aus den 25-jährigen Beobachtungen von Kató und Mülder (1992) hervorgeht (Tab. 4.20 in Kap. 4.2.8.3); nahezu fehlerfreier, glatter Buchenstamm: das Ziel der Buchenwertholzproduktion **(e)**.

b
c
d
e

Abb. 4.3 Eichenwertholz auf einem Holzlagerplatz in Südniedersachsen.

Tab. 4.1 Marktübliche Anforderungen an Durchmesser und Jahrringbreiten bei Wertholzabschnitten der wichtigsten Baumarten (die aufgeführten Mindestmittendurchmesser kennzeichnen den Beginn eines von der Holzverwertung als optimal angesehenen Dimensionsbereichs)

Baumarten	Mindestmittendurchmesser d. Wertholz-Erdstammstücks ohne Rinde (cm)	Daraus abgeleiteter Mindest-BHD mit Rinde (cm)	Maximalwert der durchschnittlichen Jahrringbreite d. verwertbaren Stammquerschnitts (mm)
Traubeneiche, Stieleiche	65	75	3
Buche	55	60	unbegrenzt
Esche, Bergahorn	55	62	3
Fichte, Weißtanne	45	50	4
Kiefer	40	47	4
Douglasie	55	65	6
Lärche	45	60	4

Die **natürliche Dauerhaftigkeit** des Holzes gewinnt zurzeit als ein weiteres Qualitätsmerkmal erheblich an Bedeutung, da es umweltbelastende Holzschutzbehandlungen überflüssig machen kann. Grundsätzlich besitzt nur Kernholz dieses Merkmal. Zwischen den Baumarten bestehen sehr große Unterschiede: Das Kernholz von Robinie, Eiche, Douglasie, Lärche und Kiefer ist sehr dauerhaft, während das von Fichte, Weißtanne, Buche und Ahorn nur eine geringe Dauerhaftigkeit besitzt. Waldbaulich kann diese Eigenschaft vor allem durch die Baumartenwahl, aber auch bei der Bestandespflege durch die Begünstigung von in dieser Hinsicht wertvollen Arten und die Förderung der Verkernung durch Ausdehnung der Produktionszeit beeinflusst werden.

Weitere Wirtschaftsziele

Zu dem flächenmäßig weit überwiegenden Ziel der Holzproduktion treten in vielen Fällen noch andere Ziele hinzu oder gewinnen in einigen Wäldern auch den Vorrang (Kap. 1.3).

Tab. 4.2 Natürliche Altersstufen und Pflegemaßnahmen

Natürliche Altersstufe	Merkmale	Pflegemaßnahme
Jungwuchs	• vom Beginn der Bestandesbegründung bis zum Eintritt des Bestandesschlusses • dichteunabhängige Mortalität • weitere Etablierung von Bäumen • interspezifische Konkurrenz mit Arten der Bodenvegetation	Jungwuchspflege
Jungbestand	• vom Eintritt des Bestandesschlusses bis zum Erreichen von etwa 15 cm BHD bei der Mehrzahl der herrschenden Bäume • **Dickung:** volle Beastung bis fast zum Boden • **Gertenholz:** Äste bis ca. 3 m abgestorben oder absterbend • inter- und intraspezifische Konkurrenz zwischen den Bäumen führt zu beginnender Baumklassen- und Schichtendifferenzierung und rascher Baumzahlverminderung (dichteabhängige Mortalität)	Läuterung, Ästung (Beginn)
Stangenholz	• mittlerer BHD bei der Mehrzahl der herrschenden Bäume 15–20 cm • inter- und intraspezifische Konkurrenz zwischen den Bäumen in hoher Intensität führt zu fortgesetzter und rasch ablaufender Baumklassen- und Schichtendifferenzierung und zu hoher dichteabhängiger Mortalität • qualitative Unterschiede zeichnen sich ab	Ästung (Ende, außer Hochästung), Durchforstung (Beginn)
schwaches Baumholz	• Bestände mit BHD der herrschenden Bäume von 21–35 cm • geringere inter- und intraspezifische Konkurrenz zwischen den Bäumen • deutlich verlangsamte Baumklassen- und Schichtendifferenzierung und geringere dichteabhängige Mortalität • qualitative Unterschiede treten deutlich hervor	Durchforstung, Hochästung (Ende)
mittleres Baumholz	• Bestände mit BHD der herrschenden Bäume von 36–50 cm • stark verlangsamte Differenzierungs- und Ausscheidungsprozesse, leicht abnehmender Schlussgrad • beginnende Etablierung einer Kraut- und Strauchschicht (außer bei stark abschattenden Baumarten)	Durchforstung, einsetzende Zielstärkennutzung
starkes Baumholz	• Bestände mit BHD der herrschenden Bäume von mehr als 50 cm • geringe Mortalität und leicht abnehmender Schlussgrad in der Oberschicht, weitere Entwicklung einer Unterschicht möglich (außer bei stark abschattenden Baumarten)	Durchforstung, Zielstärkennutzung bzw. Endnutzung

4.1.2 Natürliche Altersstufen

In den folgenden Abschnitten werden zunächst die der Bestandespflege dienenden Hiebseingriffe (Läuterung, Durchforstung) besprochen, danach die Ästung und die Düngung. Während eine Düngung in allen Entwicklungsstadien der Waldbestände möglich ist, werden die übrigen Pflegemaßnahmen jeweils in bestimmten Entwicklungsstufen vorgenommen. Man bezeichnet diese als **natürliche Altersstufen** (Tab. 4.2), obwohl die Grenzen dieser Stufen sich nicht durch bestimmte Lebensalter angeben lassen; es hängt vielmehr von der durch Erbeigenschaften und Standortsverhältnisse bedingten Wuchskraft der Baumarten (Leistungsklasse, Leistungsstufe, Ertragsklasse) sowie von der Bestandesbehandlung ab, in welchem Lebensalter eine bestimmte Entwicklungsstufe erreicht wird. Natürliche Altersstufen lassen sich nur für annähernd altersgleiche Waldstruktureinheiten von einer gewissen Flächenausdehnung bestimmen. Im Plenterwald mit Einzelbaumstruktur sind sie nicht anwendbar.

Der Begriff **Jungwuchs** umfasst Bestände oder Bestandesteile, die aus Naturverjüngung, Saat oder Pflanzung hervorgegangen sind. Jungwüchse aus Saat oder Pflanzung bis zum Abschluss der Nachbesserungen werden auch als **Kulturen** bezeichnet. Mit dem Übergang in die Stufe des **Jungbestandes** enden die meisten typischen Jugendgefahren (Konkurrenzdruck durch Begleitflora, Rüsselkäfer- und Mäusefraß, Wildverbiss). Der Ausdruck **Gertenholz** (oder seltener Gestänge) wird nur bei Laubbäumen gebraucht.

In der natürlichen Alterstufe des **Stangenholzes** beginnt ein Teil der abgestorbenen unteren Äste sich zu zersetzen und abzufallen. Der Bestand ist leichter begehbar als ein Gertenholz und lässt sich, auch wegen des natürlichen Ausscheidens eines Teils der schwächeren Bestandesglieder, leichter selektiv pflegen.

In den natürlichen Altersstufen Jungbestand, Stangenholz und **schwaches Baumholz** ist der Prozess der natürlichen Baumzahlverminderung durch Konkurrenz (Selbstausdünnung/Selbstdurchforstung, *self-thinning,* oder dichteabhängige Mortalität) kennzeichnend. Es bilden sich Baumklassen und unter Umständen auch Schichten (häufig in Mischbeständen) heraus. Ohne waldbauliche Steuerungseingriffe setzen sich die konkurrenzstärksten Arten und Individuen durch. In Mischbeständen können sich dadurch die Artenzahlen bis hin zu einer vollständigen Entmischung verringern. Die Konkurrenz um Licht, Wasser und Nährelemente ist sehr intensiv, sodass sich ein Unterstand oder eine dichte Bodenvegetation nicht bilden können. Oft sammelt sich wegen der verlangsamten Streuzersetzung eine Humusauflage an. In den USA bezeichnen Oliver und Larson (1996) diese Stadien treffend als *stem exclusion stage*.

Ab dem **mittleren Baumholz** verlangsamen sich die Wachstums- und damit auch die Konkurrenzabläufe. In vielen Fällen – insbesondere, wenn Lichtbaumarten wie Kiefern oder Eichen den Hauptbestand bilden – kann sich eine neue Unterschicht aus Naturverjüngung bilden (*understory reinitiation stage* nach Oliver und Larson 1996). Das Kronendach ist häufig nicht mehr vollständig geschlossen, der Überschirmungsgrad geht zurück (Pretzsch 2019), und es gelangt mehr Licht auf den Waldboden. Die sich bildende neue Unterschicht kann Arten enthalten, die als Diasporen von Anfang an vorhanden waren (entsprechend dem Sukzessionsmodell der *initial floristics* von Egler 1954), oder Arten, die erst in dieser Phase einwanderten, z. B. durch Samen aus Nachbarbeständen (*relay floristics* nach Egler). Ein Beispiel für das zweite Modell stellen die auf großen Flächen in Norddeutschland vorkommenden Kiefernbaumhölzer mit einer Unterschicht aus Eichen dar.

Die hier gegebene Gruppierung der natürlichen Entwicklungsstufen der Waldbestände folgt nicht in vollem Umfang den zurzeit gültigen Vorschriften für die Forsteinrichtung in den meisten Bundesländern. Diese sehen z. T. andersartige Abgrenzungen der Stadien des Jungwuchses, Jungbestandes und Stangenholzes vor. Sie gehen meist von der konventionellen Derbholzgrenze (7 cm Brusthöhendurchmesser) aus, die unter heutigen Holzmarktbedingungen keine Bedeutung hat. Die hier dargestellte Einteilung entspricht besser den natürlichen Abläufen der Bestandesentwicklung und den dadurch gegebenen waldbaulichen Pflegemaßnahmen.

4.2 Läuterungen und Durchforstungen

Läuterungen und Durchforstungen haben sehr viel gemeinsam. In den folgenden Abschnitten werden deshalb viele Aspekte der beiden Hiebseingriffe, die in unterschiedlichen natürlichen Altersstufen erfolgen, gemeinsam ausgeführt.

4.2.1 Grundlagen

Definitionen der Hiebseingriffe und waldwachstumskundliche Grundbegriffe

Gemeinsam ist Läuterungen und Durchforstungen vor allem, dass selektiv einzelne, verstreut im Bestand stehende Bäume (nur in seltenen Ausnahmefällen auch Reihen, Streifen oder Trupps von Bäumen) entnommen werden (Abb. 4.4). Die durch den Eingriff geschaffenen **Wuchsräume** (im Kronen- und Bodenbereich) sollen durch die Nachbarbäume mehr oder weniger rasch wieder besetzt werden. Das Ziel ist die Steigerung des Wertzuwachses des Bestandes,

Abb. 4.4 Undurchforsteter und frisch durchforsteter Buchenreinbestand.
Undurchforsteter Buchenreinbestand, 65-jährig, Ertragkslasse (EKl) I,0, Bestockungsgrad 1,4 (Ertragstafel Schober 1995) bei Göttingen (Südniedersachsen) **(a)**; Blick in das Kronendach des undurchforsteten Bestandes: der Überschirmungsgrad beträgt ca. 85 % **(b)**; der Bestand unmittelbar nach der Durchforstung: der sehr starke Eingriff (mit einer Entnahme von 326 herrschenden Buchen (Grundfläche von 10,7 m^2 ha^{-1}, Volumen von 114 m^3 ha^{-1}) senkte den Bestockungsgrad auf 1,0 **(c)**; Blick in das Kronendach des frisch durchforsteten Bestandes **(d)**.

Abb. 4.5
Maschinelle Holzernte mit einem Harvester zur Durchforstung eines Mischbestands aus Buche und Edellaubbäumen.

was entsprechend den Ausführungen im Kapitel 4.1 nicht in jedem Fall ein monetärer Wertzuwachs sein muss; es könnte z. B. auch ein Zuwachs an Naturschutzwert sein. In jedem Fall tritt eine Wertzuwachssteigerung je Flächeneinheit nur dann ein, wenn der Wertzuwachs der nach dem Eingriff verbleibenden Bäume größer ist als die Summe der Wertzuwächse sämtlicher vor dem Eingriff vorhandener Bäume. Hierin liegt auch der entscheidende Unterschied zu einer auf den ersten Blick sehr ähnlichen Hiebsmaßnahme, nämlich der einzelbaumweisen Ernte hiebsreifer Bäume (Zielstärkennutzung, Kap. 4.2.8.3). Dieser Eingriff kann in der Regel nicht mehr durch einen gesteigerten Wertzuwachs der verbleibenden Bäume kompensiert werden. Der durch die Entnahme der hiebsreifen Bäume frei gewordene Wuchsraum wird durch die nächste Bestandesgeneration besetzt und das Wertleistungspotenzial verlagert sich auf den Nachwuchs. Diese Verzahnung von Holzernte und Verjüngung ist ein typisches Merkmal von **Endnutzungen**, während Durchforstungen als **Vornutzungen** das Wertleistungspotenzial der derzeitigen Bestandesgeneration optimieren sollen. Diese gedankliche Trennung von End- und Vornutzung scheint auch für die Behandlung stark strukturierter, ungleich alter Bestände hilfreich zu sein, da Zielsetzung und Eingriffsart der beiden Nutzungsformen sich nicht grundsätzlich in solchen Beständen ändern, sondern nur auf engem Raum nebeneinander auftreten.

Der **Erlös aus frühen Durchforstungen** deckt nicht immer die Holzerntekosten, insbesondere nicht bei den ersten Durchforstungen im Laubholz, in denen oft nur gering bezahltes Schwachholz bei gleichzeitig höheren Erntekosten anfällt. Bei Harvestereinsatz (Abb. 4.5) sind allerdings bei günstiger Marktlage positive Deckungsbeiträge möglich. Läuterungen haben regelmäßig negative Deckungsbeiträge. Solche nicht kostendeckenden Bestandespflegeeingriffe stellen betriebswirtschaftlich Investitionen dar. Sie verlängern die kostenintensive Verjüngungsphase und bedürfen einer eindeutigen waldbaulichen und betriebswirtschaftlichen Rechtfertigung. Dabei ist die nachfolgende Erstdurchforstung mit in die Kalkulation einzubeziehen, da in manchen Fällen Läuterungseingriffe die Möglichkeit eröffnen, die Erstdurchforstung so lange hinauszuschieben, bis sie kostendeckend durchgeführt werden kann (siehe auch Tab. 4.16 in Kap. 4.2.7.1).

Geschichtliche Entwicklung der Bestandespflege

Einen sehr gründlichen Überblick bis in die ersten Jahrzehnte des 20. Jahrhunderts gibt Bühler (1922) im zweiten Band seines Waldbaulehrbuchs. Auf dieser Grundlage und unter Verwendung neuerer Literatur werden im Folgenden die wichtigsten Entwicklungslinien aufgezeigt. Weitere Hinweise enthalten die Kapitel 1.2, 1.4, 4.2.8.1 und 4.2.8.3.

Regeln für die Entnahme von einzelnen Bäumen in sehr dicht stehenden Beständen oder Bestandesteilen sind in den Forstordnungen und anderen Vorschriften zur Waldbewirtschaftung mindestens seit dem 14. Jahrhundert nachweisbar. Sie gehen weitgehend auf eine lateinische Schrift von Petrus de Crescentiis (um 1305) zurück, die auf Wissen der Antike aufbaut und nach dem Druck einer deutschen Übersetzung 1493 große Verbreitung fand (Brandl 1992).

Zu Beginn der geregelten Forstwirtschaft in Deutschland wurden sehr vorsichtige Durchforstungen empfohlen und auch praktisch ausgeübt (Hartig, Cotta, Heyer, Kap. 1.2.2). Dies gilt auch noch für Kraft (1884), der in seinen „Beiträgen zur Lehre von den Durchforstungen, Schlagstellungen und Lichtungshieben" auch für die von ihm als stark bezeichnete Durchforstung nur die Entnahme beherrschter Bäume vorsah (d. h. der Klassen 5 und 4 nach dem von ihm entwickelten und noch heute sehr gebräuchlichen Baumklassensystem, Kap. 4.2.3; zur geschichtlichen Entwicklung siehe Rozsnyay 1979). Heute werden alle diese Verfahren als **schwache Niederdurchforstung** bezeichnet. Ihr Pflegeeffekt ist minimal.

Das konnte solange hingenommen werden, wie Schaftqualität, Ästigkeit und Dimension für den Marktwert des Holzes weitgehend unerheblich waren. Dies traf besonders für die weitverbreitete Brennholzproduktion in relativ kurzen Umtrieben zu. Erst als qualitativ hochwertiges Starkholz besser bezahlt wurde, was in Deutschland etwa ab 1925 der Fall war (Wiedemann 1951), verlor die reine Volumenproduktion an Bedeutung und das Interesse der Praxis wandte sich Durchforstungsverfahren mit größeren Pflegeeffekten zu. Diese Verfahren sind durch **deutlich stärkere Eingriffe** in die herrschende Baumschicht gekennzeichnet (starke Niederdurchforstung, Hochdurchforstungen oder Lichtungen), sie wurden von einigen Praktikern und Wissenschaftlern schon ab der zweiten Hälfte des 19. Jahrhunderts entwickelt (z. B. durch von Seebach im Solling, Bohdanecky in Böhmen, Borggreve in Hann. Münden, Michaelis im Bramwald, Heck in Württemberg) (Kap. 4.2.8.3).

Maßgebliche Anstöße kamen aus Dänemark und vor allem aus Frankreich, wo die **Hochdurchforstung** als „Éclaircie par le haut" schon im 16. Jahrhundert entwickelt wurde, um den Schiffbau mit starken Eichenstämmen versorgen zu können (Hasel 1985; Hasel und Schwartz 2006). Als Reaktion auf die sich ändernden Produktionsziele erweiterten die forstlichen Versuchsanstalten in Deutschland unter dem maßgeblichen Einfluss von Schwappach 1902 ihr gemeinsames Arbeitsprogramm für Durchforstungsversuche von 1872 (das nur drei Niederdurchforstungsgrade enthielt) um Varianten mit stärkeren Eingriffen ins Herrschende. In der Schweiz stellte Schädelin (1942) den Gedanken der Auslesedurchforstung im Herrschenden in den Mittelpunkt seines Durchforstungskonzepts. Er gab damit dem Waldbau wichtige Impulse für die Bestandespflege, die zusammen mit den Ergebnissen der langfristigen Durchforstungsversuche der Versuchsanstalten (in mehreren umfassenden Auswertungen von Schwappach, Wiedemann, Assmann, Mitscherlich und Schober publiziert) schließlich in der zweiten Hälfte des 20. Jahrhunderts zu einer breiten Akzeptanz stark und früh eingreifender Hochdurchforstungsverfahren in der forstlichen Praxis Mitteleuropas führte (siehe Schober 1988a).

Definition

Waldwachstumskundliche Begriffe

Grundfläche eines Einzelbaumes: Querschnittsfläche des Stammes in Brusthöhe (1,3 m über dem Boden). Es wird vereinfachend eine Kreisform angenommen, sodass die Grundfläche g_i für den Baum i mit dem Brusthöhendurchmesser (BHD) d_i lautet:

$$g_i = \frac{\pi}{4} d_i^2$$

Bestandesgrundfläche: Verbreitetes Maß für die Dichte eines Bestandes. Es ist die Summe der Grundflächen der Einzelbäume eines Bestandes, bezogen auf einen Hektar ($m^2\ ha^{-1}$). Bei n Bäumen eines Bestandes je Hektar lautet sie:

$$G = \frac{\pi}{4} \sum_{i=1}^{n} d_i^2$$

Bestockungsgrad: Dies ist die Grundfläche eines Bestandes im Verhältnis zur Grundfläche einer Ertragstafel, üblicherweise einer Tafel für mäßige Durchforstung. Sie wird meist in Zehnteln der Bezugsgröße angegeben (z. B. 0,7 entspricht 7 Zehnteln oder 70 % der Tafelgrundfläche).

Natürlicher Bestockungsgrad: Die Bezugsgröße ist in diesem Fall kein Tafelwert, sondern die maximal mögliche Grundfläche eines Bestandes (Näheres siehe nachfolgende Ausführungen).

Mittlere Grundflächenhaltung: Mittelwert der Grundflächenwerte eines Bestandes am Anfang (G_A) und am Ende (G_E) einer Zuwachsperiode:

$$mGh = \frac{G_A + G_E}{2}$$

Findet am Ende der Zuwachsperiode eine Durchforstung statt, stellt G_E die Bestandesgrundfläche unmittelbar vor dem Eingriff dar. Bei mehreren aufeinanderfolgenden Perioden errechnet sich die mittlere Grundflächenhaltung als mit der Länge der einzelnen Zuwachsperioden gewichtetes Gesamtmittel.

Kronenschirmfläche eines Baumes oder eines Bestandes: Kronenprojektionsfläche des Einzelbaums oder Summe der Kronenprojektionsflächen der Bäume eines Bestandes, Letztere meist als Überschirmungsgrad in Prozent der Gesamtfläche des Bestandes angegeben. Zur Messung der Kronenprojektionsfläche eines Baumes werden Punkte des Kronenaußenrandes auf den Boden abgelotet und es wird der Abstand dieser Punkte zum Stammfußpunkt gemessen (Kronenradien). Die mehr oder weniger runden Kronenformen bewirken, dass zwischen den Bäumen nicht überschirmte Zwickel verbleiben. Außerdem bildet sich ab der Stangenholzphase ein gewisser Abstand zwischen den Kronen heraus. Beide Effekte führen dazu, dass der Überschirmungsgrad eines einschichtigen Bestandes immer unter 100 % liegt.

Blattflächenindex (*Leaf Area Index*, LAI): Summe der einseitigen Blattoberflächen eines Bestandes im Verhältnis zur Bestandesfläche, angegeben in $m^2\ m^{-2}$. Die Blattflächensumme von geschlossenen Wäldern erreicht ein Mehrfaches der Bestandesfläche.

Standfläche eines Baumes: Sie setzt sich zusammen aus der Kronenschirmfläche und dem Anteil des Baumes an der (angrenzenden) nicht überschirmten Bestandesfläche. Dieser Anteil wird nach verschiedenen Verfahren auf die benachbarten Bäume aufgeteilt (oft im Verhältnis der BHD der benachbarten Bäume).

Einen Weiser für die Bedeutung der Durchforstungstätigkeit in der Praxis liefert die **Menge des Durchforstungsholzes** im Vergleich zu der Gesamtnutzung. Für die ersten Jahrzehnte des 19. Jahrhunderts kann dieser Wert auf 5–10 % der Gesamtnutzung geschätzt werden, worin sich deutlich der Einfluss von Georg Ludwig Hartig zeigt (Kap. 1.2.2). Für die Zeit danach teilt Brandl (1992) für den Staatswald Baden-Württembergs als Anteil der Vornutzungen an der Gesamtnutzung folgende Zahlen mit: In der Zeit von 1880–1930: 20–30 %; von 1931–1980: 30–40 %; von 1981–1988 50–60 %. Daraus wird deutlich, dass stärkere Durchforstungen erst zögerlich vor etwa drei bis vier Jahrzehnten in größerem Umfang Eingang in die Praxis gefunden haben, obwohl sich die Wirtschaftsziele schon deutlich früher geändert hatten. Heute liegt der Anteil der Vornutzungen in der Regel wieder unter 50 % der Gesamtnutzung, da die üblichen frühen und starken Eingriffe zu geringeren Durchforstungsanfällen führen und die Endnutzung im Zuge von Zielstärkennutzungen oft früher einsetzt.

Der kurze geschichtliche Rückblick zeigt, dass die meisten Altbestände, die heute genutzt werden, besonders in der für die Pflege entscheidenden ersten Hälfte der Produktionszeit nach anderen als heute üblichen Regeln durchforstet wurden, nämlich meistens in Form einer schwachen bis mäßigen Niederdurchforstung mit nur begrenzter Pflegewirkung. Weiter sollte deutlich werden, dass für die Entwicklung von Behandlungsverfahren die **Zielsetzung** entscheidend ist. So war die schwache bis mäßige Niederdurchforstung den vorherrschenden Produktionszielen im 19. Jahrhundert durchaus angemessen, während die Auslesedurchforstung im Herrschenden erst unter der Zielsetzung Qualitätsholzproduktion zum optimalen Verfahren werden konnte.

Bei der Entscheidung über ein Bestandespflegeverfahren muss aber wegen der Langfristigkeit der forstlichen Produktion immer mitberücksichtigt werden, dass Änderungen der Ziele in der Zukunft sehr wahrscheinlich sind. Auch dies zeigt der historische Rückblick. Der Waldbesitzer ist deshalb gut beraten, wenn er denjenigen Pflegeverfahren Priorität einräumt, die **Optionen**

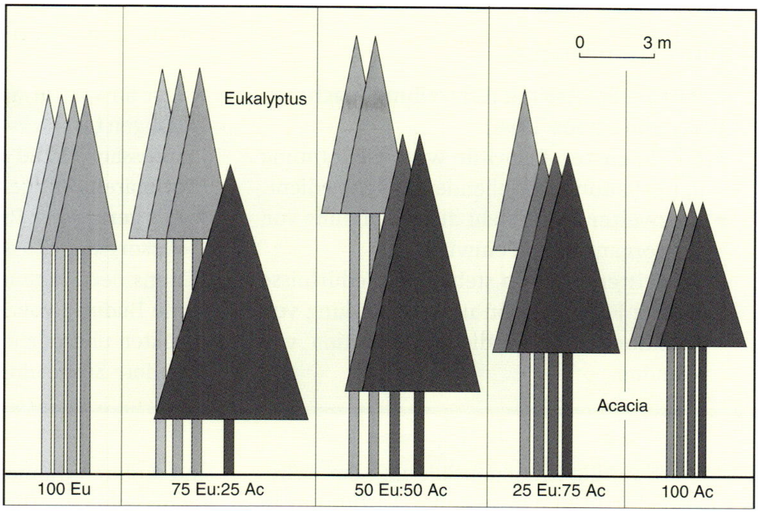

Abb. 4.6 Kronengrößen von *Eucalyptus globulus* (Eu) und *Acacia mearnsii* (Ac) in Rein- und Mischbeständen mit unterschiedlichen Mischungsanteilen auf einer Versuchsanlage in Australien (nach Bauhus et al. 2004a), die Zahlen geben die Prozentanteile an. *A. mearnsii* ist schattentoleranter als *E. globulus* und kann mit steigenden Mischungsanteilen von *E. globulus*, d. h. bei zunehmender interspezifischer Konkurrenz, ihre Krone vergrößern. Im Reinbestand besitzt sie die kleinsten Kronen, da sie zwar schattentoleranter, aber auch stärker abschattend wirkt und dadurch die intraspezifische Konkurrenzsituation verschärft wird.

für mehrere Produktionsziele in der Zukunft offenlassen. Irreversible Entscheidungen sollten vermieden werden. So können z. B. Buchenbestände, die mit Auslesedurchforstungen im Herrschenden gepflegt wurden, im extremen Fall auch als Brennholz genutzt werden, während umgekehrt ein schwach niederdurchforsteter Buchenbestand weniger Optionen bietet, da er im Normalfall nur sehr eingeschränkt zur Wertholzproduktion tauglich ist.

4.2.2 Konkurrenz, Differenzierung und natürliche Stammzahlabnahme

Bis in hohe Alter nehmen Bäume an Durchmesser, Höhe, Wurzel- und Kronenvolumen zu. Dieses Wachstum führt zu steigendem Standflächenbedarf. Da die Fläche eines Bestandes insgesamt begrenzt ist, entsteht nach dem Kronenschluss Konkurrenz zwischen den Einzelbäumen um die für das Wachstum entscheidenden Ressourcen. Konkurrenz führt zu einer Differenzierung des Bestandes und zu einem dichteabhängigen Absterben konkurrenzschwacher Bäume.

Konkurrenz

Nach dem Kronenschluss bleibt Konkurrenz das eindeutig vorherrschende Element in den gegenseitigen Beziehungen zwischen den Bäumen. Dabei gilt die **intraspezifische Konkurrenz** (in diesem Zusammenhang also zwischen den Bäumen eines Reinbestandes) als härtere, schneller zur Ausscheidung des Konkurrenten führende Form, da die Bäume dieselbe ökologische Nische beanspruchen (siehe hierzu Townsend et al. 2009; Begon et al. 2017; Kap. 7 und 13 in Bartsch und Röhrig 2016). Dagegen kann die **interspezifische Konkurrenz** (in Mischwäldern zwischen verschiedenen Baumarten) wegen der unterschiedlichen Nischenansprüche in vielfältiger Weise gemindert werden, z. B. durch

- Ausbildung der Kronen in verschiedenen Bestandesschichten (möglich bei unterschiedlicher Schattentoleranz),
- Ausbildung der Wurzeln in verschiedenen Bodentiefen,
- Unterschiede in der Phänologie (z. B. immergrüne Arten zusammen mit laubabwerfenden Arten),
- unterschiedliche Höhenwachstumsverläufe (rasches Jugendwachstum mit früher Kulmination oder langsames, aber lange anhaltendes Wachstum mit späterer und schwächer ausgeprägter Kulmination) und viele weitere Differenzierungen in konkurrenzbestimmenden Eigenschaften.

Abbildung 4.6 zeigt ein Beispiel für die Wirkung intra- und interspezifischer Konkurrenz in Misch-

Abb. 4.11
Baumklassen nach Kraft (Originalzeichnung aus Kraft 1884).

1. **Vorherrschende** Bäume mit ausnahmslos kräftig entwickelten Kronen.
2. **Herrschende**, in der Regel den Hauptbestand bildende Bäume mit verhältnismäßig gut entwickelten Kronen.
3. **Gering mitherrschende** Bäume. Kronen zwar noch ziemlich normal geformt und ähnlich denen der Baumklasse 2, aber verhältnismäßig schwach entwickelt und eingeengt, oft schon mit beginnender Degeneration: trockenspitzige Kronenränder, bei Eiche Anfänge eines knickigen Wuchses der Kronenzweige.
   Die 3. Klasse bildet die untere Grenzstufe des herrschenden Bestandes.
4. **Beherrschte** Bäume. Kronen mehr oder weniger verkümmert, entweder von allen Seiten zusammengedrückt, einseitig oder fahnenförmig entwickelt,
   a) zwischenständige, im Wesentlichen schirmfreie, meist eingeklemmte Kronen,
   b) teilweise unterständige Kronen. Der obere Teil der Kronen frei, der untere Teil überschirmt oder infolge Überschirmung abgestorben.
5. **Ganz unterständige** Bäume:
   a) mit lebensfähiger Krone (nur bei Schattenbaumarten),
   b) mit absterbenden oder abgestorbenen Kronen.

Vereinfachtes Baumklassensystem in Anlehnung an Kraft

1. **Vorherrschende** Bäume: Die Kronen erstrecken sich deutlich über das allgemeine obere Kronendach eines Stratums und sind seitlich kaum bedrängt durch Nachbarbäume.
2. **Herrschende** Bäume: Die Kronen bilden das allgemeine obere Kronendach eines Stratums und sind seitlich durch Nachbarbäume wenig bedrängt.
3. **Mitherrschende** Bäume: Die Kronen reichen noch in das allgemeine obere Kronendach hinein, sind aber seitlich stark durch Nachbarbäume bedrängt und dadurch deutlich kleiner und unregelmäßig geformt.
4. **Unterdrückte** Bäume: Die Kronen sind überschirmt und stehen unterhalb des allgemeinen Kronendachs.

me eingesetzt wird (Pretzsch 2001). Er ist allerdings alters- und standortsabhängig.

Weitere Kennzahlen zur Beschreibung der Konkurrenz geben die Arbeiten von Biging und Dobbertin (1992), Nüsslein (1995), Ammer (1996), Bachmann (1998) und Pretzsch (2001). Einige Konkurrenzindices schätzen auch den Lichtgenuss der Krone des Zentralbaums direkt ein, indem sie die Abschattung durch Nachbarbäume quantifizieren (Biber 1996; Kahn und Pretzsch 1997; Guericke 2001).

Eine Möglichkeit zur verbalen Beschreibung der Konkurrenzsituation stellt auch im nachfolgenden Kapitel vorgestellte Eingruppierung der Bäume eines Bestandes in Baumklassen dar.

4.2.3 Baumklassen: Einteilungssysteme, Wachstum und Umsetzungsdynamik

In Praxis und Wissenschaft sind im Laufe der Zeit verschiedene Baumklassensysteme entwickelt worden, von denen die wichtigsten im Folgenden näher dargestellt werden. Allgemein haben sie das Ziel, ein klares und anschauliches Bild des Bestandes zu geben und die Beschreibung von Läuterungs- und Durchforstungseingriffen zu ermöglichen. Die Klassifizierung sollte reproduzierbar sein, d. h. vom Beobachter und seiner Auffassung möglichst unabhängig sein. Für den Gebrauch in der Praxis soll die Klassifizierung einfach sein. Meist wird man mit wenigen Klassen auskommen, die mit einer Ziffer und wenigen erläuternden Worten gekennzeichnet sind (z. B. Klasse 1: vorherrschend). Für wissenschaftliche Zwecke sind feinere Unterscheidungen notwendig, wobei Zahlenkombinationen und eingehende Definitionen gebraucht werden.

Baumklassensystem nach Kraft

Kraft (1884) stellte auf der Grundlage früherer Klassifizierungen von Cotta, von Berg, von Seebach, König und Burckhardt (zur historischen Entwicklung siehe Rozsnyay 1979) das bekannte und heute noch viel verwendete System der Stammklassen im Hochwald auf, heute allgemein als **Kraftsche Baumklassen** bezeichnet (Abb. 4.11).

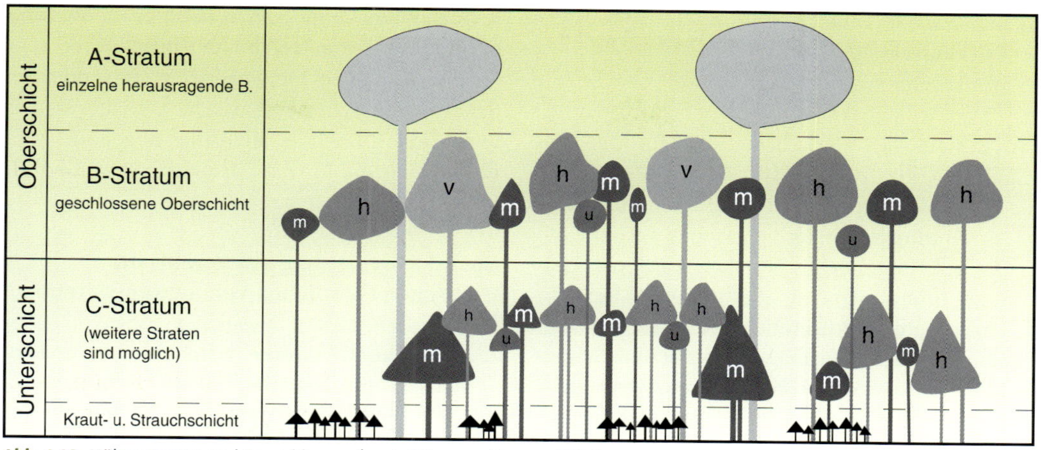

Abb. 4.12 Höhenstraten und Baumklassen (nach Oliver und Larson 1996).
Die Baumklassen nach der vereinfachten Klassifizierung beziehen sich auf die soziale Stellung innerhalb eines Stratums: v = vorherrschende (Klasse 1), h = herrschende (Klasse 2), m = mitherrschende (Klasse 3), u = unterdrückte Bäume (Klasse 4).

Grundlage des Systems ist die **soziale Stellung** des Baumes im Bestand, d. h. seine Konkurrenzsituation im Verhältnis zu seinen Nachbarn. Für die Klassifizierung ist hauptsächlich die Form der Krone maßgebend, daneben die Höhe im Vergleich mit den Nachbarn. Schwierigkeiten bereitet oft die Unterscheidung der Klassen 1 und 2, aber auch die Klassen 2 und 3 sind bisweilen nicht leicht trennbar. Heute wird das System von Kraft weltweit oft in einer **vereinfachten Form** verwandt. Die Klassifizierung der Bäume eines Bestandes ist danach einfacher und für Ansprüche der Praxis ausreichend genau. Die detaillierte Klassenbildung von Kraft im beherrschten Bestand konnte aufgegeben werden, da sich heute Bestandespflegeeingriffe auf den herrschenden Bestand konzentrieren. Zu den Zeiten von Kraft wurde dagegen nur in den beherrschten Bestand eingegriffen (Kap. 4.2.1), was die feinere Untergliederung der Baumklassen dieser Schicht erklärt.

Stratenbildung

Viele Bestände bilden auch klar erkennbare Straten (oder Schichten) aus, die sich ihrerseits wieder aus verschiedenen Baumklassen zusammensetzen. Zum Beispiel kann eine Mischung aus rasch in die Höhe wachsenden Lichtbaumarten, wie Douglasie (*emergents* im A-Stratum), und zurückbleibenden Schattenbaumarten, wie Buche (im B- oder auch C-Stratum), eine deutliche Stratenbildung und eine starke vertikale Differenzierung innerhalb jedes Stratums aufweisen (Abb. 4.12). In ungleich alten Beständen bestehen die unteren Straten in der Regel aus den jüngeren Bäumen (z. B. 40–100 Jahre jüngere Buchen aus Unterbau unter einer Eichenoberschicht). Eine sehr geringe Differenzierung weisen Reinbestände von Lichtbaumarten auf, da die überwachsenen Bäume rasch absterben und der Bestand im Extremfall nur aus herrschenden Bäumen eines Stratums besteht (z. B. Kiefernreinbestände).

Qualitative und funktionelle Baumklassen

Qualitative Baumklassen nach Heck (1898)

Heck (1898) hat darauf hingewiesen, dass es für die Pflege der Bestände neben einer sozialen Baumklasseneinteilung vor allem auf eine qualitative Ansprache der Bäume ankommt. Er hat dafür ein System von Schaftformklassen entwickelt:

a) in zwei aufeinander senkrechten Richtungen gerader lotrechter schöner Nutzstamm
b) mittelmäßiger oder schöner, aber kurzschäftiger Stamm (unter 10 m Schaftlänge)
c) krummer, rauer, ästiger oder schiefer Stamm (mit einem oder mehreren der genannten Fehler)
d) Zwiesel (in beliebiger Höhe, namentlich des astreinen Schaftes)

e) sehr stark vergabelter Stamm
f) Stockausschlag
g) kranker Stamm

Das System von Heck bringt das für die Bestandespflege notwendige qualitative Element in die Bestandesansprache ein und ist in mancherlei Abwandlungen später verwendet worden.

Da jede regelrechte Durchforstung ein Ziel verfolgt, drängt sich eine Gliederung des Bestandes nach dem **funktionellen Wert** auf, den die Bäume für die Zielerreichung besitzen. Schon Pressler hat 1868 ein Baumklassensystem entworfen, bei dem er die Nützlichkeit oder Schädlichkeit der zu entnehmenden Bäume als Prinzip wählte (Rozsnyay 1979). Dieses diente später als Basis der Baumklassifizierung in der dänischen Durchforstung und wurde in leicht abgewandelter Form von Michaelis (1907) übernommen.

Funktionelle Baumklassen nach Michaelis (1907)

a) **nützliche Bäume**
   Dazu gehören für Michaelis sowohl die „astreinen und besser ausgeformten Nutzholzstämme" als auch „der in die oberen Kronenteile der zu erhaltenden Hauptstämme nicht mehr hineinreichende, möglichst buschige und blattreiche Unterstand, welcher oben keinen Schaden mehr tun kann, dagegen unten nicht nur als Bodenschutz von Vorteil ist, sondern auch noch dadurch nützt, dass er das Abstoßen der Trockenäste des begünstigten Zukunftsstammes beschleunigt, ihn also astrein macht, und andererseits dadurch, dass er vermöge seiner Beschattung das Austreiben und Weiterwachsen von Wasserreisern verhindert."
b) **schädliche Bäume**
c) **abkömmliche Bäume**

Kombinierte Baumklassensysteme

Das Baumklassensystem des Vereins der Deutschen Forstlichen Versuchsanstalten von 1902 kombiniert die soziale Stellung und die Schaftqualität der Bäume. Dieses System war nicht für die Praxis, sondern für die wissenschaftliche Arbeit auf Versuchsflächen gedacht. Nachteilig ist es, dass in der Klasse 2 Bäume mit abnormer Kronenentwicklung oder schlechter Stammform eingestuft werden, sodass im Einzelfall nicht erkennbar ist, ob ein Mangel an der Krone oder am Schaft vorliegt. In der Praxis des Versuchswesens wird diesem Nachteil allerdings abgeholfen, indem der Grund für die Einstufung gesondert erfasst wird.

Baumklassensystem des Vereins der Deutschen Forstlichen Versuchsanstalten (1902)

I. **Herrschende Bäume**, welche am oberen Kronenschirm teilnehmen
   Klasse 1 Bäume mit normaler Kronenentwicklung und guter Stammform
   Klasse 2 Bäume mit abnormer Kronenentwicklung oder schlechter Stammform
a) eingeklemmte (Kl)
b) schlecht geformte Vorwüchse (Vo)
c) sonstige Bäume mit fehlerhafter Stammausformung, insbesondere Zwiesel (Zw)
d) Peitscher (Pt)
e) kranke Bäume aller Art (Kr)

II. **Beherrschte Bäume**, welche am oberen Kronenschirm nicht teilnehmen
   Klasse 3 zurückbleibende, aber noch schirmfreie Bäume
   Klasse 4 unterdrückte (unterständige, übergipfelte), aber noch lebensfähige Bäume, für Boden- und Bestandespflege in Betracht kommend
   Klasse 5 absterbende und abgestorbene Bäume

Für intensive wissenschaftliche Untersuchungen hat der Internationale Verband Forstlicher Forschungsanstalten (IUFRO) auf der Basis der Vorschläge von Assmann (1954), Leibundgut (1956) und Olberg (1955) ein weiteres kombiniertes Baumklassensystem aufgestellt, das 1956 verabschiedet wurde. Dieses System kombiniert sechs soziale und waldbauliche Merkmale. Es kann zwar in einigen Kriterien die Subjektivität des Beobachters nicht ganz ausschließen – insbesondere ist die gesellschaftliche Entwicklungstendenz nicht objektiv einschätzbar –, es gestattet jedoch eine hinreichend sichere Beschreibung des gegenwärtigen Zustandes für jeden Baum eines Bestandes. Wegen der Vielfalt der Merkmale ist dieses System vornehmlich auf wissenschaftliche Untersuchungen begrenzt, wo es häufig eingesetzt wird.

Baumklassensystem des internationalen Verbandes Forstlicher Forschungsanstalten (IUFRO)

A. Gesellschaftliche Stellung

a) Höhenklassen (3 Bestandesschichten)

100 = Oberschicht: am oberen Kronenschirm teilnehmend (Baumhöhe mehr als 2/3 der Oberhöhe)

200 = Mittelschicht: am oberen Kronenschirm nicht teilnehmend (1/3 bis 2/3 der Oberhöhe)

300 = Unterschicht: unter 1/3 der Oberhöhe

b) Vitalitätsklassen (physische Lebenstüchtigkeit)

10 = üppig entwickelte Bäume

20 = normal entwickelte Bäume

30 = kümmerlich entwickelte Bäume

c) Klassen nach der gesellschaftlichen Entwicklungstendenz (soziale Dynamik)

1 = vorwachsende Bäume (sozial aufsteigend)

2 = mitwachsende Bäume (sozial gleichbleibend)

3 = zurückbleibende Bäume (sozial absinkend)

B. Waldbauliche Baumklassen

a) Wertungsklassen (immer relativ)

400 = Auslesebäume (wertvollste und daher zu fördernde Individuen)

500 = nützliche Nebenbäume (als Füllmaterial oder sonst wie erwünscht oder unentbehrlich)

600 = schädliche Nebenbäume (Auslesebäume hindernd, sonstwie Werteerzeugung beeinträchtigend, hiebsreif etc.),

b) Schaftgüteklassen (geschätzt für den Zeitpunkt der Erntereife)

40 = Wertholz (mindestens 50 % der Schaftmasse wertholztauglich)

50 = Normalholz (mindestens 50 % der Schaftmasse den Normalansprüchen genügend)

60 = Fehlerholz (weniger als 50 % der Schaftmasse den Normalansprüchen genügend)

c) Kronenklassen (Kronenlänge)

4 = langkronig (über 1/2 Baumlänge)

5 = mittelkronig (1/4 bis 1/2 Baumlänge)

6 = kurzkronig (unter 1/4 Baumlänge)

Beispiele:

111/664

= Baum der Oberschicht, kräftig entwickelt, vorwachsend; schädlicher Nebenbaum mit schlechtem Schaft und langer Krone

212/555

= Baum der Mittelschicht, üppig entwickelt, mitwachsend; nützlicher Nebenbaum, normaler Schaft, mittellange Krone

233/666

= Baum der Mittelschicht, kümmerlich und zurückbleibend; schädlicher Nebenbaum mit schlechtem Schaft und kurzer Krone

Baumhöhenklassen

Als Kontrast zu dem komplizierten System der IUFRO soll noch eine sehr einfache, aber häufig angewandte Klassifizierung vorgestellt werden, die Assmann (1954) für Mischbestände entwickelte und die z. B. Kennel (1965) in leicht abgewandelter Form einsetzte (siehe Tab. 4.5 im folgenden Abschnitt). Assmann ging von der Beobachtung aus, dass die Kraftsche Einteilung mit zunehmender Auflichtung im Herrschenden immer schwieriger anzuwenden ist und schließlich ganz versagt, wenn größere Altersunterschiede und Schichtenbildung im Bestand gegeben sind. Diese Schichten wollte er gliedern in Straten mit annähernd gleichem Lichtgenuss und schlug dazu die relativen Höhenschichten der Tabelle 4.3 vor. Die weiteren von Assmann vorgeschlagenen Einteilungsgesichtspunkte, wie Kronengüte und Überschirmung, haben in der Folge keine

Tab. 4.3 Relative Höhenschichten nach dem Vorschlag von Assmann (1954) (Bezugsgröße ist die Maximalhöhe, ca. 110 % der Grundflächenmittelhöhe der 100 stärksten Bäume)

Schicht	Höhe in Prozent der Maximalhöhe (%)
Oberschicht	> 80
Mittelschicht	> 50–80
Unterschicht	< 50

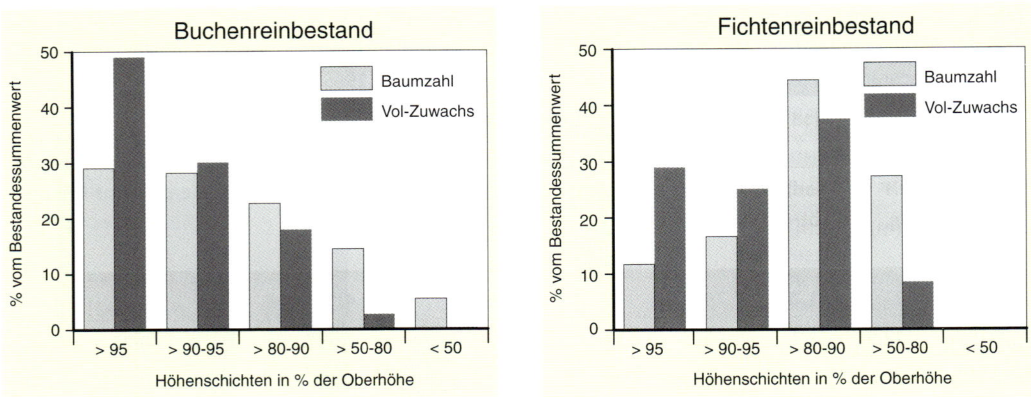

Abb. 4.14 Beiträge der sozialen Baumklassen zur Gesamtbaumzahl und zum gesamten laufenden jährlichen Volumenzuwachs, jeweils in Prozent des Wertes für den Gesamtbestand, für einen Buchen- **(a)** und einen Fichtenreinbestand **(b)** der Versuchsflächenreihe Denklingen (nach Kennel 1965).

sem Falle auf die von Kennel gebildeten Höhenschichten) in charakteristischer Weise: Während in den beiden obersten Höhenschichten (> 90 % von h_{100}) sich bei der Fichte rund 28 % der Gesamtbaumzahl befinden, ist es bei der Buche mit rund 57 % ein doppelt so großer Anteil. Der Hauptteil der Fichten mit rund 44 % steckt in der mittleren Höhenschicht (> 80–90 % von h_{100}). Nach Kennel hängt diese Konzentration der zuwachskräftigsten Bäume in der obersten Schicht des Buchenreinbestandes mit der besonders gut ausgeprägten Fähigkeit der Buche zusammen, den Höhenzuwachs auf Kosten des Durchmesserzuwachses zu steigern, wenn ein Absinken im sozialen Gefüge droht. Dazu passt ein auffallend großer Höhenzuwachs der niederen Baumklassen. Die Verteilung der Bäume auf die Höhenschichten ist übrigens auch der Schlüssel zur Erklärung der von Kennel festgestellten höheren Zuwachsleistung von Mischbeständen aus Fichte und Buche im Vergleich mit den jeweiligen Reinbeständen: Im Mischbestand befanden sich relativ mehr Fichten in den obersten Höhenschichten. Dagegen bestand in der Zuwachsleistung von Angehörigen derselben Schicht kein Unterschied zwischen Rein- und Mischbestand.

Umsetzen

Die bislang vorgestellten Klassifizierungen der Bäume eines Bestandes stellten Momentaufnahmen in einem dynamischen Prozess dar. Bäume, die heute der herrschenden Schicht angehören, befinden sich unter Umständen in zehn Jahren in der Unterschicht oder sind in eine vorherrschende Stellung aufgestiegen. Diese **Änderung der sozialen Stellung** eines Baumes wird als Umsetzen bezeichnet. Beispiele bringen für Kiefernbestände Wagenknecht (1940), Nilsson und Albrektson (1994) sowie Dittmar (1995); für Fichtenbestände Erteld (1950); für Buchenbestände Kató und Mülder (1992) und für Eichenbestände Schaper und Röhrig (1983), Spellmann und Diest (1990) und Holten und Diest (1996) (Abb. 4.15, 4.16).

Für die Praxis der Durchforstungen ist die Einschätzung der Umsetzungswahrscheinlichkeit eines Baumes von sehr großer Bedeutung. Ein zu fördernder Zukunftsbaum z. B. sollte auf Dauer zur herrschenden Schicht gehören und einen dementsprechend hohen Zuwachs leisten. Alle Untersuchungen zeigen, dass die Bäume im Laufe der Bestandesentwicklung überwiegend in sozial niedrigere Baumklassen umsetzen. Aufsteiger stammen vorwiegend aus der Mittelschicht und sind auch in durchforsteten Beständen so selten, dass sie unter praktischen Gesichtspunkten ohne Bedeutung sind. Dieses Umsetzen nach unten ist umso stärker ausgeprägt, je niedriger die Baumklasse ist, der der Baum am Anfang der Entwicklung angehörte. Bei den beherrschten Bäumen endet es zu einem sehr hohen Anteil schließlich mit dem Ausscheiden aus dem Bestand, d. h. mit der dichteabhängigen

Mortalität. Dagegen bleibt bei den herrschenden Bäumen ein sehr hoher Anteil in dieser Klasse. Die Wahrscheinlichkeit für einen sozialen Abstieg ist umso geringer, je deutlicher der Baum herrschend ist.

Trotz dieser klaren Regeln kann in jüngeren Altersstufen für einen Einzelbaum eine Prognose zu seinem endgültigen Zuwachsverhalten immer nur mit einer gewissen Unsicherheit abgegeben werden. Von daher ist eine frühzeitige Auswahl von Zukunftsbäumen stets risikobehaftet. In den meisten Fällen ist es zu empfehlen, eine Anzahl von Reservebäumen mit auszuwählen. Im Kapitel 4.2.8.3 wird darauf näher eingegangen.

Der Begriff des Umsetzens betrifft im engeren Sinn nur die Änderung der sozialen Stellung. In einer erweiterten Bedeutung kann er aber auch die **Änderung der Holzqualität** (z. B. durch Holzernte- und Rückeschäden, Schleimflussschäden bei Buche) miteinschließen (Schober 1990). Auch dieses Umsetzen bedeutet fast immer eine Verschlechterung. Für Buchenbestände haben dazu Kató und Mülder (1992) über mehrere Jahrzehnte Beobachtungen durchgeführt, deren Ergebnisse in Tabelle 4.20 im Kapitel 4.2.8.3 auszugsweise dargestellt sind.

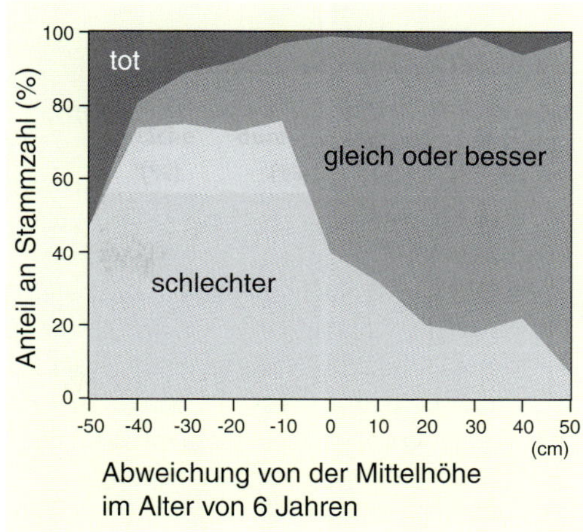

Abb. 4.15
Umsetzen in einer Kieferndickung zwischen einem Alter von 6 und 12 Jahren in Abhängigkeit von der Baumhöhe (dargestellt als Abweichung von der Mittelhöhe im Alter von 6 Jahren) (nach Wagenknecht 1940).

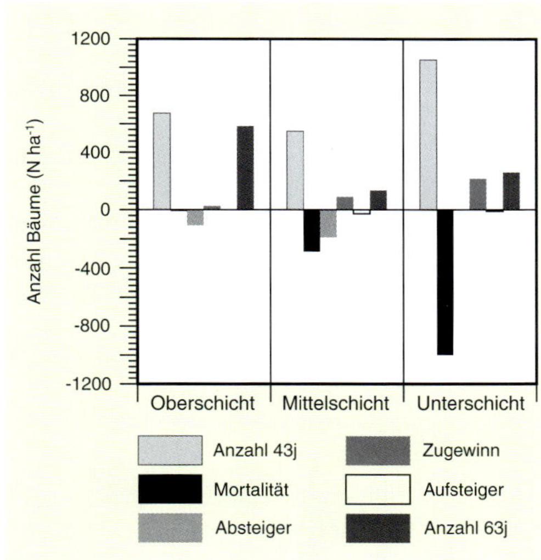

Abb. 4.16
Beispiel für Umsetzungsvorgänge in einem undurchforsteten gleich alten Buchenreinbestand bei Göttingen während einer 20-jährigen Periode (vom Alter 43 bis zum Alter 63 Jahre). Unter dem Begriff Oberschicht werden die Baumklassen 1 und 2, unter Mittelschicht die Klasse 3 und unter Unterschicht die Klassen 4 und 5 nach Kraft verstanden.

4.2.4 Wirkungen auf Volumen- und Wertleistung

Im Folgenden sollen die grundsätzlichen Wirkungen von Durchforstungen oder Läuterungen auf Volumen- und Wertleistung dargestellt werden, nicht jedoch die detaillierten Unterschiede zwischen den verschiedenen Durchforstungsvarianten. Diese werden in den Kapiteln 4.2.7 und 4.2.8 behandelt. In vielen Fällen ließ es sich bei der Darstellung von Versuchsergebnissen allerdings nicht vermeiden, die einschlägigen Bezeichnungen der Durchforstungsarten schon zu verwenden, die im Kapitel 4.2.8 erst beschrieben werden.

Die Informationen für diesen Abschnitt stammen im Wesentlichen aus den umfangreichen und meistens über viele Jahrzehnte beobachteten Durchforstungsversuchsflächen in Deutschland und einigen weiteren europäischen Ländern, deren Ergebnisse in ertragskundlichen Lehrbüchern (z. B. Kramer 1988; Pretzsch, 2009, 2019) ausführlich dargestellt sind. Sie gelten überwiegend für gleich alte Reinbestände, deren unterschiedliche Behandlung meist relativ spät, d. h. im fortgeschrittenen Stangenholz oder geringen Baumholz, begonnen wurde. In diesem Abschnitt werden Vergleiche durchforsteter mit

Hintergrundwissen

Mechanismen der Zuwachsregeneration nach Pflegeeingriffen

- Morphologische **Anpassung von Kronen und Wurzeln** an den veränderten Wuchsraum. Ober- und unterirdisch steht den verbleibenden Bäumen mehr Raum zur Verfügung. Sie können größere und dichtere Kronen und Wurzelwerke bilden und erschließen dadurch höhere Anteile an den Wachstumsressourcen. Dieser Anpassungsvorgang beansprucht umso weniger Zeit, je reaktionsfreudiger, d. h. vor allem je jünger, die Bäume sind.
- Verbesserter Zugang zu den Ressourcen wegen des **geringeren Konkurrenzdruckes**. Die Zahl der Ressourcen beanspruchenden Individuen wird vermindert, was für die verbleibenden zu einer intensiveren Kronenbelichtung (insbesondere der unteren Kronenhälfte, siehe Peterson et al. 1997) und besseren Versorgung mit Wasser und Nährstoffen führt. Dieser Effekt ist umso deutlicher, je stärker vorher einer dieser Faktoren das Wachstum begrenzte.
- Mehr Licht, Wärme und Niederschlag am Waldboden **verbessern die Streuzersetzung** und können das Nährstoffangebot steigern (Kap. 4.2.6).
- Die **geringere Dichtekonkurrenz** erlaubt eine Änderung des Allokationsmusters.

nahezu undurchforsteten Versuchsflächen, den A-Grad-Flächen nach der Definition der deutschen forstlichen Versuchsanstalten (Kap. 4.2.8.1), vorgestellt. In ihnen wurden im Wesentlichen nur tote oder absterbende Bäume genutzt, was dem natürlichen Stammausscheidungsprozess (Kap. 4.2.2) nahekommt. Leider enthält nur eine Minderheit der Durchforstungsversuchsflächen diese aus heutiger Sicht sehr wertvollen Vergleichsflächen (zu den Gründen siehe Pretzsch 2019).

Volumenleistung

In den Durchforstungsversuchen wird die Zunahme des **Derbholzvolumens** (d. h. Holz mit über 7 cm Durchmesser) gemessen. Daher liegen über die oberirdische Volumenleistung als Ergebnis unterschiedlicher Durchforstungsweisen umfassende Daten vor. Dagegen sind die Informationen zur Biomasseproduktion lückenhaft, auch deshalb, weil sie sich nur mit erheblichem Aufwand durch Trocknung der Baumkompartimente erfassen lässt (wird daher auch als Trockensubstanzproduktion bezeichnet).

In einigen Fällen kann das Volumen als Indikator für die Trockensubstanz gelten, z. B. bei zerstreutporigen Arten wie Buche oder Ahorn. Allerdings fand Freist (1962) bei seiner Untersuchung zum Lichtungszuwachs von Buchen, dass breitere Jahresringe etwas geringere Raumdichten besitzen. Erheblich stärker ist aber die Abhängigkeit der Raumdichte von der Jahrringbreite bei ringporigen Arten und bei Nadelbäumen. Bei Letzteren wirken sich die breiteren Jahresringe nach Durchforstungseingriffen als relativ geringer Gewinn an Holzmasse aus, bei den ringporigen Laubbaumarten ist es umgekehrt (z. B. bei Eiche). Sehr eingehend hat Kennel (1965) für den Leistungsvergleich zwischen Rein- und Mischbeständen aus Fichte und Buche auch die Trockenmasse hergeleitet, mit dem Ergebnis, dass die Unterschiede zwischen den Baumarten und den Bestandestypen geringer waren als bei reiner Volumenzuwachsbetrachtung.

Noch erheblich unvollständiger sind die Informationen über Reaktionen der Wurzeln auf Durchforstungseingriffe. Nur wenige Untersuchungen befassen sich mit dieser Frage im Zusammenhang mit der Sturmstabilität von Fichtenbeständen (Kap. 4.2.5).

Bestandespflegeeingriffe entnehmen Bäume und senken damit Grundfläche, Vorrat, Kronenschlussgrad und Blatt- oder Nadelfläche des Bestandes. Der Verlust an Blatt- und Nadelmasse führt zunächst zu einem Zuwachsrückgang des verbleibenden Bestandes. Doch sobald durch den Standraumgewinn die Regeneration im Kronenraum erfolgt ist, steigt der Zuwachs wieder an. Statt zur Bewältigung von Konkurrenzstress können jetzt vermehrt Assimilate in das Wachstum investiert werden (Pretzsch 2003). Durch die geschilderten Wachstumsreaktionen steigt die Bestandesdichte in den folgenden Jahren erneut wieder an, da die verbleibenden Bäume größer werden und zunehmend mehr Platz benötigen. Der Konkurrenzdruck nimmt wieder zu und der Fördereffekt des Bestandespflegeeingriffs klingt ab, sodass in vielen Fällen ein erneuter Eingriff notwendig wird.

Kronenexpansion der verbleibenden Bäume

Die Kronenexpansionsfähigkeit ist nach dem derzeitigen Kenntnisstand entscheidend für den Zuwachs des Bestandes nach einem Bestandespflegeeingriff. Bäume können auf zwei Arten ihre Kronen vergrößern:

- Die Kronen gewinnen an Länge, wenn das Höhenwachstum – im Vergleich zum unten (durch das Hinaufschieben der Kronenuntergrenze) verloren gegangenen Anteil – für eine größere Aufstockung der Krone nach oben sorgt. Dieses Hinaufschieben der Kronenuntergrenze kann durch die Entnahme bedrängender Nachbarn verlangsamt oder ganz unterbunden werden, während das Höhenwachstum bei den praxisüblichen Eingriffen nicht oder nur unwesentlich beeinflusst wird.
- Zweitens können die Bäume ihre Kronen seitlich ausdehnen und die Kronenbreite bzw. die Kronenschirmfläche erweitern, wenn genügend Raum zur Verfügung steht. Manche Arten (z. B. die Buche) können auch Zweige nach unten wachsen lassen oder Sekundäräste bilden (z. B. Wasserreiser bei Eiche) und so die für den Zuwachs entscheidende Kronenmantelfläche in beide Richtungen vergrößern. Neben der Kronenvergrößerung wird langfristig auch eine höhere Blatt- oder Nadeldichte je Kronenvolumeneinheit als Reaktion auf die bessere Belichtung beobachtet.

Die Geschwindigkeit der Kronenexpansion ist von Baumart, Lebensalter und sozialer Stellung abhängig: Baumarten mit hoher Kronenplastizität (z. B. Buche) reagieren schneller als Arten mit geringerer (z. B. Fichte), junge Bäume im

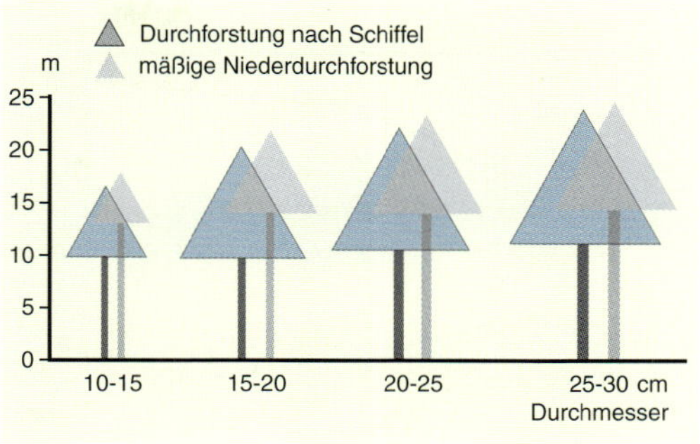

Abb. 4.17
Baumkronen von 53-jährigen Fichten nach 23 Jahren mäßiger Niederdurchforstung bzw. nach Schiffeldurchforstung (starke lichtungsartige Eingriffe) auf der Versuchsfläche Dietzhausen 90 (aus Wohlfarth 1935).

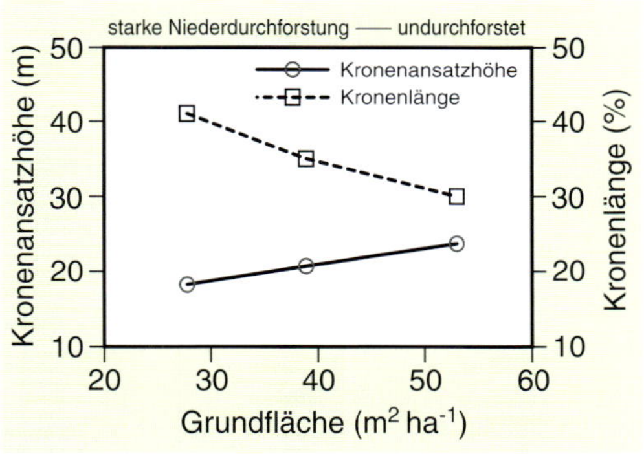

Abb. 4.18
Kronenlänge (Prozent der Baumhöhe) und Höhe des unteren Kronenansatzes (m) bei Buche (II. EKl.) im Alter von 148 Jahren nach rund 75 Jahren unterschiedlicher Niederdurchforstungen im Versuch Dillenburg/Westerwald 18 (nach Schober 1972).

Stadium der Kulmination des Höhenzuwachses weitaus rascher als ältere, herrschende Bäume rascher als unterdrückte.

Die Abbildungen 4.17 und 4.18 illustrieren die Wirkung von Durchforstungseingriffen auf die Kronendimensionen von Fichten (nach Wohlfarth 1935) und Buchen (nach Schober 1972). Beide Baumarten konnten ihre Kronenbreiten und Kronenlängen bei starken Durchforstungseingriffen erheblich steigern.

Aus Abbildung 4.17 kann entnommen werden, dass die anfänglich dünneren und sich in niedrigeren sozialen Positionen befindlichen Fichten ihre Kronendimensionen relativ stärker vergrößern konnten als die dickeren und sozial besser gestellten Bäume. Bei den Buchen der Ab-

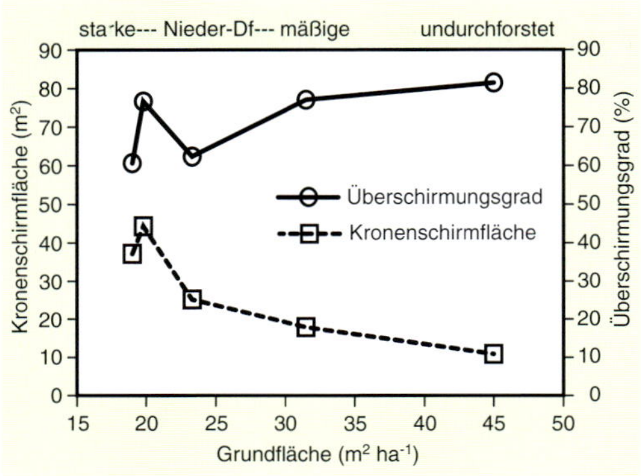

Abb. 4.19
Überschirmungsgrade (= Summe der Kronenschirmflächen eines Bestandes in Prozent der Bestandesfläche) und mittlere Kronenschirmflächen der Einzelbäume (m^2 pro Baum) in Abhängigkeit von der Grundfläche in einem 99-jährigen Buchenbestand mit verschiedenen Durchforstungsvarianten (nach Guericke 2001).

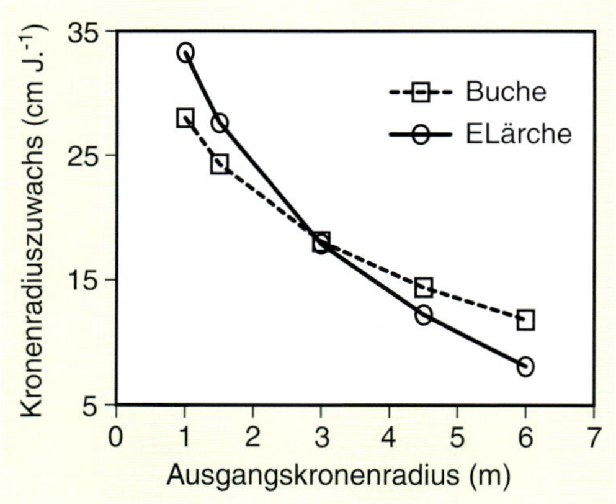

Abb. 4.20
Jährlicher Kronenradiuszuwachs für Buche und Europäische Lärche (nach Guericke 2001).
Dargestellt ist das konkurrenzfreie Radialwachstum der Kronen in Mischbeständen in Altern zwischen 72 und 158 Jahren als Mittelwert einer 10-jährigen Periode in Abhängigkeit vom Ausgangskronenradius. Dieser kann im Wesentlichen als Stellvertreter für das Alter gelten.

bildung 4.18 lag die Kronenuntergrenze am Ende der Periode bei der stark durchforsteten Variante um 5,5 m niedriger als bei der schwach durchforsteten Vergleichsfläche (in 18,2 m Höhe, im Vergleich zu 23,7 m). Obwohl die mittleren Höhen auch anstiegen (mit 3 m aber in geringerem Maße, nicht dargestellt), fiel die relative Kronenlänge deutlich von 41 % auf 30 % der Baumhöhe.

In Abbildung 4.19 ist beispielhaft für die besonders reaktionsfähige Buche gezeigt, wie in einem 99-jährigen Bestand (Versuch Dillenburg 33, nach Guericke 2001) die mittlere **Kronenschirmfläche** je Baum von 10,9 m^2 bei der schwachen Niederdurchforstung um mehr als das Dreifache auf 37,2 m^2 bei der starken Niederdurchforstung anstieg. Besonders stark ist die Zunahme in der Frühlichtungsfläche (Schnellwuchs, bei 19,8 $m^2\,ha^{-1}$ Grundfläche), da dort nach dem stark und früh erfolgten Eingriff relativ mehr Bäume als auf den anderen Flächen ihre Kronen in einer langen Periode ausdehnen konnten.

Ein Beispiel für das Potenzial seitlichen Kronenwachstums ohne Konkurrenzeinflüsse von Nachbarbäumen wird in der Abbildung 4.20 für Buche und Europäische Lärche gegeben (nach Guericke 2001). Der dargestellte Ausgangskronenradius steht dabei stellvertretend für das Baumalter. Es ist zu erkennen, dass bei beiden Baumarten mit zunehmendem Ausgangskronenradius (d. h. mit zunehmendem Alter, von 72–158 Jahre) der **Kronenradialzuwachs** zurückgeht, bei der Lärche stärker als bei der Buche. In mittelalten Beständen werden Werte von 24–30 cm im Jahr erreicht, in älteren 8–12 cm.

Angewandt auf praktische Überlegungen zeigt sich: Die Zeitdauer bis zum erneuten Kronenschluss nach Entnahme eines Baumes wird bei älteren Beständen nicht nur durch das reduzierte Kronenwachstum verlängert, sondern auch dadurch, dass größere Lücken im Kronendach zu schließen sind. So ergibt eine grobe Schätzung mit den Werten der Abbildungen 4.20 für einen mittelalten Buchenbestand mit mittleren Kronenradien von 1,5 m, dass rund sechs Jahre bis zum Schließen einer Einzelbaumlücke benötigt werden, in einem älteren Bestand mit 4,5 m Kronenradius dagegen 31 Jahre.

Die geschilderten Kronenvergrößerungen führen dazu, dass sich die **Überschirmungsgrade** durchforsteter Bestände denen undurchforsteter Bestände annähern, obwohl die Grundflächen erheblich abgesenkt sind (Abb. 4.19).

Kronenschirmflächeneffizienz

Der Zusammenhang zwischen Kronengröße und Zuwachs ist nicht linear, vielmehr geht aus vielen Untersuchungen hervor, dass sich der Zuwachsanstieg mit zunehmender Kronengröße vermindert. Dies zeigt z. B. der Grundflächenzuwachs von Buche und Europäischer Lärche (Abb. 4.21). Bezieht man den Grundflächenzuwachs auf eine Kronenschirmflächeneinheit, so erhält man ein Effizienzmaß für die Leistungsfähigkeit der Baumkronen. Dieser Wert fällt mit zunehmender Kronengröße stark ab. Bei sonst gleichen Wachstumsbedingungen sind kleinkronige Bäume effizienter. Dazu tragen folgende Eigenschaften bei: Kleine Kronen besitzen ein geringeres Ausmaß an Selbstbeschattung, einen relativ höheren Anteil produktiven Gewebes (Blätter, Nadeln) und vielfach auch eine relativ größere Kronenmantelfläche wegen einer günstigeren Kronenform (Assmann 1961; Schober 1972; Lockow 2003).

Die Untersuchungen von Schober (1972) an Buchen zeigen, dass die Schirmflächeneffizienz nicht nur von der Kronengröße, sondern sehr deutlich auch von der Durchforstungsstärke beeinflusst wird. Buchen mit 40 m^2 Kronenschirmfläche leisteten in einem Altbestand bei schwacher Niederdurchforstung einen jährlichen Grundflächenzuwachs von 0,35 cm^2 m^{-2} Kronenschirmfläche, bei mäßiger Niederdurchforstung von 0,43 und bei starker Niederdurchforstung von 0,65. Schober erklärt dies mit der Verbesserung der Kronenbelichtung sowie der Wasser- und Nährelementversorgung bei den stärkeren Eingriffen. Sterba (2002) bestätigt dies in detaillierten Untersuchungen an Fichten. Danach stieg die Kronenschirmflächeneffizienz zusätzlich auch mit der **Standfläche** an. Für das Verständnis dieser Aussage ist es wichtig, zwischen Stand- und Kronenschirmfläche zu unterscheiden. Die Standfläche der Bäume wird bei einem Bestandespflegeeingriff unmittelbar vergrößert, während die Kronenschirmfläche erst verzögert reagiert. Je mehr die Standfläche die Kronenprojektionsfläche eines Baumes überschreitet, desto besser wird dieser Baum belichtet. Die auf die Standfläche bezogene Zuwachsleistung hat häufig den Verlauf einer Optimumkurve: Nach einem anfänglichen Anstieg nimmt bei großen Standflächen die Zuwachsleistung wieder ab, wie Utschig (2002) für Eiche, Fichte und Buche nachweisen konnte. Sterba (2002) betont, dass für die Zuwachsmaximierung eines

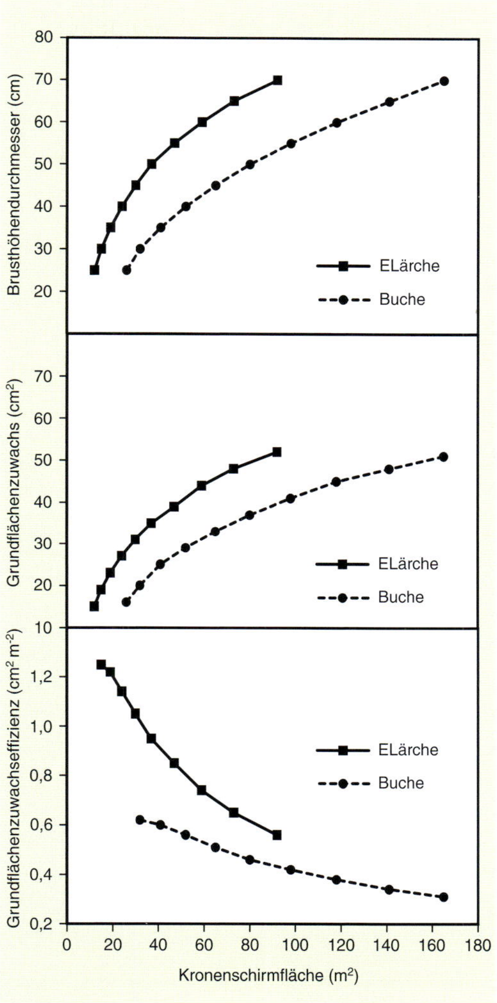

Abb. 4.21
Brusthöhendurchmesser (oberes Diagramm), jährlicher Grundflächenzuwachs (mittleres Diagramm) und Grundflächenzuwachseffizienz (unteres Diagramm, als jährlicher Grundflächenzuwachs je Quadratmeter Kronenschirmfläche) in Abhängigkeit von der Kronenschirmfläche am Ende einer 10-jährigen Zuwachsperiode (1984–1994) bei Buchen (I–II. EKl.) und Europäischen Lärchen (I. EKl., nach Guericke 2001).
Bei vergleichbaren Kronenschirmflächengrößen besitzt die Europäische Lärche einen größeren Zuwachs und auch eine größere Kronenschirmflächeneffizienz als die Buche. Die Zuwachsüberlegenheit ist arttypisch, sie ist aber auch durch die bessere soziale Stellung bedingt.

ganzen Bestandes die Standflächenleistung der einzelnen Bäume entscheidender ist als die Schirm- oder Blattflächenleistung.

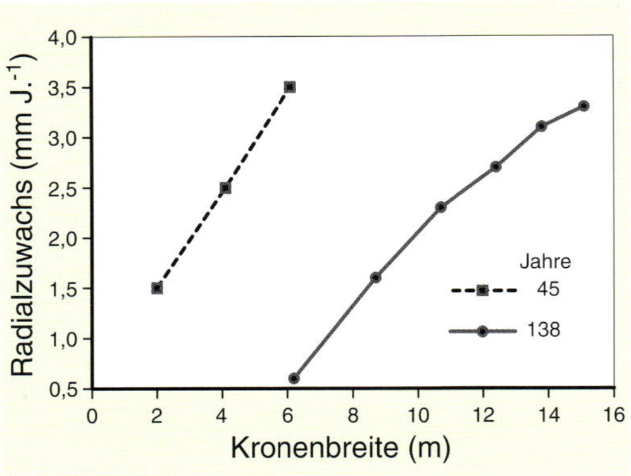

Abb. 4.22
Zusammenhang zwischen der Kronenbreite und dem durchschnittlichen jährlichen Radialzuwachs (in 1,3 m Höhe) in Eichenreinbeständen, dargestellt für das Alter 45 Jahre (nach den umfangreichen Untersuchungen von Nutto 1999 in Beständen in Deutschland, Frankreich, Österreich, Ungarn und Polen) und für das Alter 138 Jahre (Durchforstungsversuchsbestand Schönholz 3, nach Lockow 2003).

Durchmesserzuwachs

Als Beispiel für den Zusammenhang zwischen **Kronengröße** und Durchmesserwachstum sind in Abbildung 4.22 Ergebnisse von Nutto (1999) und Lockow (2003) für Eichen in Reinbeständen unterschiedlichen Alters dargestellt. Bei gleicher Kronenbreite besitzen die jüngeren Eichen einen deutlich größeren Radialzuwachs. Um denselben Radialzuwachs zu erreichen, benötigen ältere Bäume wesentlich größere Kronen. Dies wird verständlich, wenn man berücksichtigt, dass die älteren Bäume in der Regel wesentlich dicker sind und daher zur Erzielung eines bestimmten Durchmesserzuwachses erheblich mehr Grundfläche und Holzsubstanz bilden müssen. Zusätzlich weist Schober (1972) für Buchenbestände nach, dass auch die Bestandesdichte, und damit die Durchforstungsstärke, einen eigenen Einfluss hat: Bäume gleichen Alters und gleicher Kronengröße leisten in stärker durchforsteten Beständen höhere Durchmesserzuwächse. Schober erklärt dies mit der besseren Belichtung und Versorgung der Kronen mit Wasser und Nährstoffen in den stärker durchforsteten Beständen.

Die **Steigerung** des Durchmesserzuwachses ist eines der Hauptziele von Bestandespflegeeingriffen. Es ist schon lange bekannt (Assmann 1961), dass Freistellungen bevorzugt den Durchmesserzuwachs im unteren Schaftbereich steigern. Stärkere Eingriffe, z. B. Lichtungen, können dadurch zu einer höheren **Abholzigkeit** führen, was als Wachstumsreaktion auf die mechanische Belastung des unteren Schaftbereichs durch vermehrte Baumschwingungen erklärt werden kann. Buchen und Eichen reagieren allgemein geringer als Nadelbaumarten. Wenn ein Durchforstungseffekt allein als Zunahme des Durchmessers in Brusthöhe gemessen wird, besteht besonders bei stärkeren Eingriffen die Gefahr einer Überschätzung, da die Reaktion in oberen Schaftbereichen und im Volumenzu-

Hintergrundwissen

Steigerung des Dickenzuwachses

Beispiel 1: Buchen-Durchforstungsversuchs Totterup (nach Bryndum 1987)

Der Buchen-Durchforstungsversuch Totterup in Dänemark (Abb. 4.23) weist eine extreme Durchmesserzuwachsreaktion auf. Er zeichnet sich dadurch aus, dass er schon im Alter von 19 Jahren – und damit wesentlich früher als die meisten Durchforstungsversuche – angelegt wurde und dass er Varianten mit extrem starken Eingriffen enthält. Beim zuletzt mitgeteilten Beobachtungstermin im Alter 68 Jahren reichte die Spreitung der Grundflächen von 51,0 bis 9,2 $m^2\ ha^{-1}$ und in der Baumzahl von 1366 bis 29 St. ha^{-1}. Bis zu einem Alter von 68 Jahren nahm der Brusthöhendurchmesser der 100 stärksten Bäume ha^{-1} von 32,6 cm bei der undurchforsteten Fläche auf 48,3 cm bei der sehr stark durchforsteten Fläche zu. Der mittlere jährliche Radialzuwachs der 100 stärksten Bäume ha^{-1} in der 49-jährigen Beobachtungsperiode erreichte ohne Durchforstung 2,4 mm und bei sehr starker Durchforstung 4,0 mm, was einer Zunahme um das 1,7-Fache entspricht (nach Bryndum 1987).

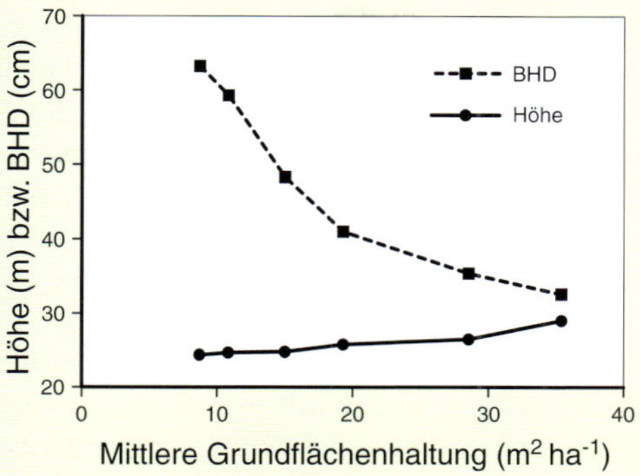

Abb. 4.23
Höhen und Brusthöhendurchmesser der 100 stärksten Bäume ha^{-1} im Buchen-Durchforstungsversuch Totterup/Dänemark im Alter von 68 Jahren in Abhängigkeit von der mittleren Grundflächenhaltung (nach Bryndum 1987).

Beispiel 2: Ergebnisse deutscher Buchen-Durchforstungsversuche

Assmann (1950) berichtet für den Buchen-Durchforstungsversuch Dalheim für die Behandlungsperiode im Alter von 52–101 Jahren von einer Steigerung des jährlichen Radialzuwachses der 120 stärksten Bäume ha^{-1} von 1,7 bei der undurchforsteten Variante auf 2,6 mm bei Hochdurchforstung.

Zu einem ähnlichen Wert gelangt Schober (1972): Als Fazit der letzten Gesamtauswertung von 37 Buchen-Durchforstungsversuchsreihen (überwiegend I.–II. EKl.) gibt er für anfänglich durchmessergleiche Endbestandsbäume einen Gewinn an Radialzuwachs stark niederdurchforsteter oder hochdurchforsteter Buchen von im Mittel 0,8 mm jährlich gegenüber schwach durchforsteten an. Für den Zeitraum vom Alter 50–140 Jahre ergibt dies eine Durchmessererhöhung von rund 15 cm.

Von einem bayerischen Buchen-Durchforstungsversuch (Starnberg 91 mit optimalen Wachstumsbedingungen) berichtet Utschig (2000), dass die 100 stärksten Buchen ha^{-1} beim Vergleich der stark durchforsteten (60 % der maximalen Grundflächenhaltung) mit der undurchforsteten Variante ihre Jahrringbreite um rund 1 mm steigerten (von rund 3 auf rund 4 mm, im Mittel einer 27-jährigen Zuwachsperiode vom Alter 45–71 Jahre).

Etwas geringer war der Zuwachsanstieg für das Kollektiv der 100 Zukunftsbäume ha^{-1} in jüngeren niedersächsischen Buchen-Durchforstungsversuchsreihen, über die Guericke (2002) berichtet.

Beispiel 3: Fichten-, Kiefern- und Eichenversuche

Im **Fichten**-Durchforstungsversuch Bowmont (Kramer (1978) stieg die mittlere Jahrringbreite der 100 stärksten Fichten ha^{-1} im Alter von 20 und 64 Jahren bei der starken Niederdurchforstung auf knapp 4 mm und damit auf das Doppelte der 100 stärksten Fichten der Variante mit schwacher Niederdurchforstung. Sie erreichten damit den Grenzwert, der für Qualitätsholz gerade noch zulässig ist.

Als Wirkung extrem starker Eingriffe in **Kiefern**bestände mit Oberhöhen von 7–10 m und Ertragsklassen über I beobachtete Huss (1995) bei den 100 stärksten Kiefern ha^{-1} eine Zunahme des Radialzuwachses gegenüber den undurchforsteten Kiefern um 89 % auf 5,3 mm und in einem zweiten Versuch um 39 % auf 4,3 mm. Praxisübliche Durchforstungseingriffe in älteren Kiefernbeständen bewirkten dagegen keine oder nur unerhebliche Zuwachssteigerungen im Durchmesser.

Im **Traubeneichen**-Durchforstungsversuch Waldleiningen im Pfälzer Wald erreichte der mittlere Brusthöhendurchmesser der 80 stärksten Eichen ha^{-1} in einem 47-jährigen Zeitraum vom Alter 66–113 Jahre bei der stark hochdurchforsteten Variante 2,4 cm mehr als bei der schwachen Niederdurchforstung (Utschig und Pretzsch 2001). Umgerechnet auf die mittlere Jahrringbreite sind das 0,2 mm (entsprechend 13 %) mehr, was gemessen an der starken Reduktion der Bestandesdichte um rund 50 % Grundflächenhaltung und auch im Vergleich mit den oben für die Buche mitgeteilten Werten eine schwache Reaktion darstellt, die aber als typisch für die Eiche bei relativ spätem Durchforstungsbeginn gelten muss.

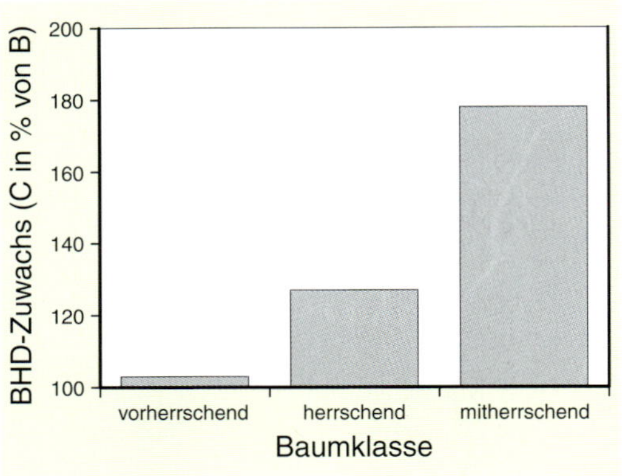

Abb. 4.24
Mittlerer jährlicher Durchmesserzuwachs der starken Niederdurchforstung (C-Grad) in Prozent des Wertes der mäßigen Niederdurchforstung (B-Grad) bei den Kraftschen Baumklassen 1–3 im Fichtenreinbestand der bayerischen Versuchsfläche Denklingen 5 (Mittelwerte von drei Zuwachsperioden im Alter von 61 und 104 Jahren) (nach Magin 1952).

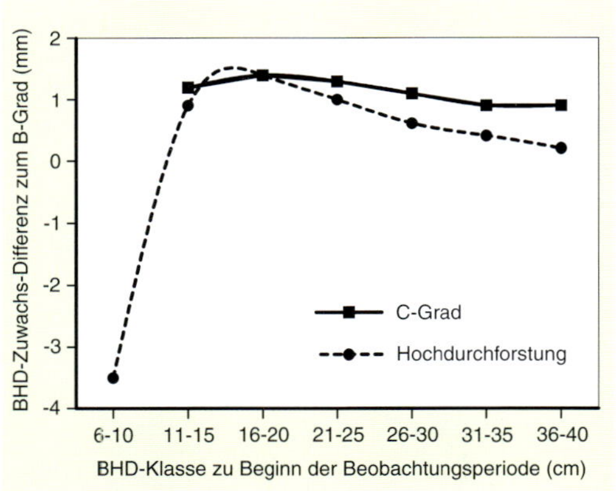

Abb. 4.25
Wirkungen von starker Niederdurchforstung (C-Grad) und Hochdurchforstung auf den Durchmesserzuwachs von Einzelbäumen in Buchenbeständen in Abhängigkeit von ihrem Anfangsdurchmesser.
Die Werte wurden der Auswertung sämtlicher norddeutscher Buchen-Durchforstungsversuche von Schober (1972) entnommen.

wachs insgesamt deutlich schwächer ausfallen kann.

Bei Bäumen mit einer besseren **sozialen Stellung** wirkt sich eine Freistellung relativ schwächer auf den Durchmesserzuwachs aus als bei Bäumen, die einer niedrigeren sozialen Klasse angehören. Herrschende Bäume stehen ohnehin unter geringerem Konkurrenzdruck und eine weitere Verbesserung ihrer Stellung wirkt sich nicht so entscheidend aus wie bei beherrschten Bäumen (Utschig 2002) (Abb. 4.24, 4.25).

Klädtke (2001) kam für die Buche zu dem Ergebnis, dass der Durchforstungseinfluss bei den 20 dicksten Bäumen ha^{-1} unbedeutend, bei den schwächeren dagegen sehr deutlich war. In einer anderen Untersuchung (Klädtke 1997) reagierten allerdings die Buchen der Kraftschen Baumklasse 2 stärker als die der anderen Klassen. Auch im Eichen-Durchforstungsversuch Bregentved (Holten und Diest 1996) steigerte die starke Durchforstung den jährlichen Durchmesserzuwachs von Bäumen geringerer sozialer Stellung im Mittel einer 30-jährigen Periode um 0,28 mm, den der herrschenden Bäumen dagegen nur unwesentlich um 0,07 mm. In einem Praxisversuch (Hauskeller et al. 1996) wurde in einem Kiefernbestand ebenfalls eine nur unbedeutende Durchmesserzuwachssteigerung bei freigestellten vorherrschenden Bäumen im Vergleich mit nicht freigestellten gefunden.

Allerdings darf die Zuwachsreaktion von Bäumen niederer sozialer Klassen (Kraftsche Klasse 3 und geringer) auch nicht überschätzt werden. Eine wirtschaftlich befriedigende Reaktion ist nach den Untersuchungen von Klädtke 1999 (zitiert nach Bolkenius 2003) an Fichten, Tannen und Buchen auf den langfristigen Versuchsflächen der Versuchsanstalt Baden-Württemberg nur von Bäumen zu erwarten, deren Brusthöhendurchmesser nicht wesentlich schwächer als der Grundflächenmittelwert ist und die eine Kronenlänge von mindestens 30 % der Baumhöhe und einen h/d-Wert von höchstens 90 besitzen. Die Frage nach der Reaktionsfähigkeit dieser Bäume ist besonders für Strukturdurchforstungen (Kap. 4.2.8.3) wichtig.

Höhenzuwachs, h/d-Verhältnis

Im Vergleich zum Durchmesserzuwachs wirken sich Durchforstungen auf die **Höhenentwicklung** wesentlich schwächer bis kaum feststellbar aus, worin sich die im Kapitel 4.2.2 dargestellte Hierarchie in der Verteilung der Assimilate ausdrückt. Es gibt einige Hinweise dafür, dass in einem ein- bis dreijährigen Zeitraum unmittelbar nach einem Eingriff der Höhenzuwachs deutlich zurückging, so z. B. bei der Fichte beobachtet von Abetz (1976), bei der Kiefer von Hartig

(1999) und bei der Sitkafichte sowie Douglasie in Kanada von Mitchell (2000). In einigen Fällen wurde auch auf längere Sicht eine leicht reduzierte Höhenentwicklung mit zunehmender Bestandesauflockerung gefunden (so z. B. im Versuch Totterup, Abb. 4.23, allerdings bei extrem starken Eingriffen). In der überwiegenden Mehrheit der Versuche zeigte sich jedoch kein signifikanter Einfluss (z. B. auch nicht bei den umfangreichen Kiefernversuchen von Huss 1999). Dem entsprechen die im Kapitel 3.6.6 vorgestellten Ergebnisse von Verbandsversuchen.

Der **h/d-Wert** nimmt entsprechend den vorstehend geschilderten Reaktionen von Durchmesser- und Höhenzuwachs mit der Freistellung eines Baumes ab (siehe z. B. die detaillierte Untersuchung von Mitchell 2000 an Sitkafichte und Douglasie). Der h/d-Wert spiegelt die Konkurrenzsituation eines Baumes im Bestand wider (Kap. 4.2.2) und wird deshalb von Klädtke und Abetz (2001) auch als Weiser vorgeschlagen für die Entscheidung, ob ein Freistellungseingriff notwendig ist. Für gleich alte, durchforstete Fichtenbestände können die Werte je nach sozialer Stellung des Baumes nach Kramer (1988) zwischen > 100 bis 50 liegen. In dem Buchen-Durchforstungsversuch Totterup (Abb. 4.23) nimmt der h/d-Wert mit zunehmender Eingriffsstärke von im Mittel 90 auf rund 40 ab. Bäume in Plenterwäldern besitzen deutlich niedrigere Werte als in vergleichbaren Altersklassenwäldern (Assmann 1961). Die niedrigsten Werte werden von Solitären, d. h. von völlig ohne Dichtekonkurrenz aufwachsenden Bäumen, erreicht. Für Buchen ergibt sich nach den Untersuchungen von Freise und Spiecker (1999) ein mittlerer Wert von 29, für Fichten nach Lässig (1991) ein Wert von 36, während unter vergleichbaren Bedingungen vorherrschende Fichten im Bestand im Durchschnitt 69 erreichen.

Bestandesvolumenzuwachs

Das Bestandesalter zum Zeitpunkt eines Bestandespflegeeingriffes hat einen großen Einfluss auf den Volumenzuwachs (Abb. 4.26). Die Bäume reagieren in jungen Stadien häufig auf die Konkurrenzminderung mit einem überproportionalen Wachstumsanstieg. Diese Beobachtung wurde in vielen Durchforstungsversuchen

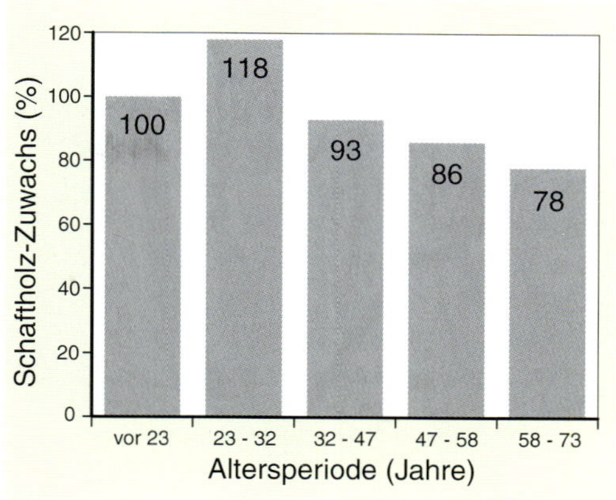

Abb. 4.26
Schaftholzzuwachs von Fichten bei starken Durchforstungseingriffen (Schnellwuchs) in verschiedenen Altersperioden in Prozent der undurchforsteten Kontrollfläche (A-Grad) im Fichten-Durchforstungsversuch Paderborn 90 (nach Schober 1979).

gemacht und wird nach Assmann (1961) als **Wuchsbeschleunigung** bezeichnet. Der Effekt ist auf schwächeren Standorten ausgeprägter und länger anhaltend (Schober 1979). Die Reaktionsfähigkeit der Bäume lässt in höherem Alter artspezifisch mehr oder weniger stark nach, was bei anhaltenden Durchforstungseingriffen zu Zuwachsverlusten führt.

In der Schnellwuchsfläche des **Fichten**versuchs Paderborn 90 konnte die Wuchsbeschleunigung in der ersten Zuwachsperiode nicht die Verluste in den folgenden Perioden kompensieren (Abb. 4.26). Deren **Gesamtwuchsleistung** bis zum Alter von 73 Jahren erreichte nur 91 % der undurchforsteten Kontrollfläche (Schober 1979).

Auch bei anderen Baumarten ist ein Absinken der Gesamtwuchsleistungen um 5–10 % bei stärkeren Eingriffen nach der Stangenholzphase durch Versuchsergebnisse gut dokumentiert, bestenfalls werden gleich hohe Volumenleistungen erzielt. Mäßige Absenkungen der Bestandesdichte wirken dagegen häufig leistungssteigernd (Assmann 1961; Kramer 1988). Besonders Assmann (1961) und Pretzsch (2004) haben herausgestellt, dass die Beziehung zwischen Bestandesdichte und Gesamtwuchsleistung in vielen Fällen die Form einer Optimumkurve hat, mit dem Gipfelpunkt kurz unterhalb der maximalen Bestandesdichte. Bei Über- oder Unterschreiten der

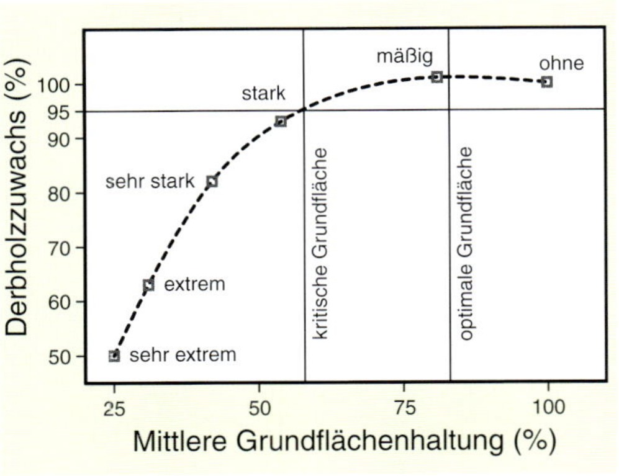

Abb. 4.27
Periodischer Derbholzzuwachs (Alter 19–68 Jahre) bei Buchen in Abhängigkeit von der mittleren Grundflächenhaltung im Durchforstungsversuch Totterup, Dänemark (nach Bryndum 1987).
Derbholzzuwachs (in dieser Untersuchung schon ab > 5 cm Durchmesser) und Grundflächenhaltung werden in Prozent der undurchforsteten Kontrollparzelle angegeben.

optimalen Dichte geht die Gesamtwuchsleistung spürbar zurück.

Dies lässt sich gut anhand des Durchforstungsversuchs Totterup zeigen (Abb. 4.27). Ein schwach ausgeprägtes Optimum der gesamten Derbholzvolumenleistung ist im Bereich der mäßigen Durchforstung bei einer Grundfläche von etwa 83 % der maximalen Grundfläche (d. h. der undurchforsteten Parzelle) zu erkennen. Unterhalb des Optimums sinkt der Derbholzzuwachs bis zu einer mittleren Grundflächenhaltung von 58 % der maximalen nur um 5 %. Nach Unterschreiten dieses Wertes – von Assmann (1961) als **kritische Grundflächenhaltung** (Kap. 4.2.8) bezeichnet – nimmt er dann allerdings steil ab. Der Bereich oberhalb von 58 %, in dem der Zuwachs weitgehend konstant bleibt, beträgt in absoluten Werten rund 20–35 m^2 ha^{-1}.

Auch Wiedemann (1932) und Schober (1972) stellten für die **Buche** nach der Auswertung zahlreicher Versuchsflächen als Charakteristikum heraus, dass ihr Zuwachs in einem weiten Bereich von ca. 20–40 m^2 ha^{-1} von der Grundflächenhaltung nahezu unabhängig ist. Schober gibt im Durchschnitt eine kritische Grundflächenhaltung von 62 % der schwachen Durchforstung (entspricht annähernd undurchforsteten Beständen) an, die in den Versuchen nur von Lichtungen unterschritten wurden. Diese starken Eingriffe führten dann auch zu Mindererträgen beim Volumen von 19 %.

Während die Buche also ein sehr elastisches Zuwachsverhalten besitzt, reagieren die übrigen Wirtschaftsbaumarten empfindlicher: **Fichten**bestände nehmen etwa eine mittlere Position ein, während **Kiefer**- und **Eichen**bestände schon bei sehr geringem Unterschreiten der maximalen Dichte Zuwachsverluste zeigen. Dies gilt nicht für sehr frühe Eingriffe, worin sich wieder zeigt, dass die Beziehung zwischen Grundflächenhaltung und Zuwachs auch altersabhängig ist (siehe Spellmann 2002 für die Kiefer).

Pretzsch (2003, 2004) ist der Frage nach einer zuwachsoptimalen Bestandesdichte für Fichte und Buche erneut nachgegangen und hat die von Assmann herausgestellten Ergebnisse für **Reinbestände** dieser Baumarten bestätigt. Nach seinen Ergebnissen muss bei der Benutzung von undurchforsteten Vergleichsflächen als Weiser für die maximale Dichte sehr kritisch vorgegangen werden, da viele dieser Flächen durch unplanmäßige Eingriffe gestört sind. Unter Anlegung eines strengen Maßstabs bei der Heranziehung von Versuchsflächen kam er zu dem Ergebnis, dass die Gesamtvolumenleistung bei maximaler Dichte um 10–20 % geringer ist als in mäßig niederdurchforsteten Vergleichsflächen. Der höchste Gesamtzuwachs wird erreicht bei einer Grundflächenhaltung, die 4–12 % (Fichte) bzw. 2–20 % (Buche) unter der maximalen Grundfläche liegt. Demgegenüber hat der Zusammenhang zwischen Gesamtvolumenleistung und Bestandesdichte bei **Mischbeständen** aus diesen beiden Baumarten nicht die Form einer Optimum-, sondern einer Sättigungskurve: Die maximale Gesamtvolumenleistung wird schon bei geringerer Bestandesdichte erreicht und bleibt dann auf dieser Höhe bis zur maximalen Dichte.

Pretzsch interpretiert den Rückgang der Gesamtwuchsleistung der Reinbestände bei der Annäherung an die maximale Dichte als Aufwand, den die Bäume bei zunehmender Konkurrenz für Stressabwehr und Überleben zulasten des Wachstums leisten müssen. In den untersuchten Mischbeständen aus Buche und Fichte ist dagegen auch bei maximaler Dichte der Konkurrenzdruck geringer, da die Baumarten verschiedene Nischen besetzen. Wegen ihrer unterschiedlichen Schattentoleranz können sie in der Mischung durch eine **verbesserte Raumnutzung** (im Wesentlichen durch vermehrte Kronenüberlappungen und Ausbildung mehrerer Schichten) die Konkurrenz um oberirdischen Raum und Licht sowie den damit verbundenen Stress entschärfen. Pretzsch weist nach, dass es in den Mischbeständen einen größeren Anteil von Mehrfachüberschirmungen und deutlicher ausgeprägte Mehrschichtstrukturen gibt. Dadurch können auf der anderen Seite des Bestandesdichtespektrums, nämlich bei zunehmender Auflockerung durch natürliche Mortalität oder Durchforstungseingriffe, Zuwachsausfälle rascher kompensiert werden. Die Mischbestände reagieren daher bei abnehmender Bestandesdichte mit einem deutlich verlangsamten Rückgang der Gesamtwuchsleistung.

Zusammenfassend lässt sich zum Einfluss der Bestandesdichte auf die Volumenleistung der Bestände sagen, dass ausgehend von der maximalen Dichte leichte Eingriffe die Gesamtvolumenleistung geringfügig steigern können, dass aber eine weitere Herabsetzung der Bestandesdichte über einen bestimmten Grenzwert hinaus die Gesamtvolumenleistung reduziert. Die Form des Zusammenhangs zwischen Bestandesdichte und Volumenzuwachs (Optimum- oder Sättigungskurve) ist je nach Baumart, Standort, Alter und Bestandestyp (Rein- oder Mischbestand) unterschiedlich. Der kritische Grenzwert, bei dessen Unterschreiten deutliche Zuwachsverluste zu erwarten sind, ist baumartenspezifisch: Bei Eiche und Kiefer liegt er näher am Maximalwert als bei Fichte, bei dieser wiederum näher als bei Buche, die sich in weiten Grenzen (bis etwa 60 % der maximalen Dichte) als nahezu konstant im Zuwachs erwiesen hat. Die Zuwachsverluste sind umso ausgeprägter, je später im Bestandesleben und je stärker die Eingriffe durchgeführt werden. Sie sind besonders hoch, wenn spät viele herrschende Bäume entnommen werden.

Wertleistung

Die Wertleistung ist mit dem finanziellen Ertrag der Gesamtproduktion gleichzusetzen. Dieser hängt wiederum entscheidend von naturalen Eigenschaften, wie der Dimension und der Qualität der Gesamtproduktion, ab. Zunächst wird auf die Frage eingegangen, in welchem Ausmaß naturale Eigenschaften der Gesamtproduktion von Durchforstungen beeinflusst werden. Danach folgen einige beispielhafte Kalkulationen zum finanziellen Ertrag.

Dimensionseffekt

Nach dem im vorigen Abschnitt geschilderten Anstieg des Durchmesserzuwachses in durchforsteten Beständen erscheint eine Steigerung der **mittleren Stärke der Gesamtproduktion** selbstverständlich. Diese von Schober (1972) als Dimensionseffekt der Durchforstung bezeichnete Erscheinung fällt jedoch vielfach geringer als erwartet aus, da sie durch eine Nutzung von mehr Bäumen mit geringer oder mittlerer Stärke erkauft werden muss. Um den verbleibenden Bäumen mehr Standfläche geben zu können, müssen grundsätzlich bei den Durchforstungen Bäume vor ihrem natürlichen Ausscheiden entnommen werden, sodass sie ihre maximal möglichen Dimensionen noch nicht erreicht haben. Nach Assmann (1961) stellen sich dadurch bei Durchforstungen außerdem im Mittel kürzere Erntelängen bei der Gesamtproduktion ein. Ein weiterer Grund ist die größere Abholzigkeit durchforsteter Bestände. Durch den gesteigerten Dickenzuwachs der verbleibenden Bäume muss diese erhöhte Nutzung schwächerer Sortimente überkompensiert werden, um zu einem positiven Dimensionseffekt für die Gesamtproduktion zu gelangen. Anhand der Ergebnisse der bayerischen Fichtenversuchsfläche Denklingen beziffert Assmann (1961) den Gewinn an durchschnittlicher Stärke bei der starken Durchforstung im Vergleich zur schwachen Durchforstung im Alter von 104 Jahren beim verbleibenden Bestand mit 58 mm, bei der Gesamtproduktion jedoch nur mit 3 mm. Dieses von Assmann als ernüchternd bezeichnete Ergebnis wird allerdings durch andere Versuche mit klar ausgeprägten Dimensionseffekten relativiert. Zwei typische Resultate werden in den folgenden beiden Abbildungen näher vorgestellt, zusätzliche Beispiele finden sich in den Ertragskalkulationen weiter unten und in den Arbeiten von Pretzsch und Spellmann (1994), Pretzsch und Utschig (1995) sowie Spellmann (2001). Allen Versuchen gemeinsam ist ein relativ früher Durchforstungsbeginn, der für das Ausmaß des Dimensionseffektes von entscheidender Bedeutung ist.

Der schon im Alter von 20 Jahren bei 8 m Mittelhöhe begonnene **Fichten**-Durchforstungsversuch Bowmont in Schottland zeigt im Vergleich mit der undurchforsteten Variante sehr deutlich, dass die starke Niederdurchforstung ohne Rückgang in der gesamten Volumenproduktion eine erheblich größere Menge an stärkerem Holz (hier definiert als Stammholz mit mehr als 24 cm Zopfdurchmesser) produzierte (Abb. 4.28). Während der Brusthöhendurchmesser der 100 stärksten Bäume ha^{-1} auf 157 % anstieg, nahm die Menge an stärkerem Holz auf 545 % zu.

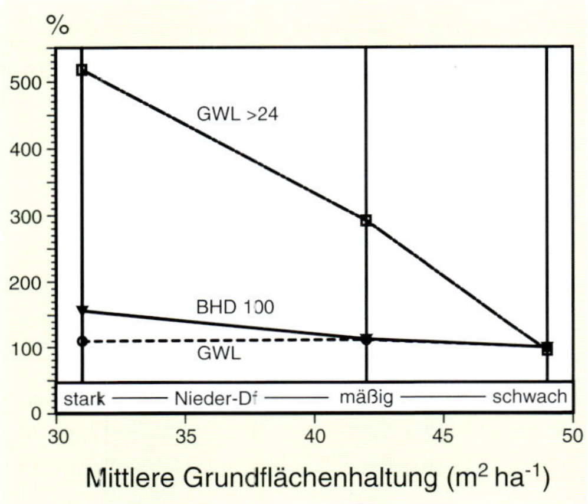

Abb. 4.28
Gesamtvolumenproduktion (GWL), gesamte Volumenproduktion von > 24 cm Zopfdurchmesser (GWL > 24) und Brusthöhendurchmesser der 100 stärksten Bäume ha^{-1} (BHD 100) im Fichten-Durchforstungsversuch Bowmont, angegeben für die starke und mäßige Niederdurchforstung in Prozent der undurchforsteten Variante (schwache NDf) bis zum Alter von 64 Jahren (nach Kramer 1978).

Auch im **Douglasien**-Durchforstungsversuch Daun-Ost in der Eifel zeigte sich die früh und stark eingreifende Variante (in der Abb. 4.29 als Schnellwuchs bezeichnet) deutlich überlegen in der Produktion von stärkerem Holz (Schober 1969). Die Absenkung der mittleren Grundflächenhaltung auf 30 m^2 ha^{-1} (d. h. auf rund 62 % des Wertes der undurchforsteten Parzelle) ermäßigte geringfügig die Gesamtvolumenproduktion um 6 %, steigerte aber die Produktion von mittelstarkem Stammholz (definiert als Holz von Bäumen mit > 30 cm BHD) auf 305 % (von 130 auf 397 m^3 ha^{-1}).

Wie diese und weitere Versuchsergebnisse (siehe Schober 1979 und 1980; Kramer 1988; Spellmann und Schmidt 2003) zeigen, ist es also möglich, mit Durchforstungen nicht nur den Durchmesser des verbleibenden Bestandes zu erhöhen, sondern auch den Anteil stärkeren Holzes an der Gesamtproduktion. Schober (1972) bestätigt auf der Basis der umfangreichen **Buchen**-Durchforstungsversuche den erhöhten Starkholzanfall. Er weist darauf hin, dass schwächere Durchforstungseingriffe dagegen mehr mittelstarkes Holz produzieren. Der Effekt der Durchmesserzuwachssteigerung kann auch genutzt werden, um eine festgelegte Zielstärke in

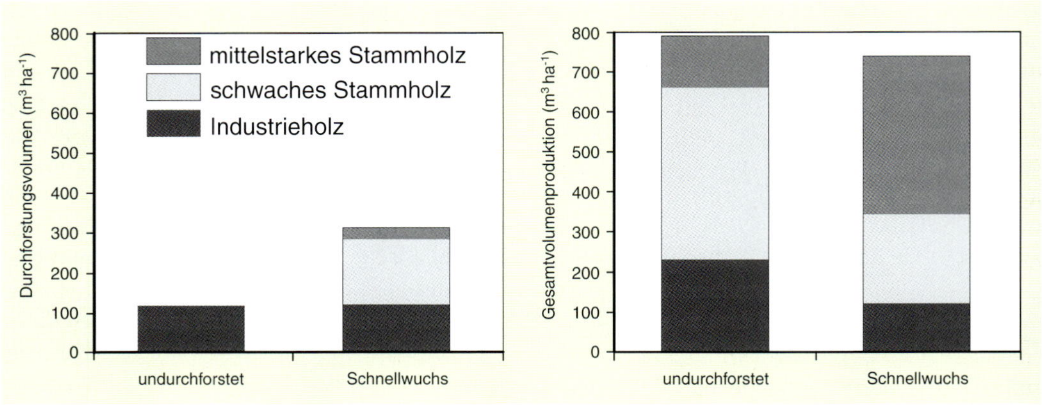

Abb. 4.29 Zusammensetzung des Volumens des ausscheidenden Bestandes (linke Balkengrafik) und der gesamten Produktion (rechte Balkengrafik) im Douglasien-Durchforstungsversuch Daun-Ost (Eifel) nach Angaben von Schober (1969).

Hintergrundwissen

Kürzere Produktionszeiträume durch Steigerung des Durchmesserzuwachses
(nach Modellvorstellungen von Nutto 1999 für Eiche)

Die steigenden Radialzuwächse setzen breitere Kronen und größere Standflächen voraus. Sie lassen nur Raum für eine erheblich kleinere Endbaumzahl, die in der stark verkürzten Produktionszeit den Zieldurchmesser von 65 cm erreichen kann. Eine Produktionszeitverkürzung kann aus mehreren Gründen für Forstbetriebe interessant sein: In der Buchenstammholzerzeugung ist sie ein wichtiges Mittel, um den Anteil rotkernigen Holzes niedrig zu halten (Racz et al. 1961; Börner 1997; Knoke und Schulz-Wenderoth 2001). Auch die Wahrscheinlichkeit für das Auftreten anderer Schäden, wie Buchenschleimflussbefall, Sturmschäden, Eis- und Schneeschäden, Trocknis, Insekten- und Pilzbefall, ist bei kürzeren Produktionszeiten geringer. Und schließlich verkürzt sich mit der Produktionszeit auch der Verzinsungszeitraum forstlicher Investitionen.

Tab. 4.6 Produktionszeit in Abhängigkeit vom durchschnittlichen Radialzuwachs, von den dazu erforderlichen Kronenbreiten und maximal mögliche Endbaumzahlen bei Eichenreinbeständen (nach Nutto 1999)

Durchschnittl. Radialzuwachs (mm $J.^{-1}$)	Produktionszeit bis zu einem BHD von 65 cm (Jahre)	Kronenbreite am Ende der Produktionszeit (m)	Maximal mögliche Endbaumzahl (St. ha^{-1})
1,5	220	10,5	81
2,5	130	11,8	64
3,5	95	12,4	58

kürzerer Produktionszeit zu erreichen (siehe Kasten Hintergrundwissen „Kürzere Produktionszeiträume durch Steigerung des Durchmesserzuwachses").

Die für eine Verkürzung der Produktionszeit erforderliche Steigerung des Durchmesserwachstums kann im Extremfall zu so breiten Jahresringen führen, dass die für Wertholz maximal zulässigen Werte (Tab. 4.1) erheblich überschritten werden. Dabei ist zu berücksichtigen, dass der Mittelwert über die gesamte Produktionszeit wesentlich breitere Jahresringe in der Jugend und schmalere im Alter einschließt. Auch kann eine sich in solchen Fällen einstellende stärkere Abholzigkeit nachteilig sein.

Ästigkeit

Von größerer Bedeutung in der Praxis sind zweifellos die mit einer Förderung des Durchmesserwachstums zwangsläufig verbundene Verkürzung der astfreien Schaftlänge und die Verringerung des Volumens astfreien Holzes. Stark und früh freigestellte Bäume werden deutlich schneller dick, aber die Kronenuntergrenze schiebt sich langsamer nach oben, die Äste leben länger und werden dicker (Abb. 4.30). Diese Zunahme der Ästigkeit muss als Preis für die Erzeugung stärkeren Holzes innerhalb einer gegebenen Produktionsdauer angesehen werden. Für die Optimierung der Wertleistung muss ein Kompromiss zwischen den beiden Zielen – Förderung des Durchmesserwachstums und Begrenzung der Ästigkeit – gefunden werden.

Nach den Untersuchungen von Nutto (1999) verschlechtern sich die qualitätsbestimmenden Merkmale – wie grünastfreie Schaftlänge, Astdurchmesser, Anteil von asthaltigem Holz am Erdstammstück – mit zunehmender Standfläche und mit dem damit zunehmenden Dickenzuwachs der Eichen deutlich (Abb. 4.31, 4.32). Besonders wirksam in dieser Hinsicht ist der sprunghafte Rückgang in der Bestandesdichte, der für die Steigerung des mittleren Radialzuwachses von 2,5 auf 3,5 mm erforderlich ist. Diese Werte liegen aber in einem extremen, in der heutigen Praxis nicht üblichen Bereich. Interes-

Abb. 4.30 Qualitätsmerkmale von Fichtenstammholz.
Fichten mit Stammholz von schlechter C-Qualität wegen starker Ästigkeit: die starke Astentwicklung wurde möglich, da die beiden eng zusammenstehenden Bäume in der Jugend eine große gemeinsame Standfläche besaßen **(a)**; feinästige Fichte von überdurchschnittlich guter B-Qualität aus einem eng begründeten Bestand **(b)**.

sant ist der nur leichte Anstieg der Astüberwallungsdauer (Abb. 4.32, Tab. 4.7): Höhere Radialzuwächse lassen sich einerseits nur mit dickeren Ästen erzielen, deren Überwallung mehr Zeit benötigt. Auf der anderen Seite steigern sie aber auch die Überwallungsgeschwindigkeit.

Die Ergebnisse von Nutto lassen sich nach empirisch-praktischem Wissen (und in Analogieschlüssen zu den Ergebnissen der Verbandsversuche, Kap. 3.6.6) grundsätzlich auf alle Baumarten übertragen, nur fehlen solche quantitativen Modelle bis auf wenige Ausnahmen für die anderen Arten. Über die Aststärkenentwicklung der **Fichte** als Folge unterschiedlicher Eingriffsstärken berichten Abetz und Unfried (1983). Anstelle eines direkten Zusammenhangs mit der Standfläche des Baumes stellen sie modellhaft die Beziehung zwischen h/d-Wert und mittlerem Durchmesser der drei stärksten Äste des obersten Totastquirls in etwa 5 m Höhe her. Bei den 34-jährigen Zukunftsbäumen stieg dieser Wert von 18 auf 25 mm an, wenn der h/d-Wert von > 90 auf < 69 abnahm (was gleichbedeutend mit einer Zunahme der Standfläche war). In einem Läuterungsversuch der **Kiefer** stellte Huss (1999) an den potenziellen Zukunftsbäumen (Zukunftsbaumanwärter) im unteren Schaftteil von 4 m Länge nach Auskesselung einen Durchmesser der stärksten Äste je Quirl von 22–28 mm fest, nach totaler Freistellung dagegen einen Anstieg auf 32–45 mm. Weitere Beispiele für die Zunahme der Aststärke nach frühen Bestandespflegeeingriffen finden sich in Abbildung 4.40 und in Tabelle 4.16 im Kapitel 4.2.7.

Die Frage, wieweit die **Wasserreiserbildung** durch Durchforstungseingriffe gefördert wird, ist besonders für jüngere **Eichenbestände** ohne wirksamen Buchenunterstand von Bedeutung.

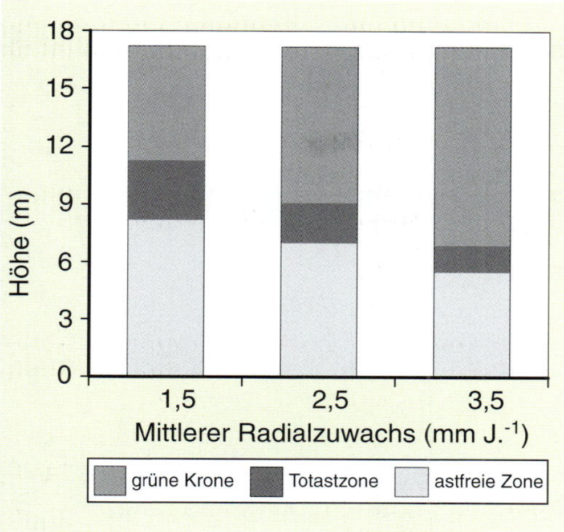

Abb. 4.31
Kronenlänge, Totastzone und grünastfreie Stammlänge bei 45-jährigen Eichen der EKl. I,4 (Jüttner, $dGZ_{100} = 6$) in Abhängigkeit vom mittleren Radialzuwachs in 1,3 m Höhe (nach Nutto 1999).
Der Radialzuwachs steht stellvertretend für die Bestandesdichte, da eine enge Abhängigkeit zwischen den beiden Größen besteht.

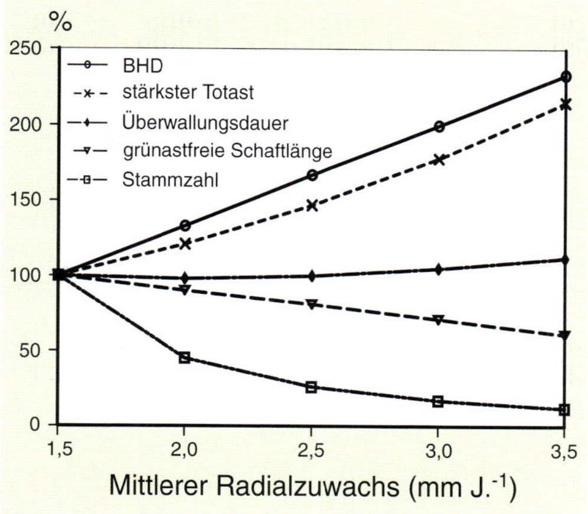

Abb. 4.32
Stammzahlhaltung, Brusthöhendurchmesser und Kennzahlen der Astentwicklung in Abhängigkeit vom mittleren Radialzuwachs (in 1,3 m Höhe) in 45-jährigen Eichenreinbeständen mit EKl. I,4 (Jüttner, $dGZ_{100} = 6$), nach Nutto (1999). Der Radialzuwachs steht stellvertretend für die Bestandesdichte. Dargestellt sind die Werte in Prozent des Wertes der Variante mit einem mittleren jährlichen Radialzuwach von 1,5 mm.

Tab. 4.7 Einfluss des durchschnittlichen Radialzuwachses auf die Dimension des asthaltigen Holzkerns (einschließlich der Überwallungszone) und der zu erwartenden maximalen Aststärken im Inneren eines Erdstammstücks bei Eichen, die einen Zieldurchmesser von 65 cm in Brusthöhe erreicht haben (nach Nutto 1999 für Reinbestände der Ertragsklasse I,4 (Jüttner, $dGZ_{100} = 6$)

Durchnittlicher jährlicher Radialzuwachs (mm)	Volumen des asthaltigen Kerns in % vom Gesamtvolumen (%)	Volumen des astfreien Mantels in % vom Gesamtvolumen (%)	Zu erwartende Aststärken im asthaltigen Kern (cm) bei Höhen von (m):		
			1,3	**4,0**	**6,0**
1,5	1,5	98,5	0,7	1,2	1,6
2,5	7,1	92,9	0,9	1,9	3,0
3,5	27,4	72,6	1,0	3,8	6,8

Spiecker (1991) fasst seine Untersuchungen in der Aussage zusammen, dass Durchforstungen zunächst das Austreiben und Erstarken neuer Wasserreiser fördern, dass diese aber in den Folgejahren mit zunehmendem Kronenschluss zu einem großen Teil wieder absterben. Die Zunahme der Wasserreiser als Folge von Durchforstungseingriffen wird auch von Pretzsch und Utschig (1995), Spellmann (1995a) und Dong et al. (1997) bestätigt. Die Durchforstungsstärke hat keinen Einfluss auf die Neubildung, jedoch fördert die mit stärkeren Eingriffen verbundene bessere Belichtung der Schäfte das Wachstum der Wasserreiser. Sie bleiben dann auch im unteren Schaftbereich länger am Leben und erstarken (Pretzsch und Utschig 1995). Auch starke Bedrängung der Eichen führt ähnlich wie plötzliche Freistellungen zur Neubildung von Wasserreisern (Spiecker 1979). Welche verheerenden Auswirkungen das Absterben und Einwachsen von aus Wasserreisern entstandenen **Klebästen** für die Qualität von Eichen haben kann, hat Wiedemann (1942a) eindrücklich beschrieben (Kap. 3.7.3).

Außer an Eichen findet man die Neigung zur Bildung von Wasserreisern auch an fast allen Laubbaumarten, dazu bei Tanne und Lärche. In

Hintergrundwissen

Wasserreiserbildung an Eichen

Nicht ausgetriebene Knospen an jungen Trieben sind die Grundlage der Wasserreiserbildung (Fontaine et al. 2001, 2002). Von ihnen geht zwar der größte Teil in den ersten beiden Jahren zugrunde, die restlichen wachsen aber in den Schaft ein und bleiben durch Gefäßstränge aus Kambium, sekundärem Xylem und Parenchymzellen mit dem Kambium des Baumes verbunden. Die einwachsenden Knospen hinterlassen einen oder mehrere, unter 2 mm breite Gefäßstränge im Holz, die zwar am Querschnitt des Stammes erkennbar sind, aber keine Holzfehler darstellen. Bei der Eiche kommen offenbar nur **Proventivknospen** vor (in der Achsel von Blättern junger Triebe gebildet), während **Adventivknospen** (an verletzten Stellen neu entstanden) keine Rolle für die Wasserreiserbildung spielen. Die Knospen enthalten Meristemzellen, die von Knospenschuppen umgeben sind, jedoch keine vorgebildeten Sprossanlagen. Sie entwickeln sich erst durch äußere Einflüsse aus dem Meristem zu Wasserreisern.

Spiecker (1991) fand an 32 von ihm untersuchten Beständen in den untersten 8 m der Eichenschäfte im Durchschnitt 8,7 Wasserreiser je 2 m Stammhöhe. Die durchschnittliche Zahl der lebenden Wasserreiser nahm in diesen Fällen mit der Höhe am Stamm bis 8 m kontinuierlich zu, bei den toten war es umgekehrt. Die kräftigsten Wasserreiser befanden sich im oberen Schaftteil. Er stellte keinen Zusammenhang zwischen **Zahl der Wasserreiser** und der sozialen Stellung fest, doch waren sie bei vorherrschenden Bäumen kräftiger ausgebildet.

Wasserreiser können einzeln, zu mehreren und in Büscheln auftreten (Abb. 4.33). Wenn sie an der Basis etwa 2 cm und mehr stark sind, werden sie als **Klebäste** bezeichnet. Wenn die Krone stark verlichtet oder abgestorben ist, können Wasserreiser den Baum über längere Zeit am Leben halten.

Welche äußeren Einflüsse das **Austreiben** der Proventivknospen verursachen, ist nicht völlig geklärt. Zweifellos sind nicht allein die veränderten Lichtverhältnisse nach einer Durchforstung (Spiecker 1979; Altherr und Unfried 1984) die Ursache, sondern eine wesentliche Rolle dürfte auch der höhere Verdunstungsanstoß spielen, dem die verbleibenden Bäume eines Bestandes nach der Durch-

Abb. 4.33
Wasserreiser am Stamm einer Traubeneiche.

forstung ausgesetzt sind. Wahrscheinlich sind noch andere Faktoren beteiligt. Beschattung unterbindet nicht das Austreiben, führt aber zu höherer Mortalität. Ein stärkerer Lichtzutritt in den Stammraum begünstigt dagegen die Erhaltung der Wasserreiser und deren weitere Entwicklung zu Klebästen. Bei Eichen ist deshalb die Beschattung der Schäfte durch eingemischte Schattenbaumarten das wichtigste waldbauliche Mittel, um die Entwertung des Holzes durch einwachsende Wasserreiser zu verhindern (Kap. 3.7.3).

Tab. 4.8 Volumen des unteren Stammstückes bei verschiedenen Längen in Prozent des gesamten Baumvolumens (nach Wiedemann 1951) (die Zahlen stellen Anhaltswerte für eine Baumhöhe von 32 m dar)

Länge des unteren Stammstückes (m)	6	8	10	12
Volumen des unteren Stammstückes in Prozent des gesamten Baumvolumens (%)	36	46	55	63

Tab. 4.9 Ergebnis des Selektionseffekts in den langfristigen Buchen-Durchforstungsversuchen der ehemals preußischen und niedersächsischen Versuchsanstalten
(angegeben ist die Anzahl der Buchen mit guter Schaft- und Kronenform im Endbestand (Alter 111–171 Jahre) im Mittel der Versuchsflächen) (nach Schober 1972)

	Durchforstungsart			
	schwache Niederdurchforstung	**mäßige Niederdurchforstung**	**starke Niederdurchforstung**	**mäßige und starke Hochdurchforstung**
Anzahl guter Buchen (St. ha^{-1})	27–35	26–32	61–66	62–84

der Regel erfordern aber nur Eichenbestände besondere Vorkehrungen zur Minderung des Wasserreiserbesatzes, vor allem durch Schaffung oder Erhaltung eines Unterstandes (Kap. 3.7.3).

Bei der Aufgabe, einen Kompromiss zwischen einer möglichst großen grünastfreien Schaftlänge und dem erwünschten möglichst raschen Durchmesserwachstum zu finden, können die Angaben der Tabelle 4.8 eine Hilfe sein. Sie gibt den Anteil am gesamten Baumvolumen für unterschiedlich lange **Erdstammstücke** an.

Gemessen an der Länge steckt ein überproportional großer Anteil des Volumens in den unteren Metern des Stammes. Bei einer Wertbetrachtung wäre in den meisten Fällen das Verhältnis noch stärker zugunsten des unteren Schaftteils verschoben.

Selektionseffekt

Der Selektionseffekt (Schober 1972) beruht darauf, dass bei Bestandespflegeeingriffen die besten Bäume (d. h. diejenigen, die dem Ziel des Forstbetriebes am besten entsprechen) ausgewählt und durch Zurückdrängung von Konkurrenten begünstigt werden. Beim häufigsten betrieblichen Ziel – Einkommen durch Holzproduktion – sind dies die nach Baumart und Schaftqualität wertvollsten Bäume. Die weniger wertvollen Nachbarn werden entnommen. Dieser Aushieb der schlechteren Stämme vermindert zwar grundsätzlich die mittlere Qualität der Durchforstungsnutzungen, senkt aber bei frühzeitigen Eingriffen und geringen Durchmessern den Wert nur unbedeutend (Wiedemann 1951). Am Beispiel der Buchen-Durchforstungsversuche wird der Erfolg dieser Selektion deutlich (Tab. 4.9). Eine entscheidende Verbesserung tritt beim Übergang zu stärkeren Durchforstungseingriffen ein. Allerdings kann am stehenden Baum ein so bedeutendes Qualitätsmerkmal wie der Buchenrotkern nicht eingeschätzt werden. Die geringe Anzahl guter Buchen in den schwach und mäßig durchforsteten Flächen beruht auch darauf, dass schon stärkere Kroneneinengungen zur Abklassifizierung führten.

Tab. 4.10 Holzerlöse für die Gesamtproduktion von Buchenreinbeständen bei unterschiedlichen Durchforstungen in Prozent der Werte der schwachen Niederdurchforstung
(angegeben ist der Nettoerlös mit Preisen von 1962–1966 nach Abzug der Holzerntekosten, berücksichtigt ist nur der Dimensionseffekt) (nach Schober 1972)

Holzerlös	Durchforstungsart			
	schwache Niederdurchforstung	mäßige Niederdurchforstung	starke Niederdurchforstung	Hochdurchforstung
Gesamterlös (%)	100	118	122	129
Endnutzungsanteil (%)	90	75	65	k. A.

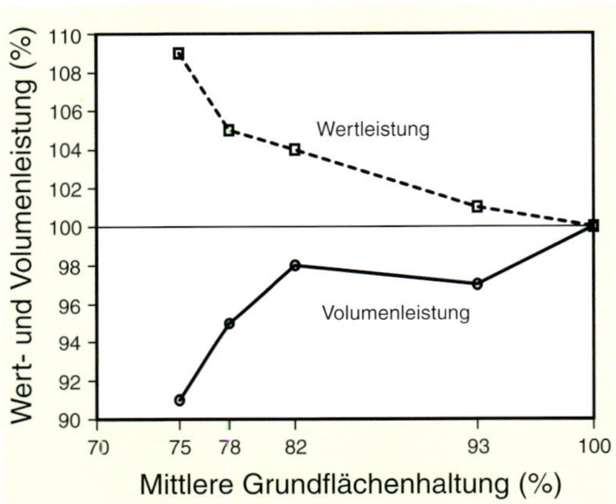

Abb. 4.34
Wert- und Volumenleistung von Fichtenreinbeständen bei unterschiedlichen Durchforstungen in Prozent der undurchforsteten Variante (nach Schober 1979 und 1980). Dargestellt sind Mittelwerte von neun Versuchsreihen in Norddeutschland.

Mehr noch als in Reinbeständen ist in Mischbeständen die Auswahl und Förderung der wertvollsten Bäume von großer Bedeutung für die Wertleistung. Der Selektionseffekt ist umso erfolgreicher, je stärker der Bestand qualitativ differenziert ist und je früher der Eingriff ausgeführt wird. In homogenen Beständen und in einem späten Stadium, in dem die besseren Bäume schon deutlich von schlechteren Nachbarn abgedrängt sind, verliert er an Bedeutung.

Finanzieller Ertrag

Wenn die beschriebenen Wirkungen von Durchforstungen monetär bewertet werden, ergibt sich in der Regel eine Überlegenheit in der finanziellen Wertleistung der stärker durchforsteten Bestände gegenüber gar nicht oder schwach durchforsteten Vergleichsbeständen. Besonders Schober war am Nachweis der finanziellen **Mehrleistungen stärkerer Durchforstungen** interessiert und hat für mehrere Baumarten entsprechende Kalkulationen veröffentlicht (1969 für Douglasie, 1972 für Buche, 1979/1980 für Fichte). In allen Fällen erreichten die berechneten Deckungsbeiträge (z. B. holzerntekostenfreie Erlöse) oder Reinerträge (nach Abzug sämtlicher Kosten ohne Berücksichtigung von Zinsen) bei Grundflächenhaltungen im Rahmen von starken Durchforstungen Maximalwerte. Die mit Blick auf die finanzielle Wertleistung optimale Grundflächenhaltung lag immer unterhalb der für den Volumenzuwachs optimalen (Tab. 4.10).

Für **Fichtenbestände** ist in Abbildung 4.34 der Zusammenhang zwischen Volumen- und Wertleistung exemplarisch dargestellt (nach Schober 1979, 1980). Berücksichtigt wurde nur der Dimensionseffekt. Aufgrund dieser Untersuchungsergebnisse spricht Schober (1972) allgemein von der „eindeutigen Minderwertigkeit des Dichtstandes undurchforsteter Bestände“. Erst bei Eingriffsstärken, die bei Buche eine mittlere Grundflächenhaltung von 60 % der undurchforsteten Bestände und bei Fichte von 75 % unterschreiten, sinkt die Wertleistung unter den Wert der schwachen oder gar nicht durchforsteten Bestände.

Der Anteil der **Vornutzungen** an den Gesamterlösen steigt mit zunehmender Durchforstungsstärke, was sich in Kalkulationen, die den Zeitpunkt der Zahlungseingänge berücksichtigen, werterhöhend auswirkt. Zur Verdeutlichung wird in Tabelle 4.11 eine entsprechende Kalkulation von Knoke (1998a) für unterschiedlich

Tab. 4.11 Naturale und ökonomische Daten für den Vergleich von drei Durchforstungsvarianten in einem Fichtenreinbestand (nach Knoke 1998a)

Alter (Jahre)	Durchforstungsart					
	undurchforstet		mäßige Z-Baumdurchforstung		starke Z-Baumdurchforstung	
	genutztes Holzvolumen (m^3 ha^{-1})	Bewertung (DM ha^{-1})	genutztes Holzvolumen (m^3 ha^{-1})	Bewertung (DM ha^{-1})	genutztes Holzvolumen (m^3 ha^{-1})	Bewertung (DM ha^{-1})
27	0 Abtöten unerwünschter Mischbaumarten	0	25 Entnahme jeder 5. Reihe	−1 970	34 Freistellung von 400 Z-Bäumen durch Entnahme von je 2 Bedränger in 4 m Umkreis	−3 400
33	0	0	46 Freistellung von 400 Z-Bäumen durch Entnahme von je 1 Bedränger in 5 m Umkreis	1 010	105 Freistellung der Z-Bäume durch Entnahme aller übrigen Bäume	2 180
48	0	0	73 Entnahme von ca. 0,5 Bedränger je Z-Baum	5 990	121 Reduzierung auf 236 Z-Bäume durch Entnahme von 164 Bäumen	11 690
58	0	0	17 schwache Niederdurchforstung	70	0	0
68	0	0	13 schwache Niederdurchforstung	290	0	0
78	0	0	0	0	0	0
88	0	0	0	0	0	0
98	Endnutzung 799	88 460	Endnutzung 766	94 430	Endnutzung 578	73 500
Summe	Gesamtnutzung 799	88 460	Gesamtnutzung 940	99 820	Gesamtnutzung 838	83 970
Kapitalwert 1 % Zins		34 720		40 310		34 250
Kapitalwert 2 % Zins		13 750		16 610		14 620
Kapitalwert 3 % Zins		5 500		6 990		6 400

naturale Daten: Freisinger Fichten-Durchforstungsversuch (Huss 1990) mit Oberhöhenbonität 40 nach Assmann und Franz (1965); Behandlungen zweimal wiederholt auf Kernflächen von 720 m^2; bis Alter 48 Jahre gemessene Daten, danach bis Alter 98 simuliert mit dem Simulator SILVA (Kahn und Pretzsch 1997)
ökonomische Bewertung: Kosten und Holzpreise auf der Basis der im Jahr 1995 erzielten Ergebnisse der bayerischen Staatsforstverwaltung; der vermutlich schlechteren Stammholzqualität auf der Fläche mit starker Z-Baumdurchforstung (gröbere Äste, mehr Harzgallen) wurde durch einen von 18 auf 48 % erhöhten C-Holzanteil Rechnung getragen
Stabilität: mittlerer h/d-Wert im Alter 48 Jahre ging mit zunehmender Durchforstungsstärke deutlich zurück: undurchforstet: 111, mäßige Z-Baumdurchforstung: 91, starke Z-Baumdurchforstung: 69;
nach Knoke steigt dadurch die Einzelbaumstabilität so an, dass in der Variante „starke Z-Baumdurchforstung" eine Zielstärkennutzung mit einem Ziel-BHD von 55 cm möglich erscheint; damit würde sich diese Variante mit ihren frühen Endnutzungserträgen ab einem Zinssatz von 2,8 % als günstigste Variante darstellen, trotz insgesamt geringerer genutzter Holzvolumina

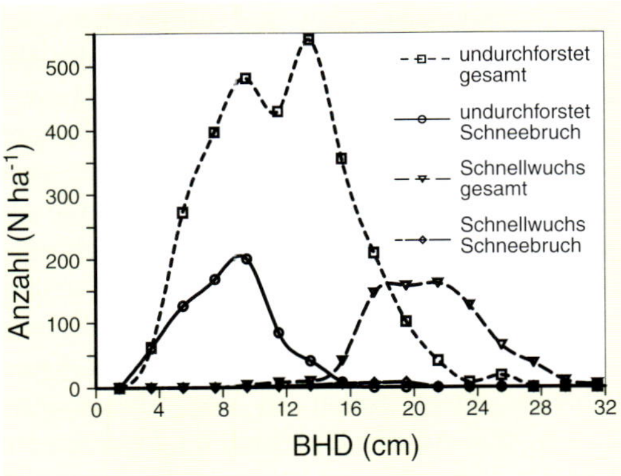

Abb. 4.35
Schneebruchhäufigkeit im Fichten-Durchforstungsversuch Paderborn 90 in Abhängigkeit vom Stammdurchmesser in Brusthöhe (BHD)(nach Johann 1980).

Baumhöhe gehen allgemein die Schäden erheblich zurück. Dabei ist eine gleichmäßig ausgebildete Krone, besonders in Hanglagen, günstiger als eine asymmetrische. Bäume mit tief angesetzten Zwieseln gelten als besonders gefährdet. Kronenlänge und h/d-Wert kennzeichnen also zusammen sehr gut die Schneebruchdisposition von Fichten. Dies gilt grundsätzlich auch für die **Kiefer**, die allgemein als stärker gefährdet gilt, für die aber relativ wenige Untersuchungen vorliegen (Abetz und Prange 1976; Spellmann et al. 1984; weitere Angaben bei Rottmann 1985).

Bäume in **geringen sozialen Baumklassen** besitzen hohe h/d-Werte und kurze Kronen (Tab. 4.5) und sind daher für Schneebruch prädestiniert. In vielen Verbands- und Durchforstungsversuchen hat sich gezeigt, dass bevorzugt diese Bäume durch Schnee geschädigt werden. Ein Beispiel zeigt Abbildung 4.35 für ein Nassschneeereignis.

Stellvertretend für die sozialen Baumklassen sind in Abbildung 4.35 Durchmesserklassen von 2 cm verwandt worden. Es zeigt sich sehr deutlich, dass nur Bäume mit einem Brusthöhendurchmesser unter 16 cm vom Schnee geschädigt wurden. Da die Variante undurchforstet sehr viele dieser schwachen Bäume besaß, war hier der Schaden mit insgesamt 688 betroffenen Bäumen ha^{-1} beträchtlich, während in der Variante Schnellwuchs fast alle schwachen Bäume schon sehr früh entnommen worden waren, sodass fast kein Schaden eintrat (27 St. ha^{-1} geschädigt). In beiden Varianten blieben die 400 stärksten Bäume ha^{-1} ungeschädigt. Johann (1980) weist aufgrund von Untersuchungen in weiteren Fichtenbeständen darauf hin, dass der Unterschied zwischen undurchforstet und Schnellwuchs nicht nur mit dem rechtzeitigen Aushieb der gefährdeten Bäume zu erklären ist, sondern vor allem mit dem Rückgang des h/d-Wertes wegen der sehr frühen und starken Stammzahlreduzierungen auf der Schnellwuchsfläche. Demnach ist nicht die Position in der Durchmesserverteilung entscheidend, sondern ein h/d-Wert unter 90. Dieses Ergebnis wird von einer Reihe weiterer Beobachtungen gestützt, die Rottmann (1985) zusammengestellt hat.

Auch Kramer (1980) beobachtete in einem Fichten-Durchforstungsversuch im Solling, dass die Schneebruchschäden in den schwächeren Baumklassen am höchsten waren, während die stärkeren wenig oder gar nicht unter Schneeschäden zu leiden hatten. Die starke Durchforstung senkte wie im Beispiel der Abbildung 4.35 die Anzahl geschädigter Bäume und das Schadholzvolumen. Parzellen aus weitem Pflanzverband wurden erheblich weniger geschädigt als solche aus engem Verband. Dabei handelt es sich um eine vielfach bestätigte Erfahrung (zusammengefasst durch Rottmann 1985).

In den meisten Fällen zerstören Schneebruchereignisse die Bestände nicht vollständig, sondern haben häufig den **Charakter einer Niederdurchforstung**. Sie können dann zu Bestandesstrukturen führen, die den betrieblichen Zielsetzungen durchaus nahekommen. Schübeler (1993) und Weihs et al. (1999) haben solche Fichtenbestände vorgestellt. Mit natürlichen, nicht plan- und steuerbaren Dichtereduzierungen sind aber erhebliche Probleme verbunden: Sie können – wenn auch selten – zu flächigen Bestandesschäden führen, und in jedem Fall sind große Risiken durch nachfolgenden Borkenkäferbefall, Zuwachsverluste und Absatzschwierigkeiten mit Preisrückgängen zu erwarten, da ein Schneebruchereignis meist eine größere Region gleichzeitig erfasst und schnell ein Überangebot an Schwachholz hervorrufen kann. Zur Verminderung dieser Risiken sind grundsätzlich planmäßige Durchforstungen vorzuziehen (s.a. Kenk und Weise 1998).

Hintergrundwissen

Bestandespflegeverfahren zur Verringerung des Schneebruchrisikos

Zur Minimierung des Schneebruchrisikos in **Fichtenbeständen** gibt es klare und durch Versuchsergebnisse gut abgesicherte Empfehlungen für die Bestandespflege (Johann 1980; Rottmann 1985; Thomasius et al. 1986; Kramer 1988). Sie sehen einheitlich frühzeitige und starke Baumzahlreduzierungen vor, die spätestens bis zu einer Oberhöhe von 10 m die Bestandesdichte auf 1 200–2 000 Bäume ha^{-1} herabsetzen. Diese Dichte sollte danach in mehreren weiteren Eingriffen bis etwa 25 m Oberhöhe weiter unter den Werten der üblichen Ertragstafeln gehalten werden. Dadurch gelingt es, den h/d-Wert der Mehrzahl der Bäume deutlich unter 90 zu halten. Unterhalb von 10 m Bestandeshöhe ist offenbar auch in stammzahlreichen Beständen das Schneebruchrisiko gering, die gefährlichste Phase liegt bei 10–15 m (Johann 1980). Für die Bildung niedriger h/d-Werte ist der Standraum in der Jugend entscheidend (Cremer et al. 1982). Bei Versäumnissen in der Jugend können späte Durchforstungseingriffe die h/d-Werte nicht mehr entscheidend korrigieren, da die Wachstumsreaktionen zu langsam ablaufen. Ungünstige h/d-Werte bleiben deshalb auch im Alter erhalten. Zwar verringert sich der h/d-Wert entsprechend dem allgemeinen Wachstumsgang, aber der kritische Grenzwert für die Belastbarkeit nimmt ebenfalls ab (Rottmann 1985).

Für **Kiefernbestände** geben Spellmann et al. (1984) mit 6 m Höhe einen noch zeitigeren Beginn der Hauptgefährdungsphase an. Nur durch sehr frühe Eingriffe (vor 5 m Höhe) oder weite Pflanzverbände kann die Stabilität gegen Schnee erhöht werden, da mehr als bei der Fichte Eingriffe in späteren Stadien die Bestände wegen der Unterbrechung des Bestandesgefüges labilisieren. Aus diesem Grund sollen auch Feinerschließung und Erstdurchforstung nicht gleichzeitig, sondern mit einem deutlichen zeitlichen Abstand durchgeführt werden. Das Ziel muss ein h/d-Wert < 80 bei den Zukunftsbäumen sein. Hier kann es zu einem Konflikt mit dem Ziel Wertholzproduktion kommen, dem man mit einer Begrenzung des Kiefernanbaus auf Standorte ohne größere Nassschneegefährdung oder durch Verwendung spitzkroniger Standortsrassen (Höhenkiefern) begegnen kann. Nach den Untersuchungen von Spellmann et al. (1984) traten besonders starke Schneebruchschäden bei unter Schirm aufgewachsenen Kiefern aus Naturverjüngung auf.

Die winterkahlen **Laubbäume** sind selten durch Schnee gefährdet, daher sind vorbeugende Maßnahmen bei der Bestandespflege in der Regel nicht erforderlich. Eine Ausnahme können sehr dichte Gertenhölzer der Eiche aus Saat in schneegefährdeten Lagen darstellen, bei denen das trockene Laub über lange Zeit im Winter an den Zweigen bleibt und die Auflagefläche für Nassschnee vergrößert, sodass es zu flächigem Umbiegen (Schneedruck) kommen kann. Auch bei Buche werden gelegentlich solche Schäden beobachtet (z. B. im Harz). Hier sind deshalb frühzeitigere und stärkere Reduzierungen der Bestandesdichte zu empfehlen. Leibundgut (1976) beschreibt einen derartig behandelten und langfristig beobachteten Eichenbestand.

Sturmschäden

Bevor auf die Wirkung von Durchforstungen auf die Sturmstabilität von Bäumen und Beständen eingegangen wird, werden einige allgemeine Aspekte dargestellt. Die zusammenfassenden Darstellungen von Mitscherlich (1970, 1973), Rottmann (1986), Thomasius et al. (1986), Thomasius (1988), Nielsen (1990), König (1995) und Hanewinkel et al. (2015) vermitteln dafür einen übereinstimmenden und schlüssigen Kenntnisstand. Danach wird die Sturmstabilität durch das Verhältnis zwischen den beiden Komponenten Sturmkraft und Verankerungskraft bestimmt. Unter **Sturmkraft** werden alle Größen zusam-

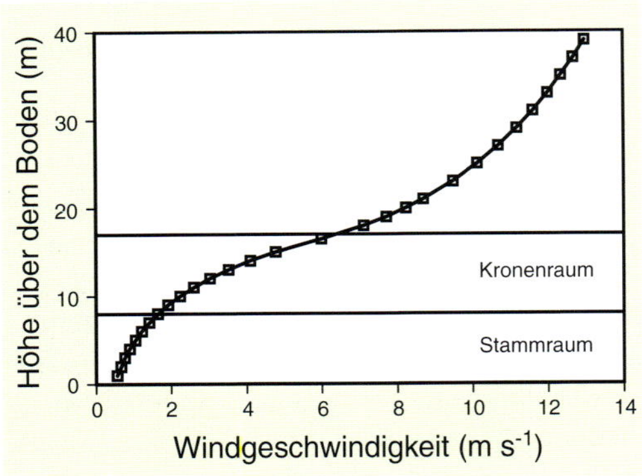

Abb. 4.36
Zunahme der Windgeschwindigkeit mit der Höhe über dem Boden während eines Sturms in einem 16,5 m hohen Kiefernbestand (nach Oliver und Mayhead 1974).
Dargestellt ist die mittlere Windgeschwindigkeit in einem 16,5 m hohen Kiefernbestand und im Luftraum darüber bis in 40 m Höhe. In Böen erreichte die Windgeschwindigkeit bedeutend höhere Werte als in der Grafik angegeben: In 31 m Höhe wurden während des fünfstündigen Sturms 155 Böen mit mindestens 21 m s^{-1} gemessen. In der Umgebung des Messturms wurden einige Kiefern entwurzelt. Im Stammraum war es mit 2–3 m s^{-1} dagegen relativ windstill.

mengefasst, die oberirdisch auf die Stabilität eines Baumes einwirken, unter **Verankerungskraft** hingegen alle Wurzel- und Bodenfaktoren. Wenn die Sturmkraft die Verankerungskraft eines Baumes übersteigt, kommt es zum Sturmwurf oder zum Stammbruch.

Die Verankerung der Bäume eines Bestandes hängt ganz überwiegend mit der Durchwurzelbarkeit des Bodens zusammen. Allgemein bereiten schlecht drainierte und schlecht belüftete tonige oder wasserstauende Böden, wie Stagno- und Pseudogleye, dem Eindringen der Wurzeln in tiefere Schichten größere Schwierigkeiten als sandige oder steinige Böden. Die Baumarten unterscheiden sich dabei in ihrer Durchwurzelungsenergie: Weißtanne, Hainbuche, Schwarzerle sowie Stiel- und Traubeneiche bilden auch unter ungünstigen Bedingungen tiefere Wurzeln als typische Flachwurzler wie Fichte. Zusätzlich kann die Verankerung der Fichte häufig auch durch Wurzelfäule geschwächt sein.

Neben der Form des Wurzelsystems sind die **Verbindungskräfte** zwischen Wurzeln und Bodenteilchen (Adhäsion) und die **Scherkräfte** zwischen den Bodenteilchen von Bedeutung. Beide Kräftearten sind von der Bodenart und vom Wassergehalt des Bodens abhängig. Mit zunehmender Feuchtigkeit nimmt die Verankerungsstärke besonders in tonigen, schluffigen oder lehmigen Böden ab (Redde und Lüpke 2004). Große Sturmkatastrophen im Wald gingen daher immer mit wassergesättigten und frostfreien Böden einher und waren durch das fast ausschließliche Auftreten von Sturmwurf gekennzeichnet. In größerem Umfang auftretender Sturmbruch ist dagegen für Sturmschäden auf trockeneren Böden (charakteristisch für manche Sommerstürme) oder bei Bodenfrost typisch.

Wegen ihrer Neigung zur Flachwurzeligkeit und der Anfälligkeit für Wurzelfäulen überrascht es nicht, dass sich **Fichten** bei dem Sturm 1990, der besonders in Mittel- und Süddeutschland zu bisher nicht gekannten Schäden führte, etwa acht- bis zwölfmal anfälliger als die stabilste Baumart Eiche gezeigt haben (Lüpke und Spellmann 1997). Neben den schon genannten Faktoren tragen noch folgende Eigenschaften zu diesem **hohen Sturmrisiko** bei:

Hintergrundwissen

Einflussgrößen der Sturmkraft

- Die **Windgeschwindigkeit** (wichtiger als der Mittelwert sind die Spitzenwerte und die Frequenz der Böen) bestimmt in erster Linie die Kräfte, die auf einen Baum einwirken. Im Rahmen der meteorologischen Gegebenheiten wird sie auf Baum- oder Bestandesebene vielfältig abgewandelt, u. a. spielen Geländeform und Windexponiertheit des Standortes eine Rolle (Hütte 1967). Die Windgeschwindigkeit steigt mit zunehmender Höhe über dem Boden. Ein Beispiel für die Verhältnisse während eines Sturms enthält Abbildung 4.36.

- Mit zunehmender **Bestandesoberhöhe** steigt die Sturmwurfgefahr erheblich an (Albrecht et al. 2012), vor allem wegen des längeren wirksamen Hebelarms (Wölfle 1936). In nachträglichen Analysen größerer Sturmwurfereignisse konnte gezeigt werde, dass die Sturmgefährdung ab Bestandesoberhöhen von 20–23 m (bisweilen auch erst ab 28 m, je nach Standortverhältnissen) besonders groß wird (Wangler 1974; König 1995). Im Untersuchungsgebiet von König (Raum Eichstätt in Bayern) stieg die Wahrscheinlichkeit für den Eintritt eines Sturmschadens ab einer Oberhöhe von 29 m auf über 50 %.
- In Waldbeständen wird die Windgeschwindigkeit erheblich gebremst. Die Bäume eines Bestandes stehen im Windschatten der Nachbarn. Je dichter ein Bestand geschlossen ist, desto wirksamer ist dieser gegenseitige **Deckungsschutz** für die Reduzierung der Windgeschwindigkeit im Stamm- und Kronenraum. Bestandespflegeeingriffe senken die Bestandesdichte und führen dadurch zu einer Erhöhung der Windgeschwindigkeit und damit der Sturmkraft im Kronenraum (Tab. 4.12).
- Auch der **Windschutz** vorgelagerter höherer Bestände kann die Sturmkräfte mindern. Darauf haben ausgeklügelte Waldbau- und Forsteinrichtungsverfahren aufgebaut (Sturmschutz durch räumliche Ordnung, z. B. beim Blendersaumschlag nach C. Wagner 1923, Kap. 5.4.4), die sich aber in der Praxis nicht durchgesetzt haben.
- Bei stärkeren Windbewegungen beginnen die Bäume zu schwingen, und zwar in den meisten Fällen asynchron, da sie sich in Stammdurchmesser, Höhe und – in Mischbeständen – auch in artabhängigen Stamm- und Kronenmerkmalen unterscheiden. Die ungleichmäßig schwingenden Baumkronen schlagen häufig zusammen, sodass die auf die Bäume einwirkenden Sturmkräfte immer wieder reduziert werden. Diese auch als gegenseitiges **Stützgefüge** bezeichnete Eigenschaft von Beständen ist umso ausgeprägter, je dichter ein Bestand geschlossen ist. Sie ist ein wesentliches Element der Stabilität gegen Sturm (kollektive Stabilität nach Thomasius 1988). Mitscherlich (1974) berichtet, dass in einem Douglasien-Durchforstungsversuch die Schwingungsamplitude nach sehr starker Durchforstung zwei- bis dreimal größer war als auf der undurchforsteten Parzelle. Turbulenzen der Windströmung bringen kleinräumig begrenzte Erhöhungen der Windkraft und eine Änderung der Strömungsrichtung mit sich. Je rauer das Kronendach eines Bestandes ist, desto ausgeprägter können sich Turbulenzen entwickeln, die die Stabilität gefährden.
- Lange, breite **Kronen** stellen große Angriffsflächen für die Windkräfte dar („Segelfläche"). Sie belasten den Baum umso mehr, je höher sie ihren Schwerpunkt haben und je länger dadurch der Hebelarm wird. Elastische Kronen können dem Wind besser ausweichen und so die Angriffsfläche verkleinern. Von Bedeutung ist die Winddurchlässigkeit der Kronen, die erheblich durch den Belaubungs- oder Benadelungszustand bestimmt wird. Kahle Bäume bieten Stürmen deutlich geringeren Widerstand. Laubbäume und Lärchen sind deshalb im Winter – in der Hauptsturmzeit – schon allein aus diesem Grund weniger gefährdet als immergrüne Bäume. Dagegen können im Belaubungszustand sogar Eichen, die sich bei den großen Wintersturmkatastrophen immer wieder (wie zuletzt 1990, 1999, 2007 und 2018) als stabilste Baumart erwiesen haben, in größerem Umfang von Stürmen geworfen oder gebrochen werden.
- Abholzige Stämme sind in der Regel bruchfester und belastbarer gegen **Stammbruch** (Cremer et al. 1982). Auch ihr in der Regel größeres Gewicht benötigt eine höhere Sturmkraft, um sie in Schwingungen und schließlich zum Umfallen zu bringen.

Tab. 4.12 Absolute und relative Windgeschwindigkeiten in einem verschieden stark durchforsteten 35-jährigen Douglasienbestand bei Freiburg (nach Mitscherlich 1971)

Durchforstungsstärke	Kahlfläche in 2 m Höhe		Obere Kronenschicht in 18 m Höhe (%)	Untere Kronenschicht in 13 m Höhe (%)	Stammraum in 2 m Höhe (%)
	(m s^{-1})	(%)			
schwach	1,9	100	47	37	59
	3,0	100	52	35	60
stark	1,7	100	54	37	70
	2,9	100	66	47	81

- Fichten erreichen größere Höhen als die übrigen Hauptbaumarten
- sie stocken in weit größerem Umfang als andere Baumarten auf ungünstigen, schlecht durchwurzelbaren, physiologisch flachgründigen Böden
- sie bieten durch ihre ganzjährige Benadelung den vorwiegend außerhalb der Vegetationszeit auftretenden Stürmen mehr Angriffsfläche.

Die Sturmstabilität stellt also bei dieser Baumart ein besonderes Problem dar, das bei der Bestandespflege weit mehr als bei den anderen Arten berücksichtigt werden muss.

Durchforstungseingriffe beeinflussen eine Reihe der für Sturmschäden wichtigen Faktoren: Sie setzen die Bestandesdichte herab, wodurch die Windbelastung im Kronenraum erhöht wird und der gegenseitige Deckungsschutz sowie das Stützgefüge gemindert werden (u. a. Gardiner et al. 1997). Zugleich lösen sie einen Adaptionsprozess der Bäume aus, der zu die Stabilität erhöhenden (verstärktes Dicken- und Wurzelwachstum) und senkenden Effekten (größere Kronen) führt. Im Ergebnis zeigen viele praktische Erfahrungen, dass unmittelbar nach einem Durchforstungseingriff die Bestände zunächst labilisiert werden, um dann (nach einer gewissen Anpassungszeit) wieder auf ein Sturmgefährdungsrisiko, wie es vor dem Eingriff bestand, oder sogar zu einem geringeren Risiko zu gelangen. Persson (1975) konnte für praxisüblich durchforstete Fichtenbestände in Südschweden zeigen, dass umso größere Sturmschäden auftraten, je kürzer die Periode seit der letzten Durchforstung war. Der Zusammenhang war umso deutlicher ausgeprägt, je höher die Bestände waren (Andersson 1980). Die Analyse der Sturmschäden von 1990 in Hessen (Winterhoff et al. 1995) ergab, dass bei den Buchenbeständen 47 % der Schadfläche auf Bestände entfiel, die ein bis zwei Jahre vor dem Orkan durchforstet worden waren. Auch bei der Fichte waren diese Bestände am labilsten. König (1995) hat diese Erfahrungen in seiner gründlichen Analyse der Sturmschäden von 1990 im Raum Eichstätt bestätigt (Abb. 4.37). Auch die Untersuchungen von Richter (1996) in Fichtenbetrieben des Sauerlandes weisen in diese Richtung, ähnlich auch Nielsen (1990) für den dänischen Fichten-Durchforstungsversuch Gludsted. Albrecht et al. (2012) analysierten Sturmschäden in langfristig beobachteten Ertragsversuchsflächen in Baden-Württemberg und stellten fest, dass waldbauliche Eingriffe, wie Durchforstungen und Zielstärkennutzungen, sogar einen größeren destabilisierenden Effekt hatten als bisher angenommen. Die Unterbrechung des Bestandesschlusses durch Einzelbaumentnahmen führte insbesondere in Fichten- oder Douglasien-, weniger in Laubbaumbeständen zu Sturmschäden. Besonders Hochdurchforstungen mit der Entnahme von herrschenden Bäumen oder Zielstärkennutzungen destabilisierten die Bestände. Während jüngere Bestände auf kurze Sicht (in 2–8 Jahren nach der Durchforstung) den Kronenschluss wiederherstellen konnten, waren ältere Bestände deutlich länger oder sogar auf Dauer anfälliger für Sturmschäden. Die Autoren empfehlen, die einzelstammweise Nutzung größerer Mengen hiebsreifer herrschender Bäume in älteren homogenen Nadelbaumbeständen zu vermeiden, um das Sturmschadensrisiko zu verringern.

Aus diesen und weiteren Beobachtungen sind Durchforstungsverfahren für Fichtenbe-

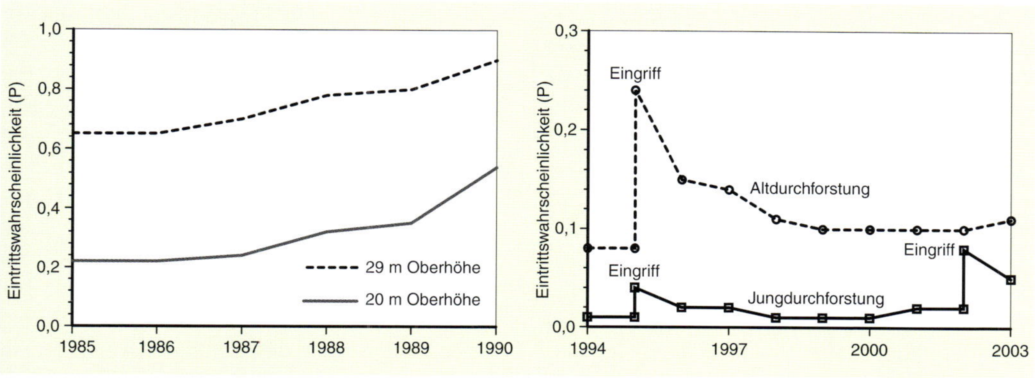

Abb. 4.37 Wahrscheinlichkeiten für den Eintritt von Sturmschäden in Fichtenbeständen nach Durchforstungseingriffen auf tiefgründigen, gut durchwurzelbaren Böden im Raum Eichstätt/Bayern (nach König 1995). Unter einem Schaden sind Windwürfe und -brüche auf mindestens 1 % der Bestandesfläche zu verstehen.
Links: Dargestellt ist die empirisch erhobene Eintrittswahrscheinlichkeit eines Sturmschadens 1990 bei einer Spitzenwindgeschwindigkeit von 30 m s^{-1} in Abhängigkeit vom Jahr eines vorangegangenen Durchforstungseingriffes bei zwei unterschiedlich hohen Fichtenbeständen. Rechts: Prognostizierte mittlere jährliche Sturmschadenswahrscheinlichkeiten für einen 10-jährigen Zeitraum (1994–2003) bei einer Jung- und einer Altdurchforstung in Fichtenbeständen.

stände entwickelt worden, die nicht nur die mit jedem Bestandeseingriff verbundene Sturmgefährdung reduzieren, sondern sogar die Sturmstabilität nach einer möglichst kurzen Übergangszeit auf ein höheres Niveau als vor dem Eingriff bringen sollen. Ihre wesentlichen Kennzeichen sind früh beginnende (Oberhöhen um 10–12 m bei durchschnittlicher Wüchsigkeit und nicht zu engen Verbänden) und sehr starke Eingriffe, die später ab einer Oberhöhe von 20–23 m in mäßige Eingriffe und ab etwa 28 m Oberhöhe in Schlagruhe übergehen (u. a. vorgeschlagen von Pollanschütz 1971; Mitscherlich 1973; Johann und Pollanschütz 1974; Abetz 1975; Kramer 1975; Thomasius et al. 1986; Nielsen 1990; Kenk 1993; Slodicák 1995). Die genannten Autoren verlagern die Eingriffe sehr viel konsequenter in die Jugendphase, als es die **gestaffelte Durchforstung** nach Wiedemann (1937) vorsieht. Genutzt wird dabei die rasche Reaktionsfähigkeit und geringe Sturmgefährdung der Fichte in der Jugend bei gleichzeitiger Minimierung von Störungen der Bestandesstruktur in der hochgradig sturmgefährdeten Altersphase. Dieses Konzept ist auch vielfach im Hinblick auf den Volumen- und Wertzuwachs optimal. Hierzu sind in den Kapiteln 4.2.4.1 und 4.2.4.2 unter den Bezeichnungen Schnellwuchs oder starke Frühlichtung – sie entsprechen weitgehend dem geschilderten Durchforstungskonzept – einige Beispiele gegeben. Näheres folgt im Kapitel 4.2.8.3.

Für eine frühzeitige Herabsetzung der Bestandesdichte von Fichtenbeständen spricht auch die Beobachtung von Nielsen (1990), dass wichtige stabilitätsbestimmende Wurzelparameter – wie Symmetrie in der Anordnung der starken Horizontalwurzeln und Verzweigungsintensität – entscheidend von der Bestandesdichte in früher Jugend bestimmt werden. An spätere Änderungen der Konkurrenzbedingungen passen sich die Fichtenwurzeln nur langsam und unvollständig an. Hohe Dichten in der Jungwuchs- und Dickungsphase sollten deshalb so früh wie möglich auf etwa 2500–3500 Bäume ha^{-1} reduziert werden (Kap. 4.2.7.2).

Die Einschätzung der Sturmgefährdung des **Standortes** mit den beiden Hauptfaktoren Potenzial des Bodens für die Verankerung und allgemeine lagebedingte Sturmbelastung stellt für die Entscheidung, ob und wie durchforstet werden soll, die wichtigste Basis dar. In Deutschland stehen dem Praktiker dafür in den meisten Fällen nur Standortskartierungswerke zur Verfügung, die in der Regel auf Sturmgefährdungen nur am Rande eingehen. In Großbritannien, einem Land mit wesentlich höherer Sturmgefährdung, sind **Sturmrisikoklassen** (*windthrow hazard classification*) für das ganze Land auf der Basis einer Zoneneinteilung nach der mittleren

Windgeschwindigkeit gebildet worden. Sie informieren darüber, ab welcher Baumhöhe Sturmschäden auftreten können und ob Durchforstungen überhaupt zweckmäßig sind oder besser unterlassen werden sollen (Booth 1977; Miller et al. 1987; Quine und White 1994). König et al. (1996) haben aufgrund der Erfahrungen mit dem Sturm von 1990 für mehrere Wuchsgebiete in Bayern ebenfalls Risikoklassen für Sturmschäden gebildet, die eine wichtige Entscheidungsgrundlage für die Behandlung und Produktionsdauer von Beständen im Rahmen der mittelfristigen Betriebsplanung darstellen. Rottmann (1986) entwickelte ein Schema, mit dem bestandesweise das Sturmschadensrisiko eingeschätzt werden kann. Die Gewichtung der Einzelmerkmale setzt er zwar subjektiv fest, der Wert der Arbeit liegt aber in der Strukturierung und modellhaften Ordnung der wichtigsten Sturmrisikofaktoren. Zusammen mit den Ergebnissen von König (1995) stellt es ein entwicklungsfähiges Hilfsmittel dar, um betriebliche Entscheidungen auf eine objektive Grundlage zu stellen (zur weiteren kritischen Diskussion siehe König 1995).

Bestandesränder, die an Freiflächen, breite Schneisen oder Verkehrswege grenzen, sind besonderen Sturmbelastungen ausgesetzt. Mitscherlich (1974) hat sie näher beschrieben und eine spezielle, die Sturmstabilität erhöhende Behandlung vorgeschlagen. Bei vielen Sturmereignissen hat sich gezeigt, dass die Randbäume durch lange Anpassung an die höhere Belastung dem Sturm standhalten konnten, während die Bäume dahinter geworfen wurden. Mitscherlich begründet dies damit, dass die tief beasteten Randbäume die Luftströmung zum Aufsteigen zwingen, was zu heftiger Wirbelbildung über den Kronen der hinter dem Trauf stehenden Bäume führt. Diese starken Turbulenzen können dann die weniger an Sturmbelastung angepassten Bäume relativ leicht entwurzeln oder brechen.

Um die gefährliche Wirbelbildung zu vermindern, schlägt Mitscherlich (1974) vor, den Bestandestrauf nicht als bis unten hin bekronte und nahezu winddichte Wand auszubilden, sondern durch weiten Baumabstand und Aufästung der Traufbäume dafür zu sorgen, dass der Sturm in den Bestand eindringen kann und in einer Zone mit einer Breite von etwa doppelter Altbaumhöhe langsam abgebremst wird. Die Luftmassen steigen dadurch gleichmäßig auf einer größeren Bestandeszone durch die Kronen nach oben, ohne dass es zu gefährlichen Turbulenzbildungen kommt. Mitscherlich empfiehlt, die Randzone in der genannten Breite im weiten Verband zu begründen. Eine Senkung der Bestandesdichte durch nachträgliche Eingriffe hält er nur bis zu 5 m Bestandeshöhe für unbedenklich, darüber steige das Risiko von Sturmschäden. Der Erfolg einer solchen Behandlung zeigte sich z. B. in dem bereits erwähnten Fichten-Durchforstungsversuch Gludsted. Nielsen (1990) berichtet, dass die nach den Vorstellungen von Mitscherlich behandelte Randzone im Westen der Versuchsanlage einem Sturm standhielt und die dahinter liegenden Versuchsparzellen vor Schäden bewahrte.

Weitere abiotische und biotische Schäden

In Gebieten mit hoher **Waldbrandgefahr** können sich Durchforstungen ambivalent auswirken. Hiebsreste erhöhen die Menge brennbaren Materials und damit die Brandgefahr. Doch können Durchforstungen auch das Brandrisiko durch rechtzeitiges Entfernen unterdrückter und geschwächter Bäume aus der Unter- und Mittelschicht senken. Dadurch wird die Bildung von Feuerleitern verhindert, an denen ein Bodenfeuer zum Kronenfeuer aufsteigen kann. Über Erfolge solcher Durchforstungen in den westlichen USA, oft verbunden mit kontrolliertem Abbrennen zur Beseitigung der Hiebsreste, berichten z. B. Fule et al. (2001) sowie Pollet und Omi (2002). In Europa könnten solche Praktiken in brandgefährdeten Kiefernbeständen von Bedeutung sein, werden aber aus verschiedenen Gründen nicht angewendet.

Auch im Hinblick auf den Befall mit **forstschädlichen Insekten** können Durchforstungen negative und positive Effekte haben. Einerseits können im Bestand verbleibende Hiebsreste oder ganze Durchforstungsbäume (z. B. bei Läuterungen) für Borkenkäfer und andere holzbrütende Insekten günstige Lebensbedingungen bieten, sodass die Populationen anwachsen und stehende Bäume befallen können. Um Gefahren vorzubeugen, müssen solche Durchforstungen zeitlich so

Hintergrundwissen

Eignung des h/d-Verhältnis als Sturmstabilitätsweiser

So gut der h/d-Wert als Indikator für Schneebruchfestigkeit geeignet ist, so umstritten ist seine Eignung für Sturmstabilität. Er kann zwar die Knick- und Biegefestigkeit eines Baumes beschreiben und hat deshalb auch für die Einschätzung der **Sturmbruchfestigkeit** von Bäumen zweifellos Bedeutung (Cremer et al. 1982 weisen dies für Kiefernbestände in Australien nach).

Dagegen besteht offenbar zur **Sturmwurffestigkeit**, die für die Forstwirtschaft in Mitteleuropa von weitaus größerer Bedeutung ist, keine direkte Beziehung. Mitscherlich (1974) nimmt zwar an, dass niedrige h/d-Werte das gefährliche Schwingen der Bäume im Sturm verringern, aber die Wirkung ist offenbar begrenzt (abgesehen von extrem niedrigen Werten, wie z. B. im Mittelwald). Das zeigen die Beobachtungen von Chroust (1980) und Nielsen (1990), nach denen die Behandlungen mit den niedrigsten h/d-Werten die größten Sturmwurfschäden nach sich zogen. In Übereinstimmung damit halten Thomasius et al. (1986) den dichten Schluss im Altbestand für die Sturmstabilität für wichtiger als einen niedrigen h/d-Wert. Auch Preuhsler (1991) berichtet, dass beim Sturm 1990 in einem Fichtenaltbestand auf einem gut durchwurzelbaren Boden relativ mehr vorherrschende und herrschende Bäume mit niedrigeren h/d-Werten und größeren Kronen geworfen wurden. Abetz (1992) entgegnet darauf, dass Fichten auf entsprechenden Böden (möglichst gut durchwurzelbar und skelettreich) eine hohe Einzelbaumstabilität und gleichzeitig sehr niedrige h/d-Werte besitzen können, z. B. im Plenterwald. Jedoch sei der h/d-Wert allein kein zuverlässiger Indikator für die Sturmfestigkeit, da mit zunehmender Abholzigkeit zwar der Schaft bruchstabiler, die Krone aber größer werde und damit eine stärkere Sturmbelastung erfahre, ohne dass immer in ausreichendem Maße auch die Bodenverankerung zunehme. Richter (2003) konnte bei einer Untersuchung von Einzelwürfen und -brüchen in Fichtenaltbeständen des Sauerlandes in der Tendenz die Beobachtungen von Preuhsler bestätigen. Die geworfenen Bäume waren im Mittel etwas stärker als die stehen gebliebenen Nachbarn. Unerwarteterweise war dieser Unterschied bei gebrochenen Bäumen ohne Rotfäule deutlicher ausgeprägt. Die stärkeren Fichten zeigten sich empfindlicher gegen Sturmbruch als ihre schwächeren Nachbarn.

Die **kontroverse Diskussion** kann folgendermaßen zusammengefasst werden (siehe auch Nielsen 1990): Entscheidend für die Sturmstabilität sind **sehr frühe und starke Eingriffe**. Diese führen zwar zu niedrigen h/d-Werten, die aber nicht die Ursache der höheren Sturmstabilität sind. Den h/d-Werten fehlt eine Beziehung zur Bodenverankerung, weshalb sie als Weiser für eine höhere Sturmstabilität nicht brauchbar sind.

Damit stimmen die Ergebnisse der Dokumentation und Analyse der Sturmschäden 1990 in Baden-Württemberg gut überein (Kühnel 1994): Während mit abnehmendem h/d-Wert in jüngeren, nach dem oben geschilderten modernen Durchforstungskonzept behandelten Fichtenbeständen die Schäden kleiner waren, zeigte sich in älteren, traditionell behandelten Beständen ein Trend zu größeren Schäden. Die Autoren folgern aus ihren Untersuchungen, dass eine weitständige Bestandesbegründung mit anschließender konsequenter Baumzahlreduzierung bis etwa 20 m Oberhöhe zu sturmsicheren Fichtenbeständen führt und dass in dichten, traditionell behandelten Beständen mit Oberhöhen von > 20 m die Sturmstabilität nur durch schwache Eingriffe und bei relativ hoher Baumzahlhaltung gesichert werden kann.

gelegt werden, dass das gefällte Material zur Flugzeit der Insekten nicht mehr bruttauglich ist (für Fichte siehe Dubbel und Kraft 1990; in der Praxis heute aber oft problematisch, da oft ganzjährige Lieferung frischen Holzes verlangt wird). Auf der anderen Seite können Durchforstungen durch die – der natürlichen Baumzahlverminderung vorgreifenden – Entnahme geschwächter Bäume die Vitalität des Bestandes erhöhen und so Insektenbefall vermindern. Habermann und Bester (1997) sowie Waldmann (1999) empfehlen aus diesem Grund den Aushieb der beherrschten und mitherrschenden Baumklassen in **Kiefernbeständen** in Norddeutschland, um dem Befall durch *Lymantria monacha* (Nonne) vorzubeugen. Die Nadeln der Kiefern der niedrigeren sozialen Stellungen hatten nach ihren Untersuchungen eine bessere Nahrungsqualität für die Insekten, da die hohe Dichtekonkurrenz eine Produktion von Abwehrstoffen verhinderte. Diese gestressten Kiefern waren die Basis für eine relativ hohe und vitale Population von *Lymantria monacha* auch in Latenzzeiten, aus der sich bei geeigneter Witterung schnell Massenvermehrungen entwickeln konnten. Ähnliches ist auch in den westlichen USA in Beständen aus *Pinus ponderosa* (Kolb et al. 1998) und *Pinus contorta* (Mitchell et al. 1983) beobachtet worden.

Nach den Untersuchungen von Lunderstädt und Werder (1993) war in **Buchenbeständen** der Befall mit der Buchenwollschildlaus (*Cryptococcus fagisuga*), die als Ursache für die weitverbreiteten Rindennekrosen (Buchenschleimfluss) und für das Absterben einzelner Bäume gilt, nach Durchforstungen erhöht. Andererseits weisen die Autoren darauf hin, dass Durchforstungen, aber auch der Aushieb stark von der Laus befallener Stämme sowie der stärker befallsdisponierten mitherrschenden Bäume die Infektionsgefahr herabsetzen können.

Der in fast allen **Fichtenbeständen** vorkommende **Rotfäuleerreger** *Heterobasidion annosum* kann frische Stöcke nach Hiebseingriffen besiedeln und von dort aus über Wurzelkontakte oder über Sporenflug und Infektion frischer Wunden Nachbarbäume befallen. Nach Untersuchungen in schwedischen Fichtenbeständen (Vollbrecht et al. 1995) können Bestandespflegeeingriffe das Befallsrisiko sowohl in Erstaufforstungsbeständen als auch in Fichtenbeständen auf alten Waldböden erhöhen. Vollbrecht et al. empfehlen deshalb, Durchforstungen in der Hauptsporenflugzeit von April bis September zu unterlassen oder frische Stöcke mit einem fungiziden Mittel zu behandeln. Die Infektionsgefahr durch *Heterobasidion annosum* wird in Schweden so ernst genommen, dass sogar Behandlungsprogramme ohne Durchforstungen empfohlen werden.

Für Deutschland schätzt Schönhar (1995, 1997) die Situation nur in Fichtenbeständen erster Generation nach Laubwald oder landwirtschaftlicher Nutzung und für Bestände auf basenreichen Böden ähnlich ein. In den übrigen Fichtenbeständen spielt aber nach seinen Untersuchungen die Infektion frischer Durchforstungsstöcke keine große Rolle.

Die wenigen Beobachtungen über einen Zusammenhang zwischen Bestandespflegeeingriffen und der Gefährdung der Bestände durch andere Pilze oder durch Wild lassen überwiegend keine bedeutenden Einflüsse erkennen.

4.2.6 Weitere ökologische Wirkungen

Jeder Hiebseingriff zur Bestandespflege bewirkt eine Auflichtung des Kronendachs, besonders wenn er in den Oberstand eingreift. Dadurch werden die ökologischen Verhältnisse im Bestand verändert. Generell sind solche Effekte im Jahr des Eingriffs am stärksten ausgeprägt. Durch eine Vergrößerung der Kronen, vor allem bei den herrschenden Bäumen, werden sie danach von Jahr zu Jahr geringer (Kap. 4.2.4). In welchem Ausmaß die ökologischen Wirkungen allmählich nachlassen, hängt in erster Linie von der Stärke des Eingriffes und von den Baumarten ab: Zum Beispiel haben Kiefern ein geringeres Regenerationsvermögen der Kronen als Buchen. Daneben spielt das Alter der Baumarten eine große Rolle: Junge Bestände schließen sich wieder rascher als alte. Eine länger anhaltende Wirkung stellt sich deshalb nur dann ein, wenn die Hiebseingriffe ständig wiederholt werden, was in der Forstwirtschaft Mitteleuropas üblich ist. Zum Schluss des Abschnitts werden die Fällungs- und Rückeschäden vorgestellt, diese verursachen ebenfalls ökologische Veränderungen und sind fast unvermeidlich mit Hiebseingriffen verbunden.

Blattflächenindex und Strahlung

Für viele ökologische Wirkungen eines Bestandespflegeeingriffs ist die damit verbundene Herabsetzung der Blatt- oder Nadelmenge von entscheidender Bedeutung. Der **Blattflächenindex (LAI)** gilt als Summe der Blatt- oder Nadelflächen, die über einer Bodenflächeneinheit angeordnet sind; er sinkt infolge des Eingriffs, um danach durch die in Kapitel 4.2.4 beschriebene Kronenvergrößerung und Kronenverdichtung der verbleibenden Bäume wieder zuzunehmen. Da sich der LAI nur relativ aufwendig bestimmen lässt, gibt es in der Literatur über den Einfluss von Bestandespflegeeingriffen nur wenige Angaben. Abbildung 4.38 enthält zwei Beispiele aus Versuchsanlagen mit Stammzahlreduzierungen in Jungbeständen aus reiner Douglasie und reiner Fichte, die eine Vorstellung von der Größenordnung geben.

Während in dem Douglasienbestand der Blattflächenindex prozentual im gleichen Maße wie die Grundfläche zurückging, war in dem Fichtenbestand die Reduzierung des Blattflächenindex deutlich geringer als die der Grundfläche. Im ersten Fall wurden demnach im Mittel Bäume entnommen, die dem durchschnittlichen Verhältnis von Grundfläche und Blattfläche entsprachen. Im zweiten Fall waren dagegen die ausscheidenden Bäume gemessen an ihrer Grundfläche unterdurchschnittlich benadelt. In dem Douglasienversuch konnte auch die zeitliche Entwicklung des Blattflächenindex nach dem Eingriff in der Alterspanne 17–23 Jahre beobachtet werden: In der vierjährigen Periode zwischen dem dritten und dem sechsten Jahr nach dem Eingriff nahm der Blattflächenindex bei der Kontrollvariante um 35 % zu, beim mäßigen Eingriff um 47 % und beim starken Eingriff um 56 %. Diese größere Zunahme der behandelten Flächen reichte aber bei Weitem nicht aus, um in absoluten Werten zur Kontrolle aufzuschließen.

Der durch Pflegeeingriffe zunächst verringerte Blattflächenindex und das aufgelockerte Kronendach ermöglichen es der **Strahlung**, tiefer in

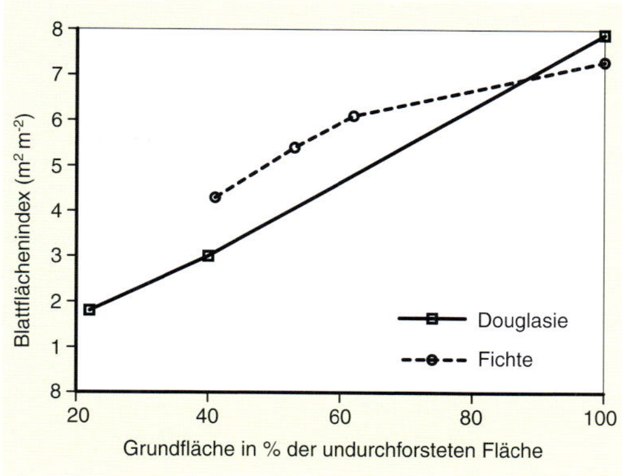

Abb. 4.38
Blattflächenindex in Abhängigkeit von der Eingriffsstärke bei jungen Fichten und Douglasien.
Dargestellt ist der Blattflächenindex im dritten Jahr nach dem Eingriff über der verbleibenden Grundfläche in Prozent der unbehandelten Kontrollen. Die Werte für die Douglasie sind der Arbeit von Velazquez-Martinez et al. (1992) entnommen, die für die Fichte der von Hager (1988).

den Bestand einzudringen. Die mittleren und unteren Kronenteile werden besser belichtet, und am Waldboden wird es heller (Tab. 4.13), siehe auch Ott (1966) und Aussenac (1987).

Bodenvegetation

Der mit stärkeren Bestandespflegeeingriffen verbundene Anstieg der Helligkeit im Bestand kommt einerseits den verbleibenden Bäumen selbst zugute, andererseits fördert er aber auch eine eventuell vorhandene Zwischen- und Unterschicht oder ermöglicht die Etablierung und das Wachstum einer **Kraut- und Strauchschicht**. Letztere kann sich auf Standorten mit einer mindestens mäßigen Nährstoff- und Feuchtigkeitsversorgung oft üppig entwickeln. Sie übt dann durch ihren Wasserverbrauch und ihren Anteil an der Interzeption einen gewissen Einfluss auf die Wasserbilanz des Bestandes aus (Gebhardt et al. 2014), doch vermindert sie nur in Ausnahmefällen die Wuchsleistung der Bäume in stärkerem Maß. Wichtiger ist der nachteilige Einfluss einer dichten Begleitflora auf die **Verjüngung** des Bestandes. Unter anderen Gesichtspunkten kann die Begleitflora aber durchaus positiv beurteilt werden, vor allem deren Beitrag zum Nährstoffhaushalt und zur Biodiversität (siehe später folgende Abschnitte).

Tab. 4.13 Relativer Lichteinfall (rel. Beleuchtungsstärke) in unterschiedlich stark niederdurchforsteten Douglasien- und Fichtenreinbeständen (angegeben in Prozent der Lichtverhältnisse einer nicht abgeschirmten Fläche für den Monat August; nach Mitscherlich et al. 1967)

Baumart	Durchforstung	Alter (Jahre)	Stammzahl (St. ha^{-1})	Grundfläche (m^2 ha^{-1})	Mittel höhe (m)	Überschirmung (%)	Rel. Beleuchtungsstärke (%)	
							Waldboden (1 m Höhe)	Kronenuntergrenze (10 m Höhe)
Douglasie	stark	35	771	30,6	19,7	65,5	7,0	17,4
	mäßig	35	1083	39,5	19,7	78,9	3,6	k. A.
	schwach	35	1257	48,5	19,9	85,1	1,7	1,7
Fichte	stark	56	738	39,8	25,6	65,4	7,5	k. A.
	mäßig	56	1383	54,3	24,1	75,5	3,2	k. A.
	schwach	56	1747	68,8	25,1	88,5	1,9	k. A.

k. A. = keine Angaben vorhanden

Einige Arten von Gräsern (v. a. *Deschampsia flexuosa*, *Carex brizoides*, *Calamagrostis epigejos*), Kräutern und Sträuchern (v. a. *Vaccinium myrtillus*, *Rubus idaeus* und *Rubus fruticosus*) können sich nach einer durchforstungsbedingten Auflichtung des Bestandes etablieren und nach einem erneuten Schließen des Kronendaches bei einer relativen Lichtstärke von als 10–15 % des Freilandlichtes jahrzehntelang unter einem Schirm erhalten und vegetativ vermehren. Die zur Einleitung einer **Naturverjüngung** sowie für eine **Saat** oder **Pflanzung** erforderliche spätere Auflichtung des Bestandes fördert das Wachstum der Konkurrenzvegetation dann häufig so stark, dass eine Zurückdrängung oder Beseitigung notwendig werden kann. Dieser unerwünschten Entwicklung kann durch Schaffung und Erhaltung stufig aufgebauter Bestände, z. B. im Zuge von Hochdurchforstungen, vorgebeugt werden, zumindest, wenn schattenertragende Baumarten am Bestandesaufbau beteiligt sind und eine vitale Unterschicht bilden können.

Wärme

Die nach einem Pflegeeingriff tiefer in den Bestand eindringende Strahlung hat auch einen gewissen Effekt auf den Wärmehaushalt. Ott (1966), Chroust (1968, 1969, 1976), Mitscherlich (1971), Aussenac (1987) und Hager (1988) untersuchten die Auswirkungen von Durchforstungen auf die Wärmeverhältnisse in verschieden durchforsteten Beständen von Eichen, Fichten, Douglasien und Kiefern. Danach unterscheiden sich die Wärmeverhältnisse in unterschiedlich durchforsteten Beständen nicht erheblich. Am deutlichsten zeigt sich noch in den meisten Untersuchungen eine größere Erwärmung des Oberbodens in den Sommermonaten um etwa 1–2 °C in den stark durchforsteten Beständen. Offenbar spielt aber schon eine geringe Erhöhung der Luft- und Bodentemperatur für den Streuumsatz und das Wurzelwachstum in den obersten Bodenhorizonten eine gewisse Rolle. Im Winter kann das lockere Kronendach bei einer starken Durchforstung mehr Schnee an den Boden eines Nadelholzbestandes gelangen lassen und ihn damit länger vor größerer Wärmeabgabe schützen. Der Boden friert dabei weniger stark und kann im Frühjahr schneller auftauen. Über die Wirkung auf das Wachstum der Bäume ist aber Näheres nicht bekannt.

Wasserhaushalt

Mit der Verminderung der Blattfläche senken Bestandespflegeeingriffe auch die Interzeption und die Verdunstung des Bestandes. Damit wird der Wasserhaushalt des Waldes deutlich beeinflusst.

Aus den in Tabelle 4.14 dargestellten Untersuchungsergebnissen geht hervor, dass nach

Tab. 4.14 Kenndaten des Wasserhaushaltes in unterschiedlich stark durchforsteten Reinbeständen (nach Lang 1970; Mitscherlich 1971; Aussenac und Granier 1988; Hager 1988)

Baumart (Autor)	Alter (Jahre)	Mess-periode	Durchforstung	Stamm-zahl (%)	Grund-fläche (%)	Kronen-durchlass (%)	Stamm-abfluss (%)	Inter-zeption (%)
Douglasie (Aussenac und Granier 1988)	19	2 Sommer nach dem Eingriff	stark schematisch (jede 2. Reihe)	49	51	66	9	25
			unbehandelt	100	100	52	13	35
Fichte (Hager 1988)	20	Mai–Oktober	stark	38	41	76	–	24
			mäßig	54	53	63	–	37
			schwach	69	62	56	–	44
			unbehandelt	100	100	51	–	49
Douglasie (Mitscherlich 1971)	35	3 Jahre	stark	64	69	62	5	33
			mäßig	87	82	57	8	35
			schwach	100	100	49	10	41
Fichte (Lang 1970)	56	Mai–Oktober	stark	42	58	69	1	30
			mäßig	79	78	63	2	35
			schwach	100	100	58	2	40

starken Reduktionen der Bestandesdichte der **Kronendurchlass** von 50–60 % auf 62–74 % des Freilandniederschlags ansteigt, der **Stammabfluss** zurückgeht, und die **Interzeption** von 35–49 % auf 24–33 % abnimmt. Die Interzeption wird damit weit weniger vermindert als die Stammzahl und die Grundfläche: So verringerte sich der Interzeptionsverlust in dem 35-jährigen Douglasienbestand bei starker Durchforstung um 8 %, obwohl die Stammzahl um 36 % und die Grundfläche um 31 % gesenkt wurde. Für den Fichtenversuch von Lang (1970) macht Mitscherlich (1971) darauf aufmerksam, dass es sich bei der schwachen und der starken Durchforstung um extrem geringe bzw. extrem kräftige Eingriffe handelt. Bei einem Übergang von mäßiger zu starker Durchforstung in praxisüblicher Eingriffsstärke dürfte eine Verminderung des Interzeptionsverlustes in Fichtenreinbeständen während der ersten Jahre nach dem Eingriff in der Größenordnung von 5 % liegen. Bei dem starken Läuterungseingriff in dem Versuch von Hager (1988) wurde die Interzeption allerdings um 25 % gesenkt. Hager stellte in dem von ihm untersuchten Fichtenjungbestand eine straffe lineare Beziehung zwischen dem **Blattflächenindex** und der Interzeption fest.

Die Interzeptionsverluste bei verschiedenartig durchforsteten Beständen gleichen sich in Beständen stark an, in denen sich wegen des erhöhten Lichtzutritts nach stärkeren Eingriffen eine dichte Bodenvegetation mit einem nennenswerten Beitrag zur Gesamtinterzeption entwickelt. In einem 26-jährigen Fichtenbestand bei Landshut in Bayern reduzierte eine Durchforstung, bei der 43 % der Grundfläche entnommen wurden, im ersten Jahr nach dem Eingriff die Bestandesinterzeption (die in der undurchforsteten Kontrolle 53,8 % des Niederschlags betrug) auf 49,2 % und bei einer stärkeren Durchforstung (67 % der Grundfläche wurden entnommen) auf 26,9 %. In den beiden folgenden Jahren entwickelte sich auf der stark durchforsteten Fläche die Bodenvegetation sehr üppig und hielt 13 % des Jahresniederschlags zurück, sodass sich der Interzeptionsverlust auf annähernd 40 % erhöhte (Gebhardt et al. 2014).

Die Auflockerung des Kronendachs durch Bestandespflegeeingriffe lässt Strahlung und Wind tiefer in die Kronenschicht eindringen. Dadurch wird bei den verbleibenden Bäumen die **Verdunstung** erhöht. Andererseits sind weniger Bäume vorhanden und der Blattflächenindex ist reduziert, sodass die gesamte Verdunstung je

Flächeneinheit zurückgeht. Aussenac und Granier (1988) stellten z. B. in dem in der Tabelle 4.14 aufgeführten Douglasienversuch im ersten Jahr nach dem starken Eingriff fest, dass die Evaporation auf 83 % der Kontrolle abnahm, im zweiten bis vierten Jahr 92–95 % betrug und im fünften Jahr wieder 100 % erreichte. Zusammen mit dem höheren Kronendurchlass führt dieser niedrigere Wasserverbrauch dazu, dass die **Bodenfeuchte** über längere Zeiträume auf einem höheren Niveau liegt als vor dem Eingriff.

Hager (1988) hat diesen Effekt in dem erwähnten Fichtenläuterungsversuch gründlich untersucht. Er kommt zu folgenden Erkenntnissen:

- Mit zunehmender Stammzahlreduktion wurde das Wasser langsamer und weniger tief greifend dem Boden entzogen. Stärkere Niederschläge sättigten den Boden rascher und umfassender auf.
- Die Transpiration war im dichten Bestand bei ausreichender Wasserversorgung um ca. 10 % höher als im stark aufgelockerten Bestand. Mit zunehmender Trockenheit ging die Verdunstung wegen der rascheren Erschöpfung der Bodenwasservorräte schneller zurück, sodass die Weitstandsparzelle in trockenen Perioden eine höhere Transpirationsrate aufwies.
- In extrem langen Trockenperioden näherten sich die Behandlungen an.
- Mit zunehmender Zeit nach dem Eingriff glichen sich zwar Kronendurchlass und Interzeption wieder an, aber die mehr von der Zahl der Bäume abhängige Transpiration blieb auf unterschiedlichem Niveau, sodass auch noch nach fünf Jahren große Unterschiede in der Bodenfeuchte auftraten.

Auch Aussenac und Granier (1988) stellten in dem stark durchforsteten Douglasienbestand bei Nancy/Frankreich (Tab. 4.14) in den ersten drei Jahren nach dem Eingriff in Trockenperioden einen höheren Bodenwassergehalt fest. Diese bessere Wasserversorgung ermöglichte es den Bäumen, das Dickenwachstum 26–49 Tage länger aufrechtzuerhalten als auf der undurchforsteten Kontrollparzelle, was zweifellos ein wichtiger Grund für die erhebliche Steigerung der Durchmesserzuwächse war. Ott (1966), Lang (1970), Mitscherlich (1971) und Thibodeau et al. (2000) beobachteten ebenfalls niedrigere Wassergehalte unter dichten Beständen als unter stark aufgelockerten. Allerdings handelt es sich meist um relativ kurze Messreihen und vielfach waren die Unterschiede nicht so deutlich ausgeprägt wie bei Hager sowie Aussenac und Granier.

Kohler et al. (2010) beobachteten in einem Fichten-Durchforstungsversuch im südwestlichen Alpenvorland, dass Trockenperioden 18 und 29 Jahre nach den Durchforstungen zwar zu deutlichen Dickenzuwachsminderungen bei allen Bäumen führten, dass sich aber die Durchforstungsstärke auf die Resilienz auswirkte, indem der Kreisflächenzuwachs sich bei den Bäumen der stark durchforsteten Varianten schneller wieder erholte. Bäume mit größeren Standräumen hatten kürzere Trockenstressperioden, was vermutlich die Anfälligkeit für sekundäre Pathogene und Borkenkäfer mindert. Zu einem ähnlichen Ergebnis gelangen auch Sohn et al. (2013) in zwei Fichten-Durchforstungsversuchen in Süddeutschland. Danach zeigten frisch durchforstete Fichtenbestände auch während einer Trockenperiode keinen Zuwachsrückgang, während die Zuwächse der undurchforsteten Fichten auf den Kontrollflächen sanken. Wenn die Durchforstung schon länger vor dem Trocknisereignis zurücklag, wiesen die Fichten auch auf den durchforsteten Parzellen durch Trocknis bedingte Zuwachsrückgänge auf. Allerdings erholten sie sich schneller als die undurchforsteten Fichten. Die Autoren sehen deshalb Durchforstungen als eine effektive Strategie zur Erhöhung der Trocknistoleranz von Fichtenbeständen an.

Ähnliche Ergebnisse werden von Sohn et al. (2016a) auch für Kiefernbestände mit häufigen und starken Durchforstungen mitgeteilt. Dazu bestätigt eine umfassende Metaanalyse, die sich auf 23 europäische und nordamerikanische Untersuchungen stützt (überwiegend Nadelbaum-, wenige Laubbaumversuchsflächen), dass Durchforsten die Zuwachserholung und Resilienz vor allem in der Zeit nach einer Trocknis verbessert (Sohn et al. 2016b). Für die Autoren sind vor allem starke Durchforstungen ein geeignetes Mittel, um die Wachstumsreaktion der

Bäume auf Trocknisereignisse sowohl bei Laub- als auch bei Nadelbäumen zu verbessern.

Allgemein erhöhen sich die **Versickerungsrate** und der **Gebietsabfluss** nach einem Pflegeeingriff nur wenig. Der Gebietsabfluss nimmt allgemein umso stärker zu, je höher die Niederschläge sind, doch ist der Effekt in trockeneren Gebieten länger anhaltend, weil hier Kronenregeneration und Aufwachsen der Bodenvegetation langsamer verlaufen. Mitscherlich (1971) kommt für Mitteleuropa zu dem Schluss, dass erst durch lichtungsartige Eingriffe eine spürbare Erhöhung der Abflussspende aus Waldbeständen zu erwarten ist. Eine Untersuchung von Bäumler und Zech (1999) in einem bewaldeten Bacheinzugsgebiet in den Tegernseer Alpen zeigt, dass selbst nach Entnahme von 40 % der Bäume (sehr schonend mit Seilbringung) die Abflussmenge nur um 5 % im ersten Jahr anstieg, um danach schon wieder zum Wert von vor dem Eingriff zurückzukehren. Die Autoren führen dies auf die rasche Entwicklung der Bodenvegetation zurück (siehe auch Gebhartdt et al. 2014).

Humusmineralisation und Nährstoffversorgung

Die Reduzierung der Bestandesdichte kann die Bedingungen für die Humusmineralisation verbessern. Schon Wiedemann (1951) ließ dazu umfangreiche Untersuchungen in Fichten- und Buchenbeständen durchführen. Im Ergebnis warnte er vor einer Überschätzung, da nennenswerte Verbesserungen nur auf guten Böden zu beobachten waren, was er vor allem dem Einfluss einer günstigeren Bodenvegetation zuschrieb, die sich nach starken Eingriffen bildete (v. a. krautige Arten und Himbeere). Auch in neueren Untersuchungen wird dies deutlich (Vesterdal et al. 1995). Insbesondere nach sehr starken Eingriffen in mittelalten Fichtenbeständen trat eine Begrünung des Waldbodens ein, mit schnellerer **Streuzersetzung** und Verbesserung der Humusform durch die Tätigkeit von Regenwürmern (Tab. 4.15). Diese Effekte waren auf dem fruchtbaren Standort (Teil A der Tab. 4.15) deutlicher ausgeprägt. Die Autoren vermuten, dass neben der Verbesserung der Streuzersetzungsbedingungen auch die Verringerung der Streumenge zu der geringeren Dicke der Humusauflage bei den starken Durchforstungen beigetragen haben könnte. Zu ähnlichen Ergebnissen gelangten u. a. auch Ott (1966), Hager (1988), Thibodeau et al. (2000) und Jonard et al. (2006); hinsichtlich einer verstärkten Regenwurmaktivität siehe Castin-Buchet und André (1998).

Die raschere Mineralisierung der Streu, verbunden mit einer erhöhten Menge an zersetzbarem Material (Hiebsreste und Wurzelsysteme der entnommenen Bäume), steigert das Nährstoffangebot für die nach einem Eingriff verbleibenden Bäume und sonstigen Pflanzen. Diesem höheren Nährstoffangebot steht ein rasch folgendes Wachstum der **Feinwurzeln** gegenüber, wie die Untersuchungen von Santantonio und Santantonio (1987) für *Pinus radiata* sowie von Hager (1988) für Fichte zeigen. Die nach einem starken Eingriff verbliebenen Bäume erhöhten ihre Feinwurzelmengen schnell und deutlich. In der Summe führen diese Effekte zu einer besseren **Nährstoffversorgung**, was sich z. B. in höheren Nährelementkonzentrationen in den Blattorganen (Velazquez-Martinez et al. 1992; Hökkä et al. 1996; Thibodeau et al. 2000) oder in einer gesteigerten Menge aufgenommener Nährelemente (Hager 1988; Hökkä et al. 1996) nachweisen ließ. Durchforstungsversuche der Fichte auf drei bodensauren Standorten in den belgischen Ardennen (420–490 m ü. NN, 1 100 mm Jahresniederschlag) bestätigen diese Ergebnisse nicht (Jonard et al. 2006). Bei einem Durchforstungsturnus von drei Jahren waren nach 30 Jahren die Humusauflagen umso geringer und die Versorgung der Nadeln mit Stickstoff, Phosphor und Kalium umso ungünstiger, je stärker die Durchforstungen waren.

Thibodeau et al. (2000) erwarten, dass die zunächst nur kurzfristig nach jedem Eingriff erhöhte Nährstoffverfügbarkeit auch von Dauer sein könnte, da sich wegen der höheren Nährelementkonzentrationen die Streuqualität und damit auch die Zersetzung auf längere Sicht verbessern.

Der Effekt einer gesteigerten Nährstoff- und Wasserversorgung nach einem Bestandespflegeeingriff ist für die im Kapitel 4.2.4 dargestellte Zuwachssteigerung der verbleibenden Bäume umso wichtiger, je nährstoffärmer oder trocke-

Tab. 4.15 Zustand der Bodenvegetation und Eigenschaften des Auflagehumus in 48-jährigen Fichtenreinbeständen in Dänemark nach 30-jähriger, unterschiedlich starker Durchforstung (nach Versterdal et al. 1995)

A. Fruchtbarer, kalkreicher Boden aus sandigem Lehm (Versuchsfläche Soenderskov/Lolland im Alter 48 Jahre, Oberhöhe ca. 22 m)						
Durchforstungsstärke	**Baumzahl (St. ha^{-1})**	**Grundfläche (% von undurchforstet)**	**Mächtigkeit Auflagehumus (cm)**	**Bodenvegetation**	**Humusform**	**Regenwurmaktivität**
undurchforstet	1 870	100	5	keine	mullartiger Moder	keine
mäßig	1 313	85	6	keine (außer spärlich *Oxalis acetosella*)	mullartiger Moder	keine
stark	714	71	3	spärliche Krautschicht (*Oxalis acetosella, Lamium galeobdolon*), Moose	moderartiger Mull	wenig
sehr stark	362	55	1	wüchsige und dichte Krautschicht (*Rubus idaeus, R. fruticosus, Oxalis acetosella, Lamium galeobdolon, Mercurialis perennis*)	Mull	intensiv
B. Saurer sandiger Lehm mit mäßiger Nährstoffversorgung (Versuchsfläche Tisted Noreskov/NO-Jütland im Alter 49 Jahre, Oberhöhe ca. 22 m)						
Durchforstungsstärke	**Baumzahl (St. ha^{-1})**	**Grundfläche (% von undurchforstet)**	**Mächtigkeit Auflagehumus (cm)**	**Bodenvegetation**	**Humusform**	**Regenwurmaktivität**
undurchforstet	2 008	100	7	keine	Moder	keine
mäßig	1 646	85	5	keine	Moder	keine
stark	684	70	5	keine (außer wenige Moosen)	Moder	keine
sehr stark	346	55	4	Moose, *Deschampsia flexuosa*	mullartiger Moder	keine

ner die Standorte sind. Auf den besseren Standorten wird dagegen die Erhöhung der Kronenbelichtung zum entscheidenden Faktor. Aber auch hier kann eine die Bodenaktivität verbessernde Wirkung eines starken Durchforstungseingriffs von Bedeutung sein, z. B. um die ungünstigen Wirkungen einiger Baumarten auf den Nährstoffhaushalt abzumildern. Dies ist besonders für den Fichtenanbau wichtig, wie Ott (1966) als Fazit seiner Untersuchungen betont.

Biodiversität

Reduzierungen der Bestandesdichte können die Entwicklung einer Kraut- oder Strauchschicht und die Existenz zusätzlicher Bodenorganismen (z. B. Regenwürmer, siehe Tab. 4.15) ermöglichen. Darüber hinaus können gezielt konkurrenzschwächere **Mischbaumarten** durch Pflegeeingriffe erhalten werden, wie z. B. Edellaubbäume in Buchenmischbeständen.

Besonders in Nordamerika ist in vielen Veröffentlichungen ein Zusammenhang zwischen

Bestandespflegeeingriffen und den Lebensbedingungen für geschützte Tierarten nachgewiesen worden (u. a. Vögel, Salamander, Fledermäuse; siehe Dellasala et al. 1996; Brooks 1999; Humes et al. 1999; Carey 2000; Griffis et al. 2001; Peitz et al. 2001; Sullivan et al. 2001; Thomas et al. 2001).

Neben der Artendiversität kann bei Bestandespflegeeingriffen auch die **strukturelle Diversität** beeinflusst werden. Dies hat besondere Bedeutung in Reinbeständen, worauf die Untersuchung von Meyer (2000) hinweist. Sie bestätigt für Buchen- und Fichten-Durchforstungsversuche, dass durch Hochdurchforstungen (d. h. Eingriffe in den herrschenden Bestand) unterständige Bäume in größerem Umfang erhalten werden können als auf den undurchforsteten Kontrollflächen. Dem oft natürlichen Alterstrend zu einschichtigen Beständen (Hallenbestand bei Buche) konnte wirksam begegnet werden, was auch vielen praktischen Erfahrungen entspricht. Im Unterschied zu den Hochdurchforstungen bewirken Niederdurchforstungen eine Homogenisierung und Verringerung der strukturellen Diversität (siehe auch Kramer und Heydecke 1994).

Auf der Ebene der **genetischen Differenzierung** konnten bislang keine klaren Effekte von Bestandespflegeeingriffen nachgewiesen werden (Kap. 4.2.2.2). Ein Grund mag auch darin liegen, dass die bisherigen Untersuchungen nur einmalige Eingriffe und keine über einen längeren Zeitraum wiederholte Durchforstungen behandeln (siehe auch Hattemer und Ziehe 2018).

Holzernteschäden an Bestand und Boden

Pflegeeingriffe verursachen oft **Fällungs- und Rückeschäden** an den verbleibenden Bäumen. Sie sind bisher in ihrem Umfang und ihrer Bedeutung für die künftige Holzqualität selten quantifiziert worden (Höfle 1971). Für die Schweiz berichtet Schütz (1985), dass durchschnittlich 38 % der Fichten in Durchforstungsbeständen durch das Rücken beschädigt sind, zu ähnlichen Werten gelangen auch Butora und Schwager (1986). In Baden-Württemberg wiesen in den Jahren 1989–2008 28 % aller bei Betriebsinventuren erfassten Bäume holzerntebedingte Rindenschäden (Fällungs- und Rückeschäden) auf (Nill et al. 2011). Auf Möglichkeiten zur Verminderung dieser Schäden wird im Kapitel 4.2.9 näher eingegangen.

Abb. 4.39
Rückeschaden an einer Buche. Die Rindenverletzung erfolgte im Stangenholzalter und wurde bis zur Hiebsreife des Baumes nicht überwallt.

Gegen Verletzungen am Stammfuß durch das Rücken sind besonders Baumarten mit **glatter Rinde** empfindlich (Abb. 4.39), und das vor allem innerhalb der Vegetationszeit. Verletzungen von Bäumen bis zum Alter von 40 Jahren (BHD unter 40 cm) führen offenbar seltener zu Wundfäulen als solche bei älteren Bäumen, weil die kleineren Wunden (insbesondere soweit sie außerhalb der Vegetationszeit entstanden sind) durch Verharzung und Wundholzbildung in den nächsten Monaten geschlossen werden können. Diese Vorgänge, offenbar auch die Besiedlung der Wunden durch Erstbesiedler mit antagonistischer Wirkung gegenüber den Fäulniserregern, reichen bei Laubbäumen mit ausgeprägter Kernbildung sowie bei Kiefer und Douglasie häufig als hinreichender Schutz gegen Holzfäule aus. Bei der Fichte, zumindest in jüngeren Entwicklungsstadien, überwallen Wunden am Stammfuß in einer Größe von etwa 10 cm^2 gesund. Bei größeren Wunden treten meist Infektionen durch *Stereum sanguinolentum* (Blutender Schichtpilz) nach vier bis sechs Wochen ein, die Verluste bei der Fichte von 10–20 % des Wertes eines gesunden Baumes ausmachen können (Dimitri 1983).

Durch das Befahren mit schweren Maschinen bei der Holzernte und dem Transport wird der Boden in den Fahrspuren mehr oder weniger stark verdichtet. Außerdem können Wurzeln durch Abrisse und Verletzungen der Wurzelrinde so beschädigt werden, dass Eingangspforten für holzzerstörende Pilze entstehen. Die **Bodenverdichtung** vermindert das Porenvolumen, insbesondere der Makroporen, und behindert den Gasaustausch mit der Atmosphäre. Dadurch wird der durchwurzelbare Raum eingeschränkt, was die Pflanzen besonders in Extremsituationen schneller unter Stress setzt und den Zuwachs vermindert (siehe Sammelreferat von Kozlowski 1999). Außerdem können Niederschläge schlechter in den Waldboden eindringen, was zu höheren Oberflächenabflüssen und damit zu steigender Erosions- und Hochwasserneigung führen kann (Worrell und Hampson 1997; Schüler et al. 2002). Die natürliche Regeneration der durch Befahren verdichteten Böden dauert viele Jahre oder gar Jahrzehnte (Wilpert und Schäffer 2006). Sie ist weitgehend abhängig von großen Bodenwühlern (z. B. Regenwürmern). Durch waldbauliche Maßnahmen lässt sich die Regeneration der Bodenstruktur fördern, u. a. durch Pflanzung von Baumarten mit hoher Durchwurzelungsintensität (z. B. die Grauerle) und durch Mulchen mit Zugabe von Kalk (Fernández 2019).

Zu den komplizierten Zusammenhängen zwischen den Bodenbelastungen und den entscheidenden Bodeneigenschaften unter verschiedenen Bedingungen der Textur und des jeweiligen Wassergehaltes gibt es eine Fülle von Publikationen (siehe u. a. Hofmann und Becker 1990; Schack-Kirchner 1996; Hildebrand et al. 2000).

Zur **Einschränkung der Bodenschäden** sollten alle Fahrbewegungen auf Rückegassen konzentriert werden, die dann als Wurzelraum nur noch sehr eingeschränkt zur Verfügung stehen. Böden mit hohem Skelettanteil oder grobkörnige Sande sind weniger anfällig als feinkörnige Sande, Tone oder Lehme. Tiefer Bodenfrost bietet guten Schutz, ebenso eine hohe Schneeauflage. Auch sind trockene Böden belastbarer. Technische Entwicklungen haben das Problem bislang nicht ausreichend gelöst. Auch Niedrigdruck- oder Breitreifen führen durch oberflächliches Verschmieren (Deckelung) der Großporen und eine zwar weniger tief reichende, dafür aber eine größere Fläche erfassende Verdichtung auf vielen Böden zu nicht tolerierbaren Behinderungen des Gasaustausches (Schack-Kirchner 1996). Allerdings ist nach einer nur flachen Verformung im Oberboden eine schnellere Regeneration zu erwarten.

4.2.7 Läuterung

Läuterungen sind Eingriffe in Jungbestände, also in Bestände oder deren Teile vom Eintritt des Bestandesschlusses bis zum Erreichen von etwa 15 cm Brusthöhendurchmesser bei der Mehrzahl der herrschenden Bäume (Dickungen und Gertenhölzer, siehe Tab. 4.2). Sie unterscheiden sich von den Durchforstungen (d. h. den Eingriffen in den nachfolgenden Entwicklungsphasen) durch den frühen Eingriffszeitpunkt.

Vor- und Nachteile früher Pflegeeingriffe

Vorteile eines frühen Eingriffszeitpunkts sind:

- Die Erhaltung erwünschter **Baumindividuen** oder **Baumarten** ist in größerem Umfang möglich, da die Stammzahlen noch nicht oder nur in geringem Umfang durch die natürliche, dichteabhängige Mortalität, die erst mit Beginn der Läuterungsphase stark einsetzt, vermindert wurden. Es sind beispielsweise noch keine mitherrschenden Bäume abgestorben, die man wegen ihrer guten Schaftqualität durch frühe Eingriffe erhalten möchte.

Oder eine jetzt entstehende Unterschicht kann gefördert werden, um eine höhere strukturelle Vielfalt zu erhalten. In Mischbeständen sind konkurrenzschwache Baumarten noch nicht verdrängt worden. Läuterungseingriffe können die Baumartenanteile und die Mischungsform im Sinne des waldbaulichen Ziels effektiv regulieren. Allgemein lässt sich sagen, dass die Baumzahlabnahme umso wirkungsvoller nach waldbaulichen Zielen gesteuert werden kann, je weniger die natürliche Stammausscheidung fortgeschritten ist.

- Die Bäume sind zum Läuterungszeitpunkt noch so klein, dass auch die durch die Eingriffe entstehenden Lücken klein sind. Aus diesem Grund und wegen der in der Jugend rascher ablaufenden Wachstumsreaktionen schließen sie sich schneller. Die **Zuwachsverluste** werden dadurch minimiert oder sogar in Form der in Kapitel 4.2.4.1 erwähnten Wuchsbeschleunigung überkompensiert.
- Die kleinen Lücken und die niedrigen Baumhöhen senken die **Sturmschadensgefahr** beträchtlich. Die lebhafte Wachstumsreaktion führt zu raschen Anpassungen (v. a. einer Senkung des h/d-Wertes) und die Stabilität gegen **Schneebruch** wird entscheidend verbessert (Kap. 4.2.5).
- Die verbleibenden Bäume erlangen zu einem frühen Zeitpunkt größere Standräume und können daher bei gleichbleibender Produktionsdauer **größere Dimensionen** erreichen oder aber dieselben Dimensionen in kürzerer Zeit.
- Eine frühe Herabsetzung der Bestandesdichte mindert die **Schwachholzproduktion** und erlaubt ein Hinausschieben des Zeitpunktes der Erstdurchforstung.

Nachteile eines frühen Beginns der Läuterung sind:

- Die zukünftige Qualitäts- und Zuwachsentwicklung einzelner Bäume kann noch nicht sicher eingeschätzt werden. Eine **Auswahl von Bäumen**, die später den Hauptteil der Produktion erbringen sollen (Z-Baumanwärter oder Z-Bäume), ist daher mit großen Unsicherheiten behaftet. Die grünastfreie Schaftlänge liegt weit unterhalb der angestrebten Länge. Von den für die Wertleistung entscheidenden Erdstammstücken lassen sich erst wenige Meter im Hinblick auf Stammform und Astreinigung beurteilen. Je früher der Auswahlzeitpunkt, desto größer ist die Wahrscheinlichkeit, dass in dem oberhalb noch zu bildenden Stammstück Fehler auftreten (z. B. Zwiesel oder Krümmungen) oder dass das untere kurze Stammstück in Zukunft beschädigt wird (z. B. durch Fällungsschäden oder Rotwildschälung). Außerdem ist die Möglichkeit des **Umsetzens** (d. h. eines Absinkens in eine niedrigere soziale Stellung) nicht auszuschließen. Dieses Risiko ist umso größer, je früher Bäume als Z-Baumanwärter ausgewählt werden (Kap. 4.2.3).
- Die frühe Vergrößerung der Standräume von ausgewählten Bäumen führt zu **langsamerer Astreinigung**. Was bei Durchforstungen erwünscht ist, nämlich die Ausbreitung der Kronen und das verzögerte Hinaufschieben der Kronenuntergrenze (Kap. 4.2.4.1), ist in der frühen Phase vor Erreichung der angestrebten grünastfreien Schaftlänge unerwünscht. Im Dickungs- und Gertenholzstadium muss die Förderung der natürlichen Astreinigung durch dichten Schluss beim Ziel Produktion von Qualitätsholz Priorität gegenüber der Förderung des Dickenwachstums ausgewählter Bäume haben. Ein Beispiel für die Zunahme der Astdurchmesser nach einer extrem starken Läuterung eines Kiefernbestandes zeigt Abbildung 4.40.

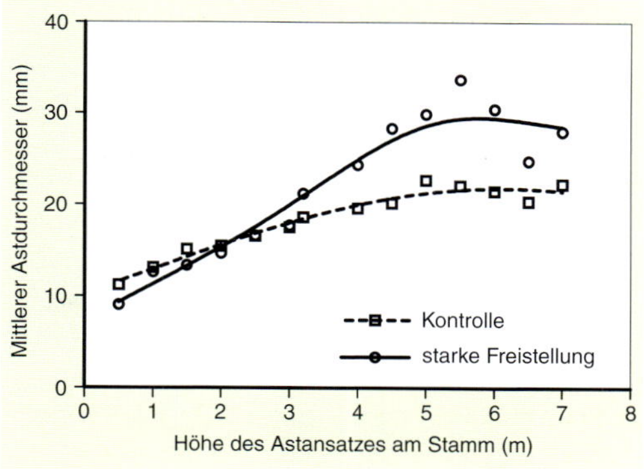

Abb. 4.40
Astdurchmesser von Z-Bäumen der Kiefer nach extrem starker Freistellung (nach Bues 1992).

Abb. 4.41
Läuterung in einem Buchengertenholz.
Der rechte Baum ist stark ästig und herrschend, er sollte als Protz entnommen werden. Der linke Baum (an der kürzeren Stange) weist zwar eine leichte Schaftkrümmung und wenige tief angesetzte Äste auf, er ist aber nicht dominant und kann deshalb im Bestand belassen werden.

- Im Normalfall können schwache Bäume heute nicht kostendeckend aufgearbeitet und vermarktet werden. Eine Läuterung verursacht daher **nur Kosten**. Allenfalls kann der Verkauf von Zweigen von Nadelbäumen als Schmuck- und Deckreisig einen Teil der Läuterungskosten decken.

Ziele und Verfahren

Negative Auslese

Um die Wertleistung der Holzproduktion eines Bestandes zu erhöhen, ist in vielen Fällen ein **Protzenaushieb** zweckmäßig, d. h. die Entnahme von Bäumen, die deutlich schlechter und zugleich konkurrenzkräftiger als ihre Nachbarn in der Oberschicht sind (Abb. 4.41, 4.42). In diesem frühen Stadium ist die Auswahl und Förderung von Bäumen, die später das Produktionsziel darstellen sollen (Z-Baumanwärter oder Auslesebäume), mit großer Unsicherheit behaftet. Mit höherer Sicherheit können dagegen fehlerhafte, nicht dem Ziel entsprechende Bäume erkannt werden. Je deutlicher Fehler (z. B. Schaftkrümmungen, Zwiesel) ausgeprägt sind, umso wahrscheinlicher bleiben sie erhalten und schließen eine spätere Eignung als Z-Baum aus. Wenn diese Bäume zugleich Vorwüchse sind, die bessere Nachbarn in der Oberschicht bedrängen (Protzen oder Wölfe), sollten sie entnommen werden (negative Auslese oder Säuberung nach Schädelin 1942).

Für die Ausbildung solcher Vorwüchse sind individuelle Veranlagung, ein relativ großer Standraum, kleinflächige Standortsunterschiede, bei Naturverjüngungen auch Altersvorsprung und Entstehungsweise (z. B. Stockausschlag) in einem meist schwer zu durchschauenden Zusammenspiel verantwortlich. Ausgeprägte Protzenbildung findet man meist in stammzahlarmen, vor allem in ungleichmäßigen, lückigen Verjüngungen auf unbeschirmten Flächen. Manche Baumarten neigen mehr zur Protzenbildung (z. B. Stiel- und Traubeneiche, Buche, Bergahorn, Berg- und Feldulme, Vogelkirsche, Kiefer, Japanische Lärche) als andere (Schwarzerle, Fichte, Weißtanne, Europäische Lärche).

Beim Protzenaushieb sollten nur die deutlich schlechteren Oberschichtbäume entnommen werden, die sich von ihrer Umgebung klar (und dem Betrachter ins Auge springend) abheben und die eindeutig die künftige Wertleistung herabsetzen. Nur bei Anwendung dieses strengen Maßstabs lassen sich Fehlentscheidungen vermindern sowie Entnahmezahl und damit Kosten begrenzen. Zugleich kann mit einem extensiven Eingriff der dichte Bestandesschluss, der für die natürliche Astreinigung entscheidend ist, weitgehend erhalten werden. Üblicherweise werden in Buchen-, Eichen- und Kiefernbeständen nur um die 300–600 Bäume ha^{-1} ausgehauen oder durch andere Verfahren abgetötet (z. B. durch Ringeln, Kap. 4.2.9). Die Wirkung besteht in einer **Homogenisierung der Bestandesstruktur**. Homogen erwachsene Bestände, die entweder gleichmäßig gute oder gleichmäßig schlechte Qualitäten aufweisen, benötigen keinen Protzenaushieb.

Eine Beschattung durch einen mäßig dichten Altholzschirm hemmt die Ausbildung von Protzen, da sie auch bei geringerer Bestandesdichte das Durchmesserwachstum der Äste relativ stärker als das der Stammachse reduziert und eine wipfelschäftige Kronenform fördert (Kurth 1946;

Lüpke 1982). Ein Protzenaushieb ist unter diesen Bedingungen oft entbehrlich. Dafür kann nach Hauungen im Schirmbestand die **Beseitigung von Hiebsschäden** im Nachwuchs notwendig werden. Bei diesem Läuterungseingriff werden durch Fällen oder Rücken beschädigte Bäume nur dann ausgehauen, wenn die Gefahr besteht, dass sie sich zulasten unbeschädigter und qualitativ besserer Nachbarn durchsetzen.

Positive Auslese

Trotz der geschilderten Risiken darf die Förderung von Bäumen mit guten Qualitätseigenschaften (Z-Baumanwärter oder -kandidaten) besonders gegen Ende des Läuterungszeitraums nicht völlig außer Acht bleiben. Darauf weist auch Leibundgut (1984) in der Neubearbeitung von Schädelins Auslesedurchforstung hin. Allerdings sollte diese Praxis bei Baumarten mit einem hohen Wertleistungspotenzial und guter natürlicher Astreinigung sehr zurückhaltend geübt werden.

Eingriffe in **Eichendickungen** oder **-gertenhölzern** zur Förderung von Z-Baumanwärtern (als Ausleseläuterung bezeichnet) werden kontrovers diskutiert (Schaper und Röhrig 1983; Mosandl et al. 1991; Fleder 1993; Nutto 1999; Küster 2000). Die Gegner befürchten eine qualitative Verschlechterung der freigestellten Bäume; die Befürworter wollen eine entscheidende Förderung des Kronenausbaus und des Durchmesserzuwachses erreichen, bevor die Bäume nach Erreichen ihrer Zuwachskulmination träger reagieren.

Eine ähnliche Situation besteht auch bei anderen Baumarten, deren Zuwachsleistungen früh kulminieren und danach rasch abfallen (z. B. bei Esche, Bergahorn, Europäische Lärche, Kiefer, Birke, Aspe, Schwarzerle). Der Kompromiss zwischen einer möglichst frühzeitigen Durchmesserzuwachsförderung und einem möglichst langen grünastfreien Schaft wird in diesen Fällen mehr zulasten der Astreinigung verschoben werden müssen.

Kramer und Heydecke (1994) zeigten, dass die Qualität der am stärksten freigestellten Douglasien (im Dickungsstadium blieben nur 500 Bäume ha^{-1} übrig) wegen Grobästigkeit und schlechter Stammformen auf ein nicht mehr zu tolerierendes Niveau absank.

Abb. 4.42
Protz in einer Buchenpflanzung (20-jährig).

Vertretbar erscheinen dagegen Eingriffe in sehr dichte Bestände und die Förderung einer hohen Zahl von Auslesebäumen. Dies zeigen Untersuchungen von Küster (2000) mit Eingriffen in sehr dichten, aus Saat entstandenen Traubeneichendickungen im Spessart. Nach der Freistellung von 7 000 Z-Baumanwärtern ha^{-1} durch Entnahme von ein bis zwei der stärksten Bedränger stieg der Durchmesserzuwachs um etwa 50 % (entsprechend um etwa 1 mm mittlere Jahrringbreite) gegenüber den nicht freigestellten Z-Baumanwärtern, während sich die Astreinigung nur um etwa 30 % verlangsamte. In diesen Fällen muss jedoch sorgfältig geprüft werden, ob die erzielten Effekte im Vergleich zu einem reinen Protzenaushieb den Kosteneinsatz rechtfertigen.

Bei Baumarten, die für eine Wertholzproduktion im Normalfall eine Ästung benötigen (Kap. 4.3) oder die Schnittholz produzieren, bei dem die Ästigkeit in gewissen Grenzen keine große Rolle spielt (z. B. Fichtenbauholz, Kap. 4.1), über-

Hintergrundwissen

Schälschutz und Läuterung

Einen Sonderfall stellen in Rotwildgebieten Jungbestände von Fichte oder Buche dar, die gegen Schälschäden geschützt werden müssen. Die Auswahl der zu schützenden Z-Baumanwärter muss schon im Dickungsstadium erfolgen, vor dem Beginn des Schälens. Um Kosten zu minimieren, darf nur eine kleine Zahl solcher Bäume ausgewählt werden, die anschließend energisch freigestellt werden müssen, um ein Überwachsen durch Nachbarn (d. h. ein Umsetzen) zu verhindern. Damit ist zwangsläufig die Ausbildung grober Äste oder schlechter Stammformen (besonders bei Buche) verbunden, was zusammen mit den übrigen Kosten nur gerechtfertigt werden kann, wenn einem drohenden vorzeitigen Verlust des gesamten Bestandes zuvorgekommen werden muss (Tegeler 1991; Freudenstein 1992).

wiegen die Vorteile einer Freistellung der Z-Baumanwärter schon im Läuterungsstadium deutlich. Auf die natürliche Astreinigung muss – von Extremen abgesehen, siehe oben genanntes Beispiel und Kapitel 4.3 – keine Rücksicht genommen werden, und es lassen sich erhebliche Durchmessersteigerungen erzielen, ohne andere nachteilige Effekte in Kauf nehmen zu müssen. Das zeigen die Untersuchungen von Huss (1995) für die Kiefer, von Kramer und Heydecke (1994) für die Douglasie und von Dong (1996) für die Fichte. In der Praxis sind diese Eingriffe bei Fichtenjungbeständen als Ausleseläuterungen vielfach üblich. Im Harz werden z. B. bei etwa 6 m Oberhöhe 300 Auslesebäume ha^{-1} freigestellt und zugleich die Dichte auf 1 200 Bäume ha^{-1} reduziert.

Je nach dem Charakter der beteiligten Baumarten (Licht- oder Schattenbäume) und der Bestandesdichte beginnt im Stadium des Jungbestandes die Herausbildung von herrschenden, mitherrschenden und unterständigen Bäumen (Kap. 4.2.3).

Dichtereduzierung

In Jungbeständen, die so dicht sind, dass die **Stabilität** vor allem gegen Schnee- oder Eislasten leidet, können reine Baumzahlreduzierungen zur Aufgabe von Läuterungen werden, wenn die natürliche Bestandesdifferenzierung dies nicht im erwünschten Umfang leistet. Dieser Fall tritt besonders häufig bei **Fichten** aus Naturverjüngung ein. In manchen Betrieben werden die mit einer Stammzahlreduktion verbundenen Kosten so gefürchtet, dass man Fichtennaturverjüngungen zu vermeiden sucht und die Kosten für eine weitständige Pflanzung aufwendet. Der Aufwand kann aber deutlich gesenkt werden, wenn man sich auf die punktuelle Freistellung von ausgewählten Z-Baumanwärtern konzentriert.

An einem Fichtenjungbestand aus Naturverjüngung im Hunsrück ist die punktuelle Freistellung von Dong (1996, 1999) untersucht worden. Durch Auskesseln von 500–600 Bäumen ha^{-1} im Radius von 1,5 m konnte der Höhen- und Durchmesserzuwachs in den ersten sechs Jahren um das Doppelte gesteigert werden. Der h/d-Wert nahm im Vergleich zu unbehandelten Bäumen deutlich ab (auf 84 anstelle von 102), sodass eine höhere Schneestabilität erwartet werden kann (Kap. 4.2.5). Zur weiteren Kostensenkung hält Dong eine geringere Zahl der auszukesselnden Bäume für vertretbar.

Auch **schematische Entnahmen** von Gassen oder Reihen stellen eine kostengünstige Variante für die Baumzahlreduzierung dar. Dies setzt allerdings homogene Bestände voraus, bei denen es gleich ist, welche Bäume übrig bleiben und welche gefördert werden (z. B. in gleichmäßig entwickelten Kieferndickungen aus enger Pflanzung). Die Zuwächse sinken in den ersten Jahren allgemein signifikant stärker ab als nach selektiven Eingriffen (siehe Zusammenstellung bei Kramer 1988), was aber für die Gesamtwertleistung von geringer Bedeutung ist, da der Rückgang im Wesentlichen nur Schwachholzsortimente betrifft.

Neben der **Fichte** können in **Nassschneelagen** auch bei anderen Baumarten Eingriffe zur

Tab. 4.16 Wirkungen einer Läuterung auf den ersten Durchforstungseingriff am Beispiel eines Douglasien-Läuterungsversuchs in der Eifel (Nordrhein-Westfalen) im Alter 20 Jahre (im Alter 11 Jahre wurde bei einer Mittelhöhe von 3,4 m die Stammzahl unterschiedlich stark herabgesetzt; nach Kramer und Heydecke 1994)

Eingriffsstärke und Baumzahl nach dem Eingriff ($St.\ ha^{-1}$)		Mittelwerte der 200 Z-Bäume ha^{-1}			Bestockungsgrad	Ausscheidender Bestand					Notwendigkeit der Erstdurchforstung
		Höhe (m)	BHD (cm)	Astdurchmesser (cm)		Anzahl Z-Baum ($St.\ ha^{-1}$)	Anzahl je Baum (St.)	BHD (cm)	Volumen Einzelbaum (m^3)	Volumen gesamt ($m^3\ ha^{-1}$)	
gering	2 000	12,4	17,3	2,7	1,2	700	3 Konkurrenten u. Sonstige	12	0,061	43	sofort
mäßig	1 500	12,8	18,0	2,7	1,1	500	1–2 Konkurrenten u. Sonstige	14	0,088	44	sofort
stark	1 000	12,4	18,9	3,2	0,9	250	1 Konkurrent	17	0,125	31	kann ca. 2 Jahre aufgeschoben werden
sehr stark	500	wegen schlechter Qualität (Grobästigkeit, Stammkrümmungen) ergab sich keine ausreichende Zahl an Z-Bäumen									

Stammzahlreduktion notwendig werden, so z. B. bei der für Schneebruch besonders anfälligen **Kiefer** oder in seltenen Fällen auch bei **Eiche**. Für Letztere berichtet Leibundgut (1976) von Stieleichenjungbeständen mit Hainbuche, in denen schon in ca. 3 m hohen Dickungen sehr zahlreiche Z-Baumanwärter ausgelesen bzw. gefördert wurden und die bis zu drei Jahrzehnte lang beobachtet wurden. Im Ergebnis konnte die Schneedruckstabilität gesteigert werden, sie ging jedoch mit einer schlechteren Astreinigung einher (siehe auch Fleder 1993).

Eine Läuterung, die die Bestandesdichte herabsetzt, ermöglicht eine Minderung der Schwachholzproduktion. Außerdem kann der **Zeitpunkt der Erstdurchforstung** hinausgeschoben werden. Die bei der Erstdurchforstung zu entnehmenden Bäume sind dann wegen der im Jungbestand durchgeführten Förderung dicker, wodurch die Erntekosten sinken und die Holzerlöse steigen. Anhand eines Läuterungsversuches in einem Douglasienbestand werden diese Effekte in Anlehnung an Kramer und Heydecke (1994) in Tabelle 4.16 dargestellt.

Danach konnte neun Jahre nach dem starken Läuterungseingriff bei der Erstdurchforstung Holz geerntet werden, das den Grenzdurchmesser für eine kostendeckende Aufarbeitung (in diesem Fall 16 cm BHD) überschritt, während bei der Variante mit geringer Läuterungsstärke der Durchmesser erheblich darunter lag. Außerdem konnte die Durchforstung im ersten Fall noch um zwei Jahre aufgeschoben werden, was die Kosten- und Erlössituation weiter verbesserte. Der sehr frühe und sehr starke Läuterungseingriff führte also zu einer ertragreicheren Erstdurchforstung mit geringerem Schwachholzanfall. Gleichzeitig stieg erwartungsgemäß die

Aststärke im unteren Stammbereich an. Kramer und Heydecke (1994) empfehlen deshalb eine Grünästung in mehreren Schritten.

Mischungsregulierung

In Mischbeständen kann schon bei der Läuterung die Regulierung des Mischungsverhältnisses zweckmäßig sein. Sie soll durch Gestaltung von **Mischbaumanteilen** und **Mischungsformen** allmählich zu dem endgültigen Bestockungsziel hinführen, ohne dass aber am Ende der Jungbestandsphase dieses Ziel bereits erreicht werden kann. Vielmehr ist die Regulierung der Mischungsverhältnisse eine vorrangige Aufgabe der Durchforstung.

Bei der Baumartenwahl und der Bestandesverjüngung wurde bereits darauf hingewiesen, dass besonders im Hinblick auf die Mischungsanteile und die Mischungsform das Verjüngungsziel und das Bestockungsziel im Altbestand nicht miteinander identisch sind. Dies gilt vor allem für Mischbestände aus Lichtbaumarten und Schattenbaumarten: Da viele Lichtbaumarten ein rascheres, aber mit zunehmendem Alter relativ bald nachlassendes Höhen- und Stärkenwachstum haben, erliegt ein Teil der Bäume im Lauf der Bestandesentwicklung der Konkurrenz durch nachdrängende Schattenbaumarten. Deshalb muss ihre Anzahl in der Mischung während der Verjüngungs- und Jungbestandsphase höher sein als bei Hiebsreife. Durch die Art des Zustandekommens der Mischung (gleichzeitige oder nacheinander folgende Naturverjüngung oder Pflanzung) sowie durch Art und Grad der Überschirmung in der Jungwuchs- und Jungbestandsphase werden die Wachstumsrelationen weiter modifiziert. Auch das Erntealter der Glieder eines Mischbestands (Zeitmischung, Dauermischung, Überhalt) spielt für die Mischungsregulierung eine große Rolle.

Bei der Regulierung der Mischungsform ist oft auch eine **Schichtenmischung** erwünscht, z. B. mit Lichtbaumarten in der Ober- und Schattenbaumarten in der Unterschicht. Dazu werden in der Oberschicht vitale und qualitativ einwandfreie Exemplare der Lichtbaumarten (besonders Lärche, Edellaubbaumarten, Eiche) durch vorsichtige Entnahme schlechterer Konkurrenten in ihrer Kronenausbildung gefördert und in die Oberschicht nachdrängende Schattenbaumarten so weit entfernt, wie sie bessere Lichtbaumarten zu bedrängen beginnen (z. B. häufig notwendig in annähernd gleich alten Eichen-Buchen-Mischbeständen). Nur relativ selten muss zugunsten der Schattenbaumarten eingegriffen werden (z. B. in überdichten Jungbeständen aus Esche oder Ahorn mit geringer Buchenbeimischung). Meistens besitzen sie dagegen von Natur aus ein ausreichendes Durchhaltevermögen.

Wenn der **Schutz seltener** oder **gefährdeter Baumarten** Bestandteil des waldbaulichen Ziels ist, können auch schon Eingriffe im Läuterungsstadium notwendig sein, um diese in der Regel konkurrenzschwachen Arten zu erhalten.

In ungleich alten, kleinflächig aufgebauten Mischbeständen, wie sie z. B. im Saum- oder Femelschlag entstehen, kann es notwendig sein, im Zuge von Läuterungen **Steilränder** (d. h. schroffe Höhenunterschiede) zwischen Kleinflächen auszugleichen, weil sie sonst zur Verschlechterung der Stammqualitäten beitragen und die Stabilität gegenüber Schneedruck und -bruch vermindern.

Notwendigkeit von Läuterungen

Eine **intensive Waldpflege** hält Leibundgut (1984) in der Neubearbeitung der Auslesedurchforstung von Schädelin für unverzichtbar. Seiner Meinung nach kann eine Dickung wegen der dort herrschenden starken Konkurrenz und intensiven Stammausscheidung niemals sich selbst überlassen bleiben. In scharfem Kontrast dazu rät Marquis (1994) für die Laubmischwälder der Allegheny im Osten der USA grundsätzlich von einer Läuterung ab, es sei denn, dass entweder die Artenzusammensetzung oder die Bestandesqualität signifikant verbessert werden können. Auch einige neuere Untersuchungen in Deutschland und in der Schweiz zeigen, dass **ungeläuterte Bestände** den Beginn der Durchforstungsphase (Stangenholz oder geringes Baumholz) in durchaus ausreichender Qualität erreichen können (Preuhsler und Schmidt 1989; Leder 1998; Ammann 1999; Weihs et al. 1999). Besonders wenn die Ertragssituation der Forstbetriebe ungünstig ist, muss sehr kritisch geprüft werden, ob eine Investition in eine Läuterungsmaßnahme gerechtfertigt ist. Selbstverständlich ist dafür das Betriebsziel entscheidend: Beim Produktionsziel Holzfaser oder Energie werden Läuterungen in der Regel nicht notwendig sein, bei den Zielen Qualitätsholz oder Schutz bedrohter Arten dagegen in vielen Fällen schon.

Kriterien für die Durchführung einer Läuterung beim Produktionsziel Qualitätsholz
Fälle, in denen eine Läuterung **nicht unbedingt** notwendig ist:

- Der Bestand ist qualitativ homogen und weist eine große Zahl guter herrschender Bäume auf. Eine Gefährdung durch Schneebruch besteht nicht. Es ist für das Produktionsziel nicht entscheidend, welche Bäume sich von allein durchsetzen werden. Auch ohne Steuerung des natürlichen Ausscheidungsprozesses kann erwartet werden, dass eine genügende Zahl von Z-Baumanwärtern bis zu den ersten kostendeckenden Durchforstungen erhalten bleibt (etwa 300–600 St. ha^{-1} – je nach Baumart – erscheinen ausreichend, siehe auch Ammann 1999). Auch in homogen schlechten Beständen lohnen im Allgemeinen keine Läuterungseingriffe.
- Die Schneestabilität eines Nadelbaumbestandes wird auch ohne Eingriff erreicht, da sich der Bestand von allein in erwünschter Weise differenziert. Es bilden sich herrschende Bäume in ausreichender Zahl und mit so großem Standraum heraus, dass sie ausreichend niedrige h/d-Werte aufweisen.
- Läuterungseingriffe, die allein der Steigerung des Kronen- und Durchmesserwachstums der Z-Baumanwärter dienen, erscheinen in einer angespannten wirtschaftlichen Lage meist nicht gerechtfertigt. Der Ertrag einer solchen Investition dürfte zu unsicher sein. Die Eingriffe müssen dann auf die ersten kostendeckenden Durchforstungen verschoben werden. Dasselbe trifft auch für Eingriffe zur Strukturverbesserung zu.

Fälle, in denen eine Läuterung **empfehlenswert** ist:

- Schneebruch bedroht die Existenz des gesamten Bestandes. Dies trifft vor allem für dicht und gleichmäßig aufwachsende Fichtenbestände in Nassschneelagen zu. Auch Kiefern- und Douglasienbestände sind gefährdet. Hier muss schon im Läuterungsstadium eine Stammzahlreduktion vorgenommen werden.
- Auf einem erheblichen Teil der Bestandesfläche besteht die Gefahr des Überwachsens und Verdrängens von Z-Baumanwärtern durch erheblich schlechtere Bäume (Protzen) oder in Mischbeständen durch unerwünschte Arten. In dieser Situation kann ein Protzenaushieb oder eine Mischungsregulierung unter Anwendung strenger Maßstäbe an die auszuhauenden Bäume auch unter wirtschaftlich schwierigen Bedingungen als eine zweckmäßige Investition empfohlen werden.

4.2.8 Durchforstung

Durchforstungen sind Hiebseingriffe zur Bestandespflege in Stangen- und Baumhölzern. Im Unterschied zur Läuterung steht die **Förderung ausgewählter Bäume**, die dem Wirtschaftsziel am besten entsprechen, im Vordergrund (positive Auslese). Die Konkurrenzsituation dieser Bäume wird durch die Entfernung bedrängender Nachbarn verbessert (Abb. 4.43). Durchforstungen reduzieren die Baumzahl früher und stärker, als es der ungestörten natürlichen Dynamik entsprechen würde (Abb. 4.44). Die Bestandesdichte wird dadurch unter die natürliche, maximale Dichte herabgesetzt (Abb. 4.10 in Kap. 4.2.2, Tab. 4.18 im folgenden Abschnitt). Durchforstungen greifen heute vorwiegend in die **herrschende Schicht** ein, was nicht der normalen natürlichen Entwicklung entspricht, bei der die Stammausscheidung in den unteren sozialen Klassen einsetzt. Durchforstungen ähneln damit natürlichen Störungen wie einzelbaumweise auftretenden Sturm- oder Insektenschäden, nur werden sie regelmäßig in bestimmten Abständen wiederholt. Allein schwache und mäßige Niederdurchforstungen entsprechen weitgehend natürlichen Stammausscheidungsprozessen.

Durchforstungen liefern im Regelfall **vermarktungsfähiges Holz** und positive finanzielle Deckungsbeiträge. Es stehen verschiedene Verfahren zur Verfügung, die eine Anpassung an die Bestandesziele, die Eigenschaften der Baumarten, an Altersstufen und Bestandesstrukturen erlauben. Im folgenden Abschnit wird ein allgemei-

Abb. 4.43
Ein zur Erstdurchforstung ausgezeichneter Bestand aus Buche und Edelaubbaumarten. Die zur Förderung ausgewählten Bäume (z. B. die geästete Vogelkirsche am rechten Bildrand) sind mit einem blau-weißen Markierungsband, die zu entnehmenden bedrängenden Nachbarn durch eine Rindenverletzung mit einem Reißhaken gekennzeichnet worden.

Abb. 4.44
„Wie wär's denn mal mit 'ner Durchforstung?"
Aus dem Skizzenbuch eines Waldbaureferenten (Otto 2003).

ner Überblick gegeben, wie sich die Durchforstungen charakterisieren lassen. Dabei wird von klassischen Durchforstungsweisen ausgegangen, die den langfristigen Durchforstungsversuchen der deutschen forstlichen Versuchsanstalten zugrunde liegen, weil daraus die sichersten Daten über die Auswirkungen von Durchforstungen auf Volumen- und Wertleistung verschiedenartig behandelter Waldbestände abgeleitet wurden (Kap. 4.2.4). Danach werden neuere Konzepte mit ihren Vorläufern vorgestellt. In älteren Beständen kann die Bestandespflege in die Zielstärkennutzung (d. h. Nutzung hiebsreifer Bäume) übergehen, ein Grenzfall zwischen Durchforstung und Endnutzung.

Kennzeichnung der klassischen Durchforstungen

Eine Durchforstung ist durch Art, Stärke und zeitliche Abfolge gekennzeichnet.

Durchforstungsarten

Der Arbeitsplan des Vereins der Deutschen Forstlichen Versuchsanstalten von 1902 für Durchforstungsversuche sah zwei Durchforstungsarten vor: Die Niederdurchforstung und die Hochdurchforstung. Der Wortlaut der Versuchsanweisung mit einer kritischen Würdigung findet sich bei Assmann (1961). Die **Niederdurchforstung** ist darin nicht allgemein definiert, es ergibt sich aber aus der Beschreibung ihrer verschiedenen Grade, dass damit Eingriffe von unten her gemeint sind. Das bedeutet, dass in erster Linie die Bäume aus der beherrschten Schicht entnommen werden, was dem Ablauf der natürlichen Stammausscheidung (Selbstdurchforstung) nahekommt. Bei stärkeren Graden der Niederdurchforstung wird aber auch in die herrschende Schicht eingegriffen mit dem Ziel, dass nur noch Bäume mit normaler Kronenentwicklung und guter Schaftform in möglichst gleicher Verteilung verbleiben, welche nach allen Seiten Raum zur freien Entwicklung ihrer Kronen haben, ohne dass jedoch eine dauernde Unterbrechung des Bestandesschlusses stattfindet. Die **Hochdurchforstung** ist gekennzeichnet als ein Eingriff in den herrschenden Bestand zur besonderen Pflege bestimmter Stämme unter grundsätzlicher Schonung eines Teiles der beherrschten Bäume.

Wiedemann (1935b) hat die Zielsetzung und die Behandlungen, die den Durchforstungsversuchen der deutschen Versuchsanstalten zugrunde liegen, präzisiert: Für die Entwicklung der Durchforstungen waren zwei Verfahren mit starker Auflichtung der Bestände (Lichtung) von Bedeutung, die für Buchenbestände entwickelt wurden. Das eine ist der sogenannte **Buchenkonservationsbetrieb**, den Georg Ludwig Hartig zu Beginn des 19. Jahrhunderts in die Buchenwirtschaft einzuführen versuchte. Er bestand darin, dass schon im Alter von 30–50 Jahren ein sehr starker Eingriff in die Stangenhölzer vorgenommen wurde, der nur 500–700 Bäume ha^{-1} übrig ließ. Der Boden sollte durch Stockausschlag bedeckt werden. Im Baumholzalter des Oberstandes sollte durch Aushieb des Stockausschlages die natürliche Verjüngung durch Samen eingeleitet werden. Dieses Verfahren wurde deshalb auch Mittelwaldwirtschaft genannt. Der Misserfolg dieser **Frühlichtung** war vollständig, im Oberstand traten Schneedruck und Rindenbrand ein, die Stockausschlagfähigkeit der Buche war unzureichend.

Das zweite Lichtungsverfahren war der von von Seebach um 1830 im Solling entwickelte **Modifizierte Buchenhochwald**. Anders als bei Hartigs Buchenkonservationsbetrieb handelte es sich hier um eine **Spätlichtung**. Im Alter von 70–80 Jahren wurde den bis dahin geschlossenen Beständen mehr als die Hälfte (teilweise bis zu zwei Drittel) des Volumens entnommen, sodass nur ein Schirmbestand mit einem Schlussgrad von 0,4–0,3 in gleichmäßiger Verteilung über der Fläche stehen blieb. Der Lichtungshieb sollte möglichst in einem Samenjahr erfolgen, damit die Bodenbedeckung durch Naturverjüngung eintreten konnte. Wo diese versagte, sollte unterbaut werden. Der Bestand blieb dann noch 30 bis 40 Jahre in seiner Stellung. Während dieser Zeit wurde ein starker Lichtungszuwachs erwartet, die Kronen sollten sich so weit wieder schließen, dass der Unterstand wieder verging oder doch nur schwach blieb. Der Bestand wurde zwischen 100 und 120 Jahren in Verjüngung gebracht, wobei der Unterstand ausgezogen oder ausgerodet wurde, was gleichzeitig der Bodenverwundung für die Aufnahme der Mast dienen sollte. Das ganze Verfahren war ein Kind der Not und nur für Ausnahmefälle gedacht, wie sie zu dieser Zeit im Solling durch große Brennholzberechtigungen vorlagen. Gleichzeitig sollte dadurch auch die Streunutzung eingeschränkt werden, da diese durch den dichten Unterstand unmöglich wurde. Später hat sich Burckhardt (1877) sehr für das von von Seebach entwickelte Verfahren eingesetzt. Der Seebach-Betrieb hat auf besseren Standorten die damaligen Erwartungen erfüllt. Die Brennholzberechtigungen ließen sich ohne größere Kahlflächen erfüllen und der Lichtungszuwachs der Buche war beträchtlich.

Definition

Niederdurchforstung – Lichtung – Hochdurchforstung

Die Begriffsbezeichnungen folgen dem Arbeitsplan des Vereins der Deutschen Forstlichen Versuchsanstalten von 1902 in der von Wiedemann 1935b erweiterten Form.

Niederdurchforstung und Lichtung: Ziel dieser Behandlungsweisen ist ein einschichtiger Bestand aus etwa gleich alten Bäumen. Es sollen je nach der beabsichtigten Stärke des Eingriffs die besten herrschenden Bäume in ihrer Volumen- und Wertentwicklung gefördert werden. Bei starken Niederdurchforstungen werden nicht nur beherrschte und mitherrschende Bäume entfernt, sondern es wird auch in die herrschende Baumschicht eingegriffen (Abb. 4.45).

Niederdurchforstung und Lichtung unterscheiden sich dadurch, dass bei der Lichtung der Kronenschluss dauernd unterbrochen bleibt, während bei der Durchforstung sich das Kronendach zwischen den Eingriffen immer wieder schließen soll. Bei der Lichtung findet sich bisweilen eine Naturverjüngung ein, die im Regelfall kaum zur Volumen- und Wertproduktion des Bestandes beiträgt, wohl aber für die Verjüngung des Folgebestandes von Bedeutung sein kann. Auch zweistufige Bestände, die durch Unterbau entstanden sind, können im Oberstand das Aussehen von Lichtungen haben (Kap. 3.7.3). Die Lichtungen können plötzlich einsetzen oder allmählich herbeigeführt werden, sie können schon im Stangenholzalter (Frühlichtung) beginnen oder erst im späteren Baumholzalter (Spätlichtung) vorgenommen werden. Diese letztgenannte Art liegt den Ertragstafelmodellen von Wiedemann (1943) für die Buche und die Kiefer zugrunde, die in der Ertragstafelsammlung von Schober (1995) enthalten sind.

Hochdurchforstung: Sie erstrebt grundsätzlich einen mehrstufigen Bestand auch bei mehr oder weniger gleich alten Baumarten. Das Ziel liegt in der Pflege der besten herrschenden Bäume durch Entfernung der weniger guten Bäume in der herrschenden Bestandesschicht. Wichtig ist die Erhaltung einer beherrschten Schicht zur Bodendeckung und zur Schaftpflege der besten herrschenden Stämme (v. a. zur Beschattung der Schäfte und Unterdrückung von Wasserreiser- oder Klebastbildung, Abb. 4.46). Nicht der Eingriff in die herrschende Schicht (die auch bei starker Niederdurchforstung erheblich sein kann), sondern die Absicht des Wirtschafters, gestufte Bestände zu schaffen und zu erhalten, ist das charakteristische Merkmal der Hochdurchforstung. Dabei soll keine dauernde Unterbrechung des Kronenschlusses in der herrschenden Baumschicht erfolgen. Daraus wird ersichtlich, dass diese Durchforstungsart nur für Bestände aus Baumarten geeignet ist, die eine ausreichende Schattentoleranz besitzen, um in der Unter- und Zwischenschicht lange Zeit überleben zu können.

Der Versuchsplan des Vereins der Deutschen Forstlichen Versuchsanstalten bezog sich im Wesentlichen auf etwa gleich alte Reinbestände. Das entsprach der hauptsächlichen Zielsetzung des Versuchswesens zu Beginn des 20. Jahrhunderts. Man hatte es überwiegend mit gleich alten Reinbeständen zu tun, die aus der Wiederherstellung des Waldes nach den Übernutzungen vorangegangener Jahrhunderte entstanden waren. Zudem ließen sich exakte Daten über den Einfluss der Bestandesbehandlung auf den Volumen- und Wertertrag am sichersten in derartigen verhältnismäßig einfachen Beständen entwickeln. Daher schildern die heute gebräuchlichen **Ertragstafeln** modellhaft die Wachstumsgänge gleich alter Reinbestände. Sie berücksichtigen mit wenigen Ausnahmen nur die Ergebnisse von Versuchsflächen mit Niederdurchforstung, da dies vor gut 100 Jahren das normale Verfahren war (die „Gewöhnliche Durchforstung" nach der Anweisung von 1902); deshalb liegen für diese Durchforstungsart die meisten und sichersten Ergebnisse aus langfristigen Beobachtungen vor.

Daneben haben die forstlichen Versuchsanstalten schon frühzeitig mit der Beobachtung von Versuchen zur Hochdurchforstung und zur Durchforstung in ungleich alten und gemischten Beständen begonnen. Wegen der großen Variationsbreite solcher Bestandesformen sind allgemeingültige Resultate daraus weniger leicht zu gewinnen. Hierauf wird in den folgenden Abschnitten eingegangen. Für eine genauere Orientierung kann auf Assmann (1961), Erteld (1966), Mitscherlich (1970), Wiedemann (1951), Kramer (1988) und Pretzsch (2010) verwiesen werden. In diesen Werken sind die Grundlagen und Ergebnisse der langfristigen Untersuchungen über die Auswirkungen verschiedener Durchforstungsarten auf das Wachstum von Waldbeständen ausführlich dargestellt.

Durchforstungsstärken

Die Anweisung des Vereins der Deutschen Forstlichen Versuchsanstalten von 1902 enthält für die Stärke der Durchforstungseingriffe nur verbale Kennzeichnungen, die sich auf die Baumklassen der Versuchsanstalten (Kap. 4.2.3.4) beziehen und spezifisch für die unterschiedlichen

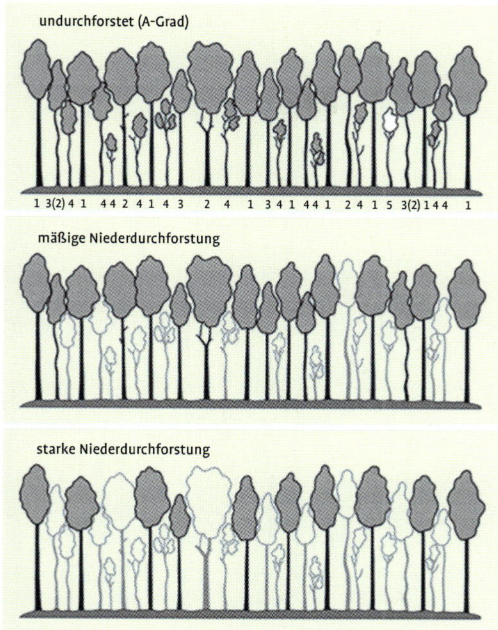

Abb. 4.45
Schema verschiedener Durchforstungsarten und -grade: Unterlassung jeder Durchforstung, mäßige und starke Niederdurchforstung. Die Zahlen unter den Bäumen bezeichnen die Baumklassen nach dem System des Vereins der Deutschen Forstlichen Versuchsanstalten (Kap. 4.2.3.4).

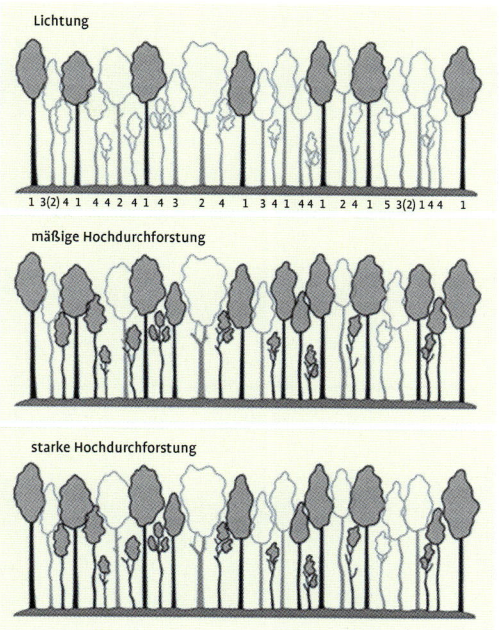

Abb. 4.46
Schema verschiedener Durchforstungsarten und -grade: Lichtung, mäßige und starke Hochdurchforstung. Die Zahlen unter den Bäumen bezeichnen die Baumklassen nach dem System des Vereins der Deutschen Forstlichen Versuchsanstalten (Kap. 4.2.3.4).

Durchforstungsarten festgelegt sind. Die Arten und Grade von Durchforstungen sind im Folgenden dargestellt (Abb. 4.47).

Wiedemann hat schon frühzeitig damit begonnen, die Durchforstungsstärke quantitativ durch die Grundfläche des verbleibenden Bestandes zu charakterisieren. Er hat 1935 die Grundflächenrahmen der von ihm beobachteten Versuchsflächen nach langjähriger verschiedenartiger Behandlung mitgeteilt. Diese Daten wurden von ihm 1951 geringfügig revidiert und als **Zielkreisflächen** bezeichnet, womit die mittlere Grundflächenhaltung in den letzten Jahrzehnten einer planmäßigen Produktionsdauer gemeint ist (Tab. 4.17). Bezogen auf die Werte der schwachen Niederdurchforstung werden sie bei mäßiger Niederdurchforstung auf etwa 83–87 % herabgesetzt, bei starker Niederdurchforstung auf etwa 61–70 %, bei Lichtung auf rund 50 %, bei mäßiger und starker Hochdurchforstung auf 68–70 %. Nur in Buchenbeständen liegen die Werte bei allen Varianten nochmals um 5–10 % darunter. Wiedemann hielt in den preußischen Versuchen diese Zielkreisflächen bei starker Durchforstung etwa ab einem Alter von 60 Jahren konstant, bei mäßiger etwa ab einem Alter von 70–90 Jahren. Dazu musste ab Erreichen der Zielkreisfläche bei den Eingriffen jeweils der gesamte Grundflächenzuwachs entnommen werden. Die Grundflächenhaltung der Ertragstafeln der Sammlung von Schober (1995) liegt im Bereich der von Wiedemann entwickelten Grundflächenrahmen.

Zu dem Prinzip der annähernd konstanten Zielkreisfläche hat sich Wiedemann (1951) selbst kritisch geäußert. Dieses Vorgehen zwinge dazu, auch noch in einem Stadium einzugreifen, in dem der Bestand im Wesentlichen nur noch aus guten herrschenden Bäumen mit großen Kronen in gleichmäßiger Verteilung bestehe. In solchen Fällen gebe es keinen Förderungsbedarf mehr, und die verbleibenden Bäume können die entstehenden großen Freiräume über lange Zeit nicht nutzen (insbesondere bei Kiefer, Eiche und

a
b
c
d

Abb. 4.47
Buchenbestand (106-jährig) mit langfristig beobachteten Durchforstungsversuchsflächen (Versuchsfläche Fischbach 106 im mittelsaarländischen Waldland) – „Einer der ältesten, aufschlussreichsten und am häufigsten beobachteten Buchen-Durchforstungsversuche" (Schober 1972).
Die meisten Versuchsvarianten wurden 1872 im Bestandesalter 30 Jahre angelegt und seitdem regelmäßig aufgemessen; die letzte publizierte Auswertung (Schober 1972) reicht bis zum Alter 124 Jahre; Standort: frischer, tiefgründiger, sandiger Lehm in 310 m ü. NN, mit einem mittleren Jahresniederschlag von 819 mm; Ertragsklasse: II.
Schwache Niederdurchforstung (a): Die Variante wurde erst 1930 im Alter 88 Jahre angefügt. Die für eine fast undurchforstete Variante relativ geringe Grundflächenhaltung von im Mittel 33,5 m^2 ha^{-1} ist dadurch begründet, dass die Fläche vor Anlage als Versuchsfläche zumindest mäßig niederdurchforstet wurde.
Mäßige Niederdurchforstung (b): Die mittlere Grundflächenhaltung für die Altersspanne Alter 30–124 Jahre ist mit 26,3 m^2 ha^{-1} relativ niedrig, bedingt durch einen starken Birkenaushieb 1891.
Starke Niederdurchforstung (c): Die mittlere Grundflächenhaltung für die Altersspanne 30–124 Jahre ist mit 20,5 m^2 ha^{-1} ebenfalls relativ niedrig.
Mäßige (schwache) Hochdurchforstung (d): Die Variante wurde 1903 im Alter 61 Jahre angefügt. Die mittlere Grundflächenhaltung für die Altersspanne 61–124 Jahre beträgt 23,3 m^2 ha^{-1}.
Starke Hochdurchforstung (e): Die Variante wurde 1891 im Alter 48 Jahre durch Umwandlung einer bis dahin nahezu undurchforsteten Fläche geschaffen. Die mittlere Grundflächenhaltung für die Altersspanne 48–124 Jahre beträgt 23,5 m^2 ha^{-1} und unterscheidet sich nicht von der der mäßigen Hochdurchforstung. Es wurden 240 Z-Bäume ha^{-1} ausgewählt, dauerhaft gekennzeichnet und ab Alter 55 Jahre (1897) stark freigestellt.

Definition

Arten und Grade klassischer Durchforstungen

Die Begriffsbezeichnungen folgen der Anweisung des Vereins der Deutschen Forstlichen Versuchsanstalten von 1902, erweitert durch Wiedemann 1935a.

Schwache Durchforstung (A-Grad, Niederdurchforstung): Sie beschränkt sich auf die Entnahme der abgestorbenen, absterbenden oder niedergebogenen Stämme (Baumklasse 5). Sie kommt damit einer Unterlassung von Eingriffen sehr nahe und dient oft als undurchforstete Kontrollfläche. Allerdings erwähnt Wiedemann (1951) als seltene Ausnahme auch die Entnahme schwer kranker oder besonders schlecht geformter Bäume der Klasse 2 (= Stämme mit abnormer Kronenentwicklung oder schlechter Stammform). Aus diesem und auch anderen Gründen (z. B. illegale Nutzungen in Kriegs- und Nachkriegszeiten) sind in vielen Versuchsflächenreihen – aus heutiger Sicht bedauerlicherweise – echte Kontrollen nicht enthalten.

Mäßige Durchforstung (B-Grad, Niederdurchforstung): Es werden wie schon bei der schwachen Durchforstung die Bäume der Klasse 5 entnommen. Dazu kommen Entnahmen stark bedrängender Vorwüchse, von Peitschern und kranken Bäumen der Klassen 2 (herrschende Bäume mit abnormer Kronenentwicklung und schlechter Stammform) und 4 (unterdrückte, aber noch lebensfähige Bäume). Vereinzelt werden besonders gute, unter Konkurrenz leidende, herrschende Bäume freigestellt.

Starke Durchforstung (C-Grad, Niederdurchforstung): Allmählich werden alle beherrschten (Klassen 3–5) und die schlechten herrschenden Bäume (Klasse 2) entnommen. Dazu kommen in Ausnahmefällen einzelne gute herrschende Bäume (Klasse 1), z. B. zur Auflösung sehr dicht stehender Gruppen. Ziel ist ein Bestand, der nur aus Bäumen mit guter Kronen- und Schaftform und ausreichenden Standflächen in möglichst gleichmäßiger Verteilung besteht, jedoch keine dauernde Schlussunterbrechung aufweist. Deshalb ist bei der Entnahme der herrschenden Bäume (Klasse 2) sehr vorsichtig vorzugehen.

Lichtung (L-Grad, Niederdurchforstung). Dieser Grad kann als sehr starke Niederdurchforstung aufgefasst werden, die den Schluss des Bestandes im Unterschied zu den vorher genannten Durchforstungsgraden dauernd unterbricht.

Schwache Hochdurchforstung, seit Wiedemann (1935) mäßige Hochdurchforstung (D-Grad): Es werden entnommen: Nicht mehr lebensfähige unterdrückte Bäume (Klasse 5), ein großer Teil der schlechten herrschenden Bäume (Klasse 2) und einzelne gute herrschende Bäume der Klasse 1 (z. B. zur Auflösung zu dicht stehender Gruppen). Der lebensfähige Unterstand (Klassen 3 und 4) wird grundsätzlich geschont.

Starke Hochdurchforstung (E-Grad): Durch Eingriffe ins Herrschende (Entnahmen der Klasse 2 und einzelner Bäume der Klasse 1) sollen Z-Bäume gezielt gefördert werden, der lebensfähige Unter- und Zwischenstand bleibt weitgehend erhalten. Mit dieser Beschreibung gibt die Anweisung von 1902 keine klaren Unterschiede zwischen den beiden Hochdurchforstungsgraden an. Wiedemann (1935a) hat deshalb die Unterschiede in der Behandlungsweise der preußischen Versuchsflächen dadurch gekennzeichnet, dass er für die mäßige Hochdurchforstung eine „allmähliche Pflege der jeweils besten herrschenden Bäume“ vorschreibt, für die starke dagegen eine „kräftige Pflege einer Zahl von auserlesenen Haubarkeits-(Z-)Stämmen, in der Regel mit fester Bezeichnung dieser Zukunftsstämme“. 1951 hat er diese Kennzeichnung dahingehend präzisiert, dass bei der starken Hochdurchforstung schon im Stangenholzalter bestimmte Zukunftsbäume ausgewählt und dauerhaft bezeichnet werden, während man sich bei der mäßigen Hochdurchforstung nicht auf bestimmte Zukunftsbäume festlegt, sondern in freier Weise bei jeder Durchforstung die jeweils besten Bäume durch Aushieb herrschender, bedrängender Nachbarn begünstigt. Wiedemann gibt an, dass der Vorrat bei der mäßigen Hochdurchforstung etwas größer ist als bei der starken, doch liegt hierin nicht der grundsätzliche Unterschied (so auch Assmann 1961), sondern in der frühzeitigen Festlegung auf die Bäume des Endbestandes.

Fichte). Bei starker Durchforstung werde dieses Stadium schon nach etwa 30- bis 50-jähriger Durchforstungstätigkeit erreicht. Um die mit Einhaltung einer Zielgrundfläche in solchen Fällen verbundenen Zuwachsverluste zu vermeiden, ist Wiedemann bei der praktischen Auszeichnung der Versuchsbestände bereits davon abgewichen und hat die Grundflächen wieder anwachsen lassen. Dies wurde allerdings bei der Aufstellung der Ertragstafeln noch nicht berücksichtigt. Wiedemann (1951) rät dazu, die Zielgrundfläche nur solange einzuhalten, „als noch schädlicher oder unnötiger Zwischenstand entfernt werden kann, und solange die Kronen der übrig bleibenden Bäume den durch den Hieb frei gewordenen Kronenraum und Wurzelraum in absehbarer Zeit ausnutzen können“. Die Tafeln dürfen deshalb nicht als Behandlungsempfehlung verstanden werden.

Ein besseres Maß für die Eingriffsstärke stellt der von Assmann (1961) empfohlene **natürliche Bestockungsgrad** dar (Kap. 4.2.4). Allerdings lässt sich die Bezugsgröße, die maximale Grundfläche, nur schwer einschätzen. Wenn man die Werte der Abbildung 4.10 (Kap. 4.2.2) für Nordwestdeutschland heranzieht und darauf die Grundflächenhaltung nach den Ertragstafeln bezieht, so ergeben sich z. B. in der II. Ertragsklasse die in der Tabelle 4.18 dargestellten natürlichen Bestockungsgrade. Es wird deutlich, dass bei den annähernd gleichbleibenden Tafelgrundflächen der natürliche Bestockungsgrad besonders bei der Fichte laufend abnimmt. Der Fichtenwert liegt im Übrigen unter dem von Assmann (1961) als kritisch bezeichneten Grenzbereich von 0,75–0,80, bei dem die Volumenleistung unter

Tab. 4.17 Zielgrundflächen ($m^2\ ha^{-1}$) auf guten Standorten bei verschiedenen Durchforstungsarten und -stärken (aus Wiedemann 1951)

Baumart	Niederdurchforstung			Lichtung	Hochdurchforstung	
	schwach	mäßig	stark		mäßig	stark
	Zielgrundflächen ($m^2\ ha^{-1}$)					
Eiche	28–37	24–30	17–23	14–18	20–25	17–23
Buche	37–47	26–35	20–26	17–24	20–27	18–24
Fichte	53–60	43–55	33–45	25–35	34–43	
Kiefer	33–43	28–35	24–29	18–23	24–29	

Tab. 4.18 Natürliche Bestockungsgrade für Vollbestandsgrundflächen der Ertragstafeln II. Ertragsklasse für Buche starke Durchforstung (Schober 1967 in Schober 1995) und Fichte mäßige Durchforstung (Wiedemann 1936/1942 in Schober 1995) (unter Anwendung der maximalen Grundflächen der Abb. 4.10, Kap. 4.2.2 für Nordwestdeutschland)

Baumart und Durchforstungsart (Df.)	Alter (Jahre)	Oberhöhe (m)	Ertragstafelgrundfläche ($m^2\ ha^{-1}$)	Maximale Grundfläche ($m^2\ ha^{-1}$)	Natürlicher Bestockungsgrad
Buche (starke Df.)	100	28,1	24,4	44	0,55
	150	34,4	25,3	47	0,54
Fichte (mäßige Df.)	80	26,6	42,8	63	0,68
	100	30,2	43,3	68	0,64
	120	32,8	42,0	73	0,58

95 % des maximalen Wertes zu fallen beginnt. Wenn die maximale Bestockungsdichte einigermaßen zuverlässig geschätzt werden kann, stellt der natürliche Bestockungsgrad zweifellos ein besseres Maß zur Kennzeichnung eines Durchforstungseingriffes dar. Spellmann et al. (1999) schlagen ihn für eine summarische Nutzungsplanung vor und haben in Anlehnung an Sterba (1987) ein Verfahren entwickelt, das keine Ertragstafelmodelle als Orientierungshilfe benötigt (Kap. 4.2.9).

Nicht immer ist es zweckmäßig, die einmal gewählte Durchforstungsstärke über einen langen Zeitraum beizubehalten. So enthält die Ertragstafelsammlung von Schober (1995) für die Fichte neben den Tafeln für mäßige und starke Durchforstung auch ein Modell für **gestaffelte Durchforstung**, bei der die Grundfläche sich bis in ein Alter von 60 Jahren etwa an den Werten für die starke Durchforstung orientiert und sich danach allmählich denen der mäßigen Durchforstung nähert. Damit wird das Ergebnis verschiedener Versuche berücksichtigt, bei denen eine Verlagerung der zuwachsoptimalen Grundfläche von starken Durchforstungseingriffen in der Jugend zu schwachen in späteren Jahren festgestellt wurde (Wiedemann 1951; Mitscherlich 1970). Außerdem wird eine höhere Sturmstabilität erreicht (Kap. 4.2.5).

Durchforstungsbeginn und -turnus

Unbestritten ist heute, dass frühzeitigere Eingriffe in den meisten Waldbeständen notwendig sind, als es bei einem Alter von etwa 50–60 Jahren zu Beginn der forstlichen Zuwachsforschung üblich war. Wenn die Untergrenze der grünen Krone sich auf eine Höhe heraufgeschoben hat, die den betrieblichen Zielsetzungen entspricht (je nach Baumart, Produktionsziel und Standort etwa zwischen 6–12 m), kann mit den Durchforstungen begonnen werden. Auf die Vor- und Nachteile dieser **frühen Eingriffe** wurde im Kapitel 4.2.7.1 hingewiesen. Wichtig ist vor allem, dass Pflegemaßnahmen in jüngeren Beständen wirksamer sind als in älteren, weil jüngere Bäume auf eine Begünstigung rascher und stärker reagieren.

Die Durchforstungsstärke hängt mit dem **Durchforstungsturnus** zusammen: Je häufiger eingegriffen wird, umso geringer und schonender kann die Durchforstung im Einzelfall sein und umgekehrt. Eine häufige Wiederkehr schwächerer Durchforstungen ist für den Massen- und Wertzuwachs sowie die Bestandessicherheit zweifellos günstiger als seltene starke Eingriffe. Die Bildung von Wasserreisern wie auch eine sprunghafte Zunahme der Jahrringbreiten wird gemindert. Zuwachsverluste und Beeinträchtigungen der Stabilität (z. B. bei Fichte durch Sturm oder Borkenkäferbefall) sind geringer und die Mischungsregulierung (z. B. die Zurückdrängung nachwachsender Buchen in Eichenbeständen) ist effektiver. Andererseits verursacht es im praktischen Betrieb höhere Kosten und einen größeren organisatorischen Aufwand, wenn man ein bestimmtes Durchforstungsvolumen in mehreren schwächeren Eingriffen entnimmt. So ist die Regel von Heyer (1854), nach der die Eingriffe früh, mäßig und oft stattfinden sollen, zwar immer noch optimal, sie lässt sich aber vielfach in der Praxis nur als Kompromiss mit stärkeren und selteneren Eingriffen realisieren.

Assmann (1961) hat vorgeschlagen, die Durchforstungswiederkehr von der Reaktionsfähigkeit der Bäume, die sich am einfachsten im laufenden Höhenzuwachs ausdrückt, abhängig zu machen. Wenn man z. B. für je 2 m Höhenzunahme in einem Buchenreinbestand II. Ertragsklasse eine Durchforstung vornehmen würde, käme man zwischen 30 und 120 Jahren zu Durchforstungsabständen, die sich allmählich von fünf auf 13 Jahre erweitern. Ähnliche Prinzipien verfolgt Abetz (1975) im Rahmen der Durchforstung nach Baumzahlleitkurven (Kap. 4.2.8.2). Wiedemann (1951) empfiehlt ebenfalls Durchforstungsintervalle, die die Wachstumsgeschwindigkeit und Reaktionsfähigkeit der Bäume berücksichtigen: für ältere Bestände 4–8, im Mittel 6 Jahre, für mittelalte 4 Jahre, für Stangenhölzer 2–3 Jahre.

Bedeutung der klassischen Durchforstungsverfahren für den Volumen- und Wertertrag

Die wichtigste Aufgabe der langfristigen Durchforstungsversuche lag anfangs in der Klärung der Frage, welche Auswirkungen die verschiedenen Behandlungen der Bestände auf den Volumenzuwachs erwarten lassen. Schon bald richtete sich jedoch das Interesse mehr auf die Wertleistung der Bestände. Bei den Untersuchungen zeigte sich, dass (abgesehen von Betriebsformen mit kurzen Produktionszeiträumen) der Wertertrag durch eine den Baumarten angepasste Durchforstungsweise weitaus stärker zu beeinflussen ist als der Gesamtvolumenertrag. Für die Zusammenhänge von Bestandesbehandlung, Volumen- und Wertertrag sind im Kapitel 4.2.4 die grundlegenden Erkenntnisse dargestellt. Sie basieren überwiegend auf den klassischen Durchforstungsverfahren des langfristigen Versuchswesens. Im Folgenden sollen sie um einige spezifische Gesichtspunkte vertieft werden.

Die wichtigen Zusammenhänge zwischen Wachstum und Standort sind erst an wenigen Beispielen untersucht worden. Sie haben in einigen Fällen ertragskundlich ihren Niederschlag gefunden in der Aufstellung von Ertragstafeln für Bestände von unterschiedlichem **Ertragsniveau**. Darunter versteht man die Erkenntnis, dass die meisten bisher genauer auf ihre Ertragsleistung untersuchten Baumarten bei gleicher Bestandeshöhe sehr unterschiedliche Gesamtwuchsleistungen haben. Die bestimmenden Größen dafür sind offenbar sowohl das Großklima als auch regionale oder örtliche Standortsfaktoren. Kramer (1988) hat diese Zusammenhänge eingehend dargestellt. In neuerer Zeit sind computerbasierte Waldwachstumssimulationsmodelle entwickelt worden, die den Standort-Leistungsbezug durch die direkte Eingabe von Standortsparametern schätzen und das Waldwachstum in tabellarischer und grafischer Form wiedergeben sollen (u. a. das Modell SILVA, siehe Pretzsch 2001; Pretzsch et al. 2002).

Auswirkungen der Niederdurchforstung

Die weitaus meisten langfristigen Untersuchungen sind in Flächen mit Niederdurchforstung verschiedener Stärken vorgenommen worden. Diese Durchforstungsart stand zu Beginn der älteren Versuche ganz im Vordergrund, mit der Folge, dass die meisten Ertragstafeln – auch wenn es in einigen Fällen nicht ausdrücklich angegeben wird – auf dieser Durchforstungsart aufbauen und sie modellhaft abbilden. In Tabelle 4.19 sind einige charakteristische Kennzahlen dieser Durchforstungsart anhand von in Deutschland weithin verwendeten Ertragstafeln dargestellt.

Die mittlere Grundflächenhaltung der starken Niederdurchforstung liegt zwischen 83 % (Buche) und 92 % (Douglasie) der mäßigen. Die **Gesamtwuchsleistung** geht dagegen nur um 2–4 % gegenüber mäßiger Niederdurchforstung zurück. Allein bei der Eiche steigt sie überraschenderweise um 3 %, was nicht erklärlich und vermutlich auf einen Fehler zurückzuführen ist. Vieles spricht dafür, dass die Eiche ähnlich reagiert wie die Kiefer und andere Lichtbaumarten, die bei Eingriffen, die über eine mäßige Durchforstung hinausgehen, deutliche Volumenminderleistungen aufweisen.

Die Eichenertragstafel in der Sammlung von Schober (1995) beruht zu einem wesentlichen Teil nicht auf langfristig beobachteten Versuchsflächen, sondern auf einmaligen Aufnahmen und besitzt damit eine unsichere Datenbasis. Noch dazu sind Stiel- und Traubeneiche mit ihren sehr unterschiedlichen Standorten in einer Tafel zusammengefasst.

Bei der Kiefer sieht Wiedemann (1951) hauptsächlich den Grund darin, dass die Durchforstungsversuche meist zu spät, nämlich im Alter von 30–40 Jahren (nach Überschreiten des Kulminationspunkts des Volumenzuwachses), einsetzten, weil zunächst eine ausreichende grünastfreie Schaftlänge abgewartet werden sollte.

Beim Übergang von der mäßigen zur starken Durchforstung wird der Vorrat des Endbestandes um 7–23 % verringert, und der **Anteil der Vornutzungen** an der Gesamtwuchsleistung steigt um 2–10 %. Unter betriebswirtschaftlichen Gesichtspunkten ist der Vornutzungsanstieg wegen des früheren Eingangs von Erträgen zweifellos vorteilhaft (als Beispiel siehe Tab. 4.11 in Kap. 4.2.4.2), dagegen kann die Absenkung des Vorrates die Flexibilität und Reaktionsfähigkeit auf Holzmarktänderungen beeinträchtigen. Diese Betrachtung setzt aber voraus, dass sonst keine großen Unterschiede in der Wertleistung zwischen den beiden Eingriffsstärken bestehen bzw. dass der höhere Vorrat bei der mäßigen Durchforstung als Durchforstungsreserve betrachtet werden kann und nicht notwendig zur Steigerung der Wertleistung entnommen werden muss.

Bei Entscheidungen über die Durchforstungsstärke ist auch der **Standort** zu berücksichtigen. Auf ärmeren, vor allem trockeneren Standorten sind stärkere Herabsetzungen der Grundfläche angebracht. Die im Hinblick auf den Volumenzuwachs optimale Grundflächenhaltung ist niedriger und liegt in einem engeren Rahmen, wobei ein Rückgang rascher und deutlicher bei zu hohen Bestandesdichten eintritt als bei zu niedrigen (Wiedemann 1951; Assmann 1961). Auf guten Standorten liegt dagegen die zuwachsoptimale Grundflächenhaltung deutlich höher. Nur bei der Buche hat unter diesen Bedingungen die Bestandesdichte in einem weiten Rahmen keinen signifikanten Einfluss auf die Gesamtwuchsleistung, während auf schwachen Böden die starken Eingriffe etwa ab dem Alter von 60 Jahren deutlich überlegen sind (Wiedemann 1951).

Anders sind die Verhältnisse im Hinblick auf die **Wertproduktion**, die für die Gestaltung der Durchforstung viel wichtiger ist. Der Wertzuwachs eines Bestandes wird bestimmt durch den Durchmesser und die Holzqualität der geernteten Stämme (Kap. 4.2.4.2). In den meisten Untersuchungen über die Wertleistung in Abhängigkeit von Durchforstungsstärken steht die **Dimensionsleistung** im Vordergrund. Das hat seine Berechtigung, weil sie die Grundvoraussetzung für die Beurteilung des Wertertrages darstellt. Wenn bestimmte Zieldurchmesser nicht erreicht werden, können die Qualitätseigenschaften nicht viel zur Verbesserung des Wertertrages beitragen. Ebenso gilt allerdings auch das Umgekehrte: Hohe Stammdimensionen bringen keinen wesentlichen Beitrag zur Wertproduktion, wenn die notwendigen Qualitätsanforderungen für Qualitäts- oder Wertholz nicht erfüllt sind.

Unter dem Gesichtspunkt der Wertleistungssteigerung besteht ein wichtiges Ziel der Durch-

Tab. 4.19 Kennziffern zur Charakterisierung der gebräuchlichen Grade der Niederdurchforstung bei den wichtigsten Baumarten (entnommen aus den in Nord- und Mitteldeutschland verbreitet angewandten Ertragstafeln der Sammlung Schober (1995), jeweils für die II. Ertragsklasse; Gesamtwuchsleistung und Vornutzungsprozent beziehen sich auf die gesamte Umtriebszeit, die übrigen Werte auf die angegebene Periode; sie enthalten nicht die Läuterungsergebnisse und Schwachholzmengen aus der Erstdurchforstung, was vor allem bei den mittleren Baumdimensionen (BHD und Baumvolumen) beachtet werden muss)

Baumart und Ertragstafel (Jahre)	Altersperiode	Durchforstungsgrad	Mittl. Grundflächenhaltung verbleibender Bestand	Gesamtwuchsleistung	Vornutzung			Endnutzung			Vornutzung in Prozent der Gesamtwuchsleistung (%)
					Volumen	mittl. BHD	mittl. Baumvolumen	Volumen	mittl. BHD	mittl. Baumvolumen	
(Jahre)			($m^2\ ha^{-1}$)	($m^3\ ha^{-1}$)	($m^3\ ha^{-1}$)	(cm)	(m^3)	($m^3\ ha^{-1}$)	(cm)	(m^3)	
Eiche (Jüttner 1955)	50–200	mäßig	25,3	1 005	543	34,2	0,42	424	63,2	5,17	57,8
		stark	21,0	1 032	606	37,9	0,60	353	66,2	5,79	65,8
		in % von mäßig	***84***	***103***	***112***	***111***	***143***	***83***	***105***	***112***	
Buche (Schober1967)	50–150	mäßig	30,1	1 085	515	25,6	0,27	559	47,3	2,97	48,5
		stark	25,1	1 042	599	29,5	0,35	429	52,1	3,61	58,8
		in % von mäßig	***83***	***96***	***116***	***115***	***130***	***77***	***110***	***122***	
Fichte (Wiedemann 1936)	40–120	mäßig	42,2	1 126	470	22,0	0,24	619	39,3	1,79	45,0
		stark	35,6	1 082	476	23,4	0,31	535	42,9	2,15	50,6
		in % von mäßig	***84***	***96***	***101***	***106***	***129***	***86***	***109***	***120***	
Kiefer (Wiedemann 1943)	40–140	mäßig	32,4	789	401	23,9	0,23	362	38,9	1,48	53,8
		stark	27,8	773	419	25,6	0,29	308	41,3	1,69	60,2
		in % von mäßig	***86***	***98***	***104***	***107***	***126***	***85***	***106***	***114***	
		Lichtung	23,2	724	407	26,4	0,29	267	43,9	1,91	
		in % von mäßig	***72***	***92***	***102***	***74***	***126***	***74***	***113***	***129***	
Douglasie (Bergel 1985) mittl. Ertragsniveau	25–100	mäßig	40,3	1 312	541	27,6	0,32	743	51,4	3,24	43,4
		stark	37,0	1 255	525	31,8	0,44	692	58,6	4,17	44,9
		in % von mäßig	***92***	***96***	***97***	***115***	***138***	***93***	***114***	***129***	

forstung allgemein darin, die **Sortimentsverteilung** so zu verändern, dass ein möglichst hoher Anteil der Gesamtproduktion in besser bezahlten Sortimenten anfällt. Zahlreiche langfristige Versuche und viele praktische Erfahrungen haben gezeigt, dass starke Durchforstungen, die auf eine Pflege der besten Stämme gerichtet sind, ohne die Grenzen im Hinblick auf zu starke Beeinträchtigungen von Volumenzuwachs, Schaftqualität und Stabilität zu überschreiten, dieses Ziel einer günstigeren Sortimentsstruktur besser erreichen als schwache Eingriffe (Kap. 4.2.4).

Bei Fichte und Tanne mit ihrem geringen Potenzial zur Wertholzproduktion beruht der Wertzuwachs vor allem auf einer Steigerung des Anteils mittelstarker Dimensionen an der Gesamtproduktion, wobei die Qualität den an Konstruktionsholz gestellten Ansprüchen genügen muss (v. a. als Massenware im Bauholzbereich). Dabei sollte in der Regel eine gewisse Stärke nicht überschritten werden (etwa 35 cm Mittendurchmesser beim Langholz), da ausgesprochenes **Starkholz** (> 40 cm Mittendurchmesser) weniger gesucht und z. T. sogar nur mit Preisnachlässen zu verkaufen ist. Bei Buche, Kiefer, Lärche und Douglasie, besonders aber bei den Eichen- und Edellaubbaumarten, ist dagegen das Wertleistungspotenzial wesentlich größer. Bei guten Qualitätseigenschaften werden bei diesen Baumarten starke Stammhölzer (mit mindestens 40 cm Mittendurchmesser) gesucht und deutlich höher bezahlt.

Die in Tabelle 4.19 wiedergegebenen Daten aus den Ertragstafeln für mäßige und starke Niederdurchforstung lassen erkennen, dass die **Durchmesserzunahme** bei starken Eingriffen gegenüber mäßigen Durchforstungen zwar deutlich, aber nicht besonders hoch ist. Bei starker Niederdurchforstung liegt der mittlere Brusthöhendurchmesser sowohl bei den Vornutzungen (ohne das sehr schwache Holz aus den frühen Eingriffen, dessen Aufarbeitung heute nicht mehr lohnt) als auch im Endnutzungsbestand nur um 6–15 % höher. Dies Ergebnis wird weiter relativiert, wenn man bedenkt, dass in diesem Anstieg auch schon die **rechnerische Verschiebung** steckt, d. h., dass die Mittelwerte für die starke Durchforstung zumindest im Endbestand auf einem deutlich kleineren Kollektiv basieren als bei mäßiger Durchforstung (Kap. 4.2.4). Der Anstieg bei den mittleren Baumvolumina ist dagegen mit 26–43 % bei den Vornutzungen und 12–29 % bei den Endnutzungen etwas ausgeprägter, was aber weniger für die Holzerlöse als vielmehr für die Aufarbeitungskosten Bedeutung hat.

Die relativ geringe Durchmesserzuwachssteigerung liegt z. T. daran, dass die den Tafeln zugrunde liegenden Versuchsprogramme in der Grundflächen- und Stammzahlhaltung nicht besonders stark differenziert sind: In anderen Ländern sind oft wesentlich stärkere Durchforstungen erprobt worden, die dementsprechend viel größere Staffelungen in den Brusthöhendurchmessern erbracht haben (was in der Regel mit einer geringeren Gesamtleistung an Volumen bezahlt werden muss). Einige dieser Untersuchungen sind im Kapitel 4.2.4 beschrieben. Zudem sind viele der deutschen Versuchsflächen erst im Baumholzalter angelegt worden, sodass die Wirkung früher starker Eingriffe nicht beobachtet werden konnte. Gerade diese sind aber für den Wertzuwachs der verbleibenden Bäume oft entscheidend (Kramer 1988).

Die Ertragstafeln enthalten für Durchmesser, Höhen und Formzahlen nur Mittelwerte und keine Verteilungsfunktionen, was einen Vergleich von Behandlungen erschwert, die – wie Durchforstungen – die Struktur der Bestände verändern. Die neuen Waldwachstumssimulatoren, wie SILVA (Pretzsch 2001) oder BWin (Nagel 1999), enthalten dagegen diese Informationen.

Auswirkungen der Lichtung

Wiedemann (1943) hat eine größere Anzahl von **Buchen**-Versuchsflächen ausgewertet, in denen Parzellen mit Lichtungen enthalten waren. In der Mehrzahl der Fälle wurden etwa 60-jährige Bestände mit einer Bestandesgrundfläche von ca. 30 $m^2\ ha^{-1}$ durch mehrere Hiebe im Laufe von 40 Jahren so weit aufgelichtet, dass sie im Alter von 100 Jahren nur noch etwa 16 $m^2\ ha^{-1}$ Grundfläche und 150 Bäume ha^{-1} (gegenüber 350 bei mäßiger Durchforstung) aufwiesen. Im weiteren Verlauf des Bestandeslebens ließ man die Grundfläche allmählich wieder ansteigen: im Alter von 140 Jahren auf 21 m^2 bei 80 Bäumen ha^{-1} (Abb. 4.48). Diese Behandlung entspricht

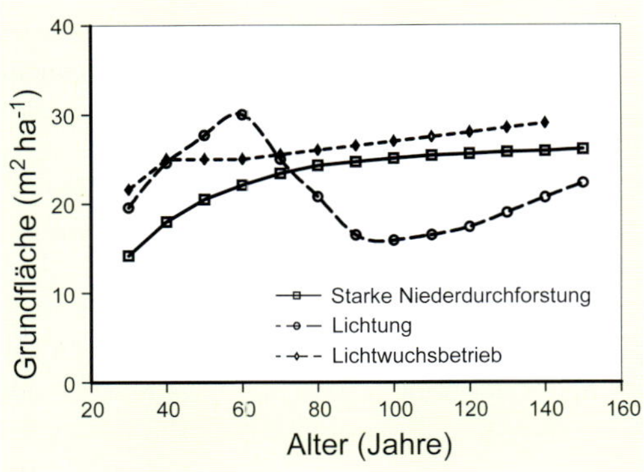

Abb. 4.48
Grundflächen des verbleibenden Bestandes in Buchenbeständen I. Ertragsklasse bei unterschiedlichen Behandlungen: starke Niederdurchforstung (Ertragstafel Schober 1967), Lichtung (Ertragstafel Wiedemann 1943 in Schober 1995), Lichtwuchsbetrieb (Ertragstafel Freist 1962, die dort angegebenen Werte wurden um 2 m^2 ha^{-1} für den Unterstand erhöht).

etwa dem von von Seebach um 1830 im Solling praktizierten Verfahren (Kap. 4.2.8.1). Die Gesamtvolumenleistung wurde dabei um etwa 8 % gesenkt, der Durchmesserzuwachs der herrschenden Bäume stieg gegenüber der mäßigen Durchforstung während der ersten Jahrzehnte auf das Doppelte und war auch in höherem Alter um etwa 25 % überlegen. Eine sehr plötzliche Lichtung erwies sich beim Volumenzuwachs als nachteilig, sie ist auch für die Qualität der Buche oft unvorteilhaft (Rindenbrand, Wasserreiserbildung). Ein bedeutender Nachteil derartiger Lichtungen in der Buche liegt zweifellos darin, dass man den Bestand relativ frühzeitig fast ohne Reserven aufwachsen lässt. Diese sind aber wegen der auch spät noch auftretenden Schädigungen durch Schleimfluss kaum zu entbehren.

Schober (1972) bestätigt die Ergebnisse von Wiedemann hinsichtlich der **Volumenminderleistung** der Lichtungen und des **Durchmesserzuwachsgewinns**, der noch etwas höher ist als bei starker Nieder- und Hochdurchforstung. Ein gewichtiges Problem bei der Lichtung ist das Fehlen eines Unterstandes, denn die Lichtung ist eine überstarke Niederdurchforstung. Dadurch können unerwünscht früh Naturverjüngungen eintreten, die sich später nicht übernehmen lassen. Auch findet sich in anderen Fällen eine Begleitflora ein, die eine spätere Naturverjüngung erschweren kann.

Die Ertragstafeln von Wiedemann (1943 in Schober 1995) für die Lichtung bei der **Kiefer** zeigen schon vom Alter 30–40 Jahre an eine gegenüber der mäßigen Durchforstung ständig abnehmende Grundfläche, die bei 80–90 Jahren mit 20–21 m^2 ha^{-1} (ca. 65 % der mäßigen Durchforstung) ihr Minimum erreicht, um dann bis ins Alter von 140 Jahren wieder leicht anzusteigen. Dadurch erhöht sich der Durchmesser der herrschenden Bäume im Vergleich zur mäßigen Durchforstung um 10 bis über 20 %, was – neben der rechnerischen Verschiebung wegen der unterschiedlichen Größe der den Mittelwerten zugrunde liegenden Kollektive – ein Effekt der deutlichen Kronenvergrößerung der Kiefer im jüngeren Alter ist. Im Alter von 140 Jahren sind dagegen die mittleren Durchmesser der starken Durchforstung und der Lichtung nur noch um 7–14 % denen der mäßigen Durchforstung überlegen.

Die Wirkung einer Lichtung ist demnach bei der Kiefer erheblich schwächer ausgeprägt als bei der Buche. Hier kommt das viel geringere Kronenexpansionsvermögen der älteren Kiefern deutlich zum Ausdruck. Der Volumenminderertrag im Gesamtzuwachs von 7–8 % gegenüber der mäßigen Durchforstung (Tab. 4.19) kann in Kauf genommen werden, wenn der **Wertholzertrag** überlegen ist, was zu erwarten ist, wenn der Endbestand überwiegend aus sehr hochwertigen Bäumen besteht. Ähnlich wie bei der Buche ist aber auch bei der Kiefer ein erheblicher Nachteil der Lichtung, dass keine Reservebäume vorhanden sind, wenn Bäume im Alter ausfallen oder entwerten. Dieses Risiko ist gerade bei der Kiefer in hohem Maße gegeben, u. a. durch Kienzopf, Baumschwamm oder Prachtkäfer. Die Verluste können minimiert werden, wenn man unter den aufgelichteten Beständen schon die nächste Generation als Voranbau oder Unterbau (Kap. 3,7.2, 3.7.3) begründet. Die Lichtung geht dann in einen Überhaltbetrieb über (Kap. 5.4.7), eine Lösung, die sich bei der Kiefer oft anbietet.

Auswirkungen der Hochdurchforstung
Hochdurchforstungen haben das Ziel, einen **Zwischen-** und **Unterstand** herauszubilden und auf Dauer zu erhalten. Sie ermöglichen dadurch bei Bedarf stärkere Eingriffe in die herrschenden Baumklassen (1 und 2 nach Kraft), ohne dass die

Entwicklung einer konkurrenzstarken Begleitflora (Bodenverwilderung) oder Wasserreiserbildung zu befürchten ist. Ihre Anwendung ist beschränkt auf Bestände mit relativ schattenertragenden Baumarten. Der Zwischen- und Unterstand lässt sich bei lichtbedürftigen Baumarten allenfalls vorübergehend erhalten (Spellmann 1995b). So kommen für die Hochdurchforstung in erster Linie Reinbestände aus Buche, Tanne oder Fichte (auf den besser wasserversorgten Standorten), Mischbestände aus Buche, Lärche und Tanne sowie aus Eichen- und Edellaubbaumarten mit beigemischten Schattenbaumarten (Buche, Hainbuche, Linde) in Betracht.

Langfristig beobachtete und ausgewertete Versuche zur Hochdurchforstung gibt es nur für reine Buchen-, Eichen- und Fichtenbestände. Ihre Zahl ist relativ klein und reicht deshalb nicht aus, um Ertragstafeln für Hochdurchforstung zu entwickeln. Im Folgenden wird nur auf die **mäßige Hochdurchforstung** (im Sinne von Wiedemann) eingegangen.

Wie oben dargestellt unterscheiden sich die sogenannten starken Hochdurchforstungen kaum durch die Stärke der Eingriffe als vielmehr durch die frühzeitige Auswahl von Zukunftsbäumen von der schwachen Hochdurchforstung. Da sie ein Kennzeichen vieler neuerer Durchforstungsverfahren sind, wird im Kapitel 4.2.8.3 näher auf sie eingegangen. Die mäßige Hochdurchforstung begünstigt dagegen ohne längerfristige Festlegung auf bestimmte Bäume die jeweils besten Exemplare.

Nach Wiedemann (1951) und Mitscherlich (1970) führen Hochdurchforstungen gegenüber Niederdurchforstungen bei Eiche und Buche unter vergleichbarer Grundflächenhaltung zu etwas geringeren **Volumenleistungen.** Das liegt offenbar daran, dass die Höhen der herrschenden Bäume wegen der geringeren Kronenspannung etwas niedriger bleiben und der Zwischen- und Unterstand die Mittelwerte der Höhen vermindert. Zudem sind die Formzahlen etwas niedriger. Doch die Unterschiede sind gering. In den von Schober (1972) ausgewerteten langfristig beobachteten Buchenversuchen liegen die mittleren Grundflächen der mäßigen Hochdurchforstung meist zwischen denen der mäßigen und der starken Niederdurchforstung. Unter diesen Bedingungen liegen die Volumenleistungen im Durchschnitt nahe beieinander, oder es ergibt sich sogar eine geringfügige Überlegenheit der Hochdurchforstung.

Im Hinblick auf die **Wertleistung** interessiert vor allem ein Vergleich zwischen starker Niederdurchforstung und mäßiger Hochdurchforstung. Für die Beurteilung der Sortenstruktur stehen nur wenige Versuche zur Verfügung. Hierbei erwies sich die Hochdurchforstung gegenüber der Niederdurchforstung als leicht überlegen in der Produktion starker Stämme. Ähnliches gilt für den Vergleich der Anzahl von Stämmen hoher Qualität (Klasse 1 der Versuchsanstalten). Insgesamt schätzt Schober, dass die Hochdurchforstung gegenüber der starken Niederdurchforstung im Gesamtwertertrag bei etwa gleicher Volumenleistung um mehr als 10 % besser abschneidet.

Bei allen diesen Betrachtungen muss man wiederum beachten, dass die hier besprochenen Versuche erst in einem relativ späten Zeitpunkt des Bestandeslebens angelegt wurden. Ein Teil der Hochdurchforstungsparzellen ist aus zuvor niederdurchforstungsartig behandelten Flächen hervorgegangen, bisweilen durch recht abrupte Eingriffe. Schober weist darauf hin, dass gerade bei der Buche die Ausgangslage bei Anlage der Versuche wesentliche Einflüsse auf die Ergebnisse haben kann. Zudem ist zu berücksichtigen, dass trotz der langen Beobachtungsdauer in vielen Fällen noch nicht die heute üblichen Produktionszeiträume erreicht sind. Es können demnach im Laufe der weiteren ein bis zwei Jahrzehnte noch beträchtliche Veränderungen eintreten. Es kann erwartet werden, dass die Hochdurchforstungen, wenn sie rechtzeitig einsetzen, ihre Überlegenheit im Wertzuwachs noch deutlicher erweisen werden.

Viele Hochdurchforstungsflächen haben im Hinblick auf die Erhaltung der angestrebten Bestandesstruktur enttäuscht: Der **Unterstand** hat sich in den Eichenbeständen regelmäßig, aber auch in den Buchenbeständen häufig, meist unter der Einwirkung von Trockenjahren, nicht im erwünschten Umfang erhalten lassen. Es muss vorerst offenbleiben, ob damit trocknisgefährdete Standorte für eine Hochdurchforstung überhaupt ausscheiden oder ob man durch eine

den Volumenzuwachs optimieren. Es ist grundsätzlich auch für die Stabilität gegen Schnee und Sturm optimal. Allerdings sollte nach heutiger Erfahrung in der Jugend deutlich stärker als im Modell von Wiedemann und im Alter nur noch sehr schwach oder gar nicht mehr eingegriffen werden. Dies ist z. B. in der Durchforstung nach Baumzahlleitkurven (Abetz 1975) vorgesehen (siehe Abschnitt „Hiebseingriffe zur Entnahme der stärksten Bäume“, Kap. 4.2.8.3).

Das Prinzip einer gestaffelten Durchforstung entspricht in besonderem Maß dem Wachstumsgang von Baumarten, die ein starkes Jugendwachstum mit einem frühen Kulminationspunkt und einem relativ steilen Abfall im Alter kombinieren (u. a. bei Kiefer, Europäischer Lärche, Esche, Bergahorn und Eiche).

Franz (1983) kommt für die **Kiefer** anhand sehr sorgfältiger Modelluntersuchungen zu dem Schluss, dass die gestaffelte Durchforstung die günstigste Behandlungsart darstellt. Sie nutzt das rasche Jugendwachstum für die Kronenausbildung und den Durchmesserzuwachs gut aus und vermeidet Verluste an Durchmesser- und Gesamtvolumenwachstum in höherem Alter, in dem die Kiefer nur schwach auf Kronenumlichtung reagiert, jedoch häufig Ausfälle durch Trocknis, Kienzopf u. a. Schädigungen erleidet.

Für die Europäische **Lärche** in Mischung mit Buche haben Dippel (1989) und Guericke (2001) eine stark gestaffelte Durchforstung vorgeschlagen.

Auslese- und Lichtwuchsdurchforstung

Auslese- und Lichtwuchsdurchforstung sind für Buchenrein- und -mischbestände entwickelt worden. Obwohl die Verfahren nicht auf der Basis langfristig beobachteter Versuchsflächen, sondern entweder allein auf praktischen Erfahrungen (Michaelis, Schädelin) oder überwiegend auf Daten aus einmalig aufgenommenen Versuchsflächen (Assmann, Freist) beruhen, haben sie weitgehend Eingang in die Praxis gefunden oder zumindest entscheidende Impulse für die Weiterentwicklung der Durchforstung gegeben.

Definition

Auslese- und Lichtwuchsdurchforstung

Die Begriffe und Verfahrensbeschreibungen beruhen auf den Arbeiten von Schädelin (1942), Leibundgut (1984), Schütz (1987) und Pretzsch (2001).

Auslesebäume: Möglichst viele gute herrschende Bäume werden zu Beginn der Durchforstungen, z. T. auch schon in der Läuterungsphase, ausgewählt und gefördert. Bei jedem folgenden Bestandespflegeeingriff werden sie mit Blick auf ihre Eignung für das Produktionsziel neu beurteilt. Schrittweise wird ihre Zahl in einem permanenten Ausleseprozess vermindert, bis nur noch die dem Produktionsziel entsprechenden Bäume übrig bleiben. Schädelin (1942) bezeichnet die Auslesebäume in den ersten Stadien als Kandidaten, deren Zahl durch die ständige Auslese der besten unter ihnen zu Anwärtern und schließlich zu Elitebäumen vermindert wird.

Auslesedurchforstung: Sie ist eine mäßige Hochdurchforstung, bei der die anfangs möglichst zahlreichen Auslesebäume bei jedem Eingriff auf ihre Eignung für das Produktionsziel überprüft, und die jeweils besten unter ihnen durch Entnahme der relativ schlechteren gefördert werden. Die Zahl der Auslesebäume wird dabei schrittweise vermindert, ohne den Bestandesschluss und dadurch die Astreinigung deutlich zu unterbrechen. Sie ist damit ein stark qualitätsorientierter Pflegeeingriff, der sich besonders für Laubholzbestände und Laub-/Nadelholz-Mischbestände in den Altersphasen eignet, in denen der Astreinigung noch eine hohe Bedeutung zukommt, d. h. im Stangen- und geringen Baumholz.

Lichtwuchsdurchforstung: Sie ist ebenfalls eine mäßige Hochdurchforstung, die frühestens nach Erreichen der gewünschten grünastfreien Schaftlänge, meist aber erst zu Beginn der zweiten Hälfte der Produktionszeit die Auslesedurchforstung ablöst. Zu diesem Zeitpunkt ist die Zahl der Auslesebäume nach mehreren Auslesedurchforstungen so weit reduziert, dass nur noch die besten als Elitebäume übrig geblieben sind. Weitere Auslesen sind in der Regel nicht mehr nötig, auch muss keine Rücksicht mehr auf die natürliche Astreinigung genommen werden. Priorität hat jetzt die Steigerung des Durchmesserzuwachses der Auslesebäume, was mithilfe kräftiger Kronenfreistellungen durch die Entnahme von Nicht-Elitebäumen erreicht werden soll.

Die Baumzahl vermindert sich in Buchenbeständen im Laufe der Lichtwuchsdurchforstung je nach Ertragsleistung und Produktionsdauer auf 120–200 Bäume im Oberstand. Der bei früheren Eingriffen geschonte, z. T. auch begünstigte, Zwischen- und Unterstand lässt eine länger anhaltende (aber nicht dauernde) Unterbrechung des Kronenschlusses im Oberstand zu. Elitebäume im Sinne der Lichtwuchsdurchforstung sind keineswegs nur vorherrschende Bäume (Kraftsche Klasse 1), weil diese trotz sorgfältiger Auslesedurchforstung nicht immer die besten Qualitätseigenschaften aufweisen, sondern überwiegend herrschende Bäume (Kraftsche Klasse 2) mit hervorragender Astreinigung sowie guter Schaft- und Kronenausbildung. Sind lange Nutzungs- und Verjüngungszeiträume vorgesehen – z. B. bei Zielstärkennutzung – können auch vitale und qualitativ hochwertige Bäume der Klasse 3 begünstigt werden, sofern sie eine relativ gute Krone aufweisen.

Je nach der Ertragsleistung, der Qualität, den geplanten Zieldurchmessern und Verjüngungszeiträumen werden in Buchenbeständen im Zuge der Lichtwuchsdurchforstung 60–100 m^3 ha^{-1} je Jahrzehnt aus dem Ober- und Zwischenstand entnommen. Eine dauerhafte Kennzeichnung der Elitebäume ist nicht nötig, da sie sich ohnehin von den übrigen Bäumen deutlich abheben. Außerdem sollte der gesamte Bestand – und nicht nur die Elitebäume – gepflegt werden, um eine gewisse Reserve an guten Bäumen zu haben, da selbst die starke Förderung der Elitebäume im Zuge der Lichtwuchsdurchforstung eine Verschlechterung der Vitalität und/oder Qualität (Schleimfluss, Drehwuchs, Kronenverlichtungen) nicht ausschließen kann.

Nach Schädelin (1942) ist die **Auslesedurchforstung** „auf die Ermittlung einer immer engeren Auswahl zu höchster Wertleistung befähigter Anwärter" gerichtet. Diese sollen „in ihrer Entwicklung durch Aushiebe ihres schärfsten Mitbewerbers, sei er gut oder schlecht," gefördert werden. Die Kandidaten werden bei jeder folgenden Durchforstung überprüft und durch Aushieb der jeweils weniger guten dezimiert, um den besseren unter ihnen den notwendigen Standraum zu verschaffen. Die Auslesedurchforstung ist nicht an bestimmte Stärkegrade gebunden, doch werden schwache und häufige Eingriffe bevorzugt. Sie greift fast ausschließlich ins Herrschende ein, der Unterstand soll erhalten bleiben.

Schädelin verwirft den Gedanken, bestimmte Bäume in bestimmter Anzahl und räumlicher Verteilung frühzeitig endgültig auszuwählen und nur diese durch Freistellung zu begünstigen (was dem Prinzip der Z-Baum-Durchforstung entspricht, siehe Abschnitt „Hiebseingriffe zur Entnahme der stärksten Bäume", Kap. 4.2.8.3). Er betrachtet eine solche **frühzeitige Festlegung** eher als **Fessel** und nicht als Hilfe für die Durchforstungstätigkeit, da die künftigen Wuchseigenschaften der einzelnen Bäume sich in einem frühen Stadium nur sehr unsicher einschätzen lassen und eine frühe endgültige Entscheidung über die Hauptzuwachs- und -wertträger einen eventuell später wünschenswerten Wechsel des betrieblichen Ziels sehr erschweren kann. Leibundgut (1984) sieht im Normalfall vor, für jeden zu fördernden Auslesebaum einen Bedränger zu entnehmen, ausnahmsweise auch einmal zwei. Bestandesteile ohne Auslesebäume (Füllbestand) werden durch die Begünstigung von Ersatzkandidaten aufgelockert.

Michaelis (1907) hat schon frühzeitig betont, dass die wichtigste Aufgabe der Bestandespflege darin besteht, Bestände mit hohem Wertholzanteil heranzuziehen. Die von ihm für Buchenreinbestände entwickelte **Bramwalder Durchforstung im Herrschenden** basiert auf Untersuchungen des Holzpreises in Abhängigkeit vom Durchmesser und von der Qualität. Stärke, Astreinheit, Geradheit und möglichst gleichmäßiger Jahrringbau bestimmen nach seinen Feststellungen den Wert des Buchenholzes. Die Bramwalder Durchforstung ist ganz darauf ausgerichtet, das Ziel einer optimalen Wertholzproduktion durch häufige und mäßige Eingriffe in der herrschenden Bestandesschicht bei Schonung des Unterstandes zu erreichen. Es handelt sich demnach um eine typische mäßige Hochdurchforstung. Michaelis sah eine wichtige Aufgabe der Durchforstung darin, durch eine allmähliche Begünstigung der herrschenden Bäume eine Gleichmäßigkeit der Jahrringbreite zu erreichen. Damit die Jahresringe mit zunehmendem Alter nicht schmaler werden, soll die Durchforstung vorgreifen, ehe die zu pflegenden Bäume an einer gleichbleibend guten Stärkenentwicklung durch Konkurrenz gehindert werden. Seine berühmt gewordene Anweisung zum Auszeichnen bestimmte: „Es ist immer dann ein Stamm zu entnehmen, wenn er einen oder gar mehrere [...] wertvoller geartete Nachbarn an dem zu erhaltenden oder weiter auszubildenden Teil der Krone handgreiflich schädigt oder beengt." Bei zwei gleich guten Bäumen soll der schwächere entnommen werden. Keinesfalls soll die Durchforstung eine „einseitige Jagd auf alles Minderwertige" sein.

Über die Stärke der Eingriffe werden keine zahlenmäßigen Angaben gemacht. Es wird eine mögliche Minderung des Gesamt-Volumenertrages in Kauf genommen, weil durch die Förderung der Durchmesserentwicklung der Qualitätsstämme der Wertertrag deutlich verbessert wird. Im Hinblick auf die gleichmäßige Jahrringbreite hat Michaelis Durchforstungsintervalle von 3–5 Jahren gewählt. Heute ist bekannt, dass gerade bei der Buche die Jahrringbreite für die Holzverwendung eine nur untergeordnete Rolle spielt. Aus diesem Grund können daher weniger häufige und dafür etwas stärkere Eingriffe zugelassen werden.

In mehreren Buchenregionen sind Abwandlungen der Auslese- und Lichtwuchsdurchforstung entwickelt worden.

Freist (1962) hat aus der Untersuchung einer größeren Anzahl von Weiserflächen ein quantitatives Modell für Buche I. Ertragsklasse abgeleitet, das von Assmann als **Lichtwuchsbetrieb** bezeichnet wurde. Abbildung 4.48 im Kapitel 4.2.8.2 zeigt die Werte für die Grundflächen- und Derbholzvolumenhaltung im Vergleich zu denen der Tafeln für starke Niederdurchforstung (Schober 1967 in Schober 1972, 1995) und Lichtung (Wiedemann 1943) derselben Ertragsklasse. Man erkennt deutlich die großen Unterschiede im Gang der Grundflächenhaltung zwischen der Lichtung (es handelt sich um eine Spätlichtung mit im Alter von 60–70 Jahren einsetzender Grundflächenabsenkung) und dem Lichtwuchsbetrieb. Bei der Lichtung wird die Grundfläche bis zum Alter von 100 Jahren durch starke Hiebe bis auf 16 m^2 ha^{-1} reduziert, danach nimmt sie allmählich wieder zu und erreicht im Alter von 150 Jahren etwa 22 m^2 ha^{-1}. Beim Lichtwuchsbetrieb wird sie zwischen 40 und 70 Jahren durch wiederholte Auslesedurchforstungen auf etwa 25 m^2 ha^{-1} gehalten und steigt dann allmählich auf etwa 29 m^2 ha^{-1} im Alter von 140 Jahren. Die gesamte Bestandesbehandlung ist demnach wesentlich kontinuierlicher. Dasselbe gilt für die Vorratshaltung. Die Durchmesserförderung ist beim Lichtwuchsbetrieb ähnlich stark ausgeprägt wie bei der Lichtung. Schon im Alter von 100 Jahren erreichen die herrschenden Bäume durchschnittlich einen Brusthöhendurchmesser von 39 cm (Lichtung: 38 cm), im Alter von 140 Jahren sind es 63 cm (Lichtung: 57 cm).

Assmann (1965) erweiterte die Ertragstafel des Lichtwuchsbetriebes von Freist durch Hilfstafeln für die II. und III. Ertragsklasse. Er empfiehlt, eine Grundfläche von 60 % (in jüngeren Beständen) bis 70 % (in älteren Beständen) der maximalen nicht zu unterschreiten (d. h., einen natürlichen Bestockungsgrad von mindestens 0,6 bzw. 0,7 einzuhalten), um Zuwachsverluste von mehr als 5 % zu vermeiden. Beim Herangehen an die Untergrenze können die „förderungswürdigen Wertbäume so wirksam freigestellt werden, dass sie nahezu den maximal möglichen Durchmesserzuwachs zu leisten vermögen". Dieser beträgt etwa 5–6 mm $Jahr^{-1}$.

Für das Gebiet der ehemaligen DDR haben Dittmar et al. (1985) eine Buchenertragstafel vorgelegt, die als Durchforstungsart eine Auslese- mit anschließender Lichtwuchsdurchforstung ähnlich dem Lichtwuchsbetrieb von Assmann und Freist enthält. Die Autoren sehen allerdings eine etwas höhere Grundflächenhaltung als Freist vor, da nach ihren Beobachtungen auch bei einer Grundfläche in mittelalten Beständen von über 25 m^2 ha^{-1} ein ähnlicher Durchmessersteigerungseffekt an den Auslesebäumen erreicht wird wie bei der um ca. 2 m^2 ha^{-1} niedriger angesetzten Grundfläche von Freist.

Die Forderung nach **astfreien Schaftlängen** von 10–12 m in Buchenbeständen führt dazu, dass eine starke Standraumerweiterung der besten Bäume im Zuge der Lichtwuchsdurchforstung erst relativ spät erfolgen kann. Für die Förderung der Durchmesser der besten Bäume bleibt, wenn man nicht die Produktionszeiträume verlängern will, je nach Standort nur ein Zeitraum von etwa 50–70 Jahren. Um den Lichtungszuwachs länger ausnutzen zu können, wird empfohlen, den Anspruch an die grünastfreie Schaftlänge auf 7–10 m herabzusetzen, was stärkere, den Kronenschluss vorübergehend unterbrechende Auslesedurchforstungen schon ab einer Oberhöhe von etwa 19 m ermöglicht (Lüpke 1986). Nach zuvor sorgfältig ausgeführten Läuterungen stehen dann gewöhnlich noch etwa 500 Auslesebäume ha^{-1} in der Oberschicht, aus denen schrittweise die für den Endbestand erforderlichen 120–200 Elitebäume herausgearbeitet werden. Diese Form der Bestandesbehandlung geht von Jungbeständen aus, die zur Erziehung einer raschen und guten Astreinigung dichter gehalten werden, als sie in den Tafeln von Schober (1972) für mäßige oder gar starke Durchforstung vorgesehen sind.

Zusammengefasst lässt sich sagen, dass die Auslese- und Lichtwuchsdurchforstung besonders für Buchenrein- und -mischbestände große Vorteile hat. Sie nimmt Rücksicht auf spät auftretende Entwertungen, die bei Buche ein großes Risiko darstellen, und gleichzeitig nutzt sie die große Kronen- und Zuwachsreaktionsfähigkeit der Buche im Alter aus. Zudem hat sich erwiesen, dass auf den meisten Buchenstandorten ein Unterstand erhalten werden kann, was eine spätere Naturverjüngung erleichtert. Es ist daher verständlich, dass das Verfahren in der Praxis als **Standardverfahren für Buchenbestände** betrachtet wird.

Qualitative Gruppendurchforstung

Die bisher geschilderten Durchforstungsweisen gehen davon aus, dass eine genügend große Anzahl von Auslesebäumen etwa gleichmäßig über die Bestandesfläche verteilt ist. Tatsächlich ist das in vielen Beständen nicht gegeben. Wenn man bei **geklumpter Verteilung** von relativ wenigen Auslesebäumen die Entwicklung einzelner durch die Entnahme der nächst benachbarten Auslesebäume fördert, kann das zum Unterschreiten einer Mindestzahl guter Bäume je Hektar und dadurch zu einem geringeren Gesamtwertertrag führen. Um diesen Effekt vermeiden zu können, haben Kató und Mülder die qualitative Gruppendurchforstung entwickelt (Kató 1973; Kató und Mülder 1978, 1988, 1992) und knüpfen dabei an Gedanken von Busse (1935) an: Wie ist der Einfluss des Baumabstandes auf die Durchmesserentwicklung von truppweise zusammenstehenden Bäumen zu beurteilen?
Bei der letzten Aufnahme von sechs jüngeren Probeflächen nach 25 Jahren stellte sich heraus (Kató und Mülder 1992), dass der **Anteil von B-Stämmen** durch die qualitative Gruppendurchforstung von 34 auf 57 % zugenommen hatte. Bei konventioneller Durchforstung wäre dieser Wert mit 39 % deutlich niedriger gewesen. Allerdings wurde diese Vergleichsvariante nur anhand der Stammverteilungspläne simuliert, unter der Annahme, dass bei herkömmlicher Durchforstung Gruppen und Trupps eng benachbarter Bäume konsequent aufgelöst worden wären, um eine möglichst gleichmäßige Verteilung der herrschenden Bäume zu erreichen.

Trotz dieser Zunahme des relativen Anteils der B-Stämme gingen die absoluten Zahlen auch nach 25-jähriger Anwendung der qualitativen Gruppendurchforstung in einem größeren Ausmaß zurück, als dies nach Kató und Mülder (1978) für eine maximale Wertleistung wünschenswert gewesen wäre. Der wichtigste Grund für die unerwünscht hohe Abnahme der B-Stämme auch bei der qualitativen Gruppendurchforstung war ein starker Schleimflussbefall in den Jahren 1981–1986. Weitere Gründe sind in Tabelle 4.20 aufgeführt. Es wird deutlich, dass C-Stämme mit schon früh sicher ansprechbaren Fehlern (wie z. B. Grobästigkeit oder Stammkrümmungen) durch die 25-jährige Durchforstungstätigkeit um fast 80 % reduziert werden konnten, während dies bei den C-Bäumen mit sich laufend neu bildenden Fehlern – wie vor allem **Schleimfluss** – nur zu 20 % gelang. Diese Beobachtung hat Konsequenzen für Durchforstungsverfahren mit frühzeitiger Festlegung der Z-Bäume (siehe Abschnitt „Hiebseingriffe zur Entnahme der stärksten Bäume“, Kap. 4.2.8.3). Kató und Mülder (1988) haben auf diesen Punkt deutlich hingewiesen.

Definition

Qualitative Gruppendurchforstung nach Kató und Mülder

Grundlage des Verfahrens ist die Regel „Qualität geht unbedingt vor Abstand“. Die Autoren haben gezeigt, dass **Trupps** von zwei bis drei, manchmal auch vier, qualitativ wertvollen Buchen ohne Rücksicht auf ihre Abstände erhalten bleiben können, wenn die zu normaler Entwicklung erforderlichen Standräume seitlich verfügbar sind oder durch Aushieb bedrängender Bäume geringerer Qualität geschaffen werden können. Nach Kató und Mülder (1992) haben solche Trupps einen normalen Zuwachs auch dann, wenn der benötigte Raum nicht konzentrisch um die Fußpunkte liegt, sondern seitlich verschoben ist. Ein Verfahren zur Ermittlung der benötigten Standflächen hat Kató (1973) geschildert. Eine befürchtete stärkere Ovalität der Stammquerschnitte konnte von den Autoren nach 25-jähriger Anwendung dieses Verfahrens nicht festgestellt werden.

Einzeln stehende Bäume guter Qualität werden wie üblich gefördert. In Trupps von hochwertigen Buchen wird erst dann eingegriffen, wenn das zur Durchmesserentwicklung der besten Stämme nicht zu vermeiden ist. Als erhaltungswürdig gelten grundsätzlich alle Buchen, die ein mindestens 4 m langes Stammstück der Güteklasse B erwarten lassen. Bei genügender Anzahl besserer Stämme kann diese untere Grenze höher gesetzt werden. Damit wird die sonst oft unterschätzte Bedeutung der Vornutzungen betont.

Die Qualitative Gruppendurchforstung soll bei einer Bestandesoberhöhe von etwa 14 m beginnen. Sie bleibt während der gesamten Vornutzungsperiode lohnend, ist aber wegen der weiter fortgeschrittenen Bestandesentwicklung umso weniger erfolgreich, je später sie einsetzt. Das Prinzip der Gruppendurchforstung ist nicht an eine bestimmte Grundflächenhaltung gebunden.

Die korrekte Bezeichnung des Verfahrens wäre nach der üblichen Terminologie Truppdurchforstung. Unter Bezug auf Busse (1935) haben die Autoren jedoch die Bezeichnung Gruppendurchforstung gewählt, die inzwischen eingeführt ist, und die auch im Folgenden verwendet wird.

Mülder (1990) betont, dass das Verfahren nicht nur in Beständen mit einem Mangel an guten Buchenstämmen überlegen sei, sondern in jedem Buchenbestand, da sich auch bei guter Ausgangslage durch unvorhersehbare Ereignisse die Zahl guter Stämme drastisch verringern könne (z. B. durch Schleimfluss).

Einschränkend sehen dagegen Spellmann und Nagel (1996) die Gruppendurchforstung nur als eine weitere Option neben der Einzelbaumförderung und nennen folgende **Kritikpunkte**: Der erste betrifft die betriebswirtschaftliche Vergleichskalkulation, die sich auf eine nur simulierte übliche Durchforstung stützt. Dabei wird übersehen, dass auch die üblichen klassischen Durchforstungen in der Praxis keine reinen Abstandsdurchforstungen (wie von Kató und Mülder unterstellt) gewesen sind. Auch müsste die Qualität der Buchenbestände noch schlechter sein, wenn man früher wirklich in großem Umfang Trupps guter Bäume aufgelöst hätte. Der zweite Punkt betrifft die von Kató und Mülder postulierte Annahme, dass ein gruppierter Stand sich nicht auf den Zuwachs auswirkt, wenn die Buchentrupps seitlich genügend Standflächen erhalten. Spellmann und Nagel verweisen dazu auf Untersuchungsergebnisse von Pretzsch (1995b). Danach reagiert der Zuwachs deutlich auf die Bestandesstruktur: Regelmäßige Baumverteilungen führen zu höchsten Zuwächsen, zufällige Verteilungen zu gewissen Einbußen und stärkere Klumpungen zu einem deutlichen Zuwachsabfall. Spellmann und Nagel empfehlen deshalb, allenfalls erst beim zweiten oder dritten Durchforstungseingriff mit der Förderung von Trupps zu beginnen, wenn wegen des fortgeschrittenen Alters die Zuwächse ohnehin absinken.

Die Gruppendurchforstung hat nicht das Ziel, gruppierte (geklumpte) Baumverteilungen zu schaffen, sie nutzt nur den Gruppenstand guter Bäume aus. Darauf weist Mülder (1990) ausdrücklich hin. Dennoch wird die Gruppendurchforstung von vielen Praktikern als Mittel zur **Strukturierung von Beständen** aufgefasst, was sicherlich z. T. die hohe Akzeptanz dieses Durchforstungsverfahrens erklärt, besonders bei Anhängern der Arbeitsgemeinschaft naturgemäße Waldwirtschaft, die auf stärker strukturierte Bestandesformen besonderen Wert legen. Umso

Tab. 4.20 Entwicklung der qualitativen Zusammensetzung der herrschenden Baumklassen (Kraftsche Klassen 1–3) in Buchenbeständen nach 25 Jahren qualitativer Gruppendurchforstung im Alter 55–80 Jahre (nach Kató und Mülder 1992)

Alter	**Gesamtzahl herrschender Buchen**	**Anzahl in B-Qualität**	**Anzahl in C-Qualität, wegen folgender Fehler:**		
(Jahre)	**(St. ha^{-1})**	**(St. ha^{-1})**	**Ästigkeit, Krümmung, Schrägstand, Wasserreiser, Zwiesel**	**Schleimfluss, sonst. Krankheiten, Verletzungen, Drehwuchs, Hohlkehlen**	**dünne Bäume der Klasse 3 ohne Potenzial für starkes B-Holz, als Reserve nicht tauglich**
55	1 040	351	306	85	298
80	338	191	65	69	13
Abnahme im Alter 55–80 Jahre (St. ha^{-1})	702	160	241	16	285
Abnahme in Prozent der Anzahl im Alter 55 Jahre (%)	68	46	79	20	96
Hauptgründe für die Abnahme		Schleimfluss, in geringerem Umfang auch sonstige Krankheiten, Fällungs- und Rückeschäden führten zu Aushieb oder Abstufung nach C, Aushieb einiger B-Buchen wegen zu starker Häufung	fast vollständige Entnahme, da Fehler schon früh und sicher ansprechbar	Entnahme unvollständig, da Fehler sich laufend neu bildet (Schleimfluss), oder erst spät sicher ansprechbar ist (Drehwuchs, Hohlkehlen)	Abstieg in die beherrschte Schicht, in geringerem Umfang Aushieb

wichtiger ist es, sich über die Nachteile klar zu werden, die mit einer gezielten Herstellung von Trupps und Gruppen besonders im Hinblick auf Massen- und Wertleistung verbunden sein können.

Es ist zweifellos ein Verdienst von Kató und Mülder, dass sie auf die Option, in Buchenbeständen truppweise eng beieinanderstehende gute Bäume belassen zu können, hingewiesen haben und darauf, dass dies in vielen Beständen vorteilhaft sein kann, besonders in solchen, in denen ein Mangel an guten Bäumen herrscht. Unter diesen Bedingungen ist das Auflösen von Trupps guter Bäume nicht zweckmäßig. Dennoch kann von einer generellen Überlegenheit gegenüber einer sachgerecht durchgeführten Auslese- und Lichtwuchsdurchforstung nicht gesprochen werden.

Z-Baumdurchforstung

(A) Entwicklung verschiedener Modelle der Z-Baumdurchforstung

Z-Baumdurchforstungen wurden in Deutschland etwa ab 1960 entwickelt, um den Stärkenzuwachs der „Zukunftsbäume“ (Z-Bäume) als den wichtigsten Trägern der Wertleistung konsequenter fördern zu können, als es bei den üblichen Durchforstungen möglich ist. Die angestrebten Zieldurchmesser sollten in kürzeren Produktionszeiten erreicht werden. Gleichzeitig versprach man sich durch eine einmalige und dauerhafte Festlegung der Z-Bäume eine Senkung des Personalaufwands beim Auszeichnen. Ein weiteres Ziel war die Senkung des Schwachholzanfalls, da nur in den Einflussbereichen der Z-Bäume die herrschenden Konkurrenten entfernt werden.

Gegenüber einer ganzflächigen Niederdurchforstung konnte erwartet werden, dass in den ersten Eingriffen die Durchforstungsbäume deutlich stärker sind und deshalb geringere Erntekosten und höhere Holzerlöse zur Folge haben. Allerdings ist bei späteren Eingriffen, vor allem im letzten Drittel der Produktionszeit mit der geplanten Hiebsruhe, ein deutlicher Rückgang der Nettoerlöse einzukalkulieren. Als Vorteil dieser stark gestaffelten Eingriffsstärke erweist sich hingegen die zu erwartende Erhöhung der Schnee- und Sturmstabilität (Kap. 4.2.5).

Definition

Z-Baumdurchforstung

Z-Bäume (Zukunftsbäume): In einem frühen Stadium (in der Regel im Stangenholz bei der Erstdurchforstung) ausgewählte und dauerhaft markierte Bäume, die den Endbestand bilden sollen. Sie werden bis zum Erreichen ihres Zieldurchmessers erhalten und konsequent gefördert. Ihre Anzahl entspricht der Zahl der Bäume, die nach Erreichen der angestrebten Dimensionen (Brusthöhendurchmesser und damit verbundene Kronendurchmesser) im Bestand Platz haben (Endbestandszahl).

Z-Baumdurchforstung: Sie konzentriert sich allein auf die Erweiterung der Standflächen der Z-Bäume. Der zwischen den Z-Bäumen liegende Füllbestand wird nicht durchforstet (Punktdurchforstung). Die **Stärke der Eingriffe** richtet sich nach dem geplanten Dickenwachstum und der dafür benötigten Kronenschirmfläche der Z-Bäume. Für jeden Z-Baum wird an den Kronenrändern durch Entnahme von Nachbarn ausreichend Raum für die eigene Kronenausdehnung und die der verbleibenden Nachbarn bis zum nächsten Durchforstungseingriff bereitgestellt. Die Eingriffsstärke hängt daher vom Gang des Kronenschirmflächenzuwachses der Bäume ab und ist deutlich gestaffelt: stark in der Jugend wegen des lebhaften Wachstums, schwach im Alter wegen des erheblich verlangsamten Wachstums. Spätestens im letzten Drittel der Umtriebszeit besteht der Bestand im Wesentlichen nur noch aus den Z-Bäumen und einem gegebenenfalls erwünschten Unterstand (z. B. in Buchen- und Eichenbeständen). Durchforstungen sind nicht mehr nötig (Durchforstungsruhe).

Das **Produktionsziel** kann **Modifikationen** dieser starken Staffelung der Eingriffsstärke notwendig machen. Rücksichten auf die Holzqualität – insbesondere zur Vermeidung unerwünscht breiter Jahresringe und grober Äste bei den Nadelbäumen oder zur Förderung der natürlichen Astreinigung bei Laubbäumen – verlangen in der Jugend bis zur Erreichung einer durch das Produktionsziel bestimmten Schafthöhe einen dichteren Stand und eine angespanntere Konkurrenzsituation der Z-Bäume. Erst danach werden stärkere Durchforstungseingriffe durchgeführt, die sich dann im letzten Drittel der Umtriebszeit wieder deutlich abschwächen.

In einigen Merkmalen ähnelt die Z-Baumdurchforstung der **starken Hochdurchforstung** im Sinne von Wiedemann (1935, 1951), die bei den klassischen Durchforstungsarten vorgestellt wird (Kap. 4.2.8.1). Bei ihr wird ebenfalls im Stangenholzalter eine bestimmte Zahl von Zukunftsbäumen ausgewählt, dauerhaft bezeichnet und entschieden freigestellt. Im Unterschied zur Z-Baumdurchforstung ist bei der starken Hochdurchforstung die Zahl der Z-Bäume größer, und es sind auch außerhalb der Bereiche der Z-Bäume leichte Eingriffe auf ganzer Fläche vorgesehen, u. a. auch zur Erhaltung eines Unterstandes.

Schober (1972) hat die in Buchenbeständen nach starker Hochdurchforstung angelegten Flächen ausgewertet. Die Zahl der im Alter von 50–60 Jahren ausgewählten Bäume lag meist zwischen 170 und 200 St. ha^{-1}, nur in einem Fall waren es 400 St. ha^{-1}. Im Laufe der langen Beobachtungszeit verminderte sich die Anzahl aus verschiedenen Gründen ganz beträchtlich. Im Volumen- und Wertertrag gab es insgesamt keine nennenswerten Unterschiede zwischen dieser Behandlungsart und der mäßigen Hochdurchforstung mit allmählicher Pflege der jeweils besten herrschenden Bäume bei jedem einzelnen Eingriff.

Altherr hat 1965 ein Durchforstungsmodell für **Buchenbestände** auf produktiven Standorten (mit einem durchschnittlichen jährlichen Gesamtzuwachs im Alter von 100 Jahren von gleich oder mehr als 6 m^3 ha^{-1}) in Baden-Württemberg entwickelt. Über die starke Hochdurchforstung hinausgehend ist dieses Modell das erste, das den oben beschriebenen Kriterien einer Z-Baumdurchforstung (Altherr 1971) entspricht. Sein Ziel ist es, hochwertiges Starkholz (Zielstärke BHD 60–65 cm) in 120–130 Jahren in deutlich größerer Menge zu produzieren, als dies bei den bislang üblichen freien, d. h. nicht an festgelegte Z-Bäume gebundenen, Auslese- und Lichtwuchsdurchforstungen erreicht wurde. Das Buchen-Lichtwuchsdurchforstung genannte Konzept (unglücklicherweise benutzt Altherr den von Schädelin und Leibundgut für ein anderes Durchforstungskonzept eingeführten Begriff) ist unten beschrieben.

Im Unterschied zu der nachfolgend vorgestellten Z-Baumdurchforstung für Fichtenbestände von Abetz (1975) (siehe Kasten Definition weiter hinten), die die Durchforstungseingriffe anhand der Baumzahl steuert, wählte Altherr als Steuerungsgröße für sein Modell die Grundfläche des verbleibenden Bestandes in Abhängigkeit vom Alter. Diese Größe ist zwar in der Praxis schwieriger zu ermitteln, aber wegen der starken sozialen Differenzierung der Buchenbestände besser geeignet als die Baumzahl.

Die Lichtwuchsdurchforstung nach Altherr wurde um 1975 in der Landesforstverwaltung Baden-Württemberg verbindlich eingeführt. Etwa in derselben Zeit legte Altherr eine Reihe von Vergleichsflächen an, über deren Entwicklung nach 25-jähriger Behandlung Klädtke (1997) berichtet. Die Ergebnisse bestätigen in sehr vielen Punkten die Überlegenheit der Lichtwuchsdurchforstung gegenüber der Vergleichsbehandlung (Hochdurchforstung auf der Basis einer zuwachsoptimalen Grundflächenhaltung, was etwa der Ertragstafel für mäßige Durchforstung von Schober 1967 entspricht). So erreichten die Radialzuwächse der Z-Bäume im Mittel 3,6 mm, auf den Vergleichsflächen dagegen nur 2,6 mm. Klädtke weist darauf hin, dass die Werte der Lichtwuchsdurchforstung die von Freist (1962) und Dittmar et al. (1985) angenommene natürliche Obergrenze von 2,5–3,0 mm, die auch bei starker Freistellung nicht überschritten werden könne, deutlich übertreffen. Jüngere Buchen reagierten auf Freistellungen im Durchmesserzuwachs deutlich stärker als ältere. Trotz der einseitig auf die Freistellung der Z-Bäume orientierten Durchforstung wurden auf den Versuchsflächen auch sozial schwächere Bäume begünstigt. Unterständige Buchen blieben in größerem Umfang erhalten als auf den Vergleichsflächen (zu 55 % der Anfangszahl gegenüber 32 %). Dabei ist aber zu berücksichtigen, dass die meisten Flächen mit Altern unter 100 Jahren die Phase der Hiebsruhe mit dem geplanten Anstieg der Grundfläche über 30 m^2 ha^{-1} noch nicht erreicht hatten. Erst dann dürfte die Erhaltung des Unterstandes – je nach den Standortsverhältnissen – mehr oder weniger stark gefährdet sein.

Definition

Z-Baumdurchforstung für Buchenbestände nach Altherr (1971)

Das Verfahren sieht im Ablauf des Bestandeslebens folgende Schritte vor:

- **Vorbereitungsstadium**: In diesem Stadium (zwischen dem Alter von 25 Jahren und dem Erreichen einer Oberhöhe von 20 m) hat ein relativ dichter Bestandesschluss zur Förderung der natürlichen Astreinigung höchste Priorität. Allenfalls sind mäßige Eingriffe in der Oberschicht zum Protzenaushieb oder zur Erhaltung des Unterstandes gerechtfertigt.
- Nach Erreichen einer grünastfreien Schaftlänge von 10 m werden 100–120 Z-Bäume ha^{-1} endgültig ausgewählt und markiert. Altherr weist darauf hin, dass die **Auswahl der Z-Bäume** der entscheidende Punkt für den Erfolg des Modells sei. Es würden „weitgehend irreversible Weichen für die fernere Bestandesentwicklung gestellt“, eine Korrektur sei nach dem zweiten Freistellungshieb kaum mehr möglich. Entsprechend sorgfältig ist die Auswahl nach folgenden Kriterien vorzunehmen:
  - Vitalität (nur vorherrschende und herrschende Bäume, andernfalls besteht die Gefahr des Umsetzens in eine niedrigere Baumklasse)
  - Qualität (keine Bäume mit stärkerer Ästigkeit, Zwieseln, starkem Drehwuchs und anderen Fehlern)
  - Gesundheit (kein stärkerer Buchenwollschildlausbefall)
  - Verteilung (möglichst regelmäßig mit etwa 10 m Abstand)
- Im anschließenden **Lichtungsstadium** werden die Z-Bäume durch die Entnahme von je zwei bis drei Konkurrenten freigestellt und die Grundfläche (ohne Unterstand) wird in zwei bis drei Lichtungshieben auf 20 m^2 ha^{-1} abgesenkt. Die ausscheidende Grundfläche muss allein durch Eingriffe im Konkurrenzbereich der Z-Bäume aufgebracht werden, da die Zwischenfelder nicht durchforstet werden. Die dort vorhandenen Bäume sind „nur als Füllmaterial auf Zeit anzusehen“.
- **Nachlichtungsstadium**: In den nächsten 20 Jahren, im Altersbereich 65–85 Jahre, wird durch weitere Freistellungen der Z-Bäume die Bestandesgrundfläche auf 20 m^2 ha^{-1} gehalten. Dieser Wert liegt etwas unter der kritischen Grundflächenhaltung nach Assmann (Abb. 4.27, Kap. 4.2.4.1), sodass Altherr mit Volumenzuwachsverlusten von insgesamt etwa 10 % rechnet, die aber durch eine höhere Wertleistung mehr als ausgeglichen werden sollen.
- **Vorratsanreicherung**: Ab einem Alter von 80–85 Jahren werden die Eingriffe laufend schwächer, sodass die Bestandesgrundfläche bis zum Alter von 120 Jahren auf Werte von 30–34 m^2 ha^{-1} ansteigt.
- **Hiebsruhe**: Ab einem Alter von 100 Jahren sind im Wesentlichen nur noch Z-Bäume mit voll ausgebildeten Kronen (10 m durchschnittliche Breite und 80 m^2 Schirmfläche) und unterständige Bäume vorhanden. In diesem Stadium sind Pflegeeingriffe nicht mehr nötig. Der Bestand soll voll geschlossen bleiben, um das Aufkommen einer unerwünscht frühen Naturverjüngung zu verhindern.
- Ab dem Alter von 120 Jahren erreichen die Z-Bäume im Regelfall die **Zielstärke** von 60–65 cm Brusthöhendurchmesser. Endnutzung und Verjüngung des Bestandes im Großschirmschlag können jetzt eingeleitet werden.

Aufbauend auf den Ideen von Altherr wurden von Wilhelm et al. (1999) Vorstellungen zur Durchforstung von **Buchenbeständen** entwickelt, die durch eine noch konsequentere Forcierung des Durchmesserzuwachses der Z-Bäume eine **Herabsetzung der Produktionszeit** und eine bedeutende Steigerung des Wertholzanteils ermöglichen sollen. Im Mittelpunkt steht die Annahme, dass starkes Wertholz (BHD von mehr als 60 cm) ohne Buchenrotkern (als ausschlaggebender Qualitätsmangel) in deutlich größerem Umfang nur erzeugt werden kann, wenn die Produktionszeit auf höchstens 100 Jahre verkürzt wird. Um dieses Ziel zu erreichen, sollen bei einer grünastfreien Schaftlänge von 25 % der Endbaumhöhe (ca. 6–9 m) aus dem Kreis der vorherrschenden Bäume höchstens 80 Z-Bäume ha^{-1} ausgewählt werden. In der Praxis wurden oft deutlich weniger Z-Bäume gefunden, z. B. bei einer landesweiten Inventur im Saarland im Mittel nur 50 St. ha^{-1}. Die Durchforstungen greifen nur im Konkurrenzbereich der Z-Bäume ein, nicht in die Zwischenfelder, und sollen die Z-Bäume allseits so stark freistellen, dass die **Kronenuntergrenze** erhalten bleibt und nicht weiter hinauf wandert. Diesen Punkt halten die Autoren für den Eckpfeiler der waldbaulichen Konzeption, da ein fortlaufendes Hinaufschieben der Kronenuntergrenze in mittelalten und alten Beständen dazu führt, dass auch starke Äste absterben und als Fauläste einwachsen, was der entscheidende Grund für die **Rotkernbildung** sei. Gleichzeitig erziele man durch die großen und symmetrischen Kronen auch spannungsarmes Stammholz, das nach dem Fällen deutlich weniger zu Rissen neige. Die Autoren sehen ihr Grundkonzept auch für alle anderen Baumarten als geeignet an, wenn mit Rücksicht auf den artspezifischen Wachstumsgang gewisse Modifikationen vorgenommen werden.

Die Vorstellungen von Wilhelm et al. (1999) sind durch französische Erfahrungen mit Wachstum und Qualität von Buchen und anderen Arten in Mittelwaldstrukturen geprägt. Sie enthalten viele Elemente, die sich auf wissenschaftlich nicht belegte Beobachtungen stützen, so z. B. die Annahme über die Rotkerngenese und die Spannungsfreiheit solcherart erzogenen Stammholzes.

Dagegen lassen sich die waldwachstumskundlichen Aspekte auf einer breiten gesicherten Datenbasis relativ gut beurteilen. Dies ist in **kritischen Stellungnahmen** – z. T. aufgrund spezieller Untersuchungen – geschehen (Utschig 2000, 2002; Klädtke 2001, 2002; Guericke 2002). Daraus wird deutlich, dass bis zum Alter von 100 Jahren nur die dickeren Z-Bäume (etwa 30–50 St. ha^{-1}) Brusthöhendurchmesser von 60 cm erreichen können, wenn frühzeitig im Alter von 30–40 Jahren mit ihrer Förderung begonnen wurde. Für größere Z-Baumzahlen (50–70 St. ha^{-1}) werden 10–20 Jahre mehr benötigt, was aber hinsichtlich des Risikos für Rotkernbildung immer noch in einem günstigen Bereich liegt. Die Hauptkritik richtet sich aber auf den zentralen Punkt der Konzeption, nämlich die Forderung, die Kronen der Z-Bäume ständig so stark zu umlichten, dass die Kronenuntergrenze sich nicht weiter nach oben schiebt. Da die Buche in besonderem Maße auf diese Standflächenerweiterung mit der Bildung sehr breiter Kronen antwortet, passen bei den angestrebten Zieldurchmessern von > 60 cm etwa nur 60 Bäume auf einen Hektar Bestandesfläche. Damit wird aber die kritische Grundflächenhaltung nach Assmann (Kap. 4.2.4.1) weit unterschritten, sodass es zu erheblichen **Volumenzuwachsverlusten** kommt. Neben der geringeren Kronenschirmflächeneffizienz der großkronigen Buchen (Kap. 4.2.4.1 mit Abb. 4.21) ist auch die Raumausnutzung umso weniger effizient, je größer die Kronen der Bäume sind. Viele kleinkronige Bäume auf den Zwischenfeldern verbessern dagegen den flächenbezogenen Zuwachs (Utschig 2002). Wilhelm et al. (1999) erwarten, dass diese Volumenzuwachsverluste durch die **Wertleistung** kompensiert werden, legen aber keine entsprechenden Kalkulationen vor. Dagegen teilt Utschig (2000) Kalkulationsergebnisse für Szenarien mit unterschiedlichen Z-Baumzahlen mit. Danach kommt die Variante mit der größten Z-Baumzahl (90 St. ha^{-1}) zum höchsten Gesamterlös, wenn man eine Zielstärkennutzung im Alter von 100–130 Jahren vorsieht.

Zur Frage, inwieweit es mit der Konzeption von Wilhelm et al. (1999) gelingt, den **Rotkernanteil** zu vermindern, hat Klädtke (2001) Ergebnisse aus Stammanalysen von 70 vorwüchsigen, langkronigen Buchen, die annähernd dem Ergebnis einer Bestandespflege nach Wilhelm et al. entsprechen, veröffentlicht. Von den 33 Buchen mit Brusthöhendurchmessern > 60 cm besaßen zwölf einen Rotkern von 20–30 % des Stammdurchmessers, was nach den Sortiervorschriften in Baden-Württemberg die Güteklasse A ausschließt. Die starke Freistellung der Buchen kann also keine völlige Rotkernfreiheit garantieren. Die Untersuchung bestätigt die auch von anderen Autoren (Büren 1998; Knoke und Schulz-Wenderoth 2001; Börner 2002) bei konventionell behandelten Buchen gefundenen Grenzen, nach denen bis zum Alter von 120 Jahren und einem Brusthöhendurchmesser von 60–70 cm das Risiko einer Entwertung durch Rotkern verhältnismäßig gering ist. Die Modellierung von Schmidt et al. (2008) mit Daten von rd. 80 000 Buchenstämmen in Hessen ergab, dass die Rotkernbildung wesentlich vom Standort beeinflusst wird und eine einheitlich Zielstärke daher das Ertragspotenzial der Buche nur unzureichend ausschöpft. Bei Buchen auf Buntsandstein erfolgt die Verkernung später und in geringerem Ausmaß als bei Buchen auf basenreicheren Standorten (Basalt, Röt, Kalk).

Der wichtigste Kritikpunkt an der Konzeption von Wilhelm et al. (1999) richtet sich gegen die geringe Zahl der Z-Bäume, die **ohne Reserve** genau auf die Bäume abgestellt ist, die den gewünschten Zieldurchmesser erreichen können, und gegen deren alleinige Förderung bei den Durchforstungen. Da dies für alle Z-Baumdurchforstungen gilt, wenn auch bei diesem Konzept in extremer Weise, soll erst am Schluss dieses Abschnitts nach Besprechung weiterer Varianten darauf eingegangen werden.

Für **Trauben- und Stieleichenbestände** entwickelte Spiecker (1983, 1991) auf der Basis umfangreicher, meist einmaliger Datenerhebungen ein Z-Baumdurchforstungsverfahren, das dem von Altherr für Buchenbestände in einigen Punkten ähnelt. Auch hier ist das Konzept zweigeteilt:

- In einer ersten Pflegephase soll ab etwa 8 m Oberhöhe eine vorsichtige Auslesedurchforstung im Sinne von Schädelin durchgeführt werden, die die relativ besten Bäume mäßig von Konkurrenz befreit, ohne die in dieser Phase vorrangig angestrebte natürliche Astreinigung zu verlangsamen.
- Nach Erreichen der gewünschten grünastfreien Schaftlänge (etwa 8 m bei I. und II. Ertragsklasse) steht in der zweiten Pflegephase die Förderung des Dickenwachstums von 60–100 dauerhaft ausgewählten und markierten Z-Bäumen ha^{-1} im Vordergrund.

Die Zahl der Z-Bäume entspricht der Anzahl zielstarker Bäume im Endbestand und hängt neben dem Zieldurchmesser auch von der gewünschten Jahrringbreite ab: Werden breite Jahresringe angestrebt, ist der Standflächenbedarf der Z-Bäume größer und dadurch die maximal mögliche Anzahl kleiner. Umgekehrt ist es, wenn engere Jahresringe gewünscht sind. Bei gleichem Zieldurchmesser verkürzt sich im ersten Fall die **Produktionszeit**, im zweiten Fall verlängert sie sich.

Spiecker gibt für diese Zusammenhänge ein Beispiel: Ein Zieldurchmesser von 70 cm (in Brusthöhe) kann erreicht werden:

- mit 80 Z-Bäumen ha^{-1} in 175 Jahren mit einem mittleren jährlichen Radialzuwachs von 2,0 mm oder
- mit 90 Z-Bäumen in 230 Jahren mit einem mittleren jährlichen Radialzuwachs von 1,5 mm.

Spiecker stützt sich dabei auf umfangreiche Erhebungen über Zusammenhänge zwischen Kronenbreite, Brusthöhendurchmesser und Alter.

Wegen des meist angestrebten Produktionsziels Eichenwertholz spielt die Schaftqualität bei der **Auswahl der Z-Bäume** eine herausragende Rolle. Aber auch die Vitalität darf zur Vermeidung von Produktionsrisiken nicht geringer geschätzt werden: Nur herrschende und vorherrschende Eichen kommen als Z-Bäume infrage. Bei der räumlichen Verteilung können zugunsten der Qualität und Vitalität Abstriche an der an sich wünschenswerten Regelmäßigkeit gemacht werden. Spiecker weist daraufhin, dass in den von ihm aufgenommenen Altbeständen starke Wertbäume häufiger auch truppweise geklumpt zusammenstanden.

Die Auswahl von **Reserve-Z-Bäumen** hält Spiecker für unzweckmäßig, da sie meist nicht dort stehen, wo man sie für eine wünschenswerte gleichmäßige Verteilung braucht. Außerdem verursache ihre Förderung höhere Schwachholzanfälle bei den ersten Durchforstungen, führe wegen der größeren Auflichtung des Gesamtbestandes zu verstärkter Wasserreiserbildung, vermindere schneller den Füllbestand (dazu siehe weiter unten) und zwinge schließlich dazu, Reserve-Z-Bäume als Bedränger von Z-Bäumen zu entfernen, wenn der Fall, für den die Reserve vorsorgen sollte, nicht eingetreten sei. Nur bei ungewöhnlich hohem Produktionsrisiko sei eine Auswahl und Förderung von Reserve-Z-Bäumen vertretbar.

In der Durchforstungsphase gliedert Spiecker (1991) den Gesamtbestand in einen Hauptbestand aus Eichen, von denen ein Teil auf die Z-Bäume und ein anfangs großer, später geringer werdender Teil auf die **Füllbestandsbäume** entfällt, sowie den Nebenbestand aus schattenertragenden Baumarten im Unterstand. Die Füllbestandsbäu-

Tab. 4.21 Z-Baumdurchforstung in einem Eichen-Modellbestand nach Spiecker (1991)

Alter	Anzahl herrschender Eichen	BHD der Z-Bäume	Durchforstungsdaten für die kommenden 10 Jahre				
			Kronenschirmflächenzuwachs der Z-Bäume	Zu entnehmende Kronenschirmfläche	Anzahl zu entnehmender Füllbäume	Ausscheidende Grundfläche	Ausscheidendes Volumen
(Jahre)	(St. ha^{-1})	(cm)	(m^2 je Z-Baum)	(m^2 je Z-Baum)	(St. je Z-Baum)	(m^2 ha^{-1})	(m^3 ha^{-1})
40	1048	16	3,5	21,4	4,0	5,2	38
50	728	20	4,3	24,3	3,0	6,1	56
60	488	24	5,0	20,6	1,8	5,1	55
70	344	28	5,8	16,9	1,1	4,4	54
80	256	32	6,5	15,8	0,8	3,9	52
90	192	36	7,2	12,4	0,5	3,5	50
100	152	40	8,0	12,2	0,4	3,2	47
110	120	44	8,7	11,0	0,3	2,9	45
120	96	48	9,5	9,5	0,2	2,7	43
130	80	52	–	0	0	0	0
140	80	56	–	0	0	0	0
160	80	64	–	0	0	0	0
180	80	72	–	0	0	0	0

me dienen vorrangig der Steuerung des Durchmesserwachstums der Z-Bäume. Dazu wird baumindividuell im Konkurrenzbereich jedes Z-Baums eine bestimmte Anzahl von Füllbestandsbäumen entnommen. Ihre Zahl richtet sich nach dem Kronenschirmflächenzuwachs, den man zum einen dem Z-Baum zur Erreichung des Produktionsziels – entweder schnelles Dickenwachstum mit breiten Jahresringen oder langsames mit engen – für die Periode bis zur nächsten Durchforstung geben möchte, und zum anderen nach dem zusätzlichen Kronenschirmflächenbedarf der verbleibenden Füllbestandsbäume, der durch ihre mit dem Eingriff zwangsläufig gekoppelte Förderung entsteht. Die baumindividuelle Deckung des Kronenschirmflächenbedarfs der Z-Bäume bei den Durchforstungseingriffen ist das zentrale Element des Durchforstungskonzepts.

Dafür grundlegend ist der Zusammenhang zwischen Kronenschirmfläche, Brusthöhendurchmesser und Alter, den Spiecker als einheitliche Beziehung für Eichenbestände in den Grenzen von 40–120 Jahren und I.–II. Ertragsklasse nach Zimmerle (1930) unterstellt. Die Arbeit von Spiecker (1991) enthält Tabellen, die die Anzahl und das Volumen der je Z-Baum zu entnehmenden Konkurrenten aus dem Füllbestand angeben, in Abhängigkeit von dem Brusthöhendurchmesser des Z-Baums, dem Verhältnis der Brusthöhendurchmesser von Z- und Füllbaum und dem Alter des Bestandes.

Die Eingriffe beginnen relativ früh im Alter von 40 Jahren, um die jugendlich raschen Wachstumsreaktionen für einen schnellen Kronenausbau zu nutzen, das Dickenwachstum effektiv zu steigern, die Produktionszeit zu verkürzen, den Schwachholzanfall zu senken und die Gefahr der Wasserreiserbildung zu vermindern. Dafür müssen **kürzere astfreie Schaftlängen** und **breitere Jahresringe** in Kauf genommen werden, wobei das Ausmaß dieser Effekte vom Anwender in einem gewissen Rahmen selbst bestimmt werden kann. Die Eingriffe sollen im Alter von 120 Jahren enden, da dann die Reaktionsfähigkeit der Eichen auf Standflächenerweiterungen erheblich nachlässt. Die Bedingungen für das Erreichen bestimm-

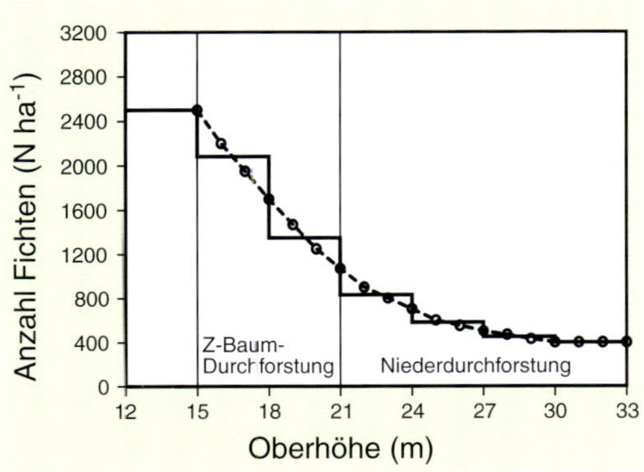

Abb. 4.49
Baumzahlleitkurve A für Fichtenreinbestände auf sturmstabilen Standorten (nach Abetz 1975).
Die gestrichelte Linie stellt die ideale Stammzahlabnahme mit zunehmender Oberhöhe dar, die „sägezahnförmig“ gezackte Linie die für Durchforstungen im Abstand von 3 m Oberhöhenzunahme, beginnend bei 15 m Oberhöhe.

ter Zieldurchmesser in angemessenen Produktionszeiträumen müssen deshalb – entsprechend dem Prinzip einer gestaffelten Durchforstung – vorher, zwischen 40 und 120 Jahren, geschaffen worden sein. Die Struktur dieses Durchforstungskonzepts wird mit den Daten für einen schematischen Modellbestand in Tabelle 4.21 verdeutlicht.

Spiecker lehnt gezielte Eingriffe zur **Förderung** von Bäumen des **Füllbestandes** entschieden ab. Er will dadurch sicherstellen, dass möglichst viele kleinkronige Bäume erhalten bleiben, die dann bei den Eingriffen zur Förderung der Z-Bäume eine feine Dosierung der Standflächenerweiterung ermöglichen. Dies sei für den erwünschten gleichmäßigen Jahrringaufbau von großer Bedeutung. Wenn z. B. großkronige Konkurrenten entnommen werden müssen, nimmt die Standfläche des Z-Baums plötzlich drastisch zu, was zu Sprüngen in der Jahrringbreite und zu erhöhter Wasserreiserentwicklung führen kann. Auch der Höhenzuwachs unterständiger Schattenbaumarten kann dadurch in unerwünschter Weise gefördert werden. Die dicksten Konkurrenten und besonders wuchskräftige Bäume des Füllbestandes sollten deshalb so früh wie möglich entnommen werden, bevor sie große Kronen entwickelt und die erwünschten kleinkronigen Bäume verdrängt haben.

Es ist zweifelhaft, ob die Vorschläge von Spiecker wirklich Eingang in die Praxis gefunden haben. Das Verfahren dürfte vielen Praktikern zu kompliziert oder zu schematisch und damit der Wirklichkeit vieler Eichenbestände nicht entsprechend erscheinen. Eine Überprüfung anhand langfristig beobachteter Versuchsflächen liegt nicht vor, sodass eine fundierte Wertung bis jetzt nicht möglich ist. Auf jeden Fall hat es aber die Entwicklung weiterer Durchforstungsmodelle gefördert.

So bilden die Modellrechnungen von Spiecker (1983) die Grundlage eines Durchforstungsprogramms für die Erzeugung von Werteichenholz, das Kenk (1984) für Baden-Württemberg aufgestellt hat. Ein ähnliches Programm bei geringeren Wuchsleistungen und Grundflächenhaltungen der Eiche haben Hochbichler und Krapfenbauer (1988) für Österreich vorgelegt.

Etwa zeitgleich mit den Programmen von Altherr (1971) für Buchenbestände hat Abetz (1975) Programme zur Z-Baumdurchforstung für **Fichtenreinbestände** in Baden-Württemberg entwickelt. Sie fanden schnell weite Verbreitung in der Praxis in Deutschland und haben viele Anstöße zur Weiterentwicklung von Z-Baumdurchforstungen gegeben. Ihre wesentlichen Merkmale sind in grafischen Darstellungen der Baumzahlentwicklung in Abhängigkeit von der Oberhöhe enthalten. Abetz hat zwei solcher **Baumzahlleitkurven** vorgestellt, eine für sturmstabile Standorte mit längerer und eine für sturmgefährdete Standorte mit kürzerer Umtriebszeit. Die erste Kurve ist als Beispiel in der Abbildung 4.49 dargestellt.

Für ausgesprochen **sturmwurfgefährdete Bestände** hat Abetz eine **Baumzahlleitkurve B** entwickelt. Sie geht von einem früheren Durchforstungsbeginn bei einer Oberhöhe von 10 m und einer rascheren Absenkung auf eine höhere Endbaumzahl von maximal 700 St. ha^{-1} aus. Bei 20 m Oberhöhe enden die Durchforstungen. Die Endbaumzahl kann höher sein, da wegen der zu erwartenden niedrigeren Umtriebszeit die Bäume zum Zeitpunkt der wesentlich früheren Endnutzung schwächer sind. In ständig sturmgefährdeten Beständen mit Baumzahlen, die weit höher liegen als in der Baumzahlleitkurve B angegeben, sollen nur schwache Niederdurchforstungen erfolgen.

Das Durchforstungsmodell von Abetz stellt eine gestaffelte Durchforstung dar, die zwischen 15 und etwa 21 m Oberhöhe mit Entnahmen von rund 63 % der Gesamtvornutzung den Charakter einer starken **Frühlichtung** besitzt, um danach bei schwächer werdenden Niederdurchforstungseingriffen in eine **Vorratsanreicherungsphase** überzugehen. Schober (1987c) weist daraufhin, dass die Eingriffsstärken bis in den Bereich von Oberhöhen um 21 m weit stärker sind als bei den von ihm (Schober 1979, 1980) ausgewerteten Schnellwuchsflächen (Kap. 4.2.4.1, Abb. 4.26) und dass dadurch das Risiko von Zuwachsverlusten sowie Schneebruch- und Sturmschäden erhöht werden kann. Die gestaffelte Durchforstung von Wiedemann (1936) sieht dagegen bedeutend schwächere Eingriffe in der ersten Hälfte der Umtriebszeit und bedeutend stärkere in der zweiten Hälfte vor (Abb. 4.50, untere Reihe). Ein genauerer Vergleich ist nicht möglich, da Abetz nur unvollständige bzw. keine quantitativen Angaben zur Durchmesserentwicklung, Grundflächenhaltung und zu den Vorräten von ausscheidendem und verbleibendem Bestand mitteilt.

Definition

Z-Baumdurchforstung in Fichtenbeständen nach Abetz (1975)

Abetz hat die Eckwerte der **Baumzahlleitkurve A** (für sturmstabile Standorte) aufgrund folgender Überlegungen festgelegt:

- **Endbaumzahl**: Die Zahl der Bäume je Hektar, die die Zielstärke erreichen können, wird durch ihren Platzbedarf bestimmt. Sie kann aus Ertragstafeln geschätzt werden, wie es Olberg (1951) für die Fichte mit folgendem Ergebnis getan hat: 280 (I. Ekl.) und 152 St. ha^{-1} (III. Ekl.) für die Endnutzung und 102 bzw. 10 für die Vornutzung bei einem Mindest-Brusthöhendurchmesser von 36 cm (mäßige Durchforstung und Umtriebszeit von 120 Jahren). Abetz setzt wegen der durchweg besseren Wuchsbedingungen in Baden-Württemberg eine Höchstzahl von 400 St. ha^{-1} an.
- **Maximale Standfläche am Anfang**: Sie sollte so gering sein, dass die Durchmesser der stärksten Äste im unteren Schaftbereich 20 mm ohne Rinde nicht überschreiten. Nach Untersuchungen von Merkel (1967) darf dafür der Baumabstand nicht größer als 2,0–2,5 m sein, was einer Standfläche von etwa 5 m^2 je Baum oder einer mindestens erforderlichen Baumzahl von 2 000 Bäumen ha^{-1} entspricht. Zur Sicherheit sind auch 3 000 Bäume ha^{-1} noch vertretbar. Diese Dichte sollte solange erhalten bleiben, bis die Stammholzlänge erreicht ist, für die die genannte Aststärkenbegrenzung gewünscht wird.
- **Pflanzenzahl bei der Kulturbegründung**: Sie sollte wegen der einzukalkulierenden Ausfälle 3 000–4 000 Pflanzen ha^{-1} betragen.
- **Zeitpunkt des Beginns der Stammzahlreduzierungen**: Die Forderung nach einer Begrenzung der Aststärken auf 20 mm wird nur für die unteren 7–8 m Schaftlänge erhoben. Wenn gleichzeitig eine Mindestkronenlänge von 50 % gefordert wird, ergeben sich 14–16 m als Baumhöhe, bis zu der die Dichte von 2 000–3 000 Bäumen ha^{-1} erhalten werden muss. Ab dieser Höhe kann dann die Baumzahl reduziert werden, was andererseits auch dringend erforderlich ist, um die Stabilität und die Kronenlänge zu erhalten. Dieser Zeitpunkt stellt einen Kompromiss dar zwischen den drei widerstreitenden Zielen: möglichst hohe Holzqualität, ausreichende Stabilität gegen Schneebruch und Förderung des Dickenwachstums.
- **Maximale Oberhöhe, bis zu der durchforstet werden sollte**: von 23–25 m selten; von etwa 27 m Oberhöhe an sollte der Bestand im Wesentlichen nur noch aus der angestrebten Endbaumzahl von maximal 400 St. ha^{-1} bestehen.
- **Art und Stärke der Durchforstungen**: Die Absenkung der Stammzahl wird im Interesse einer möglichst großen Bestandesstabilität und geringer Zuwachsverluste folgendermaßen stark gestaffelt: Bis zur Oberhöhe von etwa 21 m werden sehr starke Eingriffe im Herrschenden im Konkurrenzbereich der Z-Bäume geführt. Die Z-Bäume werden durch Entnahme der stärksten Konkurrenten gefördert, nicht konkurrierende Bäume werden nur so weit entfernt, wie sie niedergedrückt, beschädigt oder krank sind. Zwischen den Oberhöhen 21–27 m wird die Stammzahl im beherrschten Bestand reduziert (Niederdurchforstung). Die Eingriffstärke (ausgedrückt als Anzahl zu entnehmender Bäume je Hektar) richtet sich nach der Baumzahlleitkurve und wird mit zunehmender Oberhöhe immer geringer (siehe Abb. 4.50).

Die Zahl der Z-Bäume wird auf die Endbestandszahl festgesetzt, d. h. auf 400 St. ha^{-1}. Ihre Auswahl und Festlegung bei der ersten Durchforstung bildet die Grundlage des Konzeptes. Um ein Umsetzen dieser Z-Bäume möglichst weitgehend auszuschließen, werden sie nach folgenden Kriterien ausgewählt (Abetz 1975):

- Erste Priorität hat die Vitalität, die anhand von Merkmalen wie Kronenlänge, h/d-Wert, soziale Stellung und Gesundheit beurteilt wird. Z-Bäume haben nur dann eine hohe Wahrscheinlichkeit, in den Endbestand zu kommen, wenn sie ein niedriges h/d-Verhältnis (unter 80) haben. Außerdem reagieren Bäume mit niedrigerem h/d-Wert auf Standflächenerweiterungen rascher mit einer Zuwachssteigerung.
- Zweite Priorität hat die **Qualität**. Dabei wird vor allem die Schaftform und weniger die Ästigkeit bewertet.
- An dritter Stelle steht die **Verteilung**. Der Mindestabstand sollte 4 m betragen.

Lassen sich keine 400 Exemplare solcher Bäume in der angegebenen Verteilung auf der Fläche finden, soll darauf verzichtet werden, Bäume auszuwählen, die den genannten Anforderungen nicht entsprechen. Die Differenz zwischen der Zahl der tatsächlichen Z-Bäume und der vorgesehenen Endbaumzahl soll durch Bäume ausgefüllt werden, die den Endbestand erreichen können, aber nicht so gezielt gefördert werden wie die Z-Bäume.

In einer grundsätzlichen **Kritik** weist Schober (1987c) darauf hin, dass der von Abetz zugrunde gelegte Zusammenhang von Baumzahl und Oberhöhe von mehreren Faktoren beeinflusst wird, sodass die alleinige Steuerung der Eingriffsstärke über die Baumzahl zu unerwünschten Folgen führen kann. Zum Beispiel besitzen vollbestockte Bestände geringer Bonitäten bei gleicher Oberhöhe niedrigere Baumzahlen als Bestände guter Bonitäten, was keineswegs eine willkürliche Annahme bei der Aufstellung von Ertragstafeln ist, sondern den natürlichen Entwicklungsverhältnissen auf unterschiedlichen Standorten entspricht. Bei der Durchforstung nach Baumzahlleitkurven würde dann in Bestände schlechter Bonitäten schwächer eingegriffen, in Bestände guter Bonitäten stärker. Im Interesse einer zuwachsoptimalen Behandlung wäre aber die umgekehrte Vorgehensweise zweckmäßig (siehe die Ausführungen zur maximalen Dichte im Kap. 4.2.4.1).

Die dargestellten Regeln einer an Baumzahl und Oberhöhe orientierten Behandlung reiner Fichten- und Kiefernbestände werden als Entscheidungshilfen bezeichnet. Sie lassen der praktischen Handhabung einen gewissen Spielraum, doch können sie leicht zu einer **Schablone** werden, die den selbst in gleich alten Fichten-Reinbeständen möglichen verschiedenartigen Strukturen oft nicht gerecht werden.

Trotz dieser Einschränkungen und Kritikpunkte wurde das Fichtenbehandlungsmodell von Abetz nach umfangreichen Schulungen im Landeswald von Baden-Württemberg eingeführt. Darüber hinaus bildet das Grundprinzip mit gewissen Modifikationen, die vor allem einen früheren Durchforstungsbeginn bei 10–12 m Oberhöhe und geringere Z-Baumzahlen (250–350 St. ha^{-1}) vorsehen, auch in vielen anderen Landesforstverwaltungen die Basis für die Behandlung von Fichtenbeständen.

Auf der Grundlage einer Behandlungsart, die der von Abetz (1975) vorgeschlagenen sehr nahekommt, hat Johann (1983) ein Modell für die Behandlung von Fichtenbeständen entwickelt, bei dem der h/d-Wert als Auslesekriterium eine große Rolle spielt. Seine Schlussfolgerungen sind jedoch wesentlich zurückhaltender, sowohl im Hinblick auf die Zahl der Z-Bäume als auch auf die Bindung an die Oberhöhe für die einzelnen Eingriffe.

Nach dem Prinzip des Z-Baumdurchforstungsmodells für die Fichte von Abetz wurden in der Folgezeit in Baden-Württemberg für weitere Baumarten Behandlungsmodelle quantitativ ausgearbeitet und in Form von Z-Baumertragstafeln vorgelegt: Für **Kiefer** von Thren (1987), für **Douglasie** von Kenk und Hradetzky (1984) sowie von Wickel (1991), und für die **Fichte** von Klädtke (1993), außerdem das bereits dargestellte Modell für die Eiche von Spiecker (1991). Nachfolgend soll nur auf die Arbeit von Klädtke näher eingegangen werden.

Die Grundflächenhaltungen und Volumenleistungen für den ausscheidenden Bestand und den

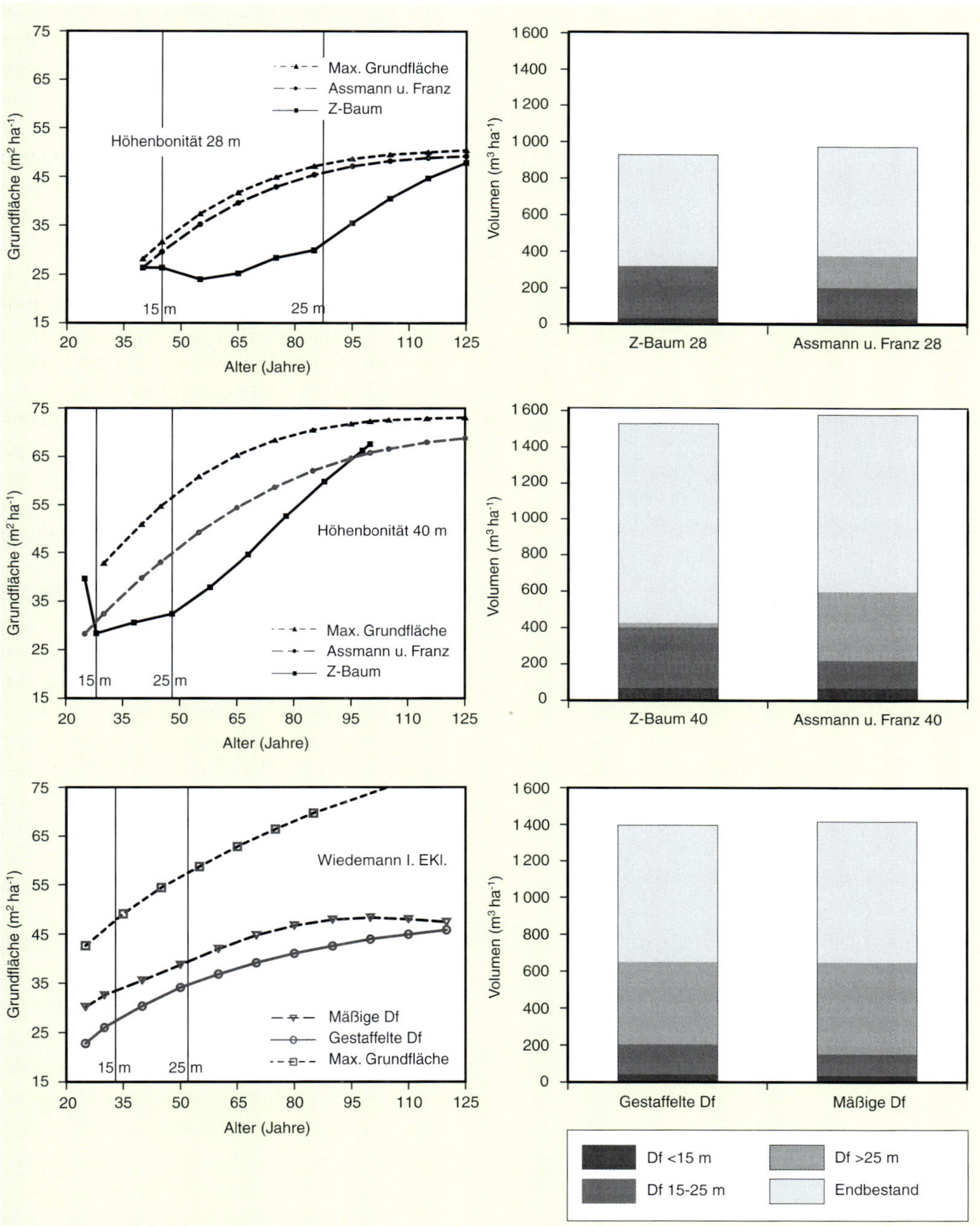

Abb. 4.50 Vergleich der Fichten-Z-Baumdurchforstung nach der Ertragstafel von Klädtke (1993) mit der maximalen und der optimalen Grundflächenhaltung der vorläufigen Fichtenertragstafel für Bayern (Assmann und Franz 1963) für unteres Ertragsniveau und der Tafel für mäßige und gestaffelte Durchforstung nach Wiedemann (1936/1942 in Schober 1995).
Obere Reihe, links: Grundflächenhaltung für die Oberhöhenbonität 28 m bei der Z-Baumdurchforstung nach Klädtke und bei der maximalen und optimalen Grundflächenhaltung nach Assmann/Franz.
Obere Reihe, rechts: dazugehörende Durchforstungsmassen für einzelne, durch die Bestandesoberhöhe definierte Wachstumsperioden (< 15 m, 15–25 m, > 25 m) und Vorrat des Endbestandes im Alter 125 Jahre. Die Gesamthöhe der Balken entspricht der Gesamtwuchsleistung.
Mittlere Reihe: der oberen Reihe entsprechend für die Oberhöhenbonität 40 m mit einer Umtriebszeit von 100 Jahren.
Untere Reihe: der oberen Reihe entsprechend für die gestaffelte Durchforstung und die mäßige Durchforstung nach Wiedemann, I. Ertragsklasse mit einer Umtriebszeit von 120 Jahren.

Gesamtbestand nach der Z-Baumertragstafel von Klädtke (1993) sind in Abb. 4.50 exemplarisch für die Höhenbonitäten 28 und 40 dargestellt, weiterhin erfolgt eine Gegenüberstellung mit den entsprechenden Werten der Tafeln von Assmann und Franz (1963/1965) sowie Wiedemann (1936/1942 in Schober 1995). Im Vergleich mit der maximalen Grundflächenhaltung nach Assmann/Franz wird die starke Absenkung der Grundfläche zwischen 15 und 25 m Oberhöhe beim Konzept von Klädtke deutlich. Dennoch werden nach seinen Kalkulationen die Gesamtwuchsleistungen der zuwachsoptimalen Durchforstung nach Assmann/Franz nahezu erreicht. Der Grund liegt in der geplanten jahrzehntelangen **Hiebsruhe** nach Überschreiten von etwa 25 m Oberhöhe, während in dieser Altersphase von Assmann und Franz und in noch stärkerem Maße von Wiedemann erhebliche Vornutzungen vorgesehen werden.

Diese höheren Vornutzungen tragen der Erfahrung Rechnung, dass **viele konventionell niederdurchforstete Fichtenbestände erhebliche Ausfälle** in den letzten Jahrzehnten der Produktionszeit zeigen. Es muss sich erst noch in größerem Umfang erweisen, ob bei den Z-Baumdurchforstungen Ausfälle durch Sturmwurf bedeutend vermindert werden können. Vieles spricht dafür (Kap. 4.2.5), doch gänzlich ausschließen lassen sie sich je nach den, oft örtlich stark wechselnden, Verhältnissen sicherlich nicht. Ähnliches gilt auch für das Risiko der Auflockerung älterer Bestände durch Befall mit *Heterobasidion annosum*, Wasserstress oder Immissionsschäden mit folgendem Borkenkäferbefall. Entsprechendes dürfte, wenn auch z. T. mit anderen Ursachen, für Ausfälle in **Kiefernaltbeständen** zutreffen. Deshalb zieht Franz (1983) für diese Baumart eine weniger gestaffelte Durchforstung vor, die für Durchforstungseingriffe in höherem Bestandesalter einen größeren Spielraum lässt. Huss (1999) erwartet dagegen von einer früh und stark eingreifenden Z-Baumdurchforstung auch eine höhere Stabilität im Alter.

Die Überlegungen, die der Z-Baumertragstafel von Klädtke (1993) für die Fichte zugrunde liegen, nämlich die Steuerung eines zielgerechten Dickenwachstums und dessen Kontrolle anhand des h/d-Wertes der Z-Bäume, haben Abetz und Klädtke (1997) auch auf **Mischbestände** mit vielen weiteren Baumarten übertragen.

Abetz und Klädtke legten für die Baumarten Fichte, Tanne, Douglasie, Kiefer, Europäische Lärche und Eiche h/d-Entwicklungsgänge der Z-Bäume in Abhängigkeit von Bonität, Alter und Höhe für folgende zwei Produktionsziele vor: für relativ langsames Dickenwachstum (Z-Baumnorm N) und für forciertes, schnelles Dickenwachstum (Z-Baumnorm S). Im zweiten Fall wird der h/d-Wert rascher abgesenkt, was gleichbedeutend mit stärkerer Freistellung ist. Die im Bestand vorgefundenen Brusthöhendurchmesser der Z-Bäume werden mit den tabellierten Normwerten verglichen, um die Notwendigkeit und Stärke eines Durchforstungseingriffs zur Erweiterung der Standfläche einzuschätzen. Je kleiner der tatsächliche Brusthöhendurchmesser im Vergleich mit dem Normwert der Tabelle ist, desto dringender ist ein Eingriff. Abetz und Klädtke empfehlen dieses Verfahren besonders auch für ungleich alte Mischbestände.

Sämtliche Modelle zur Z-Baumdurchforstung lassen sich bislang noch nicht abschließend beurteilen, da langfristig beobachtete Versuchsanlagen weitgehend fehlen. Dennoch lassen sich nach dem heutigen Stand des Wissens einige Punkte nennen, die eine **vorläufige Beurteilung** erlauben.

Definition

Fichten-Z-Baumdurchforstung nach Klädtke (1993)

Die Fichten-Z-Baumdurchforstung von Klädtke baut auf den Grundprinzipien der Durchforstung nach Abetz auf – stark gestaffelte, frühlichtungsartige Eingriffe zur Förderung der Z-Bäume zwischen 13 (15) und 23 (26) m Oberhöhe – quantifiziert und präzisiert sie aber in folgenden Punkten:

- Es wird ein klar definiertes **Produktionsziel** vorgegeben:
  Fichtenstammholz mit Brusthöhendurchmessern von 52–57 cm soll in Umtriebszeiten von 100–125 Jahren erzeugt werden. Die Jahrringbreiten sollen den für die Schnittholzsortierung relevanten Grenzwert von 4 mm (Tab. 4.1, Kap. 4.1.1) nicht überschreiten (zumindest außerhalb eines inneren Stammteils von etwa 20 cm). Durch niedrige h/d-Werte (< 80) in der Stangen-

holzphase wird das Schneebruchrisiko begrenzt. Verluste an Gesamtwuchsleistung sollen durch eine Orientierung an der maximalen Grundflächenhaltung (nach der Fichtenertragstafel von Assmann und Franz 1963 für unteres Ertragsniveau) in der zweiten Hälfte der Produktionszeit minimiert werden. Um die Zieldurchmesser zu erreichen, muss der Freistellungsgrad der Z-Bäume bei geringeren Bonitäten größer sein, um die Durchmesserentwicklung zu forcieren. Bei besseren Bonitäten muss sie durch Erhaltung eines etwas höheren Konkurrenzdrucks eher leicht gebremst werden, um die maximal zulässige Jahrringbreite nicht zu überschreiten. Als Indikator für den Konkurrenzdruck wird der h/d-Wert benutzt. Dementsprechend müssen die h/d-Werte im ersten Fall niedriger (ca. 60), im zweiten Fall höher sein (ca. 70). In jedem Fall ist zu erwarten, dass im unteren Stammbereich Aststärken von über 25 mm auftreten werden, sodass eine Ästung für eine Wertholzproduktion erforderlich ist.

- Die Eingriffe richten sich nicht nur nach der Höhe der Z-Bäume, sondern zusätzlich auch nach der **Bonität**. Damit wird einem wichtigen Kritikpunkt von Schober (1987b) abgeholfen (siehe oben). Der Bonitierung und dem Höhenwachstumsgang liegt die Fichtenertragstafel von Assmann und Franz 1963 zugrunde.
- Das **Durchmesserwachstumspotenzial** herrschender Fichten und ihre h/d-Entwicklung wurden durch Stammanalysen zahlreicher Bäume und durch fortlaufend ermittelte Versuchsflächendaten eingeschätzt.
- Die **Durchmesserentwicklung der Z-Bäume** (und damit zugleich deren h/d-Entwicklung) wird nach der von Spiecker (1991) für die Eiche entwickelten Methode (siehe oben) durch eine schrittweise Vergrößerung ihrer Standflächen gesteuert. Die für einen gegebenen Brusthöhendurchmesser erforderliche Standfläche wurde aus umfangreichen einmaligen Messungen der Kronenschirmflächen herrschender Fichten hergeleitet.
- Die **Standfläche bei Erreichen der Zielstärke** (Zielstandfläche) liegt zwischen 31,6 (beste Oberhöhenbonität 40) und 41 m^2 (schlechteste Oberhöhenbonität 28). Sie stellt die kleinste waldbauliche Einheit für die Pflegeeingriffe und die Mischungsform dar (Abetz 1990).
- Für die Bemessung der **Zahl der Z-Bäume** geht Klädtke zunächst von der Zielstandfläche aus. Die Division der Hektarfläche durch die Zielstandfläche führt zu relativ niedrigen Z-Baumzahlen, die nur bei den geringen Bonitäten die angestrebten maximalen Grundflächen der Ertragstafel von Assmann und Franz 1963 erreichen. Um auch bei den besseren Bonitäten die maximalen Gesamtwuchsleistungen annähernd zu erreichen, wird mit zunehmender Bonität die Z-Baumzahl erhöht. Damit sind zwangsläufig ein höherer Überschirmungsgrad und unterdurchschnittliche Kronenbreiten verbunden. Im Ergebnis steigen die Z-Baumzahlen von 250 St. ha^{-1} bei der Oberhöhenbonität 28 auf 310 St. ha^{-1} bei der Oberhöhenbonität 40.
- Für die **Durchforstungseingriffe** gibt Klädtke Werte in Tabellenform vor, die die individuelle Situation jedes Z-Baums berücksichtigen, die aber auch für Mittelwerte von Z-Baumkollektiven gebraucht werden können. In Abhängigkeit von Bonität, Höhe und Durchmesser (und damit dem h/d-Wert) der Z-Bäume kann aus den Tabellen für zehnjährige Perioden die Zahl der je Z-Baum zu entnehmenden Konkurrenten und deren Volumen abgelesen werden (Beispiele siehe Tab. 4.22).

Im Unterschied zu dem sonst ähnlichen Verfahren von Spiecker (1991) für die Eiche ist eine Ermittlung der Durchmesserrelation zwischen Z-Baum und Konkurrent nicht nötig. Klädtke konnte eine enge Beziehung zwischen dem **h/d-Wert des Z-Baums** und dem Brusthöhendurchmesser (ausgedrückt in Prozent des Brusthöhendurchmessers des Z-Baums) seiner Konkurrenten feststellen. Je größer der h/d-Wert wird, desto stärker nähern sich die Durchmesser der Konkurrenten dem des Z-Baums an und umso größer wird der Konkurrenzdruck. Der h/d-Wert des Z-Baums beschreibt demnach in ausreichender Weise seine Konkurrenzsituation und kann als zentrale Größe für eine baumindividuelle Feinsteuerung seines Freistellungsgrades eingesetzt werden.

Tab. 4.22 Durchforstungsansatz je Z-Baum für Fichte nach der Z-Baumertragstafel von Klädtke (1993)

1. Beispiel: Z-Bäume mit 15 m Höhe				**2. Beispiel: Z-Bäume mit 26 m Höhe**			
BHD	**h/d**	**Anzahl der je Z-Baum zu entnehmenden Konkurrenten**	**Volumen der je Z-Baum zu entnehmenden Konkurrenten**	**BHD (cm)**	**h/d**	**Anzahl der je Z-Baum zu entnehmenden Konkurrenten**	**Volumen der je Z-Baum zu entnehmenden Konkurrenten**
(cm)		**(St.)**	**(m³ ohne Rinde)**	**(cm)**		**(St.)**	**(m³ ohne Rinde)**
15	100	8,0	1,04	26	100	1,0	0,48
16	94	6,2	0,86	27	96	0,8	0,42
17	88	4,7	0,69	28	93	0,7	0,35
18	83	3,5	0,55	29	90	0,6	0,30
19	79	2,6	0,43	30	87	0,5	0,26
20	75	1,8	0,33	31	84	0,4	0,22
21	71	1,3	0,24	32	81	0,3	0,18
22	68	0,8	0,17	33	79	0,2	0,14
23	65	0,5	0,10	34	76	0,2	0,12
24	63	0,2	0,06	35	74	0,1	0,10

Zusammenfassend lässt sich sagen, dass sich Auslesedurchforstung und Z-Baumdurchforstung in der Risikoverteilung und der räumlichen Konzentration der Bestandespflegeeingriffe prinzipiell unterscheiden. Der Waldbesitzer geht bei der Z-Baumdurchforstung größere Risiken des Umsetzens in niedrigere Baumklassen, der qualitativen Entwertung und der vorzeitigen Mortalität ein. Sie müssen mit den höheren Chancen, insbesondere im Hinblick auf die Beschleunigung des Durchmesserwachstums und der Möglichkeit einer Verkürzung der Produktionszeit, abgewogen werden. Die geschilderten Risiken und Chancen sind bei den einzelnen Baumarten in unterschiedlichem Maße ausgeprägt. Bei der Fichte sind die Nachteile einer Z-Baumdurchforstung gering, die Vorteile dagegen hoch einzuschätzen, vor allem im Hinblick auf eine Erhöhung der Sturmstabilität. Bei den Laubbäumen und der Kiefer müssen dagegen die Risiken hoch bewertet werden.

(B) Kritische Bewertung der Z-Baumdurchforstungsmodelle

Nach der Darstellung aller entwickelten Modelle für das Verfahren der Z-Baumdurchforstung kann an dieser Stelle eine übergreifende kritische Beurteilung stattfinden:

- Die früh (meist in der Stangenholzphase) beginnenden Eingriffe zur alleinigen Förderung der Z-Bäume ermöglichen diesen ein **maximales Durchmesserwachstum** und kürzere Produktionszeiten. Fleder (1990) weist aber darauf hin, dass dieser Vorteil mit relativ kurzen grünastfreien Schaftlängen und grob gewachsenem Holz erkauft wird. Außerdem führe der frühe Auswahlzeitpunkt dazu, dass aus Sorge vor einem späteren Umsetzen der Z-Bäume in sozial niedrigere Baumklassen tendenziell das Kriterium Vitalität mehr Gewicht als das Kriterium Qualität erhalte. Fleder hält deshalb diese Durchforstungsweise für einen auf höchste Holzqualität ausgerichteten Waldbau mit Laubbäumen für nicht geeignet.
- Sehr geringe Z-Baumzahlen und deren alleinige starke Förderung können zu deutlichen Verlusten in der **Gesamtwuchsleistung** führen.
- Die Durchforstungserträge in älteren Beständen werden bei allen Z-Baumdurchforstungen stark reduziert, da die Eingriffe sich auf

die Freistellung der Z-Bäume in jüngeren Stadien konzentrieren und in den letzten Jahrzehnten die Durchforstungsanfälle bis gegen null zurückgehen. Neben dem Hauptziel, der effizienten Förderung der Z-Bäume, führt dieses deutlich gestaffelte Vorgehen auch zu einer erhöhten Sturmstabilität (Kap. 4.2.5). Weniger vorteilhaft sind in vielen Fällen die **Einnahmeausfälle** bei den potenziell ertragreichen Altdurchforstungen. Dafür sind zwar in vielen Fällen die Produktionszeiten kürzer und die Endnutzungsmassen höher, aber das Hinausschieben des Zeitpunkts der Einnahmen um mehrere Jahrzehnte bedeutet ein Zwangssparen. Außerdem wird bei Z-Baumdurchforstungen der Füllbestand nicht gepflegt, sodass bei späteren Nutzungen weniger wertvolle Sortimente anfallen können.

- Die Modelle und Empfehlungen gehen grundsätzlich davon aus, dass ein **Umsetzen** in niedere soziale Klassen durch die intensive Begünstigung der Z-Bäume so gut wie ausgeschlossen werden kann. Schober (1988b, 1990) führt unter Ausschöpfung einer umfangreichen Literatur und nach eigenen jahrzehntelangen Beobachtungen in Versuchsflächen den Nachweis, dass diese Voraussetzung für eine frühzeitige Auswahl von Zukunftsbäumen durchaus unsicher ist (siehe auch Lüpke 1986; Spellmann 2002). Die Gründe dafür sind verschieden, eine große Rolle spielt die Tatsache, dass die Kronenentwicklung der Bäume im Laufe des Bestandeslebens nicht ausschließlich von ihrem Standraum abhängig ist. Assmann (1961, S. 128) bezeichnet in diesem Zusammenhang die Z-Bäume ironisch als die „früh erwählten Wunderkinder", die häufig im Alter enttäuscht hätten.
- Dasselbe gilt für die Entwicklung der **Schaftqualität**. Besonders bei der Buche können **Entwertungen** erst spät sichtbar werden, wie z. B. Drehwuchs (siehe Richter 1999), oder sie können sich laufend neu bilden, wie z. B. Schleimfluss (Abb. 4.2, Kap. 4.1.1).
- Bei der Buche spielen diese spät auftretenden Entwertungen zweifellos eine besonders große Rolle, aber auch bei vorherrschenden Fichten auf wuchskräftigen Standorten besteht nach Trockenperioden ein beträchtliches Entwertungsrisiko durch Stammlängsrisse (Kohler et al. 2017). Z-Bäume sind signifikant häufiger betroffen als schwächere Nachbarbäume (Caspari und Sachsse 1990).
- Und letztlich sind bei allen Baumarten als Folge von Durchforstungseingriffen **Fällungs- und Rückeschäden** in einem gewissen Umfang unvermeidbar (Nill et al. 2011). Sie betrafen nach den Untersuchungen von Butora und Schwager (1986) in Fichtenschlägen der Schweiz die Z-Bäume sogar in etwas erhöhtem Maße (siehe auch Schober 1990).
- Neben einer qualitativen Verschlechterung darf auch das Risiko einer vorzeitigen **Mortalität** der ausgewählten Z-Bäume nicht übersehen werden. Zwar führt die Z-Baumdurchforstung mit ihrer Möglichkeit, die Produktionszeit zu verkürzen, tendenziell zu einer Senkung dieses Risikos, kann es aber nicht ganz ausschließen. Ein höheres Gefährdungsrisiko besitzen u. a. die Eichen mit der Komplexkrankheit Eichensterben und die Kiefer durch Pilz- und Insektenbefall. In beiden Fällen werden auch herrschende ältere Bäume befallen.
- Eine starke Freistellung der Z-Bäume und die Ausbildung einer großen Krone führen offenbar zu einer Erhöhung des **Sturmwurfrisikos** (Spellmann 2002).

Hiebseingriffe zur Entnahme der stärksten Bäume

Borggreve (1891) war von der Vorstellung ausgegangen, dass der Volumenzuwachs von Beständen sich steigern ließe, wenn man bei dem – von ihm irreführend Plenterdurchforstung genannten – Vorgehen jeweils die stärksten Bäume entnehmen würde (Kap. 5.5). Dieser Gedanke ist in neuerer Zeit wieder aufgegriffen worden unter der Zielsetzung, die **Strukturvielfalt** von Waldbeständen, vor allem von homogenen Fichtenbeständen, zu fördern (Strukturdurchforstung, siehe Goltz 1991; Reininger 1991; Sterba und Zingg 2001). Kritische Aspekte zu einer allgemeinen Anwendung, besonders im Hinblick auf Stabilität und Zuwachs, bringen Richter (1994) sowie Spellmann und Nagel (1996) vor. Spellmann (1995b) verdeutlicht das Prinzip der Strukturdurchforstung für die Douglasie anhand der Versuchsfläche Göhrde im Osten

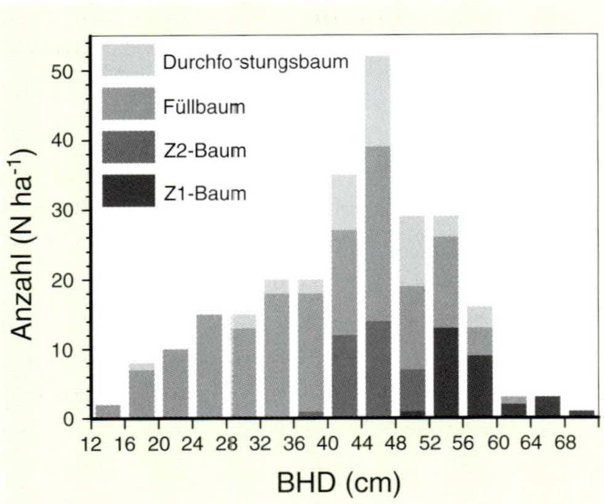

Abb. 4.51
Strukturdurchforstung in einem 65-jährigen Douglasienbestand (nach Spellmann 1994).
Der Bestand hatte eine Oberhöhe von 34,9 m, eine EKl. I,1 (nach Bergel 1986) und einen Gesamtvorrat von 511 m^3 ha^{-1} vor der Durchforstung, von dem 89 m^3 ha^{-1} bei der Durchforstung entnommen werden sollen. Die Zahl der Z1-Bäume (erste Wahl) beträgt 29 St. ha^{-1} mit einem mittleren Brusthöhendurchmesser von 55 cm, die der Z2-Bäume (zweite Wahl) 33 St. ha^{-1} mit 43 cm. Die Durchforstung entnimmt Bäume über den gesamten Durchmesserbereich bis zur Klasse 56 cm, mit einem Schwerpunkt in den am häufigsten vertretenen Klassen 40–48 cm. Dadurch wird die sehr weite (und für Douglasienbestände typische) Durchmesserspreitung erhalten. Die Z1-Bäume stammen vorwiegend aus der vorherrschenden Schicht, die Z2-Bäume aus der herrschenden.

Niedersachsens (Abb. 4.51). Douglasienbestände sind allgemein stark strukturiert. Die aus waldbaulichen und ökonomischen Gründen erwünschte Strukturvielfalt kann durch eine Strukturdurchforstung unterstützt werden, bei der neben den Zukunftsbäumen aus vorherrschenden und herrschenden Bäumen (Z1-Bäume) weitere Zukunftsbäume in der Zwischenschicht (Z2-Bäume) gefördert werden.

Zielstärkennutzung

Die Zielstärkennutzung ist eine besondere Form der **Endnutzung** und keine Maßnahme der Bestandespflege. Sie soll aber dennoch in diesem Zusammenhang erörtert werden, da sie zeitlich und räumlich mit Pflegeeingriffen eng verbunden ist. Sie ist dadurch gekennzeichnet, dass jeder Baum individuell zu dem Zeitpunkt genutzt wird, an dem es ökonomisch vorteilhafter ist, ihn zu ernten als ihn zu belassen. Kriterium ist die erreichte Stärke in Brusthöhe, der **Zieldurchmesser**. Die noch nicht hiebsreifen Bäume bleiben so lange erhalten, bis sie die Zielstärke erreicht haben. Unter dem Schirm dieser Bäume wächst die nächste Generation heran. Im Unterschied zu Bestandespflegeeingriffen wird nicht erwartet, dass der durch die Nutzung verursachte Rückgang in der laufenden Produktion durch die verbleibenden Bäume ausgeglichen oder sogar auf ein höheres Niveau gebracht wird. Der Nutzungsaspekt steht im Vordergrund und die Produktionsfunktion verlagert sich in zunehmendem Maße auf die Nachwuchsschicht.

Die Zielstärke kann mit Methoden der **Investitionsrechnung** unter Verwendung von Modellannahmen zur Zuwachs- und Qualitätsentwicklung hergeleitet werden, wobei das Stehenlassen eines Baums als Investition aufgefasst wird (z. B. Holm 1974 für Buchen mit der Kapitalwertmethode, siehe auch Moog und Karberg 1992 für Kiefern und Buchen mit der Grenzzinsmethode). In beide Methoden gehen Zinsforderungen ein, deren Höhe oft an der internen Durchschnittsverzinsung des Gesamtbetriebs ausgerichtet und damit im Regelfall sehr niedrig ist (1–2 %). Dagegen ist das Verfahren der Waldreinertragslehre, das die Hiebsreife auf den Kulminationspunkt des durchschnittlichen Wertzuwachses legt, von Zinsforderungen frei. Gemeinsam ist allen Verfahren, dass die Hiebsreife maßgeblich von der künftig zu erwartenden Wertleistung abhängt und damit vom Dicken- und Volumenzuwachs sowie der **Entwicklung der Holzqualität** (z. B. durch Verletzungen, Fäulnis, Rotkern). Daneben müssen auch durch die Zielstärkennutzung bewirkte Änderungen der Verjüngungskosten berücksichtigt werden. Sie können z. B. steigen, wenn der Baum geerntet wird, bevor seine Standfläche verjüngt ist, und dadurch zu erwarten ist, dass nach dem Hieb kostensteigernde Bedingungen eintreten.

Allgemein liegt die **Zielstärke** umso höher, je niedriger der angenommene Zinssatz, je höher der Zuwachs und je besser die Holzqualität ist. Nach den Modellkalkulationen von Holm (1979) sinkt z. B. mit abnehmender Zuwachsleistung bei qualitativ guten Buchen der Zieldurchmesser von 68 cm (4–6 mm Durchmesserzuwachs jährlich) auf 40 cm (2 mm jährlich), während der Faktor Holzqualität sich so auswirkt, dass für Buchen mit C-Qualität im Erdstammstück der Zieldurchmesser von 68 auf 60–48 cm zurückgeht (bei 6 bzw. 4 mm Zuwachs). Im Unterschied zur Ansicht vieler Praktiker kann es danach zweckmäßig sein, einen schwachen Baum in C-Qualität stehen zu lassen, soweit nicht seine Ernte aus Gründen der Bestandespflege gerechtfertigt ist. Hier findet also die in vielen Betrieben als selbstverständlich gerechtfertigt angesehene Entrümpelung (der Aushieb aller schlechten Stämme, der oft vor dem Beginn der Zielstärkennutzung durchgeführt wird) eine deutliche Grenze.

Zielstärkennutzung führt dann zu höheren Gelderträgen, wenn mehr Holz in Zielstärkendimension als bei anderen Nutzungsverfahren geerntet werden kann. Nach Modellkalkulationen von Spellmann (1997) auf der Basis konkreter Untersuchungsbestände kann dies in hohem Maße bei Buche und Douglasie erreicht werden, dagegen nicht bei Fichte, Kiefer und Eiche. Für den Erfolg entscheidend ist das **Lichtungszuwachspotenzial im Alter**, also die Fähigkeit der schwächeren, noch nicht hiebsreifen Bäume, ihren Dickenzuwachs zu steigern.

Die Schwierigkeiten bei der Einschätzung der genannten Einflussgrößen machen es im praktischen Betrieb unmöglich, individuell für den Einzelbaum die genaue Zielstärke zu bestimmen. In der Praxis muss deshalb mit relativ groben Durchschnittswerten für ganze Betriebe oder höchstens für einzelne Bestände gearbeitet werden. In den letzten Jahren haben sich überregionale Richtwerte herausgebildet, die in Tabelle 4.23 für die wichtigsten Baumarten zusammengestellt sind. Neben der Möglichkeit, die Zuwachspotenz eines Baumes zu überschätzen, enthält die Zielstärkennutzung weitere **Risiken**, wie z. B. die Entwertung durch Rotkern bei Buche, Wasserreiser- und Klebastbildung bei vielen Baumarten, zunehmende Rotfäule bei Fichte und schließlich noch Verluste durch Sturmwurf oder Blitzschlag. Zum Teil sind diese Risiken in die genannten Modellkalkulationen eingegangen, so wurde von Holm (1974) bei Buche die mit dem Alter und dem Durchmesser zunehmende Rotkernbildung berücksichtigt. Auch für andere, sich über einen längeren Zeitraum erstreckende Nutzungsverfahren sind diese Risiken typisch, wenn auch in geringerem Ausmaß.

Zur Begrenzung der Sturmwurfgefahr von Fichtenbeständen schlägt Richter (1995a, 1995b) vor, mit der Zielstärkennutzung schon im Alter von 60–70 Jahren anzufangen und auf Zonen mit maximaler Breite von zwei Baumhöhen sowie Eingriffsstärken von 50–60 m^3 ha^{-1} zu begrenzen – beginnend im Lee des Bestandes und gegen die Hauptwindrichtung fortschreitend. Da langfristige Erfahrungen bislang fehlen, sollte zur Risikobegrenzung nach etwa zweimaliger Zielstärkennutzung der weitere Nutzungs- und Verjüngungsgang in eine Kombination aus Femel- und Saumhieb (Kap. 5.4.5, 5.4.4) übergehen. Die ersten Erfahrungen mit der **Zielstärkennutzung in Fichtenaltbeständen** sind im Hinblick auf die Sturmgefährdung überraschend gut. Die Befürchtung von Wiedemann (1951), dass der Aushieb der stärksten Bäume das „Knochengerüst“ des Bestandes entnimmt und die Sturmgefahr steigert, hat sich bislang nicht in großem Umfang bewahrheitet (Richter 1996; Redde und Lüpke 2004).

Neben den bislang erörterten Möglichkeiten für Ertragssteigerungen steht für viele Betriebe bei der Entscheidung für die Zielstärkennutzung auch die Absicht im Vordergrund, mit diesem Mittel einen **strukturreicheren Waldaufbau ohne Kahlschlagflächen** zu schaffen (z. B. Otto 1992 als Nutzungskonzept für die niedersächsische Landesforstverwaltung, siehe auch Fallstudie von Sterba und Zingg 2001 für eine Waldregion in Österreich). Allerdings vermindert Zielstärkennutzung zunächst die Strukturvielfalt, da mit Ausnahme von Habitatbäumen alle Bäume, die den Zieldurchmesser erreicht oder überschritten haben, genutzt werden und das Durchmesserspektrum vom starken Ende her beschnitten wird. Die durchschnittliche Erntedimension ist geringer und homogener, da die Bäume nicht mehr über die Zielstärke hinauswachsen. Dies zeigen die Modellkalkulationen von Spellmann (1997) deutlich, bei denen das mittlere Baumvolumen der Erntebäume um 12–25 % abnimmt. Die angestrebte Steigerung der Strukturvielfalt kann aber in der nächsten Generation erreicht werden, da der Nachwuchs heterogen – kleinflächig und langfristig überschirmt – heranwächst (Beispiel in Drössler et al. 2015, 2017).

Tab. 4.23 Zielstärkennutzung bei forstlich wichtigen Baumarten
(unterstellt sind gute bis sehr gute Wuchsbedingungen (EKl. I und II) und früh beginnende, starke Durchforstungen) (z. T. nach Spellmann 1995, 1997; Guericke 2001)

Baumart	Zieldurchmesser für gute Schaftqualität (BHD in cm)	Alter, in dem die ersten Bäume den Zieldurchmesser erreichen können (Jahre)	Bewertung
Eiche	70–80	150–180	sehr träge Zuwachsreaktion, im Reinbestand Gefahr der Wasserreiserbildung an den verbleibenden Bäumen, unter Schirm schwierige Verjüngungsbedingungen für Eiche
Buche	60–70	100–110	sehr gute Zuwachsreaktion der verbleibenden Bäume, ideal geeignete Baumart; entscheidend für die Wertentwicklung ist das Ausmaß der Rotkernbildung, das Risiko stärkerer Rotkerne nimmt jenseits von 120 Jahren deutlich zu
Fichte	45	60–80	träge Zuwachsreaktion, strukturierende Vorbereitung der Bestände oft notwendig, hohes Risiko von Sturmschäden in späteren Stadien zu erwarten, zurzeit noch wenige Langzeiterfahrungen
Douglasie	60–70	70–90	ähnlich wie Buche einzustufen, wenn auch mit etwas geringerem Lichtungszuwachspotenzial; unter Schirm gute Bedingungen für Ankommen und Qualität der Verjüngung
Kiefer	45	80–100	sehr träge Zuwachsreaktion, es treten Zuwachsverluste ein, die durch die nachwachsende neue Generation kompensiert werden müssen
Europäische Lärche	65	70–80	wie Kiefer
Esche und Bergahorn	60	90–110	wie Eiche

In einigen Fällen ist es notwendig, von den Grundsätzen der Zielstärkennutzung abzuweichen und die **Überschirmungsdichte** vorrangig den Bedürfnissen der Verjüngung anzupassen. Dies ist häufig erforderlich, wenn im Nachwuchs Lichtbaumarten beteiligt sein sollen. Hier kann die Ernte noch nicht hiebsreifer Bäume unumgänglich werden, um die Überschirmungsdichte femel- oder schirmschlagartig entsprechend dem höheren Lichtbedarf abzusenken. Umgekehrt kann es in anderen Fällen zweckmäßig sein, durch Stehenlassen hiebsreifer Bäume die Überschirmungsdichte so hoch zu halten, dass eine noch nicht erwünschte Naturverjüngung von Arten mit höherem Lichtbedarf unterbunden wird. Ein Beispiel dafür ist der Buchenvoranbau in Fichtenaltbeständen, in denen eine Fichtennaturverjüngung erst erwünscht ist, nachdem die Buchen einen ausreichenden Höhenvorsprung erreicht haben (Kap. 3.7.1).

4.2.9 Wie soll in der Praxis verfahren werden?

Die Entscheidung über die Entnahme eines Baumes erfolgt zunächst durch dessen Bewertung im Hinblick auf seine unmittelbare Nachbarschaft. Zugleich muss die Wirkung einer Entnah-

Hintergrundwissen

Praktische Gesichtspunkte bei der Auswahl von Auslese- oder Z-Bäumen

(in Anlehnung an unveröffentlichte Hinweise der Niedersächsischen Forstlichen Versuchsanstalt 2002)

- Je später der Auswahlzeitpunkt, desto sicherer ist die **Auswahl** und desto näher kann an die Mindestzahl herangegangen werden.
- Je geringer die angestrebte **Zielstärke** ist, umso mehr Auslesebäume können ausgewählt werden.
- Je länger der geplante **Endnutzungs-** und **Verjüngungszeitraum** ist, umso mehr Auslesebäume sind möglich (z. B. bei Zielstärkennutzung im Vergleich mit einem Schirmschlag).
- Je größer biotische und abiotische **Risiken** eingeschätzt werden, desto mehr Auslesebäume sollten gewählt werden.

Die Auslesebäume sind in der Regel ungleichmäßig verteilt. Bei der Auswahl können **truppweise** stehende Bäume unter Wahrung von Mindestabständen akzeptiert werden (je nach Baumart, etwa 3–4 m).

me auf Wachstum, Ertrag und Stabilität des Bestandes beurteilt werden. Daneben werden in der Regel noch betriebswirtschaftliche oder sonstige Gesichtspunkte miteinbezogen, etwa die Optimierung des finanziellen Deckungsbeitrages einer Durchforstung, Fragen der Liquidität, der Arbeitskapazität, des Holzmarktes, des Waldschutzes, des Naturschutzes oder der Erholungseignung.

In den Tabellen 4.24 bis 4.29 werden in verkürzter Form Eigenschaften und Behandlungsprogramme für sechs forstlich wichtige Baumarten in Mitteleuropa dargestellt, die beim heutigen Wissensstand der Praxis zur allgemeinen Orientierung, nicht aber als überall gültige Gebrauchsanweisungen, empfohlen werden. Ihnen liegt vornehmlich das Wirtschaftsziel, Wertholz zu produzieren, zugrunde. Die Bestandespflegeeingriffe sollen die Gesamtwertleistung steigern. Näheres dazu ist im Kapitel 4.1 ausgeführt. Generell soll der Zuwachs auf die Bäume mit höherem Wertleistungspotenzial verlagert werden, ohne die Gesamtvolumenleistung übermäßig zu senken. Durch die dazu notwendigen Eingriffe fallen Holzmengen (Vornutzungen) an, die zu mehr oder weniger hohen finanziellen Erträgen für den Waldbesitzer führen. Die Behandlungsprogramme sind im Hinblick auf eine **Maximierung der Gesamtwertleistung** entwickelt worden, ohne zu berücksichtigen, zu welchem Zeitpunkt Vor- und Endnutzungserträge anfallen. Dies entspricht zurzeit in Deutschland weitgehend dem praxisüblichen Vorgehen, auch wenn zunehmend der Zeitpunkt des Eingangs der Erträge beachtet wird (als Beispiel siehe Tab. 4.11 in Kap. 4.2.4).

Die dargestellten Behandlungsprogramme gelten für **Reinbestände** oder reine Bestandesteile in Mischbeständen (wie Trupps, Gruppen, Horste oder Kleinflächen). Für die besonderen Bedingungen in den Kontaktzonen solcher Reinbestandsteile mit der umgebenden Hauptbaumart oder bei einzelstammweiser **Mischung** werden spezielle Hinweise gegeben. Angesichts der Vielfalt von Bestandesformen und Wuchsbedingungen können die Verfahren nur stark vereinfachte und schematisierte Behandlungsprogramme darstellen, die am einzelnen Bestand auf ihre Gültigkeit zu prüfen sind.

Die für die **Auslesebäume** angegebenen Zahlen betragen entsprechend den Empfehlungen von Schober (1990) bei Eiche, Buche, Kiefer und Lärche etwa das 1,5- bis 2-Fache der Anzahl der zielstarken Bäume im Endbestand. Damit soll den im Kapitel 4.2.8.3 genannten Risiken Rechnung getragen werden. Bei der Fichte mit überwiegender Massenwareproduktion liegen die **Z-Baumzahlen** im Bereich der erwarteten Endbaumzahl. Bei der Douglasie wird zur Produktion von Wertholz die Z-Baumzahl bisweilen von den Kosten für Ästungen begrenzt (Kap. 4.3.3). In der Praxis werden sich je nach

Abb. 4.52
Frisch angelegte Rückegasse in einem Buchen-Lärchengertenholz.
Die Gassen wurden zur Erschließung des Bestandes mit einer Schlepperfräse gemulcht. Diese Erschließung ist für die Bestandesteile mit Buche in diesem Stadium selten notwendig.

der speziellen Situation des Bestandes Abweichungen von den genannten Zahlen ergeben.

Bei der Fällung der ausscheidenden Bäume, mehr aber noch beim Herausrücken aus dem Bestand, entstehen fast unvermeidlich **Schäden** an den verbleibenden Bäumen, meist in Form von Rindenverletzungen am Stammfuß.

Im Extremfall, bei sehr unpfleglicher Arbeitstechnik oder schwierigen Geländeverhältnissen, stellten Butora und Schwager (1986) in der Schweiz fest, dass 85 % der verbleibenden Bäume nach einer Durchforstung beschädigt waren. Im Mittel sehr vieler Untersuchungsbestände waren es immerhin noch 30 %, bei den Auslesebäumen sogar 37,5 %. Nach den Kalkulationen der Autoren liegt der maximal zu tolerierende Anteil bei 15 %, da dieser Wert bei den nachfolgenden Durchforstungen jeweils wieder entnommen werden kann.

Das wichtigste Mittel zur Senkung der **Fäll-** und **Rückeschäden** ist ein systematisches und dichtes **Feinerschließungsnetz** von Rückegassen im befahrbaren oder Seillinien im nicht befahrbaren Gelände (Abb. 4.52). Im Idealfall sollte es 2–3 Jahre vor dem ersten Eingriff angelegt werden. Der Abstand der Rückegassen hängt vom Arbeitsverfahren (und ggf. von Vorgaben durch Zertifizierungssysteme) ab. Beim Einsatz von Vollerntern oder Kranrückezügen beträgt er heute in der Regel 20 m. Nach Untersuchungsergebnissen von Spellmann und Nagel (2000) sind die Schäden beim Einsatz von Vollerntern dann so gering, dass auch dicht an der Rückegasse Auslese- oder Z-Bäume ausgewählt werden können. Das Wachstum dieser Randbäume wird wegen der Freistellung deutlich begünstigt, sodass ein Teil des Zuwachsverlusts ausgeglichen wird, der durch den Verlust an Produktionsfläche (20 % bei 4 m breiten Gassen in 20 m Abstand) entsteht.

Butora und Schwager (1986) zeigten, dass eine gute Schlagordnung, pflegliche Arbeitstechnik, Aufarbeitung in Abschnitten anstelle von Langholz, die Markierung von Auslese- und Z-Bäumen und mäßige Entnahmemengen die holzerntebedingten Rindenschäden vermindern. Durchforstungen in der Vegetationszeit führen zu größeren Schäden und sollten deshalb vermieden werden. Als letztes Mittel ist innerhalb der ersten Tage nach Schadenseintritt eine Wundbehandlung mit geprüften Mitteln nach sorgfältiger Entfernung von Rinden- und Holzresten erfolgversprechend (Dimitri 1983).

An Steilhängen treten wegen der großen Schwierigkeiten beim Fällen und Rücken in der Regel besonders hohe Schäden auf. Sie sind häufig nur durch einen extensiven Durchforstungsbetrieb zu vermindern, der schon in der Läuterungsphase die Bestandesdichte so stark herabsetzt, dass die ersten Durchforstungen – unter Hinnahme von Einbußen in der Wertleistung – lange aufgeschoben oder sogar ganz aufgegeben werden können.

Bodenschäden (Kap. 4.2.6) auf den Gassen können durch das Belassen von Astreisig, das bei der Arbeit mit Vollerntern dort anfällt, vermindert werden (Fries 1975). Allerdings sind damit auch höhere Nährstoffentzüge aus dem Bestand verbunden, was auf armen Böden zu Schwierigkeiten führen kann. Der Einsatz von Pferden zum Rücken kann die Boden- und Rückeschäden zwar reduzieren, ist aber aus Kosten- und Tierschutzgründen nur beim Vorrücken von Schwachholz an die Rückegassen möglich. Der Abtransport muss dann doch wieder durch Maschinen auf den Rückegassen erfolgen.

Für die **Läuterung** können einige spezielle Hinweise gegeben werden. Da die Bestandespflege im Dickungsstadium besonders mühsam ist, ist es wichtig, Pflegemaßnahmen so weit wie möglich bereits während der Jungwuchsphase vorzunehmen, wenn die Bestände noch überschaubar und einigermaßen begehbar sind. Eine sorgfältige Jungwuchspflege ermöglicht es meistens, von Läuterungsmaßnahmen im Dickungsstadium abzusehen und erst im Gertenholz wieder in die Bestände einzugreifen.

Die Ausschaltung unerwünschter Bestandesglieder im Zuge der Läuterung kann auf mechanischem Wege oder mithilfe chemischer Mittel geschehen. Die Läuterung mit **chemischen Mitteln** hat den Vorteil, dass die behandelten Stämme allmählich absterben und zusammenbrechen. Das Stützgefüge der Jungbestände bleibt noch eine gewisse Zeit erhalten und bildet sich durch das Erstarken der unbehandelten Nachbarstämme von selbst wieder heraus. Ohne Schäden durch Schneedruck oder Wind befürchten zu müssen, erlauben die chemischen Mittel daher verhältnismäßig kräftige Eingriffe, wenn der Zustand des Jungbestandes es erfordert. Sie können auch bei ersten Durchforstungen eingesetzt werden, wenn die Aufarbeitung des Holzes nicht kostendeckend ist. Ein gewisser Nachteil dieses Verfahrens liegt darin, dass chemisch geläuterte Bestände einen weniger gepflegten Anblick bieten und wegen des allmählichen Zusammenbrechens der behandelten Stämme für einige Jahre nicht ganz ohne Gefahr betretbar sind. In Deutschland stehen zurzeit keine zugelassenen Verfahren für die chemische Läuterung zur Verfügung. Das Verfahren ist aber in anderen Ländern durchaus von praktischer Bedeutung.

Die **mechanische Läuterung** wird in den meisten Fällen mit Axt, Heppe, Freischneidegerät mit Kreissägeblatt oder bei stärkeren Durchmessern mit einer Motorsäge ausgeführt (Grießer und Neub 2015), wobei die Bäume am Boden oder in Reichhöhe (zu den ergonomischen und finanziellen Vorteilen siehe Spellmann und Caspari 1993) abgeschnitten werden. Ergonomischer als der Einsatz einer Motorsäge ist der sogenannte Spacer, bei dem die Geräteeinheit auf dem Rücken getragen und die Antriebswelle mit der Kettensägeneinheit über ein elastisches Band gehalten wird, wodurch die Arm- und Schultermuskulatur entlastet wird (Wagner und Nolte 2014; Suchomel und Jaeger 2017). Auch ist es möglich, die Bäume mit einem Beil, Messer oder einer speziellen Ringelsäge

Fachbegriffe zu den Tabellen 4.24–29

Der **kritische Bestockungsgrad** nach Assmann (1961) gibt an, bei welchem natürlichen Bestockungsgrad noch 95 % des maximalen Zuwachses geleistet werden. Der erste Wert gilt für junge, der zweite für ältere Bestände.

Die **Zielstandfläche** gibt einen Näherungswert für den Platzbedarf eines zielstarken Baumes an und kann in jüngeren Stadien eine Vorstellung davon geben, auf welcher Fläche im Zuge der Durchforstungen Konkurrenten schrittweise zu entfernen sind.

Der **mittlere Abstand** gibt die Entfernung vom Stammfußpunkt bis zum Kronenaußenrand des nächsten Nachbarn bei Erreichen der Zielstärke an und soll dem gleichen Zweck dienen. In beiden Fällen wurden **Überschirmungsgrade** zwischen 0,7 (Eiche) und 0,85 (Fichte) angenommen.

Für die **Eingriffsstärken** bei den Durchforstungen wurden die Vorschläge von Spellmann et al. (1999) herangezogen, die Eingriffe im Herrschenden, also Hochdurchforstungen, unterstellen.

Bei der **Zahl der Auslesebäume** wurde nach dem Vorschlag von Schober (1990) die dem Zieldurchmesser entsprechende Endbaumzahl bei Laubbäumen verdoppelt und bei Nadelbäumen um den Faktor 1,5 erhöht.

Quellen: Waldwachstumskundliche Standardwerke (Wiedemann 1951; Assmann 1961; Kramer 1988), Merkblätter der niedersächsischen Landesforstverwaltung und spezielle Untersuchungen zu einzelnen Baumarten (Eiche: Spiecker 1991; Spellmann 2001; Buche: Schober 1972; Fichte: Klädtke 1993; Kiefer: Waldherr 1996; Huss 1999; Hauskeller und Hauskeller-Bullerjahn 2000; Spellmann 2002; Douglasie: Kenk und Hradetzky 1984; Wickel 1991; Europäische Lärche: Dippel 1989; Guericke 2001)

Tab. 4.26 Allgemeine, im Regelfall praxisübliche Verfahren der Bestandespflege für Fichte

Wichtige Eigenschaften der Baumart	
Holzproduktionsziel	Bau- und Schnittholz, Ziel-BHD: 45–50 cm
Bestandesstrukturziel	a) stabiler Reinbestand oder Reinbestandsteile im Buchenmischbestand b) Fichtenbestand mit gruppen- bis horstweisen Buchenmischungsanteilen
Zuwachsgang	nach früher Kulmination (Höhenzuwachs 15–25 J., Volumenzuwachs 30–50 J.) rasches Absinken frühe, starke Eingriffe: deutliche Wuchsbeschleunigung im Alter geringe Reaktionsfähigkeit
Kronenreaktionsvermögen	in der Jugend stark, später gering
kritischer natürl. Bestockungsgrad	0,75–0,80 max. Zuwachs: bei guter Wasserversorgung bei 1,0, bei geringer Wasserversorgung bei 0,9
Schaftform	geringer Phototropismus
Astreinigungsverhalten	schlechte Astreinigung (Totasterhalter)
Schneeschadensgefährdung	sehr gefährdet (bei hoher Stammzahlhaltung)
Sturmschadensgefährdung	sehr gefährdet
sonstige Gefährdungen	Trockenheit, Borkenkäfer, Rotfäule
Nachteile einer Entwicklung **ohne** Pflegeeingriffe	Zieldurchmesser werden erst deutlich später erreicht hohe Gefährdung durch Nassschnee und Sturm
Läuterung	
Ziele	Reduzierung der Dichte (auf 1 600–2 500 St. ha^{-1}, auf labilen Standorten bis auf 800–1 000 St. ha^{-1}) zur Erhöhung der Schneestabilität, in stark differenzierten Beständen oft nicht nötig
Eingriffsart, Stärke, Häufigkeit	schematische und selektive Eingriffe möglich
Durchforstung	
Art	Z-Baumdurchforstung: in der Jugend Förderung von 200–300 Z-Bäumen ha^{-1} durch starke, hochdurchforstungsartige Eingriffe ins Herrschende, ab ca. 21 m Oberhöhe deutlich schwächer werdend auf labilen, sturmgefährdeten Standorten: mäßige Niederdurchforstung, ab 20 m Oberhöhe schwache Niederdurchforstung oder keine Eingriffe (Hiebsruhe)
Beginn und Ende der intensiven Durchforstungsphase	von 12 m Oberhöhe bis 21–25 m Oberhöhe sturmgefährdete Bestände: früher beginnen und früher beenden
Eingriffsstärke (Grundflächenhaltung bezogen auf die maximale Dichte)	stark in der Jugend, im Alter mäßig bis schwach (deutlich gestaffelt) Stangenholz: 0,70 geringes Baumholz: 0,75 ab 26 m Oberhöhe: 0,85 stärkere Eingriffe in Altbeständen führen zu Volumenzuwachsverlusten und erhöhtem Sturmwurfrisiko, ohne eine Kompensation in der Wertleistung durch gesteigertes Dickenwachstum zu bewirken
Zielstandfläche und mittl. Abstand zum Nachbarkronenrand	35 (30–40) m^2 3,5 m
Besonderheiten im Mischbestand	im Kontaktbereich zu Buchenteilen ist oft eine Zurücknahme der Fichte notwendig

Tab. 4.27 Allgemeine, im Regelfall praxisübliche Verfahren der Bestandespflege für Kiefer

Wichtige Eigenschaften der Baumart	
Holzproduktionsziel	wertvolles Bau- und Schnittholz, Furnierholz nach Ästung Ziel-BHD: 40–60 cm
Bestandesstrukturziel	Rein- oder Mischbestand (mit Eiche, Buche, Birke, Fichte, Douglasie)
Zuwachsgang	nach früher Kulmination (Höhenzuwachs 6–15 J., Volumenzuwachs 30–45 J.) rasches Absinken
Kronenreaktionsvermögen	in der Jugend stark, später sehr gering
kritischer natürl. Bestockungsgrad	0,8–0,85
Schaftform	geringer Phototropismus
Astreinigungsverhalten	mittel, für Wertholz Ästung erforderlich
Schneeschadensgefährdung	in Nassschneelagen die am stärksten gefährdete Baumart
Sturmschadensgefährdung	mittlere Gefährdung
sonstige Gefährdungen	phytophage Insekten und Pilzkrankheiten (u. a. Kienzopf, Baumschwamm, Braunfäule, Nadelschütte)
Nachteile einer Entwicklung **ohne** Pflegeeingriffe	Zieldurchmesser werden etwas später erreicht in Mischung mit Buche: Reduzierung und langfristig Verdrängung der Kiefer
Läuterung	
Ziele	a) Dickung: Förderung der Astreinigung durch hohe Dichte, Protzenaushieb b) Stangenholz ab 7 m Oberhöhe: in wenig differenzierten Beständen Auswahl und Förderung von 250–300 Auslesebäumen ha^{-1}, sonst Protzenaushieb
Eingriffsart, Stärke, Häufigkeit	a) selektiv, geringe Stärke (Protzenaushieb), einmalig; zur Dichtereduktion auch schematisch möglich b) Entnahme herrschender Konkurrenten im Konkurrenzbereich der Auslesebäume
Durchforstung	
Art	früh beginnende Hochdurchforstung als Auslesedurchforstung Fortsetzung der Förderung von bis zu 300 Auslesebäumen, die schrittweise auf ca. 150–200 im Endbestand reduziert werden
Beginn und Ende der intensiven Durchforstungsphase	ab ca. 12 m Oberhöhe bis etwa Alter 70 J.
Eingriffsstärke (Grundflächenhaltung bezogen auf die maximale Dichte)	stark in der Jugend, im Alter mäßig bis schwach (deutlich gestaffelt) Stangenholz bis geringes Baumholz: 0,70 mittleres Baumholz: 0,75 ab 24 m Oberhöhe: 0,80 stärkere Eingriffe in Altbeständen führen zu Volumenzuwachsverlusten, ohne eine Kompensation in der Wertleistung durch gesteigertes Dickenwachstum zu bewirken
Zielstandfläche und mittl. Abstand zum Nachbarkronenrand	35 (25–50) m^2 3,5 m
Besonderheiten im Mischbestand	gegenüber herrschenden Buchen- oder Douglasiennachbarn sind starke Freistellungen oder eine rechtzeitige Entzerrung der Mischung nötig, bei konkurrenzschwächeren Nachbarn (z. B. Eiche) ähnliche Freistellungen wie im Kiefernreinbestand

Tab. 4.28 Allgemeine, im Regelfall praxisübliche Verfahren der Bestandespflege für Douglasie

Wichtige Eigenschaften der Baumart	
Holzproduktionsziel	wertvolles Bau- und Schnittholz, Furnierholz nach Ästung Ziel-BHD: 50–60 cm (nicht geästet), 70–80 cm (geästet)
Bestandesstrukturziel	mehrschichtiger Rein- oder Mischbestand (mit trupp- bis horstweiser Einmischung von meist konkurrenzschwächeren Arten, häufig Buche)
Zuwachsgang	nach zeitiger Kulmination (Höhenzuwachs 20–30 J., Volumenzuwachs 35–45 J.) mäßiges Absinken frühe, starke Eingriffe: deutliche Wuchsbeschleunigung im Alter noch gute Reaktionsfähigkeit
Kronenreaktionsvermögen	in der Jugend sehr stark, später gute Kronenexpansionsfähigkeit
kritischer natürl. Bestockungsgrad	keine Angaben für Deutschland verfügbar (grob geschätzt: 0,6–0,75)
Schaftform	geringer Phototropismus, starke Differenzierung in der Astausbildung (grob- und feinästige Bäume in einem Bestand)
Astreinigungsverhalten	schlechte Astreinigung (Totasterhalter), für Wertholz Ästung erforderlich
Schneeschadensgefährdung	mittlere Gefährdung
Sturmschadensgefährdung	mittlere Gefährdung
sonstige Gefährdungen	Nadelschütten (abhängig von der Provenienz), Rindenbrand (*Phomopsis*)
Nachteile einer Entwicklung **ohne** Pflegeeingriffe	grobästige Typen setzen sich durch, Zieldurchmesser werden im Mittel erst später erreicht
Läuterung	
Ziele	a) frühe Eingriffe (bei 3–5 m Oberhöhen) zur Reduzierung der Baumzahl (auf 1 000–2 000 St. ha^{-1}) besonders in dichten Naturverjüngungen, zur Erhöhung der Schneebruchfestigkeit, zur Entnahme grobästiger oder Zwiesel-Bäume und zur Förderung des Dickenwachstums b) im Jungbestand (ab 6 m Oberhöhe) Förderung von 150–200 Auslesebäumen ha^{-1}
Eingriffsart, Stärke, Häufigkeit	selektiv, einmalig Entnahme herrschender Konkurrenten im Konkurrenzbereich der Auslesebäume
Durchforstung	
Art	Z-Baumdurchforstung Förderung von 120–170 Z-Bäumen ha^{-1} durch Entnahme von1–2 Bedrängern je Z-Baum
Beginn und Ende der intensiven Durchforstungsphase	ab 13–15 m Oberhöhe bis zum mittleren bis starken Baumholz, danach in Zielstärkennutzung übergehend
Eingriffsstärke (Grundflächenhaltung bezogen auf die maximale Dichte)	stark in der Jugend, im Alter mäßig bis schwach (deutlich gestaffelt) Stangenholz: 0,70 geringes – mittleres Baumholz: 0,75 ab 24 m Oberhöhe: 0,80
Zielstandfläche und mittl. Abstand zum Nachbarkronenrand	75 (60–90) m^2 5 m
Besonderheiten im Mischbestand	zur Förderung der konkurrenzschwächeren Mischbaumarten ist in den Kontaktzonen die Entnahme von Douglasien oder eine frühzeitige Entzerrung der Mischungsteile notwendig

Tab. 4.29 Allgemeine, im Regelfall praxisübliche Verfahren der Bestandespflege für Europäische Lärche

Wichtige Eigenschaften der Baumart	
Holzproduktionsziel	Bau- und Schnittholz, Furnierholz nach Ästung Ziel-BHD: 50 cm (ungeästet) bis 70 cm (geästet)
Bestandesstrukturziel	Mischbestand oder Mischungsanteile, meist mit Buche
Zuwachsgang	nach früher Kulmination (Höhenzuwachs 6–15 J., Volumenzuwachs 25–35 J.) rasches Absinken
Kronenreaktionsvermögen	in der Jugend mittel, später sehr gering
kritischer natürl. Bestockungsgrad	keine Angaben verfügbar
Schaftform	häufig Neigung zu mehr oder weniger stark bogigen Stämmen
Astreinigungsverhalten	mittlere Astreinigung
Schneeschadensgefährdung	gering
Sturmschadensgefährdung	mittlere Gefährdung
sonstige Gefährdungen	Lärchenkrebs, Borkenkäfer
Nachteile einer Entwicklung **ohne** Pflegeeingriffe	Zieldurchmesser werden erst deutlich später erreicht, viele schlechte Stammformen
Läuterung	
Ziele	Förderung von Auslesebäumen, Aushieb schlechter Stammformen
Eingriffsart, Stärke, Häufigkeit	selektiv mit geringer Stückzahl, einmalig, Förderung von 150–200 Auslesebäumen ha^{-1} durch Entnahme von 1–3 herrschenden Konkurrenten
Durchforstung	
Art	früh beginnende Z-Baumdurchforstung Förderung von 100–150 Z-Bäumen ha^{-1} durch frühlichtungsartige Eingriffe ins Herrschende, ab ca. 21 m Oberhöhe geringer werdend, ab 25–30 m Oberhöhe mäßige Niederdurchforstung oder keine Eingriffe
Beginn und Ende der intensiven Durchforstungsphase	von 10–12 m Oberhöhe bis 21–25 m Oberhöhe sturmgefährdete Bestände: früher beginnen und früher beenden
Eingriffsstärke (Grundflächenhaltung bezogen auf die maximale Dichte)	stark in der Jugend, im Alter mäßig bis schwach (deutlich gestaffelt) Stangenholz: 0,65 geringes Baumholz: 0,75 ab 24 m Oberhöhe: 0,85
Zielstandfläche und mittl. Abstand zum Nachbarkronenrand	95 (80–110) m^2 5,5 m
Besonderheiten im Mischbestand	gegenüber herrschenden Buchennachbarn sind starke Freistellungen erforderlich, die sowohl den Standflächenbedarf der Lärchen als auch die vermehrte Kronenausdehnung der Buchen in Richtung auf die Lärchen berücksichtigen

(Peine 1978) bis auf den Splint zu ringeln und durch die Unterbrechung des Assimilatstroms im Phloem innerhalb von ein bis zwei Jahren zum Absterben zu bringen. Wegen der möglichen Bestandesgefährdung durch rindenbrütende Insekten sollte das Verfahren auf Kiefer und Laubbäume beschränkt bleiben. Bei Buche und Esche ist allerdings die Ringelsägentechnik nicht allgemein empfehlenswert, da Versuche ergaben, dass ein Teil der Bäume trotz sorgfältiger Arbeit nicht abstirbt (Dohrenbusch und Röhrig 1994).

Wenn das Ziel einer Läuterung vorrangig die Baumzahlreduktion ist (z. B. bei Fichte zur Erhöhung der Schneefestigkeit), besteht grundsätzlich die Wahl zwischen selektiven und schematischen Eingriffen. Beide Methoden lassen sich auch miteinander kombinieren. Die häufigste Form schematischer Eingriffe ist die Entnahme ganzer Baumreihen. Man kann dabei unterscheiden zwischen **Gassenhieben** (z. B. Entnahme aller Bäume in zwei bis drei nebeneinanderstehenden Reihen, dies in Abständen von 20 m) und **Reihenhieben** (Entnahme aller Bäume jeder zweiten, vierten oder fünften Reihe im ganzen Bestand).

Gassenhiebe sollen in erster Linie der Feinerschließung des Bestandes und der späteren Holzernte dienen. Daneben erleichtern sie in großen Beständen die Übersicht für die weitere Pflege. Die Feinerschließung kann in Dickungen und schwachen Gertenhölzern, besonders wenn sie aus Naturverjüngung entstanden sind (z. B. Buchen oder Buchen-Edellaubholzjungbestände), auch mit stärkeren Mulchgeräten ausgeführt werden, die das Material auf den Gassen zerschlagen. Oft wird die Feinerschließung jedoch erst im Stangenholzalter vorgenommen, weil das anfallende Material dann meist mit Gewinn verwertet werden kann.

Reihenentnahmen haben sich in dichten Jungbeständen aus gleich alter **Fichte** vielfach bewährt. In den Untersuchungen von Klein (1978) erwies sich die Entfernung jeder zweiten Reihe im Hinblick auf die Durchmesserleistung und die Bestandessicherheit als überlegen gegenüber der Entnahme jeder vierten Reihe. Je stärker die Jungbestände bereits differenziert sind, desto mehr sind selektive Eingriffe in den herrschenden Bestand angebracht. Kombinierte schematische Entnahmen empfehlen Dittmar et al. (1976), Flöhr et al. (1978) sowie Spellmann (1996) auch für Kiefernjungbestände (z. B. bei 6–7 m Oberhöhe schematische Entnahme jeder sechsten Reihe durch Mulchen und selektive Entnahmen in den Zwischenfeldern), doch überwiegen in der Praxis bei der Kiefer selektive Läuterungen, weil sie den Forderungen der Qualitätspflege besser gerecht werden.

4.3 Ästung

Die Entfernung lebender oder toter Äste von der Stammachse (Schaft) oder aus der Krone der Waldbäume kann verschiedene Zwecke zum Ziel haben, z. B. die Verbesserung der Schaftform durch Vereinzelung der Gipfeltriebe (Entzwieselung, hauptsächlich bei der Jungwuchspflege), die Verbesserung der Lichtverhältnisse für den Unterwuchs oder die Verminderung der Interzeption.

Alle diese Zielsetzungen sind in ihrer Wirkung begrenzt und werden in der Praxis selten verwirklicht. Die Gewinnung von Schmuckreisig durch Ästungen ist häufig ein Nebenzweck (z. B. bei der Douglasie), nur bei einigen Tannenarten (*Abies nordmanniana, Abies procera* u. a.) wird die Ästung systematisch betrieben (Larsen 1985; Weege 1986; Maurer 2010). Im waldbaulichen Zusammenhang ist nur die **Wertästung** von Bedeutung, die Entfernung von Ästen am Stamm mit dem Ziel, den Wert des Stammholzes im weiteren Verlauf des Wachstums zu erhöhen.

4.3.1 Allgemeines

Ästungen in Waldbeständen haben eine längere **Geschichte**, als dies oft angenommen wird. May (1889, 1890, 1891) hat das für seine Zeit ausführlich beschrieben. Etwa 100 Jahre später gaben Huuri und Huuri (1987) einen weiteren Überblick. Beiden Arbeiten ist zu entnehmen, dass schon in Forstordnungen des 17. Jahrhunderts und in mehreren Schriften des 18. Jahrhunderts (z. B. von Carlowitz und Moser) Ästungen zur Verbesserung des Holzwertes empfohlen wurden. May äußert dazu zwei bemerkenswerte Kommentare: „Es ist niemals mehr geästet worden als in den Zeiten des holzgerechten Jägertums.“ – „Es wurde niemals schlechter geästet als zu jener Zeit.“ Die Begeisterung für das Ästen ließ in der ersten Hälfte des 19. Jahrhunderts stark nach. Erst zwischen 1860 und 1890 wurde es wieder aufgenommen, offenbar angeregt durch französische Schriften (De Courval und Des Cars). In Deutschland gab es erste Berechnungen über die wirtschaftliche Bedeutung der Wertästung an Nadelbäumen (Alers, Pressler, Uhlig) und wissenschaftliche Untersuchungen über waldbauliche und phytopathologische Auswirkungen. Aus dieser Periode stammen auch die vielen geästeten Fichtenbestände im Frankenwald, für die Mosandl et al. (1995) ein Beispiel geben. Mayer-Wegelin (1936) beschreibt, dass als Folge von Schäden an den Bäumen, Übertreibungen im Ausmaß und durch die verbreitete Unsicherheit über den wirtschaftlichen Erfolg vom Ende des 19. Jahrhunderts bis etwa 1920 kaum noch Ästungen vorgenommen wurden. Dann aber setzte sich die Erkenntnis der Notwendigkeit, Wertsteigerungen beim Nadelholz durch Ästungen zu erzielen, rasch durch (Gehrhardt, Hilf, Olberg). Es wurde bis zum Beginn des Zweiten Weltkriegs wieder viel geästet, gefördert durch eine umfangreiche wissenschaftliche Literatur (Mayer-Wegelin 1936).

Mehr noch als andere Holzeigenschaften ist ein unterer Stammabschnitt ohne Äste und Astbeulen die bestimmende **Qualitätseigenschaft** für Wertholz. Starke äußere und innere Ästigkeit mindern aber auch den Gebrauchswert von Holz mittlerer Güte. Ästigkeit führt zu einem inhomogenen Holzaufbau, verändert die Festigkeitseigenschaften, stört meist (allerdings bei gesunden Ästen nicht immer) den dekorativen Wert und erschwert die mechanische Bearbeitung des Holzes. Lose oder auch fest verwachsene Äste sind, besonders dann, wenn sie mit der Rinde eingewachsen sind, wesentliche Holzfehler (äußere Ästigkeit). Auch gesund überwallte Astwülste beeinträchtigen den Holzwert (innere Ästigkeit) (siehe hierzu Richter 2010).

Abgestorbene Äste unterliegen während der natürlichen Astreinigung einem **Abbauprozess**, (wie bei der Moderfäule), an dem überwiegend Ascomyzeten und Deuteromyzeten beteiligt sind, Basidiomyzeten erst bei Ästen von mehr als 3 cm Durchmesser. Jede Baumart hat ihre spezifische Pilzflora. Ein Übergreifen der Pilze auf den Stamm kommt nur in sehr seltenen Fällen vor. Butin und Kowalski (1983a und b, 1986, 1992) haben diese Vorgänge ausführlich dargelegt.

Beim Abfallen der Äste, z. T. auch schon vorher, kommt es am Astansatz zu **Schutz- und Überwallungsvorgängen**. Die Überwallungsgeschwindigkeit, d. h. die Zeitdauer bis zum vollständigen Verschluss der Aststelle, ist hauptsächlich abhängig von der Aststärke und der Wuchsintensität im Astbereich. Diese Eigenschaften entscheiden über Art und Dauer der verbleibenden Astnarben, die von kaum sichtbaren Unregelmäßigkeiten im Rindenbild bis zu starken Wülsten reichen können.

Das Absterben und Abfallen der Äste sowie die Überwallung der Astnarben verlaufen bei den Baumarten unterschiedlich in Art und Dauer. Einige Baumarten sind typische **Totasterhalter**, dazu gehören unter den Laubbäumen vor allem die Vogelkirsche und die Nussbaumarten, unter den Nadelbäumen die Douglasie und die Fichte, in geringerem Umfang auch Tannen- und Kiefernarten. Besonders bei diesen, aber auch bei anderen Nadelbäumen und bei den Pappelhybriden, ist deshalb eine künstliche Ästung für die Erzeugung von wertvollem Holz in vielen Fällen notwendig. Das gilt nicht nur für das Wertholz im engeren Sinn (Messer-/Schälfurniere und dgl.), sondern auch für gutes Schneideholz.

Schulz (1961) hat errechnet, dass die Ausbeute an astreinem Holz nur dann mindestens 50 % des Volumens des astfreien Stammabschnitts erreichen kann, wenn der Durchmesser des asthaltigen Kerns nicht größer ist als ein Drittel des Stammdurchmessers. Daraus folgt z. B., dass bei einem Zieldurchmesser des Wertholzabschnitts von 60 cm die Äste bei einem Stammdurchmesser von 20 cm entfernt und überwallt sein müssen.

4.3.2 Überwallung von Ästungswunden

Eine schnelle Überwallung der Schnittflächen ist notwendig, denn in der Überwallungszone treten verschiedene Holzfehler auf (unregelmäßiger Faserverlauf, bisweilen Verkienung und Verharzung sowie Rindeneinschlüsse). Diese Qualitätsminderung soll möglichst gering bleiben.

Zudem erhöht sich die Gefahr des Eindringens von Pilzen in den Stamm, wenn die Ästungswunden länger offen bleiben. Dadurch können Holzverfärbungen und Fäulnis entstehen. Das gilt in erster Linie für die Grünästung, bei der belaubte bzw. benadelte Äste entfernt werden. Die Überwallungsdauer hängt von mehreren Faktoren ab:

- Je größer der Stärkenzuwachs des Stammteils ist, an dem der Ast sitzt, desto rascher erfolgt die Überwallung; daher wirken alle Faktoren, die das Wachstum beeinflussen, auf die Überwallungsdauer ein (Nährstoffversorgung, Wasserversorgung, Standraum, Schäden in der Krone usw.).
- Nach Grünästung überwallen Wunden rascher als nach Trockenästung, bei der nur abgestorbene Äste entfernt werden.
- Mit der Länge des Aststummels nimmt die Überwallungsdauer zu.
- Raue Schnitte mit herausragenden Splittern und Astabbrüchen überwallen langsamer, auch das ist eine Folge unsorgfältiger Ästungstechnik.
- Je stärker der Astdurchmesser ist, umso länger dauert die Überwallung. Dabei spielt auch der Winkel zur Stammachse eine Rolle: Steil angesetzte Äste verursachen größere Astwunden.
- Im Spätwinter und bei Frühjahrsbeginn ausgeführte Ästungen führen zu etwas schnellerer Überwallung als solche, die im übrigen Jahr vorgenommen werden.

Astwunden von etwa 20 mm Durchmesser überwallen nach den Angaben verschiedener Autoren bei Bäumen auf günstigen Standorten innerhalb von 5–15 Jahren (Knigge und Schulz 1966; Mercer 1984; Dong et al. 1995; Metzler 1997). Bei Pappeln, Vogelkirsche und Douglasie dauert es oft nur 5–8 Jahre, bei Fichte und Lärche etwas länger und bei der Kiefer kann es 15 Jahre dauern. Diese Daten stammen aus Reinbeständen unter vollem Lichtzutritt, unter Schirm und im Seitenschatten werden meist dünnere Äste gebildet, die leichter natürlich abfallen und nach einer Ästung weniger starke Wunden hinterlassen. Jedoch ist das Wachstum unter solchen Verhältnissen geringer und damit auch die Überwallungsgeschwindigkeit. Das Zusammenspiel dieser Faktoren kann zu unterschiedlichen Ergebnissen führen. In vielen Fällen (sicherlich nicht bei der Douglasie) wird man beim Wachstum von Bäumen unter Schirm auf eine Ästung verzichten können.

4.3.3 Auswahl zu ästender Bestände und Bäume

Für die Auswahl von Ästungsbeständen gelten folgende Regeln:

- Es muss eine relativ lange Produktionsdauer möglich sein. Nur stabile Bestände ohne höheres Risiko für Sturm- und Schneebruch sowie Krankheiten, z. B. Gemeiner Wurzelschwamm (*Heterobasidium annosum*) oder Kiefernrinden-Blasenrost (*Cronartium flaccidum, Periderium pini*) (siehe Butin 2011), kommen in Betracht. Fichtenbestände in Rotwildgebieten scheiden aus, sofern nicht ein sicherer Schälschutz vorgenommen werden kann.
- Der Bestandeszuwachs muss hoch sein, d. h. mindestens eine II. Ertragsklasse erreichen.
- Die Qualität des gesamten Bestandes muss gut sein, geradwüchsig und frei von groben Ästen und Zwieseln.
- Es sollen nur vitale Bäume der herrschenden Klassen geästet werden, die eine allseits gute Kronenausbildung aufweisen. Viele Misserfolge früherer Zeit gehen darauf zurück, dass man Bäume mäßiger Wüchsigkeit ausgewählt hat, weil sie in ihrer Stammform und Feinästigkeit geeignet erschienen. Viele dieser Exemplare, besonders wenn sie nicht gleich nach der Ästung stark begünstigt wurden, sind im Laufe der nächsten Jahrzehnte von vorwüchsigen Nachbarn überwachsen worden, sodass der Aufwand der Ästung vergeblich war.

Die **Anzahl** der zu ästenden Bäume richtet sich nach der Anzahl der Stämme, die im Altbestand die notwendigen Dimensionen zur Wertholzerzeugung erreichen können. Solche Zukunftsbäume werden bei der Jungbestandspflege ausgewählt und meist dauerhaft gekennzeichnet (Kap. 4.2.8). Dem Auswahlprozess folgt die erste Ästung. Die Obergrenze für die Anzahl der zu ästenden Bäume liegt in Reinbeständen bei

300–400 St. ha^{-1}, bei Lärche und Kirsche deutlich niedriger. Dabei ist berücksichtigt, dass aus verschiedenen Gründen mancher geästete Stamm das Ziel der Wertholzproduktion nicht erreicht. Deshalb werden bei der zweiten **Ästungsstufe** (siehe unten) meist weniger Bäume geästet. Doch wird auch bedacht, dass wahrscheinlich ein (kleinerer) Teil der Vornutzung durch die Ästung vorteilhafter abgesetzt werden kann. Dafür sprechen die steigenden Qualitätsansprüche der Verarbeiter von Schnittholz (siehe Schulz et al. 1988; Uusvaara 1993).

Schulz (1961) hatte bei seinen vorher geschilderten Überlegungen (Zwei-Drittel-Regel) eine **Mindesthöhe** der Ästung von 4 m unterstellt. Heute gelten für die Nadelbäume und die Pappelhybriden 6 m als Regel, bei Vogelkirsche und Schwarznuss ist der Richtwert meist etwas geringer. Für sehr wüchsige, feinastige und auch sonst fehlerfreie Nadelbäume, besonders für Douglasie, werden bisweilen Ästungshöhen von 10–12 m als gerechtfertigt angesehen (Hugon 1994), doch ist zu bedenken, dass dabei die Kosten und die Risiken von Stammverletzungen überproportional steigen.

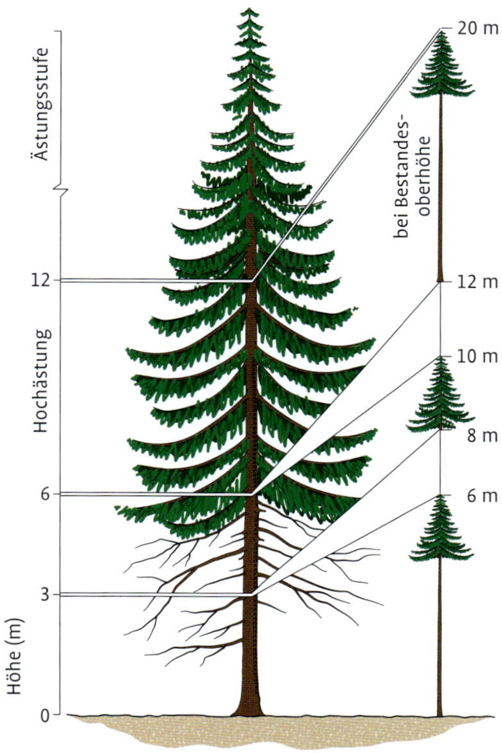

Abb. 4.53
Ästungsstufen in Abhängigkeit von der Bestandesoberhöhe (aus Morat 2015).

4.3.4 Technische Ausführung

Bis zur Mitte des 20. Jahrhunderts überwog die **Trockenästung**, weil angenommen wurde, dass nur so das Eindringen von Fäulniserregern in den Stamm und die Beeinträchtigung des Zuwachses sicher vermieden werden könnten. Inzwischen haben zahlreiche Untersuchungen gezeigt, dass durch **Grünästung** bei Einhaltung gewisser Grenzen in der Aststärke und der Ästungshöhe keine Gefahren bestehen. Bei den Laubhölzern liegen die Verhältnisse etwas anders: Holzverfärbungen und Eindringen von Fäulniserregern nach Grünästung lassen sich, besonders beim Entfernen stärkerer Äste, nicht ausschließen. Vor allem aber bilden viele Laubbaumarten, besonders Ahorn, Eiche, Esche, Pappel und Vogelkirsche, an den Schnittstellen zahlreiche neue Triebe (Wasserreiser), die kaum wirkungsvoll beseitigt werden können und erhebliche Qualitätsmängel darstellen. Deshalb unterbleibt die Grünästung an den Laubbäumen meist. Man setzt mehr auf die natürliche Astreinigung. In Frankreich ist man diesbezüglich weniger besorgt (Hubert und Courraud 1994).

Vor dem Beginn der Ästung werden, meist im Zuge der Jungbestandspflege, **Rückegassen** angelegt. So vermeidet man, dass Bäume geästet werden, die bald entnommen werden. Die Ästung erfolgt im Allgemeinen in **zwei Stufen**:

- Die erste Ästungsstufe reicht bis knapp 3 m und entfernt im unteren Schaftteil überwiegend tote Äste, greift aber auch in die lebenden Äste ein. Sie wird mit leicht gekrümmten, an Stangen befestigten Sägeblättern ausgeführt.
- Die zweite Ästungsstufe, meist bis 6 m, schließt sich nach einer weiteren Läuterung des Bestandes, nach 5–10 Jahren, an. Selten sind weitere Ästungsstufen bis 10 oder 12 m Höhe. Die Ästungshöhe wird entsprechend der Bestandeosoberhöhe festgelegt (Abb. 4.53), wobei bei jeder Ästungsstufe ein Kronenprozent von etwa 50 % erhalten bleiben soll, um Zuwachsverluste zu vermeiden.

Tab. 4.30 Einfluss der Grünästung auf den Zuwachs in den ersten 2–6 Jahren nach der Ästung von Nadelbaumarten (Kiefer, Fichte, Douglasie) (aus von Mitscherlich und Gadow 1968 zusammengestellten Daten)

Verbleibende Kronenlänge in Prozent der Kronenlänge vor der Ästung (%)	Höhenzuwachs in Prozent der unbehandelten Bäume (%)	Durchmesserzuwachs in Brusthöhe in Prozent der unbehandelten Bäume (%)
75	100	95
50	93	70
25	76	38

Für die **technische Ausführung** in den höheren Ästungsstufen gibt es verschiedene Vorrichtungen: Sägen mit verlängertem Gestänge, das Baumvelo (eine komplizierte Anlage mit pneumatischer Druckschere) oder eine motorgetriebene Klettersäge für Hochästungen. Deren Einsatz kann unter ungünstigen Umständen zu Verletzungen am Stamm führen, wenn (wie es oft bei Douglasie vorkommt) die Stammachse nicht ganz gerade ist, doch scheinen die Gefahren nicht so groß zu sein, wie anfangs befürchtet (Sachsse 1985). Weitere Einzelheiten der Ästungstechnik finden sich u. a. bei Springmann et al. (2011a), KWF (2014), Morat (2015) und in Merkblättern der Landesforstverwaltungen.

4.3.5 Auswirkungen auf den Zuwachs

Eine **Grünästung** reduziert die assimilierende Blatt- bzw. Nadelmasse und kann zur Verminderung des Wachstums der Bäume führen. Ob und wie stark dieser Effekt eintritt, hängt hauptsächlich vom Ausmaß des Zweigverlustes ab. Dabei bestehen keine einfachen Beziehungen, weil verschiedene Einflussfaktoren wirksam werden.

Bei mäßigen Eingriffen werden überwiegend Schattenzweige entfernt, deren Assimilationsorgane wenig zum **Zuwachs** der Bäume beitragen (siehe auch Mayer-Wegelin 1936). Erst bei intensiven Ästungen wird die Stoffproduktion nennenswert beeinflusst. In weitem Stand wachsende und daher tief bekronte Nadelbäume reagieren auf eine Kronenkürzung empfindlicher als in dichtem Schluss erwachsene, weil sie mehr Lichtnadeln tragen. Außerdem wurde beobachtet, dass bei der Kiefer kurz nach einer Grünästung größere Nadeln mit höheren Gehalten an N, P, Ca und Stärke gebildet wurden (Langström et al. 1990; Christiansen und Fjone 1993).

Mit Ausnahme sehr starker Eingriffe wird das **Höhenwachstum** durch die Grünästung nicht oder allenfalls sehr kurzfristig beeinflusst (Langström et al. 1990; Lenz et al. 1991; Klädtke und Yue 1997). Erst bei Kronenkürzungen um mehr als 50 % kann ein großer Teil der geästeten Bäume von herrschenden ungeästeten Nachbarn überwachsen werden. Die Auswirkungen auf den **Durchmesserzuwachs** sind deutlicher. Bei höher reichender Ästung sind die Verminderungen in den ersten Jahren nach dem Eingriff meist klar erkennbar, die Reduktion lässt aber bei guter Kronenentwicklung der Bäume bald nach. So fanden Christiansen und Fjone (1993) ein Nachlassen des Durchmesserzuwachses um 30 %, wenn die Hälfte der Krone jüngerer Bäume entfernt worden war, doch hielt diese Wirkung nur wenige Jahre an. In einer Modellrechnung für die Kiefernästung war der Durchmesserzuwachs bei Verlust der grünen Zweige von 50 % je nach den Standorten um 27–42 % reduziert. Ein Grünästungsversuch bei Vogelkirsche (Springmann et al. 2011b) führte auch nach einer starken Kronenkürzung (nur die obersten drei Quirle blieben erhalten) zu einem relativ geringen Rückgang des Durchmesserzuwachses, während der Höhenzuwachs gleich blieb. Allerdings bildeten sich am geästeten Stammabschnitt deutlich mehr Sekundäräste, sodass die Autoren empfehlen, nicht mehr als 50 % der Kronenlänge zu entfernen. Eine allgemeine Übersicht der Wirkungen von Grünästungen auf den Zuwachs verschiedener Baumarten gibt Tabelle 4.30 (weitere Angaben bei Kramer 1988).

Allgemein ist die Verminderung des Durchmesserzuwachses durch die Ästung im unteren

Schaftteil stärker ausgeprägt als im oberen, wodurch die Bäume etwas vollholziger werden.

Die Bedeutung von **Pflanzenzahlen** und **Pflanzenabständen** in Jungbeständen für die Astbildung ist im Kapitel 3.6.6 ausgeführt. Hier soll daher nur noch ein charakteristisches Beispiel erwähnt werden. Schulz (1979) verglich die Astentwicklung von Fichtenaltbeständen aus einem ursprünglichen Reihenverband von 4 m mit der in einem eng begründeten Bestand. Im erstgenannten Fall starben die Äste in 5 m Höhe erst bei einem Stammdurchmesser von 16,2 cm ab, sodass bei einer Trockenästung der Grenzwert des asthaltigen Kerns von 12 cm deutlich überschritten war. Außerdem lag der mittlere Durchmesser der drei stärksten Äste des Quirls in 5 m Höhe mit 21,4 mm und der des stärksten Astes mit 24,3 mm deutlich über der kritischen Sortierungsgrenze für Schnittholz von 20 mm. Dagegen waren die Äste der Fichten im Bestand mit enger Begründung schon bei 9,0 cm Stammdurchmesser abgestorben, nachdem sie Stärken von 12,8 bis maximal 15,5 mm erreicht hatten.

Auf manchen Standorten kann durch eine **Düngung** (Kap. 4.4) das Wachstum der geästeten Bäume gefördert werden. Das zeigten Kramer und Kätsch (1993) in einem kombinierten Gründüngungs- und Ästungsversuch für 21-jährige Fichte I. Ertragsklasse.

4.3.6 Ökonomische Aspekte

Häufig wird versucht, den Wertzuwachs zu ermitteln, den Bäume durch eine Ästung erhalten.

Olischläger (1970) errechnete bei rechtzeitig geästetem Fichtenschnittholz eine Wertsteigerung von 40–90 % gegenüber nicht geästetem Holz. Das wurde in späteren Jahren noch übertroffen. Bei Douglasien kann es noch wesentlich mehr sein. Heute werden viel differenziertere Berechnungen angestellt, bei denen Baumart, allgemeine Holzqualität und Schadensgefährdung berücksichtigt werden (Deegen 1995; Mosandl und Knoke 2002).

Wertästungen sind, wie die meisten waldbaulichen Maßnahmen, **Investitionen** mit schwierig zu kalkulierendem Risiko. Sie erfordern daher ein hohes Kostenbewusstsein (Gallmann 1989). Roeder (1989) gibt dazu weitere Hinweise. Er betont, dass man Ästungen auch als Kompensationsleistung für die heute allgemein üblichen relativ weiten Standräume bei der Bestandesbegründung (Kap. 3.6.6) in Rechnung stellen kann (siehe auch Beispiel für Kiefer in Bergmann 2003). Ungewiss bleiben in jedem Fall die Anforderungen, die zukünftig an das Holz gestellt werden.

4.4 Düngung

Die Natur hat in der langen Entwicklung der Erdoberfläche nicht alle Böden so geschaffen, wie sie für das Pflanzenwachstum am günstigsten wären. Das gilt besonders für viele heutige Waldböden in dem seit Langem dicht besiedelten Mitteleuropa. Meist beließen die Menschen die ursprünglichen Waldflächen in Regionen und auf Standorten, die aus verschiedenen Gründen für eine landwirtschaftliche Nutzung ungeeignet erschienen. Neben manchen anderen Mängeln, wie Höhen- und Hanglagen, Flachgründigkeit oder Vernässung, genügte oft der Gehalt an pflanzenverfügbaren Nährstoffen nicht den Ansprüchen von landwirtschaftlichen Kulturpflanzen. Zudem haben historische Waldnutzungen (Kap. 1.2.2) zu starken Verlusten an Stickstoff und anderen wichtigen Nährelementen geführt. Schließlich sind in neuerer Zeit Immissionen verschiedener Art zu Ursachen von Ungleichgewichten in der Nährelementverfügbarkeit in Waldökosystemen geworden. Diesem Sachverhalt kann durch Düngung entgegengesteuert werden.

4.4.1 Grundlagen

Zur ausreichenden Ernährung einer ständig wachsenden Erdbevölkerung kann eine ökonomisch tragfähige **Landwirtschaft** ohne laufende und vollständige Ergänzung der mit den Ernten entnommenen Nährelemente durch betriebseigene und vom Handel angebotene Dünger nicht auskommen. Zusammen mit der Bodenbearbeitung und dem Anbau züchterisch verbesserter Sorten, die das Nährstoffangebot optimal verwerten, ist die Düngung in der Landwirtschaft und im Erwerbsgartenbau ein unentbehrliches Produktionsmittel. Das gilt mit der Ein-

geschädigten Böden für die Einbringung von Laubbäumen wieder zu verbessern. Je weiter die Erkenntnisse aus den zahlreichen Düngungsversuchen voranschritten und die Schwefelemissionen (nicht aber die von Stickstoff) durch Vorschriften zur Luftreinhaltung stark nachließen, desto mehr wandelten sich die Ziele – und damit auch die Methoden – hin zu einer Sanierung aller oberirdischen und unterirdischen Ökosystemprozesse, speziell auf nährstoffarmen, durch Immissionen geschädigten Standorten.

Vorrangiges Ziel der Walddüngung ist heute der **Erhalt des Standortspotenzials** durch die Sicherung einer standortsangepassten Versorgung auch künftiger Waldgenerationen mit Nährstoffen, die sogenannte **Nährstoffnachhaltigkeit** (Block et al. 2016). Stoffbilanzen für Ca, Mg und K an den Stichprobenpunkten der Bundeswaldinventur ergaben, dass auf etwa drei Viertel der Waldfläche in Deutschland die natürlichen Bodenfunktionen durch die überwiegend anthropogen verursachte Bodenversauerung so stark beeinträchtigt sind, dass auch die Nährstoffexporte mit der Holznutzung problematisch werden (Wilpert et al. 2018). Auf 31 % (statistisch abgesichert 5 %) der Waldfläche sind danach die Nährstoffbilanzen bereits ohne Holznutzung negativ. Auf 12 % der Waldfläche ergeben sich nach dieser Bilanzierung noch Möglichkeiten, die Nutzungsintensität in Richtung Vollbaumnutzung zu erhöhen, ohne die Nährstoffnachhaltigkeit zu gefährden.

In Mitteleuropa beschränkt sich die Walddüngung auf Kompensationskalkungen zur Verminderung der Säurebelastung und auf Startdüngungen zur Behebung von Anwuchsschwierigkeiten auf nährstoffarmen Böden; in Nordeuropa sind Düngungen zur Ertragssteigerung häufiger (Hedwall et al. 2014), u. a. bei geringer P- und K-Versorgung auf Moorböden (Moilanen et al. 2015).

Verbesserung der Bodenzustände

Düngungen mit hohem **Stickstoffanteil**, wie sie noch bis zur Mitte des 20. Jahrhunderts häufig vorgenommen wurden, haben in Mitteleuropa ihre Bedeutung verloren, weil hohe N-Einträge aus Immissionen seitdem meist zu ausreichender, oft sogar übermäßiger Stickstoffversorgung (Stickstoffsättigung) führen. Aktuell werden die N-Entzüge mit der Holzernte durch die N-Einträge über die Deposition fast überall in Mitteleuropa überkompensiert (Daten hierzu für Rheinland-Pfalz in Bloch et al. 2016). Die Stickstoffemissionen sind allerdings europaweit – wenn auch in weitaus geringerem Ausmaß als die Schwefelemissionen – rückläufig (Fowler et al. 2007), und auch die N-Deposition in den Waldökosystemen zeigt auf einigen Messflächen bereits eine abnehmende Tendenz (Keuffel-Türk et al. 2012), sodass langfristig die Auswirkungen der Holzernte auf den Stickstoffhaushalt auch wieder kritischer bewertet werden könnten.

Allenfalls bei Startdüngungen auf armen Böden (Kap. 4.4.2.3) werden stickstoffhaltige Volldünger im Wald verwendet, häufiger kommen sie in Kurzumtriebsplantagen mit schnell wachsenden Baumarten auf landwirtschaftlichen Flächen zum Einsatz (Georgiadis et al. 2017). In größerem Umfang werden in Nordeuropa in Regionen mit sehr geringen N-Einträgen auf armen Böden Stickstoffdüngungen vorgenommen (Högbom et al. 2001; Pettersson und Högbom 2004; Saarsalmi et al. 2006). Düngungen mit Stickstoff sind oft mit Nachteilen für die Böden verbunden, weil sie die Versorgung mit anderen Elementen (K, P und Mg) vermindern (Preuhsler und Rehfuess 1982; Hüttl 1990; Balsberg-Pahlsson 1992; Edfast et al. 1996; Salih und Andersson 1999). Kalkungen, denen eine Stickstoffdüngung vorausgegangen war, führten bei Versuchen im Solling zu erhöhten Stickstoffausträgen in Buchen- und Fichtenbeständen (Matzner und Meiwes 1990).

Weit im Vordergrund stehen heute **Kompensationsdüngungen mit Kalk** als Grundstoff, häufig mit Anteilen von Magnesium. Bisweilen in geringer Menge sind auch andere Nährstoffe in den verwendeten Kalkdüngern (Kap. 4.4.2.1) enthalten. Als allgemeine Ziele einer Kompensationskalkung gelten:

- Verminderung der Säurebelastung im Wurzelraum und im Grundwasser durch Neutralisierung von Wasserstoffionen (H^+) durch basische Kationen (v. a. Ca^{2+}, Mg^{2+})
- Verbesserung der Humusform, insbesondere durch vermehrte und tief wühlende Bodenfauna

- Erhöhung der oft unzureichenden Ca- und Mg-Gehalte in der Bodenlösung und am Bodenaustauscher, Verminderung der pflanzenaufnehmbaren toxisch wirkenden Al-Ionen
- Verbesserung der Nährstoffversorgung in den Organen der Pflanzen, teils durch Zufuhr von im Mangelbereich vorhandenen Stoffen, teils durch günstigeren Humusumsatz und Harmonisierung der Mengenverhältnisse der Elemente (z. B. C/N, Ca/K, K/Mg, Ca/Al)
- Steigerung des Wurzelwachstums, besonders von Dichte und Länge lebender Feinwurzeln
- Erhöhung der Artenvielfalt von Flora und Fauna, dabei Verbesserung der Lebensbedingungen für anspruchsvollere Laubbaumarten

Nicht alle diese Ziele lassen sich unter allen ökologischen Verhältnissen zugleich und schon gar nicht in kurzer Zeit erreichen. Davon zeugt eine sehr umfangreiche Literatur. Deren Auswertung auf dem gegenwärtigen Stand ist dadurch besonders erschwert, dass es sich teilweise um nicht exakt beschriebene Erfahrungsberichte oder oft um relativ kurze Beobachtungszeiträume von Versuchen handelt. Vielfach fehlen nähere Angaben über die Bestandesverhältnisse sowie Düngerformen und -mengen. In sonst gut angelegten Versuchen haben zu unterschiedlichen Zeitpunkten Nachdüngungen oder Eingriffe in die Bestände stattgefunden. Für die Kompensationsdüngung wird eine ganze Anzahl verschiedener Mittel verwendet (Kap. 4.4.2.1), die unterschiedliche Anteile von Ca und Mg enthalten. Auch darauf muss bei der Beurteilung der Düngungsergebnisse geachtet werden.

Nach Guderian (2001) sind bei folgenden Standortsverhältnissen Kompensationskalkungen notwendig:

- niedrige pH-Werte (< 3,0 im Auflagehumus, < 4,2 im Mineralboden)
- Basensättigung am Austauscher von < 15 %
- hoher Versauerungsgrad der Bodenlösung (Ca/Al Verhältnis < 1)
- ungünstige, biologisch inaktive Auflagehumusform

Nahezu alle Kalkungsversuche führten zu einer **Verminderung der Azidität** in der sauren Humusauflage (die meisten auch im Oberboden) – besonders durch Verdrängung von H^+-Ionen durch basische Kationen, wie Ca^{2+} und Mg^{2+}, – und damit zur Erhöhung der Basensättigung sowie der Vorräte an austauschbaren Ca^{2+}- und Mg^{2+}-Ionen im Wurzelraum (Block und Gauer 2012; Greve 2014). Wie tief sich die Wirkung der Kalkung im Boden auswirkt, hängt von verschiedenen Faktoren ab. Die Löslichkeit des aufgebrachten Materials, die durch Standort und Bestandesdichte gegebenen Niederschläge, die Bodenart sowie die gegebene Kationen-Austauschkapazität spielen hierbei eine große Rolle. Die **Lösung von Kalk** erfolgt durch Reaktion mit starken und schwachen Säuren. Schwache Säuren, z. B. die Kohlensäure, lösen maximal ca. 1 t Kalk ha^{-1} (Prenzel 1985); starke Säuren, wie sie im sauren Auflagehumus vorkommen, vermögen mehr Kalk zu lösen. Kreutzer et al. (1991) fanden im ersten Jahr nach oberflächlicher Kalkung mit 4 t Dolomit ha^{-1} eine Abnahme der Kalkmenge im Auflagehumus von 1,7 t ha^{-1}; nach vier Jahren waren 90 % der ausgebrachten Kalkmenge gelöst. Nachdem zu Anfang die starken Säuren mit dem Kalk reagiert hatten, blieb für die weitere Kalklösung nur die schwache Kohlensäure wirksam, die in drei Jahren (Jahr 2–4 nach der Kalkung) insgesamt 1,9 t ha^{-1} bzw. jährlich 0,63 t ha^{-1} Kalk gelöst hatte. Die Mächtigkeit der Humusauflage ist, besonders auf Flächen mit wenig Niederschlag, von Bedeutung, denn hier bleiben große Mengen von Kalk über lange Jahre gespeichert (Abb. 4.55, siehe auch Eberl 2001). Andererseits fand Asche (1999) 15 Jahre nach Ausbringung von 6 t Hüttenkalk ha^{-1} eine deutliche Erhöhung des pH-Wertes in einer Pseudogley-Braunerde mit mächtiger Humusauflage bis in 90 cm Tiefe. Weitere Angaben dazu für verschiedene Standorte, Bestandesformen und unterschiedliche Kalkgaben finden sich u. a. bei Rehfuess (1990), Reiter (1994), Meiwes (1994), Ponette et al. (1996, 1997), Nilsson et al. (2001), Meiwes et al. (2002), Schüler (2002) und Greve (2014).

Unterschiedlich sind aus den oben genannten Gründen auch die **Zeiträume**, über welche eine Kompensationskalkung wirksam bleibt. Zu Zeiten hoher Säureeinträge aus der Luft wurde für die praxisüblichen Ausbringungsmengen von 3 bis maximal 5 t Kalk ha^{-1} mit der Notwendig-

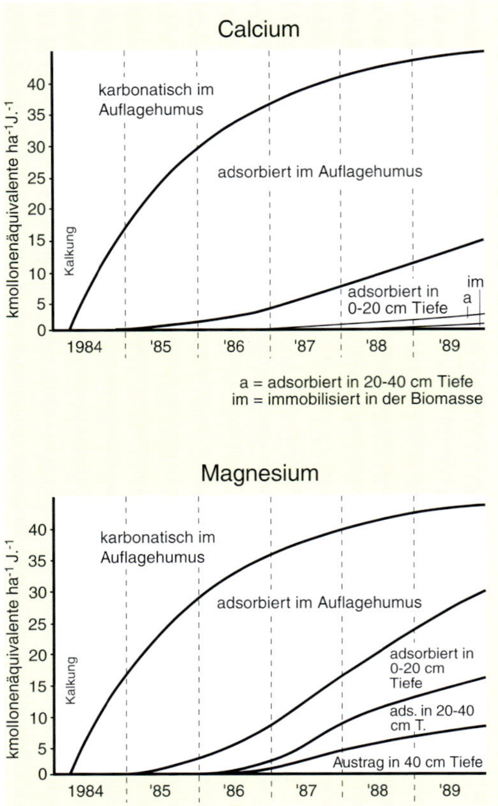

Abb. 4.55
Verlagerung des mit Kalk (4 t Dolomit ha^{-1}) eingebrachten Calciums und Magnesiums im Auflagehumus und Mineralboden eines Fichtenbestandes im oberbayerischen Tertiärhügelland in den ersten 5 Jahren nach der Kalkung (nach Kreutzer et al. 1991).

keit einer Wiederholung der Kalkung nach etwa 10–15 Jahren gerechnet. Inzwischen werden für die Waldstandorte entsprechend der Säurebelastung unterschiedlich lange Wiederholungszeiträume (10–50 Jahre) empfohlen, die sich aus Bilanzrechnungen und chemischen Bodendaten des Umweltmonitorings und des Versuchswesens ergeben (Block et al. 2016).

Alle bisherigen Untersuchungsergebnisse zum Lösungs- und Neutralitätsverhalten von Kalken zeigen, dass sich dadurch eine weitere Bodenversauerung aufhalten oder sogar vermindern lässt (Reid und Watmough 2014; Paradelo et al. 2015; Lawrence et al. 2016). Für den 1952 in einem damals 67-jährigen Fichtenbestand angelegten Düngeversuch Pfalzgrafenweiler (Schwarzwald, 610 m ü. NN, Oberer Buntsandstein) war die Ausbringung von 2 t kohlensaurem Kalk ha^{-1} auch 30 Jahre später noch an höherer Humosität und Basensättigung sowie einer pH-Werterhöhung im Oberboden nachweisbar. In den Nadeln, im Streufall und im obersten Mineralboden waren die Ca-Gehalte (hingegen die Gehalte von Mg und P nur in anderen Düngungsvarianten) noch nicht zurückgegangen (Wilpert 2003).

Positiv ist auch in der Mehrzahl der Untersuchungen die Beurteilung von Kalkungen in ihrer Wirkung auf die **Humusform** (Rehfuess 1990; Ammer und Makeschin 1994; Eberl 2001; Nilsson et al. 2001; Schüler 2002). Durch die Verminderung der Azidität schreiten die Zersetzung der Streu und deren Humifizierung unter dem Einfluss gesteigerter Aktivität von Mikroorganismen und Bodenfauna rascher voran (Rehfuess 1990; Wolters et al. 1995; ausführlich bei Berg und McClaugherty 2014 sowie Amelung et al. 2018). Die stärkere Humifizierung bewirkt in Verbindung mit einer erhöhten Bioturbation eine vermehrte Anreicherung von Humusstoffen in den obersten Schichten des Mineralbodens, sie fördert damit die physikalische Bodenstruktur sowie die Pflanzenverfügbarkeit von Nährstoffen. Je nach den ökologischen Verhältnissen setzt diese Wirkung der Kalkung auf den Humuszustand erst nach Jahren ein und kann über Jahrzehnte anhalten (Immer et al. 1993; Nilsson et al. 2001). Nachteilig kann eine rasche Mineralisierung sein, wenn sie die Humusvorräte zu stark vermindert und die Auswaschung von Stickstoff (N) und anderen Elementen fördert (Kap. 4.4.4.1).

Uneinheitlich stellen sich die Befunde dar, wenn man die Wirkung der Kalkzufuhr auf die Entwicklung der **Feinwurzeln** bei den Waldbäumen betrachtet. Mehrere Autoren geben an, dass nach Kalkungen in **Fichtenbeständen** die Feinwurzeln nach Anzahl und Länge sich stärker in der Humusauflage und in der obersten Schicht des Mineralbodens entwickeln (Literaturübersicht bei Kaupenjohann 1995). Als mögliche Ursache dafür wird die bessere Versorgung der humosen Schichten mit Stickstoff und anderen Nährstoffen als Folge der verstärkten Mineralisierung des Humus angesehen. Gesicherte Hinweise, dass dies zulasten der Tiefendurchwurzelung erfolgt, gibt es nicht. Zu berücksichtigen ist auch, dass die entsauernde und Nährstoffe freisetzende

Wirkung einer oberflächlichen Kalkung im Mineralboden zeitlich stark verzögert wirksam wird (Beese und Meiwes 1995; Clemensson-Lindell und Persson 1993; Schäffer et al. 2001).

In **Buchenbeständen** wurden keine Veränderungen der Durchwurzelung im Humus und im Mineralboden als Folge von Kalkungen beobachtet (Rapp 1991; Asche 1999; Bakker und Nys 1999). Ähnlich ist es mit der Frage, welche Wirkungen von Kalkungen auf den Besatz der Feinwurzeln mit **Mykorrhizen** ausgehen (siehe auch Rapp und Jentschke 1994; Erland und Taylor 2002). Lehto (1984) fand in Kiefernbeständen Finnlands 20 Jahre nach einer Kalkung mit 2 t $CaCO_3$ ha^{-1} eine Erhöhung der Biomasse (Trockengewicht) der Kurzwurzeln und eine Vermehrung des Besatzes mit *Cenoccocum graniforme*. Andersson und Söderström (1995) stellten an jungen Fichten, die in Südschweden auf einem Podsolboden gepflanzt worden waren, 5–6 Jahre nach der Kalkung von 3,8 t $CaCO_3$ ha^{-1} sechs Mykorrhiza-Typen fest, von denen drei infolge der Kalkung abgenommen hatten, zwei weitere hatten zugenommen und ein Typ war unbeeinflusst geblieben. Ähnliche Ergebnisse zeigen auch Helmisaari und Hällbäcken (1999). Die Autoren betonen, dass für die Mykorrhizierung offenbar noch andere Faktoren als die Kalkung verantwortlich waren. Rineau und Garbaye (2009) konnten zeigen, dass eine Kalkung die enzymatische Aktivität der Mykorrhizen und damit ihre Fähigkeit zur Mobilisierung von Nährstoffen erhöht.

Die bisherigen Darstellungen umfassten ausschließlich die typischen Kompensationsmaßnahmen, wie sie in der Praxis und in den weitaus meisten wissenschaftlichen Versuchen ausgeführt werden: als Ausbringung auf die sonst unbearbeitete Humusauflage. Relativ selten wurde Kalk oder Stickstoff durch oberflächliches **Eggen** oder **Pflügen** eingebracht. Von solchen Verfahren ist man wegen der damit verbundenen starken Humuszersetzung wieder abgekommen. Bisweilen wurden bei Bestandesbegründungen auf Kahlflächen große Mengen von Düngemitteln (besonders Kalk und P) in größere Bodentiefen eingebracht (Kap. 3.2.2.3).

Grundsätzlich hat aus Naturschutzsicht die Kalkung auf geologischen Substraten (z. B. Granite und Quarzsande), aus denen sich natürlicherweise stark saure Böden entwickeln, zu unterbleiben. Die Basenversorgung sollte zum Schutz von Lebensgemeinschaften auf nährstoff- und humusarmen Standorten nicht über ein angenommenes prähistorisches Niveau hinaus erhöht werden. Empfindliche Biotope (Beispiele in Seitz 2014) sind durch Pufferzonen und angepasste Ausbringungstechniken gegen Kalkeinträge zu schützen (Reif et al. 2014).

Behebung von Anwuchsschwierigkeiten

Unter bestimmten Voraussetzungen kann es zweckmäßig sein, bei der Pflanzung eine Düngung **einzelner Pflanzen** vorzunehmen. Solche Startdüngungen sind bei der Bepflanzung von Rohböden (z. B. Kippen, neu angelegte Weg- und Waldränder) notwendig, sie können aber auch beim Voranbau (Kap. 3.7.2) unter älteren Nadelbaumbeständen auf sehr nährstoffarmen und versauerten Standorten Anwuchs und Jungendwachstum der eingebrachten Pflanzen verbessern.

Die **Startdüngung** in das Pflanzloch war lange Zeit nur bei der Pflanzung von Pappeln üblich, wird aber seit den 1980er-Jahren bei Vorliegen von immissionsbedingten Nährstoffdefiziten auch für kleinere Pflanzen, wenn auch in geringeren Dosierungen, empfohlen (Röhrig und Gussone 1990). Bei der Pappelpflanzung wird auf den Grund des relativ großen Pflanzlochs Phosphat- und Kalkdünger deponiert, mit etwas Erde bedeckt und darauf die Pappel gesetzt. Die anschließend zugegebene Füllerde ist ebenfalls mit P-, K- und Mg-Düngern angereichert. N-Dünger wird schon im ersten Jahr auf die Pflanzscheibe gegeben, in den folgenden Jahren Volldünger. Als Startdüngung für kleinere Pflanzen ist das Verfahren weniger aufwendig. Allgemein werden etwa 200–300 g magnesiumhaltiger Kalk und 50 g Hyperphos der Pflanze zugegeben. Diese Angabe ist nur als grober Richtwert aufzufassen. Vor allem für große Kulturflächen ist die Notwendigkeit einer Nährstoffzufuhr durch Blatt- und Bodenanlysen zu prüfen.

Weihs (1993) wertete einen Voranbauversuch unter Fichte und eine Vergleichspflanzung nach Kahlschlag im Oberharz (860 m ü. NN, basenarmer, podsolierter Granitverwitterungsboden) mit vier Düngungsvarianten aus:

- Kontrolle ohne Düngung
- Pflanzplatzdüngung mit 150 g kohlensaurem Kalkmagnesium (95 % $CaCO_3$) und 30 g Thomasphosphat mit 40 % $MgCO_3$ je 40 × 40 cm großem Pflanzplatz; die Düngemittel wurden von Hand in den aufgelockerten Boden eingearbeitet, zusätzlich wurden auf den Parzellen mit Pflanzplatzdüngung im Herbst der zweiten Vegetationsperiode flächig 5 t ha^{-1} magnesiumhaltiger kohlensaurer Kalk (90 % $CaCO_3$, 7 % $MgCO_3$) ausgebracht
- Kopfdüngung mit 30 g Volldünger je Pflanze zu Beginn der zweiten Vegetationsperiode, ohne Kalkung
- Pflanzplatzdüngung + flächige Kalkung + Kopfdüngung

Vor (2000) untersuchte diese Flächen 13 Jahre nach den Düngungen (Kap. 3.7.2). Die Pflanzung unter dem Altholzschirm brachte keine wesentlichen Vorteile, ebenso wenig die Volldüngergabe ohne Kalkung. Den geringsten Ausfall und den höchsten Zuwachs hatte die Vogelbeere in allen Düngungsvarianten. Als noch geeignet in der Funktion als meliorierende Mischbaumart zur Fichte erwies sich die Schwarzerle, während der Bergahorn auf den ungekalkten Varianten völlig ausfiel und auch mit Kalkung nur kümmerlich wuchs. Die Fichte zeigte nur auf der Freifläche und mit Kalkdüngung ein ausreichendes Durchmesser- und Höhenwachstum. Bei Vogelbeere und Schwarzerle waren in den gekalkten Varianten die Ca- und Mg-Gehalte in den Blättern 13 Jahre nach der Pflanzung signifikant erhöht. Die alleinige Volldüngung hatte keinen Einfluss auf die Nährstoffgehalte der Blätter.

Büttner und Valerius (1993) berichten über einen Voranbauversuch mit Buche unter Fichte im Harz, in dem nach Pflanzlochbohrung 100 g kohlensaures Magnesium, z. T. auch 60 g Thomasphosphat, in das Pflanzloch eingearbeitet wurden. Nach wenigen Jahren zeigte sich eine Erhöhung der Sprosslänge gegenüber der Kontrolle, jedoch keine Wirkung auf die Wurzelentwicklung.

In einem Bericht von Büttner und Wagner (1996) über den Voranbau von Buche unter Fichte im Solling werden Startdüngungen mit 200 g kohlensaurem Kalk beschrieben, der in den Boden eingebracht wurde, nachdem auf den 40 × 40 cm großen Pflanzplätzen der Grasfilz zur Seite geschoben worden war. Im zweiten und dritten Jahr wurden zusätzlich plätzeweise 30–50 g Volldünger gegeben. Es zeigten sich in den folgenden Jahren Erhöhungen der Elementgehalte in den Nadeln, die jedoch beim Magnesium (Mg) keine ausreichende Versorgung ergaben. Daher wird die Ausbringung von Dolomit statt kohlensaurem Kalk empfohlen. Die Zuwachswerte der Pflanzen zeigten kein klares Bild. Der Nutzen der späteren Kopfdüngung mit Volldünger wird von den Autoren angezweifelt.

Ganz allgemein sind Startdüngungen, ob nun in das Pflanzloch gegeben oder auf die bereits gesetzte Pflanze (Kopfdüngung), in der Praxis eher eine Art Sicherungsmaßnahme. Ohne vorherige Ermittlung der Düngebedürftigkeit des Bodens bleibt die Wirkung ganz ungewiss. Zudem ist zu bedenken, dass die Wirkung des Altholzschirms (Licht, Wurzelkonkurrenz) beim Voranbau stärker sein kann als die der Startdüngung an Einzelpflanzen.

Förderung der Vitalität

Seit Beginn des 20. Jahrhunderts wurden, zunächst vereinzelt, später in etwas größerem Umfang, Versuche angelegt, um den **Ertrag** von Waldbeständen durch Düngung mit Kalk, Stickstoff und Phosphor zu erhöhen. Röhrig und Gussone (1990) haben darüber berichtet. Überzeugende Erfolge gab es hauptsächlich auf Standorten mit ausgeprägtem Stickstoffmangel, besonders nach länger anhaltender Streunutzung, und in Regionen mit klimabedingter sehr langsamer Streuzersetzung (z. B. Skandinavien).

„Die Mehrleistungen an Zuwachs in diesen Beständen sind sehr unterschiedlich gewesen; sie reichten je nach Baumart, Bestandesalter, Ertragsniveau und den damit verbundenen Standortsverhältnissen von 3–6 VFm je Hektar und Jahr und dauerten in dieser Größenordnung unterschiedliche Zeit. Bei alleiniger Stickstoffdüngung ging selbst starker Zuwachs schon nach vier bis sieben Jahren wieder zurück. Bei gleichzeitiger Zufuhr von Phosphat und Kalk hielt er länger an, wenn dann auch mit geringeren Auswirkungen. Dieser allmähliche Zuwachsrückgang auf das Maß ungedüngter Vergleichsbestände ist verständlich, wenn man berücksichtigt, dass die Mehrleistung vor allem auf Verbesserung, insbesondere einer Vermehrung der Assimilationsmasse, beruht. Diese tritt bei Stickstoffdüngung schnell ein und schwindet wieder, wenn nicht nachgedüngt wird, sobald die besser ernährten Nadeln abgefallen sind. Sie setzt nach Düngung mit schwer löslichen Phosphaten und auch Kalken sehr viel später ein, hält dann aber auch länger vor, wobei Stickstoffschübe durch Mobilisierung der organischen Substanz mithelfen“ (Röhrig und Gussone 1990).

Durch die bis heute anhaltenden N-Einträge aus Emissionen erübrigt sich fast überall die Düngung. Eine Ausnahme bilden niederwaldartige Plantagen im Kurzumtrieb (Kap. 5.2.3), die offenbar in regelmäßigen Abständen einen Nachschub der mit der Ernte entzogenen Nährstoffe benötigen. Einen anderen Fall stellen akut auftretende Nährstoffmängel dar, die im Folgenden behandeln werden.

Bei der Suche nach den Ursachen der „Neuartigen Waldschäden“ wurde man darauf aufmerksam, dass zumindest ein großer Teil der Symptome (Vergilbung von Nadeln und Blättern, Verlichtung der Baumkronen durch Verluste von Nadeln und Bildung von weniger und kleineren Blättern) mit **Störungen des Stoffhaushaltes** zusammenhängt. Meist wurden bei Blatt- und Nadelanalysen Mängel (v. a. an Mg) oder Überschüsse einzelner Elemente, verbunden mit Ungleichgewichten zwischen ihnen, festgestellt. Diese Erscheinungen standen meist im Zusammenhang mit Befunden im Boden. Daher ist eines der wichtigsten Ziele von Kompensationsdüngungen (Kap. 4.4.3.3) die Wiederherstellung einer ausgeglichenen Nährstoffversorgung der geschädigten Bäume und damit ihrer Vitalität.

Eine allgemeingültige Bewertung der Ergebnisse aus den vielen Untersuchungen zu diesem Problem ist nicht einfach, teilweise auch nicht möglich. Die Schadsymptome sind je nach Baumart, Standort, Jahreswitterung und Baumalter unterschiedlich ausgeprägt, sie stehen auch nicht immer mit dem Ernährungszustand in unmittelbarem Zusammenhang (siehe Rehfuess 1995). Das allein macht die Interpretation der jährlichen Waldzustandberichte (früher Waldschadensberichte, erstellt von den Forstverwaltungen der Länder und dem zuständigen Bundesministerium) schwierig.

Dennoch lassen sich aus den bisherigen Untersuchungen einige wichtige und wegweisende Erkenntnisse ableiten. Das gilt in erster Linie für Kalk-Magnesium-Düngungen. Die Düngung mit **magnesiumhaltigen Kalken** und Gesteinsmehlen, aber auch mit Magnesiumdüngern allein, erhöht rasch die Mg-Konzentration in Blättern und Nadeln von Buche, Eiche, Douglasie, Fichte und Weißtanne. So können Nadelvergilbungen durch **Mg-Mangel** in wenigen Jahren zurückgehen (Hüttl 1990; Sauter 1991; Spelsberg 1992; Bonneau 1993; Hüttl und Zöttl 1993; Asche 1994; Bonneau et al. 1995, 1997; Hüttl und Schaaf 1997; Jandl et al. 2001; Misson et al. 2001; Schüler 2002).

Hüttl und Zöttl (1993) machen auf Nährstoffantagonismen aufmerksam: Höhere Ca- und Mg-Werte können zu einem Mangel an Kalium führen. Versuche auf sauren Böden der belgischen Ardennen mit unterschiedlichen Düngerarten ergaben, dass die Ausbringung von 3 t Dolomit ha^{-1} die mittlere K-Konzentration in Böden und Assimilatorganen von Buche und Fichte verminderte, die Beifügung von 250 kg ha^{-1} Kaliumsulfat dagegen die K-Konzentration bei der Buche, nicht aber bei der Fichte erhöhte (Misson et al. 2001). Spelsberg (1992) fand in einem 84-jährigen dicht geschlossenen Fichtenbestand auf Braunerde beim Vergleich ungedüngter Parzellen mit Parzellen, die mit 3 und 6 t Konverterkalk ha^{-1} gedüngt worden waren, die höchsten K-Gehalte dort, wo keine Düngung stattgefunden hatte, doch waren die Unterschiede gering.

Düngungen mit kalkhaltigen Mitteln erhöhten in allen Untersuchungen die **Ca-Konzentrationen** in Blättern und Nadeln, wenn auch häufig die Wirkung etwas langsamer eintritt als bei Magnesium (Mg). So stellen sich nach Kalkzufuhr oft ernährungsphysiologisch günstigere Ionengleichgewichte ein.

Dagegen ist, anders als bei Vergilbungen der Assimilationsorgane, die Wirkung von Kalk-(Ma-

Tab. 4.31 Elementgehalte von Fichtennadeln (1–3 Nadeljahrgänge) 5 Jahre nach Kalkung mit 3 oder 6 t ha^{-1} Konverterkalk auf zwei Versuchsflächen im Sauerland (Nordrhein-Westfalen) (aus Asche und Fischer 1992)

	Ohne Kalkung			**Kalkung 3 t ha^{-1}**			**Kalkung 6 t ha^{-1}**		
	Nadeljahrgang								
	1	**2**	**3**	**1**	**2**	**3**	**1**	**2**	**3**
Element	**Elementgehalte (mg g^{-1} Trockensubstanz)**								
	Arnsberg								
N	14,6	14,5	14,5	15,5	14,9	14,1	15,6	14,6	13,9
Ca	3,17	4,67	4,53	4,10	6,00	6,30	5,83	9,20	8,60
Mg	0,66	0,50	0,45	0,72	0,55	0,49	0,75	0,56	0,51
K	4,47	5,03	4,30	3,97	4,50	3,97	4,17	4,53	3,80
P	1,17	1,03	1,03	1,27	1,17	1,17	1,27	1,13	1,10
	Attendorn								
N	13,1	12,9	12,9	12,6	11,9	11,9	13,4	12,2	12,2
Ca	2,40	2,90	2,93	2,87	4,10	4,03	4,00	6,07	5,50
Mg	0,52	0,38	0,31	0,54	0,45	0,38	0,72	0,57	0,45
K	4,83	5,10	4,57	3,03	3,60	3,67	3,30	3,87	3,63
P	1,10	1,00	1,00	1,10	0,93	0,97	1,17	1,03	1,07

gnesium-)Düngungen auf eine allgemeine **Regeneration der Kronen** schwierig zu beurteilen. Spelsberg (1992) fand fünf Jahre nach Ausbringung von 3 oder 6 t ha^{-1} keine Auswirkungen in einem 84-jährigen Fichtenbestand, obwohl die Konzentrationen von Ca und Mg in den Nadeln erhöht waren. So schilderten es auch Landmann und Bonneau (1995) für Versuche mit Kalkmagnesium in Tannen-Fichtenbeständen der Vogesen. Dort brachte nur eine Volldüngung mit N-P-K-Ca-Mg eine gewisse Verbesserung des Kronenzustands, doch diese trat später auch auf den ungedüngten Parzellen ein (Bonneau et al. 1995). Das lässt vermuten, dass die hohe N-Zufuhr aus der Luft, die in vielen Regionen Europas beobachtet wird, zu der vielfach zu erkennenden Gesundung der Belaubung und Benadelung beiträgt.

Tabelle 4.31 zeigt als Beispiel die Veränderungen in den Elementgehalten von Fichtennadeln fünf Jahre nach einer Düngung mit 3 oder 6 t ha^{-1} Konverterkalk (rund 46 % CaO, 6 % MgO, 5 % P_2O_5) in zwei Fichtenreinbeständen des Sauerlandes. Die Fichten der Versuchsfläche Arnsberg stehen auf einer schwach podsoligen Braunerde ($pH_{(KCl)}$-Wert des O_H = 3,3 und des B_v = 3,9) mit der Humusform Moder in 250 m ü. NN. Die Ertragsklasse beträgt I.8. Für die Versuchsfläche Attendorn sind Bodentyp und Ertragsklasse sehr ähnlich, doch liegt die Fläche bei 500 m ü. NN.

Man erkennt in der Tabelle Unterschiede bei den Kontrollflächen. Trotz standörtlicher Übereinstimmungen sind die Elementgehalte der Nadeln in Attendorn bei N, Ca und Mg deutlich niedriger als in Arnsberg. Die Düngung brachte auf beiden Flächen kräftige **Anstiege** im Ca-Gehalt der Nadeln und ziemlich deutliche bei Mg und P (nicht immer kongruent mit den Aufwandmengen). Dem schwachen Anstieg der N-Gehalte in Arnsberg steht eine **Abnahme** in Attendorn gegenüber. Die Kaliumgehalte haben sich durch die Düngung vermindert. Die Tabelle zeigt außerdem die Unterschiede der Elementgehalte, die man in Fichtennadeln verschiedenen Alters findet (siehe auch Ingerslev 1999).

Die Versorgung der Bäume mit **Kalium (K)** und **Phosphor (P)** wird oft schon durch die Mobilisierung dieser Elemente als Folge der günstigen Wirkung einer Kalkung für die Humuszersetzung verbessert. Auch können die geringen Anteile von P, die sich im Konverterkalk befinden (Kap. 4.4.2.1), zu einem höheren Angebot an pflanzenverfügbarem P führen. Auf Standorten mit deutlichem Mangel an K und P wird deshalb der Kalkung eine Gabe von Thomasphosphat bzw. Kieserit beigefügt.

4.4.3 Erkennung akuter Düngebedürftigkeit

Durch viele Untersuchungen konnten Schadsymptome auf eine unzureichende Ausstattung an bestimmten Nährstoffen zurückgeführt werden. Das gilt in erster Linie für Veränderungen an Blättern bzw. Nadeln, die u. a. vorgestellt werden von Ke und Skelly (1990), Krüssmann (1997), Römheld (2012), Zorn et al. (2013), Savill et al. (1997) sowie Hartmann und Butin (2017). **Freilandbeobachtungen** von Mangelsymptomen sind nicht immer eindeutig, weil sich Mängel überlagern können und Witterungseinflüsse (Trockenheit, Nässe, Frost) sowie Pilzbefall eine Rolle spielen (Timmer 1991).

Weitere Aufschlüsse können **Bodenanalysen** liefern. Hinweise auf die Ernährungssituation der Pflanzen geben insbesondere der pH-Wert und die Basensättigung des Mineralbodens, der Stickstoffgehalt in der organischen Substanz und Konzentrationen von Ca, Mg, K und P in der Bodenlösung. Dazu werden spezielle Methoden der Probennahme und Laboranalyse eingesetzt (König und Fortmann 1996; Jones 2001).

Der Ernährungszustand von Forstpflanzen wird häufig anhand von **Blatt-** bzw. **Nadelanalysen** bewertet. Die Bestimmung sogenannter Blattspiegelwerte beruht auf der Annahme, dass die Assimilationsorgane den Nährstoffhaushalt der Bäume, den sie aus dem Boden aufbauen, widerspiegeln. Nach den bisherigen Erfahrungen lassen die Nährelementgehalte in Verbindung mit dem Bestandeswachstum, dem physikalischen Bodenzustand und dem Witterungsverlauf der vorangegangenen Vegetationsperiode Urteile über den Ernährungszustand zu. Die Ergebnisse von Boden- und Blattanalysen stimmen nicht immer gut überein (Ingerslev et al. 2001).

Definition

Mangelsymptome an Forstpflanzen

Stickstoffmangel: Kleine, blassgrüne bis gelbliche Blätter oder Nadeln an verkürzten Trieben gleichmäßig am ganzen Baum, nicht nur an einzelnen Jahrgängen oder Ästen auftretend, mit jahreszeitlich frühem Wachstumsabschluss, bei Douglasie auch vorzeitiger Nadelabfall an älteren Trieben.

Phosphormangel: Zunächst normal bis allenfalls dunkel graugrün gefärbte Blattorgane, später violettrote bis kupferbraune, gelb gesäumte Verfärbung, Blätter in Länge und Gewicht stark reduziert; Höhenwachstum einige Zeit nicht reduziert (anders als bei N-Mangel), doch nach einigen Jahren Verlust der Apikaldominanz.

Kaliummangel: Gelbe Nadelspitzen mit allmählichem Übergang zum grünen Nadelteil, meist nur an älteren Nadeln ausgebildet; von der Blattspitze über die Ränder fortschreitende Vergilbung mit allmählichem Übergang zur weniger vergilbten Blattmitte, später Verbräunung und Einrollen von Blattspitzen und -rändern; nur bei extremem Mangel Reduktion des Höhenwachstums und der Apikaldominanz bei jüngeren Pflanzen.

Magnesiummangel: Goldgelbe bis rotbraune Nadelspitzen mit scharfem Übergang zum grünen Nadelteil (anders als bei Kaliummangel) der Kiefer oder Gelbfleckigkeit bei älteren Nadeln der Fichte und der Douglasie, auch vollständige Gelbfärbung, vor allem an der Nadeloberseite, von älteren zu jüngeren Nadeljahrgängen fortschreitend; gelbbraune Chlorosen zwischen Blattadern.

Die **Deutung** der Analysenwerte ist nicht ganz einfach. Bei Nadelbäumen zeigen Daten aus dem obersten Astquirl nur den aktuellen Zustand an, erst die zusätzliche Berücksichtigung älterer Nadeljahrgänge gibt ein genaueres Ergebnis für den untersuchten Baum (Asche und Fischer 1992; Spelsberg 1992). Außerdem kommt es auf den Zeitpunkt der Probenahme an. Bei den Nadelbäumen sollen die Proben während der Winterruhe genommen werden, bei den Laubbäumen etwa Mitte August, ehe die Rückwanderung von Elementen aus den Blättern in die Speicherorgane beginnt.

Tab. 4.32 Untere Grenzwerte der Hauptnährstoffe für die ausreichende Ernährung von verschiedenen Baumarten (nach van den Burg 1990 aus Literaturangaben von 1985–1989)

	N	P	K	Ca	Mg
Baumart			**(% der Trockensubstanz)**		
Weißtanne	1,2	0,13	0,31	0,30	0,09
Fichte	1,2	0,10	0,28	0,11	0,03
Kiefer	1,2	0,08	0,32	0,14	0,04
Buche	1,5	0,15	0,70	0,30	0,10
Pappelhybride	2,0	0,19	1,50	1,90	0,17
Traubeneiche	1,5	0,13	0,06	0,51	0,10

Gussone (1964), van den Burg (1990), Bergmann (1993b), Göttlein et al. (2011), Zorn et al. (2013) sowie Göttlein und Zehle (2018) haben Grenzwerte für Hauptnährelemente für forstlich wichtige Baumarten zusammengestellt (Tab. 4.32). Normale und defizitäre Werte für Kiefer und Fichte geben Savill et al. (1997) an. Weitere, meist ähnliche Daten findet man verstreut in der Literatur über forstliche Düngungen (Literaturübersicht siehe van den Burg 1985 und 1990).

Wichtig sind aber nicht nur die Werte für einzelne Elemente, sondern auch die **Mengenverhältnisse** bestimmter Stoffe zueinander. Das gilt vor allem für Ca/Al und Mg/Al. Bonneau et al. (1995) geben dazu für Nadelbaumbestände in den Vogesen Schwellenwerte an, bei deren Unterschreitung Düngungen als nötig erachtet werden.

4.4.4 Düngemittel und deren Anwendung

Das deutsche Düngegesetz ist aus der Reform des Düngemittelgesetzes aus dem Jahr 1977 hervorgegangen. Das seit 9. Januar 2009 geltende Düngegesetz (BGBl 2009) regelt nun nicht mehr nur das Inverkehrbringen von Düngemitteln, sondern auch ihre Ausbringung, deren gute fachliche Praxis in der Düngeverordnung vom 31. März 2017 festgelegt ist. Das deutsche Düngegesetz schreibt u. a. vor, dass Düngemittel, Kultursubstrate und Bodenhilfsstoffe in Deutschland amtlich zugelassen sein müssen. Abwässer, Klärschlämme oder Fäkalien gelten nicht als Düngemittel, sie unterliegen anderen Regelungen, insbesondere der Umweltgesetzgebung (u. a. Abfall- und Wasserrecht).

Anorganische Stoffe

Die in den Düngemitteln enthaltenen Nährelemente werden in Prozentgehalten angegeben, in Deutschland traditionell meist als Oxide (P_2O_5, K_2O, $CaCO_3$, MgO u. a.). Die Kennzeichnung der reinen Elemente, wie beim Stickstoff und bei den Spurenelementen, ist zweckmäßiger und wird in vielen anderen Ländern vorgenommen (Umrechnung siehe Tab. 4.33). Zur Bezeichnung der Aufwandmenge von Düngemitteln dient häufig bei größeren Mengen neben der **Tonne** (t, 1 000 kg) die **Dezitonne** (dt, 100 kg) je Hektar (ha^{-1}), bei kleineren Mengen g oder kg m^{-2}. Dazu wird das Düngemittel mit dem Nährstoffgehalt (in Prozent der Trockensubstanz) angegeben, z. B. 5 dt ha^{-1} Kalkammonsalpeter (27 %). In wissenschaftlichen Veröffentlichungen sollten diese Angaben sehr präzise sein und auch Handelsnamen enthalten (z. B. Nitrophoska), weil sich die Nährstoffgehalte der Düngemittel und auch die Nährstoffformen mit der Zeit ändern und so auch die möglichen Nebenstoffe.

In einer der Vorläuferauflagen (6. Aufl.) des vorliegenden Werkes sind die seinerzeit mehr oder weniger häufig verwendeten Düngestoffe sehr eingehend beschrieben. In dieser aktuellen Auflage werden in Anlehnung an diese Angaben nur noch solche Mittel vorgestellt, die heute in Europa in der Forstwirtschaft häufig verwendet werden oder die in früheren – heute noch aussagefähigen – Versuchen ausgebracht worden sind.

Nahezu alle gebräuchlichen Düngemittel enthalten, zumindest in geringen Anteilen, neben dem Hauptnährstoff noch andere Elemen-

Tab. 4.33 Gehaltsangaben von Düngern und deren Umrechnung (nach Krüssmann 1997)

Oxid	Umrechnungsfaktor			Element
P_2O_5		×0,44 → ← ×2,29		P
K_2O		×0,83 → ← ×1,20		K
$CaCO_3$	×0,56 → ← × 1,79	CaO	× 0,72 → ←×1,40	Ca
$MgCO_3$	×0,48 → ← ×2,09	MgO	×0,60 → ←×1,66	Mg

te. Dennoch spricht man von mineralischen Einnährstoffdüngern, wenn das Schwergewicht auf einem bestimmten Element liegt.

Der überwiegende Teil der anorganischen **Stickstoffdünger** wird durch chemische Verfahren aus dem Stickstoff der Luft hergestellt. In der Forstwirtschaft am weitesten verbreitet ist Kalkammonsalpeter: NH_4NO_3 + $CaCO_3$, meist mit 27 % N und 18 % $CaCO_3$. Es handelt sich um ein ursprünglich weißliches, durch Farbzusätze auch graues, grünes oder braunes Granulat, dessen Hygroskopizität (Bildung von Hydrat durch Aufnahme von Wasser) durch Beschichtung herabgesetzt ist. Sein N-Anteil (je zur Hälfte Ammonium und Nitrat) ist leicht wasserlöslich. Die versauernde Wirkung wird durch einen Kalkanteil teilweise kompensiert. Bei Verwendung von Dolomit enthält Kalkammonsalpeter auch 1–4 % Magnesiumoxid (MgO).

Phosphatdünger werden entweder aus Rohphosphaten magmatischen oder tierischen Ursprungs hergestellt oder fallen bei der Verhüttung von phosphathaltigen Eisenerzen an. In Deutschland wird am häufigsten Thomasphosphat verwendet: $Ca(PO_4)_2 \times Ca_2SiO_4$) mit 15 % P_2O_5 und 45 % CaO (und Fe, Mg, Mn). Die bei der Stahlherstellung im Konverter abgesetzte Thomasschlacke wird zu einem schwarz-grauen Pulver (Thomasmehl) zermahlen und reagiert alkalisch.

Zur Meliorationsdüngung in der Forstwirtschaft gut geeignet ist auch Hyperphos: $Ca(PO_4)_2$ + $CaCO_3$, ein weicherdiges Rohphosphat aus Nordafrika. Es wird grob oder fein gemahlen. Gute Wirkung wird besonders Hyperphos-Magnesia mit 23 % P_2O_5 und 7 % MgO zugeschrieben. In Deutschland weniger, weltweit jedoch sehr gebräuchlich ist Superphosphat: $Ca(H_2PO_4)_2$ mit 18 % P_2O_5.

Kalidünger werden durch Aufbereitung von Kalirohsalzen aus weltweit verbreiteten Erdlagerstätten hergestellt. Für die Forstwirtschaft ist Kalimagnesia (K_2SO_4 + $MgSO_4$ mit 30 % K_2O und 10 % MgO) der bedeutendste Kalidünger, weil er chloridfrei ist und durch den hohen Magnesiumanteil die im Jungwuchs häufig auftretenden Ernährungsmängel an K und Mg gleichzeitig beseitigt.

Kalkdünger sind basisch wirkende Stoffe, die aus kalkhaltigem Gestein durch Vermahlung, thermische Behandlung oder chemische Umwandlung für Düngezwecke hergestellt werden. Die für die Forstwirtschaft gebräuchlichen Kalke lassen sich nach ihrer Herkunft einteilen in

- Naturkalke (Mergel, kohlensaure Kalke, Dolomit) und
- Industriekalke (Hüttenkalk, Konverterkalk aus der Stahlherstellung).

Sehr gebräuchlich ist kohlensaurer Kalk mit 80–95 % $CaCO_3$ (Calciumcarbonat) in Form von fein gemahlenem Kalkstein. Bei Mg-Anteilen von 15 % und mehr ist er für die Kompensation von sauren Immissionen in Böden besonders geeignet. Das gilt auch für Hüttenkalk mit 43–47 % CaO und entsprechendem Mg-Anteil bzw. meist beigemischten Spurenelementen sowie für Konverterkalke mit 42 % CaO und MgO und mindestens 4 % P_2O_5. Häufig wird Dolomit ($CaMg[CO_3]_2$) als Gesteinsmehl – auch pilliert – verwen-

Hintergrundwissen

Nährstoffe

Stickstoff (N) ist das von terrestrischen Pflanzen in der Menge am meisten benötigte Element. Es dient u. a. zum Aufbau von Eiweißstoffen der verschiedensten Art, von Nukleinsäuren und des Chlorophylls. Somit beeinflusst es alle Stoffwechselvorgänge und die genetischen Potenziale. Im Boden liegt N vorwiegend im Humus, also in verschiedenen organisch gebundenen Formen, vor, es wird durch Bodenorganismen umgebaut und mineralisiert (Kap. 1.2.2.5; Näheres bei Berg und McClaugherty 2014 sowie Amelung et al. 2018). So entstandenes Ammonium (NH_4^+) und Nitrat ($N0_3^-$) werden von den Pflanzen überwiegend über die Wurzeln aus der Bodenlösung (teilweise auch durch Mykorrhizen) aufgenommen. Beide N-Formen verursachen in den Pflanzen, wie auch im Auflagehumus und Mineralboden, ganz verschiedene Reaktionen. N-Verbindungen werden aber auch im Niederschlag dem Boden zugeführt. Während die Depositionsmengen noch um die Mitte des 20. Jahrhunderts zwischen 2–20 kg N ha^{-1} lagen, sind sie danach in vielen Regionen Mitteleuropas auf das Doppelte bis Mehrfache angestiegen (Gehrmann 2000; Elling et al. 2007). Das hat offenbar zur Steigerung des Volumenzuwachses in vielen Waldbeständen geführt (Spiecker et al. 1996) – doch auch zu Ungleichgewichten in den Nährstoffverhältnissen – und die Versauerung von Waldböden beschleunigt (Puhe und Ulrich 2001).

Phosphor (P) wird in geringeren Mengen benötigt als Stickstoff. Es ist u. a. verantwortlich für den Aufbau von Nukleinsäuren und die ATP-Synthese, die an allen metabolischen Energieumwandlungen beteiligt ist. Im Boden liegt P in verschiedenen organischen und anorganischen Bindungen vor und wird im Allgemeinen langsam freigesetzt. Bei sehr hohen oder sehr tiefen pH-Werten kann die P-Versorgung durch die Bildung schwer löslicher Ca-, Al- oder Fe-Phosphate eingeschränkt sein.

Kalium (K) wird nicht in das organische Material der Pflanzen eingebaut, doch übt es wichtige Funktionen im Stoffwechsel aus. So erhöht es in gewissem Umfang die Wasseraufnahme und vermindert die Wasserabgabe (Regulierung der Stomataöffnung und damit des Turgordrucks). Im Boden ist es hauptsächlich in den gesteinsbildenden Mineralen Feldspat und Glimmer gebunden, ferner in Tonmineralien sorbiert. In der Bodenlösung ist K leicht beweglich und leicht auswaschbar. Es besteht ein Antagonismus von K und Ca bei der Aufnahme durch die Pflanzen.

Calcium (Ca) dient, anders als Kalium, den höheren Pflanzen auch als Bauelement. Ca-Mangel führt zur Bildung schwächerer Zellwände, weil das Element in den Mittellamellen in der Form von Ca-Pektin nicht ausreichend eingelagert wird. Im Übrigen beeinflusst es viele Stoffwechselprozesse, so reduziert es auch toxische Wirkungen anderer Kationen. Auch gibt es Antagonismen, besonders gegenüber K, bei der Aufnahme durch die Pflanzen. Ca kommt im Boden als Bestandteil von Kalkgesteinen und anderen Gesteinsarten vor. Hohe Ca-Mengen im Boden können bei Pflanzen P-Mangel verursachen, weil ein hoher pH-Wert zur Bildung von unlöslichem Ca-Phosphat führt.

Magnesium (Mg) ist ein zentraler Baustein für Chlorophyll und damit von großer Bedeutung für alle vom Chlorophyll abhängigen Prozesse in den autotrophen Pflanzen. Es ist im Stoffkreislauf, aber auch im Auflagehumus und Mineralboden, sehr beweglich. Mg ist in vielen Kalkgesteinen (besonders im Dolomit) und magmatischen Gesteinen enthalten.

Neben diesen Hauptnährstoffen spielen in der Physiologie der Pflanzen noch Schwefel (S) und die essenziellen **Spurenelemente** Eisen (Fe), Mangan (Mn), Kupfer (Cu), Zink (Zn), Bor (B) und Molybdän (Mo) eine gewisse Rolle. Amelung et al. (2018) geben eine ausführliche Übersicht. Ein Übermaß einzelner Elemente (v. a. Mn, siehe Kehr und Büttner 2003) kann zu Schadwirkungen führen.

det. Dieses Gestein kommt in vielen Regionen vor und enthält je nach Herkunft unterschiedliche Anteile von Mg (ca. 15–40 %).

Im Zusammenhang mit den oben genannten Düngemitteln wurden verschiedene magnesiumhaltige Substanzen vorgestellt. Als spezieller, leicht wasserlöslicher **Magnesiumdünger** wird auch Kieserit eingesetzt, ein in Salzlagerstätten vorkommendes wasserhaltiges Magnesiumsulfat: $MgSO_4 \times H_2O$ mit 28 % MgO und 50 % SO_3. Es ist pH-neutral, wirkt daher nicht bodenversauernd und bietet den Pflanzen Magnesium und Schwefel in einer sofort aufnehmbaren Form.

Als typische **Mehrnährstoffdünger** werden solche Mittel bezeichnet, die mehrere Nährstoffe in bestimmten Verhältnissen enthalten und nicht auf bestimmte Mängel ausgerichtet sind. Die bisweilen gebrauchte Bezeichnung „Volldünger" trifft das nicht gut, weil eine komplette Versorgung mit Grund- und Spurenelementen dabei nicht gegeben ist. Volldünger enthalten immer N, P und K, häufig angereichert durch Mg, S und Spurenelemente. Die Angabe der enthaltenen Grundelemente erfolgt in der Reihenfolge N–P_2O_5–K_2O. Der Dünger mit dem Handelsnamen Nitrophoska (abgeleitet aus den drei Elementen mit der Angabe 12–12–17-2) enthält für P und K die entsprechenden Prozentanteile der Oxide, nicht aber den Anteil von elementarem P oder K. Der Massenanteil von P an P_2O_5 beträgt 43,6 %, der von K an K_2O 83 %. Danach enthält der Volldünger 12-12-17-2: 12 % N, 5,2 % P, 14 % K und 2 % Mg. Bei Nitrophoska handelt es sich um einen stickstoffbetonten Dünger, der bei der Pflanzlochdüngung in Laubholzkulturen angewendet wird, meist mit begleitender Kalkung (Kap. 4.4.2.2).

Für die **Ausbringungstechnik** und die Löslichkeit anorganischer Düngemittel, ebenso für deren ökologische Wirkungen, spielt die **Korngröße** eine ganz wesentliche Rolle (Mindrup und Meiwes 1995). Bei Flächenkalkungen hat man anfangs sehr fein vermahlenes Material (< 1 mm Durchmesser) durch Blasegeräte ausgebracht (Gussone 1987). Damit wird wegen der geringen Oberfläche des Einzelkorns zwar eine (je nach der Feuchtigkeit des Humus) rasche Lösung erreicht, jedoch ist die Verteilung im Bestand oft nicht befriedigend (Windbewegung, Anhaften an Stämmen). Vor allem ist ein Teil der Bodenfauna durch die Stäube gefährdet (Kap. 4.4.5.2). Um die Staubentwicklung einzudämmen, wird heute gröberes Material und erdfeuchter Kalk eingesetzt. Als besonders günstig gelten wegen ihrer Kornfestigkeit, Fließgeschwindigkeit und Kornverteilung auf der Fläche sowie ihrer ökologischen Wirkungen Mahlprodukte von Kalken und Magnesiumkalken mit Korngrößen von 1–4 mm bei nur geringem Staubgehalt. Sie werden mit verschiedenen Streugeräten ausgebracht (Denninger 1993). Soweit erforderlich sollen der Ausbringung Durchforstungen vorausgehen. In Jungbeständen sind Rückegassen mit Abständen von höchstens 30 m sehr förderlich. Dennoch kommt es in der Praxis bei Streuverfahren oft zu ungleichmäßiger Verteilung durch Auslassungen in Stammnähe und Überlappungen, die stellenweise die geplanten Düngermengen verdoppeln können (Zezschwitz 1998). Daher hat sich nicht nur in schwierigen Gebirgslagen, sondern auch bei der Waldkalkung die Ausbringung mittels Hubschrauber wegen der günstigen ökologischen Wirkungen (gleichmäßige Verteilung, keine Bodenverdichtung durch Befahren der Fläche) weitgehend durchgesetzt (Denninger 1993).

Wesentlich teurer, aber in vielen Fällen dennoch vorteilhafter oder sogar unabdingbar, sind Düngegranulate, die im Handel verfügbar oder für besondere Zwecke eigens hergestellt werden. Das gilt sowohl für die Düngung von Einzelpflanzen (Kap. 4.4.2.3) als auch für die Ausbringung mittels Hubschrauber.

Organische Stoffe zur Bodenverbesserung

Es liegt nahe, wenigstens einen Teil der durch die Holzernte den Beständen entzogenen Nährstoffe für die Waldökosysteme wieder zuzuführen. Das kann dadurch geschehen, dass die bei der Verbrennung von Waldholz anfallende **Holzasche** wieder in die Waldbestände ausgebracht wird. Dazu gibt es Versuche, die unter verschiedenen Bedingungen angelegt und mit unterschiedlichen Resultaten nach relativ kurzer Zeit ausgewertet wurden (Clarholm 1994; Büttner et al. 1998; Ingerslev et al. 2001; Hallenbarter et al. 2002; Ludwig et al. 2002). Für den Einsatz von Holzasche sprechen die hohe Basizität, das fast völlige Fehlen von Stickstoff (dessen zusätzliche Zufuhr heute aufgrund der atmosphärischen Stickstoffeinträge meist unerwünscht ist), der relativ hohe Anteil an Ca, P und Mg sowie die günstige Lösungsrate. Damit kann schon rasch eine mehr oder weniger tief reichende Wirkung erzielt werden. Allerdings darf nur solche Holzasche verwendet werden, die aus der Verbrennung von unbehandeltem Holz stammt, damit die Anreicherung der behandelten Böden mit schädlichen Stoffen (besonders mit Schwermetallen) vermieden wird. Eine Orientierung über diese Fragen geben Zollner und Remler (1998) sowie Wilpert (2002).

Für Oberschwaben in Baden-Württemberg wurde ein **Kreislaufkonzept** bilanziert, um die bei verschiedenen Szenarien der Biomassenutzung exportierten Nährstoffe durch Ausbringung von Holzasche in Mischung mit dolomitischem Kalk in die Waldökosysteme zurückzuführen (Wilpert et al. 2011). Hiernach ist eine die Stammholzernte erweiternde Energieholznutzung für die Nährstoffnachhaltigkeit der Standorte günstiger als eine vollmechanisierte Holzernte des Stammholzes mit Verbleib des Reisigmaterials auf der Rückegasse, wenn die Nährstoffverluste durch Ausbringung von Holzasche und Kalk ausgeglichen werden.

Gründüngung ist die Aussaat von relativ kurzlebigen Pflanzen, die durch ihre an Stickstoff oder anderen Nährstoffen reiche Streu- und Wurzelmasse den Boden kurzfristig verbessern. Das geschieht im Zuge der Bestandesbegründung auf der Freifläche oder unter lichtem Schirm. Besonders geeignet ist Dauerlupine (*Lupinus polyphyllus*). Hinweise hierzu geben u. a. Kramer (1981), Preuhsler und Rehfuess (1982), Benecke et al. (1992), Fischer (1998b) sowie Vejre et al. (2001). Fast alle Hilfspflanzen gedeihen nicht auf sauren Standorten und benötigen zur Entfaltung ihrer Wirkung reichlich Licht (Kap. 3.6.9.1.5). Da die Stickstoffzufuhr durch Immissionen auch heute noch eine zusätzliche Anreicherung mit diesem Element entbehrlich macht, wird Gründüngung heute im Wald kaum noch angewendet.

4.4.5 Neben- und Folgewirkungen

Neben den angestrebten positiven Wirkungen können Düngungen bei unsachgemäßer Ausführung unerwünschte Folgen für Boden und Grundwasser sowie Flora und Fauna haben. Daher werden Walddüngungen aus naturschutzfachlicher Sicht überwiegend kritisch beurteilt.

Stoffumsatz und -austrag

Kalkungen haben erhebliche Wirkungen auf den Stoffumsatz in der Humusauflage, teils auch im Mineralboden. Das betrifft in erster Linie den im Humus meist reichlich vorhandenen **Stickstoff**, der aus der Bestandesstreu und aus der Deposition kontinuierlich Zufuhr erfährt. Durch die Vorgänge der Zersetzung entstehen aus organischem Stickstoff über verschiedene Stufen **anorganische N-Verbindungen** (Mineralisation). Ein Teil davon entweicht gasförmig durch Nitrifikation und Denitrifikation.

Eine Kalkung kann zumindest in den ersten Jahren die Ammonifikation, Nitrifikation und N_2O-Emission steigern (Papen und Butterbach-Bahl 1999). Wenn die Kalkung mehrere Jahre zurückliegt, kann der N_2O-Austrag auch niedriger sein als ohne Kalkung (Borken und Brumme 1997). Generell sind die N_2O-Ausgasungen in Laubwäldern höher als in Nadelwäldern. Beachtung finden die gasförmigen N-Austräge aus Waldökosystemen im Zusammenhang mit den globalen Klimaänderungen und dem Ozonabbau in der Stratosphäre (Khalil und Rasmussen 1992; Papen und Butterbach-Bahl 1999).

Papen und Butterbach-Bahl (1999) zeigten für die ersten drei Jahre nach Kalkung (4 t Dolomit ha^{-1}) eines 89-jährigen Fichtenbestandes im Höglwald (50 km nordwestlich von München, 540 m ü. NN), dass bei starken Schwankungen innerhalb eines Jahres und zwischen den Jahren im Durchschnitt der drei Jahre 1,9 kg N_2O-N ha^{-1} ausgetragen wurden. Dies ist eine Zunahme gegenüber der ungekalkten Kontrolle um den Faktor 1,4–1,7. Größere Bedeutung für die N_2O-Emission als eine Kalkung hat die Streuqualität. In einem 96-jährigen Buchenbestand wurde 4- bis 5-mal mehr N_2O ausgetragen als im benachbarten Fichtenbestand. Die Kalkung des

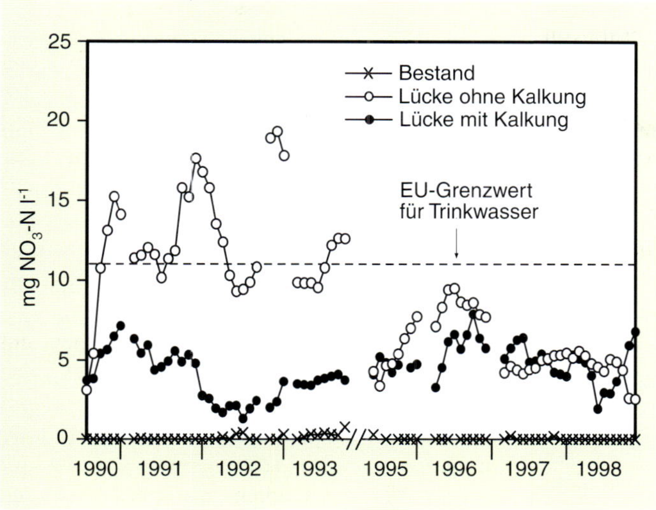

Abb. 4.56
Nitrataustrag mit dem Sickerwasser in 80 cm Bodentiefe in Bestandeslücken (Durchmesser 30 m) eines Buchenaltbestandes im Solling mit und ohne Kalkung (Ausbringung von 3 t Dolomit ha^{-1} im Jahr 1989).
Im geschlossenen Buchenbestand findet kein Nitrataustrag statt. In den Bestandeslücken wurden hohe Nitratausträge festgestellt, die anfänglich rund 100 kg ha^{-1} $Jahr^{-1}$ betrugen. Die Kalkung reduzierte den Nitrataustrag in der Bestandeslücke, indem die fehlende N-Aufnahme der Altbäume durch die Entwicklung einer biomassereichen Bodenvegetation teilweise kompensiert wurde. Der spätere Rückgang des Nitrataustrags in der Lücke ohne Kalkung ab 1993 folgt dem Aufwuchs der Buchenverjüngung (nach Bartsch et al. 2002; Lin et al. 2014a).

Fichtenbestandes halbierte annähernd den NO-Austrag, der NO_2-Austrag blieb unbeeinflusst (Gasche und Papen 1999).

Ein Teil des Stickstoffs aus der Streuzersetzung wird von den Mikroorganismen festgelegt (Immobilisation). Der überwiegende Rest bleibt als austauschbare oder gelöste NH_4^+- oder NO_3^--Ionen im Boden. Soweit dieser Stickstoff nicht von den Pflanzen aufgenommen wird, unterliegt er der **Tiefenverlagerung**, unter bestimmten Umständen auch der **Auswaschung** aus dem Wurzelraum in das Grundwasser.

Die letztgenannte Nebenwirkung der Kalkung ist unerwünscht und ist in ihrem Vorgang und ihrer Stärke von vielen Faktoren abhängig: Außer dem Grad von Nitrifikation, Immobilisation und Denitrifikation üben vor allem das Ausmaß der Mineralisation, die Bodenart, die Niederschläge (die auch zu oberflächlichem Abfluss führen können) und besonders die Pflanzenaufnahme einen wesentlichen Einfluss aus.

Dabei scheint es so zu sein, dass der mineralisierte Stickstoff nur auf nährstoffarmen Standorten in stärkerem Ausmaß zur Erhöhung der Biomasseproduktion genutzt wird, sonst aber kaum (Meiwes 1994). Doch ist das wegen der gegenwärtig hohen N-Deposition nicht klar zu ermitteln.

Eine große Rolle bei der **Stickstoffaufnahme** spielt eine reichlich entwickelte Boden- und Strauchvegetation. Eine Kalkung kann auf bestimmten Standorten deren Artenzusammensetzung und Biomassebildung wesentlich verändern (Kap. 4.4.5.2). Die Vielfalt der Einflussfaktoren führt dazu, dass die zahlreichen Untersuchungen zur Frage des Stickstoffaustrags sehr unterschiedliche Resultate bringen. Da Nitrat in der Bodenlösung leicht beweglich ist, kommt es bisweilen zu erheblichen Raten der Auswaschung in den Boden unterhalb des Wurzelraums der Bäume (Abb. 4.56), in anderen Fällen bleibt es bei einer geringen oder mäßigen Tiefenverlagerung im Wurzelraum.

Nähere Orientierung bringen die zusammenfassenden Darstellungen von Rehfuess (1990), Sauter und Meiwes (1990), Eberl (2001) und Amelung et al. (2018) sowie Einzeluntersuchungen von Matzner (1985), Aarnio und Martikainen (1994), Bonneau et al. (1995), Meuser (1996), Bartsch (2000), Ingerslev et al. (2001), Lundell et al. (2001) und Lin et al. 2014a).

Erhöhte Nitratkonzentrationen im Bodenwasser führen aus verschiedenen Gründen nicht zwangsläufig zu erhöhten Belastungen des Wassers in den Fließgewässern (Meiwes 1994). Für das Trinkwasser findet eine mit hohen Kosten verbundene Aufbereitung statt, um den von der EU 1986 festgelegten Grenzwert von 11,3 mg NO_3-N l^{-1} (50 mg Nitrat l^{-1}) nicht zu überschreiten.

Ein weiteres Problem kann **Aluminium** in der Bodenlösung darstellen. Sinken die pH-Werte unter 5 werden aus Silikaten und Tonmineralien zunehmend Al^{3+}-Ionen freigesetzt, die antagonistisch (Mg/Al- und Ca/Al-Antagonismus) und pflanzentoxisch wirken können (zur Al-Toxizität siehe Cronan 1994; Amelung et al. 2018). In humosen Bodenhorizonten wird der größte Teil der Al-Ionen von Huminstoffen in nicht toxische organische Al-Komplexe festgelegt. Mit zunehmender Bodenversauerung steigen der Al-Anteil an den Austauschern und die Al-Konzentration in der Bödenlösung an, gleichzeitig werden infolge der hohen Eintauschstärke der Al-Ionen verstärkt Nährstoffkationen (Mg, Ca, K) verdrängt und ausgewaschen. Die mit einer Kalkung verbundene pH-Erhöhung und direkte Nährstoffzufuhr (v. a. an Ca und Mg) kann diese Vorgänge zumindest teilweise ausgleichen (Rehfuess 1990; Marschner 1995; Mulder et al. 2001).

Ähnlich wie beim Aluminium hängt auch bei **Schwermetallen** die Mobilisierung in den Böden von deren Bodenreaktion (pH-Wert) und deren Gehalt an Adsorbentien (v. a. Huminstoffe und Sesquioxide, weniger Tonminerale) ab. Durch Kalkung und/oder organische Düngung lässt sich im Allgemeinen die Pufferfähigkeit von Böden gegenüber Schwermetallen verbessern (Blume 2004; Amelung et al. 2018). Einzelne Untersuchungen in Waldbeständen ergaben, dass Kalkungen durch Anregung des Humusabbaus auch zu gesteigerten Mengen vor allem an Kupfer (Cu), Blei (Pb) und Cadmium (Cd), bisweilen auch Chrom (Cr), Zink (Zn) und Nickel (Ni), im Bodenwasser und oberirdischen Abfluss führen können, während bei anderen Untersuchungen keine Steigerung, z. T. sogar eine Verminderung, der Schwermetallfreisetzung eingetreten war (Lamersdorf 1985; Sauter und Meiwes 1990; Meiwes 1994; Illmann et al. 1997). Für Mensch, Tier und Pflanze sind zahlreiche Schwermetalle als Spurenelemente essenziell, in höheren Konzentrationen dagegen toxisch, insbesondere Cd, Pb, Cr und Quecksilber (Hg) (Tchounwou et al. 2012).

Flora und Fauna

Aus naturschutzfachlicher Sicht werden Waldkalkungen tendenziell kritisch betrachtet (Winkel und Volz 2003; Reif et al. 2014). Die mit Düngungen in Gang gesetzten chemischen Umsetzungen im Humus und Mineralboden lassen die Flora und Fauna der Bestände nicht unbeeinflusst. Diese Vorgänge verlaufen im Einzelfall sehr verschiedenartig, weil viele Faktoren dafür maßgeblich sind: Der durch die Standorte gegebene Floren- und Faunenbestand vor der Düngung, die beteiligten Baumarten je nach Entwicklungszustand und Dichte sowie davon maßgeblich bestimmt der Lichtzutritt durch die Kronen in die Strauch- und Krautschicht. Auch die Möglichkeit der Zuwanderung aus der Umgebung und die Lebensbedingungen der Neuankömmlinge spielen eine Rolle. Schließlich muss der Zeitablauf seit Beginn der Düngung beachtet werden, weil deren Wirkung rascher oder langsamer nachlässt und die Bestände sich in ihrer Struktur verändern. Dennoch lassen sich für die Auswirkungen von Kalkungen auf den Florenbestand einige generelle Feststellungen treffen:

- Rückgang kalkmeidender (calcifuger) Gefäßpflanzen, wobei besonders Spezialisten bedroht werden
- Förderung von Arten mit hohem Stickstoffbedarf (Nitrophyten)
- weitgehende Veränderungen in der Pilz- und Moosflora
- genereller Rückgang von Spezialisten zugunsten von Arten, die unterschiedliche ökologische Bedingungen tolerieren können (euryöke Arten)

Schmidt (1992) gibt eine, auch für andere Düngungsbestände weitgehend gültige, Beschreibung der Vegetationsentwicklung nach einer Kalkung mit 6 t ha^{-1} in einem 80- bis 100-jährigen gezäunten **Fichtenbestand** im Solling. Nach 5–6 Jahren war keine Art der vor der Kalkung gefundenen **Kräuter** und **Gräser** verschwunden, doch war ein Rückgang der calcifugen Arten (*Galium saxatile*, *Deschampsia flexuosa*) eingetreten. Dagegen waren mehrere Nitrophyten, auch Ruderalpflanzen, reichlich vertreten (*Epilobium angustifolium*, *Urtica dioica*, *Taraxacum officinale*, *Senecio ovatus*, *Stellaria media*). Insgesamt hatte sich die Artenzahl etwa verdoppelt.

Ähnlich schildern Kaupenjohann (1995) und Dulière et al. (1999) die Entwicklung in gekalkten Fichtenbeständen, wobei auch die Ausbreitung von **Sträuchern** (*Rubus idaeus, Salix caprea*) genannt wird. Straucharten hatten sich auch sieben Jahre nach einer Kalk-Magnesiumdüngung in Kiefernbeständen der Lüneburger Heide stark ausgebreitet (Wendt und Schmidt 2000).

Eine ausführliche Beschreibung der Veränderungen der **Moosflora** in einem 65-jährigen Fichtenbestand in den belgischen Ardennen nach Düngung mit 5 t Dolomit ha^{-1} geben Dulière et al. (2000): Saure Verhältnisse bevorzugende Arten, wie *Dicranum* sp., reagierten rasch durch Abnahme von Dichte und Biomasse. Neutrale Verhältnisse bevorzugende und stresstolerante Arten breiteten sich aus (*Brachythecium rutabulum, Eurhynchium praelongum, Hypnum cupressiforme*). Ruderalarten siedelten sich neu an (*Ceratodon purpureus, Funaria hygrometrica, Bryum* sp.).

Die Wirkung von Kalkung auf die Vegetationsentwicklung in Lochhieben eines **Buchenbestandes** (siehe auch Misson et al. 2001) wurde im Solling auf einem basenarmen Standort (nähere Angaben in Kap. 5.4.2.1, 5.4.2.6) untersucht. In den ersten beiden Jahren nach der Kalkung mit 3 t Dolomit ha^{-1} siedelte sich flächendeckend eine krautreiche Bodenvegetation aus Nitrophyten an (überwiegend *Epilobium angustifolium*, weniger *Urtica dioica, Taraxacum officinale*), die als Zwischenspeicher den N-Austrag im Sickerwasser wesentlich verringerte (Abb. 4.56). In den folgenden Jahren wurden die krautigen Arten zunehmend von Sträuchern und Pioniergehölzen verdrängt (v. a. *Salix caprea, Rubus idaeus*) (Bartsch et al. 1999, 2002; Lin et al. 2014b).

Für die Veränderungen in den **Tierpopulationen** gelten im Wesentlichen die vorher für die Flora genannten Faktoren. Nach Schauermann (1985), Wolters et al. (1995) und Judas (2002) bewirken Kalkungen Veränderungen im Artenspektrum der Bodenfauna, eine kurzfristige Zunahme von Biomasse und Umsatzleistungen der Bodenfauna und -mikroflora (v. a. Bakterien), eine Verlagerung in tiefere Bodenhorizonte bei der Mehrzahl der Organismengruppen, jedoch keine nennenswerte Erhöhung der Netto-Mineralisation von Stickstoff. In Abhängigkeit von der

Tab. 4.34 Reaktion wichtiger Bodenorganismen auf Kalkung in Buchen- und Nadelholzbeständen (aus Wolters et al. 1995)

Organismen	Buche	Nadelholz
Nematoda (Nematoden)	+/–	+/–
Lumbricidae (Regenwürmer)	++++	++++
Enchytraeidae (Enchyträen)	– –	– – –
Isopoda (Asseln)		(+)
Acari (Milben, Zecken)	– – –	– – –
Araneida (Radnetz-, Kreuzspinnen)	– –	+/–
Pseudoscorpionida (Pseudoskorpione)	– –	–/0
Chilopoda (Hundertfüßler)	0	+/0
Protura (Beintastler)	+	++++
Diplura (Doppelschwänze)	– –	++
Collembola (Springschwänze)	0/–	0/–
Diptera (Zweiflügler, Larven)	++	++
Coleoptera (Käfer, insgesamt)	+/– –	+/– –
Elateridae (Schnellkäfer)	– –	–
Staphylinidae (Kurzflügler, Raubkäfer)	0	0
Scolytidae (Borkenkäfer)		–
Sonstige	–	+

+ = Erhöhung der Dichte bzw. Biomasse; – = Absenkung der Dichte bzw. Biomasse; 0 = indifferente Reaktion; +/– = sowohl positive als auch negative Reaktion beobachtet; doppeltes Zeichen = sehr starke Reaktion

ausgebrachten Kalkart und -menge und der Verfügbarkeit leicht abbaubarer organischer Verbindungen können die Veränderungen unterschiedlich lange andauern.

Wolters et al. (1995) zeigen die durch Kalkung erfolgte deutliche Erhöhung der Populationsdichte von **Regenwürmern** (*Lumbricidae*) und anderer Bodentiergruppen in Buchen- und Nadelholzbeständen (Tab. 4.34). Theenhaus und Schaefer (1995) kamen für einen stark versauerten Boden in Bestandeslücken eines Buchenbestandes zu ähnlichen Ergebnissen. Ammer und Makeschin (1994) beobachteten dabei auch eine Artenverschiebung bei den Regenwürmern (siehe auch Kreutzer 1995) zugunsten von *Lumbricus rubellus*. Die Abundanz kulminierte im dritten Jahr nach der Kalkung, blieb aber danach im Vergleich zur ungedüngten und zu einer künstlich versauerten Fläche immer noch beträchtlich. Die Wirkung zeigte sich in einer deutlich verbesserten Humusform sowie einer Durchmischung und Verlagerung von organischem Material in den Mineralboden. Rund zwei Jahrzehnte nach der Kalkung hatten sich Artenzusammensetzung, Abundanz und Biomasse der Regenwürmer auf gekalkter und ungekalkter Fläche wieder angeglichen (Ammer und Huber 2007).

Für eine große Gruppe von Insekten ist die **Körnung** der ausgebrachten Kalke von Bedeutung. Wolters et al. (1995) weisen darauf hin, dass Stäube das Überleben vieler Tiere gefährden: Sie verkleben die Körper, lassen sie bei Trockenheit an Wassermangel leiden und schränken ihre Bewegungsfähigkeit ein. Dadurch kann es zu hoher Mortalität kommen. Das betrifft vor allem Waldameisen, Bienen und Baumläuse, kann aber auch Käfer und andere Insekten sowie Vögel (Wellenstein 1990) treffen. Buschinger (1990) plädiert daher für grobkörnige Dünger, besonders für Granulate (Kap. 4.4.4.1), Wellenstein (1990) und Winter (1990) für den Verzicht auf den Einsatz von staubförmigem Kalk in der Vegetationszeit.

5 Betriebsarten und Betriebsformen des Wirtschaftswaldes

Inhalt

Jede Bewirtschaftung des Waldes macht eine planmäßige Verjüngung notwendig. Art und Form der Verjüngung bilden die wesentlichen Merkmale der Betriebsarten, von denen der **Hochwald** heute die größte Bedeutung hat. Die früher weitverbreiteten **Nieder-** und **Mittelwälder** wurden ab Ende des 19. Jahrhunderts weitgehend in Hochwald umgewandelt. Bei diesem unterscheidet man die Betriebsformen schlagweiser Hochwald und Plenterwald. Während im Nieder- und Mittelwaldbetrieb jeweils nur eine Verjüngungsform (Kahl- bzw. Schirmschlag) zur Verfügung steht, führen im Hochwald verschiedene Verjüngungsformen zu unterschiedlichen Formen des Waldaufbaus. Anwendung und Verfahrensschritte der Verjüngungsformen und deren ökologische Auswirkungen werden in diesem Kapitel behandelt.

5.1 Grundlagen

Die Flora und die klimatischen Verhältnisse einer Region können sehr verschiedene Waldformen hervorbringen. Unterschiede des Reliefs, der Böden und des Standortklimas sowie Naturereignisse differenzieren Aufbau, Zusammensetzung und Funktion der Wälder noch weiter.

Eingriffe des Menschen können die Mannigfaltigkeit noch steigern. Die Bewirtschaftung kann durch die Einbringung nicht autochthoner Arten und die Anwendung bestimmter Wirtschaftsverfahren fremde, in der Natur nicht oder nur vorübergehend auftretende Waldformen schaffen.

Die Waldbewirtschaftung kann aber auch die Waldformen mehr oder weniger vereinfachen, indem sie zugunsten wirklicher oder vermeintlicher wirtschaftlicher Vorteile das Spektrum der natürlichen Baumartenvielfalt und Waldstrukturen einengt. Das kann bei der Bestandesverjüngung wie auch bei der Bestandespflege geschehen. Jede Bewirtschaftung des Waldes macht eine planmäßige Verjüngung notwendig. Sie kann auf generativem oder vegetativem Weg erfolgen, bisweilen werden auch beide Möglichkeiten miteinander kombiniert.

Definition

Betriebsart

Die Verjüngungsverfahren bilden die wesentlichen Merkmale der drei Betriebsarten im Waldbau (Abb. 5.1):

- Als **Niederwald** wird die Betriebsart bezeichnet, bei der die Verjüngung durch den Wiederausschlag aus den bei der Nutzung zurückbleibenden Teilen der Bäume (im Allgemeinen der Stöcke) erfolgt. Daher spricht man von **Ausschlagwald**. Die Fähigkeit dieser Form von vegetativer Verjüngung lässt mit höherem Baumalter nach, die Nutzung der Ausschlagwälder erfolgt in jungem Alter bei niedriger Bestandeshöhe, daher der Name Niederwald.
- Der **Hochwald** wird gewöhnlich erst in einem Stadium verjüngt, in dem wenigstens ein großer Teil der Bäume zu voller Höhe erwachsen ist und fruktifiziert. Die Verjüngung geschieht fast ausschließlich durch natürlichen Samenfall oder die neue Generation wird durch Saat bzw. Pflanzung begründet. Diese Betriebsart wird auch als **Samen-** oder **Kernwuchsbetrieb** bezeichnet.
- Der **Mittelwald** ist eine Zwischenform. Er hat eine untere niedrig gehaltene Bestandesschicht, die sich ganz oder überwiegend aus Stockausschlag entwickelt hat, und eine Oberschicht aus stärkeren Bäumen, die sich meist aus Pflanzung oder Naturverjüngung herausgebildet haben.

Obwohl Niederwälder in der Baumartenzusammensetzung je nach Standort und betrieblichen Zielen sehr unterschiedlich sein können, ähneln sie sich in ihrer vertikalen Struktur stark. Ähnlich ist es auch bei den Mittelwäldern. Anders verhalten sich die Hochwälder: Sie weichen nicht nur nach ihrer Baumartenzusammensetzung, sondern auch nach der Art ihrer Nutzung und Verjüngung sehr stark voneinander ab. Dabei lassen sich zwei Betriebsformen unterscheiden:

- Im **schlagweisen Hochwald** finden Verjüngung, Bestandespflege und Endnutzung auf unterschiedlichen Flächen und zu unterschiedlichen Zeiten statt,
- während sie im **Plenterwald** räumlich und zeitlich verschmelzen.

Im **schlagweisen Hochwald** kann die Verjüngung auf sehr unterschiedliche Weise gestaltet werden. Sie kann auf der Freifläche oder unter dem Schirm eines Altbestandes erfolgen, auf der ganzen Verjüngungsfläche gleichzeitig oder auf Teilflächen mit zeitlichem Abstand. Dementsprechend unterscheidet man im Hochwald verschiedene Verjüngungsformen. Sie führen, zumindest zeitweilig, zu verschiedenen Formen

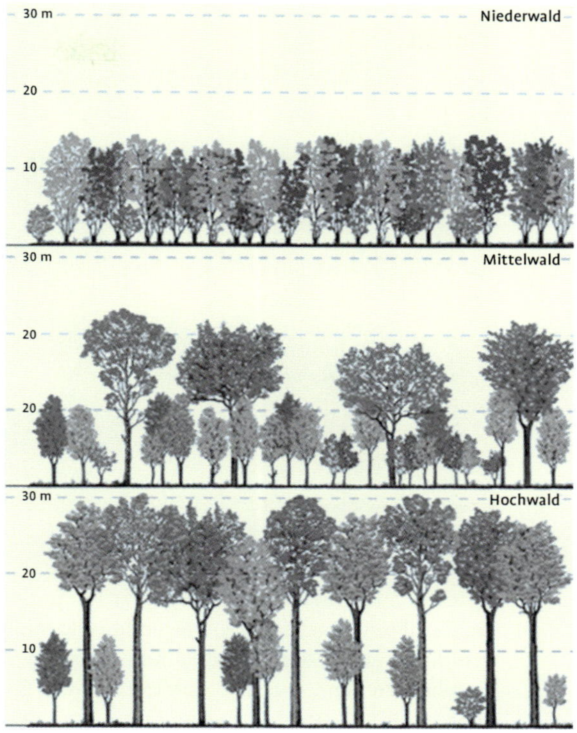

Abb. 5.1
Betriebsarten Niederwald, Mittelwald und Hochwald.

Tab. 5.1 Betriebsarten, Betriebsformen, Verjüngungsarten und Verjüngungsformen

Betriebsart	Niederwald	Mittelwald	Hochwald	
Betriebsform			schlagweiser Hochwald	Plenterwald
Verjüngungsart	Stockausschlag Wurzelbrut	Stockausschlag Naturverjüngung Pflanzung	Naturverjüngung Saat Pflanzung	Naturverjüngung
Verjüngungsform	Kahlschlag	Schirmschlag	Kahlschlag Schirmschlag Femelschlag Saumschlag Kombinierte Formen	

Tab. 5.2 Verjüngungsformen im schlagweisen Hochwald

Differenzierung nach der Größe der einzelnen Hiebsflächen			
große Hiebsflächen Kahlschlag Schirmschlag		**kleine Hiebsflächen** Femelschlag Saumschlag	
Differenzierung nach der Überschirmung des Jungwuchses			
ohne Schirm	**mit Schirm**	**mit Seitenschutz**	**mit Schirm***
Kahlschlag	Schirmschlag	Saumschlag	Femelschlag

*teilweise auch mit Seitenschutz

Abb. 5.2 Niederwald aus Hainbuche und Hasel im Hainholz (Südliches Harzvorland in Niedersachsen).

des Waldaufbaus. Die Tabellen 5.1 und 5.2 verdeutlichen die hier gebrauchten Begriffe. In der Praxis gibt es zwischen den Verjüngungsformen mannigfaltige Übergänge und Kombinationen, so zwischen Schirmschlag, Saumschlag und Femelschlag (Kap. 5.4.6). Die Definition des Kahlschlags ist oft eine Frage der Flächengröße (Kap. 5.4.2).

5.2 Niederwald

5.2.1 Kennzeichen und Geschichte

Die Betriebsarten Niederwald und Mittelwald lassen sich nur mit solchen Baumarten durchführen, die sich auf einfache Weise **vegetativ verjüngen** lassen. Den in Mitteleuropa gedeihenden Nadelbaumarten fehlt diese Eigenschaft, deshalb spielen sie allenfalls im Mittelwald eine gewisse Rolle, wenn sie als künftige Oberständer durch Pflanzung eingebracht werden (siehe auch Schütz 1997). Ein starkes Ausschlagvermögen aus dem Stock haben Eichenarten, die meisten Edellaubbäume, Schwarzerle, Hainbuche, Hasel (Abb. 5.2) sowie Pappel- und Weidenarten. Im südlichen Europa spielen auch die Robinie und die Esskastanie eine größere Rolle. Die Fähigkeit zum Stockausschlag der Buche wird oft unterschätzt, wenn sie auch, insbesondere bei älteren Exemplaren, deutlich schwächer ist als bei den vorher genannten Arten. Untersuchungen in 25 Beständen in Schweden an über 1 000 Stämmen (Durchmesser 10–76 cm) von 14 Gehölzarten ergaben, dass 9 Jahre nach der Fällung die Hasel (95 % der Stämme) und die Winterlinde (85 %) am häufigsten aus dem Stock ausgetrieben hatten, die Moorbirke und die Buche hingegen mit jeweils 8 % der Stämme am wenigsten. Der Durchmesser der Stämme hatte hierbei keinen Einfluss (Leonardsson und Götmark 2015).

Besiedlungsdichte und Lebensformen der Bevölkerung hatten im Laufe der Jahrhunderte der Nieder- und Mittelwaldwirtschaft in Europa eine weite Verbreitung verschafft. Mit der zunehmenden Industrialisierung wurden ihre Produkte immer weniger gebraucht, es setzte eine fortschreitende **Umformung** in Hochwald ein, oft mithilfe von Subventionen durch den Staat. In der Regel (u. a. für die Bundeswaldinventur in Deutschland) wird ein Nieder- oder Mittelwald, in dem seit 40 Jahren der Stockausschlag nicht mehr genutzt wurde, als Hochwald bezeichnet. Aktuell werden in Europa noch über 20 Mio. ha (rund 10 % der Waldfläche) als Nieder- und Mittelwald bewirtschaftet. Kaum vertreten sind die beiden Betriebsarten in Nordeuropa, während sie in Westeuropa (Frankreich Niederwald 11 % und Mittelwald 30 % der Waldfläche), Südeuropa (Italien Nieder- und Mittelwald zusammen 35 %) und vor allem in Südosteuropa (> 50 %) hohe Anteile an der Waldfläche einnehmen (Unrau et al. 2018). In Deutschland nehmen Niederwälder nur noch 0,42 % (rund 45 000 ha) und Mittelwälder 0,30 % (rund 32 000 ha) der Waldfläche ein (Becker et al. 2018). Es gibt aber Bestrebungen, diese alten Formen der Waldwirtschaft als historische Denkmale zu erhalten oder zur Förderung der Biodiversität (Müllerova et al. 2015) einzurichten.

Bereits in der Bronzezeit war die Gewinnung von Brennholz und Holzkohle im Stockausschlagbetrieb bekannt. Die Römer haben ihn mit regelmäßiger Schlageinteilung praktiziert (Meiggs 1985; Buckley und Mills 2015). Sie nannten diese Betriebsart *„silva caedua"*. Hilf (1933) schildert die Entwicklung des Niederwaldes in Deutschland so, dass auf mangelhaft gerodetem Waldland im Laubholzgebiet wieder Bäume ausschlugen und dadurch ein Ausschlagwald entstand, der sich vorwiegend aus Eichen, aber auch aus anderen Laubbäumen zusammensetzte. Sicherlich hat es auch andere Entstehungsweisen gegeben, jedenfalls begann schon im frühen Mittelalter in Mitteleuropa eine gewisse Nutzungsregelung im Hinblick auf die Flächengröße der Schläge und die Umtriebszeiten.

Feste **Regeln** für den Niederwaldbetrieb haben sich erst zu Beginn der Neuzeit herausgebildet, besonders in der Zeit vom Ende des 14. bis in das 16. Jahrhundert durch grund- und landesherrschaftliche Ordnungen (Mantel 1990; Buckley und Mills 2015). Darin wurden Umtriebs- und Fällungszeiten, Erntemengen und weitere Nutzungsrechte an den Niederwaldflächen festgelegt. Wichtige Produkte waren neben Brennholz, Holzkohle und Gerbrinde auch Rundholz verschiedener Art und Stärke (Stangen, Weinbergpfähle, Fassdauben, Zaunholz, Faschinen). Je nach den vorherrschenden Baumarten und den erwarteten Produkten werden verschiedene Niederwaldtypen unterschieden.

5.2.2 Formen

Eichenniederwald

Eichenniederwälder, der häufigste Niederwaldtyp in Mitteleuropa, enthalten Trauben- oder Stieleiche als Hauptbaumart (Abb. 5.3), im südlichen Europa auch weitere Eichenarten, u. a. die Zerr- und die Steineiche. Auf reicheren Standorten sind Traubeneiche, Stieleiche, Hainbuche oder Winterlinde beigemischt, auf ärmeren Standorten Sandbirke, Aspe und Vogelbeere. Wenn die Eichenstöcke durch häufigen Hieb nicht mehr genügend kräftige Ausschläge liefern, gewinnt die Birke einen dominierenden Anteil, ebenso wie die Hasel auf den kräftigeren Böden. Neben den schon erwähnten Produkten spielten auch Bienenweide, Bastgewinnung und vor allem Futtergewinnung für die Viehhaltung eine bedeutende Rolle. Das geschah in vielfältiger Weise: durch den Eintrieb des Viehs zur Weide, durch Laubrechen und durch sogenannte **Schneitelnutzung**, bei der junge Zweige mit Blättern im Spätsommer geschnitten, anschließend getrocknet und danach als Winterfutter verwendet wurden. Burrichter und Pott (1983) unterscheiden dabei Kopf-, Ast- und Stockschneitelung sowie Laubrupfen. Die Schneitelzweige wurden außerdem als Flechtmaterial verwendet. Später konzentrierte sich die Schneitelwirtschaft mehr auf Einzelbäume in Hutewäldern, Wallhecken und dgl. Man kann Relikte uralter Schneitelbäume (Eiche, Linde, Hainbuche) heute noch finden (Abb. 5.4).

Abb. 5.3
Historisches Foto eines Niederwaldes zur Gewinnung von Lohrinde im Siegerland.
Die Eiche war bis zu Beginn des 20. Jahrhunderts die wichtigste Gerbstoffquelle für die Lederverarbeitung. In den Eichenschälwäldern wurde die Rinde der Eichen mit einem Lohlöffel vom Holzkörper abgeschält. Die entrindeten Eichenstangen wurden als Brennholz, Weinbergpfähle oder Bohnenstangen verwendet (Helfrich-Hau 2014).

Derartige Behandlungen der Niederwälder führten oft zur Degradation der Böden sowie der Bestockung. Dennoch war Niederwaldwirtschaft in vielen Gegenden mit zeitweiliger landwirt-

Abb. 5.4
Früher als Schneitelbaum genutzte Hainbuche im Hainholz (Südliches Harzvorland in Niedersachsen).

schaftlicher Zwischennutzung verbunden. In den ersten Jahren nach dem Abtrieb wurden Buchweizen, Getreide oder Futterpflanzen ausgesät (Hauberge im Siegerland, Hackberge im hessischen Odenwald, Reutberge im Schwarzwald, Birkberge in Teilen von Bayern). Nach einigen Jahren, wenn Unkraut und Stockausschläge die Ernteerträge stark verminderten, ging man wieder zum Niederwaldbetrieb zurück. Eine solche landwirtschaftliche Zwischennutzung wurde übrigens nach dem Zweiten Weltkrieg an einigen Orten Deutschlands unter der Bezeichnung Waldfeldbau praktiziert, aber rasch wieder aufgegeben.

Eichenniederwälder nehmen im Laufe der Zeit eine charakteristische Entwicklung, wenn sie nicht frühzeitig genutzt werden: Bis zu einem Alter von etwa 20 Jahren, auf schwachen Standorten auch länger, trägt jeder Stock zahlreiche Ausschläge, von denen mehrere zunächst etwa gleichwüchsig sind. Im Laufe der weiteren Entwicklung geht jedoch ihre Zahl mehr und mehr zurück. Dohrenbusch (1983) fand in Niederwäldern des westfälischen Siegerlandes in 60-jährigen Beständen nur noch 10 % Zwillingsbäume, im Alter von über 80 Jahren hatten die Bestände fast die Struktur von Hochwäldern angenommen. Die zunächst reichlich vorhandenen Birken waren fast vollständig abgestorben.

Der **Höhenzuwachs** von Eichenniederwäldern ist zunächst erheblich stärker als der gleich alter Hochwälder. Er lag auf Flächen im Siegerland und in Hessen (Groos 1953) im Durchschnitt der beiden ersten Jahrzehnte jährlich bei mehr als 1 m, nahm dann aber deutlich ab und blieb in höherem Alter hinter dem von Kernwuchsbeständen klar zurück. Ähnliches gilt auch für die Volumenleistung. Crockford und Savill (1991) ermittelten auf günstigen Standorten in Südengland und Wales die höchste jährliche **Volumenproduktion** mit 4–7 m^3 ha^{-1} im Alter von 25 Jahren, auf schwachen Standorten erst mit 55 Jahren bei etwa der Hälfte dieser Leistung. Die Auswertung von Daten aus mitteleuropäischen Niederwald- und Mittelwaldbeständen ergab (Albert und Ammer 2012), dass die oberirdische Biomasseproduktion der Nieder- und Mittelwälder allgemein niedriger ist als die von Hochwaldbeständen der I. und II. Ertragsklasse. Die im Vergleich zum Niederwald höhere Produktivität des Mittelwaldes wird ganz wesentlich vom Oberstand beeinflusst (Abb. 5.5.)

Im Hinblick auf die Qualität sind die Ergebnisse nicht ganz ungünstig: Die **Schaftformen** waren bei den genannten Untersuchungen in den älteren Niederwaldbeständen auch ohne bewusste Pflege mäßig gut, sodass Stammholz mittlerer Güte zu erwarten war, zumal sich der Besatz mit Wasserreisern als gering erwies. Generell gilt, dass der **Wertertrag** im Vergleich zu gepflegten Eichenhochwäldern nur sehr mäßig ist. Dabei spielt die Tatsache eine große Rolle, dass die Wuchsleistungen nach vielfacher Ernte im Niederwaldbetrieb immer mehr absinken, wenn die Stöcke überaltern. So verarmt der Bestand an Eichen, während die Anzahl der Birken und der Sträucher immer mehr zunimmt. Daher wurde inzwischen die Mehrzahl der Eichenniederwälder in Deutschland durch Hochwälder abgelöst, in anderen Ländern ist dieser Prozess

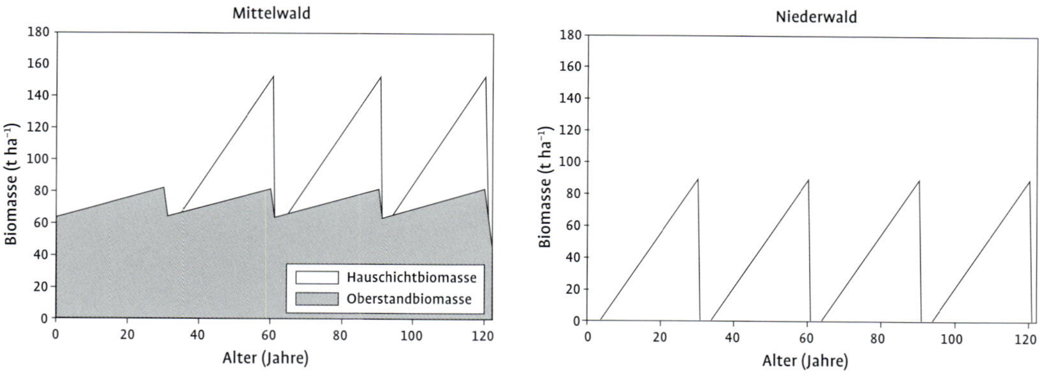

Abb. 5.5 Modellhafte Darstellung der durchschnittlich über einen Zeitraum von 120 Jahren kalkulierten oberirdischen Biomassenutzung (einschließlich Äste und Reisig) aus Daten mitteleuropäischer Nieder- und Mittelwälder der Eiche (aus Albert und Ammer 2012).

mehr oder weniger weit fortgeschritten. Nur ein relativ kleiner Teil wird davon ausgenommen bleiben. Das betrifft ungünstige Standorte, die größere Aufwendungen nicht lohnen. Sie werden sich selbst überlassen oder extensiv behandelt, wenn sie Funktionen des Klima-, Erosions- und Wasserschutzes ausüben. Bisweilen wird angestrebt, auf einzelnen Flächen die Niederwaldwirtschaft wiederaufzunehmen als Denkmäler einer sehr alten Form der Waldwirtschaft oder aus Gründen des Artenschutzes. Untersuchungen von Pyttel et al. (2013) ergaben, dass Traubeneichen in ehemaligen Niederwäldern hierfür auch 80–100 Jahre nach dem letzten Einschlag noch über ein ausreichendes Stockausschlagvermögen verfügen, das aber mit zunehmendem Stammdurchmesser nachlässt. Stieleichen, die vor annähernd 100 Jahren in Hochwald überführt wurden, wiesen bei Durchmessern von über 70 cm nur an 40 % der Stämme einen Wiederaustrieb auf (Matula et al. 2012).

Buchenniederwald

In Deutschland sind Buchenniederwälder selten, sie nehmen in Frankreich, der südlichen Schweiz und in Italien noch bedeutende Flächen ein. Lanier (1994) vertritt die Ansicht, dass die **Buche** in höheren Berglagen eine bessere Ausschlagfähigkeit als in tieferen Lagen aufweist. Im Bergland und in Südengland spielen auch Niederwälder der **Edelkastanie** eine bedeutende Rolle. Sie liefern neben dem Brennholz auch Zaun- und Rebpfähle. In den Weinbaugebieten im Elsass und am Mittelrhein hat auch die **Robinie** im Niederwald hohe Anteile. Das Kernholz der Robinie ist durch den hohen Gehalt an Gerbstoffen so witterungsbeständig, dass Pfähle eine Rebkultur (20–30 Jahre) überdauern (Ostermann 2002).

Schwarzerlenniederwald

Der Niederwald der Schwarzerle kommt hauptsächlich im nordöstlichen Mitteleuropa, z. B. im Spreewald (südöstlich von Berlin), im ehemaligen nordöstlichen Ostpreußen und im Baltikum vor. Seine Bewirtschaftung ist überwiegend auf die Erzeugung von Stammholz gerichtet. Die Nutzung kann wegen der Nässe der Standorte fast nur bei Frost erfolgen. Die Stöcke müssen ziemlich hoch gelassen werden, damit die jungen Ausschläge im Frühjahr nicht unter Wasser stehen und absterben. Regelmäßige Durchforstungen sind für eine gute Kronenausbildung nötig (Lockow 2003). Ältere Stöcke haben ein geringeres Ausschlagvermögen als jüngere, daher muss oft mit Großpflanzen (Lohden) ergänzt werden. Eine Regulierung des Wasserstandes kann nicht vernachlässigt werden, denn die Erlen sind empfindlich gegen länger anhaltendes stagnierendes Wasser während der Vegetationszeit (Rodríguez-González et al. 2014).

Weidenniederwald

Niederwälder aus Weiden kommen bisweilen in der Weichholzaue der größeren Flüsse vor (Musall 1969; Ellenberg und Leuschner 2010). Sie werden aber auch auf anderen nährstoffreichen Standorten angelegt (Kap. 5.2.5). In den Flussauen ist diese Wirtschaftsform heute noch vor allem in Ost- und Südosteuropa verbreitet (Angaben für einzelne Länder und Regionen in Klimo und Hager 2001). Sie produzieren Flechtmaterial verschiedener Art und Dimension, meist in ein- oder zweijährigem Umtrieb. Noch bis in das 19. Jahrhundert hinein wurde das Material von Weidenniederwäldern in den Flussauen als Faschinen zur Uferbefestigung verwendet.

5.2.3 Ökologische Bedeutung

Durch die rasche Abfolge von Ernten wechseln im Niederwald die ökologischen Verhältnisse, besonders die des Lichtes und der Temperatur, in relativ kurzen Zeiträumen. So ergeben sich große zeitliche Wechsel in der **Bodenvegetation** (Mitchell 1992) und damit auch bei den Lebensverhältnissen für die **Tierwelt**. Das gilt besonders für die ersten Jahre der Regeneration des Aufwuchses nach dem Abtrieb (Fuller 1992; Gurnell et al. 1992; Warren und Thomas 1992). Der größere Teil der Bodenpflanzen überlebt als Samen im Boden für mehrere Jahrzehnte (Brown und Warr 1992) und bleibt so für weitere Generationen erhalten. Die Aufgabe der Niederwaldwirtschaft verringert die Artenvielfalt der Flora, vor allem durch den Rückgang lichtbedürftiger Arten (Kopecký et al. 2012). Das Fehlen von stärkerem Totholz im Niederwald schränkt die Lebensbedingungen von vielen Mikroorganismen und Tieren ein. Nur alte Stöcke, die teilweise in Fäulnis übergegangen sind, können solche Spezialisten im Niederwald beherbergen.

Bei den Bemühungen, Niederwälder in ihrem typischen Aspekt dauerhaft zu erhalten oder wiederherzustellen, darf der dazu notwendige große **Aufwand** nicht unterschätzt werden. Das schildern Booker und Tittensor (1992) sehr anschaulich.

5.2.4 Umformung von Niederwald in Hochwald

Die Umgestaltung von Niederwald in produktiveren Hochwald begann im 18. und 19. Jahrhundert und wurde in vielen europäischen Regionen in der ersten Hälfte des 20. Jahrhunderts vorangetrieben (Buckley und Mills 2015). Hierfür kommen prinzipiell zwei Wege in Betracht: Man kann mittels Auslesedurchforstung den Bestand verbessern und die verbleibenden Ausschläge bis in stärkere Dimensionen weiterwachsen lassen. Danach wird, meist durch Pflanzung, die neue Generation begründet, im Allgemeinen unter dem lichten Schirm des bisherigen Bestandes. Dieses Verfahren wird als **Überführung** bezeichnet. Dohrenbusch (1982) hat gezeigt, dass durch zielgerichtete Eingriffe (vorsichtige Vereinzelung der Ausschläge, allmähliche Zurückdrängung schlechtwüchsiger Birken und anderer Konkurrenten, besonders der Haselsträucher) einigermaßen leistungsfähige Eichenbestände entstehen können (Abb. 5.6).

Wenn der Zustand des Niederwaldes wegen Lückigkeit oder sehr geringer Vitalität und Qualität eine Überführung nicht aussichtsreich erscheinen lässt, begründet man sogleich einen neuen Bestand, ebenfalls meist unter Belassung eines Schirms zum Schutz der Verjüngung. Diese **Umwandlung** ist oft aufwendig. Sofern das Relief es zulässt, wird meist maschinell geräumt und der Boden für die Pflanzung vorbereitet. Die früher übliche chemische Abtötung der Stockausschläge ist nicht mehr zugelassen. Zur Pflanzung werden auf frischeren Standorten meist Fichten gewählt, auf mehr trockenen eher Douglasien. Es wird relativ weitständig gepflanzt, weil damit gerechnet werden kann, dass der Ausschlag der verbliebenen Laubbäume die erwünschte Beimischung bringen wird. Zahlreiche Douglasienbestände, z. B. in Rheinland-Pfalz und in Frankreich, sind durch solche Umwandlungen von Niederwald entstanden. In jüngerer Zeit werden hierzu auch, je nach den Standortsverhältnissen, Laubbaumarten verwendet (Kap. 3.3.2.7).

Abb. 5.6
Durchgewachsener Eichenniederwald im Istranca-Gebirge an der türkisch-bulgarischen Grenze (800 m ü. NN).

5.2.5 Niederwaldbetrieb mit rasch wachsenden Baumarten

In Mitteleuropa ist die Forstwirtschaft auf die Erzeugung von Stammholz mittlerer oder starker Sortimente in relativ langen Produktionszeiten ausgerichtet. Der Bedarf an Holz für die Herstellung **industrieller Massenprodukte** (Span- und Faserplatten, Zellstoff) und zur **Energiegewinnung** steigt weltweit jedoch viel rascher als die Nachfrage nach Stammholz stärkerer Dimensionen. Schon seit Mitte des 20. Jahrhunderts ist man in mehreren tropischen und subtropischen Industrie- und Schwellenländern darum bemüht, die Holzproduktion durch plantagenartigen Anbau rasch wachsender Baumarten mit kurzen Erntezeiträumen stark zu steigern (Bemmann et al. 2008). Dabei spielt der Stockausschlagbetrieb eine wesentliche Rolle. Die größte Bedeutung haben verschiedene *Eucalyptus*-Arten, daneben werden auch Arten der Gattungen *Acacia*, *Gmelina*, *Grevillea* u. a. verwendet. Unter günstigen Umständen haben solche Arten während der ersten 5–10 Jahre einen jährlichen Höhenzuwachs von mehr als 2 m, zeitweilige Jahrringbreiten von 5 cm und einen Volumenzuwachs von 50 m^3 ha^{-1} $Jahr^{-1}$ (Mitchell et al. 1990).

Seit mehreren Jahrzehnten stößt der plantagenmäßige Anbau rasch wachsender Arten im **Kurzumtrieb** zur Erzeugung von Biomasse auch in mitteleuropäischen Ländern auf ein steigendes Interesse (Flaig 1993; Bemmann und Knust 2010; DBU 2010). Verschiedene Nutzungsformen auf landwirtschaftlichen Flächen durch „nachwachsende Rohstoffe“ werden erprobt, so auch der Niederwald in kurzen Umtriebszeiten mit Baumarten, die ein hohes Stockausschlagvermögen mit raschem Jugendwachstum verbinden.

In Mitteleuropa werden für den Kurzumtrieb in erster Linie Hybride aus der Gattung *Populus* (Abb. 5.7), Weidenarten und die Robinie eingesetzt (Wolf et al. 2010). Auf günstigen Standorten bewähren sich Hybride der Balsampappel (Sektion *Tacamahaca*) oder solche mit Schwarzpappeln (Sektion *Aigeiros*) am besten (Verlinden et al. 2013; Nielsen et al. 2014), während Hybride innerhalb der Sektion *Aigeiros* im Wachstum dahinter zurückbleiben. Auf weniger nährstoff- und wärmebegünstigten Standorten lassen sich im Kurzumtrieb beachtliche Erfolge mit Kreuzungen innerhalb der Weißpappeln (Sektion *Leuce*) erzielen, z. B. *Populus tremula* × *P. tremuloides* (Muhs 1984; Makeschin et al. 1989; Liesebach et al. 1999; Makeschin 1999). Etwas geringere Leistungen auf günstigen Standorten bringen Weidenarten und deren Hybride, z. B. *Salix viminalis*, *S.* × *aquatica*.

Abb. 5.7
Zweijähriger Aufwuchs einer Kurzumtriebsplantage mit dem Pappelklon „Max" in Südniedersachsen.

Die in Versuchsflächen bisher gewonnenen **Erträge** bewegen sich im großen Durchschnitt bei 8–12 t Biomasse (Trockensubstanz) ha^{-1} $Jahr^{-1}$ bei einer Produktionszeit von maximal fünf Jahren. Als Höchstertrag wurden 22 t erzeugt, doch unterscheiden sich die Angaben danach, ob die gesamte Biomasse (einschließlich dünner Zweige, Blätter und Rinde) oder nur die Schaftmasse ermittelt wurde (Daten bei den zuvor genannten Autoren sowie Busch und Kreysa 1985; Hummel et al. 1988; Mitchell et al. 1999; Röhle et al. 2010). Auch gibt es offenbar auf manchen Standorten starke Schwankungen von Jahr zu Jahr. Eine wichtige Voraussetzung für die Wahl der Sorten ist ihre **Krankheitsresistenz** (Albrecht und Böden 1998), denn nicht alle früher empfohlenen Klone haben sich im Laufe der Zeit umfassend bewährt.

Allgemein werden Sorten mit von Natur aus geringer Seitenbezweigung bevorzugt. Manche Klone von *Populus trichocarpa* sind trotz guten Wachstums in dieser Hinsicht nicht gut geeignet. Sofern nicht die Erzeugung von Holz zur Energiegewinnung im Vordergrund steht, werden Sorten mit relativ hoher Holzdichte und größerer Faserlänge bevorzugt. Letztere steigt mit zunehmendem Alter der Ausschläge (Dimitri 1981).

Die **Technik** von Anbau, Pflege und Ernte solcher Anlagen verlangt einen beträchtlichen Aufwand. Je nach dem Zustand der Flächen ist zunächst eine mehr oder weniger intensive Bodenbearbeitung notwendig, meist auch eine Zäunung gegen Schäden durch Vieh und Wild. In den ersten Jahren soll keine üppige Bodenvegetation aufkommen. Die Bestandesbegründung erfolgt durch Stecklinge. Wie viele Stecklinge je Flächeneinheit gesetzt werden, richtet sich hauptsächlich nach der vorgesehenen Umtriebszeit. Wenn bereits in der ersten Rotation bei kurzer Produktionsdauer (ca. 2–5 Jahre) hohe Biomasseleistungen für die Erzeugung von Energieholz erreicht werden sollen, sind enge Pflanzverbände mit 8000 bis mehr als 15000 St. ha^{-1} erforderlich. Alternativ dazu kann im Jahr nach der Steckung ein Rückschnitt erfolgen, wodurch sich im folgenden Jahr die Triebanzahl erhöht und die Triebe kräftiger werden (Röhle et al. 2010). Holz zur Herstellung von Zellstoff und Holzfaserplatten wird in längeren Erntezeiträumen (häufig > 10 Jahre) gewonnen, mit Pflanzenzahlen von etwa 2500 St. ha^{-1} (Hummel et al. 1988). Damit sind nur Rahmenwerte umrissen, sie werden je nach den Produktionszielen differenziert. Sehr kurze Erntezeiträume, etwa zweimal im Jahr, bewähren sich nicht (Auclair und Bouvarel 1992).

Es liegen bisher noch keine längerfristigen Erfahrungen darüber vor, wie lange die Produktion aus denselben Stöcken ohne Einbuße der Erntemengen fortgesetzt werden kann. Das hängt wahrscheinlich nicht nur von der Nachlieferung der Nährstoffe (ggf. durch Düngung) ab (Georgiadis et al. 2017), sondern auch von der Alterung der Stöcke, die je nach Sorte, Standort und Ernteverfahren verschieden sein kann.

Die **Wirtschaftlichkeit** solcher Produktionsverfahren ist auf genügend breiter Basis noch nicht geprüft worden. Das betrifft vor allem die Ernte- und Verarbeitungsmethoden. Sicherlich spielt dabei der Umfang der jährlich zu erntenden Flächen und Biomassen eine große Rolle. Auf landwirtschaftlichen Grenzertragsböden lassen sich Kurzumtriebsplantagen nicht wirtschaftlich betreiben (Schweier und Becker 2013). Als Schwellenwert für die ökonomische Rentabilität von Kurzumtriebsplantagen in Deutschland wird eine Größenordnung von 8–10 t Biomasse ha^{-1} $Jahr^{-1}$ angegeben (Bemmann und Knust 2010).

Im **ökologischen Kontext** sind – gerade im Vergleich mit anderen landwirtschaftlichen Anbauverfahren – weniger Probleme zu erwarten. Bei der kurzen Produktionsdauer ergeben sich keine gravierenden Folgen genetischer Art. Aus Sicht der Nährstoffversorgung und im Vergleich zum konventionellen Ackerbau sind Kurzumtriebsplantagen eine extensive Form der Landbewirtschaftung. Bei der praxisüblichen Art der Flächenvorbereitung zur Anlage einer Kurzumtriebsplantage (u. a. Pflügen) kann es insbesondere nach einer intensiven ackerbaulichen Vornutzung zu einer kurzfristigen Freisetzung von Nitrat kommen, die aber durch die schnell aufwachsende Vegetationsdecke oftmals bereits zum Ende der ersten Vegetationsperiode abklingt (Lamersdorf et al. 2010). Makeschin et al. (1989) untersuchten auf einer 10 ha großen Versuchsfläche in der Oberpfalz auf früherem Ackerboden die Wirkung von verschiedenen Pappel- und Weidensorten auf den Stoffhaushalt des Bodens. Nach 5 Jahren zeigten die Bodenproben trotz erheblicher Biomasseproduktion der Bestockung keine wesentlichen Veränderungen wichtiger bodenchemischer Eigenschaften. Die Konzentration von Stickstoff im Sickerwasser sank im Laufe der Beobachtungszeit von 18 auf 4 mg l^{-1}. Die Zahl der Arten in der Vegetation und die Menge der Regenwürmer stiegen in diesen 5 Jahren beträchtlich (siehe auch Glaser und Schmidt 2010). Kurzumtriebsplantagen verbrauchen deutlich mehr Wasser als Ackerkulturen, was bei jährlichen Niederschlagsraten von ≤ 500 mm zum Ausbleiben der Grundwasserneubildung und zu einer unzureichenden winterlichen Wiederauffüllung des Bodenwasserspeichers führen kann (Lamersdorf et al. 2010).

5.3 Mittelwald

5.3.1 Geschichte

Die Betriebsart Mittelwald ist wahrscheinlich zuerst in Frankreich während des Hochmittelalters (ca. 1050–1250 n. Chr.) entstanden. Zunächst wurden Randbäume zur Kennzeichnung der jährlichen Schlagflächen im Niederwald stehen gelassen. Für die königlichen Wälder in Frankreich wurde im 14. Jahrhundert angeordnet, dass neben den Randbäumen mindestens 16 Stämme in stärkere Dimensionen einwachsen sollten (Buckley und Mills 2015). Die ersten Beschreibungen für Deutschland stammen aus dem 13. Jahrhundert, wo in dichter besiedelten Gebieten sich neben dem Brennholz ein nachhaltiger Bedarf an Bauholz entwickelte (Hausrath 1928; Hilf 1933; Mantel 1990).

Der Mittelwaldbetrieb ist offenbar so entstanden, dass bei jedem Abtrieb des schwachen Ausschlagholzes eine gewisse Zahl gut gewachsener Stämmchen der gewünschten Baumarten, besonders Stiel- und Traubeneiche, aber auch Esche, Ahorn, Rüster, Linde und Wildobstbäume, stehen gelassen wurde (Lassreiser oder Lassreitel). Dieses Verfahren wurde mehrfach fortgesetzt, sodass schließlich eine Waldaufbauform entstand, in der eine in sich gleich alte Unterschicht (**Hauschicht**) und eine meist ungleich alte Oberschicht (**Oberholz**, Oberständer) das Waldbild prägten. Beide Schichten stammten zunächst aus Stockausschlägen, erst später ging man dazu über, die künftige Oberschicht des Mittelwaldes durch Pflanzung, seltener auch durch Naturverjüngung, in den Ausschlagwald einzubringen (Schütz 1997).

Abb. 5.8
Mittelwald aus überwiegend Esche und Buche im Oberholz nach Nutzung der Unterschicht nördlich des Harzes in Niedersachsen.

5.3.2 Bewirtschaftung

Die erfolgreiche Bewirtschaftung des Mittelwaldes ist keineswegs einfach. Von besonderer Bedeutung war seit jeher die Bestimmung der Menge, der Altersstruktur und der räumlichen Stellung des Oberholzes. Der **Überschirmungsgrad** sollte locker, eher licht sein, damit die Unterschicht günstige Lichtverhältnisse erhält (Abb. 5.8). Daher durfte der Vorrat des Oberstandes vor dem nächsten Hieb nicht auf 200 m^3 ha^{-1} anwachsen, bei großkronigen Bäumen lag er weit darunter. Die für die Nachhaltigkeit des Betriebes notwendigen **Altersunterschiede** im Oberholz führten meist zu einer mehr truppförmigen Verteilung. Das alles, zusammen mit der Regulierung der Mischungsverhältnisse und der Ergänzung des Nachwuchses in der Unterschicht, erfordert eine ständige Beobachtung der Kronenausbildung und des Lichtungszuwachses sowie der Gesundheit bzw. Vitalität des Oberholzes. Die Erntezeiträume der Unterschicht richteten sich im Laufe der Nutzungsgeschichte nach dem Bedarf, sie wurden mit der Zeit länger und betrugen am Ende des 18. Jahrhunderts um 20–25 Jahre. Meist waren dazwischen noch Pflegeeingriffe nötig.

Die **Hauungen** begannen stets in der Unterschicht, damit man im Oberholz besser auszeichnen und fällen konnte. Vor dem Hieb wurden die Lassreitel ausgesucht, danach wurde im Oberstand ausgezeichnet. Schließlich wurden zunächst kranke und fehlerhafte Bäume, dann die hiebsreifen und ältesten Stämme entnommen. Allgemein standen die Bäume des Oberstandes durchschnittlich im Abstand von 20 m.

Die **Volumenleistungen** gut gepflegter Mittelwälder liegen trotz des raschen Zuwachses in der Unterschicht (der aber nur wenig Derbholz liefert) und des hohen Lichtungszuwachses in der Oberschicht deutlich niedriger als in Hochwäldern ähnlicher Zusammensetzung (Albert und Ammer 2012). Das liegt an der niedrigeren Höhe der alten Bäume, dem beträchtlichen Anteil des Kronenholzes und vor allem an der geringeren Baumzahl der Oberschicht. Ebenso fällt aus wirtschaftlicher Sicht die schwache **Wertleistung** ins Gewicht (Mosandl et al. 2010). Mit Gewinn lassen sich nur die 4–6 m langen Erdstammstücke verkaufen, vor allem die der Eichen und der Edellaubbäume, die z. T. hoch bezahlte Messerfurnierware liefern.

5.3.3 Umformung von Mittelwald in Hochwald

Auch beim Mittelwald kommt für die Umformung einerseits eine **Überführung** in Betracht, bei der man bei vorsichtiger Auflockerung des Oberstandes die besten Triebe des Unterwuchses hochwachsen lässt und Ergänzungen durch Pflanzung oder Naturverjüngung ausführt. Andererseits ist auch eine **Umwandlung** mit raschem Übergang zum Kernwuchsbetrieb durch weitgehende Entfernung des Ausschlags und Neupflanzung, meist unter lichtem Schirm, möglich.

Wenn eine genügend große Anzahl nutzholztauglicher Bäume in der erwünschten Artenzusammensetzung vorhanden ist, wird die Überführung vorgenommen, wofür sich meist verschiedene Verfahren anbieten. Freist (1985) hat das für die aus Mittelwald stammenden Bestände auf Muschelkalkboden in der Umgebung von Göttingen beschrieben. Er bevorzugte ein langfristiges **femelartiges Vorgehen** (Kap. 5.4.5) unter Ausnutzung von Naturverjüngung von Edellaubbaumarten und Buche mit ergänzenden Pflanzungen. Solche Verfahren kamen den wirtschaftlichen Verhältnissen der Waldbesitzer (meist Gemeinden und Genossenschaften) am besten entgegen. Aber auch eine streifenweise Überführung (Kulissenhiebe) hat er erfolgreich praktiziert. Hierbei ist der Schutz gegen Wildverbiss leichter zu handhaben. Auch Fleder (1976) zieht die Überführung überall dort vor, wo sie nach dem Zustand der Bestockung vertretbar ist. Er definiert das Verfahren als „Veredlung der Mittelwaldbestockung durch pflegende Eingriffe mit dem Ziel, die vorhandene Bestockung in Wert- und Volumenleistung dem Hochwald möglichst zu nähern“. Dabei sind die Ausnutzung der Naturverjüngung und die Ergänzungspflanzung eingeschlossen.

Je nach den Standortsbedingungen und der wirtschaftlichen Zielsetzung können auf diese Weise sehr **verschiedene Bestandestypen** entstehen, z. B. Eiche mit Schattenbaumarten, Buche mit Edellaubbäumen oder Lärche, Kiefer, Fichte oder Douglasie mit Laubhölzern.

Umwandlungen werden vorgenommen, wenn der Oberstand sehr lückig und von geringer Qualität ist, auch wenn die Stockausschläge in Alterszusammensetzung, Artenbestand und Vitalität keine vorteilhafte Entwicklung erwarten lassen. Bis in die Mitte des 20. Jahrhunderts wurden in solchen Fällen meist reine Nadelholzbestände begründet. Heute versucht man, die Laubbaumausschläge für die Gestaltung von Nadel-Laubholzmischbeständen zu nutzen.

Eine besondere Form der Mittelwaldwirtschaft beschreiben Suchant et al. (1996). Sie empfehlen die Anlage von Mittelwäldern mit der Vogelkirsche. Dazu sollen Niederwaldflächen auf den Stock gesetzt und danach in weitem Verband mit 2-jährigen Vogelkirschen überpflanzt werden, deren Produktionsdauer mit 60 Jahren angesetzt ist. Eine Versuchsfläche dieser Art im mittleren Schwarzwald hat sich in den ersten Jahren erfolgreich entwickelt.

In Deutschland sind Mittelwälder inzwischen **selten** geworden. Allerdings wird in Franken um Iphofen und Uffenheim noch auf großen Flächen Mittelwaldwirtschaft in etwa 30-jährigem Umtrieb der Unterschicht betrieben, überwiegend in Gemeindewäldern und mit beträchtlichen staatlichen Beihilfen. Rückgängig ist die Mittelwaldwirtschaft auch in Frankreich, wo der Anteil der Mittelwälder noch hoch ist (Dubourdieu 1991).

In einigen Ländern Mitteleuropas werden Forderungen gestellt, die historischen Betriebsarten Nieder- und Mittelwald wieder aufleben zu lassen und nachhaltig fortzuführen (siehe auch Freist und Klüssendorf 1991; Schütz und Rotach 1993; Geb et al. 2004; Helfrich-Hau 2014). Das wird bisweilen mit dem Wunsch begründet, diese alte Wirtschaftsform zur Anschauung bereitzustellen, häufiger jedoch mit dem Verlangen nach besserem **Artenschutz**. Tatsächlich zeichnen sich Mittelwälder, besonders auf frischen und nährstoffreicheren Standorten, durch eine so hohe Fülle von Pflanzen- und Tierarten aus, wie sie Hochwälder nur in den Verjüngungsphasen und nicht weit vorangeschrittenen älteren Entwicklungsstadien aufweisen (z. B. *Malus sylvestris, Pyrus pyraster, Sorbus aria, S. domestica* und *S. torminalis* sowie aus der Tierwelt *Scolopax rusticola* (Waldschnepfe) und *Ficedula albicollis* (Halsbandfliegenschnäpper)). Doch auch in den Mittelwäldern nimmt die Artenzahl, wenn auch in viel kürzeren Zeitabständen, mit fortschreitender Bestandesentwicklung ab. Stärkerer Lichteinfall und höhere Wärme geben vielen Arten, vor allem Wirbellosen, günstige Lebens- und Entfaltungsmöglichkeiten (Barkham 1992; Warren und Thomas 1992), wenn auch nach Dichte des Aufwuchses der Unterschicht in unterschiedlichem Ausmaß. Die vertikale Struktur des Mittelwaldes begünstigt viele Vogelarten, darunter Haselhuhn (*Tetrastes bonasia*), Rebhuhn (*Perdix perdix*), Mittelspecht (*Picoides me-*

Abb. 5.9
Verjüngungsfläche im Nordosten von Polen nach Kahlschlag des Vorbestandes aus Kiefern, Räumung der Kronenreste und streifenweiser Bodenbearbeitung im zweiten Jahr nach dem Kahlhieb.

In der Forstplanung haben Flächen dieser Größe den Charakter eines **Bestandes**. Dieser ist definiert als „Teil eines Waldes, der sich durch unterschiedliche Zusammensetzung oder verschiedene Alter der Bäume unterscheidet, räumlich gegeneinander abzugrenzen ist und über eine gewisse Mindestgröße verfügt" (Nyland 2002). Das entspricht in Deutschland dem Planungsbegriff der Unterabteilung (Kramer 1985). Kleinere Kahlflächen fallen je nach ihrer Größe und Gestalt in die Kategorien **Schmal-** und **Breitstreifen**, **Horst** und **Gruppe**. Kahlschläge ab einer bestimmten Flächengröße – in Niedersachsen und in Baden-Württemberg über einem Hektar, in Brandenburg über zwei Hektar – sind nach den Bestimmungen der Landeswaldgesetze in Deutschland genehmigungspflichtig.

Ökologische Bedingungen

Bei der Betrachtung der ökologischen Wirkungen von Kahlschlägen ist oft schwierig zu unterscheiden, welche unmittelbar auf die Ausschaltung des Bestandes zurückgehen und welche als Folgen der meist mit dem Kahlschlag verbundenen vorbereitenden Maßnahmen, besonders der Bodenbearbeitung (Kap. 3.2), anzusehen sind. Außerdem spielt die **Erntetechnik** eine große Rolle. Die Holznutzung geschieht in Mitteleuropa ganz überwiegend in der Weise, dass verwertbares Holz bis zu einem bestimmten minimalen Durchmesser am oberen Ende des Stammes (Zopfdurchmesser) von Krone und Ästen getrennt und an einen Weg transportiert (gerückt) wird. Der Schlagabraum bleibt auf der Fläche zurück; wenn dies für die Verjüngung oder für den Forstschutz notwendig ist, wird er entfernt (Kap. 3.2.1.1). In borealen und pazifischen Nadelwäldern häufig, selten auch in den gemäßigten Breiten, werden auf Kahlschlägen die Bäume mitsamt der Krone aus der Fläche gezogen. Das bleibt nicht ohne ökologische Auswirkungen (v. a. Entzug von Nährstoffen).

Kahlflächen, wie sie durch Naturereignisse oder durch die Bewirtschaftung von Waldbeständen entstehen, sind nur selten im ökologischen Sinne „kahl", d. h. **frei von Pflanzen- und Tierleben**, selbst wenn sie sich dem oberflächlichen Blick bisweilen so darbieten. Nur wenn bisher dicht geschlossene Bestände plötzlich kahl gelegt werden, findet man im ersten Jahr nach diesem Ereignis so gut wie keine Vegetation. Dann regeneriert die Fläche sich jedoch meist sehr rasch. Es entwickelt sich unter den Freiflächenbedingungen ein Pflanzenwuchs, der aus verschiedenen Quellen stammt: den verbliebenen oberirdischen Teilen des Bewuchses, dem Aufwuchs von Stockausschlägen und Wurzelbrut sowie aus den im Boden lagernden und aus der Nachbarschaft herangetragenen Samen.

Die spezifische **Kahlschlagvegetation** besteht zum größten Teil aus Arten, die in den Waldbeständen allenfalls an deren Rändern vorkommen und dort selten zu Blüte und Fruktifikation gelangen. Auf Kahlflächen finden solche Arten mit ihren z. T. lebhaften Aspekten die geeigneten Bedingungen zur Erhaltung ihrer Populationen. Je nach Art der Störung, die zur Freilage geführt hat, und einer eventuell nachfolgenden Bodenbearbeitung überlebt ein großer Teil der bodenbewohnenden **Tiere** den Eingriff, andere wandern aus der Nachbarschaft ein. Wie bei den Pflanzen sind auch unter den Tieren und Mikroorganismen zahlreiche Arten und Formen an **Freiflächenbedingungen** angepasst (siehe Theenhaus und Schaefer 1995; Kaila et al. 1997; Kimmins 2004). Diese Entwicklungen werden von den einzelnen Faktoren und deren Zusammenwirken gesteuert, die auf Kahlflächen wirksam werden; andererseits beeinflussen die Vorgänge der Sukzession auch ihrerseits die ökologischen Verhältnisse. Diese Zusammenhänge werden im Folgenden aufgezeigt. Dabei muss bedacht werden, dass es sich nur um allgemeine Aspekte handeln kann, denn jede Kahlfläche zeigt ihre spezifischen Eigenheiten.

Temperatur

Auf Kahlflächen bewirkt die **Einstrahlung** der Sonnenenergie, besonders bei unbewölktem Himmel, eine stärkere Erwärmung am Tag und die **Ausstrahlung** eine kräftige Abkühlung in der Nacht im Vergleich zu überschirmten Flächen. Das betrifft die bodennahe Luftschicht und den Oberboden einschließlich der Streuauflage. Das Ausmaß solcher Unterschiede hängt weitgehend von der geographischen Breite und der Höhe des Standortes über dem Meer, von Hangrichtung und Hangneigung sowie von Gestalt und Zusammensetzung der Bodenoberfläche ab.

Schon leichte Mulden und Erhöhungen, die u. a. durch aufgestellte Wurzelteller nach Windwurf lange erhalten bleiben (Abb. 3.15, Kap. 3.3.1.3), können einen Einfluss ausüben (z. B. auf die Entstehung von Bodenfrost oder Bodenerwärmung). Humusauflagen absorbieren Strahlungswärme stärker und leiten sie schlechter als Mineralboden. So können an der Oberfläche der Humusauflage selbst in borealen Regionen zeitweilig Temperaturen von mehr als 60 °C auftreten, mit einer drastischen Abnahme schon in wenigen Zentimetern Tiefe. Bei hellfarbenen Mineralböden bleibt dagegen unter gleichen ökologischen Bedingungen die Erwärmung um etwa 20 °C geringer, dringt aber weit tiefer in den Boden ein (Barnes et. al. 1998).

Allgemein lässt sich sagen, dass die bodennahe Luftschicht und der oberste Teil des Bodens während des **Tages wärmer** und in der **Nacht kälter** sind. Ausgenommen davon ist der relativ seltene Fall, in dem der Boden sich tagsüber stark aufgewärmt hat und in der Nacht (durch geringe Ausstrahlung) wenig Wärme abgibt (Mitscherlich 1981). Doch die Größe der Kahlfläche spielt eine Rolle: Geiger (2013) zeigt am Beispiel einer ebenen Kahlfläche, dass die größten mittäglichen Temperaturabweichungen (5,2 °C) gegenüber dem benachbarten geschlossenen Bestand auftreten, wenn das Verhältnis von Durchmesser zu Höhe des umgebenden Bestandes ungefähr 1 : 8 beträgt. Das erklärt der Autor damit, dass auf kleineren Kahlflächen die Erwärmung durch den Schatten der randständigen Bäume geringer ist und auf größeren Flächen die höhere Windbewegung dämpfend auf die Temperaturextreme wirkt.

Wasser- und Nährstoffhaushalt

Ein enger Zusammenhang besteht zwischen der Strahlungswirkung und dem Wasserhaushalt von Humusauflage und Boden. Höhere Feuchtigkeit vermindert die Erwärmung. Wichtiger aber ist die Bedeutung der Freilage auf die **Wasserbilanz** der Kahlflächen: Niederschläge gelangen ohne Zurückhaltung in den Kronen der Bäume (Interzeption) unmittelbar an den Boden, und eine Verdunstung durch einen Waldbestand (Transpiration) erfolgt nicht. Je nach Höhe und jahreszeitlicher Verteilung der Niederschläge, der Bodentemperatur sowie der nach dem Kahlschlag erhöhten Evaporation können die Unterschiede mehr oder weniger beträchtlich sein. Sie vermindern sich mit dem Fortschreiten der Pflanzenentwicklung im Laufe der Sukzession. Im Allgemeinen tritt bei wenig bewachsenem Boden ein Wasserüberschuss ein, der zu stärkerer Versickerung in tiefer liegende Bodenhorizonte und an Hängen zum Abfluss aus den Waldbeständen führt. Dabei kann es zu Abschwemmung von Humus, Bodenerosion und Nährstoffverlusten kommen. Wie stark solche Vorgänge ausgeprägt sind, hängt von der Höhe der Niederschläge (einschließlich Schnee), der Bodenart, der Tiefgründigkeit des Bodens und besonders von der Hangneigung sowie dem Bodenbewuchs ab.

Nach allgemeiner Erfahrung tritt in den gemäßigten Zonen der Erde eine **Hochwassergefahr** durch Kahlschläge nur unter besonderen Bedingungen ein (sehr große Flächen mit stark verzögerter Neubesiedlung). In Böden mit flachem Grund- oder Stauwasserhorizont wirkt sich das Fehlen der Baumvegetation deutlich aus: Die Tiefe des Wasserstandes bleibt das ganze Jahr über fast unverändert, während sie unter einem Bestand während der Vegetationszeit beträchtlich absinkt. Doch auch hier normalisieren sich die Verhältnisse, sobald die Fläche wieder stärker besiedelt wird (Holstener-Jörgensen 1967). Umfangreiches Datenmaterial hierzu findet man bei Bormann und Likens (1979), Sollins und McCorison (1981), Hewlett et al. (1984), Swank und Crossley (1988), Baumgartner und Liebscher (1990), Likens und Bormann (1995), Kennel (1998) sowie Likens (2013).

Auf der Kahlfläche fallen höhere **Schneemengen** an als im Bestand: Die Interzeption beträgt in winterlichen Laubwäldern 5–10 %, in Nadelwäldern 20–30 % des Niederschlags (Brandt et al. 1988). Die Schneeschmelze verläuft auf der Freifläche rascher, daher kann es in Gebieten mit großen Kahlflächen eher zu Hochwasserspitzen kommen.

Das abfließende Wasser kann feste Substanzen mit sich tragen, das führt zu stärkerer **Erosion**. Bormann und Likens (1979) ermittelten im Hubbard Brook-Projekt (siehe Kasten Hintergrundwissen) für das erste Jahr nach dem Kahlschlag eine Feststoffmenge von 380 kg ha^{-1} gegenüber 25 kg aus unberührtem Wald. Der **Sedimentexport** ist in erster Linie abhängig vom Erosionsrisiko der Fläche. Dieses erhöhte sich im Hubbard Brook-Projekt drastisch durch die Behandlung mit Herbiziden zur Ausschaltung der Bodenvegetation. Außerdem stieg es mit der Strömungsgeschwindigkeit des Abflusswassers, die ihrerseits von der Niederschlagsmenge und dem Bodenzustand reguliert wird. Das Ausmaß der Erosion erreichte sein Maximum nach der zweiten Vegetationszeit, weil dann erst das Schlagreisig so weit zerkleinert und z. T. abgebaut war, dass es der Erosion weniger Widerstand bot. Mit zunehmender Entwicklung der Vegetation nach Beendigung der Herbizidwirkung ging der Sedimentaustrag rasch zurück.

Die Daten aus dem Hubbard Brook-Projekt lassen Zusammenhänge gut erkennen, doch können sie nicht als repräsentativ gelten. Bei konventioneller Holzernte (ohne 3-jährige Herbizidanwendung) sind in den meisten Fällen die Abfluss- und Erosionsmengen deutlich weniger ausgeprägt. Die Stofffracht kann allerdings beträchtlich sein, wenn an steileren Hängen das Holzrücken und die Anlage von Transportwegen in sehr grober Weise vorgenommen werden.

Durch eine stärkere Erwärmung und Durchfeuchtung der Humusauflage und des obersten, meist humusreichen Bodenhorizonts kommt es auf Kahlflächen meist zu einem verstärkten **Ab- und Umbau der organischen Substanz**.

Auf Kahlschlägen haben die **Verminderung der Nährstoffaufnahme**, die geringe oberirdische Streulieferung sowie die höheren Absterbe- und Abbauraten der Wurzeln eine große Bedeutung für den Stoffumsatz. Tabelle 5.3 zeigt die Unterschiede der im Abflusswasser gelösten Stoffmengen (Nettoveränderungen unter Berücksichtigung des Stoffeintrags) zwischen dem unberührten und dem im Winter 1965 kahl geschlagenen Waldgebiet des Hubbard Brook-Projektes für die Messperiode von Juni 1966 bis Juni 1969. Dabei war der Gesamtverlust aus der Kahlschlagfläche mehr als 8-mal höher als der aus dem unberührten Bestand. Weitaus am höchsten waren die Nitratausträge, danach folgten die von Kalium. Die stärksten Austräge wurden im zweiten Jahr nach dem Kahlschlag verzeichnet. Den Rückgang im dritten Jahr erklären Bormann und Likens (1979) damit, dass zu dieser Zeit die Menge leicht abbaubarer Stoffe merklich zurückgegangen war. Die Oxidation von NH_4^+-Ionen, die bei intakter Vegetation zum großen Teil von den Pflanzen aufgenommen werden, setzte H^+-Ionen frei, das führte zu einer Minderung des

Hintergrundwissen

Kahlschlagexperiment Hubbard Brook Experimental Forest

Der Einfluss von Varianten des Kahlschlags auf den Wasser- und Stoffhaushalt wird im Hubbard Brook Experimental Forest in New Hampshire (Nordosten der USA) untersucht.

Zwischen 1956 und 1963 wurden in dem Laubwaldgebiet aus *Fagus grandifolia*, *Acer saccharum*, *Betula alleghaniensis*, *Fraxinus americana* und anderen Laubbäumen sowie stammzahlarm *Tsuga canadensis*, *Picea rubens* und *Pinus strobus* sechs Wassereinzugsgebiete von 12–42 ha zur Langzeiterfassung von Niederschlag und Wasserabfluss eingerichtet. Das nach Süden exponierte Laubwaldgebiet in Höhenlagen bis 1 015 m ü. NN weist Hangneigungen von 20–30 % und gut drainierte, mittelgründige, sandige, saure Lehmböden über wasserundurchlässigen Gesteinen auf. Von den durchschnittlich 1 400 mm Jahresniederschlag mit einem Schneeanteil von rund 30 % werden durchschnittlich 905 mm in Fließgewässern abgeführt (Hornbeck et al. 1997; Likens und Buso 2006; Likens 2013).

Im Jahr 1965 wurde im Wassereinzugsgebiet 2 (W2) ein **Kahlschlag** von 22 ha durchgeführt, bei dem das Holz und das Reisig auf der Fläche verblieben. In den folgenden drei Jahren wurde die Fläche durch Herbizide vegetationslos gehalten mit dem Ziel, Wasserabfluss, Substanz- und Nährstoffaustrag für einen gewissen Zeitraum zu maximieren. Danach ließ man die Vegetation sich wieder entwickeln und konnte so deren Einfluss auf die Messgrößen erfassen. In einem zweiten Kahlschlagexperiment wurden 1970 im Wassereinzugsgebiet 4 (W4) auf 36 ha Streifenkahlschläge von 25 m Breite angelegt; durch zwei jeweils im Abstand von 2 Jahren folgende gleichartige Hiebsmaßnahmen wurde die gesamte Fläche kahl geschlagen.

Beim Kahlschlag mit Herbizideinsatz (W2) stieg der **Abfluss** in den ersten drei Jahren um 30–40 %, beim Streifenkahlschlag (W4) hingegen nur bis um 10 % an. In beiden Varianten nahm die Wasserspende danach ab und unterschritt ab dem zwölften (W2) bzw. achten Jahr (W4) den Wert vor dem Kahlschlag. Danach blieb die Wasserspende über Jahrzehnte geringer als vor der Abholzung der Altbestände (Abb. 5.10), weil die aufwachsenden Pionierbaumarten höhere Transpirationsraten aufwiesen als die Bäume des Altbestandes (Hornbeck et al. 1997; Campbell et al. 2007).

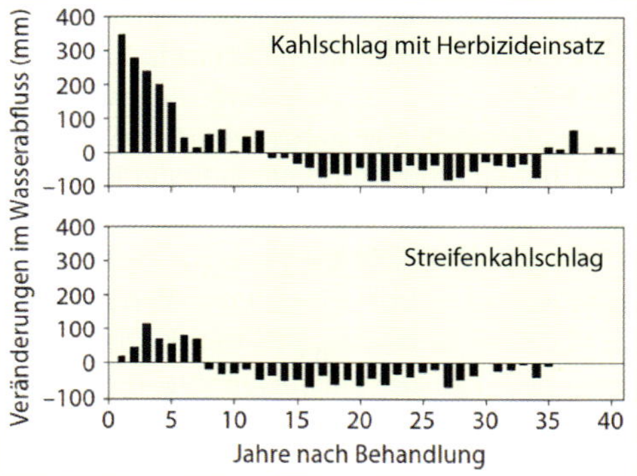

Abb. 5.10
Veränderungen im Wasserabfluss aus Wassereinzugsgebieten des Hubbard Brook-Projektes nach Kahlschlag mit Herbizideinsatz und nach Streifenkahlschlag (nach Campbell et al. 2007).

pH-Wertes des Abflusswassers von 5,1 auf 4,3. Einen deutlichen Eindruck von den Vorgängen im zeitlichen Verlauf vermitteln die jährlichen Elementkonzentrationen für NO_3, Ca und K im Abflusswasser (Tab. 5.4). Man erkennt dieselben Tendenzen, wie sie für die Stoffmengen angegeben wurden. Schon im zweiten Jahr nach Beginn des Aufwuchses von Vegetation gingen die Konzentrationen stark zurück, im vierten Jahr sind die Unterschiede zum unberührten Wald nur noch gering, wie auch die Mengen des abfließenden Wassers.

Bormann und Likens (1979) verglichen die Ergebnisse des Hubbard Brook-Projektes mit denen aus **konventionellen Kahlschlägen** in derselben Region. Sie fanden die Austräge nach der Besiedlung insgesamt ähnlich, wenn auch die Belassung des Schlagabraums in ihrem kahl

Unter dem Gesichtspunkt der Erntetechnik gibt es daher kein zweckmäßigeres Verfahren. Die Flächengröße findet unter diesem Aspekt ihre Begrenzung nur in den Absatz- und Lagerungsmöglichkeiten für das Holz. Anders liegen die Verhältnisse unter dem Aspekt des optimalen **Nutzungszeitpunktes** für die einzelnen Bäume des Bestandes, weil alle Bäume innerhalb einer kurzen Zeitspanne geschlagen werden. Die Möglichkeit, gute, aber noch nicht hiebsreife Stämme zur Förderung ihres Stärkenzuwachses länger stehen zu lassen, bestehen allenfalls durch den Überhalt (Kap. 5.4.7). In dieser Hinsicht sind die Verfahren des Schirm- und Femelschlags (Kap. 5.4.3, 5.4.5) dem Kahlschlag weit überlegen. Das gilt hauptsächlich für Bestände mit einem nennenswerten **Wertholzpotenzial**. Es ist im einzelnen Bestand weitgehend von der vorangegangenen wertholzbezogenen Pflege abhängig (Kap. 4.2.7, 4.2.8).

Kahlschläge vereinfachen dort, wo es ökologisch notwendig ist, die **Bodenbearbeitung** (Kap. 3.2.2) und eine gleichmäßige, in tiefere Bodenhorizonte eindringende Zufuhr von Kalk und anderen Stoffen (Kap. 4.4). So lässt sich auch eine **maschinelle Pflanzung**, besonders nach Bestandesumwandlung und bei Erstaufforstungen, erleichtern (Kap. 3.6.4).

Das Jugendwachstum, vor allem von lichtbedürftigen Baumarten, wird unter den Licht- und Nährstoffbedingungen auf Kahlflächen gesteigert, dadurch vermindern sich die Jugendgefahren, sofern die Begleitflora sich nicht übermäßig entwickelt. Deren zu starke **Konkurrenz** lässt sich auf den übersichtlichen Flächen nach Kahlschlag leichter vermindern, ebenso die Gefährdungen durch Pilzkrankheiten, Insekten- und Mäusefraß. Schließlich sind auch Errichtung und Dichthaltung von **Zäunen** gegen Wildschäden vereinfacht.

Die mikroklimatischen Verhältnisse auf Freiflächen vermehren die Gefahren für die Jungpflanzen durch **Spätfrost** und Erhöhung der **Transpiration** als Folge stärkerer Einstrahlung und Wind. Pionierbaumarten und Kiefer sind davon kaum betroffen und daher auf Kahlflächen begünstigt. Tanne und Buche, in etwas geringerem Ausmaß auch die meisten anderen Baumarten, sind auf vielen Standorten unter Kahlschlagverhältnissen erheblich gefährdet. **Vorwaldbestockungen** (Kap. 3.7) können diese Gefahren beträchtlich vermindern. Oft wachsen die Weichhölzer des Vorwaldes allerdings stellenweise so dicht auf, dass ihre Konkurrenzwirkung reguliert werden muss. Das gilt oft auch für üppigen Gras- und Brombeerwuchs, der schon im Vorbestand vorhanden war und sich ohne Baumbewuchs übermäßig ausbreitet. Auf Böden mit flachem Grund- und Stauwasserhorizont entsteht nach Kahlschlag eine ausgeprägte **Vernässung**, unter der die jungen Baumarten stark leiden können. Dem kann durch bestimmte Verfahren der Bodenbearbeitung entgegengewirkt werden. Alle diese Maßnahmen können oft erhebliche Kosten verursachen.

Die Probleme durch **Erosion** sowie beim **Wasser**- und **Nährstoffhaushalt** wurden bereits besprochen. Sie bleiben kurzfristig und geringfügig, wenn Kahlschlagflächen in geringen Größen gehalten sind und nicht dicht nebeneinander liegen. Im Übrigen bestehen für Wasserschutzgebiete grundsätzlich Beschränkungen für Kahlschläge.

Als **Nachteil** von Kahlschlagverjüngungen wird oft die Entstehung gleichförmiger, wenig strukturierter Bestände angesehen. Das ist aber keine zwangsläufige Folge, sondern es ist in vielen Fällen möglich, durch Baumartenmischungen, z. T. auch durch Nachanbau, zu gestuften Mischbeständen zu kommen, wenn die Standorte dazu geeignet sind.

Ein Kahlhieb verändert die **Biotopbedingungen** für die meisten Lebewesen. Arten, die einem Waldinnenklima angepasst sind, erfahren eine Reduktion an Zahl und Vitalität, weitere verschwinden gänzlich aus den freien Flächen und bleiben nur in den Nachbarbeständen präsent. Dafür siedeln sich andere Arten an, die sich zuvor nur an Bestandes- oder Waldrändern halten konnten oder als ruhende Samen lange in der Samenbank des Bodens gelagert hatten. Dabei handelt es sich teilweise um Pflanzen mit auffälligen, von Insekten bestäubten Blüten (z. B. *Digitalis*, *Epilobium*, *Senecio*). Auf vielen Standorten, besonders solchen mit mittlerer und geringer Nährstoffversorgung, ist die **Artendiversität** in keinem anderen Entwicklungsstadium eines Bestandes so hoch wie in den ersten Jahren nach einem Kahlschlag. Das gilt, soweit man das bisher weiß, auch für viele Gruppen von Tieren.

Frische Kahlschläge mit reichlichem Schlagabraum und noch ohne Bodenvegetation bieten einen **unschönen Anblick**. Aus solchen Beobachtungen stammt sicherlich die in der Öffentlichkeit weitverbreitete Abneigung gegen Kahlschläge; meist werden sie mit Bildern in den Medien in Verbindung gebracht, die im Allgemeinen **Großkahlschläge** in den Tropen, borealen Wäldern oder in pazifischen Nadelwaldregionen zeigen. In Mitteleuropa sind sie kaum mehr irgendwo zu sehen, mit Ausnahme von großflächigen Sturmwurfflächen. Andererseits können Kahlflächen, wie sie heute nur noch in relativ seltenen Fällen kleinflächig bei Bestandesumwandlungen vorgenommen werden, oft zu einer Belebung des Landschaftsbildes durch die sich bietenden freien Ausblicke und ihre besondere Flora beitragen.

5.4.3 Schirmschlag

Die Verjüngungsform des Schirmschlags hat wahrscheinlich ihren Ursprung in der Mittelwaldwirtschaft (Kap. 5.3), wenn auch bei dieser die älteren Bäume der Oberschicht nicht unmittelbar für die Samenverjüngung nutzbar gemacht wurden. Das geschah erst, als man sich entschloss, in hochwaldartigen Beständen Samenbäume stehen zu lassen, die zur Bildung des neuen Bestandes dienen sollten. Hausrath (1943) und Kremser (1990) setzen den Beginn dieser Verjüngungsform auf die zweite Hälfte des 18. Jahrhunderts an. Auf großen Flächen eingeführt wurde das System unter dem Einfluss von Georg Ludwig Hartig (1791) (Kap. 1.2.2). Hartig, dessen praktische Erfahrungen besonders in der Buchenwirtschaft lagen, forderte einen dichten Bestandesschluss, der auch in der Verjüngungsphase nicht stark unterbrochen werden sollte. Als „Dunkelmänner" wurden er und seine Schüler später bezeichnet, als man zu kräftigeren Durchforstungen überging. Hartig trat für die Bildung großer gleich alter Buchenbestände ein, deshalb sprach man lange Zeit vom **Großschirmschlag**, obwohl diese Verjüngungsform nicht an auffällig große gleichförmige Bestände gebunden ist. Das Schirmschlagverfahren hat für die natürliche Verjüngung von Waldbeständen eine große Bedeutung, vor allem für Buche, Kiefer und Eiche.

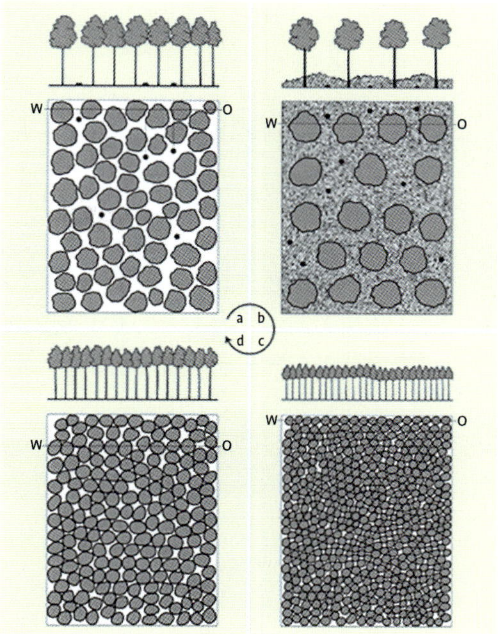

Abb. 5.12
Ablauf des Schirmschlagverfahrens in Grundriss und Aufriss: Baumholz in Vorbereitungsphase **(a)**, Jungwuchs unter Schirm, beginnende Nach- oder Lichtungshiebe **(b)**, schwaches Stangenholz **(c)**, starkes Stangenholz **(d)**.

Grundlagen

Der Schirmschlag hat zum Ziel, innerhalb einer Frist von mehreren Jahren oder wenigen Jahrzehnten eine zunächst **gleichmäßige Verjüngung** einer oder mehrerer Baumarten auf einer Fläche von mindestens einem Hektar zu ermöglichen. Die Möglichkeit, kleinere Flächenteile in weiteren Altersabständen zu verjüngen, wie z. B. beim Femelschlagverfahren, wird in den folgenden Abschnitten besprochen. Der Schirmschlag schafft, zumindest in seinen ersten Phasen, durch etwa gleichmäßige Auflockerung und Auflichtung des Kronendachs auf der Fläche ziemlich einheitliche ökologische Verhältnisse (Abb. 5.12). Das gilt besonders für den Beginn der Verjüngungsphase, während im Laufe des weiteren Verjüngungsgangs meist stärkere Diffe-

Abb. 5.13
Buchenreinbestand nach Besamungshieb mit 2-jähriger Verjüngung auf Buntsandstein in Südniedersachsen.

renzierungen eintreten. Das ist vor allem für das Aufwachsen von Vorteil.

Häufigkeit und Intensität der Hiebe und die Gesamtdauer des Verjüngungsgangs, der Verjüngungszeitraum, sind von den zu verjüngenden Baumarten abhängig. Auch spielt die Qualitätserwartung (Wertzuwachs oder zu erwartende Altersschäden) eine wesentliche Rolle. Grundsätzlich aber lassen sich folgende Stadien im zeitlichen Ablauf unterscheiden:

- **Vorbereitungshieb:** Nur in bisher dicht geschlossenen Beständen, vor allem bei der Buche, ist es notwendig, einige Jahre vor Einleitung der Verjüngung einen Hieb zu führen, der die Kronen des herrschenden Bestandes dazu anregen soll, sich auszudehnen und dadurch bessere Bedingungen für Blüte und Fruktifikation zu gewinnen. Gleichzeitig soll durch besseren Zutritt von Wärme und Feuchtigkeit die Streuzersetzung angeregt werden. Das ist wichtig für ärmere Böden mit stärkerer Humusauflage. Bei den heute üblichen stärkeren Durchforstungen (Kap. 4.2) ist ein solcher Vorbereitungshieb nicht erforderlich.
- **Besamungshieb:** In einem guten Mastjahr wird nach dem Abfallen der Samen auf der ganzen Fläche ein annähernd gleichmäßiger Schirmhieb geführt (Abb. 5.13). Die Stärke des Eingriffs richtet sich nach dem bereits vorhandenen Dichtschluss, der zu erwartenden Entwicklung der Bodenvegetation und dem Lichtbedarf der Verjüngungspflanzen in den ersten Jahren. Oft bewirkt das Rücken des Holzes eine gewisse, für die Verjüngung günstige Bodenverwundung. Bei stärkerer Humusauflage oder beträchtlicher Bodenvegetation wird sie zusätzlich vorgenommen (Kap. 3.2.2).
- **Nachlichtungen:** Die weiteren Hiebe über der Verjüngung beginnen frühestens im zweiten Jahr nach dem Besamungshieb, wegen der Empfindlichkeit der jungen Bäume möglichst bei Schneelage, aber nicht bei strengem Frost. Die Stärke der Nachlichtungen und ihre Häufigkeit richten sich nach der Lichtbedürftigkeit der Verjüngungspflanzen und deren Schutznotwendigkeit gegen Frostgefahr (Abb. 5.14).
- **Räumung:** Ein Räumungshieb nimmt die letzten Bäume des Altbestandes weg, sofern nicht an den Bestandesrändern und an den zuvor angelegten Rückeschneisen einige alte Bäume als Habitatbäume oder als Überhalt (Kap. 5.4.7) stehen bleiben sollen.

Ökologische Bedingungen

Licht

Die **Auflockerung des Kronendachs** verändert die ökologischen Verhältnisse des Bestandes in mannigfacher Weise. Für die Verjüngung besonders wichtig ist der stärkere Zutritt von Strahlung an den Waldboden (Kap. 3.3.1). Zwischen den Kenndaten des Altbestandes, dem Überschirmungsgrad und dem Lichtzutritt an den Boden bestehen keine einfachen Beziehungen. Lichtbaumarten lassen durch ihre weniger dichten Kronen mehr Licht an den Boden gelangen als Schattenbaumarten, Bestände mit Unter- und Zwischenstand behindern den Lichtdurchlass stärker als einschichtige Bestände. Wenn man ältere Verjüngungsbestände etwa gleicher Zusammensetzung miteinander vergleicht, ergibt sich meist eine gute Korrelation zwischen dem Quotienten aus Stammzahl und Grundfläche (N/G) und der relativen Beleuchtungsstärke bei gleichmäßig bedecktem Himmel (El Kateb 1991). Die Beziehung ist jedoch nicht linear. Brunner (1993)

Abb. 5.14
Buchenreinbestand nach Nachlichtung mit 10-jähriger Naturverjüngung auf Buntsandstein in Südniedersachsen.

fand, dass im mittleren Bereich die relative Beleuchtungsstärke (Lichtintensität unter dem Kronendach im Verhältnis zum Freilandlicht) geringere Werte aufweist, als es die genannte Korrelation erwarten lässt. Erst stärkere Auflichtungen steigern den Lichtzutritt beträchtlich (siehe auch Gruis und Kellomäki 1981).

Im Übrigen ist zu beachten, dass die ursprüngliche Überschirmung sich im Laufe der Zeit verändern kann: Alte Stämme fallen aus, Kronen herrschender Bäume breiten sich aus. Ammer (1996) gibt dafür ein Beispiel aus dem Bergmischwaldprojekt in den Chiemgauer Alpen (ca. 100-jähriger Mischbestand aus Fichte, Tanne, Buche, Bergahorn). Tabelle 5.5 zeigt die Werte für einen unbehandelten sowie für einen schwachen und einen starken Schirmhieb (Entnahme von 30 bzw. 50 % der Grundfläche zu Beginn des Versuchs). Man erkennt, dass nach 16 Jahren beim schwachen Schirmhieb die relative Beleuchtungsstärke in Bodennähe beträchtlich abgenommen hat und nun fast so niedrig ist wie in der unbehandelten Parzelle. Auch beim starken Schirmhieb ist eine solche Tendenz zu erkennen. Das hängt mit dem höheren Grundflächenzuwachs als Folge des stärkeren Lichtgenusses der Baumkronen zusammen.

In einem über 150-jährigen Buchenbestand mit geringer Beimischung von Traubeneiche im südniedersächsischen Bergland hatte die Schirmschlagfläche bei 23 m^2 ha^{-1} Grundfläche eine relative Beleuchtungsstärke von 8–12 %. Diese

Tab. 5.5 Veränderung der relativen Beleuchtungsstärke (% des Freilandlichtes) in Beständen des Bergmischwaldprojektes in den Chiemgauer Alpen in 3 Jahren des 16-jährigen Untersuchungszeitraums (1978–1993) (aus Ammer 1996)

Waldbaulicher Eingriff	Relative Beleuchtungsstärke (%)*		
	1978	1986	1993
unbehandelt	5,1	5,5	9,4
schwacher Schirmhieb	17,2	12,6	9,7
starker Schirmhieb	31,3	23,9	18,4
Kahlhieb (0,5 ha)	74,4	65,8	56,7

*Mittelwert aus 48 Messungen, Messung in 1,5 m Höhe

Werte wurden Ende Mai erreicht, als die Belaubung etwa 75 % der vollen Dichte erreicht hatte, sie blieb bis Mitte Oktober gleich (Lüpke 1982). Bei diesem Versuch waren die mittleren Lufttemperaturen in Bodennähe unter dem Schirm mit 13,4 °C nur geringfügig niedriger als auf der Freifläche, jedoch waren die Tagesamplituden unter dem Schirm weniger als halb so hoch wie auf der schirmfreien Fläche. Die Minimumtemperaturen lagen auf der Freifläche mit durchschnittlich −4 °C deutlich tiefer als unter dem Schirm des Altbestandes, wo während des Beobachtungszeitraums kaum Frostgrade auftraten. Auf der Freifläche dagegen wurden bis zu −7 °C gemessen.

Die Schutzwirkungen sowohl gegen übermäßige Erwärmung mit Wasserverlusten der Jungpflanzen als auch gegen Frostschäden sind wesentliche Vorteile des Schirmverfahrens. Allgemein gelangt durch die Auflockerung des Kronendachs mehr langwellige Strahlung durch das Kronendach an den Waldboden, damit erwärmen sich am Tag die bodennahe Luftschicht, die Streuauflage und der Oberboden mehr als im geschlossenen Bestand. Es gibt bisher kaum Daten über den Zusammenhang des Temperaturverlaufs mit dem Überschirmungsgrad. Messergebnisse im Zusammenhang mit dem Vorwald enthält Kapitel 3.7.1.2 (siehe auch Barthod et al. 1999; Geiger 2013).

Wasserhaushalt

Der Wasserhaushalt der jungen Waldpflanzen bleibt von der Dichte des Altholzschirms nicht unberührt. Eine Verminderung des Niederschlags am Boden tritt als Folge der Interzeption durch die Kronen des Altbestandes ein. Das Ausmaß hängt von der Stärke des Hiebseingriffs ab. Andererseits verringert sich der Wasserbedarf des gesamten Bodenbewuchses, und so auch der Verjüngungspflanzen, gegenüber dem auf schirmfreien Flächen dadurch, dass unter Schirm meist eine höhere Luftfeuchtigkeit herrscht. Vor allem setzen die Licht-, Wärme- und Windverhältnisse die Transpiration herab. Oft unterschätzt wird die Rolle des Altbestandes auf den Wasserhaushalt der oberen Bodenhorizonte im Zusammenhang mit der Verjüngung (Ammer 2000). Auf sommertrockenen Standorten findet man in fortgeschrittenen Stadien von Schirmhieben oft rings um die licht gestellten alten Bäume Flächenteile in der Größe der Kronenprojektion mit sehr wenigen, schwachwüchsigen Verjüngungspflanzen. Darin und in dem geringeren Bodenbewuchs zeigt sich die Konkurrenz des alten Baums, dessen Transpiration durch die Freistellung der Krone höher ist als im geschlossenen Bestand. Diese Erscheinung der Wasserkonkurrenz ist in Buchen- und Kiefernbeständen nicht selten und wird wegen ihrer Form als **Tellerbildung** bezeichnet. Nach Ausscheiden des alten Baumes durch Entnahme oder Absterben entwickelt sich auf diesen Flächen meist rasch Verjüngung.

Wind

Durch die Auflichtung bei den Verjüngungshieben kann der Wind tiefer in das Kronendach eindringen. Dadurch erhöht sich für die verbleibenden herrschenden Bäume die Gefahr von Sturmwürfen. Auf den meisten Standorten sind Buche, Eiche und Tanne – anders als bei der weniger tief wurzelnden Fichte auf manchen Standorten – durch ihr arteigenes Wurzelsystem relativ gut im Boden verankert, sodass die Gefährdung bei Schirmschlägen in tragbaren Grenzen bleibt.

Folgerungen

Das hohe Schattenerträgnis des Jungwuchses (Kap. 3.3.2.2), die kräftige Steigerung des Durchmesserzuwachses bei einer Bestandesauflichtung und die relativ geringe Gefährdung durch Sturmwurf machen die **Buche** besonders geeignet für die Verjüngungsform des Schirmschlags. Mehr als bei anderen Baumarten lässt sich dadurch der Verjüngungszeitraum strecken. So kann der Wertzuwachs alter Bäume gefördert werden, ohne dass die junge Generation durch Licht- und Wasserkonkurrenz zu stark zurückgehalten wird. Bei hoher Qualität des Altbestandes, besonders der Baumklassen 2 und 3 (herrschende und mitherrschende Bäume), lohnt sich meist ein langsames Vorgehen. Doch müssen mögliche Wertminderungen durch Rotkern (Sachsse 1991; Frank 1996; Büren 1998; Knoke und Schulz-Wenderoth 2001), Bildung von Wasserreisern und Zurücksetzen im Kronenbereich sorgfältig beachtet werden. Durch die rechtzeitige Planung und Anlage von Rückewegen lassen sich Schäden an den Stämmen bei der Holzernte weitgehend vermeiden.

Probleme können bei sehr langsamem Verjüngungsfortschritt dadurch entstehen, dass der Jungwuchs der Buche bei längerer stärkerer Beschattung (unter 20 % relativer Lichtgenuss) einen schwachen Höhen- und Durchmesserzuwachs hat (wodurch die Gefahr durch Mäusefraß und Wildverbiss steigt) und eine ungünstige Schaftform ausbildet (Kap. 3.3.1). Eine ausgeprägte Zielstärkennutzung (Kap. 4.2.8.3), die kleinflächig stark wechselnde Vertikalstrukturen fördert, bringt viele Innensäume mit entsprechenden Qualitätsverlusten an den nachwachsenden Bäumen (Richter 2000). Auf der Grundlage der Untersuchungen von Sagheb-Talebi (1996) empfiehlt Schütz (1998b) die Ablösung des Altholzschirms zu dem Zeitpunkt, an dem die Verjüngung etwa hüfthoch ist. Das kann je nach dem Qualitätszustand der alten Buchen auf Teilflächen des Verjüngungsbestandes unterschiedlich früh oder spät geschehen. Deshalb sollen Verjüngungszeiträume und Produktionsdauer für größere Buchenbestände je nach Ertragsleistung und Qualitätserwartung nur in weiten Rahmen angesetzt werden.

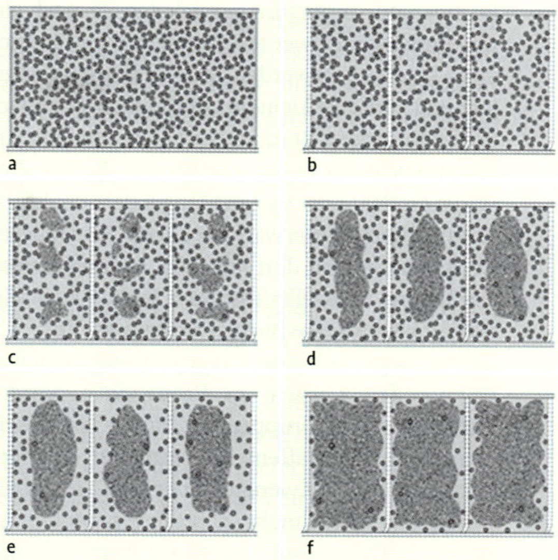

Abb. 5.15
Ablauf des Schirmschlag/Femelschlag-Verfahrens (nach Fleder 1987): Ausgangsbestand **(a)**, Vorlichtungen für Bodengare **(b)**, Übergang zur Femelphase **(c)**, Erweiterung der Femelgruppen zu Lichtschächten **(d)**, weitere Rändelung **(e)**, Endphase **(f)**.

In manchen Regionen, so in Ost- und Zentralfrankreich, wird das Schirmschlagverfahren mit gutem Erfolg auch in Mischbeständen von Buche mit Tanne angewendet. In Deutschland, Österreich und in der Schweiz wird für derartige Bestände, in denen meist auch die Fichte beigemischt ist, häufiger der Femelschlag (Kap. 5.4.5) bevorzugt, wenn nicht auch eine Behandlung nach Plenterprinzipien (Kap. 5.5) in Betracht kommt.

Das Ziel der Bestandesverjüngung besteht heute meist in der Schaffung von **Mischbeständen**. Die Regeln von Fleder (1987), ursprünglich für Buchenmischbestände in Unterfranken entwickelt, werden heute vielfach allgemein angewendet. Sie bestehen aus einer Kombination von Schirmschlag und anschließendem Femelschlag (Abb. 5.15). Zunächst wird in einem guten Mastjahr der Buche eine etwa gleichmäßig aufgelo-

Hintergrundwissen

Experimente mit Lochhieben

Die ökologischen Untersuchungen von Mosandl (1984, 1991), Brunner (1993) und Ammer (1996) im Rahmen eines 1976 begründeten Bergmischwaldprojektes beziehen sich auf vier kreisrunde Löcherhiebe von 30 m Durchmesser in vorher geschlossenen Mischbeständen aus Tanne, Fichte, Buche und Bergahorn (Süd- bis Westhänge mit 23–31° Neigung, 940–1 270 m ü. NN) in den nördlichen Kalkalpen (Wuchsbezirk Chiemgauer Alpen, *Abieti-Fagetum*).

Ebenfalls vier kreisrunde Lochhiebe von 30 m Durchmesser wurden in einem Buchenaltbestand auf dem Solling-Plateau im südlichen Niedersachsen in 500 m ü. NN angelegt (Lössfließerde über Buntsandstein, *Luzulo-Fagetum*). Zwei Lochhiebe wurden mit Dolomit (3 t ha^{-1}) gekalkt und der Boden wurde mit einem Schwinggrubber bis in 10 cm Bodentiefe bearbeitet. In den Bestandeslücken wurden die mikroklimatischen Verhältnisse und die Auswirkungen der Auflichtung auf Nährstoffflüsse und -speicherung im Verlauf der Besiedlung durch Naturverjüngung (Abb. 5.19) und Begleitflora erfasst (Bauhus 1994; Vor 1999; Bartsch 2000; Bartsch et al. 2002; Lin et al. 2014a, 2014b, 2015a, 2015b).

Abb. 5.19
Naturverjüngung aus Buche und Fichte im 6. Jahr nach dem Lochhieb im Solling auf der Fläche ohne Kalkung.

Zur Einbringung von Traubeneiche, Europäischer Lärche und Buche in Buchenaltbestände im südniedersächsischen Bergland auf nahezu ebener Lage in 280 m ü. NN (Wuchsbezirk Göttinger Wald, lössüberlagerter Buntsandstein, *Luzulo-Fagetum*) prüfte Lüpke (1982, 1987) die Eignung verschiedener Verjüngungsformen. Hierbei verglich er die ökologischen Bedingungen einer großen Lücke (40–60 m) mit denen einer kleinen Lücke (20–25 m), einer Schirmfläche aus reiner Buche (Bestockungsgrad 0,7) und einer Freifläche.

Waldbauliche Steuerungsmöglichkeiten der Naturverjüngung in einem Mischbestand aus Buche und Edellaubbäumen auf einem Kalkstandort im südniedersächsischen Bergland (*Luzulo-Fagetum*, Plateau in 380 m ü. NN) wurden von Wagner (1994, 1999) in sechs Lochhieben von annähernd 30 m Durchmesser untersucht. Die Flächen der hier beschriebenen Versuche waren gegen Wildverbiss gezäunt.

Bestandeslücken und an der Variationsbreite der möglichen Wechselwirkungen. Hinzu kommt, dass die Versuche meist nur eine kurze Phase der Bestandesverjüngung erfassen. Aus einer vergleichenden Betrachtung der bisherigen Studien lassen sich dennoch Grundmuster der ökologischen Bedingungen in Lochhieben darstellen.

Neben Faktoren wie Geländeform (Hangneigung, Exposition), Regionalklima, Baumartenzusammensetzung und Struktur des umgebenden Bestandes, Boden (insbesondere Humusauflage) und Bodenvegetation haben die **Lückengröße** sowie die **Höhe der Randbäume** einen bedeutenden Einfluss auf das Standortsklima der Lückenflächen (Runkel 1982; Coates und Burton 1997; Collet und Chenost 2006; Diaci et al. 2012). Geiger (1961, 2013) bezeichnet das Verhältnis des Durchmessers eines (kreisrunden) Lochschlags zur Mittelhöhe des umgebenden Bestandes (d : h) als Kenngröße des Lochschlags. Das Klima in einer Bestandeslücke ist aber keineswegs einheitlich. Man findet dort vielmehr auf kleinstem Raum nebeneinander sehr unterschiedliche Bedingungen.

Licht

Die Grundlagen der Lichtmessung und Lichtverteilung in Waldbeständen sind im Zusammenhang mit der Naturverjüngung im Kapitel 3.3.1 behandelt. Durch die Verwendung des Begriffs Licht bei ökologischen Untersuchungen im Wald anstelle des Begriffs Strahlung kommt zum Ausdruck, dass sich die Spektralbereiche der vor allem interessierenden **photosynthetisch aktiven Strahlung (PAR)** und des sichtbaren Lichtes nahezu decken. In Bestandeslücken wird die Höhe des Lichteinfalls durch die Kenngröße des Lochschlags maßgeblich bestimmt (Abb. 5.20). Hangneigung, Lückenform, Bestandesstruktur, Jahreszeit (Sonnenstand, Belaubung) und Exposition können zu stark abweichenden Verteilungsmustern von Licht und Schatten und damit von diffuser und direkter Strahlung in verschiedenen Bereichen eines Lochhiebs führen.

Minckler et al. (1973) fanden bei Lochhieben unterschiedlicher Größe in gemischten Laubwäldern von Süd-Illinois (USA), dass das Lichtangebot an unbewölkten Tagen für alle Ränder der Lücken mit Ausnahme des Südrandes mit der Größe der Lochhiebe ansteigt. Bei drei Viertel der Baumhöhe und weniger (d : h ≤ 0,75) erhielt der **Nordrand** der Lücke das meiste Licht, gefolgt von Mitte, West, Ost und Süd. Bei Lückengrößen von mehr als einer Baumhöhe erhielt die Mitte das meiste Licht, danach Nord, West, Ost und Süd. Bei allen Lochgrößen war die Lichtintensität am größten an Südhängen, dann folgten die ebene Lage und die Nordhänge.

In der Mitte der Lochhiebe (d : h ≈ 1) des Bergmischwaldprojektes (Mosandl 1984) beträgt die potenzielle Sonnenscheindauer 6–21 % der einer Freifläche ohne Horizontabschirmung. Die Nordränder der Lücken sind mit 13–32 %

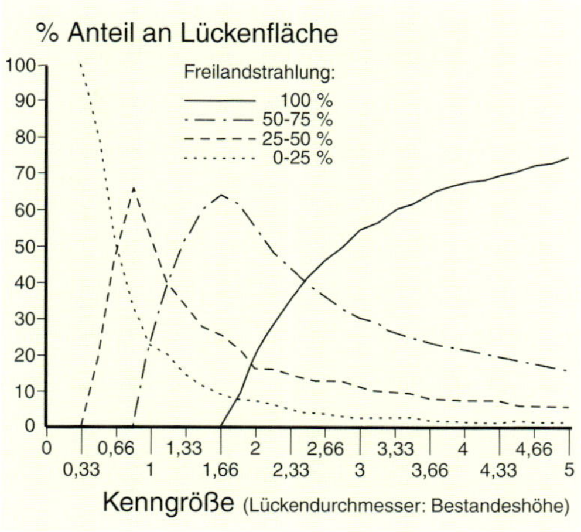

Abb. 5.20
Lichtverteilung in Bestandeslücken unterschiedlicher Größe (nach Coates und Burton 1997).
Dargestellt ist der Anteil der Strahlung, der in Bestandeslücken im Nordwesten von Britisch Kolumbien/Kanada (55°22´N, 127°50´W) zwischen 15. April und 15. September den Waldboden erreicht. Der Durchmesser der Lücken liegt zwischen 5 m (0,002 ha) und 150 m (1,77 ha). Die Höhe der Randbäume um die Lücken beträgt 30 m.

deutlich bevorzugt. Die Beleuchtungsstärke (berücksichtigt nur die diffuse Strahlung) erreicht in 1,5 m Höhe in der Lückenmitte um 60 % des Freiflächenwertes und geht annähernd linear bis auf rund 30 % am Bestandesrand zurück. Nahezu umgekehrt verhält es sich mit der relativen Beleuchtungsstärke am Boden. Infolge der Abschattung durch eine üppig entwickelte Bodenvegetation erreicht sie mit rund 25 % ihre höchsten Werte am Bestandesrand und die niedrigsten mit rund 5 % in der Lückenmitte.

Die Lichtverhältnisse (PAR) in der großen (d : h ≈ 1,45) und in der kleinen Lücke (d : h ≈ 0,6) der Versuchsanlage von Lüpke (1982) erreichen im Durchschnitt des Zeitraums voller Belaubung der randständigen Altbuchen um 45 % (13,4–66,7) bzw. 18 % (9,4–32,5) der Freiflächenwerte. In der großen Lücke kann ein hellerer (etwa die nördliche Hälfte mit einer Lichtintensität von rund 50 % der Freifläche) von einem dunkleren Bereich (etwa die südliche Hälfte mit rund 30 %) unterschieden werden. Die Lichtverhältnisse sind in der kleinen Lücke und auf der Schirmfläche deutlich gleichmäßiger verteilt.

Für kreisrunde Lochhiebe (d : h = 1,2) in einem Mischbestand mit Buche und Edellaub-

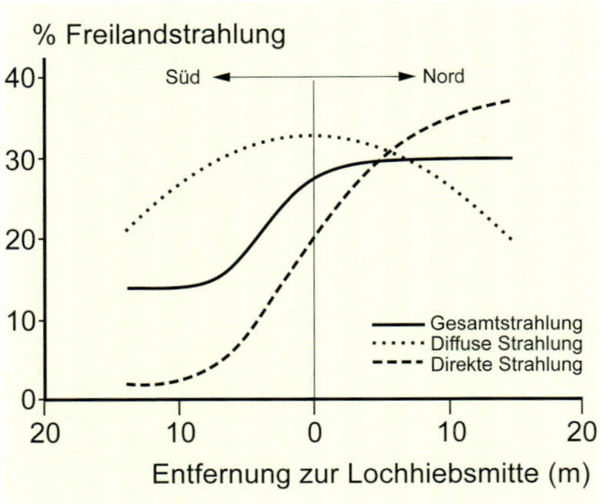

Abb. 5.21
Die wichtigsten Strahlungsgrößen am Waldboden und ihre Abhängigkeit von der Entfernung zur Lückenmitte (nach Wagner 1999).

bäumen stellt Wagner (1999) die Verteilung der wichtigsten Strahlungsgrößen dar (Abb. 5.21). Während sich die diffuse Strahlung unabhängig von der Himmelsrichtung innerhalb der Bestandeslücke verteilt, ergibt sich für die direkte Strahlung ein ausgeprägter Gradient von Süd nach Nord. Der Nordrand der Lücke erhält annähernd doppelt so viel direkte Strahlung wie die Lückenmitte.

Die **Strahlungsqualität** (Verhältnis von hellroten (R) zu dunkelroten (FR) Wellenlängen) ist bisher in waldbaulichen Untersuchungen wenig beachtet worden, obwohl der spektralen Verteilung der Strahlung eine erhebliche Bedeutung für verschiedene Prozesse, wie Keimen, Blühen und Morphogenese (u. a. für die Biomasseallokation), beigemessen wird (Kap. 3.3.1.3; Literaturübersicht bei Ammer 2000). Oberhalb von Vegetationsdecken und bei Sonnenständen von mehr als 10° liegt das R/FR-Verhältnis konstant um 1,15. Lichtflecken am Waldboden, deren spektrale Verteilung ganz wesentlich durch die in Bestandeslücken einfallende direkte Strahlung bestimmt ist, weisen je nach Lochgröße ein R/FR-Verhältnis von 0,76–1,15 auf. Die ständig wandernden Lichtflecken können bis zur Hälfte der Photosyntheseleistung ausmachen (Chazdon 1988). Für die Erwärmung von Luft und Boden ist die Dauer der direkten Einstrahlung maßgeblich. Diese ist am Nordrand größerer Bestandeslücken am höchsten.

Temperatur

Luft- und Bodentemperaturen zeigen in Bestandeslücken ähnliche räumliche und zeitliche Muster wie die Lichtintensität. Diese sind nach Jahreszeit und Messhöhe im und über dem Boden unterschiedlich stark ausgeprägt. Auf Durchschnittswerte der Lufttemperatur für Tage oder Monate wirken sich verschiedene Lückengrößen kaum aus. Durchschnittswerte unterscheiden sich nur beim Vergleich von weitgehend voll überschirmten Waldflächen mit Freiflächen (Lützke 1961; Lüpke 1982; Strong et al. 1997). Deutliche Unterschiede zeigen sich bei den Temperaturschwankungen, in Laubholzbeständen verstärkt in der Vegetationszeit. Temperaturextreme sind besonders ausgeprägt direkt über der Bodenoberfläche.

Allgemein sind die Temperaturen in Bestandeslücken wärmer während des Tages und kühler während der Nacht als im umgebenden Bestand (Geiger 1961, 2013). In großen Bestandeslücken (etwa d : h > 2) wird die Erwärmung durch den Windeinfluss gemildert und nähert sich den niedrigeren Werten der Freifläche an. Die **Ausstrahlung** (wichtig für die Spätfrostgefährdung) steigt hingegen mit zunehmender Kenngröße, wobei der Windeinfluss offenbar zurücktritt, da kalte Nächte im Frühjahr stets windschwachen Wetterlagen angehören. Damit weicht aber auch in größeren Lücken das Mikroklima nicht so weit von dem des Bestandes ab, dass pflanzengefährdende Extremtemperaturen auftreten (Krečmer 1967; Lüpke 1982) (Tab. 5.6). Die Temperatur in der bodennahen Luftschicht und im Oberboden weist die höchste Tagesschwankung und die größte räumliche Variation innerhalb einer Bestandeslücke auf. Die Temperaturverteilung entspricht annähernd der Verteilung von Licht und Schatten in Lochschlägen (Abb. 5.25 in Kap. 5.4.5.3). Die größten Temperaturunterschiede bestehen zwischen dem untersonnten Nordrand und dem voll beschatteten Südrand der Lücke.

Wasserhaushalt

Stärkere Öffnungen des Kronendachs verändern den Wasserhaushalt in mehrfacher Weise (siehe Mitscherlich 1981). Die Höhe des **Niederschlags**, der den Waldboden erreicht, variiert

Tab. 5.6 Temperaturen in 5 cm über dem Boden und Frostschäden an jungen Eichen und Buchen (aus Lüpke 1982)

	Freifläche	Große Lücke	Schirmfläche
mittleres Minimum (°C)	−3,4	0,2	3,0
tiefste Temperatur (°C)	−8,5	−4,5	1,6
Zahl der Nächte mit Frost	7	3	0
Frostschaden	mäßig	keiner	keiner

mit der Lückengröße. Kleine Lücken (d : h < 1) haben im Allgemeinen geringere Niederschläge als das Freiland, da bei schrägem Einfall ein Teil des Niederschlags auf der Leeseite der Lücke (Regenschatten) in den Kronen der randständigen Bäume zurückgehalten wird (Interzeption). In größeren Lücken begünstigt eine höhere Windruhe das Absetzen des Niederschlags, sodass im Zentrum der Lücke die Niederschlagsmenge des Freilands etwas übertroffen werden kann. Dieser Effekt ist bei Schnee größer als bei Regen. Die Verteilung des Niederschlags in der Lücke ist ungleichmäßig. Je höher die Windstärke bei Niederschlagsereignissen ist, umso stärker wird der luvseitige Lückenrand gegenüber dem leeseitigen bevorzugt.

Für einen Mischbestand aus Kiefer und Buche östlich von Berlin mit sieben kreisrunden Lochschlägen unterschiedlicher Größe wurde die höchste **Regenmenge** für Juni bis September mit 105 % des Freilandwertes in der Lücke von 38 m Durchmesser (d : h ≈ 1,5) gemessen. Bei weiterer Vergrößerung der Lücke näherte sich die Regenmenge dem Freilandwert an (Geiger 1961, 2013).

In der Mitte der Lochhiebe (d : h ≈ 1) des Bergmischwaldprojektes (Mosandl 1984) und der Lochhiebe im Solling (Bauhus 1994) liegt der Regenniederschlag für Juni bis September knapp unter dem Wert der Freifläche (Abb. 5.22). Die Schneedeposition ist bei beiden Versuchsanlagen hingegen in Teilbereichen der Lochhiebe gegenüber dem Freiland und deutlicher gegenüber dem umgebenden Bestand erhöht. Das Zentrum und die luvseitigen Teilflächen erhalten die größte Neuschneemenge innerhalb der Lücke und der Schnee schmilzt im Vergleich zum Freiland verzögert ab (Krečmer 1967; Bauhus 1994).

Mit zunehmender Lückengröße wird der **Tauniederschlag** von den Kronen der Randbäume auf die bodennahen Vegetationsschichten verlagert. Die Taumenge bleibt aber auch in größeren Bestandeslücken geringer als im Freiland (Krečmer 1967). Die höchste Taumenge, die in einer Nacht abgelagert werden kann, liegt bei 1 mm, meist ist sie jedoch noch viel geringer. Daher kann Tau nur einen geringen Beitrag zur Wasserbilanz von Verjüngungspflanzen in Bestandeslücken liefern. Für das Überleben von Verjüngungspflanzen bei Trockenstress kann Tau dennoch entscheidend sein (Slatyer 1967).

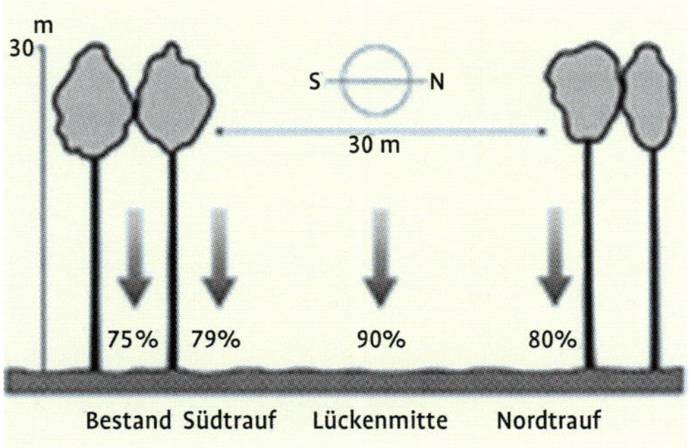

Abb. 5.22
Verteilung des Jahresniederschlags in verschiedenen Bereichen einer Lücke (Durchmesser 30 m) in einem Buchenaltbestand (Bestandeshöhe 30 m) im Solling in Prozent des Freilandniederschlags (nach Bartsch et al. 2002). Dargestellt sind Mittelwerte für die Jahre 1992, 1993, 1996 bei einem durchschnittlichen jährlichen Freilandniederschlag von 1 115 mm.

Größere Bedeutung als der Tau kann in höheren Lagen humider Gebirge der **Nebelniederschlag** erreichen, nach Kimmins (2004) bis mehr als 50 % des Gesamtniederschlags. Für einen im Femelschlagverfahren verjüngten Tannen-Fichten-Buchenmischbestand im Schwarzwald (1 024 m ü. NN) stellte Luft (1973) fest, dass der Nebelniederschlag im geschlossenen Bestand in nebelreichen Jahren den Interzeptionsverlust übertreffen kann und mit der Größe der Bestandeslücken abnimmt (Tab. 5.7).

Tab. 5.7 Nebelniederschlag in einem Tannen-Fichten-Buchenmischbestand im Schwarzwald (1 024 m ü. NN) in einem nebelreichen (1966) und einem nebelarmen (1967) Jahr bei unterschiedlich starker Auflichtung (nach Luft 1973)

	1996		1997	
Relative Beleuchtungsstärke in Prozent des Freilandlichtes (%)	**Anzahl Nebeltage**	**Nebelniederschlag in Prozent des Regenniederschlags (%)**	**Anzahl Nebeltage**	**Nebelniederschlag in Prozent des Regenniederschlags (%)**
13 = geschlossener Bestand	79	35,5	48	20,0
24 = lichter Schirm	79	29,8	48	16,4
36 = kleine Lücke (d : h < 1) und Innensaum einer größeren Lücke (d : h > 1)	79	26,7	48	14,9
51 = Außensaum einer größeren Lücke	79	20,0	48	11,1

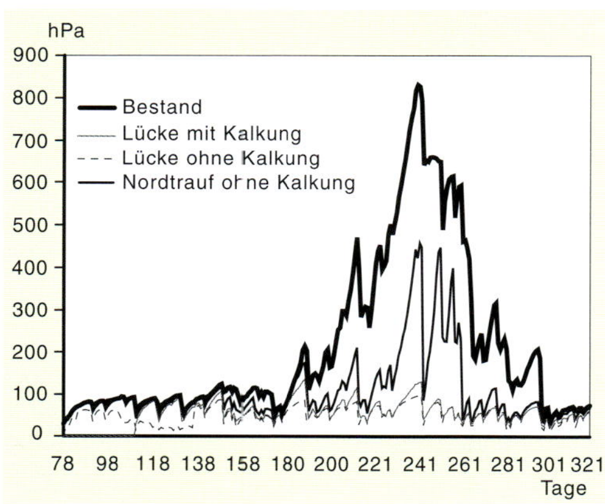

Abb. 5.23
Saugspannung (hPa) in 15 cm Mineralbodentiefe im geschlossenen Bestand und in verschiedenen Bereichen von Lochhieben mit und ohne Kalkung in einem Buchenaltbestand im Solling von März bis November des 3. Jahres nach Lückenbildung und Kalkung (nach Bauhus 1994).

Von dem in eine Bestandeslücke einfallenden Niederschlag hält die bodennahe Vegetationsschicht einen Teil zurück. Bauhus (1994) ermittelte für das Zentrum der Lochhiebe im Solling **Interzeptionsverluste** durch die Bodenvegetation (flächendeckend *Epilobium angustifolium,* oberirdische Biomasse von 3 t ha^{-1}) für die Monate August und September von bis zu 26 %, im Durchschnitt waren es 7 % des Niederschlags.

Die höheren Niederschläge und der fehlende Wasserentzug durch Bäume des Altbestandes erhöhen die **Bodenfeuchte** in Bestandeslücken. Auf Teilflächen ohne Durchwurzelung bleibt die Bodenfeuchtigkeit ganzjährig hoch (Luft 1973; Bauhus 1994; Geiger 2013). Im Bereich der Wurzelkonkurrenz des Altbestandes kommt es hingegen zu jahreszeitlichen Austrocknungs- und Wiederbefeuchtungsphasen. Der Wasserentzug durch Bodenvegetation und Jungwuchs wirkt sich hingegen in den ersten Jahren nach der Besiedlung der Lücken nicht wesentlich auf den Bodenwasserhaushalt aus (Abb. 5.23).

Die Untersuchungsergebnisse zeigen, dass in Bestandeslücken neben dem höheren Lichtangebot auch die insgesamt günstigeren Feuchtigkeitsverhältnisse die Lebensbedingungen für die Verjüngung, aber auch für die Begleitflora, verbessern.

Nährstoffhaushalt

Lochhiebe können unter bestimmten Voraussetzungen (Bodenversauerung, hohe Stickstoffvorräte im Boden durch atmosphärische Deposition, fehlende Bodenvegetation) den Nährstoffhaushalt kleinflächig in gleicher Art und Intensität stören, wie es für Kahlschlag, Sturmwurf oder großflächigen Borkenkäferbefall (Zimmermann et al. 2000; Kennel 2002) nachgewiesen wurde (Kap. 5.4.2). Dies ergaben die Untersuchungen von Lochhieben im Solling (Bauhus 1994; Bartsch et al. 1999; Vor 1999; Bartsch 2000; Bartsch et al. 2002; Lin et al. 2015a). Obwohl die Lochhiebe (d : h = 1) im Vergleich zu großflächi-

Tab. 5.8 Elementmengen an N, K, Ca und Mg in der Bodenvegetation (ober- und unterirdisch) in unterschiedlichen Bereichen von Lochhieben mit und ohne Kalkung in einem Buchenbestand im Solling auf Buntsandstein (angegeben sind die Mittelwerte von 10 Probeflächen (0,25 m^2) für das 4. und 7. Jahr nach der Auflichtung) (nach Bartsch et al. 2002)

	N	K	Ca	Mg
	(kg ha–1)			
	4. Jahr			
ohne Kalkung				
Südtrauf	0,6	0,5	0,3	0,1
Zentrum	9,5	5,6	1,8	0,6
Nordtrauf	0,4	0,2	0,0	0,0
mit Kalkung				
Südtrauf	32,7	27,5	11,8	5,9
Zentrum	63,3	36,1	26,9	15,1
Nordtrauf	27,6	15,1	14,9	6,8
	7. Jahr			
ohne Kalkung				
Südtrauf	3,0	0,9	0,7	0,1
Zentrum	22,2	8,5	3,6	1,0
Nordtrauf	3,7	1,2	0,5	0,2
ohne Kalkung				
Südtrauf	49,6	25,9	15,4	6,5
Zentrum	118,	58,0	67,6	21,1
Nordtrauf	427,8	9,7	11,4	3,3

gen Störungen das Mikroklima nur wenig veränderten, wurden in den Lücken hohe Elementausträge mit dem Sickerwasser festgestellt, vor allem an Nitrat (Abb. 4.56, Kap. 4.4.4), basischen Kationen und Schwermetallen. Die Austragsraten entsprachen in den ersten Jahren nach der Lückenbildung denen eines Großkahlschlags mit Herbizidbehandlung (Bormann und Likens 1979) (Kap. 5.4.2) und von Kahlflächen nach Sturm (Mellert et al. 1996, 1998). Für die ersten neun Jahre nach den Lochhieben ergab sich insgesamt ein **Stickstoffverlust** für die Lochhiebe im Solling von ca. 850 kg ha^{-1}. Die Austräge waren nicht die Folge von gesteigertem Humusabbau und erhöhter N-Mineralisation nach der Auflichtung (Bauhus et al. 2004), wie es für Kahlschläge beschrieben wurde (siehe Kap. 5.4.2.2). Vielmehr führten erhöhte Versickerung und Nitrifkation, vor allem aber eine verminderte Pflanzenaufnahme, zu den gesteigerten Auswaschungsraten. Die Besiedlung der Lücken durch Buchenverjüngung und krautige Vegetation erfolgte auf diesem stark bodensauren Standort sehr langsam. Die Lochhiebe waren erst im sechsten Jahr nach der Lückenbildung zur Hälfte mit Vegetation (v. a. Buchenverjüngung) bedeckt. Die Nährstoffspeicherung in der Biomasse der Bodenvegetation (Tab. 5.8) reduzierte ab diesem Zeitpunkt die Stoffverluste (v. a. an N) stark. Unter anderen Standortsverhältnissen und Bestandesstrukturen kann es zu stark abweichenden Auswirkungen von Lochhieben auf den Stickstoffhaushalt kommen (Godt 2002; Prescott 2002).

Für kleinflächige Femellöcher, die durch die Entnahme einzelner Bäume oder Gruppen von zwei bis drei Bäumen entstanden sind, sind die Untersuchungsergebnisse zum Nitrataustrag uneinheitlich. Teilweise findet man in kleinen Bestandeslücken geringere Nitratausträge als in Kahlschlägen, z. T. nicht (Parsons et al. 1994; Wilpert et al. 2000). Unabhängig von der Besiedlung durch Jungwuchs und Bodenvegetation gehen in kleinen Lücken die Nährstoffverluste dann wesentlich zurück, wenn die Wurzeln und Kronen der Randbäume den freien Raum erobern (Vitousek 1985).

Bei Betrachtung des gesamten Verjüngungszeitraums eines Bestandes sind die Effekte der Lochhiebe auf die Qualität des Grund- und Quellwassers als gering einzustufen. Die hohen **Austragsraten** beschränken sich auf die Lückenflächen, die von den Randbäumen nicht durchwurzelt werden. Diese stellen nur einen kleinen Ausschnitt eines Wassereinzugsgebietes dar und sind für den einzelnen Lochhieb zudem auf wenige Jahre begrenzt. Die **Stoffverluste** für den gesamten Verjüngungsbestand und den vollständigen Verjüngungszeitraum lassen sich nur sehr ungenau abschätzen, da die Randeffekte der Lücken kaum quantifizierbar sind. Die Stickstoffausträge werden immer noch durch hohe atmosphärische Einträge kompensiert. Auf nährstoffarmen Standorten sind daher die Verluste an basischen Kationen (v. a. Mg und Ca) für den aufwachsenden Bestand schwerwiegender. Diese lassen sich durch eine Kalkung ausgleichen (Bartsch et al. 1999, 2002; Lin et al. 2015a) (Kap. 4.4.3.3). Die Lochhiebe im Solling zeigen die Bedeutung einer schnellen Kopplung von Humuszersetzung und Wurzelaufnahme für einen ungestörten Nährstoffkreislauf. Bei größeren Bestandesauflichtungen lässt sich dies durch eine Vorausverjüngung (Vorwuchsgruppen) oder eine krautreiche Bodenvegetation erreichen. Bei stark sauren Bodenbedingungen kann eine Kalkung die Wiederbesiedlung von Hiebsflächen fördern.

Begleitflora

Auflichtungen des Altbestandes fördern die Baumverjüngung, geben aber auch der konkurrierenden Bodenvegetation gute Entwicklungsmöglichkeiten (Kap. 3.2.1.2). Das Ausmaß, in dem Lücken im Kronendach das Ankommen oder Vergehen, Wachstum oder Stagnation der neuen Baumgeneration und der Begleitflora beeinflussen, hängt hauptsächlich davon ab, welche Auswirkungen die Bestandeslücken auf die Sensibilität der beteiligten Arten haben (Collins und Picket 1988). Hier gibt es große Unterschiede, insbesondere im Hinblick auf den Lichtbedarf sowie den Wasser- und Nährstoffhaushalt. Vor allem aber spielt die vorherige Behandlung des Bestandes (Humusform, bereits vorhandene Baumverjüngung und Begleitflora) eine wichtige Rolle. Diese Zusammenhänge hatte schon Gayer (1898) angedeutet, doch wird das heute bisweilen übersehen. Deshalb ist das Femelschlagverfahren auch ökologisch keineswegs das optimale Verfahren zur Bestandesverjüngung in allen Situationen.

Bei den Untersuchungen von Mosandl (1984, 1991) in Bergmischwäldern der nördlichen Kalkalpen, in denen bei reichlich Niederschlägen (ca. 900 mm in der Vegetationszeit) nur mäßige Wärme (11–13 °C in der Vegetationszeit) herrscht und Trockenperioden selten sind, nahm der Deckungsgrad der Begleitflora als Durchschnitt der vier Lochhiebe ($d : h \approx 1$) vom ersten bis fünften Jahr nach der Versuchsanlage von 10–15 % auf 88 % in der Lückenmitte, 53 % am Lückenrand und 36 % unter dem Trauf der Randbäume zu. Die Artenzahl war auf den Lochhiebflächen deutlich größer als in den geschlossenen Altbeständen und stieg mit den Jahren an, wobei sich vor allem stickstoff- und feuchtigkeitsliebende Arten ansiedelten. Auf den stärker besonnten Teilen einer Lücke dagegen nahmen Gräser einen größeren Anteil ein. Gräser herrschten allgemein am Bestandesrand unter Altholzüberschirmung vor, während sie in der Mitte der Lücken durch konkurrenzkräftigere Arten (*Rubus idaeus*, *Eupatorium cannabinum*) zurückgedrängt wurden.

Die Untersuchungen in den Lochhieben im Solling zeigen die **Bedeutung des Bodenzustandes** für die Entwicklung der Begleitflora (Bartsch et al. 2002; Lin et al. 2014b). Auf dem bodensauren Standort breitete sich die Begleitflora zunächst nur sehr langsam aus. Sie erreichte auch in den Lückenbereichen mit hohem Lichteinfall erst in der sechsten Vegetationsperiode einen Deckungsgrad von 50 %. Eine Kalkung mit Bodenbearbeitung führte bereits im zweiten Jahr nach dem Lochhieb zu einem Deckungsgrad der Bodenvegetation von 80 %. Die Begleitflora der gekalkten Lochhiebe bestand aus stickstoff- und lichtbedürftigen Arten, zunächst vor allem aus *Epilobium angustifolium*, in

Tab. 5.9 Ober- und unterirdische Biomasse der Begleitflora (ohne Baumverjüngung) in unterschiedlichen Bereichen von Lochhieben mit und ohne Kalkung in einem Buchenbestand im Solling auf Buntsandstein (angegeben sind die Mittelwerte von 10 Probeflächen (0,25 m²); nach Bartsch et al. 2002)

Bereich im Lochhieb	Jahr nach Auflichtung			
	4.		7.	
	Biomasse (kg ha^{-1})			
	oberirdisch	unterirdisch	oberirdisch	unterirdisch
Lochhieb ohne Kalkung				
Südtrauf	0,9	3,9	12,1	38,1
Zentrum	254,7	89,4	646,5	293,5
Nordtrauf	0,0	8,9	65,3	17,9
Lochhieb mit Kalkung				
Südtrauf	1 259,8	495,5	1 092,8	1 339,8
Zentrum	2 644,2	1 057,3	2 310,0	4 138,6
Nordtrauf	88,4	656,9	406,9	824,6

den folgenden Jahren zunehmend aus *Urtica dioica*, *Rubus idaeus*, *R. fruticosus* und Pioniergehölzen (v. a. *Salix caprea*), während ohne Kalkung die Arten des geschlossenen Buchenbestandes vorherrschten (v. a. Gräser, Moose). Die Unterschiede im Deckungsgrad und in der Artenzusammensetzung spiegeln sich in den Biomassen der Begleitflora wider (Tab. 5.9), die einen deutlichen Gradienten von der Lückenmitte zu den Rändern aufweisen.

Bei den **Pflanzungen**, die Lüpke (1982, 1987) in unterschiedlich aufgelichteten Buchenbeständen auf lössüberlagertem Buntsandstein ausführte, erreichte die Deckung der Begleitflora auf der Freifläche und auf der großen Lücke (d : h ≈ 1,45) im ersten Jahr nach der Versuchsanlage etwa zwei Drittel der Bodenfläche und stieg schon in der zweiten Vegetationsperiode auf 100 % an, während die Schirmfläche sich viel langsamer mit Vegetation überzog (Tab. 5.10). Die mittlere Höhe der Begleitflora war auf der Lückenfläche geringfügig größer als auf der Freifläche, auf der Schirmfläche dagegen deutlich niedriger. Die Artenzusammensetzung war in Abhängigkeit vom Auflichtungsgrad deutlich verschieden. Auf der Freifläche herrschten in allen vier Beobachtungsjahren Gräser vor. *Rubus idaeus* und *Epilobium angustifolium* nahmen mäßig zu. Auf der Lücke dagegen sank der Anteil der Gräser nach anfänglich ähnlicher Entwicklung im dritten und vierten Jahr ab, während sich *Epilobium* und *Rubus* ausbreiteten. Die Ursachen dieser Entwicklung hängen möglicherweise sowohl mit den ökologischen Bedingungen als auch mit der Voransiedlung der Vegetation (Stolonen von *Calamagrostis epigejos*) zusammen, die durch eine völlige Freistellung auf der Kahlfläche besonders gefördert wurde. Auf Kalkstandorten besteht die Begleitflora meist aus Arten, die nicht als starke Konkurrenten für die Baumverjüngung angesehen werden und auf die Anlage von Lochhieben vergleichsweise wenig reagieren (Schmidt 1997; Lambertz und Schmidt 1999; Wagner 1999).

Die Untersuchungen zeigen, dass die Ausbreitung der Begleitflora je nach Auflichtungsgrad, Bodenverhältnissen und der Pflanzendecke vor der Öffnung des Kronendachs sehr unterschiedlich verlaufen kann. Die dargestellten Ergebnisse stammen aus Versuchen, in denen der Wildeinfluss durch Zäunung ausgeschaltet war. Wildverbiss kann die Artenzusammensetzung und Dichte der Begleitflora wesentlich verändern. Das Ausmaß hängt neben der Wilddichte von den Bestandesstrukturen ab (Schulze 1998). Auf den Versuchsflächen des Bergmischwaldpro-

Tab. 5.10 Entwicklung der Begleitflora in unterschiedlich aufgelichteten Buchenbeständen im südniedersächsischen Bergland auf Buntsandstein in den ersten 4 Jahren nach den Hiebseingriffen (angegeben sind die Mittelwerte von Deckungsgrad und Mittelhöhe im Spätsommer von 40 ständigen Aufnahmepunkten (1 m^2) je Variante; aus Lüpke 1982)

	Jahr nach Auflichtung											
	1.	**2.**	**3.**	**4.**	**1.**	**2.**	**3.**	**4.**	**1.**	**2.**	**3.**	**4.**
Art	**Freifläche**				**große Lücke**				**Schirmfläche**			
	Deckungsgrad (%)											
insgesamt	**66**	**94**	**97**	**110**	**71**	**100**	**93**	**92**	**22**	**54**	**51**	**76**
Luzula luzuloides	15	19	3	6	16	13	1	4	2	9	2	2
Festuca gigantea	5	4	1	0	21	24	4	1	0	1	1	0
Agrostis capillaris	18	38	38	24	15	20	9	1	1	5	0	1
Calamagrostis epigejos	10	25	35	50	4	10	20	13	0	1	1	1
sonstige Grasartige	1	1	2	1	8	16	9	8	1	6	3	3
Summe Grasartige	**49**	**87**	**78**	**81**	**64**	**83**	**43**	**25**	**3**	**21**	**6**	**6**
Rubus idaeus	1	1	7	7	1	3	15	18	1	3	9	16
Epilobium angustifolium	1	4	12	21	5	14	34	49	1	5	8	18
Digitalis purpurea	1	2	1	1	0	0	0	0	0	0	0	0
Gymnocarpium dryopteris	1	0	0	0	1	1	1	1	1	1	2	2
Oxalis acetosella	1	1	0	0	1	1	1	1	1	1	2	2
Sonstige	14	1	1	1	1	1	1	1	1	1	1	1
Summe Kräuter, Farne, Holzige	**17**	**7**	**19**	**29**	**7**	**17**	**50**	**67**	**19**	**33**	**45**	**70**
	Mittelhöhe (cm)											
insgesamt	n. b.	**78**	**103**	**82**	n. b.	**102**	**109**	**108**	n. b.	**44**	**45**	**65**

n. b. = nicht bestimmt

jektes stellte Mosandl (1991) keinen direkten Einfluss der Zäunung auf die Artenzusammensetzung und die Biomasse der Begleitflora fest. Letztere wurde aber zurückgedrängt, wenn die Naturverjüngung (v. a. Bergahorn) sich innerhalb des Zaunes stärker entwickelt hatte.

Verjüngung

Samenangebot

Bei der **natürlichen Verjüngung** hängt der Verjüngungserfolg stark von dem in den Jahren nach der Auflichtung verfügbaren Samenangebot und dessen Keimbedingungen (Wärme, Feuchtigkeit, Samenschädlinge, Vegetationsdecke, Verbissschutz, Kap. 3.3) ab. Hier ist teilweise ein Ausgleich der Verhältnisse in den ersten Jahren nach dem Femelschlag möglich, doch haben offenbar die Ausgangsbedingungen einen wesentlichen Einfluss. Entscheidend für das Gelingen der Naturverjüngung ist weniger das Hiebsverfahren als vielmehr die Größe der Bestandeslücken und die kontinuierliche Verbesserung der Strahlungs- und Feuchtigkeitsverhältnisse durch Nachlichtungen sowie ein geeigneter Verbissschutz. Durch Kronendachöffnungen und -erweiterungen wird eine bereits vorhandene Verjüngung gefördert, eine weitere Ansamung erfolgt dann meist nur noch in geringer Dichte.

Mit zunehmendem Abstand zu den Randbäumen nimmt in Lochhieben das **Samenangebot** bestimmter Baumarten ab, sodass im Zent-

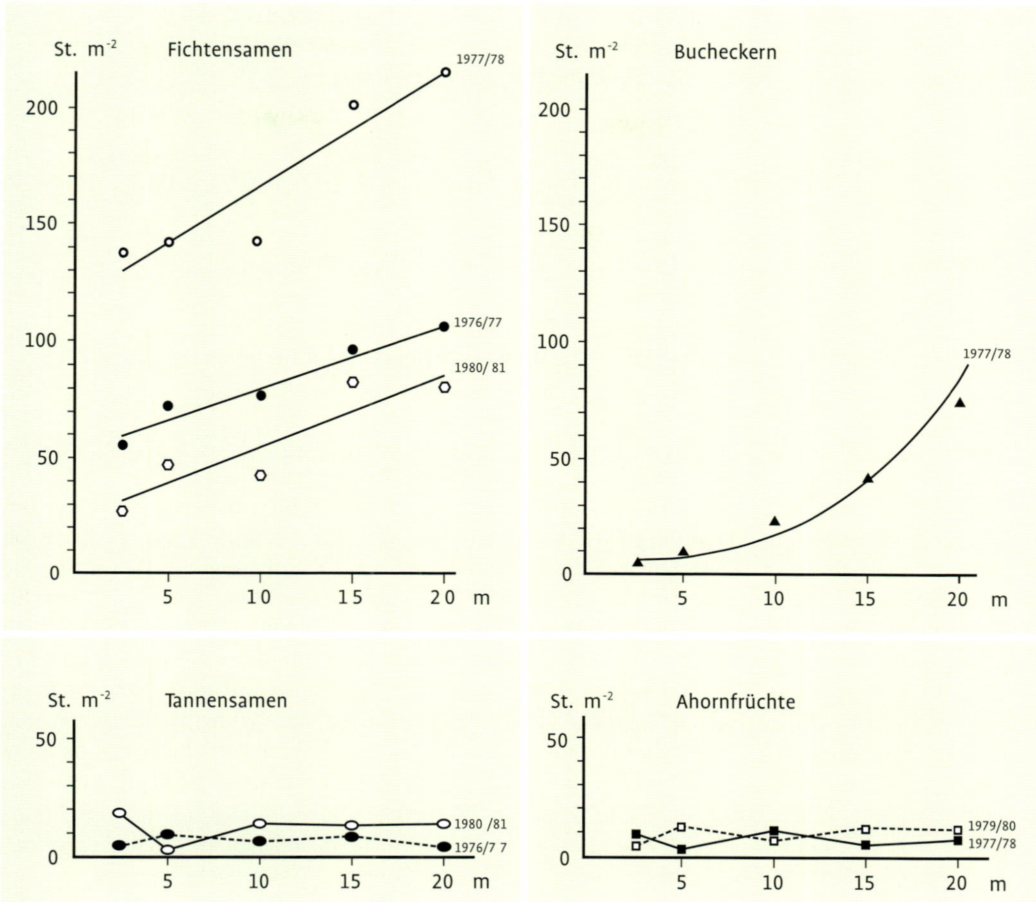

Abb. 5.24 Dichten von Samen verschiedener Baumarten in Abhängigkeit von der Entfernung vom Zentrum einer Bestandeslücke in einem Bergmischwald in den Chiemgauer Alpen (nach Mosandl 1984).

rum großer Lochhiebe keine hohen Ansamungsdichten zu erwarten sind. Die Reichweite der Samenverbreitung wird von der Schwere der Samen und der Art der Verbreitung bestimmt (Wagner 1999; Karlsson 2001) (Kap. 3.3.1.1).

Für Bucheckern und Fichtensamen stellte Mosandl (1984, 1991) in den Lochhieben (d : h ≈ 1) des Bergmischwaldprojektes in den nördlichen Kalkalpen eine straffe Beziehung zwischen der Entfernung von der Lückenmitte und der Samendichte fest. Die Keimfähigkeit der Samen war für alle Entfernungsstufen gleich. Tannensamen und Ahornfrüchte wurden hingegen in gleicher Dichte in der Lückenmitte und unter dem Kronenschirm der Randbäume verbracht (Abb. 5.24). Der Buchenbestand des Lochhiebsexperiments im Solling (d : h = 1, Bartsch et al. 2002) fruktifizierte innerhalb von 10 Jahren 6-mal in unterschiedlicher Stärke (Tab. 5.11). Die Samendichte im Zentrum der Lochhiebe betrug im Durchschnitt aller Masten und der vier Lochhiebe rund 20 % der Eckernzahlen unter den Kronen des Bestandes. Der Anteil hohler Bucheckern war im Zentrum der Lochhiebe bei den starken Masten nahezu doppelt so hoch wie im Bestand.

Keimung und Jugendwachstum

In dem Buchenbestand im Solling begünstigte die Kalkung mit Bodenbearbeitung zunächst die Entwicklung der **Naturverjüngung** und der Saat, die im Frühjahr nach der Auflichtung aus-

Tab. 5.11 Dichten der Bucheckern (Anzahl m^2) und Anteil hohler und parasitierter Samen im geschlossenen Bestand und im Zentrum der Lochhiebe (Durchmesser 30 m) in einem Buchenbestand im Solling für Masten im Zeitraum 1989–1998 (angegeben sind die Mittelwerte von 4 Lochhieben)

Mast	Bestand			Zentrum des Lochhiebs		
	Anzahl m^{-2}	Anteil (%)		Anzahl m^{-2}	Anteil (%)	
		hohl	parasitiert		hohl	parasitiert
1989	70	17	8	20	17	12
1990	451	10	5	63	21	8
1992	652	7	6	203	12	5
1994	28	64	21	4	50	0
1995	996	15	6	130	29	4
1998	128	15	7	24	29	8

gebracht wurde (150 Bucheckern pro m^2). Auf den Flächen ohne Kalkung waren die Pflanzendichten in den ersten drei Beobachtungsjahren um rund die Hälfte geringer. Aus den folgenden Masten fanden sich Buchensämlinge vor allem auf den ungekalkten Lochhieben ein, auf denen die Bodenvegetation nur geringe Deckungsgrade erreichte (Bartsch 1997). Auf den gekalkten Lochhieben hingegen führte die Konkurrenz der Bodenvegetation weitgehend zum Ausfall der Buchenverjüngung (Tab. 5.12). Auch 23 Jahre nach Anlage der Lochhiebe und der Kalkung war die Dichte der Buchenverjüngung auf dem Lochhieb ohne Kalkung annähernd 7-mal höher als auf dem Lochhieb mit Kalkung (Lin et al. 2014b). Unter den randständigen Altbuchen war die Begleitflora weniger dicht und niedriger. Auf diesen Teilflächen hatte die Buchenverjüngung ihre größten Dichten und Höhen. Mit Ausnahme der Bereiche mit Freiflächencharakter auf den gekalkten Lochhieben entsprachen die Pflanzendichten der 10-jährigen Verjüngung den Werten, die für eine Buchennaturverjüngung in diesem Alter für ausreichend gehalten werden (Huss et al. 1972; Dohrenbusch 1990).

Zum Zeitpunkt der Auflichtungen fanden sich in den Lochhieben des Bergmischwaldprojektes nur sehr wenige Verjüngungspflanzen. Trotz eines reichlichen Samenangebotes in den Folgejahren haben sich die Verhältnisse in den Lochhieben nicht als günstig für ein zügiges Aufkommen einer **Mischbestandsverjüngung** erwiesen. Das Sprosswachstum der jungen Pflanzen war im Verhältnis zur Entwicklung der Bodenvegetation nicht kräftig genug. Der Bereich günstiger Ansamungsbedingungen war für die Fichte am schmalsten. Unter den Altbäumen litt sie unter Schirmdruck und in den Bestandeslücken unter der Konkurrenz der Begleitflora. Lediglich der in geringer Dichte vorhandene Bergahorn aus der Vorverjüngung profitierte von den Lochhieben. Empfohlen wird daher eine stärkere Auflichtung des Bestandes erst dann, wenn sich nach mäßigen Schirmhieben bereits eine Naturverjüngung in ausreichender Dichte eingefunden hat (Mosandl 1984, 1991).

Die ersten wissenschaftlichen Untersuchungen über das Aufwachsen von **Pflanzungen** in Femellücken stammen von Wiedemann (1927), der die Bestrebungen der Praxis nach Umbau von Nadelholzreinbeständen in Mischbestände am Beispiel von zwei bayerischen Forstämtern eingehend auf ihre Erfolge untersuchte. In den damaligen Forstämtern Heilsbronn (fränkischer Keuper zwischen Nürnberg und Ansbach in 320–470 m ü. NN) und Plößberg (70 km südöstlich von Hof auf Granitverwitterungsböden in 550–750 m ü. NN) waren seit Anfang des vorigen Jahrhunderts Buche und Tanne in Gruppen gepflanzt worden, teils nahe der Hiebsfront des Femelschlags, teils in Gruppen im noch nahezu geschlossenen Altbestand. Die Gruppengrößen lagen zwischen 100 und 400 m^2.

Der gruppenweise Voranbau mit Buche und Tanne auf den besseren Böden mit genügender Wasserversorgung war im Allgemeinen gelun-

Tab. 5.12 Mittlere Anzahl von Buchenpflanzen unterschiedlicher Höhe auf 10 m^2 in verschiedenen Bereichen von Lochhieben eines Buchenbestandes im Solling im 10. Jahr nach der Versuchsanlage (Angaben zur Versuchsfläche Kap. 5.4.5.2)

Pflanzenhöhe (cm)	Südtrauf	Mitte	Nordtrauf
		Anzahl auf 10 m^2	
Lochhieb ohne Kalkung			
0–10	55,94	19,38	28,75
11–20	70,63	14,38	26,25
21–30	5,31	12,81	13,13
31–40	1,88	6,88	7,5
41–50	0,63	9,06	3,13
> 50	0,31	24,06	2,50
Summe	134,69	86,56	81,25
Lochhieb mit Kalkung			
0–10	5,63	0	22,81
11–20	33,44	1,56	77,5
21–30	34,38	1,25	44,69
31–40	18,13	0	16,56
41–50	15,94	0,63	36,25
> 50	31,25	3,75	5,00
Summe	138,75	3,75	202,81

gen. Die Buchen blieben in der Höhenentwicklung hinter den Tannen zurück, auch wurde die Buche durch Mäusefraß bei Fehlen durchgreifender Maßnahmen geschädigt. Die Vorteile der Femelhiebe liegen offenbar in der günstigen Beeinflussung des Standortsklimas, die ein im Vergleich zur Freifläche besseres Aufwachsen von Buche und Tanne ermöglicht, und im Lichtungszuwachs der Randbäume an den Femellücken. Die Nachteile liegen in der Vergrößerung der Sturmgefahren für den verbleibenden Altbestand und in der Verhagerung der Altholzränder.

Zum Auftreten von **Verhagerung** (siehe Knoerzer und Gärtner 2003) hat Wiedemann (1927) Schlüsse aus seinen Beobachtungen beigetragen: In größeren Lücken als 300 m^2 bleiben im südlichen Teil der Lücken Wind- und Strahlungsschutz wie in kleineren Lücken bestehen. Im Nordteil der Lücken dringt die Sonne in den Mittagsstunden ein, dazu kommt die Rückstrahlung des nördlich anschließenden Bestandesrands (Abb. 5.25). Schon bei Lücken von 15 m Durchmesser zeigen sich ähnliche Folgen wie an den Steilrändern von Kahlschlagflächen: Im Norden der Lücke wird das Wasser durch die Kronen und die Wurzeln der Altbäume fast in der Größenordnung des geschlossenen Altbestandes zurückgehalten und aufgenommen, dazu kommt die Wirkung der Freistellung mit ihrer Steigerung der Verdunstung. So ergeben sich auf trockeneren und nährstoffärmeren Böden an nördlich an die Lücke anschließenden Altholzrändern so starke Verhagerungen, dass anspruchsvolle Bodenpflanzen kaum gedeihen können. Sobald die Altbäume entfernt werden, erscheinen jedoch zumindest auf mittleren Standorten wieder anspruchsvollere Gräser und Naturverjüngung der Fichte. Auf trockenen Standorten zeigen jedoch die ausgehagerten Ränder noch nach 20 Jahren kümmernde Streifen am Ost- und

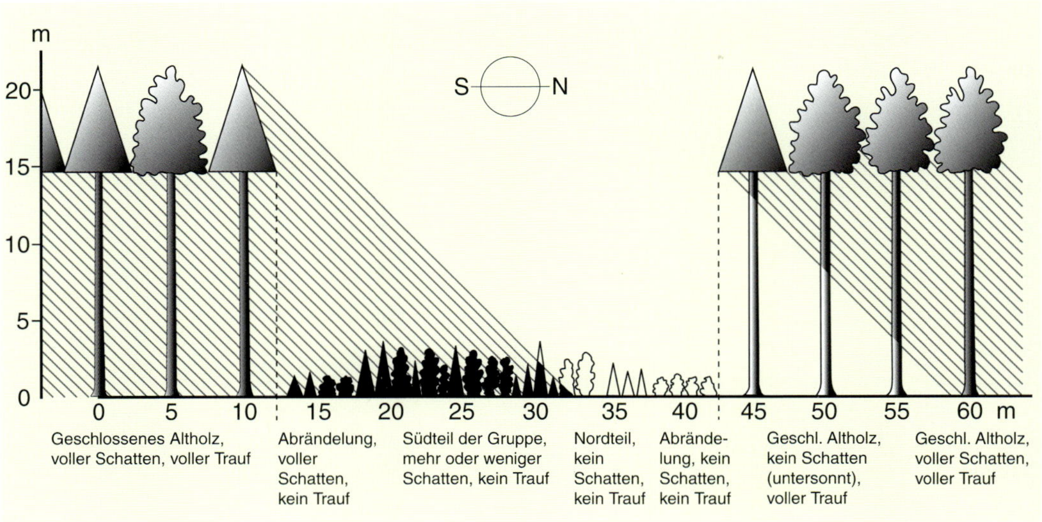

Abb. 5.25 Verteilung von Licht und Schatten in einer Bestandeslücke (nach Wiedemann 1927).

Südostrand von Dickungen. Wiedemann macht darauf aufmerksam, dass unter ungünstigen Verhältnissen (trockene, nährstoffarme Standorte) die verhagerten und verjüngungsunwilligen Flächenteile bei fortschreitendem Femelschlag weitaus größer sein können als bei den ursprünglichen Voranbauten. Seiner Ansicht nach können die Schäden durch Verhagerung von stärker der direkten Strahlung ausgesetzten Flächen hauptsächlich durch einen raschen Hiebsfortschritt in Grenzen gehalten werden.

Bei stark aufgelichteten Schirmstellungen und in Lochhieben entwickelten sich die **Pflanzungen des Bergmischwaldprojektes** günstiger als die Naturverjüngung (Mosandl und El Kateb 1988; Mosandl 1991; Brunner 1993). Die Kulturen aus Bergahorn, Buche, Fichte, Europäischer Lärche und Tanne waren nach 13 Jahren durch den kleinräumigen Wechsel der ökologischen Faktoren in den Bestandeslöchern stark räumlich differenziert und zeigten in ihrem Wachstum eine deutliche Lichtabhängigkeit. Bergahorn, Buche und Tanne verzeichneten im Zentrum der Lochhiebe ein besseres Durchmesser- und Höhenwachstum als auf der Kahlfläche. Das Überleben der Pflanzen war schon bei einer schwachen Auflichtung (≥ 10 % relative Beleuchtungsstärke) gesichert. Der Pflanzzeitpunkt direkt nach dem ersten Verjüngungshieb sicherte den Kulturen den notwendigen Wuchsvorsprung vor der sich entwickelnden Begleitflora. Die Pflanzungen bauten den zu Versuchsbeginn bestehenden Wuchsvorsprung gegenüber der Naturverjüngung in den Folgejahren weiter aus. Die Pflanzung bietet sich danach als Alternative zur Naturverjüngung an, wenn besonders schwierige Verjüngungssituationen bestehen oder Verjüngungszeiträume verkürzt werden sollen (Mosandl 1991).

In den Untersuchungen über das Wachstum von Europäischer Lärche, Traubeneiche und Buche bei unterschiedlicher Auflichtung eines Buchenbestandes im südniedersächsischen Bergland (Lüpke 1982, 1987) hatten in der **großen Bestandeslücke** (durchschnittlich 45 % des Freiflächenlichtes) alle Baumarten in den ersten drei Jahren nach der Pflanzung ein befriedigendes Höhenwachstum, das um rund 10 % unter den Werten für die Freifläche lag. Das Durchmesserwachstum dagegen blieb auf der Lücke gegenüber der Freifläche beträchtlich zurück, am meisten bei der Lärche (56 %), am wenigsten bei der Buche (83 % des Wertes der Freifläche). Bei Belassung der Begleitflora war das Höhen- und Durchmesserwachstum deutlich reduziert. Der Höhenzuwachs war am stärksten bei der Lärche und am geringsten bei der Buche gesenkt. Umgekehrt war es beim Durchmesserzuwachs. Die Entwicklung der Bodenvegetation förderte außerdem den Fraß-

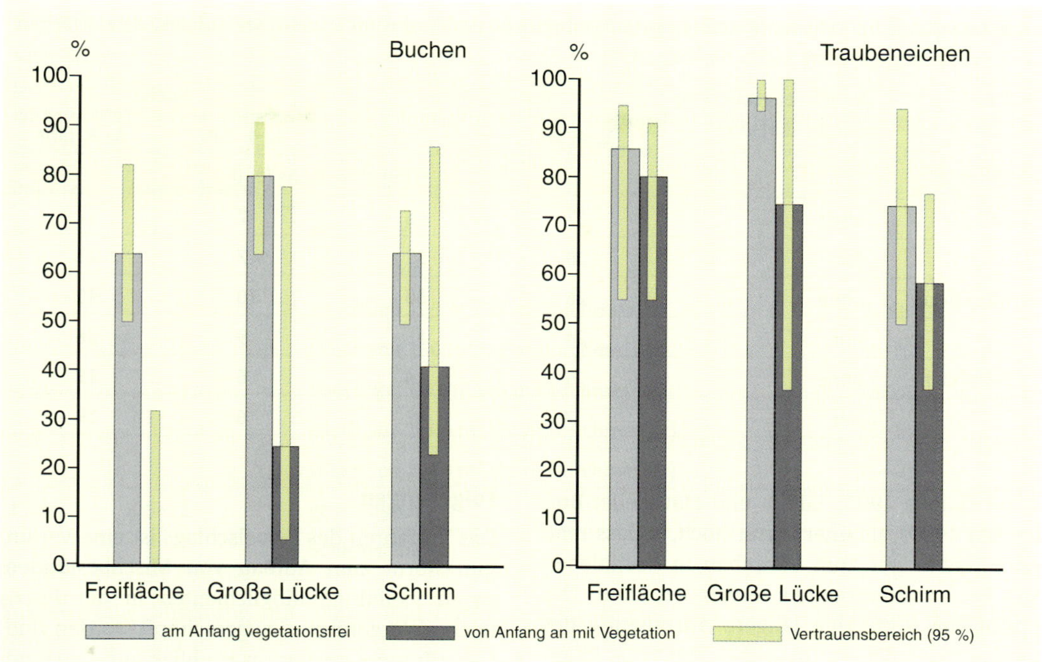

Abb. 5.26 Überlebensraten (Mittelwert und 95 %-Vertrauensbereich) von Buchen und Traubeneichen 8 Jahre nach der Pflanzung auf einer Freifläche, einer großen Lücke (40 × 60 m) und einer Schirmfläche in einem Buchenaltbestand auf Buntsandstein in Südniedersachsen (280 m ü. NN) (nach Lüpke 1987).

schaden an den jungen Forstpflanzen durch Mäuse. Die Pflanzenzahlen gingen hierdurch am meisten bei der Buche und am wenigsten bei der Eiche zurück. Auf der **Schirmfläche** (11 % der Strahlung der Freifläche) blieb zwar die Wirkung der Bodenvegetation auf die jungen Forstpflanzen gering. Doch führte die Verminderung der Strahlung durch das Kronendach, vielleicht auch die auf die Wurzelkonkurrenz des Altbestandes zurückzuführende ungünstigere Wasser- und Nährstoffversorgung (Hauskeller-Bullerjahn 1997; Wagner 1999), zu drastischen Reduktionen der Zuwachsgrößen bei Lärche und Eiche. Die Buche dagegen hatte in den ersten drei Jahren nach der Pflanzung unter Schirm noch fast die Hälfte des Höhenzuwachses im Vergleich zur Freifläche, jedoch nur annähernd 20 % des Durchmesserzuwachses. Im folgenden Jahr fiel der Höhenzuwachs auf der Freifläche als Folge eines starken Spätfrostes erheblich ab. Auf der Lückenfläche und auf der Schirmfläche wurde keine Buchenpflanze durch Spätfrost geschädigt.

Vier Jahre später, also acht Jahre nach der Versuchsanlage, hatten die Pflanzenzahlen der Buche durch Einwirkung von Mäusen weiter stark abgenommen, besonders dort, wo keine Regulierung der Begleitflora vorgenommen worden war. Die Eiche hatte insgesamt eine deutlich geringere Mortalität (Abb. 5.26). Im Höhenwachstum ergaben sich bedeutende Unterschiede zwischen den verschieden aufgelichteten Flächen: Bei der Buche war das Höhenwachstum in der Lücke am höchsten, dann folgten die Freifläche und die Schirmfläche. Bei der Eiche war das Höhenwachstum auf der Lücke und der Freifläche praktisch gleich, auf der Schirmfläche war es deutlich geringer. Die Beseitigung der Begleitflora im Jahr der Pflanzung begünstigte auf der Lücke und auf der Freifläche das Höhenwachstum beider Arten nachhaltig (Tab. 5.13).

Die Schattentoleranz der Traubeneiche erwies sich in dieser und in weiteren Untersuchungen im südniedersächsischen Bergland und im ostniedersächsischen Tiefland (Hauskeller-Bullerjahn 1997; Lüpke 1998) sowie im Pfälzer

oder längere Zeiten geringer Mast bei wichtigen Mischbaumarten
- die Entwertung länger auf der Fläche verbleibender Altbäume durch Zopftrocknis, geringen Zuwachs oder Rindenbrand

Die sehr umfangreichen Auseinandersetzungen um Theorie und Praxis des Femelschlagverfahrens, wie sie sich in der Literatur und auf Tagungen forstlicher Vereinigungen um die Wende zum 20. Jahrhundert abspielten, sind hier nicht darzustellen. Sie haben bei allen regional unterschiedlich begründeten Voraussetzungen zu zwei **wesentlichen Erkenntnissen** geführt:
- Planung und erfolgreiche Anwendung von Femelschlagverjüngungen auf dafür überhaupt geeigneten Standorten setzen voraus, dass ihrer Anlage eine geeignete Vorbereitung der Bestände vorangeht, wozu vor allem eine vorsichtige Auflichtung mit der Schaffung des für die Verjüngung notwendigen Bodenzustandes und eine Vorausverjüngung der Schattenbaumarten gehört (Kälble 1979).
- Ferner lassen sich Femelschlagverjüngungen nur dann erfolgreich zum Ziel führen, wenn durch das waldbauliche Vorgehen die oben genannten Schwierigkeiten in einem Minimum gehalten werden.

Diesen Zielen dienen verschiedene Kombinationen von Femel- und Saumschlägen, auf die im Kapitel 5.4.6 eingegangen wird. In seiner ursprünglichen Konzeption durch Gayer (1886) war das Femelschlagverfahren in erster Linie auf die natürliche Verjüngung der im Altbestand beteiligten Baumarten gerichtet, wenn auch die Ergänzungspflanzung nicht ausgeschlossen blieb.

Besonders Wiedemann (1927), Lüpke (1982, 1987) und Brunner (1993) haben gezeigt, dass Femelschläge auch zur **Einbringung** von Baumarten in die Verjüngung von Altbeständen verwendet werden können, wenn diese dort nicht vertreten waren, also eine Umwandlung von Reinbeständen (z. B. der Buche) in Mischbestände durch horst- oder gruppenweisen Voranbau beabsichtigt ist. Man hat diese Methode als **künstlichen Femelschlag** bezeichnet, wenn – anders als beim klassischen Femelschlagverfahren – keine Erweiterung der Mischverjüngung durch Umrändelung der ursprünglich angelegten Bestandeslücken beabsichtigt ist, allenfalls eine zeitlich gestaffelte Pflanzung von Mischbaumarten in festgelegten (meist umzäunten) Lücken des Altbestandes. Das erleichtert u. a. die Einhaltung der räumlichen Ordnung im Verjüngungsgang und den Schutz gegen Wild. Ein bekanntes Beispiel dafür sind die **Mortzfeldtschen Löcherhiebe**. Das Ziel dieses Verfahrens besteht darin, der Eiche verloren gegangene Flächenanteile wieder zu verschaffen (Bilke und Stähr 2003; Bilke 2004; Huss und Bilke 2004).

Mortzfeldt (1896) hatte erkannt, dass als Folge des Großschirmschlags, aber auch des Kahlschlags, in frostgefährdeten Gebieten (z. B. im damaligen Ostpreußen, wo er seinen „horstweisen Verjüngungsbetrieb" entwickelte) die Eiche immer mehr zurückgegangen war. Er ging daher zum kleinflächigen Voranbau der Eiche in Kiefern- und Buchenbeständen auf runden 600–1 000 m^2 großen Löchern über, die er in gleichmäßiger Verteilung, jedoch unter Berücksichtigung lokaler Standortsunterschiede, in hiebsreifen Altbeständen schuf (Abb. 5.27). Der Anbau erfolgte nach gründlicher Bodenbearbeitung und Zäunung durch Saat oder Pflanzung. Etwa zehn Jahre später wurde der übrige Bestand verjüngt. Teilweise Misserfolge durch Steilrandbildung mit Schneedruck und die Entwicklung ästiger Randbäume sind weniger auf das Verfahren des Anbaus als mehr auf die Verjüngung des übrigen Bestandes zurückzuführen, die sich nicht zügig genug entwickelte. Nach Untersuchungen in rund 3 000 Mortzfeldtschen Lochbeständen in Nordostdeutschland sind gruppen- und horstweise angebaute Eichen den umgebenden Kiefern gegenüber konkurrenzkräftig und bleiben als strukturelles Element erhalten, auch wenn sie nicht pflegend herausgearbeitet werden (Huss und Bilke 2004). In Buchenbeständen sind die Eichen danach einem größeren Konkurrenzdruck ausgesetzt, der sich durch größere Durchmesser der Löcher (mindestens 35 m) abmildern lässt.

In ähnlicher Weise werden heute Edellaubbaumarten (insbesondere Esche, Bergahorn und Vogelkirsche) auf nährstoffreichen Standorten in Buchenaltbestände eingebracht, die keine alten Edellaubbäume enthalten. Der Voranbau sichert

Abb. 5.27
Mortzfeldtsches Loch mit Eichenpflanzung in einem Kiefernbestand im südlichen Brandenburg.

den im Alter langsam wachsenden Eschen, Ahornen und Kirschen einen beträchtlichen Wuchsvorsprung vor der Buche, den sie benötigen, damit sie zur Zeit der Nutzungsreife die angestrebten Dimensionen für starkes Wertholz aufweisen.

5.4.6 Kombinierte Verfahren

Schwierigkeiten bei der Vollendung des klassischen Femelschlagverfahrens (Kap. 5.4.5) haben dazu geführt, dass man die Vorzüge des Femelschlags mit denen des Saumschlags kombinierte. Aus dieser Absicht hat sich eine Anzahl, meist mehr regional verbreiteter Verjüngungsformen entwickelt, von denen wenige Beispiele kurz vorgestellt werden.

Saumfemelschlag

Der in Bayern entwickelte Saumfemelschlag (Kombinierter bayerischer Femelschlag) ist eine Verbindung des Femelschlags mit dem Saumschlag (Vanselow 1963). Er wird in Bayern, vor allem im Bergmischwald, angewendet. Die Verjüngung wird wie beim Femelschlag im Inneren des Bestandes eingeleitet, gleichzeitig aber auch an einem Saum (Abb. 5.28). Dieser bezieht dann beim Vorrücken die auf den Femelgruppen entwickelte Verjüngung mit ein. Die Strukturen des jungen Bestandes sind ähnlich wie beim Femelschlagbetrieb, doch gibt es auf größeren Teilflächen eine gewisse Gleichaltrigkeit von Ost nach West.

Zahl und Breite der Säume, Zeitpunkte ihres Ansetzens und deren Hiebsfortschritt richten sich nach den Verhältnissen des Altbestandes und seiner Vorausverjüngung. Die Gesamtdauer der Bestandesverjüngung beträgt oft 30 Jahre und mehr. Es hat sich als günstig erwiesen, die Gruppen und Horste des Femelschlags dicht an die Front der Saumschläge heranzuziehen. Dann ergibt sich, wenn die Femelverjüngungen in den Saum aufgenommen worden sind, dass dieser wellig und gebuchtet verläuft und jene Kleinflächen aufweist, in denen die Verjüngung von Tanne und Buche begünstigt ist. Der wesentliche Vorteil dieses Verfahrens gegenüber der klassischen Femelschlagverjüngung liegt in der besseren räumlichen Ordnung und den günstigeren Bedingungen für das Fällen und Rücken des Holzes bei geringer Beschädigung von Altbestand und Verjüngung.

Schirmkeilschlag

Das im nördlichen Schwarzwald von Eberhard (in mehreren Aufsätzen, abschließend 1922 geschildert) entwickelte Verfahren des Schirmkeilschlags vereinigt zeitlich und räumlich den Schirmschlag oder den Femelschlag mit dem Saumschlag. Es verläuft in mehreren Phasen:

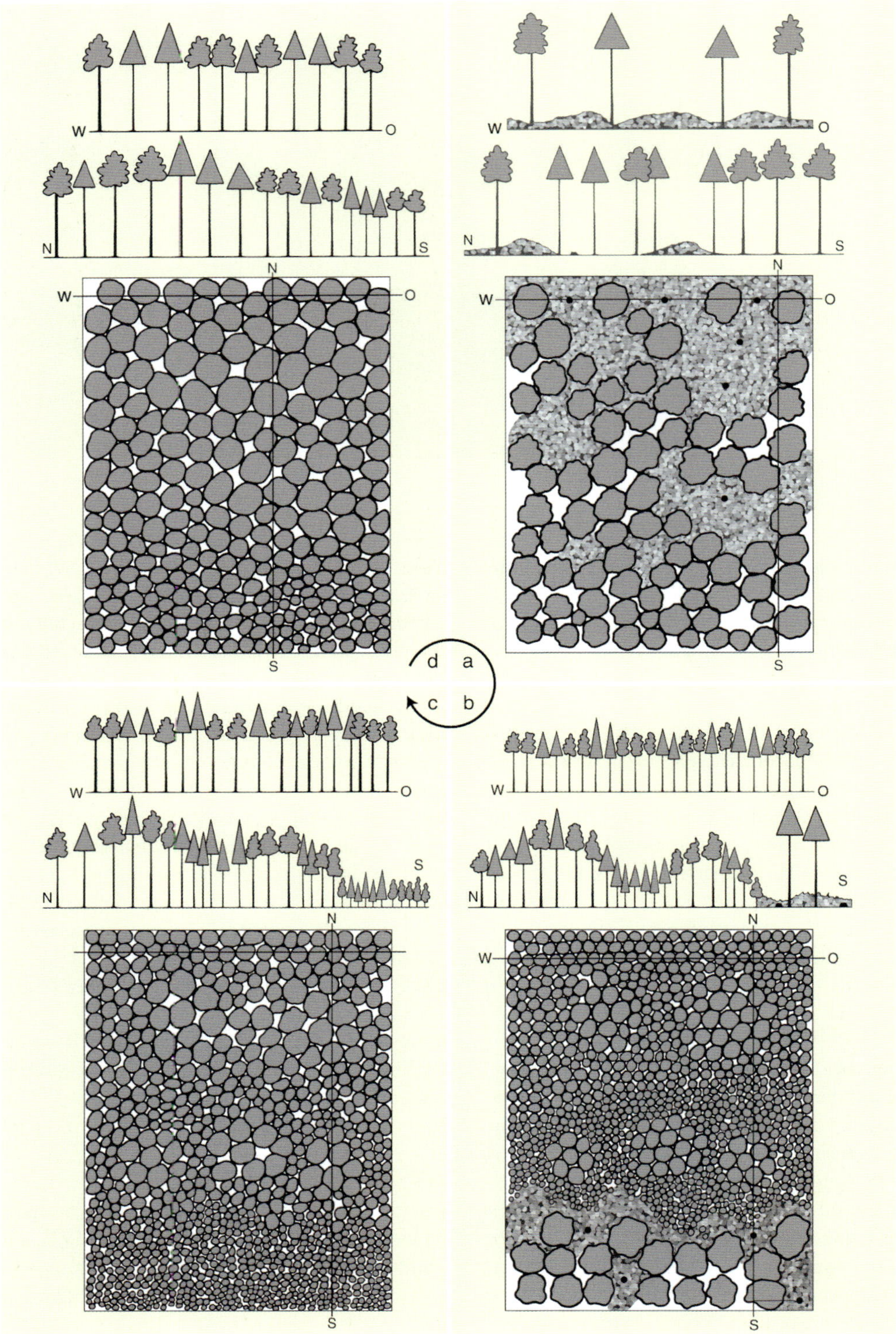

Abb. 5.28 Ablauf des Kombinierten bayerischen Femelschlags (Saumfemelschlag).

Nach einer schirm- und femelartigen Auflockerung des Verjüngungsbestandes werden entgegen der Hauptwindrichtung keilförmige Säume angelegt, die entlang der Mittellinie verbreitert werden, und zwar im Westen schwächer, im Osten stärker, sodass ein Keil mit der Spitze nach Westen, mit der Breite nach Osten entsteht (Abb. 5.29). Auf diese Weise wird ein räumlich geordnetes Abrücken des Holzes aus der Mitte geregelt, womit Rückeschäden stark vermindert werden. Der Bestand wird klar in Verjüngungszonen getrennt, die Säume und deren keilförmige Erweiterungen bringen ein rechtzeitiges Angebot von Licht für Mischbaumarten (Abb. 5.30).

Kenk (1988) unterscheidet zwischen

- hochdurchforstungsartig behandelten Hieben von 60–100 Vfm ha^{-1} im Jahrzehnt mit Bodenbearbeitung zum Keimen und Aufwachsen von Schattenbaumarten,
- Übergang zu „streifenweisem Lockerstand" für die Ansamung von Lichtbaumarten mit Hieben von 100–150 Vfm ha^{-1} im Jahrzehnt,
- „Nachhieben" und „Kleinrandhieben" im „Lichtstand" mit 200–300 Vfm ha^{-1} im Jahrzehnt.

Die Nutzungen pro Hektar und Hieb sollen anfangs 15–30 Vfm nicht übersteigen, in den beiden Verjüngungsstadien sind 11–16 Eingriffe vorgesehen. Kenk hebt die von Eberhard erwartete Begünstigung des Wachstums („Mehrproduktion") der Verjüngung bei diesem Verfahren hervor, sieht aber dessen Vorzug vor allem im gesteigerten Wertzuwachs des Altbestandes. Eine wichtige Voraussetzung für das Gelingen dieses Verfahrens liegt darin, dass die Verjüngung der Baumarten, insbesondere der Tanne, ohne stärkere Beeinträchtigung durch Wildverbiss gelingt. Das scheint unter gegenwärtigen Bedingungen im nördlichen Schwarzwald weitgehend gegeben zu sein. In anderen Regionen gibt es damit noch Probleme.

Diese und weitere kombinierte Verjüngungsverfahren werden in der zweiten und dritten Auflage des Waldbaulehrbuchs von Alfred Dengler ausführlich behandelt, weil sie damals (1939–1944) ein breiteres Interesse fanden. Heute kann man diese sinnreich erdachten Verjüngungssysteme vor allem in Süddeutschland und in der Schweiz, wo sie entwickelt worden sind, in ihrem Fortgang noch hier und dort beobachten. Doch sind die Ziele selten so verwirklicht worden, wie sie geplant waren. Vernachlässigung der festgelegten Hiebsfortgänge, und nicht zuletzt auch Wildschäden, haben dazu beigetragen. Offenbar ist es schwierig, langfristig geplante kombinierte Verjüngungssysteme bei sich ändernden Umweltverhältnissen und wechselnden waldbaulichen Zielsetzungen durchzuhalten. Wenn man heute versucht, in freierer Weise je nach den waldbaulichen Zielen den Aufbau künftiger Mischbestände zu beeinflussen, sollten die Grundlagen der Verjüngungsverfahren aus der ersten Hälfte des 20. Jahrhunderts jedoch nicht weiterhin unbeachtet bleiben.

5.4.7 Überhalt

Wenn ein Bestand im Verjüngungsstadium einen gewissen Anteil von Bäumen mit besonders hoher Werterwartung oder naturschutzfachlicher Bedeutung (Habitatbäume) enthält, kann es vorteilhaft sein, solche Bäume bei der Verjüngung des Bestandes einzeln auf der Fläche zu belassen. Sie sollen dann in den jungen Bestand **einwachsen** und werden erst mit dessen Ernte genutzt. Der Überhalt kann aus Schirm-, Femel- oder Saumschlägen entwickelt werden.

Ähnlich wie bei der Lichtung und beim Lichtwuchsbetrieb rechnet man beim Überhalt mit einem lang anhaltenden **Lichtungszuwachs**, der zu sehr großen Stammstärken führt. Ein hoher Wertzuwachs ist damit nur dann verbunden, wenn Stammstücke hervorragender Qualität mit sehr starken Durchmessern besonders hohe Preise erzielen, wie das vor allem bei Messerfurnierholz der Fall ist, und wenn durch die Freistellung keine Entwertung des Schaftes der Laubbäume durch Wasserreiser eintritt. Diese Gefahr lässt sich dann vermeiden, wenn in den Überhalt ausschließlich Bäume überführt werden, die schon lange Zeit vorher ihre Krone besonders gut entwickeln konnten und wenn die Freistellung bis zum Überhalt sehr langsam erfolgt. Prinzipiell sind für den Überhalt Traubeneiche, Esche, Bergahorn, Kiefer und Europäische Lärche geeignet, Arten mit kürzerer Lebensdauer, wie Buche und

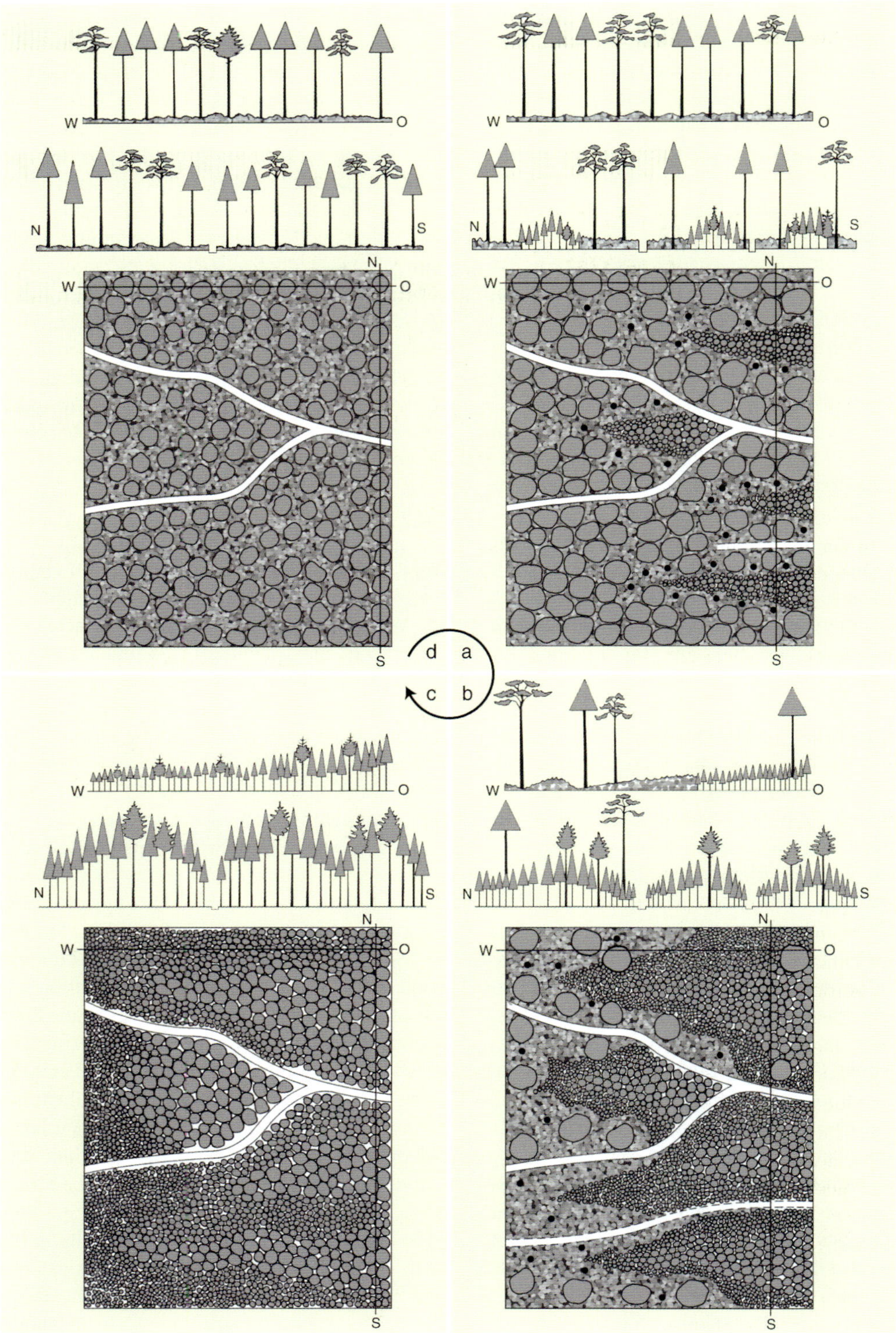

Abb. 5.29 Ablauf des Schirmkeilschlags.

Abb. 5.30
Historisches Foto eines Schirmkeilschlags zur Verjüngung von Kiefer und Tanne.

Vogelkirsche, weniger. Die Stieleiche neigt allgemein stärker zur Bildung von Wasserreisern als die Traubeneiche.

Der Einzelüberhalt ist eine sehr alte Maßnahme, die sich vielfach aus dem Schirmschlag heraus entwickelt hat. Man hat von den zum Samenschlag bestimmten Mutterbäumen einen Teil – sei es zur Mastnutzung (Wildfutter), sei es schon mit der Absicht, Starkholz zu erziehen – nicht gehauen, um ihn in die Verjüngung einwachsen zu lassen. Für das Alter dieser Maßnahme spricht auch der ursprüngliche Name, den man den Überhältern in früherer Zeit gab, wo sie allgemein „Waldrechter" hießen. Besonders verbreitet war der Überhalt bei der **Eiche**, bei der in vielen Fällen zunächst das jagdliche Interesse überwog und erst später die Starkholzerziehung in den Vordergrund trat. Solche mehrhundertjährigen Eichenüberhälter aus der vorigen Bestandesgeneration finden sich in Resten noch heute in Buchen- und Fichtenbeständen West- und Norddeutschlands. Was davon übrig blieb, ist nach Wuchs und Gesundheitszustand (Fauläste, Kronenverlagerung mit Trockenspitzigkeit) meist schlecht und wenig ermutigend. Über 200-jährige gesunde Überhälter sind selten. Ebenfalls regional verbreitet ist der Überhalt bei der **Kiefer** (Abb. 5.31). Die ältesten Betriebe dieser Art lagen in Hessen (Rhein-Main-Ebene) und in Nordbayern (Nürnberger Reichswald und Bamberger Hauptmoorwald). In Nordbayern führte ihn die damalige bischöfliche Verwaltung im 18. Jahrhundert zur Erzielung von Mastbäumen und Rammpfählen, sogenanntes Holländerholz, ein.

Abb. 5.31
Kiefernüberhälter in Mittelfranken.

Je nach den Standortsverhältnissen treten durch den Überhalt **Zuwachsminderungen** im Jungwuchs und Jungbestand ein: Es bilden sich häufig sogenannte Teller rings um die Überhälter, die umso größer sind, je schlechter die Wasserversorgung des Standortes ist. Diese Teilfächen sind ökologisch der Interzeption durch die Kronen der Altbäume und deren Wurzelkonkurrenz ausgesetzt. Nach den Untersuchungen von Baader (1941) und Wiedemann (1948) bleiben die Wuchsdepressionen und die Ausfälle in der nachwachsenden Generation nur auf Standorten mit mindestens mäßiger **Wasserversorgung** gering. Überhälter der Buche können auch auf mäßig bis ziemlich frischen Standorten Etablierung und Wachstum einer Verjüngung aus Edellaubhölzern stark einschränken (Bolte und Roloff 1993)

Hauptsächlich wegen der oft kaum vermeidbaren Entwertung der Eichenschäfte durch Bildung von Wasserreisern und daraus entstehenden Klebästen war in Bayern ein horstweiser Überhalt entwickelt worden, der als „Kompositionsbetrieb“ bezeichnet wurde (Vanselow 1957). Er hat sich auf längere Sicht nicht durchgesetzt, vor allem wegen der hohen Kosten des sehr aufwendigen, waldbaulich jedoch in Teilen durchaus erfolgreichen Verjüngungsverfahrens (Mölder et al. 2017). Heute wird der **Eichenüberhalt** nur noch selten praktiziert, vorzugsweise im Spessart.

Erfolgreiche Beispiele für den Überhaltbetrieb in **Kiefernbeständen** sind häufiger. Sie findet man seltener in der nordostdeutschen Tiefebene wegen der Ausfälle alter Kiefern durch den Kiefern-Baumschwamm (*Phellinus pini*), der in Nordwestdeutschland keine Rolle spielt. Häufiger wird der Kiefernüberhalt in einigen Mittelgebirgen von Hessen, Franken (besonders um Bamberg, in Oberfranken) und in der Oberpfalz, aber auch in Teilen des Schwarzwaldes ausgeübt. In Finnland und in Schweden ist er eine häufig anzutreffende Verjüngungsform (Karlsson 2000; Valkonen 2000). Für verschiedene Standorte in Deutschland hat Baader (1941) ein reiches Datenmaterial für den Kiefernüberhalt geliefert. Er rechnet mit einer Endbaumzahl des Überhaltes von 20–30 St. ha^{-1}. Wegen der Abgänge, denen alte Kiefern im Überhaltbetrieb ausgesetzt sind, muss zu Beginn dieses Verfahrens fast die doppelte Stammzahl auf der Fläche stehen. Für Standorte mit günstigen Voraussetzungen errechnete Baader, dass im Laufe von 80 Jahren (Überhälter = 160 Jahre) der Jungbestand im Überhaltbetrieb durchschnittlich etwa 20 % weniger an **Volumen** erzeugt als ein solcher auf der Kahlfläche. Auf einigen der von ihm untersuchten Flächen wurde der Zuwachsausfall durch den Mehrzuwachs der Überhälter voll ausgeglichen, bei der Mehrzahl war die Gesamtleistung von Jungbestand und Überhältern um 8–12 % unterlegen (Wiedemann 1948). In der Wertleistung wurde die Leistung des gleich alten Kiefernbestandes dann erreicht oder übertroffen, wenn die Überhälter mindestens 50 cm in Brusthöhe stark und von hoher Qualität waren. Der Kiefernüberhalt kann zu einer beträchtlichen **Wertleistung** führen, wie es Mang (1956) bei Untersuchungen im Bodenseegebiet gezeigt hat. Unter den dortigen günstigen Standortsverhältnissen kann eine Endstellung der Überhälter von 45 St. ha^{-1} angestrebt werden, dazu soll der Überhaltbetrieb wegen der zu erwartenden Ausfälle mit ca. 60 St. ha^{-1} begonnen werden. Bei einer Überhaltdauer von 90 Jahren ergab sich eine Durchmessersteigerung der Überhälter von ca. 30 cm und eine Ertragsleistung von etwa 150 $m^3\ ha^{-1}$.

Der Überhaltbetrieb bietet auf dafür geeigneten Standorten, d. h. bei mindestens mittlerer Nährstoff- und Wasserversorgung, bei sorgfältiger Planung und konstant durchgehaltener Bestandesbehandlung bedeutende Möglichkeiten, Wachstums- und Verjüngungspotenziale zur Wertschöpfung auszunutzen. **Probleme** liegen in verschiedenen Aspekten:

- Die für diese Verjüngungsform vorgesehenen Bestände müssen eine genügende Anzahl geeigneter Anwärter für den Überhalt aufweisen.
- Diese müssen durch langsames Vorgehen an den künftigen Freistand angepasst werden.
- Die natürliche Verjüngung der nachwachsenden Generation darf keine bedeutenden Schwierigkeiten bereiten. Auf mangelhaft verjüngten Bestandesteilen muss nachgeholfen werden, z. B. durch Einbringung von standortsgeeigneten Mischbaumarten, die

aber das Verjüngungssystem nicht beeinträchtigen.

- Auf Jungwuchs- und Jungbestandspflege kann auch bei dieser Verjüngungsform nicht verzichtet werden.
- Der Überhaltbetrieb sollte nicht fortgeführt werden, wenn die Ausfälle der alten Generation durch stärkeren Zuwachsrückgang, Zopftrocknis, übermäßige Wasserreiserbildung oder andere Schäden (v. a. Stammfäule) keine Aussichten auf Wertzuwachs bieten. Solche Überhälter bieten dann zwar keine Verschönerung des Landschaftsbildes, wie sie ein intakter Überhaltbetrieb darstellt. Die geschädigten Überhälter können jedoch die Biodiversität, besonders als absterbende oder tote Altbäume, wesentlich fördern.

5.5 Plenterwald

Herkunft und ursprüngliche Bedeutung des Wortes „Plentern" (früher auch „Pläntern" o. Ä.) sind unklar. Zumindest sinnverwandt war es in früherer Zeit mit der Bezeichnung „Plündern", denn jahrhundertelang wurden in Europa aus den Wäldern ungeregelt brauchbare Stämme herausgehauen, bis oft nur noch geringwüchsiger Baum- und Strauchwuchs übrigblieb (Bühler 1922; Schütz 1994). Diese **„regellose Plenterung"** ist bisweilen leidlich schonend unter bewusster Belassung von Samenbäumen ausgeübt worden (Fleder 1976), hat aber sehr häufig, verbunden mit Waldweide, zu einer folgenschweren Ausplünderung selbst entlegener Waldgebiete geführt. Noch als sich bereits eine geregelte Forstwirtschaft durchgesetzt hatte, galt die Plenterung als ein ordnungswidriges Verfahren. Cotta (1821) spricht von der „Regulierung der plenterweise behandelten Forsten, in denen keine ordentlichen Schläge vorkommen und in denen allenthalben zerstreut altes und junges Holz untereinander steht". Auch die meisten anderen forstlichen Klassiker lehnen die Plenterwaldwirtschaft ab. Gayer (1886) und spätere Autoren verwenden die Bezeichnungen Plenter- und Femelbetrieb teilweise synonym (Kap. 5.4.5.1).

Erst im letzten Viertel des 19. Jahrhunderts beginnt, vor allem von Biolley (1887) in Couvet (Schweizer Jura) entwickelt, eine **geregelte Plenterwaldwirtschaft**. Sie war zeitweise Gegenstand lebhafter Kontroversen, vor allem als die Plenterwaldidee in einen Zusammenhang mit naturphilosophischen Vorstellungen gebracht wurde. Dies beeinflusst auch heute noch die Diskussionen, besonders durch Enthusiasten des „Dauerwaldes" und einige Vertreter von extremen Richtungen eines sogenannten „naturgemäßen" oder „naturnahen" Waldbaus (Heyder 1986; Röhrig 1994; Schütz 1997, 2001; Höher 2002; Wohlleben 2013; Wilhelm und Rieger 2018).

5.5.1 Grundlagen

In einem **idealen Plenterwald** besteht auf ganzer Fläche ein inniges Nebeneinander von Bäumen aller Entwicklungsstufen – von soeben gekeimten bis zu voll ausgewachsenen Bäumen (Abb. 5.32). Diese Plenterstruktur wird erhalten durch ständiges Aufwachsen junger und Ausscheiden alter Bestandesglieder, wobei die Baumkronen vertikal gestaffelt sind und deren Schluss erhalten bleibt. Somit gibt es in bewirtschafteten Plenterwäldern keine zeitliche und räumliche Trennung von Verjüngungs- und Pflegemaßnahmen, auf der ganzen Fläche wird **ständig zugleich geerntet, gepflegt und verjüngt**. Das unterscheidet den Plenterwald von allen anderen Betriebs- und Verjüngungsformen, wenn auch beim Femelschlag zumindest in größeren Zeiträumen Strukturen vorkommen, die bisweilen als plenterwaldartig bezeichnet werden können.

Bei Untersuchungen von **unbewirtschafteten Wäldern** (Urwälder und Wälder, die nur länger zurückliegende, geringe Eingriffe erfahren haben) werden bestimmte Waldentwicklungsphasen unterschieden (Leibundgut 1978, 1993; Korpel 1995; Schütz 1997; Meyer 1999; Tabaku 2000; Drößler und Meyer 2006 u. a.). In deren Abläufen schildern viele Autoren auch eine Plenterphase als einen mehr oder weniger lang anhaltenden Übergang, etwa zwischen einer Optimal- und der Altersphase. Abbildung 5.33 zeigt die ursprüngliche Darstellung von Phasenabläufen in derartigen Wäldern (Leibundgut 1978). In Buchenurwäldern ist die

Abb. 5.32 Plenterwald aus Tanne, Fichte und Buche in montaner Lage des Bayerischen Waldes.
Der Derbholzvorrat beträgt 670 Vfm ha^{-1}, davon Tanne 350 Vfm ha^{-1}, Fichte 270 Vfm ha^{-1} und Buche 50 Vfm ha^{-1}. Der jährliche Zuwachs liegt bei 8,8 Vfm ha^{-1}.

Tab. 5.15 Flächenanteile und Vorräte (lebend und tot) der Waldentwicklungsphasen der Buchenurwälder Havešová (vor dem Schrägstrich) und Kyjov (nach dem Schrägstrich) in der Slowakei (aus Drößler und Meyer 2006)

Waldentwicklungsphase	Flächenanteil (%)	Vorrat lebend (m^3 ha^{-1})	Vorrat tot (m^3 ha^{-1})
Lücke	1,5/2,8	9/7	131/144
Verjüngungsphase	2,6/6,8	305/236	492/301
Initialphase	6,0/4,6	39/25	200/134
frühe Optimalphase	8,9/8,2	214/131	14/7
mittlere Optimalphase	4,7/4,0	334/247	16/26
späte Optimalphase	3,8/0	1063/0	24/0
Plenterphase	27,1/23,8	954/677	47/21
Terminalphase	29,6/36,6	948/607	42/31
Zerfallsphase	15,8/13,2	428/230	447/318

Plenterphase durch hohe Vorräte im lebenden Baumbestand und relativ niedrige Vorräte im Totholz gekennzeichnet (Tab. 5.15). Die Vorräte in der Plenterphase eines Urwaldes können für einen begrenzten Zeitraum weitaus höher sein als in der Betriebsform Plenterwald (siehe unten), weil die langfristige Erhaltung eines Waldes in Plenterverfassung nicht anders möglich ist als durch ständige Eingriffe, damit das Plentergleichgewicht erhalten bleibt.

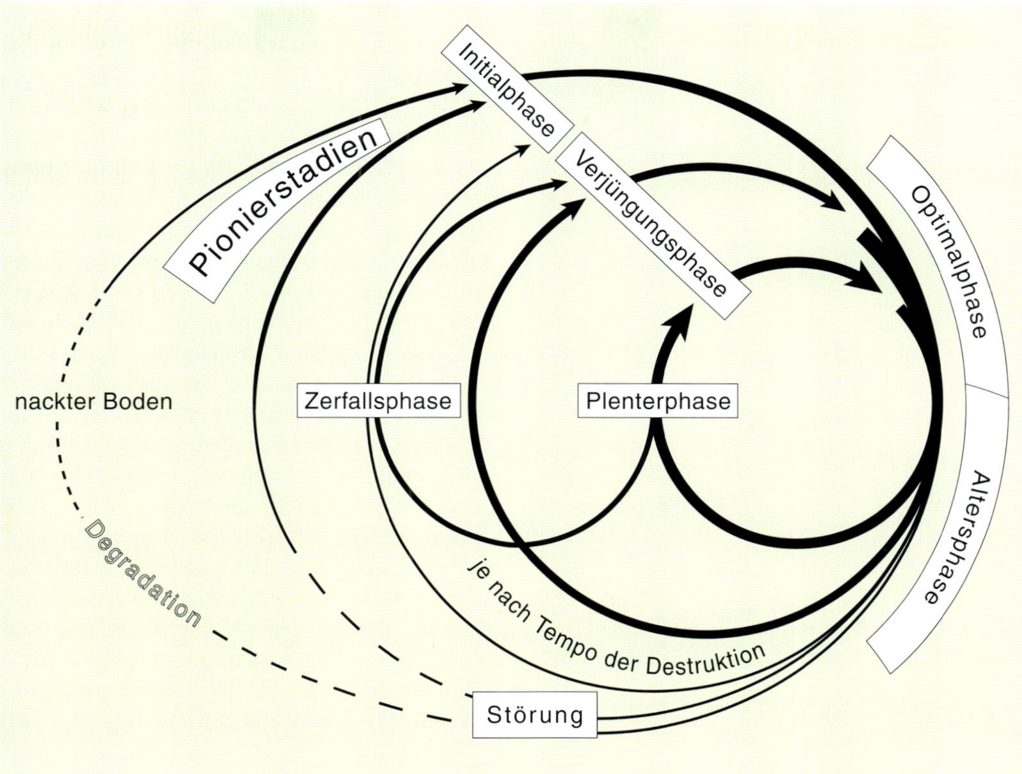

Abb. 5.33 Waldentwicklungsphasen in natürlichen Waldökosystemen (nach Schütz 1998a).

Schütz (1994, 2001) gibt eine Übersicht der gegenwärtig in Europa zu findenden Plenterwälder (Tab. 5.16), die er aus verschiedenen Quellen zusammengestellt hat. Daraus erkennt man den sehr geringen Anteil solcher Wälder an der gesamten Waldfläche in den einzelnen Ländern. Er zeigt auch auf einer Karte (Abb. 5.34) die geographischen Schwerpunkte. Überwiegend handelt es sich um Tannen-Fichten-Buchenwälder. Eine Ausnahme bilden die Buchenplenterwälder in Thüringen (Kap. 5.5.5).

Tab. 5.16 Plenterwaldflächen in verschiedenen Ländern Europas (aus Schütz 1994)

Land	Ungefähre Fläche (1 000 ha)	Flächenanteil (% der Waldfläche)
Frankreich	150	1,1
Schweiz	100	8,4
Slowenien	100	12,0
Österreich	100	< 2,0
Deutschland	60	< 2,0

5.5.2 Ökologische Bedingungen

Die Karte in Abbildung 5.34 zeigt, dass die klassischen Regionen der Plenterwaldwirtschaft (mit Ausnahme der Buchenplenterwälder) sämtlich innerhalb des natürlichen Verbreitungsgebietes der Tanne liegen. Deren disjunktes Areal ist durch ein relativ ausgeglichenes **Gebirgsklima** mit reichlichen Niederschlägen und mäßigen Temperaturunterschieden im Tages- und im Jahresverlauf gekennzeichnet. Für die ausreichende Entwicklung der Bäume in den unteren Schichten sind zudem Böden mit ausgeglichenem Wasserhaushalt und mindestens mäßiger Nährstoffversorgung notwendig. Neben den ausgewiesenen klassischen Regionen mit systematischem Plenterwaldbetrieb gibt es innerhalb des Tannenareals

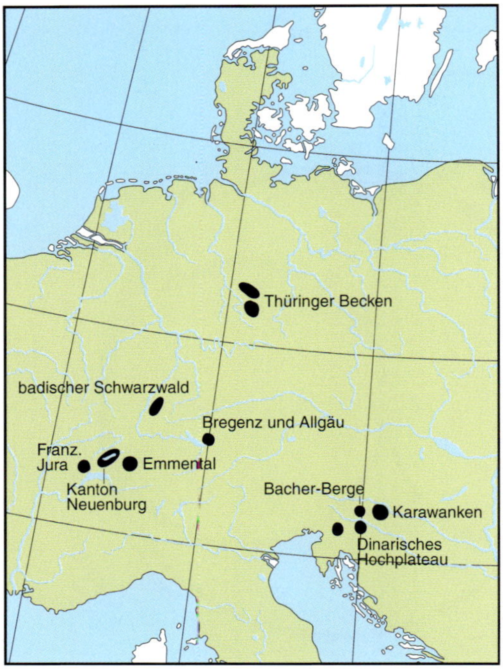

Abb. 5.34
Regionen mit längerer Plenterwaldtradition (nach Schütz 2001).

in manchen Gegenden Europas Gebirgsplenterwälder, z. B. im Bayerischen Wald (Pretzsch 1985; Knoke 1998b), in den Karpaten (Korpel 1995), in den Gebirgen des Balkangebietes (Kramer 1992) und in den Pyrenäen (Gruber 1980).

In der subalpinen Gebirgsstufe, wo die Wärmeverhältnisse für die Tanne unzureichend sind, gibt es Plenterwälder aus (fast) **reiner Fichte** (Indermühle 1978; Korpel 1995). In zentralalpinen Alpentälern, den Hohen Tauern und der Hohen Tatra mit niedrigeren Jahresmitteltemperaturen und stärker wechselnden Feuchtigkeitsverhältnissen kommen **Lärchen-Arvenwälder** mit plenterartiger Struktur vor (Leibundgut 1993). Deren Plentergefüge ist meist eine mehr oder weniger lange Übergangsphase (Schütz 1997, 2001).

Die ökologischen Verhältnisse innerhalb von Plenterwäldern im Vergleich zu standörtlich vergleichbaren schlagweisen Fichtenhochwäldern im badischen Schwarzwald stellen Mitscherlich (1963) und Kern (1966) näher vor. Aus der Schweiz hat Burger (1933) Ergebnisse von meteorologischen Vergleichsuntersuchungen zwischen Tannen-Fichtenplenterwäldern und reinen Fichtenbeständen mitgeteilt. Schütz (1997, 2001) fasst die bisher vorliegenden Resultate zusammen.

Vor dem Hintergrund der vorher skizzierten allgemeinen ökologischen Verhältnisse ergibt sich, dass die Mittelwerte der **kleinklimatischen Bedingungen** zwischen den beiden Bestandesformen sich nicht wesentlich voneinander unterscheiden, dass aber im Plenterwald auf **kleinster Bestandesfläche** je nach dem Grad der lokalen Überschirmung bedeutend **größere Variationen** auftreten als im geschlossenen Hochwald. Infolge der großen Dynamik in der Entwicklung der einzelnen Bestandesglieder verschieben sich im Zeitablauf die Bedingungen ständig. Für den Vergleich der Wachstumsbedingungen sind daher die langfristigen Mittelwerte von Bedeutung. Daraus ergeben sich folgende Zusammenhänge:

- Die Lufttemperatur ist an klaren (unbewölkten) Tagen im Plenterwald merklich kühler, in klaren Nächten dagegen deutlich wärmer. Mit zunehmender Bewölkung verringern sich die Unterschiede. Im Plenterwald ist das Mikroklima insgesamt ausgeglichener, wenn sich das auch mit der Höhe des Bestandes über dem Boden verschieden äußert: In 2 m Höhe sind die Unterschiede kaum messbar, in Bodennähe und im oberen Kronenraum sind sie deutlicher ausgeprägt.
- Die Bodentemperaturen liegen in den untersuchten Plenterwäldern im Mittel um 0,1–0,2 °C niedriger als im gleich alten Fichtenaltbestand.
- Die an den Boden gelangten Niederschläge zeigen in den Mittelwerten keine bedeutenden Unterschiede, doch macht sich hier die kleinräumige Variation im Bestandesaufbau des Plenterwaldes deutlich bemerkbar.
- Die durchschnittliche Bodenfeuchtigkeit ist im Plenterwald nur auf relativ weniger günstigen Standorten und dort in niederschlagsarmen Perioden etwas günstiger.
- Um etwa 2–3 % höher ist im Durchschnitt die relative Luftfeuchtigkeit im Plenterwald. Dabei ist die potenzielle Verdunstung um 1–5 % geringer.
- Die Strahlungsverteilung ist im Plenterwald auf kleinster Fläche viel unregelmäßiger als im geschlossenen Hochwald. Vor allem kann

durch Lücken bisweilen, wenn auch nur kurzfristig, relativ viel Strahlung bis an den Boden gelangen (Schütz 1998a). Doch reicht das nicht für das Aufwachsen von lichtbedürftigen Arten. Der relative Lichtgenuss ist im obersten Wipfelbereich der vorherrschenden Bäume bei beiden Bestandesformen gleich. Im darunter liegenden oberen Kronenbereich war er in den Plenterwaldflächen des Schwarzwaldes mit 38 % deutlich niedriger als im schlagweisen Hochwald (52 %), dort nahm er aber in der unteren Hälfte der Kronen der herrschenden Schicht rascher ab.

- Für die Durchwurzelung des Bodens fand Mitscherlich (1963) im Plenterwald eine höhere Intensität mit etwas größeren Wurzellängen.

Wenn auch die Datenbasis sich bisher nur auf wenige Einzelfälle bezieht, so zeigen die Untersuchungen doch, dass Tannen-Fichtenplenterwälder ein kleinstandörtlich und zeitlich stärker differenziertes Bild bieten als geschlossene Fichtenaltbestände auf vergleichbarem Standort. Über den Zeitraum von 1–2 Jahrzehnten betrachtet, der für die Lebens- und Wachstumsbedingungen wesentlich ist, sind die Unterschiede relativ gering. Überblickt man jedoch längere Zeiträume, unterscheiden sich der schlagweise Hochwald und der ideale Plenterwald wesentlich dadurch, dass die **ökologischen Verhältnisse** im schlagweisen Hochwald je nach Altersphase und Verjüngungsverfahren stark wechseln, während sie im Plenterwald **gleich bleiben**. Das ist einer der Gründe dafür, dass der Plenterwaldidee oft eine so große Wertschätzung entgegengebracht wird.

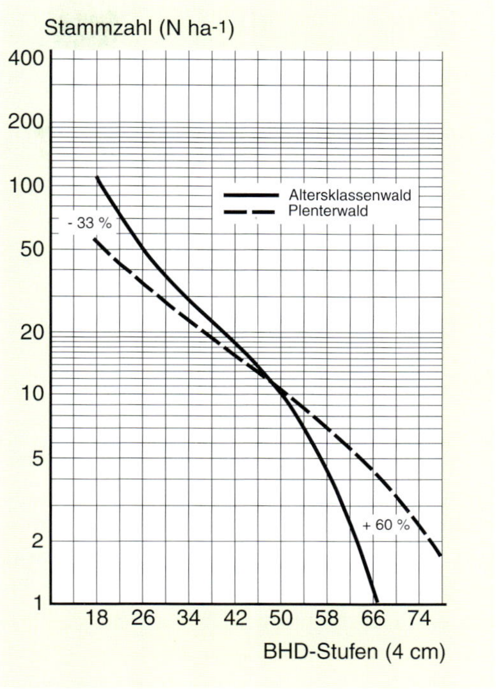

Abb. 5.35
Vergleich der Stammzahlverteilungen der Modelle Altersklassenwald und Plenterwald.
Beide Modelle erfüllen die Nachhaltigkeitsanforderungen: nachhaltiger und autarker Nachwuchs im Plenterwald und ein ausgeglichenes Altersklassenverhältnis im gleichförmigen Hochwald (nach Schütz 2001).

5.5.3 Plentergleichgewicht

Dadurch, dass der bewirtschaftete Plenterwald eine Betriebsform mit einem Gefüge ist, bei dem Bäume aller Entwicklungsstufen auf engem Raum miteinander wachsen, werden die im schlagweisen Hochwald mehr oder weniger deutlich voneinander im Zeitablauf getrennten Maßnahmen der Verjüngung, der Pflege und der Ernte zusammengefasst, d. h., die **waldbauliche Behandlung** der Plenterwälder bleibt **ständig gleich**. Daher muss ein gewisses Gleichgewicht in der Zusammensetzung nach Entwicklungsstadien der Bäume auf engem Raum vorhanden sein. Das stellt sich in manchen Bestandestypen allenfalls für einen Übergangszeitraum von selbst ein (Abb. 5.35), zu seiner dauernden Erhaltung aber bedarf es ständiger Eingriffe.

Wie bei allen Hiebseingriffen in Wirtschaftswäldern geht es auch hier um die Regulierung der **Konkurrenz** zugunsten der erwünschten Arten und Individuen bei Förderung der angestrebten Bestandesstruktur. Konkurrenz bedeutet Kampf um den Standraum, dessen Bedarf mit zunehmendem Wachstum der Individuen sich ständig vergrößern muss (Kap. 4.2.2). Dadurch vermindert sich im Laufe der Entwicklung von Hochwaldbeständen die Zahl der Bäume (**Ausscheidungsprozess**). Für die Plenterwaldwirtschaft muss ein bestimmtes **Zahlenverhältnis** zwischen Individuen unterschiedlicher Entwicklungsstadien (nicht Altersstadien) gefunden und ständig aufrechterhalten werden, das sogenannte Plentergleichgewicht. Wie dies meist der Fall ist, spielt unter den Konkurrenzfaktoren das **Licht** eine überragende Rolle. Nur bei genügendem Lichtangebot kann sich der Nachwuchs in genügender Zahl und Vitalität entwickeln. Es muss für jeden Standort die Wirkung des Dichtstandes auf die Verjüngung und weitere Entwicklung des Nachwuchses in höhere Durchmesserklassen beachtet werden.

Definition

Plentergleichgewicht

Als Plentergleichgewicht bezeichnet man jene Verfassung des Bestandes, bei dem im Verlauf der Zeit ebenso viele Bäume aus einer Durchmesserstufe ausscheiden (durch natürlichen Abgang, Aushieb oder Einwachsen in die nächsthöhere Stufe) wie aus der nächstunteren Stufe nachwachsen. Wie viele Bäume je Durchmesserklasse nötig sind, hängt von zwei Variablen ab: ihrer Wuchsgeschwindigkeit und der Stärke der Eingriffe.

In logarithmischer Darstellung lässt sich das in einer schwach zur Mitte gebogenen S-Kurve (*reverse J-shaped curve*) zeigen (Abb. 5.36). Diese Form ergibt sich daraus, dass die Bäume schwacher Dimension, weil sie langsamer wachsen, längere Zeit brauchen, um von einer Durchmesserstufe in die nächste zu gelangen, während die Bäume mittlerer Dimensionen rascher wachsen, sodass in diese Klassen weniger stark eingegriffen wird, weil hier die Auslese schon früher erfolgt ist. Die Standortsverhältnisse modifizieren die Baumzahlen, aber nicht den prinzipiellen Verlauf der Kurve (Schütz (1997, 2001). Die Durchmesserverteilungen von Buchenurwäldern hingegen haben häufig einen stark abweichenden Kurvenverlauf von denen der Plenterwälder (Westphal et al. 2006).

Die Regulierung der Lichtverhältnisse im Plenterwald geschieht in erster Linie durch **Eingriffe** in die stärkeren Bäume des Bestandes, die durch ihre langen und ausladenden Kronen am meisten zur Lichtkonkurrenz für die nachwachsenden Bestandesglieder beitragen, doch sind auch bei diesen Hiebe notwendig. Als Kriterien für die Eingriffe in Plenterwäldern bezeichnet Schütz (1997, 2001) in der Reihenfolge ihrer Bedeutung:

- Sicherung von Verjüngung und Nachwuchs
- Qualitätsauslese
- Regulierung der Struktur
- Ernte
- Sanitärhiebe

Die Grundlagen für die Regulierung des Plentergleichgewichts hat Biolley (1920, zusammengefasst aus früheren Arbeiten) geschaffen durch die von ihm entwickelte Kontrollmethode. Es handelt sich um ein Verfahren, das Zustand und voraussichtliche Ertragsentwicklung von Plenterwäldern beschreibt. Es ist später weiterentwickelt worden und wird heute vielfach auch außerhalb von Plenterwäldern angewendet. Geschichte und Verfahren sind u. a. bei Kurth (1994) dargestellt.

Die Gesamtheit der Hiebseingriffe muss auf Dauer dem **Zuwachs** entsprechen. Diesen schätzt man aus den Inventuren der Kontrollmethode ein. Aus langfristigen Daten der Inventuren lassen sich Einflüsse von witterungsbedingten Zuwachsschwankungen und unterschiedlichen Eingriffen berücksichtigen (Schütz 1997, 2001). In der Praxis kann man bei der waldbaulichen Behandlung von Plenterwäldern niemals exakt einer (standörtlich angepassten) Gleichgewichtskurve folgen, aber es gibt für alle Durchmesserstufen gewisse Grenzen, bei deren Überschreiten das Gleichgewicht verloren geht und schwierig oder gar nicht wiederherzustellen ist. Solche Grenzen lassen sich aus örtlicher Erfahrung ableiten. Ein gutes Zeichen dafür ist vor allem das Ausmaß, in dem Bäume schwächerer Dimensionen vorhanden sind.

Wegen ihres hohen Schattenerträgnisses und ihres lang anhaltenden Wachstums in allen Phasen ist die **Tanne** in den Gebirgsplenterwäldern die dominierende Baumart (Abb. 5.37). Die mehr lichtbedürftige **Fichte** hat bisweilen Schwierigkeiten bei der Verjüngung und verliert durch Lichtkonkurrenz beim Einwachsen in mittlere Dimensionen stärker an Individuen als die Tanne (siehe auch Pretzsch 1985). Sie bildet aber wegen ihres rascheren Wachstums bei genügendem Lichtzutritt und ihrer besseren Holzqualität (im Plenterwaldgefüge scheint die Gefahr der Rotfäulebildung in hohem Alter geringer zu sein) eine wichtige Ergänzung zur Tanne. Ihr natürlicher Anteil hängt weitgehend von den klimatischen Verhältnissen ab: Bei niedrigen Jahresmitteltemperaturen findet sie günstigere Konkurrenzbedingungen. Der Anteil der **Buche** ist in den meisten Gebirgsplenterwäldern relativ gering, besonders auf nährstoffärmeren und kühleren Standorten, während sie sich unter anderen Verhältnissen als natürlicher Bestandteil des Waldtyps reichlich erhält. Unter den Lichtbedingungen des Plenterwaldes bildet sie in der Konkurrenz der Nadelbäume meist geringwertige Stammformen. Es kann sein, dass ein gewisser Buchenanteil die Bedingungen für die Naturverjüngung verbessert. Jedenfalls ist sie zur Förderung der Artendiversität und zur Belebung des Landschaftsbildes von Wert.

Die Gleichgewichtslage kann je nach der Leistungsfähigkeit der Standorte und dem angestrebten Durchmesserziel der stärksten Bäume bei **unterschiedlich hohem Derbholzvolumen** erreicht werden. Für Tannen-Fichten-Buchenwälder gelten im Hinblick auf Struktur und wirtschaftlichen Ertrag durchschnittliche Vorräte von bis 500 Vfm ha^{-1} als optimal (Schütz 1997, 2001), für einen reinen Fichtenplenterwald wird ein leicht höherer Vorrat angegeben, für Plenterwälder mit anderen Baumarten sind nur weitaus geringere Vorräte erreichbar (Schütz und Pommerening 2013) (Tab. 5.17). Die **Vorräte** der Plenterwälder liegen damit wesentlich unterhalb der hohen Vorräte der zeitlich begrenzten Plenterphase von Urwäldern (vergleiche Tab. 5.15). Mit steigendem Vorrat in Plenterwäldern nimmt die Baumzahl ab (Pretzsch 1985), besonders in

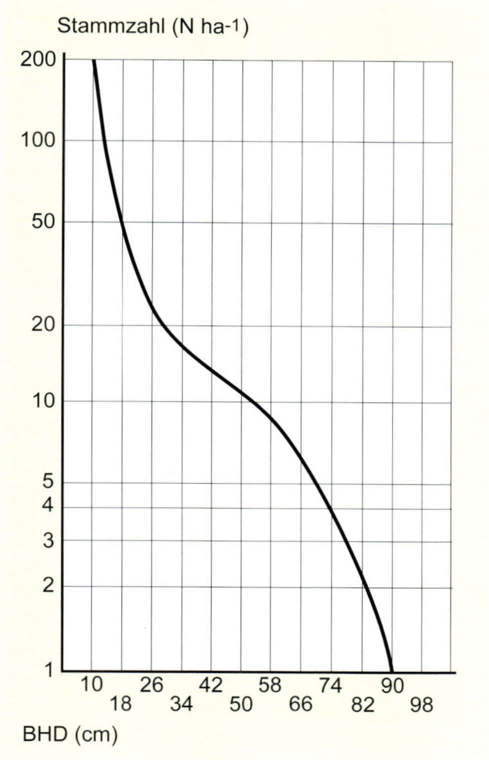

Abb. 5.36
Stammzahlgleichgewichtskurve für Durchmesserstufen (BHD) in einem Tannen-Fichtenplenterwald (nach Schütz 2001).

Tab. 5.17 Waldwachstumskundliche Kenndaten von Beständen im Plentergleichgewicht (aus Schütz und Pommerening 2013). Angegeben sind jeweils die Grundfläche und der Vorrat für den Bestand sowie die Stammzahl und der Durchmesserzuwachs für die Bäume der niedrigsten Durchmesserklasse (Klassemitte 10 cm), die erforderlich sind, um das Plentergleichgewicht zu erhalten

Bestand	Grundfläche (m^2 ha^{-1})	Vorrat (m^3 ha^{-1})	Stammzahl (N ha^{-1})	Durchmesserzuwachs (mm)
Douglasie (Großbritannien)	27,4	342	70,0	4,35
Fichte (Schweiz)	37,7	421	111,0	3,20
Fichte-Tanne (Schweiz)	37,3	414	114,8	2,06
Fichte (Schweiz)	40,6	529	134,0	2,69
Fichte-Tanne-Buche (Schweiz)	37,3	482	184,1	1,06
Fichte-Tanne (Schweiz)	31,5	392	142,7	1,97
Buche (Deutschland)	20,8	252	98,8	2,19

Hintergrundwissen

Standorte der Buchenplenterwälder

Das Thüringer Becken hat mit durchschnittlich 7 °C Jahresmitteltemperatur (Januar −2 °C, Juli +16 °C) und ca. 600 mm Jahresniederschlag ein subkontinentales Klima, doch gelten die nach Westen offenen Bergzüge von Hainich, Hainleite und Dün mit Höhen von bis zu 350–450 m ü. NN als Regenfänger, sodass auf dem oberen Hainich ein Jahresniederschlag um 790 mm gemessen wird (Ernst und Weigel 1992). Die Böden stammen überwiegend aus der Verwitterung des oberen Muschelkalks mit mehr oder weniger starken Lössdecken und einer Humusform von Mull bis mullartigem Moder. Sie sind im Allgemeinen frisch und haben eine gute Wasserführung. Je nach der Tiefgründigkeit gibt es Unterschiede im Wachstum der Buche (Gerold und Biehl 1992), wobei die günstigeren Standorte überwiegen.

fel, die etwa der Fichtentafel von Wiedemann (1936/42 in Schober 1995) entspricht. Danach liegt im Plenterwald die Zahl der Bäume mit einem Durchmesser (BHD) unter 50 cm um ein Drittel unter der des Fichtenhochwaldes und die Zahl der Bäume mit mindestens 50 cm BHD um fast 60 % darüber. Ins Gewicht fallen besonders die hohen Baumzahlen unter 25 cm BHD im schlagweisen Fichtenwald.

Die unterschiedliche Verteilung der Baumzahlen auf die Stärkeklassen hat einen großen Einfluss auf den **Dimensionsertrag**: In jedem Plenterwald wird relativ mehr starkes Holz geerntet als im schlagweisen Hochwald. In welchem Ausmaß das gegeben ist, hängt weitgehend von den angestrebten Zieldurchmessern ab. Das Plentergleichgewicht kann je nach Standort und wirtschaftlicher Zielsetzung bei sehr unterschiedlichen Vorratshöhen erhalten bleiben. Welche Auswirkungen diese Zusammenhänge auf den Wertertrag haben, wird im Kapitel 5.5.6 erörtert.

5.5.5 Laubbaumplenterwälder

Im Hügel- und Bergland des westlichen Thüringens kommt die Buche auf insgesamt mehreren Tausend Hektar in einer Betriebsform vor, die als Plenterwald bezeichnet wird. Diese Wälder stehen auf besten Buchenstandorten Mitteldeutschlands (Dittmar 1992).

Diese Wälder sind seit dem späten Mittelalter im Besitz von Gemeinden und Genossenschaften, deren Mitglieder von alters her einen jährlichen Anspruch auf Brenn- und Nutzholz haben (Schmidt 1962). Daher erfolgen die Holzeinschläge seit Langem stets auf ganzer Fläche ziemlich gleichmäßig, zunächst offenbar im Mittelwaldbetrieb, seit etwa 200 Jahren bis heute in einer Art von geregelter Plenterwirtschaft. Matthes (1910) beschrieb diese **Thüringer Buchenplenterwälder** durch drei Typen:

- geschlossene, stamm- und gruppenweise ausgeformte Bestände mit wenigen oder keinen Aufwüchsen (hervorgegangen aus der Überführung eines Mittelwaldes in Hochwald),
- zweischichtige, gemischte Plenterwälder (ähnlich dem Seebach-Betrieb, Kap. 4.2.8.1), doch im Oberstand ungleich alt, gute und erholungsfähige Stangen- und mittlere Baumhölzer meist nur wenig vorhanden,
- gruppenweise verschieden alte zusammengesetzte Plenterwälder sind selten auf größerer Fläche zu finden, obwohl dieser Typ das Ziel der Bewirtschaftung darstellt.

Der **heutige Zustand** entspricht weitgehend dieser Beschreibung (Dittmar 1992; Erteld et al. 2005). Ein einzelstammweises Nebeneinander, wie es für die Plenterwälder aus Tanne, Fichte und Buche beschrieben wird, findet sich keineswegs häufig, eher seltener (Abb. 5.39). Dennoch hat diese, für die Buche ungewöhnliche Betriebsweise vielfache Aufmerksamkeit gefunden (siehe auch Schütz 1997, 2001). Es wurden auch Versuchsflächen eingerichtet und mit klassischer Buchendurchforstung verglichen. So wurde 1952 im Wald von Keula ein Versuch angelegt,

Abb. 5.39
Buchenplenterwald der Laubgenossenschaft Langula im Hainich (Thüringen).

Tab. 5.18 Daten von Buchenbeständen bei konventioneller Bestandesbehandlung mit mäßiger (Bleicherode II) und starker Durchforstung (Bleicherode III) im Vergleich zur Plenterwirtschaft (Keula) mit relativ hohem Vorrat (nach Dittmar 1990)

	Bleicherode		**Keula**	
	II	**III**	**Daten**	**in % von II**
Alter (Jahre)	157	157		
Stammzahl ha^{-1}	144	100	263	183
mittlere Höhe (m)	37	37	31	73
mittlerer Durchmesser aller Bäume (cm)	50	58	35	70
mittlerer Durchmesser der 100 stärksten Bäume (cm)	54	58	52	96
Grundfläche (m^2 ha^{-1})	28	26	25	89
Volumen (m^3 ha^{-1})	548	504	408	74
Gesamtwuchsleistung (m^3 ha^{-1})	1351	1246	1350	100
Gesamtproduktion				
Bäume > 10 cm BHD				
Anzahl ha^{-1}	1456	1595	595	41
Bäume 11–30 cm BHD				
Anzahl ha^{-1}	1107	1339	339	31
Volumen (m^3 ha^{-1})	277	309	82	30
Bäume 31–74 cm BHD				
Anzahl ha^{-1}	349	265	265	73
Volumen (m^3 ha^{-1})	1020	855	1119	110
mittlerer BHD (cm)	46	49	56	124

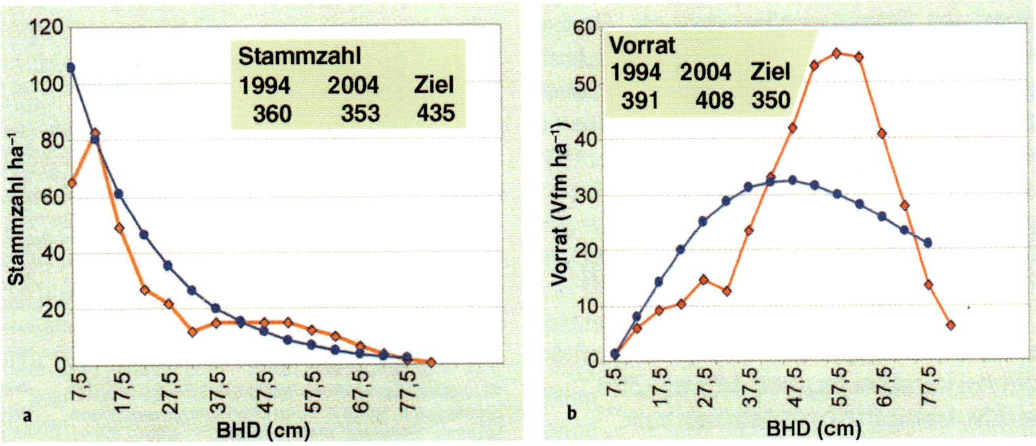

Abb. 5.40 Inventurdaten aus dem Jahr 2004 (rote Linien) und Zielwerte der Verteilungen (blaue Linien) von Stammzahl (a) und Vorrat (b) auf die Durchmesserklassen des Buchenplenterwaldes Langula in Thüringen.
Unterschiede in den Verteilungen geben Hinweise auf notwendige Eingriffe in den Durchmesserklassen zur Aufrechterhaltung des Plentergleichgewichtes (nach Erteld et al. 2005).

bei dem eine vorratsreiche und eine vorratsarme Variante beobachtet werden sollten. Die vorratsarme Variante wurde 1957 aufgegeben, sodass nur die erste bis 1990 in acht Aufnahmen nach fünf Eingriffen fortgeführt werden konnte. Dittmar (1990) hat die Ergebnisse mit denen von langfristigen Durchforstungsversuchen in der Nachbarschaft (Bleicherode II mit mäßiger und Bleicherode III mit starker Durchforstung) im Vergleich dargestellt (Tab. 5.16)

Die Daten lassen bei gleicher Gesamtproduktion eine Überlegenheit des Plenterbetriebs in der Erzeugung von Starkholz zulasten der schwächeren Dimensionen erkennen. Das entspricht den Angaben von Gerold und Biehl (1992) aus drei Versuchsparzellen und der Stichprobeninventur von Erteld et al. (2005) im Buchenplenterwald von Langula. Die Stichprobeninventur ergab, dass das Nutzungspotenzial nur zu zwei Dritteln ausgeschöpft wird und für den Erhalt der Plenterstruktur mehr Starkholz geerntet werden könnte (Abb. 5.40).

Die Frage, welche Bedeutung dieser Befund für den **Wertertrag** hat, ist schwieriger zu beurteilen. Der geringe Anfall von schwachem Holz bildet einen betriebswirtschaftlichen Vorteil, sofern diese Sortimente nicht auf Dauer zur Befriedigung des Brennholzbedarfs erwünscht sind. Beim Starkholz kommt es wesentlich auf dessen Qualität an. Im unteren Bereich des stärkeren Schaftes lassen sich, ähnlich wie im schlagweisen Hochwald, etwa 8–10 % des Gesamtertrags als Furnier- und anderes Wertholz erzeugen (siehe auch Gerold und Biehl 1992). In größeren Schafthöhen ist die Gewinnung von Qualitätsholz nur dann erfolgversprechend, wenn die Buchen in relativ engem Schluss aufwachsen. Je mehr die Kronen sich im Plenterwald ausbreiten, desto stärker werden die Äste. Wenn sie mit dem Nachwachsen benachbarter Bäume mittlerer Dimensionen absterben, hinterlassen sie Beulen, aus denen Stammfäule entstehen kann. Dadurch steigt der Anteil des geringwertigen Stammholzes und des nur als Schichtholz aufzuarbeitenden Kronenholzes. Dazu kommt noch das Problem des Rot- und Spritzkerns (Büren 1998; Knoke und Schulz-Wenderoth 2001; Kap. 4.2.4.2, 5.4.3.3).

In Buchenplenterwäldern ist zur Förderung des Nachwuchses eine **geringere Vorratshaltung** zweckmäßig als es für die Gebirgsplenterwälder angegeben wird: 250 m^2 ha^{-1} sind für die hier dargestellten Buchenplenterwälder wahrscheinlich eine optimale Vorratshaltung. Vor allem kommt es darauf an, qualitativ hochwertige nachwachsende Bäume in ihrer Entwicklung zu fördern. Nur so werden schlechte Schaftformen und ungünstige Astbildung vermieden. Das geschieht am besten dadurch, dass der Aushieb starkkroniger alter Buchen **Lichtschächte** schafft, in denen der Nachwuchs in den ersten Jahrzehnten nach dem Hieb in gegenseitiger Konkurrenz schlank aufwachsen und durch Auslese systematisch gefördert werden kann (Dittmar 1992; Schütz 1997, 2001).

Die Vorzüge und Nachteile des Buchenplenterwaldes gegenüber anderen Verfahren des Hochwaldes bleiben also abzuwägen. Vorteilhaft kann für manche Waldbesitzer der nahezu konstante Ertrag bei einer Plenterwirtschaft sein. Das betrifft besonders kleinere und mittlere Betriebsgrößen. Zwar fallen keine Kosten für die Bestandesverjüngung an, doch darf die unbedingt notwendige Bestandespflege nicht unberücksichtigt bleiben.

Ein gravierender **Nachteil** der Plenterwaldwirtschaft mit der Buche liegt darin, dass es schwierig, wenn nicht gar unmöglich ist, bei dieser Betriebsform den Anteil von wert- und diversitätsfördernden **Edellaubbaumarten** in erheblicher Höhe zu halten. Dazu bestehen in gewissen Grenzen vielleicht einige Möglichkeiten (Lätt 1999), doch gibt es dafür bisher keine mit Daten belegte Beispiele.

Als ausgesprochen „naturgemäß“ lässt sich die Plenterwaldwirtschaft mit der Buche kaum bezeichnen. Wie vorher geschildert, stellt die Plenterverfassung in Buchenurwäldern zwar oft eine Übergangsphase dar (Korpel 1995; Tabaku 1999), doch ihre dauerhafte Erhaltung macht zielgerechte und häufige Eingriffe erforderlich. „Man muss einsehen, dass im Allgemeinen auf Laubbaumstandorten die Verwirklichung der Plenterverfassung mit großen Schwierigkeiten und Nachteilen verbunden ist“ (Schütz 1992).

5.5.6 Folgerungen

Das Vorkommen von Plenterwäldern beschränkt sich weitgehend auf das natürliche Verbreitungsgebiet der Tanne (Kap. 5.5.1). Aber auch innerhalb dieses Areals ist der **Flächenanteil gering**, weil die Plenterverfassung auf Dauer nur durch ständige regulierende Eingriffe in die Struktur zu erhalten ist, und das setzt die gleichbleibende Absicht und Fähigkeit des Waldbesitzers voraus, Plenterwaldwirtschaft zu betreiben. Solche Zielsetzungen sind zurzeit wohl etwas häufiger vorhanden, aber doch noch selten in die Praxis eingegangen. Dabei stellt sich die Frage, wie eine **Umformung** von schlagweisen Hochwäldern in Plenterwälder verwirklicht werden kann (Kap. 4.2.8.3). Schütz (1999d) gibt dafür folgende Grundsätze für die Bestandesbehandlung an (siehe auch Schütz 1997, 2001):

- Differenzierung des Altbestandes durch vorsichtige Hiebe im Oberstand, die nicht zu einer Destabilisierung des gesamten Bestandes führen
- Förderung der Verjüngung durch geeignete Dosierung des an den Boden gelangenden Lichtes; dabei verlangt die Fichte mehr Licht als Tanne und Buche
- Strukturierung des Bestandes durch Förderung des guten Nachwuchses bei Bestockungsgraden des Oberstandes um 0,5, auch durch Schaffung von Lichtschächten und Regulierung des einfallenden Seitenlichtes
- Verfeinerung der Bestandesstruktur durch Ernte- und Pflegehiebe in allen Entwicklungsstufen

Je weniger der Ausgangsbestand vertikal strukturiert ist und je weniger günstig die Standortsverhältnisse sind (flachgründiger Boden, Exponiertheit gegen Sturm- und Schneewirkungen), desto schwieriger ist ein solcher Umbau, der mehrere Jahrzehnte bis zu seinem Abschluss benötigt.

Schütz (1999d) weist auch auf die Möglichkeit hin, Plenterstrukturen auf längere Sicht aus Jungwüchsen zu entwickeln, z. B. durch Verjüngungen mit anschließender Pflege aus Vorwäldern mit Vogelbeere und anderen Pionierbaumarten (Kap. 3.7).

Ein besonderer Anreiz zur Schaffung und Fortführung der Plenterwaldwirtschaft mit Tanne, Fichte und gegebenenfalls auch Buche liegt in dem höheren Anteil stärkerer Holzsortimente an den Erntehieben (Kap. 5.4.3.4). Abbildung 5.41 zeigt deutlich die Überlegenheit des Tannen-Fichtenplenterwaldes in der Produktion starker Durchmesserklassen zulasten des schwächeren Holzes (Abb. 5.34, Kap. 5.5.3). Es handelt sich um eine typische **Starkholzwirtschaft**. Doch auch bei geringeren Zieldurchmessern bleiben die Unterschiede zum gleich alten Fichten-Hochwald noch deutlich (siehe auch Mitscherlich 1975).

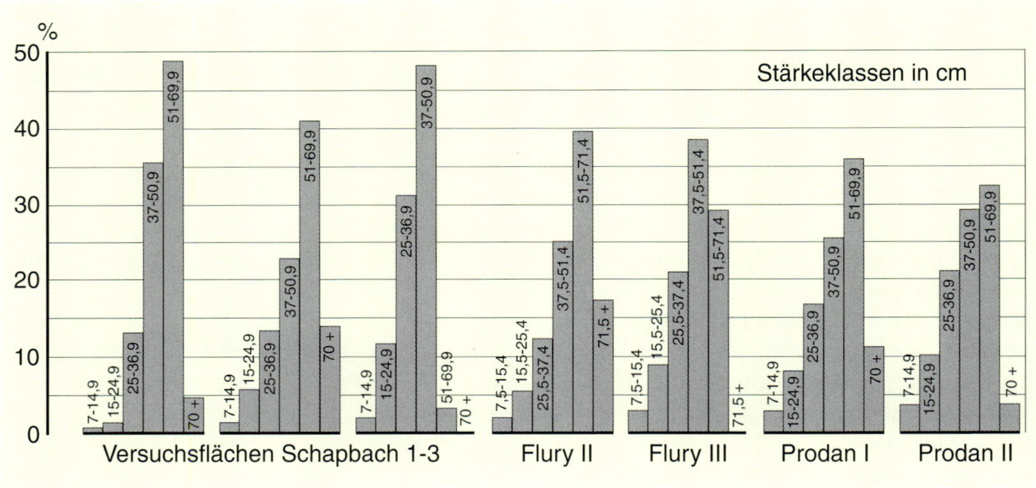

Abb. 5.41 Volumenanteile der verschiedenen Stärkeklassen in verschiedenen Plenterwaldtypen vergleichbarer Ertragsleistung (nach Hildebrandt 1960).

Am Beispiel eines Fichten-Tannenplenterwaldes im Bayerischen Wald hat Knoke (1998b) Möglichkeiten zur Berechnung von Zieldurchmessern vorgestellt und davon ausgehend dazu passende optimale Stammzahlverteilungen auf Durchmesserklassen konstruiert. Der Zieldurchmesser lässt sich berechnen, wenn man den laufenden Wertzuwachs kennt.

In den Regionen des Tannen-Fichtenplenterwaldes ist **starkes Nadelstammholz** auf dem Markt sehr gefragt und wird mit hohen Preisen gehandelt (nicht so in anderen Gebieten, siehe Delorme 1999). Daher kommen hier betriebswirtschaftliche Studien zu dem Ergebnis, dass Plenterwaldwirtschaft anderen Betriebsformen gegenüber günstiger abschneidet, selbst wenn man höhere Werbungskosten für das Starkholz im Plenterwald unterstellt (Schulz 1993, 1997; Mohr und Schori 1999).

Die **Wertentwicklung** der Bäume hängt u. a. davon ab, wie sicher das Plentergleichgewicht ermittelt und durch regelmäßige Hiebe eingehalten wird. Wenn das geschieht, fallen eine stärkere Astbildung im Kronenbereich starker Bäume und der Wechsel von sehr schmalen Jahrringen in der Unterdrückungsphase zu breiteren nach dem Übergang zu stärkerem Wachstum nicht erheblich ins Gewicht (Schütz 1997, 2001). Abrupte Änderungen von Jahrringbreiten werden allgemein als Mängel angesehen, weil sie zu Rissbildung im Holz und anderen Fehlern führen können. Es deutet sich ferner an, dass die Gefahr der Rotfäule in starkem Fichtenholz von Plenterwäldern weniger ausgeprägt ist als im gleich alten Hochwald.

Eine Rolle für die wirtschaftliche Situation spielen die Anteile von **Tanne** und **Fichte**. Mitscherlich (1963) erinnert daran, dass hohe Wildbestände die Verjüngung der Tanne sehr beeinträchtigen und der Fichtenanteil unter solchen Umständen zunimmt. Wo Wildschäden keine wesentliche Rolle spielen, ist die Verjüngung der mehr schattentoleranten Tanne im Vorteil. Pretzsch (1985) stellte fest, dass die Fichte in der Regel sowohl im Jungwuchs als auch im schwächeren Zwischenstand stark geklumpt auftritt (vornehmlich auf zur Zeit ihres Verjüngungseintritts etwas lichteren Stellen), während die Tanne gleichmäßiger verteilt ist. Bei der Bestimmung des Plentergleichgewichts wird zwischen beiden Arten meist nicht differenziert. Man rechnet wohl allgemein mit **Tannenanteilen** von mehr als 50 % auf solchen Standorten, die dieser Art sehr gut angemessen sind, während mit zunehmender Höhenlage ü. NN sich das Verhältnis der beiden Baumarten mehr zugunsten der Fichte verschiebt. Doch das lässt sich durch Hiebseingriffe weitgehend steuern. Im Hinblick auf die Wirtschaftlichkeit ist ein sehr hoher Tannenanteil nicht wünschenswert, denn das **Holz** der Tanne wird im

Allgemeinen **geringer bewertet**. Da der Anteil der Tanne am Gesamtaufkommen des Nadelholzes gering ist, wird sie in den Marktberichten selten gesondert ausgewiesen. Es ist daher ohne spezielle Studien nicht möglich, eine klare Vorstellung über die preisliche Bewertung zu gewinnen.

Für Besitzer von kleinen und mittelgroßen Wäldern sind solche Erwägungen weniger wichtig angesichts des Vorteils, den die Plenterwirtschaft durch **kontinuierliche**, günstige **Erträge** bei minimalem Aufwand für die Verjüngung sichert.

Als großer Vorzug des Plenterwaldes wird seine hohe **Stabilität** gegenüber Sturm- und Schneeschäden angesehen. Das hängt offenbar damit zusammen, dass die Bäume des Oberstandes in diese Position erst langsam hineinwachsen, dadurch gleichmäßige Kronen und Wurzeln ausbilden und bei lange anhaltendem Wachstum im Verhältnis zur Höhe große Durchmesser erreichen. So können Plenterwälder trotz der Rauigkeit des Kronendachs Stürmen, Schnee- und Eislasten besser widerstehen. Die Schlankheitsgrade (h/d) in den unteren Schichten sind mit > 100 allgemein hoch, sie sinken erst wieder bei Bäumen im Mittelstand, sofern sie eine gut ausgebildete Krone haben (Mitscherlich 1961; Schütz 1997a, 2001). Das zu fördern, ist eine wesentliche Aufgabe der **Pflegeeingriffe**. Nicht immer gibt es jedoch eindeutige Beziehungen zwischen Schlankheitsgrad und mechanischer Stabilität. Die Stellung des Baumes im Bestandesgefüge und seine Wurzelentwicklung spielen eine wichtige Rolle. So fand Eggenberger (1985) in Plenterwäldern des Bergsturzgebietes von Flims (Glarner Alpen) in windexponierten Nassschneelagen Schneedruckschäden an 20 % der Bäume der mittleren und unteren Durchmesserklassen. Eine Aufarbeitung aller beschädigten Bäume war nicht möglich, weil der Eingriff für die Plenterverfassung zu stark gewesen wäre. Sturmwurf, wenn auch in geringerem Ausmaß, hatte alle Stammklassen betroffen.

Das periodisch auftretende „Tannensterben“ (Kap. 2.1.2.4), wirkt sich offenbar in den verschiedenen Betriebsformen prinzipiell nicht unterschiedlich aus (Schoepfer und Hradetzky 1984; Landmann und Bonneau 1994; Schütz 1997).

In der **ökologischen Stabilität** (d. h. in diesem Zusammenhang: geringe Schwankungen in Aufbau und Zusammensetzung der biotischen Komponenten sowie im Wasser- und Stoffhaushalt) ist der Wirtschaftsplenterwald zweifellos allen anderen Betriebsformen überlegen. Dadurch ist er auch sehr wertvoll für die Landschaftsökologie, weil er als stabiles Element Schutzfunktionen für andere, stärkeren Wechseln unterworfene Landschaftsteile ausübt.

Diese Gleichmäßigkeit hat ihre Wirkung auf die **Artendiversität**. Standorte, auf denen Plenterwälder stehen, tragen von Natur aus eine vielfältige Flora und Fauna. Doch als Folge ihrer vertikalen Struktur lässt diese Betriebsform nur jenen Teil zur Entwicklung gelangen, der bescheiden in seinen Lichtansprüchen ist. Für einige Vogelarten ist die dichte Stufung der Baumvegetation ein willkommener Lebensraum, so können auch Höhlen- und Kronenbrüter in den sehr starken Bäumen des Oberstandes günstigere Nistgelegenheiten finden, während für alle Totholzbewohner in anderen Betriebsformen dieselben Lebensmöglichkeiten bestehen können. Das Fehlen typischer Verjüngungsflächen schließt dagegen im Plenterwald eine große Zahl standortstypischer, aber **stärker lichtbedürftiger** Pflanzen und der von ihnen abhängigen Tierarten aus.

Für den **Waldbesucher** bieten Plenterwälder mit ihrer Vielseitigkeit von Entwicklungsphasen der Bäume, besonders wenn Buchen beigemischt sind, und den alten, starken Bäumen mit ausladenden Kronen einen reizvollen Anblick. Doch geht der Eindruck der Vielfältigkeit verloren, wenn man ausschließlich durch Plenterwälder gewandert ist. Es fehlen dann oft freie Flächen mit ihrer meist blütenreichen Vegetation, den dort heimischen Vögeln und Schmetterlingen und den Ausblicken in die Landschaft.

Es kann kein Zweifel daran bestehen, dass die Plenterwaldwirtschaft in den von Tanne und Fichte beherrschten Gebirgswäldern eine den Gegebenheiten vorzüglich **angepasste Betriebsform** darstellt. Schütz (1994) erinnert jedoch daran: „Letztlich muss festgestellt werden, dass die Verwirklichung der Plenterung hohe Anforderungen hinsichtlich qualifizierter Arbeitskräfte, adäquater Maschinenwahl und schonender Nutzungstechnik mit kurzem Eingriffsturnus an die Betriebsstruktur stellt und somit eine hohe Betriebsintensität erfordert. Der Glaube, dass die Plenterung sich automatisch einstelle, weil die ideale Plenterverfassung ein hohes Maß an Selbstregulierung aufweise, ist trügerisch und führt oftmals zu Misserfolgen. Bei der Ausübung der Plenterung ist es sehr wichtig, rechtzeitig die Grenze zu erkennen, ab welcher das System ins Ungleichgewicht gerät, um dann korrigierende Maßnahmen zu treffen."

Eine andere Frage ist es, ob das Plenterprinzip allgemein ein **Vorbild** für die Waldwirtschaft darstellen kann. Sie lässt sich in Anbetracht der vorliegenden Ergebnisse aus Wissenschaft und Praxis, wie sie in den vorangegangenen Abschnitten dargestellt wurden, mit Sicherheit verneinen. Es ist heute anerkannt, dass es keine zwingende Notwendigkeit gibt, auf allen Standorten und bei allen Betriebszielen nur eine Betriebsform zu wählen. Es gilt vielmehr, aufgrund der sich immer mehr vertiefenden Kenntnisse über die Wechselwirkungen von Standort, Baum und Bestand diejenigen Betriebs- und Verjüngungsformen zu wählen, die hohe Wertleistung und alle wichtigen Waldfunktionen nachhaltig gewährleisten. Die forstliche Praxis verfügt heute über eine **Vielfalt verschiedener Möglichkeiten**, um einen gesunden, stabilen, leistungsfähigen und den standörtlichen Gegebenheiten sowie den gesellschaftlichen Anforderungen angepassten Wald erstellen, gestalten und erhalten zu können.

Glossar*

Abholzigkeit
taper (starke A. = *abnormal taper*)
s. Schlankheitsgrad.

Allelopathie
allelopathy
Negative Beeinflussung von Pflanzen durch Pflanzen (auch Algen) über Stoffwechselprodukte, die entweder aus der lebenden Pflanze austreten oder aus toter Pflanzensubstanz frei werden.

allochthon
allochthonous
Bezeichnung für Arten, die nicht heimisch sind, d. h. ursprünglich aus einem anderen Gebiet stammen (vgl. autochthon).

Allokation
allocation
Aufteilung einer von einem Organismus in Anspruch genommenen Ressource, die nur begrenzt verfügbar ist, auf verschiedene Formen der Nutzung, z. B. die Verteilung von Kohlenstoff oder Biomasse auf verschiedene Teile der Pflanze (Wurzeln, Sprossachse, Blätter), die in Abhängigkeit vom Lichtangebot unterschiedlich erfolgt.

Allometrie
allometry
Das Verhältnis zwischen der Größe des Organismus und der Größe eines seiner Teile, bei Wachstumsprozessen die Proportionsänderung eines Organs oder Organteiles in Relation zur Körpergröße oder zu anderen Organen.

Altersklasse
age class
Der Produktionszeitraum (Umtriebszeit) eines Bestandes wird in 20-jährige (bisweilen 10-jährige) Perioden eingeteilt. Die Altersklassen werden mit römischen Ziffern bezeichnet (I = 1–20, II = 21–40 Jahre usw.).

Altersklassenwald
one-age-cohort forest
Altersklassenweise aufgebauter Wald (Forstbetrieb), bei dem auf Basis homogener Flächeneinheiten gleich alter Bäume die Bewirtschaftung flächen- bzw. bestandesweise hinsichtlich Jungwuchspflege, Läuterung, Durchforstung und Endnutzung des hiebsreifen Bestandes nach Erreichen der Umtriebszeit erfolgt.

Altersstufe, natürliche
natural age class
Die natürliche Altersstufe (= Entwicklungsstufe, Wuchsklasse) gibt den erreichten Entwicklungszustand eines Bestandes an, z. B. Stangenholz, Baumholz.

Anpassung
adaptation
Der Begriff umfasst die genetisch bedingten, im Laufe der Evolution durch natürliche Selektion herausgebildeten Eigenschaften einer Art (Organismus, Population, Lebensgemeinschaft), die die Fähigkeit zum Überleben in dem besiedelten Lebensraum ermöglichen. Genau genommen müsste Anpassung den Vorgang des „Sichanpassens“ beinhalten. Der Begriff wird aber auch für das Resultat von Anpassungsvorgängen angewendet.

* Als Quellen für das Glossar wurden verwendet: Brünig und Mayer (1980); Helms (1998); Hintermaier-Erhard und Zech (1997); Larcher (2001); Burschel und Huss (2003); Wagenitz (2003); Kramer und Akça (2008); Pretzsch (2009); Warkotsch und Prüller (2010); Schäfer (2012); Cole (2015); Pretzsch et al. (2017); Amelung et al. (2018).

Anwuchs
regeneration
Jungwuchs aus Pflanzung bzw. Saat oder Naturverjüngung von Beginn der Begründung bis zum Abschluss der Nachbesserungen (s. Verjüngung).

Aufforstung
afforestation
Künstliche Begründung von Waldbeständen mit dem Ziel der Erhaltung (Wiederaufforstung nach Störung) oder der Verbreitung (Neuaufforstung) von Wald.

autochthon
autochthonous
Bezeichnung für Arten, die in einem Gebiet natürlich vorkommen, d. h. in dem Gebiet entstanden sind (vgl. allochthon).

Basensättigung
base saturation
s. Kationenaustauschkapazität.

Baumholz
timber
Endklasse der natürlichen Altersstufen, in der der mittlere Brusthöhendurchmesser (BHD) der herrschenden Bäume über 20 cm (Grenze uneinheitlich, z. B. Niedersachsen ab 15 cm) erreicht. **geringes B.**: BHD bis 37,9 cm; **mittleres B.**: BHD bis 49,9 cm; **starkes B.**: BHD ab 50 cm.

Baumklasse
tree class
Einteilung der Bäume eines Bestandes nach Merkmalen der relativen Baumhöhe und der sozialen Stellung im Verhältnis zu den Nachbarbäumen, z. B. vorherrschend, mitherrschend.

Baumschule
nursery, tree farm
Betrieb für die Anzucht von jungen Bäumen.

Beleuchtungsstärke
illuminance
Die Beleuchtungsstärke gibt den Lichtstrom in Lux an, der auf eine bestimmte Fläche trifft. Die **relative B.** gibt den Anteil des auf einer Freifläche (oder oberhalb des Kronenraums) ankommenden Lichtes (% des Freilandlichtes) an, der unterhalb des Kronenraums den Verjüngungspflanzen zur Verfügung steht.

Bestand
stand
Ein Kollektiv von in gegenseitiger Wechselwirkung stehenden Bäumen von ausreichender Einheitlichkeit nach Artenzusammensetzung, Entwicklungsstand, Alter und Struktur – um es von anderen Beständen zu unterscheiden – und von ausreichender Ausdehnung, um ein typisches Waldinnenklima zu entwickeln. Der Bestand ist in der Forsteinrichtung die kleinste Einheit für Planung und Durchführung forstlicher Maßnahmen (Mindestfläche 0,5–1 ha).
ausscheidender B. (*thinnings*): Teil des Bestandes, der bei einer Durchforstung bzw. Zielstärkennutzung entnommen wird oder der natürlich abstirbt.
verbleibender B. (*surviving growing stock, crop after cutting*): der nach dem Hiebseingriff verbleibende Teil des Bestandes.

Bestandespflege
stand tending
Die Bestandespflege umfasst die waldbaulichen Maßnahmen Läuterung, Durchforstung, Ästung und Düngung. Diese fördern nach Abschluss der Bestandesbegründung bzw.- verjüngung die Entwicklung des Bestandes auf ein festgelegtes Ziel (z. B. Wertholzproduktion) hin.

Bestockung
growing stock, standing crop, stocking
Allgemeine Bezeichnung für den Baumbestand einer Fläche und waldbaulich die Grundfläche der Bäume einer Bestandesfläche (vgl. Bestockungsgrad).

Bestockungsgrad
stand stock density
Der Bestockungsgrad ist das Verhältnis von gemessener Bestandesgrundfläche (oder Vorrat) je ha zu den dem Standort, der Bonität und der Durchforstungsweise entsprechenden Werten der Ertragstafel. Er ist u. a. für die Ermittlung der Durchforstungsansätze erforderlich. Der **natürliche** Bestockungsgrad wird bei Durchfors-

tungsversuchen bevorzugt. Er gibt das Verhältnis zwischen der Grundfläche je ha der einzelnen Durchforstungsparzellen und der jeweils maximal möglichen Grundfläche je ha auf einer undurchforsteten Kontrollfläche an.

Betriebsart
silvicultural system
Waldbauliches Konzept zur Begründung, Pflege, Holzernte und Verjüngung von Beständen nach allgemeinen waldbaulichen Grundregeln, die zu für die Betriebsart spezifischen, von der Verjüngung geprägten Aufbauformen des Waldes führen (Niederwald, Mittelwald, Hochwald).

Biodiversität
biodiversity
Vielfalt des Lebens auf allen Ebenen, d. h. der Moleküle, Gene, Populationen, Gemeinschaften, Ökosysteme und Landschaften.

Biotop
biotope
Lebensraum einer Lebensgemeinschaft (Biozönose) von bestimmter Mindestgröße und einheitlicher, gegenüber seiner Umgebung abgrenzbarer Beschaffenheit, z. B. Buchenwald, Moor. Der Begriff kann sich auch auf kleinere besiedelte Raumeinheiten beziehen, sogenannte **Mikrohabitate** (Kleinlebensräume), z. B. Totholz, Stammhöhle, Pilzfruchtkörper.

Blattflächenindex
leaf area index (LAI)
Das einen Pflanzenbestand erreichende Licht wird beim Durchtritt durch den Kronenraum in Abhängigkeit von der Belaubungsdichte abgeschwächt. Das Maß für die Belaubungsdichte ist der Blattflächenindex, das Verhältnis der Gesamtsumme der Blattflächen zur Bodenfläche, angegeben in m^2 Blattfläche pro m^2 Bodenfläche.

Bodenbearbeitung
soil cultivation, soil preparation, scarification, tillage
Bodenbearbeitungen können bei der Bestandesbegründung notwendig sein, um die Keimungs- und Anwuchsbedingungen der Verjüngungspflanzen zu verbessern, vor allem auf Standorten mit mächtigen Humusauflagen. Hierbei überwiegen Verfahren, die den Mineralboden plätze- oder streifenweise freilegen. Vollflächiges Fräsen, Eggen oder Pflügen werden seltener nach großflächigen Störungen und meist nur oberflächennah durchgeführt, um den Humus- und Nährstoffverlust gering zu halten.

Bodentyp
soil type
Böden gleichen Entwicklungszustandes (z. B. Rendzina, Braunerde, Podsol), bei denen die Prozesse der Bodenentwicklung (Pedogenese, u. a. Humusanreicherung, Entkalkung, Tonverlagerung, Podsolierung) zu einer charakteristischen Abfolge der Bodenhorizonte im Bodenprofil geführt haben.

Bonitierung
site quality assessment
Die forstliche Bonitierung ist die Einschätzung und Kennzeichnung der Produktivität bzw. Leistungsfähigkeit (Volumenertrag) eines Bestandes mithilfe von verschiedenen Bestandesmerkmalen (meist durch Alter und Höhe) oder indirekt über wachstumsbeeinflussende Standortsfaktoren. Die **Ertragsklasse** (angegeben in römischen Ziffern, wobei I die höchste Leistung bedeutet) stuft als **relative** Höhenbonität die Leistung auf dem gegebenen Standort als sehr gut bis schlecht ein. Die **absolute** Höhenbonität gibt an, welche Bestandeshöhe (Oberhöhe oder Mittelhöhe) ein Bestand in einem bestimmten Alter (meist 100 Jahre) erreicht.

Brusthöhendurchmesser
diameter at breast height (dbh)
In der forstlichen Praxis wird der **Durchmesser** eines stehenden Baumes in 1,3 m Höhe gemessen und als Brusthöhendurchmesser (BHD, $d_{1,3}$) bezeichnet.

Dauerwald
continuous forest
Zum durch Reinbestände, Altersklassenwald und Kahlschlag geprägten Waldbau seiner Zeit veröffentlichte Alfred Möller (1922) einen Gegenentwurf, nach dem „die Stetigkeit des

Waldwesens die Grundlage jeder richtigen, wahrhaft zweckmäßigen Waldbehandlung“ ist. Die Vorstellungen eines Waldbaus unter Beibehaltung eines Waldinnenklimas, d. h. mit Verzicht auf größere Bestandeslücken, führten u. a. 1950 zur Gründung der „Arbeitsgemeinschaft naturgemäße Waldwirtschaft“ und beeinflussten die aktuellen Waldbaurichtlinien in Deutschland; auch in einigen anderen Ländern gibt es Bestrebungen zu einer Art Dauerwaldwirtschaft, die als *continuous cover forestry* bezeichnet wird.

Derbholz
wood above 7 cm diameter (at smaller end)
Der oberirdische Holzkörper (Stamm oder Ast) eines Baumes, dessen Durchmesser mit Rinde am dünneren Ende über 7 cm beträgt. Der Derbholzvorrat eines Baumes oder eines Bestandes wird angegeben in **Vorratsfestmeter** mit Rinde pro Hektar (Vfm m. R. ha^{-1}) oder in Kubikmeter pro Hektar (m^3 ha^{-1}).

Diaspore
diaspore
Ausbreitungseinheit einer Pflanze (Samen, Frucht, Spore). Die Vorräte aller Ausbreitungseinheiten im Boden werden als **Diasporenbank** (Samenbank, Samenpotenzial) bezeichnet. Manche Samen können im Boden für mehrere Jahre, bei bestimmten Arten auch über Jahrhunderte, keimfähig bleiben.

Dichte
density
Anzahl von Individuen einer Population oder Gesellschaft bezogen auf eine Flächeneinheit (z. B. pro Hektar = ha^{-1}).

Durchforstung
thinning
Hiebseingriff zur Bestandespflege im Stangen- und Baumholz. Hierbei steht im Gegensatz zur Läuterung die Förderung ausgewählter Bäume, die dem Wirtschaftsziel entsprechen (Zielbäume), im Vordergrund (positive Auslese). Die Konkurrenzsituation des Zielbaums wird verbessert durch die Entfernung bedrängender Nachbarbäume mit im Vergleich zum Zielbaum schlechterer Qualität (Standraumerweiterung), wodurch sich die Qualität des Bestandes insgesamt verbessert. Durchforstungen reduzieren die Baumzahl früher und stärker als bei ungestörter natürlicher Dynamik.

Durchforstungsart
type of thinning
s. Niederdurchforstung und Hochdurchforstung.

Durchforstungsstärke
thinning intensity
Die Stärke oder Intensität des Eingriffs bei einer Durchforstung wird verbal gekennzeichnet (schwach, mäßig, stark) oder zahlenmäßig angegeben durch Grundfläche bzw. Bestockungsgrad nach dem Eingriff.

Durchmesserverteilung
stand table
Aus der Verteilung der Anzahl der Bäume auf Durchmesserklassen (Klassengröße oft 4 cm) lassen sich Rückschlüsse auf die natürliche Entwicklung oder die waldbauliche Behandlung des Bestandes ziehen.

Edellaubbaum
high-value broadleaved (deciduous) tree, noble hardwood tree
Baumart mit meist wertvollem Hartholz mit ausgeprägter Befähigung zum Stockausschlag (v. a. Bergahorn, Esche, Ulme, Linde, Wildkirsche, Elsbeere).

endemisch
endemic
Bezeichnung für eine Art, deren Vorkommen auf ein abgegrenztes Gebiet (v. a. Insel oder Tal) beschränkt ist, z. B. *Picea omorika*.

Erntefestmeter (Efm)
commercial volume, harvestable volume, net volume of standing
Das Volumen der geschätzten erntbaren oder tatsächlich geernteten Holzmenge ohne Rinde ist die Maßeinheit für Planung, Einschlag, Verkauf und Buchung des Holzes. Er ergibt sich aus dem Vorratsfestmeter mit Rinde (Vfm m. R.) durch Abzug der geschätzten Ernte- und Rindenverluste (in der forstlichen Praxis meist 20 %).

Ertragsklasse
yield class
s. Bonitierung.

Ertragsniveau
production class, yield level, carrying capacity
Das Ertragsniveau gibt in Ergänzung zur Bonität die Leistung eines Bestandes auf gegebenem Standort an. Es wird durch die örtlichen Wuchsbedingungen beeinflusst. Bestimmt wird es durch die Gesamtwuchsleistung (GWL), die der Bestand bei einer bestimmten Mittel- oder Oberhöhe erreicht. Das **allgemeine E.** ist durch die GWL gegeben, die bei einer bestimmten Höhe ohne Berücksichtigung des Alters erreicht wird. Das **spezielle E.** bezieht sich jeweils auf eine bestimmte Höhenbonität. Es wird bestimmt durch die GWL bei gegebener Oberhöhe, die ein Bestand in einem bestimmten Alter erreicht. Hierbei wird häufig ein Bezugsalter von 100 Jahren verwendet.

Ertragstafel
yield table
In der forstlichen Praxis werden die Wuchsleistungen der Wirtschaftsbaumarten nach Ertragstafeln eingeschätzt, in denen das Bestandeswachstum aus Daten von Versuchsflächen verschiedener Regionen in Tabellenform dargestellt ist. Das Prinzip der Ertragstafel basiert auf der Annahme, dass die Gesamtwuchsleistung eines Bestandes nur von der Höhe und die Höhe wiederum vom Standort und vom Alter abhängig ist. Ertragstafeln enthalten die Altersentwicklung mittlerer Bestandeskennwerte (u. a. Höhe, Durchmesser, Grundfläche, Vorrat und Zuwachs des Bestandes) getrennt nach Ertragsklassen oder Bonitäten und waldbaulicher Behandlung (Durchforstungsart und -stärke). Sie dienen als Arbeitsgrundlage zur Beurteilung, Planung und Kontrolle forstwirtschaftlicher Maßnahmen der Bestandespflege und Holzernte.

Femelschlag
group-selection system, irregular shelterwood system
Verfahren der Bestandesverjüngung, bei dem in unregelmäßiger Verteilung und Flächengröße zunächst Gruppenschirmstellungen und Lochhiebe angelegt werden, die durch nachfolgende Hiebe erweitert werden. Hierdurch entstehen je nach Länge des Verjüngungszeitraums mehr oder weniger ungleich alte Mischbestände.

Flora
flora
Die Gesamtheit der Pflanzenarten eines Lebensraums oder einer Region im Gegensatz zur Vegetation, der Gesamtheit der Pflanzengesellschaften.

Formzahl
form factor, shape number
Die Formzahl gibt das Verhältnis des tatsächlichen Baumvolumens zu einem aus Grundfläche und Höhe berechneten Zylinder wieder. Mit diesem Faktor wird das Produkt aus der Grundfläche und der gemessenen Höhe multipliziert, um den Volumeninhalt des Baumstammes bis zur gemessenen Höhe zu erhalten. Für die Mehrzahl der Baumarten liegt die Formzahl um 0,5, d. h., das Volumen des Baumes entspricht aufgrund der Durchmesserabnahme mit der Baumhöhe etwa der Hälfte des Volumens der Bezugswalze.

Forsteinrichtung
forest management regulation
Die mittelfristige, im Abstand von etwa 10 Jahren erstellte forstliche Planung und Vollzugsanalyse für einen Forstbetrieb. Die Ergebnisse der Zustandserfassung und Planung werden als Karten, Tabellen und Texte in einem Forsteinrichtungswerk (Betriebswerk) zusammengefasst.

Fruktifikation
fructification
Fruchtbildung von der Bestäubung bis zur Samenreife.

Gesamtwuchsleistung
total volume production, total yield
Die Gesamtwuchsleistung eines Bestandes ist die Summe der Holzmengen (Volumen) aus dem Vorrat und den Vornutzungen.

Grundfläche
basal area
Die Fläche des Stammquerschnittes in 1,3 m Höhe (Brusthöhe), auch als Kreisfläche bezeichnet. Die Bestandesgrundfläche ist die Summe der Grundflächen der Einzelbäume eines Bestandes je ha.

Gruppe
group
Annähernd runde Kleinfläche mit einem Durchmesser von der halben bis zu einer ganzen Baumlänge des umgebenden Bestandes (> 15–30 m bzw. 0,04–0,1 ha).

Habitat
habitat
Autökologischer Begriff für den Lebensraum (Wohnort, Standort) einer Art (vgl. Biotop).

Herbizid
herbicide
Gegen Pflanzen wirksame chemische Mittel.

Herkunft
seed source
s. Provenienz.

Hochwald
high forest
Ein Wald, in dem ein Großteil der Bäume zu voller Höhe erwächst, fruktifiziert und in einem relativ hohen Alter genutzt wird (vgl. Nieder- und Mittelwald).

Holzsortiment
wood assortment
Für unterschiedliche Verwendungen wird das eingeschlagene Stammholz baumartenspezifisch entsprechend den Standards der Rundholzsortierung nach Länge und Qualitätskriterien sortiert in Stammholz unterschiedlicher Qualitätsklassen, in Industrieholz (u. a. für Papier, Spanplatten) und in Brennholz.

Horst
large group
Annähernd runde Kleinfläche mit einem Durchmesser von mehr als einer Baumlänge bis zu zwei Baumlängen des umgebenden Bestandes (> 30–60 m, bzw. 0,11–0,5 ha).

Hutewald
woodland pasture, grazing forest
Lichter Wald aus starken Bäumen (v. a. Eiche und Buche) mit großen Kronen, deren Samen (Eicheln, Bucheckern) der Viehmast (v. a. Schweine) dienen, und in dem Vieh (auch Rinder und Schafe) weidet.

Hybridisierung
hybridization
Kreuzung zwischen zwei Populationen, Rassen oder Arten (entspricht dem nicht mehr zu verwendenden Begriff „Bastardisierung").

invasiv
invasive
Bezeichnung für eine nichtheimische Art, die sich in einem neuen Lebensraum in hoher Individuenzahl auf Dauer etabliert hat und sich in andere Lebensräume ausbreitet.

Jungwuchs
thicket stage, regeneration
Natürliche Altersstufe einer Naturverjüngung oder Kultur (Saat, Pflanzung) von der Begründung bis zum Erreichen des Bestandesschlusses (etwa 2 m Höhe).

Jungwuchspflege
weeding, cleaning, tending regeneration
Waldbauliche Maßnahmen in der Altersstufe des Jungwuchses zur Erreichung des Verjüngungsziels, v. a. Mischungsregulierung, Beseitigung von Konkurrenzvegetation.

Kahlschlag
clear cut, clear felling
Durch die Entnahme aller Bäume eines Bestandes in einem Hiebseingriff entsteht eine Freifläche, auf der ein neuer Bestand begründet wird. Im ökologischen Sinn spricht man von Kahlschlag, wenn durch die Holzernte das Waldin-

nenklima beseitigt wurde. Das ist gegeben, wenn die Seitenlängen der entstandenen Freifläche mehr als das Doppelte der Baumhöhe des Altbestandes aufweisen.

Kationenaustauschkapazität (KAK)

cation exchange capacity

Die Ladungsmenge der Kationen (basische Kationen: Ca^{2+}, Mg^{2+}, K^+, Na^+; saure Kationen: H^+, Al^{3+}), die ein Boden an Tonminerale, Humus und Oxide locker binden kann, entspricht der effektiven Kationenaustauschkapazität (KAK_{eff}). Der prozentuelle Anteil der KAK_{eff}, der mit basischen Kationen besetzt ist, wird als **Basensättigung** bezeichnet.

Klimax

climax

Das relativ stabile Endstadium der Vegetationsentwicklung (Sukzession), das unter den Standortbedingungen möglich ist. Ein Wald im Klimaxstadium wird als Klimaxwald oder **Schlusswald** bezeichnet. In Mitteleuropa würden ohne Einfluss des Menschen überwiegend Buchenwälder die Klimaxgesellschaft bilden.

Krone

crown

Benadelter bzw. belaubter Teil des Baumes zwischen dem Kronenansatz (erster grüner Ast, ohne Berücksichtigung der Wasserreiser) und dem Baumwipfel.

Kronenmantelfläche

crown surface area

Oberfläche einer Baumkrone, die für Nadelbäume als Kegel- oder Paraboloidmantelfläche, für Laubbäume als Paraboloid- oder Kegelschnittmantelfläche aus Kronenbreite und Kronenlänge bestimmt wird.

Kronenprozent

relative crown length, life crown ratio

Verhältnis zwischen Kronenlänge und Baumlänge. Das Kronenprozent ist ein Weiser für die bisherige Bestandesbehandlung, den Pflegezustand und die Bestandessicherheit gegen Schnee- und Sturmgefährdung.

Kronenschirmfläche

crown projection area

Die durch Baumkronen überschirmte Fläche des Waldbodens.

Kronenschluss

canopy density, canopy closure

Der Kronenschlussgrad als Anteil der Überschirmung des Bodens durch die Baumkronen dient als Maß für die Bestandesdichte. Er ist ein wichtiger Weiser für waldbauliche Maßnahmen und ökologische Zustände. Er wird aus Luftbildern in Prozent oder allgemein bei der Bestandesbeschreibung terrestrisch in Stufen (gedrängt bis räumdig) okular geschätzt.

Kurzumtriebsplantage

short rotation coppice, energy crop

Eine Kurzumtriebsplantage (KUP, Schnellwuchsplantage) ist eine Anpflanzung schnell wachsender Bäume (v. a. Pappeln, Weiden) mit dem Ziel, innerhalb kurzer Umtriebszeiten Holz als nachwachsenden Rohstoff zu produzieren. Geschieht dies ausschließlich für die Energieerzeugung, wird sie auch als Energieholzplantage oder Energiewald bezeichnet. KUP sind landwirtschaftliche Kulturen und rechtlich kein Wald. In Deutschland dürfen KUP nur auf Ackerland begründet werden. Eine Umwandlung von Wald in eine KUP ist gesetzlich ausgeschlossen.

Läuterung

precommercial thinning

Hiebseingriff im Jungbestand zur Erhöhung der Wertleistung des Bestandes durch Aushieb von Bäumen, die deutlich schlechter und/oder konkurrenzkräftiger sind als die Nachbarbäume (negative Auslese), in Mischbeständen auch zur Regulierung der Baumartenanteile, selten auch zur reinen Dichtereduzierung.

Licht

light

s. photosynthetisch aktive Strahlung.

Lichtbaumart
light demanding tree, shade intolerant tree
Baumart mit relativ großem Lichtbedürfnis und geringem Schattenerträgnis (z. B. Kiefer, Birke) (vgl. Schattenbaumart).

Lichtsättigung
light saturation
Bei der Photosynthese der Pflanzen die Lichtintensität, oberhalb derer die Aufnahme von Kohlendioxid und damit die Nettophotosynthese nicht mehr zunehmen.

Lichtungszuwachs
light increment
Die Durchforstungsart Lichtung führt zu wenigen starken, gleichmäßig auf der Fläche verteilten Bäumen. Neben einem stärkeren Zuwachs der verbliebenen Bäume lässt sich durch die Lichtung ein hoher Brennholzbedarf decken. Lichtungshiebe sind für Baumarten geeignet, die im Alter auf kräftige Freistellungen durch Kronenausbreitung und Zuwachssteigerung reagieren können, v. a. die Buche.

Lochhieb (Löcherhieb)
gap cutting, group felling
Entnahme von mehreren Bäumen im Altbestand zur Einleitung der Naturverjüngung oder zur künstlichen Einbringung von Mischbaumarten, bei der Lücken im Kronendach mit Durchmessern bis zu einer Baumhöhe (etwa 30 m) entstehen (vgl. Femelschlag).

Mast
mast
Die großen Früchte der Waldbäume, vor allem von Buche und Eiche, werden als Mast bezeichnet, Jahre starker Fruktifikation als Mastjahre. Der Begriff wird auch allgemein für die Fruktifikation von Waldbäumen verwendet.

Mischbestand
mixed stand/forest
Ein Bestand aus mindestens zwei Baumarten, die besonders im Zusammenwirken die Struktur und die ökologischen Verhältnisse des Bestandes wesentlich beeinflussen (vgl. Reinbestand).

Mittelwald
coppice with standards
Kombination aus Niederwald und Hochwald mit weitständiger Oberschicht (meist generativ aus Pflanzung oder Naturverjüngung) und durch regelmäßigen Aushieb (meist nach rund 20 Jahren) niedrig gehaltener Unterschicht (überwiegend vegetativ aus Stockausschlag).

Naturverjüngung
natural regeneration
Reproduktion eines Bestandes durch eigene Samen oder Sameneintrag aus Nachbarbeständen (Selbstansamung), seltener auch durch vegetative Vermehrung (Stockausschlag, Wurzelbrut). Für die forstlich genutzten Baumarten wurden entsprechend ihrer Lichtbedürftigkeit unterschiedliche Verfahren zur Einleitung der natürlichen Verjüngung entwickelt, u. a. Schirmschlag, Femelschlag, Saumschlag. Heute entwickelt sich Naturverjüngung häufig ohne besondere fördernde Maßnahmen im Rahmen der Zielstärkennutzung.

Naturwald
natural forest
Aus der forstlichen Bewirtschaftung genommene Waldfläche zur Erforschung der eigendynamischen Waldentwicklung. Andere Bezeichnungen sind Bannwald, Totalreservat, Naturwaldreservat, Naturwaldzelle, Naturwaldparzelle oder Prozessschutzfläche. Naturwälder dienen vorrangig dem Schutz und der Erforschung sich selbst überlassener Wälder, der Lehre und der Umweltbildung. In ihnen sind forstliche Eingriffe ausgeschlossen. Naturwälder mit einer angestrebten Mindestfläche von 20 ha werden nach Kriterien der standörtlichen und/oder vegetationskundlichen Repräsentativität von den Forstverwaltungen der deutschen Bundesländer ausgewiesen.

Naturwaldreservat
nature forest reserve
s. Naturwald.

Niederwald

coppice

Bei der Betriebsart Niederwald erfolgt die Verjüngung aus Stockausschlag oder Wurzelbrut nach Nutzung der Bäume in geringem Alter (kurze Umtriebszeit von etwa 20 Jahren) und mit geringer Höhe.

Nische

niche

Die **ökologische N.** (*ecological niche*) ist ein funktioneller Begriff für die ökologische Rolle, die eine Art in einem Ökosystem einnimmt. Mit ihr werden die biotischen, abiotischen und evolutionären Faktoren in einem Ökosystem beschrieben, die das Überleben und das Wachstum einer Art bestimmen. Bei der ökologischen Nische wird unterschieden zwischen der **fundamentalen N.** (*fundamental niche*), die alle Orte umfasst, die für die Art aufgrund der ökologischen Faktoren (u. a. Raum, Temperatur, Nährstoffe) physiologisch geeignet ist, und der **realisierten N.** (*realized niche*), der unter dem Einfluss biotischer Interaktionen (u. a. Konkurrenz, Pflanzenfresser) begrenzte Lebensraum der Art.

Oberhöhe

top height

Die Oberhöhe ist die durchschnittliche Höhe der Bäume der oberen Bestandesschicht (z. B. der 100 höchsten Bäume), die im Vergleich zur **Mittelhöhe** (durchschnittliche Höhe aller Bäume eines Bestandes) von Durchforstungen weniger beeinflusst wird und daher zur Bonitierung geeigneter ist.

Ökosystem

ecosystem

Beziehungsgefüge der Lebewesen untereinander (**Biozönose** = Lebensgemeinschaft) und mit ihrem Lebensraum (**Biotop**).

Phänologie

phenology

Das aus dem Griechischen stammende Wort Phänologie steht für die Lehre von den Erscheinungen. Sie befasst sich mit Wachstums- und Entwicklungserscheinungen der Pflanzen und Tiere, die unter dem Einfluss von Klima und Witterung sowie anderen abiotischen und biotischen Faktoren im Jahresablauf periodisch wiederkehren, z. B. mit der Blattentfaltung oder Blütenbildung im Verhältnis zur Temperatur oder zur Tageslänge.

Photosynthetisch aktive Strahlung (PAR)

photosynthetically active radiation

Der auch als **Licht** bezeichnete Bereich im Spektrum der Sonnenstrahlung, der von photosynthetisch aktiven Lebewesen genutzt werden kann. Mit Wellenlängen zwischen 400 und 700 nm deckt sich dieser Bereich weitgehend mit der für den Menschen sichtbaren Strahlung (380–780 nm), dem Licht.

Pionier

pioneer

Pflanzenart, die zeitnah nach einer Störung vegetationsfreie Flächen besiedelt, v. a. nach Freilegung des Mineralbodens, und in späteren Sukzessionsphasen durch andere Arten abgelöst wird. Zu den **Pionierbaumarten** zählen Birke, Aspe, Weide und Vogelbeere.

Plenterwald

selection forest

Im Gegensatz zum schlagweisen Hochwald, in dem Altersstufen bestandesweise getrennt nebeneinander vorkommen, sind im Plenterwald alle Altersstufen und Durchmesserklassen auf jeder Flächeneinheit in einem unmittelbaren räumlichen Neben- und Untereinander vorhanden. Waldbauliche Eingriffe dienen gleichzeitig der Holzernte, Bestandesverjüngung und Bestandespflege. In Urwäldern ist die **Plenterphase** ein zeitlich begrenztes Entwicklungsstadium.

Podsol

podzol

Saurer, nährstoffarmer Bodentyp mit schwer abbaubarer Streu (Rohhumus), der gekennzeichnet ist durch Lösungs- und Auswaschungsprozesse (Aluminium, Eisen, Huminstoffe) im Oberboden (dadurch aschgrau gebleicht oder violett schimmernd) und in darunter liegenden Anreicherungshorizonten (grauschwarz), die sich bis zum Ortstein verfestigen können. Die Bildung von Podsol (Posolierung) wird durch hohe Niederschläge, niedrige Jahrestemperatur sowie kalk- und silikatarme, quarzreiche Ausgangsgesteine (v. a. Sande, Quarzite) begünstigt, ebenso durch nährstoffexportierende Landnutzung (Streunutzung, Plaggenwirtschaft).

Primärwald

primary forest, virgin forest, native forest

Wald, der nur in geringem Maß vom Menschen beeinflusst wurde und dadurch die natürliche Baumartenzusammensetzung aufweist. In den gemäßigten Breiten wird der Begriff auch für Wälder verwendet, die zwar zum Holzeinschlag genutzt wurden, auf denen aber zu keiner Zeit Landwirtschaft betrieben wurde (historisch alte Waldstandorte).

Provenienz

provenance

Provenienz ist die Bezeichnung für eine autochthone Population von Waldbäumen mit genetisch festgelegten Eigenschaften, die an ihrem Wuchsort heimisch ist; bei einer **Herkunft** handelt es sich hingegen um eine beliebige (auch allochthone) Population (oder deren Anbauort).

Pseudogley

pseudogley

Von Stauwasser bzw. Staunässe geprägter Bodentyp mit wechselfeuchter, d. h. saisonaler, Trockenheit bzw. Vernässung aufgrund eines stauenden Horizontes. **Stagnogley** weist fast ganzjährig Stauwasser auf, **Gley** ganzjährig Grundwasser.

Qualitätsholz

quality wood, quality timber

s. Wertholz.

Reinbestand

pure stand, monoculture

Bestand aus einer Baumart, d. h., die Baumart hat an der Bestandesgrundfläche mindestens einen Anteil von 80–90 %. Geringe Anteile eingemischter Baumarten, die keinen wesentlichen ökologischen Einfluss ausüben, verändern nicht den Charakter des Reinbestandes (vgl. Mischbestand).

Resilienz

resilience

Im Zusammenhang mit der Stabilität von Ökosystemen bezeichnet der Begriff die Fähigkeit eines Ökosystems, nach einer Störung in den Ausgangszustand zurückzukehren (oder einen anderen stabilen Zustand zu erreichen). Maßeinheit ist die Geschwindigkeit (Dauer) des Zurückschwingens (= Elastizität).

Resistenz

resistance

Widerstandsfähigkeit von Organismen und Ökosystemen gegen Störungen (abrupte Einwirkung kurzer Dauer, z. B. Sturm) oder Stressfaktoren (lang anhaltende Einwirkung, z. B. Schaderreger, extreme Umwelteinflüsse).

Saumschlag

strip cutting, strip felling

Verjüngungsverfahren für Mischbestände mit Baumarten unterschiedlicher Lichtbedürfnisse mit Aushieb aller Bäume auf einem schmalen Streifen (Saumbreite von etwa einer Baumhöhe) am Rand eines Altbestandes.

Schattenbaumart

shade tolerant tree species

Baumart mit einer relativ großen Toleranz gegenüber Beschattung, vor allem in der Jugend. Schattentolerante Baumarten (v. a. Buche, Tanne, Eibe) bilden bei geringem Lichtangebot Schattenblätter aus, die dünner (nur einschichtiges Palisadenparenchym) und großflächiger als Lichtblätter sind, schwaches Licht besser ausnützen und sehr früh ihre Lichtsättigung erreichen (vgl. Lichtbaumart).

Schattentoleranz

shade tolerance, shade endurance

Der Grenzwert der Lichtverfügbarkeit, bei dem eine Art noch lebensfähig ist, definiert die Schattentoleranz (Schattenerträgnis) der Art.

Schirm

shelter, canopy

Das Kronendach von Bäumen, das u. a. dem Schutz von Verjüngungspflanzen (z. B. gegen Spätfrost) dient.

Schirmfläche
crown projection area
s. Kronenschirmfläche.

Schlagabraum
slash, logging residue, felling waste
Die bei der Holzernte nicht genutzten Teile der Bäume (v. a. Kronenreste), die auf der Schlagfläche (Fläche, auf der die Holzfällung stattgefunden hat) verbleiben oder bei der Flächenvorbereitung für eine Pflanzung bzw. Saat teilweise oder vollständig entfernt werden.

Schlankheitsgrad
slenderness
Der Schlankheitsgrad, auch h/d-Verhältnis oder h/d-Wert genannt, ist der Quotient aus Baumhöhe (h) und Brusthöhendurchmesser (BHD = $d_{1,3}$); der reziproke Wert ist die **Abholzigkeit**, die Durchmesserabnahme je lfd. Meter Stammlänge. Der Stamm ist vollholzig, wenn die Durchmesserabnahme je lfd. Meter Stammlänge weniger als 1 cm, und abholzig, wenn sie mehr als 1 cm beträgt. Der Schlankheitsgrad ist ein Weiser für die Vitalität und Stabilität von Bäumen und Beständen. Er ist vor allem von der sozialen Stellung des Baumes und von seinem Wuchsraum abhängig.

Schlussgrad
canopy density, crown closure class
Der Schlussgrad (Bestandesschluss, Kronenschluss) gibt den Grad der Überschirmung des Bodens durch die Baumkronen eines Bestandes an (z. B. 0,7 = 70 % des Bodens sind von Kronen überschirmt).

Selbstdurchforstung
self thinning
Muster der Sterblichkeit (**Mortalität**) in Pflanzenpopulationen, die mit ansteigender Pflanzendichte zunimmt. Durch den auch als Selbstausdünnung oder Selbstverlichtung bezeichneten Prozess ergibt sich ein Grenzwert der Bestandesdichte, die maximale Populationsdichte, die ein Standort tragen kann.

Sekundärwald
secondary forest
Wald, der nach Beseitigung des Primärwaldes durch den Menschen (v. a. durch Kahlschlag und Brandrodung) oder nach natürlichen Katastrophen (z. B. durch Sturm, Feuer) entstanden ist (vgl. Primärwald).

Standort
site
Der forstliche Standort umfasst die Gesamtheit der für das Wachstum der Waldbäume bedeutsamen abiotischen Faktoren, wie sie im Gelände durch Lage, Klima und Boden – nicht durch den Wettbewerb der Bäume untereinander – bedingt sind, und soweit sie für längere Zeit einigermaßen konstant bleiben oder einem regelmäßigen Wechsel (z. B. periodische Überflutung) unterworfen sind.

standortsgerecht
suited to site, site adapted
Eine Baumart ist standortsgerecht (standortsgemäß), wenn sie auf einem Standort ihr natürliches Lebensalter erreicht, ein arteigenes Wachstum zeigt, sich natürlich verjüngen kann und den Standort nicht nachhaltig verschlechtert.

Störung
disturbance
Im waldökologischen Sinn ein diskretes Ereignis, das nicht zum normalen Haushalt eines Waldökosystems gehört und Veränderungen in den Ökosystemeigenschaften bewirkt, z. B. Ressourcen freisetzt. Mit dem Begriff des Störungsregimes werden Störungen nach ihrer Art, ihrer Stärke (betroffene Biomasse je Flächeneinheit) sowie ihrem zeitlichen (Häufigkeit, Wiederkehr) und räumlichen Muster (Größe und räumliche Verteilung der betroffenen Fläche) charakterisiert.

Stratifizierung
stratification
Vorbehandlung des Saatgutes für die Beendigung der Keimruhe. Baumartenspezifisch wird das feucht gehaltene Saatgut unterschiedlich langen kalten und warmen Perioden ausgesetzt.

Sukzession
succession
Ablösung einer Organismengemeinschaft durch eine andere, bedingt durch Klima, Boden, Störungen oder Lebenstätigkeit der Organismen selbst; in Waldökosystemen die zeitliche Abfolge von Sukzessionsstadien von der Pioniergesellschaft zur Schlusswaldgesellschaft.

Trupp
small cluster (of trees), small group
Wenige zusammenstehende, sich von den umgebenden Bäumen unterscheidende Bäume (bis etwa 5 Bäume im Baumholzalter). Bei der truppweisen Mischung sind Kleinflächen mit einem Durchmesser bis zur halben Baumlänge des umgebenden Bestandes (10–15 m bzw. 0,01–0,03 ha) jeweils mit einer Baumart bestockt.

Umtriebszeit
rotation period
Die Zeitspanne von der Begründung eines Bestandes bis zum Abschluss der Endnutzung der Bäume. Im Altersklassenwald ist die Umtriebszeit der mittlere, planmäßige Produktionszeitraum, in dem eine Baumart oder ein Bestandestyp das geplante Produktionsziel (Betriebsziel) erreichen kann.

Unterbau
underplanting
Begründung einer zweiten, dienenden Bestandesschicht aus Schattenbaumarten zur Schaft- und Bodenpflege eines Hauptbestandes aus Lichtbaumarten, z. B. Unterpflanzung eines 40-jährigen Eichenbestandes mit Buche. Der Unterbau soll zu keiner Zeit in die Kronenschicht des herrschenden Bestandes einwachsen.

Verjüngung
regeneration, reproduction
Der **Vorgang** aller natürlichen Ereignisse und waldbaulichen Maßnahmen zur Erzielung und Förderung von Verjüngungspflanzen, auch der künstlich (Pflanzung, Saat) oder natürlich wiederbegründete **Bestand im jugendlichen Alter** und die **Population** der Verjüngungspflanzen von den Sämlingen (*seedlings*), Jungpflanzen (*saplings*) bis zur Dickung (*thicket*).

Verhagerung
impoverishment, depletion
Verarmung des Waldbodens an Humus und Feinboden durch starke Austrocknung und Windeinwirkung.

Volumen
volume
Inhalt eines stehenden Stammes (nur Derbholz), berechnet aus Baumhöhe, Brusthöhendurchmesser und Formzahl. Das Bestandesvolumen gibt die Holzmasse eines Bestandes für eine Flächeneinheit an (s. Derbholz und Vorrat).

Voranbau
advance planting, under planting
Einbringung von Baumarten durch Pflanzung oder Saat, die einen Alters- und Wachstumsvorsprung benötigen, in einen Altbestand vor dessen allgemeiner Verjüngung, z. B. Buchen- oder Tannenvoranbau, oft im Rahmen eines Waldumbaus zur Begründung von Mischbeständen.

Vorrat
growing stock
Das auf der Bestandesfläche vorhandene Holzvolumen (Holzmasse) (s. Derbholz und Volumen).

Vorratsfestmeter (Vfm)
standing gross volume
s. Derbholz und Erntefestmeter (Efm).

Vorverjüngung
preregneration, advance reproduction, volunteer growth
Verjüngungspflanzen, die bereits aus Naturverjüngung vorhanden sind, bevor gezielt die Verjüngung eines Bestandes eingeleitet wurde (s. Voranbau).

Vorwald
pioneer crop, nurse crop
Schirm aus Pionierbaumarten (u. a. Birke, Aspe), der dem Schutz empfindlicher Baumarten gegenüber Gefahren in der Jugend dient (v. a. gegen Frost und Wasserverlust).

Waldentwicklungstyp (WET)
forest development type (FDT)
Waldentwicklungstypen werden entsprechend den Standortsverhältnissen festgelegt. Sie definieren die Mischungsanteile in der Verjüngung und im Endbestand, den Produktionszeitraum sowie die Zielsortimente und enthalten teilweise auch Anweisungen zu deren Realisierung. Im Gegensatz zum früher verwendeten Begriff „Betriebszieltyp“ berücksichtigt der WET stärker die natürliche Waldentwicklung.

Waldumbau
forest conversion
Umwandlung von nicht standortsgemäßen und/ oder gefährdeten Beständen in standortsgemäße und risikoärmere Bestände, häufig von Reinbeständen in Mischbestände. Weitverbreitet ist der Umbau von Fichtenreinbeständen durch Voranbau der Buche.

Wassereinzugsgebiet
water catchment area/bassin, watershed
Ein Gebiet, das durch Wasserscheiden von angrenzenden Einzugsgebieten getrennt ist und durch ein Fließgewässer und seine Zuflüsse (Gewässernetz) entwässert wird. Für ein Wassereinzugsgebiet lassen sich relativ genau Bilanzen des Wasser- und Elementhaushaltes erstellen.

Wertholz
wood of high quality, valuable timber
Möglichst fehlerfreies starkes Stammholz, das für die Herstellung von Schnittholz und Furnieren geeignet ist, wird als **Qualitätsholz** bezeichnet. Von diesem sind die besonders hochwertigen Stämme das Wertholz, für dessen Einstufung neben starken Dimensionen die Astfreiheit entscheidend ist.

Wildling
wild seedling
Eine aus überdichter Naturverjüngung entnommene Pflanze, die auf eine andere Verjüngungsfläche verpflanzt wird.

Wuchsleistung
yield, growth capacity
Die forstliche Produktivität eines Standortes bzw. Waldbestandes zeigt sich in seiner Wuchsleistung. Die **Gesamtwuchsleistung** eines Bestandes ergibt sich aus der Summe des vorhandenen Holzvorrates und aller Vornutzungen (aus Durchforstungen) von der Bestandesbegründung bis zum Zeitpunkt der Aufnahme.

Z-Baum
elite tree, future tree, (final) crop tree, Z-stem
Der **Zukunftsbaum** (Z-Baum) ist ein ausgewählter Baum, der nach soziologischer Stellung (s. Baumklasse), Vitalität und Qualität zu den Wertträgern eines Bestandes gehört und daher bei der Bestandespflege durch Entnahme von Bedrängern gefördert wird.

Zielstärke
target diameter, exploitable size
Bei der Zielstärkennutzung (Zielstammwirtschaft) wird ein Baum eines Bestandes zu dem Zeitpunkt geerntet, an dem es ökonomisch vorteilhafter ist, ihn zu ernten, als ihn zu belassen. Kriterium ist der erreichte Brusthöhendurchmesser, die Zielstärke, die sich mit Methoden der Investitionsrechnung unter Verwendung von Modellannahmen zur Zuwachs- und Qualitätsentwicklung herleiten lässt.

Zuwachs
increment
Die durch Wachstum bedingte Zunahme von Durchmesser, Grundfläche, Höhe und Volumen eines Baumes oder eines Bestandes in einer bestimmten Zeit. Der Volumenzuwachs eines Bestandes ist die wichtigste Kenngröße für seine Leistung. Bezogen auf ein Jahr und einen Hektar wird er **laufender Zuwachs** genannt. Der **durchschnittliche jährliche Gesamtzuwachs** (Gesamtwuchsleistung) ergibt sich aus dem Gesamtzuwachs je Hektar bis zu einem bestimmten Zeitpunkt nach Division durch die Anzahl der Jahre seit Beginn der Zuwachsperiode.

Zwiesel
fork, forked stem, twin-stem
Besondere Form des Stammwuchses, bei der sich der Stamm in zwei etwa gleich dimensionierte Triebe aufgabelt.

Ammann P (1999) Analyse unbehandelter Jungwaldbestände als Grundlage für neue Pflegekonzepte. Schweizerische Zeitschrift für Forstwesen 150:460–470

Ammer C (1996) Konkurrenz um Licht: Zur Entwicklung der Naturverjüngung im Bergmischwald. Forstliche Forschungsberichte München 158

Ammer C (2000) Untersuchungen zum Einfluss von Fichtenaltbeständen auf die Entwicklung junger Buchen. Shaker, Aachen

Ammer C (2019) Diversity and forest productivity in a changing climate. New Phytologist 221:50–66

Ammer C, Dingel C (1997) Untersuchungen über den Einfluß starker Weichlaubholzkonkurrenz auf das Wachstum und die Qualität junger Stieleichen. Forstwissenschaftliches Centralblatt 115:346–358

Ammer C, El Kateb H (2007) Buchensaat oder -pflanzung: Vergleich zweier Optionen zum Umbau von Fichtenreinbeständen. LWF wissen 58:38–41

Ammer C, Puettmann K (2009) Waldbau, quo vadis? Waldbewirtschaftung zwischen Funktionenorientierung und Multifunktionalität. Forstarchiv 80:90–96

Ammer C, Stimm B (1996) Biodiversität und Waldbau im Bergmischwald: eine Fallstudie. In: Müller-Starck G, Hattemer HH (Hrsg) Biodiversität und nachhaltige Forstwirtschaft. Ecomed, Landsberg a. Lech, 114–134

Ammer C, Albrecht L, Borchert H, Brosinger F, Dittmar C, Elling W, Ewald J, Felbermeier B, Gilsa Hv, Huss J, Kenk G, Kölling C, Kohnle U, Meyer P, Mosandl R, Moosmayer H-U, Palmer S, Reif A, Rehfuess K-E, Stimm B (2005) Zur Zukunft der Buche (Fagus sylvatica L.) in Mitteleuropa: Kritische Anmerkungen zu einem Beitrag von Rennenberg et al. (2004). Allgemeine Forst- und Jagdzeitung 176:60–67

Ammer C, Brang P, Knoke T, Wagner S (2004) Methoden zur waldbaulichen Untersuchung von Jungwüchsen. Forstarchiv 75:83–110

Ammer C, Vor T, Knoke T, Wagner S (2010) Der Wald-Wild-Konflikt – Analyse und Lösungsansätze vor dem Hintergrund rechtlicher, ökologischer und ökonomischer Zusammenhänge. Göttinger Forstwissenschaften 5. Universitätsverlag Göttingen, Göttingen

Ammer C, Wörle A, Förster B, Breibeck J, Bachmann M (2011) Konkurrenz belebt das Geschäft – aber nicht bei der Elsbeere. In: Bayerische Landesanstalt für Wald und Forstwirtschaft (LWF) (Hrsg) Beiträge zur Elsbeere, Freising, 24–28

Ammer S, Huber C (2007) Die Regenwurmlebensgemeinschaft im Höglwaldexperiment 21 Jahre nach Kalkung. Allgemeine Forst- und Jagdtzeitung 178:213–219

Ammer S, Makeschin F (1994) Die Auswirkungen experimenteller saurer Beregnung und Kalkung auf die Regenwurmfauna (Lumbricidae, Oligochaeta) und die Humusform in einem Fichtenaltbestand (Höglwaldexperiment). Forstwissenschaftliches Centralblatt 113:70–85

Andersson F (Hrsg) (2005) Coniferous forests. Ecosystems of the world 6. Elsevier, Amsterdam

Andersen L (2001) Survival and growth of Fagus sylvatica seedlings root-pruned prior to transplanting under competitive conditions. Scandinavian Journal of Forest Research 16:318–323

Andersen L, Rasmussen HR, Brander PE (2000) Regrowth and dry matter allocation in Quercus robur (L.) seedlings root pruned prior to transplanting. New Forests 19:205–213

Andersson S, Söderström B (1995) Effects of lime ($CaCO_3$) on ectomycorrhizal colonization of Picea abies seedlings planted in spruce forest. Scandinavian Journal of Forest Research 10:149–154

Andersson SO (1980) Volume increment and stand safety in different types of thinning. In: Kramer H (Hrsg) Biologische, technische und wirtschaftliche Aspekte der Jungbestandspflege. Schriften aus der Forstlichen Fakultät der Universität Göttingen und der Niedersächsischen Forstlichen Versuchsanstalt 67. Sauerländer's, Frankfurt a. M., 260–268

Andrzejczyk T, Liziniewicz M, Drozdowski S (2015) Effect of spacing on growth and quality parameters in sessile oak (Quercus petraea) stands in central Poland: results 7 years after planting. Scandinavian Journal of Forest Research 30:710–718

Annen H (1998) Zum Einfluß von Oberbodenzustand und Standort auf Samenkeimung und Verjüngungsdichte der Douglasie in Südwestdeutschland. Dissertation, Albert-Ludwigs-Universität, Freiburg i. Br.

Annighöfer P, Ammer C (2015) Spätblühende Traubenkirsche: Pragmatismus statt Aktionismus. AFZ-DerWald 70 (4):27–30

Annighöfer P, Beckschäfer P, Vor T, Ammer C (2015) Regeneration patterns of European oak species (Quercus petraea (Matt.) Liebl., Quercus robur L.) in dependence of environment and neighborhood. PLoS ONE 10:e0134935(1-16)

Annighöfer P, Schall P, Kawaletz H, Mölder I, Terwei A, Zerbe S, Ammer C (2012) Vegetative growth response of black cherry (Prunus serotina) to different mechanical control methods in a biosphere reserve. Canadian Journal of Forest Research 42:2037–2051

Anonymus (1996) Schrägpflanzhaue Pflanzmeister; Göttinger Fahrradlenker; Erdbohrgerät Pflanzfuchs PF 350. Forsttechnische Informationen 3:28–29

Anonymus (2017) Bundeswaldinventur Ergebnisdatenbank. https://bwi.info/. Zuletzt geprüft 19.04.2017

Arbeitsgemeinschaft Naturgemäße Waldwirtschaft (2013) Grundsätze der ANW für Naturgemäße Waldwirtschaft. https://www.anw-deutschland.de/eip/pages/grundsaetze-der-anw.php. Zuletzt geprüft 13.05.2019

Arbeitskreis Forstliche Landespflege in der Arbeitsgemeinschaft Forsteinrichtung (1993) Biotop-Pflege im Wald – Ein Leitfaden für die Forstliche Praxis. 4. Auflage. Kilda, Greven

Arbeitskreis Standortskartierung in der Arbeitsgemeinschaft Forsteinrichtung (2016) Forstliche Standortsaufnahme: Begriffe, Definitionen, Einteilungen, Kennzeichnungen, Erläuterungen; bearbeitet und zusammengestellt vom „Arbeitskreis Standortskartierung" in der „Arbeitsgemeinschaft Forsteinrichtung". 7. Auflage. IHW, Eching

Arnold K-D (1992) Möglichkeiten und Aufgaben der Forsttechnik bei der Bestandesbegründung. Allgemeine Forstzeitschrift 47:236–238

Asche N (1994) Elementgehalte von Buchenblättern auf ausgewählten Kalkversuchsflächen. Allgemeine Forstzeitschrift 49:792–794

Asche N (1999) Bodenschutzkalkung und das Wurzelsystem der Rotbuche (Fagus sylvatica): eine Fallstudie im Sauerland. Forstwissenschaftliches Centralblatt 118:294–301

Asche N, Fischer E (1992) Auswirkungen einer Konverterkalkgabe in zwei Fichtenbeständen auf den Boden und den Ernährungszustand der Waldbäume. Forst und Holz 47:771-777

Ashton MS, Tyrrell ML, Spalding D, Gentry B (Hrsg) (2012) Managing forest carbon in a changing climate. Springer, Dordrecht

Assmann E (1950) Grundflächen- und Volumenzuwachs der Rotbuche bei verschiedenen Durchforstungsgraden. Forstwissenschaftliches Centralblatt 69:256–286

Assmann E (1954) Die Standraumfrage und die Methodik von Mischbestandsuntersuchungen. Allgemeine Forst- und Jagdzeitung 125:149–153

Assmann E (1955) Die Bedeutung des „erweiterten Eichhornschen Gesetzes" für die Konstruktion von Fichten-Ertragstafeln. Forstwissenschaftliches Centralblatt 74:321–330

Assmann E (1961) Waldertragskunde – Organische Produktion, Struktur, Zuwachs und Ertrag von Waldbeständen. Bayerischer Landwirtschaftsverlag, München

Assmann E (1965) Buchenlichtwuchsbetrieb. Forstwissenschaftliches Centralblatt 84:329–346

Assmann E, Franz F (1963) Vorläufige Fichten-Ertragstafel für Bayern. Forstliche Forschungsanstalt München, Institut für Ertragskunde, München

Assmann E, Franz F (1965) Vorläufige Fichten-Ertragstafel für Bayern. Forstwissenschaftliches Centralblatt 84:13–43

Assmann T, Drees C, Schröder E, Ssymank A (2007) Mythos Artenarmut: Biodiversität von Buchenwäldern. Natur und Landschaft 82:401–406

Attiwill PM (1994) The disturbance of forest ecosystems: the ecological basis for conservative management. Forest Ecology and Management 63:247–300

Attiwill PM, Adams MA (1993) Nutrient cycling in forests. New Phytologist 124:561–582

Auclair D, Bouvarel L (1992) Biomass production and stool mortality in hybrid poplar coppiced twice a year. Annales des Sciences Forestières 49:351–357

Augustin S, Evers J, Dietrich H-P, Eichhorn J, Haussmann T, Icke R, Isenberg A, Lux W, Musio M, Pretzsch H, Riek W, Rötzer T, Schultze B, Schulze A, Schröder J, Seidling W, Wellbrock N, Wilpert K von, Wolff B (2005) Concept and feasibility study for the integrated evaluation of environmental monitoring data in forests. European Journal of Forest Research 124:251–260

Augusto L, Ranger J (2001) Impact of tree species on soil conductions in active conditions. Annals of Forest Science 58:47–58

Aussenac G (1975) Couverts forestièrs et facteurs du climat: leur interactions, conséquences écophysiologiques chez quelques résineux. Thèse doctoral de sciences, Université de Nancy

Aussenac G (1987) Effets de l'éclaircie sur l'écophysiologie des peuplements forestiers. Schweizerische Zeitschrift für Forstwesen 138:685–700

Aussenac G, Granier A (1988) Effects of thinning on water stress and growth of douglas-fir. Canadian Journal of Forest Research 18:100–105

Avila AL de, Albrecht A (2018) Alternative Baumarten im Klimawandel: Artensteckbriefe – eine Stoffsammlung. Forstliche Versuchs- und Forschungsanstalt Baden-Württemberg Freiburg i. Br.

Baader G (1941) Der Kiefernüberhaltbetrieb: eine ertragskundliche und betriebswirtschaftliche Untersuchung. Sauerländer's, Frankfurt a. M.

Babbi M, Widmer S, Blattner M, Krüsi BO (2016) Waldrandaufwertungen: Einfluss von Exposition und Wüchsigkeit des Standorts. Schweizerische Zeitschrift für Forstwesen 167:286–293

Bachmann M (1998) Indizes zur Erfassung der Konkurrenz von Einzelbäumen. Methodische Untersuchungen in Bergmischwäldern. Forstliche Forschungsberichte München 171

Bachmann M (2004) Die bayerischen Kiefernherkunftsversuche von 1950/51. In: Küsters E, Bachmann M, Steinacker L, Schütze G, Pretzsch H (Hrsg) Die Kiefer im Rein- und Mischbestand – Produktivität, Variabilität, Wachstumstrend. Bayerisches Staatsministerium für Ernährung, Landwirtschaft u. Forsten (Hrsg.), München, 205–230

Bachmann M, Konnert M, Schmiedinger A (2009) Vielfalt schaffen, Risiko verringern – Gastbaumarten als Alternativen zur Fichte. LWF Wissen 63:22–30

Baier R, Göttlein A (2006) Verjüngung der Fichte im naturnahen Bergmischwald und auf Schutzwald-Sanierungsflächen. AFZ-Der Wald 61:820–823

Baier R, Meyer J, Göttlein A (2007) Regeneration niches of Norway spruce (Picea abies [L.] Karst.) saplings in small canopy gaps in mixed mountain forests of the Bavarian Limestone Alps. European Journal of Forest Research 126:11–22

Bakker MR, Nys C (1999) Effects of lime-induced differences in site fertility on fine roots of oak. Annales des Sciences Forestières 56:599–606

Balsberg-Pahlsson AM (1992) Influence of nitrogen fertilization on minerals, carbohydrates, aminoacids and phenolic compounds in beech leaves. Tree Physiology 10:93–110

Baltunis BS, Greenwood MS, Eysteinsson T (1998) Hybrid vigor in Larix: Growth of interspecific hybrids of Larix decidua, L. laricina, and L. kaempferi after 5-years. Silvae Genetica 47:288-293

Baral H-O, Queloz V, Hosoya T (2014) Hymenoscyphus fraxineus, the correct scientific name for the fungus causing ash dieback in Europe. IMA Fungus 5:79–80

Barkham JP (1992) The effects of coppicing and neglect on the performance of the perennial ground flora. In: Buckley GP (Hrsg) The ecology and management of coppice woodland. Chapman and Hall, London, 115–146

Barnes BV (1991) Deciduous forests of North America. In: Röhrig E, Ulrich B (Hrsg) Temperate deciduous forests. Elsevier, Amsterdam, 219–344

Barnes BV, Wagner WH (2004) Michigan trees – A guide to the trees of the Great Lakes Region. University of Michigan Press, Ann Arbor, Michigan

Barnes BV, Pregitzer KS, Spies TA, Spooner VA (1982) Ecological forest site classification. Journal of Froestry 80:493–498

Barnes BV, Zak DR, Denton SR, Spurr SH (1998) Forest ecology. 4. Auflage. Wiley, New York

Bartha D (2004) Die Naturnähe der Wälder: Bewertung auf Bestandesebene. Allgemeine Forst- und Jagdtzeitung 175:8–13

Bartha D (2009) Salix fragilis L., 1753. In: Roloff A, Weisgerber H, Lang U, Stimm B, Schütt P, Lang UM (Hrsg) Enzyklopädie der Holzgewächse – Handbuch und Atlas der Dendrologie/begründet von Peter Schütt. 52. Erg. Lfg. 4/2009. Wiley-VCH, Weinheim, 1–12

Barthod C, Pignard, G., Guérin, F., Bouillon-Penrois E (1999) Coupes fortes et coupes rases dans les forêts françaises. Revue Forestière Française 51:469-486

Bartsch N (1990) Bestandesformen und Wuchsleistungen von Juglans nigra in den Rheinauen. Allgemeine Forstzeitschrift 45:1230–1233

Bartsch N (1997) Auswirkungen femelartiger Auflichtung von Buchenaltbeständen auf Stoffhaushalt, Zersetzertätigkeit, Krautschicht und Buchenverjüngung. Gutachten im Auftrag des Niedersächsichen Ministeriums für Ernährung, Landwirtschaft und Forsten, Göttingen (unveröffentlicht)

Bartsch N (2000) Element release in beech (Fagus sylvatica L.) forest gaps. Water, Air, and Soil Pollution 122:3–16

Bartsch N, Röhrig E (2009) Management options for European beech forests in relation to changes in C- and N-status as described by the three study sites. In: Brumme R, Khanna PK (Hrsg) Functioning and management of European beech ecosystems. Ecological Studies 208. Springer, Berlin, 425–456

Bartsch N, Röhrig E (2016) Waldökologie: Einführung für Mitteleuropa. Springer, Berlin

Bartsch N, Vor T (2016) Die Entwicklung der naturnahen Forstwirtschaft – Zum Wechselspiel zwischen Forstwirtschaft, Naturschutz und Ökologie. Natur und Landschaft 91:450–455

Bartsch N, Bauhus J, Vor T (1999) Auswirkungen von Auflichtung und Kalkung auf das Sickerwasser in einem Buchenbestand (Fagus sylvatica L.) im Solling. Forstarchiv 70:218–223

Bartsch N, Bauhus J, Vor T (2002) Effects of group selection and liming on nutrient cycling in a European beech forest on acidic soil. In: Dohrenbusch A, Bartsch N (Hrsg) Forest development – Succession, environmental stress and forest management; case studies. Springer, Berlin, 108–142

Bartsch N, Magnussen S, Wiethaup A (1985) Fichten-Jungbestände aus Naturverjüngung. Allgemeine Forst- und Jagdzeitung 156:2–11

Baskin CC, Baskin JM (2014) Seeds – Ecology, biogeography, and evolution of dormancy and germination. 2. Auflage. Academic Press, Burlington

Bastien J-C, Sanchez L, Michaud D (2013) Douglas-fir (Pseudotsuga menziesii (Mirb.) Franco). In: Pâques LE (Hrsg) Forest tree breeding in Europe: current state-of the-art and perspectives. Springer, Dordrecht, 325–359

Bauhus J, Forrester DI, Pretzsch H (2017b) Mixed-species forests: The development of a forest management paradigm. In: Pretzsch H, Forrester DI, Bauhus J (Hrsg) Mixed-species forests – Ecology and management. Springer, Berlin, 1–25

Bauhus J, Puettmann K, Kühne C (2013) Close-to-nature managment in Europe: does it support complexity and adaptibility of forest ecosystems? In: Messier CC, Puettmann KJ, Coates KD (Hrsg) Managing forests as complex adaptive systems – Building resilience to the challenge of global change. Routledge, London, 187–213

Bauhus J, Puettmann K, Messier C (2009) Silviculture for old-growth attributes: old forests, new management: the conservation and use of old-growth forests in the 21st century. Forest Ecology and Management 258:525–537

Bauhus J, van der Meer P, Kanninen M (Hrsg) (2010) Ecosystem goods and services from plantation forests. Earthscan, London

Bauhus J, van Winden AP, Nicotra AB (2004a) Aboveground interactions and productivity in mixed-species plantations of Acacia mearnsii and Eucalyptus globulus. Canadian Journal of Forest Research 34:686–694

Bauhus J, Vor T, Bartsch N, Cowling A (2004b) The effects of gaps and liming on forest floor decomposition and soil C and N dynamics in a Fagus sylvatica forest. Canadian Journal of Forest Research 34:509–518

Bauhus J, Forrester DI, Gardiner B, Jactel H, Vallejo R, Pretzsch H (2017a) Ecological stability of mixed-species forests. In: Pretzsch H, Forrester DI, Bauhus J (Hrsg) Mixed-species forests- Ecology and management. Springer, Berlin, 337–382

Baumgartner A (1956) Über die Unterschiede in den klimatischen Wuchsbedingungen einer freien und einer birkenüberstellten Wiederaufforstungsfläche. Forstwissenschaftliches Centralblatt 75:223–239

Baumgartner A, Liebscher HJ (1996) Allgemeine Hydrologie – quantitative Hydrologie – Lehrbuch der Hydrologie, Band 1. Borntraeger, Berlin und Stuttgart

Baumgarten M, Teuffel K von (2005) Nachhaltige Waldwirtschaft in Deutschland. In: Teuffel K von, Baumgarten M, Hanewinkel M, Konold W, Sauter UH, Spiecker H, Wilpert K von (Hrsg) Waldumbau für eine zukunftsorientierte Waldwirtschaft. Springer, Berlin, 1–10

Baumhauer H (2004) Waldumbau mittels Tannen-Saat im Forstamt Weißenhorn. In: Bayerische Landesanstalt für Wald und Forstwirtschaft (LWF) (Hrsg) Beiträge zur Tanne. LWF Wissen 45:58–60

Bäumler W, König E (1985) Mäuse: Bestimmung, Biologie und Schäden. 2. Auflage. Merkblätter der Forstlichen Versuchs- und Forschungsanstalt Baden-Württemberg 9, Freiburg

Bäumler R, Zech W (1997) Atmosperic deposition and impact of forest thinning on the throughfall of mountain forest ecosystems in the Bavarian Alps. Forest Ecology and Management 95:243–251

Bayerisches Staatsministerium für Ernährung, Landwirtschaft und Forsten (Hrsg) (2016) Der Berg- und Schutzwald in den Bayerischen Alpen. München

Beck OA (2004) Die Eibe (Taxus baccata L.). Historische Betrachtung für ihre künftige waldbauliche Berücksichtigung. Forst und Holz 59:133–138

Beck OA, Lappe V (2005) Schränken FFH-Waldschutzgebiete waldbauliches Handeln ein? Forst und Holz 60 (1):16–19

Becker G, Klädtke J (2009) Wood properties and wood processing of valuable bradoleaved trees demonstrated wirh common ash and maple in southwest Germany. In: Spiecker H, Hein S, Makkonen-Spiecker K, Thies M (Hrsg) Valuable broadleaved forests in Europe. Brill, Leiden, 161–167

Becker G, Mehlin I (1999) Die Weißtanne: Vorteile und Fakten über einen bemerkenswerten Rohstoff. Forst und Holz 54:370

Becker G, Unrau A, Pyttel P, Dohrenbusch A, Suchomel C (2018) Germany. In: Unrau, A. Becker, G., Spinelli R, Lazdina D, Magagnotti N, Nicolescu V-N, Buckley P, Bartlett D, Kofman PD (Hrsg) Coppice forests in Europe, Freiburg i. Br., 249–255

Becquey J (1991) Aktivitäten zur Förderung des Walnußanbaus als Holzproduzent in Frankreich. Allgemeine Forstzeitschrift 46:614–616

Bednorz L, Nowinska R (2018) Analysis of growth of recruits of natural regeneration of Sorbus torminalis (L.) Crantz: a rare European forest tree species. iForest 11:72–78

Beerling DJ, Woodward FI (2001) Vegetation and the terrestrial carbon cycle – Modelling the first 400 million years. Cambridge University Press, Cambridge

Beese F, Meiwes K-J (1995) Stand und Perspektiven der Waldkalkung. Allgemeine Forstzeitschrift 50:946–949

Begon M, Howarth RW, Townsend CR (2017) Ökologie. 3. Auflage. Springer, Berlin

Beierkuhnlein C (2007) Biogeographie: Die räumliche Organisation des Lebens in einer sich verändernden Welt. UTB 8341. Ulmer, Stuttgart

Beinhofer B (2008) Umtriebszeit, Durchforstung und Astung der Kiefer aus finanzieller Perspektive. Forstarchiv 79:106–115

Beinhofer B, Knoke T (2009) Ansatzpunkte einer finanziellen Optimierung der Kiefernbewirtschaftung. Forst und Holz 64 (1):12–16

Bellassen V, Luyssaert S (2014) Carbon sequestration: managing forests in uncertain times. Nature 506:153–155

Bemmann A, Knust C. (Hrsg) (2010) Agrowood – Kurzumtriebsplantagen in Deutschland und europäische Perspektiven. Ökologie. Weißensee, Berlin

Bemmann A, Pretzsch J, Schulte A (2008) Baumplantagen weltweit: eine Übersicht. Schweizerische Zeitschrift für Forstwesen 159:124–132

Benecke P, Eberl C, Marbach M (1992) Bestandesbegründung mit Bodenbearbeitung, Kalkung und Hilfspflanzenanbau. Allgemeine Forstzeitschrift 47:546–550

Bennett AE, Bever JD (2007) Mycorrhizal species differentally alter plant growth and response to herbivory. Ecology 88:210–218

Berg B, McClaugherty C (2014) Plant litter – Decomposition, humus formation, carbon sequestration. 3. Auflage. Springer, Berlin

Bergel D (1986) Douglasien-Ertragstafel für Nordwestdeutschland 1985. Allgemeine Forst- und Jagdzeitung 157:49–59

Bergmann F, Gregorius H-R, Kownatzki D, Wehenkel C (2013) Different differsity measures and genetic traits reveal different species-genetic diversity relationships: a case study in forest tree communities. Silvae Genetica 62:25–38

Bergmann J-H (1976) Der Einfluß intensiver Pflegemaßnahmen und verschiedener Unkrautfloren auf das Wachstum junger Kiefernkulturen. Beiträge für Forstwirtschaft und Landschaftsökologie 10:55–61

Bergmann J-H (1979) Möglichkeiten der Pflege von Fichtenkulturen mit Herbiziden im Gebiet des Tieflandes der DDR. Sozialistische Forstwirtschaft 29:83–85

Bergmann J-H (1990) Der Einfluß des Sandrohrs (Calamagrostis epigejos) auf das Kiefernwachstum unter Bedingungen starker Stickstoffimmissionen. Beiträge für die Forstwirtschaft 24:12–15

Bergmann J-H (1993a) Das Sandrohr (Calamagrostis epigejos (L) ROTH). Forschungsbericht, Frankfurt a. M.

Bergmann J-H (1994) Vom Kiefern-Dauerwaldblock zum naturnahen Wald: dargestellt am Kiefern-Dauerwaldblock Groß-Ziethen. Beiträge für Forstwirtschaft und Landschaftsökologie 28:107–115

Bergmann, J-H (2003) Denkanstöße: IV. Die weitständige Begründung der Kiefer mit anschließender Grünastung. Forst und Holz 58:298–300

Bergmann J-H, Jeserigk P (1977) Verbandserweiterungen bei der Kiefer und ihre Konsequenzen für die Kulturpflege. Beiträge für die Forstwirtschaft 11:12–17

Bergmann J-H, Stähr F (2002) Denkanstöße: I. Ausnutzung von Hähersaaten beim Umbau von Kiefernreinbeständen. Forst und Holz 57:618–622

Bergmann W (1993b) Ernährungsstörungen bei Kulturpflanzen. 3. Auflage. Fischer, Jena

Bernard M, Boulanger V, Dupouey J-L, Laurent L, Montpied P, Morin X, Picard J-F, Saïd S (2017) Deer browsing promotes Norway spruce at the expense of silver fir in the forest regeneration phase. Forest Ecology and Management 400:269–277

Bewley JD, Bradford KJ, Hilhorst HWM, Nonogaki H (2013) Seeds – Physiology of development, germination and dormancy. 3. Auflage. Springer, New York

BfN (Bundesamt für Naturschutz) (2010) Karte der potentiellen natürlichen Vegetation Deutschlands. Bundesamt für Naturschutz, Bonn-Bad Godesberg

BfN (Bundesamt für Naturschutz) (2016) Daten zur Natur 2016. Bundesamt für Naturschutz, Bonn

BGBl (Bundesgesetzblatt) (1994) Verordnung über Herkunftsgebiete für forstliches Vermehrungsgut (Forstvermehrungsgut-Herkunftsgebietsverordnung – FoVHgV). 07.10.1994.BGBl I 1994 S. 3578

BGBl (Bundesgesetzblatt) (2002) Forstvermehrungsgutgesetz (FoVG). 22.05.2002. BGBl I 2002 S. 1658

BGBl (Bundesgesetzblatt) (2009) Düngegesetz. 06.02.2009. BGBL I 2009 S. 54

Biber P, Borges J, Moshammer R, Barreiro S, Botequim B, Brodrechtová Y, Brukas V, Chirici G, Cordero-Debets R, Corrigan E, Eriksson L, Favero M, Galev E, Garcia-Gonzalo J, Hengeveld G, Kavaliauskas M, Marchetti M, Marques S, Mozgeris G, Navrátil R, Nieuwenhuis M, Orazio C, Paligorov I, Pettenella D, Sedmák R, Smreček R, Stanislovaitis A, Tomé M, Trubins R, Tuček J, Vizzarri M, Wallin I, Pretzsch H, Sallnäs O (2015) How sensitive are ecosystem services in European forest landscapes to silvicultural treatment? Forests 6:1666–1695

Bielak K, Dudzińska M, Pretzsch H (2014) Mixed stands of Scots pine (Pinus sylvestris L.) and Norway spruce [Picea abies (L.) Karst] can be more productive than monocultures: evidence from over 100 years of observation of long-term experiments. Forest Systems 23:573

Bien G, Gil T, Wilke J (Hrsg) (1994) „Natur" im Umbruch: Zur Diskussion des Naturbegriffs in Philosophie, Naturwissenschaft und Kunsttheorie. Problemata 127. Frommann-Holzboog, Stuttgart

Biging GS, Dobbertin M (1992) A comparison of ddistance-dependent competition measures for height and basal area growth of individual conifer trees. Forest Science 38:695–720

Bilke G (2004) Waldumbau in Nordostdeutschland durch Eichennachzucht in Mortzfeldtschen Löchern. Dissertation, Albert-Ludwigs-Universität, Freiburg i. Br.

Bilke G, Stähr F (2003) Mortzfeldt´sche Löcher: ein Weg zu gemischten Wäldern im Nordostdeutschen Tiefland? Forst und Holz 58:327–329

Binder F, Hofmann M (2015) Hybridpappel (Populus x canadensis Mönch; Syn. Populus x euramericana Guinier). In: Vor T, Spellmann H, Bolte A, Ammer C (Hrsg) Potenziale und Risiken eingeführter Baumarten – Baumartenportraits mit naturschutzfachlicher Bewertung. Göttinger Forstwissenschaften 7:155–166

Biolley H (1887) Quelques réflexions sur le jardinage à propos de publications de M. Gurnaud. Schweizerische Zeitschrift für Forstwesen 39:189–192

Biolley HE (1920) L`aménagement de forêts par al méthode expérimentale et spécialement la méthode du contrôle. Attinger, Paris und Neuchatel

Birnbacher D (Hrsg) (2001) Ökologie und Ethik. Universal-Bibliothek 9983. Reclam, Stuttgart

Bisi F, Chirichella R, Chianucci F, Hardenberg J von, Cutini A, Martinoli A, Apollonio M (2018) Climate, tree masting and spatial behaviour in wild boar (Sus scrofa L.): Insight from a long-term study. Annals of Forest Science 75:46(1-9)

Blair JM, Crossley DA (1988) Litter decomposition, nitrogen dynamics and litter microarthropods in a southern Appalachian hardwood forest. Journal of Applied Ecology 25:683–698

Blaschke H (1981) Veränderungen bei der Feinwurzelentwicklung in Weißtannenbeständen. Forstwissenschaftliches Centralblatt 100:190–195

Bleichner M (2000) Sichere Kulturen mit schwedischem Bräke Mounder. Allgemeine Forstzeitschrift 55:833

Block J, Gauer J (2012) Waldbodenzustand in Rheinland-Pfalz: Ergebnisse der zweiten landesweiten Bodenzustandserhebung BZE II. Mitteilungen der Forschungsanstalt für Waldökologie und Forstwirtschaft Rheinland-Pfalz 70

Blume H-P (Hrsg) (2004) Handbuch des Bodenschutzes – Bodenökologie und -belastung. Vorbeugende und abwehrende Schutzmaßnahmen. 3. Auflage. Ecomed, Landsberg a. Lech

Blume H-P, Brümmer GW, Horn R, Kandeler E, Kögel-Knabner I, Kretzschmar R, Stahr K, Wilke B-M (2016) Scheffer/Schachtschabel – Lehrbuch der Bodenkunde. 16. Auflage. Springer, Berlin

BML (Bundesministerium für Ernährung und Landwirtschaft) (2016) Ergebnisse der Bundeswaldinventur 2012. Berlin

BMEL (Bundesministerium für Ernährung und Landwirtschaft) (2017) Waldbericht der Bundesregierung 2017. Bonn

BMEL (Bundesministerium für Ernährung und Landwirtschaft) (2018) Sturmschäden im Wald in Deutschland von 1967 bis 2010. https://de.statista.com/statistik/daten/studie/177568/umfrage/sturmschaeden-im-wald-seit-1967/. Letzter Zugriff 24.05.2018

BMVEL (Bundesministerium für Verbraucherschutz, Ernährung und Landwirtschaft) (2004) Die zweite Bundeswaldinventur – BWI 2. Das Wichtigste in Kürze. Zu den Bundeswaldinventur-Erhebungen 2001 bis 2002 und 1986 bis 1988. Bonn

Böcker R, Gebhardt. H., Konold W, Schmidt-Fischer S (Hrsg) (1995) Gebietsfremde Pflanzenarten: Auswirkungen auf einheimische Arten, Lebensgemeinschaften und Biotope; Kontrollmöglichkeiten und Management. Ecomed, Landsberg a. Lech

Böckmann T (1990) Wachstum und Ertrag der Winterlinde (Tilia cordata Mill.) in Niedersachsen und Nordhessen. Dissertation, Georg-August-Universität, Göttingen

Boenecke G (1985) Die Verwendung und Gewinnung von Weidenstecklingen. Allgemeine Forstzeitschrift 41:1186–1187

Bohn U, Weiß W (2003) Die potenzielle natürliche Vegetation. In: Leibniz-Institut für Länderkunde (Hrsg, mitherausgegeben von Kappas M, Menz G, Richter M, Treter U) Nationalatlas Bundesrepublik Deutschland: Band 3. Spektrum Akademischer Verlag, Heidelberg, Berlin, 84–87

Bohn U, Gollub G, Hettwer C, Neuhäuslová Z, Schlüter H, Weber H (2003) Karte der natürlichen Vegetation Europas: Map of the natural vegetation of Europe: 1:2 500 000; Erläuterungstext. BfN-Schriftenvertrieb im Landwirtschaftsverlag, Münster

Böker P, Richter W, Sauer O (1965) Beobachtungen auf Versuchen mit Wuchshemmungsmitteln entlang der Autobahnen und Bundesstraßen. Zeitschrift für Pflanzenkrankheiten und Pflanzenschutz 72:91–96

Bolkenius D (2003) Wurzelausbildung älterer Fichten und Tannen: Vergleich in gleichaltrigen und ungleichaltrigen Beständen. AFZ-Der Wald 58:124–126

Bollmann K, Braunisch V (2013) Integration oder Segregation: der Spagat zwischen der Produktion von Rohstoffen und dem Schutz der Biodiversität in europäischen Wäldern. In: Kraus D, Krumm F (Hrsg) Integrative Ansätze als Chance für die Erhaltung der Artenvielfalt in Wäldern. European Forest Institute, Joensuu, 20–34

Bolte A (2016) Chancen und Risiken der Buche im Klimawandel. AFZ-Der Wald 71 (12):17–19

Bolte A, Anders S (1995) Zur Rolle der Bodenvegetation bei der Destabilisierung stickstoffbelasteter Kiefernforst-Ökosysteme. Beiträge für Forstwirtschaft und Landschaftsökologie 29:151–155

Bolte A, Bilke A (1998) Wirkung der Bodenbelichtung auf die Ausbreitung von Calamagrostis epigeijos in den Kiefernforsten Nordostdeutschlands. Forst und Holz 53:232–236

Bolte A, Roloff A (1993) Einfluß von Buchenüberhältern auf Bodenvegetation und Naturverjüngung. Allgemeine Forst- und Jagdzeitung 164:97–102

Bolte A, Anders S, Roloff A (2002) Schätzmodelle zum oberirdischen Vorrat der Waldbodenflora an Trockensubstanz-, Kohlenstoff und Makronährelementen. Allgemeine Forst- und Jagdzeitung 173:57–66

Bolte A, Czajkowski T, Kompa T (2007) The north-eastern distribution range of European beech: a review. Forestry 80:413–429

Bolte A, Ammer C, Löf M, Madsen P, Nabuurs G-J, Schall P, Spathelf P, Rock J (2009) Adaptive forest management in central Europe: climate change impacts, stra-

in a short-rotation plantation on a clayey-sandy mining substrate with respect to plant nutrition and water budget. European Journal of Forest Research 123:105–115

Burckhardt HC (1877) Der Lichtungsbetrieb der Buche und Eiche. Aus dem Walde 8:88–136

Burczyk J (1998) Mating system variation in a Scots pine seed orchard. Silvae Genetica 47:155–158

Burdett AN, Simpson DG, Thompson CF (1983) Root development and plantation establishment success. In: Atkinson D, Bhat KKS, Coutts MP, Mason PA, Read DJ (Hrsg) Tree root systems and their mycorrhizas. Springer, Dordrecht, 103–110

Büren S von (1998) Buchenrotkern: Erkennung, Verbreitung und wirtschaftliche Bedeutung. Schweizerische Zeitschrift für Forstwesen 149:955–970

Burgbacher H, Greve P (1996) 100 Jahre Douglasienanbau im Stadtwald Freiburg. Allgemeine Forstzeitschrift 51:1109–1111

Burger H (1933) Meteorologische Beobachtungen im Freien in einem gleichaltrigen Fichtenbestand und im Tannen-Fichtenplenterwald bei Opplingen. Mitteilungen aus der Schweizerischen Anstalt für Forstliches Versuchswesen 18

Burger A (1996) Zum Wachstum der Hainbuchen in zwei Naturwaldreservaten im Wuchsgebiet Fränkische Platte. In: Bayerische Landesanstalt für Wald und Forstwirtschaft (LWF) (Hrsg) Beiträge zur Hainbuche, Freising, 38–44

Bürger-Arndt R, Reeh T (2006) Landschaftsästhetik – Theoretische Grundlagen. In: Konold W, Böcker R, Hampicke U (Hrsg) Handbuch Naturschutz und Landschaftspflege: Kompendium zu Schutz und Entwicklung von Lebensräumen und Landschaften, VI-3, 19. Erg. Lfg, 7/06. Ecomed Wiley-VCH, Landsberg a. Lech, 1-19

Bürgi M (2015) Close-to-nature forestry. In: Kirby KJ, Watkins C (Hrsg) Europe's changing woods and forests – From wildwood to cultural landscapes. CAB International, Wallingford, 107–115

Burgman MA (2005) Risks and decisions for conservation and environmental management – Ecology, biodiversity and conservation. Cambridge University Press, Cambridge

Burns RM, Honkala BH (Hrsg) (1990a) Silvics of North America – Volume 1: Conifers. Agriculture Handbook 654, Washington DC

Burns RM, Honkala BH (Hrsg) (1990b) Silvics of North America – Volume 2: Hardwoods. Agriculture Handbook 654, Washington DC

Burrichter E, Pott R (1983) Verbreitung und Geschichte der Schneitelwirtschaft mit ihren Zeugnissen in Nordwestdeutschland. Tuexenia 3:443–453

Burschel P (1965) Die Omorikafichte. Forstarchiv 36:113–131

Burschel P (1966) Untersuchungen in Buchenmastjahren. Forstwissenschaftliches Centralblatt 85:204–219

Burschel P (1974) Die Durchforstung in heutiger Sicht: dargestellt an Modellen des Fichtenreinbestandes. Forstarchiv 45:21–28

Burschel P (1977) Waldbauliche, ökologische und bodenkundliche Untersuchungen in jungen Kiefernökosystemen nach unterschiedlichen Bodenbearbeitungen. Mitteilungen Forstliche Forschungsanstalt München 38

Burschel P (1987) Karl Geyer und der Mischwald: Betrachtungen 100 Jahre nach dem Erscheinen seiner Schrift „Der gemischte Wald“. Allgemeine Forstzeitschrift 43:587-588, 601-603

Burschel P, Binder F (1993) Bodenvegetation – Verjüngung – Waldschäden. Allgemeine Forstzeitschrift 48:216–223

Burschel P, Huss J (1964) Die Reaktion von Buchensämlingen auf Beschattung. Forstarchiv 35:225–233

Burschel P, Huss J (2003) Grundriß des Waldbaus. 3. Auflage. Ulmer, Stuttgart

Burschel P, Paul KT (1958) Die Bewurzelung einiger forstlicher Bodenpflanzen. Allgemeine Forst- und Jagdtzeitung 114:89–94

Burschel P, Schmaltz J (1965a) Untersuchungen über die Bedeutung von Unkraut- und Altholzkonkurrenz für junge Buchen. Forstwissenschaftliches Centralblatt 84:230–249

Burschel P, Schmaltz J (1965b) Die Bedeutung des Lichtes für die Entwicklung junger Buchen. Allgemeine Forst- und Jagdzeitung 136:193–210

Burschel P, Stimm B (1993) Der Wurzelschnitt. Forst und Holz 48:520–524

Burschel P, Huss J, Kalbhenn R (1964) Die natürliche Verjüngung der Buche. Schriften aus der Forstlichen Fakultät der Universität Göttingen und der Niedersächsischen Forstlichen Versuchsanstalt 34. Sauerländer's, Frankfurt a. M.

Burschel P, El Kateb H, Huss J, Mosandl R (1985) Die Verjüngung im Bergmischwald. Forstwissenschaftliches Centralblatt 104:65–100

Burschel P, El Kateb H, Bachmann P, Hagenmüller O (1986) Waldschäden und Bucheckernqualität. Allgemeine Forstzeitschrift 41:700–701

Burth M (1992) Erfolgreiche Kulturen. Allgemeine Forstzeitschrift 47:290–292

Burton PJ (1993) Some limitations inherent to statistic indices of plant competition. Canadian Journal of Forest Research 23:2141–2151

Bürvenich J, Balcar P, Hein S (2012) Kronenkonkurrenz der Winterlinde. AFZ-Der Wald 67 (17):22–23

Busch HG, Kreysa J (1985) Produktion von Holzbiomasse im Kurzumtrieb zur Energiegewinnung. Holz-Zentralblatt 117:2211–2226

Buschinger A (1990) Waldkalkung: Empfehlungen aus zoologischer Sicht. Forst- und Holz 45:408–409

Busse J (1935) Gruppendurchforstung. Forstliche Wochenschrift Silva 16:145–147

Bußler H (2016) Eichenwälder und Biodiversität in der Windsheimer Bucht. AFZ-Der Wald 71 (20):33–34

Bussotti F (2002) Pinus nigra Arnold. In: CAB International (Hrsg) Pines of silvicultural importance. CABI Publishing, Wallingford, Oxon, 266–285

Butin H (2011) Krankheiten der Wald- und Parkbäume – Diagnose, Biologie, Bekämpfung. 4. Auflage. Ulmer, Stuttgart

Butin H, Kappich I (1980) Untersuchung zur Neubesiedlung von verbrannten Waldböden durch Pilze und Moose. Forstwissenschaftliches Centralblatt 99:283–296

Butin H, Kowalski T (1983a) Die natürliche Astreinigung und ihre biologischen Voraussetzungen: I. Die Pilzflora der Buche (Fagus sylvatica L.). European Journal of Forest Pathology 13:322–334

Butin H, Kowalski T (1983b) Die natürliche Astreinigung und ihre biologischen Voraussetzungen: II. Die Pilzflora der Stieleiche (Quercus robur L.). European Journal of Forest Pathology 13:428–439

Butin H, Kowalski T (1986) Die natürliche Astreinigung und ihre biologischen Voraussetzungen: III. Die Pilzflora von Ahorn, Erle, Birke, Hainbuche und Esche. European Journal of Forest Pathology 16:129–138

Butin H, Kowalski T (1992) Die natürliche Astreinigung und ihre biologischen Voraussetzungen: VI. Versuche zum Holzabbau durch Astreiniger-Pilze. European Journal of Forest Pathology 22:174–182

Bütler R, Lachat T, Larrieu L, Paillet Y (2013) Habitatbäume: Schlüsselkomponenten der Waldbiodiversität. In: Kraus D, Krumm F (Hrsg) Integrative Ansätze als Chance für die Erhaltung der Artenvielfalt in Wäldern. European Forest Institute, Joensuu, 88–96

Butora A, Schwager G (1986) Holzernteschäden in Durchforstungsbeständen. Berichte der Eidgenössischen Anstalt für das forstliche Versuchswesen 288

Büttner G, Valerius H (1993) Auswirkungen einer Pflanzlochdüngung auf den Boden und das Wachstum junger Buchenpflanzen. Mitteilungen der Deutschen Bodenkundlichen Gesellschaft 72:687–690

Büttner G, Wagner S (1996) Auswirkungen einer Volldüngergabe nach Pflanzlochkalkung im Rahmen von Buchen-Voranbauten unter Fichte. Allgemeine Forstzeitschrift 51:798–801

Büttner G, Gering C, Nell U, Rumpf S, Wilpert K von (1998) Einsatz von Holzasche in Wäldern. Forst und Holz 53:72–76

CABI (CAB International) (Hrsg) (2002) Pines of silvicultural importance. CAB International, Wallingford

CABI (CAB International) (Hrsg.) (2013) CABI Encyclopedia of Forest Trees. CAB International, Wallingford

Čada V, Svoboda M, Janda P (2013) Dendrochronological reconstruction of the disturbance history and past development of the mountain Norway spruce in the Bohemian Forest, central Europe. Forest Ecology and Management 295:59–68

Čada V, Morrissey RC, Michalová Z, Bače R, Janda P, Svoboda M (2016) Frequent severe natural disturbances and non-equilibrium landscape dynamics shaped the mountain spruce forest in central Europe. Forest Ecology and Management 363:169–178

Campbell JL, Driscoll CT, Eagar C, Likens GE, Siccama TG, Johnson CE, Fahey DJ, Hamburg SP, Holmes RT, Bailey AS, Buso DC (2007) Long-term trends from ecosystem research at the Hubbard Brook Experimental Forest. General technical report, NRS-17. USDA Forest Service, Newton Square PA

Cannell MGR, Grace J (1993) Competition for light: detection, measurement and quantification. Canadian Journal of Forest Research 23:1969–1979

Cannell MGR, Morgan J (1989) Branch breakage under snow and ice loads. Tree Physiology 5:307–317

Carlowitz HC von (2009) Sylvicultura oeconomica: [oder] haußwirthliche Nachricht und Naturmäßige Anweisung zur Wilden Baum-Zucht, Reprint der 2. Aufl. Leipzig, Braun 1732. Forstliche Klassiker 1. Kessel, Remagen-Oberwinter

Carlyle JC (1986) Nitrogen cycling in forested ecosystems. Forestry Abstracts 47:307–336

Caspari C-O, Sachsse H (1990) Rißschäden an Fichte: Verbreitung, Schadbild, Ursache, Auswirkungen. Forst und Holz 45:685–688

Castin-Buchet V, André P (1998) The influence of intensive thinning on earthworm populations in the litters of Norway spruce and Douglas fir. Pedobiologia 42:63–70

Ceballos G, Ehrlich PR, Barnosky AD, García A, Pringle RM, Palmer TM (2015) Accelerated modern human-induced species losses: entering the sixth mass extinction. Science Advances 1:e1400253

Champs J de (1989) Effet de la densitée de palntation sur la corissance en diamètre, la forme et la branchaison du Douglas. Annales Recherche Sylvicole AFOCEL Paris:231–282

Champs J de, Montagne E (1994) Douglas et densité de plantation: nouveau résultats. Annales Recherche Sylvicole AFOCEL Paris:289–308

Chapin III FS, Matson PA, Vitousek PM (2011) Principles of terrestrial ecosystem ecology. 2. Auflage. Springer, New York

Charlesworth D, Charlesworth B (1987) Inbreeding depression and its evolutionary consequences. Annual Review of Ecology and Systematics 18:237–268

Chazdon RL (1988) Sunflecks and their importance to forest understory plants. Advances in Ecological Research 18:1–63

Chazdon RL, Pearcy RW, Lee DW, Fetcher N (1996) Photosynthetic responses of tropical forest plants to contrasting light environments. In: Mulkey SS, Chazdon RL, Smith AP (Hrsg) Tropical forest plant ecophysiology. Chapman and Hall, New York, 5–55

Cheema ZA, Farooq M, Wahid A (Hrsg) (2013) Allelopathy – Current trends and future applications. Springer, Berlin

Ching KK (1991) Temperate deciduous forests in East Asia. In: Röhrig E, Ulrich B (Hrsg) Temperate deciduous forests. Elsevier, Amsterdam, 539–556

Christensen M, Hahn K, Mountford EP, Ódor P, Standovár T, Rozenbergar D, Diaci J, Wijdeven S, Meyer P, Winter S, Vrska T (2005) Dead wood in European beech (Fagus sylvatica) forest reserves. Forest Ecology and Management 210:267–282

Christiansen E, Fjone C (1993) Pruning enhance: the susceptability of Picea abies to infection by the bark beetle-transmitted blue stain fungus Ophiostoma polonicum. Scandinavian Journal of Forest Research 8: 235–245

Chroust L (1968) Das Temperaturregime in verschieden durchforsteten Eichen-Stangenhölzern. Allgemeine Forst- und Jagdzeitung 139:163–173

Chroust L (1969) Der Einfluß starker Eingriffe in einem jungen Fichtenbestand. Forstwissenschaftliches Centralblatt 88:309–319

Chroust L (1976) Ökologische Bedeutung der Pflegehiebe in Kiefernbeständen. Proceedings 16. IUFRO Congress, Oslo:467–480

Chroust L (1980) Erziehung von Fichtenbeständen in durch Schnee und Wind gefährdeten Lagen. In: Kramer H (Hrsg) Biologische, technische und wirtschaftliche Aspekte der Jungbestandspflege. Schriften aus der Forstlichen Fakultät der Universität Göttingen und der Niedersächsischen Forstlichen Versuchsanstalt 67. Sauerländer's, Frankfurt a. M., 206–213

Cieslar A (1899) Neues auf dem Gebiet der forstlichen Zuchtwahl: Die Lärche. Centralblatt für das gesamte Forstwesen 25:99–117

Clarholm M (1994) Granulated wood ash and N-free fertilizer to a forest soil: effects on P availability. Forest Ecology and Management 66:127–136

Claveau Y, Messier C, Comeau P, Coates D (2002) Growth and morphological responses of boreal conifer seedlings and saplings with contrasting shade tolerance to a gradient of light and height. Canadian Journal of Forest Research 32:458–468

Cleary MR, Andersson PF, Broberg A, Elfstrand M, Daniel G, Stenlid J (2014) Genotypes of Fraxinus excelsior with different susceptibility to the ash dieback pathogen Hymenoscyphus pseudoalbidus and their response to the phytotoxin viridiol: a metabolomic and microscopic study. Phytochemistry 102:115–125

Clemensson-Lindell A, Persson H (1993) Long term effect of liming on the fine-root standing crop of Picea abies and Pinus sylvestris in relation to chemical changes in the soil. Scandinavian Journal of Forest Research 8:384–394

Coates KD, Burton PJ (1997) A gap-based approach for development of silvicultural systems to address ecosystem management objectives. Forest Ecology and Management 99:337–354

Coch T (1995) Waldrandpflege – Praktischer Naturschutz. Neumann, Radebeul

Cole TCH (2015) Wörterbuch der Biologie. 4. Auflage. Springer Spektrum, Berlin

Collet C, Chenost C (2006) Using competition and light estimates to predict diameter and height growth of naturally regenerated beech seedlings growing under changing canopy conditions. Forestry 79:489–502

Collet C, Ningre F, Frochot H (1998) Modifying the microclimate around young oaks through vegetation manipulation: effects on seedling growth and branching. Forest Ecology and Management 110:249-262

Collins BS, Pickett STA (1987) Influence of canopy opening on the environment and herblayer in a northern hardwood forest. Vegetatio 70:3–10

Conedera M, Manetti MC, Giudici F, Amorini E (2004) Distribution and economic potential of the sweet chestnut (Castanea sativa Mill.) in Europe. Ecologia Mediterranea 30:179–193

Conedera M, Grüner J, Delb H, Gehring E, Prospero S (2018) Die wichtigsten Krankheiten und Schädlinge der Edelkastanie. In: Bayerische Landesanstalt für Wald und Forstwirtschaft (LWF) (Hrsg) Beiträge zur Edelkastanie. LWF Wissen 81:71–79

Cotta H (1816) Anweisung zum Waldbau. Dresden, Arnold

Coutts MP (1981) Effects of shoot or root exposure before planting on the water relations, growth and survival of Sitka spruce. Canadian Journal of Forest Research 11:703–709

Coutts MP, Grace J (Hrsg) (1995) Wind and trees. Cambridge University Press, Cambridge

Covington WW (1981) Changes in forest floor organic matter and nutrient content following clear cutting in northern hardwoods. Ecology 62:41–48

Crawley MJ (1992) Seed predators and plant population dynamics. In: Fenner M (Hrsg) Seeds: The ecology of regeneration in plant communities. CAB International, Wallingford, 157–192

Crawley MJ (2005a) Plant-herbivore dynamics. In: Crawley MJ (Hrsg) Plant ecology. 2. Auflage. Blackwell Science, Oxford, 401-474

Crawley MJ (2005b) The structure of plant communities. In: Crawley MJ (Hrsg) Plant ecology. 2. Auflage. Blackwell Science, Oxford, 475–531

Crawley MJ, Long CR (1995) Alternate bearing, predator satiation and seedling recruitment in Quercus robur L. Journal of Ecology 83:683–696

Cremer E, Rumpf H, Wolf H, Maurer W, Steiner W (2005) Führen Durchforstungen zu Veränderungen der genetischen Strukturen von Buchenbeständen? Forst und Holz 60:184–188

Cremer E, Schirmer R, Luckas M (2017) Aspekte der Genetik und zum Vermehrungsgut der Fichte. In: Bayerische Landesanstalt für Wald und Forstwirtschaft (LWF) (Hrsg) Beiträge zur Fichte. LWF Wissen 80:20–25

Cremer KW, Borough CJ, McKinnel FH, Carter PR (1982) Effects of stocking and thinning on wind damage in plantations. New Zeeland Journal of Forestry 12:244–266

Cremer M, Prietzel J (2017) Soil acidity and exchangeable base cation stocks under pure and mixed stands of European beech, Douglas fir and Norway spruce. Plant and Soil 415:393–405

Crockford KJ, Savill PS (1991) Preliminary yield tables for oak coppice. Forestry 64:29–50

Cronan SC, Grigal DF (1995) The use of calcium/aluminum ratios as indicators of stress in forest ecosystems. Journal of Environmental Quality 24:209–226

Cronk QCB, Bateman RM, Hawkins JA (Hrsg) (2002) Developmental genetics and plant evolution. The Systematics Association special volume series 65. Taylor and Francis, London

Czajkowski T, Bolte A (2006) Unterschiedliche Reaktion deutscher und polnischer Herkünfte der Buche (Fagus sylvatica L.) auf Trockenheit. Allgemeine Forst- und Jagdtzeitung 176:30–40

Czajkowski T, Kompa T, Bolte A (2006) Zur Verbreitungsgrenze der Buche (Fagus sylvatica L.) im nördlichen Mitteleuropa. Forstarchiv 77:203–216

Czimczik CL, Mund M, Schulze ED, Wirth C (2005) Effects of reforestation, deforestation and afforestation on carbon storage in soils. In: Griffiths H, Jarvis PG (Hrsg) The carbon balance of forest biomes. Taylor and Francis, Oxford, 319–330

Dahmer J (1998) Wurzeln wollen wachsen: sorgfältige Pflanzung als Grundlage für stabile Wälder. Allgemeine Forstzeitschrift 53: Sonderseiten I-II

Davy AJ, Taylor K (1975) Seasonal changes in the inorganic nutrient concentrations in Deschampsia caespitosa in relation to its tolerance of contrasting soils in the Chiltern Hills. Journal of Ecology 63:27–39

DBU (Deutsche Bundesstiftung Umwelt) (Hrsg) (2010) Kurzumtriebsplantagen – Handlungsempfehlungen zur naturverträglichen Produktion von Energieholz in der Landwirtschaft. Ergebnisse aus dem Projekt Novalis. Steinbacher Druck, Osnabrück

Deegen P (1995) Wertästungsrechnung. Allgemeine Forstzeitschrift 50:1307–1308

del Río M, Pretzsch H, Ruíz-Peinado R, Ampoorter E, Annighöfer P, Barbeito I, Bielak K, Brazaitis G, Coll L, Drössler L, Fabrika M, Forrester DI, Heym M, Hurt V, Kurylyak V, Löf M, Lombardi F, Madrickiene E, Matović B, Mohren F, Motta R, Den Ouden J, Pach M, Ponette Q, Schütze G, Skrzyszewski J, Sramek V, Sterba H, Stojanović D, Svoboda M, Zlatanov TM, Bravo-Oviedo A, Hector A (2017) Species interactions increase the temporal stability of community productivity in Pinus sylvestris-Fagus sylvatica mixtures across Europe. Journal of Ecology 105:1032–1043

Delagrange S, Montpied P, Dreyer E, Messier C, Sinoquet H (2006) Does shade improve light interception efficiency? A comparison among seedlings from shade-tolerant and -intolerant temperate deciduous tree species. New Phytologist 172:293–304

Delfs-Siemer U (1993) Ergebnisse zur Thermotherapie von Eicheln und Bucheckern. Allgemeine Forstzeitschrift 48:927–930

Delorme A (1999) Naturnahe Forstwirtschaft und ihre Auswirkungen auf die Holzverwendung. Forst und Holz 54:264–268

Dengler A (1930) Waldbau auf ökologischer Grundlage. Julius Springer, Berlin

Dengler A (1935) Waldbau auf ökologischer Grundlage. 2. Auflage. Julius Springer, Berlin

Dengler A, Scamoni A (1944) Über den Pollenflug der Waldbäume. Zeitschrift für das gesamte Forstwesen 76/70:136–155

Dengler J, Löbel S, Dolnik C (2009) Species constancy depends on plot size: a problem for vegetation classification and how it can be solved. Journal of Vegetation Science 20:754–766

Denninger W (1993) Die Streu-und Verblasegüte bei Walddüngung. Allgemeine Forstzeitschrift 48:509–513

Detten R von (Hrsg) (2013) Das Waldsterben: Rückblick auf einen Ausnahmezustand. Oekom, München

Diaci J, Adamic T, Rozman A (2012) Gap recruitment and partitioning in an old-growth beech forest of the Dinaric Mountains: influences of light regime, herb competition and browsing. Forest Ecology and Management 285:20–28

Diaci J, Pisek R, Boncina A (2005) Regeneration in experimental gaps of subalpine Picea abies forests in the Sovenian Alps. European Journal of Forest Research 124:29–36

Dickmann DI, Kuzovkina J (2014) Poplars and willows of the world, with emphasis on silviculturally important species. In: Isebrands JG, Richardson J (Hrsg) Poplars and willows: trees for society and the environment. CAB International, Wallingford, 8–91

Dieler J, Pretzsch H (2013) Plastizität von Baumkronen: Strukturmerkmale von Fichten und Buchen im Rein- und Mischbestand. Allgemeine Forst- und Jagdzeitung 184:247–262

Dierschke H (1994) Pflanzensoziologie: Grundlagen und Methoden. UTB 8078. Ulmer, Stuttgart

Dieterich V (1951) Wirtschaftliche Auswertung der Ergebnisse von Standortskartierungen bei der forstlichen Planung. Allgemeine Forst- und Jagdzeitung 122:75–81

Dieterich V (1953) Forstwirtschaftspolitik: Eine Einführung. Parey, Hamburg und Berlin

Dimitri L (1981) Biologisch-technische und wirtschaftliche Möglichkeiten zur Produktion großer Biomasse durch den Anbau schnellwachsender Baumarten im Kurzumtrieb anhand bisheriger Erfahrungen. Forstarchiv 52:174–179

Dimitri L (1983) Die Wundfäule nach Baumverletzungen in der Forstwirtschaft: Entstehung, Bedeutung und die Möglichkeiten der Verhütung. Forstwissenschaftliches Centralblatt 102:68–79

Dimitri L, Halupa L (2001) Populus alba Linné, 1753. In: Roloff A, Weisgerber H, Lang U, Stimm B, Schütt P, Lang UM (Hrsg) Enzyklopädie der Holzgewächse – Handbuch und Atlas der Dendrologie/begründet von Peter Schütt. 24 Erg.Lfg. 6/2001. Wiley-VCH, Weinheim, 1–10

Dimitri L, Vaupel O, Repp HJ (1982) Untersuchungen über die Wirkung verschiedener Pflege- und Schutzmaßnahmen auf die Entwicklung von Fichtenkulturen. Allgemeine Forst- und Jagdzeitung 153:37–50

Dippel M (1982) Auswertung eines Nelder-Pflanzverbandversuchs mit Kiefer im Forstamt Walsrode. Allgemeine Forst- und Jagdzeitung 153:137–154

Dippel M (1989) Wuchsleistung und Konkurrenz von Buchen/Lärchen-Mischbeständen im Südniedersächsischen Bergland. Dissertation, Georg-August-Universität, Göttingen

Dittert K (1992) Die stickstoffixierende Schwarzerle-Frankia-Symbiose in einem Erlenbruchwald der Bornhöveder Seenkette. Dissertation, Christian-Albrechts-Universität, Kiel

Dittmar O (1975) Waldbauliche und ertragkundliche Ergebnisse 30jähriger Kiefer-Verbandsversuche im staatlichen Forstwirtschaftsbetrieb Eberswalde. Sozialistische Forstwirtschaft 25:239–241

Dittmar O (1990) Untersuchungen im Buchen-Plenterwald Keula. Forst- und Holz 45:419–423

Dittmar O (1992) Vorteile und Nachteile der langfristigen einzelbestandsweisen Nutzung in den Buchenwäldern Nordwest-Thüringens. Schweizerische Zeitschrift für Forstwesen 143:431–441

Dittmar O (1995) Langfristige Kieferndurchforstungs- und -verbandsweitenversuche von Olberg in Chorin. In: Lüpke B von (Hrsg) Waldbauliche Fragen der Kiefernwirtschaft. Schriften aus der Forstlichen Fakultät der Universität Göttingen und der Niedersächsischen Forstlichen Versuchsanstalt 119. Sauerländer's, Frankfurt a. M., 21–32

Dittmar O, Knapp E, Kohlstock N (1976) Jungwuchs- und Jungbestandspflege in Fichte und Kiefer unter der Sicht rationeller Pflegeeingriffe. Beiträge für die Forstwirtschaft 10:124–128

Dittmar O, Knapp E, Lembke G (1985) Die DDR-Buchenertragstafel 1983 als Grundlage für zweckmäßige Durchforstungskonzeptionen der Buche. Sozialistische Forstwirtschaft 35:82–86

Döbbeler H, Spellmann H (2002) Methodological approach to simulate and evaluate silvicultural treatments under climate change. Forstwissenschaftliches Centralblatt 121, Supplement 1:52–69

Dobbertin M (2002) Influence of stand structure and site factors on wind damage comparing the storms Vivian and Lothar. Forest Snow and Landscape Research 77:187–205

Dobrowolska D, Bončina A, Klum R (2017) Ecology and silviculture of silver fir (Abies alba Mill.): a review. Journal of Forest Research 22:326–335

Dobrowolska D, Hein S, Oosterbaan A, Wagner S, Clark J, Skovsgaard JP (2011) A review of European ash (Fraxinus excelsior L.): Implications for silviculture. Forestry 84:133–148

Dög M, Seintsch B, Rosenkranz L, Dieter M (2016) Belastungen der detuschen Forstwirtschaft aus der Schutz- und Erholungsfunktion des Waldes. Landbauforschung 66:71–92

Dohrenbusch A (1982) Waldbauliche Untersuchungen an Eichen-Niederwäldern im Siegerland. Dissertation, Georg-August-Universität, Göttingen

Dohrenbusch A (1983) Der Stockausschlagwald im Siegerland. Teil I: Standortverhältnisse und Wuchsleistung. Teil II: Bestandesqualität. Allgemeine Forst- und Jagdzeitung 154:1-9, 56-59

Dohrenbusch A (1990) Die Verjüngungsentwicklung der Buche (Fagus silvatica L.) – Bericht einer langfristigen Beobachtung im Solling. Schriften aus der Forstlichen

Fakultät der Universität Göttingen und der Niedersächsischen Forstlichen Versuchsanstalt 97. Sauerländer's, Frankfurt a. M.

Dohrenbusch A (1996) Untersuchungen zur natürlichen Verjüngung von Traubeneichen-Hainbuchen-Mischbeständen. Forst und Holz 51:331–339

Dohrenbusch A (1997) Die natürliche Verjüngung der Kiefer (Pinus sylvestris L.) im nordwestdeutschen Pleistozän. Schriften aus der Forstlichen Fakultät der Universität Göttingen und der Niedersächsischen Forstlichen Versuchsanstalt 123. Sauerländer's, Frankfurt a. M.

Dohrenbusch A, Röhrig E (1994) Wie zuverlässig ist die Läuterung mit der Ringelsäge bei Buche und Esche? Holz-Zentralblatt 120:1524, 1526

Dohrenbusch A, Reccius S, Röhrig E (1984) Kiefern-Naturverjüngung im Saumschlagverfahren. Forstarchiv 55:5–9

Dong PH (1996) Erste Ergebnisse der Untersuchung zu Eingriffszeitpunkt und Art der Freistellung bei Fichten-Naturverjüngung auf der Freifläche. Allgemeine Forst- und Jagdzeitung 167:20–23

Dong PH (1998) Waldbauliche Nutzung von Baumarten aus natürlicher Sukzession am Beispiel der Eichen-Nesterpflanzung. Jahrstagung Sektion Waldbau, Deutscher Verband Forstlicher Forschungsanstalten Arnsberg:36–41

Dong PH (1999) Ergebnisse zu Eingriffszeitpunkt und Art der Freistellung bei überdichter Fichten-Naturverjüngung. In: Gadow, K. von, Akça, A. (Hrsg) Internationale Kooperation – Fernerkundung – Waldinventur. Festschrift zum 75. Geburtstag Prof. Dr. Dr. h.c. Horst Kramer, Göttingen, 37–43

Dong PH, Muth M, Roeder A (1995) Überwallungsdauer von Ästungswunden bei Douglasie nach maschineller Hochästung. Forst und Holz 50:93–94

Dong PH, Muth M, Roeder A (1997) Traubeneichen-Durchforstungsversuch in den Forstämtern Elmstein-Nord und Fischbach. Forst und Holz 52:34–38

Dong PH, Roeder A, Adam H (1993) Zum Wachstum der Großen Küstentanne in Rheinland-Pfalz. Forst und Holz 48:86–90

Douglas GC, Pliura A, Dufour J, Mertens P, Jacques D, Fernandez-Manjares J, Buiteveld J, Parnuta F, Tudoroiu M, Curnel Y, Thomasset M, Jensen V, Knudsen MA, Fuffová E, Chandelier A, Steenackers M (2013) Common ash (Fraxinus excelsior L.). In: Pâques LE (Hrsg) Forest tree breeding in Europe – Current state-of the-art and perspectives. Springer, Dordrecht, 403–462

Dounavi A, Netzer F, Celepirovic N, Ivanković M, Burger J, Figueroa AG, Schön S, Simon J, Cremer E, Fussi B, Konnert M, Rennenberg H (2016) Genetic and physiological differences of European beech provenances (F. sylvatica L.) exposed to drought stress. Forest Ecology and Management 361:226–236

Drachenfels O von (2016) Kartierschlüssel für Biotoptypen in Niedersachsen unter besonderer Berücksichtigung der gesetzlich geschützten Biotope sowie der Lebensraumtypen von Anhang I der FFH-Richtlinie, Stand Juli 2016. Naturschutz und Landschaftspflege in Niedersachsachsen A/4

Drenthen M, Keulartz F, Proctor J (Hrsg) (2009) New visions of nature: complexity and authenticity. Springer, Dordrecht

Driessche R van den (1992) Absolute and relative growth of Douglas-fir seedlings of different sizes. Tree Physiology 10:141–152

Drever CR, Peterson G, Messier C, Bergeron Y, Flannigan M (2006) Can forest management based on natural disturbances maintain ecological resilience? Canadian Journal of Forest Research 36:2285–2299

Drösler M, Schaller L, Kantelhardt JSM, Fuchs D, Tiemeyer B, Augustin J, Wehrhan M, Förster C, Bergmann L, Kapfer A, Krüger G-M (2012) Beitrag von Moorschutz- und Revitalierungsmaßnahmen zum Klimaschutz am Beispiel von Naturschutzgroßprojekten. Natur und Landschaft 87:70–76

Drößler L, Lüpke B von (2005) Canopy gaps in two virgin beech forests reserves in Slovakia. Journal of Forest Science 51:446–457

Drößler L, Meyer P (2006) Waldentwicklungsphasen in zwei Buchen-Urwaldreservaten in der Slowakei. Forstarchiv 77:155–161

Drössler L, Ekö PM, Balster R (2015) Short-term development of a multilayered forest stand after target diameter harvest in southern Sweden. Canadian Journal of Forest Research 45:1198–1205

Drößler L, Kühne C, Lüpke B von, Dong PH (2005) Buchenvoranbau unter Fichtenaltholz im Hunsrück. Allgemeine Forstzeitschrift 60:712–715

Drössler L, Fahlvik N, Wysocka N, Hjelm K, Kuehne C (2017) Natural regeneration in a multi-layered Pinus sylvestris-Picea abies forest after target diameter harvest and soil scarification. Forests 8:1–12

Drössler L, Feldmann E, Glatthorn J, Annighöfer P, Kucbel S, Tabaku V (2016) What happens after the gap? Size distributions of patches with homogeneously sized trees in natural and managed beech forests in Europe. Open Journal of Forestry 6:177–190

Dubbel V (1989) Die Bedeutung des Bodenkontaktes für die Qualität des Buchensaatgutes. Forst und Holz 44:512–516

Dubbel V (1992) Pilze an Bucheckern. Allgemeine Forstzeitschrift 47:642–645

Dubbel V, Kraft K (1990) Zeitpunkt maschineller Reihenläuterung in Fichtendickungen und das Befallsrisiko durch Borkenkäfer. Allgemeine Forstzeitschrift 45:485–486

Dubourdieu J (2009) L'intérêt de la conversion des taillis-sous-futaie en futaie et ses limites. Revue Forestière Française 43:147–162

Duc P (1991) Untersuchungen zur Dynamik des Nachwuchses im Plenterwald. Schweizerische Zeitschrift für Forstwesen 142:299–319

Ducci F, Cuyper B de, Rogatis A de, Dufour J, Santi F (2013) Wild cherry breeding (Prunus avium L.). In: Pâques LE (Hrsg) Forest tree breeding in Europe – Current state-of the-art and perspectives. Springer, Dordrecht, 463–511

Dulière J-F, Bruyn R de, Malaisse F (2000) Changes in the moss layer after liming in a Norway spruce (Picea abies (L.) Karst.) stand of Eastern Belgium. Forest Ecology and Management 136:97–105

Dulière J-F, Carnol M, Dalem S, Remacle J, Malaisse F (1999) Impact of dolomite lime on the ground vegetation and on potential net N transformations in Norway spruce (Picea abies (L.) Karst.) and sessile oak (Quercus petraea (Matt.) Lieb.) stands in the Belgian Ardenne. Annales des Sciences Forestières 56:361–370

Dunham RA, Cameron AD, Petty JA (1999) The effect of growth rate on the strength properties of sawn beams of silver birch (Betula pendula Roth). Scandinavian Journal of Forest Research 14:18–26

Dupont S, Brunet Y (2008) Impact of forest edge shape on tree stability: a large-eddy simulation study. Forestry 81:299–315

DuPouey JP, Bouler E le (1989) Discrimination morphologique des glandes du chêne sessile et pédonculé. Annales des Sciences Forestières 46:187–194

Dupré S, Thiébaut B, Du Teissier Cros E (1986) Morphologie et architecture des jeunes hêtres (Fagus sylvatica L.) Influence du milieu, variabilité génétique. Annales des Sciences Forestières 43:85–102

Dzwonko Z (2001) Assessment of light and soil conditions in ancient and recent woodlands by Ellenberg indicator values. Journal of Applied Ecology 38:942–951

Eberhard J (1922) Der Schirmkeilschlag und die Langenbrander Wirtschaft. Forstwissenschaftliches Centralblatt 44:103-109

Eberl C (2001) Wirkungen der praxisüblichen Kompensationskalkung auf Indikatoren des Humus-, Mineralboden- und Kronenzustandes auf Dauerbeobachtungsflächen in Niedersachsen und Schleswig-Holstein. In: Forstliche Versuchs- und Forschungsanstalt Baden-Württemberg (Hrsg) Chemische und physikalische Schlüsselprozesse der Speicher-, Regler- und Reaktorfunktionen von Waldböden. Berichte Freiburger Forstliche Forschung 33, 167–181

Ebert H-P (1995) Plentern und Femeln – im Begriffs-Chaos. Ein (weiterer) Versuch Ordnung zu schaffen. Allgemeine Forst- und Jagdzeitung 166:29–34

Ebert K-H, Pohl R (1994) Eichenheisterpflanzung als Kompromiß oder Alternative? Allgemeine Forstzeitschrift 49:546, 548-549

Ebinger T (1997) Erfahrungen mit einer mobilen Klein-Thermotherapie-Anlage. Mitteilungen aus der Biologischen Bundesanstalt für Land-und Forstwirtschaft 329:74–75

Eckenwalder JE (1996) Systematics and evolution of Populus. In: Stettler RF, Bradschaw HD, JR., Heilman PE, Hinckley TM (Hrsg) Biology of Populus and its implications for management and conservation. NRC Research Press, Ottawa, 7–32

Eckstein D, Aniol RW, Bauch J (1983) Dendroklimatologische Untersuchungen zum Tannensterben. European Journal of Forest Pathology 13:279–288

Eckstein E (1974) Gefahr für den Ästungserfolg bei der Douglasie. Allgemeine Forstzeitschrift 29:1032–1034

Edfast AB, Näsholm T, Aronsson A, Ericsson A (1996) Application of mineral nutrients to heavily N-fertilized scots pine trees: effects on organine and mineral nutrient concentration. Plant and Soil 184:57–65

Edwards DGW, El-Kassaby YA (1995) Douglas-fir genotypic response to seed stratification. Seed Science and Technology 23:771–778

Eggenberger U (1985) Charakterisierung der Plenterwaldverfassung in den Wäldern des Bergsturzgebietes von Flinus. Schweizerische Zeitschrift für Forstwesen 136:503–513

Eggert M (2014) Wie verjüngt sich die Douglasie? AFZ-Der Wald 69 (11):27–29

Egler FE (1954) Vegetation science concepts: I. Initial floristic composition: a factor in old-field vegetation development. Vegetatio 4:412–417

Egnell G, Leijon B (1997) Effects of different levels of biomass removal in thinning on short-term production of Pinus sylvestris and Picea abies stands. Scandinavian Journal of Forest Research 12:17–26

Egnell G, Leijon B (1999) Survival and growth of planted seedlings of Pinus sylvestris and Picea abies after different levels of biomass removal in clear-felling. Scandinavian Journal of Forest Research 14:303–311

Ehlers W (1996) Wasser im Boden und Pflanze: Dynamik des Wasserhaushalts als Grundlage von Pflanzenwachstum und Ertrag – Dynamik des Wasserhaushalts als Grundlage von Pflanzenwachstum und Ertrag. Ulmer, Stuttgart

Ehring A., Keller O (2008) Nussbäume zur Wertholzproduktion. In: Bayerische Landesanstalt für Wald und Forstwirtschaft (Hrsg) Beiträge zur Walnuss. LWF Wissen 60, 30–36

Ehring A, Keller O (2010) Der Scharznussbaum (Juglans nigra): wertvoll, aber mit hohen Ansprüchen. Wald und Holz 5:25–28

Eicke G (1998) Das Blühen der Waldbäume 1998. Allgemeine Forstzeitschrift 53:926–927

Eisenhauer D-R (2000) Empfehlungen zur Wiedereinbringung der Weißtanne. Schriftenreihe der Sächsischen Landesanstalt für Forsten 22

Eisenhauer D-R (2001) Bodenvegetations- und Verjüngungsdynamik in Kiefernbaumhölzern in Abhängigkeit von Standort, Bestockungsstruktur und Verbissintensität. Forstarchiv 71:3–16

Eisenhauer D-R, Hering S, Irrgang S, Paul M, Tröber U (2003) Zur Wiedereinbringung der Weißtanne (Abies alba Mill.) in Sachsen (1992-2002). Forst und Holz 58:275–281

El Kateb H (1991) Der Einfluß waldbaulicher Maßnahmen auf die Sproßgewichte von Naturverjüngungspflanzen im Bergmischwald. Forstliche Forschungsberichte München 111

El Kateb H, Schölch M, Mosandl R (2009) Waldbau-Verfahren für den Bergmischwald: Empfehlungen für die Praxis auf wissenschaftlicher Grundlage. LWF aktuell 16 (71):9–11

Elflein T, Wörle A, Ammer C (2008) Zur Reaktionsfähigkeit der Elsbeere (Sorbus torminalis [L.] Crantz) auf späte Kronenumlichtung. Forstarchiv 79:155–163

Ellenberg H (1939) Über Zusammensetzung, Standort und Stoffproduktion bodenfeuchter Eichen- und Buchen-Mischwaldgesellschaften Nordwestdeutschlands. Mitteilungen floristisch-soziologische Arbeitsgemeinschaft Niedersachsen 5:3–135

Ellenberg H (1956) Grundlagen der Vegetationsgliederung: I. Teil: Aufgaben und Methoden der Vegetationskunde. Ulmer, Stuttgart

Ellenberg H (1983) Gefährdung wildlebender Pflanzenarten in der Bundesrepublik Deutschland. Forstarchiv 54:127–133

Ellenberg H, Leuschner C (2010) Vegetation Mitteleuropas mit den Alpen: In ökologischer, dynamischer und historischer Sicht. 6. Auflage. Ulmer, Stuttgart

Ellenberg H, Mayer R, Schauermann J (1986) Ökosystemforschung – Ergebnisse des Sollingprojekts 1966-1986. Ulmer, Stuttgart

Ellenberg H, Weber HE, Düll R, Wirth V, Werner W, Paulißen D (1991) Zeigerwerte von Pflanzen in Mitteleuropa. 3. Auflage. Scripta Geobotanica 18. Erich Goltze, Göttingen

Elling W, Heber U, Polle A, Beese F (2007) Schädigung von Waldökosystemen: Auswirkungen anthropogener Umweltveränderungen und Schutzmaßnahmen. Elsevier Spektrum Akademischer Verlag, Heidelberg

Ellwanger G, Ssymank A, Buschmann A, Ersfeld M, Frederking W, Lehrke S, Neukirchen M, Rathes U, SukoU, Vischer-Leopold M (2014) Der nationale Bericht 2013 zu Lebensraumtypen und Arten der FFH-Richtlinie – ein Überblick über die Ergebnisse. Natur und Landschaft 89:185–192

Elsner F (1966) Frühe Lärchenanbauten in Franken. Forstwissenschaftliches Centralblatt 85:268–274

Emborg J (1998) Understorey light conditions and regeneration with respect to the structural dynamics of a near-natural temperate deciduous forest in Denmark. Forest Ecology and Management 106:83–95

Enderle R, Fussi B, Lenz HD, Langer G, Nagel R, Metzler B (2017) Ash dieback in Germany: research on disease development, resistance and management options. In: Vasaitis R, Enderle R (Hrsg) Dieback of European ash (Fraxinus ssp.): Consequences and guidelines for sustainable management. The Report on European Cooperation in Science and Technologiy (COST) Action FP1103 FRAXBACK, Uppsala, 89–105

Endler JA (1993) The color of light in forests and its implications. Ecological Monographs 63:1–28

Endres E (2014) BWaldG: Bundeswaldgesetz Kommentar. Schmidt, Berlin

Endtmann KJ (2007) Taxonomie, Artmerkmale und Verbreitung der Gewöhnlichen Kiefer. In: Ministerium für Ländliche Entwicklung, Umwelt und Verbraucherschutz (MLUV) des landes Brandenburg (Hrsg) Die Kiefer im nordostdeutschen Tiefland – Ökologie und Bewirtschaftung. Eberswalder Forstliche Schriftenreihe 32:31–40

Engel F, Bauhus J, Gärtner SKA, Meyer P, Reif A, Schmidt M, Schultze J, Späth V, Stübner S, Wildmann S, Spellmann H (Hrsg) (2016) Wälder mit natürlicher Entwicklung in Deutschland: Bilanzierung und Bewertung: Ergebnisse des F+E-Vorhabens (FKZ 3510 84 0100) des Bundesamtes für Naturschutz, vol 145. Bundesamt für Naturschutz, Bonn-Bad Godesberg

Engesser R, Forster B, Meier F, Wermelinger B (2008) Forstliche Schadorganismen im Zeichen des Klimawandels. Schweizerische Zeitschrift für Forstwesen 159:344–351

Englisch M, Kilian W, Starlinger F (2001) Forstliche Standortskartierung in Österreich. Mitteilungen der Österreichischen Bodenkundlichen Gesellschaft 62:3–38

Eriksson G, Jonsson A (1986) A review of the genetics of Betula. Scandinavian Journal of Forest Research 1:421–434

Erland S, Taylor AFS (2002) Diversity in ecto-mycorrhizal fungal communities in relation to abiotic environment. In: van der Heijden M, Sanders IR (Hrsg) Mycorrhizal ecology. Springer, Berlin, 163–200

Ernst W, Weigel H (1992) Naturkundliche Wanderungen in Thüringen. Hitzeroth, Marburg

Erteld W (1950) Der Verlauf des Umsetzens bei der Fichte. Forstwirtschaft-Holzwirtschaft 19/20:301–309

Erteld W (1953) Die Einwirkung des Buchenunterbaus auf die Ertragsleistung von Kiefernbeständen. Archiv für Forstwesen 2:97–141

Erteld T, Gerold D, Mund M, Schulze E-D, Weller E (2005) Vorrat, Zuwachs und Nutzung im plenterwaldartigen Buchenwald. AFZ-Der Wald 60:702–706

Ertsen ACD, Alkemade JRM, Wassen MJ (1998) Calibrating Ellenberg indicator values for moisture, acidity, nutrient availability and salinity in the Netherlands. Plant Ecology 135:113–124

Essl F, Rabitsch W (Hrsg) (2013) Biodiversität und Klimawandel: Auswirkungen und Handlungsoptionen für den Naturschutz in Mitteleuropa. Springer, Berlin

Euforgen (2009) Distribution map of trees. http://www.euforgen.org/species/. Zuletzt geprüft 13.05.2019

Eurostat (2016) Statistik Europäische Union. https://ec.europa.eu/eurostat/de/home. Zuletzt geprüft 03.06.2019

Eusemann P, Preuß A, Liesebach M, Liesebach H (2017) Optimierte Saatgutqualität durch einzelbaumweise Beerntung – Eine Untersuchung an Buche (Fagus sylvatica L.). Forstarchiv 88:17–23

Eusemann P, Preuß A, Liesebach M, Liesebach H (2019) Genetische Diversität im Vermehrungsgut der Rotbuche. AFZ-Der Wald 74 (1):35–37

Ewald J (1997) Die Bergmischwälder der Alpen – Soziologie, Standortbindung und Verbreitung. Dissertationes Botanicae 290

Ewald J, Ziche D, Dengler J (2017) Giving meaning to Ellenberg nutrient values. Applied Vegetation Science 20:115–123

Evers K (1940) Welche Folgen hatte der Übergang von der Femelwirtschaft zum Schlagweishauen im württembergischen Hochschwarzwald. Allgemeine Forst- und Jagdzeitung 116:293–319

Fady B, Cottrell J, Ackzell L, Alía R, Muys B, Prada A, González-Martínez SC (2016) Forests and global change: What can genetics contribute to the major forest management and policy challenges of the twenty-first century? Regional Environmental Change 16:927–939

Fahey TJ, Hill MO, Stevens PA, Hornung M, Rowland P (1991) Nutrient accumulation in vegetation following conventional and whole: tree harvest of Sitka spruce plantations in North Wales. Ecology 64:271–288

Falk W, Stetter U, Klemmt H-J (2015) Ernährungssituation und Wachstum der Fichte in Bayern. In: Schubert A, Falk W, Stetter U (Hrsg) Waldböden in Bayern: Ergebnisse der BZE II. Zentrum Wald-Forst-Holz Weihenstephan, Freising, 101–106

Falk W, Klemmt H-J, Binder F, Reger B (2016) Die Winterlinde: Standort, Wachstum und waldbauliche Behandlung in Bayern. In: Bayerische Landesanstalt für Wald und Forstwirtschaft (LWF) (Hrsg) Beiträge zur Winterlinde. LWF Wissen 78:20–29

Faltl W, Mages H, Neufanger M, Schnell A, Ernst M, Riegert C (2017) Die Fichte im Bayerischen Staatswald. In: Bayerische Landesanstalt für Wald und Forstwirtschaft (LWF) (Hrsg) Beiträge zur Fichte. LWF Wissen 80:51–61

Fang W, Wang X (2011) Impact of invasion of Acer platanoides on canopy structure and understory seedling growth in a hardwood forest in North America. Trees 25:455–464

Fanta J, Kuiper B, Rattink J, Elgersma A, Roon T, Dort K, Vrieling JG (1996) Forest site types in the Netherland. Nederlands Bosbonwtijdschrift 68:166–189

FAO (Food and Agriculture Organization of the United Nations) (2000) FRA 2000 – On definitions of forests and forest change. Forest Resources Assessment WP 33, Rome

FAO (Food and Agriculture Organization of the United Nations) (2016) Global Forest resources assessment 2015: How are the world's forests changing? 2. Auflage. Global Forest Resources Assessment 2015. FAO, Rome

Farjon A (2005) Pines – Drawings and descriptions of the genus Pinus. 2. Auflage. Brill, Leiden

Farrelly N, Ní Dhubháin Á, Nieuwenhuis M (2011) Site index of Sitka spruce (Picea sitchensis) in relation to different measures of site quality in Ireland. Canadian Journal of Forest Research 41:265–278

Faust H (1963) Waldbauliche Untersuchungen am Bergahorn im mitteldeutschen Muschelkalkgebiet, im hessischen Basaltbergland und in den süddeutschen Rheinauen oder Waldbauliche Untersuchungen über Laubholzmischbestände (mit besonderer Berücksichtigung des Bergahorns). Dissertation, Georg-August-Universität, Göttingen

Faust K, Fussi B (2018) Genetik und Vermehrungsgut der Esskastanie. In: Bayerische Landesanstalt für Wald und Forstwirtschaft (LWF) (Hrsg) Beiträge zur Edelkastanie. LWF Wissen 81:14–19

Feldmann E, Drößler L, Hauck M, Kucbel S, Pichler V, Leuschner C (2018) Canopy gap dynamics and tree understory release in a virgin beech forest, Slovakian Carpathians. Forest Ecology and Management 415-416

Felton A, Boberg J, Björkman C, Widenfalk O (2013) Identifying and managing the ecological risks of using introduced tree species in Sweden's production forestry. Forest Ecology and Management 307:165–177

Felton A, Lindbladh M, Brunet J, Fritz Ö (2010) Replacing coniferous monocultures with mixed-species production stands: an assessment of the potential benefits for forest biodiversity in northern Europe. Forest Ecology and Management 260:939–947

Fenner M, Thompson K (2005) The ecology of seeds. Cambridge University Press, Cambridge

Ferm A, Sepponen P (1981) Development of ploughed tracks and vegetation on reforestation areas in Finnish Lapland during a period of 10 years. Folia Forestalia 493:1–19

Fernandes PM, Vega JA, Jiménez E, Rigolot E (2008) Fire resistance of European pines. Forest Ecology and Management 256:246–255

Fiedler F (1962) Die Entwicklung des Vorwaldgedankens unter besonderer Berücksichtigung der Birke. Archiv für Forstwesen 11:174–190

Fiedler HJ, Höhne H (1965) Beitrag zur Stickstoffdüngung mittelalter Kiefernbestände. Archiv für Forstwesen 14:909–931

Fiedler HJ, Höhne H (1967) Ermittlung des Stickstoffbedarfs jüngerer Kiefernbestände in einem Forstbetrieb. Archiv für Forstwesen 16:597–604

Field CB, Barros V, Stocker TF, Dahe Q (Hrsg) (2012) Managing the risks of extreme events and disasters to advance climate change adaptation – Special report of the Intergovernmental Panel on Climate Change. Cambridge University Press, Cambridge

Finck P, Heinze S, Raths U, Riecken U, Ssymank A, Fürhaupter K, Bildstein T, Darr A, Boedeker D (2017) Rote Liste der gefährdeten Biotoptypen Deutschlands – Dritte fortgeschriebene Fassung 2017. Naturschutz und biologische Vielfalt 156

Finkeldey R, Ziehe M (2004) Genetic implications of silvicultural regimes: dynamics and conservation of genetic diversity in forest ecology. Forest Ecology and Management 197:231–244

Finsterer A (1973) Die klassischen bayerischen Naturverjüngungsverfahren im Raume Kehlheim. Beiheft Forstwissenschaftliches Centralblatt 35

Fischer A (Hrsg) (1998a) Die Entwicklung von Wald-Biozönosen nach Sturmwurf. Umweltforschung in Baden-Württemberg. Ecomed, Landsberg a. Lech

Fischer A (2003) Forstliche Vegetationskunde. 3. Auflage. UTB 8268. Ulmer, Stuttgart

Fischer H (1998b) Acker-Erstaufforstung – Bestandesbegründung, Wachstum und Ökologie an Fallbeispielen. Hainholz, Göttingen

Fischer H (1999) Begleitwuchsregulierung mittels Hilfspflanzendecken: mögliche Negativeffekte einer waldbaulichen Konzeption für Acker-Erstaufforstungen. Forstarchiv 70:207–218

Fischer HP, Bellus D (1983) Phytotoxicans from microorganisms and related compounds. Pesticide Science 14:334–346

Fischer M, Bossdorf O, Gockel S, Hänsel F, Hemp A, Hessenmöller D, Korte G, Nieschulze J, Pfeiffer S, Prati D, Renner S, Schöning I, Schumacher U, Wells K, Buscot F, Kalko EKV, Linsenmair KE, Schulze E-D, Weisser WW (2010) Implementing large-scale and long-term functional biodiversity research: the biodiversity exploratories. Basic and Applied Ecology 11:473–485

Flaig H (Hrsg) (1993) Energie aus Biomasse: Eine Chance für die Landwirtschaft. Veröffentlichungen der Akademie für Technikfolgenabschätzung in Baden-Württemberg 1. Springer, Berlin

Fleder W (1976) Die forstliche Zielsetzung im ehemaligen Mittelwald unter besonderer Berücksichtigung des Natur- und Landschaftschutzes. Schriftenreihe des Bayerischen Forstvereins 1:39–46

Fleder W (1981a) Begründung von Werteichenbeständen durch Saat. Forst- und Holzwirt 36:275–277

Fleder W (1981b) Furniereichenwirtschaft heute. Holz-Zentralblatt 107:1509–1511

Fleder W (1987) Erziehungsgrundsätze für Buchenbestände. Forst- und Holzwirt 42:107–111

Fleder W (1988) Zur Eichenwirtschaft im Spessart. Allgemeine Forstzeitschrift 43:735–737

Fleder W (1990) Zur Z-Baum-Diskussion. Allgemeine Forstzeitschrift 45:828–830

Fleder W (1993) Zur Behandlung von jungen Traubeneichenbeständen. Forstwissenschaftliches Centralblatt 112:159–169

Flemming G (1962) Strahlung und Wind an Waldbestandsrändern. Archiv für Forstwesen 11:647–656

Flemming G (1964) Das Klima an Waldbestandsrändern. Abhandlungen des Meteorologischen und Hydrologischen Dienstes der DDR 71:1–75

Flöhr W, Kohlstock N, Lembcke G, Lockow KW (1978) Waldbaulich-ertragkundliche Ergebnisse der Zuwachsuntersuchungen in rationell durchforsteten Kiefernjungbeständen. Beiträge für die Forstwirtschaft 12:99–103

Fløistad IS, Nyeggen H, Skage J-O (2015) Testing species of genus Abies for Christmas tree production in Norway. Scandinavian Journal of Forest Research 30:653–663

Fober H (1976) Relation between climatic factors and Scots pine cone crops in Poland. Arboretum Kornickie 21:267-287

Foiles MW, Graham RT, Olson Jr. DF (1990) Abies grandis (Dougl. es D. Don) Lindl. In: Burns RM, Honkala BH (Hrsg) Silvics of North America – Volume 1: Conifers. Washington, DC, 52–59

Fontaine F, Jarret P, Druelle JL (2002) Etude et suivi des bourgeons epicormique a l`origine des gourmands chez le chene sessile. Revue Forestière Française 54:337–356

Fontaine F, Druelle JL, Clement C, Burrus M, Audran JC (2001) Evolution of the epicormic potential of a 17-year old Quercus petraea. Annales des Sciences Forestières 58:583–592

Fonti P, Macchioni N, Thibaut B (2002) Ring shake in chestnut (Castanea sativa Mill.): state of the art. Annals of Forest Science 59:129–140

Forbig A, Dummel K, Gehringer M (1996) Die Verfahren der Fachexkursion bei der 12. KWF Tagung 1996 in Oberhof. Forsttechnische Informationen 48:39–45

Forest Europe (2015) State of Europe's Forests 2015, Madrid

Forest Europe, UNECE, FAO (2011) State of Europe's forests 2011 – Status and trends in sustainable forest management in Europe. Forest Europe Growing Life, Oslo

Forrester DI (2017) Ecological and physiological processes in mixed versus monospecific stands. In: Pretzsch H, Forrester DI, Bauhus J (Hrsg) Mixed-species forests – Ecology and management. Springer, Berlin, 73–115

Förster M (2003) Standörtliche Grundlagen, Ergebnisse und Erfahrungen aus bis 25-jährigen Weißtannen-Anbauten in Niedersachsen. Forst und Holz 58:282, 284-289

Fotelli MN, Geßler A, Peuke AD, Rennenberg H (2001) Drought affects the competitive interactions between Fagus sylvatica seedlings and an early successional species, Rubus fruticosus: responses of growth, water status and δ13C composition. New Phytologist 151:427–435

Fotelli MN, Rudolph P, Rennenberg H, Gessler A (2005) Irradiance and temperature affect the competitive interference of blackberry on the physiology of European beech seedlings. New Phytologist 165:453–462

Fourchy P, Duchaufour P (1952) Recherches sur l' écologie et la sylviculture du Mélèze. Annales Ecoles Eaux et Forets 13:7–106

Fowler, D. Smith, R., Muller J, Cape JN, Sutton M, Erisman JW, Fagerli H (2007) Long term trends in sulphur and nitrogen deposition in Europe and the cause of non-linearities. In: Brimblecombe P, Hara H, Houle D, Novak M (Hrsg) Acid rain – Deposition to recovery. Springer, Dordrecht, 41–47

Frank A (1996) Rotkernbildung und Zielstärkennutzung in Buchenbeständen des FA Minden. Allgemeine Forstzeitschrift 51:683–685

Frankel DH, Brown AHD, Burdon JJ (Hrsg) (1995) The conservation of plant biodiversity. Cambridge University Press, Cambridge

Franklin JF, Spies TA, van Pelt R, Carey AB, Thornburgh DA, Berg DR, Lindenmayer DB, Harmon ME, Keeton WS, Shaw DC, Bible K, Chen J (2002) Disturbances and structural development of natural forest ecosystems with silvicultural implications, using Douglas-fir forests as an example. Forest Ecology and Management 155:399–423

Franz F (1983) Zur Behandlung und Wuchsleistung der Kiefer. Forstwissenschaftliches Centralblatt 102:18–36

Franz F, Bierstedt W (1975) Wirkung großflächiger Flugzeugdüngung mit Klakammonsalpeter auf den Volumenzuwachs von Kiefernbeständen im Bayerischen Alpenraum. Forstwissenschaftliches Centralblatt 94:310–324

Franz F, Pretzsch H, Nüsslein S (1989) Strukturentwicklung und Wuchsverhalten von Buchenbeständen in der Verjüngungsphase: ertragskundliche Merkmale des Schirmschlag-Femelschlag-Verjüngungsverfahrens im Spessart. Allgemeine Forst- und Jagdzeitung 160:114–122

Freise C, Spiecker H (1999) Konkurrenzfreies Wachstum der Buche. Allgemeine Forstzeitschrift 54:1346–1349

Freist G (1962) Untersuchungen über den Lichtungszuwachs der Rotbuche und seine Ausnutzung im Forstbetrieb. Forstwissenschaftliche Untersuchungen – Beiheft zum Forstwissenschaftlichen Centralblatt 17

Freist H (1985) Erfahrungen auf dem Wege vom Mittelwald zum Hochwald im Forstamt Bramwald. Allgemeine Forstzeitschrift 40:1331–1338

Freist H, Klüssendorf J (1991) Vertragsnaturschutz zum Erhalten historischer Waldformen an einem Beispiel in Niedersachsen. Forst- und Holzwirt 46:86–88

Freudenstein J (1992) Risiken des Fichtenanbaus. Allgemeine Forstzeitschrift 47:71–74

Frey H-U (2003) Die Verbreitung und die waldbauliche Bedeutung der Weisstanne in den Zwischenalpen: ein Beitrag für die waldbauliche Praxis. Schweizerische Zeitschrift für Forstwesen 154:90–98

Frey W, Thee P (2002) Avalanche protection of windthrow areas: a ten year comparison of cleared and uncleared starting zones. Forest Snow and Landscape Research 77:89–107

Fricke O, Kürschner K, Röhrig E (1980) Unterbau in einem Stieleichenbestand. Forstarchiv 51:228–232

Fries J (1975) Ökologische Aspekte der mechanisierten Durchforstung. Forst- und Holzwirt 30:315–320

Frochot H, Levy G (1986) Facteurs du milieu et optimisation de la croissance initiale en plantations de feuillus. Revue Forestière Française 38:301–306

Fromm M (2001) Reproduktion einer entomophilen Baumart in geringer Populationsdichte – Das Beispiel der Winterlinde (Tilia cordata Mill.). Dissertation, Georg-August-Universität, Göttingen

Frommhold H (2003) Zur Holzverwendung der Erle. Forst und Holz 58:265–266

Frömsdorf U, Magnussen S (1980) Der Verbandsversuch mit Europäischer Lärche im Hessischen Forstamt Karlshafen. Forstarchiv 51:113–118

Fujimori T (2001) Ecological and silvicultural strategies for sustainable forest management. Elsevier, Amsterdam

Fule PZ, Waltz AEM, Covington WW, Heinlein TA (2001) Measuring forest restoration effectiveness in reducing hazardous fuels. Journal of Forestry 99:24–29

Fuller RJ (1992) Effects of coppice management on woodland breeding birds. In: Buckley GP (Hrsg) The ecology and management of coppice woodland. Chapman and Hall, London, 169–192

Füllgrabe H (1983) Erfahrungen mit der Buchen-Naturverjüngung und der Pflanzung von Buchen-Wildlingen im Harz. Allgemeine Forstzeitschrift 38:937–939

Furrer E (1955) Die Probleme um den Rückgang der Arve (Pinus cembra) in den Schweizer Alpen. Mitteilungen Schweizerische Anstalt Forstliches Versuchswesen 31:669–705

Fürstenberg M von (1923) Die Einführung einer winterharten Form der Douglasientanne in Deutschland. Mitteilungen der Deutschen Dendrologischen Gesellschaft 33:79–90

Fussi B, Konnert M (2014) Genetic analxsis of european common ash (Fraxinus excelsior L.) populations affected by ash dieback. Silvae Genetica 63:198–212

Galinski W, Witkowski J, Zwieniecki M (1994) Non-random heigh pattern formation in even age Scots pine: Nelder plots as affected by spacing and site quality. Forestry 67:49–62

Gallmann B (1989) Wertästung aus der Sicht des Rechnungshofes. Allgemeine Forstzeitschrift 44:1194–1195

Gamborg C, Larsen BJ (2003) „Back to nature“: a sustainable future for forestry. Forest Ecology and Management 179:559–571

Gamfeldt L, Snall T, Bagchi R, Jonsson M, Gustafsson L, Kjellander P, Ruiz-Jaen MC, Froberg M, Stendahl J, Philipson CD, Mikusinski G, Andersson E, Westerlund B, Andren H, Moberg F, Moen J, Bengtsson J (2013) Higher levels of multiple ecosystem services are found in forests with more tree species. Nature Communications 4:1340 (1–8)

Gardiner BA, Stacey GR, Belcher RE, Wood CJ (1997) Field and wind tunnel assessments of the implications of respacing and thinning for tree stability. Forestry 70:233–252

Gardner G (1977) The reproductive capacity of Fraxinus excelsior on the Derbyshire limestone. Journal of Ecology 65:107–118

Gasche R, Papen H (1999) A 3-year continuous record of nitrogen trace gas fluxes from untreated and limed soil of a N-saturated spruce and beech forest ecosystem in Germany: 1. N2O emissions. Journal of Geophysical Research Atmospheres 104:487–503

Gaudio N, Balandier P, Perret S, Ginisty C (2011a) Growth of understorey Scots pine (Pinus sylvestris L.) saplings in response to light in mixed temperate forest. Forestry 84:187–195

Gaudio N, Balandier P, Philippe G, Dumas Y, Jean F, Ginisty C (2011b) Light-mediated influence of three understorey species (Calluna vulgaris, Pteridium aquilinum, Molinia caerulea) on the growth of Pinus sylvestris seedlings. European Journal of Forest Research 130:77–89

Gauer J, Aldinger E (2005) Waldökologische Naturräume Deutschlands: Forstliche Wuchsgebiete und Wuchsbezirke mit Karte 1:1.00.000. Mitteilungen des Vereins für Forstliche Standortskunde und Forstpflanzenzüchtung 43, Freiburg i. Br

Gauer J, Behrens T, Steinbrücken U (2016) Digitale Standortskartierung: eine effektive Methode zur Erstellung von Standortskarten. Forstarchiv 87:121–131

Gaul T, Stüber V (1996) Der Eichen-Nelder-Verbandsversuch Göhrde. Forst und Holz 51:70–75

Gayer K (1895) Über den Femelschlagbetrieb und seine Ausgestaltung in Bayern. Parey, Berlin

Gayer K (1886) Der gemischte Wald – Seine Begründung und Pflege, insbesondere durch Horst- und Gruppenwirtschaft. Parey, Berlin

Gayer K (1898) Der Waldbau. 4. Auflage. Parey, Berlin

Geb M, Schmidt W, Meyer P (2004) Das Mittelwaldprojekt Liebenburg: Entwicklung der Bestandesstruktur. Forst und Holz 59:567–573

Gebhardt T, Häberle K-H, Matyssek R, Schulz C, Ammer C (2014) The more, the better? Water relations of Norway spruce stands after progressive thinning. Agricultural and Forest Meteorology 197:235–243

Geburek T (2002) Larix decidua Miller, 1768. In: Roloff A, Weisgerber H, Lang U, Stimm B, Schütt P, Lang UM (Hrsg) Enzyklopädie der Holzgewächse – Handbuch und Atlas der Dendrologie/begründet von Peter Schütt. 29. Erg.Lfg. 9/2002. Wiley-VCH, Weinheim, 1–20

Gehlken B (2014) Der „ideale Waldrand“: Vorbild, Leitbild oder Trugbild? Auf der Suche nach der Herkunft eines Phantoms. Allgemeine Forst- und Jagdzeitung 185:128–140

Gehrhardt E (1925) Fichtenschnellwuchsbetrieb. Allgemeine Forst- und Jagdzeitung 101:276–283

Gehrmann J (1984) Einfluß von Bodenversauerung und Kalkung auf die Entwicklung von Buchenverjüngungen (Fagus sylvatica L.) im Wald. Dissertation, Georg-August-Universität, Göttingen

Gehrmann J (2000) Zur Deposition von Luftverunreinigungen in den Waldbeständen des Level II-Programms. Forstarchiv 71:36–39

Geiger R (1961) Das Klima der bodennahen Luftschicht. Vieweg, Braunschweig

Geiger R (2013) Das Klima der bodennahen Luftschicht: Ein Lehrbuch der Mikroklimatologie, 4. (Reprint). Springer Vieweg, Wiesbaden

Geiger R, Fritzsche G (1949) Spätfrost und Vollumbruch. Forstarchiv 16:141–156

Gemmel P, Nilsson U, Welander T (1996) Development of oak and beech seedlings planted under varying shelterwood densities and with different site preparation methods in southern Sweden. New Forests 12:141–161

Gensac P (1990) Regeneration en altitude de l`epicea sur les souches daus les Alpes francaises. Annales des Sciences Forestières 47:173–182

Georgiadis P, Taeroe A, Stupak I, Kepfer-Rojas S, Zhang W, Pinheiro BR, Raulund-Rasmussen K (2017) Fertilization effects on biomass production, nutrient leaching and budgets in four stand development stages of short rotation forest poplar. Forest Ecology and Management 397:18–26

Gérard PR, Temunović M, Sannier J, Bertolino P, Dufour J, Frascaria-Lacoste N, Fernández-Manjarrés JF, Ladiges P (2013) Chilled but not frosty: understanding the role of climate in the hybridization between the Mediterranean Fraxinus angustifolia Vahl and the temperate Fraxinus excelsior L. (Oleaceae) ash trees. Journal of Biogeography 40:835–846

Gerold D, Biehl R (1992) Vergleich zwischen Buchenplenterwald und Buchenbetriebsklasse. Allgemeine Forstzeitschrift 47:91–94

Gerst J, Möhring B (2012) Evaluation of the economic impact of Flora Fauna Habitat-management plans in forest enterprises in Germany. Scandinavian Forest Economics 44:13–25

Gigon A, Marti R, Scheiwiller T (2004) Kurzpraktikum terrestrische Ökologie. 2. Auflage. vdf Hochschulverlag, Zürich

Gille K (1992) Forstliches Saatgut: Aufbereitung, Lagerung und Aussaat-Vorbehandlung. Forst und Holz 47:334–348

Gille K (1997) Erfahrungen mit der Thermotherapie an Stiel- und Traubeneicheln in der Forstsaatgut-Beratungsstelle Oerrel. Mitteilungen aus der Biologischen Bundesanstalt für Land-und Forstwirtschaft 329:67–73

Gille K, Nowag A (1995) Bucheckerneinlagerung. Allgemeine Forstzeitschrift 50:960–961

Giudici F, Zingg A (2005) Sprouting ability and mortality of chestnut (Castanea sativa Mill.) after coppicing: a case study. Annals of Forest Science 62:513–523

Glaser T, Schmidt PA (2010) Auswirkungen von Kurzumtriebsplantagen auf die Phytodiversität. In: Bemmann A, Knust C. (Hrsg) Agrowood – Kurzumtriebsplantagen in Deutschland und europäische Perspektiven. Weißensee, Berlin, 153–161

Glatzel G (1973) Zur Frage des Mineralstoff- und Wasserhaushaltes frisch verpflanzter Fichten. Centralblatt für das gesamte Forstwesen 90:65–78

Glavac V (1972) Über Höhenwuchsleistung und Wachstumsoptimum der Schwarzerle auf vergleichbaren Standorten in Nord-, Mittel- und Südeuropa. Schriftenreihe der Forstlichen Fakultät der Universität Göttingen und Mitteilungen der Niedersächsischen Forstlichen Versuchsanstalt 45. Göttingen

Glenz C, Schlaepfer R, Iorgulescu I, Kienast F (2006) Flooding tolerance of Central European tree and shrub species. Forest Ecology and Management 235:1–13

Gliemeroth AK (1995) Paläoökologische Untersuchungen über die letzten 22 000 Jahre in Europa – Vegetation, Biomasse und Einwanderungsgeschichte der wichtigsten Waldbäume. G. Fischer, Stuttgart

Gockel HA (1994) Soziale und qualitative Entwicklungen sowie Z-Baumhäufigkeiten in Eichenjungbeständen – Die Entwicklung eines neuen Pflanzenchemas Die Trupppflanzung. Dissertation, Georg-August-Universität, Göttingen

Gockel HA (1995) Die Trupp-Pflanzung: ein neues Pflanzschema zur Begründung von Eichenbeständen. Forst und Holz 50:570–575

Gockel HA, Rock J, Schulte A (2001) Aufforsten mit Eichen-Trupppflanzungen. Allgemeine Forstzeitschrift 56:223–226

Gockel S (2016) Wachstumsreaktionen einzeln eingemischter Vogelbeeren (Sorbus aucuparia L.) in Fichtenjungbeständen nach Freistellung. Dissertation, TU Dresden

Godefroid S, Rucquoij S, Koedam N (2005) To what extent do forest herbs recover after clearcutting in beech forest? Forest Ecology and Management 210:39–53

Godt J (2002) Canopy disintegration and effects on element budgets in a nitrogen-satured beech stand. In: Dohrenbusch A, Bartsch N (Hrsg) Forest development – Succession, environmental stress and forest management; case studies. Springer, Berlin, 143–165

Göhre K (1954) Kleinklimatische Untersuchungen auf einer Kiefernkultur unter Birkenvorwald. Archiv für Forstwesen 3:441–474

Goldberg DE (1990) Components of resource competition in plant communities. In: Grace JB, Tilman D (Hrsg) Perspectives on plant competition. Academic Press, San Diego, 27–49

Goltz H van der (1991) Strukturdurchforstung der Fichte: ein Weg zu stufigem Bestandesaufbau. Allgemeine Forstzeitschrift 46:677–679

Gommel HJ (1994) Umbau von Fichten-Beständen durch Buchen-Saat. Allgemeine Forstzeitschrift 49:516–518

Gorke M (2010) Eigenwert der Natur – Ethische Begründung und Konsequenzen. Hirzel, Stuttgart

Goßner M (2004) Diversität und Struktur arborikoler Arthropodenzönosen fremdländischer und einheimischer Baumarten. Dissertation, TU München

Goßner M, Ammer U (2006) The effects of Douglas-fir on tree-specific arthropod communities in mixed species stands with European beech and Norway spruce. European Journal of Forest Research 125:221–235

Gossner MM, Lachat T, Brunet J, Isacsson G, Bouget C, Brustel H, Brandl R, Weisser WW, Müller J (2013) Current near-to-nature forest management effects on functional trait composition of saproxylic beetles in beech forests. Conservation Biology 27:605–614

Gößwein S, Lemme H, Buras A, Schunk C, Menzel A, Straub C, Mette M, Taeger S (2017) Kiefernschäden in Bayern: Projekt „Monitoring Kiefernschäden" sucht nach den Ursachen eines neuartigen Kiefernsterbens. LWF aktuell 112:12–13

Gothe H (1956) Pflanzenzahlen und Oberhöhe in einigen charakteristischen Kiefern- Naturverjüngungen im gräflichen Forstamt Schlitz. Allgemeine Forst- und Jagdzeitung 127:228–233

Gothe H (1987) Ein Kreuzungsversuch mit Larix europaea D.C., Herkunft Schlitz und Larix leptolepis Gord. 7. Mitteilung. Allgemeine Forst- und Jagdzeitung 158:1–3

Gothe H, Schober R, Bork H (1980) Ein Kreuzungsversuch mit Larix europaea D.C., Herkunft Schlitz, und Larix leptolepis Gord. 6. Mitteilung. Allgemeine Forst- und Jagdzeitung 151:101–112

Göttlein A, Zehle R (2018) Neue Ernährungskennwerte für forstliche Nebenbaumarten Mitteleuropas: eine statistische Herleitung aus van den Burg's Literaturzusammenstellung. Allgemeine Forst- und Jagdzeitung 189:116–127

Göttlein A, Baier R, Mellert KH (2011) Neue Ernährungskennwerte für die forstlichen Hauptbaumarten in Mitteleuropa: eine statistische Herleitung aus van den Burg`s Literaturzusammenstellung. Allgemeine Forst- und Jagdzeitung 182:173–186

Göttlein A, Baier R, Bockstahler T, Mellert K-H (2009) Schutzwirkungen zuverlässig beurteilen: risikobasiertes Klassifikationsmodell für das Schutzwaldmanagement. LWF aktuell 16 (71):19–21

Götz B, Wolf C (2004) Tilia cordata Miller, 1888. In: Roloff A, Weisgerber H, Lang U, Stimm B, Schütt P, Lang UM (Hrsg) Enzyklopädie der Holzgewächse – Handbuch und Atlas der Dendrologie/begründet von Peter Schütt. 38. Erg./Lfg. 12/2004. Wiley-VCH, Weinheim, 1–16

Goulet F (1995) Frost heaving of forest tree seedlings: A review. New Forests 9:67–94

Graeschke A, Gürth P (1993) Untersuchungen über das Wachstum der Walnuß (Juglans regia) als Waldbaum. Forst und Holz 48:309–313

Gralla T, Müller-Using B, Unden T, Wagner S (1997) Über die Lichtbedürfnisse von Buchenvoranbauten in Fichtenbaumhölzern des Westharzes. Forstarchiv 68:51–58

Greiffenhagen A (2005) Einfluss der Humusauflage auf das Benetzungsverhalten und den Wasserhaushalt von Kiefernstandorten. Dissertation, TU Berlin

Greve M (2014) Langfristige Auswirkungen der Waldkalkung auf Bodenzustand, Sickerwasser und Nadelspiegelwerte von drei Versuchsanlagen in Rheinland-Pfalz. Forstarchiv 85:35–46

Grevé ME, Hager J, Weisser WW, Schall P, Gossner MM, Feldhaar H (2018) Effect of forest management on temperate ant communities. Ecosphere 9:e02303 (1-16)

Griess VC, Acevedo R, Härtl F, Staupendahl K, Knoke T (2012) Does mixing tree species enhance stand resistance against natural hazards? A case study for spruce. Forest Ecology and Management 267:284–296

Grießer R, Neub M (2015) Bestandespflege im Forst – Von der Pflanzung zum erntereifen Bestand. Ulmer, Stuttgart

Grober U (2010) Die Entdeckung der Nachhaltigkeit – Kulturgeschichte eines Begriffs. Kunstmann, München

Groos R (1953) Der Eichen-Ausschlagwald: eine ertragskundliche Untersuchung. Allgemeine Forst- und Jagdzeitung 124:189–208

Gross K, Pham-Nguyen T (1978) Verlauf des Xylem-Wasserpotentials und des Öffnungszustandes der Stomata von Nadeln junger Fichten (Picea abies [L.] Karst.) am Tage und in der Nacht bei unterschiedlicher Wasserversorgung. Forstwissenschaftliches Centralblatt 97:322–334

Grosscurth W (1983) Ertragstafeln für Schwarz- und Balsampappeln. Schriften des Forschungsinstituts für Schnellwachsende Baumarten Hann.Münden 2. DRW-Verlag, Stuttgart

Grosser D (2004a) Das Holz der Schwarzerle: Eigenschaften und Verwendung. In: Bayerische Landesanstalt für Wald und Forstwirtschaft (LWF) (Hrsg) Beiträge zur Schwarzerle. LWF Wissen 42:51–55

Grosser D (2004b) Das Holz der Tanne: Eigenschaften und Verwendung. In: Bayerische Landesanstalt für Wald und Forstwirtschaft (LWF) (Hrsg) Beiträge zur Tanne. LWF Wissen 45:66–69

Grosser D (2006) Das Holz der Pappeln: Eigenschaften und Verwendung. In: Bayerische Landesanstalt für Wald und Forstwirtschaft (Hrsg) Beiträge zur Schwarzpappel. LWF Wissen 52:56–61

Grosser D (2011) Das Holz der Elsbeere: Eigenschaften und Verwendung. In: Bayerische Landesanstalt für Wald und Forstwirtschaft (LWF) (Hrsg) Beiträge zur Elsbeere. LWF Wissen 67:29–36

Grosser D, Ehmcke G (2012) Das Holz der Lärche: Eigenschaften und Verwendung. In: Bayerische Landesanstalt für Wald und Forstwirtschaft (LWF) (Hrsg) Beiträge zur Europäischen Lärche: LWF Wissen 69:65–71

Grosser D, Ehmcke G (2016) Das Holz der Winterlinde: Eigenschaften und Verwendung. In: Bayerische Landesanstalt für Wald und Forstwirtschaft (LWF) (Hrsg) Beiträge zur Winterlinde. LWF Wissen 78:38–44

Grossnickle SC, MacDonald JE (2018a) Seedling quality: history, application, and plant attributes. Forests 9:283

Grossnickle SC, MacDonald JE (2018b) Why seedlings grow: influence of plant attributes. New Forests 49:1–34

Grossoni P (2000) Pinus nigra Arnold, 1785. In: Roloff A, Weisgerber H, Lang U, Stimm B, Schütt P, Lang UM (Hrsg) Enzyklopädie der Holzgewächse – Handbuch und Atlas der Dendrologie/begründet von Peter Schütt, III-1 19. Erg.Lfg 03/2000. Wiley-VCH, Weinheim, 1-14

Grotehusmann H (1992) Nachkommenschaftsprüfungen als Etappe auf dem Weg zu „geprüftem Vermehrungsgut". Allgemeine Forstzeitschrift 47:633–635

Grotehusmann H (1998) Geprüftes Vermehrungsgut aus Kiefern- und Erlen-Samenplantagen. Allgemeine Forstzeitschrift 53:240–242

Grotehusmann H, Schönfelder E (2011) Comparison for French and German sessile oak (Quercus petraea (Matt.) Liebl.) provenances. Silvae Genetica 60:186–196

Grub H, Petrak M, Suchant R (2011) Wildschäden am Wald. AID 1134. AID – Infodienst Ernährung Landwirtschaft Verbraucherschutz, Bonn

Gruber F (1990) Verzweigungssystem, Benadelung und Nadelfall der Fichte (Picea abies). Birkhäuser, Basel

Gruber F (1991) Kronenmorphologie und -architektur der Tanne. Mitteilungen der Deutschen Dendrologischen Gesellschaft 80:111–176

Gruber M (1980) Etages et séries de végétation de la chaine pyrénéenne. Ecologia Mediterranea 5:147–174

Gruis I, Kellomäki S (1981) Crown structure and stem growth of Norway spruce undergrowth under varying shade. Silva Fennica 15:306–322

Grupe G (1986) Umwelt und Bevölkerungsentwicklung im Mittelalter. In: Herrmann B, Arnold K (Hrsg) Mensch und Umwelt im Mittelalter. DVA, Stuttgart, 24–34

Guderian R (2001) Erkennung und Überwachung von Belastungen sowie Abhilfemaßnahmen. In: Guderian RHM, Manderscheid R, Weigel H-J (Hrsg) Terrestrische Ökosysteme – Wirkungen auf Pflanzen, Diagnose und Überwachung, Wirkungen auf Tiere. Springer, Berlin, 291–293

Guericke M (1996) Versuche zur Begründung von Eichenbeständen durch Nesterpflanzung. Forst und Holz 51:577–583

Guericke M (2001) Untersuchungen zur Wuchsdynamik von Mischbeständen aus Buche und Europ. Lärche (Larix decidua, Mill.) als Grundlage für ein abstandsabhängiges Einzelbaumwachstumsmodell. Dissertation, Georg-August-Universität, Göttingen

Guericke M (2002) Untersuchungen zur Wuchsdynamik der Buche: waldwachstumskundliche Beobachtungen und waldbauliche Konsequenzen auf Grundlage langfristig beobachteter Durchforstungsversuche. Forst und Holz 57:331–337

Gulder H-J (2004) Das Wurzelwerk der Weißtanne. In: Bayerische Landesanstalt für Wald und Forstwirtschaft (LWF) (Hrsg) Beiträge zur Tanne. LWF Wissen 45:16–17

Guldner H-J, Kölling C, Mellert KH (1999) Die Standortserkundung auf dem Weg zu einem Flächeninformationsssystem. Allgemeine Forstzeitschrift 54:613–614

Gundersen VS, Frivold LH (2008) Public preferences for forest structures: a review of quantitative surveys from Finland, Norway and Sweden. Urban Forestry and Urban Greening 7:241–258

Gunia S (1985) Einige Bemerkungen über die Weißtanne (Abies alba Mill.) nördlich des natürlichen Verbreitungsgebietes in Polen. In: Kramer W (Hrsg) Ergebnisse des 4. Tannen-Symposiums. Schriften aus der Forstlichen Fakultät der Universität Göttingen und der Niedersächsischen Forstlichen Versuchsanstalt 80. Sauerländer's, Frankfurt a. M., 7–12

Gunia S, Due JE, Kramer W (1972) Die Weisstanne (Abies alba Mill.) im Nordosten ihres natürlichen Verbreitungsgebietes. Forstarchiv 43:84–91

Gurnell J, Hicks M, Whitbread S (1992) The effects of coppice management on small mammal populations. In: Buckley GP (Hrsg) The ecology and management of coppice woodland. Chapman and Hall, London, 213–232

Gürth P (1970) Wachstum und Wasserhaushalt von Fichten-Verschulpflanzen unterschiedlicher Qualität nach Verpflanzung in das Freiland. Allgemeine Forst- und Jagdzeitung 141:160–172

Gürth P (1987) Zur Naturverjüngnug der Douglasie im Südwest-Schwarzwald. Forst- und Holzwirt 42:59–63

Gussone HA (1964) Faustzahlen für Düngung im Walde. Bayerischer Landwirtschaftsverlag, München

Gussone HA (1987) Kompensationskalkungen und die Anwendung von Düngemitteln im Walde. Forst-und Holzwirt 42:158

Gussone HA, Richter A (1994) Eichen-Nester: zweiter Bericht der Versuche mit Nesterpflanzungen in Norddeutschland. Forst und Holz 49:300–304

Gustafsson LBJ, Kouki J, Lõhmus A, Sverdrup-Thygeson A (2013) „Retention Forestry": die praktische Umsetzung eines ganzheitlichen Ansatzes. In: Kraus D, Krumm F (Hrsg) Integrative Ansätze als Chance für die Erhaltung der Artenvielfalt in Wäldern. European Forest Institute, Joensuu, 78–85

Güthler W, Market R, Häusler A, Dolek M (2005) Vertragsnaturschutz im Wald – Bundesweite Bestandsaufnahme und Auswertung. BfN-Skripten 146

Haase H, Pinnow H (1993) Netzernte von Bucheckern. Allgemeine Forstzeitschrift 48:934–935

Haase DL, Rose R (1993) Soil moisture stress induces transplant shock in stored and unstored 2+0 Douglas-fir seedlings of varying root volumes. Forest Science 39:275–294

Häberle K-H (2011) Acer campestre Linné, 1753. In: Roloff A, Weisgerber H, Lang U, Stimm B, Schütt P, Lang UM (Hrsg) Enzyklopädie der Holzgewächse – Handbuch und Atlas der Dendrologie/begründet von Peter Schütt. 59. Erg.Lfg. 11/2011. Wiley-VCH, Weinheim, 1–12

Habermann M, Bester R (1997) Einfluß von Bestandesstrukturen und Nadelphysiologie auf die Entstehung von Massenvermehrungen der Nonne (Lymantria monacha L.) in Kiefernbeständen (Pinus sylvestris L.) eines Dauerschadgebietes in Niedersachsen. Allgemeine Forst- und Jagdzeitung 168:157–162

Habermann M, Preller J (2003) Untersuchungen zur Biologie und zur Bekämpfung des Zweifleckigen Eichenprachtkäfers (Agrilus biguttatus Fabr.). Forst und Holz 58:215–220

Hakkila P (2012) Utilization of residual forest biomass. Springer, Berlin

Hallenbarter D, Landolt W, Bucher JB, Schütz J-P (2002) Effects of wood ash and liquid fertilization on the nutritional status and growth of Norway spruce (Picea abies (L.) Karst.). Forstwissenschaftliches Centralblatt 121:240–249

Hamberger J (2013) Hans Carl von Carlowitz: Sylvicultura oeconomica oder Haußwirthliche Nachricht und Naturmäßige Anweisung zur Wilden Baum-Zucht. Oekom, München

Hammerstein F (1999) Vergleichende Beurteilung von Jungwuchs-Pflegeverfahren in Fichten-Naturverjüngungen. Forst und Holz 54:379–381

Hampicke U (2013) Kulturlandschaft und Naturschutz – Probleme-Konzepte-Ökonomie. Springer, Dordrecht

Hampicke V (1993) Naturschutz und Ethik: Rückblick auf eine zwanzigjährige Diskussion, 1973-1993, und politische Folgerungen. Zeitschrift für Ökologie und Naturschutz 2:73–86

Hanewinkel M, Albrecht A, Schmidt M (2015) Können Windwurfschäden vermindert werden? Eine Analyse von Einflussgrössen. Schweizerische Zeitschrift für Forstwesen 166:118–128

Hansen JK, Larsen JB (2004) European silver fir (Abies alba Mill.) provenances from Calabria, southern Italy: 15-year results from Danish provenance field trials. European Journal of Forest Research 123:127–138

Hansson L (2002) Consumption of bark and seeds by voles in relation to habitat and landscape structure. Scandinavian Journal of Forest Research 17:28–34

Hapla F (1999) Verkernung und weitere verwendungsrelevante Eigenschaften von Douglasien-Schwachholz aus unterschiedlich behandelten Jungbeständen – Folgerungen für die Sortierung und die industrielle Verwendung von Douglasien-Schwachholz. Schriften aus der Forstlichen Fakultät der Universität Göttingen und der Niedersächsischen Forstlichen Versuchsanstalt 127. Sauerländer's, Frankfurt a. M.

Hapla F, Becker G (1990) Physikalische und technologische Holzeigenschaften von Traubeneichen aus unterschiedlich dicht begründeten Beständen. Holz als Roh- und Werkstoff 48:461–465

Hapla F, Knigge W (1985) Untersuchung über die Auswirkung von Durchforstungsmaßnahmen auf die Holzeigenschaften der Douglasie. Schriften aus der Forstlichen Fakultät der Universität Göttingen und der Nordwestdeutschen Forstlichen Versuchsanstalt 81. Sauerländer's, Frankfurt a. M.

Härdtle W (1995) On the theoretical concept of the potential natural vegetation and proposals for an up-to-date modification. Folia Geobotanica 30:263–276

Harmer R (1994) Natural regeneration of broadleaved trees in Britain: seed production and predation. Forestry 67:275–286

Harper AL, McKinney LV, Nielsen LR, Havlickova L, Li Y, Trick M, Fraser F, Wang L, Fellgett A, Sollars ESA, Janacek SH, Downie JA, Buggs RJA, Kjær ED, Bancroft I (2016) Molecular markers for tolerance of European ash (Fraxinus excelsior) to dieback disease identified using associative transcriptomics. Scientific Reports 6:19335

Harper CP, O'Reilly C (2000) Effect of warm storage and date of lifting on the quality of Douglas-fir seedlings. New Forests 20:1–13

Harrington JB (1984) Solar radiation in a clear-cut strip: a computer algorithm. Agricultural and Forest Meteorology 33:23–39

Harris A. S. (1990) Picea sitchensis (Bong.) Carr. In: Burns RM, Honkala BH (Hrsg) Silvics of North America – Volume 1: Conifers, Washington, DC, 260–267

Hartel T, Plieninger T, Varga A (2015) Wood-pastures in Europe. In: Kirby KJ, Watkins C (Hrsg) Europe's changing woods and forests – From wildwood to cultural landscapes. CAB International, Wallingford, 61–76

Hartmann G, Butin H (2017) Farbatlas Waldschäden – Diagnose von Baumkrankheiten. 4. Auflage. Ulmer, Stuttgart

Hartmann G, Blank R, Lewark S (1989) Eichensterben in Norddeutschland: Verbreitung, Schadbilder, mögliche Ursachen. Forst-und Holzwirt 44:475–487

Hartig GL (1791) Anweisung zur Holzzucht für Förster. Neue akademische Buchhandlung, Marburg

Hartig M (1999) Erste Reaktionen von Kiefern-Jungbeständen auf unterschiedliche Freistellung. Forst und Holz 54:429–434

Hasel K (1985) Forstgeschichte: Ein Grundriss für Studium und Praxis. Parey, Hamburg und Berlin

Hasel K, Schwartz E (2006) Forstgeschichte – Ein Grundriß für Studium und Praxis. 3. Auflage. Kessel, Remagen

Hattemer HH, Gregorius HR (1993) Genetische Anforderungen an Maßnahmen zur Arterhaltung. Forstarchiv 64:44–49

Hattemer HH, Ziehe M (2018) Erhaltung forstgenetischer Ressourcen. Universitätsverlag Göttingen, Göttingen

Hattemer HH, Gregorius HR, Ziehe M, Müller-Starck G (1982) Klonzahl forstlicher Samenplantagen und genetische Vielfalt. Allgemeine Forst- und Jagdzeitung 153:183–191

Hättenschwiler S (2005) Effects of tree species diversity on litter quality and decomposition. In: Scherer-Lorenzen M, Körner C, Schulze E-D (Hrsg) Forest diversity and function – Temperate and boreal systems. Springer, Berlin, 149–164

Haufe H (1952) 30 Jahre Blendersaumschlag in Württemberg. Sauerländer's, Frankfurt a. M.

Hauff V (Hrsg) (1999) Unsere gemeinsame Zukunft. 2. Auflage. Eggenkamp, Greven

Hauskeller-Bullerjahn K (1997) Wachstum junger Eichen unter Schirm. Berichte des Forschungszentrums Waldökosysteme der Universität Göttingen Reihe A 147, Göttingen

Hauskeller H-M, Hauskeller-Bullerjahn K (2000) Zur Z-Baum-orientierten Durchforstung der Kiefer. Forst und Holz 55:168–171

Hauskeller H-M, Hauskeller-Bullerjahn K, Lüpke B von (1996) Das Medinger Verfahren und die Wuchsreaktion von Kiefern-Z-Bäumen. Allgemeine Forstzeitschrift 51:554–557

Hauskeller-Bullerjahn K, Lüpke B von, Hauskeller H-M, Dong PH (2000) Versuch zur natürlichen Verjüngung der Traubeneiche im Pfälzerwald. Allgemeine Forstzeitschrift 55:514–517

Hausrath H (1928) Beiträge zur Geschichte des Nieder- und Mittelwaldes in Deutschland. Allgemeine Forst- und Jagdzeitung 104:345–348

Hausrath H (1943) Zur Geschichte des Schirmschlages. Allgemeine Forst- und Jagdzeitung 119:8–15

Hausrath H (1982) Geschichte des deutschen Waldbaus – Von seinen Anfängen bis 1850. Hochschulverlag, Freiburg i. Br

Heck CR (1898) Freie Durchforstung. Mündener Forstliche Hefte 13:18–54

Hedwall P-O, Gong P, Ingerslev M, Bergh J (2014) Fertilization in northern forests: biological, economic and environmental constraints and possibilities. Scandinavian Journal of Forest Research 29:301–311

Hegi G (1931) Illustrierte Flora von Mittel-Europa – Bd. 7: Gesamtregister. Hanser, München

Hehn M (1993) Buchen-Vorbau in Fichtenbeständen: dargestellt unter besonderer Berücksichtigung der Verhältnisse in Südwestdeutschland. Dissertation, Georg-August-Universität, Göttingen

Heiberg SO, Madgwick HAI, Leaf AL (1964) Some long-time effects of fertilization on red pine plantations. Forest Science 10:17–23

Heidecke C, Pietzarka U, Roloff A (2006) Sorbus intermedia (Ehrhart) Persoon, 1807. In: Roloff A, Weisgerber H, Lang U, Stimm B, Schütt P, Lang UM (Hrsg) Enzyklopädie der Holzgewächse – Handbuch und Atlas der Dendrologie/begründet von Peter Schütt. 43. ErgLfg. 3/06. Wiley-VCH, Weinheim, 1–7

Heil K, Seeling U, Wegener HS (1996) Forsttechnik für naturnahe Waldwirtschaft. Forst und Holz 51:483–493

Heiland S (1992) Naturverständnis – Dimension des menschlichen Naturbezuges. Wissenschaftliche Buchgesellschaft, Darmstadt

Hein S (2009) Appendix B: Distribution of valuable broadleaved forests in Europe. In: Spiecker H, Hein S, Makkonen-Spiecker K, Thies M (Hrsg) Valuable broadleaved forests in Europe. Brill, Leiden, 251–256

Hein S, Spangenberg S (2012) Wuchshüllen: Ziele, Funktionen, Entwicklungen. AFZ-Der Wald 67 (16):20–21

Hein S, Ehring A, Kohnle U (2014) Wachstumskundliche Grundlagen der Wertholzproduktion mit der Edelkastanie (Castanea sativa Mill.) in Südwestdeutschland und im Elsass. Allgemeine Forst- und Jagdzeitung 185:1–16

Hein S, Collet C, Ammer C, Le Goff N, Skovsgaard JP, Savill P (2009) A review of growth and stand dynamics of Acer pseudoplatanus L. in Europe: implications for silviculture. Forestry 82:361–385

Heinken T (2008) Die natürlichen Kiefernstandorte Deutschlands und ihre Gefährdung. In: Nordwestdeutsche Forstliche Versuchsanstalt (Hrsg) Die Waldkiefer: Fachtagung zum Baum des Jahres 2007. Beiträge aus der Nordwestdeutschen Forstlichen Versuchsanstalt 2:19–41

Heinrich F (1936) Wasserfaktor und Kieferwirtschaft auf diluvialen Sandböden Norddeutschlands. Zeitschrift für Forst- und Jagdwesen 68:245-279, 353-390

Heinrichs S, Ammer C, Mund M, Boch S, Budde S, Fischer M, Müller J, Schöning I, Schulze E-D, Schmidt W, Weckesser M, Schall P (2019) Landscape-scale mixtures of tree species are more effective than stand-scale mixtures for biodiversity of vascular plants, bryophytes and lichens. Forests 10:73 (1-32)

Heinsdorf D, Krauss HH (1974) Ergebnisse eines Meliorationsversuches zu Kiefer und Roteiche auf einen humusarmen Sandboden im Tieflandgebiet der DDR. Beiträge für die Forstwirtschaft 18:25-57

Heinze M (1996) Standorte, Ernährung und Wachstum der Schwarzkiefer (Pinus nigra Arnold). Forstwissenschaftliches Centralblatt 115:17–35

Heiseke D (1969) Untersuchungen über Samenproduktion und Samenflug, Keimung und Keimlingsentwicklung bei der Fichte. Dissertation, Georg-August-Universität, Göttingen

Heiseke D (1984) Untersuchungen über Eichelmasten und Pflanzenausbeute in der Göhrde von 1979-1981. Forst- und Holzwirt 39:107-110, 112-113

Heisig J, Thomasius H (1968) Studie über den Einfluß der Lichtverhältnisse im Bestand sowie der Höhenlage auf die Verjüngungsfreudigkeit der Fichte. Archiv für Forstwesen 17:1173–1184

Helfrich-Hau T (2014) Multifunktionalität von Niederwäldern in Rheinland-Pfalz: Aspekte des Naturschutzes und des Tourismus. Dissertation, Albert-Ludwigs-Universität, Freiburg i. Br.

Helliwell DR (1965) Factors influencing the growth of seedlings of sycamore and norway maple. Quarterly Journal of Forestry 59:327–338

Helmisaari HS, Hallbäcken L (1999) Fine-root biomass and necromass in limed and fertilized Norway spruce. Forest Ecology and Management 119:99–110

Helms JA (Hrsg.) (1998) The dictionary of forestry. The Society of American Foresters and CABI Publishing, Wallingford

Heneka L (1987) Tannengroßpflanzen für den Unterbau von Fichtenreinbeständen im mittleren Schwarzwald. Allgemeine Forstzeitschrift 42:203–205

Henkel W (2003) Zur waldbaulichen Behandlung der Weißtanne (Abies alba Mill.) an ihrer nördlichen Arealgrenze: 10 Jahre nach der ersten Thüringer Weißtanneninventur. Forst und Holz 58:576–581

Herget J, Ludwig A (1999) Laubholz-Großpflanzenanzucht: ist jede große Pflanze eine Großpflanze? Allgemeine Forstzeitschrift 54:218–220

Hering S, Eisenhauer D-R (2001) Wachstum und Vitalität der Weißtanne in Mittelgebirgslagen Sachsens: Entwicklung des Weißtannenanbaus in Sachsen seit 1990. Allgemeine Forstzeitschrift 56:1161–1164

Hermann RK (1980) Die Waldverjüngung im westlichen Nordamerika. Forstarchiv 51:68–72

Hermann RK (1981) Abies grandis in ihrem Heimatland. In: Röhrig E (Hrsg) Neuere Grundlagen für den Anbau von Abies grandis. Schriften aus der Forstlichen Fakultät der Universität Göttingen und der Niedersächsischen Forstlichen Versuchsanstalt 71. Sauerländer's, Frankfurt a. M., 6–30

Hermann RK (1982) The genus Pseudotsuga: Historical records and nomenclature. Oregon State University, School of Forestry, Forest Research Laboratory, Special Publication 2a:1-29

Hermann RK (1999) Pseudotsuga menziesii (Mirb.) Franco, 1950. In: Roloff A, Weisgerber H, Lang U, Stimm B, Schütt P, Lang UM (Hrsg) Enzyklopädie der Holzgewächse – Handbuch und Atlas der Dendrologie/begründet von Peter Schütt. 15. Erg.Lfg. 03/1999. Wiley-VCH, Weinheim, 1–18

Hermann RK, Birot Y (1978) Vorläufige Ergebnissse des ersten französischen Proveninenzversuches mit Abies grandis. In: Röhrig E (Hrsg) Grundlagen für den Anbau von Abies grandis. Schriften aus der Forstlichen Fakultät der Universität Göttingen und der Niedersächsischen Forstlichen Versuchsanstalt 71. Sauerländer's, Frankfurt a. M., 67–82

Herrmann S, Ritter T, Kottke I, Oberwinkler F (1992) Steigerung der Leistungsfähigkeit von Forstpflanzen durch kontrollierte Mykorrhizierung. Allgemeine Forst- und Jagdzeitung 163:72-80

Hesmer H (1953) Minderung von Spätfrostschäden an Douglasienkulturen. Allgemeine Forstzeitschrift 8:350–353

Hesmer H (1955) Die Späteiche in Westfalen und im Rheinland. Forstarchiv 26:197–203

Hesmer H (1958) Wald und Forstwirtschaft in Nordrhein-Westfalen. Schaper, Hannover

Hesmer H (1960) Unterbauversuche mit Winterlinde, Buche und Hainbuche in verschiedenen Verbänden unter Stieleichen-Stangenholz. Forstarchiv 31:185–192

Hessenmöller D, Lüdemann G, Nagel J, Gadow K von (2001) Untersuchungen zum potenziellen Wachstum der Douglasie in Nordwestdeutschland. Forst und Holz 56:366–369

Heuer E (1996) Begründung von Mischbeständen aus Laub- und Nadelbäumen unter Schirm von Kiefernaltbeständen. Allgemeine Forstzeitschrift 51:724–727

Heuze P, Schnitzler A, Klein F (2005) Is browsing the major factor of silver fir decline in the Vosges Mountains of France? Forest Ecology and Management 217:219–228

Hewlett JD, Post HE, Doss R (1984) Effect of clear-cut silviculture on dissolved ion export and water yield in the Piedmont. Water Resources Research 20:1030–1038

Heydeck P (2003) Gefährdung der Schwarz-Erle (Alnus glutinosa [L.] Gaertn.) durch mikrobielle Pathogene. In: Ministerium für Landwirtschaft, Umweltschutz und Raumordnung des Landes Brandenburg und Landesforstanstalt Eberswalde (Hrsg) Die Schwarz-Erle (Alnus glutinosa [L.] Gaertn.) im nordostdeutschen Tiefland. Eberswalder Forstliche Schriftenreihe 17:60–70

Heydeck P (2007) Pilzliche und pilzähnliche Organismen als Krankheitserreger an Kiefern. In: Ministerium für Ländliche Entwicklung, Umwelt und Verbraucherschutz (MLUV) des Landes Brandenburg (Hrsg) Die Kiefer im nordostdeutschen Tiefland – Ökologie und Bewirtschaftung. Eberswalder Forstliche Schriftenreihe 32:258–269

Heydeck P, Majunke C (2002) Gefährdung ausgewählter ausländischer Baumarten durch biotische und abiotische Schadeinwirkungen. In: Landesforstanstalt Eberswalde (Hrsg) Ausländische Baumarten in Brandenburgs Wäldern. Landesforstanstalt Eberswalde, Eberswalde, Potsdam Ministerium für Landwirtschaft, Umweltschutz und Raumordnung des Landes Brandenburg, Presse- und Öffentlichkeitsarbeit, 172–180

Heyder JC (1986) Waldbau im Wandel – Zur Geschichte des Waldbaus von 1870-1950, dargestellt unter besonderer Berücksichtigung der Bestandesbegründung und der forstlichen Verhältnisse Norddeutschlands. Sauerländer's, Frankfurt a. M.

Heyder JC (2004) Waldbau zwischen Zeitgeist und Ideologie. Forstarchiv 75:221–227

Heyer C (1854) Der Waldbau oder die Forstproductenzucht. Teubner, Leipzig

Hibsch-Jetter C (1997) Betula pubescens Ehrhart, 1791. In: Roloff A, Weisgerber H, Lang U, Stimm B, Schütt P, Lang UM (Hrsg) Enzyklopädie der Holzgewächse – Handbuch und Atlas der Dendrologie/begründet von Peter Schütt. 8. Erg./Lfg. 6/1997. Wiley-VCH, Weinheim, 1–16

Hildebrand EE, Puls C, Gärtig T, Schack-Kirchner H (2000) Flächige Bodenverformung durch Befahren. Allgemeine Forstzeitschrift 55:683–691

Hildebrandt G (1960) Vorratsstruktur und Zuwachsleistung im Bauernplenterwald Schapbach (Schwarzwald). Allgemeine Forst- und Jagdzeitung 131:169–177

Hilf RB (1933) Der Wald – Wald und Weidwerk, 1. Band. Athenaion, Potsdam

Hill MO, Roy DB, Mountford JO, Bunce RGH (2000) Extending Ellenberg's indicator values to a new area: an algorithmic approach. Journal of Applied Ecology 37:3–15

Hille M, Ouden Jd (2004) Improved recruitment and early growth of Scots pine (Pinus sylvestris L.) seedlings after fire and soil scarification. European Journal of Forest Research 123:213–218

Hillebrand K (1998) Vogelbeere (Sorbus aucuparia L.) im Westfälischen Bergland – Wachstum, Ökologie, Waldbau. Schriftenreihe Landesanstalt für Ökologie, Bodenordnung und Forsten, Landesamt für Agrarordnung Nordrhein-Westfalen 15, Recklinghausen

Hilton GM, Packham JR (2003) Variation in the masting of common beech (Fagus sylvatica L.) in northern Europe over two centuries (1800-2001). Forestry 76:319–329

Hinners K, Stratmann J (1984) Der Japanlärchen-Verbandsversuch im Forstamt Neumünster. Allgemeine Forst- und Jagdzeitung 155:257–266

Hinrichs T (2017) Forstliches Vermehrungsgut: Informationen für die Praxis. 9. Auflage. Bundesanstalt für Landwirtschaft und Ernährung (BLE), Bonn

Hintermaier-Erhard G, Zech W (1997) Wörterbuch der Bodenkunde – Systematik, Genese, Eigenschaften, Ökologie und Verbreitung von Böden. Enke, Stuttgart

Hipps NA, Higgs KH, Collard LG (1996) The effect of irrigation and root pruning on the growth of sycamore seedlings in nursery beds and after transplantation. Journal of Horticultural Science 71:819–828

Hlásny T, Barcza Z, Fabrika M, Balázs B, Churkina G, Pajtík J, Sedmák R, Turcáni M (2011) Climate change impacts on growth and carbon-balance of forests in Central Europe. Climate Research 47:219–236

Hochbichler E, Krapfenbauer A (1988) Behandlungsprogramme für die Werteichenproduktion im Wienerwald und Weinviertel. Centralblatt für das gesamte Forstwesen 105:1–22

Hodder KH, Buckland PC, Kirby, KJ, Bullock JM (2009) Can the pre-neolithic provide suitable models for re-wilding the landscape in Britain? British Wildlife 20:4–15

Hodge GR, White TL (1993) Advanced-generation wind-pollinated seed orchard design. New Forests 7:213–236

Hoenisch U (1963) Die Weisstanne ausserhalb ihres natürlichen Verbreitungsgebietes in Westeuropa. Dissertation, Ludwig-Maximilian-Universität, München

Hoffmann N, Leder B, Vor T (2015) Zuwachsanalyse ostasiatischer Baumarten auf einem nordrheinwestfälischen Standort unter Klimaaspekten. Forstarchiv 86:123–138

Hofmann G, Pommer U (2013) Die Waldvegetation Nordostdeutschlands. Eberswalder Forstliche Schriftenreihe 54

Hofmann M (1999) Die Bedeutung von P. nigra als Genressource für den praktischen Pappelanbau. Die Holzzucht 52:17–19

Hofmann R, Becker G (1990) Bodenschäden im Wald durch den Einsatz von Forstmaschinen. Allgemeine Forstzeitschrift 45:478–481

Hofmeister J, Mihaljevič M, Hošek J (2004) The spread of ash (Fraxinus excelsior) in some European oak forests: an effect of nitrogen deposition or successional change? Forest Ecology and Management 203:35–47

Högberg P, Näsholm T, Franklin O, Högberg MN (2017) Tamm review: on the nature of the nitrogen limitation to plant growth in Fennoscandian boreal forests. Forest Ecology and Management 403:161–185

Högbom L, Örjan Nohrstedt H, Lundström H, Nordlund S (2001) Soil conditions and regeneration after clear felling of a Pinus sylvestris L. stand in a nitrogen experiment, Central Sweden. Plant and Soil 233: 241–250

Hohenstatter E (1973) Das Moor als Standort von Pinus mugo arboreta. Allgemeine Forstzeitschrift 28:1123–1128

Höher GC (2002) Die Waldentwicklung in Erdmannshausen: von der Heide zum LÖWE-Wald. Forst und Holz 57:95–99

Hökkä H, Penttilä T, Hånell B (1996) Effect of thinning on the foliar nutrient status of Scots pine stands on drained boreal peatlands. Canadian Journal of Forest Research 26:1577–1584

Holgén P, Mattsson L, Li C-Z (2000) Recreation values of boreal forest stand types and landscapes resulting from different silvicultural systems: an economic analysis. Journal of Environmental Management 60:173–180

Höllerl S, Mosandl R (2009) Der Bergahorn im Bergmischwald: unübertroffen in seinem Verjüngungspotential. In: Bayerische Landesanstalt für Wald und Forstwirtschaft (LWF) (Hrsg) Beiträge zum Bergahorn. LWF Wissen 62:24–29

Holm M (1974) Modelluntersuchungen zur einzelstammweisen Nutzung nach Zieldurchmessern – dargestellt am Beispiel der Buche. Dissertation, Albert-Ludwigs-Universität, München

Holm M (1979) Ansätze zur Verbesserung der Laubholzwirtschaft durch naturgemäßen Waldbau. Forstarchiv 50:27–33

Holstener-Jørgensen H (1967) Influences of forest management and drainage on groundwater fluctuations. In: Sopper WE, Lull HW (Hrsg) Forest hydrology. Pergamon Press, Oxford, 325–333

Holten NE, Diest W von (1996) Über das Umsetzen in dänischen Eichenbeständen. Forstarchiv 67:160–174

Horn R, Lebert M (1992) Möglichkeiten und Grenzen der physikalischen Bodenkultivierung in der Forstwirtschaft. Allgemeine Forstzeitschrift 47:998–1004

Hornbeck JW, Martin CW, Eagar C (1997) Summary of water yield experiments at Hubbard Brook Experimental Forest, New Hampshire. Canadian Journal of Forest Research 27:2043–2052

Horndasch M (1997) Wurzelschnitt bei der Tanne? AFZ-Der Wald 52:599–600

Hornschuh F, Krakau U-K, Lebzien S, Bolte A (2008) Auswirkung von Kiefernwurzel-Konkurrenz auf die Entwicklung der Bodenvegetation: Biomasseerhebungen in Kleinlysimetern und Bestand. Archiv für Forstwesen und Landschaftsökologie 42:110–126

Hosius B, Bergmann F, Konnert M, Henkel W (2000) A concept for seed orchards based on isoenzyme gene markers. Forest Ecology and Management 131:143–152

Houghton JT (2011) Global warming: the complete briefing. 4. Auflage. Cambridge University Press, Cambridge

Huber G (2011) Neue Tests für Schwarzkiefern-Herkünfte in Bayern im Hinblick auf den Klimawandel. Forstarchiv 82:134–141

Hudson IL, Keatley MR (Hrsg) (2010) Phenological research – Methods for environmental and climate change analysis. Springer, Dordrecht

Huettl RF, Zoettl HW (1993) Liming as a mitigation toal in Germany`s declining forests: reviewing results from former and recent trials. Forest Ecology and Management 61:325–338

Hugon D (1994) L` élagage à grande hauteur. Silva belgica 101:35–40

Hüller W, Svolba JKJ (1995) Entwicklung von Kiefernplantagenabsaaten in Niedersachsen. Forst und Holz 50:142–144

Hummel FC, Palz W, Grassi G (Hrsg) (1988) Biomass forestry in Europe: a strategy for the future. Elsevier, London

Humphrey JW, Swaine D (1997) Factors affecting the natural regeneration of Quercus in Scottish oakwoods. Journal of Applied Ecology 34:585–593

Hurttala H, Cao T, Valsta L (2017) Optimization of Scots pine (Pinus sylvestris) management with the total net return from the value chain. Journal of Forest Economics 28:1–11

Huss J (1978) Erprobung neuer Herbizide zur Vorbereitung von Kiefernkulturen. Forst und Holzwirt 33:215–218

Huss J (1982) Die Bekämpfung der Konkurrenzvegetation von Waldverjüngungen in der forstlichen Praxis. Allgemeine Forstzeitschrift 37:398–400

Huss J (1987) Jungwuchspflege ohne Chemie. Allgemeine Forstzeitschrift 42:1134–1136

Huss J (1990a) Die Entwicklung des Dauerwaldgedankens bis zum Dritten Reich. Forst und Holz 45:163–171

Huss J (1990b) Zur Durchforstung engbegründeter Fichtenjungbestände. Forstwissenschaftliches Centralblatt 109:101–118

Huss J (1995) Neue Ansätze für die Begründung und Pflege von Kiefernjungbeständen. In: Lüpke B von (Hrsg) Waldbauliche Fragen der Kiefernwirtschaft. Schriften aus der Forstlichen Fakultät der Universität Göttingen und der Niedersächsischen Forstlichen Versuchsanstalt 119. Sauerländer's, Frankfurt a. M., 88–131

Huss J (1996) Die Douglasie als Mischbaumart. Allgemeine Forstzeitschrift 51:1112, 1114-1116

Huss J (1998) Die Fichte in den deutschen Bundesländern. Allgemeine Forstzeitschrift 53:414–419

Huss J (1999) Auswirkungen unterschiedlicher Ausgangspflanzendichten und frühzeitiger Pflegeeingriffe bei jungen Kiefern. Forst und Holz 54:335-341, 364-368

Huss J, Bilke G (2004) Mortzfeldsche Löcher als Weiser für den gruppen-und horstweisen Umbau von Nadelbaumreinbeständen. AFZ-Der Wald 59:242–245

Huss J, Scherer A (1988) Zur Eignung verschiedenartiger Pflanzensortimente für Kiefernkulturen. Forstwissenschaftliches Centralblatt 107:49–59

Huss J, Siebert H (1976) Erfahrungen mit der Kultur der Douglasie. Allgemeine Forstzeitschrift 31:279–284

Huss J, Stephani A (1978) Lassen sich angekommene Buchennaturverjüngungen durch frühzeitige Auflichtung, durch Düngung oder Unkrautbekämpfung rascher aus der Gefahrenzone bringen? Allgemeine Forst- und Jagdzeitung 149:133–145

Huss J, Kratsch H-D, Röhrig E (1972) Ein Erfahrungsbericht über Maßnahmen zur Förderung der Buchennaturverjüngung bei der Mast 1970 in acht Forstämtern Südniedersachsens. Forst-und Holzwirt 27:365–370

Hutchings MJ (2005) The structure of plant populations. In: Crawley MJ (Hrsg) Plant ecology. 2. Auflage. Blackwell Science, Oxford, 325–400

Huth F, Wagner S (2006) Gap structure and establishment of Silver birch regeneration (Betula pendula Roth.) in Norway spruce stands (Picea abies L. Karst.). Forest Ecology and Management 229:314–324

Huth F, Wehnert A, Tiebel K, Wagner S (2017) Direct seeding of silver fir (Abies alba Mill.) to convert Norway spruce (Picea abies L.) forests in Europe: a review. Forest Ecology and Management 403:61–78

Hütte P (1967) Die standörtlichen Voraussetzungen der Sturmschäden. Forstwissenschaftliches Centralblatt 85:276–295

Hüttl RF (1990) Vergleichende Analyse von Düngungsversuchen in der Bundesrepublik Deutschland und in den USA. Forst und Holz 45:580–587

Hüttl RF, Schaaf W (Hrsg) (1997) Magnesium deficiency in forest ecosystems. Kluwer, Dordrecht

Huuri O, Huuri L (1987) The early days of forest tree pruning in Central Europe and Finland. Folia Forestalia 704

Hynynen J, Niemisto P, Vihera-Aarnio A, Brunner A, Hein S, Velling P (2010) Silviculture of birch (Betula pendula Roth and Betula pubescens Ehrh.) in northern Europe. Forestry 83:103–119

Hytönen J (2018) Biomass, nutrient content and energy yield of short-rotation hybrid aspen (P. tremula x P. tremuloides) coppice. Forest Ecology and Management 413:21–31

Illmann J, Geissen V, Brümmer GW (1997) Auswirkungen von Kalkungs- und Düngungsmaßnahmen auf die bodenbewohnende Collembolenfauna in Laub- und Nadelwäldern. Verhandlungen der Gesellschaft für Ökologie 27:427–434

Immer A, Schmidt W, Meiwes K-J, Beese F (1993) Langzeitwirkungen von Kalkung und Düngung auf den chemischen Zustand im Oberboden, die Humusformen und die Bodenvegetation in einem Fichtenforst. Forstwissenschaftliches Centralblatt 112:334–346

Indermühle MP (1978) Struktur-, Alter-, und Zuwachsuntersuchungen in einem Fichten-Plenterwald der subalpinen Stufe. Beiheft zu den Zeitschriften des Schweizerischen Forstvereins 60

Ineson P, Dutch J, Killham KS (1991) Denitrification in a Sitka spruce plantation and the effect of clearcutting. Forest Ecology and Management 44:77–92

Ingerslev M (1999) Above ground biomass and nutrient distribution in a limed and fertilized Norway spruce plantation. Forest Ecology and Management 119:21–38

Ingerslev M, Mälkönen E, Nilsen P, Nohrstedt H-Ö, Óskarsson H, Raulund-Rasmussen K (2001) Main findings and future challenges in forest nutritional research and management in the nordic countries. Scandinavian Journal of Forest Research 16:488–501

Innes JB, Blackford JJ, Rowley-Conwy PA (2013) Late mesolithic and early neolithic forest disturbance: a high resolution palaeoecological test of human impact hypotheses. Quaternary Science Reviews 77:80–100

Irrgang B (1992) Christliche Umweltethik. UTB 1671. Reinhardt, München

Irrgang S (1999) Kiefern-Waldumbauversuche der Sächs. Landesanstalt für Forsten: Konzeption und bisherige Ergebnisse. Forst und Holz 54:323-324, 326-330

Isebrands JG, Richardson J (Hrsg) (2014) Poplars and willows – Trees for society and the environment. CAB International, Wallingford

ISTA (International Seed Testing Association) (2009) ISTA handbook on seedling evaluation. 3. Auflage. Bassersdorf, Schweiz

ISTA (International Seed Testing Association) (2019) International rules for seed testing. http://www.seedtest.org/en/international-rules-content11083.html. Zuletzt geprüft 11.01.2019

Iwasa Y, Sato K, Kakita M, Kubo T (1993) Modelling biodiversity: latitudinal gradient of forest species diversity. In: Schulze E-D, Mooney HA (Hrsg) Biodiversity and ecosystem function. Springer, Berlin, 433–451

Jackson RB, Anderson L, Pockman WT (2000) Measuring water availability and uptake in ecosystem studies. In: Sala OE, Jackson RB, Mooney HA, Howarth RW (Hrsg) Methods in ecosystem science. Springer, New York, 199–214

Jacob M, Leuschner C, Thomas FM (2010) Productivity of temperate broad-leaved forest stands differing in tree species diversity. Annals of Forest Science 67:503(1-9)

Jacobson S, Kukkola M, Mälkönen E, Tveite B (2000) Impact of whole-tree harvesting and compensatory fertilization on growth of coniferous thinning stands. Forest Ecology and Management 129:41–51

Jacobson S, Kukkola M, Mälkönen E, Tveite B, Möller G (1996) Growth response of coniferous stands to whole-tree harvesting in early thinnings. Scandinavian Journal of Forest Research 11:50–59

Jactel H, Bauhus J, Boberg J, Bonal D, Castagneyrol B, Gardiner B, Gonzalez-Olabarria JR, Koricheva J, Meurisse N, Brockerhoff EG (2017) Tree diversity drives forest stand resistance to natural disturbances. Current Forestry Reports 3:223–243

Jaegere T de, Hein S, Claessens H (2016) A review of the characteristics of small-leaved lime (Tilia cordata Mill.) and their implications for silviculture in a changing climate. Forests 7:56

Jäger B, Wagner R, Stimm B (2018) Wirkungen von Wuchshüllen auf Eichenpflanzen. AFZ-Der Wald 73 (5):57–60

Jahn G (1980) Die natürliche Wiederbesiedlung von Waldbrandflächen in der Lüneburger Heide mit Moosen und Gefäßpflanzen. Forstwissenschaftliches Centralblatt 99:297–324

Jahn G (1991) Temperate deciduous forests of Europe. In: Röhrig E, Ulrich B (Hrsg) Temperate deciduous forests. Elsevier, Amsterdam, 377–502

Jahn R, Scheffold K, Hauck U (1971) Wurzeluntersuchungen von Waldbäumen in Baden-Württemberg. Schriftenreihe der Landesforstverwaltung Baden-Württemberg 33

Jakanen A, Rikala R (1995) Foliar nutrient composition in bare root Pinus sylvestris nursery crops. New Forests 10:225–237

Jandl R, Glatzel G, Katzensteiner K, Eckmüllner O (2001) Amelioration of magnesium deficiency in a Norway spruce stand (Picea abies) with calcined magnesite. Water, Air, and Soil Pollution 125:1–17

Jandl R, Lindner M, Vesterdal L, Bauwens B, Baritz R, Hagedorn F, Johnson DW, Minkkinen K, Byrne KA (2007) How strongly can forest management influence soil carbon sequestration? Geoderma 137:253–268

Jansson G, Danusevičius D, Grotehusmann H, Kowalczyk J, Krajmerova D, Skrøppa T, Wolf H (2013) Norway spruce (Picea abies (L.) H. Karst.). In: Pâques LE (Hrsg) Forest tree breeding in Europe – Current state-of the-art and perspectives. Springer, Dordrecht, 123–176

Jansson S, Bhalerao R, Groover A (Hrsg) (2010) Genetics and Genomics of Populus. Springer, New York

Jarvis PG (1964) The adaptability to light intensity of seedlings of Quercus petraea (Matt.) Liebl. Journal of Ecology 52:545–571

Jeansson E, Bergman F, Elfving B, Falck J, Lundquist L (1989) Natural regeneration of pine and spruce – Proposal for a research program. Rapporter Sveriges Lantbruksuniversitet, Institutionen för Skogsskötsel 25

Jensen TS, Nielsen OF (1986) Rodents as seed dispersers in a heath-oak wood succession. Oecologia 70:214–221

Jenssen M (1996) Interzeptionsverdunstung und horizontale Niederschlagsverteilung in den Kiefernbeständen des nordostdeutschen Tieflandes. Beiträge für Forstwirtschaft und Landschaftsökologie 30:63–69

Jerabkova L, Prescott CE, Titus BD, Hope GD, Walters MB (2011) A meta-analysis of the effects of clearcut and variable-retention harvesting on soil nitrogen fluxes in boreal and temperate forests. Canadian Journal of Forest Research 41:1852–1870

Jeske H, Grosser D (2010) Das Holz des Kirschbaums: Eigenschaften und Verwendung. In: Bayerische Landesanstalt für Wald und Forstwirtschaft (Hrsg) Beiträge zur Vogelkirsche. LWF Wissen 65:64–69

Jinks RL (1994) Container production of tree seedlings. In: Aldhous JR, Mason WL (Hrsg) Forestry nursery practice. HMSO, London, 122–134

Johann E, Agnoletti M, Axelsson A-L, Bürgi M, Östlund L, Rochel X, Schmidt UE, Schuler A, Skovsgaard JP, Winiwarter V (2004) History of second Norway spruce forest in Europe. In: Spiecker H, Hansen J, Klimo E, Skovsgaard JPSH, Teuffel K von (Hrsg) Norway spruce conversion – options and consequences. Brill, Leiden, 25–62

Johann K (1980) Bestandesbehandlung und Schneebruchgefährdung. In: Kramer H (Hrsg) Biologische, technische und wirtschaftliche Aspekte der Jungbestandspflege. Schriften aus der Forstlichen Fakultät der Universität Göttingen und der Niedersächsischen Forstlichen Versuchsanstalt 67. Sauerländer's, Frankfurt a. M., 269–286

Johann K (1982) Der A-Wert: ein objektiver Parameter zur Bestimmung der Freistellungsstärke von Zentralbäumen. Tagungsbericht Deutscher Verband Forstlicher Forschungsanstalten, Weibersbrunn:146–158

Johann K (1983) Ertragkundliche Auswirkungen der Auslesedurchforstung in Fichtenbeständen: ein Prognosemodell. Centralblatt für das gesamte Forstwesen 100:226–246

Johann K, Pollanschütz J (1974) Durchforstungsmodelle als Entscheidungshilfe bei der Wahl geeigneter Durchforstungsstrategien und Ausgangsverbände der Fichte. Allgemeine Forstzeitung (Wien) 85:307–313

Johansson K, Pettersson N (1996) Effect of initial spacing on biomass production, butt rot frequency and graded yield of Picea abies (L.) Karst. Forest and Landscape Research 1:381–397

Johnson O, Ostreng O (1994) Effects on plus tree selection seed orchard environment on progenies of Picea abies. Canadian Journal of Forest Research 24:32–38

Johnson PS, Shifley SR, Rogers R (2009) The ecology and silviculture of oaks. 2. Auflage. CAB International, Wallingford

Jonard M, Misson L, Ponette Q (2006) Long-term thinning effects on the forest floor and the foliar nutrient status of Norway spruce stands in the Belgian Ardennes. Canadian Journal of Forest Research 36:2684–2695

Jones JB (2001) Laboratory guide for conducting soil tests and plant analysis. CRC Press, Boca Raton

Jönsson AM, Harding S, Bärring L, Ravn HP (2007) Impact of climate change on the population dynamics of Ips typographus in southern Sweden. Agricultural and Forest Meteorology 146:70–81

Judas M (2002) Effekte von Meliorations-Kalkungen auf Gruppen der Boden-Makrofauna. Forstarchiv 73:83–91

Jung T, Blaschke M (2003) Ausmaß und Verbreitung der Phytophthora-Erkrankung der Erlen in Bayern, Ausbreitungswege und mögliche Gegenmaßnahmen. Forst und Holz 58:246–251

Junghans H (1966a) Der Schatten des Bestandesrandes auf Hangflächen. Archiv für Forstwesen 15:675–680

Junghans H (1966b) Sonne und Schatten am Bestandesrand. Archiv für Forstwesen 15:441–451

Kadereit JW, Körner C, Kost B, Sonnewald U (2014) Strasburger – Lehrbuch der Pflanzenwissenschaften. 37. Auflage. Springer, Berlin

Kahle H-P, Karjalainen T, Schuck A, Ågren GI, Kellomäki S, Mellert K, Prietzel J, Rehfuess K-R, Spiecker H (Hrsg) (2008) Causes and consequences of forest growth trends in Europe: Results of the RECOGNITION project. European Forest Institute research reports 21. Brill, Leiden

Kahle M (2004) Untersuchungen zum Wachstum der Elsbeere (Sorbus torminalis [L.] Crantz) am Beispiel einiger Mischbestände in Nordrhein-Westfalen. Schriftenreihe der Landesanstalt für Ökologie, Bodenordnung und Forsten Nordrhein-Westfalen (LÖBF) 21

Kahn M, Pretzsch H (1997) Das Wuchsmodell SILVA: Parametrisierung der Version 2.1 für Rein- und Mischbestände aus Fichte und Buche. Allgemeine Forst- und Jagdtzeitung 168:115–123

Kaila L, Martikainen P, Puntila P (1997) Dead trees left in clear cuts benefit saproxylic coleoptera adapted to natural disturbance in boreal forest. Biodiversity and Conservation 6:1–18

Kälble F (1979) Die Tannenwirtschaft auf standörtlicher Grundlage in Baden-Württemberg. Forst- und Holzwirt 34:343–354

Kapeller S, Dieckmann U, Schueler S (2017) Varying selection differential throughout the climatic range of Norway spruce in Central Europe. Evolutionary Applications 10:25–38

Kapeller S, Lexer MJ, Geburek T, Hiebl J, Schueler S (2012) Intraspecific variation in climate response of Norway spruce in the eastern Alpine range: selecting appropriate provenances for future climate. Forest Ecology and Management 271:46–57

Kappes U (1972) Zur Anbaugeschichte und standortsbedingten Entwicklung kurhessischer Mischbestände aus Kiefer, Fichte und Lärche. Dissertation, Georg-August-Universität, Göttingen

Karius K (1990) Orkanschäden 1990: ein Einzelfall? Allgemeine Forstzeitschrift 45:765

Karjalainen E (2006) The visual preferences for forest regeneration and field afforestation – four case studies in Finland. Dissertation, University of Helsinki

Karlsson A (1996) Initial seedling emergence of hairy birch and silver birch on abandoned fields following different site preparation regimes. New Forests 11:93–123

Karlsson C (2000) Seed production of Pinus sylvestris after release cutting. Canadian Journal of Forest Research 30:982–989

Kaspar F, Zimmermann K, Polte-Rudolf C (2014) An overview of the phenological observation network and the phenological database of Germany's national meteorological service (Deutscher Wetterdienst). Advances in Science and Research 11:93–99

Kató F (1973) Begründung der qualitativen Gruppendurchforstung. Habilitationsschrift, Georg-August-Universität, Göttingen

Kató F, Mülder D (1978) Über die soziologische und qualitative Zusammensetzung gleichaltriger Buchenbestände. Schriften aus der Forstlichen Fakultät der Universität Göttingen und der Niedersächsischen Forstlichen Versuchsanstalt 51. Sauerländer's, Frankfurt a. M.

Kató F, Mülder D (1988) Qualitative Gruppendurchforstung der Buche. Wertentwicklung nach 20 Jahren. Allgemeine Forst- und Jagdzeitung 159:4–9

Kató F, Mülder D (1992) Qualitative Gruppendurchforstung der Buche: Wertentwicklung nach 25 Jahren. Allgemeine Forst- und Jagdzeitung 163:197–203

Kätzel R (2003) Zum physiologischen Anpassungspotenzial der Schwarz-Erle (Alnus glutinosa [L.] Gaertn.). In: Ministerium für Landwirtschaft, Umweltschutz und Raumordnung des Landes Brandenburg und Landesforstanstalt Eberswalde (Hrsg) Die Schwarz-Erle (Alnus glutinosa [L.] Gaertn.) im nordostdeutschen Tiefland. Eberswalder Forstliche Schriftenreihe 17:39–45

Kätzel R, Schmitt H-P (2003) Zur Erhaltung der genetischen Vielfalt der Schwarz-Erle (Alnus glutinosa [L.] Gaertn.) in Deutschland. Forst und Holz 58:256–259

Kätzel R, Löffler S, Winter S, Kallweit R (2004) Eichen-Voranbauten in der Initialphase. Allgemeine Forstzeitschrift 59:238–241

Kaupenjohann M (1995) Wirkungen der Kalkung auf Bäume und Bodenvegetation. Allgemeine Forstzeitschrift 50:942, 944-945

Kausch-Blecken von Schmeling W (1994) Die Elsbeere Sorbus torminalis Crantz. 2. Auflage. Selbstverlag, Bovenden

Kausch-Blecken von Schmeling W (1998) Das Holz der Wildbirne (Pyrus pyraster). In: Kleinschmit J, Soppa B, Fellenberg U (Hrsg) Die Wildbirne, Pyrus pyraster (L.) Burgsd – Tagung zum Baum des Jahres am 17. und 18.3.1998 in Göttingen. Sauerländer's, Frankfurt a. M., 45–48

Kausch-Blecken von Schmeling W (2000) Der Speierling Sorbus domestica L. 2. Auflage. Selbstverlag, Bovenden

Kautz H (1921) Die Verjüngung und Pflege der Buchen- und Fichtenhochwaldbestände im Schmalschlagbetrieb in der Oberförsterei Sieber (Harz). Zeitschrift für Forst- und Jagdwesen 53:348–406

Kautz H (1922) Die Verjüngung der Buche und Fichte im Harz. Zeitschrift für Forst- und Jagdwesen 54:93–106

Ke J, Skelly JM (1990) Foliar symptoms on norway spruce and relationships to magnesium deficiencies. Water, Air, and Soil Pollution 54:75–90

Keddy PA (2017) Plant ecology. 2. Auflage. Cambridge University Press, Cambridge

Keenan RJ, Reams GA, Achard F, Freitas JV de, Grainger A, Lindquist E (2015) Dynamics of global forest area: results from the FAO Global Forest Resources Assessment 2015. Forest Ecology and Management 352:9–20

Kehr I, Büttner G (2003) Mangan-Schäden an Douglasie im Provenienzversuch Sobernheim. Forstarchiv 74:53–61

Kempkes M (2013) Genetische und waldbauliche Analysen zu Roteichen-Provenienzen. Masterarbeit, Georg-August-Universität, Göttingen (unveröff.)

Kendrick RE, Kronenburg GHM (1994) Photomorphogenesis in plants. 2. Auflage. Kluwer, Dordrecht

Kenk G (1984) Werteichenproduktion und ihre Verbesserung in Baden-Württemberg. Allgemeine Forstzeitschrift 39:428–429

Kenk G (1988) Der Volumen- und Wertzuwachs im Stadium der natürlichen Verjüngung eines Kiefer-Tannenbestandes durch den Schirmkeilschlag in Langenbrand/Nordschwarzwald. Allgemeine Forst- und Jagdzeitung 159:154–164

Kenk G (1993) Zur Reaktion jüngerer Fichtenbestände auf die Stürme vom Spätwinter 1990. Tagungsbericht Deutscher Verband Forstlicher Forschungsanstalten, Sektion Waldbau, Freising-Weihenstephan:52–59

Kenk G, Guehne S (2001) Management of transformation in central Europe. Forest Ecology and Management 151:107–119

Kenk G, Hradetzky J (1984) Behandlung und Wachstum der Douglasien in Baden-Württemberg. Mitteilungen Forstliche Versuchs- und Forschungsanstalt Baden-Würtemberg 89, Freiburg i. Br.

Kenk G, Weise U (1998) Zu: Beobachtungen zur Bestandesstruktur undurchforsteter Fichtenbestände. Allgemeine Forstzeitschrift 53:937–939

Kennel R (1965) Untersuchungen über die Leistung der Fichte und Buche im Rein- und Mischbestand. Allgemeine Forst- und Jagdzeitung 136:149-161, 173-189

Kennel M (2002) Großflächiger Borkenkäferbefall im Nationalpark Bayerischer Wald: Auswirkungen auf Abfluss und Wasserqualität in einem geschlossenen Wassereinzugsgebiet. LWF aktuell 34:26–33

Kent M (2012) Vegetation description and data analysis – a practical approach. 2. Auflage. Wiley-Blackwell, Chichester

Kerr G, Cahalan C (2004) A review of site factors affecting the early growth of ash (Fraxinus excelsior L.). Forest Ecology and Management 188:225–234

Kerr G, Evans J (1993) Growing broadleaves for timber. Forest Commission Handbook 3. HMSO London, London

Keuffel-Türk A, Jankowski A, Scheler B, Rademacher P, Meesenburg H (2012) Stoffeinträge durch Deposition. In: Höper H, Meesenburg H (Hrsg) Tagungsband 20 Jahre Bodendauerbeobachtung in Niedersachsen, Hannover, 19–37

Khalil MAK, Rasmussen RA (1992) The global sources of nitrous oxide. Journal of Geophysical Research 97:14651-1466

Kienitz M (1919) Was ist denn jetzt Mode, Saat oder Pflanzung? Zeitschrift für Forst- und Jagdwesen 71:417–436

Kimmins JP (2004) Forest ecology – A foundation for sustainable forest management and environmental ethics in forestry: a foundation for sustainable forest management and environmental ethics in forestry. 3. Auflage. Prentice Hall, Upper Saddle River, NJ

Kinzig AP, Pacala S, Tilman D (Hrsg) (2013) The functional consequences of biodiversity: empirical progress and theoretical extensions (MPB-33). Monographs in population biology. Princeton University Press, Princeton

Kirby KJ, Watkins C (Hrsg) (2015a) Europe's changing woods and forests – From wildwood to cultural landscapes. CAB International, Wallingford

Kirby KJ, Watkins C (2015b) The forest landscape before farming. In: Kirby KJ, Watkins C (Hrsg) Europe's changing woods and forests – From wildwood to cultural landscapes. CAB International, Wallingford, 33–45

Kirby KJ, Watkins C (2015c) Overview of Europ's woods and forests. In: Kirby KJ, Watkins C (Hrsg) Europe's changing woods and forests – From wildwood to cultural landscapes. CAB International, Wallingford, 3–17

Kjær ED, Lobo A, Myking T (2014) The role of exotic tree species in Nordic forestry. Scandinavian Journal of Forest Research 29:323–332

Klädtke J (1993) Konstruktion einer Z-Baum-Ertragstafel am Beispiel der Fichte. Mitteilungen Forstliche Versuchs- und Forschungsanstalt Baden-Würtemberg 173, Freiburg i. Br.

Klädtke J (1996) Wachstumsreaktionen bei Fichte nach Grünästung. Agrarforschung in Baden-Württemberg 26:289–301

Klädtke J (1997) Buchen-Lichtwuchsdurchforstung. Allgemeine Forstzeitschrift 52:1019–1023

Klädtke J (1999) Zuwachsreaktion schwächerer Bäume. Jahresbericht der Forstlichen Versuchsanstalt Baden-Württemberg:22–27

Klädtke J (2001) Konzepte zur Buchen-Lichtwuchsdurchforstung. Allgemeine Forstzeitschrift 56:1047, 1049-1050

Klädtke J (2002) Wachstum großkroniger Buchen und waldbauliche Konsequenzen. Forstarchiv 73:211–217

Klädtke J, Abetz P (2001) Z-Baum-Normen für die Hauptbaumarten Südwest-Deutschlands. Allgemeine Forst- und Jagdzeitung 172:67–74

Klädtke J, Yue C (1997) Wachstumsreaktionen bei Fichte nach Grünästung. Allg. Forstzeitschrift 52:145–148

Klädtke J, Metzler B, Hernandez M (2004) Trockenrisse an Fichten. Allgemeine Forstzeitschrift 59:680–682

Klädtke J, Kohnle U, Kublin E, Ehring A, Pretzsch H, Uhl E, Spellmann H, Weller A (2012) Wachstum und Wertleistung der Douglasie in Abhängigkeit von der Standraumgestaltung. Schweizerische Zeitschrift für Forstwesen 163:96–104

Klein E (1995) Waldbau mit Weißtannenvorwüchsen. Allgemeine Forstzeitschrift 50:1042–1044

Klein M (1978) Der Einfluß verschiedener Behandlungen von Fichtenjungbeständen auf deren Massen- und Wertleistung sowie die Bestandessicherheit gegen Wind und Schnee. Dissertation, Georg-August-Universität, Göttingen

Kleinschmit J (1976) Untersuchungen über Fallzeitpunkt und Eichelgewichte bei Stiel- und Traubeneiche. In: Walkenhorst R (Hrsg) Fortschritte des forstlichen Saatgutwesens III. Sauerländer's, Frankfurt a. M., 52–63

Kleinschmit J (1977) Forstpflanzenzüchtung und Saatgutbereitstellung beim Laubholz. Forst und Holzwirt 32:427–433

Kleinschmit J (1988) Konsequenzen aus den Lärchen-Herkunftsversuchen für die Lärchen-Züchtung. Forst und Holz 43:259–262

Kleinschmit J (1989) Perspektiven und Grenzen der vegetativen Vermehrung forstlichen Pflanzenmaterials. Forstarchiv 60:139–145

Kleinschmit J (1998) Die Wildbirne: Baum des Jahres 1998. Forst und Holz 53:35–39

Kleinschmit J (2000) Bestände und Samenplantagen von Stiel- und Traubeneichen. Allgemeine Forstzeitschrift 55:512–513

Kleinschmit J, Kleinschmit J.R.G. (2009) Genetics and tree breeding. In: Spiecker H, Hein S, Makkonen-Spiecker K, Thies M (Hrsg) Valuable broadleaved forests in Europe. Brill, Leiden, Boston, 45–60

Kleinschmit J, Soppa B, Fellenberg U (Hrsg) (1998) Die Wildbirne, Pyrus pyraster (L.) Burgsd – Tagung zum Baum des Jahres am 17. und 18.3.1998 in Göttingen. Schriften aus der Forstlichen Fakultät der Universität Göttingen und der Nordwestdeutschen Forstlichen Versuchsanstalt 125. Sauerländer's, Frankfurt a. M.

Kleinschmit J, Svolba J, Kleinschmit JRG (1996) Variation anpassungsrelevanter, phänotypischer Merkmale. In: Müller-Starck G, Hattemer HH (Hrsg) Biodiversität und nachhaltige Forstwirtschaft. Ecomed, Landsberg a. Lech, 38–59

Kleinschmit J, Bacilieri R, Kremer A, Roloff A (1995) Comparison of morphological and genetic traits of pedunculate oak (Q. robur L.) and sessile oak (Q. petraea (matt.) Liebl.). Silvae Genetica 44:255–269

Klemmt H-J, Falk W, Bickel E (2012) Wie wächst die Schwarzkiefer? LWF aktuell 89:41–45

Klemmt H-J, Uhl E, Biber P, Pretzsch H (2007) Zum Wachstum der Kiefer in Bayern. In: Bayerische Landesanstalt für Wald und Forstwirtschaft (LWF) (Hrsg) Beiträge zur Waldkiefer. LWF Wissen 57:31–35

Klemmt H-J, Heindl M, Werner R, Hussendörfer E, Pretzsch H (2009) Auswirkungen von Trockenjahren auf das Wachstum von Mischbeständen. AFZ-DerWald 64:461–464

Klemmt H-J, Falk W, Reger B, Straub C, Seitz R, Stöger W (2017) Die Fichte: aktuelle Vorkommen in Bayern und standörtliche Anbaueignung im Klimawandel. In: Bayerische Landesanstalt für Wald und Forstwirtschaft (LWF) (Hrsg) Beiträge zur Fichte. LWF Wissen 80:26–34

Klenk N, Bull G, Cohen D (2008) What is the „END" (emulation of natural disturbance) in forest ecosystem management? An open question. Canadian Journal of Forest Research 38:2159–2168

Klimo E, Hager H (Hrsg) (2001) The floodplain forests in Europe. Brill, Leiden

Klopčič M, Simončič T, Bončina A (2015) Comparison of regeneration and recruitment of shade-tolerant and light-demanding tree species in mixed uneven-aged forests – experiences from the Dinaric region. Forestry 88:552–563

Kneeshaw DD, Kobe RK, Coates KD, Messier C (2006) Sapling size influences shade tolerance ranking among southern boreal tree species. Journal of Ecology 94:471–480

Knigge W, Schulz H (1966) Grundriß der Forstbenutzung. Parey, Hamburg und Berlin

Knight H (1966) Loss of nitrogen from the forest floor by burning. Forest Chronicle 42:149–152

Knoerzer D (1999) Zur Naturverjüngung der Douglasie im Schwarzwald – Inventur und Analyse von Umwelt- und Konkurrenzfaktoren sowie eine naturschutzfachliche Bewertung. Dissertationes Botanicae 306. Cramer, Berlin

Knoerzer D, Gärtner S (2003) Was umschreibt Verhagerung? Forstarchiv 74:16–25

Knoerzer D, Reif A (1996) Die Naturverjüngung der Douglasie im Bereich des Stadtwaldes von Freiburg. Allgemeine Forstzeitschrift 51:1117–1121

Knoke T (1998a) Die Stabilisierung junger Fichtenbestände durch starke Durchforstungseingriffe: Versuch einer ökonomischen Bewertung. Forstarchiv 70:219–226

Knoke T (1998b) Analyse und Optimierung der Holzproduktion in einem Plenterwald – Zur Forstbetriebsplanung in ungleichaltrigen Wäldern. Forstliche Forschungsberichte München 170

Knoke T (2008) Mixed forests and finance: methodological approaches. Ecological Economics 65:590–601

Knoke T (2017) Economics of mixed forests. In: Pretzsch H, Forrester DI, Bauhus J (Hrsg) Mixed-species forests – Ecology and management. Springer, Berlin, 545–577

Knoke T, Mosandl R (2004) Integration ökonomischer, ökologischer und sozialer Ansprüche: zur Sicherung einer umfassenden Nachhaltigkeit im Zuge der Forstbetriebsplanung. Forst und Holz 59:535–539

Knoke T, Schulz-Wenderoth S (2001) Ein Ansatz zur Beschreibung von Wahrscheinlichkeit und Ausmaß der Farbkernbildung bei Buche (Fagus sylvatica L.). Forstwissenschaftliches Centralblatt 120:154–172

Knoke T, Seifert T (2008) Integrating selected ecological effects of mixed European beech-Norway spruce stands in bioeconomic modelling. Ecological Modelling 210:487–498

Knoke T, Wurm J (2006) Mixed forests and a flexible harvest policy: a problem for conventional risk analysis? European Journal of Forest Research 125:303–315

Knoke T, Ammer C, Stimm B, Mosandl R (2008a) Admixing broadleaved to coniferous tree species: a review on yield, ecological stability and economics. European Journal of Forest Research 127:89–101

Knoke T, Hildebrandt P, Klein D, Mujica R, Moog M, Mosandl R (2008b) Financial compensation and uncertainty: using mean-variance rule and stochastic dominance to derive conservation payments for secondary forests. Canadian Journal of Forest Research 38:3033–3046

Knowe SA (1994) Effects of competition control treatments on height-age and height-diameter relationships in young Douglas-fir plantations. Forest Ecology and Management 67:101–112

Koch H (1992) Pflanzenzahlen und Pflanzverbände am Beispiel von Kiefer, Eiche und Buche. Allgemeine Forstzeitschrift 47:245–247

Koch K, Walentowski H (2012) Eine Lärche kommt selten allein: Lärchen-Zirbenwälder der Alpen. In: Bayerische Landesanstalt für Wald und Forstwirtschaft (LWF) (Hrsg) Beiträge zur Europäischen Lärche. LWF Wissen 69:13–18

Köckritz L von, Ammer C (2009) Zur Eignung von Wuchshüllen bei der Wiederaufforstung. AFZ-Der Wald 64:524–525

Koenig WD, Knops JMH (2000) Patterns of annual seed production by northern hemisphere trees: a global perspective. The American Naturalist 155:59–69

Köhl M, Zingg A (1996) Eignung von Diversitätsindizes bei Langzeituntersuchungen zur Biodiversität in Waldbeständen. Allgemeine Forst- und Jagdzeitung 167:76–85

Kohler M, Kiehne J, Borchers, J. Bauhus, J. (2017) Beeinflussen h/d-Wert und Standortsbonität das Auftreten von Schaftrissen an Fichten (Picea abies L. Karst.)? Allgemeine Forst- und Jagdzeitung 188:197–209

Kohler M, Sohn J, Naegele G, Bauhus J (2010) Can drought tolerance of Norway spruce (Picea abies (L.) Karst.) be increased through thinning? European Journal of Forest Research 129:1109–1118

Kohnle U, Bösch B, Burghardt F (2006) Einschätzung von Verjüngungen auf Sturmflächen: stichprobengestütztes Praxisverfahren zur Validierung gutächtlicher Schätzungen forstlicher Praktiker. Forstarchiv 77:43–57

Kohnle U, Dinkelaker F, Gilsa H von (2005) Ergebnisse zum Stand der Wiederbewaldung 2003. AFZ-Der Wald 60:561–565

Kolb E, Göttlein A (2014) Vorschlag zur Anpassung der Forstlichen Wuchsregionengliederung Deutschlands an das Nutzungspotential der Böden. Allgemeine Forst- und Jagdzeitung 185:249–260

Kolb TE, Holmberg KM, Wagner MR, Stone JE (1998) Regulation of ponderosa pine foliar physiology and insect resistance mechanisms by basal area treatments. Tree Physiology 18:375–381

Kolbert E (2016) Das sechste Sterben: Wie der Mensch Naturgeschichte schreibt. Suhrkamp, Berlin

Kölling C (2007) Klimahüllen für 27 Waldbaumarten. AFZ-Der Wald 62:1242–1245

Kölling C (2013) Nichtheimische Baumarten: Alternativen im klimagerechten Waldumbau? LWF aktuell 20:4–11

Kölling C, Walentowski H (2002) Die Rolle der Esche (Fraxinus excelsior) in einheimischen Waldgesellschaften. In: Bayerische Landesanstalt für Wald und Forstwirtschaft (LWF) (Hrsg) Beiträge zur Esche. LWF Wissen 34:6–20

Kölling C, Dietz E, Falk W, Mellert KH (2009b) Provisorische Klima-Risikokarten als Planungshilfe für den klimagerechten Waldumbau in Bayern. Forst und Holz 64:40–47

Kölling C, Knoke T, Schall P, Ammer C (2009a) Überlegungen zum Risiko des Fichtenanbaus in Deutschland vor dem Hintergrund des Klimawandels. Forstarchiv 80:42–54

Kölling C, Walentowski H, Borchert H (2005) Die Buche in Mitteleuropa. Allgemeine Forstzeitschrift 60:696–701

Kollmann J, Kirmer A, Tischew S, Hölzel N, Kiehl K (Hrsg) (2019) Renaturierungsökologie. Springer, Berlin

Kompa T, Schmidt W (2003) Buchenwald-Sukzession nach Windwurf auf Buntsandstein im südwestlichen Harzvorland. Tuexenia 23:95–130

König A (1995) Sturmgefährdung von Beständen im Altersklassenwald. Sauerländer's, Frankfurt a. M.

Konnert M, Henkel W (1997) Untersuchungen zur genetischen Variation der Buche (Fagus sylvatica L.) in Thüringen. Allgemeine Forst- und Jagdzeitung 168:182–190

Konnert M, Hosius B (2010) Contribution of forest genetics for a sustainable forest management. Forstarchiv 81:170–174

Konnert M, Ruetz W, Schirmer R (2008) Fragen zum forstlichen Vermehrungsgut bei Douglasie. In: Bayerische Landesanstalt für Wald und Forstwirtschaft (LWF) (Hrsg) Die Douglasie – Perspektiven im Klimawandel. LWF Wissen 59:22–26

Konnert M, Schneck. D., Zollner A (2014) Blühen und Fruktifizieren unserer Waldbäume in den letzten 60 Jahren. LWF Wissen 74:37–45

Konôpka B, Pajtík J, Marušák R, Bošeľa M, Lukac M (2016) Specific leaf area and leaf area index in developing stands of Fagus sylvatica L. and Picea abies Karst. Forest Ecology and Management 364:52–59

Kopecký M, Hédl R, Szabó P (2012) Non-random extinctions dominate plant community changes in abandoned coppices. Journal of Applied Ecology 50:79–87

Kopp S (1992) Anzucht von Forstpflanzen. Allgemeine Forstzeitschrift 47:230–232

Körner C (2005) An introduction to the functional diversity of temperate forest trees. In: Scherer-Lorenzen M, Körner C, Schulze E-D (Hrsg) Forest diversity and function – Temperate and boreal systems. Springer, Berlin, 13–37

Körner C (2012) Alpine treelines de Visser – Functional ecology of the global high elevation tree limits. Springer, Basel

Körner A, Kolo H, Stimm B, Wezel G (2012) Stufigkeit als wichtiges Merkmal der Qualität von Forstpflanzen. AFZ-Der Wald 67 (16):13–15

Korpel Š (1995) Die Urwälder der Westkarpaten. Fischer, Stuttgart

Koss H (1982) Verbreitung, ökologische Ansprüche und waldbauliche Verwendung der Winterlinde (Tilia cordata Mill.). Forst- und Holzwirt 37:381–385

Koss H (1989) Zur Vitalitätsentwicklung natürlicher Buchenverjüngung. Allgemeine Forstzeitschrift 44:798–801

Koss H (1995) Versuche zur Eichen-Nesterpflanzung als Voranbaumaßnahme unter Kiefer. Der Wald 45:312–315

Koss H, Fricke O (1982) Die Entwicklung von Linde als Unterbau in Stieleichenbeständen. Forstarchiv 53:60–66

Köstler JN, Brückner E, Biebelriether H (1968) Die Wurzeln der Waldbäume. Parey, Hamburg und Berlin

Kottke I (2016) Mykorrhiza – Pilz-Wurzel-Symbiosen. https://de.wikibooks.org/wiki/Mykorrhiza_%E2%80%93_Pilz-Wurzel-Symbiosen/_Druckversion. Zuletzt geprüft 12.12.2018

Kovac M, Hladnik D, Kutnar L (2018) Biodiversity in (the Natura 2000) forest habitats is not static: its conservation calls for an active management approach. Journal for Nature Conservation 43:250-260

Kowalski T, Holdenrieder O (2009) The teleomorph of Chalara fraxinea, the causal agent of ash dieback. Forest Pathology 39:304–308

Kowarik I (1987) Kritische Anmerkungen zum theoretischen Konzept der potentiellen natürlichen Vegetation mit Anregungen zu einer zeitgemäßen Modifikation. Tuexenia 7:53–68

Kowarik I (1995) Ausbreitung nicht heimischer Gehölze als Problem des Naturschutzes? In: Böcker R, Gebhardt. H., Konold W, Schmidt-Fischer S (Hrsg) Gebietsfremde Pflanzenarten: Auswirkungen auf einheimische Arten, Lebensgemeinschaften und Biotope; Kontrollmöglichkeiten und Management. Ecomed, Landsberg a. Lech, 33–56

Kowarik I (2010) Biologische Invasionen – Neophyten und Neozoen in Mitteleuropa. 2. Auflage. Ulmer, Stuttgart

Kownatzki D (2012) Beurteilung von artübergreifenden genetischen Diversitäten und Anpassungskapazitäten in naturnahen Baumartengemeinschaften. Forstarchiv 83:52–59

Kozlowski TT (1999) Soil compaction and growth of woody plants. Scandinavian Journal of Forest Research 14:596–619

Kozlowski TT (2002) Physiological ecology of natural regeneration of harvested and disturbed forest stands: implications for forest management. Forest Ecology and Management 158:195–221

Kozlowski TT, Kramer PJ, Pallardy SG (1997) Physiology of woody plants. 2. Auflage. Academic Press, San Diego

Kraft G (1884) Beiträge zur Lehre von den Durchforstungen, Schlagstellungen und Lichtungshieben. Klindworth, Hannover

Krahl-Urban J (1957) Über Eichen-Provenienzversuche. Silvae Genetica 6:15–31

Krakau U-K, Liesebach M, Aronen T, Lelu-Walter M-A, Schneck V (2013) Scots pine (Pinus sylvestris L.). In: Pâques LE (Hrsg) Forest tree breeding in Europe – Current state-of the-art and perspectives. Springer, Dordrecht, 267–323

Kramer H (1975) Bestandesbegründung unter dem Aspekt der künftigen Durchforstung. Forst- und Holzwirt 30:324–330

Kramer H (1978) Der Bowmont-Durchforstungsversuch: ein Beitrag zur Diskussion über Fichtendurchforstung. Forstwissenschaftliches Centralblatt 97:131–141

Kramer H (1980) Einfluß verschiedenartiger Durchforstungen auf Bestandessicherheit und Zuwachs in einem weitständig begründeten Fichtenbestand. In: Kramer H (Hrsg) Biologische, technische und wirtschaftliche Aspekte der Jungbestandspflege. Schriften aus der Forstlichen Fakultät der Universität Göttingen und der Niedersächsischen Forstlichen Versuchsanstalt 67. Sauerländer's, Frankfurt a. M., 224–235

Kramer H (1985) Begriffe der Forsteinrichtung. Schriften aus der Forstlichen Fakultät der Universität Göttingen und der Niedersächsischen Forstlichen Versuchsanstalt 48. Sauerländer's, Frankfurt a. M.

Kramer H (1988) Waldwachstumslehre – Ökologische und anthropogene Einflüsse auf das Wachstum des Waldes, seine Massen- und Wertleistung und die Bestandessicherheit. Parey, Hamburg und Berlin

Kramer H (1992b) Erste Ergebnisse von Douglasien-Läuterungsversuchen in Rheinland-Pfalz und Niedersachsen. Allgemeine Forst- und Jagdzeitung 163:5–12

Kramer H, Akça A (2008) Leitfaden zur Waldmesslehre. 5. Auflage. Sauerländer's, Frankfurt a. M.

Kramer H, Heydecke H (1994) Douglasien-Läuterungsversuche in Rheinland-Pfalz und Niedersachsen. Allgemeine Forst- und Jagdzeitung 165:163–172

Kramer H, Kätsch C (1993) Grünästung und Düngung von Fichte bei extrem starker Stammzahlverminderung. Allgemeine Forst- und Jagdzeitung 164:36–47

Kramer H, Spellmann H (1980) Beiträge zur Bestandesbegründung der Fichte. Schriften aus der Forstlichen Fakultät der Universität Göttingen und der Niedersächsischen Forstlichen Versuchsanstalt 64. Sauerländer's, Frankfurt a. M.

Kramer H, Dong PH, Rusack HJ (1971) Untersuchung der Baumqualität in weitständig begründeten Fichtenbeständen. Allgemeine Forst- und Jagdzeitung 142:33–46

Kramer W (1979) Zur Herkunftsfrage der Weißtanne. Forstarchiv 50:153–160

Kramer W (1981) Über den Anbau der Dauerlupine (Lupinus polyphyllus Lindl.). Forst- und Holzwirt 36:173–177

Kramer W (1982) Walderneuerung nach Windwurf 1972: 10 Jahre danach. Forst und Holz 37:545–552

Kramer W (1992a) Die Weisstanne (Abies alba Mill.) in Ost- und Südosteuropa. Gustav Fischer, Stuttgart

Krapfenbauer A, Glatzel G (1972) Auswirkung einer starken Einkürzung benadelter Zweige auf Wachstum und Mineralstoffernährung frischverpflanzter Fichten. I. Problemstellung und Geländeversuche. Centralblatt für das gesamte Forstwesen 89:88–106

Kraus D, Krumm F (Hrsg) (2013) Integrative Ansätze als Chance für die Erhaltung der Artenvielfalt in Wäldern. European Forest Institute, Joensuu

Krečmer V (1967) Das Mikroklima der Kieferlochkahlschläege. IV Teil: Vertikale Niederschläege, Luftfeuchtigkeit. Wetter und Leben 19:203-214

Kremser W (1973) Die Sturmkatastrophe vom 13.11.1972 und ihre Folgen für die Forstwirtschaft. Forst und Holz 18:257–263

Kremser W (1974) Säen und Pflanzen. Forst- und Holzwirt 29:305–308

Kremser W (1984) Die Frühgeschichte des Eichenanbaus in Niedersachsen. Rotenburger Schriften 61:7–88

Kremser W (1990) Niedersächsische Forstgeschichte – Eine integrierte Kulturgeschichte des nordwestdeutschen Forstwesens. Selbstverlag Heimatbund Rotenburg/Wümme, Rotenburg/Wümme

Kreutzer K (1961) Wurzelbildung junger Waldbäume auf Pseudogleyböden. Forstwissenschaftliches Centralblatt 80:356–392

Kreutzer K (1972) Die Wirkung des Manganmangels auf die Farbe, die Pigmente und den Gaswechsel von Fichtenadeln (Picea abies Karst.). Forstwissenschaftliches Centralblatt 91:80–98

Kreutzer K (1995) Effects of forest liming on soil process. Plant and Soil 168/169:447–470

Kreutzer K, Göttlein A (Hrsg) (1991) Ökosystemforschung Höglwald – Beiträge zur Auswirkung von saurer Beregnung und Kalkung in einem Fichtenaltbestand. Forstwissenschaftliche Forschungen 39. Parey, Hamburg und Berlin

Kristöfel F (1996) Ein historischer Anbauversuch mit Picea omorika. Forst und Holz 51:659–662

Kroiher F, Müller-Kroehling S, Schmitz F, Sukopp U (Hrsg) (2017) Methode zur Erfassung und Bewertung der FFH-Waldlebensraumtypen im Rahmen der dritten Bundeswaldinventur (BWI-2012). Thünen Working Paper 69, Eberswalde

Krüssmann G (1997) Die Baumschule. 6. Auflage. Parey, Hamburg und Berlin

Kühne C, Bartsch N (2003) Zur Naturverjüngung von Fichten-Buchen-Mischbeständen im Solling. Forst und Holz 58:3–7

Kühnel I (Hrsg) (1994) Dokumentation der Sturmschäden 1990. Schriftenreihe der Landesforstverwaltung Baden-Württemberg 75

Kulej M, Socha J (2008) Effect of provenance on the volume increment of grand fir (Abies grandis Lindl.) under the mountain conditions of Poland. Journal of Forest Science 54:1–8

Kulhavý J, Berger T, Čaboun V, Gottlein A, Grunda B, Heitz R, Kantor P, Klimo E, Lomský B, Niemtur S, Rehfuess K-E, Slodičak M, Sterba H, Vesterdal L (2004) Ecological consequences of conversion. In: Spiecker H, Hansen J, Klimo E, Skovsgaard JPSH, Teuffel K von (Hrsg) Norway spruce conversion – Options and consequences. Brill, Leiden, 165–195

Kunin WE, Gaston KJ (1997) The biology of rarity – Causes and consequences of rare-common differences. Chapman and Hall, London

Kunstler G, Curt T, Bouchaud M, Lepart J (2005) Growth, mortality, and morphological response of European beech and downy oak along a light gradient in sub-Mediterraniean forest. Canadian Journal of Forest Research 35:1657–1668

Kunz J, Löffler G, Bauhus J (2018) Minor European broadleaved tree species are more drought-tolerant than Fagus sylvatica but not more tolerant than Quercus petraea. Forest Ecology and Management 414:15–27

Küppers M, Schneider H (1993) Leaf gas exchange of beech seedlings in lightflecks: effects of fleck length and leaf temperature in leaves grown in deep and partial shade. Trees 7:160–168

Kürschner K, Röhrig E (1980) Der Waldbrand im Staatlichen Forstamt Lüß (Niedersachsen). Forstwissenschaftliches Centralblatt 99:249–253

Kürschner K, Röhrig E, Otto HJ (1979) Ergebnisse einer Umfrage über den Erfolg von Douglasienpflanzungen in Niedersachsen 1974-1976. Aus dem Walde 29:43–77

Kurth A (1946) Untersuchungen über Aufbau und Qualität von Buchendickungen. Mitteilungen aus der Schweizerischen Anstalt für Forstliches Versuchswesen 24:581–658

Kurth H (1994) Forsteinrichtung – Nachhaltige Regelung des Waldes. Deutscher Landwirtschaftsverlag, Berlin

Küßner R (2000) Walddynamische Tendenzen in einem Fichtenaltbestand des Osterzgebirges. Allgemeine Forstzeitschrift 55:852–854

Küßner R, Wickel A. (1998) Entwicklung einer Buchensaat (Fagus sylvatica L.) unter Fichte (Picea abies (L.) Karst.) im Osterzgebirge. Forstarchiv 69:191–198

Küster H (1997) The role of farming in the postglacial expansion of beech and hornbeam in the oak woodlands of central Europe. The Holocene 7:239–242

Küster H (2008) Die Verbreitungsgeschichte der Walnuss. In: Bayerische Landesanstalt für Wald und Forstwirtschaft (Hrsg) Beiträge zur Walnuss. LWF Wissen 60, 11–15

Küster H (2013a) Geschichte des Waldes: Von der Urzeit bis zur Gegenwart. 3. Auflage. Beck, München

Küster H (2013b) Geschichte der Landschaft in Mitteleuropa – Von der Eiszeit bis zur Gegenwart. Beck, München

Kutscher S (1991) Das Buchenbühler Schrägpflanzverfahren. Allgemeine Forstzeitschrift 46:956–960

Kutschera L, Lichtenegger E (2002) Wurzelatlas mitteleuropäischer Waldbäume und Sträucher. Wurzelatlas-Reihe 6. Stocker, Graz

Kuusela K (1994) Forest resources in Europe 1950–1990. European Forest Institute research report 1. Cambridge University Press, Cambridge

Kuusipalo J (1985) On the use of tree stand parameters in estimating light conditions below the canopy. Silva Fennica 19:185–196

KWF (Kuratorium für Waldarbeit und Forsttechnik) (2004) KWF-Marktübersicht Pflanzmaschinen. https://www.kwf-online.de/deutsch/information/markt/t30.htm. Zuletzt abgefragt 19.05.2019

Kwiatkowska AJ, Symonides E (1986) Spatial distribution of species diversity indices and their correlation with plot size. Vegetatio 68:99–102

L'Hirondelle SJ, Simpson DG, Binder WD (2007) Chlorophyll fluorescence, root growth potential, and stomatal conductance as estimates of field performance potential in conifer seedlings. New Forests 34:235–251

Lachat T, Bouget C, Bütler R, Müller J (2013) Totholz: Quantitative und qualitative Voraussetzungen für die Erhaltung der biologischen Vielfalt von Xylobionten. In: Kraus D, Krumm F (Hrsg) Integrative Ansätze als Chance für die Erhaltung der Artenvielfalt in Wäldern. European Forest Institute, Joensuu, 98–109

Lacroix P (1984) Eine neue Darre für Laubholzsamen im französischen Jura. Holz-Zentralblatt 110:739

Laganière J, Angers DA, Paré D (2010) Carbon accumulation in agricultural soils after afforestation: a meta-analysis. Global change Biology 16:439–453

Lamb D (2014) Large-scale forest restoration. Taylor and Francis, Hoboken

Lambertz B, Schmidt W (1999) Auflichtungen in Buchen- und Buchenmischbeständen auf Muschelkalk und Buntsandstein – Untersuchungen zur Verjüngungs- und Vegetationsstruktur. Verhandlungen der Gesellschaft für Ökologie 29:81–88

Lamersdorf N (1995) Der Einfluss von Düngungsmaßnahmen auf den Schwermetalloutput in einem Buchen- und einem Fichten-Ökosystem im Solling. Allgemeine Forstzeitschrift 40:1155–1158

Lamersdorf N, Petzold R, Schwärzel K, Feger K-H, Köstner B, Moderow U, Berhofer C, Knust C (2010) Bodenökologische Aspekte von Kurzumtriebsplantagen. In: Bemmann A, Knust C. (Hrsg) Agrowood – Kurzumtriebsplantagen in Deutschland und europäische Perspektiven. Weißensee, Berlin, 170–188

Lamprecht H, Göttsche D, Jahn G, Peik K (1974) Naturwaldreservate in Niedersachsen. Aus dem Walde 23

Landmann G, Bonneau M (1994) Le déperissement du sapin pectiné et de l'épicea commun daus les montagnes françaises an cours des anneès 1980. Revue Forestière Française 46:522–537

Landmann G, Bonneau M (Hrsg) (1995) Forest decline and atmospheric deposition effects in the French mountains. Springer, Berlin

Landsberg JJ, Gower ST (1997) Applications of physiological ecology to forest management. Academic Press, San Diego

Lang W (1970) Ökologisch-hydrologische Untersuchungen in verschieden stark durchforsteten Fichten- und Lärchenbeständen des Schwarzwaldes. Dissertation, Albert-Ludwigs-Universität, Freiburg i. Br.

Lang G (1994) Quartäre Vegetationsgeschichte Europas. Fischer, Jena

Langer G, Harriehausen U, Bressem U (2015) Stammfußnekrosen bei Esche. AFZ-DerWald 70 (20):29–31

Langner W, Schneck V (1998) Ein Beitrag zur Züchtung von Hybridlärchen (Larix x eurolepis Henry). Sauerländer's, Frankfurt a. M.

Langström B, Tenow O, Ericsson A, Hellquist C, Larsson S (1990) Effects of shoot pruning on stem growth, needle biomass, and dynamics of carbohydrates and nitrogen in Scots pine as related to season and tree age. Canadian Journal of Forest Research 20:514–523

Lanier L (1994) Précis de sylviculture. 2. Auflage. École Nationale du Génie Rural des Eaux et des Forêts, Nancy

Lanzerath D (2008) Der Wert der Biodiversität: Ethische Aspekte. In: Lanzerath D, Mutke J, Barthlott W, Baumgärtner S, Becker C, Spranger TM (Hrsg) Biodiversität. Alber, Freiburg i. Br., 147–213

Larcher W (2001) Ökophysiologie der Pflanzen – Leben, Leistung und Streßbewältigung der Pflanzen in ihrer Umwelt. 6. Auflage. Ulmer, Stuttgart

Larrieu L, Cabanettes A, Brin A, Bouget C, Deconchat M (2014) Tree microhabitats at the stand scale in montane beech-fir forests: practical information for taxa conservation in forestry. European Journal of Forest Research 133:355–367

Larsen AB (1996) Genetic structure of populations of beech (Fagus sylvatica L.) in Denmark. Scandinavian Journal of Forest Research 11:220–232

Larsen AS, Jensen M, Kjaer ED (2008) Crossability between wild (Malus sylvestris) and cultivated (M. x domestica) apples. Silvae Genetica 57:127–130

Loreau M, Naeem S, Inchausti P, Bengtsson J, Grime JP, Hector A, Hooper DU, Huston MA, Raffaelli D, Schmid B, Tilman D, Wardle DA (2001) Biodiversity and ecosystem functioning: current knowledge and future challenges. Science 294:804–808

Lowe A, Harris SA, Ashton P (2004) Ecological genetics – Design, analysis, and application. Blackwell Publishing, Malden

Lüdemann G (2007) Die Küstentanne in den norddeutschen Bundesländern. Forst und Holz 62 (1):12–14

Ludwig B, Rumpf S, Mindrup M, Meiwes K-J, Khanna PK (2002) Effects of lime and wood ash on soil-solution chemistry, soil chemistry and nutritional status of a pine stand in northern Germany. Scandinavian Journal of Forest Research 17:225–237

Ludwig G, Schnittler M (1996) Rote Liste gefährdeter Pflanzen Deutschlands. Schriftenreihe für Vegetationskunde 28

Lunderstädt J, Rohde M (1993) Biologie, Ausbreitungsstrategie und Bekämpfungsmöglichkeiten der Ulmensplintkäfer. Forschungsbericht der Hessischen Forstlichen Versuchsanstalt Hann. Münden 16:16–29

Lunderstädt J, Werder U von (1993) Der Einfluß der Durchforstung, des Kleinstandorts und der Durchmesserklasse auf die Befallsdynamik der Buchenwollschildlaus (Cryptococcus fagisuga) während der Latenzphase. Allgemeine Forst- und Jagdzeitung 164:1–9

Lundmark-Thelin A, Johansson M-B (1997) Influence of mechanical site preparation on decomposition and nutrient dynamics of Norway spruce (Picea abies (L.) Karst.) needle litter and slash needles. Forest Ecology and Management 96:101–110

Luoranen J, Rikala R, Smolander H (2011) Machine planting of Norway spruce by Bracke and Ecoplanter – An evaluation of soil preparation, planting method and seedling performance. Silva Fennica 45

Lüpke B von (1973a) Wasserhaushalt junger Fichten nach dem Verpflanzen. Forstwissenschaftliches Centralblatt 92:311–327

Lüpke B von (1973b) Wachstum junger Fichten in Abhängigkeit von ihrem Frischezustand vor der Pflanzung. Allgemeine Forst- und Jagdzeitung 144:141–146

Lüpke B von (1974) Einfluß einer Spätdüngung in der Baumschule auf den Anwuchserfolg von Fichten und Douglasien. Forst-und Holzwirt 29:36–39

Lüpke B von (1982) Versuche zur Einbringung von Lärche und Eiche in Buchenbestände. Schriften aus der Forstlichen Fakultät der Universität Göttingen und der Niedersächsischen Forstlichen Versuchsanstalt 74. Sauerländer's, Frankfurt a. M.

Lüpke B von (1986) Die Durchforstung, insbesondere Jungdurchforstung, von Buchenreinbeständen. Forst- und Holzwirt 41:54–61

Lüpke B von (1987a) Einflüsse von Altholzüberschirmung und Bodenvegetation auf das Wachstum junger Buchen und Traubeneichen. Forstarchiv 58:18–24

Lüpke B von (1987b) Überlegungen zur Wertleistung und Begründung von gleichaltrigen Buchen-Eichen-Mischbeständen im Forstamt Reinhausen. Forst- und Holzwirt 42:522–526

Lüpke B von (1989) Die Esche: wertvolle Baumart im Buchenwald. Allgemeine Forstzeitschrift 44:1040–1042

Lüpke B von (1991) Einfluß der Konkurrenz von Weichlaubhölzern auf das Wachstum junger Traubeneichen. Forst- und Holzwirt 46:166–168, 170–171

Lüpke B von (1995) Überschirmungstoleranz von Stiel- und Traubeneichen als Voraussetzung für Verjüngungsverfahren unter Schirm. Mitteilungen aus der Forstlichen Versuchsanstalt Rehinland-Pfalz 34:141–160

Lüpke B von (1998) Silvicultural methods of oak regeneration with special respect to shade tolerant mixed species. Forest Ecology and Management 106:19–26

Lüpke B von (2009) Überlegungen zur Baumartenwahl und Verjüngungsverfahren bei fortschreitender Klimaänderung in Deutschland. Forstarchiv 80:67–75

Lüpke B von, Hauskeller-Bullerjahn K (1999) Der Eichen-Naturverjüngungsversuch in Fischbach. Tagungsbericht Deutscher Verband Forstlicher Forschungsanstalten, Sektion Waldbau, Trippstadt:32–40

Lüpke B von, Hauskeller-Bullerjahn K (2004) Beitrag zur Modellierung der Jungwuchsentwicklung am Beispiel von Traubeneichen-Buchen-Mischverjüngungen. Allgemeine Forst- und Jagdzeitung 175:61–69

Lüpke B von, Kuhr M (2001) Grobwurzelausbildung der Fichte [Picea abies (L.) Karst.] in Abhängigkeit von Alter, Bodenart, sozialer Stellung und Bestandesstruktur. Forstarchiv 72:55–62

Lüpke B von, Röhrig E (1978) Versuche mit Fichten-Großpflanzen. Forst- und Holzwirt 33:165–172

Lüpke B von, Spellmann H (1997) Aspekte der Stabilität und des Wachstums von Mischbeständen aus Fichte und Buche als Grundlage für waldbauliche Entscheidungen. Forstarchiv 68:167–179

Lüpke B von, Ammer C, Bruciamacchie M, Brunner A, Ceitel J, Collet C, Deuleuze C, Di Placido J, Huss J, Jankovič J, Kantor P, Larsen JB, Lexer M, Löf M, Longauer R, Madsen P, Modrzyński J, Mosandl R, Pampe A, Pommerening A, Štefančik I, Tesar V, Thompson R, Zientarski J (2004) Silvicultural strategies for conversion. In: Spiecker H, Hansen J, Klimo E, Skovsgaard JPSH, Teuffel K von (Hrsg) Norway spruce conversion – Options and consequences. Brill, Leiden, 121–164

Lüpke M, Heitz R, Uhl E, Hübner C (2018) Die Edelkastanie in Bayern: Erkenntnisse aus einem Projekt der LWF. In: Bayerische Landesanstalt für Wald und Forstwirtschaft (LWF) (Hrsg) Beiträge zur Edelkastanie. LWF Wissen 81:42–53

Lupp G, Rudolf H, Kantelberg V, Koch M, Weber G, Pauleit S (2016) Welcher Wald ist schön? Waldästhetik sucht nach Erklärungen für unser Landschaftsempfinden. LWF aktuell 4/2016:10–13

Lusk CH, Jorgensen MA (2013) The whole-plant compensation point as a measure of juvenile tree light requirements. Functional Ecology 27:1286–1294

Lust N (1989) Growth, structure and shape characteristics of a 12 year old grey alder stand. Sylva Gandavensis 54:73–98

Lust N (1995) Nachhaltigkeit und Biodiversität von Straßburg über Rio nach Helsinki. Sylva Gandavensis 60:37–56

Lüthy H, Ehring A (2008) Anbauversuch mit autochthonen Walnussbäumen. AFZ-Der Wald 63:852–854

Lützke R (1961) Das Temperaturklima von Waldbeständen und -lichtungen im Vergleich zur offenen Feldflur. Archiv für Forstwesen 10:17–83

Luyssaert S, Ciais P, Piao SL, Schulze E-D, Jung GM, Zaehle S, Schelhaas MJ, Reichstein M, Churkina G, Papalle D, Abril G, Beer C, Grace J, Loustau D, Matteucci G, Magnani F, Nabuurs GJ, Verbeeck H, Sulkava M, van der Werf GR, Janssens IA (2010) The European carbon balance. Part 3: Forests. Global change Biology 16:1429–1450

Lyr H, Hoffmann G, Engel W (1964) Über den Einfluss unterschiedlicher Beschattung auf die Stoffproduktion von Jungpflanzen einiger Waldbäume: 2. Mitteilung. Flora 155:305–330

Lyr H, Hoffmann G, Dohse K, Lyr H, Hoffmann G, Engel W (1963) Über den Einfluß unterschiedlicher Beschattung auf die Stoffproduktion von Jungpflanzen einiger Waldbäume: 1. Mitteilung. Flora 153:291–311

Maarel E van der (1993) Relations between socio-ecological species groups and Ellenberg indicator values. Phytocoenologia 23:343–362

MacDicken KG, Sola P, Hall JE, Sabogal C, Tadoum M, Wasseige C de (2015) Global progress toward sustainable forest management. Forest Ecology and Management 352:47–56

Macher C. (2009) Überflutungstoleranz des Bergahorns: ein Überblick zum bisherigen Kenntnisstand. In: Bayerische Landesanstalt für Wald und Forstwirtschaft (LWF) (Hrsg) Beiträge zum Bergahorn. LWF Wissen 62:33–35

Mackenthun G (2001) Ulmus glabra Huds. emend. Moss, 1762. In: Roloff A, Weisgerber H, Lang U, Stimm B, Schütt P, Lang UM (Hrsg) Enzyklopädie der Holzgewächse – Handbuch und Atlas der Dendrologie/begründet von Peter Schütt. 24. Erg.Lfg. 6/2001. Wiley-VCH, Weinheim, 1–13

Mackenthun G (2003) Zur Blattmorphologie von Feld- und Bergulme. Mitteilungen der Deutschen Dendrologischen Gesellschaft 88:101–115

Mackenthun G (2004) Konzepte zur Erhaltung der Ulmen. Jahrbuch der Baumpflege 2004:72–82

Madsen P (1994) Growth and survival of Fagus sylvatica seedlings in relation to light intensity and soil water content. Scandinavian Journal of Forest Research 9:316–322

Madsen P (1995) Effects of soil water content, fertilization, light, weed competition and seedbed type on natural regeneration of beech (Fagus sylvatica). Forest Ecology and Management 72:251–264

Magin R (1952) Zuwachsleistungen der soziologischen Baumklassen in langfristig beobachteten Versuchsflächen. Forstwissenschaftliches Centralblatt 71:225–243

Magnussen S (1981) Vergleichende Untersuchungen über das Schattenerträgnis junger Weiß- und Küstentannen. In: Röhrig E (Hrsg) Neuere Grundlagen für den Anbau von Abies grandis. Schriften aus der Forstlichen Fakultät der Universität Göttingen und der Niedersächsischen Forstlichen Versuchsanstalt 71. Sauerländer's, Frankfurt a. M., 51–121

Magnussen S (1982) Vergleichende Untersuchungen über den Einfluß von Überschirmungen auf die Frostgefährdung von Weißtannen und Küstentannen. Allgemeine Forst- und Jagdzeitung 153:128–135

Magnussen S (1983) Wirkungen von Licht, Wasser und Nährstoffen auf junge Küstentannen (Abies grandis Lindley). Allgemeine Forst- und Jagdzeitung 154:10–20

Magurran AE (1988) Ecological diversity and its measurement. Princeton University Press, Princeton

Magurran AE (2004) Measuring biological diversity. Blackwell Science, Malden

Maier J (1997) Sorbus aucuparia Linné, 1753. In: Roloff A, Weisgerber H, Lang U, Stimm B, Schütt P, Lang UM (Hrsg) Enzyklopädie der Holzgewächse – Handbuch und Atlas der Dendrologie/begründet von Peter Schütt. 9. Erg.Lfg. 9/1997. Wiley-VCH, Weinheim, 1–16

Mailly D, Kimmins JP (1997) Growth of Pseudotsuga menziesii and Tsuga heterophylla seedlings along a light gradient: resource allocation and morphological acclimation. Canadian Journal of Botany 75:1424–1435

Makeschin F (1999) Short rotation forestry in Central and Northern Europe: introduction and conclusions. Forest Ecology and Management 121:1–7

Makeschin F, Rehfuess KE, Rüsch I, Schörry R (1989) Anbau von Pappeln und Weiden im Kurzumtrieb auf ehemaligem Acker: standörtliche Voraussetzungen, Nährstoffversorgung, Wuchsleistung und bodenökologische Auswirkungen. Forstwissenschaftliches Centralblatt 108:125–142

Mang K (1956) Der Föhren-Überhaltbetrieb im Forstamt Lindau. Allgemeine Forstzeitschrift 11:473–475

Mantel K (1990) Wald und Forst in der Geschichte: Ein Lehr- und Handbuch. Schaper, Alfeld

Mard H (1998) Short-term growth effects of whole-tree harvest in early thinnings of Birch (Betula spp) and Picea abies. Scandinavian Journal of Forest Research 13:317–323

Margreth S (2004) Die Wirkung des Waldes bei Lawinen. Forum für Wissen 2004:21–26

Marigo G, Peltier J-P, Girel J, Pautou G (2000) Success in the demographic expansion of Fraxinus excelsior L. Trees 15:1–13

Marquis DA (Hrsg) (1994) Quantitative silviculture for hardwood forests of the Alleghenies. U.S. Department of Agriculture, Forest Service, Northeastern Forest Experiment Station, General Technical Report NE-183, Radnor

Marschner B (1995) Wirkungen von Kalkungen auf Bodenchemismus und Stoffausträge. Allgemeine Forstzeitschrift 50:932–935

Marschner P (Hrsg) (2012) Marschner's mineral nutrition of higher plants. 3. Auflage. Academic Press, San Diego

Mason B, Perks MP (2011) Sitka spruce (Picea sitchensis) forests in Atlantic Europe: changes in forest management and possible consequences for carbon sequestration. Scandinavian Journal of Forest Research 26:72–81

Mason WL (1994) Production of undercut stock. In: Aldhous JR, Mason WL (Hrsg) Forestry nursery practice. HMSO, London, 112–121

Mason WL (2001) Herausforderungen an die Dauerwaldwirtschaft bei der Gestaltung von Nadelwäldern in Großbritannien. Forst und Holz 56:611–616

Mason WL (2007) Changes in the management of British forests between 1945 and 2000 and possible future trends. Ibis 149:41–52

Mason WL (2015) Implementing continuous cover forestry in planted forests: experience with Sitka spruce (Picea sitchensis) in the British isles. Forests 6:879–902

Mason WL, Jinks RL (1994) Vegetative propagation. In: Aldhous JR, Mason WL (Hrsg) Forestry nursery practice. HMSO, London, 135–147

Matejek B, Huber C, Dannenmann M, Kohlpaintner M, Gasche R, Papen H (2010) Microbial N turnover processes in three forest soil layers following clear cutting of an N saturated mature spruce stand. Plant and Soil 337:93–110

Matthes F (1910) Gemischter Buchenplenterwald auf Muschelkalk in Thüringen. Allgemeine Forst- und Jagdzeitung 86:149–164

Mattson A (1991) Root growth capacity and field performance of Pinus sylvestris and Picea abies seedlings. Scandinavian Journal of Forest Research 6: 105–112

Mattson A (1997) Predicting field performance using seedlings quality assessment. New Forests 13:227–252

Matula R, Svátek M, Kůrová J, Úradníček L, Kadavý J, Kneifl M (2012) The sprouting ability of the main tree species in Central European coppices: implications for coppice restoration. European Journal of Forest Research 131:1501–1511

Matyssek R, Fromm JRH, Roloff A (2010) Biologie der Bäume. Ulmer, Stuttgart

Matzner E (1985) Auswirkungen von Düngung und Kalkung auf den Elementumsatz in zwei Waldökosystemen im Solling. Allgemeine Forstzeitschrift 41:1143–1147

Matzner E, Meiwes K-J (1991) Effects of liming and fertilization on soil solution chemistry in north German forest ecosystems. In: Zöttl HW, Hüttl RF (Hrsg) Management of nutrition in forest under stress. Kluwer, Dordrecht, 377–389

Maurer H (2010) Weihnachtsbäume: Erfolgreich anbauen und vermarkten. 2. Auflage. Ulmer, Stuttgart

May KJ (1889) Geschichte der Aufastungstechnik und Aufastungslehre. Forstwissenschaftliches Centralblatt 11:16–32

May KJ (1890) Geschichte der Aufastungstechnik und Aufastungslehre (Fortsetzung). Forstwissenschaftliches Centralblatt 12:84–93

May KJ (1891) Geschichte der Aufastungstechnik und Aufastungslehre (Schluß). Forstwissenschaftliches Centralblatt 13:161–175

Mayer R (1958) Kronengröße und Zuwachsleistung der Traubeneiche auf süddeutschen Standorten. Allgemeine Forst- und Jagdzeitung 129:105-114, 151-163, 191-201

Mayer-Wegelin H (1936) Ästung. Schaper, Hannover

Mayhead GJ (1992) Some alternatives to herbicides in British forestry. Quarterly Journal of Forestry 86:105–112

Mayhead GJ, Boothman IR (1997) The effect of treeshelter height on the early growth of sessile oak. Forestry 70:151–155

Mayr H (1909) Waldbau auf naturgesetzlicher Grundlage. Parey, Berlin

McCarthy N, Bentsen NS, Willoughby I, Balandier P (2011) The state of forest vegetation management in Europe in the 21st century. European Journal of Forest Research 130:7–16

McFarlane PD, Sands R (2013) Wood and paper products. In: Sands R (Hrsg) Forestry in a global context. 2. Auflage. CAB International, Wallingford, 77–97

McIntyre S (1992) Risks associated with the setting of conservation priorities from rare plant species lists. Biological Conservation 60:31–37

McIntyre S (2011) Ecological and anthropomorphic factors permitting low-risk assisted colonization in temperate grassy woodlands. Biological Conservation 144:1781–1789

McKay HM (1994) Frost hardiness and cold starage tolerance of the root system of Picea sitchensis, Pseudotsuga menziesii, Larix kaempferi, and Pinus sylvestris bare-root seedlings. Scandinavian Journal of Forest Research 9:203–213

McKay HM (1997) A review of the effect of stresses between lifting and planting on the nusery stock quality and performance. New Forests 13:369–399

McKay HM (1998) Root electrolyte leakage and root growth potential as indicators of spruce and larch establishment. Silva Fennica 23:241–252

McKay HM, Howes B (1996) Recommended plant type and lifting dates for direct planting and cold storage of bare-root Douglas fir in Britain. Forestry Commission Research Information 284

McKinney LV, Nielsen LR, Collinge DB, Thomsen IM, Hansen JK, Kjaer ED (2014) The ash dieback crisis: genetic variation in resistance can prove a long-term solution. Plant Pathology 63:485–499

Mechler T (1989) Das Holz der Ulme und seine heutige Verwendung (Teile 1 bis 3). Holz-Zentralblatt 66:1051-1053, 78:1264-1243, 102:1517-1518

Meiggs R (1985) Trees and timber in the ancient Mediterranean world. Oxford University Press, Oxford

Meinberg K (1997) Das Wundstreifengerät für Pferdezug. Schriftenreihe Landesanstalt für Ökologie, Bodenordnung und Forsten (LÖBF), Landesamt für Agrarordnung Nordrhein-Westfalen 13:96–101

Meiwes K-J (1994) Kalkungen. In: Matschullat J, Schneider H, Ulrich B (Hrsg) Gefahr für Ökosysteme und Wasserqualität – Ergebnisse interdisziplinärer Forschung im Harz. Springer, Berlin, 415–431

Meiwes K-J, Mindrup M, Khanna PK (2002) Retention of Ca and Mg in the forest floor of a spruce stand after application of various liming materials. Forest Ecology and Management 159:27–36

Meiwes K-J, Rumpf S, Ahrends B, Rademacher P, Nagel J (2013) Nährstoffexporte bei Vollbaumnutzung in Nordwestdeutschland: Einflussfaktoren und standörtliche Bewertung. Berichte Freiburger Forstliche Forschung 94:99–108

Mellert K-H, Kölling C, Rehfuess KE (1996) Stoffauswaschung aus Fichtenwaldökosystemen Bayerns nach Sturmwurf. Forstwissenschaftliches Centralblatt 115:363–377

Mellert K-H, Kölling C, Rehfuess KE (1998) Vegetationsentwicklung und Nitrataustrag auf 13 Sturmkahlflächen in Bayern. Forstarchiv 69:3–11

Mellert K-H, Kolb E, Wellbrock N, Göttlein A (2017) Ernährungszustand der Wälder in Deutschland. AFZ-Der Wald 72 (19):41–44

Melzer EW, Brunn E, Netzker W (1992a) Pflanzverband und Kulturqualität bei Kiefer. Forstarchiv 63:136–142

Melzer EW, Brunn E, Netzker W (1992b) Wirkungen des Pflanzverbandes auf Höhe, Durchmesser und Aststärke der Kiefer in Dickung und Stangenholz. Forstarchiv 63:188–195

Mercer PC (1984) An investigation of conditions occurring within pruning wounds. European Journal of Forest Pathology 14:1–9

Merkel O (1967) Der Einfluß des Baumabstandes auf die Aststärke der Fichte. Allgemeine Forst- und Jagdzeitung 138:113–125

Messer H (1956) Untersuchungen über das Fruchten der Europäischen Lärche. Allgemeine Forst- und Jagdzeitung 127:8–16

Messer H (1959) Über die Behandlung des Forstsamens vor der Aussaat. Forst- und Holzwirt 14:47–50

Messer H (1963) Untersuchungen über die Reifung des Samens der Europäischen Lärche. Silvae Genetica 12:63–67

Messier CC, Puettmann KJ, Coates KD (Hrsg) (2013) Managing forests as complex adaptive systems – Building resilience to the challenge of global change. Routledge, London

Messier CC, Puettmann K, Filotas E, Coates KD (2016) Dealing with non-linearity and uncertainty in forest management. Current Forestry Reports 2:150–161

Mettendorf B (1991) Die Schwarznußhybride Juglans x intermedia Carr. Allgemeine Forstzeitschrift 46:605–607

Metz J, Annighöfer P, Schall P, Zimmermann J, Kahl T, Schulze E-D, Ammer C (2016) Site-adapted admixed tree species reduce drought susceptibility of mature European beech. Global change Biology 22:903–920

Metzler B (1997) Infektionsrisiko und Überwallungszeit bei grüngeästeten Fichten. Allgemeine Forstzeitschrift 52:149–151

Metzler B, Baumann M, Baier U, Heydeck P, Bressem U., Lenz, H. (2013) Handlungsempfehlungen beim Eschentriebsterben. AFZ-DerWald 68 (5):17–20

Meuser H (1996) Chemische Bodeneigenschaften und Sickerwasserqualität nach Kalkung. Allgemeine Forstzeitschrift 51:560, 562-563

Meyer DR (1998) Tierartenschutz in Wirtschaftswäldern. Schweizerische Zeitschrift für Forstwesen 149:865–874

Meyer K, Botsch K (2017) Do forest and health professionals presume that forests offer health benefits, and is cross-sectional cooperation conceivable? Urban Forestry and Urban Greening 27:127–137

Meyer N (2011) Sorbus-Vielfalt in Bayern. In: Bayerische Landesanstalt für Wald und Forstwirtschaft (LWF) (Hrsg) Beiträge zur Elsbeere. LWF Wissen 67:40–46

Meyer P (1999) Bestimmung der Waldentwicklungsphasen und der Texturdiversität in Naturwäldern. Allgemeine Forst- und Jagdzeitung 170:203–211

Meyer P (2000) Strukturelle Diversität und waldbauliche Eingriffe: Entwicklung der Durchmesser-Diversität von Buchen- und Fichtenbeständen in Abhängigkeit von der Eingriffsstärke. Tagungsbericht Deutscher Verband Forstlicher Forschungsanstalten, Sektion Waldbau, Dessau/Klieken:31–48

Meyer P (2007) Naturwaldreservate in Deutschland: Stand der Ausweisung, Methoden und Ergebnisse der Forschung. Forstarchiv 78:170–187

Meyer P (2013) Wie schnell werden Wirtschaftswälder zu Urwäldern? AFZ-Der Wald 68 (24):11–13

Meyer P, Ammer C (2019) Waldnutzungen. In: Wohlgemuth T, Jentsch A, Seidl R (Hrsg) Störungsökologie. Haupt, Bern, 273–303

Meyer P, Guericke M, Hillebrand K (1999) Eigendynamische und gesteuerte Waldentwicklung im Kalk-Buchenwald. Ein Vergleich des Naturwaldes Hünstollen und der Wuchsreihe Buche/Edellaubbäume im Forstamt Bovenden. Forst und Holz 54:48–54

Meyer P, Schmidt M, Spellmann H (2009) Die „Hotspots-Strategie“: Waldnaturschutzkonzept auf landesökologischer Grundlage. AFZ-Der Wald 64:822–824

Meyer P, Tabaku V, Lüpke B von (2003) Die Struktur albanischer Rotbuchen-Urwälder: Ableitungen für eine naturnahe Buchenwirtschaft. Forstwissenschaftliches Centralblatt 122:47–58

Meyer P, Ackermann J, Blacar P, Boddenberg J, Detsch R, Förster B, Fuchs H, Hoffmann B, Keitel W, Kölbel M, Köthke C, Koss H, Unkrig W, Weber J, Willig J (2001) Untersuchung der Waldstruktur und ihrer Dynamik in Naturwaldreservaten – Methodische Empfehlungen. IHW-Verlag, Eching

Meyer P, Bücking W, Gehlhar U, Schulte U, Steffens R (2007) Das Netz der Naturwaldreservate in Deutschland: Flächenumfang, Repräsentativität und Schutzstatus im Jahr 2007. Forstarchiv 78:188–196

Meyer P, Schmidt M, Spellmann H, Bedarff U, Bauhus J, Reif A, Späth V (2011) Aufbau eines Systems nutzungsfreier Wälder in Deutschland. Natur und Landschaft 86:243–249

Meyer P, Wevell v. Krüger A, Balcar P, Blaschke M, Braunisch V, Schmidt M, Schulte U (2017) Anpassung standortheimischer Baumarten an den Klimawandel. AFZ-Der Wald 72 (16):21-23

Meyer U (1980) Erfahrungen beim Elsbeerenanbau im Staatlichen Forstamt Grohnde. Aus dem Walde 33:184–193

Mezquida ET, Rubio A, Sánchez-Palomares O (2010) Evaluation of the potential index model to predict habitat suitability of forest species: the potential distribution of mountain pine (Pinus uncinata) in the Iberian peninsula. European Journal of Forest Research 129:133–140

Michaelis KA (1907) Gute Bestandspflege mit Starkholzzucht, eine der wichtigsten Aufgaben unserer Zeit. Neumann, Neudamm

Michiels H-G, Aldinger E (2002) Forstliche Standortsgliederung in der badischen Rheinaue. AFZ-Der Wald 57:811–815

Middelmann D (1997) Versuche zur Langzeitlagerung von Traubeneicheln. Allgemeine Forstzeitschrift 52:957

Miegroet M van, Verhegghe JF, Lust N (1981) Trends of development in the early stages of mixed natural regeneration of ash and sycomore. Sylva Gandavensis 48:1–29

Millar CI, Stephenson NL, Stephens SL (2007) Climate change and forest of the future: managing in the face of uncertainity. Ecological Applications 17:2145–2151

Miller KF, Quine CP, Hunt J (1987) The assessment of wind exposure for forestry in Upland Britain. Forestry 60:179–192

Milnik A (2007) Zur Geschichte der Kiefernwirtschaft in Nordostdeutschland. In: Ministerium für Ländliche Entwicklung, Umwelt und Verbraucherschutz (MLUV) des Landes Brandenburg (Hrsg) Die Kiefer im nordostdeutschen Tiefland – Ökologie und Bewirtschaftung. Eberswalder Forstliche Schriftenreihe 32:14–21

Mindrup M, Meiwes K-J (1995) Bewertung von Kalken für den Wald. Allgemeine Forstzeitschrift 50:928–931

Misson L, Ponette Q, André F (2001) Regional scale effects of base cation fertilization. Annals of Forest Science 58:699–712

Mitchell CP, Stevens EA, Watters MP (1999) Short rotation forestry operations: productivity and cocts based on experience gained in the UK. Forest Ecology and Management 121:123–126

Mitchell CP, Zsuffa L, Andersson S, Stevens DJ (Hrsg) (1990) Forestry, forest biomass, and biomass conversion. Elsevier, London

Mitchell PL (1992) Growth stages and microclimate in coppice and high forest. In: Buckley GP (Hrsg) The ecology and management of coppice woodland. Chapman and Hall, London, 31–51

Mitchell RG, Waring RH, Pitman GB (1983) Thinning lodgepole pine increases tree vigor and resistance to mountain pine beetle. Forest Science 29:204–211

Mitchell SJ (2000) Stem growth responses in Douglas-fir and Sitka spruce following thinning: implications for assessing wind firmness. Forest Ecology and Management 135:105–114

Mitscherlich G (1949) Über den Einfluß der Wuchsgebiete auf das Wachstum von Kiefernbeständen. Forstwissenschaftliches Centralblatt 68:193–216

Mitscherlich G (1950) Die Bedeutung der Wuchsgebiete für das Bestandeswachtum von Buche, Eiche, Erle und Birke. Forstwissenschaftliches Centralblatt 69:184–211

Mitscherlich G (1950/51) Eilhard Wiedemann. Allgemeine Forst- und Jagdzeitung 122:1–2

Mitscherlich G (1961) Untersuchungen in Plenterwäldern des Schwarzwaldes. Allgemeine Forst- und Jagdzeitung 132:61-73, 85-95

Mitscherlich G (1963) Untersuchungen in Schlag- und Plenterwäldern. Allgemeine Forst- und Jagdzeitung 134:1–12

Mitscherlich G (1970) Wald, Wachstum und Umwelt – Band 1: Form und Wachstum von Baum und Bestand. Sauerländer's, Frankfurt a. M.

Mitscherlich G (1971) Wald, Wachstum und Umwelt – Band 2: Waldklima und Wasserhaushalt. Sauerländer's, Frankfurt a. M.

Mitscherlich G (1973) Wald und Wind. Allgemeine Forst- und Jagdzeitung 144:76–81

Mitscherlich G (1974) Sturmgefahr und Sturmsicherung. Schweizerische Zeitschrift für Forstwesen 125:199–216

Mitscherlich G (1975) Wald, Wachstum und Umwelt – Band 3: Boden, Luft und Produktion. Sauerländer's, Frankfurt a. M.

Mitscherlich G (1981) Wald, Wachstum und Umwelt – Eine Einführung in die ökologischen Grundlagen des Waldwachstums. 2. Auflage. Sauerländer's, Frankfurt a. M.

Mitscherlich G, Gadow K von (1968) Über den Zuwachsverlust bei der Ästung von Nadelbäumen. Allgemeine Forst- und Jagdzeitung 139:175–184

Mitscherlich G, Künstle E, Lang W (1967) Ein Beitrag zur Frage der Beleuchtungsstärke im Bestande. Allgemeine Forst- und Jagdzeitung 138:213–223

Mittempergher L (1996) Ulmus carpinifolia Gleditsch, 1773. In: Roloff A, Weisgerber H, Lang U, Stimm B, Schütt P, Lang UM (Hrsg) Enzyklopädie der Holzgewächse – Handbuch und Atlas der Dendrologie/begründet von Peter Schütt. 4. Erg.Lfg. 4/1996. Wiley-VCH, Weinheim, 1–14

Mittempergher L, Santini A (2004) The history of elm breeding. Forest Systems 13:161–177

Mitton JB (1995) Genetics and physiological ecology of conifers. In: Smith WK, Hinkley TM (Hrsg) Ecophysiology of coniferous forests. Academic Press, San Diego, 1–36

Mjöfors K, Strömgren M, Nohrstedt H-Ö, Johansson M-B, Gärdenäs AI (2017) Indications that site preparation increases forest ecosystem carbon stocks in the long term. Scandinavian Journal of Forest Research 32:717–725

Modrý M, Hubený D, Rejšek K (2004) Differential response of naturally regenerated European shade tolerant tree species to soil type and light availability. Forest Ecology and Management 188:185–195

Mohr C, Schori C (1999) Femelschlag oder Plenterung: ein Vergleich aus betriebswirtschaftlicher Sicht. Schweizerische Zeitschrift für Forstwesen 150:49–55

Mohr H (1987) Natur und Moral – Ethik in der Biologie. Wissenschaftliche Buchgesellschaft, Darmstadt

Mohrdiek O (1976) Nachkommenschaftsuntersuchungen an Pappeln der Sektionen Aigeiros, Tacamahaca und Leuce mit Vorschlägen für die weitere Züchtungsarbeit. Dissertation, Georg-August-Universität. Göttingen

Möhring B, Wilhelm S (2015) Nadelholz: ökonomische Basis für Forstbetriebe. AFZ-Der Wald 70 (17):20–21

Möhring B, Rüping U, Blomberg M von (2017) Bewertungskonzept für forstliche Nutzungsbeschränkungen. Schriften zur Forst- und Umweltökonomie 45. Sauerländer's Verlag, Frankfurt a. M.

Moilanen M, Hytönen J, Hökkä H, Ahtikoski A (2015) Fertilization increased growth of Scots pine and financial performance of forest management in a drained peatland in Finland. Silva Fennica 49

Mölder A, Bernhardt-Römermann M, Leuschner C, Schmidt W (2009) Zur Bedeutung der Winterlinde (Tilia cordata Mill.) in mittel- und nordwestdeutschen Eichen-Hainbuchen-Wäldern. Tuexenia 29:9–23

Mölder A, Nagel R-V, Meyer P, Schmidt M, Rumpf H, Spellmann H (2017) Historischer Rückblick auf die Verjüngung von Eichen im Spessart des 19. Jahrhunderts: Bedeutung der angewandten Verfahren für die heutige Eichenwirtschaft. Forstarchiv 88:67–78

Molisch H (1937) Der Einfluß einer Pflanze auf die andere: Allelopathie. Fischer, Jena

Molisch H (2007) Der Einfluss einer Pflanze auf die andere: Allelopathie. Reprint. VDM, Saarbrücken

Möller A (1922) Der Dauerwaldgedanke, sein Sinn und seine Bedeutung. Julius Springer, Berlin

Moog M, Karberg B (1992) Ökonomische Gesichtspunkte zur Zielstärke von Kiefern und Buchen. Allgemeine Forstzeitschrift 47:85–90

Moosmayer HU, Schöpfer W (1972) Beziehungen zwischen Standortsfaktoren und Wuchsleistung der Fichte. Allgemeine Forst- und Jagdzeitung 143:203–215

Morat J (2015) Der Forstwirt. 6. Auflage. Ulmer, Stuttgart

Morecroft MD, Stokes VJ, Taylor ME, Morison JIL (2008) Effects of climate and management history on the distribution and growth of sycamore (Acer pseudoplatanus L.) in a southern British woodland in comparison to native competitors. Forestry 81:59–74

Morhart C, Oelke M, Springmann S, Spiecker H, Konold W. (2012) Wertholzproduktion in Agroforstsystemen: Chancen für Bewirtschafter und Umwelt. Archiv für Forstwesen und Landschaftsökologie 46:179–185

Morin X, Fahse L, Scherer-Lorenzen M, Bugmann H (2011) Tree species richness promotes productivity in temperate forests through strong complementarity between species. Ecology Letters 14:1211–1219

Mortzfeldt JU (1896) Über horstweisen Vorverjüngungsbetrieb. Zeitschrift für Forst- und Jagdwesen 28:2–31

Mosandl R (1984) Löcherhiebe im Bergmischwald. Forstliche Forschungsberichte München 61

Mosandl R (1991) Die Steuerung von Waldökosystemen mit waldbaulichen Mitteln – dargestellt am Beispiel des Bergmischwaldes. Mitteilungen aus der Staatsforstverwaltung Bayerns 46, München

Mosandl R, El Kateb H (1988) Die Verjüngung gemischter Bergwälder: praktische Konsequenzen aus 10jähriger Untersuchungsarbeit. Forstwissenschaftliches Centralblatt 107:2–13

Mosandl R, Knoke T (2002) Produktion von Fichtenqualitätsholz durch Astung. Allgemeine Forstzeitschrift 57:120–123

Mosandl R, El Kateb H, Ecker J (1991) Untersuchungen zur Behandlung von jungen Eichenbeständen. Forstwissenschaftliches Centralblatt 110:358–370

Mosandl R, Bues CT, Hannig W, Walther G (1995) Geastete Fichten im Frankenwald als Leitbild für die künftige Fichtenerziehung. Allgemeine Forstzeitschrift 40:1300–1306

Mou P, Fahey TJ, Hughes JW (1993) Effects of soil disturbance on vegetation recovery and nutrient accumulation following whole-tree harvest of a northern hardwood ecosystem. Journal of Applied Ecology 30:661–675

Mrotzek R, Schmidt W (1998) Zur Ausbreitung der Großen Brennessel (Urtica dioica L.) in Buchenwäldern und den möglichen Ursachen. Forst und Holz 53:237–240

Mucha J, Jagodziński AM, Bułaj B, Łakomy P, Talaśka AM, Oleksyn J, Zadworny M (2018) Functional response of Quercus robur L. to taproot pruning: a 5-year case study. Annals of Forest Science 75:22(1-12)

Mueller-Dombois D, Ellenberg H (1974) Aims and methods of vegetation ecology. Wiley, New York

Muhle O, Huss J (1972) Die Wirkung von Freischneidemaßnahmen bei verschiedenen Terminen auf das Wachstum junger Fichten. Allgemeine Forst- und Jagdzeitung 143:253–260

Muhs HJ (1984) Schnellwachsende Baumarten im Kurzumtrieb: Produktion, züchterische, ökologische und agrarpolitische Aspekte. Forstarchiv 55:171-175

Mulder J, Wit HAd, Boonen HWJ, Bakken LR (2001) Increased levels of aluminium in forest soils: effects on the stores of soil organic carbon. Water, Air, and Soil Pollution 130:989–994

Mülder D (1990) Nur Individualauswahl oder auch Gruppenauswahl? Schriften aus der Forstlichen Fakultät der Universität Göttingen und der Niedersächsischen Forstlichen Versuchsanstalt 96. Sauerländer's, Frankfurt a. M.

Muller C, Falleri E, Laroppe E, Bonnet-Masimbert M (1999) Drying and storage of prechilled Douglas fir, Pseudotsuga menziesii, seeds. Canadian Journal of Forest Research 29:172–177

Müller J, Bütler R (2010) A review of habitat thresholds for dead wood: a baseline for management recommendations in European forests. European Journal of Forest Research 129:981–992

Müller J, Stollenmaier S (1994) Auswirkungen des Douglasienanbaus auf die Vogelwelt. Allgemeine Forstzeitschrift 49:237–239

Müller-Kroehling S (2003) Flatterulme: ein unbekannter Baum. Allgemeine Forstzeitschrift 58:1282–1286

Müllerová J, Hédl R, Szabó P (2015) Coppice abandonment and its implications for species diversity in forest vegetation. Forest Ecology and Management 343:88–100

Müller-Starck G (1976) Einschätzung genetischer Verwandtschafts- und Inzuchtverhältnisse anhand der Pollen- und Samenverbreitung bei Fichte und Kiefer. Dissertation, Georg-August-Universität, Göttingen

Müller-Starck G (1994) Die Bedeutung der genetischen Variation für die Anpassung gegenüber Umweltstreß. Schweizerische Zeitschrift für Forstwesen 145:977–994

Müller-Starck G (1996) Genetische Aspekte der Reproduktion der Buche (Fagus sylvatica L.) unter Berücksichtigung waldbaulicher Gegebenheiten. Berichte des Forschungszentrums Waldökosysteme der Universität Göttingen Reihe A 135, Göttingen

Müller-Starck G, Ziehe M, Bergmann I, Gregorius HR, Hattemer HH (1982) Die Samenplantage als Instrument der Vermehrung von Waldbäumen. Allgemeine Forst- und Jagdzeitung 153:220–229

Müller-Using S, Bartsch N (2007) Totholz im Elementhaushalt eines Buchenbestandes. Forstarchiv 78:12–23

Müller-Using S, Bartsch N (2009) Decay dynamic of coarse and fine woody debris of a beech (Fagus sylvatica L.) forest in Central Germany. European Journal of Forest Research 128:287–296

Mullin L (2002) Pinus strobus L. In: CABI (Hrsg) Pines of silvicultural importance. CAB International, Wallingford, 424–449

Münch E (1936) Das Erlensterben. Forstwissenschaftliches Centralblatt 58:173-194, 230-248

Münch E, Dieterich V (1925) Kalkeschen und Wassereschen. Forstliche Wochenschrift Silva 13:129–135

Münch HG (1992) Praxiserfahrungen mit Pflanzfrisch-Transportsäcken. Allgemeine Forstzeitschrift 47:250–251

Mund M, Frischbier N, Profft I, Raacke J, Richter F, Ammer C (2015) Klimaschutzwirkung des Wald- und Holzsektors – Schutz- und Nutzungszenarien für drei Modellregionen in Thüringen. BfN-Skripten 396

Nabuurs G-J, Lindner M, Verkerk PJ, Gunia K, Deda P, Michalak R, Grassi G (2013) First signs of carbon sink saturation in European forest biomass. Nature Climate change 3:792–796

Nadrowski K, Wirth C, Scherer-Lorenzen M (2010) Is forest diversity driving ecosystem function and service? Current Opinion in Environmental Sustainability 2:75–79

Naeem S, Duffy JE, Zavaleta E (2012) The functions of biological diversity in an age of extinction. Science 336:1401–1406

Nagel J (1986) Wachstumsmodell für Bergahorn in Schleswig-Holstein. Allgemeine Forst- und Jagdzeitung 157:31–35

Nagel J (1999) Konzeptionelle Überlegungen zum schrittweisen Aufbau eines waldwachstumskundlichen Simulationssystems für Nordwestdeutschland. Schriften aus der Forstlichen Fakultät der Universität Göttingen und der Niedersächsischen Forstlichen Versuchsanstalt 128. Sauerländer's, Frankfurt a. M.

Nagel J, Spellmann H, Pretzsch H (2012) Zum Informationspotenzial langfristiger forstlicher Versuchsflächen und periodischer Waldinventuren für die waldwachstumskundliche Forschung. Allgemeine Forst- und Jagdtzeitung 183:111–116

Nagel R-V (2015) Roteiche (Quercus rubra L.). In: Vor T, Spellmann H, Bolte A, Ammer C (Hrsg) Potenziale und Risiken eingeführter Baumarten – Baumartenporträits mit naturschutzfachlicher Bewertung. Göttinger Forstwissenschaften 7:219–267

Nambiar EKS, Sands R (1993) Competition for water and nutrients in forests. Canadian Journal of Forest Research 23:1955–1968

Namvar K, Spethmann W (1985) Die Baumarten der Gattung Sorbus: Vogelbeere, Mehlbeere, Elsbeere und Speierling. Allgemeine Forstzeitschrift 40:937–943

Natzke H (1994) 10 Jahre Mykorrhizaforschung in die Baumschulpraxis überführt. Forst und Holz 49:485-486

Navrátil M, Špunda V, Marková I, Janouš D (2007) Spectral composition of photosynthetically active radiation penetrating into a Norway spruce canopy: the opposite dynamics of the blue/red spectral ratio during clear and overcast days. Trees 21:311–320

Nebe W (1968) Über Beziehungen zwischen Klima und Wachstum der Fichte (Picea abies) in ihrem europäischen Verbreitungsgebiet. Archiv für Forstwesen 17:1219–1238

Neger FW (1908) Das Tannensterben in den sächsischen und anderen deutschen Mittelgebirgen. Tharandter Forstliches Jahrbuch 58:201–225

Nehring S (2016) Die invasiven gebietsfremden Arten der ersten Unionsliste der EU-Verordnung Nr. 1143/2014. BfN-Skripten 438

Nelder JA (1962) New kinds of systematic designs for spacing experiments. Biometrics 1962:283–307

Neophytou C, Fussi B, Konnert M, Luckas M (2014) Traubeneiche und Stieleiche: zwei ungleiche Schwestern. In: Bayerische Landesanstalt für Wald und Forstwirtschaft (LWF) (Hrsg) Beiträge zur Taubeneiche. LWF Wissen 75:14–20

Nepveu G, Blachon JP (2009) Largeur de cernes et aptitude à l`usage en structure de quelques coniféres: Douglas, pin sylvestre, pin maritime, épicea de sitka, épicea commun, sapin pectiné. Revue Forestière Française 41:497–506

Netherer S, Schopf A (2010) Potential effects of climate change on insect herbivores in European forests: general aspects and the pine processionary moth as specific example. Forest Ecology and Management 259:831–838

Neuner S, Knoke T (2017) Economic consequences of altered survival of mixed or pure Norway spruce under a dryer and warmer climate. Climatic Change 140:519–531

Neuner S, Albrecht A, Cullmann D, Engels F, Griess VC, Hahn WA, Hanewinkel M, Härtl F, Kölling C, Staupendahl K, Knoke T (2015) Survival of Norway spruce remains higher in mixed stands under a dryer and warmer climate. Global change Biology 21:935–946

Newton AC (2007) Forest ecology and conservation – A handbook of techniques. Oxford University Press, Oxford

Nickel M, Steinacker L, Klemmt H-J, Pretzsch H (2008) Wachstum verschiedener Nussbaumarten in Bayern. In: Bayerische Landesanstalt für Wald und Forstwirtschaft (Hrsg) Beiträge zur Walnuss. LWF Wissen 60:37–43

Niedersächsische Landesforsten (2019) Klimaangepasste Baumartenwahl in den niedersächsischen Landesforsten. Aus dem Walde 61, Braunschweig

Nielsen AB, Giesecke T, Theuerkauf M, Feeser I, Behre K-E, Beug H-J, Chen S-H, Christiansen J, Dörfler W, Endtmann E, Jahns S, Klerk P de, Kühl N, Latałowa M, Odgaard BV, Rasmussen P, Stockholm JR, Voigt R, Wiethold J, Wolters S (2012) Quantitative reconstructions of changes in regional openness in north-central Europe reveal new insights into old questions. Quaternary Science Reviews 47:131–149

Nielsen BO (1985) Ecological and evolutionary interactions between reproduction of beech and seed eating animals. Oikos 44:157–164

Nielsen CCN (1990) Einflüsse von Pflanzenabstand und Stammzahlhaltung auf Wurzelform, Wurzelbiomasse, Verankerung sowie auf die Biomassenverteilung im Hinblick auf die Sturmfestigkeit der Fichte. Schriften aus der Forstlichen Fakultät der Universität Göttingen und der Niedersächsischen Forstlichen Versuchsanstalt 100. Sauerländer's, Frankfurt a. M.

Nielsen CCN (1995) Recommendations for stabilisation of Norway spruce stands based on ecological surveys. In: Coutts MP, Grace J (Hrsg) Wind and trees. Cambridge University Press, Cambridge, 424–435

Nielsen O (1977) Seasonal and annual variation in litterfall in a beech stand. Særtryk Forstlige Forsøgsvæsen Danmark 35:16–38

Nielsen UB, Madsen P, Hansen JK, Nord-Larsen T, Nielsen AT (2014) Production potential of 36 poplar clones grown at medium length rotation in Denmark. Biomass and Bioenergy 64:99–109

Niemeyer H, Paul H, Krüger F (1997) Totalschaden durch Erdmäuse. Forst und Holz 52:633–634

Nieppola J (1993) Understory plants as indicators of site productivity in Pinus sylvestris stands. Scandinavian Journal of Forest Research 8:49–65

Niesar M, Hartmann G, Kehr R, Pehl, L., Wulf A (2007) Symptome und Ursachen der aktuellen Buchenrindenerkrankung in höheren Lagen von Nordrhein-Westfalen. Forstarchiv 78:105–116

Niinemets Ü (2006) The controversy over traits conferring shade-tolerance in trees: ontogenetic changes revisited. Journal of Ecology 94:464–470

Nilgård B (1972) Plant biomass, primary production and distribution of chemical elements in a beech and a planted spruce forest in South Sweden. Oikos 23:69–81

Nill M, Kohnle U, Sauter UH (2011) Rindenschäden mit mutmaßlichem Bezug zur Holzernte im Spiegel der Betriebsinventuren in Baden-Württemberg. Forstarchiv 82:216–224

Nilsson SG (1985) Ecological and evolutionary interactions between reproduction of beech and seed eating animals. Oikos 44:157–170

Nilsson SI, Andersson S, Valeur I, Persson T, Bergholm J, Wirén A (2001) Influence of dolomite lime on leaching and storage of C, N and S in a spodosol under Norway spruce (Picea abies (L.) Karst.). Forest Ecology and Management 146:55–73

Nilsson U, Albrektson A (1994) Development of growth and self-thinning in two young Scots pine stands planted with different initial densities. Forest Ecology and Management 68:209–215

Nilsson U, Gemmel P (1993) Changes in growth and allocation of growth in young Pinus sylvestris and Picea abies due to competition. Scandinavian Journal of Forest Research 8:213–222

Nilsson U, Gemmel P, Löf M, Welander T (1996) Germination and early growth of sown Quercus robur L. in relation to soil preparation, sowing depths and prevention against predation. New Forests 12:69–86

Nilsson U, Gemmel P, Johansson U, Karlsson M, Welander T (2002) Natural regeneration of Norway spruce, Scots pine and birch under Norway spruce shelterwoods of varying densities on a mesic-dry site in southern Sweden. Forest Ecology and Management 161:133–145

Nilsson U, Luoranen J, Kolström T, Örlander G, Puttonen P (2010) Reforestation with planting in northern Europe. Scandinavian Journal of Forest Research 25:283–294

Ninemets Ü, Valladares F (2006) Tolerance to shade, drought, and waterlogging of temperate northern hemisphere trees and shrubs. Ecological Monographs 76:521–547

Nipperdey T (1993) Deutsche Geschichte 1866–1918 – Bd. 1: Arbeitswelt und Bürgergeist. Deutsche Geschichte 1866-1918. Beck, München

Nipperdey T (2013) Deutsche Geschichte. Beck, München

NMRELV (Niedersächsisches Ministerium für den ländlichen Raum, Ernährung Landwirtschaft und Verbraucherschutz) (2004) Langfristige ökologische Waldentwicklung – Richtlinie zur Baumartenwahl. Aus dem Walde 54, Wolfenbüttel

Nohrstedt H-Ö (2010) Response of coniferous forest ecosystems on mineral soils to nutrient additions: a review of Swedish experiences. Scandinavian Journal of Forest Research 16:555–573

Noltensmeier A, Lermer G (2015) Strobe (Pinus strobus L.). In: Vor T, Spellmann H, Bolte A, Ammer C (Hrsg) Potenziale und Risiken eingeführter Baumarten – Baumartenportraits mit naturschutzfachlicher Bewertung. Göttinger Forstwissenschaften 7:142–153

Nordmann B (2009) Wurzelwachstum des Bergahorns. In: Bayerische Landesanstalt für Wald und Forstwirtschaft (LWF) (Hrsg) Beiträge zum Bergahorn. LWF Wissen 62:30–32

Nordwestdeutsche Forstliche Versuchsanstalt (Hrsg) (2012) Züchtung und Ertragsleistung schnellwachsender Baumarten im Kurzumtrieb. Beiträge aus der Nordwestdeutschen Forstlichen Versuchsanstalt 8

Norton BG (1987) Why preserve natural variety? Studies in moral, political, and legal philosophy. Princeton University Press, Princeton

Nussbaumer A, Waldner P, Etzold S, Gessler A, Benham S, Thomsen IM, Jørgensen BB, Timmermann V, Verstraeten A, Sioen G, Rautio P, Ukonmaanaho L, Skudnik M, Apuhtin V, Braun S, Wauer A (2016) Patterns of mast fruiting of common beech, sessile and common oak, Norway spruce and Scots pine in Central and Northern Europe. Forest Ecology and Management 363:237–251

Nüsslein H (1978) Eichenmasten im Spessart und ihre Ausnutzung. Allgemeine Forstzeitschrift 33:667–669

Nüsslein S (1999) Birken wirken wuchsfördernd. Allgemeine Forstzeitschrift 54:615–617

Nyári L (2010) Genetic diversity, differentiation and spatial genetic structures in differently managed adult European beech (Fagus sylvatica L.) stands and their regeneration. Forstarchiv 81:156–164

Nygaard P, Øyen B-H (2017) Spread of the introduced Sitka spruce (Picea sitchensis) in coastal Norway. Forests 8:24(1-13)

Nykänen ML, Peltola H, Quine CP, Kellomäki S, Broadgate M (1997) Factors affecting snow damage of trees with particular reference to European conditions. Silva Fennica 31:193–213

Nykvist N (1974) The disturbance of inorganic nutrients before and after clear-felling. Sveriges Skogsvardsförb. Tidskr. 1:75–79

Nyland RD (2002) Silviculture – Concepts and applications. 2. Auflage. McGraw-Hill, Boston

Obal K-H, Bartsch N (2000) Anwuchs und Jugendwachstum von Vogelkirsche unter Schirm. Forst und Holz 55:616, 618-621

Ode ÅK, Fry GLA (2002) Visual aspects in urban woodland management. Urban Forestry and Urban Greening 1:15–24

Oelkers J (1941) Kalkesche und Wasseresche. Mitteilungen aus Forstwirtschaft und Forstwissenschaft 12

Okali DUU (1966) A comparative study of the ecologically related tree species, Acer pseudoplatanus L. and Fraxinus excelsior L. I. An analysis of seedling distribution, II. An analysis of adult tree distribution. Journal of Ecology 54:129-141, 419-425

Økland B, Nikolov C, Krokene P, Vakula J (2016) Transition from windfall- to patch-driven outbreak dynamics of the spruce bark beetle Ips typographus. Forest Ecology and Management 363:63–73

Olberg A (1951) Maximale Wertholzleistungsfähigkeit in gleichaltrigen reinen Beständen. Forstwissenschaftliches Centralblatt 70:1–17

Olberg A (1957) Beiträge zum Problem der Kiefernnaturverjüngung. Schriften aus der Forstlichen Fakultät der Universität Göttingen und der Niedersächsischen Forstlichen Versuchsanstalt 18. Sauerländer's, Frankfurt a. M.

Olberg A, Kühn D (1930) Über den Zusammenhang zwischen der Holzqualität und der Jugendentwicklung der Kiefer. Zeitschrift für Forst- und Jagdwesen 62:625–658

Olberg A, Röhrig E (1955) Waldbauliche Untersuchungen über die Weißtanne im nördlichen und mittleren Westdeutschland. Schriftenreihe der Forstlichen Fakultät der Universität Göttingen und Mitteillungen der Niedersächsischen Forstlichen Versuchsanstalt 12. Sauerländer's, Frankfurt a. M.

Oleskog G, Sahlén K (2000) Effects of seedbed substrate on moisture condition and germination of Pinus sylvestris seeds in a clearcut. Scandinavian Journal of Forest Research 15:225–236

Olischläger K (1970) Zur Wertästung der Fichte. Forstarchiv 41:241–245

Oliver CD, Larson BC (1996) Forest stand dynamics. Wiley, New York

Oliver HR, Mayhead GJ (1974) Wind measurements in a pine forest during a destructive gale. Forestry 47:185–195

Oosterbaan A (1984) Natural regeneration pf beech on „holt-podsol“ sites. Nederlands Bosbow Tijdschrift 56:145–154

Oplatka M (1998) Stabilität von Weidenverbauungen an Flussufern. Mitteilungen der Versuchsanstalt für Wasserbau, Hydrologie und Glaziologie ETH Zürich 156

Örlander G (1986) Effect of planting and scarification on the water relations in planted seedlings of Scots pine. Studia Forestalia Suecica 173

Osterburg B, Rüter S, Freibauer A, Witte Td, Elsasser P, Kätsch S, Leischner B, Paulsen HM, Rock J, Röder N, Sanders J, Schweinle J, Steuk J, Stichnothe H, Stümer W, Welling J, Wolff A (2013) Handlungsoptionen für den Klimaschutz in der deutschen Agrar- und Forstwirtschaft. Thünen-Report 11. Johann Heinrich von Thünen-Institut, Braunschweig

Oswald H (1984) Floraison, pollinisation et fructification chez le hêtre. In: Pesson P, Louveau J (Hrsg) Pollination et production végétales. INRA, Paris, 244–258

Oswald H, Pardé J (1976) Une expérience d'espacement de plantation de Douglas en forêt domaniale d'Amance. Revue Forestière Française 28:185–192

Oswald H, Pardé J (1984) Le Douglas en France: sylviculture et production. Revue Forestière Française 36:56–68

Ott B, Lüpke B von (2006) Erfolg von Buchenpflanzungen auf Sturmschadensflächen von 1990 im hessischen Vogelsberg. Forstarchiv 77:119–126

Ott B, Goldmann I, Bartsch N (2003) Qualität von Buchenkulturen auf Windwurfflächen. Allgemeine Forstzeitschrift 58:264–267

Ott E (1996) Leitbilder zur Schutzwirkung des Waldes vor Lawinenbildung. Forstwissenschaftliches Centralblatt 115:223–230

Ott E, Fehner M, Frey H-U, Lüscher P (1997) Gebirgsnadelwälder – Ein praxisorientierter Leitfaden für eine standortgerechte Waldbehandlung. Haupt, Bern

Otto H-J (1987) Skizze eines optimalen Douglasienwaldbaus in Nordwestdeutschland. Forst- und Holzwirt 42:515–522

Otto H-J (1991) Übereinstimmung und Konflikt: Forstökologie, Waldbau und Naturschutz. Allgemeine Forstzeitschrift 46:9–14

Otto H-J (1992) Ökologische Grundlagen des Regierungsprogramms. Allgemeine Forstzeitschrift 47:566–568

Otto H-J (1994) Waldökologie. UTB 8077. Ulmer, Stuttgart

Otto H-J (1995) Die Verwirklichung des LÖWE-Regierungsprogramms. Allgemeine Forstzeitschrift 50: 1028–1031

Otto H-J (2000a) Waldbauliche Erfahrungen nach der Sturmkatastrophe: eine Rückschau in Niedersachsen. Forst und Holz 55:371–375

Otto H-J (2000b) Wie wär's denn mal mit 'ner Durchforstung? Forst und Holz 55:165

Otto H-J (2002) Antriebskräfte natürlicher Buchenwalddynamik in Europa. Forst und Holz 57:649–653

Otto H-J, Wagner S, Schüler G (2007) Standortansprüche der wichtigsten Waldbaumarten. 9. Auflage. AID 1095. AID – Infodienst Ernährung Landwirtschaft Verbraucherschutz, Bonn

Overbeck M, Schmidt M (2012) Modelling infestation risk of Norway spruce by Ips typographus (L.) in the Lower Saxon Harz Mountains (Germany). Forest Ecology and Management 266:115–125

Paar U, Kuhr M, Rocke A, Westphal J, Eichhorn J (2004) Die Fruktifikation der Buche. In: Schmidt. M. (Hrsg) Ergebnisse und Perspektiven angewandter Buchenforschung in Hessen: Hessisches Naturwaldforum Buche. Auftaktveranstaltung in Bad Wildungen am 19. Januar 2004, Hann.Münden

Packham JR, Thomas PA, Atkinson MD, Degen T (2012) Biological flora of the British isles: Fagus sylvatica. Journal of Ecology 100:1557–1608

Paine TD (Hrsg) (2006) Invasive forest insects, introduced forest trees, and altered ecosystems: ecological pest management in global forests of a changing world. Springer, Dordrecht

Paine RT (1980) Food webs: linkage, interaction strength, and community infrastructure. Journal of Animal Ecology 49:667–685

Paine RT (1995) A conversation on refining the concept of keystone species. Conservation Biology 9:962–964

Palmer S (1985) Der Buchen-Vorbau: seine Bedeutung, Planung und Technik. Allgemeine Forstzeitschrift 40:1217–1220

Palmer S (1997) Auf dem Wege zu naturnaher Fichtenwirtschaft: durch Struktur und Mischung aus der Krise? Anmerkungen und Thesen zum Tagungsthema. Der Dauerwald 15:2–16

Palo M, Uusivuori J, Mery G (Hrsg) (2001) World forests, markets, and policies. World forests 3. Kluwer, Dordrecht

Pampe A (2001) Plätzeweise Bodenbearbeitung und Container-Pflanzung. Allgemeine Forstzeitschrift 56:219–222

Pampe A, Häseker B (2003) Wurzelentwicklung von Buchen aus Hartwandcontainern. AFZ/Der Wald 58:256–259

Pampe A, Spellmann H, Schmidtke H, Rieckmann P (2003) Jugendwachstum und Differenzierung von Fichten-Naturverjüngungen: Konsequenzen für die waldbauliche Behandlung. Forst und Holz 58:390–394

Pan Y, Birdsey RA, Fang J, Houghton R, Kauppi PE, Kurz WA, Phillips OL, Shvidenko A, Lewis SL, Canadell JG, Ciais P, Jackson RB, Pacala SW, McGuire AD, Piao S, Rautiainen A, Sitch S, Hayes D (2011) A large and persistent carbon sink in the world's forests. Science 333:988–993

Papen H, Butterbach-Bahl K (1999) Three years continuous record of N-trace gas fluxes from untreated and limed soil of a N-saturated spruce and beech forest ecosystem in Germany. Journal of Geophysical Research Atnospheres 104:18487–18503

Pâques LE (Hrsg) (2013) Forest tree breeding in Europe – Current state-of the-art and perspectives. Springer, Dordrecht

Pâques LE, Foffová E, Heinze B, Lelu-Walter M-A, Liesebach M, Philippe G (2013) Larches (Larix sp.). In: Pâques LE (Hrsg) Forest tree breeding in Europe – Current state-of the-art and perspectives. Springer, Dordrecht, 13–122

Paradelo R, Virto I, Chenu C (2015) Net effect of liming on soil organic carbon stocks: a review. Agriculture, Ecosystems and Environment 202:98–107

Parsons WFJ, Knight DH, Miller SL (1994) Root gap dynamics in lodgepole pine forests: nitrogen transformations in gaps of different size. Ecological Applications 4:354–362

Parviainen J (2009) Nachhaltige Waldbewirtschaftung und steigende Ansprüche der Gesellschaft in Europa. In: Thees O, Lemm R (Hrsg) Management zukunftsfähige Waldnutzung: Grundlagen, Methoden und Instrumente. vdf Hochschulverlag, Zürich, 649–674

Paterson DB, Mason WL (1999) Cultivation of soils for forestry. Forestry Commission Bulletin 119

Pausas JG, Llovet J, Rodrigo A, Vallejo R (2008) Are wildfires a disaster in the Mediterranean basin? a review. International Journal of Wildland Fire 17:713–723

Pautasso M, Holdenrieder O, Stenlid J (2005) Susceptibility to fungal pathogens of forests differing in tree diversity. In: Scherer-Lorenzen M, Körner C, Schulze E-D (Hrsg) Forest diversity and function – Temperate and boreal systems. Springer, Berlin, 263–289

Pearcy RW, Ehleringer J, Mooney HA, Rundel PW (1996) Plant physiological ecology – Field methods and instrumentation. Chapman and Hall, London

Peet RK, Roberts DW (2013) Classification of natural and semi-natural vegetation. In: van der Maarel E, Franklin J (Hrsg) Vegetation ecology. 2. Auflage. Wiley-Blackwell, Hoboken, 28–70

Peine J (1978) Läuterung ohne Lärm und Chemie: Eine Ringelsäge für die Laubholzläuterung. Allgemeine Forstzeitschrift 33:754–755

Pelz R, Peck JL, Harausz K (2001) Über die räumliche und zeitliche Variation der Diversität. Allgemeine Forst- und Jagdzeitung 172:156–160

Pelz S, Bender G, Becker G, Bücking M (2003) Eigenschaften von Rund- und Schnittholz Japanischer Lärchen (Larix leptolepis [Sieb. et Zucc.] Gord.) aus rheinland-pfälzischen Beständen. Forst und Holz 58:571–575

Perala DA, Alm AA (1990) Reproductive ecology of birch: a review. Forest Ecology and Management 32:1–38

Perpeet M (2000) Zur Anwendung von Waldentwicklungstypen. Forstarchiv 71:151–160

Perrin R (1979) La pourriture des faines causfée par Rhizoctonia solani Kühn: incidence de cette maladie après les fainées de 1974 et 1976: traitement curatif des faines en vue de la conservation. European Journal of Forest Pathology 9:89–103

Persson A (1994) Stem cracks in Norway spruce in southern Scandinavia: causes and consequences. Annals of Forest Science 51:315-327

Persson P, Persson A, Stahl EG, Karlmats U (1995) Wood quality of Pinus sylvestris progenies at various spacings. Forest Ecology and Management 76:127–138

Petercord R (2006) Die Buchenwollschildlaus (Cryptococcus fagisuga LIND.) als Auslöser der Buchenrindennekrose. In: Petercord R, Block J (Hrsg) Strategien zur Sicherung von Buchenwäldern. Trippstadt, 53–62

Petercord R, Straßer L (2012) Der Lärchenkrebs: die schwerwiegendste Erkrankung der Lärche. In: Bayerische Landesanstalt für Wald und Forstwirtschaft (LWF) (Hrsg) Beiträge zur Europäischen Lärche. LWF Wissen 69: 56–59

Peters FS, Bußkamp J, Prospero S, Rigling D, Metzler B (2014) Genetic diversification of the chestnut blight fungus Cryphonectria parasitica and its associated hypovirus in Germany. Fungal Biology 118:193–210

Peters R (1997) Beech forests. Kluwer, Dordrecht

Peters T, Bilke G (2004) Waldumbau von Kiefernreinbeständen mit Eiche. Allgemeine Forstzeitschrift 59:875–878

Petersen R (2015) Waldbaulicher Umgang mit der Spätblühenden Traubenkirsche. AFZ-Der Wald 70 (4):18–21

Petersen R, Wagner S (1999) Erste Ergebnisse eines Voranbauversuches unter Kiefer im östlichen Niedersachsen. Forst und Holz 54:647–653

Petersen R, Schüller S, Ammer C (2009) Einfluss unterschiedlich starker Birkenkonkurrenz auf das Jugendwachstum von Traubeneichen: Ergebnisse einer 8-jährigen Beobachtungsreihe. Forstarchiv 80:208–214

Petersen R, Annighöfer P, Spellmann H, Leder B (2015) Spätblühende Traubenkirsche (Prunus serotina Ehrh.). In: Vor T, Spellmann H, Bolte A, Ammer C (Hrsg) Potenziale und Risiken eingeführter Baumarten – Baumartenportraits mit naturschutzfachlicher Bewertung. Göttinger Forstwissenschaften 7:167–186

Peterson JA, Seiler JR, Nowak J, Ginn SE, Kreh RE (1997) Growth and physiological responses of young loblolly pine stands to thinning. Forest Science 43:529–534

Peterson CJ, Carson WP, McCarthy BC, Pickett STA (1990) Microsite variation and soil dynamics within newly created treefall pits and mounds. Oikos 58:39–46

Petrițan AM, Lüpke B, Petrițan IC (2009) Influence of light availability on growth, leaf morphology and plant architecture of beech (Fagus sylvatica L.), maple (Acer pseudoplatanus L.) and ash (Fraxinus excelsior L.) saplings. European Journal of Forest Research 128:61–74

Petrițan AM, Lüpke B von, Petrițan IC (2010) A comparative analysis of foliar chemical composition and leaf construction costs of beech (Fagus sylvatica L.), sycamore maple (Acer pseudoplatanus L.) and ash (Fraxinus excelsior L.) saplings along a light gradient. Annals of Forest Science 67:610

Pettersson F, Högbom L (2004) Long-term growth effects following forest nitrogen fertilization in Pinus sylvestris and Picea abies stands in Sweden. Scandinavian Journal of Forest Research 19:339–347

Pfadenhauer JS, Klötzli FA (2014) Vegetation der Erde – Grundlagen, Ökologie, Verbreitung. Springer, Berlin

Pfeil L (1860) Die deutsche Holzzucht. Baumgärtner's, Leipzig

Pfirrmann H, Brünn S, Schmidt W (1999) Vergleichende Untersuchungen zu Vegetation und Standortsbedingungen in Calamagrostis epigejos-reichen Kiefernwäldern des norddeutschen Tieflandes. Forstarchiv 70:103–112

Piechocki R (2010) Natur in der Moderne. Sinnträger und Sachobjekt: zum Naturverständnis von Naturschutz und Naturwissenschaft. In: Wobus AM, Wobus U, Parthier B (Hrsg) Der Begriff der Natur – Wandlungen unseres Naturverständnisses und seine Folgen. Wissenschaftliche Verlagsgesellschaft, Stuttgart, 95-110

Pielou EC (1984) The interpretation of ecological data – A primer on classification and ordination. Wiley, New York

Pietschmann G (1999) Zur Geschichte des Reviers Bärenthoren. Allgemeine Forstzeitschrift 54:34–35

Pietzarka U, Heidecke C, Roloff A. (2010) Sorbus domestica L., 1753. In: Roloff A, Weisgerber H, Lang U, Stimm B, Schütt P, Lang UM (Hrsg) Enzyklopädie der Holzgewächse – Handbuch und Atlas der Dendrologie/begründet von Peter Schütt. 55. Erg.Lfg. 06/2010. Wiley-VCH, Weinheim, 1–16

Pietzarka U, Lehmann M, Roloff A (2008) Sorbus torminalis (L.) Crantz, 1763. In: Roloff A, Weisgerber H, Lang U, Stimm B, Schütt P, Lang UM (Hrsg) Enzyklopädie der Holzgewächse – Handbuch und Atlas der Dendrologie/begründet von Peter Schütt. 49. Erg.Lfg. 6/2008. Wiley-VCH, Weinheim, 1–16

Pigott CD (1991) Biological flora of the British isles: Tilia cordata (Miller) (T. europaea L. pro parte, T. parvifolia Ehrh. ex Hoffm., T. sylvestris Desf., T. foemina folio minore Bauhin). Journal of Ecology 79:1147–1207

Pigott CD, Newton AC, Zammit S (1991) Predation of acorns and oak seedlings by grey squirrel. Quarterly Journal of Forestry 85:173–178

Pinnow H (1992) Netzernte von Bucheckern in Niedersachsen. Forst und Holz 47:341–342

Plate G (1975) Ökologische Untersuchungen zur Verjüngung der Fichte. Dissertation, Ludwig-Maximilian-Universität, München

Plochmann R (1961) Ökologische und waldbauliche Beobachtungen und Untersuchungen an Larix leptolepis Gord. in ihrer Heimat. Forstwissenschaftliches Centralblatt 80:129–157

Plochmann R (1962) Der Femelschlag im inneren Bayerischen Wald hat versagt! Allgemeine Forstzeitschrift 17:231–232

Pollanschütz J (1971) Durchforstung von Stangen- und Baumhölzern. Allgemeine Forstzeitung (Wien) 82:250–253

Polle A, Chakrabarti K, Chakrabarti S, Seifert F, Schramel P, Rennenberg H (1992) Antioxidants and manganese deficiency in needles of Norway spruce (Picea abies L.) trees. Plant Physiology and Biochemistry 99:1084-1089

Pollet C, Henin J-M, Hébert J, Jourez B (2017) Effect of growth rate on the physical and mechanical properties of Douglas-fir in western Europe. Canadian Journal of Forest Research 47:1056–1065

Pollet J, Omi PN (2002) Effect of thinning and prescribed burning on crown fire severity in ponderosa pine forests. International Journal of Wildland Fire 11:1–10

Polomski J, Kuhn N (1998) Wurzelsysteme. Haupt, Bern

Polomski J, Kuhn N (2001) Wurzelhabitus und Standfestigkeit der Waldbäume. Forstwissenschaftliches Centralblatt 120:303–317

Pommerening A, Murphy ST (2004) A review of the history, definitions and methods of continuous cover forestry with special attention to afforestation and restocking. Forestry 77:27–44

Ponette Q, Belkacem S, Nys C (1996) Ion dynamics in acid forest soils as affected by addition of Ca fertilizers. Geoderma 71:53–76

Ponette Q, Dufey JE, Weissen F (1997) Downward movement of dolomite, kieserite or a mixture of CaCO3 and kieserite through the upper layers of an acid forest soil. Water, Air, and Soil Pollution 95:353–379

Portsmuth A, Niinemets Ü (2006) Interacting controls by light availability and nutrient supply on biomass allocation and growth of Betula pendula and B. pubescens seedlings. Forest Ecology and Management 227:122–134

Poschlod P (2015) Geschichte der Kulturlandschaft. Ulmer, Stuttgart

Potter MJ (Hrsg) (1991) Treeshelters. Forestry Commission handbook 7. HMSO, London

Power ME, Tilman D, Estes JA, Menge BA, Bond WJ, Mills LS, Daily G, Castilla JC, Lubchenco J, Paine RT (1996) Challenges in the quest for keystones: identifying keystone species is difficult – but essential to understanding how loss of species will affect ecosystems. BioScience 46:609–620

Pregitzer KS, Friend AL (1996) The structure and function of Populus root systems. In: Stettler RF, Bradschaw HD, JR., Heilman PE, Hinckley TM (Hrsg) Biology of Populus and its implications for management and conservation. NRC Research Press, Ottawa, 331–354

Prenzel J (1985) Die maximale Löslichkeit von oberflächlich ausgebrachtem Kalk. Allgemeine Forstzeitschrift 41:1141–1142

Prescott CE The influence of forest canopy on nutrient cycling. Tree Physiology 22:1993-1200

Pretzsch H (1985a) Die Fichten-Tannen-Buchen-Plenterwaldversuche in den ostbayerischen Forstämtern Freyung und Bodenmais. Forstarchiv 56:3–9

Pretzsch H (1985b) Wachstumsmerkmale süddeutscher Kiefernbestände in den letzten 25 Jahren. Forstliche Forschungsberichte München 65

Pretzsch H (1987) Zur Frage des Normalwachstums der Kiefer in der Oberpfalz. Forst und Holzwirt 42:286–293

Pretzsch H (1995a) Juglans regia Linné, 1753. In: Roloff A, Weisgerber H, Lang U, Stimm B, Schütt P, Lang UM (Hrsg) Enzyklopädie der Holzgewächse – Handbuch und Atlas der Dendrologie/begründet von Peter Schütt. 2. Erg.Lfg. 10/1995. Wiley-VCH, Weinheim, 1–16

Pretzsch H (1995b) Zum Einfluß des Baumverteilungsmusters auf den Bestandeszuwachs. Allgemeine Forst- und Jagdzeitung 166:190–201

Pretzsch H (1996a) Growth trends in forests in southern Germany. In: Spiecker H, Mielikäinen K, Köhl M, Skovsgaard JP (Hrsg) Growth trends in European forests – Studies from 12 countries. Springer, Berlin, 107–131

Pretzsch H (1996b) Strukturvielfalt als Ergebnis waldbaulichen Handelns. Allgemeine Forst- und Jagdzeitung 167:213–221

Pretzsch H (1997) Analysis and modeling of spatial stand structures: methodological considerations based on mixed beech-larch stands in Lower Saxony. Forest Ecology and Managment 97:237–253

Pretzsch H (1999) Waldwachstum im Wandel. Forstwissenschaftliches Centralblatt 118:228–250

Pretzsch H (2000) Die Regeln von Reineke, Yoda und das Gesetz der räumlichen Allometrie. Allgemeine Forst- und Jagdzeitung 171:205–210

Pretzsch H (2001) Modellierung des Waldwachstums. Parey, Hamburg und Berlin

Pretzsch H (2003) Diversität und Produktivität von Wäldern. Allgemeine Forst- und Jagdzeitung 174: 88–98

Pretzsch H (2004) Gesetzmäßigkeit zwischen Bestandesdichte und Zuwachs. Lösungsansatz am Beispiel von Reinbeständen aus Fichte (Picea abies [L.] Karst.) und Buche (Fagus sylvatica L.). Allgemeine Forst- und Jagdzeitung 175:225–234

Pretzsch H (2009) Forest dynamics, growth and yield – From measurement to model. Springer, Berlin

Pretzsch H (2010) Zur Verteilung des Zuwachses zwischen den Bäumen eines Bestandes und Abhängigkeit des Verteilungsschlüssels von den Standortbedingungen. Allgemeine Forst- und Jagdzeitung 181:4–13

Pretzsch H (2017) Size-structure dynamics in mixed versus monospecific stands. In: Pretzsch H, Forrester DI, Bauhus J (Hrsg) Mixed-species forests – Ecology and management. Springer, Berlin, 211–269

Pretzsch H (2019) Grundlagen der Waldwachstumsforschung. 2. Auflage. Springer Spektrum, Berlin

Pretzsch H, Biber P (2016) Tree species mixing can increase maximum stand density. Canadian Journal of Forest Research 46:1179–1193

Pretzsch H, Dieler J (2011) The dependency of the size-growth relationship of Norway spruce (Picea abies [L.] Karst.) and European beech (Fagus sylvatica [L.]) in forest stands on long-term site conditions, drought events, and ozone stress. Trees 25:355–369

Pretzsch H, Forrester DI (2017) Stand dynamic of mixed-species stands compared with monocultures. In: Pretzsch H, Forrester DI, Bauhus J (Hrsg) Mixed-species forests – Ecology and management. Springer, Berlin, 117–209

Pretzsch H, Schütze G (2004) Die Kiefer im Mischbestand: Analysen zu Diversität, Produktivität und Struktur von Kiefern-Mischbeständen. In: Küsters E, Bachmann M, Steinacker L, Schütze G, Pretzsch H (Hrsg) Die Kiefer im Rein- und Mischbestand – Produktivität, Variabilität, Wachstumstrend. Bayerisches Staatsministerium für Ernährung, Landwirtschaft und Forsten (Hrsg.), München, 231–325

Pretzsch H, Spellmann H (1994) Leistung und Struktur des Douglasien-Durchforstungsversuchs Lonau 135. Forst und Holz 49:64–69

Pretzsch H, Utschig H (1995) Die Eichen-Versuchsflächen im Forstamt Elmstein-Nord. Allgemeine Forstzeitschrift 50:67–71

Pretzsch H, Utschig H (2000) Wachstumstrendes der Fichte in Bayern. Mitteilungen der Bayerischen Staatsforstverwaltung 49

Pretzsch H, Biber P, Dursky J (2002) The single tree-based stand simulator SILVA: construction, application and evaluation. Forest Ecology and Management 162:3–21

Pretzsch H, Forrester DI, Bauhus J (Hrsg) (2017) Mixed-species forests – Ecology and management. Springer, Berlin

Pretzsch H, Nickel M, Dietz E (2010b) Wachstum und waldbauliche Behandlung der Kirsche in Abhängigkeit von den Standortsbedingungen. In: Bayerische Landesanstalt für Wald und Forstwirtschaft (Hrsg) Beiträge zur Vogelkirsche. LWF Wissen 65:13–23

Pretzsch H, Schütze G, Biber P (2016) Zum Einfluss der Baumartenmischung auf die Ertragskomponenten von Waldbeständen. Allgemeine Forst- und Jagdzeitung 187:122–135

Pretzsch H, Schütze G, Uhl E (2013b) Resistance of European tree species to drought stress in mixed versus pure forests: evidence of stress release by inter-specific facilitation. Plant Biology 15:483–495

Pretzsch H, Biber P, Schütze G, Uhl E, Rötzer T (2014) Forest stand growth dynamics in Central Europe have accelerated since 1870. Nature Communications 5:4967

Pretzsch H, Uhl E, Nickel M, Steinacker L., Schütze G (2015) Die lange Geschichte der ertragskundlichen Versuchsflächen in Bayern. In: Bayerische Landesanstalt für Wald und Forstwirtschaft (LWF) (Hrsg) Das forstliche Versuchswesen in Bayern, Freising

Pretzsch H, Bielak K, Block J, Bruchwald A, Dieler J, Ehrhart H-P, Kohnle U, Nagel J, Spellmann H, Zasada M, Zingg A (2013a) Productivity of mixed versus pure stands of oak (Quercus petraea (Matt.) Liebl. and Quercus robur L.) and European beech (Fagus sylvatica L.) along an ecological gradient. European Journal of Forest Research 132:263–280

Pretzsch H, Block J, Dieler J, Dong PH, Kohnle U, Nagel J, Spellmann H, Zingg A, Pretzsch H, Block J, Dieler J, Dong Ph, Kohnle U, Nagel J, Spellmann H, Zingg A (2010a) Comparison between the productivity of pure and mixed stands of Norway spruce and European beech along an ecological gradient. Annals of Forest Science 67:712p1-p12

Preuhsler T (1989) Die Entwicklung von Oberstand und Naturverjüngung in Bergmischwald-Verjüngungsbeständen des Forstamts Kreuth. Centralblatt für das gesamte Forstwesen 106:23–54

Preuhsler T (1991) Sturmschäden in einem Fichtenbestand der Münchener Schotterebene. Allgemeine Forstzeitschrift 46:1098–1103

Preuhsler T, Grimmeisen W (1997) Methoden zur Bodenfeuchte-Erfassung. Forstliche Forschungsberichte München 166

Preuhsler T, Jacobi KP (1996) Auswirkungen eines Nachlichtungshiebes auf die Naturverjüngung. Forst und Holz 51:205–211

Preuhsler T, Rehfuess KE (1982) Über die Melioration degradierter Kiefernstandorte in der Oberpfalz. Forstwissenschaftliches Centralblatt 101:388–407

Preuhsler T, Schmidt R (1989) Beobachtungen auf einem spät durchforsteten Fichtenversuch. Forstwissenschaftliches Centralblatt 108:271–288

Preuhsler T, Kühnel S, Bock K (1994) Zum Wachstum von Eichensaat unter Kiefernschirm im Forstamt Nürnberg. Forst und Holz 49:123–128

Price RA, Liston A, Strauss SH (1998) Phylogeny and systematics of Pinus. In: Richardson DM (Hrsg) Ecology and biogeography of Pinus. Cambridge University Press, New York, 49–68

Prien S (1965) Untersuchungen über waldbauliche und holzkundliche Eigenschaften der Eberesche (Sorbus aucuparia L.). Dissertation, TU Dresden

Prien S (1995) Struktur, waldbauliche Eigenschaften und waldbauliche Behandlung von Ebereschenvorwäldern. In: Leder B, Stracke B (Hrsg) Weichlaubhölzer und Sukzessionsdynamik in der naturnahen Waldwirtschaft: Möglichkeiten, Erfahrungen, Grenzen. Landwirtschaftsverlag, Münster, 45–59

Prien S (Hrsg) (2016) Ökologischer Waldschutz – Für eine biozidfreie Waldwirtschaft. Ulmer, Stuttgart

Prien S, Lemme H (1997) Risikofaktoren, Schädigungen und Forstschutzmaßnahmen bei der Vogelbeere. Allgemeine Forstzeitschrift 52:524–529

Prietzel J, Bachmann S (2012) Changes in soil organic C and N stocks after forest transformation from Norway spruce and Scots pine into Douglas fir, Douglas fir/spruce, or European beech stands at different sites in Southern Germany. Forest Ecology and Management 269:134–148

Prietzel J, Kolb E, Rehfuess KE (1997) Langzeituntersuchung ehemals streugenutzter Kiefernökosysteme in der Oberpfalz: Veränderungen von bodenchemischen Eigenschaften und der Nährelementversorgung der Bestände. Forstwissenschaftliches Centralblatt 116:269–290

Puettmann KJ, Coates KD, Messier CC (2009) A critique of silviculture – Managing for complexity. Island Press, Washington DC

Puettmann KJ, Wilson SM, Baker SC, Donoso PJ, Drössler L, Amente G, Harvey BD, Knoke T, Lu Y, Nocentini S, Putz FE, Yoshida T, Bauhus J (2015) Silvicultural alternatives to conventional even-aged forest management: what limits global adoption? Forest Ecosystems 2:611(1-16)

Puhe J (2003) Growth and development of the root system of Norway spruce (Picea abies) in forest stands: a review. Forest Ecology and Management 175: 253–273

Puhe J, Ulrich B (2001) Global climate change and human impacts on forest ecosystems. Ecological Studies 143. Springer, Berlin

Pusch A (2002) Ästung der Douglasie in der Niedersächsischen Landesforstverwaltung. Forst und Holz 57:173–176

Putnam AR, Tang CS (Hrsg) (1986) The science of allelopathy. 2. Auflage. Wiley, New York

Puttonen P (1986) Carbohydrate reserves in Pinus sylvestris seedling needles as an attribute of seedlings vigor. Scandinavian Journal of Forest Research 1:181–193

Pyttel P, Kunz J, Bauhus J (2013) Growth, regeneration and shade tolerance of the Wild Service Tree (Sorbus torminalis (L.) Crantz) in aged oak coppice forests. Trees 27:1609–1619

Queloz V, Holdenrieder O (2005) Wie gross wird Heterobasidion annosum s.l.? Eine Literaturübersicht. Schweizerische Zeitschrift für Forstwesen 156:395–398

Quine CP, White IMS (1994) Using the relationship between rate of tatter and topographic variables to predict site windiness in Upland Britain. Forestry 67:245–254

Raab S (1998) Pflanzung mit Lochbohrgeräten. Allgemeine Forstzeitschrift 53: Sonderseiten V-VI

Rácz J (1961) Untersuchungen über das Auftreten des Buchenrotkerns in Niedersachsen. Dissertation, Georg-August-Universität, Göttingen

Rademacher C, Neuert C, Grundmann V, Wissel C, Grimm V (2001) Was charakterisiert Buchenurwälder? Untersuchungen der Altersstruktur des Kronendachs und der räumlichen Verteilung der Baumriesen in einem Modellwald mit Hilfe des Simulationsmodells BEFORE. Forstwissenschaftliches Centralbaltt (Beiheft) 120:288–302

Radkau J (2012) Holz: Wie ein Naturstoff Geschichte schreibt. 2. Auflage. Oekom, München

Radoglou K, Raftoyannis Y (2001) Effects of desiccation and freezing on vitality and field performance of broadleaved tree species. Annals of Forest Science 58:59–68

Raison RJ, Brown AG, Flinn DW (Hrsg) (2001) Criteria and indicators for sustainable forest management. CAB International, Wallingford

Ramawat KG, Mérillon J-M, Ahuja MR (2014) Tree biotechnology. Taylor and Francis, Hoboken

Rametsteiner E (2001) SFM Indicators as tools in political and economic contexts: actual and potential roles. In: Raison RJ, Brown AG, Flinn DW (Hrsg) Criteria and indicators for sustainable forest management. CAB International, Wallingford, 107–130

Rametsteiner E, Mayer P (2004) Sustainable forest management and Pan-European forest policy. Ecological Bulletins 51

Rametsteiner E, Simula M (2003) Forest certification: an instrument to promote sustainable forest management? Journal of Environmental Management 67:87–98

Ramisch H (1999) Artidentifizierung reiner Ulmenarten und deren Hybriden anhand qualitativ zu beurteilender Merkmale. Mitteilungen der Deutschen Dendrologischen Gesellschaft 84:109–122

Rapp C, Jentschke G (1994) Acid deposition and ectomycorrhizal symbiosis: field investigations and causal relationships. In: Godbold DL, Hüttermann A (Hrsg) Effects of acid rain on forest processes. Wiley-Liss, New York, 183–230

Rapp C, Bartsch N (2016) Waldgräser. Haupt, Bern

Rasmussen KK, Kollmann J (2004) Poor sexual reproduction on the distribution limit of the rare tree Sorbus torminalis. Acta Oecologica 25:211–218

Raspé O, Findlay C, Jacquemart A-L (2000) Biological flora of the British isles: Sorbus aucuparia L. Journal of Ecology 88:910–930

Rastin N (1992) Beziehungen zwischen ökologischen Artengruppen und bodenchemischen Verhältnissen in Hamburger Waldbeständen. Pflanzenernähung und Bodenkunde 155:169–174

Rau H-M (1989) Bedeutung, Zulassung und Verfügbarkeit von geprüftem Vermehrungsgut. Allgemeine Forstzeitschrift 44:218–222

Rau H-M (1998a) Vermehrungsgut von Samenplantagen im Vergleich zu handelsüblichem Material. Allgemeine Forstzeitschrift 53:236–239

Rau H-M (1998b) Samenplantagen mit Europäischer Lärche. Allgemeine Forstzeitschrift 53:235

Rau H-M, Brockhaus R (1995) Neue Verordnung über Herkunftsgebiete für forstliches Vermehrungsgut. Allgemeine Forstzeitschrift 50:315–319

Rau H-M, König A, Ruetz W, Rumpf H, Schönfelder E (2008) Ergebnisse des westdeutschen IUFRO-Küstentannen-Provenienzversuches im Alter 27. Beiträge aus der Nordwestdeutschen Forstlichen Versuchsanstalt 4

Rebmann C (1917) Absterbende Schwarznussbäume. Allgemeine Forst- und Jagdzeitung 93:217–227

Reccius S (1990) Ätiologische Analyse der Disposition der Buche für den Befall durch die Buchenwollschildlaus auf unterschiedlichen Standorten. Dissertation, Georg-August-Universität, Göttingen

Reck S (1980) Untersuchung über das Holz der Hybridlärche. Allgemeine Forst- und Jagdzeitung 151:117–120

Redde N, Lüpke B von (2004) Untersuchung zum Windwurfrisiko bei einzelstammweiser Holzernte in Fichtenaltbeständen auf gut durchwurzelbaren Böden im Solling Solling/Niedersachsen. Forst und Holz 59:270–277

Reeg T, Bemmann A, Konold W, Murach D, Spiecker H (Hrsg) (2009) Anbau und Nutzung von Bäumen auf landwirtschaftlichen Flächen. Wiley-VCH, Weinheim

Rehfuess KE (1990) Waldböden – Entwicklung, Eigenschaften und Nutzung. 2. Auflage. Parey, Hamburg und Berlin

Rehfuess KE (1995) Was kann Düngung bei den neuartigen Walderkrankungen leisten? Allgemeine Forstzeitschrift 50:1090–1093

Rehfuess KE (1999) Indikatoren der Fruchtbarkeit von Waldböden: zeitliche Veränderungen und menschlicher Einfluß. Forstwissenschaftliches Centralblatt 118:88–96

Rehfuess KE (2000) Anthropogene Veränderungen von Waldböden: Folgerungen für die Bewirtschaftung. Forst und Holz 55:3–8

Reichholf J (2005) Die Zukunft der Arten – Neue ökologische Überraschungen. Beck, München

Reichholf JH (2010) Naturschutz – Krise und Zukunft. Suhrkamp, Berlin

Reid C, Watmough SA (2014) Evaluating the effects of liming and wood-ash treatment on forest ecosystems through systematic meta-analysis. Canadian Journal of Forest Research 44:867–885

Reidsma P, Tekelenburg T, van den Berg M, Alkemade R (2006) Impacts of land-use change on biodiversity: an assessment of agricultural biodiversity in the European Union. Agriculture, Ecosystems and Environment 114:86–102

Reif A, Przybilla M (1998) Regeneration der Fichte in den Hochlagen des Nationalparks Bayerischer Wald. Allgemeine Forstzeitschrift 53:400–403

Reif A, Schulze E-D, Ewald J, Rothe A (2014) Kalk im Wald: muss es sein? FVA-einblick 18:14-1

Reigosa MJ, González L, Pedrol N (Hrsg) (2006) Allelopathy – A physiological process with ecological implications. Springer, Dordrecht

Reimoser F, Reimoser S (1997) Wildschaden und Wildnutzung: zur objektiven Beurteilung des Einflusses von Schalenwild auf die Waldvegetation. Zeitschrift für Jagdwissenschaft 43:186–196

Reininger H (1991) Zielstärken-Nutzung. 5. Auflage. Österreichischer Agrarverlag, Wien

Reissinger G (1958) Die Winkelpflanzung. Allgemeine Forstzeitschrift 13:92–93

Reissinger G (1965) Erfahrungen bei der Winkelpflanzung mit großen Pflanzen. Wissenschaftliche Zeitschrift TU Dresden 14:1623–1625

Reiter H (1994) Erste Auswirkungen einer Dolomit- und Gesteinsmehldüngung auf den Sickerwasserchemismus in einem Eichenaltbestand auf Buntsandstein (Forstamt Steinach in der Rhön/Bayern). Allgemeine Forst- und Jagdzeitung 165:148–154

Rennenberg H, Seiler W, Matyssek R, Gessler A, Kreuzwieser J (2004) Die Buche (Fagus sylvatica L.): ein Waldbaum ohne Zukunft im südlichen Mitteleuropa? Allgemeine Forst- und Jagdzeitung 175:210–224

Renner G, Röhrig E (1988) Die Entwicklungen von Eichen-Heisterpflanzungen im Staatlichen Forstamt Hasbruch. Forst- und Holzwirt 43:450–454

Reyes O, Casal M, Trabaud L (1997) The influence of population, fire and time of dissimination on the germination of Betula pendula seeds. Plant Ecology 133:201–208

Ribe RG (1989) The aesthetics of forestry: what has empirical preference research taught us? Environmental Management 13:55–74

Ribe RG (2004) Comparing changes in scenic beauty produced by green-tree retention harvests, thinnings and clearcuts: evidence from three Pacific Northwest experiments. In: Peterson CE, Maguire DA (Hrsg) Balancing ecosystem values: Innovative experiments for sustainable forestry. U.S. Department of Agriculture, Forest Service, Pacific Northwest Research Station, Portland, Oregon. General Technical Report PNW-GTR-635, 137–145

Richter J (1977a) Falsche Grundflächenhaltung kann Wertverlust in Millionenhöhe bedeuten! Modellrechnungen zum Fichtenertrag. Allgemeine Forstzeitschrift 32:695–698

Richter J (1977b) Die wirtschaftlichen Verluste von Fichtenbetrieben in Schnee- und Eisbruchlagen. Allgemeine Forstzeitschrift 32:168–169

Richter J (1994) Neue Aspekte der Fichtendurchforstung. Allgemeine Forstzeitschrift 49:632–637

Richter J (1995a) Der Übergang zur Zielstärkennutzung in gleichaltrigen Fichtenbeständen. Forst und Holz 50:414–415

Richter J (1995b) Zu: Zielstärkendurchforstung Olper Fichtenbestände. Allgemeine Forstzeitschrift 50:1046–1047

Richter J (1996) Sturmschäden in Fichtenbeständen. Allgemeine Forst- und Jagdzeitung 167:234–238

Richter J (1998) Uns anvertraut. Landwirtschaftsverlag, Münster-Hiltrup

Richter J (1999) Zu: Konzeption einer naturnahen Erzeugung von starkem Wertholz. Allgemeine Forstzeitschrift 54:524–525

Richter J (2000) Wie naturnah kann Mitteleuropäische Forstwirtschaft sein? Schriftenreihe der Landesforstverwaltung Nordrhein-Westfalen 12

Richter J (2003) Wurf- und Bruchschäden in Fichtenbeständen. Forstarchiv 74:166–170

Richter C (2010) Holzmerkmale. 3. Auflage. DRW, Leinfelden-Echterdingen

Richter K, Ehmcke G (2018) Das Holz der Edelkastanie: Eigenschaften und Verwendung. In: Bayerische Landesanstalt für Wald und Forstwirtschaft (LWF) (Hrsg) Beiträge zur Edelkastanie. LWF Wissen 81:64–70

Ricklefs RE, Schluter D (Hrsg) (1993) Species diversity in ecological communities – Historical and geographical perspectives. University of Chicago Press, Chicago

Riebel H (2007) Die Große Küstentanne [Abies grandis (Dougl. ex. D. Don.) Lindl.]: Holzeigenschaften und Holzverwendung. Forst und Holz 62 (6):21–26

Riedel T., Hennig P., Kroiher F., Polley H., Schmitz F., Schwitzgebel F. (2017) Die dritte Bundeswaldinventur (BWI 2012) – Inventur- und Auswertemethoden. Thünen-Institut für Waldökosysteme, Eberswalde

Rieder A (1998) Ahorn-Wertholzproduktion in kurzen Umtrieben. AFZ-Der Wald 53:776–779

Rigling A, Bigler C, Eilmann B, Feldmeyer-Christe E, Gimmi U, Ginzler C, Graf U, Mayer P, Vacchiano G, Weber P, Wohlgemuth T, Zweifel R, Dobbertin M (2013) Driving factors of a vegetation shift from Scots pine to pubescent oak in dry Alpine forests. Global change Biology 19:229–240

Rigling D, Prospero S (2017) Cryphonectria parasitica, the causal agent of chestnut blight: invasion history, population biology and disease control. Molecular Plant Pathology 19:7–20

Riley M, Nixon CJ (1993) 50 years results from an oak spacing trial in south Scotland. Scottish Forestry 47:79–82

Rineau F, Garbaye J (2009) Does forest liming impact the enzymatic profiles of ectomycorrhizal communities through specialized fungal symbionts? Mycorrhiza 19:493–500

Rink G (1992) Anbau der Schwarznuss in Nordamerika. Allgemeine Forstzeitschrift 47:95–96

Riou-Nivert P (1898) Douglas, qualités du bois, élagage et sylviculture. Revue Forestière Française 61:387-410

Ripken H (1979) Rationalisierte Eichensaatverfahren in den Niedersächsischen Landesforsten. Allgemeine Forstzeitschrift 34:314–317

Risch AC, Nagel LM, Schütz M, Krüst BO, Kienast F, Bugmann H (2003) Structure and long-term development of subalpine Pinus montana Miller and Pinus cembra L. forests in the Central European Alps. Forstwissenschaftliches Centralblatt 122:219–230

Ritter F (1928) Naturverjüngung der Kiefer unter Umwandlung von reinen Kiefernbeständen in der Oberförsterei Uetze (Bez. Lüneburg). Zeitschrift für Forst- und Jagdwesen 60:725–731

Ritter F (1930) Die Naturverjüngung der Kiefer auf Kahl-Schmalschlägen. Zeitschrift für Forst- und Jagdwesen 62:171–178

Rittershofer F (1999) Waldpflege und Waldbau. 2. Auflage. Gisela Rittershofer Verlag, Freising

Robakowski P, Wyka T, Samardakiewicz S, Kierzkowski D (2004) Growth, photosynthesis, and needle structure of silver fir (Abies alba Mill.) seedlings under different canopies. Forest Ecology and Management 201:211–227

Rock J, Puettmann KJ, Gockel HA, Schulte A (2004) Spatial aspects of the influence of weeping birch (Betula pendula L.) on growth and quality of young oaks (Quercus spp.) in central Germany. Forestry 77:235–247

Rodrigues ASL, Pilgrim JD, Lamoreux JF, Hoffmann M, Brooks TM (2006) The value of the IUCN Red List for conservation. Trends in Ecology and Evolution 21:71–76

Rodríguez-González PM, Campelo F, Albuquerque A, Rivaes R, Ferreira T, Pereira JS (2014) Sensitivity of black alder (Alnus glutinosa [L.] Gaertn.) growth to hydrological changes in wetland forests at the rear edge of the species distribution. Plant Ecology 215:233–245

Roeder A (1989) Wirtschaftlichkeit der Wertästung. Allgemeine Forstzeitschrift 44:1188-1190, 1193-1194

Roeder A, Bücking M, Jochum M (2002) Schneebruchschäden in schälgeschädigter Douglasie. Allgemeine Forstzeitschrift 57:588–589

Rogge M (1997) Ernte, Saatgut und Anzucht der Vogelbeere. Allgemeine Forstzeitschrift 52:522–523

Röhe P (1996) Ertragskundliche und betriebswirtschaftliche Aspekte der Kiefernnaturverjüngungswirtschaft. Forst und Holz 51:38–44

Röhle H (2013) Standortleistungsschätzung und Biomasseermittlung in Kurzumtriebsplantagen. Allgemeine Forst- und Jagdtzeitung 184:237–246

Röhle H, Heiss A (1988) Die Wuchsleistung von Abies grandis im Stadtwald Augsburg im Vergleich zu Douglasie und Fichte. Allgemeine Forstzeitschrift 43:711–712

Röhle H, Wael A, Hartmann K-U, Steinke C (2010) Wachstum und Biomasseproduktion schnellwachsender Baumarten im Kurzumtrieb. In: Bemmann A, Knust C. (Hrsg) Agrowood – Kurzumtriebsplantagen in Deutschland und europäische Perspektiven. Weißensee, Berlin, 103–116

Rohmeder E (1952) Saatmenge und Saatzeit bei Gründung des Birkenvorwaldes. Allgemeine Forstzeitschrift 7:91–96

Rohmeder E (1961) Das Problem der Erkennbarkeit überdurchschnittlicher Wuchsveranlagung am Phänotyp der Mutterbäume. Forstwissenschaftliches Centralblatt 80:321–344

Rohmeder E (1972) Das Saatgut in der Forstwirtschaft. Parey, Hamburg und Berlin

Röhrig E (1957) Über die Schwarzkiefer (Pinus nigra Arnold) und ihre Formen. Silvae Genetica 6:39–53

Röhrig E (1966a) Die Wurzelentwicklung der Waldbäume in Abhängigkeit von den ökologischen Verhältnissen. Forstarchiv 37:217-229, 237-249

Röhrig E (1966b) Mischbestände aus Edellaubbaumarten und Buche. Forst- und Holzwirt 21:59–64

Röhrig E (1967) Wachstum junger Laubholzpflanzen bei unterschiedlichen Lichtverhältnissen. Allgemeine Forst- und Jagdzeitung 138:224–239

Röhrig E (1975) Grundzüge der langfristigen waldbaulichen Planung. Forstarchiv 46:14–18

Röhrig E (1976) Einfluß unterschiedlicher Saattiefe auf die Entwicklung von einjährigen Eichen-Sämlingen. Forst- und Holzwirt 31:119–121

Röhrig E (1991) Climatic conditions. In: Röhrig E, Ulrich B (Hrsg) Temperate deciduous forests. Elsevier, Amsterdam, 7–16

Röhrig E (1994) Auf dem Weg zum Waldbau auf ökologischer Grundlage: zum 50. Todestag von Alfred Dengler. Forstarchiv 65:259–271

Röhrig E (1995) Der Verbandsversuch mit Europäischer Lärche (Larix decidua Mill.) im Hessischen Forstamt Karlshafen. Forstarchiv 66:79–86

Röhrig E (1996) Die Ulmen in Europa: Ökologie und epidemische Erkrankung. Forstarchiv 67:179–198

Röhrig E, Bartsch N (1992) Waldbau auf ökologischer Grundlage – Band 1: Der Wald als Vegetationsform und seine Bedeutung für den Menschen. 6. Auflage. Parey, Hamburg und Berlin

Röhrig E, Gussone HA (1990) Waldbau auf ökologischer Grundlage – Band 2: Baumartenwahl, Bestandesbegründung und Bestandespflege. 6. Auflage. Parey, Hamburg und Berlin

Röhrig E, Ulrich B (Hrsg) (1991) Temperate deciduous forests. Ecosystems of the world 7. Elsevier, Amsterdam

Röhrig E, Bartels H, Gussone H-A, Ulrich B (1978) Untersuchungen zur natürlichen Verjüngung der Buche (Fagus silvatica). Forstwissenschaftliches Centralblatt 97:121–131

Roloff A, Bärtels A (2014) Flora der Gehölze – Bestimmung, Eigenschaften und Verwendung. 4. Auflage. Ulmer, Stuttgart

Roloff A, Pietzarka U (1997) Fraxinus excelsior Linné, 1753. In: Roloff A, Weisgerber H, Lang U, Stimm B, Schütt P, Lang UM (Hrsg) Enzyklopädie der Holzgewächse – Handbuch und Atlas der Dendrologie/begründet von Peter Schütt. 7. Erg.Lfg. 3/1997. Wiley-VCH, Weinheim, 1–15

Roloff A, Pietzarka U (2000) Betula pendula Roth, 1788. In: Roloff A, Weisgerber H, Lang U, Stimm B, Schütt P, Lang UM (Hrsg) Enzyklopädie der Holzgewächse – Handbuch und Atlas der Dendrologie/begründet von Peter Schütt. 21. Erg.Lfg 10/2000. Wiley-VCH, Weinheim, 1–15

Roloff A, Weisgerber H, Lang U, Stimm B, Schütt P, Lang UM (Hrsg) (ab 1994) Enzyklopädie der Holzgewächse – Handbuch und Atlas der Dendrologie/begründet von Peter Schütt. Ecomed Biowissenschaften. Wiley-VCH, Weinheim

Römheld V (2012) Diagnosis of deficiency and toxicity of nutrients. In: Marschner P (Hrsg) Marschner's mineral nutrition of higher plants. 3. Auflage. Academic Press, San Diego, 299–312

Ronnberg J, Vollbrecht G, Thomsen IM (1999) Incidence of butt rot in a tree species experiment in Northern Denmark. Scandinavian Journal of Forest Research 14:234–239

Röös M (1990) Zum Wachstum der Vogelkirsche (Prunus avium L.) in Nordrhein-Westfalen und angrenzenden Gebieten. Dissertation, Georg-August-Universität, Göttingen

Röös M (1994) Ertragstafel für Wildkirsche (Prunus avium L.) in Nordwest-Deutschland. Allgemeine Forst- und Jagdzeitung 165:13–18

Rose R, Atkinson M, Gleason J, Sabin T (1990) Root volume as a grading criterion to improve field performance of Douglas-fir seedlings. New Forests 5:195–211

Rosen K, Lundmark-Thelin A (1987) Increased nitrogen leading under piles of slash: a consequence of modern forest harvesting technique. Scandinavian Journal of Forest Research 2:21–29

Rosenbaum W (1992) Natur als Mythos: über Sinn und Nutzen des Naturbegriffs in der Umweltpolitik. Forst und Holz 47:139–140

Rosin A (2000) Aktuelle Waldbaukonzepte Deutschlands im Vergleich untereinander sowie International. Diplomarbeit, Georg-August-Universität, Göttingen (unveröff.)

Rotach P (1994) Genetische Vielfalt und praktische forstliche Tätigkeit: Probleme und Handlungsbedarf. Schweizerische Zeitschrift für Forstwesen 145:999–1020

Rottmann M (1985) Schneebruchschäden in Nadelholzbeständen. Sauerländer's, Frankfurt a. M.

Rottmann M (1986) Wind- und Sturmschäden im Wald – Beiträge zur Beurteilung der Bruchgefährdung, zur Schadensvorbeugung und zur Behandlung sturmgeschädigter Nadelholzbestände. Sauerländer's, Frankfurt a. M.

Rötzer T, Liao Y, Klein D, Zimmermann L, Schulz C (2013) Modellierung des Biomassezuwachses an bayerischen Waldklimastationen unter gegebenen und möglichen zukünftigen Klimabedingungen. Allgemeine Forst- und Jagdzeitung 184:263–277

Rouault G, Candau J-N, Lieutier F, Nageleisen L-M, Martin J-C, Warzée N (2006) Effects of drought and heat on forest insect populations in relation to the 2003 drought in Western Europe. Annals of Forest Science 63:613–624

Rozsnyay Z (1979) Forstgeschichtliche Betrachtungen zur Entstehung der Kraft'schen Baumklassen. Allgemeine Forst- und Jagdzeitung 150:65–72

Rubner K (1959) Kiefernrassenstudien in der Bundesrepublik Deutschland. Forstarchiv 30:165-175, 205-214

Ruetz WF (1976) Zur Schätzung des Anwuchserfolges bei Fichte durch Wasserpotentialmessungen. Allgemeine Forstzeitschrift 31:845–846

Ruetz WF (2000) Abies procera Rehd., 1940. In: Roloff A, Weisgerber H, Lang U, Stimm B, Schütt P, Lang UM (Hrsg) Enzyklopädie der Holzgewächse – Handbuch und Atlas der Dendrologie/begründet von Peter Schütt. III-1 20. Erg.Lfg. 06/2000. Wiley-VCH, Weinheim, 1–8

Rumpf H, Nagel R-V (2014) Anbauerfahrungen mit der Schwarznuss. AFZ-Der Wald 69 (3):26–29

Runkle JR (1982) Patterns of disturbance in some old-growth mesic forests of eastern North America. Ecology 63:1533–1546

Runkle JR (1985) Disturbance regimes in temperate forests. In: Pickett STA, White PS (Hrsg) The ecology of natural disturbance and patch dynamics. Academic Press, Orlando, 17–33

Rusack H-J (1988) Verwendung von Eichen-Großpflanzen im Flachland Niedersachsens. Forst- und Holzwirt 43:454–456

Ryan DF, Huntington TG, Martin CW (1992) Redistribution of soil nitrogen, carbon and organic matter by mechanical disturbance during whole-tree harvesting in northern hardwoods. Forest Ecology and Management 49:87–99

Rysavy T (1991) Ursachen der Vereschung: ein Beitrag zu einem viel diskutierten Problem. Forstarchiv 62:184–188

Saarsalmi A, Kukkola M, Moilanen M, Arola Ma (2006) Long-term effects of ash and N fertilization on stand growth, tree nutrient status and soil chemistry in a Scots pine stand. Forest Ecology and Management 235:116–128

Sabatini FM, Burrascano S, Keeton WS, Levers C, Lindner M, Pötzschner F, Verkerk PJ, Bauhus J, Buchwald E, Chaskovsky O, Debaive N, Horváth F, Garbarino M, Grigoriadis N, Lombardi F, Marques Duarte I, Meyer P, Midteng R, Mikac S, Mikoláš M, Motta R, Mozgeris G, Nunes L, Panayotov M, Ódor P, Ruete A, Simovski B, Stillhard J, Svoboda M, Szwagrzyk J, Tikkanen O-P, Volosyanchuk R, Vrska T, Zlatanov T, Kuemmerle T, Essl F (2018) Where are Europe's last primary forests? Diversity and Distributions 24:1426–1439

Sachsse H (1979) Eigenschaften und Verwertung des Lärchenholzes. Allgemeine Forstzeitschrift 34:118–122

Sachsse H (1984) Einheimische Nutzhölzer und ihre Bestimmung nach makroskopischen Merkmalen. Parey, Hamburg und Berlin

Sachsse H (1985) Ästungswunden an Douglasie: wie groß sind die Gefahren? Forstarchiv 56:152–155

Sachsse H (1987) Holzeigenschaften und Verwendungsmöglichkeiten der Japanlärche. Allgemeine Forstzeitschrift 42:682–685

Sachsse H (1991) Kerntypen der Rotbuche. Forstarchiv 62:238–242

Sachsse H, Flotho U (1988) Untersuchung von Holzeigenschaften der Korsischen Schwarzkiefer Pinus nigra ssp. laricio (Poiret) Maire. Forstarchiv 59:192–195

Sachsse H, Grünebaum M (1990) Untersuchung der Holzqualität von Traubeneichen aus unterschiedlich dicht begründeten Beständen: Auswirkungen der Bestandesbegründung auf Holzstruktur und Furniereignung. Holz als Roh- und Werkstoff 48:255–260

Sachsse H, Neufeldt P, Oechsler E (1988) Untersuchung wichtiger Holzeigenschaften der Eberesche (Sorbus aucuparia L.). Holz als Roh-und Werkstoff 46:207–213

Saha S, Kuehne C, Kohnle U, Brang P, Ehring A, Geisel J, Leder B, Muth M, Petersen R, Peter J, Ruhm W, Bauhus J (2012) Growth and quality of young oaks (Quercus robur and Quercus petraea) grown in cluster plantings in central Europe: a weighted meta-analysis. Forest Ecology and Management 283:106–118

Salih N, Andersson F (1999) Nutritional status of a Norway spruce stand in SW Sweden in response to compensatory fertilization. Plant and Soil 209:85–100

Salm B (1979) Snow forces on forest plants. In: International Seminar on Mountain forests and Avalanches, Davos, Switzerland, 25–28 September 1978. Proceedings. Davos, Swiss Federal Institute for Snow and Avalanche Research. 157–181. Proceedings International Seminar on Mountain Forests and Avalanches, Davos, Switzerland, 25–28 September 1978:157–181

Salminen H, Vermola M (1993) Influence of initial spacing and planting design on the development of young Scots pine stands. Silva Fennica 27:21–28

Sander IL (1990) Quercus rubra L. Northern Red Wood. In: Burns RM, Honkala BH (Hrsg) Silvics of North America – Volume 2: Hardwoods, Washington D.C., 727–733

Santantonio D, Santantonio E (1987) Effect of thinning on production and mortality of fine roots in a Pinus radiata plantation on a fertile site in New Zealand. Canadian Journal of Forest Research 17:919–928

Sarvas R (1952) On the flowering of birch and the quality of seed crop. Communications Institute Forestalis Fennica 7:1–38

Sarvas R (1969) Investigations on the flowering and seed quality of forest trees. Communications Institute Forestalis Fennica 67:1–84

Sauer I (1984) Wurzeldeformationen und -erkrankungen der Fichte nach der Winkelpflanzung. Allgemeine Forstzeitung (Wien) 95:47–49

Sauter U, Meiwes K-J (1990) Auswirkungen der Kalkung auf den Stoffaustrag aus Waldökosystemen mit dem Sickerwasser. Forst- und Holz 45:605–609

Savill P, Kerr G, Kotar M (2009) Future prospects for the production of timber from valuable broadleaves. In: Spiecker H, Hein S, Makkonen-Spiecker K, Thies M (Hrsg) Valuable broadleaved forests in Europe. Brill, Leiden, Boston, 11–26

Savill PS, Weatherup STC (1974) The effect of afforestation on water runoff in the wood burn catchment area. Forestry 47:45–56

Savill PS, Evans J, Auclair D, Falck J (1997) Plantation silviculture in Europe. 2. Auflage. Oxford University Press, Oxford

Savolainen O, Pyhäjärvi T, Knürr T (2007) Gene flow and local adaptation in trees. Annual Review of Ecology, Evolution, and Systematics 38:595–619

Savolainen O, Bokma F, García-Gil R, Komulainen P, Repo T (2004) Genetic variation in cessation of growth and frost hardiness and consequences for adaptation of Pinus sylvestris to climatic changes: dynamics and conservation of genetic diversity in forest ecology. Forest Ecology and Management 197:79–89

Schaarschmidt H (2012) Juglans nigra L., 1753. In: Roloff A, Weisgerber H, Lang U, Stimm B, Schütt P, Lang UM (Hrsg) Enzyklopädie der Holzgewächse – Handbuch und Atlas der Dendrologie/begründet von Peter Schütt. 60. Erg.Lfg 3/2012. Wiley-VCH, Weinheim, 1–16

Schädelin W (1942) Die Auslesedurchforstung als Erziehungsbetrieb höchster Wertleistung. 3. Auflage. Haupt, Bern

Schaefer M (2001) Die Beziehung zwischen Waldstruktur und Diversität der Fauna. Forst und Holz 56:488–492

Schaefer M (2012) Wörterbuch der Ökologie. 5. Auflage. Spektrum Akademischer Verlag, Heidelberg

Schaefer-Wildenberg B (1994) Mykorrhiza-Impfung bei der Aussaat. Allgemeine Forstzeitschrift 49:984–985

Schaetzl RJ, Johnson DL, Burns SF, Small TW (1989) Tree uprooting: review of terminology, process and environmental implications. Canadian Journal of Forest Research 19:1–11

Schäfer A (2005) Umweltvertägliche Erlenwirtschaft auf wieder vernässten Niedermoorstandorten. Beiträge für Forstwirtschaft und Landschaftsökologie 39:165–171

Schäffer J, Geißen V, Hoch R, Wilpert K von (2001) Waldkalkung belebt Böden wieder. Allgemeine Forstzeitschrift 56:1106–1109

Schall P, Gossner MM, Heinrichs S, Fischer M, Boch S, Prati D, Jung K, Baumgartner V, Blaser S, Böhm S, Buscot F, Daniel R, Goldmann K, Kaiser K, Kahl T, Lange M, Müller J, Overmann J, Renner SC, Schulze E-D, Sikorski J, Tschapka M, Türke M, Weisser WW, Wemheuer B, Wubet T, Ammer C, Mori A (2018) The impact of even-aged and uneven-aged forest management on regional biodiversity of multiple taxa in European beech forests. Journal of Applied Ecology 55:267–278

Schaper C, Röhrig E (1983) Über das Ausmaß und die Bedeutung soziologischer Umsetzungen in Eichenjungbeständen. Forstarchiv 54:3–7

Schauermann J (1985) Zur Reaktion von Bodentieren nach Düngung von Hainsimsen-Buchenwäldern und Siebenstern-Fichtenforsten im Solling. Allgemeine Forstzeitschrift 40:1159–1161

Scheeder T (1990) Juglans intermedia in einem Bestand am Kaiserstuhl. Allgemeine Forstzeitschrift 45:1236–1237

Scheeder T (1994) Die Eibe (Taxus baccata L.) – Hoffnung für ein verschwundenes Waldvolk. IHW, Eching

Scheffer F, Ulrich B (1960) Lehrbuch der Agrikulturchemie und Bodenkunde – Band 1: Morphologie, Biologie, Chemie und Dynamik des Humus. 2. Auflage. Enke, Stuttgart

Scheifele M (1996) Als die Wälder auf Reisen gingen – Wald, Holz, Flößerei in der Wirtschaftsgeschichte des Enz-Nagold-Gebiets. Braun, Karlsruhe

Schelhaas M-J (2008) Impacts of natural disturbances on the development of European forest resources: application of model approaches from tree and stand levels to large-scale scenarios. Alterra Scientific Contributions 23, Wageningen

Schelhaas M-J, Nabuurs G-J, Schuck A (2003) Natural disturbances in the European forests in the 19th and 20th centuries. Global change Biology 9:1620–1633

Scheller H, Bauer U, Butterfass T, Fischer T, Grasmück H, Rottmann H (1979) Der Speierling und seine Verbreitung im Frankfurter Raum. Mitteilungen der Deutschen Dendrologischen Gesellschaft 71:5–66

Schenck CA (1939a) Fremdländische Wald- und Parkbäume – Band 2: Die Nadelhölzer. Parey, Berlin

Schenck CA (1939b) Fremdländische Wald- und Parkbäume – Band 3: Die Laubhölzer. Parey, Berlin

Schenck S (1994) Erfahrungen zum Voranbau für die Umwandlung. Allgemeine Forstzeitschrift 49:519–520

Scherer-Lorenzen M, Körner C, Schulze E-D (Hrsg) (2005) Forest diversity and function – Temperate and boreal systems. Ecological Studies 176. Springer, Berlin

Schirmer C, Wedler A (2016) Waldbiotopkartierung: Basisinstrument des Biotopmonitorings. FVA-einblick 02/2016:6–10

Schirmer R (2000) Birke: Vermehrungskünstler und Überlebensstratege. In: Bayerische Landesanstalt für Wald und Forstwirtschaft (LWF) (Hrsg) Beiträge zur Sandbirke. LWF Wissen 28:19–23

Schirmer R, Stimm B (1999) Salix alba Linné, 1753. In: Roloff A, Weisgerber H, Lang U, Stimm B, Schütt P, Lang UM (Hrsg) Enzyklopädie der Holzgewächse – Handbuch und Atlas der Dendrologie/begründet von Peter Schütt. 17. Erg.Lfg. 9/1999. Wiley-VCH, Weinheim, 1–16

Schirmer W, Diehl T, Ammer C (1999) Zur Entwicklung junger Eichen unter Kiefernschirm. Forstarchiv 70:57–65

Schlegel F, Röhrig E, Huss J (1972) Die Wachstumsreaktionen von jungen Douglasien verschiedener Herkunft auf Beschattungs- und Bodenunterschiede. Schweizerische Zeitschrift für Forstwesen 123:817–845

Schlick R, Möller K (2007) Waldbrandrisiko und Waldbrandschutz in Brandenburg. In: Ministerium für Ländliche Entwicklung, Umwelt und Verbraucherschutz (MLUV) des landes Brandenburg (Hrsg) Die Kiefer im nordostdeutschen Tiefland – Ökologie und Bewirtschaftung. Eberswalder Forstliche Schriftenreihe 32:306–310

Schmaltz J (1989) Aststärkenentwicklung und Schaftqualität in zwei Kiefernverbandsversuchen. Allgemeine Forstzeitschrift 44:1337–1339

Schmaltz J, Fröhlich A, Gebhardt M (1997) Die Qualitätsentwicklung in jungen Traubeneichenbeständen im Hessischen Spessart. Forstarchiv 68:3–10

Schmid T (2006) Prunus avium Linné, 1755. In: Roloff A, Weisgerber H, Lang U, Stimm B, Schütt P, Lang UM (Hrsg) Enzyklopädie der Holzgewächse – Handbuch und Atlas der Dendrologie/begründet von Peter Schütt. 43. Erg.Lg. 3/2006. Wiley-VCH, Weinheim, 1–16

Schmid M, Pautasso M, Holdenrieder O (2014) Ecological consequences of Douglas fir (Pseudotsuga menziesii) cultivation in Europe. European Journal of Forest Research 133:13–29

Schmidt GD (1951) Die Weisstanne in Ostfriesland. Forstwissenschaftliches Centralblatt 70:641–665

Schmidt H (1952) Die Verzweigungstypen der Fichte und ihre Bedeutung für die forstliche Pflanzenzüchtung. Zeitschrift für Forstgenetik und Forstpflanzenzüchtung 1:81–91

Schmidt H (1953) Kronen- und Zuwachsmessungen an Fichten des bayerischen Alpenvorlandes. Forstwissenschaftliches Centralblatt 72:276–286

Schmidt H (1962) Der Plenterwald Keula – eine historische und betriebswirtschaftliche Studie. Dissertation, Humboldt-Universität Berlin

Schmidt H (1986) Begründung von Laubholzkulturen in befahrbaren Mittelgebirgslagen mit Pflanzmaschinen. Forst- und Holzwirt 41:38–41

Schmidt J (1989) Die Pflanzenanzucht von Sorbus-Arten und Wildobst. Forsttechnische Informationen 41:38–39

Schmidt JP (1993) Eine Einführung in die hydrologische Untersuchung von Waldökosystemen. Forstarchiv 64:158–163

Schmidt L, Hille M, Gadow K von (2004) Analyse eines Bodenfeuers: Veränderungen der Bestandesstruktur und des Wachstums. Allgemeine Forst- und Jagdzeitung 175:78–82

Schmidt M, Kriebitzsch W-U, Ewald J (Hrsg) (2011) Waldartenlisten der Farn- und Blütenpflanzen, Moose und Flechten Deutschlands. BfN-Skripten 299

Schmidt M, Nowack S, Riebeling R (2008) Methodische Ansätze und Ergebnisse zur Quantifizierung des Buchen-Rotkerns in Hessen. In: Nagel RV, Spellmann H (Hrsg) Wachstum, Behandlung und Ertrag von Reinbständen der Rotbuche in Nordwestdeutschland. Beiträge aus der Nordwestdeutschen Forstlichen Versuchsanstalt 3:267–290

Schmidt M, Spellmann H, Nagel J (2001) Waldwachstumskundliche Entscheidungshilfen zur Ästung der Douglasie. Allgemeine Forst- und Jagdzeitung 172:126–136

Schmidt M, Mölder A, Schönfelder E, Engel F, Fortmann-Valtink W (2016) Charcoal kiln sites, associated landscape attributes and historic forest conditions: DTM-based investigations in Hesse (Germany). Forest Ecosystems 3:8(1–16)

Schmidt PA (1998a) Picea A. Dietr., 1824. In: Roloff A, Weisgerber H, Lang U, Stimm B, Schütt P, Lang UM (Hrsg) Enzyklopädie der Holzgewächse – Handbuch und Atlas der Dendrologie/begründet von Peter Schütt. 14. Erg.Lfg. 12/1998. Wiley-VCH, Weinheim, 1–14

Schmidt PA (1998b) Potentielle natürliche Vegetation als Entwicklungsziel naturnaher Waldbewirtschaftung? Forstwissenschaftliches Centralblatt 117:193–205

Schmidt PA (2002) Picea abies (L.) H. Karst., 1881. In: Roloff A, Weisgerber H, Lang U, Stimm B, Schütt P, Lang UM (Hrsg) Enzyklopädie der Holzgewächse – Handbuch und Atlas der Dendrologie/begründet von Peter Schütt. III-1 28. Erg.Lfg. 7/2002. Wiley-VCH, Weinheim, 1–18

Schmidt PA (2009) Der Bergahorn: eine typische Mischwald-Baumart süd-mitteleuropäischer Bergwälder. In:

Bayerische Landesanstalt für Wald und Forstwirtschaft (LWF) (Hrsg) Beiträge zum Bergahorn. LWF Wissen 62:13–18

Schmidt PA (2011) Pinus mugo agg. In: Roloff A, Weisgerber H, Lang U, Stimm B, Schütt P, Lang UM (Hrsg) Enzyklopädie der Holzgewächse – Handbuch und Atlas der Dendrologie/begründet von Peter Schütt. 58 Erg.Lfg. 06/2011. Wiley-VCH, Weinheim, 1–32

Schmidt UE (2014) Aufforstung in Deutschland: ein Auf und Ab. In: Leitschuh H, Michelsen G, Simonis UE, Sommer J, Weizsäcker EUv (Hrsg) Re-Naturierung: Gesellschaft im Einklang mit der Natur. Hirzel, Stuttgart, 174–179

Schmidt W (1992) Einfluß von Kalkungsmaßnahmen auf die Waldbodenvegetation. Zeitschrift für Ökologie und Naturschutz 1:79–88

Schmidt W (1996) Zur Entwicklung der Verjüngung in zwei Femellücken eines Kalkbuchenwaldes. Forst und Holz 51:201–205

Schmidt W (1997) Zur Vegetationsdynamik von Lochhieben in einem Kalkbuchenwald. Forstwissenschaftliches Centralblatt 116:207–217

Schmidt W (2000) Eiche, Hainbuche oder Rotbuche? Zur Vegetation und Baumartenzusammensetzung von stau- und grundwasserbeeinflußten Wäldern des nordwestdeutschen Tieflandes. Ergebnisse aus den Naturwäldern Hasbruch und Pretzetzer Landwehr. Tuexenia 20:21–43

Schmidt W (2005) Herb layer as indicators of biodiversity of managed and unmanaged beech forests. Forest Snow and Landscape Research 79:111–125

Schmidt W (2006) Zeitliche Veränderung der Fruktifikation bei der Rotbuche (Fagus sylvatica L.) in einem Kalkbuchenwald (1981-2004). Allgemeine Forst- und Jagdzeitung 177:9–19

Schmidt W, Weckesser M (2001) Stuktur und Diversität der Waldvegetation als Indikatoren für eine nachhaltige Waldnutzung. Forst und Holz 56:493-498

Schmidt W, Wichmann I (2000) Zur Sukzession von Waldbrandflächen in der Lüneburger Heide. Forst und Holz 55:481–497

Schmidt W, Pfirrmann H, Brünn S (1996) Zur Ausbreitung von Calamagrostis epigejos in niedersächsischen Kiefernwäldern. Forst und Holz 51:369–372

Schmidt W, Stüber V, Ullrich T, Paar U, Evers J, Dammann K, Hövelmann T, Schmidt M (2015) Synopse der Hauptmerkmale der forstlichen Standortskartierungsverfahren der Nordwestdeutschen Bündesländer. Beiträge aus der Nordwestdeutschen Forstlichen Versuchsanstalt 12

Schmidt-Vogt H (1960) Untersuchungen über die Reifung des Samens der Fichte im Hochgebirge. Forst- und Holzwirt 15:366–370

Schmidt-Vogt H (1964) Erste Erfahrungen mit der Triebverzögerung bei Forstpflanzen durch Kühlhauslagerung. Forst- und Holzwirt 19:85–86

Schmidt-Vogt H (1966) Wachstum und Qualität von Forstpflanzen. 2. Auflage. Bayerischer Landwirtschaftsverlag, München

Schmidt-Vogt H (1986) Die Fichte: Ein Handbuch in zwei Bänden – Band II/1: Wachstum, Züchtung, Boden, Umwelt, Holz. 2. Auflage. Parey, Hamburg und Berlin

Schmidt-Vogt H (1987) Die Fichte: Ein Handbuch in zwei Bänden – Band I: Taxonomie, Verbreitung, Morphologie, Ökologie, Waldgesellschaften. 2. Auflage. Parey, Hamburg und Berlin

Schmidt-Vogt H (1989) Die Fichte: Ein Handbuch in zwei Bänden – Band II in drei Teilbänden. Band II/2: Krankheiten, Schäden, Fichtensterben. Parey, Hamburg und Berlin

Schmidt-Vogt H (1991) Die Fichte: Ein Handbuch in zwei Bänden – Band II in drei Teilbänden. Band II/3: Waldbau, Ökosysteme, Urwald, Wirtschaftswald, Ernährung, Düngung, Ausblick. Parey, Hamburg und Berlin

Schmidt-Vogt H, Deichner P (1991) Entwicklung von Fichtenpflanzen aus verschiedenen Verschulverbänden nach Winkel- und Lochpflanzung bis zum Alter von 27 Jahren. Allgemeine Forst- und Jagdzeitung 162:69–71

Schmidt-Vogt H, Gürth P (1967) Die Bedeutung des Frischzustandes der Forstpflanzen für den Anwuchserfolg und das Jugendwachstum von Forstkulturen. XIV. IUFRO-Kongress München, Referate IV, Sektion 23:539–558

Schmidt-Vogt H, Gürth P (1977) Eigenschaften von Forstpflanzen und Kulturerfolg. II. Mitteilung: Auspflanzungsversuche mit Fichtenpflanzen verschiedener Größen und Durchmesser mit Winkel - und Lochpflanzung. Allgemeine Forst- und Jagdzeitung 148:145–157

Schmidt-Vogt H, Zimmer K (1995) Untersuchungen zum Wurzelschnitt an jungen Tannenpflanzen (Abies alba Mill.). Allgemeine Forst- und Jagdzeitung 166:39–47

Schmiedinger A, Bachmann M, Kölling C, Schirmer R (2009) Verfahren zur Auswahl von Baumarten für Anbauversuche vor dem Hintergrund des Klimawandels. Forstarchiv 80:15–22

Schmitt HP, Mertens B, Lüpke B von (1995) Buchenvoranbau im Stadtwald Meschede. Allgemeine Forstzeitschrift 50:1071–1075

Schmitz KH (1995) Systematische Mischung von Klonen in Samenplantagen. Silvae Genetica 44:229–243

Schneck V (2007) Wachstum von Kiefern unterschiedlicher Herkunft: Auswertung der Kiefernherkunftsversuche im nordostdeutschen Tiefland. In: Ministerium für Ländliche Entwicklung, Umwelt und Verbraucherschutz (MLUV) des Landes Brandenburg (Hrsg) Die Kiefer im nordostdeutschen Tiefland – Ökologie und Bewirtschaftung. Eberswalder Forstliche Schriftenreihe 32:374–382

Schneck V, Fiedler H, Behm A, Dimpflmeier R, Dieterich H, Eifler I, Matschke J, Kleinschmit J, Weisgerber H (1995) Versuche zur Blühstimulierung in Samenplantagen. Allgemeine Forst- und Jagdzeitung 166:48–60

Schneider B, Roeder A (1993) Dynamik der Fichten-Naturverjüngung unter Altholzschirm. Allgemeine Forstzeitschrift 48:57–60

Schneider G (1993) Die Entenpfuhler Baggerpflanztechnik. Allgemeine Forstzeitschrift 48:1086–1089

Schober R (1962) Die Sitkafichte. Schriften aus der Forstlichen Fakultät der Universität Göttingen und der Niedersächsischen Forstlichen Versuchsanstalt 24/25. Sauerländer's, Frankfurt a. M.

Schober R (1969) Massen - und Wertleistung der Douglasie bei verschiedener Durchforstung. Allgemeine Forst- und Jagdzeitung 140:145–157

Schober R (1972) Die Rotbuche 1971. Schriften aus der Forstlichen Fakultät der Universität Göttingen und der Niedersächsischen Forstlichen Versuchsanstalt 43/44.

Schober R (1979) Massen-, Sorten- und Wertertrag der Fichte bei verschiedener Durchforstung: neue Ergebnisse von Schwappach und Wiedemann begründeter und langfristig beobachteter Versuche. Teil I. Allgemeine Forst- und Jagdzeitung 150:129–152

Schober R (1980) Massen-, Sorten- und Wertertrag der Fichte bei verschiedener Durchforstung: neue Ergebnisse von Schwappach und Wiedemann begründeter und langfristig beobachteter Versuche. Teil II. Allgemeine Forst- und Jagdzeitung 151:1–21

Schober R (1985) Neue Ergebnisse des II. Internationalen Lärchen-Provenienz-Versuches von 1958/59 nach Aufnahme von Teilversuchen in 11 europäischen Ländern und den USA. Schriften aus der Forstlichen Fakultät der Universität Göttingen und der Niedersächsischen Forstlichen Versuchsanstalt 83

Schober R (1987a) Die Japanlärche in ihrer Heimat. Allgemeine Forstzeitschrift 42:661–662

Schober R (1987b) Zur Ertragsleistung der Japanlärche. Allgemeine Forstzeitschrift 42:676–677

Schober R (1988a) Von der Niederdurchforstung zu Auslesedurchforstungen im Herrschenden. Allgemeine Forst- und Jagdzeitung 159:208–213

Schober R (1988b) Von Zukunfts- und Elitebäumen. Allgemeine Forst- und Jagdzeitung 159:239–248

Schober R (1990) Die Bedeutung des Umsetzens von Waldbäumen für Z-Baum-Durchforstungen. Allgemeine Forstzeitschrift 45:824, 826-828

Schober R (1995) Ertragstafeln wichtiger Baumarten bei verschiedener Durchforstung. 4. Auflage. Sauerländer's, Frankfurt a. M.

Schober R, Rau HM (1991) Ergebnisse des I. Internationalen Japanlärchen-Provenienzversuches. Schriften aus der Forstlichen Fakultät der Universität Göttingen und der Niedersächsischen Forstlichen Versuchsanstalt 102. Sauerländer's, Frankfurt a. M.

Schoch O (1964) Untersuchungen über die Stockraumbewurzelung verschiedener Baumarten im Gebiet der oberschwäbischen Jung- und Altmoräne. In: Arbeitsgemeinschaft Oberschwäbische Fichtenreviere (Hrsg) Standort, Wald und Waldwirtschaft in Oberschwaben – Ergebnisse einer Gemeinschaftsarbeit in Einzeldarstellungen. Verein für Forstliche Standortskunde und Forstpflanzenzüchung, Stuttgart

Scholander PF, Hammel HT, Bradstreet ED, Hemmingsen EA (1965) Sap pressure in vascular plants. Science 148:339–346

Schölch M (2018) Neuartiges Material für Wuchshüllen. AFZ-Der Wald 73 (5):51–56

Schölch M, Eh M, Kenk G (1994) Natürliche Wiederbewaldung von Sturmflächen. Allgemeine Forstzeitschrift 49:92–95

Schönborn A von (1967) Gibt es Bodenrassen bei Waldbäumen? Allgemeine Forstzeitschrift 22:294–296

Schönenberger W (1978) Ökologie der natürlichen Verjüngung von Fichte und Bergföhre in Lawinenzügen der nördlichen Voralpen. Mitteilungen der Schweizerischen Anstalt für Forstliches Versuchswesen 54:217–360

Schönfeld P (2016) Die Winterlinde und ihre Sorten als Stadtbaum. In: Bayerische Landesanstalt für Wald und Forstwirtschaft (LWF) (Hrsg) Beiträge zur Winterlinde. LWF Wissen 78:45–52

Schönhar S (1993) Die Waldbodenvegetation als Standortweiser. Allgemeine Forst- und Jagdzeitung 164:173–180

Schönhar S (1995) Untersuchungen über die Infektion von Fichte (Picea abies Karst.) durch Heterobasidion annosum (Fr.) Bref. Allgemeine Forst- und Jagdzeitung 166:14–17

Schönhar S (1997) Heterobasidium annosum in Fichtenbeständen auf basenreichen Böden Südwestdeutschlands: Ergebnisse 30jähriger Untersuchungen. Allgemeine Forst- und Jagdzeitung 168:26–30

Schöpfer W, Hradetzky J (1984) Der Indizienbeweis: Luftverschmutzung maßgebliche Ursache der Walderkrankung. Forstwissenschaftliches Centralblatt 103:231–248

Schöpfer W, Hradetzky J (1986) Zuwachsrückgang in erkrankten Fichten- und Tannenbeständen: Auswertungsmethoden und Ergebnisse. Forstwissenschaftliches Centralblatt 105:446–470

Schrautzer J, Rinker A, Jensen K, Müller F, Schwartze P, Dierßen K (2007) Succession and restoration of drained fens: perspectives from northwestern Europe. In: Walker LR, Walker J, Hobbs RJ (Hrsg) Linking restoration and ecological succession. Springer, New York, 90–120

Schrey HP, Bergfeld U (1985) Die Veränderung des Gefüges in tiefgepflügten Waldböden in den ersten fünf Jahren. Forst- und Holzwirt 40:327–331

Schröder C, Pinnow H (1992) Zapfenpflücker in der Forstsaatguternte. Allgemeine Forstzeitschrift 47:334–340

Schröder J, Röhe P (2015) Schnellwachsende Baumarten im Forstamt Parchim. AFZ-Der Wald 70 (1):30–32

Schröder P (1989) Characterization of a thermo-osmotic gas transport mechanism in Alnus glutinosa (L.) Gaertn. Trees 3:38–44

Schröder T (1999) Behandlung und Lagerung von Eichensaatgut. Allgemeine Forstzeitschrift 54:772–774

Schröder T, Schumacher J, Bräsicke N (2017) Krankheiten und Schädlinge am Baum des Jahres 2017: die Fichte. AFZ-Der Wald 72 (24):27–33

Schroeder LM, Lindelöw Å (2007) Attacks on living spruce trees by the bark beetle Ips typographus (Col. Scolytidae) following a storm-felling: a comparison between stands with and without removal of wind-felled trees. Agricultural and Forest Entomology 4:47–56

Schrötter H (1983) Waldbaulich-ertragskundliche Untersuchungen an Weißerle (Alnus incana (L.) Moench) im Jungpleistozän der DDR. Beiträge für die Forstwirtschaft 17:89–102

Schrötter H (2003) Quo vadis, Betula? Forst und Holz 58:86–88

Schubart W (1966) Die Entwicklung des Laubwaldes als Wirtschaftswald zwischen Elbe, Saale und Weser. Aus dem Walde 14

Schübeler D (1993) Ertragskundliche und waldbauliche Untersuchungen in einem undurchforsteten Fichtenbestand. Schriftenreihe der Landesanstalt für Forstwirtschaft Nordrhein-Westfalen 7:17–37

Schübeler D (1997) Untersuchungen zur standortsabhängigen Wachstumsmodellierung bei der Fichte. Dissertation, Georg-August-Universität, Göttingen

Schubert J (1999) Lagerung und Vorbehandlung von Saatgut wichtiger Baum- und Straucharten. Landesanstalt für Ökologie, Bodenordnung und Forsten, Landesamt für Agrarordnung Nordrhein-Westfalen (LÖBF), Eberswalde-Finow

Schuck VHJ, Blümel U, Geier L, Schütt P (1980) Schadbild und Ätiologie des Tannensterbens. European Journal of Forest Pathology 10:125–135

Schüler G (1992) Auswirkungen einer intensiven Bodenbearbeitung mittels einer neuartigen Stockfräse auf den Nährelementhaushalt eines Waldstandortes. Forsttechnische Informationen 44:69–72

Schüler G (2002) Schutz versauerter Böden in nachhaltig bewirtschafteten Wäldern: Ergebnisse aus 10-jähriger interdisziplinärer Forschung. Allgemeine Forst- und Jagdzeitung 173:1–7

Schüler G, Bott W, Schenk D (2002) Hochwasservorsorge durch Waldbewirtschaftung. Forst und Holz 57:3–9

Schüler GW (1982) Krankheitserscheinungen der Wurzeln von Abies alba und ihre Beziehung zum Tannensterben. Dissertation, Albert-Ludwigs-Universität, Freiburg i. Br.

Schülli L (1994) Die Vision vom naturnahen schalenwildarmen, ungleichartigen Bergmischwald. Allgemeine Forstzeitschrift 49:616–620

Schulz G (1993) Betriebswirtschaftliche Aspekte des Plenterwaldes. Allgemeine Forstzeitschrift 48:731–733

Schulz H (1961) Die Beurteilung der Qualitätsentwicklung junger Bäume. Forstarchiv 32:89–99

Schulz H (1979) Waldbau und Holzqualität. Holz-Zentralblatt 105:1069–1071

Schulz H (1988) Die Rolle der mitteleuropäischen Forstwirtschaft für die zukünftige Holzversorgung. Holz-Zentralblatt 114:2133–2138

Schulz H, Glos P, Wegener G (1988) Überlegungen zu künftigen Anforderungen an Rohholz. Forstwissenschaftliches Centralblatt 107:317–325

Schulze E-D, Ammer C (2015) Spannungsfeld Forstwirtschaft und Naturschutz. Biologie in unserer Zeit 45:304–314

Schulze E-D, Beck E, Müller-Hohenstein K (2002) Pflanzenökologie. Spektrum Akademischer Verlag, Heidelberg

Schulze ED, Aas G, Grimm GW, Gossner MM, Walentowski H, Ammer C, Kühn I, Bouriaud O, Gadow K von (2016) A review on plant diversity and forest management of European beech forests. European Journal of Forest Research 135:51–67

Schulze ED, Ciais P, Luyssaert S, Schrumpf M, Janssens IA, Thiruchittampalam B, Theloke J, Saurat M, Bringezu S, Lelieveld J, Lohila A, Rebmann C, Jung M, Bastviken D, Abril G, Grassi G, Leip A, Freibauer A, Kutsch W, Don A, Nieschulze J, Börner A, Gash JH, Dolman AJ (2010) The European carbon balance. Part 4: integration of carbon and other trace-gas fluxes. Global change Biology 16:1451–1469

Schulze I-M, Eichhorn J (2000) Veränderungen im Stickstoffhaushalt von Buchenwäldern auf Basalt: die Ausbreitung der Großen Brennnessel (Urtica dioica

L.) und ihr Einfluss auf die natürliche Verjüngung der Buche. Forst und Holz 55:435–441

Schumacher J (2003) Gegenwärtige Verbreitung, Ausbreitungs- und Begrenzungsfaktoren der Phytophthora- Erkrankung an Erle im Spreewald. Forst und Holz 58:251–255

Schüte G, Sarvas M (1999) Elektrolytverlust-Messung als Testmethode zur Vitalitätsbestimmung von Eichensämlingen. Forstarchiv 70:133–137

Schütt P (1964) Der Schüttebefall der Kiefer in Abhängigkeit von Herkunft und Anbauort. Forstwissenschaftliches Centralblatt 83:140–163

Schütt P (1981) Ursache und Ablauf des Tannesterbens: Versuch einer Zwischenbilanz. Forstwissenschaftliches Centralblatt 100:286–287

Schütt P (1994a) Taxus baccata Linné, 1753. In: Roloff A, Weisgerber H, Lang U, Stimm B, Schütt P, Lang UM (Hrsg) Enzyklopädie der Holzgewächse – Handbuch und Atlas der Dendrologie/begründet von Peter Schütt III-1 1994. Wiley-VCH, Weinheim, 1–11

Schütt P (1994b) Pinus cembra Linné, 1753. In: Roloff A, Weisgerber H, Lang U, Stimm B, Schütt P, Lang UM (Hrsg) Enzyklopädie der Holzgewächse – Handbuch und Atlas der Dendrologie/begründet von Peter Schütt. III-1 1994. Wiley-VCH, Weinheim, 1–11

Schütt P, Lang UM (1995) Picea sitchensis (Bong.) Carr., 1855. In: Roloff A, Weisgerber H, Lang U, Stimm B, Schütt P, Lang UM (Hrsg) Enzyklopädie der Holzgewächse – Handbuch und Atlas der Dendrologie/begründet von Peter Schütt. III-1 3. Erg./Lfg. 12/1995. Wiley-VCH, Weinheim, 1–14

Schütt P, Lang UM (1999) Alnus incana (L.) Moench, 1794. In: Roloff A, Weisgerber H, Lang U, Stimm B, Schütt P, Lang UM (Hrsg) Enzyklopädie der Holzgewächse – Handbuch und Atlas der Dendrologie/begründet von Peter Schütt. 18. Erg.Lfg. 12/1999. Wiley-VCH, Weinheim, 1–10

Schütt P, Stimm B (2001) Salix caprea Linné, 1753. In: Roloff A, Weisgerber H, Lang U, Stimm B, Schütt P, Lang UM (Hrsg) Enzyklopädie der Holzgewächse – Handbuch und Atlas der Dendrologie/begründet von Peter Schütt. 26. Erg.Lfg. 12/2001. Wiley-VCH, Weinheim, 1–8

Schütt P, Stimm B (2006) Pinus sylvestris L., 1753. In: Roloff A, Weisgerber H, Lang U, Stimm B, Schütt P, Lang UM (Hrsg) Enzyklopädie der Holzgewächse – Handbuch und Atlas der Dendrologie/begründet von Peter Schütt. III-1 45. Erg.Lfg. 9/2006. Wiley-VCH, Weinheim, 1–32

Schütz JP (1981) Que peut apporter le jardinage à notre sylviculture? Schweizerische Zeitschrift für Forstwesen 132:219–242

Schütz J-P (1985) Bestandesschäden bei der Holzernte. Forst- und Holzwirt 40:375–379

Schütz J-P (1987) Zur Auswahl der Auslesebäume in der schweizerischen Auslesedurchforstung. Schweizerische Zeitschrift für Forstwesen 138:1027–1053

Schütz J-P (1991) Läßt sich die Eiche in der Kleinlochstellung erziehen? Ein Beitrag zur Mischung von Lichtbaumarten. Jahrestagung Deutscher Verband Forstlicher Forschungsanstalten, Sektion Ertragskunde, Treis-Karden/Mosel:73–86

Schütz J-P (1994) Geschichtlicher Hergang und aktuelle Bedeutung der Plenterung in Europa. Allgemeine Forst- und Jagdzeitung 165:106–114

Schütz J-P (1997) Sylviculture: 2: La gestion des forêts irrégulières et mélangées. Collection Gérer l'environnement, vol 13. Presses polytechniques et universiteure romandes, Lausanne

Schütz J-P (1998a) Licht bis auf den Waldboden: waldbauliche Möglichkeiten zur Optimierung des Lichteinfalls im Walde. Schweizerische Zeitschrift für Forstwesen 149:843–864

Schütz J-P (1998b) Behandlungskonzepte der Buche aus heutiger Sicht. Schweizerische Zeitschrift für Forstwesen 149:1005–1030

Schütz J-P (1999a) Naturnaher Waldbau: gestern, heute, morgen. Schweizerische Zeitschrift für Forstwesen 150:478–483

Schütz J-P (1999b) Neue Waldbehandlungskonzepte in Zeiten der Mittelknappheit: Prinzipien einer biologisch rationellen und kostenbewussten Waldpflege. Schweizerische Zeitschrift für Forstwesen 150:451–459

Schütz J-P (1999c) Close-to-nature silviculture: Is this concept compatible with species diversity? Forestry 72:359–366

Schütz J-P (1999d) Praktische Bedeutung der Überführung für die Umsetzung der Plenteridee. Forst und Holz 54:104–108

Schütz J-P (2001) Der Plenterwald und weitere Formen strukturierter und gemischter Wälder. Parey, Hamburg und Berlin

Schütz J-P (2002) Silvicultural tools to develop irregular and diverse forest structures. Forestry 75:329–337

Schütz J-P, Barnola P (1996) Importance de la qualité et de sa determination précoce dans un concept d`éducation du hêtre. Revue Forestière Française 48:417–430

Schütz J-P, Pommerening A (2013) Can Douglas fir (Pseudotsuga menziesii (Mirb.) Franco) sustainably grow in complex forest structures? Forest Ecology and Management 303:175–183

Schütz J-P, Rotach P (1993) Nostalgische Illusion oder zukunftsträchtiges Waldbaukonzept. Wald und Holz 74:8–12

Schütz J-P, Grunder K, Mandallaz D (1986) Die Vitalität von Weißtannen und ihre Abhängigkeit von bestandesstrukturellen, ertragskundlichen, ernährungskundlichen und waldbaulichen Variablen. Forstwissenschaftliches Centralblatt 105:406–420

Schütz J-P, Pukkala T, Donoso PJ, Gadow Kv (2012) Historical emergence and current application of CCF. In: Pukkala T, Gadow K von (Hrsg) Continuous cover forestry. 2. Auflage. Springer, Dordrecht, 1–28

Schütz J-P, Götz M, Schmid W, Mandallaz D, Schütz J-P, Götz M, Schmid W, Mandallaz D (2006) Vulnerability of spruce (Picea abies) and beech (Fagus sylvatica) forest stands to storms and consequences for silviculture. European Journal of Forest Research 125:291–302

Schwab S (1990) Juglans und Carya im Elsaß. Allgemeine Forstzeitschrift 45:1227–1230

Schwappach A (1903) Beiträge zur Kenntnis der Wachstumsleistung von Birkenbeständen. Zeitschrift für Forst- und Jagdwesen 35:479–484

Schwappach A (1907) Über den Wert der verschiedenen Formen der Douglasfichte. Mitteilungen der Deutschen Dendrologischen Gesellschaft 16:122–125

Schwappach A (1908) Erfahrungen über den Anbau von Juglans nigra und Carya alba. Zeitschrift für Forst- und Jagdwesen 40:772–776

Schwappach A (1911) Die weitere Entwicklung der Versuche mit fremdländischen Holzarten in Preussen. Zeitschrift für Forst- und Jagdwesen 43:591-611, 757-782

Schweier J, Becker G (2013) Economics of poplar short rotation coppice plantations on marginal land in Germany. Biomass and Bioenergy 59:494–502

Schweiger R, Baier MC, Persicke M, Müller C (2014) High specificity in plant leaf metabolic responses to arbuscular mycorrhiza. Nature Communications 5:3886

Schwerdtfeger F (1981) Die Waldkrankheiten – Ein Lehrbuch der Forstpathologie und des Forstschutzes. 4. Auflage. Parey, Hamburg und Berlin

Secretariat CBD (Hrsg) (2001) Handbook of the convention on biological diversity. Earthscan Publishing, London

Seidel J, Kenk G (2003) Wachstum und Wertleistung der Eichenarten in Baden-Württemberg. AFZ-Der Wald 58:28–31

Seidl R, Schelhaas M-J, Lexer MJ (2011) Unraveling the drivers of intensifying forest disturbance regimes in Europe. Global change Biology 17:2842–2852

Seidl R, Schelhaas M-J, Rammer W, Verkerk PJ (2014) Increasing forest disturbances in Europe and their impact on carbon storage. Nature Climate change 4:806–810

Seidling W, Rohner M-S (1993) Zusammenhänge zwischen Reaktions-Zeigerwerten und bodenchemischen Parametern am Beispiel von Waldbodenvegetation. Phytocoenologia 23:301–317

Seidling W, Lux W, Bolte A (2007) Forstliches Umweltmonitoring in Deutschland: wohin? AFZ/Der Wald 62:1068–1069

Seifert T, Breibeck J, Nickel M, Klemmt H-J, Pretzsch H (2009) Holzeigenschaften der Fichte bei unterschiedlicher Bestandesdichte. AFZ-Der Wald 64 (2):89–91

Seitschek O (1989) Aufbau stabiler Wälder: zentrale Aufgabe des Waldbaus. Forst- und Holzwirt 44:163–169

Seitz B-J (2014) Waldkalkung im Spannungsfeld von Natur- und Bodenschutz. FVA-einblick 18:17–19

Seitz E (1980) Sprachwissenschaftliche Aspekte zum Thema Wald. Allgemeine Forstzeitung 91:318–319

Seitz RA (1979) Untersuchungen zur natürlichen Verjüngung der Kiefer (Pinus sylvestris L.) in Bayern (Mittelfranken, Oberfranken und Oberpfalz). Dissertation, Ludwig-Maximilians-Universität, München

Sell J, Kucera L (1989) Schweizer Weißtannenholz. Holz als Roh- und Werkstoff 47:463-469

Sengbusch P von (2004) Untersuchungen zur Ökologie von Pinus rotundata Link (Moor-Kiefer) im Südschwarzwald. Dissertationes Botanicae 388. Cramer Borntraeger, Berlin

Sevillano I, Short I, Grant J, O'Reilly C (2016) Effects of light availability on morphology, growth and biomass allocation of Fagus sylvatica and Quercus robur seedlings. Forest Ecology and Management 374:11–19

Seymour RS, White AS, Maynadier PGd (2002) Natural disturbance regimes in northeastern North America: evaluating silvicultural systems using natural scales and frequencies. Forest Ecology and Management 155:357–367

Shrader-Frechette KS (1993) Method in ecology – Strategies for conservation. Cambridge University Press, Cambridge

Shrivastava MB, Ulrich B (1977) Schätzung quantitativer Bodenparameter bei der forstlichen Standortskartierung am Beispiel des hessischen Berglandes. Forstwissenschaftliches Centralblatt 96:186–200

Silvertown JW, Charlesworth D (2001) Introduction to plant population biology. 4. Auflage. Blackwell Science, Oxford

Simak M (1960) Influence of cone size on seed produced. Meddelanden Statens Skogsforsknings Institut 49:1–16

Simberloff D (1999) The role of science in the preservation of forest biodiversity. Forest Ecology and Management 115:101–111

Singh P (1996) Pinus strobus Linné, 1753. In: Roloff A, Weisgerber H, Lang U, Stimm B, Schütt P, Lang UM

(Hrsg) Enzyklopädie der Holzgewächse – Handbuch und Atlas der Dendrologie/begründet von Peter Schütt. 6. Erg.Lfg. 11/1996. Wiley-VCH, Weinheim, 1–16

Skorupski M, Jagodziński AM, Zytkowiak R, Karolewski P (2012) Differences in chemical composition of needle and leaf litter from exotic and native tree species stands. Dendrobiology 68:101–112

Skovsgaard JP, Wilhelm GJ, Thomsen IM, Metzler B, Kirisits T, Havrdová L, Enderle R, Dobrowolska D, Cleary M, Clark J (2017) Silvicultural strategies for Fraxinus excelsior in response to dieback caused by Hymenoscyphus fraxineus. Forestry 90:455–472

Slatyer RO (1967) Plant-water relationships. Academic Press, London

Slodicák M (1995) Thinning regime in stands of Norway spruce subjected to snow and wind damage. In: Coutts MP, Grace J (Hrsg) Wind and trees. Cambridge University Press, Cambridge, 436–447

Smith SE, Read DJ (2009) Mycorrhizal symbiosis. 3. Auflage. Elsevier, Amsterdam

Sohlemus B (1996) Structure and composition of the nematode fauna in pine forest soil under the influence of clearcutting: effect of slash removal and field layer vegetation. European Journal of Soil Biology 32:1–14

Sohn JA, Hartig F, Kohler M, Huss J, Bauhus J (2016a) Heavy and frequent thinning promotes drought adaptation in Pinus sylvestris forests. Ecological Applications 26:2190–2205

Sohn JA, Saha S, Bauhus J (2016b) Potential of forest thinning to mitigate drought stress: a meta-analysis. Forest Ecology and Management 380:261–273

Sohn JA, Gebhardt T, Ammer C, Bauhus J, Häberle K-H, Matyssek R, Grams TEE (2013) Mitigation of drought by thinning: short-term and long-term effects on growth and physiological performance of Norway spruce (Picea abies). Forest Ecology and Management 308:188–197

Sohns H (1990) Neues Gerät zur Bodenvorbereitung. Allgemeine Forstzeitschrift 45:949

Sollins P, McCorison FM (1981) Nitrogen and carbon salution chemistry of an old growth coniferous forest watershed before and after cutting. Water Resources Research 17:1409–1418

Sork VL (1993) Evolutionary ecology of mast-seeding in temperate and tropical oaks. Vegetatio 107/108:133–148

Sotirov M (Hrsg) (2017) Natura 2000 and forests: assessing the state of implementation and effectiveness. European Forest Institute, Joensuu

South DB, Zwolinski JB (1997) Transplant stress index: aproposed method of quantifying planting check. New Forests 13:315–328

Speidel G (1972) Planung im Forstbetrieb: Grundlagen und Methoden der Forsteinrichtung. Parey, Hamburg und Berlin

Speidel G (1975) Schalenwildbestände und Leistungsfähigkeit des Waldes als Problem der Forst- und Holzwirtschaft aus der Sicht der Forstökonomie. Allgemeine Forstzeitschrift 30:247–250

Speidel G (1984) Forstliche Betriebswirtschaftslehre. 2. Auflage. Parey, Hamburg und Berlin

Spellmann H (1994) Ertragskundliche Aspekte des Fremdländeranbaus. Allgemeine Forst- und Jagdzeitung 165:27–34

Spellmann H (1995a) Holzqualität als Beurteilungskriterium im langfristigen Versuchswesen. Forst und Holz 50:743–747

Spellmann H (1995b) Vom strukturarmen zum strukturreichen Wald: waldbauliche Planungs- und Handlungsaspekte für die Nds. Landesforstverwaltung. Forst und Holz 50:35–44

Spellmann H (1996) Waldbau im Wandel. Forst und Holz 51:3–9

Spellmann H (1997) Zielstärkennutzung: waldbauliche und ertragskundliche Aspekte. Jahrestagung Deutscher Verband Forstlicher Forschungsanstalten, Sektion Ertragskunde, Grünberg:186–198

Spellmann H (2001) Bewirtschaftung der Eiche auf der Grundlage waldwachstumskundlicher Untersuchungen in Nordwestdeutschland. Beiträge für Forstwirtschaft und Landschaftsökologie 35:145–152

Spellmann H (2002) Waldbauliche Perspektiven für die niedersächsische Kiefernwirtschaft. Forst und Holz 57:71–76

Spellmann H (2004) Ursachen-Wirkungs-Beziehungen am Beispiel der Douglasie: waldwachstumskundliche Entscheidungshilfen für Waldbewirtschaftung und Forstplanung. Allgemeine Forst- und Jagdzeitung 175:142–150

Spellmann H (2008) Die Kiefer ein Auslaufmodell? Beiträge für eine zielgerichtete Entwicklung. In: Nordwestdeutsche Forstliche Versuchsanstalt (Hrsg) Die Waldkiefer: Fachtagung zum Baum des Jahres 2007. Beiträge aus der Nordwestdeutschen Forstlichen Versuchsanstalt 2:63–78

Spellmann H, Baderschneider A (1988) Erste Auswertungen eines Traubeneichen-Pflanzverbands- und Sortimentsversuches im Forstamt Hardegsen/Solling. Forst- und Holzwirt 43:447–450

Spellmann H, Caspari C-O (1993) Entscheidungshilfen aus Kiefern-Läuterungsversuchen bei 6 bis 8 m Oberhöhe. Forst und Holz 48:115–119

Spellmann H, Diest W von (1990) Entwicklung von Z-Baum-Kollektiven in langfristig beobachteten

Szewczyk J, Szwagrzyk J (1996) Tree regeneration on rotten and on soil in old-growth stand. Vegetatio 122:37–46

Szymanski S (1986) Die Begründung von Eichenbeständen in Nest-Kulturen. Forst- und Holzwirt 41:3–7

Tabaku V (2000) Struktur von Buchen-Urwäldern in Albanien im Vergleich mit deutschen Buchen-Naturwaldreservaten und -Wirtschaftswäldern. Dissertation, Georg-August-Universität, Göttingen

Tabaku V, Meyer P (1999) Lückenmuster albanischer und mitteleuropäischer Buchenwälder unterschiedlicher Nutzungsintensität. Forstarchiv 70:87–97

Tabel U, Grancea G, Balcar P (1994) Wird die Naturverjüngung überalteter Buchenbestände durch verminderte Bucheckernmengen oder -qualitäten beeinträchtigt? Forstarchiv 65:185–193

Taeroe A, Mustapha WF, Stupak I, Raulund-Rasmussen K (2017) Do forests best mitigate CO_2 emissions to the atmosphere by setting them aside for maximization of carbon storage or by management for fossil fuel substitution? Journal of Environmental Management 197:117–129

Tamm Ü (2001) Populus tremula L., 1753. In: Roloff A, Weisgerber H, Lang U, Stimm B, Schütt P, Lang UM (Hrsg) Enzyklopädie der Holzgewächse – Handbuch und Atlas der Dendrologie/begründet von Peter Schütt. 23. Erg.Lfg. 3/2001. Wiley-VCH, Weinheim, 1-10

Tanaka Y (1997) The operational planting stock quality testing program at Weyerhaeuser. New Forests 13:423–437

Tansley AG (1935) The use and abuse of vegetational concepts and terms. Ecology 16:284–307

Tanton MT (1965) Acorn destruction potential of small mammals and birds in British woodlands. Quarterly Journal of Forestry 59:230–234

Tapper PG (1992) Irregular fruiting in Fraxinus excelsior. Journal of Vegetation Science 3:41–46

Tchounwou PB, Yedjou CG, Patlolla AK, Sutton DJ (2012) Heavy metal toxicity and the environment. In: Luch A (Hrsg) Molecular, clinical and environmental toxicology: Volume 3: Environmental toxicology. Springer, Basel, 133–164

Tegeler R (1991) Effizienz biologisch-mechanischer Schälschutzmaßnahmen bei Fichte. Allgemeine Forstzeitschrift 46:367–371

Temple SA (1997) Maintaining the integrity of managed ecosystems: the challenges of preserving rare species. In: Boyce MS, Haney A. (Hrsg) Ecosystem management: Applications for sustainable forest and wildlife resources. Yale University Press, New Haven, 77–93

Terashima I, Miyazawa S-I, Hanba YT (2001) Why are sun leaves thicker than shade leaves? Consideration based on analyses of CO2 diffusion in the leaf. Journal of Plant Research 114:93–105

Terwei A, Zerbe S, Mölder I, Annighöfer P, Kawaletz H, Ammer C (2016) Response of floodplain understorey species to environmental gradients and tree invasion: a functional trait perspective. Biological Invasions 18:2951–2973

Teuffel K von (1999) Waldentwicklungstypen in Baden-Würtemberg. Allgemeine Forstzeitschrift 54:673–676

Theenhaus A, Schaefer M (1995) The effects of clearcutting and liming on the soil macrofauna of a beech forest. Forest Ecology and Management 77:35–51

Thibodeau L, Raymond P, Camire C, Munson A (2000) Impact of precommercial thinning in balsam fir stands on soil nitrogen dynamics, microbial biomass, decomposition, and foliar nutrition. Canadian Journal of Forest Research 30:229–238

Thomas PA (2014) Trees – Their natural history. 2. Auflage. Cambridge University Press, Cambridge

Thomas PA (2016) Biological flora of the British isles: Fraxinus excelsior. Journal of Ecology 104:1158–1209

Thomas PA (2017) Biological flora of the British isles: Sorbus torminalis. Journal of Ecology 105:1806–1831

Thomas PA, Polwart A (2003) Biological flora of the British isles: Taxus baccata L. Journal of Ecology 91:489–524

Thomas PA, Stone D, La Porta N (2018) Biological flora of the British isles: Ulmus glabra. Journal of Ecology 106:1724–1766

Thomasius H (1988) Stabilität natürlicher und künstlicher Waldökosysteme sowie deren Beeinflußbarkeit durch forstwirtschaftliche Maßnahmen. Allgemeine Forstzeitschrift 43:1037-1043, 1064-1068

Thomasius H, Bretschneider D (1970) Studie über ein Verfahren zur Bestimmung der waldbaulich optimalen Schlagbreite bei der Baumart Fichte: dargestellt an Beispielen aus dem mittleren Erzgebirge. Archiv für Forstwesen 19:1269–1293

Thomasius H, Butter D, Marsch M (1986) Maßnahmen zur Stabilisierung von Fichtenforsten gegenüber Schnee- und Sturmschäden. Proceedings 18. IUFRO Congress, Ljubljana:1–52

Thompson K, Hodgson KG, Grime JP, Rorison IH, Band SR, Spencer RE (1993) Ellenberg numbers revisited. Phytocoenologia 23:277–289

Thren M (1984) Untersuchungen zum Kiefernpflanzverband in der Oberrheinischen Tiefebene. Forst- und Holzwirt 39:444, 446-448

Thren M (1985) Erste Ergebnisse eines Kiefernverbandsversuchs im Forstbezirk Karlsruhe-Hardt. Allgemeine Forst- und Jagdzeitung 156:24–37

Thren M (1987) Kiefernproduktionsprogramme. Dissertation, Albert-Ludwigs-Universität, Freiburg i. Br.

Thurm EA, Uhl E, Biber P, Pretzsch H (2017) Mixed stands of Douglas-fir and European beech compared to pure stands: patterns and growth analyses in dependence of site conditions. Forstliche Forschungsberichte München 217

Tiebel K, Huth F, Wagner S (2016) Qualität von Buchenvoranbauten (Fagus sylvatica L.) unterschiedlicher Flächengröße unter Fichtenschirm (Picea abies (L.) Karst.). Allgemeine Forst- und Jagdtzeitung 187:103–120

Tiebel K, Huth F, Wagner S (2018) Soil seed banks of pioneer tree species in European temperate forests: a review. iForest 11:48–57

Tilman D (1982) Resource competition and community structure. Princeton University Press, Princeton

Tilman D (1997) Mechanisms in plant competition. In: Crawley MJ (Hrsg) Plant ecology. 2. Auflage. Blackwell, Oxford, 239–261

Tilman D (2000) Causes, consequences and ethics of biodiversity. Nature 405:208-211

Timbal J (1981) Un arbre méconnu: l'orme lisse (Ulmus laevis Pallas). Revue Forestière Française 33:109–115

Timbal J, Bonneau M, Landmann, G., Trouvilliez, J., Bouhot-Delduc L (2005) European non-boreal conifer forests. In: Andersson F (Hrsg) Coniferous forests. Elsevier, Amsterdam, 131–162

Timmer V (1991) Interpretation of seedling analysis and visual symptoms. In: van den Driessche P (Hrsg) Mineral nutrition of connifer seedlings. CRC Press, Boca Raton, 114–134

Tomaczek C (1984) Wurzelschäden durch unsachgemäße Anwendung der Winkelpflanzmethode. Allgemeine Forstzeitung (Wien) 95:84–85

Tönnes S, Karjalainen E, Löfström I, Neuvonen M (2004) Scenic impacts of retention trees in clear-cutting areas. Scandinavian Journal of Forest Research 19:348–357

Townsend CR, Begon M, Harper JL (2009) Ökologie. 2. Auflage. Springer, Berlin

Tranquillini W (1958) Die Frosthärte der Zirbe unter besonderer Berücksichtigung autochthoner und aus Forstgärten stammender Jungpflanzen. Forstwissenschaftliches Centralblatt 77:89–105

Trauboth V (2001) Zirbelkiefernanbau (Pinus cembra L.) im Thüringer Wald und in der Thüringer Rhön. Forst und Holz 56:275-276, 278-280

Trautmann L (1996) Saatkultur für Unterbau auf der Freifläche. Allgemeine Forstzeitschrift 51:942–943

Tremp H (2005) Aufnahme und Analyse vegetationsökologischer Daten. UTB 8299. Ulmer, Stuttgart

Treu M (1997) Beschreibung und technische Daten zur Säheinheit 280P und Sämagrub. Schriftenreihe Landesanstalt für Ökologie, Bodenordnung und Forsten (LÖBF), Landesamt für Agrarordnung Nordrhein-Westfalen 13:93-95

Triebenbacher C, Straßer L, Petercord R (2017) Waldschutzrisiko der Fichte. In: Bayerische Landesanstalt für Wald und Forstwirtschaft (LWF) (Hrsg) Beiträge zur Fichte. LWF Wissen 80:100–107

Tsuda Y, Semerikov V, Sebastiani F, Vendramin GG, Lascoux M (2017) Multispecies genetic structure and hybridization in the Betula genus across Eurasia. Molecular Ecology 26:589–605

Tutin TG, Heywood VH, Burges NA, Moore DM, Valentine DH, Walters SM, Webb DA (Hrsg) (1970-1993) Flora Europaea. Cambridge University Press, Cambridge

Tüxen R (1956) Die heutige potentielle natürliche Vegetation als Gegenstand der Vegetationskartierung. Angewandte Pflanzensoziolgie 13. Bundesanstalt (Zentralstelle) für Vegetationskartierung, Stolzenau/Weser

Tyrväinen L, Silvennoinen H, Kolehmainen O (2003) Ecological and aesthetic values in urban forest management. Urban Forestry and Urban Greening 1:135–149

UBA (Umweltbundesamt) (2017) Waldbrände. https://www.umweltbundesamt.de/daten/land-forstwirtschaft/waldbraende#textpart-1. Zuletzt geprüft 24.05.2018

Uhl E, Ammer C, Spellmann H, Schölch M, Pretzsch H (2013) Zuwachstrend und Stressrelienz von Tanne und Fichte im Vergleich. Allgemeine Forst- und Jagdtzeitung 184:278–292

Uhl E, Biber P, Ulbricht M, Heym M, Horváth T, Lakatos F, Gál J, Steinacker L, Tonon G, Ventura M, Pretzsch H (2015) Analysing the effect of stand density and site conditions on structure and growth of oak species using Nelder trials along an environmental gradient: experimental design, evaluation methods, and results. Forest Ecosystems 2:17(1-19)

Ulrich B (1986) Waldbodenforschung in ökosystemarer Sicht. Allgemeine Forstzeitschrift 46:549–550

Ulrich B (1987) Stabilität, Elastizität und Resilienz von Waldökosystemen unter dem Einfluss saurer Deposition. Forstarchiv 58:232–238

Ulrich B (1991) Folgerungen aus 10 Jahren Waldökosystem- und Waldschadensforschung. Forst und Holz 46:576–588

Ulrich B (1995) Der ökologische Bodenzustand: seine Veränderung in der Nacheiszeit, Ansprüche der Baumarten. Forstarchiv 66:117–127

Ulrich B (1999) Entwicklungsprognosen für Waldökosysteme aus der Sicht der Hierarchitätstheorie. Forstwissenschaftliches Centralblatt 118:118–126

Ulrich B, Wachter H (1971) Bodenkundliche Gesichtspunkte zur Frage der Bodenbearbeitung im Wald. Allgemeine Forst- und Jagdzeitung 142:257–265

Ulrich B, Mayer R, Khanna PK (1979) Deposition von Luftverunreinigungen und ihre Auswirkungen in Waldökosystemen im Solling. Schriften aus der Forstlichen Fakultät der Universität Göttingen und der Niedersächsischen Forstlichen Versuchsanstalt, vol 58. Sauerländer's, Frankfurt a. M.

Unkrig W (1997) Zur Verjüngung von Buche und Fichte im Naturwald Sonnenkopf. Forst und Holz 52:538–543

Unrau A, Becker G., Spinelli R, Lazdina D, Magagnotti N, Nicolescu V-N, Buckley P, Bartlett D, Kofman PD (Hrsg) (2018) Coppice forests in Europe, Freiburg i. Br.

Unseld R, Bauhus J (2011) Wuchspotentiale von Pappeln für Vorwald auf Waldstandorten Südwestdeutschlands. AFZ-Der Wald 66 (10):6–9

Utschig H (2000) Wachstum vorherrschender Buchen in Abhängigkeit von Standort und Behandlung. Forst und Holz 55:44–50

Utschig H (2002) Analyse der Standraumökonomie von Einzelbäumen auf langfristig beobachteten Versuchsflächen: Methoden, Programmentwicklung und erste Ergebnisse. Forstwissenschaftliches Centralblatt 121:335–348

Utschig H (2004a) Waldwachstumskundliche Charakterisierung der Tanne. In: Bayerische Landesanstalt für Wald und Forstwirtschaft (LWF) (Hrsg) Beiträge zur Tanne. LWF Wissen 45:18–23

Utschig H (2004b) Waldwachstumskundliche Charakterisierung der Schwarzerle (Alnus glutinosa (L.) Gaertner) am Beispiel der Wuchsreihe Wasserburg 642. In: Bayerische Landesanstalt für Wald und Forstwirtschaft (LWF) (Hrsg) Beiträge zur Schwarzerle. LWF Wissen 42: 23–26

Utschig H, Franz F (1993) Kiefern-Verbandsversuch Weiden 611. Exkursionsführer Freising (unveröff.)

Utschig H, Küsters E (2004) Folgerungen für die forstliche Praxis. In: Küsters E, Bachmann M, Steinacker L, Schütze G, Pretzsch H (Hrsg) Die Kiefer im Rein- und Mischbestand: Produktivität, Variabilität, Wachstumstrend. Bayerisches Staatsministerium für Ernährung, Landwirtschaft und Forsten (Hrsg.), München, 327–345

Utschig H, Pretzsch H (2001) Der Eichen-Durchforstungsversuch Waldleiningen 88: Auswirkungen unterschiedlicher Eingriffsstärken nach 65 Jahren Beobachtung. Forstwissenschaftliches Centralblatt 120:90–113

Utschig H, Herling H, Pretzsch H (2006) Veränderte Umweltbedingungen schaffen 13 Prozent mehr Wachstum. LWF aktuell 52:44–46

Uusvaara O (1993) Quality and value of sawn goods from pruned Scots pine stands. Folia Forestalia 816

Vacchiano G, Hacket-Pain A, Turco M, Motta R, Maringer J, Conedera M, Drobyshev I, Ascoli D (2017) Spatial patterns and broad-scale weather cues of beech mast seeding in Europe. New Phytologist 215:595–608

Vacik H, Wolflehner B, Ruprecht H (2008) Identifizierung von Dienstleistungen, Holz und Nichtholzprodukten aus nachhaltiger Waldbewirtschaftung. Berichte aus Energie- und Umweltforschung 17a/2008, Wien

Valipour M, Driscoll CT, Johnson CE, Battles JJ, Campbell JL, Fahey TJ (2018) The application of an integrated biogeochemical model to simulate dynamics of vegetation, hydrology and nutrients in soil and streamwater following a whole-tree harvest of a northern hardwood forest. Science of The Total Environment 645:244–256

Valkonen S (2000) Effect of retained Scots pine on regeneration, growth, form and yield of forest stands. In: Mason WL, Alia R, Forrest GL, Olsthorn AF, Sjogsberg K (Hrsg) Silviculture and biodiveristy of Scots pine in Europe, 121–145

Vanderkerkhove K, Thomaes A, Jonsson B-G (2013) Konnektivität und Fragmentierung: Inselgeogaphie und Metapopulationen in Elementen später Waldentwickungsphasen. In: Kraus D, Krumm F (Hrsg) Integrative Ansätze als Chance für die Erhaltung der Artenvielfalt in Wäldern. European Forest Institute, Joensuu, 110–121

Vannini A, Natili G, Anselmi N, Montaghi A, Vettraino AM (2010) Distribution and gradient analysis of Ink disease in chestnut forests. Forest Pathology 40:73–86

Vanselow K (1931) Theorie und Praxis der natürlichen Verjüngung im Wirtschaftswald. Neumann, Neudamm

Vanselow K (1951) Was leisten die einzelnen Baumklassen an Massenzuwachs? Allgemeine Forstzeitschrift 6:313–317

Vanselow K (1957) Die Verjüngungsformen: Entstehung, Entwicklung, Sinn und Wert. Allgemeine Forstzeitschrift 12:205–208

Vanselow K (1963) Zur geschichtlichen Entwicklung der Verjüngungsformen in Deutschland. Forstwissenschaftliches Centralblatt 82:257–269

Varmola M, Salminen H, Timonen M (2004) Thinning response and growth trends of selected Scots pine stands at the arctic timberline. Silva Fennica 38:71–83

Veen P, Fanta J, Raev I, Biriş I-A, Smidt J, Maes B (2010) Virgin forests in Romania and Bulgaria: results of two national inventory projects and their implications for protection. Biodiversity and Conservation 19:1805–1819

Vejre H (1999) Stability of Norway spruce plantations in western Denmark: soil nutrient aspects. Forest Ecology and Management 114:45–54

Vejre H, Ingerslev M, Raulund-Rasmussen K (2001) Fertilization of Danish forests: a review of experiments. Scandinavian Journal of Forest Research 16:502–513

Velarde MD, Fry G, Tveit MS, Ruiz MA (2006) Multifunctional forest manangement: management criteria that combine ecology and aesthetics. Landscape Ecology 21:287–292

Velazquez-Martinez A, Perry DA, Ball TE (1992) Responses of aboveground biomass increment, growth efficiency, and foliar nutrients to thinning, fertilization, and pruning in young Douglas-fir plantations in the central Oregon Cascades. Canadian Journal of Forest Research 22:1278–1289

Vera FWM (2000) Grazing ecology and forest history. CAB International, Wallingford

Verlinden MS, Broeckx LS, van den Bulcke J, van Acker J, Ceulemans R (2013) Comparative study of biomass determinants of 12 poplar (Populus) genotypes in a high-density short-rotation culture. Forest Ecology and Management 307:101–111

Vermola M (1989) A model for ring width of planted Scots pine. Silva Fennica 23:259–269

Vesterdal L, Dalsgaard M, Felby C, Raulund-Rasmussen K, Jörgensen BB (1995) Effects of thinning and soil properties on accumulation of carbon, nitrogen and phosphorus in the forest floor of Norway spruce stands. Forest Ecology and Management 77:1–10

Vidal C, Alberdi I, Hernández L, Redmond JJ (Hrsg) (2016) National forest inventories – Assessment of wood availability and use. Springer, Cham

Visser S de, Thébault E, Ruiter Pd (2013) Ecosystems engeneers, keystone species. In: Leemans R (Hrsg) Ecological systems – Selected entries from the encyclopedia of sustainability science and technology. Springer, New York, 59–68

Vitali V, Büntgen U, Bauhus J (2017) Silver fir and Douglas fir are more tolerant to extreme droughts than Norway spruce in south-western Germany. Global change Biology 23:5108–5119

Vítková M, Müllerová J, Sádlo J, Pergl J, Pyšek P (2017) Black locust (Robinia pseudoacacia) beloved and despised: a story of an invasive tree in Central Europe. Forest Ecology and Management 384:287–302

Vitousek PM (1985) Community turnover and ecosystem nutrient dynamics. In: Pickett STA, White PS (Hrsg) The ecology of natural disturbance and patch dynamics. Academic Press, Orlando, 325–333

Vitousek PM, Melillo JM (1979) Nitrate losses from disturbed forests: patterns and mechanisms. Forest Science 25:605–619

Vitousek PM, Gosz JR, Grier CC, Melillo JM, Reiners WA (1982) A comparative analysis of potential nitrification and nitrate mobility in forest ecosystems. Ecological Monographs 52:155–177

Vittoz P, Rulence B, Largey T, Freléchoux F (2008) Effects of climate and land-use change on the establishment and growth of cembran pine (Pinus cembra L.) over the altitudinal treeline ecotone in the Central Swiss Alps. Arctic, Antarctic, and Alpine Research 40:225–232

Vogel G (1990) Der Einfluß des Nationalsozialismus auf die deutsche Forstwirtschaft als Voraussetzung für die Entstehung der Zweiten Dauerwaldbewegung. Forst und Holz 45:171–176

Vogt KA, Grier CC, Vogt DJ (1986) Production, turnover and nutrient dynamics of above- and belowground detritus of world forests. Advances in Ecological Research 15:303–377

Volk H (1987) Umweltvorsorge durch Waldbiotopkartierung. Allgemeine Forstzeitschrift 42:565–568

Volk H (1990) Vorurteile im Naturschutz gegen Forstwirtschaft abbauen: Inwieweit gefährdet Forstwirtschaft schützenswerte Pflanzen? Allgemeine Forstzeitschrift 45:147–149

Volk H (2002) Zur Natürlichkeit der Esche (Fraxinus excelsior L.) in Flussauen Mitteleuropas. Forstwissenschaftliches Centralblatt 121:128–137

Volk H (2003) Landschafts- und Auewaldentwicklung in der Rheinaue bei Karlsruhe. Allgemeine Forstzeitschrift 58:989–992

Volk H, Schlenstedt J (1991) Rote Listen und Forstwirtschaft: der Wald kein sicherer Schutz für gefährdete Pflanzen? Forst und Holz 46:687–693

Vollbrecht G, Gemmel P, Pettersson N (1995) The effect of precommercial thinning on the incidence of Heterobasidion annosum in planted Picea abies. Scandinavian Journal of Forest Research 10:37–41

Volosyanchuk RT (2002) Pinus sylvestris L. In: CAB International (Hrsg) Pines of silvicultural importance. CAB International, Wallingford, Oxon, 449–466

Vor T (2000) Wachstum verschiedener Baumarten auf einem Harzhochlagenstandort mit und ohne Düngung. Forst und Holz 55:655–660

Vor T (2005) Natural regeneration of Northern red oak (Quercus rubra L.) in Germany. Neobiota 6:111–123

Vor T, Spellmann H, Bolte A, Ammer C (Hrsg) (2015) Potenziale und Risiken eingeführter Baumarten – Baumartenportraits mit naturschutzfachlicher Bewertung. Göttinger Forstwissenschaften 7. Universitätsverlag Göttingen, Göttingen

Vries WIM de, Reinds GJ, Gundersen PER, Sterba H (2006) The impact of nitrogen deposition on carbon sequestration in European forests and forest soils. Global change Biology 12:1151–1173

Vrška T, Adam D, Hort L, Kolář T, Janík D (2009) European beech (Fagus sylvatica L.) and silver fir (Abies alba Mill.) rotation in the Carpathians: A developmental cycle or a linear trend induced by man? Forest Ecology and Management 258:347–356

Vuidot A, Paillet Y, Archaux F, Gosselin F (2011) Influence of tree characteristics and forest management on tree microhabitats. Biological Conservation 144:441–450

Wachter H (1953) Über den Einfluß der Witterung auf die Samenbildung bei der Eiche. Der Wald 3:86–88

Wachter H (1964) Über die Beziehungen zwischen Witterung und Buchenmastjahren. Forstarchiv 35:69–78

Wachter H (2011) Die Stieleiche (Quercus robur L.) slawonischer Herkunft in Westfalen und am Niederrhein – Einführung, Anbau und Verhalten. Kessel, Remagen-Oberwinter

Wagenhoff A (1975) Die Wirtschaft in Edellaubholz/Buchen-Mischbeständen auf optimalen Standorten im Forstamt Bovenden. Aus dem Walde 24:5–60

Wagenitz G (2003) Wörterbuch der Botanik. 2. Auflage. Spektrum Akademischer Verlag, Heidelberg

Wagenknecht E (1940) Das Umsetzen in Kieferndickungen. Zeitschrift für Forst- und Jagdwesen 72:285–296

Wagner A (1983) Ertragssteigerung durch Auswertung der Waldgeschichte und der Waldstandorte. Allgemeine Forstzeitschrift 38:61–64

Wagner C (1914) Die Grundlagen der räumlichen Ordnung im Walde. 3. Auflage. Laupp'sche Buchhandlung, Tübingen

Wagner C (1923) Der Blendersaumschlag und sein System. 3. Auflage. Laupp'sche Buchhandlung, Tübingen

Wagner I (2009) Pyrus pyraster (L.) Burgsdorf, 1787. In: Roloff A, Weisgerber H, Lang U, Stimm B, Schütt P, Lang UM (Hrsg) Enzyklopädie der Holzgewächse – Handbuch und Atlas der Dendrologie/begründet von Peter Schütt. 52 Erg.LFG.4/09. Wiley-VCH, Weinheim, pp 1–20

Wagner RG, Radosevich SR (1991) Neighborhood predictors of interspecific competition in young Douglas-fir plantations. Canadian Journal of Forest Research:821–828

Wagner S (1996) Übertragung strahlungsrelevanter Wetterinformation aus punktuellen PAR-Sensordaten in größere Versuchsflächenanlagen mit Hilfe hemisphärischer Fotos. Allgemeine Forst- und Jagdzeitung 167:34–40

Wagner S (1997) Ein Modell zur Fruchtausbreitung der Esche (Fraxinus excelsior L.) unter Berücksichtigung von Richtungseffekten. Allgemeine Forst- und Jagdzeitung 168:149–155

Wagner S (1999) Ökologische Untersuchungen zur Initialphase der Naturverjüngung in Eschen-Buchen-Mischbeständen. Schriften aus der Forstlichen Fakultät der Universität Göttingen und der Niedersächsischen Forstlichen Versuchsanstalt 129. Sauerländer's, Frankfurt a. M.

Wagner S (2007) Rationaler Waldumbau: Fragen und Anregungen. Forst und Holz 62:12–17

Wagner S, Müller-Using B (1997) Ergebnisse der Buchen-Voranbauversuche im Harz unter besonderer Berücksichtigung der lichtökologischen Verhältnisse. In: Landesanstalt für Ökologie, Bodenordnung und Forsten Landesamt für Agrarordnung Nordrhein-Westfalen (LÖBF) (Hrsg) Waldumbau von Nadelholzreinbeständen in Mischbestände. Schriftenreihe LÖBF 13:17–30

Wagner S, Röker B (2000) Birkenanflug in Stieleichenkulturen: Untersuchungen zur Dynamik der Konkurrenz über 5 Vegetationsperioden. Forst und Holz 55:18–22

Wagner S, Spellmann H (1994) Methodische Probleme bei der Erfassung der Konkurrenzsituation zwischen Baumarten in Jungbeständen. Jahrestagung Deutscher Verband Forstlicher Forschungsanstalten, Sektion Waldbau, Gotha:103–116

Wagner S, Küßner R, Ammer C, Dohrenbusch A (2004) Hinweise zur Erfassung von Strahlung und Kronenraumstruktur in Waldbeständen im Rahmen waldbaulicher Untersuchungen. Forstarchiv 75:110–121

Wagner S, Collet C, Madsen P, Nakashizuka T, Nyland RD, Sagheb-Talebi K (2010) Beech regeneration research: from ecological to silvicultural aspects. Forest Ecology and Management 259:2172–2182

Waldherr M (1996) Die Pflege der Kiefernbestände in der Oberpfalz. Forst und Holz 51:462–466

Waldmann R (1999) Einfluß von Bestandesstruktur und waldbaulicher Behandlung auf die Entstehung großflächiger Massenvermehrungen nadelfressender Kieferninsekten am Beispiel der Nonne (Lymantria monacha L.) in Dauerschadgebieten des Niedersächsischen Tieflandes. Dissertation, Georg-August-Universität, Göttingen

Walentowski H, Ewald J, Fischer A, Kölling C, Türk W (2004) Handbuch der natürlichen Waldgesellschaften Bayerns – Ein auf geobotanischer Grundlage entwickelter Leitfaden für die Praxis in Forstwirtschaft und Naturschutz. Geobotanica-Verlag, Freising

Walentowski H, Falk W, Mette T, Kunz J, Bräuning A, Meinardus C, Zang C, Sutcliffe LME, Leuschner C (2014) Assessing future suitability of tree species under climate change by multiple methods: a case study in southern Germany. Annals of Forest Research 60:101–126

Walkenhorst R (1992) Ernte und langfristige Lagerung des forstlichen Saatgutes. Allgemeine Forstzeitschrift 47:220, 222

Walker C, Wheeler CT (1994) Mycorrhizas, actinorhizas and rhizobia. In: Aldhous JR, Mason WL (Hrsg) Forestry nursery practice. HMSO, London, 104–111

Wall A, Hytönen J (2011) The long-term effects of logging residue removal on forest floor nutrient capital, foliar chemistry and growth of a Norway spruce stand. Biomass and Bioenergy 35:3328–3334

Wall K de, Dreher G, Spellmann H, Pretzsch H (1998) Struktur und Dynamik von Buchen-Douglasien-Mischbeständen in Niedersachsen. Forstarchiv 69:179–191

Wallertz K, Örlander G, Luoranen J (2005) Damage by pine weevil Hylobius abietis to conifer seedlings after shelterwood removal. Scandinavian Journal of Forest Research 20:412–420

Walter H, Breckle S-W (1991) Ökologie der Erde – Band 1: Ökologische Grundlagen in globaler Sicht. 2. Auflage. G. Fischer, Stuttgart

Wang XR, Szmindt AE (2001) Molecular markers in population genetics of forest trees. Scandinavian Journal of Forest Research 16:199–220

Wangler F (1974) Die Sturmgefährdung der Wälder in Südwestdeutschland: – eine waldbauliche Auswertung der Sturmkatastrophe 1967. Dissertation, Albert-Ludwigs-Universität, Freiburg i. Br.

Wardle DA, Nilsson M-C, Gallet C, Zackrisson O (1998) An ecosystem-level perspective of allelopathy. Biological Reviews of the Cambridge Philosophical Society 73:305–319

Wardle P (1959) The regeneration of Fraxinus excelsior in woods with a field layer of Mercurialis perennis. Journal of Ecology 47:483–497

Warkotsch W, Prüller R (2010) Wörterbuch Umwelt und Forstwirtschaft. 2. Auflage. Kessel, Remagen-Oberwinter

Warren MS, Thomas JA (1992) Butterfly responses to coppicing. In: Buckley GP (Hrsg) The ecology and management of coppice woodland. Chapman and Hall, London, 249–270

Wästerlund I (1992) Extent and causes of site damage due to forestry traffic. Scandinavian Journal of Forest Research 7:135–142

Webber JF (2004) Experimental studies on factors influencing the transmission of Dutch elm disease. Forest Systems 13:197–205

Weber G, Bahr B (2000) Eignung bayerischer Standorte für den Anbau von Esche (Fraxinus excelsior L.) und Bergahorn (Acer pseudoplatanus L.). Forstwissenschaftliches Centralblatt 119:263–275

Weber HE (2003a) Gebüsche, Hecken, Krautsäume. Ulmer, Stuttgart

Weber HE (Hrsg) (2003b) Illustrierte Flora von Mittel-Europa: Rosaceae (Rosengewächse). 2. Auflage. Begründet von Gustav Hegi. Band 4, Teil 2, C. Parey, Hamburg und Berlin

Weber-Blaschke G, Heitz R, Blaschke M, Ammer C (2008) Growth and nutrition of young European ash (Fraxinus excelsior L.) and sycamore maple (Acer pseudoplatanus L.) on sites with different nutrient and water statuses. European Journal of Forest Research 127:465–479

Weege K (1986) Planungsgrundlagen für die Produktion und Vermarktung von Weihnachtsbäumen und Schnittgrün im Forstbetrieb. Dissertation, Georg-August-Universität, Göttingen

Weege K (1988) Beobachtungen am Wachstum der Küstentanne in Nordrhein-Westfalen. Allgemeine Forstzeitschrift 43:703–706

Wehrli A, Brang P, Maier B, Duc P, Binder F, Lingua E, Ziegner K, Kleemayr K, Dorren L (2007) Schutzwaldmanagement in den Alpen: eine Übersicht. Schweizerische Zeitschrift für Forstwesen 158:142–156

Weidenbach P, Schmidt J (1988) Erfahrungen und Folgerungen aus dem bisherigen Anbau der Großen Küstentanne in Baden-Württemberg. Allgemeine Forstzeitschrift 43:715–717

Weigel C (2004) Umsetzung des Schutzgebietssystems NATURA 2000 in Niedersachsens Wäldern: am Beispiel des Regierungsbezirkes Braunschweig. Forst und Holz 59:112–115

Weihs U, Wilhelm GJ, Roos R (1999) Wie sich unbehandelte Fichtenbestände aus Naturverjüngung entwickeln. Allgemeine Forstzeitschrift 54:172–175

Weinberger T, Dahmer J (1998) Pflanzverfahren und Bewurzelung von Laubholzpflanzen. Forsttechnische Informationen 4/5:42–45

Weiner DR (1992) Demythologizing environmentalism. Journal of the History of Biology 25:385–412

Weischedel W (Hrsg) (2014) Kant, Immanuel: Kritik der praktischen Vernunft – Grundlegung zur Metaphysik der Sitten. 21. Auflage. Suhrkamp, Frankfurt a. M.

Weise U (1990) Die weiße Hickory: eine vergessene Baumart? Allgemeine Forstzeitschrift 45:1238–1239

Weiser F (1974) Ergebnisse 10-jähriger vergleichender Anbauversuche mit generativen Nachkommenschaften von Eschen (Fraxinus excelsior L.) trockener Kalkstandorte und grundwasserbeeinflußter Standorte. Beiträge für die Forstwirtschaft 8:11–16

Weiser F (1995) Beitrag zur Existenz von Ökotypen bei Gemeiner Esche (Fraxinus excelsior L.). Forstarchiv 66:251–257

Weisgerber H (1980) Von ausgewähltem zu geprüftem Vermehrungsgut aus Samenplantagen. Allgemeine Forstzeitschrift 35:678–679

Weisgerber H (1981) Vermehrungsgut aus Samenplantagen. Forst- und Holzwirt 36:280–283

Weisgerber H (1982) Züchtungsfortschritte durch Nachkommenschaftsprüfungen. Forstarchiv 53:9–13

Weisgerber H (1999) Populus nigra Linné, 1753. In: Roloff A, Weisgerber H, Lang U, Stimm B, Schütt P, Lang UM (Hrsg) Enzyklopädie der Holzgewächse – Handbuch und Atlas der Dendrologie/begründet von Peter Schütt. 16. Erg.Lfg. 6/1999. Wiley-VCH, Weinheim, 1–18

Weisgerber H (2010) Populus L., 1753. In: Roloff A, Weisgerber H, Lang U, Stimm B, Schütt P, Lang UM (Hrsg) Enzyklopädie der Holzgewächse – Handbuch und Atlas der Dendrologie/begründet von Peter Schütt. 54 Erg. Lfg. 01/2010. Wiley-VCH, Weinheim, 1–30

Weisgerber H, Gebhardt K (1995) In-vitro-Kultur von Waldbäumen: Forschung und forstliche Perspektiven. Allgemeine Forst- und Jagdzeitung 166:99–105

Weisser WW, Völkl W (2010) Indikator- und Schlüsselarten. In: Hotes S, Wolters V (Hrsg) Focus Biodiversität – Wie Biodiversität in der Kulturlandschaft erhalten und nachhaltig genutzt werden kann. Oekom, München, 58–65

Weissker A (1970) Vom praktischen Nutzen der Bestandesgeschichte. Allgemeine Forstzeitschrift 25:461–465

Welander NT, Ottosson B (1998) The influence of shading on growth and morphology in seedlings of Quercus robur L. and Fagus sylvatica L. Forest Ecology and Management 107:117–126

Wellbrock N, Strich S, Bolte A (2017) Ergebnisse der zweiten Bodenzustandserhebung im Wald (BZE II). AFZ-Der Wald 72 (2):10–12

Wellenstein G (1990) Kritische Stellungnahme zur Waldkalkung aus der Sicht des Forstzoologen. Allgemeine Forstzeitschrift 45:794

Weller A (2011) Prüfung der Anbaueignung von 38 autochthonen bzw. nichtautochthonen Douglasienherkünften (Pseudotsuga menziesii [Mirb.] Franco) in Bezug auf ihre Wuchsleistung und qualitative Entwicklung. Dissertation, Georg-August-Universität, Göttingen

Weller A, Jansen M (2017) Internationale Douglasien-Provenienzversuchsserie von 1961: Vergleich ausgewählter Herkünfte auf Basis der Oberhöhenleistung und Rangveränderungen bis Alter 58 Jahre. Forstarchiv 88:3–16

Weller A, Meiwes K-J (2015) Potenzial und Risiken der Sitkafichte im deutschen Anbaugebiet. Forstarchiv 86:3–12

Weller A, Spellmann H (2014) Wachstum der Douglasie abhängig von Ausgangspflanzenzahl und Pflanzverband. Forstarchiv 85:3–15

Wempe (o A) (1954) Sanddeckkulturen im Forstamt Knesebeck. Forst- und Holzwirt 9:119–122

Wendel GW, Smith H. C. (1990) Pinus strobus L. – Eastern White Pine. In: Burnes RM, Honkala BH (Hrsg) Silvics of North America –Volume 1: Conifers, Washington D.C., 476–488

Wendt P, Schmidt W (2000) Auswirkungen von Kalkungsmaßnahmen auf die Vegetation von Kiefernwäldern in der Lüneburger Heide (NW-Deutschland). Forst und Holz 55:9–14

Wenk G, Römisch K, Gerold D (1985) DDR-Fichtenertragstafel 1984. Agrarwissenschaftliche Gesellschaft der DDR, Tharandt

Wennström U, Bergsten U, Nilsson J-E (2002) Effects of seed weight and seed type on early seedling growth of Pinus sylvestris under harsh and optimal conditions. Scandinavian Journal of Forest Research 17:118–130

West PW (2014) Growing plantation forests. 2. Auflage. Springer, Cham

Westphal C, Tremer N, Oheimb G von, Hansen J, Gadow K von, Härdtle W (2006) Is the reverse J-shaped diameter distribution universally applicable in European virgin beech forests? Forest Ecology and Management 223:75–83

White MA, Thornton PE, Running SW (1998) A continental phenology model for monitoring vegetation responses to interannual climatic variability. Global Biogeochemical Cycles 11:217–234

White TL, Adams WT, Neale DB (2007) Forest genetics. CAB International, Wallingford

Wichtmann W, Schröder C, Joosten H (Hrsg) (2016) Paludikultur – Bewirtschaftung nasser Moore. Schweizerbart, Stuttgart

Wickel A (1991) Z-Baum-orientierte Durchforstungsansätze für Douglasienbestände im Südschwarzwald. Dissertation, Albert-Ludwigs-Universität, Freiburg i. Br.

Wiechert K, Röhrig E (1987) Wachstum junger Birkenbestände auf entwässerten Hochmoorstandorten. Aus dem Walde 41:3–53

Wiedemann E (1923) Zuwachsrückgang und Wuchsstockungen der Fichte in den mittleren und unteren Höhenlagen der sächsischen Staatsforsten. Laux, Tharandt

Wiedemann E (1924) Fichtenwachstum und Humuszustand. Parey, Berlin

Wiedemann E (1926) Die Kiefernaturverjüngung in der Umgebung von Bärenthorn. Zeitschrift für Forst- und Jagdwesen 58:269–304

Wiedemann E (1927) Über den künstlichen gruppenweisen Voranbau von Tanne und Buche. Allgemeine Forst- und Jagdzeitung 103:433–452

Wiedemann E (1932) Die Rotbuche 1931. Schaper, Hannover

Wiedemann E (1935a) Die Übersandungskulturen in Gelbensande. Forstarchiv 11:70–88

Wiedemann E (1935b) Zur Klärung der Durchforstungsbegriffe. Zeitschrift für Forst- und Jagdwesen 67:56–64

Wiedemann E (1937) Die Fichte 1936. Schaper, Hannover

Wiedemann E (1942) Der Eichenbestand mit Buchenunterwuchs. Zeitschrift für Forst- und Jagdwesen 74:305–336

Wiedemann E (1943) Lichtungsbetrieb und ungleichaltrige Bestandesformen im reinen Buchenbestand. Zeitschrift für Forst- und Jagdwesen 75:227–274

Wiedemann E (1948) Die Kiefer 1948 – Waldbauliche und ertragskundliche Untersuchungen. Schaper, Hannover

Wiedemann E (1951) Ertragskundliche und waldbauliche Grundlagen der Forstwirtschaft. 3. Auflage. Sauerländer's, Frankfurt a. M.

Wiklander G (1981) Clearcutting and the nitrogen cycle: heterogeneous leaching after clearcutting. In: Clark FE, Rosswall T (Hrsg) Terrestrial nitrogen cycles. Ecological Bulletins 33:642–647

Wildmann S, Engel F, Meyer P, Spellmann H, Schultze J, Gärtner S, Reif A, Bauhus J (2014) Wälder mit natürlicher Entwicklung in Deutschland. AFZ-Der Wald 69 (2):28–30

Wildmann S, Spellmann H, Engel F (2016) Ökonomische Bewertung der Wälder mit natürlicher Entwicklung in Deutschland. In: Engel F, Bauhus J, Gärtner SKA, Meyer P, Reif A, Schmidt M, Schultze J, Späth V, Stübner S, Wildmann S, Spellmann H (Hrsg) Wälder mit natürlicher Entwicklung in Deutschland: Bilanzierung und Bewertung: Ergebnisse des F+E-Vorhabens (FKZ 3510 84 0100) des Bundesamtes für Naturschutz. Bundesamt für Naturschutz, Bonn-Bad Godesberg, 191–208

Wilhelm GJ (1998) Beobachtungen zur Wildbirne. Allgemeine Forstzeitschrift 53:856–859

Wilhelm GJ, Rieger H (2018) Naturnahe Waldwirtschaft mit der QD-Strategie – Eine Strategie für den qualitätsgeleiteten und schonenden Gebrauch des Waldes unter Achtung der gesamten Lebewelt. 2. Auflage. Ulmer, Stuttgart

Wilhelm GJ, Letter H-A, Eder W (1999) Konzeption einer naturnahen Erzeugung von starkem Wertholz. Allgemeine Forstzeitschrift 54:232–240

Wilhelm GW (1993) Die Vogelkirsche im Lothringischen Stufenland. Allgemeine Forstzeitschrift 48:1133–1134

Wilke C, Lermer G (2014) Eichen: Gedenken und Gedanken. In: Bayerische Landesanstalt für Wald und Forstwirtschaft (LWF) (Hrsg) Beiträge zur Traubeneiche. LWF Wissen 75:30–40

Wilpert K von (Hrsg) (2002) Holzascheausbringung im Wald – ein Kreislaufkonzept. Freiburger Forstliche Forschung 43

Wilpert K von (2003) Drift des Stoffhaushalts im Fichten-Düngeversuch Pfalzgrafenweiler. Allgemeine Forst- und Jagdzeitung 174:21–30

Wilpert K von, Schäffer J (2006) Ecological effects of soil compaction and initial recovery dynamics: a preliminary study. European Journal of Forest Research 125:129–138

Wilpert K von, Zirlewagen D, Kohler M (2000) To what extent can silviculture enhance sustainability of forest sites under the immission regime in Central Europe? Water, Air, and Soil Pollution 122:105–120

Wilpert K von, Ahrends B, Weis W, Vonderach C, Puhlmann H, Köhler D, Sucker C, Kändler G, Nagel J (2018) Standortsangepasste Nutzungsintensitäten und forstliche Handlungsoptionen. In: Forstliche Versuchs- und Forschungsanstalt Baden-Württemberg (Hrsg) Holznutzung und Nährstoffnachhaltigkeit – Abschlussbericht zum Projekt „Energieholzernte und stoffliche Nachhaltigkeit in Deutschland (EnNa)“, Freiburg i. Br., 325–373

Wilpert K von, Bösch B, Bastian P, Zirlewagen D, Hepperle F, Holzmann S, Puhlmann H, Schäffer J, Kändler G, Sauter UH (2011) Biomasse-Aufkommensprognose und Kreislaufkonzept für den Einsatz von Holzaschen in der Bodenschutzkalkung in Oberschwaben. Berichte Freiburger Forstliche Forschung 87

Wilson SM, Pyatt DG, Malcolm DC, Connolly T (2001) The use of ground vegetation and humus type as indicators of soil nutrient regime for an ecological site classification of British forests. Forest Ecology and Management 140:101–116

Wingfield M (1999) Pathogens in exotic plantation forestry. International Forest Review 1:163–167

Winkel G, Volz K-R (2003) Naturschutz und Forstwirtschaft – Kriterienkatalog zur „Guten fachlichen Praxis“. Angewandte Landschaftsökologie 52

Winkel G, Schaich H, Kunold W, Volz K-R (2005) Naturschutz und Forstwirtschaft: Bausteine einer Naturschutzstrategie im Wald. Naturschutz und biologische Vielfalt 11

Winsa H (1995) The influence of rain shelter and site preparation on seedling emergence of Pinus sylvestris after direct seeding. Scandinavian Journal of Forest Research 10:167–175

Winsa H, Bergsten U (1994) Direct seedling of Pinus sylvestris using microsite preparation and invigorated seed lots of different quality: 2-year results. Canadian Journal of Forest Research 24:77–86

Winter K (1990) Wie wirkt sich die Waldkalkung auf Tiere oberhalb des Bodens aus? Allgemeine Forstzeitschrift 45:795–796

Winter S, Kayser A, Kolling T, Pflugmacher D, Puumalainen J, Wense W-Hvd (2004) Ein Ansatz zur Einbeziehung von Biodiversität und Naturnähe in die Waldinventur und -planung. Forst und Holz 59:22–26

Winter S, Möller GC (2008) Microhabitats in lowland beech forests as monitoring tool for nature conservation. Forest Ecology and Management 255:1251–1261

Winter S, Vrška T, Begehold H (2013) Naturnähe von Wäldern als Schlüssel zum Erhalt biologischer Vielfalt. In: Kraus D, Krumm F (Hrsg) Integrative Ansätze als Chance für die Erhaltung der Artenvielfalt in Wäldern. European Forest Institute, Joensuu, 56–66

Wirth C, Messier C, Bergeron Y, Frank D, Fankhänel A (2009) Old-growth forest definitions: a pragmatic view. In: Wirth C, Gleixner G, Heimann M (Hrsg) Old-growth forests – Function, fate and value. Springer-Berlin, 11–33

Wittich W (1955) Die standörtlichen Bedingungen für die natürliche Verjüngung der Kiefer und für ihre Erziehung unter Schirm. Allgemeine Forst- und Jagdzeitung 126:109–117

Wittig R, Niekisch M (2014) Was ist Biodiversität? In: Wittig R, Niekisch M (Hrsg) Biodiversität – Grundlagen, Gefährdung, Schutz. Springer, Berlin, 3–23

Wöbse HH (2002) Landschaftsästhetik – Über das Wesen, die Bedeutung und den Umgang mit landschaftlicher Schönheit. Ulmer, Stuttgart

Wobst W (1979) Geschichtliche Entwicklung und gedankliche Grundlagen naturgemäßer Waldwirtschaft. Forstarchiv 59:22–27

Wobst J (1995) Auswirkungen von Standortwahl und Durchforstungsstrategie auf verwertungsrelevante Holzeigenschaften der Douglasie (Pseudotsuga menziesii (Mirb.(Franco)). Dissertation, Georg-August-Universität, Göttingen

Wobst J, Becker G (1997) Möglichkeiten zur Erweiterung des waldbaulichen Einflusses auf die Holzqualität der Douglasie. Forst und Holz 52:555–563

Wohlfarth E (1935) Auswirkungen langjähriger Kronenpflege in mitteldeutschen Fichtenbeständen. Zeitschrift für Forst- und Jagdwesen 67:289–310, 344–360

Wohlgemuth T, Conedera M, Kupferschmid Albisetti A, Moser B, Usbeck T, Brang P, Dobbertin M (2008) Effekte des Klimawandels auf Windwurf, Waldbrand und Walddynamik im Schweizer Wald. Schweizerische Zeitschrift für Forstwesen 159:336–343

Wohlgemuth T, Jentsch A, Seidl R (Hrsg) (2019) Störungsökologie. UTB 5018 Haupt, Bern

Wohlleben P (2013) Mein Wald. Ulmer, Stuttgart

Wolf H, Schildbach M, Hartmann K-U (2010) Plantagenbaumarten und deren Züchtung. In: Bemmann A, Knust C. (Hrsg) Agrowood – Kurzumtriebsplantagen in Deutschland und europäische Perspektiven. Weißensee, Berlin, 30–43

Wolff B (2001) Kriterien und Indikatoren für die nachhaltige Waldbewirtschaftung: Welche Informationen können nationale forstliche Monitorsysteme beitragen? Forst und Holz 56:473–479

Wölfle M (1936) Sturmschäden im Wald (I. Mitteilung). Forstwissenschaftliches Centralblatt 58:605–617

Wolters V, Ekschmitt K, Scholle G (1995) Wirkungen auf Bodenorganismen und biologische Umsetzungsprozesse. Allgemeine Forstzeitschrift 50:936-939, 941

Worrell R, Hampson A (1997) The influence of some forest operations on the sustainable management of forest soils: a review. Forestry 70:61–86

Wulf A, Kehr R (1996) Eichensterben in Deutschland. Mitteilungen aus der Biologischen Bundesanstalt für Land- und Forstwirtschaft 318

Xu Y-J, Röhrig E, Fölster H (1997) Reaction of root systems of grand fir (Abies grandis Lindl.) and Norway spruce (Picea abies Karst.) to seasonal waterlogging. Forest Ecology and Management 93:9–19

Yoda K, Kira T, Ogawa H, Hozumi H (1963) Self-thinning in overcrowded pure stands under cultivated and natural conditions: intraspecific competition among higher plants. Journal Institute of Polytechnics, Osaka City University, Series D 14:107–129

Zajaczkowski J, Lech A, Kopryk W (1989) Ein Nelder-Pflanzverbandversuch mit Kiefer in Südpolen. Allgemeine Forst- und Jagdzeitung 160:205–209

Zeng RS, Mallik AU, Luo SM (Hrsg) (2008) Allelopathy in sustainable agriculture and forestry. Springer, New York

Zentgraf E (1949/50a) Die Edeltanne. Allgemeine Forst- und Jagdzeitung 121:7–16

Zentgraf E (1949/50b) Die Wurzeltracht der Edeltanne. Allgemeine Forst- und Jagdzeitung 121:70–73

Zerbe S (1997) Stellt die potentielle natürliche Vegetation (PNV) eine sinnvolle Zielvorstellung für den naturnahen Waldbau dar? Forstwissenschaftliches Centralblatt 116:1–15

Zerbe S, Meiwes K-J (2000) Zum Einfluss von Weichlaubhölzern auf Vegetation und Auflagehumus von Fichtenforsten: Untersuchungen in einem zwei Jahrzehnte alten Birken-Ebereschen-Vorwald im Hoch-Solling. Forstwissenschaftliches Centralblatt 119:1–19

Zerbe S, Wiegleb G (Hrsg) (2009) Renaturierung von Ökosystemen in Mitteleuropa. Spektrum Akademischer Verlag, Heidelberg

Zezschwitz E von (1998) Wirkungen von Kompenstionskalkungen auf Stoffumsätze im Boden. Forstarchiv 60:135–144

Ziegenhagen B, Kausch W (1993) Die Reaktion junger Eichen auf Licht und Schatten. Forst und Holz 48:198–201

Ziegenhagen B, Kausch W (1995) Productivity of young shaded oaks (Quercus robur L.) as corresponding to shoot morphology and leaf anatomy. Forest Ecology and Management 72:97–108

Zielonka T (2009) When does dead wood turn into a substrate for spruce replacement? Journal of Vegetation Science 17:739–746

Zimmermann L, Moritz K, Kennel M, Bittersohl J (2000) Influence of bark beetle infestation on waterquantity and quality in the Grosse Ohe catchment (Bavarian Forest National Park). Silva Gabreta 4:51–62

Zobel BJ, Sprague JR (1998) Juvenile wood in forest trees. Springer, Berlin

Zollner A, Remler N (1998) Eigenschaften von Holzaschen und Möglichkeiten der Wiederverwertung. Forst und Holz 53:77–81

Zorn W, Gerhard M, Heß H, Bergmann W (2013) Handbuch zur visuellen Diagnose von Ernährungsstörungen bei Kulturpflanzen. 2. Auflage. Springer, Berlin

Zundel R (1960) Ertragskundliche Untersuchungen in zweialtrigen Beständen Nordwürttembergs mit Kiefer und Tanne (Fichte, Douglasie). Schriftenreihe der Landesforstverwaltung Baden-Württemberg 6

Zundel R (2016) Waldränder gestalten und pflegen. 8. Auflage. AID 1010. AID – Infodienst Ernährung Landwirtschaft Verbraucherschutz, Bonn

Zwolak R, Bogdziewicz M, Rychlik L (2016) Beech masting modifies the response of rodents to forest management. Forest Ecology and Management 359: 268–276

Sach- und Artenregister

C

D

E

F

G

H

L

Q

R

S

Für alle Einsteiger

utb.

Ludger Herrmann
Bodenkunde Xpress
ISBN 978-3-8252-4943-4
Ulmer. 2018
158 S., 71 farb. Abb.
€ 18,00 | € (A) 18,50

Dieses Buch vermittelt das notwendige Grundlagenwissen zur Boden- und Standortkunde und verfolgt ein eingängiges, visuell ansprechendes Konzept. Die einzelnen Themen wurden jeweils auf einer Doppelseite mit einem Kurztext in einfacher Sprache und einer in das Thema einführenden Illustration abgefasst und sind ohne Vorwissen und unabhängig voneinander verständlich.

Das Buch richtet sich in gleichem Maße an Studierende der Agrar-, Geo- und Umweltwissenschaften mit dem Modul Bodenkunde wie auch an alle, die sich einen einfachen Zugang zum Umweltmedium Boden wünschen.

Mehr unter www.utb.de